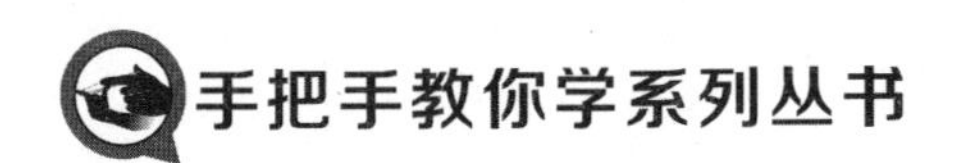

手把手教你学 ARM Cortex-M0

——基于 STM32F0x2 系列

周兴华　刘海渊　编著

周兴华单片机培训中心　策划

北京航空航天大学出版社

内容简介

本书以ST公司的STM32F0x2系列ARM处理器为例，从零开始，手把手地教初学者学习ARM设计知识。在介绍STM32F0x2系列各单元基本特性的同时，使用入门难度低、程序较短且能立竿见影的初级实例，循序渐进地帮助初学者掌握ARM的设计知识，以实践为主，辅以理论。本书的实例均经作者实际测试并能在实验板上正常运行，实用性非常强，读者既可以直接用于产品，也可以进一步改良升级。同时本书贯彻“手把手教你学系列丛书”的教学方式。

本书可用作大学本科或专科、中高等职业技术学校、电视大学等的教学用书，也可作为ARM爱好者的入门自学用书。

图书在版编目(CIP)数据

手把手教你学ARM Cortex－M0：基于STM32F0x2系列/周兴华，刘海渊编著．--北京：北京航空航天大学出版社，2017.1

ISBN 978－7－5124－2185－1

Ⅰ．①手… Ⅱ．①周… ②刘… Ⅲ．①微处理器－系统设计 Ⅳ．①TP332

中国版本图书馆CIP数据核字(2016)第150503号

手把手教你学ARM Cortex-M0——基于STM32F0x2系列

周兴华　刘海渊　编著

周兴华单片机培训中心　策划

责任编辑　孙兴芳

*

北京航空航天大学出版社出版发行

北京市海淀区学院路37号(邮编100191)　http://www.buaapress.com.cn

发行部电话：(010)82317024　传真：(010)82328026

读者信箱：emsbook@buaacm.com.cn　邮购电话：(010)82316936

北京市同江印刷有限公司印装　各地书店经销

*

开本：710×1 000　1/16　印张：54　字数：1 151千字

2017年1月第1版　2017年1月第1次印刷　印数：3 000册

ISBN 978－7－5124－2185－1　定价：128.00元

若本书有倒页、脱页、缺页等印装质量问题，请与本社发行部联系调换。联系电话：(010)82317024

前　　言

借助于手机及其他掌上电子产品的普及与推广，32 位的微处理器 ARM 也迅速发展壮大。在世界范围内，ARM 处理器正在成为工程师设计移动产品的首选。

传统的复杂指令集计算机(Complex Instruction Set Computer，CISC)体系由于指令集庞大，指令长度不固定，指令执行周期有长有短，使指令译码和流水线的实现在硬件上非常复杂，给芯片的设计开发和成本的降低带来了很大困难。

ARM 处理器采用了当今处理器设计的主流技术精简指令集计算机(Reduced Instruction Set Computer，RISC)。RISC 技术把设计重点放在了如何使计算机的结构更加简单、合理以及提高运算速度上。RISC 结构通过优先选取使用频率最高的简单指令，避免复杂指令，将指令长度固定，减少指令格式和寻址方式种类，以控制逻辑为主，不用或少用微码控制等来达到上述目的。因此，RISC 结构处理器的指令较少、运行速度快、抗干扰能力强。

ARM 处理器目前以 Cortex 为前缀进行命名，而且每一个大的系列里又分为若干小的系列。

ARM Cortex 处理器采用全新的 ARMv7 架构，根据使用对象的不同，划分为以下 3 大系列：

① Cortex-A 系列：开放式操作系统的高性能处理器；

② Cortex-R 系列：实时应用的卓越性能；

③ Cortex-M 系列：成本敏感的微处理器应用。

在 Cortex-M 系列里，ARM 面向微处理器产业分别推出了 Cortex-M0/M3/M4 三款嵌入式处理器，大部分半导体厂商集中于 M3 内核的生产。Cortex-M4 是 M3 的升级版，相较于 M3 具备更高的信号处理能力；而 M0 则是 M3 的精简版，它以低价格(与 8 位单片机相当)进入市场，但是其超高的性能(运行速率近 5 000 万次/秒)是 8 位单片机无法企及的，因此，ARM 终结 8 位单片机成为就在眼前的事情。

ARM 处理器的应用领域很广，由于其运行快、性能强、功耗低，以前 8051 单片机不能胜任的许多领域它均可一展身手，包括工业控制领域、无线通信领域、网络应用、消费类电子产品、成像和安全产品、移动互联网、3G 领域、科研及军事等。目前，ARM 微处理器占有 32 位 RISC 微处理器约 75%以上的市场份额。

本书以 ST 公司的 STM32F0x2 系列 ARM 处理器为例，从零开始，手把手地教初学者学习 ARM 设计知识。在介绍 STM32F0x2 各单元基本特性的同时，使用入门难度低、程序较短且能立竿见影的初级实例，循序渐进地帮助初学者掌握 ARM 的设计知识，以实践为主，辅以理论。本书的实例均经作者实际测试并能在实验板上正常运行，实用性非常强，读者既可以直接用于产品，也可以进一步改良升级。需要说明的是，本书的所有例程都可以不做修改或略做修改而直接用于 ST 公司的其他 ARM 芯片上，因此其通用性非常强。

另外，目前 ARM 芯片及开发套件的价格已经降到非常低的水平，并且开发软件的界面也非常友好，因此，学习 ARM 的时代已经到来。

本书的编写工作得到了北京航空航天大学出版社相关领导的大力支持，在此表示衷心感谢！

本书在编写过程中参考了相关书籍及部分网络流通资料，在此一并致谢！

限于作者水平，书中必定存在不少缺点或漏洞，诚挚欢迎广大读者提出意见并不吝赐教。

如果读者需要书中介绍的学习器材或想参加 ARM 的设计培训班，可与作者联系，联系方式如下：

地址：上海市闵行区莲花路 2151 弄 57 号 201 室

邮编：201103

联系人：周兴华

电话(传真)：(021)64654216，13774280345

技术支持 E-mail：zxh2151@sohu.com，zxh2151@163.com

培训中心主页：http://www.hlelectron.com

周兴华

2016 年 2 月

目 

基础篇

入门篇

提高篇

应用篇

基础篇

第1章 概述

自从许多读者跟着“手把手教你学系列丛书”学习单片机设计应用技术后，均已取得丰硕的成果。读者利用单片机研制了各种各样的智能控制装置，在生产实践中发挥了重要的作用，有的还做成产品投放市场，创造了很好的经济效益。

有很多读者给作者来信来电，表示“手把手教你学系列丛书”的教学方式很适合他们学习，跟着“手把手教你学系列丛书”学习实践后，渐渐地从不理解到了解、从不懂到学会单片机的设计，因此，他们是非常喜欢“手把手教你学系列丛书”的。

时光如梭、岁月如流，目前科学技术正以一日千里的速度发展着，转眼之间，嵌入式 CPU 就转向了以 ARM 系列为主流市场的应用，但 ARM 芯片的架构比起以前我们熟悉的 51、PIC、AVR 等 8 位单片机要复杂得多，其寄存器、中断功能等比起 8 位机要多好几倍，这就有了寄存器操作与库函数操作等不同的设计方法。对初学者而言，本来基础就差，现在更是陷入云里雾里，更难学好 ARM 设计了。

针对初学者的困惑，作者采用与“手把手教你学系列丛书”相同的教学风格，以实践(实验)为主线，以由浅入深的实例为灵魂，循序渐进地引导读者进行学习、实验，这样初学者就可以学得进、记得牢，不会产生畏难情绪，无形之中就会一步一步地掌握 ARM 芯片的设计。作者编写此书的目的就是希望读者能够轻松、快速、容易地学会 ARM 的设计。

1.1 采用 C 语言编程

为了提高编制计算机系统和应用程序的效率，改善程序的可读性和可移植性，最好的办法就是采用高级语言编程。目前，C 语言逐渐成为国内外开发单片机的主流语言。

C 语言是一种通用的编译型结构化计算机程序设计语言，在国际上十分流行。它兼顾了多种高级语言的特点，并具备汇编语言的功能；它支持当前程序设计中广泛采用的由顶向下的结构化程序设计技术。一般的高级语言难以实现汇编语言对于计算机硬件直接进行操作(如对内存地址的操作、移位操作等)的功能,而C语言既具有一般高级语言的特点,又能直接对计算机的硬件进行操作。C语言有功能丰富的库函数,而且运算速度快、编译效率高,再者采用C语言编写的程序能够很容易地在不同类型的计算机之间进行移植。因此,C语言的应用范围越来越广泛。

用C语言来编写目标系统软件,会大大缩短开发周期,且明显地增强软件的可读性,便于改进和扩充,进而研制出规模更大、性能更完善的系统。

因此,用C语言进行 ARM 程序设计是嵌入式处理器开发与应用的必然趋势。对汇编语言掌握到只要可以读懂程序,在时间要求比较严格的模块中能够进行程序的优化即可。采用C语言进行设计也不必对 ARM 芯片和硬件接口的结构有很深入的了解,编译器可以自动完成变量存储单元的分配,所以编程者可以专注于应用软件部分的设计,大大加快了软件的开发速度。采用C语言可以很容易地进行处理器的程序移植工作,有利于产品中的处理器重新选型。

C语言模块化程序结构的特点是,可以使程序模块共享,且不断丰富。C语言可读性强的特点,更容易使大家借鉴前人的开发经验来提高自己的软件设计水平。采用C语言,可针对处理器常用的接口芯片编制通用的驱动函数,可针对常用的功能模块、算法等编制相应的函数,这些函数经过归纳整理可形成专家库函数,供广大的工程技术人员和单片机爱好者使用并完善,这样可以大大提高国内单片机软件的设计水平。

过去长时间困扰人们的"高级语言产生代码太长,运行速度太慢,不适合嵌入式处理器使用"的致命缺点已被大幅度克服。目前,用于嵌入式处理器的C语言编译代码长度已超过中等程序员的水平。而且,一些先进的新型 ARM 处理器芯片(例如 STM32F4 系列)的片上 SRAM、Flash 空间都很大,运行速度很快(主频最高达 168 MHz,相当于低端的 DSP 处理能力),代码效率所差的 10%～20%已经不是什么重要问题。关于速度优化的问题,只要有好的仿真器的帮助,用人工优化关键代码就是很简单的事了。至于开发速度、软件质量、结构严谨和程序坚固等方面,C语言的优势绝非是汇编语言所能比拟的。

1.2 C语言突出的优点

1. 语言简洁,使用方便灵活

C语言是现有程序设计语言中规模最小的语言之一,而小的语言体系往往能设计出较好的程序。C语言的关键字很少,ANSI C 标准一共只有 32 个关键字、9 种控制语句,压缩了一切不必要的成分。C语言的书写形式比较自由,表达方法简洁,使用一些简单的方法就可以构造出相当复杂的数据类型和程序结构。

2. 可移植性好

用过汇编语言的读者都知道，即使是功能完全相同的一种程序，对于不同种类的嵌入式处理器，也必须采用不同的汇编语言来编写。这是因为汇编语言完全依赖于处理器硬件，而现代社会中新器件的更新速度非常快，也许我们每年都要跟新的处理器芯片打交道。如果每接触一种新的处理器芯片就要学习一次新的汇编语言，那么我们将一事无成。因为每学一种新的汇编语言，少说也要几个月时间，那我们还有多少时间真正用于产品开发呢？

C语言是通过编译来得到可执行代码的。统计资料表明，不同机器上的C语言编译程序80%的代码是公共的，并且C语言的编译程序便于移植，从而使在一种微处理器上使用的C语言程序，可以不加修改或稍加修改即可方便地移植到另一种结构类型的微处理器上，这大大增强了我们使用各种芯片进行产品开发的能力。

3. 表达能力强

C语言具有丰富的数据结构类型，可以根据需要采用整型、实型、字符型、数组类型、指针类型、结构类型、共用类型和枚举类型等多种数据类型来实现各种复杂数据结构的运算。C语言还具有多种运算符，灵活使用各种运算符可以实现其他高级语言难以实现的运算。

4. 表达方式灵活

利用C语言提供的多种运算符，可以组成各种表达式，还可以采用多种方法来获得表达式的值，从而使用户在程序设计中具有更大的灵活性。C语言的语法规则不太严格、程序设计的自由度比较大、程序的书写格式自由灵活，程序主要用小写字母来编写，而小写字母是比较容易阅读的，这些都充分体现了C语言灵活、方便和实用的特点。

5. 可以进行结构化程序设计

C语言是以函数作为程序设计的基本单位的，程序中的函数相当于汇编语言中的子程序。对于输入和输出的处理，C语言也是通过函数调用来实现的。各种C语言编译器都会提供一个函数库，其中包含许多标准函数，如各种数学函数、标准输入/输出函数等。此外，C语言还具有自定义函数的功能，用户可以根据自己的需要编制满足某种特殊需要的自定义函数。实际上，C语言程序就是由许多个函数组成的，一个函数即相当于一个程序模块，因此，使用C语言可以很容易地进行结构化程序设计。

6. 可以直接操作计算机硬件

C语言具有直接访问单片机物理地址的能力，可以直接访问片内或片外存储器，还可以进行各种位操作。

7. 生成的目标代码质量高

众所周知,汇编语言程序目标代码的效率是最高的,这就是汇编语言仍是编写计算机系统软件的重要工具的原因。但是统计表明,对于同一个问题,用 C 语言编写的程序生成代码的效率仅比用汇编语言编写的程序低 10%～20%。

尽管 C 语言具有很多优点,但和其他程序设计语言一样,其自身也有缺点,例如,不能自动检查数组的边界,各种运算符的优先级别太多,某些运算符具有多种用途等。但总的来说,C 语言的优点远远超过它的缺点。经验表明,一旦程序设计人员学会使用 C 语言后,就会对它爱不释手,尤其是单片机应用系统的程序设计人员更是如此。

1.3 寄存器操作与库函数操作

在学习开发 8 位单片机的过程中,除了实现功能算法外,主要是掌握寄存器的操作。通过对寄存器进行设置及读取,就能控制单片机做什么,以及知道它正在做什么。例如,通过对 51 单片机的串口相关寄存器进行设置,就能实现串口发送数据的功能;同样,通过对串口相关寄存器的读取,就能知道是否已经完成发送。

学习开发 ARM 处理器时,其芯片的功能太多,大量的寄存器、各种不同的功能,比 8 位单片机翻了几倍。如何方便地使用它们呢? 对着手册一个一个地查? 但是,寄存器太多了,而且每个寄存器都是 32 位的,这样需要耗费太多的时间来查寄存器设置,并且较难保证自己的操作是稳定及正确的。

对于学习者而言,学习寄存器是必要的,因为其要完成知识的积累(量变);然而对于成熟的嵌入式工程师来说,他们都希望在芯片本身上花的时间尽可能少,因为他们希望产品的开发周期尽可能短,更希望有大量的时间用于研究应用和系统框架算法,因为这些东西可以用在任何一个芯片构架上。

鉴于此,ST 公司针对 ARM 芯片设计了库函数。所谓的库,就是针对 ARM 这个芯片,将寄存器的操作都写成函数,提供函数 API 给程序员,并且保证这些函数的稳定性及正确性。程序员就会从查手册并设置寄存器这项繁杂的工作中解脱出来,当需要使用芯片的某个模块时,只需要翻看库的 API 调用方法,或者查找例程,就可以很轻松地用库里的函数操作该模块。

对于本书,我们推荐给初学者的学习方法是,在学习比较简单的 8 位单片机时,可以详细地研究如何操作寄存器;而开始学习 ARM 开发时,不要将学 8 位单片机的一套方法用在学习 ARM 上,不要过问如何操作寄存器,只要放心调用库的 API,相信库的可靠性即可。等到能够熟练地使用 ARM 时,因为有了全局观、经验和信心,再耐下心来,挑个模块来研究库是如何实现的、如何操作寄存器等问题,这时它们就不是什么难题了。因此,本书主要是以库函数操作方式来学习 ARM 的开发的。

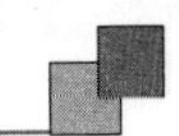

1.4 ARM 嵌入式处理器的开发环境

目前，支持 ARM 的开发环境很多，如：RealView MDK 开发环境＋ULINK2 仿真调试器；IAR 开发环境＋J-link 仿真调试器；CodeWarrior 开发环境，还有开源的 Arm-none-eabi 系列工具链（GCC 的 ARM 版本）等，调试口使用 SWD 方式。

国内单片机爱好者在学习 8051 单片机时，使用最多的开发环境就是德国的 Keil；ARM 公司的产品流行后，Keil 推出了针对 ARM 芯片的编译软件 Keil for ARM。2005 年底，ARM 公司收购了 Keil 公司，作为官方 ARM 开发平台，推出了新一代的开发软件 RealView MDK（简称 MDK）。

Keil 公司的开发软件在业内公认是使用方便、界面友好的优秀产品，因此本书也采用 Keil 公司的 RealView MDK 集成开发环境。RealView MDK 集成了业内最领先的技术，包括 μVision4 集成开发软件与 RealView 编译器，支持目前所有的 ARM Cortex 核处理器，自动配置启动代码，集成 Flash 烧写模块，具有强大的 Simulation 设备模拟和性能分析等功能。RealView MDK 的突出特性有以下几点。

1. 启动代码生成向导并自动引导

启动代码和系统硬件结合紧密，必须用汇编语言编写，因而成为许多工程师难以跨越的门槛。RealView MDK 开发工具可以帮助开发者自动生成完善的启动代码，并提供图形化的窗口，供开发者轻松修改。无论是对初学者还是对有经验的开发工程师来说，都能大大节省时间，提高开发效率。

2. 内嵌功能强大的软件模拟器

当前多数基于 ARM 的开发工具都有仿真功能，但是大多仅对 ARM 内核指令集仿真。

RealView MDK 拥有无与伦比的系统仿真工具，支持外部信号与 I/O、快速指令集仿真、中断仿真、片上外设（ADC、DAC、EBI、Timers、UART、CAN、I²C 等）仿真等功能。开发工程师在无硬件仿真器的情况下就可以开始软件开发和调试，使软硬件开发同步进行，大大缩短了开发周期。而一般的 ARM 开发工具仅提供指令集模拟器，只能支持 ARM 内核模拟调试。当然，如果有需要，也可以使用硬件仿真器进行调试。

3. 内嵌性能分析器及逻辑分析器

RealView MDK 的性能分析器好比哈雷望远镜，让开发者看得更远和更准，它可以辅助开发者应用查看代码覆盖情况、程序运行时间、函数调用次数等高端控制功能，指导开发者轻松地进行代码优化，成为嵌入式开发高手。μVision4 逻辑分析仪可以将指定变量或 VTREGs 值的变化以图形方式表示出来，通常这些功能只有价值数千美元的昂贵的 Trace 工具才能提供。

4. 配备 Flash 编程模块

RealView MDK 无须寻求第三方编程软件与硬件支持，通过配套的 ULINK2 仿真器与 Flash 编程工具，就可以轻松地实现 CPU 片内 Flash、外扩 Flash 烧写，并支持用户自行添加 Flash 编程算法，而且能支持 Flash 整片删除、扇区删除、编程前自动删除以及编程后自动校验等功能，轻松方便。

5. 内嵌 RTX 实时内核

针对复杂的嵌入式应用，RealView MDK 内部集成了由 ARM 开发的实时操作系统(RTOS)内核 RTX，它可以帮助用户解决多时序安排、任务调度、定时等工作。RTX 是一款需要授权的、无版税的 RTOS；可以灵活地使用系统资源，比如 CPU 和内存；能够提供多种方式，以实现任务间通信；是一个强大的实时操作系统，使用简便；可以支持基于 ARM7TDMI/ARM9/Cortex-M 系列的微控制器。RTX 程序采用标准 C 语言编写，由 RVCT 编译器进行编译。

第 2 章

ARM 发展简介

2.1 ARM 是什么

ARM(Advanced RISC Machines)是英国一家电子公司的名字,该公司成立于1990年,是苹果公司、Acorn电脑公司和VLSI技术公司的合资企业。

ARM也可以理解为是一种技术。ARM公司是专门从事基于RISC技术芯片设计开发的公司,作为知识产权供应商,本身不直接从事芯片生产,而是转让设计许可由合作公司生产各具特色的芯片。世界各大半导体生产商从ARM公司购买其设计的微处理器核,然后根据各自不同的应用领域,加入适当的外围电路,形成自己的ARM微处理器芯片,进入市场。目前,全世界有几十家大的半导体公司都在使用ARM公司的授权,因此既使ARM技术获得更多的第三方工具、制造、软件的支持,又使整个系统的成本降低,使产品更容易进入市场被消费者接受,更具有竞争力。

ARM还可以认为是采用ARM技术开发的RISC处理器的通称。ARM微处理器已遍及工业控制、消费类电子产品、通信系统、网络系统、无线系统等各类产品市场,基于ARM技术的微处理器应用约占据32位RISC微处理器75%以上的市场份额,ARM技术正在逐步渗入到我们生活的各个方面。

2.2 嵌入式处理器 RISC 技术简介

传统的CISC(Complex Instruction Set Computer,复杂指令集计算机)体系由于其指令集庞大,指令长度不固定,指令执行周期有长有短,从而使指令译码和流水线在硬件上的实现变得非常复杂,给芯片的设计开发和成本的降低也带来了极大的困难。

随着计算机技术的发展，需要不断引入新的复杂的指令集，为支持这些新增的指令，计算机的体系结构会越来越复杂。然而，CISC 指令集中各种指令的使用频率却相差悬殊，大约有 20%的指令会被反复使用，占整个程序代码的 80%，而余下 80%的指令却不经常使用，在程序设计中只占 20%，显然这种结构是不太合理的。

针对这些明显的弱点，1979 年美国加州大学伯克利分校提出了 RISC(Reduced Instruction Set Computer，精简指令集计算机)的概念，它并非只是简单地减少指令，而是把着眼点放在如何使计算机的结构更加简单，以便合理地提高运算速度上。RISC 结构优先选取使用频率最高的简单指令，避免复杂指令，将指令长度固定，减少指令格式和寻址方式种类，以控制逻辑为主，不用或少用微码控制等措施来达到上述目的。

加州大学伯克利分校的 Patterson 教授领导的研究生团队设计和实现了"伯克利 RISC I"处理器，他们在此基础上又发展了后来 SUN 公司的 SPARC 系列 RISC 处理器，并使得采用该处理器的 SUN 工作站名噪一时。与此同时，斯坦福大学也在 RISC 研究领域取得了重大进展，开发并产业化了 MIPS(Million Instructions Per Second)系列 RISC 处理器。

2.3 ARM 处理器的发展

1978 年 12 月 5 日，物理学家 Hermann Hauser 和工程师 Chris Curry 在英国剑桥创办了 CPU 公司(Cambridge Processing Unit)，主要业务是为当地市场供应电子设备。

1979 年，该公司改名为 Acorn 电脑公司。起初，Acorn 电脑公司打算使用摩托罗拉公司的 16 位芯片，但是发现这种芯片运行速度太慢也太贵。一台售价 500 英镑的机器，不可能使用价格 100 英镑的 CPU！于是，他们转而向 Intel 公司索要 80286 芯片的设计资料，但是遭到拒绝，被迫自行研发。

ARM 的设计是 Acorn 电脑公司于 1983 年开始的开发计划。这个团队由 Roger Wilson 和 Steve Furber 带领，着手开发一种类似高级 6502 架构的处理器。Acorn 电脑公司有一大堆构建在 6502 处理器上的计算机，因此，能设计出一颗类似的芯片即意味着对公司有很大的益处。

1985 年 4 月 26 日，Roger Wilson 和 Steve Furber 设计了他们自己的第一代 32 位、6 MHz 的处理器，用它做出了一台 RISC 指令集的计算机"ARM1"，如图 2-1 所示，简称 ARM(Acorn RISC Machine)，这就是 ARM 这个名字的由来。该计算机由美国加州 VLSI 技术公司制造，而首颗真正能量产的"ARM2"于次年投产。ARM2 具有 32 位的数据总线、26 位的寻址空间，并提供 64 MB 的寻址范围与 16 个 32 位的暂存器。暂存器中有一个作为程序计数器，其前面 6 位和后面 2 位用来保存处理器状态标记(Processor Status Flags)。ARM2 可能是全世界最简单实用的

32位微处理器，仅容纳了30 000个晶体管(6年后的摩托罗拉68000包含70 000个)，之所以精简的原因在于它不含微码(这大概占了68000芯片晶体管的1/4～1/3)，而且与当时大多数的处理器相同，它没有包含任何的高速缓存。这个精简的特色使它只需消耗很少的电能，就能发挥比Intel 80286更好的性能。后继的处理器“ARM3”则备有4 KB的高速缓存，使它能发挥更佳的性能。

图2-1　ARM1

20世纪80年代后期，ARM很快开发成Acorn的台式机产品，成为英国的计算机教育基础。

1990年11月27日，Acorn电脑公司正式改组为ARM公司。苹果公司出资150万英镑，芯片厂商VLSI技术公司出资25万英镑，Acorn电脑公司本身则以150万英镑的知识产权和12名工程师入股。公司的办公地点非常简陋，是一个谷仓，如图2-2所示。图2-3所示为工程师们当年在谷仓开会的场景。

初创时期的ARM公司没有商业经验，没有管理经验，当然也没有世界标准这种远景，运营资金紧张，工程师们人心惶惶，最后ARM公司决定自己不生产芯片，转而以授权的方式将芯片设计方案转让给其他公司，即“Partnership”开放模式。公司在1993年实现盈利，1998年在纳斯达克和伦敦证券交易所两地上市，同年基于ARM架构的芯片出货达5 000万片。

ARM6首版的样品在1991年发布，然后苹果公司使用ARM6架构的ARM610作为其Apple Newton产品的处理器。1994年，Acorn电脑公司使用ARM610作为

图 2-2　1990 年 ARM 公司的办公地点

图 2-3　工程师们当年在谷仓开会的场景

其个人计算机产品的处理器。

在这些改进之后，内核部分却基本维持一样的大小——ARM2 有 30 000 个晶体管，而 ARM6 也只增长到 35 000 个。主要概念是以 ODM 的方式，使 ARM 核心能搭配一些选配的零件而制成一颗完整的 CPU，而且可在当时的圆晶厂里制作，以低成本的方式实现较高的性能。

在 ARM 的发展历程中，从 ARM7 开始，ARM 核就被普遍认可和广泛使用。

1995 年 StrongARM 问世，XScale 是下一代 StrongARM 芯片的发展基础，ARM10TDMI 是 ARM 处理器核中的高端产品，ARM11 是 ARM 家族中性能最强的一个系列。

进入 2000 年，受益于手机以及其他电子产品的迅速普及，ARM 系列芯片呈爆炸式增长，2001 年 11 月出货量累计突破 10 亿片，最成功的案例当属 ARM7，卖出了数亿片。2011 年，基于 ARM 系列的芯片单年出货 79 亿片，年营收 4.92 亿英镑（合 7.85 亿美元），净利润 1.13 亿英镑。图 2－4 所示为 2004 年公司聚会时的热闹场景。

图 2－4　2004 年 ARM 公司聚会时的热闹场景

ARM 处理器当前有 6 个产品系列：ARM7、ARM9、ARM10、ARM11、SecurCore 和 Cortex。ARM7、ARM9、ARM10 和 ARM11 是 4 个通用处理器系列，每个系列都提供一套特定的性能来满足设计者对功耗、性能和体积的需求。SecurCore 是第 5 个产品系列，是专门为安全设备而设计的。进入 21 世纪后，ARM 公司以全新的方式命名其产品系列，并以 Cortex 为前缀进行命名，而且每一个大的系列里又分为若干小的系列。

ARM Cortex 处理器采用全新的 ARMv7 架构，根据使用对象的不同，分为以下 3 大系列：

Cortex-A 系列：开放式操作系统的高性能处理器；

Cortex-R 系列：实时应用的卓越性能；

Cortex-M 系列：成本敏感的微处理器应用。

表 2－1 所列为 ARM 处理器内核列表。

表 2-1 ARM 处理器内核列表

架 构	处理器家族
ARMv1	ARM1
ARMv2	ARM2、ARM3
ARMv3	ARM6、ARM7
ARMv4	StrongARM、ARM7TDMI、ARM9TDMI
ARMv5	ARM7EJ、ARM9E、ARM10E、XScale
ARMv6	ARM11、ARM Cortex-M
ARMv7	ARM Cortex-A、ARM Cortex-M、ARM Cortex-R
ARMv8	支持 64 位的数据与寻址，ARM Cortex-A50

目前，在 Cortex-M 系列里，ARM 面向微处理器产业分别推出了 Cortex-M0/M3/M4 三款嵌入式处理器。我们可以发现，大部分半导体厂商都将产品重点聚集在 M3 这款内核上，有部分厂商已经开始尝试推出基于 M4 内核的产品。Cortex-M4 是 M3 的升级版，与 M3 相比，其具有更高的信号处理能力，在 M3 原有功能的基础上继续加强，适合对 MCU 有更高要求的市场；而 M0 则是 M3 的精简版，以前有很多用户使用 M3，现在可以选择 M0，因为 M0 比 M3 更简洁，在价格上也更加便宜，适合对 MCU 没有太高要求的市场。随着 M0 和 M4 产品的推出，已经对 M3 产品形成挤压，目前 M3 厂商压力比较大。

2.4 ARM 处理器的应用

ARM 处理器的应用领域很广，包含工业控制领域、无线通信领域、网络应用、消费类电子产品、成像和安全产品、移动互联网领域、3G 领域等。

1. 工业控制领域

作为 32 位的 RISC 架构，基于 ARM 核的微控制器芯片不但占据了高端微控制器市场的大部分市场份额，而且逐渐向低端微控制器应用领域扩展，ARM 微控制器的低功耗、高性价比，向传统的 8 位/16 位微控制器提出了挑战。汽车上使用的 ARM 设计正在进行中，包括驾驶、安全和车载娱乐等各种功能在内的设备有可能采用五六个 ARM 微处理器统一实现。

2. 无线通信领域

目前，无线通信领域已有超过 85％的无线通信设备（手机等）采用了 ARM 技术，在 PDA（Personal Digital Assistant，掌上电脑）一类的手持设备中，ARM 针对视频流进行了优化，并获得了广泛的支持。ARM 已经为蓝牙的推广做好了准备，有 20 多家公司的产品采用了 ARM 技术，如爱立信、Intel、科胜讯、朗讯、阿尔卡特、飞

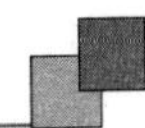

利浦、德州仪器等。ARM 以其高性能和低成本在该领域的地位日益巩固。

3. 网络应用

随着宽带技术的推广，采用 ARM 技术的 ADSL 芯片正逐步获得竞争优势。此外，ARM 在语音及视频处理上进行了优化，并获得了广泛支持，也对 DSP 的应用领域提出了挑战。

4. 消费类电子产品

ARM 技术在目前流行的数字音频播放器、数字机顶盒和游戏机中得到了广泛应用。

5. 成像和安全产品

现在流行的数码相机和打印机中绝大部分采用了 ARM 技术。GSM(全球移动通信系统)和 3G 手机中的 32 位 SIM 智能卡也采用了 ARM 技术。

6. 移动互联网领域

ARM 技术打造了世界级的 Web 2.0 产品，目前大多数智能手机采用 ARM11 处理器，以及基于 Cortex-A 处理器的 Web 2.0 手机，ARMv7 架构的设计为 Web 2.0 做了专门设计，矢量浮点运算单元 Thumb-2 和 Thumb-2 EE 指令用于解释器和 JITs NEON SIMD 技术。

7. 3G 领域

ARM + Android 操作系统组成的 3G 产品，包括：视觉捕捉系统、麦克风、手把、触控屏、全景摄影与体感设备、环绕音响等。

2.5　ARM 处理器的优点

ARM 处理器普遍具有的优点：体积小、功耗低、成本低、性能高，支持 Thumb(16 位)/ARM(32 位)双指令集，能很好地兼容 8/16 位器件，大量使用寄存器，指令执行速度更快，大多数数据操作都在寄存器中完成，寻址方式灵活简单，执行效率高，指令长度固定。

最新 ARM 处理器具有的特点：单核变双核，主频升高，多媒体性能大幅增强，内嵌的图形显示芯片越来越强劲，支持大数据量的存储介质，集成无线功能。

2.6　ARM 的优势

ARM 公司是一家知识产权(IP)供应商，它与一般的半导体公司最大的不同就是，不制造芯片且不向终端用户出售芯片，而是通过转让设计方案，由合作伙伴生产

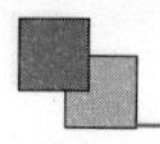

出各具特色的芯片。ARM 公司利用这种双赢的伙伴关系迅速成为全球性 RISC 微处理器标准的缔造者。这种模式也给用户带来巨大的好处，因为用户只需掌握一种 ARM 内核结构及其开发手段，就能够使用多家公司相同 ARM 内核的芯片。

图 2－5 所示为 1995—2013 年 ARM 芯片的销售成长业绩。

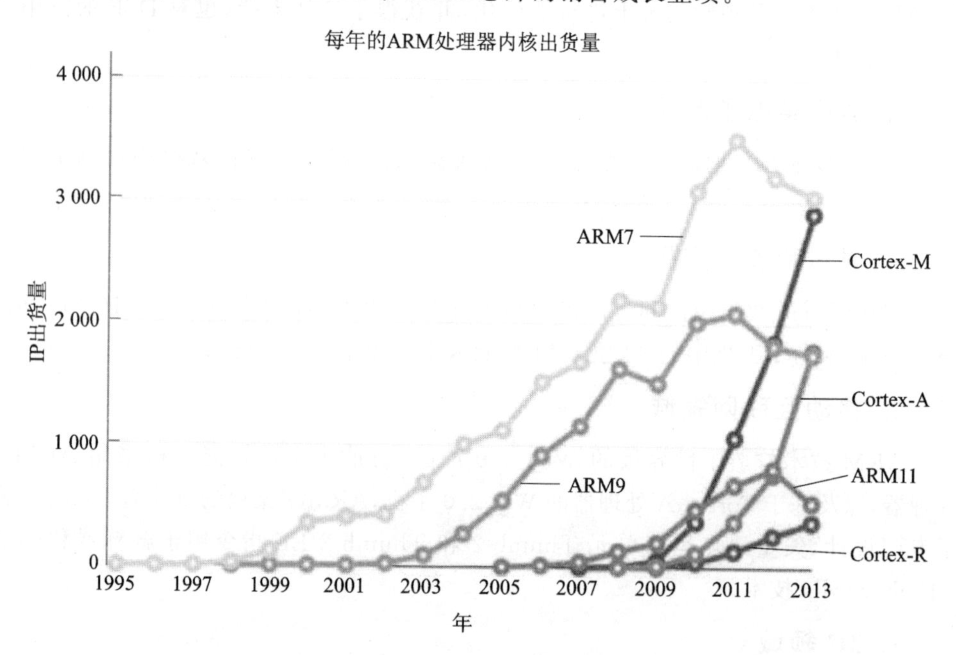

图 2－5　ARM 芯片的销售成长业绩

2.7　ARM 未来发展展望

ARM 公司最新的 ARMv8 架构已经推出，它首次亮相是在苹果第一枚 64 位处理器 A7 上，根据 AMR 公司最新的分析报告预计，到 2016 后，基于 ARMv8 芯片的智能手机将占据市场份额的 50％以上。换言之，从 ARMv7 转向 ARMv8 架构的芯片市场离饱和还差很远，2016 年及之后必将为 ARM 公司带来源源不断的收入。

另外，尽管 ARM 公司最出名的是 CPU 内核设计，但其 GPU 移动图形处理内核的发展却从未停止，而且还加大了对 GPU 和多媒体引擎研发的投入。在移动领域，GPU 处于领先地位的非 Imagination Technologies 公司莫属，但随着 ARM 公司的加大投入，自己的 GPU 设计也将越来越强大，且更具竞争力。其实，今天已有多家公司直接同时打包 ARM 的 CPU 和 GPU 内核授权，智能手机巨头三星就是最鲜明的例子。显然，AMR 公司的 GPU 解决方案在商业市场上已经取得初步成功。

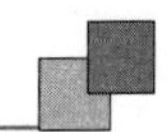

不只是 ARM 公司的 GPU 投资开始取得很好的回报，其物理 IP 解决方案亦是如此。很长一段时间内，ARM 公司都提供了行业内最全面、最先进的物理 IP 解决方案，帮助 SoC 一体式系统级芯片设计人员更快、更有效地完成设计。据 ARM 公司透露，其已经开始针对 14/16 nm FinFET 工艺提供物理 IP 方案。这也意味着，未来的时间里，随着新工艺芯片在移动设备领域的竞争越发激烈，AMR 公司通过物理 IP 获取的专利授权费用也将越多。

第3章

ARM Cortex-M0 处理器内核架构体系

ARM Cortex-M0 处理器是 ARM 公司现有的体积最小、功耗最低、能效最高的一款处理器，它基于一个高集成度、低功耗的 32 位处理器内核，采用一个 3 级流水线的冯·诺伊曼结构(von Neumann Architecture)。通过简单、功能强大的指令集以及全面优化的设计(提供包括一个单周期乘法器在内的高端处理硬件)，Cortex-M0 处理器可实现极高的能效。

Cortex-M0 处理器采用 ARMv6-M 结构，基于 16 位的 Thumb 指令集，并包含 Thumb-2 技术；提供了一个现代 32 位结构所希望的出色性能，代码密度比其他 8 位和 16 位微控制器都要高。

Cortex-M0 处理器在与像 Cortex-M3 这样的多功能处理器保持开发工具和二进制兼容性的同时，还能在系统成本上节约大量费用。这款处理器在 12k 等效门面积的基础上只有 85 mW/MHz(0.085 μW)的功耗，这使得生产极低功耗的模拟信号及混合信号设备成为可能。

图 3－1 所示为 ARM Cortex-M0 内部简化结构方框图。

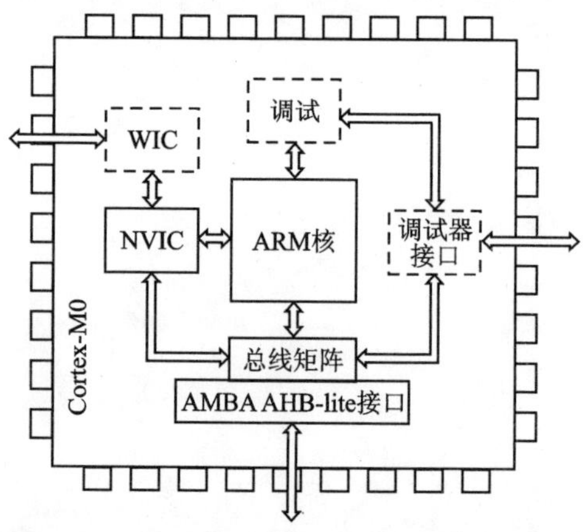

图 3－1　ARM Cortex-M0 内部简化结构方框图

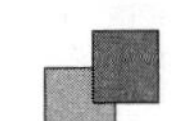

3.1　STM32F072 的特性和结构

STM32F0x2 系列微控制器目前包括 STM32F042 及 STM32F072 系列，STM32F072 的资源要比 STM32F042 的更多一些，本书以 STM32F072 为例进行介绍。

STM32F072 系列微控制器是意法半导体公司推出的基于 ARM Cortex-M0 内核的 32 位 RISC 内核产品，工作频率为 48 MHz，具有高速嵌入式闪存（Flash 最大 128 KB，SRAM 最大 16 KB），并广泛集成增强型外设和 I/O 口。所有器件都提供标准的通信接口（最多两个 I^2C，两个 SPI，一个 I^2S，一个 HDMI CEC，4 个 USART，一个 CAN，一个 USB2.0），一个 12 位 ADC，一个 12 位 DAC，最多 12 个定时器（包括一个高级控制 PWM 定时器，一个 32 位定时器和 7 个通用 16 位定时器，独立、系统的看门狗定时器，系统 SysTick 定时器）。STM32F0x2 系列微控制器可以工作在 −40～85 ℃（商业级）和 −40～105 ℃（工业级）温度范围，工作电压为 2.0～3.6 V，具备全面的为低功耗应用设计准备的省电模式。STM32F0x2 系列微控制器包括 4 种不同的封装，从 48 引脚到 100 引脚不等。这些特点使得 STM32F0x2 系列微控制器应用范围很广，如应用控制和用户界面、手持设备、A/V 接收机和数字电视、PC 外设、游戏和 GPS 平台、工业应用、可编程控制器、逆变器、打印机、扫描仪、报警系统、视频对讲、HVAC 等。

表 3-1 所列为 STM32F072 的功能和外设数量。图 3-2 所示为 STM32F072 结构组成框图。

表 3-1　STM32F072 的功能和外设数量

外围设备		STM32F072Cx		STM32F072Rx		STM32F072Vx	
Flash/KB		64	128	64	128	64	128
SRAM/KB		16		16		16	
定时器	高级控制	1(16 位)					
	通用	5(16 位) 1(32 位)					
	基本	2(16 位)					
通信接口	SPI [I^2S]*(1)	2[1]					
	I^2C	2					
	USART	4					
	CAN	1					
	USB	1					
	CEC	1					

续表 3-1

外围设备	STM32F072Cx	STM32F072Rx	STM32F072Vx
12 位同步 ADC （通道数）	1 （10 ext. +3 int.）	1 （16 ext. +3 int.）	
GPIO	37	51	87
电容传感通道	17	18	24
12 位 DAC （通道数）	1 （2）*(2)		
模拟比较器	2		
最大 CPU 频率	48 MHz		
工作电压	2.0～3.6 V		
工作温度	工作环境温度：−40～85 ℃，−40～105 ℃ 结温：−40～125 ℃		
封装	LQFP48 UFQFPN48 WLCSP49	LQFP64	LQFP100 UFBGA100

注：*（1）SPI 接口，可以用在 SPI 模式下，也可以用在 I^2S 音频模式下。

*（2）第二 DAC 通道只针对 STM32F07x 和 STM32F09x 器件。

3.2 STM32F072 存储器和外设寄存器边界映射

表 3-2 所列为外设寄存器边界地址。图 3-3 所示为 STM32F072 存储器映射。所有寄存器都是 32 位的。

表 3-2 STM32F072 外设寄存器边界地址

总 线	边界地址	大 小	外围设备
—	0x48001800～0x5FFFFFFF	～384 MB	保留
AHB2	0x48001400～0x480017FF	1 KB	GPIOF
	0x48001000～0x480013FF	1 KB	GPIOE
	0x48000C00～0x48000FFF	1 KB	GPIOD
	0x48000800～0x48000BFF	1 KB	GPIOC
	0x48000400～0x480007FF	1 KB	GPIOB
	0x48000000～0x480003FF	1 KB	GPIOA

续表 3-2

总　线	边界地址	大　小	外围设备
—	0x40024400～0x47FFFFFF	～128 MB	保留
AHB1	0x40024000～0x400243FF	1 KB	TSC
	0x40023400～0x40023FFF	3 KB	保留
	0x40023000～0x400233FF	1 KB	CRC
	0x40022400～0x40022FFF	3 KB	保留
	0x40022000～0x400223FF	1 KB	Flash 接口
	0x40021400～0x40021FFF	3 KB	保留
	0x40021000～0x400213FF	1 KB	RCC
	0x40020400～0x40020FFF	3 KB	保留
	0x40020000～0x400203FF	1 KB	DMA
—	0x40018000～0x4001FFFF	32 KB	保留
APB	0x40015C00～0x40017FFF	9 KB	保留
	0x40015800～0x40015BFF	1 KB	DBGMCU
	0x40014C00～0x400157FF	3 KB	保留
	0x40014800～0x40014BFF	1 KB	TIM17
	0x40014400～0x400147FF	1 KB	TIM16
	0x40014000～0x400143FF	1 KB	TIM15
	0x40013C00～0x40013FFF	1 KB	保留
	0x40013800～0x40013BFF	1 KB	USART1
	0x40013400～0x400137FF	1 KB	保留
	0x40013000～0x400133FF	1 KB	SPI1/I^2S1
	0x40012C00～0x40012FFF	1 KB	TIM1
	0x40012800～0x40012BFF	1 KB	保留
	0x40012400～0x400127FF	1 KB	ADC
	0x40010800～0x400123FF	7 KB	保留
	0x40010400～0x400107FF	1 KB	EXTI
	0x40010000～0x400103FF	1 KB	SYSCFG+COMP
—	0x40008000～0x4000FFFF	32 KB	保留

续表 3-2

总　线	边界地址	大　小	外围设备
APB	0x40007C00～0x40007FFF	1 KB	保留
	0x40007800～0x40007BFF	1 KB	CEC
	0x40007400～0x400077FF	1 KB	DAC
	0x40007000～0x400073FF	1 KB	PWR
	0x40006C00～0x40006FFF	1 KB	CRS
	0x40006800～0x40006BFF	1 KB	保留
	0x40006400～0x400067FF	1 KB	bxCAN
	0x40006000～0x400063FF	1 KB	USB/CAN RAM
	0x40005C00～0x40005FFF	1 KB	USB
	0x40005800～0x40005BFF	1 KB	I²C2
	0x40005400～0x400057FF	1 KB	I²C1
	0x40005000～0x400053FF	1 KB	保留
	0x40004C00～0x40004FFF	1 KB	USART4
	0x40004800～0x40004BFF	1 KB	USART3
	0x40004400～0x400047FF	1 KB	USART2
	0x40003C00～0x400043FF	2 KB	保留
	0x40003800～0x40003BFF	1 KB	SPI2
	0x40003400～0x400037FF	1 KB	保留
	0x40003000～0x400033FF	1 KB	IWDG
	0x40002C00～0x40002FFF	1 KB	WWDG
	0x40002800～0x40002BFF	1 KB	RTC
	0x40002400～0x400027FF	1 KB	保留
	0x40002000～0x400023FF	1 KB	TIM14
	0x40001800～0x40001FFF	2 KB	保留
	0x40001400～0x400017FF	1 KB	TIM7
	0x40001000～0x400013FF	1 KB	TIM6
	0x40000800～0x40000FFF	2 KB	保留
	0x40000400～0x400007FF	1 KB	TIM3
	0x40000000～0x400003FF	1 KB	TIM2

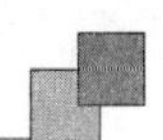

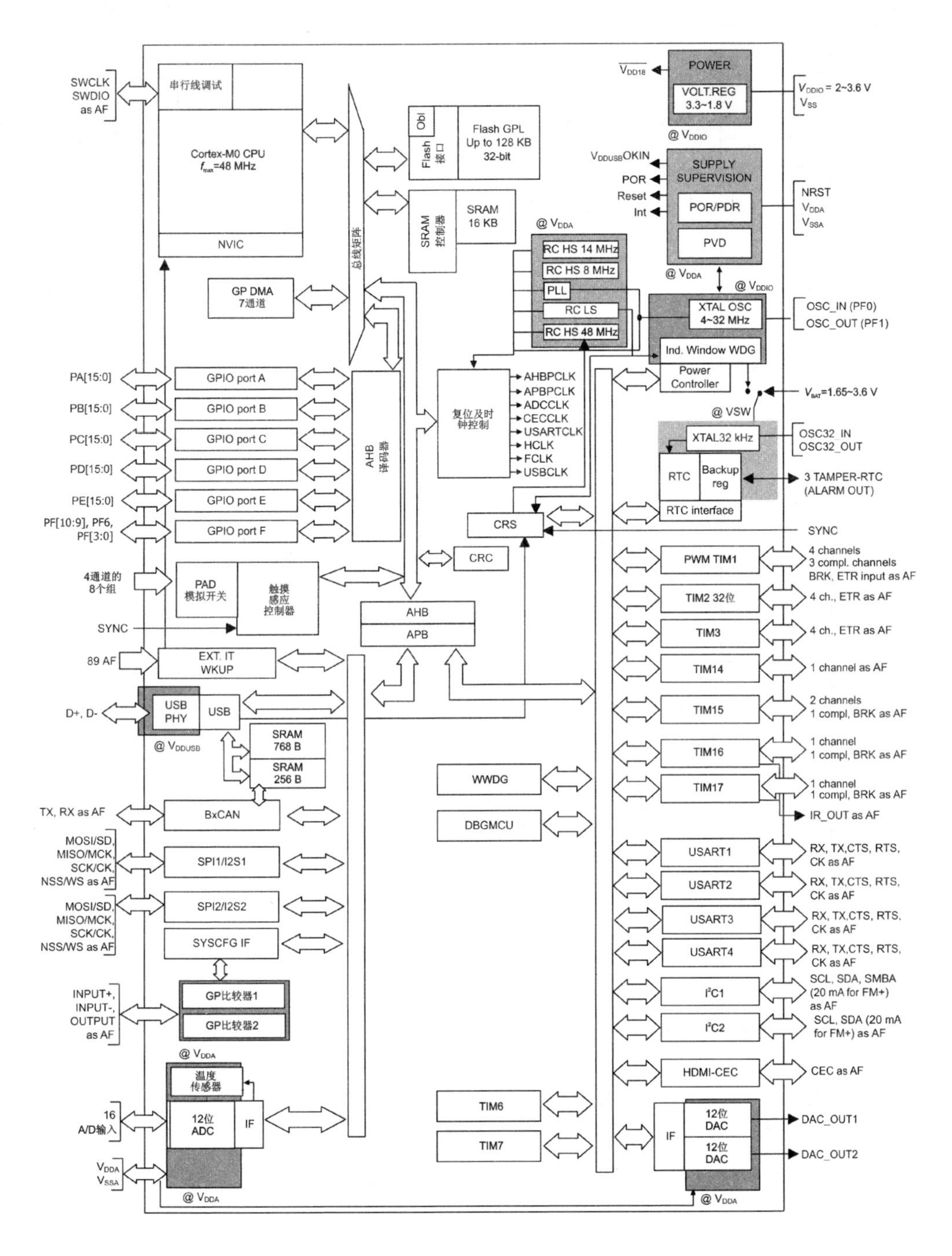

图 3-2　STM32F072 结构组成框图

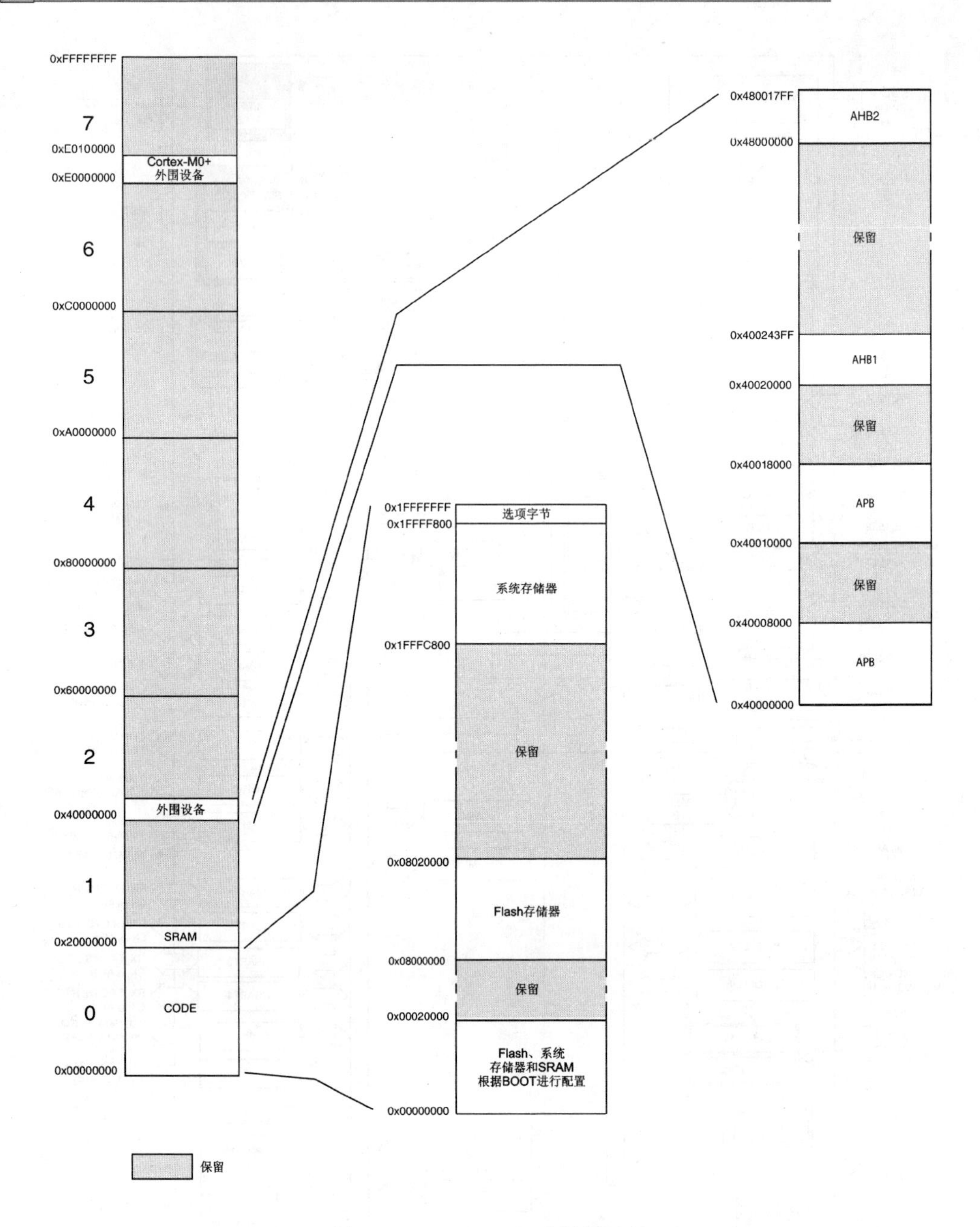

图 3-3　STM32F072 存储器映射

3.3 STM32F072 系统配置

3.3.1 时钟振荡器单元

图 3-4 所示为 STM32F072 的系统时钟振荡器单元(时钟树)。

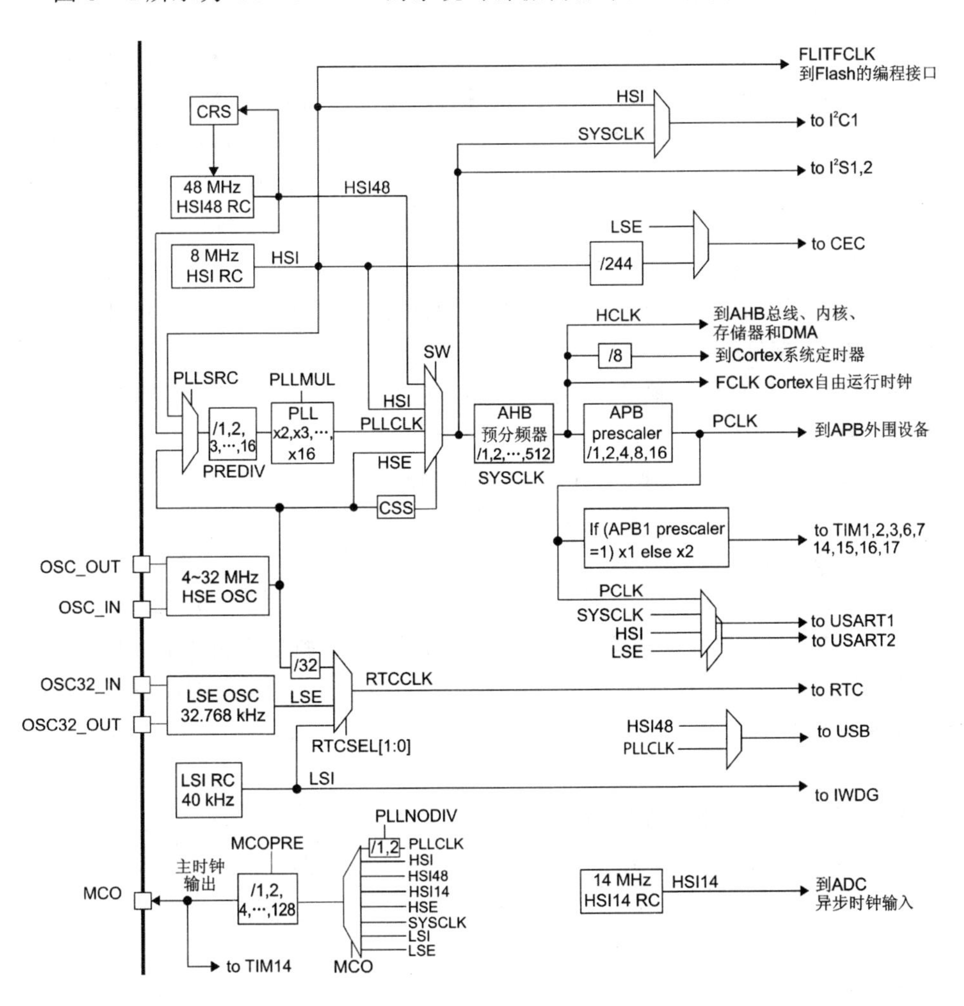

图 3-4 STM32F072 的系统时钟振荡器单元

系统时钟源(SYSCLK)及其他时钟源如下：

1. 系统时钟源

● HSE(外部高速晶振)：晶振范围为 4～32 MHz，可被外部时钟源旁路，外部时钟信号范围为 1～32 MHz；

● HSI(内部高速 RC 振荡器)：8 MHz，工厂已校准到±1%的精度；
● PLL：经过 2，3，…，16 倍频(所能输出的最低频率为 16 MHz)。

2. 其他时钟源

● LSI(内部低速 RC 振荡器)：小于 40 kHz。
● LSE (外部低速晶振)：32.768 kHz，可被外部时钟源旁路，最高频率为 1 MHz。外部晶振的驱动能力可配置。
● HSI14 (内部高速 14 MHz RC 振荡器)：专用于给 ADC 模块提供时钟。

时钟和启动系统时钟的选择在启动时执行，复位后，内部 8 MHz 的 RC 振荡器被选为默认的 CPU 时钟。可以选择 4～32 MHz 的外部时钟，如果它出故障，则会被监测到。如果检测到故障，那么系统会自动切换到内部 RC 振荡器；如果被允许，就会产生一个软件中断。同样，必要时对 PLL 时钟也有完整的中断管理，例如，一个间接使用外部晶振、谐振器或振荡器故障。

允许应用程序通过几个分频器来配置 AHB 和 APB 的频率。AHB 和 APB 的最高频率为 48 MHz。

MCO 引脚具备时钟输出能力，可选择输出 HSI14、SYSCLK、HSI、HSE 或 PLL/2 时钟进行观察。

RTC 时钟源有 3 种选择：LSE、LSI 或者 HSE/32。

3.3.2 复 位

STM32F072 系列微控制器的复位包括系统复位、电源复位和备份域复位。

系统复位将复位所有寄存器(除了备份域寄存器和某些 RCC 寄存器外)，系统的复位框图如图 3－5 所示。

系统的复位源有：

● NRST 引脚上来自外部的低电平；
● WWDG 复位；
● IWDG 复位；
● 通过 NVIC 的软件复位；
● 低功耗复位；
● 选项字节装载复位(FORCE_OBL)。

电源复位将复位所有寄存器(除了备份域寄存器外)，其复位源有：上电复位/掉电复位(POR/PDR)、退出待机模式等。

备份域复位将复位备份域(包括 RTC 寄存器、备份域数据寄存器和 RCC_BDCR 寄存器)，其复位源有：置位 BDRST @RCC_BDCR；V_{DD} 和 V_{BAT} 掉电后的任一一个上

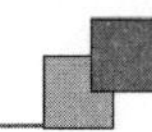

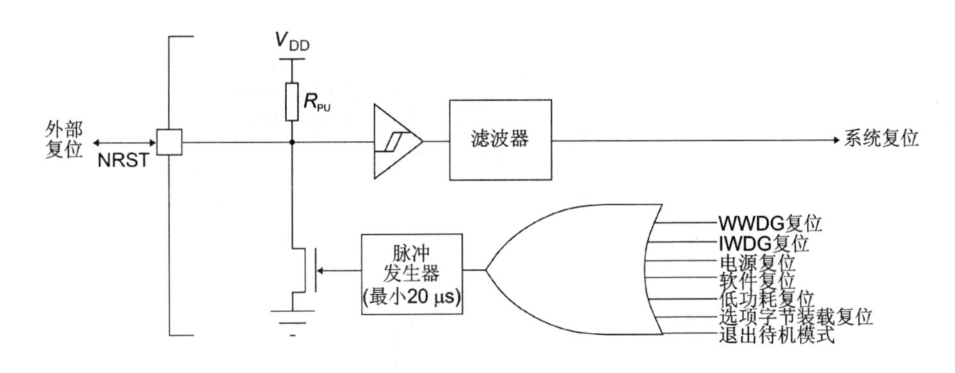

图 3-5　STM32F072 的系统复位框图

电。

3.3.3　电源管理

1. 供电方式

STM32F072 系列微控制器的供电分 V_{DD}、V_{DDA}、V_{BAT} 三种方式，电源系统的供电如图 3-6 所示。

V_{DD}=2.0～3.6 V：给 GPIO 和内部调压器供电，由外部通过 V_{DD}引脚提供。

V_{DDA}=2.0～3.6 V：给 ADC、DAC、复位模块、内部 RC 振荡器、PLL、比较器和温度传感器供电（使用 ADC 和 DAC 时，V_{DDA}的最低电压为 2.4 V）。

V_{BAT}=1.65～3.6 V：当 V_{DD}引脚断电时，V_{BAT}引脚为 RTC、外部 32 kHz 振荡器和后备寄存器（通过电源开关）供电。

电源引脚的连接为 V_{DD}和 V_{DDA}引脚，可以来自不同的电源，而 V_{SS}和 V_{SSA}引脚必须接地。

2. 电源监测

该器件集成了上电复位（POR）和掉电复位（PDR）电路。当供电电压在工作电压范围（2～3.6 V）以外时，芯片保持复位。POR 只监测 V_{DD}引脚，PDR 可以监测 V_{DD}引脚和 V_{DDA}引脚，可通过选项字节来关闭对 V_{DDA}引脚的检测以节省功耗（默认是使能监测）。

对于 POR 只监测 V_{DD}引脚供电电压的情况，在启动阶段，它需要 V_{DDA}引脚先上电，其值高于或等于 V_{DD}引脚的值。

对于 PDR 监测 V_{DD}引脚和 V_{DDA}引脚供电电压的情况，V_{DDA}电源监测可以被禁用（通过编程专用选项位），以降低功耗，前提是由应用设计来确保 V_{DDA}引脚的值一定高于或等于 V_{DD}引脚的值。

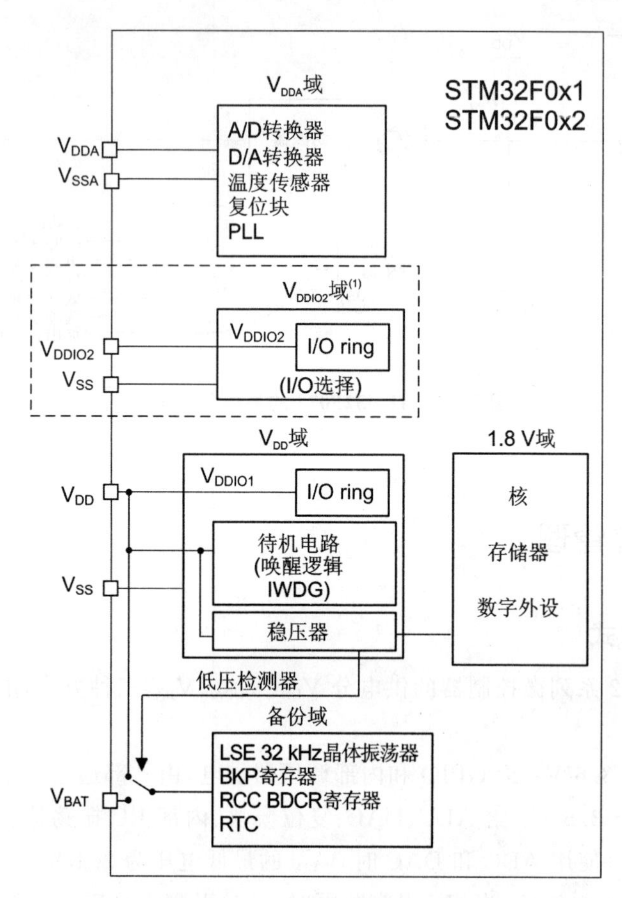

注：(1) 只针对STM32F04x、STM32F07x和STM32F09x器件。

图 3-6　STM32F072 系列微控制器电源系统的供电

该器件具有一个可编程电压监测器(PVD)，监视 V_{DD} 电源并将其值与 V_{PVD} 阈值比较。当 V_{DD} 引脚的值低于阈值 V_{PVD} 或当 V_{DD} 引脚的值高于阈值 V_{PVD} 时，可通过 EXTI16 产生一个中断，中断服务程序生成一个警告消息或置 MCU 于安全状态。PVD 由软件使能，在待机模式下 PVD 停止工作，门限范围从 2.1～2.9 V 可配置，间隔为 90 mV。

当使用同一个电源时，V_{DDA} 引脚可以通过外部滤波电路和 V_{DD} 引脚连在一起来保证模拟供电和参考电源的稳定。若使用不同电源，则需要注意以下几点：

- V_{DDA} 引脚的值要高于或等于 V_{DD} 引脚的值；
- 上电阶段，V_{DDA} 引脚必须先于 V_{DD} 引脚上电；
- 掉电时，允许短时间的 V_{DDA} 引脚的值低于 V_{DD} 引脚的值，单压差不能超过 0.4 V。

电池备份部分包含：低功耗的硬件日历 RTC(闹钟可把 MCU 从低功耗模式定期唤醒)、20 B 数据寄存器、32.768 kHz 晶振、RCC_BCSR 寄存器(RTC 使能以及时钟源选择+

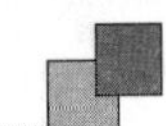

LSE使能，即配置）。

V_{BAT}独立电源的作用是：当V_{DD}引脚的值低于PDR检测电平时，开关自动打到V_{BAT}供电。开关由内嵌在复位模块中的PVD控制。

3. 内核低功耗管理

(1) 睡眠模式

M0内核提供两种模式：睡眠模式及深度睡眠模式。在两种模式下，MCU的功耗活动依赖于具体的芯片实现，它们是通过执行WFI或WFE指令而进入的(如果置位SLEEPONEXIT，那么可以在执行完唤醒MCU的中断后再自动进入睡眠，从而避免返回到空的主循环中)。

睡眠模式下又有两种状态：

① MCU只要执行了WFI/WFE指令就睡眠；

② MCU退出最低优先级中断后自动睡眠。

在睡眠模式下，内核停止工作，外设继续工作。为进一步降低睡眠模式下的功耗，用户可以在睡眠之前通过门控开关关闭不使用外设的时钟。

(2) 停止模式

在停止模式下，所有外设时钟、PLL、HSI和HSE都关闭，SRAM和寄存器内容还保持。如果之前RTC和IWDG正在运行，则系统进入停止模式后也不会停止。为进一步降低停止模式下的功耗，可以把电压调节器设置为低功耗模式。

如果使用WFI进入停止模式，则任何配置成中断模式且在嵌套向量中断控制(NVIC)使能的EXTI都可以用来唤醒系统。如果使用WFE进入停止模式，则任何配置成事件模式的EXTI都可以作为唤醒停止模式的源。EXTI的选择有：16个来自GPIO的外部中断线路、PVD输出、RTC闹钟、COMPx、I^2C1、USART1以及CEC。

如果将HSI配置为I^2C1、USART1和CEC的时钟，那么即使在停止模式下，这些外设也可以在收到数据时使能HIS。

从停止模式唤醒后，时钟配置又恢复为其默认状态，即HSI作为系统时钟。

(3) 低功耗待机模式

在待机模式下，电压调节器关闭，整个内核电压域掉电，SRAM和寄存器的内容丢失，只有备份域和待机电路中的寄存器例外，PLL、HSI谐振器和HSE晶振也都关闭。

如果RTC和IWDG使能，则可以在待机模式下继续运行。

待机模式下所有I/O都保持高阻，只有以下引脚例外：

- 复位引脚。
- RTC相关引脚(PC13/14/15)。PC14和PC15可通过RTC寄存器的配置而强制输出高或低电平。
- 唤醒(如果通过EWUPx=1使能，则对应引脚被强制成输入下拉)。

待机模式下的唤醒有以下几种方式：

- 唤醒引脚的上升沿；
- RTC 闹钟；
- 从外部作用在复位引脚上的低电平；
- 独立看门狗复位。

从待机模式唤醒后，程序执行流程和复位后一样。

3.4 STM32F072 中断控制

STM32F072 嵌入了 NVIC，能处理多达 32 个可屏蔽中断通道和 16 个优先级，它以最小的中断延迟提供灵活的中断管理功能。NVIC 管理着中断事件，并将事件请求送到中断控制器，以及将唤醒请求送到功耗管理模块，例如某些通信外设(UART、I^2C、CEC 和比较器)能在 MCU 处于停止模式时产生唤醒事件来把 MCU 唤醒。

3.4.1 STM32F072 的 NVIC 特性

STM32F072 的 NVIC 特性如下：

- 紧密耦合的 NVIC 能够快速进行中断处理；
- 中断向量入口地址直接传递到内核；
- 紧密结合的 NVIC 内核接口；
- 允许中断的早期处理；
- 对晚到的较高优先级中断的处理；
- 支持尾链；
- 自动保存处理器状态；
- 中断退出时再进入中断不会产生指令开销。

3.4.2 扩展中断/事件控制器

外部中断/事件控制器(EXTI)包含 24 条沿检测线，用于产生中断/事件请求和唤醒系统；每一路可以独立配置选择触发事件(上升沿，下降沿，两者)，可独立屏蔽；挂起寄存器维持中断请求的状态；可以在外部线路上检测到比内部时钟周期短的窄脉冲，可以连接到 16 个外部中断线路，多达 55 个 GPIO。

3.4.3 中断源

表 3-3 所列为 STM32F072 的中断源映射。

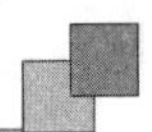

表 3-3 STM32F072 的中断源映射

位 置	优先级	优先级类型	名 称	说 明	地 址
—	—	—	—	保留	0x00000000
—	-3	固定	复位	复位	0x0000004
—	-2	固定	NMI	不可屏蔽中断，RCC 时钟安全系统(CSS)连接到 NMI 向量	0x0000008
—	-1	固定	HardFault	所有类型的失效	0x000000C
—	3	可设置	SVCall	通过 SWI 指令的系统服务调用	0x0000002C
—	5	可设置	PendSV	可挂起的系统服务	0x0000038
—	6	可设置	SysTick	系统滴答定时器	0x000003C
0	7	可设置	WWDG	窗口定时器中断	0x0000040
1	8	可设置	PVD_VDDIO2	PVD 和 V_{DDIO2} 电压比较中断(连接到 EXTI 线 16 和 31)	0x00000044
2	9	可设置	RTC	RTC 中断(连接到 EXTI 线 17、19 和 20)	0x00000048
3	10	可设置	FLASH	Flash 全局中断	0x0000004C
4	11	可设置	RCC_CRS	RCC 和 CRS 全局中断	0x00000050
5	12	可设置	EXTI0_1	EXTI Line[1:0]中断	0x00000054
6	13	可设置	EXTI2_3	EXTI Line[3:2]中断	0x00000058
7	14	可设置	EXTI4_15	EXTI Line[15:4]中断	0x0000005C
8	15	可设置	TSC	触摸传感器中断	0x00000060
9	16	可设置	DMA_CH1	DMA 通道 1 中断	0x00000064
10	17	可设置	DMA_CH2_3	DMA 通道 2 和 3 中断	0x00000068
			DMA2_CH1_2	DMA2 通道 1 和 2 中断	
11	18	可设置	DMA_CH4_5_6_7	DMA 通道 4、5、6 和 7 中断	0x0000006C
			DMA2_CH3_4_5	DMA2 通道 3、4 和 5 中断	
12	19	可设置	ADC_COMP	ADC 和 COMP 中断(ADC 中断连接到 EXTI 线 21 和 22)	0x00000070
13	20	可设置	TIM1_BRK_UP_TRG_COM	TM1 断开、更新、触发及减少中断	0x00000074
14	21	可设置	TIM1_CC	TIM1 捕获比较中断	0x00000078
15	22	可设置	TIM2	TIM2 全局中断	0x0000007C
16	23	可设置	TIM3	TIM3 全局中断	0x00000080

续表 3-3

位　置	优先级	优先级类型	名　称	说　明	地　址
17	24	可设置	TIM6_DAC	TIM6 全局中断和 DAC 完成中断	0x00000084
18	25	可设置	TIM7	TIM7 全局中断	0x00000088
19	26	可设置	TIM14	TIM14 全局中断	0x0000008C
20	27	可设置	TIM15	TIM15 全局中断	0x00000090
21	28	可设置	TIM16	TIM16 全局中断	0x00000094
22	29	可设置	TIM17	TIM17 全局中断	0x00000098
23	30	可设置	I^2C1	I^2C1 全局中断(连接到 EXTI 线 23)	0x0000009C
24	31	可设置	I^2C2	I^2C2 全局中断	0x000000A0
25	32	可设置	SPI1	SPI1 全局中断	0x000000A4
26	33	可设置	SPI2	SPI2 全局中断	0x000000A8
27	34	可设置	USART1	USART1 全局中断(连接到 EXTI 线 25)	0x000000AC
28	35	可设置	USART2	USART2 全局中断(连接到 EXTI 线 26)	0x000000B0
29	36	可设置	USART3_4_5_6_7_8	USART3、USART4、USART5、USART6、USART7、USART8 全局中断(连接到 EXTI 线 28)	0x000000B4
30	37	可设置	CEC_CAN	CEC 和 CAN 全局中断(连接到 EXTI 线 27)	0x000000B8
31	38	可设置	USB	USB 全局中断(连接到 EXTI 线 18)	0x000000BC

3.5 STM32F072 引脚封装

STM32F072 使用 4 种封装：UFBGA、LQFP、UFQFPN 和 WLCSP。

图 3-7 所示为 UFBGA100 封装，图 3-8 所示为 LQFP100 封装，图 3-9 所示为 LQFP64 封装，图 3-10 所示为 LQFP48 封装，图 3-11 所示为 UFQFPN48 封装，图 3-12 所示为 WLCSP49 封装。

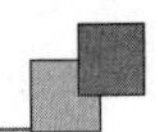

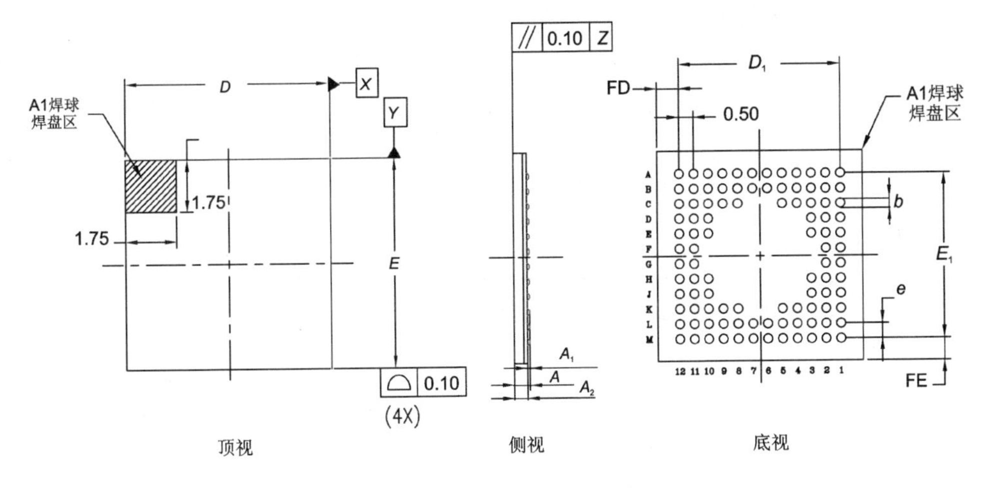

图3-7　UFBGA100封装

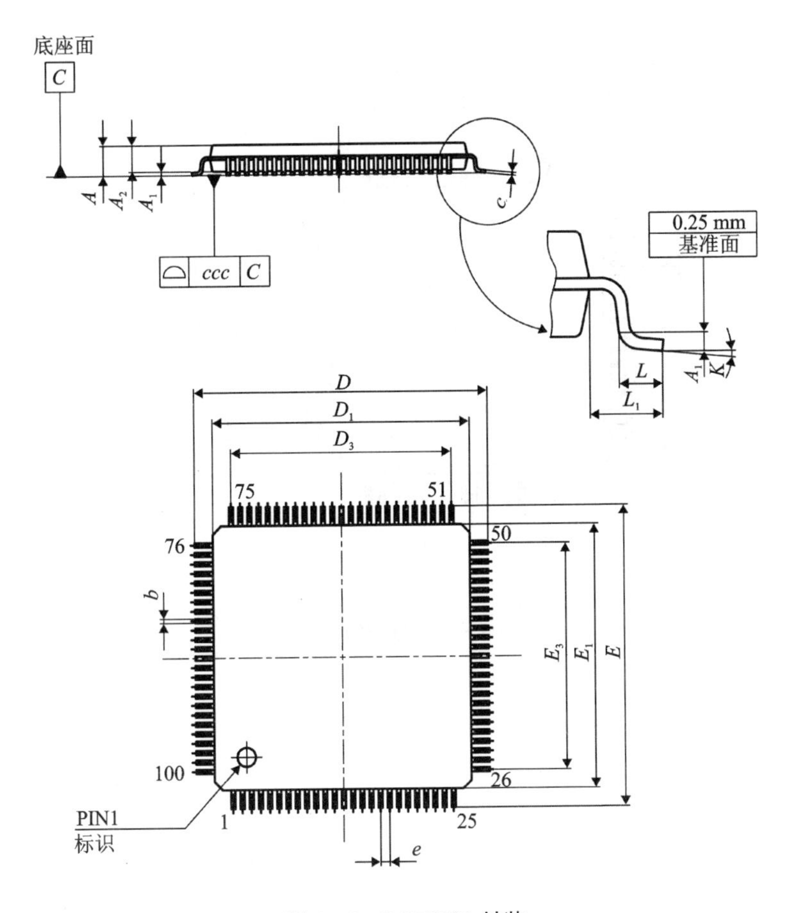

图3-8　LQFP100封装

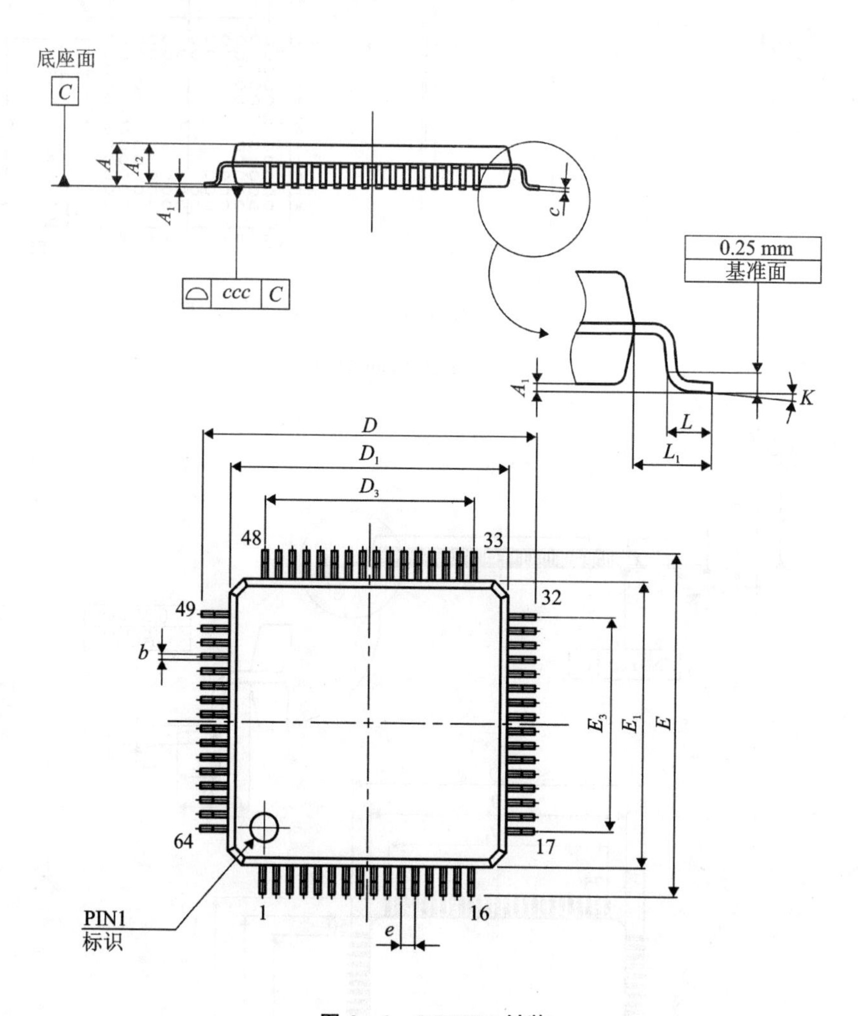

图 3-9　LQFP64 封装

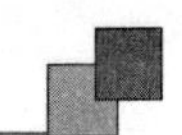

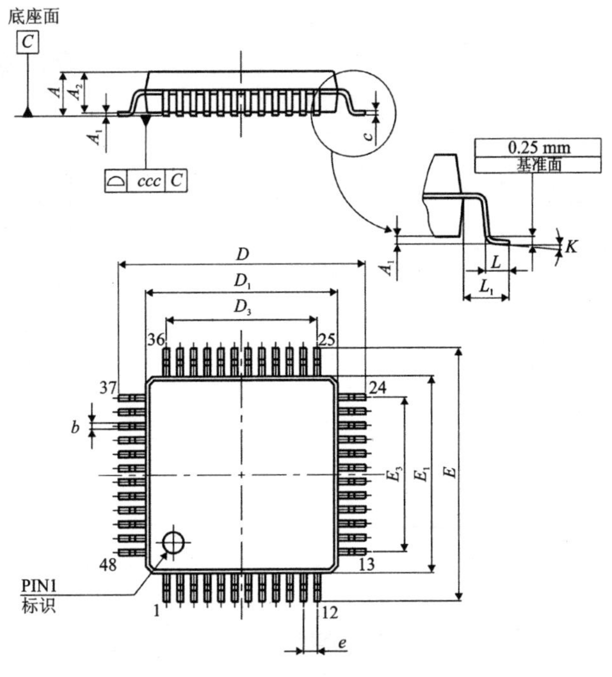

图 3-10　LQFP48 封装

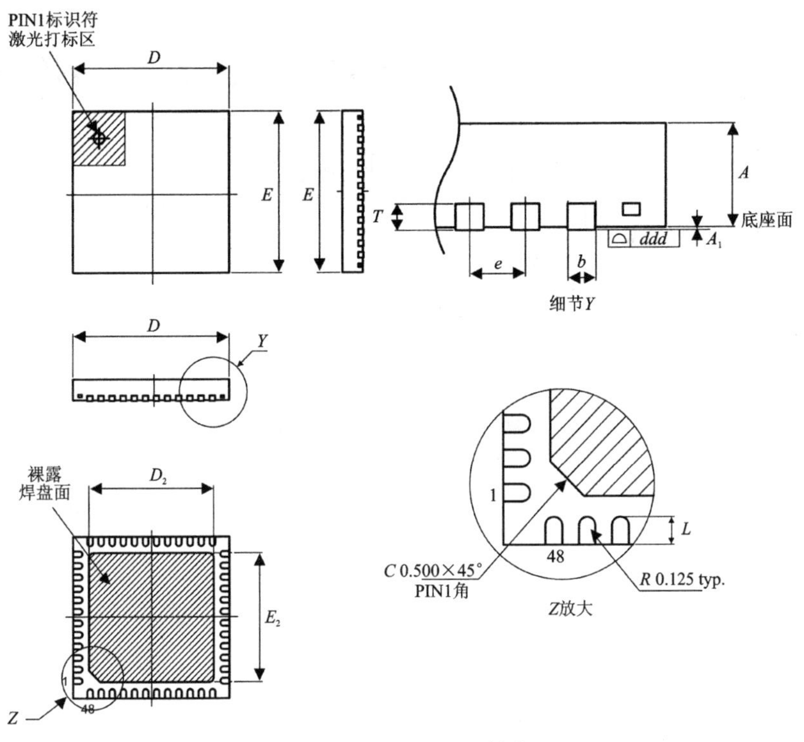

图 3-11　UFQFPN48 封装

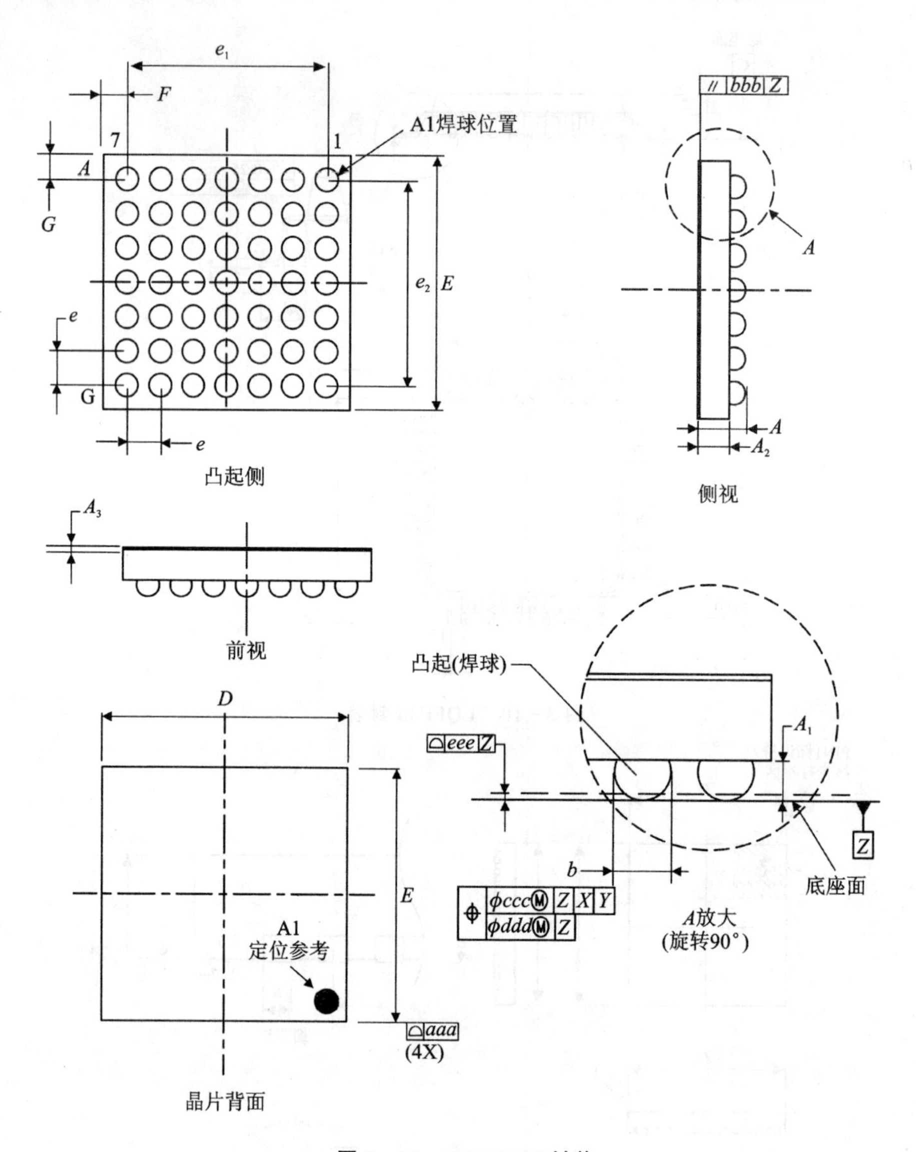

图 3-12 WLCSP49 封装

第 4 章

开发/实验工具介绍及第一个 STM32F072 入门程序

4.1 RealView MDK 5.15 开发环境及厂商软件包安装

安装最新的 RealView MDK 5.15 开发环境前，需要先卸载之前安装的旧版本的 RealView MDK。安装 RealView MDK 5.15 版很方便，一直单击 Next 按钮即可。可以安装在 C 盘的默认路径下，也可以更改路径安装在其他盘中。安装完成后在桌面自动生成 Keil μVision5 图标，双击该图标即可打开 RealView MDK 5.15 开发环境。图 4-1 和图 4-2 所示为安装界面。

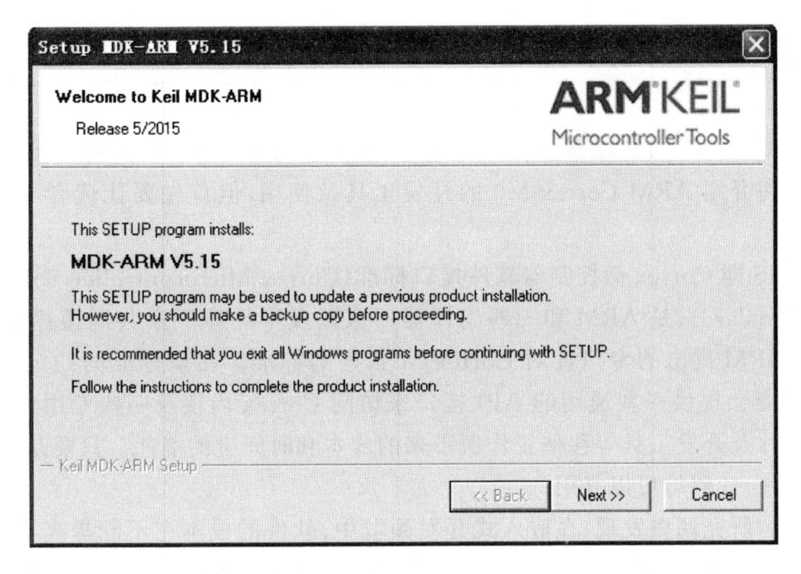

图 4-1 安装 RealView MDK 5.15 界面(1)

但是，从 MDK 5.0 版本后，厂商支持包不再包含在安装执行文件中，而是以软

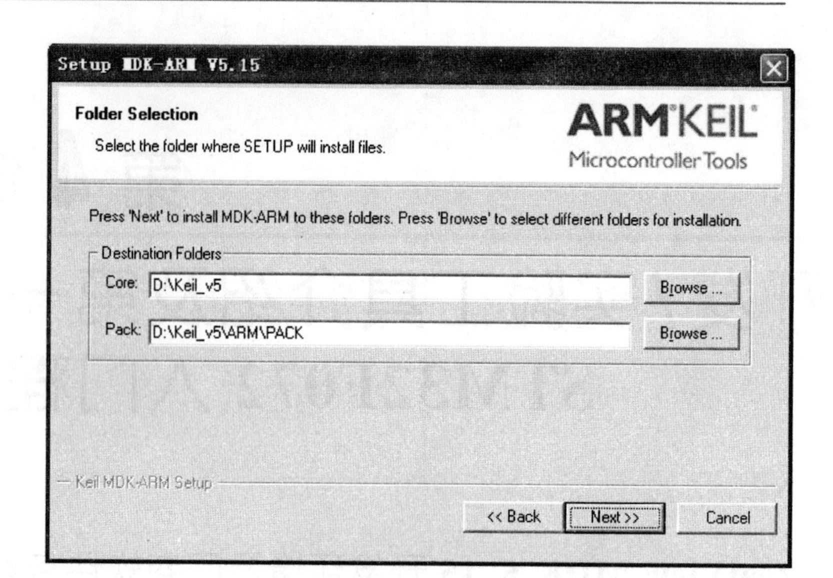

图 4-2　安装 RealView MDK 5.15 界面 2

件包的形式选择安装。由于是国外网站，在线安装时速度非常慢，所以建议读者下载后独立安装，下载链接地址为 http：//www.keil.com/dd2/pack/。我们的实验板使用的是 STM32F072RB，因此作者只下载 Keil.STM32F0xx_DFP.1.4.0.pack 软件包即可；如果有读者使用 STM32F103 芯片，则可以下载安装 Keil.STM32F1xx_DFP.1.1.0.pack 软件包。

4.2　CMSIS 简介

当学习一种新的处理器设计时，实验与实践是必不可少的，否则只能是纸上谈兵。本节将介绍 ARM Cortex-M0 的开发工具及使用，但首先要让读者了解 ARM 的 CMSIS。

CMSIS 即 Cortex 微控制器软件接口标准(Cortex Microcontroller Software Interface Standard)，是 ARM 和一些编译器厂家以及半导体厂家共同遵循的一套标准，是由 ARM 提出的专门针对 Cortex-M 系列的标准。在该标准的约定下，ARM 和芯片厂商会提供一些通用的 API 接口来访问 Cortex 内核及一些专用外设，以减少更换芯片及开发工具等移植工作所带来的成本和时间上的消耗。只要是基于相同内核的芯片，代码均可以复用。

近期的研究调查发现，在嵌入式开发领域中，软件的成本在不断提高，相反硬件的成本却逐年降低，图 4-3 所示为软硬件成本对照图。因此，嵌入式领域的公司越来越把精力放到软件上，但软件在芯片或开发工具更新换代中的代码的重用性不高。随着 Cortex-M 处理器大量地投放市场，ARM 公司意识到建立一套软件开发标准的

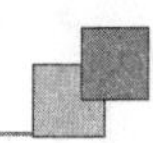

重要性，CMSIS应运而生。

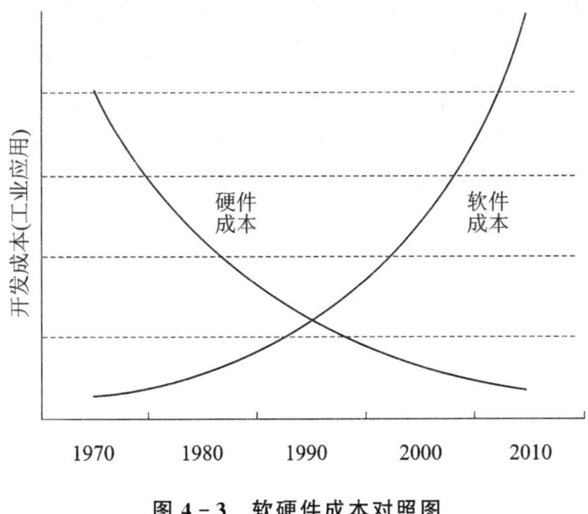

图4-3 软硬件成本对照图

4.2.1 CMSIS的架构

CMSIS可以分为以下3个基本功能层：

- 核内外设访问层(Core Peripheral Access Layer，CPAL)；
- 中间件访问层(Middle Ware Access Layer，MWAL)；
- 设备外设访问层(Device Peripheral Access Layer，DPAL)。

CMSIS的软件架构如图4-4所示。

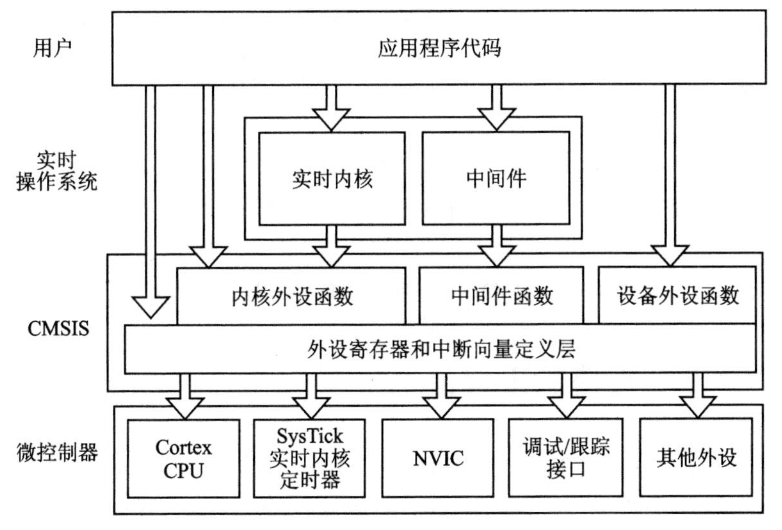

图4-4 CMSIS的软件架构

CPAL 层、MWAL 层和 DAAL 层的作用如下：

- CPAL 层用来定义一些 Cortex-M 处理器内部的寄存器地址及功能函数。例如，对内核寄存器、NVIC 和调试子系统的访问。一些对特殊用途寄存器的访问被定义成内联函数或内嵌汇编的形式。该层的实现由 ARM 提供。
- MWAL 层定义访问中间件的一些通用 API，该层也由 ARM 负责实现，但芯片厂商需要根据自己的设备特性进行更新。目前该层仍在开发中，还没有更进一步的消息。
- DPAL 层和 CPAL 层类似，用来定义一些硬件寄存器的地址及对外设的访问函数。另外，芯片厂商还需要对异常向量表进行扩展，以实现对自己设备的中断处理。该层可引用 CPAL 层定义的地址和函数，由具体的芯片厂商提供。

4.2.2 CMSIS 文件结构

不同芯片的 CMSIS 头文件也有所不同，但基本结构是一致的。CMSIS 对头文件名给出了标准定义，以 STM32F0xx 系列为例，图 4-5 所示为其 CMSIS 头文件的结构。其中：stdint.h 包含对 8、16、32 位等数据类型指示符的定义，主要用来屏蔽不同编译器之间的差异；core_cm0.h 和 core_cm0.c 中包含了 Cortex-M0 核全局变量的声明和定义，并定义了一些静态功能函数；stm32f0xx.h 和 system_stm32f0xx.c 包含的是不同芯片厂商定义的系统初始化函数及一些系统时钟的定义配置和时钟变量等。CMSIS 提供的文件比较多，但使用时一般只包含 stm32f0xx.h 和 system_stm32f0xx.h 即可。

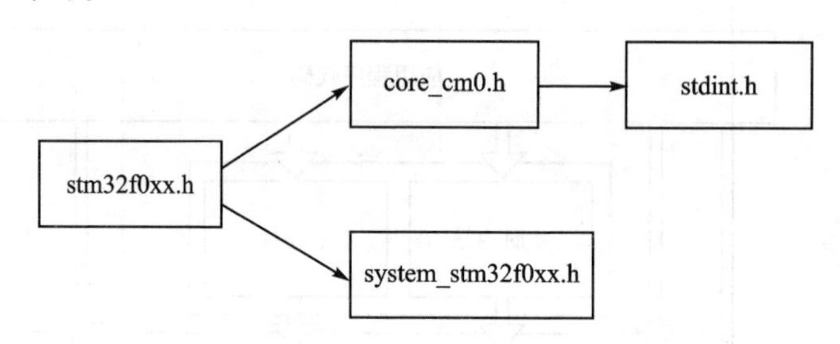

图 4-5 STM32F0xx 系列 CMSIS 头文件的结构

4.2.3 CMSIS 支持的工具链

CMSIS 目前支持三大主流的工具链，即 ARM RealView(armcc)、IAR EWARM(iarcc)和 GNU Compiler Collection(gcc)。通过在 core_cm0.h 中屏蔽下面的关键字即可使用不同的编译器。

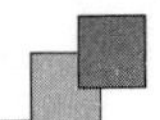

在core_cm0.h中有如下定义：

```
/* define compiler specific symbols */
#if defined ( __CC_ARM )
    #define __ASM __asm                    /*!< asm keyword for armcc */
    #define __INLINE __inline              /*!< inline keyword for armcc */
#elif defined ( __ICCARM__ )
    #define __ASM __asm                    /*!< asm keyword for iarcc */
    #define __INLINE inline                /*!< inline keyword for iarcc. Only
                                           avaiable in High optimization mode! */
        #define __nop __no_operation       /*!< no operation intrinsic in iarcc */
#elif defined ( __GNUC__ )
        #define __ASM asm                  /*!< asm keyword for gcc */
        #define __INLINE inline            /*!< inline keyword for gcc */
#endif
```

4.2.4 CMSIS与MISRA-C的规范兼容要求

CMSIS要求定义的API和编码与MISRA-C 2004规范兼容。MISRA-C是由MISRA(Motor Industry Software Reliability Association,汽车工业软件可靠协会)提出的,意在增加代码的安全性。该规范提出了一些标准,例如：规则12,不同名空间中的变量名不得相同;规则13,不得使用char、int、float、double和long等基本类型,应该用自己定义的类型表示类型的大小,如CHAR8、UCHAR8、INT16、INT32、FLOAT32、LONG64和ULONG64等;规则37,不得对有符号数施加位操作,例如,1≪4将被禁止,必须写1UL≪4。

4.3 STM32F0x2实验工具

实验工具使用Mini STM32 DEMO V04开发板+J-link仿真调试器进行STM32F0x2处理器的学习及设计。图4-6所示为Mini STM32 DEMO V04开发板外形的正反面。

Mini STM32 DEMO V04开发板为多功能实验板,对入门实验及学成后开发产品很有帮助,其主要的学习实验功能有：

- STM32F0x2的输入/输出设计实验;
- STM32F0x2中断应用设计实验;
- 彩色液晶屏(TFT)的驱动显示实验;
- 通用异步串口USART设计实验;
- 定时器和计数器设计实验;

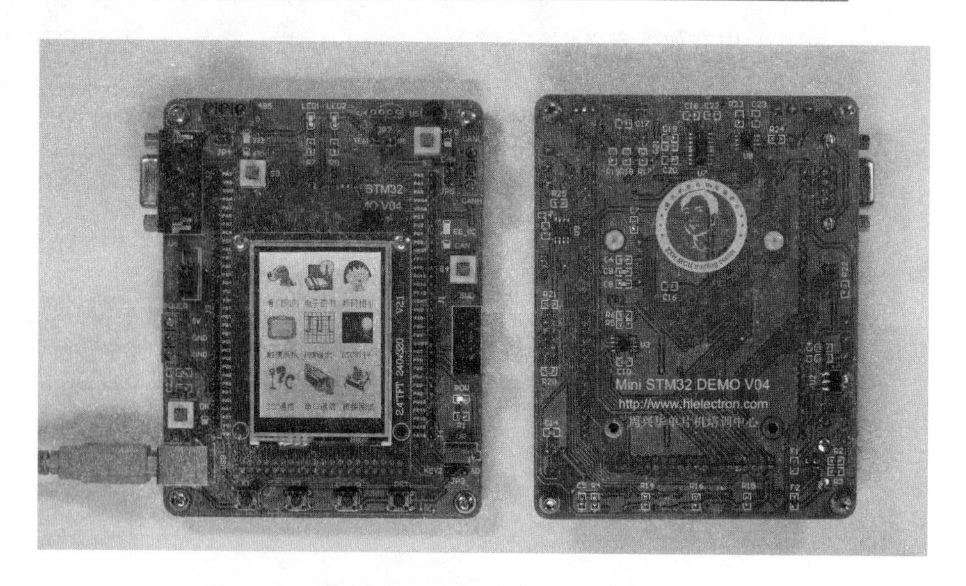

图 4-6　Mini STM32 DEMO V04 开发板外形的正反面

- PWM 及 DAC 输出实验；
- ADC 设计实验；
- DMA 控制器特性及应用实验；
- RTC 实时时钟特性及应用实验；
- I^2C 总线实验；
- RS-485 总线设计实验；
- CAN 总线设计实验；
- 红外遥控解码实验；
- 精密温度测量 DS18B20 实验；
- 温度湿度测量 DHT11 实验；
- 触摸芯片 XPT2046(SPI 总线)实验；
- SD 卡读/写实验；
- 看门狗定时器 WDT 特性及实验；
- 2.4 GHz 无线收/发模块 NRF24L01 设计实验；
- 文件系统及电子书设计实验；
- BMP 位图结构及数码相框实验；
- RTX Kernel 实时操作系统应用实验；
- μCOS-II 实时操作系统应用实验。

图 4-7 所示为 Mini STM32 DEMO V04 开发板电路原理图。各单元部分的功能简介如下：

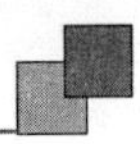

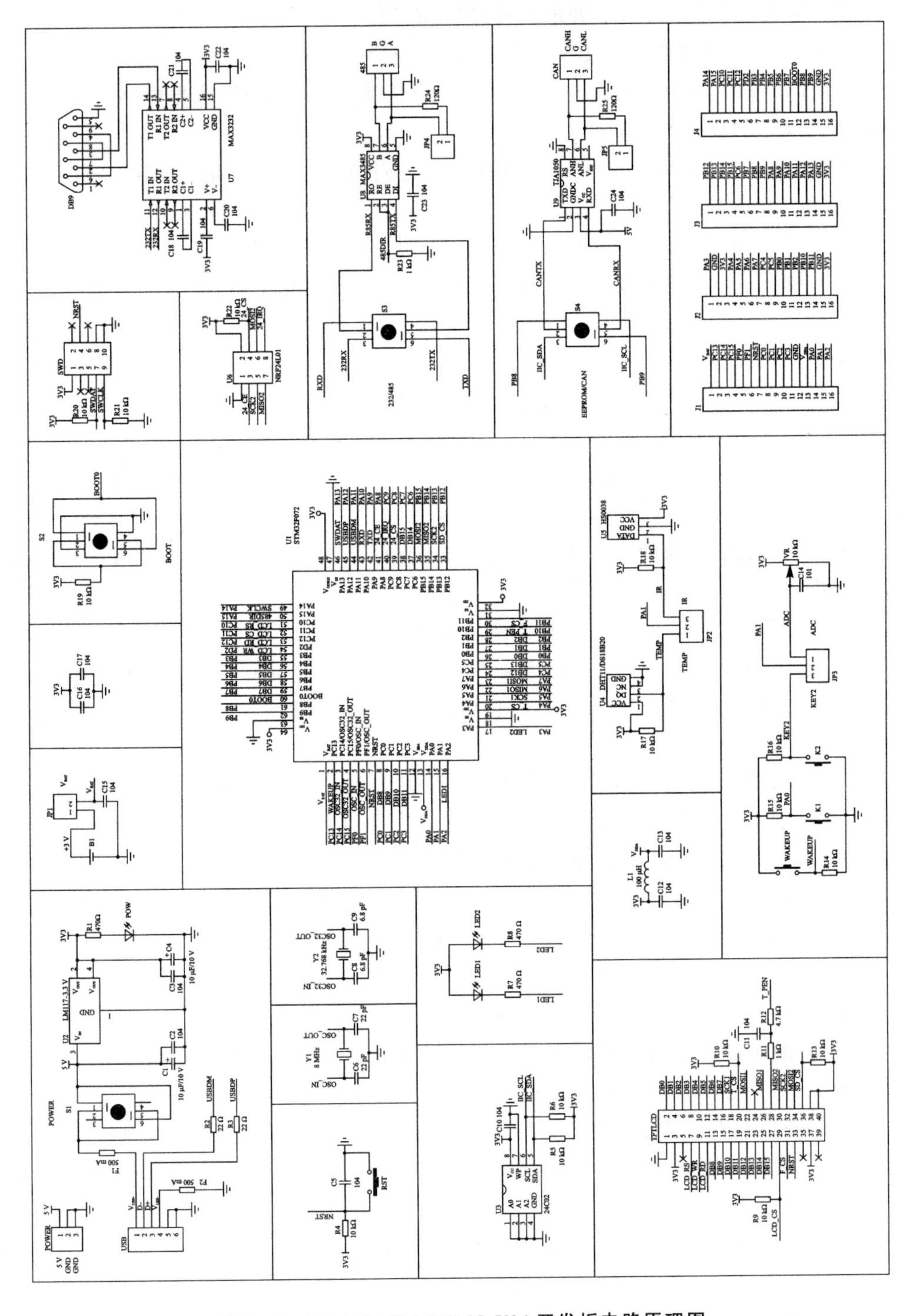

图 4-7　Mini STM32 DEMO V04 开发板电路原理图

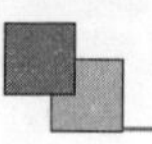

U1 为 ARM Cortex-M0 处理器 STM32F072。

R4、C5 及轻触按键开关 RST 构成主复位电路。

Y1、C6 和 C7 为外部晶振电路，它们与 U1 一起构成 8 MHz 主振电路（在芯片内部倍频为 48 MHz）。

Y2、C8、C9 为外部 32 768 Hz 晶振电路，它们与 U1 一起构成 32.768 kHz 实时时钟振荡电路 RTC。

标号为 USB 的连接器为 USB 型插口，通过它从计算机上取电，经过开关 S1 后，再由 U2 稳压输出 3.3 V 主电源供开发板使用。发光二极管 POW 为电源指示。

带锁定按键开关 S1 为电源开关，按下 S1 闭合后，Mini STM32 DEMO V04 开发板上电工作。

POWER 连接器可向外部其他设备提供 5 V 供电电源。

R2、R3 连接到 USB 口的 D+、D－端，便于后续开发 USB 产品。

U3 为 I^2C 总线接口的 EEPROM，通过开关 S4 与 U1 的 PB8、PB9 连接，便于做 I^2C 总线实验。

LED1 和 LED2 为两个发光二极管，与 U1 的 PA2 和 PA3 连接，可用于开关量输出的指示。

TFTLCD 为驱动 240×320 彩色液晶的接口，是一个 2×20、间距为 2.54 mm 的双排针，这里外接一块 2.4 英寸的带触摸功能及 SD 卡座的彩色液晶。使用彩色液晶后，不仅人机互动功能大大加强，而且可以做一些比较时髦的学习实验，如数码相框、电子书等。

JP1 排针可以接短路帽，这样芯片 U1 可以由 3.0 V 纽扣电池 B1 提供后备电源，防止由于主电源突然断电而丢失数据。

带锁定按键开关 S2 为程序下载使能电路，按下 S2 后，STM32F072 进入下载状态，可以通过串口下载程序（需要相应的下载软件支持）；再次按动 S2 后，S2 弹起，此刻 STM32F072 处于正常工作状态。

L1、C12、C13 组成滤波电路，给 STM32F072 的模拟电路部分提供稳定、纯净的工作电源。

K1 轻触按键开关与 STM32F072 的 PA0 连接，K2 通过 JP3 用短路帽跳线后连接到 PA1，可用于开关量的输入实验。

WAKEUP 轻触按键开关与 U1 的 PC13 连接，可用于深度睡眠唤醒实验。

VR 为精密多圈式电位器，它得到的模拟电压送到 STM32F072 的 PA1，可用于 A/D 实验。

U4 为四圆孔插座，可外接精密温度传感器 DS18B20 进行测温；也可外接温度湿度传感器 DHT11，同时测试温度与湿度。

U5 为红外遥控接收器 HS0038，可以实现红外遥控接收解码及控制的实验。

SWD是一个2×5、间距为2.54 mm的双排针，它作为调试接口，需要时可以SWD方式调试STM32F072，或者下载程序。

U6是一个2×4、间距为2.54 mm的双排针，可外接2.4 GHz无线收发模块NRF24L01，便于做数据的无线收/发实验或进行无线组网实验。

U7为通信芯片MAX3232，它通过S3按键开关与U1的PA9和PA10连接，方便与PC连接做RS-232通信实验，同时也可以通过它实现程序的下载。

U8为RS-485总线通信芯片MAX3485，它通过S3按键开关与U1的PA9和PA10连接，可以用于RS-485的远程组网通信实验。

U9为CAN总线通信芯片TJA1050，它通过S4按键开关与U1的PB8和PB9连接，可以用于CAN的高可靠性远程组网通信实验。

J1～J4为2.54 mm间距的单排针，它将STM32F072的所有64个引脚引出，便于外扩其他器件。

4.4　STM32F0x2系列开发过程的文件管理及项目设置

4.4.1　文件管理

每次开发新建一个设计文件夹(例如F072_TEST)来存放整个工程项目时，就在该项目文件夹下建立User、System、Drive和Lib四个不同的子文件夹，用来存放不同类别的文件，如图4-8所示。

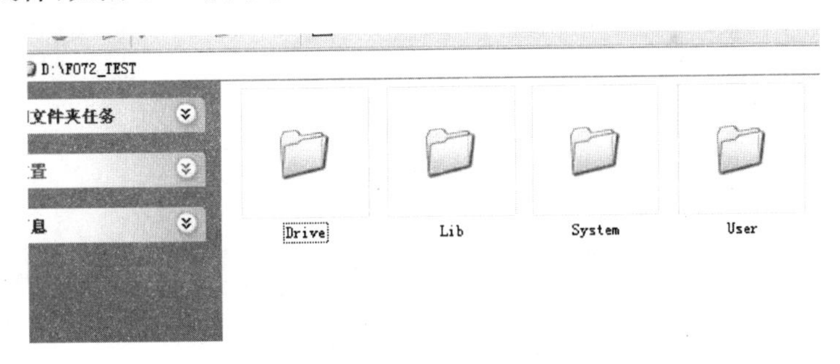

图4-8　文件管理

User：存放用户源代码文件，有main.c、stm32f0xx_it.h和stm32f0xx_it.c(中断函数)。中断函数可以直接复制Keil公司的例程文件。

System：存放M0与内核相关的系统文件。

Drive：存放设计中使用的其他与硬件相关的驱动文件，必须同时有配套的.c文件及.h文件。

Lib：库文件，直接把从ST公司网站下载的库文件夹Libraries\STM32F0xx_

StdPeriph_Driver\inc 及 src 文件包复制到 Lib 文件夹下。

另外，当新建工程完成后，开发环境还会自动建立 Objects 和 Listings 两个文件夹，其中，Objects 用于存放编译输出的调试信息文件及 HEX 文件，Listings 用于存放编译输出的列表文件。

4.4.2 项目管理及选项设置

① 双击"Keil μVision5"图标启动 MDK，在 Project 菜单下新建工程项目，项目名最好与文件夹名相同(例如 F072_TEST. uvprojx)；单击"保存"按钮后弹出选择器件对话框(见图 4-9)，选择 STMicroelectronics，单击前面的加号展开；然后选中"STM32F0 Series"系列并展开；接着选中"STM32F072"并再次展开；最后选中"STM32F072RB"(这是我们的实验板使用的器件)，单击 OK 按钮，如图 4-10 所示。随后会弹出一个管理运行时间环境(Manage Run-Time Environment)的界面，关闭它即可。

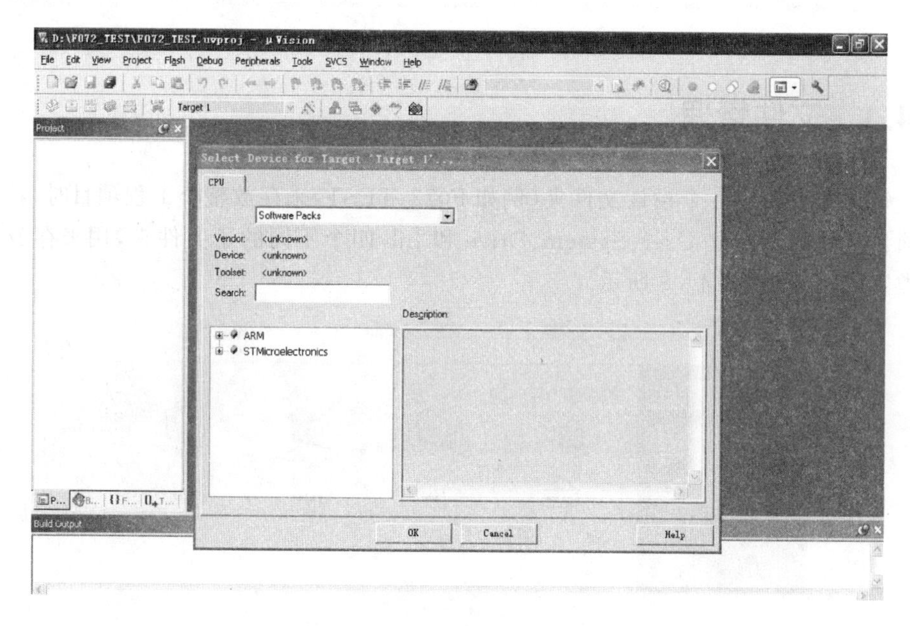

图 4-9 弹出选择器件对话框

② 在 Project 面板中右击"Target 1"，在弹出的快捷菜单中选择"Manage Project Items"，弹出 Manage Project Items 对话框，在 Groups 列表框中添加 Startup、System、User、Drive 和 Lib 五个新组来放置不同类型的文件(见图 4-11)，也可以根据个人编程习惯取不同的名字，当然也可以删除原来的 Source Group 1 组(见图 4-12)。

③ 将 STM32F072RB 的启动文件 startup_stm32f072. s 添加到 Startup 组中，如

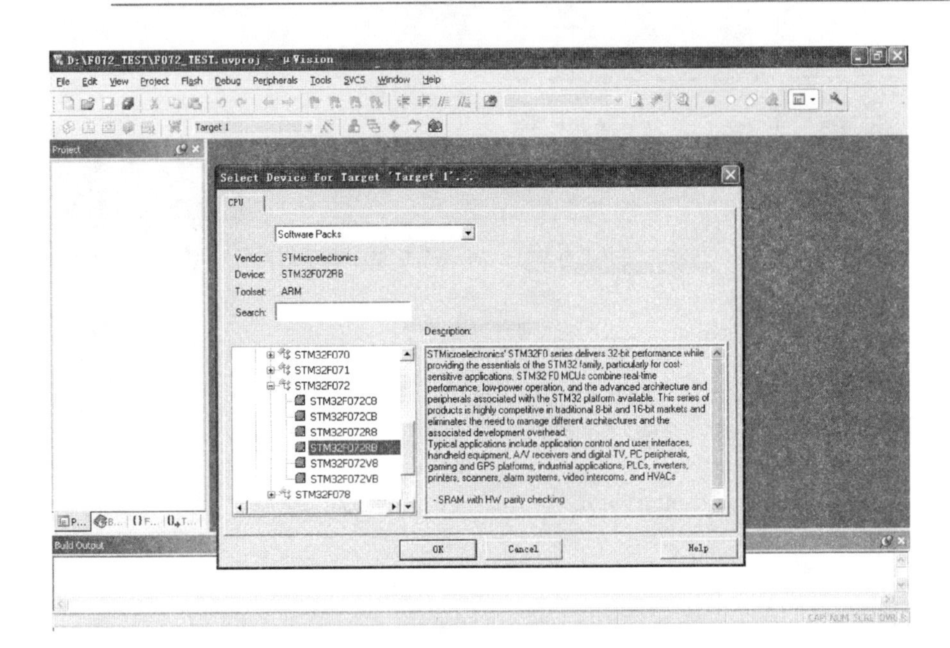

图 4-10　最后选中“STM32F072RB”

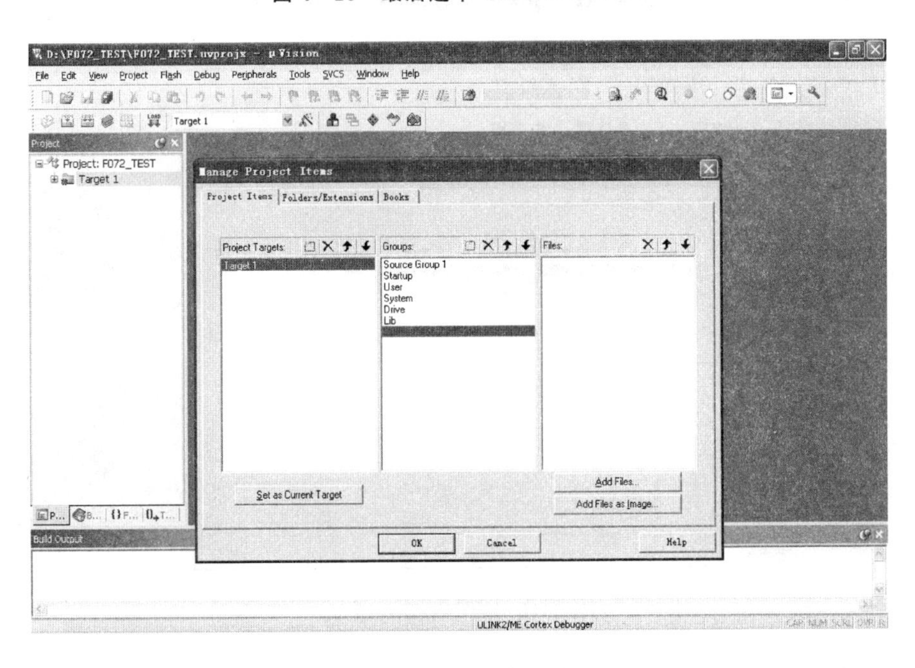

图 4-11　添加 Startup、System、User、Drive 和 Lib 五个新组

图 4-13 所示。

④ 添加 system_stm32f0xx.c 到 System 组(见图 4-14),system_stm32f0xx.c 所在目录为 Keil 安装目录\ARM\Boards\ST\STM32072B-EVAL\RTX_Blinky。

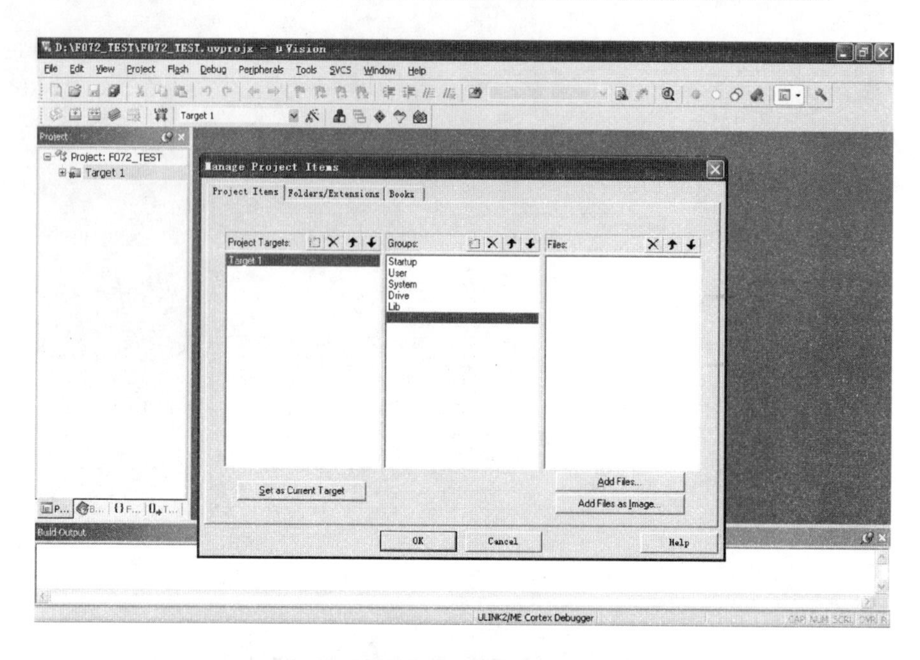

图 4-12　删除原来的 Source Group 1 组

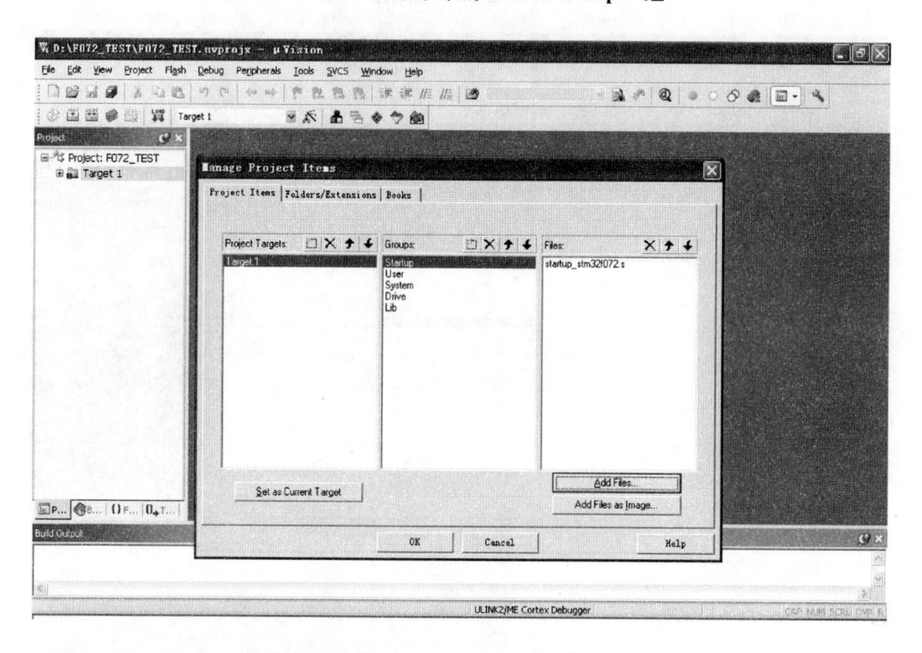

图 4-13　将 STM32F072RB 的启动文件 startup_stm32f072.s 添加到 Startup 组中

为了方便使用，可以将其复制到当前工程的 System 文件夹下。

⑤ 在 File 菜单下新建源文件 main.c，编写源程序代码后保存在 User 文件夹下，再把 main.c 文件添加到 User 组中。然后添加 stm32f0xx_it.c（中断函数）

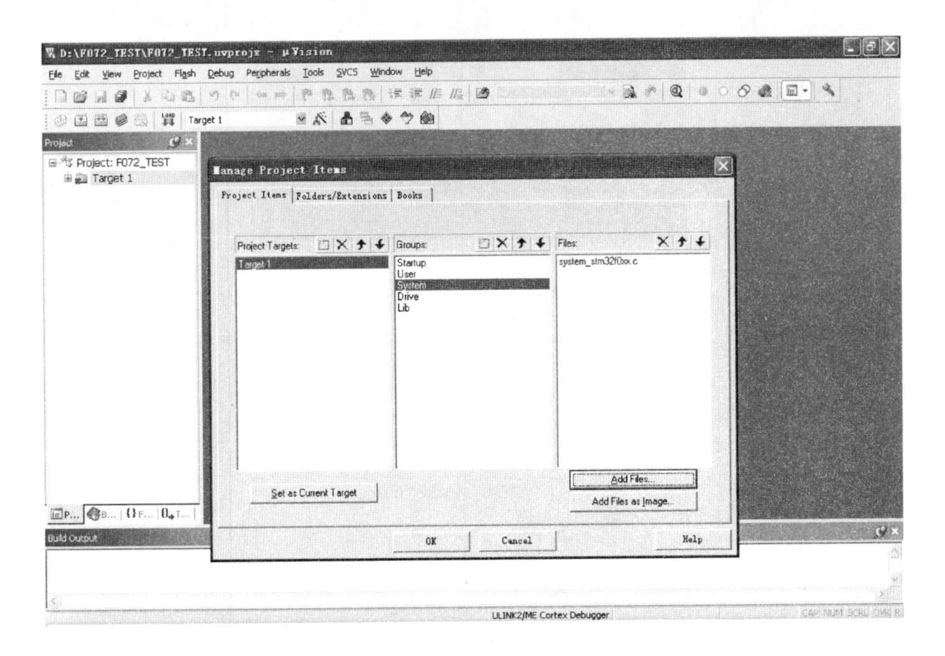

图 4-14　添加 system_stm32f0xx.c 到 System 组中

文件。

⑥ 在 File 菜单下新建 LED 驱动源文件 LED.c 及 LED.h，保存在 Drive 文件夹下，然后将 Drive 文件夹中的应用文件 LED.c 添加到 Drive 组中。

⑦ 从 Lib 文件夹中添加必要的库函数 stm32f0xx_rcc.c 及 stm32f0xx_gpio.c 到 Lib 组中。其中，stm32f0xx_rcc.c 是芯片的时钟系统驱动文件，stm32f0xx_gpio.c 是芯片的端口驱动文件。

以上文件添加完成后可从开发环境的工程窗口中预览，如图 4-15 所示。

⑧ 在编译之前还应对工程选项进行设置，当然，这些设置也可以在建立工程后马上进行；右击 Project 面板中的"Target 1"，在弹出的快捷菜单中选择"Options for Target' Target 1'"，打开选项窗口：

- Device 标签用于器件选择，这里选择 STM 的 STM32F072RB。
- Target 标签用于目标设置，这里可以把晶振频率改为 48 MHz。
- Output 标签用于输出设置，单击 Select Folder for Objects，选择输出文件存放路径为 Objects 子文件夹；选中 Create HEX File，可以产生 HEX 文件。
- Listing 标签为列表页，单击 Select Folder for Listing，选择列表输出文件存放路径为 Listings 子文件夹。
- "C/C++"标签用于编译器设置，单击 Include Paths 右边的按钮，选择编译器包含路径为".\User"".\Drive"".\System"".\Lib\inc"".\Lib\src"文件夹，如图 4-16 所示。在 Preprocessor Symbols 选项组中的 Define 文本框中

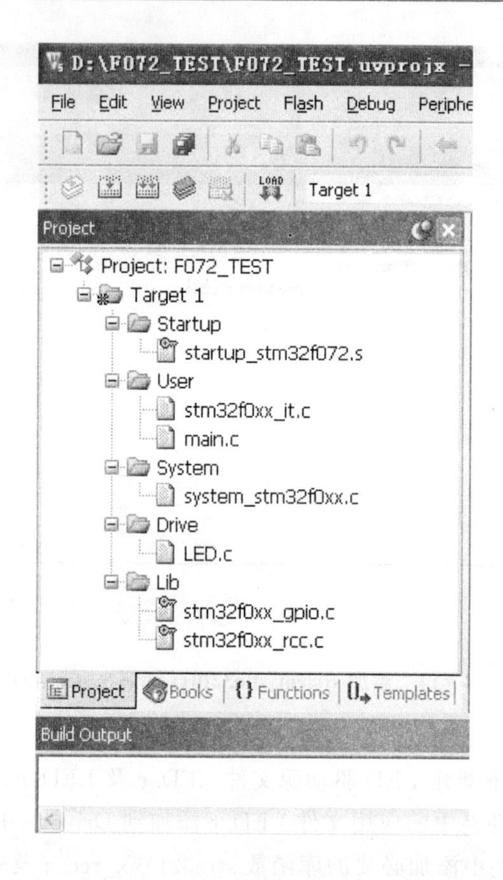

图 4-15　文件添加完成后从开发环境的工程窗口中预览

输入“USE_STDPERIPH_DRIVER,STM32F072”，如图 4-17 所示。其中：“STM32F072”与所使用的芯片相对应，与选择的启动代码文件保持一致；“USE_STDPERIPH_DRIVER”表示使用固件库。如果选中 One ELF Section per Function 复选框，那么没使用的函数最终不编译，可以大大减小编译生成的代码量（开发环境默认）。

- Debug 标签用于 DEBUG 调试设置，默认状态为软件调试，也可以选择用其他硬件仿真器（例如选择 J-link/J-TRACE Cortex 进行硬件调试，对于 STM32F0x2 系列，若使用硬件仿真器则只能选择 SWD 方式调试），选择 Run to main 是为了进入调试状态后直接进入主函数。
- Utilities 标签用于程序下载设置。默认选择与硬件调试器相同，都是“Use Target Driver for Flash Programming”。

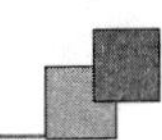

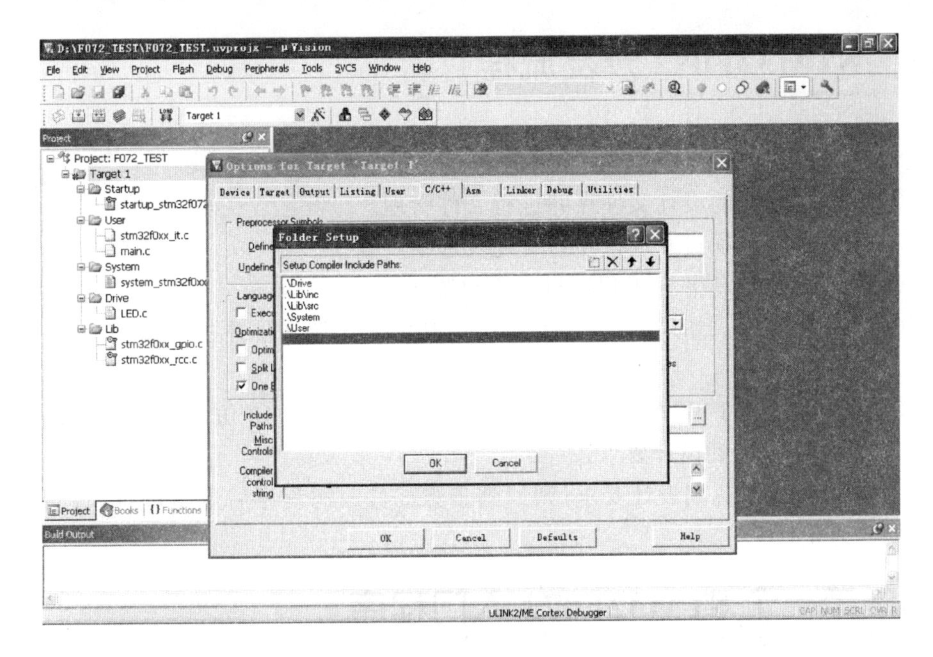

图 4-16　选择编译器包含路径

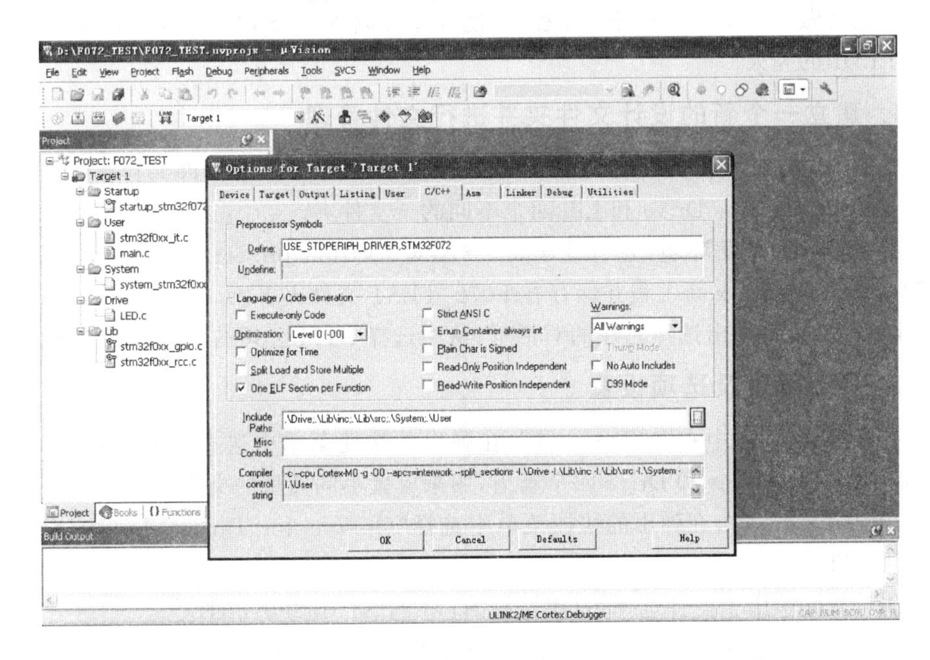

图 4-17　输入“USE_STDPERIPH_DRIVER,STM32F072”

4.5 STM32F0x2 开发流程

STM32F0x2 的开发流程如下：

① 建立一个新的设计文件夹并进行文件管理。

② 创建一个新项目并进行项目管理及选项设置。

③ 输入 C 源文件并向工程项目中添加源文件。

④ 编译源文件。如果编译不成功，则必须修改 C 源文件并重新编译，直到成功为止。

⑤ 使用 J-link/J-TRACE Cortex、ST LINK 或 ULINK2 仿真器进行调试或下载，验证功能是否达到设计要求。

⑥ 如果功能未达到设计要求，则回到步骤③修改源程序后重新进行，直到达到设计要求为止。

4.6 第一个 STM32F072 入门程序

下面将做第一个 STM32F072 程序，使程序控制 Mini STM32 DEMO V04 开发板上 LED1 的亮灭。

1. 建立一个新的设计文件夹并进行文件管理

新建一个设计文件夹(例如，可以在 D 盘建立 F072_TEST 文件夹)，在该文件夹下建立 User、System、Drive 和 Lib 四个不同的子文件夹。

启动 MDK 开发环境，选择 Project→New uVision project 菜单项，建立一个 F072_TEST. uvprojx 新工程并保存在 F072_TEST 文件夹下。

随后，屏幕将弹出选择芯片的对话框，从中选择 STM 公司的 STM32F072RB。

2. 项目管理及选项设置

在 Project 面板中右击“Target 1”，在弹出的快捷菜单中选择 Add Group，建立 Startup、System、User 和 Drive 四个新组，用来放置不同类型的文件。

右击“Target 1”，在弹出的快捷菜单中选择“Options for Target‘Target 1’”，打开选项窗口：

Device 标签用于器件选择，这里选择 STM 的 STM32F072RB。

Target 标签用于目标设置，这里可以把晶振频率改为 48 MHz。

Output 标签用于输出设置，单击 Select Folder for Objects，选择输出文件存放路径为 Objects 子文件夹，选中 Create HEX File。

Listing 标签为列表页，单击 Select Folder for Listing，选择列表输出文件存放路径为 Listings 子文件夹。

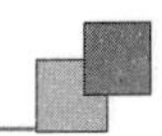

"C/C++"标签用于编译器设置，单击 Include Paths 右边的按钮，选择编译器包含路径为".\User"".\Drive"".\System"".\Lib\inc"".\Lib\src"文件夹。在 Preprocessor Symbols 选项组中的 Define 文本框中输入"USE_STDPERIPH_DRIVER,STM32F072"。若选中 One ELF Section per Function 复选框，则可以大大减小编译生成的代码量。

Debug 标签用于 DEDUG 调试设置，设置为 J-link/J-TRACE Cortex 调试，选择 SWD 方式。

在 Utilities 标签中默认选择 Use Target Driver for Flash Programming。

3. 输入 C 源文件并向工程项目中添加源文件

将 STM32F072RB 的启动文件 startup_stm32f072.s 添加到 StartUp 组中。

在 File 菜单下新建如下的源文件 main.c，编写源程序代码后保存在 User 文件夹下，再把 main.c 文件添加到 User 组中。

```
#include "stm32f0xx.h"
#include "led.h"

/****************************************
 * 函数名     : Delay
 * 描述       : 延时 1 s
 * 输入参数   : 无
 * 返回值     : 无
****************************************/
void Delay(void)
{
  unsigned int i;
  for (i = 0;i<0x003FFFFF;i ++ );
}

/****************************************
 * 函数名     : main
 * 描述       : 主函数
 * 输入参数   : 无
 * 返回值     : 无
****************************************/
int main(void)
{
    SystemInit();
    LED_Init();
    while(1)
    {
```

```
        GPIO_ResetBits(GPIOA,GPIO_Pin_2);
        Delay();
        GPIO_SetBits(GPIOA,GPIO_Pin_2);
        Delay();
    }
}
```

在 File 菜单下新建如下的源文件 LED. c，编写完成后保存在 Drive 文件夹下，随后将 Drive 文件夹中的应用文件 LED. c 添加到 Drive 组中。

```
#include "stm32f0xx.h"
#include "LED.h"

/****************************************
* 函数名    : LED_Init
* 描述      : LED 端口初始化
* 输入参数  : 无
* 返回值    : 无
****************************************/
void LED_Init(void)
{
    GPIO_InitTypeDef GPIO_InitStruct;
    RCC_AHBPeriphClockCmd(RCC_AHBPeriph_GPIOA, ENABLE);
    GPIO_InitStruct.GPIO_Pin = GPIO_Pin_3;
    GPIO_InitStruct.GPIO_Mode = GPIO_Mode_OUT;
    GPIO_InitStruct.GPIO_OType = GPIO_OType_PP;
    GPIO_InitStruct.GPIO_Speed = GPIO_Speed_Level_3;
    GPIO_Init(GPIOA, &GPIO_InitStruct);
    GPIO_SetBits(GPIOA, GPIO_Pin_3);
}
```

在 File 菜单下新建如下的源文件 LED. h，编写完成后保存在 Drive 文件夹下。

```
#ifndef __LED_H
#define     __LED_H

#include "stm32f0xx.h"

void LED_Init(void);

#endif /* __LED_H */
```

源程序输入及添加完成后如图 4－18 所示。

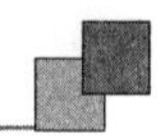

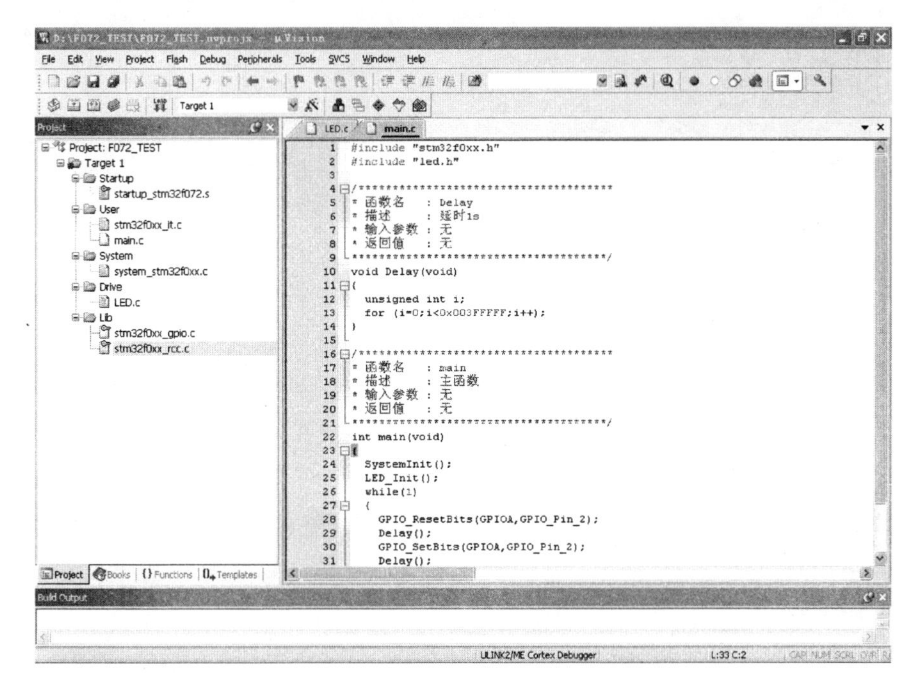

图4-18　源程序输入及添加完成

4. 编译源文件

选择 Project→Rebuild all target files 菜单项，这时 Build Output 面板中出现源程序的编译结果，如图4-19所示。如果编译出错，将提示错误 Error(s)的类型和行号。如果有错误，可以根据 Build Output 面板中的错误或警告提示重新修改源程序，直至编译通过为止。编译通过后将输出一个以 hex 为后缀名的目标文件，如 F072_TEST.hex。

5. 使用 J-link/J-TRACE Cortex 仿真器以 SWD 方式在线仿真调试

选择 Debug→Start→Stop Debug Session 菜单项，进入仿真调试界面。可以在点亮 LED1 及熄灭 LED1 的程序行前设立两个断点，如图4-20所示。打开 Debug 菜单，可在下拉菜单中看到 Step Over 的快捷键为 F10，按一下 F10，程序的光标箭头往下移一行。单击程序的光标箭头，随后继续按动 F10，可发现实验板上 LED1 点亮；再继续按动 F10，可发现 LED1 熄灭，如此反复循环。仿真调试通过后，可以退出调试界面。

6. 使用 J-link/J-TRACE Cortex 仿真器将生成的 HEX 文件下载到 STM32F072RB 中

选择 Flash→Download 菜单项，即可将生成的 HEX 文件下载到 STM32F072RB 中，如图4-21所示。

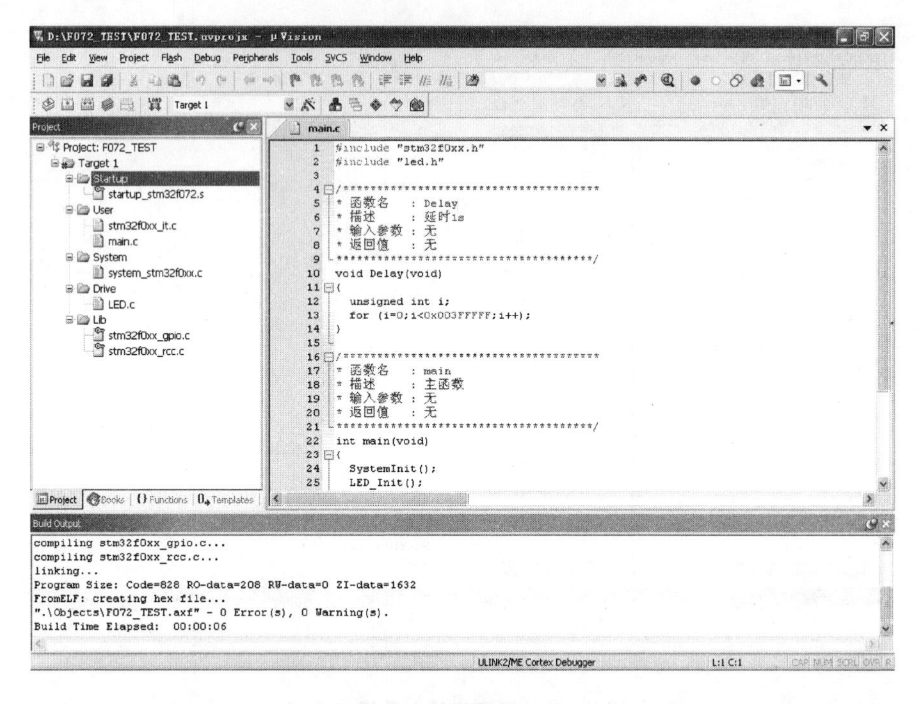

图 4-19 编译源文件

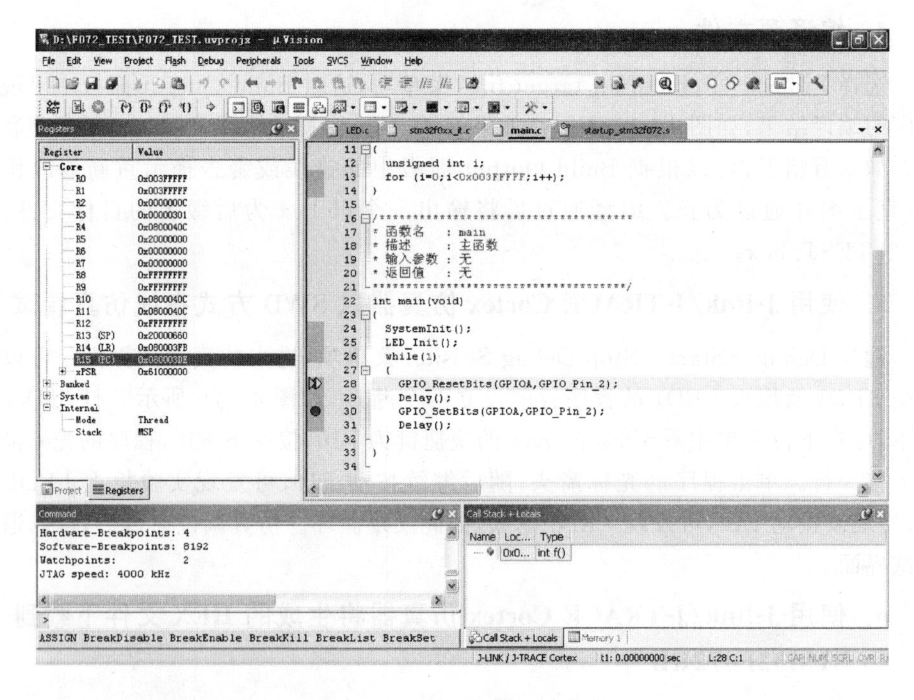

图 4-20 进入仿真调试界面

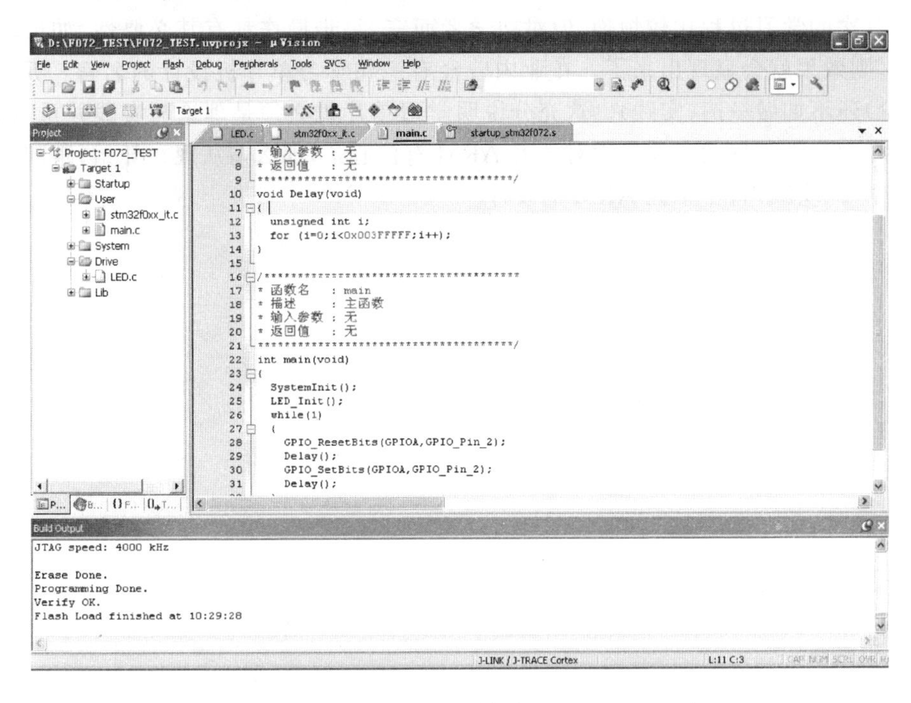

图 4-21 将 HEX 文件下载到 STM32F072RB 中

下载完成后,Mini STM32 DEMO V04 开发板上的芯片 STM32F072RB 立即进入工作状态,这时 LED1 开始闪烁,如图 4-22 所示。

图 4-22 LED1 闪烁

首次的学习过程比较烦琐，但对初学者而言，每步操作都有其必要性，如果动手实践，则效果就会显现出来了。在业内曾经有一句学习单片机设计的名言：听十遍(理论)还不如做一遍(实践)。这充分说明学习单片机必须是理论与实践并重，缺少哪一样都是学不好的。如果你对学习 ARM 有信心了，那么请从现在开始，跟随本书继续学习、实践，直至掌握 ARM 的设计。

第5章

C语言基础知识

C语言是目前应用非常广泛的计算机高级程序设计语言，在学习 ARM 的应用程序设计之前，需要先简单复习一下C语言的基本语法。如果读者没有学过C语言，建议先学习《C程序设计》（清华大学出版社）及《手把手教你学单片机C程序设计》（北京航空航天大学出版社）这两本书。

5.1 C语言的标识符与关键字

标识符是用来标识源程序中某个对象的名字的，这些对象可以是语句、数据类型、函数、变量、常量和数组等。一个标识符由字符串、数字和下划线等组成，第一个字符必须是字母或下划线，通常以下划线开头的标识符是编译系统专用的，因此，在编写C语言源程序时一般不要使用以下划线开头的标识符，而是将下划线用作分段符。C语言是大小写敏感的一种高级语言，如果要定义一个时间"秒"标识符，那么可以写为"sec"，如果程序中有"SEC"，则这两个是定义完全不同的标识符。

关键字是编程语言保留的特殊标识符，有时又称为保留字，它们具有固定名称和含义，在C语言的程序编写中不允许标识符与关键字相同。与其他计算机语言相比，C语言的关键字较少，ANSI C 标准只规定了 32 个关键字，如表 5-1 所列。

表 5-1　ANSI C 标准的 32 个关键字

关键字	用　途	说　明
auto	存储种类说明	用以说明局部变量，默认值为此
break	程序语句	退出最内层循环体
case	程序语句	switch 语句中的选择项
char	数据类型说明	单字节整型数或字符型数据
const	存储类型说明	在程序执行过程中不可更改的常量值

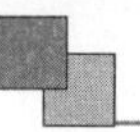

续表 5-1

关键字	用　途	说　明
continue	程序语句	转向下一次循环
default	程序语句	switch 语句中的失败选择项
do	程序语句	构成 do-while 循环结构
double	数据类型说明	双精度浮点数
else	程序语句	构成 if-else 选择结构
enum	数据类型说明	枚举
extern	存储种类说明	在其他程序模块中说明了的全局变量
float	数据类型说明	单精度浮点数
for	程序语句	构成 for 循环结构
goto	程序语句	构成 goto 转移结构
if	程序语句	构成 if-else 选择结构
int	数据类型说明	基本整型数
long	数据类型说明	长整型数
register	存储种类说明	使用 CPU 内部寄存器的变量
return	程序语句	函数返回
short	数据类型说明	短整型数
signed	数据类型说明	有符号数,二进制数据的最高位为符号位
sizeof	运算符	计算表达式或数据类型的字节数
static	存储种类说明	静态变量
struct	数据类型说明	结构类型数据
switch	程序语句	构成 switch 选择结构
typedef	数据类型说明	重新进行数据类型定义
union	数据类型说明	联合类型数据
unsigned	数据类型说明	无符号数据
void	数据类型说明	无类型数据
volatile	数据类型说明	该变量在程序执行中可被隐含地改变
while	程序语句	构成 while 和 do-while 循环结构

5.2 数据类型

计算机的程序设计离不开对数据的处理,数据在处理器芯片内存中的存放情况由数据结构决定。C 语言的数据结构是以数据类型出现的,数据类型可分为基本数据类型和复杂数据类型,复杂数据类型由基本数据类型构造而成。C 语言中的基本

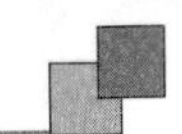

数据类型有 char、int、short、long、float 和 double。表 5－2 所列为 Keil RealView MDK 编译器所支持的基本数据类型。

表 5－2　Keil RealView MDK 编译器所支持的基本数据类型

数据类型	长　度	值　域
char	单字节	0～255
unsigned char	单字节	0～255
signed char	单字节	－128～127
short	双字节	－32 768～32 767
unsigned short	双字节	0～65 535
signed short	双字节	－32 768～32 767
int	双字节	－32 768～32 767
unsigned int	双字节	0～65 535
signed int	双字节	－32 768～32 767
long	四字节	$-2^{31} \sim 2^{31}-1$
unsigned long	四字节	$0 \sim 2^{32}-1$
signed long	四字节	$-2^{31} \sim 2^{31}-1$
float	三字节	浮点数
double	三或四字节	浮点数

5.3　常量、变量及存储方式

所谓常量，就是在程序运行过程中，其值不能改变的数据。同理，所谓变量，就是在程序运行过程中，其值可以被改变的数据。

如果在每个变量定义前不加任何关键字进行限定，那么编译器将默认该变量存放在 RAM 中。例如，设计一个计时装置时需用到时间变量，在定义时将其定位于 RAM 中，可以这样定义：

```
char sec,min,hour;
```

对于在程序运行中不需要改变的字符串和数据表格等，存放在 Flash 中比存放在 RAM 中更合适。在变量名前使用“const”进行限定的，表示此变量(实际上为一常量)存放在 Flash 中。例如，定义 LED 数码管的字形码表为

```
const unsigned char
SEG7[10] = {0x3f,0x06,0x5b,0x4f,0x66,0x6d,0x7d,0x07,0x7f,0x6f};
```

或

```
unsigned char const
SEG7[10] = {0x3f,0x06,0x5b,0x4f,0x66,0x6d,0x7d,0x07,0x7f,0x6f};
```

因此在设计程序时，应当将频繁使用的变量存放在内部数据存储器 RAM 中，而把不变的常量存放在 Flash 中。

5.4 数　组

基本数据类型（如字符型、整型、浮点型）的一个重要特征是，只能具有单一的值。然而，许多情况下，我们需要一种类型可以表示数据的集合，例如，如果使用基本类型表示整个班级学生的数学成绩，则 30 个学生需要 30 个基本类型变量。如果可以构造一种类型来表示 30 个学生的全部数学成绩，那么将会大大简化操作。

C 语言中除了基本的数据类型外，还提供了构造类型的数据，构造类型数据是由基本类型数据按一定规则组合而成的，因此也称为导出类型数据。C 语言提供了 3 种构造类型：数组类型、结构体类型和共用体类型。构造类型可以更为方便地描述现实问题中各种复杂的数据结构。

数组是一组有序数据的集合，数组中的每一个数据都属于同一个数据类型。

数组类型的所有元素都属于同一种类型，并且是按顺序存放在一个连续的存储空间中，即最低的地址存放第一个元素，最高的地址存放最后一个元素。

数组类型的优点主要有两个：

① 让一组同一类型的数据共用一个变量名，而不需要为每一个数据都定义一个名字。

② 由于数组的构造方法采用的是顺序存储，所以极大地方便了对数组中的元素按照同一方式进行的各种操作。此外，需要说明的是，数组中元素的次序是由下标来决定的，下标从 0 开始顺序编号。

数组中的各个元素可以用数组名和下标来唯一确定。数组可以是一维数组、二维数组或多维数组，常用的有一维数组、二维数组和字符数组等。一维数组只有一个下标，多维数组有两个以上的下标。在 C 语言中数组必须先定义，然后才能使用。

5.4.1 一维数组的定义

一维数组的定义形式如下：

数据类型 数组名［常量表达式］；

说明：

数据类型：说明数组中各个元素的类型。

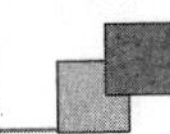

数组名：是整个数组的标识符，它的定名方法与变量的定名方法一样。

常量表达式：说明该数组的长度，即该数组中的元素个数。常量表达式必须用方括号“[]”括起来，而且其中不能含有变量。

例如，定义数组“char math[30];”，则该数组可以用来描述 30 个学生的数学成绩。

5.4.2 二维及多维数组的定义

定义多维数组时，只要在数组名后面增加相应于维数的常量表达式即可。二维数组的定义形式为

```
数据类型 数组名 [常量表达式 1][常量表达式 2];
```

例如，要定义一个 3 行 5 列共 3×5=15 个元素的整数矩阵 first，可以采用如下的定义方法：

```
int first [3][5];
```

再如，要在点阵液晶上显示“爱我中华”4 个汉字，可这样定义点阵码：

```
char Hanzi[4][32] =
{
0x00,0x40,0x40,0x20,0xB2,0xA0,0x96,0x90,0x9A,0x4C,0x92,0x47,0xF6,0x2A,0x9A,0x2A,
0x93,0x12,0x91,0x1A,0x99,0x26,0x97,0x22,0x91,0x40,0x90,0xC0,0x30,0x40,0x00,0x00,/*"
爱"*/
0x20,0x04,0x20,0x04,0x22,0x42,0x22,0x82,0xFE,0x7F,0x21,0x01,0x21,0x01,0x20,0x10,
0x20,0x10,0xFF,0x08,0x20,0x07,0x22,0x1A,0xAC,0x21,0x20,0x40,0x20,0xF0,0x00,0x00,/*"
我"*/
0x00,0x00,0x00,0x00,0xFC,0x07,0x08,0x02,0x08,0x02,0x08,0x02,0x08,0x02,0xFF,0xFF,
0x08,0x02,0x08,0x02,0x08,0x02,0x08,0x02,0xFC,0x07,0x08,0x00,0x00,0x00,0x00,0x00,/*"
中"*/
0x20,0x00,0x10,0x04,0x08,0x04,0xFC,0x05,0x03,0x04,0x02,0x04,0x10,0x04,0x10,0xFF,
0x7F,0x04,0x88,0x04,0x88,0x04,0x84,0x04,0x86,0x04,0xE4,0x04,0x00,0x04,0x00,0x00/*"
华"*/
}
```

数组的定义要注意以下几个问题：

① 数组名的命名规则同变量名的命名，要符合 C 语言标识符的命名规则。

② 数组名后面的“[]”是数组的标志，不能用圆括号或其他符号代替。

③ 数组元素的个数必须是一个固定的值，可以是整型常量、符号常量或者整型常量表达式。

5.4.3 字符数组

基本类型为字符类型的数组称为字符数组。字符数组是用来存放字符的,它是C语言中常用的一种数组。字符数组中的每个元素都是一个字符,因此可用字符数组来存放不同长度的字符串。字符数组的定义方法与一般数组相同,下面是定义字符数组的例子:

```
char second[6] = {'H','E','L','L','O','\0'};
char third[6] = {"HELLO"};
```

在C语言中,字符串是作为字符数组来处理的。一个一维的字符数组可以存放一个字符串,这个字符串的长度应小于或等于字符数组的长度。为了测定字符串的实际长度,C语言规定以'\0'作为字符串结束标志,对字符串常量也自动加一个'\0'作为结束符。因此,字符数组 char second[6]或 char third[6]可存储一个长度小于或等于5的不同长度的字符串。在访问字符数组时,遇到'\0'就表示字符串结束,因此在定义字符数组时,应使数组长度大于它允许存放的最大字符串的长度。

对字符数组的访问可以通过对数组中的元素逐个进行访问来实现,也可以通过对整个数组进行访问来实现。

5.4.4 数组元素赋初值

数组的定义方法,可以在存储器空间中开辟一个相应于数组元素个数的存储空间,数组的赋值除了可以通过输入或者赋值语句为单个数组元素赋值外,还可以在定义的同时给出元素的值,即数组的初始化。如果希望在定义数组的同时给数组中各个元素赋予初值,则可以采用如下方法:

数据类型 数组名[常量表达式]={常量表达式表};

说明:

数据类型:指出数组元素的数据类型。

常量表达式表:给出各个数组元素的初值。

例如:

```
char SEG7[10] = {0x3f,0x06,0x5b,0x4f,0x66,0x6d,0x7d,0x07,0x7f,0x6f};
```

有关数组初始化的说明如下:

① 元素值表列,可以是数组所有元素的初值,也可以是前面部分元素的初值。例如:

```
int a[5] = {1,2,3};
```

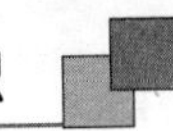

数组a的前3个元素a[0]、a[1]、a[2]分别是1、2、3,后两个元素未说明。但是系统约定：当数组为整型时,数组在进行初始化时未明确设定初值的元素,其值自动被设置为0。所以,a[3]、a[4]的值为0。

② 当对全部数组元素赋初值时,元素个数可以省略,但“[]”不能省。例如：

```
char c[] = {'a','b','c'};
```

此时,系统将根据数组初始化时大括号内值的个数来决定该数组的元素个数。所以,上例数组c的元素个数为3。但是,如果提供的初值个数小于数组希望的元素个数,则方括号内的元素个数不能省。

5.4.5　数组作为函数的参数

除了可以用变量作为函数的参数外,还可以用数组名作为函数的参数。一个数组的数组名表示该数组的首地址。当数组名作为函数的参数时,形式参数(简称“形参”)和实际参数(简称“实参”)都是数组名,传递的是整个数组,即形式参数数组和实际参数数组完全相同,是存放在同一空间的同一个数组。这样在调用的过程中,参数的传递方式实际上是地址传递,将实际参数数组的首地址传递给被调函数中的形式参数数组。当形式参数数组修改时,实际参数数组也将同时被修改。

当用数组名作为函数的参数时,应该在主调函数和被调函数中分别进行数组定义,而不能只在一方定义数组;而且在两个函数中定义的数组类型必须一致,如果类型不一致,那么将导致编译出错。实参数组和形参数组的长度可以一致也可以不一致,编译器对形参数组的长度不做检查,只是将实参数组的首地址传递给形参数组。如果希望形参数组能得到实参数组的全部元素,则应使两个数组的长度一致。定义形参数组时可以不指定长度,只在数组名后面跟一个空的方括号“[]”,但为了在被调函数中处理数组元素,应另外设置一个参数来传递数组元素的个数。

5.5　C语言的运算

C语言对数据有很强的表达能力,具有十分丰富的运算符,利用这些运算符可以组成各种表达式及语句。运算符就是完成某种特定运算的符号,表达式则是由运算符及运算对象所组成的具有特定含义的一个式子,运算符或表达式可以组成C语言程序的各种语句。C语言是一种表达式语言,在任意一个表达式的后面加一个分号“;”就可以构成一个表达式语句。

按照运算符在表达式中所起的作用,可以分为算术运算符、关系运算符、逻辑运算符、赋值运算符、自增和自减运算符、逗号运算符、条件运算符、位运算符、指针和地址运算符、强制类型转换运算符和sizeof运算符等。运算符按其在表达式中与运算

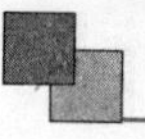

对象的关系，又可分为单目运算符、双目运算符和三目运算符等。单目运算符只需要有一个运算对象，双目运算符要求有两个运算对象，三目运算符要求有 3 个运算对象。

1. 算术运算符

C 语言提供的算术运算符有：

＋　加或取正值运算符。如：1＋2 的结果为 3。

－　减或取负值运算符。如：4－3 的结果为 1。

*　乘运算符。如：2 * 3 的结果为 6。

/　除运算符。如：6/3 的结果为 2。

%　模运算符，或称取余运算符。如：7%3 的结果为 1。

上面这些运算符中加、减、乘、除为双目运算符，它们要求有两个运算对象。取余运算要求两个运算对象均为整型数据，如果不是整型数据，则采用强制类型进行转换。例如，8%3 的结果为 2。取正值和取负值为单目运算符，它们的运算对象只有一个，分别是取运算对象的正值和负值。

2. 关系运算符

C 语言中有以下的关系运算符：

>　　大于。如：x>y。

<　　小于。如：a<4。

>=　　大于或等于。如：x>=2。

<=　　小于或等于。如：a<=5。

==　　测试等于。如：a==b。

!=　　测试不等于。如：x!=5。

前 4 种关系运算符(>、<、>=、<=)具有相同的优先级，后两种关系运算符(==、!=)也具有相同的优先级，但前 4 种的优先级高于后两种。

关系运算符通常用来判别某个条件是否满足，关系运算的结果只有“真”和“假”两种值。当所指定的条件满足时结果为 1，当条件不满足时结果为 0。1 表示“真”，0 表示“假”。

3. 逻辑运算符

C 语言中提供的逻辑运算符有 3 种：

||　逻辑或。

&&　逻辑与。

!　　逻辑非。

逻辑运算的结果也只有两个：“真”为 1，“假”为 0。

逻辑表达式的一般形式如下：

逻辑与：条件式 1&& 条件式 2

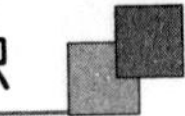

逻辑或：条件式1||条件式2

逻辑非：!条件式

4. 赋值运算符

在C语言中，最常见的赋值运算符为“=”，其作用是将一个数据的值赋给一个变量。利用赋值运算符将一个变量与一个表达式连接起来的式子称为赋值表达式，在赋值表达式的后面加一个分号“;”便构成了赋值语句。例如：

```
x = 5;
```

在赋值运算符“=”的前面加上其他运算符，就构成了所谓的复合赋值运算符。具体如下：

+=　　加法赋值运算符。

-=　　减法赋值运算符。

*=　　乘法赋值运算符。

/=　　除法赋值运算符。

%=　　取模(取余)赋值运算符。

>>=　　右移位赋值运算符。

<<=　　左移位赋值运算符。

&=　　逻辑与赋值运算符。

|=　　逻辑或赋值运算符。

^=　　逻辑异或赋值运算符。

~=　　逻辑非赋值运算符。

复合赋值运算首先对变量进行某种运算，然后将运算的结果再赋给该变量。复合运算的一般形式为

变量　复合赋值运算符　表达式

例如：“a+=5”等价于“a=a+5;”。

采用复合赋值运算符可以使程序简化，还可以提高程序的编译效率。

5. 自增和自减运算符

自增和自减运算符是C语言中特有的一种运算符，它们的作用分别是对运算对象做加1和减1运算，其功能如下：

++　自增运算符。如：a++，++a。

--　自减运算符。如：a--，--a。

看起来a++和++a的作用都是使变量a的值加1，但是由于运算符“++”所处的位置不同，使变量a+1的运算过程也不同。++a(或--a)是先执行a+1(或a-1)操作，再使用a的值；而a++(或a--)则是先使用a的值，再执行a+1(或a-1)操作。

增量运算符“++”和减量运算符“--”只能用于变量，不能用于常数或表达式。

6. 逗号运算符

在 C 语言中，逗号“，”运算符可以将两个(或多个)表达式连接起来，称为逗号表达式。逗号表达式的一般形式为

```
表达式 1,表达式 2,…,表达式 n
```

逗号表达式的运算过程是：先算表达式 1，再算表达式 2，……依次算到表达式 n。

7. 条件运算符

条件运算符是 C 语言中唯一的一个三目运算符，它要求有 3 个运算对象，用它可以将 3 个表达式连接构成一个条件表达式。条件表达式的一般形式如下：

```
表达式 1? 表达式 2: 表达式 3
```

其功能是，首先计算表达式 1，然后判断其值，当其值为真(非 0 值)时，将表达式 2 的值作为整个条件表达式的值；当逻辑表达式的值为假(0 值)时，将表达式 3 的值作为整个条件表达式的值。

例如：

```
max = (a>b)? a: b
```

当 a>b 成立时，max=a；当 a>b 不成立时，max=b。

8. 位运算符

能对运算对象进行按位操作是 C 语言的一大特点，正是由于这一特点使得 C 语言具有了汇编语言的一些功能，从而使之能对计算机的硬件直接进行操作。C 语言中共有 6 种位运算符，其位运算符的作用是按位对变量进行运算，而不改变参与运算的变量的值。若希望按位改变运算变量的值，则应利用相应的赋值运算。另外，位运算符不能对浮点型数据进行操作。

其优先级从高到低依次是：按位取反(～)→左移(<<)和右移(>>)→按位与(&)→按位异或(∧)→按位或(|)。

表 5-3 列出了按位取反、按位与、按位或和按位异或的逻辑真值。

表 5-3　按位取反、按位与、按位或和按位异或的逻辑真值

x	y	～x	～y	x&y	x|y	x ∧ y
0	0	1	1	0	0	0
0	1	1	0	0	1	1
1	0	0	1	0	1	1
1	1	0	0	1	1	0

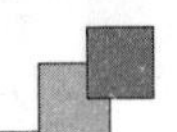

对位操作可以有多种选择,如可以使用 ANSI C 的位运算功能。

(1) 输出操作

① 清零寄存器或变量的某一位可以使用按位与(&)运算符。

例如:将变量 a 的第 1 位清零而其他位不变,相应操作为

```
a& = 0xfd;
```

或

```
a& = ~(1<<1);
```

② 置位寄存器或变量的某一位可使用按位或(|)运算符。

例如:将变量 b 的第 3 位置位而其他位不变,相应操作为

```
b| = 0x08;
```

或

```
b| = (1<<3);
```

③ 翻转寄存器或变量的某一位可使用按位异或(∧)运算符。

例如:要将变量 c 的第 7 位翻转而其他位不变,相应操作为

```
c^ = 0x80;
```

或

```
c^ = 1<<7;
```

(2) 读取某一位的操作

读取寄存器或变量的某一位可使用如下方法:

例如:如果读取的变量 d 的第 1 位为 0,则执行程序语句 1,否则执行程序语句 2。

```
if((d&0x02) == 0) 程序语句 1;
else  程序语句 2;
```

或

```
if(d&(1<<1) == 0) 程序语句 1;
else 程序语句 2;
```

除此之外,还可以用结构体或宏定义来实现位定义。

例如:

```
struct data
{
unsigned bit0: 1;
unsigned bit1: 1;
```

```
unsigned bit2：1；
unsigned bit3：1；
unsigned bit4：1；
unsigned bit5：1；
unsigned bit6：1；
unsigned bit7：1；
}a,b;
```

位成员 bit0～bit7 存放在一个字节中，定义以后就能直接使用位变量了，如："a. bit2＝0；""b. bit7＝1""if(a. bit5)…"等。

在工程中常用的便捷方法还有：

```
#define CPL_BIT(x,y) (x^=(1<<y))
```

例如：

```
CPL_BIT(a,2)          //将变量 a 的第 2 位取反而其他位不变
#define SET_BIT(x,y) (x|=(1<<y))
```

例如：

```
SET_BIT(b,RC4)        //将变量的第 4 位置位而其他位不变
#define CLR_BIT(x,y) (x&=~(1<<y))
```

例如：

```
CLR_BIT(c,6)          //将变量 c 的第 6 位清零而其他位不变
#define GET_BIT(x,y) (x&(1<<y))
```

例如：

```
if(!GET_BIT(if (d,1))                  //读取 d 的第 1 位状态
{程序 1}                               //如果第 1 位为 0,则执行程序 1
else                                   //否则,执行程序 2
{程序 2}
```

实际上，由于 ARM 芯片的开发过程大量使用结构体类型，因此工程上更实用的方法是进行如下的宏定义：

```
#define CPL_BIT(x,y,z) (x->y^=(1<<z))
#define SET_BIT(x,y,z) (x->y|=(1<<z))
#define CLR_BIT(x,y,z) (x->y&=~(1<<z))
#define GET_BIT(x,y,z) (x->y&(1<<z))
```

使用举例：

```
CLR_BIT(GPIOC,ODR,9); //将结构体 GPIOC 中的成员变量 ODR 的第 9 位清零而其他位不变
SET_BIT(GPIOC,ODR,9); //将结构体 GPIOC 中的成员变量 ODR 的第 9 位置位而其他位不变
```

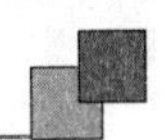

下面语句的作用是：如果读取的结构体 GPIOA 中的成员变量 IDR 的第 0 位是 0，则将结构体 GPIOA 中的成员变量 ODR 的第 10 位清零而其他位不变。

```
if(GET_BIT(GPIOA->IDR,0) == 0)
{
    CLR_BIT(GPIOA,ODR,10);
}
```

(3) 采用 C 语言的内存管理

在多路工业控制上，前端需要分别收集多路信号，然后再设定控制多路输出。如：有 2 路控制，每一路的前端信号有温度、电压和电流，后端控制有电机、扬声器、继电器和 LED，那么用 C 语言来实现是比较方便的，可以采用如下结构：

```
struct control{
        struct out{
                unsigned motor_flag: 1;            //电机
                unsigned relay_flag: 1;            //继电器
                unsigned speaker_flag: 1;          //扬声器
                unsigned led1_flag: 1;             //指示灯
                unsigned led2_flag: 1;             //指示灯
                }out;
        struct in{
                unsigned temperature_flag: 1;      //温度
                unsigned voltage_flag: 1;          //电压
                unsigned current_flag: 1;          //电流
               }in;
        char x;
        };
struct control ch1;
struct control ch2;
```

上面的结构除了细分信号的路数 ch1 和 ch2 外，还细分了每一路信号的类型(是前向通道信号 in 还是后向通道信号 out)：

```
ch1.in ;
ch1.out;
ch2.in;
ch2.out;
```

然后又细分了每一路信号的具体含义，如：

```
ch1.in.temperature_flag;
ch1.out.motor_flag;
ch2.in.voltage_flag;
```

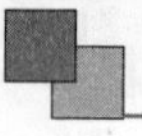

```
ch2.out.led2_flag;
```

这样的结构很直观地在两个内存中就表示了 2 路信号，并且可以极其方便地进行扩充。在设计复杂的系统中，这是非常有用的。

9. sizeof 运算符

C 语言中还提供了一种用于求取数据类型、变量以及表达式字节数的运算符 sizeof，该运算符的一般使用形式为

```
sizeof(表达式)
```

或

```
sizeof(数据类型)
```

例如：sizeof(char)的结果为 1，sizeof(int)的结果为 2。

注意： sizeof 是一种特殊的运算符，不要认为它是一个函数。实际上，字节数的计算在编译时就完成了，而不是在程序执行的过程中才计算出来的。

5.6 流程控制

计算机软件工程师通过长期的实践，总结出一套良好的程序设计规则和方法，即结构化程序设计。按照这种方法设计的程序结构清晰、层次分明，阅读修改和维护容易。

结构化程序设计的基本思想是：任何程序都可以用 3 种基本结构的组合来实现。这 3 种基本结构是：顺序结构、选择结构和循环结构，如图 5-1～图 5-3 所示。

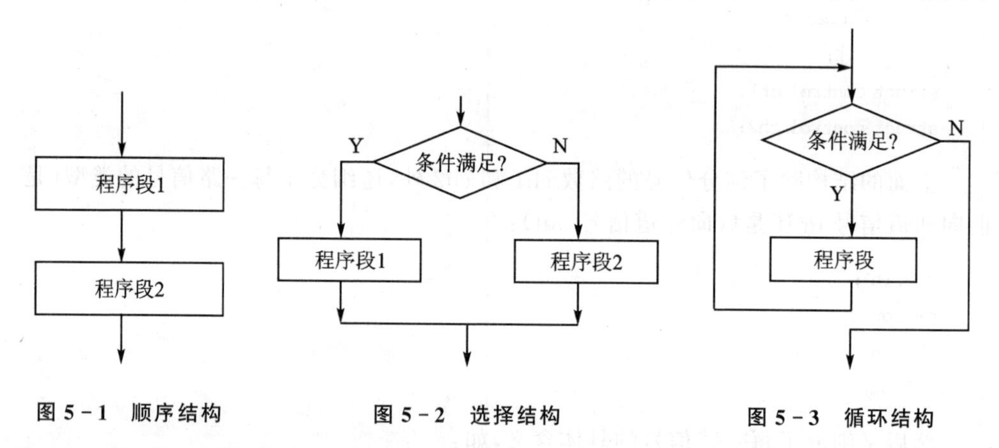

图 5-1　顺序结构　　图 5-2　选择结构　　图 5-3　循环结构

顺序结构的程序流程是按照书写顺序依次执行的程序。选择结构则是对给定的条件进行判断，再根据判断的结果决定执行哪一个分支。循环结构是在给定条件成立时反复执行某段程序。这 3 种结构都具有一个入口和一个出口。3 种结构中，顺

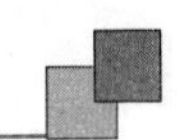

序结构是最简单的，它可以独立存在，也可以出现在选择结构或循环结构中，总之程序中都存在顺序结构。在顺序结构中，函数、一段程序或者语句是按照出现的先后顺序执行的。

5.6.1 条件语句与控制结构

条件语句又称为分支语句，它是用关键字 if 构成的。C 语言提供了 3 种形式的条件语句，具体如下：

形式 1：

```
if(条件表达式) 语句
```

其含义为：若条件表达式的结果为真（非 0 值），就执行后面的语句；若条件表达式的结果为假（0 值），就不执行后面的语句。这里的语句可以是复合语句。

形式 2：

```
if(条件表达式) 语句 1
else           语句 2
```

其含义为：若条件表达式的结果为真（非 0 值），就执行语句 1；若条件表达式的结果为假（0 值），就执行语句 2。这里的语句 1 和语句 2 均可以是复合语句。

形式 3：

```
if(条件表达式 1) 语句 1
else if (条件表达式 2) 语句 2
    else if(条件表达式 3) 语句 3
    ⋮
        else if(条件表达式 n) 语句 m
            else   语句 n
```

这种条件语句常用来实现多方向条件分支，其实，它是由 if-else 条件语句嵌套而成的。在这种结构中，else 总是与最邻近的 if 相配对。

switch/case 开关语句

“if(条件表达式) 语句 1　else 语句 2”能从两条分支中选择一个，但有时我们需要从多个分支中选择一个分支。虽然从理论上讲采用 if-else 条件语句可以实现多方向条件分支，但是当分支较多时就会使条件语句的嵌套层次太多，程序冗长，可读性降低。

switch/case 开关语句是一种多分支选择语句，是用来实现多方向条件分支的语句。开关语句可直接处理多分支选择，使程序结构清晰，使用方便。

开关语句是用关键字 switch 构成的，它的一般形式如下：

```
switch(表达式)
```

```
{
    case  常量表达式 1:  {语句 1;} break;
    case  常量表达式 2:  {语句 2;} break;
         ⋮
    case  常量表达式 n:  {语句 n;}break;
    default:            {语句 d;}break;
}
```

开关语句的执行过程如下：

① 当 switch 后面括号内表达式的值与某一 case 后面常量表达式的值相等时，就执行该 case 后面的语句，遇到 break 语句则退出 switch 语句。若所有 case 后面常量表达式的值都没有与 switch 后面括号内表达式的值相匹配，则执行default后面的 d 语句。

② switch 后面括号内的表达式可以是整型或字符型表达式，也可以是枚举类型数据。

③ 每一个 case 后面常量表达式的值必须不同，否则就会出现自相矛盾的现象（同一个值有两种或者多种解决方案）。

④ 每个 case 和 default 的出现次序都不影响执行结果，可先出现 default 再出现其他的 case。

⑤ 假如在 case 语句的最后没有加“break;”，则流程控制转移到下一个 case 继续执行。因此，在执行一个 case 分支后，使流程跳出 switch 结构，即终止 switch 语句的执行，可用一个 break 语句来完成。

5.6.2 循环语句

在许多实际问题中，需要程序进行有规律的重复执行，这时可以用循环语句来实现。在 C 语言中，用来实现循环的语句有 while 语句、do-while 语句、for 语句及 goto 语句等。

1. while 语句

while 语句构成循环结构的一般形式如下：

```
while(条件表达式) {语句;}
```

其执行过程是：当条件表达式的结果为真（非 0 值）时，程序就重复执行后面的语句，一直执行到条件表达式的结果变为假（0 值）为止。这种循环结构是先检查条件表达式所给出的条件，再根据检查的结果决定是否执行后面的语句。如果条件表达式的结果一开始就为假，则后面的语句一次也不会被执行。这里的语句可以是复合语句。图 5－4 所示为 while 语句的流程图。

2. do-while 语句

do-while 语句构成循环结构的一般形式如下：

```
do
{语句;}
while(条件表达式);
```

其执行过程是：先执行给定的循环体语句，然后再检查条件表达式的结果。当条件表达式的值为真(非 0 值)时，重复执行循环体语句，直到条件表达式的值变为假(0 值)为止。因此，用 do-while 语句构成的循环结构，在任何条件下，循环体语句至少会被执行一次。

对于同一个循环问题，可以用 while 语句处理，也可以用 do-while 语句处理。do-while 语句等价为一个语句加上一个 while 语句。do-while 语句适用于需要循环体语句执行至少一次以上循环的情况。while 语句构成循环结构可以用于循环体语句一次也不执行的情况。图 5－5 所示为 do-while 语句的流程图。

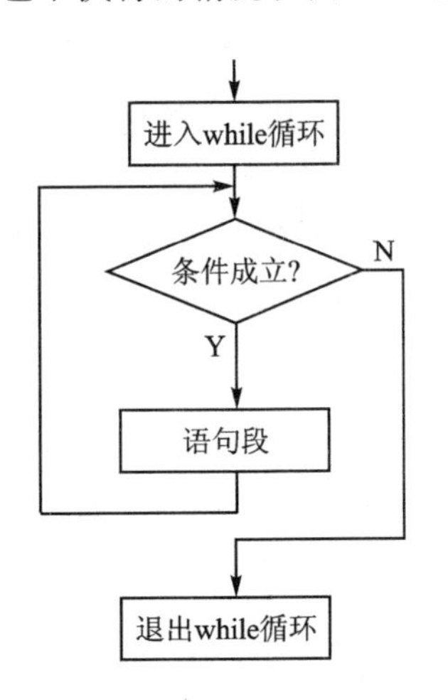

图 5－4 while 语句的流程图

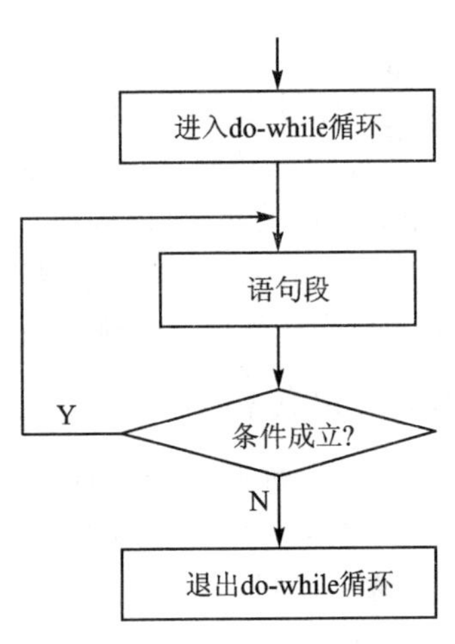

图 5－5 do-while 语句的流程图

3. for 语句

采用 for 语句构成循环结构的一般形式如下：

```
for([初值设定表达式 1];[循环条件表达式 2];[更新表达式 3]){语句;}
```

for 语句的执行过程是：先计算出初值设定表达式 1 的值作为循环控制变量的初值，再检查循环条件表达式 2 的结果，当满足循环条件时就执行循环体语句并计算更新表达式 3，然后再根据更新表达式 3 的计算结果来判断循环条件表达式 2 是否满足……一直进行到循环条件表达式 2 的结果为假(0 值)时，退出循环体。图 5－6 所示为 for 语句的流程图。

在 C 语言程序的循环结构中，for 语句的使用最为灵活，它不仅可以用于循环次数已经确定的情况，而且可以用于循环次数不确定而只给出循环结束条件的情况。另外，for 语句中的 3 个表达式是相互独立的，不要求 3 个表达式之间有依赖关系；并且 for 语句中的 3 个表达式都可能省略，但无论省略哪一个表达式，其中的两个分号都不能省略。

例如，把 50～100 之间的偶数取出相加，用 for 语句就显得十分方便。

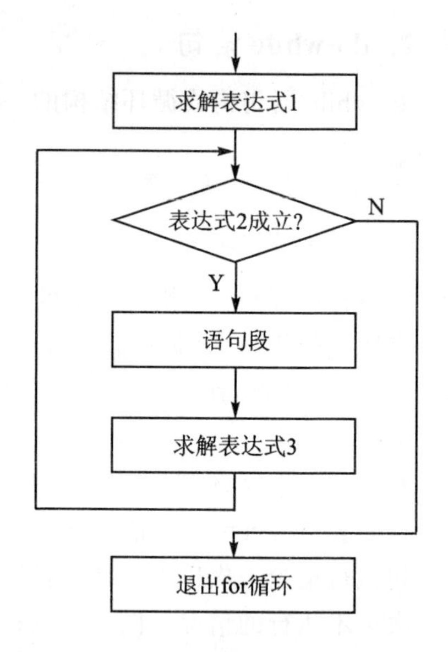

图 5-6　for 语句的流程图

4. goto 语句

goto 语句是一个无条件转向语句，它的一般形式如下：

```
goto    语句标号；
```

其中，语句标号是一个带冒号"："的标识符，标识符标识语句的地址。当执行跳转语句时，使控制跳转到标识符指向的地址，然后从该语句继续执行程序。将 goto 语句和 if 语句一起使用，可以构成一个循环结构。更常见的是，在 C 语言程序中采用 goto 语句来跳出多重循环。需要注意的是，只能用 goto 语句从内层循环跳到外层循环，而不允许从外层循环跳到内层循环。

5. break 语句和 continue 语句

上面介绍的 3 种循环结构都是当循环条件不满足时结束循环的。如果循环条件不止一个或者需要中途退出循环，则实现起来比较困难。此时，可以考虑使用 break 语句或 continue 语句。

break 语句除了可以用在 switch 语句中外，还可以用在循环体中。在循环体中遇见 break 语句将立即结束循环，跳到循环体外，执行循环结构后面的语句。break 语句的一般形式为

```
break;
```

break 语句只能跳出它所处的那一层循环，而不像 goto 语句可以直接从最内层循环跳出来。由此可见，要退出多重循环时，采用 goto 语句比较方便。需要指出的是，break 语句只能用于开关语句和循环语句中，它是一种具有特殊功能的无条件转移语句。

continue 语句也是一种中断语句，它一般用在循环结构中，其功能是结束本次循环，即跳过循环体中下面尚未执行的语句，把程序流程转移到当前循环语句的下一个循环周期，并根据循环控制条件决定是否重复执行该循环体。continue 语句的一般

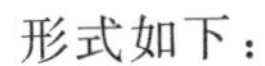

形式如下：

```
continue;
```

continue 语句和 break 语句的区别在于：continue 语句只结束本次循环而不是终止整个循环的执行；break 语句则是结束整个循环，不再进行条件判断。

5.7　函　数

函数是 C 语言中的一种基本模块，即 C 语言程序是由函数构成的，一个 C 源程序至少包括一个名为 main()的函数（主函数），也可能包含其他函数。

C 语言程序总是由主函数 main()开始执行。main()函数是一个控制程序流程的特殊函数，它是程序的起点。

所有函数在定义时都是相互独立的，它们之间是平行关系，所以不能在一个函数内部定义另一个函数，即不能嵌套定义。函数之间可以互相调用，但不能调用主函数。

从使用者的角度来看，有两种函数：标准库函数和用户自定义功能子函数。其中，标准库函数是编译器提供的，用户不必自己定义这些函数。C 语言系统能够提供功能强大、资源丰富的标准函数库，作为使用者，在进行程序设计时应善于利用这些资源，以提高效率，节省开发时间。

5.7.1　函数定义的一般形式

函数定义的一般形式如下：

```
函数类型标识符　函数名　(形式参数)
形式参数类型说明表列
{
    局部变量定义
    函数体语句
}
```

ANSI C 标准允许在形式参数表中对形式参数的类型进行说明，因此也可这样定义：

```
函数类型标识符　函数名　(形式参数类型说明表列)
{
    局部变量定义
    函数体语句
}
```

说明：

函数类型标识符：说明函数返回值的类型，其默认为整型。

函数名：程序设计人员自己定义的函数名字。

形式参数类型说明表列：列出的是在主调用函数与被调用函数之间传递数据的形式参数，如果定义的是无参函数，则形式参数类型说明表列用 void 来注明。

局部变量定义：对在函数内部使用的局部变量进行定义。

函数体语句：为完成该函数的特定功能而设置的各种语句。

5.7.2 函数的参数和函数返回值

C 语言采用函数之间的参数传递方式，使得一个函数能对不同的变量进行处理，从而大大提高了函数的通用性与灵活性。在函数调用时，通过主调函数的实际参数与被调函数的形式参数之间的数据传递来实现函数间参数的传递。在被调函数最后，通过 return 语句将函数的值返回给主调函数。

return 语句的形式如下：

```
return  (表达式);
```

对于不需要有返回值的函数，可以将该函数定义为 void 类型，又称“空类型”。这样，编译器会保证在函数调用结束时不使函数返回任何值。为了使程序减少出错，保证函数的正确调用，凡是不要求有返回值的函数，都应将其定义成 void 类型。

在已定义函数中的变量(即为该函数内的局部变量)，当未出现函数调用时，局部变量并不占用内存中的存储单元；只有在发生函数调用时，局部变量才被分配内存单元。在调用结束后，形参所占的内存单元也被释放。实参可以是常量、变量或表达式，要求实参必须有确定的值。在调用时将实参的值赋给形参，如果形参是数组名，则传递的是数组首地址而不是变量的值。

从函数定义的形式看，又可将其划分为无参数函数、有参数函数和空函数 3 种。

(1) 无参数函数

此种函数在被调用时无参数，主调函数不将数据传送给被调用函数。无参数函数可以返回也可以不返回函数值，一般以不带返回值的为多。

(2) 有参数函数

调用此种函数时，在主调函数和被调函数之间有参数传递。也就是说，主调函数可以将数据传递给被调函数使用，被调函数中的数据也可以返回供主调函数使用。

(3) 空函数

如果定义函数时只给出一对大括号“{}”，不给出其局部变量和函数体语句(即函数体内部是“空”的)，则该函数为“空函数”。这种空函数开始时只设计最基本的模块(空架子)，其他作为扩充功能，在以后需要时再加上，这样可以使程序的结构清晰，可

读性好，而且易于扩充。

5.7.3　函数调用的方式

C语言程序中函数是可以互相调用的。所谓函数调用，就是在一个函数体中引用另外一个已经定义的函数，前者称为主调用函数，后者称为被调用函数。主调用函数调用被调用函数的一般形式为

```
函数名(实际参数表列)
```

说明：

函数名：指出被调用的函数。

实际参数表列：可以包含多个实际参数，各个参数之间用逗号隔开。实际参数的作用是将它的值传递给被调用函数中的形式参数。需要注意的是，函数调用中的实际参数与函数定义中的形式参数必须在个数、类型及顺序上严格保持一致，以便将实际参数的值正确地传递给形式参数，否则在函数调用时会产生意想不到的错误结果。如果调用的是无参函数，则可以没有实际参数表列，但圆括号"()"不能省略。

C语言中可以采用以下3种方式完成函数的调用：

(1) 函数语句调用

在主调函数中将函数调用作为一条语句，例如：

```
fun1();
```

这是无参调用，它不要求被调函数返回一个确定的值。

(2) 函数表达式调用

只要求其完成一定的操作。

在主调函数中将函数调用作为一个运算对象直接出现在表达式中，这种表达式称为函数表达式。例如：

```
c = power(x,n) + power(y,m);
```

这其实是一个赋值语句，它包括两个函数调用，每个函数调用都有一个返回值，将两个返回值相加的结果赋给变量c。因此，这种函数调用方式要求被调函数返回一个确定的值。

(3) 作为函数参数调用

在主调函数中将函数调用作为另一个函数调用的实际参数。例如：

```
m = max(a,max(b,c));
```

max(b,c)是一次函数调用，它的返回值作为函数max另一次调用的实参。最后，m的值为变量a、b、c三者中值最大者。

这种在调用一个函数的过程中又调用另一个函数的方式，称为嵌套函数调用。

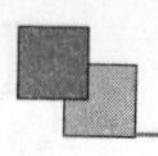

说明：

在一个函数中调用另一个函数(即被调函数)需要具备如下条件：

① 被调用的函数必须是已经存在的函数(库函数或者用户自定义的函数)。

② 如果程序使用了库函数，或者使用不在同一文件中的另外的自定义函数，则需要在程序的开头用“#include”预处理命令将调用有关函数时所需要的信息包含到本文件中来。对于自定义函数，如果不是在本文件中定义的，那么在程序开始时要用 extern 修饰符进行原型声明。使用库函数时，用“#include＜＊＊＊.h＞”的形式；使用自己编辑的函数头文件等时，用“#include"＊＊＊.h/c"”的格式。

5.8 指 针

指针是 C 语言中的一个重要概念，指针类型数据在 C 语言程序中的使用十分普遍。C 语言区别于其他程序设计语言的主要特点就是处理指针时所表现出的能力和灵活性。正确地使用指针类型数据，可以有效地表示复杂的数据结构，直接处理内存地址，而且可以更为有效、合理地使用数组。

5.8.1 指针与地址

计算机程序的指令、常量和变量等都要存放在以字节为单位的内存单元中，内存的每个字节都具有一个唯一的编号，这个编号就是存储单元的地址。

各个存储单元中所存放的数据，称为该单元的内容。计算机在执行任何一个程序时都要涉及许多的单元访问，就是按照内存单元的地址来访问该单元中的内容，即按地址来读或写该单元中的数据。由于通过地址可以找到所需要的单元，因此这种访问是“直接访问”方式。

另外一种访问是“间接访问”，它首先将欲访问单元的地址存放在一个单元中，访问时，先找到存放该地址的单元，从中取出地址，然后才能找到需要访问的单元，再读或写该单元的数据。在这种访问方式中使用了指针。

C 语言中引入了指针类型数据，其是专门用来确定其他类型数据地址的，因此一个变量的地址就称为该变量的指针。例如，有一个整型变量 i 存放在内存单元 60H 中，则该内存单元地址 60H 就是变量 i 的指针。

如果有一个变量专门用来存放另一个变量的地址，则该变量称为指向变量的指针变量(简称“指针变量”)。例如，如果用一个变量 pi 存放整型变量 i 的地址 60H，则 pi 即为一个指针变量。

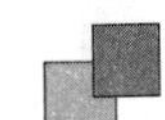

5.8.2　指针变量的定义

指针变量与其他变量一样，必须先定义后使用。

指针变量定义的一般形式如下：

```
数据类型　指针变量名；
```

说明：

数据类型：说明该指针变量所指向的变量的类型。

指针变量名：定义的指针变量名字。

例如：

```
int *pt;
```

定义一个指向对象类型为 int 的指针。

注意： 变量的指针和指针变量是两个不同的概念。变量的指针就是该变量的地址，而一个指针变量里面存放的内容是另一个变量在内存中的地址，拥有这个地址的变量则称为该指针变量所指向的变量。每一个变量都有自己的指针(即地址)，而每一个指针变量都是指向另一个变量的。为了表示指针变量和它所指向的变量之间的关系，C 语言中用符号“*”来表示“指向”。例如，整型变量 i 的地址 60H 存放在指针变量 pi 中，则可用 *pi 来表示指针变量 pi 所指向的变量，即 *pi 也表示变量 i。

5.8.3　指针变量的引用

指针变量是含有一个数据对象地址的特殊变量，指针变量中只能存放地址。在实际的编程和运算过程中，变量的地址和指针变量的地址是不可见的。因此，C 语言提供了一个取地址运算符“&”，使用取地址运算符“&”和赋值运算符“=”就可以使一个指针变量指向一个变量。

例如：

```
int t;
int *pt;
pt = &t;
```

通过取地址运算和赋值运算后，指针变量 pt 就指向了变量 t。

当完成了变量、指针变量的定义以及指针变量的引用后，就可以对内存单元进行间接访问了。此时，需用到指针运算符(又称“间接运算符”)“*”。

例如，将变量 t 的值赋给变量 x，代码如下：

直接访问方式为

```
int x;
int t;
x = t;
```

间接访问方式为

```
int x;
int t;
int * pt;
pt = &t;
x = * pt;
```

有关的运算符有两个，分别是“&”和“*”。在不同的场合所代表的含义是不同的，我们一定要搞清楚。

例如：

利用“int *pt;”进行指针变量的定义，此时“*pt”的“*”为指针变量说明符。

利用“pt=&t;”，此时“&t”的“&”为取 t 的地址并赋给 pt(取地址)。

利用“x=*pt;”，此时“*pt”的“*”为指针运算符，即将指针变量 pt 所指向的变量值赋给 x(取内容)。

5.8.4 数组指针与指向数组的指针变量

任何变量都占有存储单元，都有地址。数组及其元素同样占有存储单元，都有相应的地址。因此，指针既然可以指向变量，当然也可以指向数组。其中，指向数组的指针是数组的首地址，指向数组元素的指针则是数组元素的地址。

例如，定义一个数组 x[10]和一个指向数组的指针变量 px，代码如下：

```
int x[10];
int * px;
```

当未对指针变量 px 进行引用时，px 与 x[10]毫不相干，即此时指针变量 px 并未指向数组 x[10]。

当将数组的第一个元素的地址 &x[0]赋予 px 时，即“px=&x[0];”，此时指针变量 px 即指向数组 x[]。这时，可以通过指针变量 px 来操作数组 x，即 *px 代表 x[0]，*(px+1)代表 x[1]，…… *(px+i)代表 x[i]。其中，i=1,2,…

C 语言规定，数组名代表数组的首地址，也是第一个数组元素的地址，因此上面的语句也可以改写为

```
int x[10];
int * px;
px = x;
```

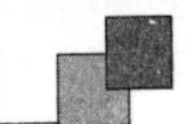

形式上更简单一些。

5.8.5 指针变量的运算

若先使指针变量 px 指向数组 x[](即 px=x;),则:

① “px++(或 px+=1);”,将使指针变量 px 指向下一个数组元素,即 x[1]。

② “* px++;”,因为++与 * 运算符优先级相同,结合方向为自右向左,因此,* px++等价于 *(px++)。

③ “* ++px;”,先使 px 自加 1,再取 * px 值。若 px 的初值为 &x[0],则执行 y= * ++px 时,y 值为 a[1]的值;而执行 y= * px++时,等价于先取 * px 的值,后使 px 自加 1。

④ “(* px)++;”,表示 px 所指向的元素值加 1。要注意的是,是元素值加 1,而不是指针变量值加 l。

要特别注意对 px+i 的含义的理解。C 语言规定:px+1 指向数组首地址的下一个元素,而不是将指针变量 px 的值简单地加 1。例如:若数组的类型是整型(int),每个数组元素占两个字节,则对于整型指针变量 px 来说,px+1 意味着使 px 的原值(地址)加两个字节,使它指向下一个元素;px+2 则使 px 的原值(地址)加 4 个字节,使它指向下下个元素。

5.8.6 指向多维数组的指针和指针变量

指针除了可以指向一维数组外,也可以指向多维数组。下面以二维数组为例进行说明。

已定义一个三行四列的二维数组:

```
int x[3][4] = {{1,3,5,7},
{9,11,13,15},
{17,19,21,23}};
```

对这个数组的理解为:x 是数组名,数组包含 3 个元素:x[0]、x[1]、x[2]。每个元素又是一个一维数组,包含 4 个元素。例如,x[0]代表的一维数组包含 x[0][0]={1},x[0][1]={3},x[0][2]={5},x[0][3]={7}。

从二维数组的地址角度看,x 代表整个数组的首地址,也就是第 0 行的首地址。x+1 代表第 1 行的首地址,即数组名为 x[1]的一维数组首地址。

根据 C 语言的规定,由于 x[0]、x[1]、x[2]都是一维数组,因此它们分别代表各个数组的首地址,即 x[0]=&x[0][0],x[1]=&x[1][0],x[2]=&x[2][0]。

同时定义一个指针变量“int (* p)[4];”,其含义是 p 指向一个包含 4 个元素的一维数组。

当 p=x 时，指向数组 x[3][4]的第 0 行首址。

p+1 和 x+1 等价，指向数组 x[3][4]的第 1 行首址。

p+2 和 x+2 等价，指向数组 x[3][4]的第 2 行首址。

*(p+1)+3 和 &x[1][3]等价，指向数组 x[1][3]的地址。

((p+1)+3)和 x[1][3]等价，表示 x[1][3]的值。

……

一般地，对于数组元素 x[i][j]来讲：

*(p+i)+j 就相当于 &x[i][j]，表示数组第 i 行第 j 列的元素的地址。

((p+i)+j)就相当于 x[i][j]，表示数组第 i 行第 j 列的元素的值。

5.9 结构体

前面已经介绍 C 语言的基本数据类型，但是实际设计一个较复杂的程序时，仅有这些基本类型的数据是不够的，有时需要将一批各种类型的数据放在一起使用，从而引入了所谓构造类型的数据。例如，前面介绍的数组就是一种构造类型的数据，一个数组实际上是将一批相同类型的数据顺序存放。这里还要介绍 C 语言中另一类更为常用的构造类型数据——结构体、共用体和枚举。

1. 结构体的概念

结构体是一种构造类型的数据，它是将若干个不同类型的数据变量有序地组合在一起而形成的一种数据的集合体。组成该集合体的各个数据变量称为结构成员，整个集合体使用一个单独的结构变量名。一般来说，结构中的各个变量之间是存在某些关系的，例如，时间数据中的时、分、秒，日期数据中的年、月、日等。由于结构是将一组相关联的数据变量作为一个整体来进行处理，因此在程序中使用结构将有利于对一些复杂而又具有内在联系的数据进行有效的管理。

2. 结构体类型变量的定义

结构体类型变量的定义方法有 3 种，具体如下：

(1) 先定义结构体类型再定义变量名

定义结构体类型的一般格式为

```
struct 结构体名
{
    成员表列
};
```

说明：

结构体名：用作结构体类型的标志。

成员表列：该结构体中的各个成员。由于结构体可以由不同类型的数据组成，

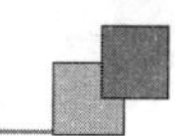

因此对结构体中的各个成员都要进行类型说明。

例如，定义一个日期结构体类型 date，它可由 6 个结构体成员 year、month、day、hour、min 和 sec 组成，代码如下：

```
struct date
{
    int year;
    char month;
    char day;
    char hour;
    char min;
    char sec;
};
```

定义好一个结构体类型之后，就可以用它来定义结构体变量。一般格式为

```
struct  结构体名 结构体变量名 1,结构体变量名 2,……,结构体变量名 n;
```

例如，可以用结构体 date 来定义两个结构体变量 time1 和 time2，代码如下：

```
struct date time1,time2;
```

结构体变量 time1 和 time2 都具有 struct date 类型的结构，即它们都是由1 个整型数据和 5 个字符型数据组成。

(2) 在定义结构体类型的同时定义结构体变量名

一般格式为

```
struct  结构体名
    {
        成员表列
    }结构体变量名 1,结构体变量名 2,……,结构体变量名 n;
```

对于上述日期结构体变量也可按以下格式定义：

```
struct date
{
    int year;
    char month;
    char day;
    char hour;
    char min;
    char sec;
}time1,time2;
```

(3) 直接定义结构体变量

一般格式为

```
struct
    {
        成员表列
    }结构体变量名 1,结构体变量名 2,……,结构体变量名 n;
```

第 3 种方法与第 2 种方法十分相似,所不同的只是第 3 种方法中省略了结构体名,这种方法一般只用于定义几个确定的结构变量的场合。例如,如果只需要定义 time1 和 time2 而不再定义其他的结构变量,则可省略结构体名“date”。不过,为了便于记忆和以备将来进一步定义其他结构体变量的需要,一般还是不要省略结构名为好。

3. 关于结构体类型需要注意的事项

① 结构体类型与结构体变量是两个不同的概念。定义一个结构体类型时只是给出了该结构体的组织形式,并没有给出具体的组织成员,因此结构体名不占用任何存储空间,也不能对一个结构体名进行赋值、存取和运算。而结构体变量则是一个结构体中的具体对象,编译器会给具体的结构体变量名分配确定的存储空间,因此可以对结构体变量名进行赋值、存取和运算。

② 将一个变量定义为标准类型与定义为结构体类型有所不同。前者只需要用类型说明符指出变量的类型即可,如“int x;”;后者不仅要求用 struct 指出该变量为结构体类型,而且还要求指出该变量是哪种特定的结构类型,即要指出它所属特定结构类型的名字,如上面的 date 就是这种特定的结构体类型(日期结构体类型)的名字。

③ 一个结构体中的成员还可以是另外一个结构体类型的变量,即可以形成结构体的嵌套。

4. 结构体变量的引用

定义了一个结构体变量之后,就可以对它进行引用,即可以进行赋值、存取和运算。一般情况下,结构体变量的引用是通过对其成员的引用来实现的。

① 引用结构体变量中成员的一般格式为

```
结构体变量名.成员名
```

说明:

“.”:是存取成员的运算符。

例如:“time1.year=2006;”表示将整数 2006 赋给 time1 变量中的成员 year。

② 如果一个结构体变量中的成员又是另外一个结构体变量,即出现结构体嵌套时,则需要采用若干个成员运算符,一级一级地找到最低一级的成员,而且只能对这个最低级的结构元素进行存取访问。

③ 对结构体变量中的各个成员可以像普通变量一样进行赋值、存取和运算。

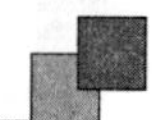

例如：

```
time2.sec++;
```

④ 可以在程序中直接引用结构体变量和结构体成员的地址。结构体变量的地址通常用作函数参数,用来传递结构体的地址。

5. 结构体变量的初始化

和其他类型的变量一样,对结构体类型的变量也可以在定义时赋初值进行初始化。

例如：

```
struct date
{
    int year;
    char month;
    char day;
    char hour;
    char min;
    char sec;
}time1 = {2006,7,23,11,4,20};
```

6. 结构体数组

一个结构体变量可以存放一组数据(如一个时间点 time1 的数据)。在实际使用中,结构体变量往往不止一个(例如要对 20 个时间点的数据进行处理),这时可将多个相同的结构体组成一个数组,这就是结构体数组。

结构体数组的定义方法与结构体变量完全一致,例如：

```
struct date
{
    int year;
    char month;
    char day;
    char hour;
    char min;
    char sec;
};
struct date time[20];
```

这就定义了一个包含 20 个元素的结构体数组变量 time,其中每个元素都是具有 date 结构体类型的变量。

7. 指向结构体类型数据的指针

一个结构体变量的指针,就是该变量在内存中的首地址。我们可以设一个指针变量，将它指向一个结构体变量，则该指针变量的值是它所指向的结构体变量的起始地址。

定义指向结构体变量的指针的一般格式为

```
struct 结构体类型名 *指针变量名;
```

或

```
struct
{
    成员表列
} *指针变量名;
```

与一般指针相同，对于指向结构体变量的指针也必须赋值后才能引用。

8. 用指向结构体变量的指针引用结构体成员

通过指针来引用结构体成员的一般格式为

```
指针变量名→结构体成员
```

例如：

```
struct date
{
    int year;
    char month;
    char day;
    char hour;
    char min;
    char sec;
};
struct date time1;
struct date *p;
p=&time1;
p->year=2006;
```

9. 指向结构体数组的指针

一个指针变量可以指向数组，同样，指针变量也可以指向结构体数组。

指向结构体数组的指针变量的一般格式为

```
struct 结构体数组名 *指针变量名;
```

10. 将结构体变量和指向结构体的指针用作函数参数

结构体既可作为函数的参数，也可作为函数的返回值。当结构体被用作函数的参数时，其用法与普通变量作为实际参数传递一样，属于“传值”方式。但是，当一个

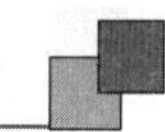

结构体较大时，若将该结构体作为函数的参数(由于参数传递采用值传递方式，所以需要较大的存储空间(堆栈)来将所有的成员压栈和出栈，此外还影响程序的执行速度)，则可以用指向结构体的指针来作为函数的参数，此时参数的传递是按地址传递方式进行的。由于采用的是"传址"方式，所以只需要传递一个地址值。与前者相比，大大节省了存储空间，同时还加快了程序的执行速度。其缺点是，在调用函数时对指针所做的任何变动都会影响原来的结构体变量。

11. 指针指向其他

指针也可以指向函数及指向指针等。指向函数的指针包含函数的地址，可以通过它来调用函数。声明格式如下：

```
类型说明符 ( * 函数名)(参数)
```

例如：

```
void ( * fptr)();
```

把函数的地址赋值给函数指针：

```
fptr = &Function;
```

或

```
fptr = Function;
```

通过指针调用函数：

```
x = ( * fptr)();
```

或

```
x = fptr();
```

其中，"x=fptr();"看上去和函数调用无异。这里建议初学者使用"x=(* fptr)();"的方式，因为它明确指出是通过指针而非函数名来调用函数的。

指针指向指针看上去比较令人费解，它们的声明有两个星号。

例如：

```
char ** cp;
```

使用例子：

```
char c = 'A'; char * p = &c; char ** cp = &p;
```

通过指针的指针，不仅可以访问它指向的指针，还可以访问它指向的指针所指向的数据：

```
char * p1 = * cp; char c1 = ** cp;
void FindCredit(int ** ); main()
```

```
{
    int vals[] = {7,6,5, - 4,3,2,1,0};
    int * fp = vals; FindCredit(&fp);
    printf(" % d\n", * fp);
}

void FindCredit(int ** fpp)
{
    while( ** fpp!= 0)
    {
        if( ** fpp<0) break;
        else ( * fpp) ++ ;
    }
}
```

首先用一个数组的地址初始化指针 fp，然后把该指针的地址作为实参传递给函数 FindCredit()。FindCredit()函数通过表达式 ** fpp 间接地得到数组中的数据。为在数组中找到一个负值，FindCredit()函数进行自增运算的对象是调用者的指向数组的指针，而不是它自己的指向调用者指针的指针。语句“(* fpp)＋＋;”就是对形参指针指向的指针进行自增运算的。

5.10 共用体

结构体变量占用的内存空间大小是其各成员所占长度的总和，如果同一时刻只存放其中的一个成员数据，则对内存空间是很大的浪费。共用体也是 C 语言中一种构造类型的数据结构，它所占内存空间的长度是其中最长的成员长度。虽然各个成员的数据类型及长度可能都不同，但它们都从同一个地址开始存放，即采用了所谓的“覆盖技术”。这种技术可以使不同的变量分时使用同一个内存空间，有效地提高了内存的利用效率。

5.10.1 共用体类型变量的定义

共用体类型变量的定义方式与结构体类型变量的定义相似，也有 3 种方法，具体如下：

1. 先定义共用体类型再定义变量名

定义共用体类型的一般格式为

```
union  共用体名
{
```

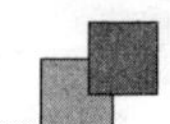

```
    成员表列
};
```

定义好一个共用体类型之后，就可以用它来定义共用体变量。一般格式为

```
union 共用体名 共用体变量名 1,共用体变量名 2,……,共用体变量名 n;
```

2. 在定义共用体类型的同时定义共用体变量名

一般格式为

```
union 共用体名
{
    成员表列
}共用体变量名 1,共用体变量名 2,……,共用体变量名 n;
```

3. 直接定义共用体变量

一般格式为

```
union
{
    成员表列
}共用体变量名 1,共用体变量名 2,……,共用体变量名 n;
```

可见，共用体类型与结构体类型的定义方法是很相似的，只是将关键字 struct 改成了 union，但是，在内存的分配上两者却有着本质的区别。结构体变量所占用的内存长度是其中各个元素所占用内存长度的总和，而共用体变量所占用的内存长度是其中最长的成员长度。

例如：

```
struct exmp1
    {
        int a;
        char b;
    };
struct exmp1 x;
```

结构体变量 x 所占用的内存长度是成员 a、b 长度的总和，a 占用 2 字节，b 占用 1 字节，总共占用 3 字节。

再如：

```
union exmp2
    {
        int a;
        char b;
```

```
    };
union exmp2 y;
```

共用体变量 y 所占用的内存长度是最长的成员 a 的长度,a 占用 2 字节,故总共占用 2 字节。

5.10.2 共用体变量的引用

与结构体变量类似,对共用体变量的引用也是通过对其成员的引用来实现的。引用共用体变量成员的一般格式为

```
共用体变量名.共用体成员
```

结构体变量和共用体变量都属于构造类型数据,都用于计算机工作时的各种数据存取。但很多刚学单片机的读者都搞不明白,什么情况下要定义为结构体变量,什么情况下要定义为共用体变量。这里打一通俗比方来帮助大家加深理解。

假定甲方和乙方都购买了两辆汽车(一辆大汽车、一辆小汽车),大汽车停放时占地 10 m^2,小汽车停放时占地 5 m^2。现在他们都要为新买的汽车建造停车库(相当于定义构造类型数据),但甲方和乙方的状况不一样。甲方的运输工作白天就结束了,每天晚上两辆车(大、小汽车)同时停在车库内;而乙方由于产品关系,同一时刻只有一辆车停在车库内(大汽车运货时小汽车停在车库内,或小汽车运货时大汽车停在车库内)。显然,甲方的车库要建 15 m^2(相当于定义结构体变量),而乙方的车库只要建 10 m^2就足够了(相当于定义共用体变量),建得再大也是浪费。

5.11 枚　举

如果一个变量只有几种可能的值,那么可以定义为枚举类型。所谓"枚举",就是将变量的值一一列举出来,变量的取值只限于列出的范围。

一个完整的枚举定义说明语句的一般格式为

```
enum  枚举名{枚举值列表}变量列表;
```

定义和说明也可以分成两句完成:

```
enum  枚举名{枚举值列表};
enum  枚举名 变量列表;
```

例如,每星期的天数(变量 weekday)只能是星期天、星期一至星期六这几种,因此可以这样定义枚举变量:

```
enum weekday{sun,mon,tue,wed,thu,fri,sat}date1,date2;      //定义枚举类型
```

或

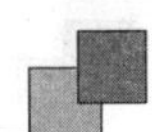

```
enum weekday{sun,mon,tue,wed,thu,fri,sat};
enum weekday date1,date2;

date1 = sun;     //枚举类型取值
date2 = fri;
```

说明：

① 在 C 编译器中，对枚举元素按常量处理，故称枚举常量。

注意：不能对枚举元素进行赋值。

② 枚举元素作为常量，它是有值的，C 语言编译时按定义时的顺序使它们的值为 0,1,2…

5.12 Keil RealView MDK 在 ARM C 语言开发中的常用方法

通常在开发软件自带的头文件中定义了以下数据类型：

```
#define       __IO      volatile       //见 core_cm0.h
typedef unsigned int uint32_t;         //见 stdint.h
```

所以可以定义 GPIO 的结构体类型为

```
typedef struct           //见 stm32f0xx.h
{
    __IO uint32_t MODER;
    __IO uint16_t OTYPER;
    uint16_t RESERVED0;
    __IO uint32_t OSPEEDR;
    __IO uint32_t PUPDR;
    __IO uint16_t IDR;
    uint16_t RESERVED1;
    __IO uint16_t ODR;
    uint16_t RESERVED2;
    __IO uint32_t BSRR;
    __IO uint32_t LCKR;
    __IO uint32_t AFR[2];
    __IO uint16_t BRR;
    uint16_t RESERVED3;
}GPIO_TypeDef;
```

外设的基本地址由芯片的 datasheet 已知，这样就可以进行常量定义：

```
#define PERIPH_BASE              ((uint32_t)0x40000000)
```

同样,AHB2 的地址由芯片的 datasheet 已知,常量再加上常量,宏定义后还是常量:

```
#define AHB2PERIPH_BASE          (PERIPH_BASE + 0x08000000)
```

现在得到某个口(如 GPIOC)的地址常量:

```
#define GPIOC_BASE               (AHB2PERIPH_BASE + 0x00000800)
```

如果已知指针的值(即已知具体地址常量),则可以将指向固定地址及类型的指针变量宏定义为一个固定名称 GPIOC:

```
#define GPIOC                    ((GPIO_TypeDef *) GPIOC_BASE)
```

这样,在程序中可以用指针方式对结构体的成员进行读/写操作,这是 ARM 的常见开发方式,这种方式被称为寄存器操作法:

```
GPIOC->ODR &= 0xff00;
```

5.13 中断函数

1. 什么是中断

什么是“中断”? 顾名思义,中断就是中断某一工作过程去处理一些与本工作过程无关或间接相关或临时发生的事件,处理完后,再继续原工作过程。比如:你在看书,电话响了,你在书上做个记号后去接电话,接完后从原记号处继续往下看书。如果有多个中断发生,则依优先法则执行。另外,中断还具有嵌套特性。比如:看书时,电话响了,你在书上做个记号后去接电话,你拿起电话和对方通话,这时门铃响了,你让打电话的对方稍等一下,你去开门,并在门旁与来访者交谈,谈话结束,关好门,回到电话机旁,拿起电话,继续通话,通话完毕,挂上电话,从做记号的地方继续往下看书。由于一个人不可能同时完成多项任务,因此只好采用中断方法一件一件地做。

类似的情况在单片机中也同样存在,通常单片机中只有一个 CPU,但却要应付诸如运行程序、数据输入/输出以及特殊情况处理等多项任务,因此,也只能采用停下一个工作去处理另一个工作的中断方法。

在单片机中,“中断”是一个很重要的概念。中断技术的进步大大推进了单片机的发展和应用。所以,中断功能的强弱已成为衡量单片机功能完善与否的重要指标。

单片机采用中断技术后,大大提高了它的工作效率和处理问题的灵活性,主要表现在以下 3 个方面:

① 解决了快速 CPU 和慢速外设之间的矛盾,可使 CPU 和外设并行工作(宏观上看)。

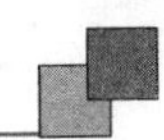

② 可及时处理控制系统中许多随机的参数和信息。

③ 具备了处理故障的能力，提高了单片机系统自身的可靠性。

中断处理程序类似于程序设计中的调用子程序，但它们又有区别，主要是：

中断的产生是随机的，它既保护断点，又保护现场，主要为外设以及处理各种事件服务。保护断点是由硬件自动完成的，保护现场须在中断处理程序中用相应的指令完成。

调用子程序是程序中事先安排好的，它只保护断点，主要为主程序服务，与外设无关。

2. 编写STM32F072的中断函数时应严格遵循的规则

① 在STM32F072芯片设计时，中断处理函数名称有系统约定的格式，不能自己取，具体可参阅startup_stm32f072.s启动文件。例如，外部中断线路0－1的中断函数形式为

```
void EXTI0_1_IRQHandler(void)
{
    /****中断服务程序中的程序代码***/
}
```

② 中断函数可以被放置在源程序的任意位置。

③ 中断函数不能进行参数传递，中断函数中包含任何参数声明都将导致编译出错。

④ 中断函数没有返回值，如果试图定义一个返回值，那么将得到不正确的结果。因此，最好在定义中断函数时将其定义为void类型，以明确说明没有返回值。

⑤ 在任何情况下都不能直接调用中断函数，否则会产生编译错误。

入门篇

第 6 章

STM32F0x2 复位和系统时钟

6.1 复　位

有 3 种复位源：电源复位、系统复位和备份域复位。

1. 电源复位

当发生以下事件中的一件时，将产生电源复位：

- 上电/掉电（POR/PDR）复位；
- 从待机模式中返回。

电源复位将复位除备份域以外的所有寄存器。

2. 系统复位

系统复位将复位除时钟控制寄存器 CSR 中的复位标志和备份域中的寄存器以外的所有寄存器。

当以下事件之一发生时，将产生一个系统复位：

- NRST 引脚上的低电平（外部复位）；
- 窗口看门狗事件（WWDG 复位）；
- 独立看门狗事件（IWDG 复位）；
- 软件复位（SW 复位）；
- 低功耗复位；
- 选项字节装载复位。

可通过查看 RCC_CSR 控制/状态寄存器中的复位状态标志位来识别复位事件来源。

如图 6－1 所示，复位源将最终作用于 NRST 引脚，并在一定的延时时段内保持低电平。复位入口地址被固定在 0x00000004 处。

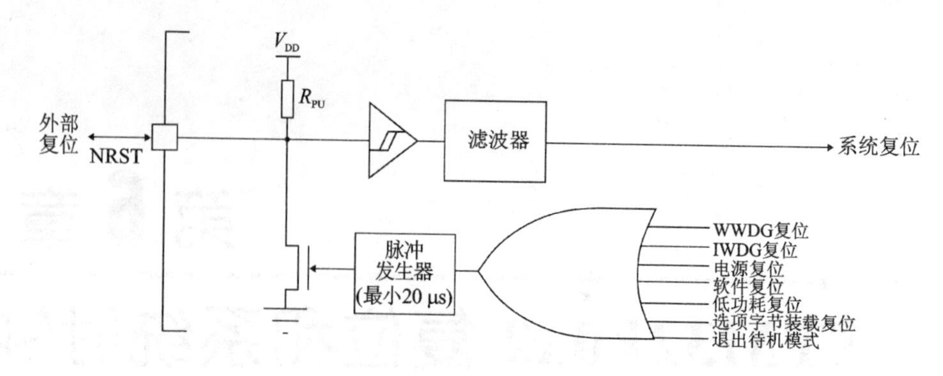

图 6-1　STM32F0x2 系列产品——STM32F072 的系统复位框图

内部的复位信号会在 NRST 引脚上输出，脉冲发生器保证每一个(外部或内部)复位源都能有至少 20 μs 的脉冲延时；当 NRST 引脚被拉低产生外部复位时，它将产生复位脉冲。

我们还可以通过将 Cortex-M0 应用中断和复位控制寄存器中的 SYSRESETREQ 位置 1 来实现软件复位。

在以下两种情况下可产生低功耗复位。

① 在进入待机模式时产生低功耗复位。

通过将用户选择字节中的 nRST_STDBY 位置 1 使能该复位。这时即使执行了进入待机模式的命令，系统也将被复位而不是进入待机模式。

② 在进入停止模式时产生低功耗复位。

通过将用户选择字节中的 nRST_STOP 位置 1 使能该复位。这时即使执行了进入停机模式的命令，系统也将被复位而不是进入停机模式。

在设置 FORCE_OBL(FLASH_CR 寄存器中)为 1 的情况下，当软件读取选项字时，将发生选项字节装载复位。

3. 备份域复位

当以下事件之一件发生时，将产生备份域复位：

- 软件复位，由备份域控制寄存器(RCC_BDCR)的 BDRST 位触发。
- 当 V_{DD} 和 V_{BAT} 引脚都掉电时，V_{DD} 或 V_{BAT} 引脚上电。

6.2 时　钟

图 6-2 所示为 STM32F0x2 系列产品——STM32F072 的时钟振荡器单元。STM32F0x2 系列产品有 3 种不同的时钟源可被用来驱动系统时钟：

- 内部高速 8 MHz RC 振荡器(HSI)时钟；
- 外部高速振荡器(HSE)时钟；

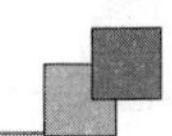

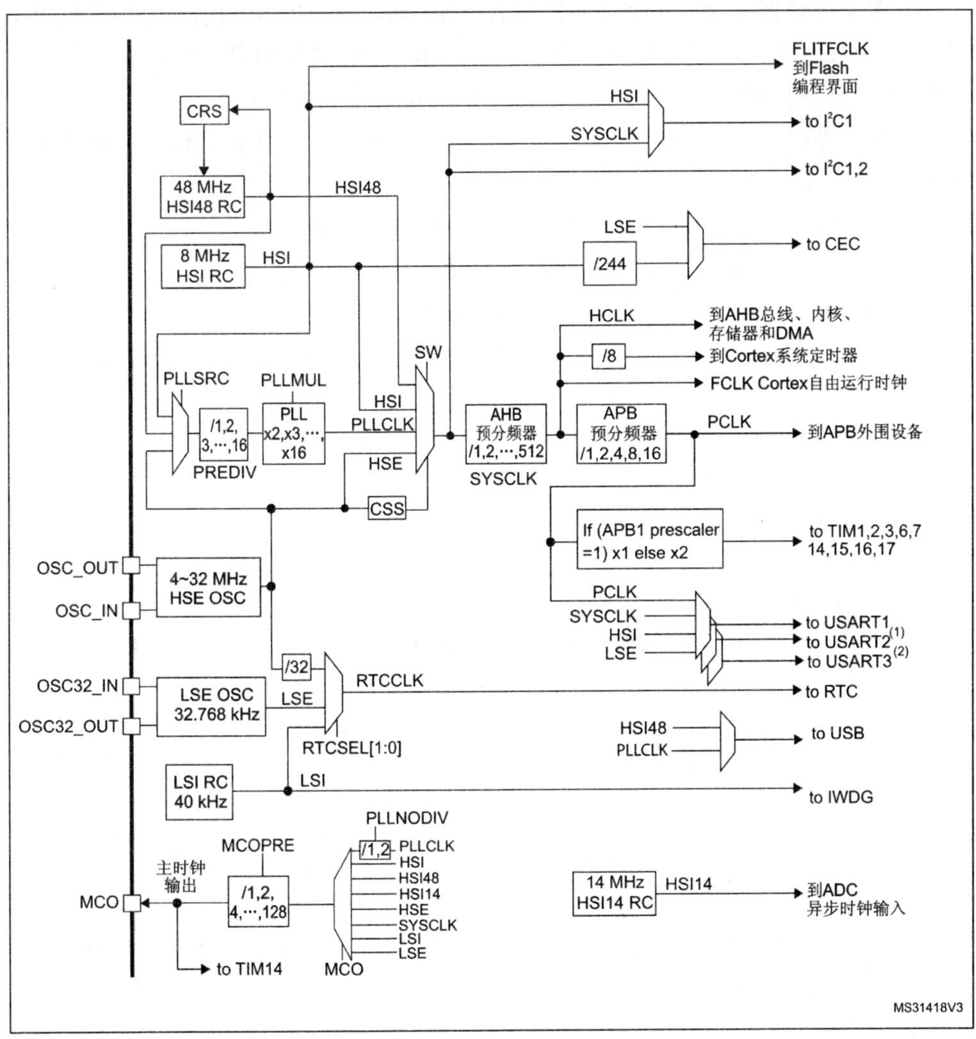

注：(1) 不可用于STM32F04x器件。
(2) 不可用于STM32F04x及STM32F07x器件。
FCLK充当Cortex-M0系列的自由运行时钟。更多详情请查阅ARM-M0 r0p0技术参考手册。

图 6-2　STM32F0x2 系列产品——STM32F072 的时钟振荡器单元

- PLL 时钟。

此外，该系列产品还有以下附加的时钟源：

- 40 kHz 低速内部 RC 振荡器（LSI RC），用于驱动 IWDG 和用于自动从停机或待机模式下唤醒的 RTC 时钟；
- 低速用于驱动实时时钟(RTCCLK)的 32.768 kHz 低速外部晶体(LSE 晶体)；
- 专门用于 ADC 的 14 MHz 高速内部 RC 振荡器（HSI14）。

每种时钟源都可以单独地开或关，当它们不用时，可以将其关断以降低功耗。

有多个分频器可用于配置 AHB 和 APB 时钟域，AHB 和 APB 域的最大时钟频率为 48 MHz。Cortex 系统定时器(SysTick)由 AHB 时钟驱动，其可由 AHB/8 或 AHB 时钟频率直接驱动(通过 Cortex SysTick 配置位来配置)。

所有的外设时钟均由其所在的总线时钟(HCLK 或 PCLK)驱动，但以下几个除外：

- 闪存编程接口时钟(FLITFCLK)总是由 HSI 时钟驱动。
- 选项字节装载时钟也由 HIS 时钟驱动。
- ADC 时钟由下列之一的时钟得到(由软件选择)：
  - 专门的 HSI14 时钟，运行在最大的采样率；
  - APB (PCLK)时钟除以 2 或除以 4。
- USART1 的时钟为下列的时钟源之一(由软件选择)：
  - 系统时钟；
  - HSI 时钟；
  - LSE 时钟；
  - APB 时钟 (PCLK)。
- I^2C1 的时钟为下列的时钟源之一(由软件选择)：
  - 系统时钟；
  - HSI 时钟。
- CEC 时钟来自 HSI/244 或者 LSE。
- I^2S1 时钟为系统时钟。
- RTC 时钟来自 LSE、LSI 或 HSE/32。
- IWDG 时钟永远来自 LSI。

RCC 通过 AHB 时钟(HCLK)8 分频后作为 Cortex 系统定时器的外部时钟。通过对 SysTick 控制/状态寄存器的设置，可选择上述时钟或 Cortex(HCLK)时钟作为 SysTick 时钟。

1. HSE 时钟信号

HSE 时钟信号由以下两种时钟源产生：

- HSE 外部晶体/陶瓷谐振器；
- HSE 用户外部时钟。

外部晶体/陶瓷谐振(HSE 晶体)的频率范围为 4～32 MHz，外部振荡器可为系统提供非常精确的主时钟。在时钟控制寄存器(RCC_CR)中的 HSERDY 位用来指示高速外部振荡器是否稳定。在启动时，直到 HSERDY 位被硬件置 1，该时钟才可使用。如果在时钟中断寄存器(RCC_CIR)中允许产生中断，则将产生相应中断。HSE 晶体可以通过设置时钟控制寄存器(RCC_CR)中的 HSEON 位来启动和关闭。

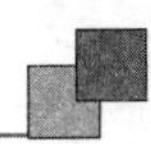

如果外部时钟源HSE旁路，则必须提供外部时钟。它的频率最高可达32 MHz。用户可通过设置时钟控制寄存器(RCC_CR)中的HSEBYP和HSEON位来选择这一模式。占空比为40%～60%的外部时钟信号(方波、正弦波或三角波)连接到SOC_IN引脚，同时保证OSC_OUT不作为I/O口使用。

2. HSI时钟信号

HSI时钟信号由内部8 MHz的RC振荡器产生，该频率在出厂前已经被校准到1%(25 ℃)的精度，可直接作为系统时钟或在2分频后作为PLL输入。

系统复位时，工厂校准值被装载到时钟控制寄存器的HSICAL[7:0]位中(HSICAL在时钟控制寄存器RCC_CR中)。如果用户的应用基于不同的电压或环境温度，那么将影响RC振荡器的精度。可以通过时钟控制寄存器(RCC_CR)里的HSITRIM[4:0]位来调整HSI频率。

时钟控制寄存器(RCC_CR)中的HSIRDY位用来指示HSI RC振荡器是否稳定。在时钟启动过程中，直到HSIRDY位被硬件置1，HSI RC输出时钟才可以被使用。

如果HSE晶体振荡器失效，那么HSI时钟将被作为备用时钟源。

3. PLL

内部PLL可用HSI或HSE倍频得到。PLL配置(选择输入时钟、倍频因子)必须在使能PLL前配置好，一旦PLL使能，PLL使用到的这些参数就不能被改变了。

改变PLL配置的过程如下：

① 设置PLLON=0，禁用PLL；

② 等待PLLRDY清0，PLLRDY清0时表明PLL已经完全停止；

③ 改变PLL所需参数；

④ 设置PLLON=1，重新使能PLL。

使能时钟中断寄存器(RCC_CIR)的相应位后，当PLL时钟就绪时会产生一个中断。PLL输出频率设置的范围是16～48 MHz。

4. LSE时钟

LSE晶体是一个32.768 kHz的低速外部晶体或陶瓷谐振器，它为实时时钟或者其他定时功能提供一个低功耗且精确的时钟源。晶体振荡器的开和关可用备份域控制寄存器(RCC_BDCR)中的LSEON位来控制。备份域控制寄存器(RCC_BDCR)中的LSEDRV[1:0]位用来控制选对LSE的驱动能力，其值是系统的健壮性、短启动时钟及低功耗性的折中选择。

备份域控制寄存器(RCC_BDCR)中的LSERDY位用来指示LSE晶体振荡是否稳定。在该位被硬件置为1之前，LSE的时钟信号都不被使用。如果在时钟中断寄存器(RCC_CIR)中被允许,则可以产生中断申请。

外部时钟源 LSE 旁路时,必须提供一个 32.768 kHz 频率的外部时钟源。我们可以通过设置备份域控制寄存器(RCC_BDCR)中的 LSEBYP 和 LSEON 位来选择这个模式。具有 50%占空比的外部时钟信号(方波、正弦波或三角波)必须连接到 OSC32_IN 引脚,同时保证 OSC32_OUT 引脚不作为 I/O 口使用。

5. LSI 时钟

LSI RC 作为一个低功耗时钟源,可以在停机和待机模式下保持运行,为 IWDG 和 RTC 提供时钟。LSI 时钟频率大约为 40 kHz(在 30～60 kHz 之间)。LSI RC 振荡器可由时钟控制/状态寄存器(RCC_CSR)中的 LSION 位来控制开或关。

时钟控制/状态寄存器(RCC_CSR)中的 LSIRDY 位用来指示低速内部振荡器是否稳定。在该位被硬件设置为 1 之前,LSI 时钟都不能被使用。如果在时钟中断寄存器(RCC_CIR)中被允许,则将产生 LSI 中断申请。

6. 系统时钟(SYSCLK)选择

有 3 种时钟源可用于驱动系统时钟(SYSCLK):

- HSI 振荡器;
- HSE 振荡器;
- PLL。

系统复位后,HSI 振荡器被选为系统时钟。当时钟源被直接或通过 PLL 间接作为系统时钟时,它不会被停止。时钟的切换只有在目标时钟源可用的情况下才能进行。假如系统选择了未准备好的时钟源作为当前系统时钟,那么只有在目标时钟源准备好之后才真正执行切换时钟源的操作。时钟控制寄存器(RCC_CR)指示当前系统时钟采用哪个时钟源作为系统时钟。

7. 时钟安全系统(CSS)

时钟安全系统可以通过软件激活。一旦其被激活,时钟监测器将在 HSE 振荡器启动延迟后被使能,并在 HSE 时钟关闭后关闭。

如果 HSE 时钟发生故障,那么 HSE 振荡器就被自动关闭,时钟失效事件将被送到高级定时器(TIM1 和 TIM8)的刹车输入,并产生时钟安全中断 CSSI,允许软件完成系统的补救处理。该 CSSI 中断连接到 Cortex-M0 的 NMI 中断(不可屏蔽中断)。

注意: 一旦 CSSI 被使能,并且 HSE 时钟出现故障,CSSI 中断就会产生,并且 NMI 也自动产生。NMI 将被不断执行,直到 CSSI 中断挂起位被清除。因此,在 NMI 的处理程序中必须通过设置时钟中断寄存器(RCC_CIR)中的 CSSC 位来清除 CSS 中断。

如果 HSE 振荡器被直接或间接地作为系统时钟(间接的意思是:它被作为 PLL 的输入时钟或通过 PLL2 作为 PLL 的输入时钟,并且 PLL 时钟被作为系统时钟),

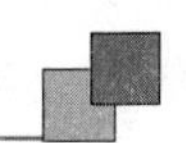

则时钟故障将导致系统时钟自动切换到 HSI 振荡器，同时外部 HSE 振荡器被关闭。在时钟失效时，如果 HSE 振荡器时钟（直接地或通过 PLL2）作为 PLL 的输入时钟，则 PLL 也将被关闭。

8. ADC 时钟

ADC 时钟可从专门的 14 MHz RC 振荡器（HSI14）或 PCLK /2（或 /4）得到。当 ADC 时钟源于 PCLK 时，其 ADC 时钟为 PCLK 时钟的反相信号。14 MHz 的 HSI RC 振荡器可以由软件配置成由 ADC 接口控制的打开/关闭（自动关）模式或者常开模式。当 APB 时钟被选为内核时钟时，14 MHz HSI RC 振荡器不能被 ADC 接口打开。

9. RTC 时钟

通过设置备份域控制寄存器（RCC_BDCR）中的 RTCSEL[1:0]位，RTCCLK 时钟源可以由 HSE/32、LSE 或 LSI 时钟提供。除非备份域复位，否则此选择不能被改变。系统必须按 PCLK 的频率高于或等于 RTCCLK 频率的方式配置才能正确操作 RTC。

LSE 时钟属于备份域时钟，但 HSE 和 LSI 时钟不属于备份域时钟，因此：

- 若 LSE 被选为 RTC 时钟，则只要维持 V_{BAT} 正常供电即可，即使 V_{DD} 掉电，RTC 仍会继续工作；
- 若 LSI 被选为 RTC 时钟，则当 V_{DD} 掉电时，RTC 处于不定的状态；
- 若 HSE/32 被选为 RTC 时钟，则当 V_{DD} 掉电或内部电压调压器（1.8 V 工作区域的供电切断）掉电时，RTC 处于不定的状态。

10. 看门狗时钟

如果 IWDG 已经由硬件选项或软件启动，那么 LSI 振荡器将被强制在打开状态，并且不能被关闭。在 LSI 振荡器稳定后，时钟供应给 IWDG。

11. 时钟输出

微控制器允许输出时钟信号到外部时钟输出（MCO）引脚。对应 MCO 的 GPIO 口须配置为备用的功能模式。有如下的 5 种信号可作为 MCO 时钟输出：

- HSI14；
- SYSCLK；
- HSI；
- HSE；
- PLL/2。

MCO 时钟的选择由时钟配置寄存器（RCC_CFGR）的 MCO[2:0]位决定。

12. TIM14 及内部/外部时钟测量

利用 TIM14 通道 1 输入捕获功能可以间接测量板上的时钟源，如图 6－3 所示。

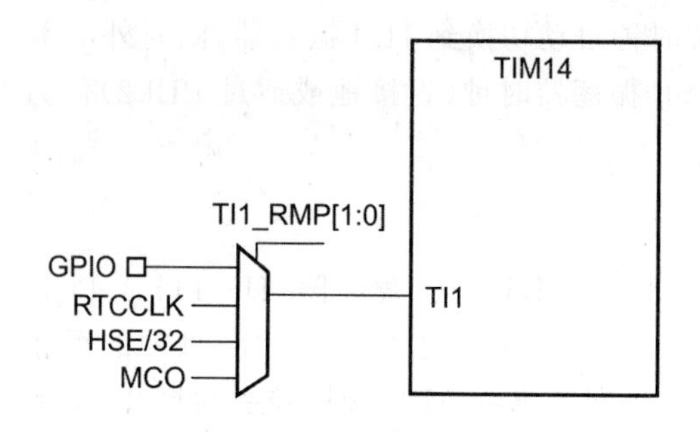

图 6-3　利用 TIM14 的捕获功能测量频率

TIM14 的输入捕获通道可以连接到一个 GPIO 引脚或是一个微控制器的内部时钟。这种选择是通过执行 TIM14_OR 寄存器的 TI1_RMP[1:0]位进行的，主要有以下几种：

- TIM14 通道 1 连接到 GPIO。参照器件的 datasheets 中的备用功能。
- TIM14 通道 1 连接到 RTCCLK。
- TIM14 通道 1 连接到 HSE 时钟/32。
- TIM14 通道 1 连接到微控制器的 MCO。

6.3　低功耗模式

APB 外设时钟和 DMA 时钟可以通过软件禁用。

睡眠模式时停止 CPU 时钟。内存接口的时钟(Flash 和 RAM 接口)可以在睡眠模式下通过软件停止。当所有外设的时钟被禁用时，硬件在睡眠模式时 AHB 到 APB 桥接时钟被禁用。

停止模式时切断所有内核区域内的所有时钟，禁用 PLL、HIS、HSI48、HSI14 和 HSE 振荡器。

HDMI CEC、USART1、USART2(仅在 STM32F07x 和 STM32F09x 器件)、USART3(只有在 STM32F09x 设备)和 I²C1 可以由 HIS 振荡器驱动，甚至当微控制器选择 HIS 作为振荡源，但处在停止模式时。

HDMI CEC、USART1、USART2(仅在 STM32F07x 和 STM32F09x 器件)和 USART3(只有在 STM32F09x 器件)也可以由 LSE 振荡器驱动，甚至当系统选择 LSE 作为振荡源，但处在停止模式时。

待机模式时停止所有的内核电源，并且禁用 PLL、HIS、HSI48、HSI14 和 HSE 振荡器。

该 CPU 的深度睡眠模式可以通过在 DBGMCU_CR 寄存器中设置 DBG_STOP 或 DBG_STANDBY 位改写或调试。

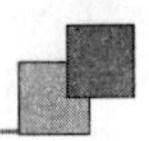

当HSI振荡器作为系统的时钟时，可以通过一个中断（在停止模式）或复位（在待机模式）将系统从睡眠中唤醒。

6.4 RCC库函数

RCC库函数存放于库文件stm32f0xx_rcc.c中。读者可以查阅ST公司的stm32f0xx_stdperiph_lib_um.chm(《STM32F0xx标准外设函数库手册》)，也可以参考ST公司的UM0427用户手册——《32位基于ARM微控制器STM32F101xx与STM32F103xx固件函数库介绍》，两者基本上相同。

1. RCC_DeInit函数

表6-1所列为RCC_DeInit函数的介绍。

表6-1 RCC_DeInit函数

函数原型	void RCC_DeInit(void)
功能描述	将RCC时钟配置为默认的复位状态
输入参数	无
返回值	无

使用举例：将RCC寄存器配置为初始的复位状态，代码如下：

```
RCC_DeInit();
```

2. RCC_HSEConfig函数

表6-2所列为RCC_HSEConfig函数的介绍。

表6-2 RCC_HSEConfig函数

函数原型	void RCC_HSEConfig(uint8_t RCC_HSE)
功能描述	配置外部高速振荡器(HSE)
输入参数	RCC_HSE：HSE的新状态
返回值	无

使用举例：使能HSE。

```
RCC_HSEConfig(RCC_HSE_ON);
```

3. RCC_WaitForHSEStartUp函数

表6-3所列为RCC_WaitForHSEStartUp函数的介绍。

表 6-3　RCC_WaitForHSEStartUp 函数

函数原型	ErrorStatus RCC_WaitForHSEStartUp(void)
功能描述	等待 HSE 启动
输入参数	无
返回值	一个错误状态(枚举值)

4. RCC_AdjustHSICalibrationValue 函数

表 6-4 所列为 RCC_AdjustHSICalibrationValue 函数的介绍。

表 6-4　RCC_AdjustHSICalibrationValue 函数

函数原型	void RCC_AdjustHSICalibrationValue(uint8_t HSICalibrationValue)
功能描述	调整内部高速振荡器(HSI)校正
输入参数	HSICalibrationValue：HSI 校正值
返回值	无

5. RCC_HSICmd 函数

表 6-5 所列为 RCC_HSICmd 函数的介绍。

表 6-5　RCC_HSICmd 函数

函数原型	void RCC_HSICmd(FunctionalState NewState)
功能描述	使能或禁用内部高速振荡器(HSI)
输入参数	NewState：HIS 的新状态
返回值	无

6. RCC_AdjustHSI14CalibrationValue 函数

表 6-6 所列为 RCC_AdjustHSI14CalibrationValue 函数的介绍。

表 6-6　RCC_AdjustHSI14CalibrationValue 函数

函数原型	void RCC_AdjustHSI14CalibrationValue(uint8_t HSI14CalibrationValue)
功能描述	调整内部高速振荡器的 ADC(HSI14)校准值
输入参数	HSI14CalibrationValue：指定 HSI14 校准微调值
返回值	无

7. RCC_HSI14Cmd 函数

表 6-7 所列为 RCC_HSI14Cmd 函数的介绍。

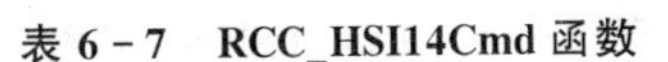

表 6－7　RCC_HSI14Cmd 函数

函数原型	void RCC_HSI14Cmd(FunctionalState NewState)
功能描述	使能或禁用高速 ADC 的内部振荡器(HSI14)
输入参数	NewState：HSI14 的新状态
返回值	无

8. RCC_HSI14ADCRequestCmd 函数

表 6－8 所列为 RCC_HSI14ADCRequestCmd 函数的介绍。

表 6－8　RCC_HSI14ADCRequestCmd 函数

函数原型	void RCC_HSI14ADCRequestCmd(FunctionalState NewState)
功能描述	使能或禁用 ADC 要求的内部高速振荡器
输入参数	NewState：ADC 要求的 HSI14 的新状态
返回值	无

9. RCC_LSEConfig 函数

表 6－9 所列为 RCC_LSEConfig 函数的介绍。

表 6－9　RCC_LSEConfig 函数

函数原型	void RCC_LSEConfig(uint32_t RCC_LSE)
功能描述	配置外部低速振荡器(LSE)
输入参数	RCC_LSE：指定 LSE 的新状态
返回值	无

10. RCC_LSEDriveConfig 函数

表 6－10 所列为 RCC_LSEDriveConfig 函数的介绍。

表 6－10　RCC_LSEDriveConfig 函数

函数原型	void RCC_LSEDriveConfig(uint32_t RCC_LSEDrive)
功能描述	配置外部低速振荡器(LSE)的驱动能力
输入参数	RCC_LSEDrive：指定 LSE 驱动能力的新状态
返回值	无

11. RCC_LSICmd 函数

表 6－11 所列为 RCC_LSICmd 函数的介绍。

表 6-11 RCC_LSICmd 函数

函数原型	void RCC_LSICmd(FunctionalState NewState)
功能描述	使能或禁用内部低速振荡器(LSI)
输入参数	NewState：LSI 的新状态
返回值	无

12. RCC_PLLConfig 函数

表 6-12 所列为 RCC_PLLConfig 函数的介绍。

表 6-12 RCC_PLLConfig 函数

函数原型	void RCC_PLLConfig(uint32_t RCC_PLLSource,uint32_t RCC_PLLMul)
功能描述	配置 PLL 时钟源和倍频系数
输入参数	RCC_PLLSource：PLL 时钟源
	RCC_PLLMul：指定 PLL 倍频系数，驱动 PLLVCO 时钟
返回值	无

13. RCC_PLLCmd 函数

表 6-13 所列为 RCC_PLLCmd 函数的介绍。

表 6-13 RCC_PLLCmd 函数

函数原型	void RCC_PLLCmd(FunctionalState NewState)
功能描述	使能或禁用锁相环
输入参数	NewState：PLL 的新状态
返回值	无

14. RCC_HSI48Cmd 函数

表 6-14 所列为 RCC_HSI48Cmd 函数的介绍。

表 6-14 RCC_HSI48Cmd 函数

函数原型	void RCC_HSI48Cmd(FunctionalState NewState)
功能描述	使能或禁用 USB 内部高速振荡器(HSI48)。此功能只适用于 STM32F072
输入参数	NewState：HSI48 的新状态
返回值	无

15. RCC_PREDIV1Config 函数

表 6-15 所列为 RCC_PREDIV1Config 函数的介绍。

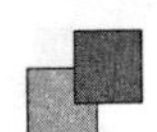

表 6-15　RCC_PREDIV1Config 函数

函数原型	void RCC_PREDIV1Config(uint32_t RCC_PREDIV1_Div)
功能描述	配置 PREDIV1 分频系数。只有当锁相环被禁用时才可使用此功能
输入参数	RCC_PREDIV1_Div：指定 PREDIV1 分频系数
返回值	无

16. RCC_ClockSecuritySystemCmd 函数

表 6-16 所列为 RCC_ClockSecuritySystemCmd 函数的介绍。

表 6-16　RCC_ClockSecuritySystemCmd 函数

函数原型	void RCC_ClockSecuritySystemCmd(FunctionalState NewState)
功能描述	使能或禁用时钟安全系统
输入参数	NewState：时钟安全系统的新状态
返回值	无

17. RCC_MCOConfig 函数

表 6-17 所列为 RCC_MCOConfig 函数的介绍。

表 6-17　RCC_MCOConfig 函数

函数原型	void RCC_MCOConfig(uint8_t RCC_MCOSource,uint32_t RCC_MCOPrescaler)
功能描述	选择时钟源在 MCO 引脚输出(PA8)及相应的预分频系数
输入参数	RCC_MCOSource：指定输出的时钟源
	RCC_MCOPrescaler：指定对 MCO 引脚的预分频器
返回值	无

18. RCC_SYSCLKConfig 函数

表 6-18 所列为 RCC_SYSCLKConfig 函数的介绍。

表 6-18　RCC_SYSCLKConfig 函数

函数原型	void RCC_SYSCLKConfig(uint32_t RCC_SYSCLKSource)
功能描述	配置系统时钟(SYSCLK)
输入参数	RCC_SYSCLKSource：指定系统时钟源
返回值	无

19. RCC_GetSYSCLKSource 函数

表 6-19 所列为 RCC_GetSYSCLKSource 函数的介绍。

表 6-19　RCC_GetSYSCLKSource 函数

函数原型	uint8_t RCC_GetSYSCLKSource(void)
功能描述	返回用作系统时钟的时钟源
输入参数	无
返回值	用作系统时钟的时钟源

20. RCC_HCLKConfig 函数

表 6-20 所列为 RCC_HCLKConfig 函数的介绍。

表 6-20　RCC_HCLKConfig 函数

函数原型	void RCC_HCLKConfig(uint32_t RCC_SYSCLK)
功能描述	配置 AHB 时钟(HCLK)
输入参数	RCC_SYSCLK：定义 AHB 时钟分频器。这个时钟来自系统时钟(SYSCLK)
返回值	无

21. RCC_PCLKConfig 函数

表 6-21 所列为 RCC_PCLKConfig 函数的介绍。

表 6-21　RCC_PCLKConfig 函数

函数原型	void RCC_PCLKConfig(uint32_t RCC_HCLK)
功能描述	配置 APB 时钟(PCLK)
输入参数	RCC_HCLK：定义 APB 时钟分频器。这个时钟来自 AHB 时钟(HCLK)
返回值	无

22. RCC_ADCCLKConfig 函数

表 6-22 所列为 RCC_ADCCLKConfig 函数的介绍。

表 6-22　RCC_ADCCLKConfig 函数

函数原型	void RCC_ADCCLKConfig(uint32_t RCC_ADCCLK)
功能描述	配置 ADC 时钟(ADCCLK)
输入参数	RCC_ADCCLK：定义 ADC 时钟源。这个时钟来自 HSI14 或 APB 时钟(PCLK)
返回值	无

23. RCC_CECCLKConfig 函数

表 6-23 所列为 RCC_CECCLKConfig 函数的介绍。

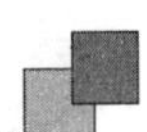

表 6-23 RCC_CECCLKConfig 函数

函数原型	void RCC_CECCLKConfig(uint32_t RCC_CECCLK)
功能描述	配置 CEC 时钟(CECCLK)
输入参数	RCC_CECCLK：定义 CEC 的时钟源。这个时钟来自 HSI 或 LSE 时钟
返回值	无

24. RCC_I2CCLKConfig 函数

表 6-24 所列为 RCC_I2CCLKConfig 函数的介绍。

表 6-24 RCC_I2CCLKConfig 函数

函数原型	void RCC_I2CCLKConfig(uint32_t RCC_I2CCLK)
功能描述	配置 I^2C1 时钟(I2C1CLK)
输入参数	RCC_I2CCLK：定义 I^2C1 的时钟源。这个时钟来自 HSI 或系统时钟
返回值	无

25. RCC_USARTCLKConfig 函数

表 6-25 所列为 RCC_USARTCLKConfig 函数的介绍。

表 6-25 RCC_USARTCLKConfig 函数

函数原型	void RCC_USARTCLKConfig(uint32_t RCC_USARTCLK)
功能描述	配置 USART1 时钟(USART1CLK)
输入参数	RCC_USARTCLK：定义 USART 的时钟源。这个时钟来自 HSI 或系统时钟
返回值	无

26. RCC_USBCLKConfig 函数

表 6-26 所列为 RCC_USBCLKConfig 函数的介绍。

表 6-26 RCC_USBCLKConfig 函数

函数原型	void RCC_USBCLKConfig(uint32_t RCC_USBCLK)
功能描述	配置 USB 时钟(USBCLK)。此函数只适用于 STM32F072
输入参数	RCC_USBCLK：定义 USB 的时钟源。这个时钟来自 HSI48 或系统时钟
返回值	无

27. RCC_GetClocksFreq 函数

表 6-27 所列为 RCC_GetClocksFreq 函数的介绍。

表 6-27　RCC_GetClocksFreq 函数

函数原型	void RCC_GetClocksFreq(RCC_ClocksTypeDef * RCC_Clocks)
功能描述	返回系统的频率，AHB 和 APB 总线时钟
输入参数	RCC_Clocks：一个指针，指向含有时钟频率的 RCC_ClocksTypeDef 结构体
返回值	无

28. RCC_RTCCLKConfig 函数

表 6-28 所列为 RCC_RTCCLKConfig 函数的介绍。

表 6-28　RCC_RTCCLKConfig 函数

函数原型	void RCC_RTCCLKConfig(uint32_t RCC_RTCCLKSource)
功能描述	配置 RTC 时钟(RTCCLK)
输入参数	RCC_RTCCLKSource：指定的时钟源
返回值	无

29. RCC_RTCCLKCmd 函数

表 6-29 所列为 RCC_RTCCLKCmd 函数的介绍。

表 6-29　RCC_RTCCLKCmd 函数

函数原型	void RCC_RTCCLKCmd(FunctionalState NewState)
功能描述	使能或禁用时钟
输入参数	NewState：RTC 时钟的新状态
返回值	无

30. RCC_BackupResetCmd 函数

表 6-30 所列为 RCC_BackupResetCmd 函数的介绍。

表 6-30　RCC_BackupResetCmd 函数

函数原型	void RCC_BackupResetCmd(FunctionalState NewState)
功能描述	强制或释放备份域复位
输入参数	NewState：新的备份域复位状态
返回值	无

31. RCC_AHBPeriphClockCmd 函数

表 6-31 所列为 RCC_AHBPeriphClockCmd 函数的介绍。

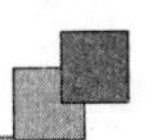

表 6 - 31　RCC_AHBPeriphClockCmd 函数

函数原型	void RCC_AHBPeriphClockCmd(uint32_t RCC_AHBPeriph,FunctionalState NewState)
功能描述	使能或禁用 AHB 外设时钟
输入参数	RCC_AHBPeriph：指定 AHB 外设时钟
	NewState：指定外设时钟的新状态
返回值	无

32. RCC_APB2PeriphClockCmd 函数

表 6 - 32 所列为 RCC_APB2PeriphClockCmd 函数的介绍。

表 6 - 32　RCC_APB2PeriphClockCmd 函数

函数原型	void RCC_APB2PeriphClockCmd(uint32_t RCC_APB2Periph,FunctionalState NewState)
功能描述	使能或禁用高速 APB(APB2)外设时钟
输入参数	RCC_APB2Periph：指定 APB2 外设时钟
	NewState：指定外设时钟的新状态
返回值	无

33. RCC_APB1PeriphClockCmd 函数

表 6 - 33 所列为 RCC_APB1PeriphClockCmd 函数的介绍。

表 6 - 33　RCC_APB1PeriphClockCmd 函数

函数原型	void RCC_APB1PeriphClockCmd(uint32_t RCC_APB1Periph,FunctionalState NewState)
功能描述	使能或禁用低速 APB(APB1)外设时钟
输入参数	RCC_APB1Periph：指定 APB1 外设时钟
	NewState：指定外设时钟的新状态
返回值	无

34. RCC_AHBPeriphResetCmd 函数

表 6 - 34 所列为 RCC_AHBPeriphResetCmd 函数的介绍。

表 6 - 34　RCC_AHBPeriphResetCmd 函数

函数原型	void RCC_AHBPeriphResetCmd(uint32_t RCC_AHBPeriph,FunctionalState NewState)
功能描述	强制或释放 AHB 外设复位
输入参数	RCC_AHBPeriph：指定 AHB 外设复位
	NewState：指定外设复位的新状态
返回值	无

35. RCC_APB2PeriphResetCmd 函数

表 6-35 所列为 RCC_APB2PeriphResetCmd 函数的介绍。

表 6-35 RCC_APB2PeriphResetCmd 函数

函数原型	void RCC_APB2PeriphResetCmd(uint32_t RCC_APB2Periph,FunctionalState NewState)
功能描述	强制或释放高速 APB(APB2)外设复位
输入参数	RCC_APB2Periph：指定 APB2 外设复位
	NewState：指定外设复位的新状态
返回值	无

36. RCC_APB1PeriphResetCmd 函数

表 6-36 所列为 RCC_APB1PeriphResetCmd 函数的介绍。

表 6-36 RCC_APB1PeriphResetCmd 函数

函数原型	void RCC_APB1PeriphResetCmd(uint32_t RCC_APB1Periph,FunctionalState NewState)
功能描述	强制或释放低速 APB(APB1)外设复位
输入参数	RCC_APB1Periph：指定 APB1 外设复位
	NewState：指定外设时钟的新状态
返回值	无

37. RCC_ITConfig 函数

表 6-37 所列为 RCC_ITConfig 函数的介绍。

表 6-37 RCC_ITConfig 函数

函数原型	void RCC_ITConfig(uint8_t RCC_IT,FunctionalState NewState)
功能描述	使能或禁用指定的 RCC 中断
输入参数	RCC_IT：要使能或禁用的 RCC 中断源
	NewState：RCC 中断的新状态
返回值	无

38. RCC_GetFlagStatus 函数

表 6-38 所列为 RCC_GetFlagStatus 函数的介绍。

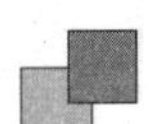

表 6-38　RCC_GetFlagStatus 函数

函数原型	FlagStatus RCC_GetFlagStatus(uint8_t RCC_FLAG)
功能描述	检查指定的 RCC 标志是否设置
输入参数	RCC_FLAG：指定的检查标志
返回值	无

39. RCC_ClearFlag 函数

表 6-39 所列为 RCC_ClearFlag 函数的介绍。

表 6-39　RCC_ClearFlag 函数

函数原型	void RCC_ClearFlag(void)
功能描述	清除 RCC 复位标志
输入参数	无
返回值	无

40. RCC_GetITStatus 函数

表 6-40 所列为 RCC_GetITStatus 函数的介绍。

表 6-40　RCC_GetITStatus 函数

函数原型	ITStatus RCC_GetITStatus(uint8_t RCC_IT)
功能描述	检查指定的 RCC 中断是否发生
输入参数	RCC_IT：指定要检查的 RCC 中断源
返回值	无

41. RCC_ClearITPendingBit 函数

表 6-41 所列为 RCC_ClearITPendingBit 函数的介绍

表 6-41　RCC_ClearITPendingBit 函数

函数原型	void RCC_ClearITPendingBit(uint8_t RCC_IT)
功能描述	清除 RCC 中断等待位
输入参数	RCC_IT：清除指定的中断等待位
返回值	无

6.5　配置系统时钟频率

AHB/APBx 预分频及 Flash 设置。这个函数在 RCC 设置配置时只调用一次，

进入默认的复位状态(由 SystemInit()函数调用)。代码如下:

```
static void SetSysClock(void)
{
  __IO uint32_t StartUpCounter = 0,HSEStatus = 0;
    //在这个阶段,HIS 已经开启了
    //使能预取缓冲器和设置 Flash 延迟
    FLASH->ACR = FLASH_ACR_PRFTBE | FLASH_ACR_LATENCY;
    //HCLK = SYSCLK
    RCC->CFGR |= (uint32_t)RCC_CFGR_HPRE_DIV1;
    //PCLK = HCLK
    RCC->CFGR |= (uint32_t)RCC_CFGR_PPRE_DIV1;
#ifndef SOURCE_HSI48
#if defined (PLL_SOURCE_HSI)
    //PLL 配置为 HSI×6 = 48 (MHz)
    RCC->CFGR &= (uint32_t)((uint32_t)~(RCC_CFGR_PLLSRC | RCC_CFGR_PLLXTPRE|RCC_
CFGR_PLLMULL));
    RCC->CFGR |= (uint32_t)(RCC_CFGR_PLLSRC_HSI_PREDIV | RCC_CFGR_PLLXTPRE_
PREDIV1 |RCC_CFGR_PLLMULL6);
#elif defined (PLL_SOURCE_HSI48)
   //启用 HSI48
    RCC->CR2 |= RCC_CR2_HSI48ON;
    //PLL 配置为 HSI48×1 = 48(MHz)
    RCC->CFGR &= (uint32_t)((uint32_t)~(RCC_CFGR_PLLSRC|RCC_CFGR_PLLXTPRE|RCC_
CFGR_PLLMULL));
    RCC->CFGR |= (uint32_t)(RCC_CFGR_PLLSRC_HSI48_PREDIV | RCC_CFGR_PLLXTPRE_
PREDIV1_Div2);
#else
//启用 HSE
   RCC->CR |= ((uint32_t)RCC_CR_HSEON);
   #if defined (PLL_SOURCE_HSE_BYPASS)
    //HSE 振荡器旁路绕过外部时钟
    RCC->CR |= (uint32_t)(RCC_CR_HSEBYP);
   #endif
   //等待,直到 HSE 就绪或者超时后退出
   do
   {
    HSEStatus = RCC->CR & RCC_CR_HSERDY;
    StartUpCounter++;
   } while((HSEStatus == 0) && (StartUpCounter != HSE_STARTUP_TIMEOUT));
  if ((RCC->CR & RCC_CR_HSERDY) != RESET)
  {
    HSEStatus = (uint32_t)0x01;
  }
  else
```

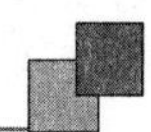

```
    {
      HSEStatus = (uint32_t)0x00;
    }
    if (HSEStatus == (uint32_t)0x01)
    {
      //PLL 配置为 HSE×6 = 48(MHz)
      RCC->CFGR &= (uint32_t)((uint32_t)~(RCC_CFGR_PLLSRC|RCC_CFGR_PLLXTPRE|RCC_
CFGR_PLLMULL));
      RCC->CFGR |= (uint32_t)(RCC_CFGR_PLLSRC_PREDIV1 | RCC_CFGR_PLLXTPRE_PREDIV1 |
RCC_CFGR_PLLMULL6);
    }
    else
    {
      //如果 HSE 启动失败,则应用程序将有错误的时钟配置
      //用户可以在这里添加一些代码来处理这个错误
    }
  #endif//PLL_SOURCE_HSI
      //启用 PLL
    RCC->CR |= RCC_CR_PLLON;
    //等待,直到 PLL 就绪
    while((RCC->CR & RCC_CR_PLLRDY) == 0)
    {
    }
    //选择 PLL 为系统时钟源
    RCC->CFGR &= (uint32_t)((uint32_t)~(RCC_CFGR_SW));
    RCC->CFGR |= (uint32_t)RCC_CFGR_SW_PLL;
    //等待,直到 PLL 成为系统时钟源
    while ((RCC->CFGR & (uint32_t)RCC_CFGR_SWS) != (uint32_t)RCC_CFGR_SWS_PLL)
    {
    }
  #else
     //启用 HSI48
      RCC->CR2 |= RCC_CR2_HSI48ON;
    //等待,直到 HSI48RDY 建立
      while((RCC->CR2 & RCC_CR2_HSI48RDY) == 0)
      { }
      //选择 HSI48 为系统时钟源
      RCC->CFGR &= (uint32_t)((uint32_t)~(RCC_CFGR_SW));
      RCC->CFGR |= (uint32_t)RCC_CFGR_SW_HSI48;
  #endif
  }
```

第7章

STM32F0x2 通用 I/O 的特性及应用

7.1 通用 I/O 的特点

通用 I/O 的特点如下：

- 最大封装(100 引脚)上多达 87 个快速 I/O；
- 最高达 68 个 I/O 都是 5 V 容忍；
- GPIO 连接在 AHB 总线上，使得最高翻转速度高达 12 MHz；
- 输出斜率可配置，高达 50 MHz；
- 端口 A 和 B 上的引脚配置可通过 LCKR 寄存器锁定；
- 所有的引脚都可以配置成外部中断；
- 输出状态：带有上拉或下拉的推挽输出或开漏输出；
- 从数据寄存器(GPIOx_ODR)或外设(复用功能输出)输出数据；
- 可选的每个 I/O 口的速度；
- 输入状态：浮空、上拉/下拉、模拟输入；
- 从数据寄存器(GPIOIDR)或外设输入数据（复用功能输出)；
- 置位/复位寄存器(GPIOx_BSRR)可对 GPIOx_ODR 寄存器提供位访问能力；
- 具有每两个时钟周期快速切换口线值的能力；
- 允许 GPIO 口和外设引脚的高灵活性复用。

每个通用 I/O 口都有 4 个 32 位配置寄存器（GPIOx_MODER、GPIOx_OTYPER、GPIOx_OSPEEDR 和 GPIOx_PUPDR)、2 个 32 位数据寄存器(GPIOx_IDR 和 GPIOx_ODR)和 1 个 32 位置位/复位寄存器(GPIOx_BSRR)。端口 A 和 B 还含有 1 个 32 位锁定寄存器(GPIOx_LCKR)和 2 个 32 位替代功能寄存器（GPIOx_AFRH 和 GPIOx_AFRL)。

在STM32F07x和STM32F09x器件中，端口C、D和E有2个32位备用功能选择寄存器(GPIOx_AFRH和GPIOx_AFRL)。

GPIO端口的每个位可以由软件分别配置成多种模式：

- 浮空输入；
- 上拉输入；
- 下拉输入；
- 模拟输入；
- 具有上拉或下拉能力的开漏输出；
- 具有上拉或下拉能力的推挽输出；
- 复用功能且具有上拉或下拉能力的推挽输出；
- 复用功能且具有上拉或下拉能力的开漏输出。

每个I/O端口位都可以自由编程，I/O端口寄存器可按32位字、半字或字节访问。GPIOx_BSRR寄存器允许对任何GPIO寄存器进行位读/改写访问。这种情况下，在读和改写访问之间产生IRQ时也不会发生危险。

大部分的引脚都具有复用功能，这样大多数外设可以共享同一个GPIO引脚(比如USARTx_Tx、TIMx_CH2、I2Cx_SCL和SPIx_MISO)等，可编程复用开关使得任意时刻只有一个外设连接到某个具体的GPIO，某些外设功能还可以重映射到其他引脚，从而使得能同时使用的外设数量更多。

图7-1所示为I/O端口位的基本结构。表7-1所列为端口位的配置。

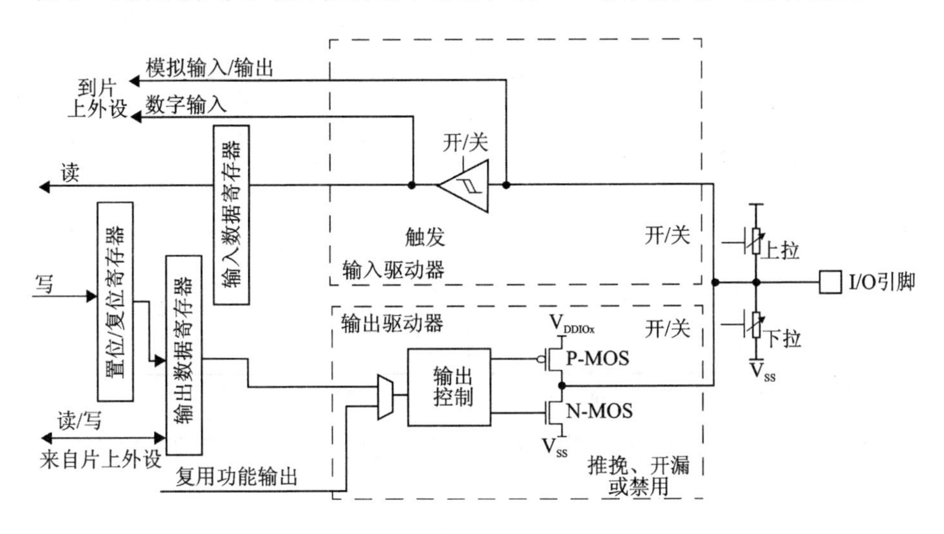

图7-1 I/O端口位的基本结构

表 7-1 端口位的配置

MODER(i) [1:0]	OTYPER(i)	OSPEEDR(i) [1:0]		PUPDR(i) [1:0]		I/O 配置	
01	0	SPEED [1:0]		0	0	GP 输出	PP
	0			0	1	GP 输出	PP+PU
	0			1	0	GP 输出	PP+PD
	0			1	1	默认	
	1			0	0	GP 输出	OD
	1			0	1	GP 输出	OD+PU
	1			1	0	GP 输出	OD+PD
	1			1	1	默认(GP 为 OD 输出)	
10	0	SPEED [1:0]		0	0	AF	PP
	0			0	1	AF	PP+PU
	0			1	0	AF	PP+PD
	0			1	1	默认	
	1			0	0	AF	OD
	1			0	1	AF	OD+PU
	1			1	0	AF	OD+PD
	1			1	1	默认	
00	×	×	×	0	0	输入	浮空
	×	×	×	0	1	输入	PU
	×	×	×	1	0	输入	PD
	×	×	×	1	1	默认(输入浮空)	
11	×	×	×	0	0	输入/输出	模拟
	×	×	×	0	1	默认	
	×	×	×	1	0		
	×	×	×	1	1		

注：GP=通用，PP=推挽，PU=上拉，PD=下拉，OD=开漏极，AF=复用。

复位期间和刚复位后，复用功能未开启且所有的 I/O 端口都被配置为浮空输入模式。

复位后，调试引脚被置为复用功能的上拉/下拉模式：

- PA14：SWCLK 置于下拉模式；
- PA13：SWDAT 置于上拉模式。

当作为输出配置时，写到输出数据寄存器(GPIOx_ODR)的值输出到相应的引脚上。可以以推挽模式或开漏模式(仅低电平被驱动，高电平表现为高阻)使用输出

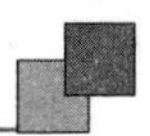

驱动器。

输入数据寄存器(GPIOx_IDR)在每个 AHB 时钟周期捕捉 I/O 引脚上的数据。

所有 GPIO 引脚都有一个内部弱上拉和弱下拉电阻,它们被激活或断开取决于 GPIOx_PUPDR 寄存器的值。

1. I/O 端口控制寄存器

每个 GPIO 口都有 4 个 32 位的控制寄存器 (GPIOx_MODER、GPIOx_OTYPER、GPIOx_OSPEEDR 和 GPIOx_PUPDR)用来配置多达 16 个 I/O 口线。GPIOx_MODER 寄存器用来选择 I/O 模式 (如输入、输出、复用或模拟)。GPIOx_OTYPER 和 GPIOx_OSPEEDR 寄存器用来选择输出类型(如推挽或开漏)和速度。GPIOx_PUPDR 寄存器用来选择上拉/下拉方式。

2. I/O 端口数据寄存器

每个 GPIO 口都有两个 16 位数据寄存器：输入和输出数据寄存器 (GPIOx_IDR 和 GPIOx_ODR)。其中：GPIOx_ODR 用于存储输出数据,可进行读/写访问;从 I/O 口线输入的数据存放在 GPIOx_IDR 寄存器中,该寄存器为只读寄存器。

3. I/O 数据位处理

置位/复位寄存器(GPIOx_BSRR)是一个 32 位寄存器,其允许应用对输出数据寄存器(GPIOx_ODR)的每个位进行置位和复位操作。位置位/复位寄存器的有效数据宽度是 GPIOx_ODR 有效数据宽度的两倍。

对于 GPIOx_ODR 中的每位,在 GPIOx_BSRR 中有两位与之对应：BS(i)和 BR(i)。当对位 BS(i)写 1 时,设置相应的 ODR(i)位;当对 BR(i)写 1 时,复位相应的 ODR(i)位。

对 GPIOx_BSRR 中的任意位写 0 都不会影响 GPIOx_ODR 寄存器的值。若对 GPIOx_BSRR 的 BS(i)和 BR(i)同时置 1,那么其置位操作具有优先权(即对相应位做置位操作)。

用 GPIOx_BSRR 寄存器来改变 GPIOx_ODR 的相应位，GPIOx_ODR 的相应位也可以直接从这个寄存器进行访问。GPIOx_BSRR 寄存器提供对 GPIOx_ODR 寄存器位的直接置位/复位操作处理。

GPIOx_ODR 用 GPIOx_BSRR 置位或复位的访问机制,不需要软件去关闭中断来访问 GPIOx_ODR：在一个 AHB 写访问周期中改变 1 位或多位数据是可能的。

4. GPIO 锁定机制

用一个特定对 GPIOx_LCKR 寄存器的写序列来冻结端口 A 和端口 B 的控制寄存器是可行的。冻结的寄存器有：GPIOx_MODER、GPIOx_OTYPER、GPIOx_OSPEEDR、GPIOx_PUPDR、GPIOx_AFRL 和 GPIOx_AFRH。

为了写 GPIOx_LCKR 寄存器,需要发出一个特定的写/读序列。当正确的锁定序列作用于这个寄存器的位 16 时，LCKR[15:0]的值用来锁定 I/O 口的配置(在写序列期间要保持 LCKR[15:0]值不变)。

当锁定序列已经作用于一个端口位时，该端口位的值将再也不能改变，直到下一次复位。每个 GPIOx_LCKR 位都会冻结控制寄存器(GPIOx_MODER、GPIOx_OTYPER、GPIOx_OSPEEDR、GPIOx_PUPDR、GPIOx_AFRL 和 GPIOx_AFRH)中的相应位。

锁定序列(GPIO 端口配置锁定寄存器(GPIOx_LCKR)，其中，x=A 或 B)只能用字(32 位)来访问 GPIOx_LCKR 寄存器，GPIOx_LCKR 的位 16 必须与该寄存器的位 0～15 同时设置。

5. I/O 复用功能输入/输出

选择每个端口线的有效复用功能之一是由寄存器 GPIOx_AFRL 和 GPIOx_AFRH 来决定的，可根据应用的需求用这两个寄存器将复用功能模块连接到其他引脚。这就表明每个 GPIO 口线都可以作为多个外设的口线，并用 GPIOx_AFRL 和 GPIOx_AFRH 复用功能寄存器来配置这些外设口线。

6. 外部中断/唤醒线

所有端口都有外部中断能力。为了用作外部中断口线，端口线必须配置为输入模式。

7. 输入配置

当 I/O 口被配置为输入时：

- 该输出缓冲区禁用；
- 施密特触发器输入被激活；
- 由 GPIOx_PUPDR 寄存器的值来激活上拉和下拉电阻；
- 在每个 AHB 时钟周期，I/O 引脚上的数据被采样进入输入数据寄存器；
- 用对输入数据寄存器的读访问来获取 I/O 口的状态。

图 7-2 所示为 I/O 端口位的输入配置。

8. 输出配置

当 I/O 口被配置为输出时：

- 输出缓冲开启：
  - 开漏模式：输出寄存器上的 0 激活 N-MOS，而输出寄存器上的 1 将端口置于高阻状态(P-MOS 从不被激活)；
  - 推挽模式：输出寄存器上的 0 激活 N-MOS，而输出寄存器上的 1 将激活 P-MOS。
- 施密特触发器输出被激活。
- 弱上拉和弱下拉电阻是否激活取决于 GPIOx_PUPDR 寄存器的值。

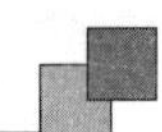

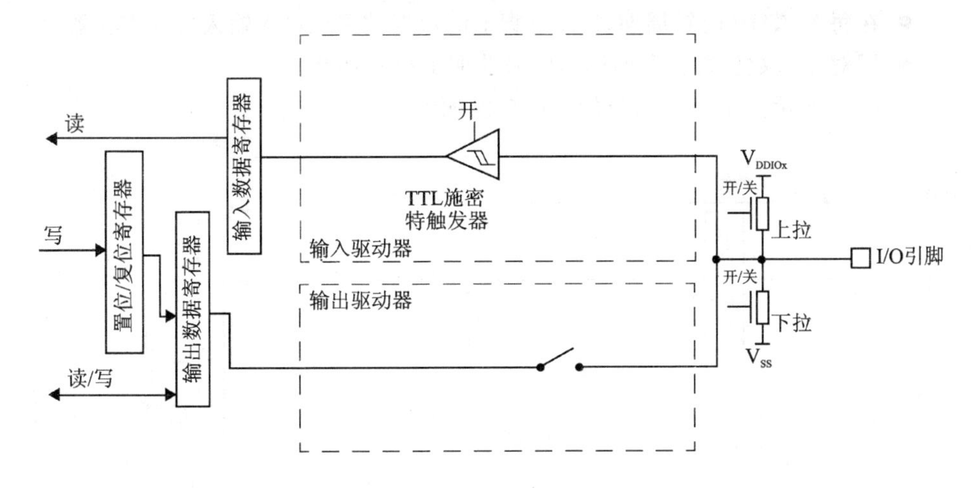

图 7-2　I/O 端口位的输入配置

- 在每个 AHB 时钟周期，I/O 引脚上的数据被采样进入输入数据寄存器。
- 用对输入数据寄存器的读访问来获取 I/O 口的状态。
- 用对输出寄存器的读访问来获取最后写进该寄存器的值。

图 7-3 所示为 I/O 端口位的输出配置。

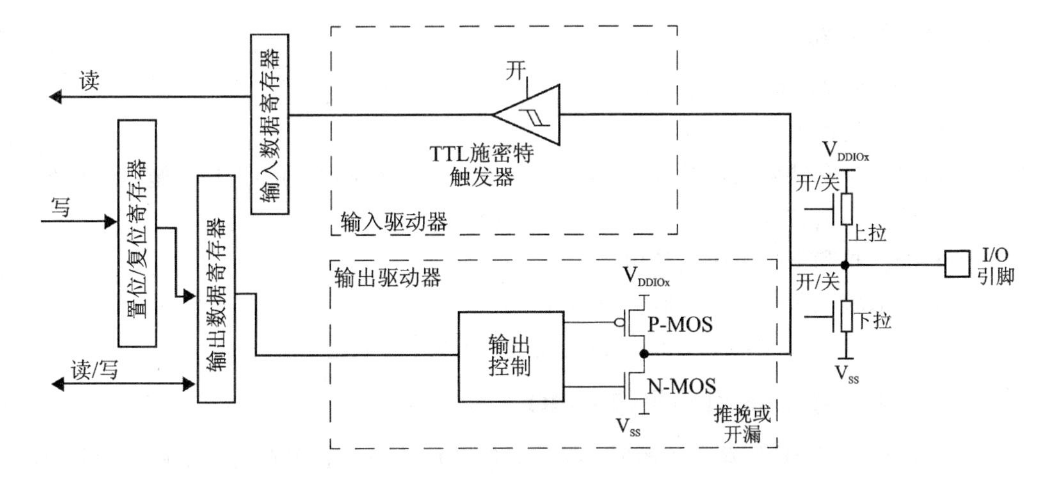

图 7-3　I/O 端口位的输出配置

9. 复用功能配置

当 I/O 端口被配置为复用功能时：

- 在开漏或推挽模式下输出缓冲器可被配置；
- 外设的信号驱动输出缓冲器；
- 施密特触发器输入被激活；
- 弱上拉和弱下拉电阻是否激活取决于 GPIOx_PUPDR 寄存器的值；

● 在每个 AHB 时钟周期，I/O 引脚上的数据被采样进入输入数据寄存器；
● 用对输入数据寄存器的读访问来获取 I/O 口的状态。

图 7-4 所示为 I/O 端口位的复用功能配置。

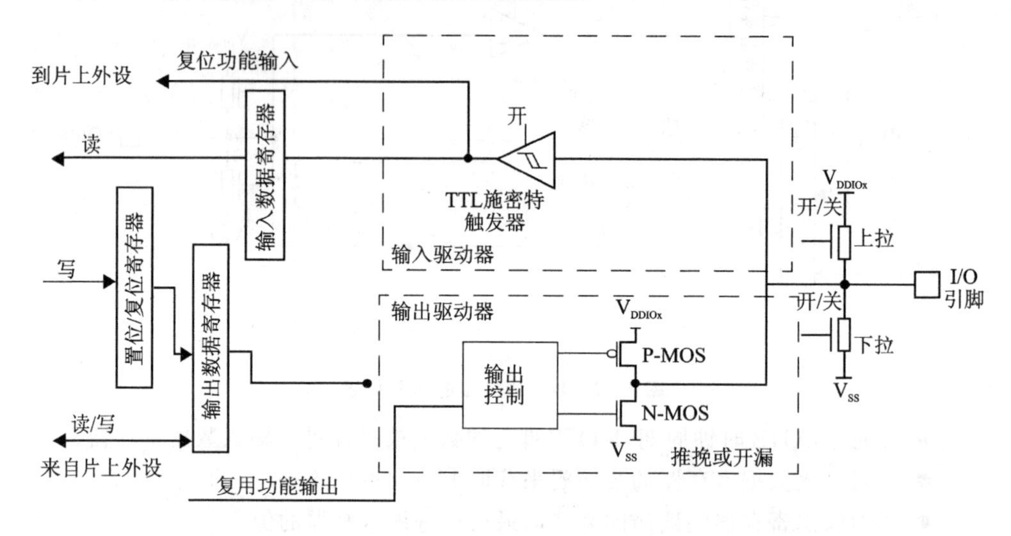

图 7-4　I/O 端口位的复用功能配置

10. 模拟配置

当 I/O 端口编程为模拟配置时：

● 输出缓冲器关闭。
● 禁止施密特触发器输入，实现了每个模拟 I/O 引脚上的零消耗。施密特触发器输出值被强置为 0。
● 弱上拉和下拉电阻被禁用。
● 读取输入数据寄存器时数值为 0。

图 7-5 所示为 I/O 端口位的高阻抗模拟配置。

11. HSE 或 LSE 引脚用作 GPIO

当 HSE 或 LSE 振荡器关断时（复位后的默认状态），相关振荡器引脚可以用作普通的 GPIO 口。当 HSE 或 LSE 振荡器开启（在 RCC_CSR 寄存器中设置 HSEON 或 LSEON 位来开启）时，振荡器控制其相关引脚且相关引脚的 GPIO 配置无效。当振荡器配置为用户外部时钟方式时，仅使用 OSC_IN 或 OSC32_IN 引脚作为时钟输入，OSC_OUT 或 OSC32_OUT 引脚可仍然配置为正常的 GPIO 引脚。

12. 备份域供电下 GPIO 引脚的使用

当 V_{CORE} 域断电（当器件进入待机模式时）时，PC13/PC14/PC15 的 GPIO 功能失

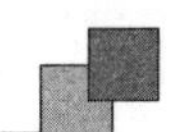

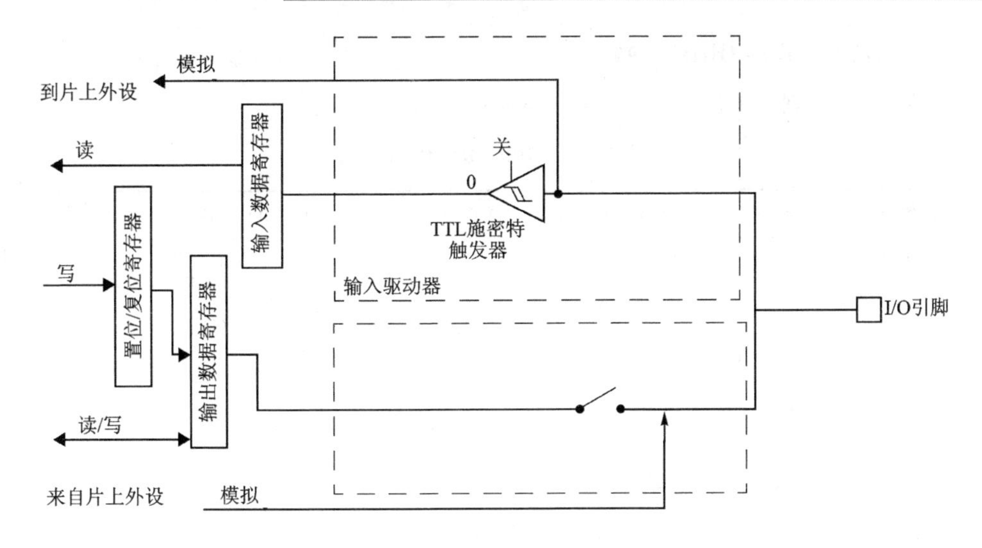

图 7-5 I/O端口位的高阻抗模拟配置

去。在这种情况下,若这些GPIO配置为不被RTC配置旁路,则这些引脚被设为模拟输入模式。

7.2 GPIO库函数

USART库函数存放于库文件stm32f0xx_gpio.c中。限于篇幅,这里主要介绍本章使用的部分GPIO库函数,对于未使用到的库函数,读者可以查阅ST公司的stm32f0xx_stdperiph_lib_um.chm(《STM32F0xx标准外设函数库手册》),也可以参考ST公司的UM0427用户手册——《32位基于ARM微控制器STM32F101xx与STM32F103xx固件函数库介绍》,两者基本上相同。

1. GPIO_Init函数

表7-2所列为GPIO_Init函数的介绍。

表 7-2 GPIO_Init函数

函数原型	void GPIO_Init(GPIO_TypeDef * GPIOx,GPIO_InitTypeDef * GPIO_InitStruct)
功能描述	初始化GPIOx外设
输入参数	GPIOx:选择GPIO外设,其中,x可以是A、B、C、D、E或F
	GPIO_InitStruct:一个指向GPIO_InitTypeDef结构体的指针,包含GPIO外设的配置信息
返回值	无

2. GPIO_ResetBits 函数

表 7-3 所列为 GPIO_ResetBits 函数的介绍。

表 7-3　GPIO_ResetBits 函数

函数原型	void GPIO_ResetBits(GPIO_TypeDef * GPIOx,uint16_t GPIO_Pin)
功能描述	清除选定的数据端口位
输入参数	GPIOx：选择 GPIO 外设，其中，x 可以是 A、B、C、D、E 或 F
	GPIO_Pin：指定端口位
返回值	无

3. GPIO_SetBits 函数

表 7-4 所列为 GPIO_SetBits 函数的介绍。

表 7-4　GPIO_SetBits 函数

函数原型	void GPIO_SetBits(GPIO_TypeDef * GPIOx,uint16_t GPIO_Pin)
功能描述	设定选定的数据端口位
输入参数	GPIOx：选择 GPIO 外设，其中，x 可以是 A、B、C、D、E 或 F
	GPIO_Pin：指定端口位
返回值	无

4. GPIO_WriteBit 函数

表 7-5 所列为 GPIO_WriteBit 函数的介绍。

表 7-5　GPIO_WriteBit 函数

函数原型	void GPIO_WriteBit(GPIO_TypeDef * GPIOx,uint16_t GPIO_Pin,BitAction BitVal)
功能描述	设置或清除所选数据端口位
输入参数	GPIOx：选择 GPIO 外设，其中，x 可以是 A、B、C、D、E 或 F
	GPIO_Pin：指定端口位
返回值	无

5. GPIO_ReadInputDataBit 函数

表 7-6 所列为 GPIO_ReadInputDataBit 函数的介绍。

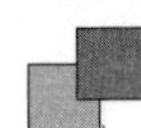

表 7－6　GPIO_ReadInputDataBit 函数

函数原型	uint8_t GPIO_ReadInputDataBit(GPIO_TypeDef * GPIOx,uint16_t GPIO_Pin)
功能描述	读取指定的输入端口引脚
输入参数	GPIOx：选择 GPIO 外设，其中，x 可以是 A、B、C、D、E 或 F
	GPIO_Pin：指定端口位来读取
返回值	输入端口引脚值

7.3　STM32F072 的 GPIO 输出实验——控制发光二极管闪烁

1. 实验要求

上电后，发光二极管 LED1 和 LED2 亮 1 s 灭 1 s，以此速率闪烁。

2. 实验电路原理

参考 Mini STM32 DEMO 开发板电路原理图：

- PA2——LED1；
- PA3——LED2。

3. 源程序文件及分析

新建一个文件目录 LED，在 RealView MDK 集成开发环境中创建一个工程项目 LED. uvprojx 于此目录中。

在 File 菜单下新建如下的源文件 main. c，编写源程序代码后保存在 User 文件夹下，再把 main. c 文件添加到 User 组中。

```
#include "stm32f0xx.h"
#include "LED.h"
/*****************************************
* FunctionName    : Delay
* Description     : 延时 1 s
* EntryParameter  : None
* ReturnValue     : None
*****************************************/
void Delay(void)
{
  unsigned int i;
  for (i = 0;i<0x003FFFFF;i++);
}
/*****************************************
```

```
* FunctionName      : main
* Description       : 主函数
* EntryParameter    : None
* ReturnValue       : None
****************************************/
int main(void)
{
    SystemInit();
    LED_Init();
    while(1)
    {
        GPIO_ResetBits(GPIOA,GPIO_Pin_2|GPIO_Pin_3);//点亮发光二极管
        Delay();                                    //延时
        GPIO_SetBits(GPIOA,GPIO_Pin_2|GPIO_Pin_3);  //熄灭发光二极管
        Delay();                                    //延时
    }
}
```

在 File 菜单下新建如下的源文件 LED.c，编写完成后保存在 Drive 文件夹下，随后将 Drive 文件夹中的应用文件 LED.c 添加到 Drive 组中。

```
#include "stm32f0xx.h"
#include "LED.h"
/****************************************
* FunctionName      : LED_Init
* Description       : LED 端口初始化
* EntryParameter    : None
* ReturnValue       : None
****************************************/
void LED_Init(void)
{
    GPIO_InitTypeDef GPIO_InitStruct;
    RCC_AHBPeriphClockCmd(RCC_AHBPeriph_GPIOA,ENABLE);
    GPIO_InitStruct.GPIO_Pin = GPIO_Pin_2|GPIO_Pin_3;
    GPIO_InitStruct.GPIO_Mode = GPIO_Mode_OUT;
    GPIO_InitStruct.GPIO_OType = GPIO_OType_PP;
    GPIO_InitStruct.GPIO_Speed = GPIO_Speed_Level_3;
    GPIO_Init(GPIOA,&GPIO_InitStruct);
    GPIO_SetBits(GPIOA,GPIO_Pin_2|GPIO_Pin_3);
}
```

在 File 菜单下新建如下的源文件 LED.h，编写完成后保存在 Drive 文件夹下。

```
#ifndef __LED_H
```

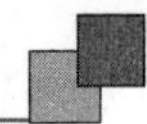

```
#define __LED_H
#include "stm32f0xx.h"
void LED_Init(void);
#endif /* __LED_H */
```

4. 实验效果

编译通过后，可以使用 J-link 仿真器调试程序，最后将程序下载到 STM32F072 芯片中，这时 Mini STM32 DEMO 开发板上的 LED1 和 LED2 发光二极管开始以 1 s 亮/灭的速率闪烁。实验照片如图 7－6 所示。

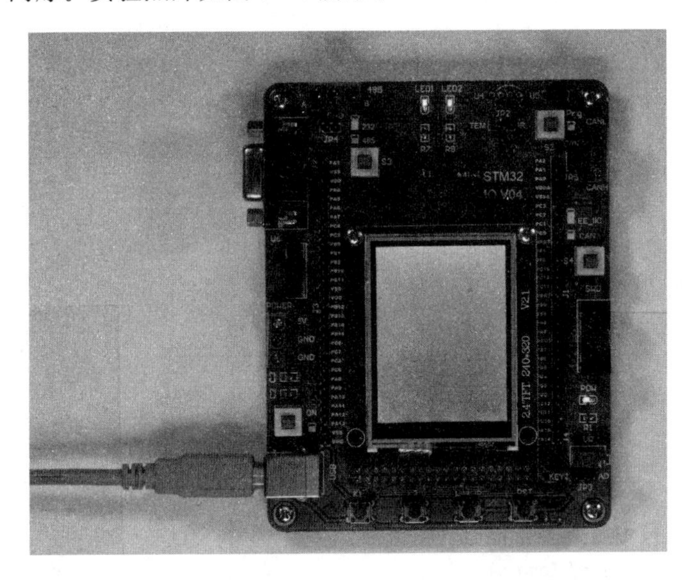

图 7－6　STM32F072 的 GPIO 输出实验照片

7.4　软件延时较准确的 GPIO 输出实验——控制发光二极管闪烁

1. 实验要求

上电后，发光二极管 LED1 和 LED2 亮 10 ms 灭 10 ms，以此速率闪烁。

2. 实验电路原理

参考 Mini STM32 DEMO 开发板电路原理图：

- PA2——LED1；
- PA3——LED2。

3. 源程序文件及分析

新建一个文件目录 SOFTWARE_DLY，在 RealView MDK 集成开发环境中创建一个工程项目 SOFTWARE_DLY.uvprojx 于此目录中。

在 File 菜单下新建如下的源文件 main.c，编写源程序代码后保存在 User 文件夹下，再把 main.c 文件添加到 User 组中。

```
#include "stm32f0xx.h"
#include "LED.h"
#define  SYSCLK          48                                  //系统时钟频率为 48 MHz
#define  A               5                                   //常量定义
#define  B               3                                   //常量定义
#define  delay_us(nus)    wait(((nus) * (SYSCLK) - (B))/(A))
#define  delay_ms(nms)    delay_us((nms) * 1000)
#define  delay_s(ns)      delay_ms((ns) * 1000)

//delay_us(0.4);                          //0.4 μs
//delay_ms(1456);                         //1.456 s
//delay_s(21.4345);                       //21.4345 s
/****************************************
 * 函数名    : wait
 * 描述      : 短延时
 * 输入参数  : n: 短延时参数
 * 返回值    : 无
****************************************/
void  wait(unsigned long n)
{
    do{
        n--;
      }while(n);
}
/****************************************
 * 函数名    : main
 * 描述      : 主函数
 * 输入参数  : 无
 * 返回值    : 无
****************************************/
int main(void)
{
    SystemInit();
    LED_Init();
    while(1)
```

```
        {
            GPIO_ResetBits(GPIOA,GPIO_Pin_2|GPIO_Pin_3);
            delay_ms(10);
            GPIO_SetBits(GPIOA,GPIO_Pin_2|GPIO_Pin_3);
            delay_ms(10);
        }
    }
```

4. 实验效果

编译通过后,可以使用 J-link 仿真器调试程序,最后将程序下载到 STM32F072 芯片中,这时 Mini STM32 DEMO 开发板上的 LED1 和 LED2 发光二极管开始以 10 ms亮/灭的速率闪烁(有条件的读者可以使用示波器观察)。实验照片如图 7-7 所示。

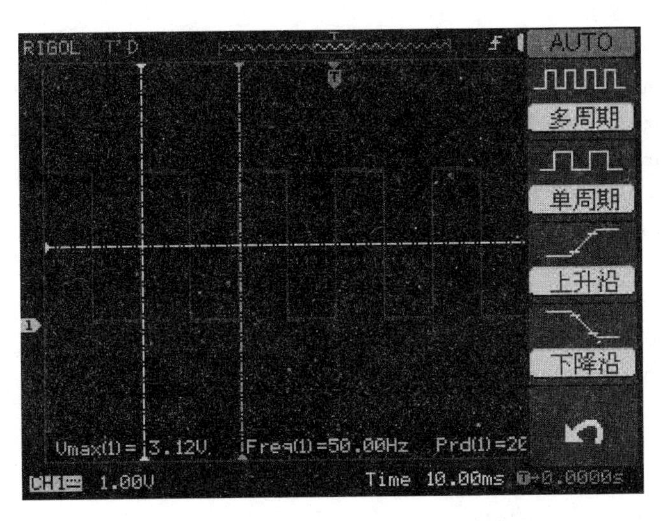

图 7-7 软件延时较准确的 GPIO 输出实验照片

7.5 STM32F072 的 GPIO 输入/输出实验——按键控制发光二极管闪烁

1. 实验要求

按下按键 K1 后 LED1 亮,释放按键 K1 则 LED1 灭;按下按键 K2 后 LED2 亮,释放按键 K2 则 LED2 灭。

2. 实验电路原理

参考 Mini STM32 DEMO 开发板电路原理图:

- PA0——K1；
- PA1——K2；
- PA2——LED1；
- PA3——LED2。

3. 源程序文件及分析

新建一个文件目录 KEY_LED，在 RealView MDK 集成开发环境中创建一个工程项目 KEY_LED. uvprojx 于此目录中。

在 File 菜单下新建如下的源文件 main. c，编写源程序代码后保存在 User 文件夹下，再把 main. c 文件添加到 User 组中。

```
#include "stm32f0xx.h"
#include "LED.h"
#include "KEY.h"
/*************************************
* FunctionName    : Delay
* Description     : 延时 1 s
* EntryParameter  : None
* ReturnValue     : None
*************************************/
void Delay(void)
{
  unsigned int i;
  for (i = 0;i<0x003FFFF;i++);
}
/*************************************
* FunctionName    : main
* Description     : 主函数
* EntryParameter  : None
* ReturnValue     : None
*************************************/
int main(void)
{
    SystemInit();
    LED_Init();
    KEY_Init();
    while(1)
    {
        if(Check_KEY(GPIOA,GPIO_Pin_0) == 0) //如果按键 K1 按下
            LED1_ON();                       //点亮 LED1
        else                                 //否则
```

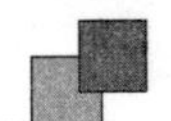

```
            LED1_OFF();                           //熄灭 LED1

        if(Check_KEY(GPIOA,GPIO_Pin_1) == 0) //如果按键 K2 按下
            LED2_ON();                            //点亮 LED2
        else                                      //否则
            LED2_OFF();                           //熄灭 LED2
    }
}
```

在 File 菜单下新建如下的源文件 LED.c，编写完成后保存在 Drive 文件夹下，随后将 Drive 文件夹中的应用文件 LED.c 添加到 Drive 组中。

```
#include "stm32f0xx.h"
#include "LED.h"
/*************************************
* FunctionName      : LED_Init
* Description       : LED 端口初始化
* EntryParameter    : None
* ReturnValue       : None
*************************************/
void LED_Init(void)
{
    GPIO_InitTypeDef GPIO_InitStruct;
    RCC_AHBPeriphClockCmd(RCC_AHBPeriph_GPIOA,ENABLE);
    GPIO_InitStruct.GPIO_Pin = GPIO_Pin_2|GPIO_Pin_3;
    GPIO_InitStruct.GPIO_Mode = GPIO_Mode_OUT;
    GPIO_InitStruct.GPIO_OType = GPIO_OType_PP;
    GPIO_InitStruct.GPIO_Speed = GPIO_Speed_Level_3;
    GPIO_Init(GPIOA,&GPIO_InitStruct);
    GPIO_SetBits(GPIOA,GPIO_Pin_2|GPIO_Pin_3);
}
/*************************************
* FunctionName      : LED1_ON
* Description       : 点亮 LED1
* EntryParameter    : None
* ReturnValue       : None
*************************************/
void LED1_ON(void)
{
    GPIO_ResetBits(GPIOA,GPIO_Pin_2);
}
/*************************************
* FunctionName      : LED1_OFF
* Description       : 熄灭 LED1
* EntryParameter    : None
```

```
 * ReturnValue       : None
 ****************************************/
void LED1_OFF(void)
{
    GPIO_SetBits(GPIOA,GPIO_Pin_2);
}
/****************************************
 * FunctionName      : LED1_Toggle
 * Description       : 翻转 LED1
 * EntryParameter    : None
 * ReturnValue       : None
 ****************************************/
void LED1_Toggle(void)
{
     GPIO_WriteBit(GPIOA,GPIO_Pin_2,
        (BitAction)((1 - GPIO_ReadOutputDataBit(GPIOA,GPIO_Pin_2))));
}
/****************************************
 * FunctionName      : LED2_ON
 * Description       : 点亮 LED2
 * EntryParameter    : None
 * ReturnValue       : None
 ****************************************/
void LED2_ON(void)
{
    GPIO_ResetBits(GPIOA,GPIO_Pin_3);
}
/****************************************
 * FunctionName      : LED2_OFF
 * Description       : 熄灭 LED2
 * EntryParameter    : None
 * ReturnValue       : None
 ****************************************/
void LED2_OFF(void)
{
    GPIO_SetBits(GPIOA,GPIO_Pin_3);
}
/****************************************
 * FunctionName      : LED2_Toggle
 * Description       : 翻转 LED2
 * EntryParameter    : None
 * ReturnValue       : None
 ****************************************/
void LED2_Toggle(void)
{
```

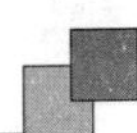

```
GPIO_WriteBit(GPIOA,GPIO_Pin_3,
    (BitAction)((1 - GPIO_ReadOutputDataBit(GPIOA,GPIO_Pin_3))));
}
```

在 File 菜单下新建如下的源文件 LED. h，编写完成后保存在 Drive 文件夹下。

```
#ifndef __LED_H
#define __LED_H
#include "stm32f0xx.h"
void LED_Init(void);
void LED1_ON(void);
void LED1_OFF(void);
void LED1_Toggle(void);
void LED2_ON(void);
void LED2_OFF(void);
void LED2_Toggle(void);
#endif /* __LED_H */
```

在 File 菜单下新建如下的源文件 KEY. c，编写完成后保存在 Drive 文件夹下，随后将 Drive 文件夹中的应用文件 KEY. c 添加到 Drive 组中。

```
#include "stm32f0xx.h"
#include "KEY.h"
/***************************************
* FunctionName      : KEY_Init
* Description       : 按键端口初始化
* EntryParameter    : None
* ReturnValue       : None
***************************************/
void KEY_Init(void)
{
    GPIO_InitTypeDef GPIO_InitStruct;
    RCC_AHBPeriphClockCmd(RCC_AHBPeriph_GPIOA,ENABLE);
    GPIO_InitStruct.GPIO_Pin = GPIO_Pin_0|GPIO_Pin_1 ;
    GPIO_InitStruct.GPIO_Mode = GPIO_Mode_IN;
    GPIO_InitStruct.GPIO_Speed = GPIO_Speed_Level_2;
    GPIO_InitStruct.GPIO_PuPd = GPIO_PuPd_UP;
    GPIO_Init(GPIOA,&GPIO_InitStruct);
}
/***************************************
* FunctionName      : Check_KEY
* Description       : 检测按键是否按下
* EntryParameter    : GPIOx: 端口;GPIO_Pin: 引脚号
* ReturnValue       : 0: 按键按下;1: 无键按下
***************************************/
uint8_t Check_KEY(GPIO_TypeDef * GPIOx,uint16_t GPIO_Pin)
```

```
{
    if(GPIO_ReadInputDataBit(GPIOx,GPIO_Pin) == 0 )      //如果引脚为低电平
    {
          return   0;                                    //返回 0
    }
    else return 1;                                       //否则返回 1
}
```

在 File 菜单下新建如下的源文件 KEY.h，编写完成后保存在 Drive 文件夹下。

```
#ifndef __KEY_H
#define __KEY_H
#include "stm32f0xx.h"
void KEY_Init(void);
uint8_t Check_KEY(GPIO_TypeDef * GPIOx,uint16_t GPIO_Pin);
#endif /* __KEY_H */
```

4. 实验效果

编译通过后，可以使用 J-link 仿真器调试程序，最后将程序下载到 STM32F072 芯片中，这时按下按键 K1，LED1 亮，释放按键 K1 则 LED1 灭；按下按键 K2，LED2 亮，释放按键 K2 则 LED2 灭。实验照片如图 7-8 所示。

图 7-8　STM32F072 的 GPIO 输入/输出实验照片

第8章

中断/事件及应用设计

8.1 嵌套向量中断控制器的特点

嵌套向量中断控制器(NVIC)和处理器核的接口紧密相连,可以实现低延迟的中断处理和高效处理晚到的中断。嵌套向量中断控制器管理着包括内核异常等中断,其主要特点如下:

- 32个可屏蔽中断通道(不包含16个Cortex-M0的中断线);
- 4个可编程的优先级(使用了2位的中断优先级);
- 低延时的异常和中断处理;
- 电源管理控制;
- 系统控制寄存器的实现。

表8-1所列为STM32F0x2器件的中断和异常向量表。

表8-1 STM32F0x2器件的中断和异常向量表

位置	优先级	优先级类型	名称	说明	地址
—	—	—	—	默认	0x00000000
—	-1	固定	Reset	复位	0x00000004
—	-2	固定	NMI	非屏蔽中断。RCC时钟安全系统(CSS)连接到NMI向量	0x00000008
—	-3	固定	HardFault	所有类别的错误	0x0000000C
—	3	可设置	SVCall	系统服务调用SWI指令	0x0000002C
—	5	可设置	PendSV	可挂起的系统服务	0x00000038
—	6	可设置	SysTick	系统节拍定时器	0x0000003C

续表 8-1

位置	优先级	优先级类型	名称	说明	地址
0	7	可设置	WWDG	窗口看门狗中断	0x00000040
1	8	可设置	PVD_VDDIO2	PVD 以及 VDDIO2 电源比较器中断（连接 EXTI 线 16 及 31）	0x00000044
2	9	可设置	RTC	RTC 中断（连接 EXTI 线 17、19 及 20）	0x00000048
3	10	可设置	FLASH	Flash 全局中断	0x0000004C
4	11	可设置	RCC_CRS	RCC 及 CRS 全局中断	0x00000050
5	12	可设置	EXTI0_1	EXTI 中断线[1:0]	0x00000054
6	13	可设置	EXTI2_3	EXTI 中断线[3:2]	0x00000058
7	14	可设置	EXTI4_15	EXTI 中断线[15:4]	0x0000005C
8	15	可设置	TSC	触摸感应中断	0x00000060
9	16	可设置	DMA_CH1	DMA 通道 1 中断	0x00000064
10	17	可设置	DMA_CH2_3 DMA2_CH1_2	DMA 通道 2 及通道 3 中断 DMA2 通道 1 及通道 2 中断	0x00000068
11	18	可设置	DMA_CH4_5_6_7 DMA2_CH3_4_5	DMA 通道 4、5、6 及 7 中断 DMA2 通道 3、4 及 5 中断	0x0000006C
12	19	可设置	ADC_COMP	ADC 及 COMP 中断（ADC 中断连接 EXTI 线 21 及 22）	0x00000070
13	20	可设置	TIM1_BRK_UP_TRG_COM	TIM1 刹车、更新、触发以及通信产生的中断	0x00000074
14	21	可设置	TIM1_CC	TIM1 捕获比较中断	0x00000078
15	22	可设置	TIM2	TIM2 全局中断	0x0000007C
16	23	可设置	TIM3	TIM3 全局中断	0x00000080
17	24	可设置	TIM6_DAC	TIM6 全局中断以及 DAC 欠载中断	0x00000084
18	25	可设置	TIM7	TIM7 全局中断	0x00000088
19	26	可设置	TIM14	TIM14 全局中断	0x0000008C
20	27	可设置	TIM15	TIM15 全局中断	0x00000090
21	28	可设置	TIM16	TIM16 全局中断	0x00000094
22	29	可设置	TIM17	TIM17 全局中断	0x00000098
23	30	可设置	I2C1	I^2C1 全局中断（连接 EXTI 线 23）	0x0000009C
24	31	可设置	I2C2	I^2C2 全局中断	0x000000A0
25	32	可设置	SPI1	SPI1 全局中断	0x000000A4
26	33	可设置	SPI2	SPI2 全局中断	0x000000A8

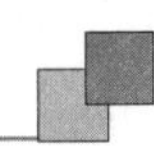

续表 8-1

位　置	优先级	优先级类型	名　称	说　明	地　址
27	34	可设置	USART1	USART1 全局中断(连接 EXTI 线 25)	0x000000AC
28	35	可设置	USART2	USART2 全局中断(连接 EXTI 线 26)	0x000000B0
29	36	可设置	USART3_4_5_6_7_8	USART3、USART4、USART5、USART6、USART7、USART8 全局中断(连接 EXTI 线 28)	0x000000B4
30	37	可设置	CEC_CAN	CEC 及 CAN 全局中断(连接 EXTI 线 27)	0x000000B8
31	38	可设置	USB	USB 全局中断(连接 EXTI 线 18)	0x000000BC

8.2　外部中断/事件控制器

外部中断/事件控制器(EXTI)管理外部和内部异步事件/中断,并生成相应的事件请求到 CPU/中断控制器和到电源管理的唤醒请求。

EXTI 允许管理多达 32 个的外部及内部事件/中断(23 个外部事件线及 9 个内部事件线)。每个外部中断线都可以独立选择触发沿,而内部总为上升沿触发。每一个中断都可以一直让自己处于挂起状态:如果发生了外部中断或事件,状态寄存器会指示中断源;一个事件通常是一个简单的脉冲,用于触发核的唤醒(如 Cortex-M0 的 RXEV 引脚)。对于内部中断,挂起状态由核(IP)产生,所以不需要特定标志。每条输入线可单独屏蔽它所相关的中断或事件。另外,内部线只有在停止模式下采样。控制器允许软件写特定的寄存器以模拟触发相应的线产生事件和中断。

EXTI 的主要特性如下:

- 支持产生多达 32 个的外部及内部事件/中断;
- 每个外部及内部事件/中断都有独立的屏蔽;
- 当系统不处于停机(STOP)模式时自动禁用内部各线;
- 独立触发外部及内部事件/中断;
- 每个外部中断线都有专用的状态位;
- 仿真所有的外部事件请求。

外部中断/事件框图如图 8-1 所示。

要产生中断,必须先配置好并使能中断线。根据需要的边沿检测设置 2 个触发寄存器,同时在中断屏蔽寄存器的相应位写 1 允许中断请求。当外部中断线上发生了期待的边沿时,将产生一个中断请求,对应的挂起位也随之被置 1。在挂起寄存器的对应位写 1 将清除该中断请求。

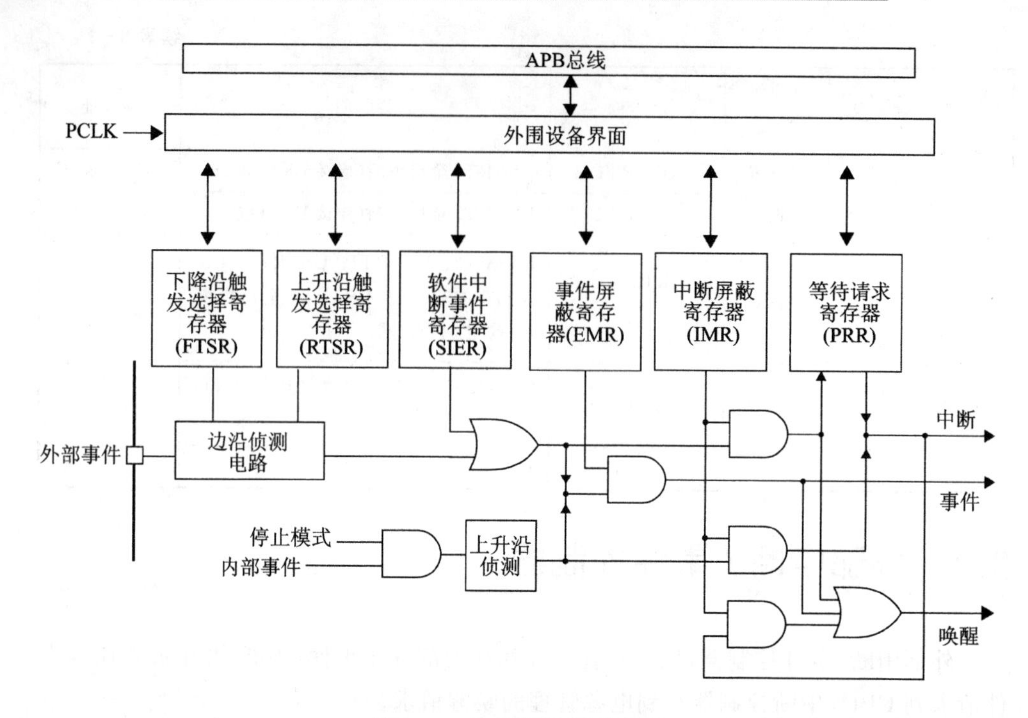

图 8-1 外部中断/事件框图

对于内部中断线，触发沿都为上升沿，中断屏蔽寄存器的相应值使能这些中断，但内部中断线没有相应的挂起位。

如果需要产生事件，则必须先配置好并使能事件线。根据需要的边沿检测设置 2 个触发寄存器，同时在事件屏蔽寄存器的相应位写 1，允许事件请求。当事件线上发生了期待的边沿时，将产生一个事件请求脉冲，对应的挂起位不被置 1。

对于外部中断线，一个中断/事件请求也可由软件对相应的软件中断/事件寄存器位写 1 来产生。

需要注意的是，关联到内部线的中断或事件仅在系统处于停止模式下才能被触发。当系统运行时，不会产生该类似的中断/事件。

(1) 硬件中断选择

根据下列过程可配置 1 条线路作为中断源：

- 在 EXTI_IMR 寄存器中配置所选中断线的屏蔽位；
- 在 EXTI_RTSR 和 EXTI_FTSR 中配置所选中断线的触发选择位；
- 配置对应到 EXTI 的 NVIC 中断通道的使能和屏蔽位，使得中断线中的请求可以被正确地响应。

(2) 硬件事件选择

根据下列过程可配置 1 条线路作为事件源：

- 在 EXTI_EMR 寄存器中配置所选事件的屏蔽位；

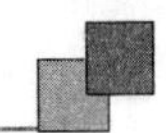

● 在EXTI_RTSR和EXTI_FTSR中配置所选事件线的触发选择位。

(3) 软件中断/事件的选择

任何外部中断线都可被配置为软件中断/事件线。以下过程将产生一个软件中断：

● 在EXTI_IMR和EXTI_EMR中配置相应的屏蔽位；
● 在软件中断寄存器(EXTI_SWIER)中设置相应的请求位。

8.3 外部和内部中断/事件线路映像

在STM32F0x2中，最多有32个中断/事件可用(9条线内部和23条线外部)。GPIO口连接到16个外部中断/事件线，如图8-2所示。

余下线路连接如下：

● EXTI16线连接到PVD输出；
● EXTI17线连接到RTC Alarm事件；
● EXTI18线连接到内部USB唤醒事件；
● EXTI19线连接到RTC窜改和时间戳事件；
● EXTI20线连接到RTC唤醒事件；
● EXTI21线连接到比较器1的输出；
● EXTI22线连接到比较器2的输出；
● EXTI23线连接到I²C1唤醒事件；
● EXTI24线保留(内部保持为低电平)；
● EXTI25线连接到内部USART1的唤醒事件；
● EXTI26线连接到内部USART2的唤醒事件；
● EXTI27线连接到内部CEC唤醒事件；
● EXTI28线连接到内部US-

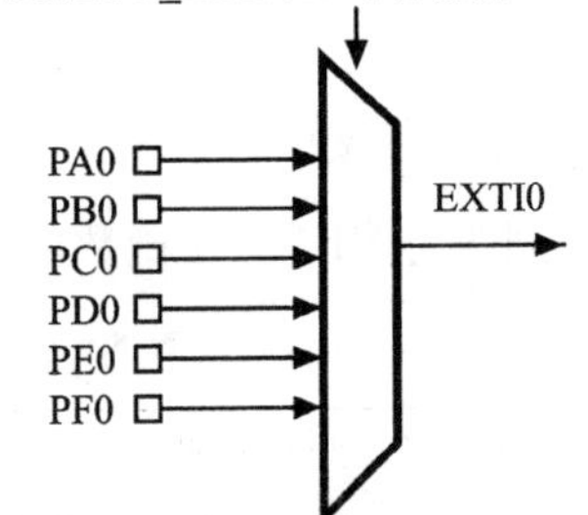

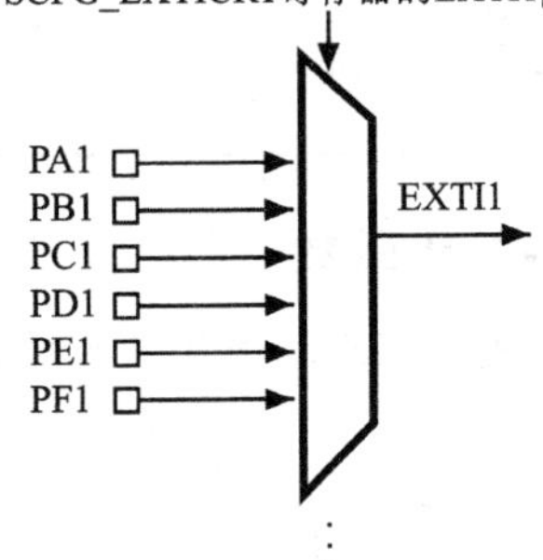

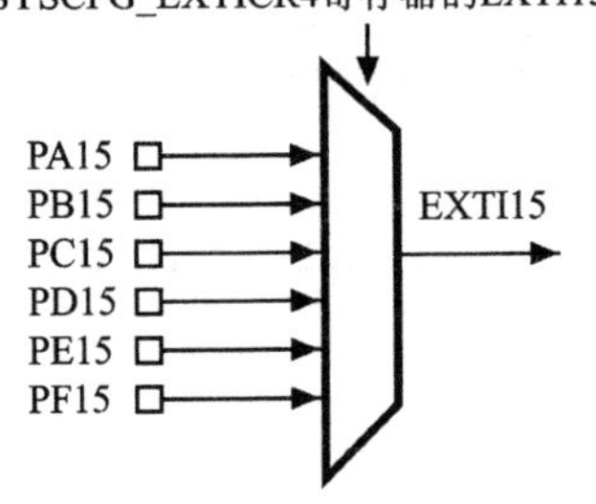

图8-2　外部中断/事件GPIO映像

ART3 的唤醒事件(仅为 STM32F09x 器件);

- EXTI29 线保留(内部保持为低电平);
- EXTI30 线保留(内部保持为低电平);
- EXTI31 线连接到 V_{DDIO2} 供比较器输出。

8.4 MISC 库函数及 EXTI 库函数

MISC 库函数存放于库文件 stm32f0xx_misc.c 中,EXTI 库函数存放于库文件 stm32f0xx_exti.c 中。限于篇幅,这里主要介绍本章使用的部分 MISC 及 EXTI 库函数,对于未使用到的库函数,读者可以查阅 ST 公司的 stm32f0xx_stdperiph_lib_um.chm(《STM32F0xx 标准外设函数库手册》),也可以参考 ST 公司的 UM0427 用户手册——《32 位基于 ARM 微控制器 STM32F101xx 与 STM32F103xx 固件函数库介绍》,两者基本上相同。

1. NVIC_Init 函数

表 8-2 所列为 NVIC_Init 函数的介绍。

表 8-2　NVIC_Init 函数

函数原型	void NVIC_Init(NVIC_InitTypeDef * NVIC_InitStruct)
功能描述	将 EXTI 外设配置为默认的复位状态
输入参数	无
返回值	无

2. EXTI_Init 函数

表 8-3 所列为 EXTI_Init 的函数介绍。

表 8-3　EXTI_Init 函数

函数原型	void EXTI_Init(EXTI_InitTypeDef * EXTI_InitStruct)
功能描述	初始化 EXTI 外设为指定的参数
输入参数	EXTI_InitStruct:一个指向 EXTI_InitTypeDef 结构体的指针,包含 EXTI 外设的配置信息
返回值	无

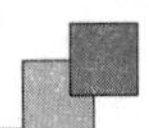

8.5　STM32F072 的外中断实验——控制发光二极管亮/灭

1. 实验要求

按下按键 K2，触发外中断，进入外中断函数后控制 LED2 翻转（亮或灭）。

2. 实验电路原理

参考 Mini STM32 DEMO 开发板电路原理图：

- PA1——K2；
- PA3——LED2。

3. 源程序文件及分析

新建一个文件目录 KEYINT_LED，在 RealView MDK 集成开发环境中创建一个工程项目 KEYINT_LED. uvprojx 于此目录中。

在 File 菜单下新建如下的源文件 main. c，编写源程序代码后保存在 User 文件夹下，再把 main. c 文件添加到 User 组中。

```
#include "stm32f0xx.h"
#include "LED.h"
#include "KEYINT.h"
/****************************************
* FunctionName     : Delay
* Description      : 延时 1 s
* EntryParameter   : None
* ReturnValue      : None
****************************************/
void Delay(void)
{
  unsigned int i;
  for (i = 0;i<0x003FFFFF;i++);
}

/****************************************
* FunctionName     : main
* Description      : 主函数
* EntryParameter   : None
* ReturnValue      : None
****************************************/
int main(void)
```

```
{
    SystemInit();
    LED_Init();
    KEYINT_Init();
    while(1)
    {
        LED1_Toggle();
        Delay();
    }
}
```

在 File 菜单下新建如下的源文件 LED. c，编写完成后保存在 Drive 文件夹下，随后将 Drive 文件夹中的应用文件 LED. c 添加到 Drive 组中。

```
#include "stm32f0xx.h"
#include "LED.h"
/****************************************
* FunctionName      : LED_Init
* Description       : LED 端口初始化
* EntryParameter    : None
* ReturnValue       : None
****************************************/
void LED_Init(void)
{
    GPIO_InitTypeDef GPIO_InitStruct;
    RCC_AHBPeriphClockCmd(RCC_AHBPeriph_GPIOA,ENABLE);
    GPIO_InitStruct.GPIO_Pin = GPIO_Pin_2|GPIO_Pin_3;
    GPIO_InitStruct.GPIO_Mode = GPIO_Mode_OUT;
    GPIO_InitStruct.GPIO_OType = GPIO_OType_PP;
    GPIO_InitStruct.GPIO_Speed = GPIO_Speed_Level_3;
    GPIO_Init(GPIOA,&GPIO_InitStruct);
    GPIO_SetBits(GPIOA,GPIO_Pin_2|GPIO_Pin_3);
}
/****************************************
* FunctionName      : LED1_ON
* Description       : 点亮 LED1
* EntryParameter    : None
* ReturnValue       : None
****************************************/
void LED1_ON(void)
{
    GPIO_ResetBits(GPIOA,GPIO_Pin_2);
}
```

```
/*************************************
* FunctionName      : LED1_OFF
* Description       : 熄灭 LED1
* EntryParameter    : None
* ReturnValue       : None
*************************************/
void LED1_OFF(void)
{
    GPIO_SetBits(GPIOA,GPIO_Pin_2);
}
/*************************************
* FunctionName      : LED1_Toggle
* Description       : 翻转 LED1
* EntryParameter    : None
* ReturnValue       : None
*************************************/
void LED1_Toggle(void)
{
     GPIO_WriteBit(GPIOA,GPIO_Pin_2,
        (BitAction)((1 - GPIO_ReadOutputDataBit(GPIOA,GPIO_Pin_2))));
}
/*************************************
* FunctionName      : LED2_ON
* Description       : 点亮 LED2
* EntryParameter    : None
* ReturnValue       : None
*************************************/
void LED2_ON(void)
{
    GPIO_ResetBits(GPIOA,GPIO_Pin_3);
}
/*************************************
* FunctionName      : LED2_OFF
* Description       : 熄灭 LED2
* EntryParameter    : None
* ReturnValue       : None
*************************************/
void LED2_OFF(void)
{
    GPIO_SetBits(GPIOA,GPIO_Pin_3);
}
/*************************************
```

```
* FunctionName      : LED2_Toggle
* Description       : 翻转 LED2
* EntryParameter    : None
* ReturnValue       : None
**************************************/
void LED2_Toggle(void)
{
GPIO_WriteBit(GPIOA,GPIO_Pin_3,
    (BitAction)((1 - GPIO_ReadOutputDataBit(GPIOA,GPIO_Pin_3))));
}
```

在 File 菜单下新建如下的源文件 LED.h，编写完成后保存在 Drive 文件夹下。

```
#ifndef __LED_H
#define __LED_H
#include "stm32f0xx.h"
void LED_Init(void);
void LED1_ON(void);
void LED1_OFF(void);
void LED1_Toggle(void);
void LED2_ON(void);
void LED2_OFF(void);
void LED2_Toggle(void);
#endif /* __LED_H */
```

在 File 菜单下新建如下的源文件 KEYINT.c，编写完成后保存在 Drive 文件夹下，随后将 Drive 文件夹中的应用文件 KEYINT.c 添加到 Drive 组中。

```
#include "stm32f0xx.h"
#include "KEYINT.h"
/**************************************
* FunctionName      : KEYINT_Init
* Description       : 按键中断初始化
* EntryParameter    : None
* ReturnValue       : None
**************************************/
void KEYINT_Init(void)
{
    GPIO_InitTypeDef GPIO_InitStruct;
    EXTI_InitTypeDef EXTI_InitStruct;
    NVIC_InitTypeDef NVIC_InitStruct;
    /* config the extiline(PA1) clock and AFIO clock */
    RCC_APB2PeriphClockCmd(RCC_APB2Periph_SYSCFG,ENABLE);
    RCC_AHBPeriphClockCmd(RCC_AHBPeriph_GPIOA,ENABLE);
```

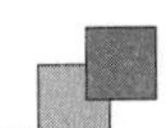

```
    /* Configyre P[A|B|C|D|E]0    NIVC    */
    NVIC_InitStruct.NVIC_IRQChannel = EXTI0_1_IRQn;
    NVIC_InitStruct.NVIC_IRQChannelPriority = 0x00;
    NVIC_InitStruct.NVIC_IRQChannelCmd = ENABLE;
    NVIC_Init(&NVIC_InitStruct);
    /* EXTI line gpio config(PA1) */
    GPIO_InitStruct.GPIO_Pin = GPIO_Pin_1;
    GPIO_InitStruct.GPIO_Mode = GPIO_Mode_IN;
    GPIO_InitStruct.GPIO_Speed = GPIO_Speed_Level_2;
    GPIO_InitStruct.GPIO_PuPd = GPIO_PuPd_UP;
    GPIO_Init(GPIOA,&GPIO_InitStruct);
    /* EXTI line(PA1) mode config */
    SYSCFG_EXTILineConfig(EXTI_PortSourceGPIOA,EXTI_PinSource1);
    EXTI_InitStruct.EXTI_Line = EXTI_Line1;
    EXTI_InitStruct.EXTI_Mode = EXTI_Mode_Interrupt;          //外部中断模式
    EXTI_InitStruct.EXTI_Trigger = EXTI_Trigger_Falling;      //下降沿中断
    EXTI_InitStruct.EXTI_LineCmd = ENABLE;
    EXTI_Init(&EXTI_InitStruct);
}
```

在File菜单下新建如下的源文件KEYINT.h，编写完成后保存在Drive文件夹下。

```
#ifndef __EXIT_H
#define __EXIT_H
#include "stm32f0xx.h"
void KEYINT_Init(void);
#endif /* __EXIT_H */
```

打开User文件夹，找到stm32f0xx_it.c文件，在该文件中找到下面的void EXTI0_1_IRQHandler(void)中断函数，然后添加语句“GPIO_WriteBit(GPIOA,GPIO_Pin_3,(BitAction)((1－GPIO_ReadOutputDataBit(GPIOA,GPIO_Pin_3))));”，如下：

```
void EXTI0_1_IRQHandler(void)
{
  if(EXTI_GetITStatus(EXTI_Line1) != RESET)
  {
    /* Clear the EXTI line 1 pending bit */
    EXTI_ClearITPendingBit(EXTI_Line1);
    /* Toggle LED2 */
    GPIO_WriteBit(GPIOA,GPIO_Pin_3,
        (BitAction)((1 - GPIO_ReadOutputDataBit(GPIOA,GPIO_Pin_3))));
```

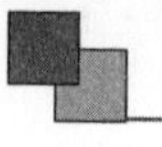


```
    }
}
```

4. 实验效果

编译通过后，可以使用 J-link 仿真器调试程序，最后将程序下载到 STM32F072 芯片中，按下按键 K2，触发外中断，在外中断服务函数中控制 LED2 翻转，实现亮或灭。实验照片如图 8-3 所示。

图 8-3　STM32F072 的外中断实验照片

8.6　STM32F072 的系统节拍定时器中断实验——控制发光二极管精确亮/灭

1. 实验要求

系统节拍定时器精确中断控制 LED1 翻转（延时精确）。

2. 实验电路原理

参考 Mini STM32 DEMO 开发板电路原理图：

PA2——LED1。

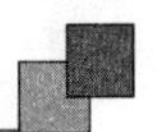

3. 源程序文件及分析

新建一个文件目录 TICK_DELAY，在 RealView MDK 集成开发环境中创建一个工程项目 TICK_DELAY. uvprojx 于此目录中。

在 File 菜单下新建如下的源文件 main. c，编写源程序代码后保存在 User 文件夹下，再把 main. c 文件添加到 User 组中。

```
#include "stm32f0xx.h"
#include "LED.h"
#include "SysTick.h"
/****************************************
* FunctionName      : main
* Description       : 主函数
* EntryParameter    : None
* ReturnValue       : None
****************************************/
int main(void)
{
    SystemInit();
    LED_Init();
    SysTick_Init();
    while(1)
    {
        LED1_ON();
        SysTickDelay_ms(1000);
        LED1_OFF();
        SysTickDelay_ms(100);
    }
}
```

在 File 菜单下新建如下的源文件 SysTick. c，编写完成后保存在 Drive 文件夹下，随后将 Drive 文件夹中的应用文件 SysTick. c 添加到 Drive 组中。

```
#include "stm32f0xx.h"
#include "SysTick.h"
static __IO uint32_t TimingDelay;
/****************************************
* FunctionName      : SysTickDelay_ms
* Description       : ms 级延时
* EntryParameter    : nTime
* ReturnValue       : None
****************************************/
void SysTickDelay_ms(__IO uint32_t nTime)
```

```
{
  TimingDelay = nTime;
  while(TimingDelay != 0);
}
/************************************************
 * FunctionName    : TimingDelay_Decrement
 * Description     : 变量 TimingDelay 自减
 * EntryParameter  : None
 * ReturnValue     : None
************************************************/
void TimingDelay_Decrement(void)
{
  if (TimingDelay != 0x00)
  {
    TimingDelay--;
  }
}
/************************************************
 * FunctionName    : SysTick_Init
 * Description     : 系统定时器初始化
 * EntryParameter  : None
 * ReturnValue     : None
************************************************/
void SysTick_Init(void)
{
  if (SysTick_Config(SystemCoreClock / 1000))
  {
    while (1);
  }
}
```

在 File 菜单下新建如下的源文件 SysTick. h，编写完成后保存在 Drive 文件夹下。

```
#ifndef __SYSTICK_H
#define __SYSTICK_H
#include "stm32f0xx.h"
void SysTick_Init(void);
void SysTickDelay_ms(__IO uint32_t nTime);
void TimingDelay_Decrement(void);
#endif /* __SYSTICK_H */
```

打开 User 文件夹，找到 stm32f0xx_it. c 文件，在该文件中找到下面的 void Sy-

sTick_Handler(void)中断函数,然后添加语句"TimingDelay_Decrement();",如下:

```
void SysTick_Handler(void)
{
  TimingDelay_Decrement();
}
```

4. 实验效果

编译通过后,可以使用 J-link 仿真器调试程序,最后将程序下载到 STM32F072 芯片中,可以看到 LED1 精确翻转,实现亮或灭。实验照片如图 8-4 所示。

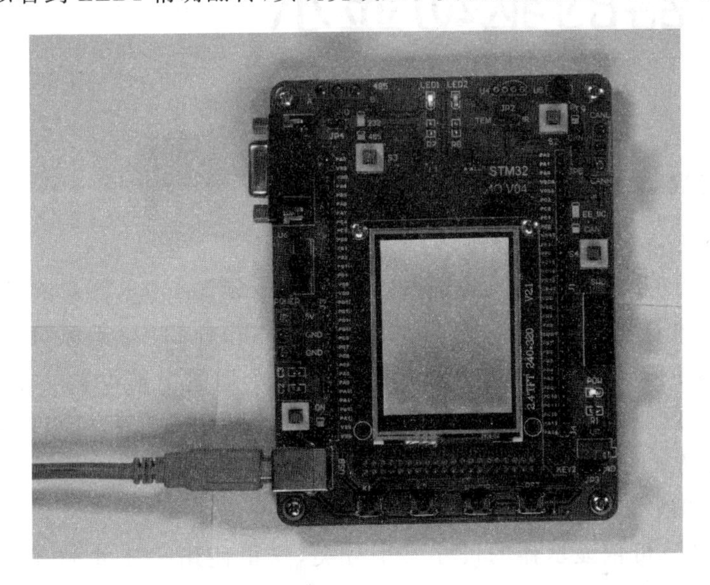

图 8-4　STM32F072 的系统节拍定时器中断实验照片

第 9 章

TFT-LCD 彩色液晶显示器的驱动显示

9.1 TFT-LCD 彩色液晶显示器

TFT-LCD(Thin Film Transistor-Liquid Crystal Display，真彩液晶显示器)，也称为薄膜晶体管液晶显示器，即俗称的彩屏。TFT-LCD 与无源 TN-LCD、STN-LCD 的简单矩阵不同，它在液晶显示器的每一个像素上都设置一个薄膜晶体管(TFT)，可有效地克服非选通时的串扰，使显示液晶屏的静态特性与扫描线数无关，因此大大提高了图像质量。TFT-LCD 的用途非常广泛，可用于一切需要高品质显示的场合：如液晶电视、手机、医疗仪器等。

TFT-LCD 可依显示器的尺寸大小分类，这里使用 2.4 寸的 TFT-LCD 进行学习实验。它具有 320×240 的分辨率，16 位真彩显示。驱动控制器为 ILI9325 或 ILI9328，两者的基本功能都是一样的，采用 8 位或 16 位的并口与微处理器通信。

TFT-LCD 有一个用字母 G1 和 S1 表示开始的位置，可以称其为物理起始地址，如图 9-1 所示。每一行中用 3 个 S 表示一个点，720/3=240，所以每一行是从 S1 到 S720。每一列中用一个 G 表示一个点，所以每一列是从 G1 到 G320。整个屏幕正好是 320×240。

驱动 TFT-LCD 时每个点用 2 个字节表示颜色，按设定的方向刷新 320×240 个点，就可以显示一张图片，如图 9-2 所示。

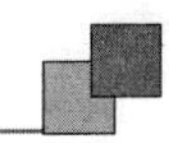

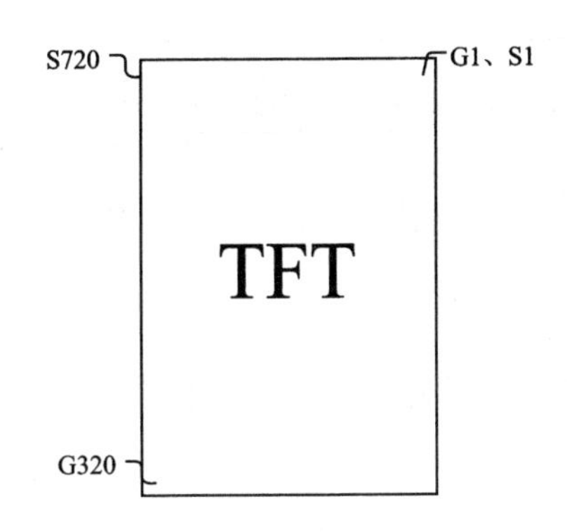

图 9-1　TFT-LCD 中 G1 和 S1 开始位置的示意图

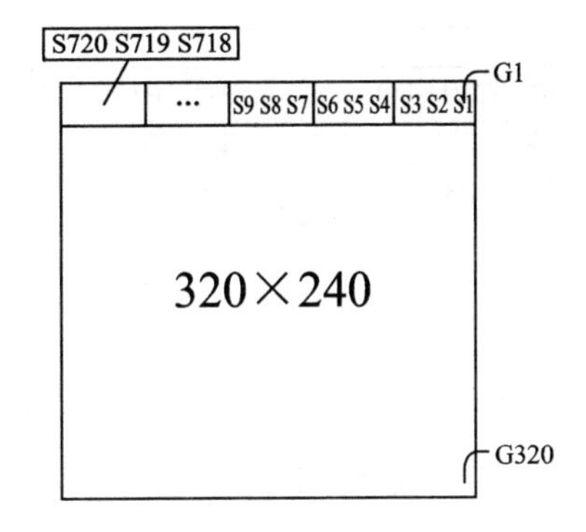

图 9-2　320×240 个点显示一张图片

9.2　TFT-LCD 彩色液晶显示器模块的引脚功能

TFT-LCD 彩色液晶显示器模块的引脚功能如下：

LCD_RS：TFT-LCD 命令/数据选择(0,读/写命令;1,读/写数据)。

LCD_CS：TFT-LCD 片选信号。

LCD_WR：向 TFT-LCD 写入数据。

LCD_RD：从 TFT-LCD 读取数据。

DB[15:0]：16 位双向数据线。如果以 8 位方式连接,则使用 DB[15:8]分 2 次传送。

RESET：复位信号。

F_CS：W25Q16 Flash 存储器的片选信号。

MISO0：W25Q16 Flash 存储器的串行信号输出引脚,同时也作为 SD 卡的串行信号输出引脚。

MOSI0：W25Q16 Flash 存储器的串行信号输入引脚,同时也作为 SD 卡的串行信号输入引脚。

SCK0：W25Q16 Flash 存储器的时钟信号引脚,同时也作为 SD 卡的时钟信号引脚。

SCK1：触摸芯片 XTP2046 的时钟信号。

T_CS：触摸芯片 XTP2046 的片选信号。

MOSI1：触摸芯片 XTP2046 的串行信号输入引脚。

MISO1：触摸芯片 XTP2046 的串行信号输出引脚。

SD_CS：SD 卡的片选信号。

目前大部分的小尺寸 TFT-LCD 使用 ILI9325 或 ILI9328 作为控制器,ILI9325/ILI9328 自带显存,液晶模块的 16 位数据线与显示的对应关系可以采用 565 方式,即数据线低 5 位负责驱动蓝色像素,数据线高 5 位负责驱动红色像素,中间的 6 位数据线负责驱动绿色像素,如图 9-3 所示。最低 5 位代表蓝色,中间 6 位代表绿色,最高 5 位代表红色。数值越大,表示该颜色越深。

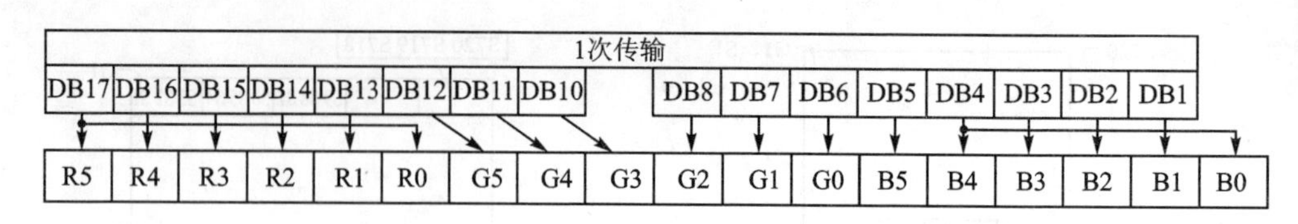

图 9-3 16 位数据与显存对应关系图

9.3 ILI9325/ILI9328 几个重要的控制寄存器及控制命令

ILI9325/ILI9328 的控制寄存器及控制命令很多，有兴趣的读者可以参阅 ILI9325/ILI9328 的 datasheet。这里只介绍几个重要的控制寄存器及控制命令。

1. R0 寄存器

这个寄存器的命令有两个功能：如果对它进行写操作，则最低位为 OSC，用于开启或关闭振荡器；如果对它进行读操作，则返回的是控制器的型号。这个命令最大的功能就是通过对它进行读操作可以得到控制器的型号，而代码在知道了控制器的型号后，可以针对不同型号的控制器进行不同的初始化。因为 ILI93xx 系列的初始化比较相似，所以完全可以用一个代码兼容好几个控制器。

2. R1 寄存器

驱动器控制输出 1 命令。

SS：源驱动器选择输出的方向。当 SS=0 时，输出方向是从 S1 到 S720；当 SS=1 时，输出方向是从 S720 到 S1。

3. R3 寄存器

入口模式命令。需要重点关注下面的几个位：

AM：控制 GRAM 的更新方向。当 AM=0 时，地址以行方向（水平方向）更新；当 AM=1 时，地址以列方向（垂直方向）更新。

I/D[1:0]：控制扫描方式。当更新了一个数据之后，根据这两个位的设置来控制显存 GRAM 地址计数器的自动增加或减少，其关系如图 9-4 所示。

ORG：当一个窗口（需要进行显示的显示器的某一区域称为窗口）的地址区域确定后，根据上面 I/D 的设置来移动原始地址。当高速写窗口地址域时，这个功能将被使能。当 ORG=0 时，原始地址是不移动的，在这种情况下，通过指定 GRAM 地址来进行写操作；当 ORG=1 时，原始地址通过 I/D 的设置进行相应的移动。

注意：

① 当 ORG=1 时，若设置 R20H 和 R21H 的原始地址，则只能设置 0x0000。

② 在进行读操作时要保证 ORG=0。

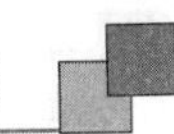

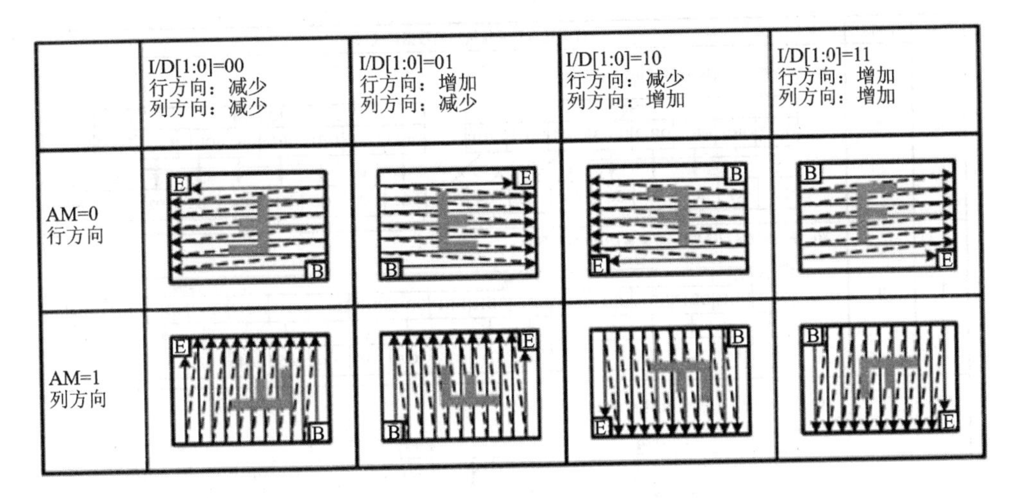

图 9－4　GRAM 显示方向设置图

BGR：交换写数据中的红和蓝。当 BGR＝0 时，根据 RGB 顺序写像素点的数据；当 BGR＝1 时，交换 RGB 数据为 BGR，然后写入 GRAM。

TRI：当 TRI＝1 时，在 8 位数据模式下以 8 位×3 的模式传输，也就是传输 3 个字节到 TFT-LCD；当 TRI＝0 时，以 16 位数据模式传输。

DFI：设置 TFT-LCD 内部传输数据的模式。这一位是要与 TRI 联合起来使用的。

通过上述几个位的设置就可以控制显示器的显示方向了。

图 9－5 所示是 16 位数据传送与显存的对应关系图。图 9－6 所示是 8 位数据传送与显存的对应关系图。

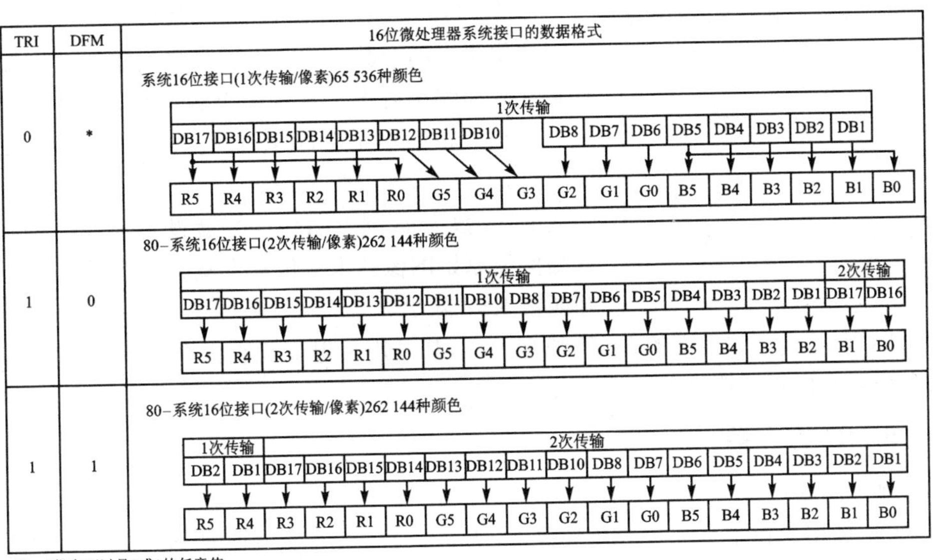

图 9－5　16 位数据传送与显存的对应关系图

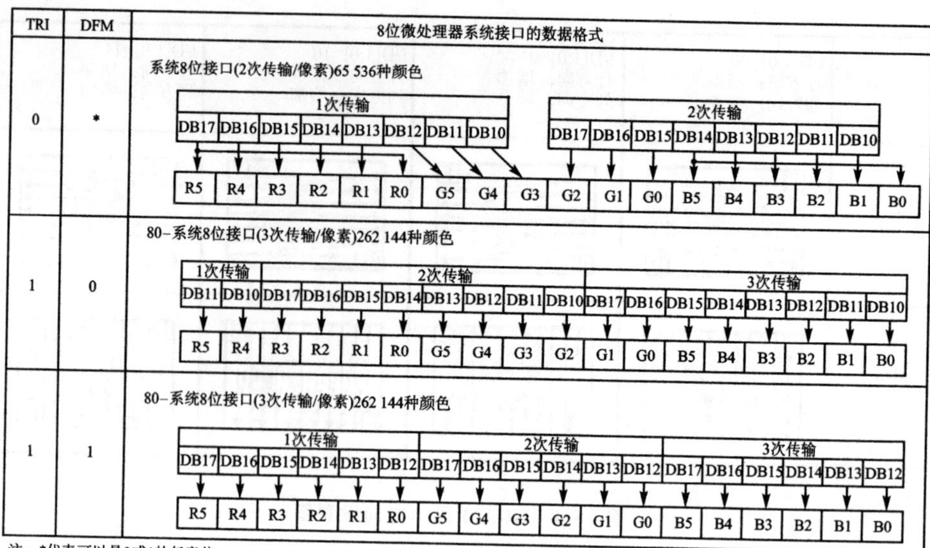

图 9-6　8 位数据传送与显存的对应关系图

4. R4 寄存器

调整大小控制命令。

RSZ[1:0]：设置调整参数。

当设置了 RSZ 后，ILI9325 将会根据 RSZ 设置的参数来调整显示区域的大小，这时水平和垂直方向的区域都会改变，如表 9-1 所列。

表 9-1　RSZ 与显示区域的关系

RSZ[1:0]	缩放因子
00	未调整(×1)
01	×1/2
10	禁止设置
11	×1/4

RCH[1:0]：当调整图像大小时，设置水平像素点余下的像素点的个数。实际上就是将当前图像的水平像素个数和缩小后水平像素的个数取模，原因是图像不可能正好被缩小 1/2，或者 1/4。比如，图像的水平像素点是 15 个，如果需要缩小 1/2，而 15 除以 2 是有余数的，余数为 1，则 RCH[1:0]就设置为 1。实际上就是保证原始图像的水平像素点减去几个像素点后正好能被 RSZ 除尽。

RCV[1:0]：和上面的 RCH 原理一样，其是用来保证垂直方向上的像素点减去几个像素点后正好能被 RSZ 除尽。

5. R7 寄存器

显示控制命令。

CL 位用来控制是 8 位彩色还是 26 万色。当 CL 位为 0 时是 26 万色，当 CL 位为 1 时是 8 位彩色。

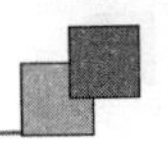

D1、D0、BASEE这3个位用来控制显示器是开启还是关闭。当全部设置为1时开启显示器，当全部设置为全0时关闭显示器。一般通过该命令的设置来开启或关闭显示器，以降低功耗。

6. R32、R33寄存器

设置GRAM行地址和列地址的命令。

R32用于设置列地址（X坐标，0～239），R33用于设置行地址（Y坐标，0～319）。当在某个指定点写入一个颜色时，先通过这两个命令设置到新的点，然后写入颜色值就可以了。

7. R34寄存器

写数据到GRAM的命令。

当写入这个命令后，地址计数器就会自动地增加或减少。该命令是介绍的这几个控制命令中唯一的单操作命令——只需要写入数值即可，而其他的控制命令都需要先写入命令编号，然后再写入操作数。

8. R60寄存器

驱动器控制输出命令。

GS：源驱动器选择输出的方向。当GS＝0时，输出方向是从G1到G320；当GS=1时，输出方向是从G320到G1。因此，坐标点位置的扫描由SS和GS确定，对应R1和R60的命令，如图9－7所示。

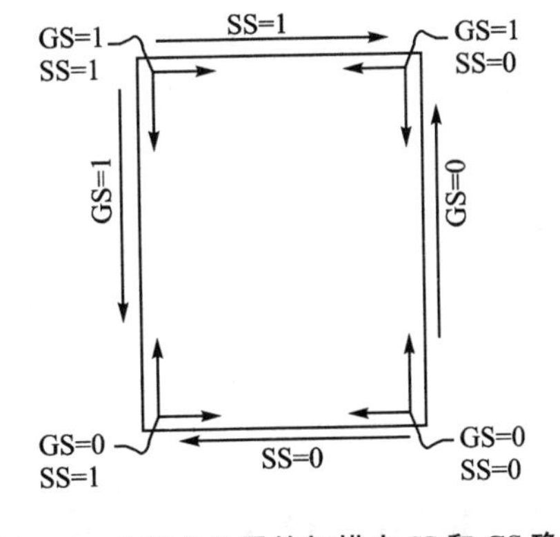

图9－7 坐标点位置的扫描由SS和GS确定

9. R80～R83寄存器

行列GRAM地址位置设置命令。

这几个命令用于设定显示区域的大小。整个屏的大小为240×320，但是有时只需要在其中的一部分区域（窗口）写入数据。如果用先写坐标后写数据的方式来实现，则速度就会大打折扣。此时就可以通过这几个命令，在其中开辟一个区域，然后不停地传送数据，地址计数器就会根据R3的设置自动增加或减少，这样就不需要频繁地写地址了，大大提高了刷新的速度。

比较常用的几个命令如表9－2所列。

表 9-2 ILI9325/ILI9328 常用命令

编号	指令	各位描述																命令
	HEX	D15	D14	D13	D12	D11	D10	D9	D8	D7	D6	D5	D4	D3	D2	D1	D0	
R0	0x00	1	*	*	*	*	*	*	*	*	*	*	*	*	*	*	OSC	打开振荡器，读取控制器型号
		1	0	0	1	0	0	1	1	0	0	1	0	0	0	0	0	
R3	0x03	TRI	DFM	0	BGR	0	0	HWV	0	ORG	0	I/D1	I/D0	AM	0	0	0	入口模式
R7	0x07	0	0	PTDE1	PTDE0	0	0	0	BASEE	0	0	GON	DTE	CL	0	D1	D0	显示控制
R32	0x20	0	0	0	0	0	0	0	0	AD7	AD6	AD5	AD4	AD3	AD2	AD1	AD0	行地址（X）设置
R33	0x21	0	0	0	0	0	0	0	AD16	AD15	AD14	AD13	AD12	AD11	AD10	AD9	AD8	列地址（Y）设置
R34	0x22	NC	NC	NC	NC	NC	NC	NC	NC	NC	NC	NC	NC	NC	NC	NC	NC	写数据到 GRAM
R80	0x50	0	0	0	0	0	0	0	0	HSA7	HSA6	HSA5	HSA4	HSA3	HSA2	HSA1	HSA0	行启始地址（X）设置
R81	0x51	0	0	0	0	0	0	0	0	HEA7	HEA6	HEA5	HEA4	HEA3	HEA2	HEA1	HEA0	行结束地址（X）设置
R82	0x52	0	0	0	0	0	0	0	VSA8	VSA7	VSA6	VSA5	VSA4	VSA3	VSA2	VSA1	VSA0	列启始地址（X）设置
R83	0x53	0	0	0	0	0	0	0	VSE8	VSE7	VSE6	VSE5	VSE4	VSE3	VSE2	VSE1	VSE0	列结束地址（Y）设置

注：编号 R0 这个寄存器有两个功能，如果对它进行写操作，则最低位为 OSC，用于开启或关闭振荡器，这里"*"代表可以是 0 或 1 的任意值；如果对它进行读操作，则返回的是控制器的型号。

9.4 TFT-LCD 彩色液晶显示器显示的相关设置步骤

1. 设置处理器与 TFT-LCD 模块相连接的 I/O 口线

使用什么类型的处理器及使用哪些 I/O 口，可以根据选择的处理器芯片以及 TFT-LCD 模块来确定。STM32F072 与 TFT-LCD 模块的连接电路可参考 Mini STM32 DEMO 开发板电路原理图。

2. 初始化 TFT-LCD 模块

通过向 TFT-LCD 写入一系列的命令来启动 TFT-LCD 的显示，为后续显示字符和数字做准备。

3. 通过函数将字符和数字显示到 TFT-LCD 模块上

将要显示的数据传送到 TFT-LCD 模块，使其显示字符和各种颜色的图案。

9.5 STM32F072 的 TFT-LCD 驱动实验——显示多种颜色及图形

1. 实验要求

使彩色液晶显示器显示多种颜色及图形，熟练掌握 TFT-LCD 的显示驱动。

2. 实验电路原理

参考 Mini STM32 DEMO 开发板电路原理图：

- PC10——LCD_RS：TFT-LCD 命令/数据选择(0，读/写命令；1，读/写数据)；
- PC11——LCD_CS：TFT-LCD 片选；
- PD2——LCD_WR：向 TFT-LCD 写入数据；
- PC12——LCD_RD：从 TFT-LCD 读取数据；
- PC7～PC0——DB[15：8]：TFT-LCD 16 位双向数据线的高 8 位；
- PB7～PB0——DB[7：0]：TFT-LCD 16 位双向数据线的低 8 位；
- NRST——NRST：TFT-LCD 复位信号。

3. 源程序文件及分析

新建一个文件目录 TFTLCD_TEST，在 RealView MDK 集成开发环境中创建一个工程项目 TFTLCD_TEST. uvprojx 于此目录中。

在 File 菜单下新建如下的源文件 main. c，编写源程序代码后保存在 User 文件夹下，再把 main. c 文件添加到 User 组中。

```
#include "stm32f0xx.h"
#include "ILI9325.h"
#include "W25Q16.h"
/****************************************
* FunctionName     : Delay
* Description      : 延时 1 s
* EntryParameter   : None
* ReturnValue      : None
****************************************/
void Delay(void)
{
  unsigned int i;
  for (i = 0;i<0x003FFFFF;i++);
}
/****************************************
* FunctionName     : main
```

```
 * Description      : 主函数
 * EntryParameter   : None
 * ReturnValue      : None
 *************************************/
int main(void)
{
    SystemInit();
    LCD_init();                                        //液晶显示器初始化
    GLCD_Test();                                       //显示彩条
    Delay();Delay();Delay();
    LCD_Clear(GREEN);                                  //全屏显示绿色
    Delay();Delay();Delay();
    POINT_COLOR = RED;                                 //定义笔的颜色为红色
    BACK_COLOR = WHITE;                                //定义笔的背景色为白色
    LCD_DrawRectage(20,20,180,210,DARKBLUE);           //画一个深灰蓝色边框的矩形
    Delay();Delay();Delay();
    LCD_Fill(60,20,179,209,PINK);                      //画填充矩形
    Delay();Delay();Delay();
    POINT_COLOR = BLACK;                               //定义笔的颜色为黑色
    LCD_DrawCircle(100,100,25);                        //画一个圆
    Delay();Delay();Delay();
    LCD_ShowChar(120,20,'A');
    LCD_ShowString(140,20,"hello");
    while(1)
    {
    ;
    }
}
```

在 File 菜单下新建如下的源文件 ILI9325.c，编写完成后保存在 Drive 文件夹下，随后将 Drive 文件夹中的应用文件 ILI9325.c 添加到 Drive 组中。

```
#include "stm32f0xx.h"
#include "ILI9325.h"
#include "ascii.h"
#include "W25Q16.h"
uint16_t  POINT_COLOR = BLACK;
uint16_t  BACK_COLOR = WHITE;
/**********************************************************
* FunctionName      : delay
* Description       : 短暂延时，为 LCD 初始化时序服务
* EntryParameter    : i：延时长度
* ReturnValue       : None
```

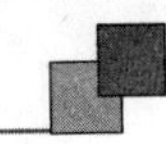

```
***************************************************************/
static void delay (int cnt)
{
  cnt <<= DELAY_2N;
  while (cnt--);
}
/***************************************************************
* FunctionName     : LCD_WR_DATA
* Description      : 对 ILI9325/ILI9328 寄存器写数据
* EntryParameter   : val: 16 位数据
* ReturnValue      : None
***************************************************************/
void LCD_WR_DATA(uint16_t val)
{
    #if LCD_USE8BIT_MODEL == 1                 //使用 8 位并行数据总线模式,写 2 次
    Set_Rs;                                    //开寄存器选择
    Clr_Cs;                                    //片选置低
    GPIOC->ODR &= 0xff00;                      //把 PC 数据端口全部置低
    GPIOC->ODR |= (val>>8);                    //写入高 8 位
    Clr_nWr;                                   //开写使能
    Set_nWr;                                   //关写使能
    GPIOC->ODR &= 0xff00;                      //把 PC 数据端口全部置低
    GPIOC->ODR |= ((val)&(0x00ff));            //写入低 8 位
    Clr_nWr;                                   //开写使能
    Set_nWr;                                   //关写使能
    Set_Cs;                                    //关片选
    #else                                      //使用 16 位并行数据总线模式
    Set_Rs;                                    //开寄存器选择
    Clr_Cs;                                    //片选置低
    //GPIOB->ODR &= 0xff00;
    GPIOC->ODR &= 0xff00;                      //把 PB、PC 数据端口全部置低
    GPIOC->ODR|= (val>>8);                     //写入高 8 位
    Clr_nWr;                                   //开写使能
    Set_nWr;                                   //关写使能
    GPIOC->ODR &= 0xff00;
    GPIOC->ODR|= ((val)&(0x00ff));             //写入低 8 位
    Clr_nWr;                                   //开写使能
    Set_nWr;                                   //关写使能
    Set_Cs;                                    //关片选
    #endif
}
/***************************************************************
```

```
 * FunctionName    : LCD_WR_REG
 * Description     : 选定往 ILI9325/ILI9328 哪个寄存器写
 * EntryParameter  : reg: 选择的寄存器
 * ReturnValue     : None
 ****************************************************************************/
void LCD_WR_REG(uint16_t cmd)
{
    #if LCD_USE8BIT_MODEL == 1                      //使用 8 位并行数据总线模式,写 2 次
    Clr_Rs;
    Clr_Cs;
    GPIOC->ODR &= 0xff00;
    GPIOC->ODR |= (cmd>>8);                         //写入高 8 位
    Clr_nWr;
    Set_nWr;
    GPIOC->ODR &= 0xff00;
    GPIOC->ODR |= ((cmd)&(0x00ff));                 //写入低 8 位
    Clr_nWr;
    Set_nWr;
    Set_Cs;
    #else                                           //使用 16 位并行数据总线模式
    Clr_Rs;
    Clr_Cs;
    GPIOC->ODR &= 0xff00;
    GPIOC->ODR| = (cmd>>8);
    Clr_nWr;                                        //开写使能
    Set_nWr;                                        //关写使能
    GPIOC->ODR &= 0xff00;
    GPIOC->ODR |= ((cmd)&(0x00ff));
    Clr_nWr;
    Set_nWr;
    Set_Cs;
    #endif
}
/****************************************************************************
 * FunctionName    : LCD_WR_REG_DATA
 * Description     : 先选择寄存器号,再写数据到里面
 * EntryParameter  : REG: 寄存器号;VALUE: 数据值
 * ReturnValue     : None
 ****************************************************************************/
void LCD_WR_REG_DATA(uint16_t reg,uint16_t data)
{
    LCD_WR_REG(reg);                                //确定要写入的寄存器
```

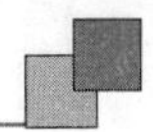

```
    LCD_WR_DATA(data);                                //确定写入寄存器的数据
}
/***********************************************************
* FunctionName    : LCD_RD_DATA
* Description     : 读寄存器 16 位数据
* EntryParameter  : None
* ReturnValue     : value: 16 位寄存器的值
***********************************************************/
uint16_t LCD_RD_DATA(void)
{
    unsigned short val,val1,val2;
    #if LCD_USE8BIT_MODEL == 1                        //使用 8 位并行数据总线模式
    Set_Rs;
    Set_nWr;
    Clr_nRd;
    GPIOC->MODER& = 0xffff0000;
    val1 = GPIOC->IDR;                                //读高字节
    val1 = val1<<8;
    Set_nRd;
    Clr_nRd;
    val2 = GPIOC->IDR;                                //读低字节
    val2 & = 0x00ff;
    val = val1 | val2;
    GPIOC->MODER| = 0x00005555;
    Set_nRd;
    #else                                             //使用 16 位并行数据总线模式
    Set_Rs;
    Set_nWr;
      GPIOC->MODER& = 0xffff0000;
    Clr_nRd;
    //GPIOB->MODER& = 0xffff0000;
    val2 = GPIOC->IDR;
    Set_nRd;
    Clr_nRd;
    val1 = GPIOC->IDR;
    val = ((val1)&(0x00ff)) + ((val2<<8)&(0xff00));
                                                      //输入完后重新设置为输出
    //GPIOB->MODER| = 0x00005555;
    Set_nRd;
    GPIOC->MODER| = 0x00005555;
    #endif
    return val;
```

```
}
/*************************************************************
 * FunctionName    : LCD_RD_REG_DATA
 * Description     : 先选择寄存器号,再从里面读数据
 * EntryParameter  : REG: 寄存器号;VALUE: 数据值
 * ReturnValue     : None
*************************************************************/
uint16_t  LCD_RD_REG_DATA (uint16_t  reg)
{
  uint16_t value;
    Clr_Cs;
    LCD_WR_REG(reg);
    value = LCD_RD_DATA();
    Set_Cs;
    return value;
}
/*************************************************************
 * FunctionName    : LCD_Init
 * Description     : 初始化 LCD
 * EntryParameter  : None
 * ReturnValue     : None
*************************************************************/
void LCD_init (void)
{
    //uint16_t i;
    #if LCD_USE8BIT_MODEL == 1              //使用 8 位并行数据总线模式
    //引脚初始化
    //STM32F051x Reference Manual cn 7.4.6
    RCC->AHBENR& = 0xffe3ffff;              //11111111、11100011、11111111、11111111
                                            //关闭 PB、PC、PD 时钟
    RCC->AHBENR| = 0x001c0000;              //00000000、00011100、00000000、00000000
                                            //使能 PB、PC、PD 时钟
    //设置 PC 口低 8 位引脚为输出,用作 LCD 16 位并行数据和控制引脚
    GPIOC->MODER& = 0xffff0000;
    GPIOC->MODER| = 0x00005555;
  //GPIOC->BSRR = 0x00ff;
    GPIOC->ODR &= 0xff00;                   //PC 口低 8 位输出低电平
    //GPIOC->ODR | = 0x00ff;                //PC 口低 8 位引脚置高
    GPIOC->MODER& = 0xfc0fffff;             //PD2——WR;PC12——RD;PC11——CS;
                                            //PC10——RS
    GPIOC->MODER| = 0x01500000;
    GPIOC->BSRR = 0x00001c00;
```

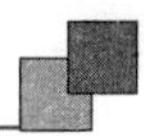

```
    GPIOD->MODER&=0xffffffcf;
    GPIOD->MODER|=0x00000010;
    GPIOD->BSRR=0x00000004;
    #else                                 //使用 16 位并行数据总线模式
    //引脚初始化
    RCC->AHBENR&=0xffe3ffff;
    RCC->AHBENR|=0x001c0000;
    GPIOC->MODER&=0xffff0000;             //设置 PC 口低 8 位引脚为输出,用作 LCD
                                          //16 位并行数据和控制引脚
    GPIOC->MODER|=0x00005555;
    GPIOC->ODR &=0xff00;
    GPIOC->MODER&=0xfc0fffff;             //PD2——WR;PC12——RD;PC11——CS;
                                          //PC10——RS
    GPIOC->MODER|=0x01500000;
    GPIOC->BSRR=0x00001c00;
    GPIOD->MODER&=0xffffffcf;
    GPIOD->MODER|=0x00000010;
    GPIOD->BSRR=0x00000004;
    #endif
/////////////////////////////////////////////////////////////////////
    delay(5);/*Delay 50 ms*/
//*************Start Initial Sequence **********//
    LCD_WR_REG_DATA(0x0001,0x0100);       //set SS and SM bit
    LCD_WR_REG_DATA(0x0002,0x0200);       //set 1 line inversion
    LCD_WR_REG_DATA(0x0003,0x1030);       //set GRAM write direction and BGR=1
    LCD_WR_REG_DATA(0x0004,0x0000);       //Resize register
    LCD_WR_REG_DATA(0x0008,0x0207);       //set the back porch and front porch
    LCD_WR_REG_DATA(0x0009,0x0000);       //set non-display area refresh cycle ISC[3:0]
    LCD_WR_REG_DATA(0x000A,0x0000);       //FMARK function
    LCD_WR_REG_DATA(0x000C,0x0000);       //RGB interface setting
    LCD_WR_REG_DATA(0x000D,0x0000);       //Frame marker Position
    LCD_WR_REG_DATA(0x000F,0x0000);       //RGB interface polarity
    //*************Power On sequence ****************//
    LCD_WR_REG_DATA(0x0010,0x0000);       //SAP,BT[3:0],AP,DSTB,SLP,STB
    LCD_WR_REG_DATA(0x0011,0x0007);       //DC1[2:0],DC0[2:0],VC[2:0]
    LCD_WR_REG_DATA(0x0012,0x0000);       //VREG1OUT voltage
    LCD_WR_REG_DATA(0x0013,0x0000);       //VDV[4:0] for VCOM amplitude
    LCD_WR_REG_DATA(0x0007,0x0001);
    delay(2);                             //Dis-charge capacitor power voltage
    LCD_WR_REG_DATA(0x0010,0x1690);       //SAP,BT[3:0],AP,DSTB,SLP,STB
    LCD_WR_REG_DATA(0x0011,0x0227);       //Set DC1[2:0],DC0[2:0],VC[2:0]
    delay(5);                             //Delay 50ms
```

```
    LCD_WR_REG_DATA(0x0012,0x000D);       //0012
    delay(5);                             //Delay 50 ms
    LCD_WR_REG_DATA(0x0013,0x1200);       //VDV[4:0] for VCOM amplitude
    LCD_WR_REG_DATA(0x0029,0x000A);       //04    VCM[5:0] for VCOMH
    LCD_WR_REG_DATA(0x002B,0x000D);       //Set Frame Rate
    delay(5);                             //Delay 50 ms
    LCD_WR_REG_DATA(0x0020,0x0000);       //GRAM horizontal Address
    LCD_WR_REG_DATA(0x0021,0x0000);       //GRAM Vertical Address
    //------- Adjust the Gamma Curve -------//
    LCD_WR_REG_DATA(0x0030,0x0000);
    LCD_WR_REG_DATA(0x0031,0x0404);
    LCD_WR_REG_DATA(0x0032,0x0003);
    LCD_WR_REG_DATA(0x0035,0x0405);
    LCD_WR_REG_DATA(0x0036,0x0808);
    LCD_WR_REG_DATA(0x0037,0x0407);
    LCD_WR_REG_DATA(0x0038,0x0303);
    LCD_WR_REG_DATA(0x0039,0x0707);
    LCD_WR_REG_DATA(0x003C,0x0504);
    LCD_WR_REG_DATA(0x003D,0x0808);
    //------- Set GRAM area -------//
    LCD_WR_REG_DATA(0x0050,0x0000);       //Horizontal GRAM Start Address
    LCD_WR_REG_DATA(0x0051,0x00EF);       //Horizontal GRAM End Address
    LCD_WR_REG_DATA(0x0052,0x0000);       //Vertical GRAM Start Address
    LCD_WR_REG_DATA(0x0053,0x013F);       //Vertical GRAM Start Address
    LCD_WR_REG_DATA(0x0060,0xA700);       //Gate Scan Line
    LCD_WR_REG_DATA(0x0061,0x0001);       //NDL,VLE,REV
    LCD_WR_REG_DATA(0x006A,0x0000);       //set scrolling line
    //------- Partial Display Control -------//
    LCD_WR_REG_DATA(0x0080,0x0000);
    LCD_WR_REG_DATA(0x0081,0x0000);
    LCD_WR_REG_DATA(0x0082,0x0000);
    LCD_WR_REG_DATA(0x0083,0x0000);
    LCD_WR_REG_DATA(0x0084,0x0000);
    LCD_WR_REG_DATA(0x0085,0x0000);
    //------- Panel Control -------//
    LCD_WR_REG_DATA(0x0090,0x0010);
    LCD_WR_REG_DATA(0x0092,0x0000);
    LCD_WR_REG_DATA(0x0007,0x0133);       //262K color and display ON
    LCD_WR_REG_DATA(0x0001,0x0100);       //set SS and SM bit
//  for(i=60000;i>0;i--);
}
/**********************************************************************
```

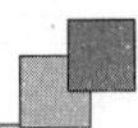

```
* FunctionName      : void GLCD_Test(void)
* Description       : 显示彩条,测试液晶显示器是否正常工作
* EntryParameter    : None
* ReturnValue       : None
*****************************************************************/
void GLCD_Test(void)
{
  uint16_t i,j;
  LCD_WR_REG_DATA(0x20,0);                //确定写入的 X 坐标
  LCD_WR_REG_DATA(0x21,0);                //确定写入的 Y 坐标
  Clr_Cs;                                 //TFT 进行片选
  LCD_WR_REG(0x22);                       //开始写入 GRAM
  for(i = 0;i<320;i++)
    for(j = 0;j<240;j++)                  //循环写颜色
    {
      if(i>279)LCD_WR_DATA(0x0000);
      else if(i>239)LCD_WR_DATA(0x001f);
      else if(i>199)LCD_WR_DATA(0x07e0);
      else if(i>159)LCD_WR_DATA(0x07ff);
      else if(i>119)LCD_WR_DATA(0xf800);
      else if(i>79)LCD_WR_DATA(0xf81f);
      else if(i>39)LCD_WR_DATA(0xffe0);
      else LCD_WR_DATA(0xffff);
    }
  Set_Cs;
}
/*****************************************************************
* FunctionName      : LCD_DisplayOn
* Description       : 开启显示器
* EntryParameter    : None
* ReturnValue       : None
*****************************************************************/
void LCD_DisplayOn(void)
{
    LCD_WR_REG_DATA(0x0007,0x0133);       //开启显示器
}
/*****************************************************************
* FunctionName      : LCD_DisplayOff
* Description       : 关闭显示器
* EntryParameter    : None
* ReturnValue       : None
*****************************************************************/
```

```
void LCD_DisplayOff(void)
{
    LCD_WR_REG_DATA(0x0007,0x0);                    //关闭显示器
}
/*************************************************************
* FunctionName    : LCD_XYRAM
* Description     : 设置显存区域
* EntryParameter  : xstart、ystart、xend、yend: 设置将要显示的显存 X、Y 起始和结束
* 坐标
* ReturnValue     : None
*************************************************************/
void LCD_XYRAM(uint16_t xstart ,uint16_t ystart ,uint16_t xend ,uint16_t yend)
{
    LCD_WR_REG_DATA(0x0050,xstart);             //设置横坐标 GRAM 起始地址
    LCD_WR_REG_DATA(0x0051,xend);               //设置横坐标 GRAM 结束地址
    LCD_WR_REG_DATA(0x0052,ystart);             //设置纵坐标 GRAM 起始地址
    LCD_WR_REG_DATA(0x0053,yend);               //设置纵坐标 GRAM 结束地址
}
/*************************************************************
* FunctionName    : LCD_SetC
* Description     : 设置 TFT-LCD 屏的起始坐标
* EntryParameter  : x、y: 起始坐标
* ReturnValue     : None
*************************************************************/
void LCD_SetC(uint16_t x,uint16_t y)
{
    LCD_WR_REG_DATA(0x0020,x);                  //设置 X 坐标位置
    LCD_WR_REG_DATA(0x0021,y);                  //设置 Y 坐标位置
}
/*************************************************************
* FunctionName    : LCD_Clear
* Description     : 用颜色填充 TFT-LCD
* EntryParameter  : color: 颜色值
* ReturnValue     : None
*************************************************************/
void LCD_Clear(uint16_t color)
{
    uint32_t temp;
    LCD_WR_REG_DATA(0x0020,0);                  //设置 X 坐标位置
    LCD_WR_REG_DATA(0x0021,0);                  //设置 Y 坐标位置
    LCD_WR_REG(0x0022);                         //指向 RAM 寄存器,准备写数据到 RAM
    for(temp = 0;temp<76800;temp ++ )
```

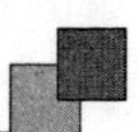

```
    {
        LCD_WR_DATA(color);
    }
}
/************************************************************
* FunctionName    : LCD_DrawPoint
* Description     : 画一个像素的点
* EntryParameter  : x、y: 像素点的坐标
* ReturnValue     : None
************************************************************/
void LCD_DrawPoint(uint16_t x,uint16_t y)
{
    LCD_WR_REG_DATA(0x0020,x);                //设置 X 坐标位置
    LCD_WR_REG_DATA(0x0021,y);                //设置 Y 坐标位置
    LCD_WR_REG(0x0022);                       //开始写入 GRAM
    LCD_WR_DATA(POINT_COLOR);
}
/************************************************************
* FunctionName    : DrawCross
* Description     : 画一个小十字标
* EntryParameter  : x、y: 像素点的坐标
* ReturnValue     : None
************************************************************/
void DrawCross(uint16_t x,uint16_t y)
{
    uint8_t b;
    for(b = 0; b<10; b++)
    {
        LCD_DrawPoint(240 - (x),y - b);
        LCD_DrawPoint(240 - (x),y + b);
        LCD_DrawPoint(240 - (x + b),y);
        LCD_DrawPoint(240 - (x - b),y);
    }

}
/************************************************************
* FunctionName    : LCD_ReadPoint
* Description     : 读 TFT-LCD 某一点的颜色
* EntryParameter  : x、y: 像素点的坐标
* ReturnValue     : color: 像素点的颜色值
************************************************************/
uint16_t LCD_ReadPoint(uint16_t x,uint16_t y)
```

```
{
    uint16_t  color;
    LCD_WR_REG_DATA(0x0020,x);                  //设置 X 坐标位置
    LCD_WR_REG_DATA(0x0021,y);                  //设置 Y 坐标位置
    LCD_WR_REG(0x0022);                         //开始写入 GRAM
    GPIOB->MODER& = 0xffff0000;
    GPIOC->MODER& = 0xffff0000;                 //把 TFT 数据引脚设置为输入
    color = LCD_RD_DATA();                      //读出 GRAM 值(注意:GRAM 值必须读取两次)
    color = LCD_RD_DATA();                      //读出 GRAM 值(详见 ILI932x 数据手册)
    GPIOB->MODER| = 0x00005555;
    GPIOC->MODER| = 0x00005555;                 //恢复数据引脚为输出
    return color;
}
/************************************************************
* FunctionName    : LCD_DrawLine
* Description     : 在 TFT-LCD 上画直线
* EntryParameter  : x1、y1、x2、y2:起始点和结束点坐标
* ReturnValue     : None
************************************************************/
void LCD_DrawLine(uint16_t x1,uint16_t y1,uint16_t x2,uint16_t y2)
{
    uint16_t t;
    int xerr = 0,yerr = 0,delta_x,delta_y,distance;
    int incx,incy,uRow,uCol;
    delta_x = x2 - x1;                          //计算坐标增量
    delta_y = y2 - y1;
    uRow = x1;
    uCol = y1;
    if(delta_x>0)incx = 1;                      //设置单步方向
    else if(delta_x == 0)incx = 0;              //垂直线
    else {incx = -1;delta_x = -delta_x;}
    if(delta_y>0)incy = 1;
    else if(delta_y == 0)incy = 0;              //水平线
    else{incy = -1;delta_y = -delta_y;}
    if( delta_x>delta_y)distance = delta_x;     //选取基本增量坐标轴
    else distance = delta_y;
    for(t = 0;t< = distance + 1;t ++ )          //画线输出
    {
        LCD_DrawPoint(uRow,uCol);               //画点
        xerr + = delta_x ;
        yerr + = delta_y ;
        if(xerr>distance)
```

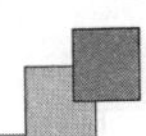

```
        {
            xerr - = distance;
            uRow + = incx;
        }
        if(yerr>distance)
        {
            yerr - = distance;
            uCol + = incy;
        }
    }
}
/*************************************************************
* FunctionName    : LCD_DrawRectage
* Description     : 在 TFT-LCD 上画矩形
* EntryParameter  : xstart、ystart、xend、yend、color: 起始和结束坐标,边框颜色
* ReturnValue     : None
*************************************************************/
void LCD_DrawRectage(uint16_t xstart,uint16_t ystart,uint16_t xend,uint16_t yend,
uint16_t color)
{
    POINT_COLOR = color;
    LCD_DrawLine(xstart,ystart,xend,ystart);
    LCD_DrawLine(xstart,yend,xend,yend);
    LCD_DrawLine(xstart,ystart,xstart,yend);
    LCD_DrawLine(xend,ystart,xend,yend);
}
/*************************************************************
* FunctionName    : LCD_Fill
* Description     : 用颜色填充矩形
* EntryParameter  : xstart、ystart、xend、yend、color: 起始和结束坐标,填充颜色
* ReturnValue     : None
*************************************************************/
void LCD_Fill(uint16_t xstart ,uint16_t ystart ,uint16_t xend ,uint16_t yend ,uint16_t
color)
{
    uint32_t max;
    LCD_XYRAM(xstart ,ystart ,xend ,yend);      //设置 GRAM 坐标
    LCD_WR_REG_DATA(0x0020,xstart);             //设置 X 坐标位置
    LCD_WR_REG_DATA(0x0021,ystart);             //设置 Y 坐标位置
    LCD_WR_REG(0x0022);                         //指向 RAM 寄存器,准备写数据到 RAM
    max = (uint32_t)((xend - xstart + 1) * (yend - ystart + 1));
    while(max -- )
```

```
    {
        LCD_WR_DATA(color);
    }
    LCD_XYRAM(0x0000 ,0x0000 ,0x00EF ,0X013F);        //恢复 GRAM 整屏显示
}
/*************************************************************
 * FunctionName   : LCD_DrawCircle
 * Description    : 在 TFT-LCD 上画圆
 * EntryParameter : x0、y0、r: 圆心坐标,半径(单位: 像素)
 * ReturnValue    : None
*************************************************************/
void LCD_DrawCircle(uint8_t x0,uint16_t y0,uint8_t r)
{
    int a,b;
    int di;
    a = 0;b = r;
    di = 3 - (r<<1);                          //判断下个点位置的标志
    while(a< = b)
    {
        LCD_DrawPoint(x0 - b,y0 - a);         //3
        LCD_DrawPoint(x0 + b,y0 - a);         //0
        LCD_DrawPoint(x0 - a,y0 + b);         //1
        LCD_DrawPoint(x0 - b,y0 - a);         //7
        LCD_DrawPoint(x0 - a,y0 - b);         //2
        LCD_DrawPoint(x0 + b,y0 + a);         //4
        LCD_DrawPoint(x0 + a,y0 - b);         //5
        LCD_DrawPoint(x0 + a,y0 + b);         //6
        LCD_DrawPoint(x0 - b,y0 + a);
        a+ +;
        //使用 Bresenham 算法画圆
        if(di<0)di  + =4 * a + 6;
        else
        {
            di+ = 10 + 4 * (a - b);
            b - - ;
        }
        LCD_DrawPoint(x0 + a,y0 + b);
    }
}
/*************************************************************
 * FunctionName   : mypow
 * Description    : 数学功能实现,求 m 的 n 次方
```

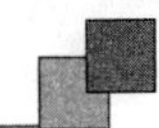

```
* EntryParameter  : m、n
* ReturnValue     : 数学运算的结果
************************************************************/
uint32_t mypow(uint8_t m,uint8_t n)
{
    uint32_t result = 1;
    while(n--)result * = m;
    return result;
}
/************************************************************
* FunctionName    : LCD_ShowNum
* Description     : 显示数字
* EntryParameter  : x、y : 起点坐标;num: 数值(0~4 294 967 295);len : 数字的位数
* ReturnValue     : None
************************************************************/
void LCD_ShowNum(uint8_t x,uint16_t y,uint32_t num,uint8_t len)
{
    uint8_t t,temp;
    uint8_t enshow = 0;                    //用此变量去掉最高位的 0
    for(t = 0;t<len;t++)
    {
        temp = (num/mypow(10,len - t - 1)) % 10;
        if(enshow == 0&&t<(len - 1))
        {
            if(temp == 0)
            {
                LCD_ShowChar(x + 8 * t,y,' ');
                continue;
            }else enshow = 1;
        }
    LCD_ShowChar(x + 8 * t,y,temp + '0');
    }
}
/************************************************************
* FunctionName    : LCD_ShowChar
* Description     : 显示 8×16 点阵英文字符
* EntryParameter  : x、y : 起点坐标;num: 字母或符号
* ReturnValue     : None
************************************************************/
void LCD_ShowChar(uint16_t x,uint16_t y,uint16_t num)
{
    uint8_t temp;
```

```
    uint8_t pos,t;
      LCD_WR_REG_DATA(0x0020,x);                      //设置 X 坐标位置
    LCD_WR_REG_DATA(0x0021,y);                        //设置 Y 坐标位置
    /* 开辟显存区域 */
    LCD_XYRAM(x,y,x+7,y+15);                          //设置 GRAM 坐标
    LCD_WR_REG(0x0022);                               //指向 RAM 寄存器,准备写数据到 RAM
    num = num - ' ';                                  //得到偏移后的值
    for(pos = 0;pos<16;pos++)
    {
        temp = ascii_16[num][pos];
        for(t = 0;t<8;t++)
        {
            if(temp&0x80)LCD_WR_DATA(POINT_COLOR);
            else LCD_WR_DATA(BACK_COLOR);
            temp<<= 1;
        }
    }
    /* 恢复显存显示区域 240×320 */
    LCD_XYRAM(0x0000,0x0000,0x00EF,0X013F);        //恢复 GRAM 整屏显示
    return;
}
uint8_t buf[32];                                      //用于存放 16×16 点阵中文数据
/************************************************************
 * FunctionName    : Get_GBK_DZK
 * Description     : 从 W25Q16 中提取中文点阵码
 * EntryParameter  : code: GBK 码第一个字节;dz_data: 存放点阵码的数组
 * ReturnValue     : None
************************************************************/
void Get_GBK_DZK(uint8_t *code,uint8_t *dz_data)
{
    uint8_t GBKH,GBKL;                                //GBK 码高位与低位
    uint32_t offset;                                  //点阵偏移量
    GBKH = *code;
    GBKL = *(code + 1);                               //GBKL = *(code + 1);
    if(GBKH>0XFE||GBKH<0X81)return;
    GBKH -= 0x81;
    GBKL -= 0x40;
    offset = ((uint32_t)192*GBKH + GBKL)*32;  //得到字库中的字节偏移量
    SPI_FLASH_BufferRead(dz_data,offset + 0x100,32);
    // W25Q16_Read(dz_data,offset + 0x100,32);
    return;
}
```

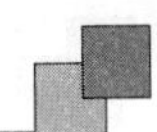

```
/*********************************************************
* FunctionName    : LCD_Show_hz
* Description     : 显示 16×16 点阵中文
* EntryParameter  : x、y : 起点坐标; * hz: 汉字
* ReturnValue     : None
*********************************************************/
void LCD_Show_hz(uint16_t x,uint16_t y,uint8_t * hz)
{
    uint8_t i,j,temp;
    uint8_t dz_data[32];
    Get_GBK_DZK(hz,dz_data);
    LCD_WR_REG_DATA(0x0020,x);                    //设置 X 坐标位置
    LCD_WR_REG_DATA(0x0021,y);                    //设置 Y 坐标位置
    /* 开辟显存区域 */
    LCD_XYRAM(x,y,x+15,y+15);                     //设置 GRAM 坐标
    LCD_WR_REG(0x0022);                           //指向 RAM 寄存器,准备写数据到 RAM
    for(i=0;i<32;i++)
    {
        temp=dz_data[i];
        for(j=0;j<8;j++)
        {
        if(temp&0x80)LCD_WR_DATA(POINT_COLOR);
            else LCD_WR_DATA(BACK_COLOR);
            temp<<=1;
        }
    }
    /* 恢复显存显示区域 240×320 */
    LCD_XYRAM(0x0000,0x0000,0x00EF,0X013F);    //恢复 GRAM 整屏显示
    return;
}
/*********************************************************
* FunctionName    : LCD_ShowString
* Description     : 显示字符串(中文和英文)
* EntryParameter  : x、y: 起点坐标; * p: 字符串
* ReturnValue     : None
*********************************************************/
void LCD_ShowString(uint16_t x,uint16_t y,uint8_t * p)
{
    while( * p!='\0')                           //如果没有结束
    {
        if( * p>0x80)                           //如果是中文
        {
```

```
            if(( * p == '\n')||(x>224))          //换段和换行
            {
                y = y + 19;                      //字体高为 16,行间距为 3
                x = 2;                           //2 是边距
            }
        LCD_Show_hz(x,y,p);
            x + = 16;
            p + = 2;
        }
        else                                     //如果是英文
        {
            if(( * p == '\n')||(x>224))          //换段和换行
            {
                y = y + 19;                      //字体高为 16,行间距为 3
                x = 2;                           //2 是边距
            }
            LCD_ShowChar(x,y, * p);
            x + = 8;
            p++ ;
        }
    }
}
```

在 File 菜单下新建如下的源文件 ILI9325. h,编写完成后保存在 Drive 文件夹下。

```
#ifndef _ILI9325_H
#define _ILI9325_H
#include "stm32f0xx.h"
/* 硬件相关的宏定义 */
//定义数据总线是否使用 8 位模式：0,使用 16 位模式；1,使用 8 位模式
#define LCD_USE8BIT_MODEL     1
/*************************************************************/
#define DELAY_2N      18
#define Set_Cs   GPIOC->BSRR    = 0x00000800;
#define Clr_Cs   GPIOC->BRR     = 0x00000800;
#define Set_Rs   GPIOC->BSRR    = 0x00000400;
#define Clr_Rs   GPIOC->BRR     = 0x00000400;
#define Set_nWr GPIOD->BSRR    = 0x00000004;
#define Clr_nWr GPIOD->BRR     = 0x00000004;
#define Set_nRd GPIOC->BSRR    = 0x00001000;
#define Clr_nRd GPIOC->BRR     = 0x00001000;
//画笔颜色
```

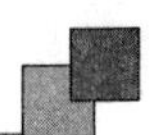

```
#define    RED          0XF800     //红色
#define    GREEN        0X07E0     //绿色
#define    BLUE         0X001F     //蓝色
#define    WHITE        0XFFFF     //白色
#define    BLACK        0X0000     //黑色
#define    YELLOW       0XFFE0     //黄色
#define    ORANGE       0XFC08     //橙色
#define    GRAY         0X8430     //灰色
#define    LGRAY        0XC618     //浅灰色
#define    DARKGRAY     0X8410     //深灰色
#define    PORPO        0X801F     //紫色
#define    PINK         0XF81F     //粉红色
#define    GRAYBLUE     0X5458     //灰蓝色
#define    LGRAYBLUE    0XA651     //浅灰蓝色
#define    DARKBLUE     0X01CF     //深灰蓝色
#define    LIGHTBLUE    0X7D7C     //浅蓝色
#define Line0              0
#define Line1              24
#define Line2              48
#define Line3              72
#define Line4              96
#define Line5              120
#define Line6              144
#define Line7              168
#define Line8              192
#define Line9              216
extern uint16_t  POINT_COLOR;
extern uint16_t  BACK_COLOR;
static void delay (int cnt);
extern void LCD_init (void) ;
extern void LCD_Init(void);                          //初始化液晶显示器
extern void LCD_DisplayOn(void);                     //开显存
extern void LCD_DisplayOff(void);                    //关显存
extern void LCD_Clear(uint16_t color);               //整屏显示
extern void LCD_DrawPoint(uint16_t x,uint16_t y); //在屏上画一个像素的点
extern uint16_t LCD_ReadPoint(uint16_t x,uint16_t y);
                                                     //读屏上一个像素的点
extern void LCD_DrawLine(uint16_t x1,uint16_t y1,uint16_t x2,uint16_t y2);
                                                     //画一条直线
extern void LCD_DrawRectage(uint16_t xstart,uint16_t ystart,uint16_t xend,uint16_t
yend,uint16_t color);
                                                     //画矩形
```

```
    extern void LCD_Fill(uint16_t xstart ,uint16_t ystart ,uint16_t xend ,uint16_t yend ,
uint16_t color);
                                                        //画带填充的矩形
    extern void LCD_DrawCircle(uint8_t x0,uint16_t y0,uint8_t r);
                                                        //画一个圆
    extern void LCD_ShowNum(uint8_t x,uint16_t y,uint32_t num,uint8_t len);
                                                        //显示数字
    extern void LCD_ShowChar(uint16_t x,uint16_t y,uint16_t num);
                                                        //显示一个 ASCII 码为 0～94 的字符
    extern void LCD_Show_hz(uint16_t x,uint16_t y,uint8_t * hz);
                                                        //显示一个 GBK 汉字
    extern void LCD_ShowString(uint16_t x,uint16_t y,uint8_t * p);
                                                        //显示字符串(英文和中文都可以)
    extern void GLCD_Test(void);
    extern void LCD_WR_DATA(uint16_t val);
    #endif /* _ILI9325_H */
```

4. 实验效果

编译通过后，可以使用 J-link 仿真器调试程序，最后将程序下载到 STM32F072 芯片中，这时 Mini STM32 DEMO 开发板上的 TFT-LCD 上显示出多种颜色及线条组成的图形。实验照片如图 9-8 所示。

图 9-8　STM32F072 的 TFT-LCD 驱动实验照片

第 10 章

SPI 总线特性及 W25Q16 SPI Flash 存储器驱动

10.1 SPI 的主要特点

SPI/I^2S 接口可用于使用 SPI 协议或音频 I^2S 协议的 MCU 与外部设备的通信。SPI 或 I^2S 模式是通过软件选择的。一个器件复位后默认选中的是 SPI 的摩托罗拉模式。

SPI 协议支持半双工、全双工和单工同步模式。当与外部设备进行串行通信时，接口可配置为主机，在这种情况下，它提供通信时钟(SCK)给外部设备。

I^2S 协议是一个同步串行通信接口，它可以工作在主从模式下的全双工和半双工通信模式；可以解决 4 个不同的音频标准，其中包括飞利浦 I^2S 标准、MSB 和 LSB 标准、PCM 标准。

SPI 的主要特点如下：

- 主设备或从设备模式。
- 三线全双工同步传输。
- 两条线的半双工同步传输(双向数据线)。
- 两条线的简单同步传输(单向数据线)。
- 4～16 位数据的大小选择。
- 多重模式的能力。
- 8 个主模式波特率分频器，波特率高达 $f_{PCLK}/2$。
- 从模式频率高达 $f_{PCLK}/2$。
- 主机和从机模式下都可以由硬件或软件管理 NSS：主/从模式操作的动态变化。
- 可编程时钟极性和相位。
- 高位在前或低位在前可设置。

- 专用的发送和接收状态标志，全部支持中断触发。
- SPI 总线忙状态标志。
- 支持 SPI 摩托罗拉模式。
- 硬件 CRC 功能实现可靠的通信：
  - CRC 值可以作为 Tx 模式的最后一个字节传送；
  - 自动 CRC 错误检查上次接收到的字节。
- 主模式故障、溢出等标志具备中断触发能力。
- CRC 错误标志。
- 两个 32 位嵌入式 Rx FIFO 和 Tx FIFO 带 DMA 功能。
- 支持 SPI TI 模式。

10.2 SPI 功能描述

SPI 允许 MCU 和外部设备之间进行同步串行通信。应用软件可以通过状态标志，或使用专用的 SPI 中断来管理通信过程。SPI 和它们之间相互作用的主要内容如图 10-1 所示。

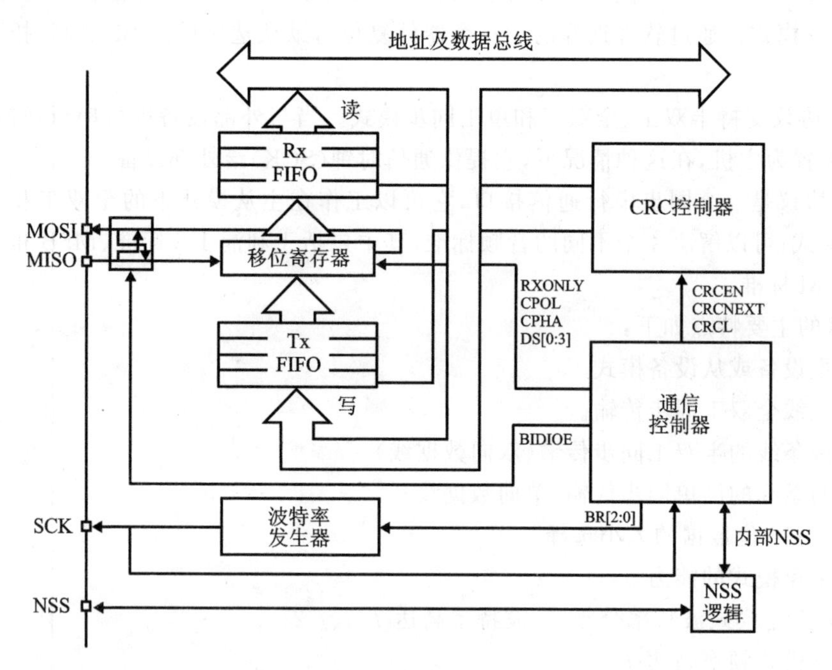

图 10-1 SPI 框图

通常 SPI 通过 4 个引脚(MISO、MOSI、SCK、NSS)与外部设备相连。

- MISO：主设备输入/从设备输出引脚。一般情况下，此引脚用于在从模式下的数据发送和主模式下的数据接收。

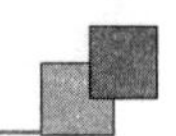

- MOSI：主设备输出/从设备输入引脚。一般情况下，此引脚用于在从模式下的数据接收和主模式下的数据发送。
- SCK：SPI 串行时钟引脚，主设备为输出引脚，从设备为输入引脚。
- NSS：从机片选引脚。根据 SPI 和 NSS 的设置，此引脚可用于：
  - 选择一个从机进行通信；
  - 同步数据帧；
  - 检测多个主机之间的冲突。

SPI 总线允许一个主设备与一个或多个从设备进行通信。总线至少有两条线：时钟信号和同步数据传输。其他信号基于 SPI 节点和主机间的数据交换目的来添加。

10.2.1　一个主设备和一个从机之间的通信

SPI 允许 MCU 根据目标的设备和应用程序的要求，使用不同的配置进行通信。这些配置使用二或三线（软件 NSS 管理）、三或四线（硬件 NSS 管理）。通信总是由主机发起。

1. 全双工通信

默认情况下，SPI 被配置为全双工通信，如图 10－2 所示。在此配置中，主机和从机的移位寄存器通过两个单向线——MOSI 和 MISO 引脚进行连接。在 SPI 通信时，按照主机提供的 SCK 时钟沿进行同步数据传输。主机的数据经由 MOSI 发送到从机，从机的数据经由 MISO 线发送到主机。当数据帧传输完成（所有位转移）时，主机和从机间的信息交换就完成了。

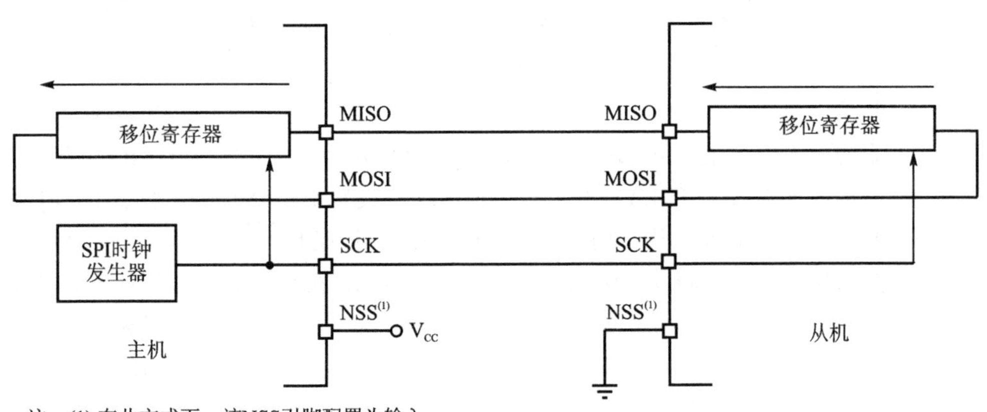

图 10－2　全双工单主/单从应用

2. 半双工通信

通过设置 SPIx_CR1 寄存器中的 BIDIMODE 位，可以令 SPI 工作在半双工模式下。在此配置中由一个单一的跨接线连接主机移位寄存器和从机移位寄存器，如图 10－3所示。在通信期间，数据按照 SPIx_CR1 寄存器 BIDIOE 位的设定，由主机移位寄存器同步于 SCK 时钟沿传输到从机。主机的 MISO 引脚和从机的 MOSI 引脚都是自由的，可作为 GPIO 供其他应用程序使用。

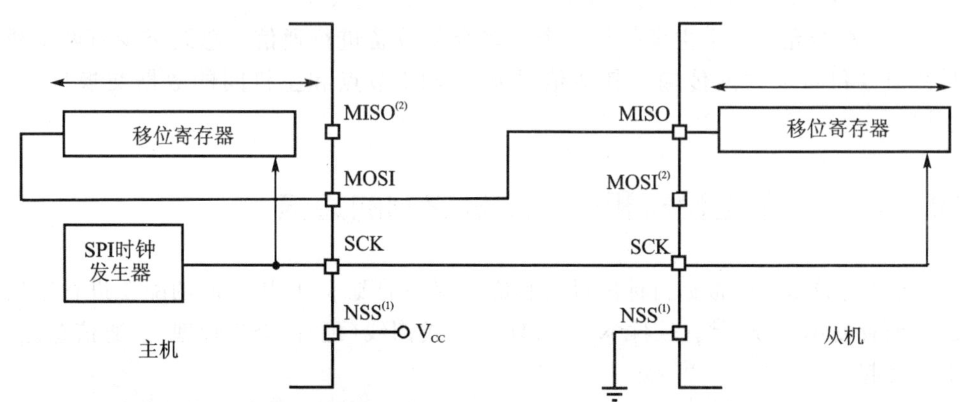

图 10－3　半双工单主/单从应用

3. 简单通信

可以通过 SPIx_CR2 寄存器中的 RXONLY 位令 SPI 工作在单工模式下，实现单发送或单接收通信。在此配置中，由一个单一的跨接线连接主机移位寄存器和从机寄存器。其余 MISO 和 MOSI 引脚不用于通信，可以作为标准的 GPIO 使用，如图 10－4所示。

- 单发送模式(RXONLY＝0)：设置与全双工相同。应用程序必须忽略在未使用的输入引脚上捕获的信息。这个引脚可以作为一个标准的 GPIO 引脚。
- 单接收模式(RXONLY＝1)：应用程序可以设置 RXONLY 位以禁用 SPI 输出功能。在配置为从机时，MISO 输出被禁用，但是可以作为一个 GPIO 引脚来使用。从机将从 MOSI 引脚连续接收数据，在从机选择信号处于激活状态时，它的 BSY 标志总是为 1。根据数据缓冲区的配置，会出现数据接收事件。在配置为主机时，MOSI 输出被禁用，但是可以作为一个 GPIO 引脚来使用。SPI 使能时，时钟信号会不断地产生。要停止时钟输出，只有清除 RXONLY 位或 SPE 位，直到从 MISO 引脚输入的数据完成填充数据缓冲区为止，这取决于其具体配置。

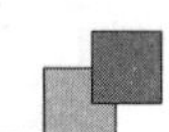

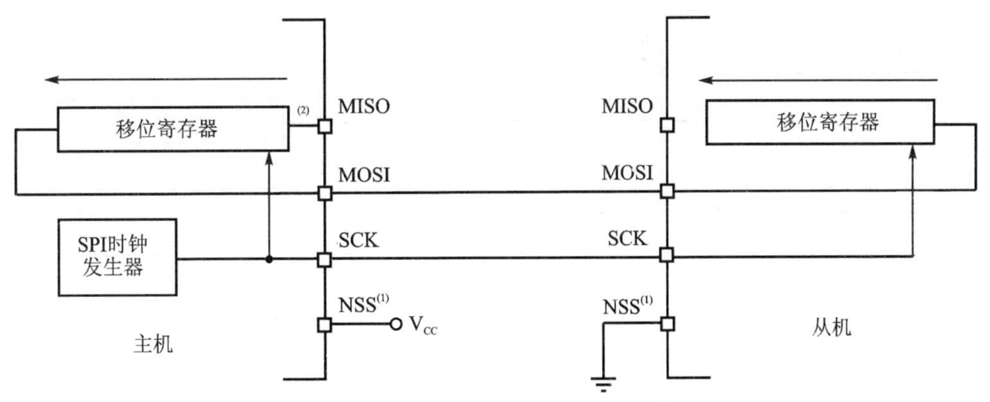

注：(1) 在此方式下，NSS引脚配置为输入；
(2) 输入的信息在移位寄存器中捕获，必须忽略标准的传输模式(例如OVF标志)。

图 10－4　简单的单主/单从应用(主机仅发送/从机仅接收)

注意：

① 如图 10－4 所示，进入配置时，主机与从机的 MISO 引脚均可作为 GIPO 使用。

② 任何单一的通信都可以选择以下二者之一：可变的半双工通信或恒定设置的发送方向。

10.2.2　标准多从机通信

在有两个或两个以上独立的从机配置时，主机用 GPIO 引脚来管理每个从机的片选线，如图 10－5 所示。主机必须通过 GPIO 来拉低其中一个从机的 NSS 引脚，一旦做到这一步，就会建立一个标准的主机和专用的通信渠道。

10.2.3　从机选择(NSS 引脚管理)

在从机模式下，NSS 作为一个标准的“片选”输入工作，并且允许主从通信。在主机模式下，NSS 可以作为输入或输出。作为输入，它可以防止多主总线冲突；作为输出，它可以驱动一个单一的从机片选信号。

可以通过设置 SPIx_CR1 寄存器中的 SSM 位来选择使用硬件还是软件的从机选择管理：

- 软件 NSS 管理(SSM＝1)：在此配置中，从机选择信息由内部寄存器 SPIx_CR1 的 SSI 位来驱动。外部 NSS 引脚可以由其他应用程序自由支配。
- 硬件 NSS 管理(SSM＝0)：在这种情况下，有两种可能的配置，这种配置由寄存器 SPIx_CR1 中的 SSOE 位来决定 NSS 的输出，具体如下：

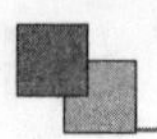

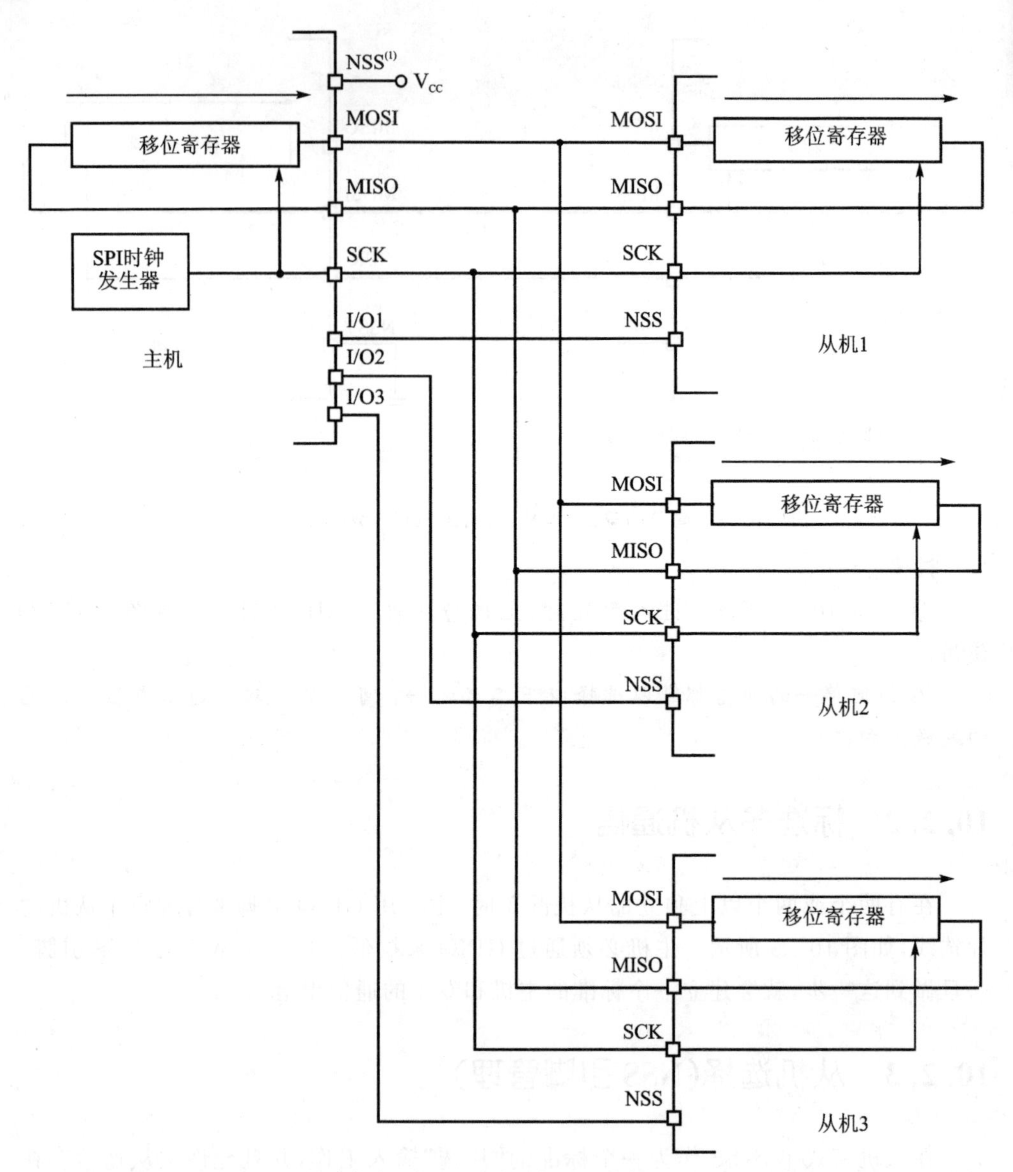

注：(1) 作为从机的MISO引脚连接在一起，所有的从机都必须将它们的MISO引脚设置为复用开漏功能的GPIO配置。

图 10-5　标准多从机通信

– NSS 输出使能(SSM＝0,SSOE＝1)：此配置仅用于当 MCU 作为主机时，NSS 引脚由硬件管理。在 SPI 作为主模式(SPE＝1)的同时 NSS 信号被拉低,并且保持低直到 SPI 被禁用(SPE＝0)。如果 NSS 脉冲模式被打开(NSSP＝1),则在连续通信间隔期间可以产生一个 NSS 脉冲。在这种 NSS 设置中,SPI 不支持多重主机工作状态。

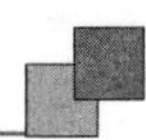

- NSS输出禁用(SSM=0,SSOE=0)：如果在总线上MCU作为主机,那么此配置就允许多主机通信。如果在这种模式下NSS引脚被拉低,则SPI进入主模式故障状态,并自动重新配置为从机模式。在从机模式下,NSS引脚作为标准的片选输入来工作,当NSS线被拉低时,从机被选中。

硬件/软件从机选择管理框图如图10-6所示。

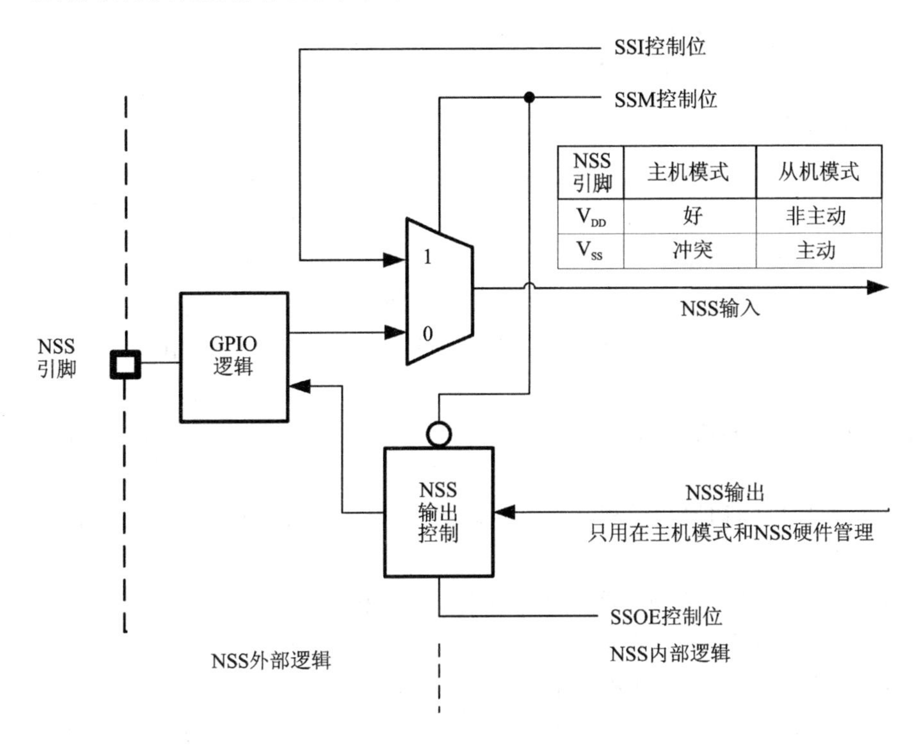

图10-6　硬件/软件从机选择管理框图

10.2.4　通信格式

在SPI通信中,接收和发送操作同时进行。串行时钟(SCK)同步发送并同时采集数据线上的信息。通信格式取决于时钟相位、时钟极性和数据帧格式。为了能够正常通信,主机和从机必须遵循相同的通信格式。

1. 时钟相位和极性控制

可以通过SPIx_CR1寄存器的CPOL(时钟极性)和CPHA(时钟相位)位用软件选择4种可能的时序关系,如下：

CPOL位控制着在没有数据发送时空闲状态的时钟输出电平。该位既针对主机模式也针对从机模式。如果CPOL位被清零,则SCK引脚在空闲状态时输出低电平;如果 CPOL 位置 1,则 SCK 引脚在空闲状态时输出高电平。

如果 CPHA 位被置 1,则 SCK 引脚上的第二个沿对准的是第一位的捕获时机,如果 CPOL 位是 0 则为下降沿,如果 CPOL 位为 1 则为上升沿。每次发生这个时钟切换时数据都被锁存。如果 CPHA 位为 0,则 SCK 引脚上的第二个沿对准的是第一位的捕获时机,如果 CPOL 位为 1 则为下降沿,如果 CPOL 位为 0 则为上升沿。每次发生这个时钟切换时数据都被锁存。

CPOL 和 CPHA 的选择共同决定数据采集时的时钟边沿。

2. 数据帧格式

SPI 移位寄存器可以设置 MSB 在前或 LSB 在前,这取决于 LSBFIRST 位的值。数据字长使用 DS 位来选择,它可以设定从 4 位到 16 位的长度,同时适用于发送和接收。无论选定多大的字长,对 FIFO 的读访问都必须与 FRXTH 对齐。当访问 SPIx_DR 寄存器时,无论是一个字节(如果数据能够在一个字节中)还是一个字,数据帧总是右对齐的。通信时,只有数据字长范围内的位会随时钟输出。

10.2.5 SPI 初始化

主机和从机的初始化过程几乎是相同的,都是设置配置位寄存器 SPIx_CR1 和 SPIx_CR2:

① 写适当的 GPIO 寄存器:为 MOSI、MISO 和 SCK 引脚配置 GPIO。

② 写 SPIx_CR1 寄存器:

第一,使用 BR [2:0]位来选择串行时钟的波特率;

第二,设置 CPOL 和 CPHA 位的组合,定义数据发送和串行时钟之间的 4 个关系;

第三,配置 RXONLY、BIDIOE 和 BIDIMODE 来选择传输模式;

第四,配置 LSBFIRST 位,定义帧格式;

第五,配置 CRC 校验所需的 CRCL 和 CRCEN 位(SCK 时钟信号处于空闲状态时);

第六,配置 SSM 和 SSI;

第七,配置 MSTR 位。

③ 写 SPIx_CR2 寄存器:

第一,配置 DS [3:0]位来选择传送的数据长度;

第二,配置 SSOE;

第三,如果 TI 协议要求则设定 FRF 位(在 TI 模式下保持 NSSP 位清零);

第四,如果两个数据单元之间的 NSS 脉冲模式要求则设定 NSSP 位;

第五,设置 FRXTH 位,Rx FIFO 必须与读访问 SPIx_DR 寄存器对齐;

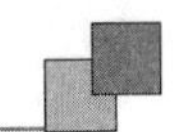

第六，如果使用DMA，则初始化LDMA_TX和LDMA_RX位。

④ 写SPI_CRCPR寄存器：CRC多项式配置（如果需要）。

⑤ 如果使用DMA，则初始化LDMA_TX和LDMA_RX位。

10.2.6 禁用SPI的步骤

当一帧数据正在传输，或者Tx FIFO中有数据时，主机不可以通过操作SPE位来关闭SPI。如果发生这种情况，则时钟信号将持续发送，直到外设被重新启用使传输全面完成为止。如果收到了数据，但仍然遗留在Rx FIFO中未及时读取而关闭了SPI，则在下一次打开SPI开始新的传输序列之前一定要先处理历史数据。为了防止这种情况发生，需确保Rx FIFO是空时再禁用SPI。这个过程可以通过正确的流程来实现，或者通过专门的外设复位控制寄存器执行软件复位命令，从而全面初始化SPI的寄存器来实现。

10.3 SPI中断

在SPI通信期间，中断可以由以下事件来产生：

- Tx FIFO待装填；
- 在Rx FIFO中有收到的数据；
- 主模式故障；
- 溢出错误；
- CRC错误；
- TI帧格式错误。

中断可以分别被使能和禁用。表10-1所列为SPI中断请求。

表10-1 SPI中断请求

中断事件	事件标志	使能控制位
Tx FIFO待装填	TXE	TXEIE
在Rx FIFO中有收到的数据	RXNE	RXNEIE
主模式故障	MODF	ERRIE
溢出错误	OVR	
CRC错误	CRCERR	
TI帧格式错误	FRE	

10.4 SPI 库函数

SPI 库函数存放在库文件 stm32f0xx_spi.c 中。限于篇幅，这里主要介绍本章使用的部分 SPI 库函数，对于未使用到的库函数，读者可以查阅 ST 公司的 stm32f0xx_stdperiph_lib_um.chm(《STM32F0xx 标准外设函数库手册》)，也可以参考 ST 公司的 UM0427 用户手册——《32 位基于 ARM 微控制器 STM32F101xx 与 STM32F103xx 固件函数库介绍》，两者基本上相同。

1. SPI_I2S_DeInit 函数

表 10-2 所列为 SPI_I2S_DeInit 函数的介绍。

表 10-2　SPI_I2S_DeInit 函数

函数原型	void SPI_I2S_DeInit(SPI_TypeDef * SPIx)
功能描述	将 SPIx 外设配置为默认的复位状态
输入参数	SPIx：选择 SPI 外设，其中，x 可以是 1 或 2
返回值	无

2. SPI_Init 函数

表 10-3 所列为 SPI_Init 函数的介绍。

表 10-3　SPI_Init 函数

函数原型	void SPI_Init(SPI_TypeDef * SPIx,SPI_InitTypeDef * SPI_InitStruct)
功能描述	将 SPIx 外设配置为默认的复位状态
输入参数	SPIx：选择 SPI 外设，其中，x 可以是 1 或 2
	SPI_InitStruct：指向 SPI_InitTypeDef 结构的指针，包含指定的 SPI 外设的配置信息
返回值	无

3. SPI_StructInit 函数

表 10-4 所列为 SPI_StructInit 函数的介绍。

表 10-4　SPI_StructInit 函数

函数原型	void SPI_StructInit(SPI_InitTypeDef * SPI_InitStruct)
功能描述	按 SPI_InitStruct 参数初始化 SPIx 外设
输入参数	SPI_InitStruct：指向 SPI_InitTypeDef 结构的指针，包含指定的 SPI 外设的配置信息
返回值	无

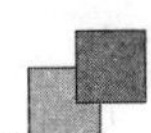

4. SPI_TIModeCmd 函数

表 10-5 所列为 SPI_TIModeCmd 函数的介绍。

表 10-5　SPI_TIModeCmd 函数

函数原型	void SPI_TIModeCmd(SPI_TypeDef * SPIx,FunctionalState NewState)
功能描述	使能或禁用 TI 模式
输入参数	SPIx：选择 SPI 外设，其中，x 可以是 1 或 2
	NewState：选择 TI 通信模式的 SPI 新状态
返回值	无

5. SPI_NSSPulseModeCmd 函数

表 10-6 所列为 SPI_NSSPulseModeCmd 函数的介绍。

表 10-6　SPI_NSSPulseModeCmd 函数

函数原型	void SPI_NSSPulseModeCmd(SPI_TypeDef * SPIx,FunctionalState NewState)
功能描述	使能或禁用 NSS 脉冲管理模式
输入参数	SPIx：选择 SPI 外设，其中，x 可以是 1 或 2
	NewState：NSS 脉冲管理模式的新状态
返回值	无

6. SPI_Cmd 函数

表 10-7 所列为 SPI_Cmd 函数的介绍。

表 10-7　SPI_Cmd 函数

函数原型	void SPI_Cmd(SPI_TypeDef * SPIx,FunctionalState NewState)
功能描述	使能或禁用指定的 SPI 外设
输入参数	SPIx：选择 SPI 外设，其中，x 可以是 1 或 2
	NewState：SPIx 外设的新状态
返回值	无

7. SPI_DataSizeConfig 函数

表 10-8 所列为 SPI_DataSizeConfig 函数的介绍。

表 10-8 SPI_DataSizeConfig 函数

函数原型	void SPI_DataSizeConfig(SPI_TypeDef * SPIx,uint16_t SPI_DataSize)
功能描述	配置选择的 SPI 数据的大小
输入参数	SPIx：选择 SPI 外设，其中，x 可以是 1 或 2
	SPI_DataSize：指定 SPI 数据的大小
返回值	无

8. SPI_RxFIFOThresholdConfig 函数

表 10-9 所列为 SPI_RxFIFOThresholdConfig 函数的介绍。

表 10-9 SPI_RxFIFOThresholdConfig 函数

函数原型	void SPI_RxFIFOThresholdConfig(SPI_TypeDef * SPIx,uint16_t SPI_RxFIFOThreshold)
功能描述	配置选择 SPI FIFO 接收阈值
输入参数	SPIx：选择 SPI 外设，其中，x 可以是 1 或 2
	SPI_RxFIFOThreshold：指定 FIFO 接收阈值
返回值	无

9. SPI_BiDirectionalLineConfig 函数

表 10-10 所列为 SPI_BiDirectionalLineConfig 函数的介绍。

表 10-10 SPI_BiDirectionalLineConfig 函数

函数原型	void SPI_BiDirectionalLineConfig(SPI_TypeDef * SPIx,uint16_t SPI_Direction)
功能描述	在指定的 SPI 双向模式中选择数据传输方向
输入参数	SPIx：选择 SPI 外设，其中，x 可以是 1 或 2
	SPI_Direction：指定双向模式下的数据传输方向
返回值	无

10. SPI_NSSInternalSoftwareConfig 函数

表 10-11 所列为 SPI_NSSInternalSoftwareConfig 函数的介绍。

表 10-11 SPI_NSSInternalSoftwareConfig 函数

函数原型	void SPI_NSSInternalSoftwareConfig(SPI_TypeDef * SPIx,uint16_t SPI_NSSInternalSoft)
功能描述	配置内部的软件来选择 SPI 的 NSS 引脚

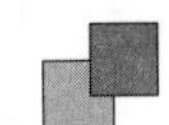

续表 10－11

输入参数	SPIx：选择 SPI 外设，其中，x 可以是 1 或 2
	SPI_NSSInternalSoft：指定 SPI NSS 内部状态
返回值	无

11. SPI_SSOutputCmd 函数

表 10－12 所列为 SPI_SSOutputCmd 函数的介绍。

表 10－12　SPI_SSOutputCmd 函数

函数原型	void SPI_SSOutputCmd(SPI_TypeDef * SPIx，FunctionalState NewState)
功能描述	对选定的 SP 使能或禁用 SS 输出
输入参数	SPIx：选择 SPI 外设，其中，x 可以是 1 或 2
	NewState：SPIx SS 输出的新状态
返回值	无

12. SPI_SendData8 函数

表 10－13 所列为 SPI_SendData8 函数的介绍。

表 10－13　SPI_SendData8 函数

函数原型	void SPI_SendData8(SPI_TypeDef * SPIx，uint8_t Data)
功能描述	通过 SPIx/I^2Sx 外设发送数据
输入参数	SPIx：选择 SPI 外设，其中，x 可以是 1 或 2
	Data：传输的数据
返回值	无

13. SPI_I2S_SendData16 函数

表 10－14 所列为 SPI_I2S_SendData16 函数的介绍。

表 10－14　SPI_I2S_SendData16 函数

函数原型	void SPI_I2S_SendData16(SPI_TypeDef * SPIx，uint16_t Data)
功能描述	通过 SPIx/I^2Sx 外设发送数据
输入参数	SPIx：选择 SPI 外设，其中，x 可以是 1 或 2
	Data：传输的数据
返回值	无

14. SPI_ReceiveData8 函数

表 10－15 所列为 SPI_ReceiveData8 函数的介绍。

表 10-15　SPI_ReceiveData8 函数

函数原型	uint8_t SPI_ReceiveData8(SPI_TypeDef * SPIx)
功能描述	返回最近 SPIx/I²Sx 外设接收的数据
输入参数	SPIx：选择 SPI 外设，其中，x 可以是 1 或 2
返回值	接收的数值

15. SPI_I2S_ReceiveData16 函数

表 10-16 所列为 SPI_I2S_ReceiveData16 函数的介绍。

表 10-16　SPI_I2S_ReceiveData16 函数

函数原型	uint16_t SPI_I2S_ReceiveData16(SPI_TypeDef * SPIx)
功能描述	返回最近 SPIx/I²Sx 外设接收的数据
输入参数	SPIx：选择 SPI 外设，其中，x 可以是 1 或 2
返回值	接收的数值

16. SPI_CRCLengthConfig 函数

表 10-17 所列为 SPI_CRCLengthConfig 函数的介绍。

表 10-17　SPI_CRCLengthConfig 函数

函数原型	void SPI_CRCLengthConfig(SPI_TypeDef * SPIx, uint16_t SPI_CRCLength)
功能描述	为选定的 SPI 配置 CRC 计算长度
输入参数	SPIx：选择 SPI 外设，其中，x 可以是 1 或 2
	SPI_CRCLength：指定 SPI CRC 计算长度
返回值	无

17. SPI_CalculateCRC 函数

表 10-18 所列为 SPI_CalculateCRC 函数的介绍。

表 10-18　SPI_CalculateCRC 函数

函数原型	void SPI_CalculateCRC(SPI_TypeDef * SPIx, FunctionalState NewState)
功能描述	使能或禁用转移字节的循环校验值计算
输入参数	SPIx：选择 SPI 外设，其中，x 可以是 1 或 2
	NewState：一个新状态，用于确定是否校验 SPIx 的 CRC 值
返回值	无

18. SPI_TransmitCRC 函数

表 10-19 所列为 SPI_TransmitCRC 函数的介绍。

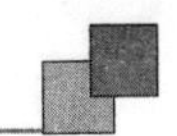

表 10-19　SPI_TransmitCRC 函数

函数原型	void SPI_TransmitCRC(SPI_TypeDef * SPIx)
功能描述	发送 SPIx 的 CRC 值
输入参数	SPIx：选择 SPI 外设，其中，x 可以是 1 或 2
返回值	无

19. SPI_GetCRC 函数

表 10-20 所列为 SPI_GetCRC 函数的介绍。

表 10-20　SPI_GetCRC 函数

函数原型	uint16_t SPI_GetCRC(SPI_TypeDef * SPIx, uint8_t SPI_CRC)
功能描述	返回发送或接收指定 SPI CRC 寄存器的值
输入参数	SPIx：选择 SPI 外设，其中，x 可以是 1 或 2
	SPI_CRC：指定 CRC 寄存器读取
返回值	选定的 CRC 寄存器的值

20. SPI_GetCRCPolynomial 函数

表 10-21 所列为 SPI_GetCRCPolynomial 函数的介绍。

表 10-21　SPI_GetCRCPolynomial 函数

函数原型	uint16_t SPI_GetCRCPolynomial(SPI_TypeDef * SPIx)
功能描述	对于指定的 SPI 返回 CRC 多项式寄存器的值
输入参数	SPIx：选择 SPI 外设，其中，x 可以是 1 或 2
返回值	CRC 多项式寄存器的值

21. SPI_I2S_DMACmd 函数

表 10-22 所列为 SPI_I2S_DMACmd 函数的介绍。

表 10-22　SPI_I2S_DMACmd 函数

函数原型	void SPI_I2S_DMACmd(SPI_TypeDef * SPIx, uint16_t SPI_I2S_DMAReq, FunctionalState NewState)
功能描述	使能或禁用 SPIx/I^2Sx DMA 接口
输入参数	SPIx：选择 SPI 外设，其中，x 可以是 1 或 2
	SPI_I2S_DMAReq：指定 SPI DMA 传输请求被使能或禁用
	NewState：选择的 SPI DMA 传输请求的新状态
返回值	无

22. SPI_LastDMATransferCmd 函数

表 10－23 所列为 SPI_LastDMATransferCmd 函数的介绍。

表 10－23　SPI_LastDMATransferCmd 函数

函数原型	void SPI_LastDMATransferCmd(SPI_TypeDef * SPIx，uint16_t SPI_LastDMATransfer)
功能描述	对最后转移和选定的 SPI DMA 配置数据传输类型数(偶数/奇数)
输入参数	SPIx：选择 SPI 外设，其中，x 可以是 1 或 2
	SPI_LastDMATransfer：指定 SPI 上 DMA 的传输状态
返回值	无

23. SPI_I2S_ITConfig 函数

表 10－24 所列为 SPI_I2S_ITConfig 函数的介绍。

表 10－24　SPI_I2S_ITConfig 函数

函数原型	void SPI_I2S_ITConfig(SPI_TypeDef * SPIx，uint8_t SPI_I2S_IT，FunctionalState NewState)
功能描述	使能或禁用指定的 SPI/I²S 中断
输入参数	SPIx：选择 SPI 外设，其中，x 可以是 1 或 2
	SPI_I2S_IT：指定 SPI 中断源可以使能或禁用
	NewState：指定新的 SPI 中断状态
返回值	无

24. SPI_GetTransmissionFIFOStatus 函数

表 10－25 所列为 SPI_GetTransmissionFIFOStatus 函数的介绍。

表 10－25　SPI_GetTransmissionFIFOStatus 函数

函数原型	uint16_t SPI_GetTransmissionFIFOStatus(SPI_TypeDef * SPIx)
功能描述	返回当前 SPIx 发送 FIFO 缓冲区的填充电平
输入参数	SPIx：选择 SPI 外设，其中，x 可以是 1 或 2
返回值	发送的 FIFO 填充状态

25. SPI_GetReceptionFIFOStatus 函数

表 10－26 所列为 SPI_GetReceptionFIFOStatus 函数的介绍。

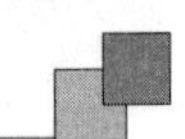

表 10－26　SPI_GetReceptionFIFOStatus 函数

函数原型	uint16_t SPI_GetReceptionFIFOStatus(SPI_TypeDef * SPIx)
功能描述	返回当前 SPIx 接收 FIFO 缓冲区的填充电平
输入参数	SPIx：选择 SPI 外设，其中，x 可以是 1 或 2
返回值	接收的 FIFO 填充状态

26. SPI_I2S_GetFlagStatus 函数

表 10－27 所列为 SPI_I2S_GetFlagStatus 函数的介绍。

表 10－27　SPI_I2S_GetFlagStatus 函数

函数原型	FlagStatus SPI_I2S_GetFlagStatus(SPI_TypeDef * SPIx,uint16_t SPI_I2S_FLAG)
功能描述	检查指定的 SPI 标志
输入参数	SPIx：选择 SPI 外设，其中，x 可以是 1 或 2
	SPI_I2S_FLAG：指定要检查的 SPI 标志
返回值	新的 SPI_I2S_FLAG 状态

27. SPI_I2S_ClearFlag 函数

表 10－28 所列为 SPI_I2S_ClearFlag 函数的介绍。

表 10－28　SPI_I2S_ClearFlag 函数

函数原型	void SPI_I2S_ClearFlag(SPI_TypeDef * SPIx,uint16_t SPI_I2S_FLAG)
功能描述	清除 SPIx CRC 错误(CRCERR)标志
输入参数	SPIx：选择 SPI 外设，其中，x 可以是 1 或 2
	SPI_I2S_FLAG：指定要清除的 SPI 标志
返回值	新的 SPI_I2S_FLAG 状态

28. SPI_I2S_GetITStatus 函数

表 10－29 所列为 SPI_I2S_GetITStatus 函数的介绍。

表 10－29　SPI_I2S_GetITStatus 函数

函数原型	ITStatus SPI_I2S_GetITStatus(SPI_TypeDef * SPIx,uint8_t SPI_I2S_IT)
功能描述	检查指定的 SPI/I^2S 中断是否已经发生

续表 10－29

输入参数	SPIx：选择 SPI 外设，其中，x 可以是 1 或 2
	SPI_I2S_IT：指定 SPI 中断源检查
返回值	新的 SPI_I2S_IT 状态

10.5 W25Q16 SPI Flash 存储器

W25Q16、W25Q32、W25Q64 等 Flash 串行存储器（简称为 W25Q 系列存储器，这是目前厂商新的命名方式，之前的老型号为 W25X 系列存储器，性能上完全一样，可互相替代）可以为用户提供存储解决方案，具有芯片面积小、引脚数量少、功耗低等特点。与普通串行 Flash 存储器相比，使用更灵活，性能更出色，非常适用于存储声音、文本和数据等。W25Q 系列存储器的工作电压为 2.7～3.6 V，正常工作状态下电流消耗为 0.5 mA，掉电状态下电流消耗为 1 μA。鉴于以上优点，我们使用 W25Q16 来制作中英文字库。

W25Q16、W25Q32 和 W25Q64 分别有 8 192、16 384 和 32 768 可编程页，每页 256 字节。用“页编程指令”每次可以编程 256 个字节。用“扇区（Sector）擦除指令”每次可以擦除 16 页，用“块（Block）擦除指令”每次可以擦除 256 页，用“整片擦除指令”可以擦除整个芯片。W25Q16、W25Q32 和 W25Q64 分别有 512、1024 和 2048 个可擦除“扇区”，或 32、64 和 128 个可擦除“块”。由于厂商目前提供的还是原来的 W25X 系列的资料，因此这里也引用 W25X 系列资料来对 W25Q 系列进行介绍。图 10－7所示为 W25Q 系列存储器内部结构模块图。

W25Q16、W25Q32 和 W25Q64 支持标准的 SPI 接口，最大传输速率为75 MHz。采用四线制方式：

- 串行时钟引脚（CLK）；
- 芯片选择引脚（CS）；
- 串行数据输出引脚（DO）；
- 串行数据输入/输出引脚（DIO）。

DIO 的解释是：在普通情况下，这根引脚是“串行输入引脚（DI）；当使用了快读双输出指令（Fast Read Dual Output Instruction）时，这根引脚就变成了 DO 引脚，在这种情况下，芯片就有两个 DO 引脚，所以称为双输出，与其他芯片通信的速率相比相当于翻了一倍，所以传输速率更快。

此外，芯片还具有保持引脚（$\overline{\text{HOLD}}$）、写保护引脚（$\overline{\text{WP}}$）、可编程写保护位（位于状态寄存器 bit1）、顶部和底部块的控制等特征，使得控制芯片更具灵活性。W25Q 系列存储器符合 JEDEC 工业标准。

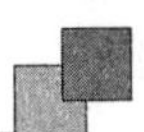

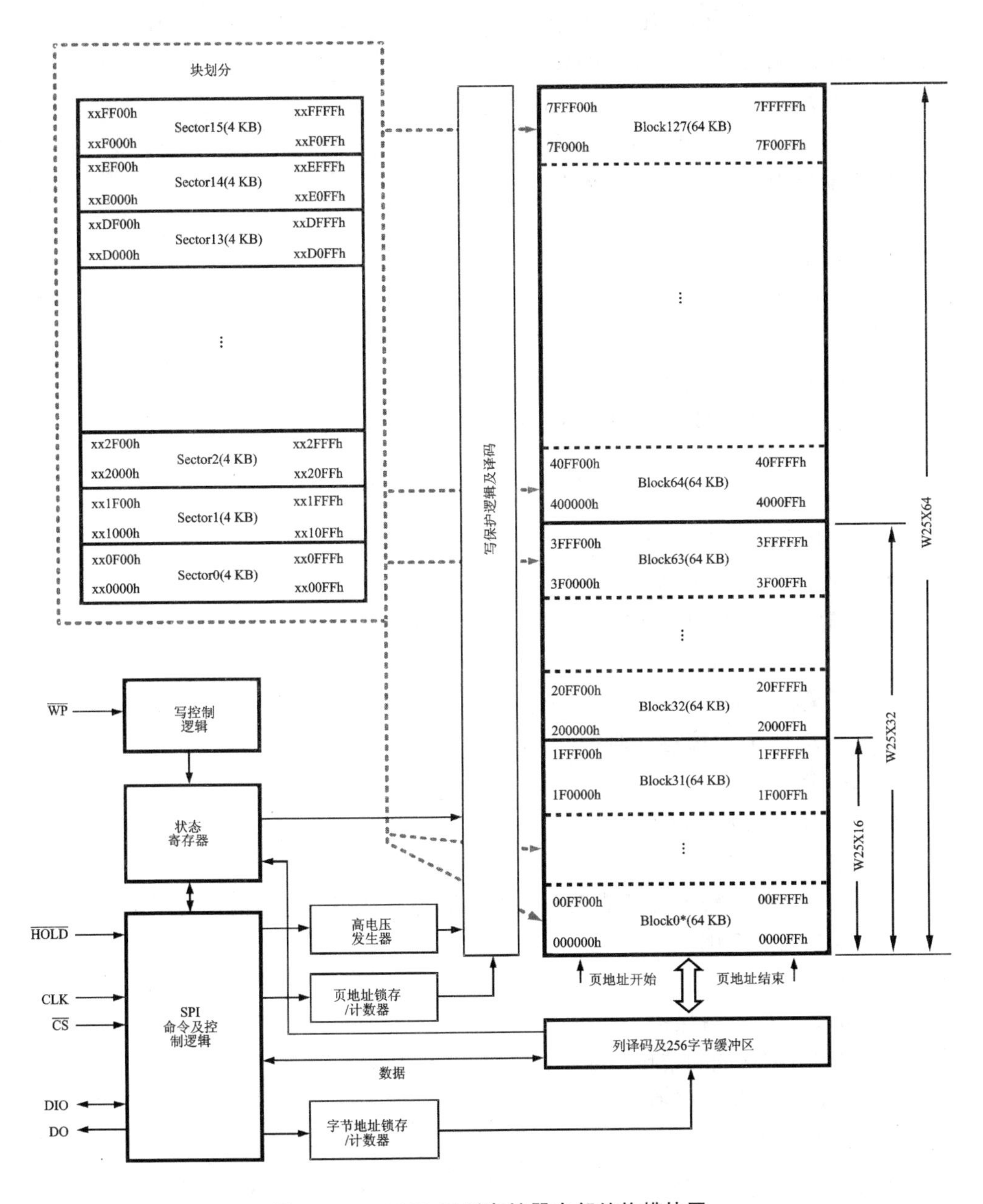

图 10－7　W25Q 系列存储器内部结构模块图

10.6　W25Q 系列存储器的特点

- W25Q 系列存储器容量：
  - W25Q16：16 Mbit/2 MB；

- W25Q32：32 Mbit/4 MB；
- W25Q64：64 Mbit/8 MB；
- 每页 256 字节；
- 统一的 4 KB 扇区和 64 KB 块区。

● 单输出和双输出的 SPI 接口：
- 串行时钟引脚(CLK)；
- 芯片选择引脚(CS)；
- 数据输入/输出引脚(DIO)；
- 数据输出引脚(DO)；
- HOLD 引脚功能可以灵活地控制 SPI。

● 数据传输速率最大为 150 Mbps：
- 时钟运行频率为 75 MHz；
- 快读双输出指令；
- 读指令地址自动增加。

● 灵活的 4 KB 扇区结构：
- 扇区删除(4 KB)；
- 块区擦除(64 KB)；
- 页编程(256 字节)小于 2 ms；
- 最大 10 万次擦写周期；
- 20 年存储。

● 低能耗及宽温度范围：
- 单电源供电 2.7～3.6 V；
- 正常工作状态下电流消耗为 0.5 mA，掉电状态下电流消耗为 1 μA；
- 工作温度范围：－40～＋85 ℃。

● 软件写保护和硬件写保护：
- 部分或全部写保护；
- $\overline{\text{WP}}$引脚使能和禁用写保护；
- 顶部和底部块保护。

● 小空间封装：
- 8 引脚 SOIC 208 mil(1 mil＝25.399 999 18 μm)封装(W25Q16、W25Q32)；
- 8 引脚 PDIP 300 mil 封装(W25Q16、W25Q32、W25Q64)；
- 16 引脚 SOIC 300 mil 封装(W25Q16、W25Q32、W25Q64)；
- 8 引脚 WSON 6×5 mm 封装(W25Q16)；
- 8 引脚 WSON 8×6 mm 封装(W25Q32、W25Q64)。

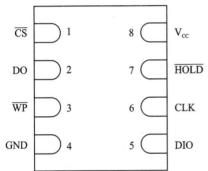

10.7 W25Q系列存储器的引脚封装及配置

SOIC 208 mil封装引脚配置如图10-8所示。

WSON 6×5 mm封装引脚配置如图10-9所示。

PDIP 300 mil封装引脚配置如图10-10所示。

SOIC 208 mil封装、PDIP 300 mil封装和WSON 6×5 mm封装的引脚功能如表10-30所列。

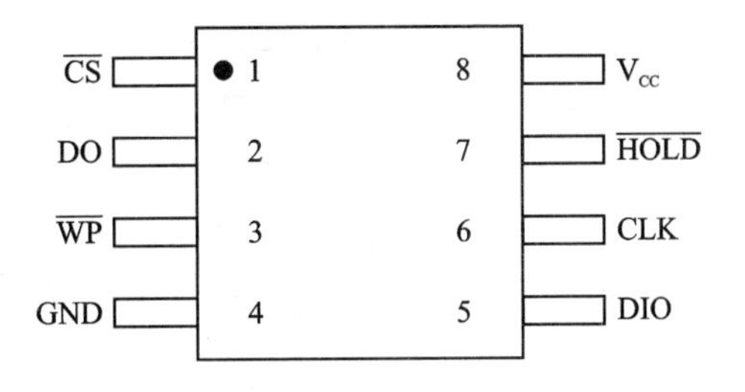

图10-8 SOIC 208 mil封装引脚配置

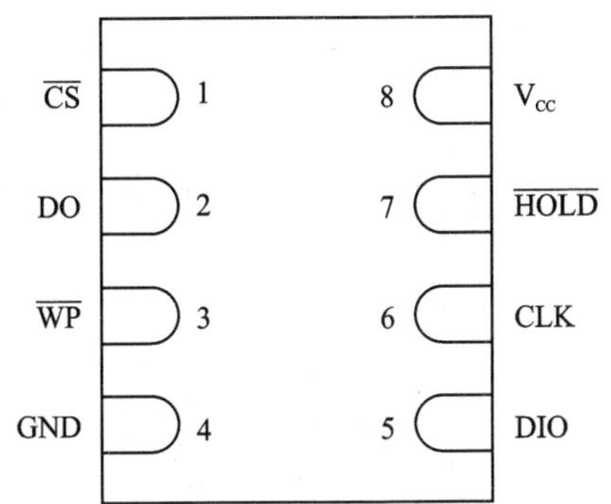

图10-9 WSON 6×5 mm封装引脚配置

图10-10 PDIP 300 mil封装引脚配置

表10-30 SOIC 208 mil、PDIP 300 mil和WSON 6×5 mm封装的引脚功能

引脚号(PAD. NO)	引脚名称(PAD. NAME)	输入/输出类型(I/O)	功能(Function)
1	$\overline{CS}$	I	芯片选择
2	DO	O	数据输出
3	$\overline{WP}$	I	写保护
4	GND	—	地
5	DIO	I/O	数据输入/输出
6	CLK	I	串行时钟
7	$\overline{HOLD}$	I	保持
8	V_{CC}	—	电源

SOIC 300 mil封装引脚配置如图10-11所示。

SOIC 300 mil封装的引脚功能如表10-31所列。

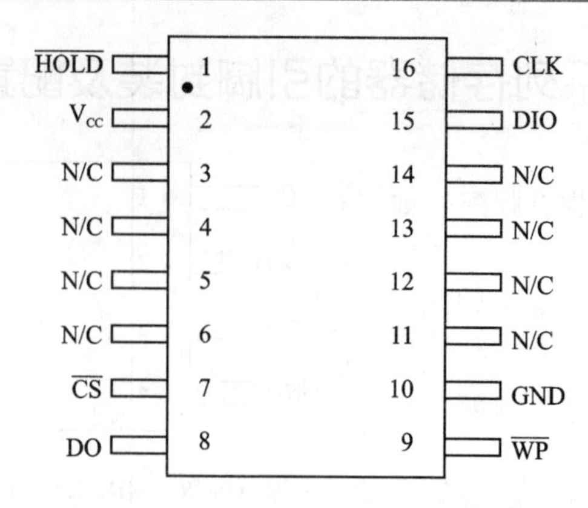

图 10-11 SOIC 300 mil 封装引脚配置

表 10-31 SOIC 300mil 封装的引脚功能

引脚号(PAD. NO)	引脚名称(PAD. NAME)	输入/输出类型(I/O)	功能(Function)
1	$\overline{\text{HOLD}}$	I	保持
2	V_{CC}	—	电源
3	N/C	—	空引脚
4	N/C	—	空引脚
5	N/C	—	空引脚
6	N/C	—	空引脚
7	$\overline{\text{CS}}$	I	芯片选择
8	DO	O	数据输出
9	$\overline{\text{WP}}$	I	写保护
10	GND	—	地
11	N/C	—	空引脚
12	N/C	—	空引脚
13	N/C	—	空引脚
14	N/C	—	空引脚
15	DIO	I/O	数据输出
16	CLK	I	串行时钟

10.8 W25Q 系列存储器的引脚功能

(1) 芯片选择引脚($\overline{\text{CS}}$)

引脚$\overline{\text{CS}}$使能和禁用芯片。当$\overline{\text{CS}}$为高电平时，芯片被禁用，DO 引脚处于高阻抗状态。此时，如果器件内部没有擦除、编程或处于状态寄存器周期进程中，则器件功

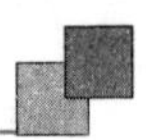

耗将处于待机水平。当$\overline{CS}$为低电平时，使能芯片，此时功耗增加到激活水平，可以进行芯片的读/写操作。上电之后，执行一条新指令之前，必须使$\overline{CS}$引脚先有一个下降沿，然后再进行操作。$\overline{CS}$引脚可以根据需要加上拉电阻。

(2) 串行数据输出引脚(DO)

下降沿输出数据。

(3) 写保护引脚($\overline{WP}$)

写保护引脚可以被用来保护状态寄存器不被意外改写。$\overline{WP}$为低电平时处于保护状态。

(4) 保持引脚($\overline{HOLD}$)

当$\overline{CS}$为低电平且$\overline{HOLD}$为低电平时，DO 引脚处于高阻抗状态，同时也忽略 DIO 和 CLK 引脚上的信号。将$\overline{HOLD}$引脚拉高，器件恢复正常工作。当芯片与多个其他芯片共享微控制器上的同一个 SPI 接口时，此引脚就会显得非常有用。

(5) 串行时钟引脚(CLK)

SPI 时钟引脚，为输入/输出提供时序。

(6) 串行数据输入/输出引脚(DIO)

数据、地址和命令从 DIO 引脚送到芯片内部，在 CLK 引脚的上升沿捕获。当使用快读双输出指令(Fast Read Dual Output)时，此引脚作为输出引脚使用。

10.9　W25Q 系列存储器的控制/状态寄存器

表 10-32 所列为 W25Q 系列存储器的控制/状态寄存器。通过读状态寄存器指令读出的状态数据可以知道芯片存储器阵列是可写还是不可写，或是否处于写保护状态。通过写状态寄存器指令可以配置芯片写保护特征。

表 10-32　W25Q 系列存储器的控制/状态寄存器

S7	S6	S5	S4	S3	S2	S1	S0
SRP	默认	TB	BP2	BP1	BP0	WEL	BUSY

(1) 忙位(BUSY)

BUSY 位是个只读位，位于状态寄存器中的 S0。当器件在执行页编程、扇区擦除、块区擦除、芯片擦除、写状态寄存器指令时，该位自动置 1。这时，除了读状态寄存器指令外，其他指令都忽略。当编程、擦除和写状态寄存器指令执行完毕时，该位自动变为 0，表示芯片可以接收其他指令了。

(2) 写保护位(WEL)

WEL 位是个只读位，位于状态寄存器中的 S1。执行完“写使能”指令后，该位置 1。当芯片处于写保护状态时，该位为 0。在下面两种情况下会进入写保护状态：掉电后，或是执行写禁用、页编程、扇区擦除、块区擦除、芯片擦除和写状态寄存器指令后。

(3) 块区保护位(BP2、BP1、BP0)

BP2、BP1、BP0 位是可读可写位,分别位于状态寄存器的 S4、S3、S2。可以用写状态寄存器命令置位这些块区保护位。在默认状态下,这些位都为 0(即块区处于未保护状态下)。可以设置块区处于没有保护、部分保护或全部保护状态。当 SRP 位为 1 或 $\overline{WP}$引脚为低时,这些位不可以被更改。

(4) 底部和顶部块区保护位(TB)

TB 位是可读可写位,位于状态寄存器的 S5。该位默认为 0,表明顶部和底部块区处于未被保护状态。可以用写状态寄存器命令置位该位。当 SRP 位为 1 或$\overline{WP}$引脚为低时,这些位不可以被更改。

(5) 默认位

状态寄存器的 S6 为默认位,当读出状态寄存器值时,该位为 0。建议当读状态寄存器值用于测试时,将该位屏蔽。

(6) 状态寄存器保护位(SRP)

SRP 位是可读可写位,位于状态寄存器的 S7。该位结合$\overline{WP}$引脚可以实现禁用写状态寄存器功能。该位默认值为 0。当 SRP=0 时,$\overline{WP}$引脚不能控制状态寄存器的“写禁用”;当 SRP=1、$\overline{WP}$=0 时,写状态寄存器命令失效;当 SRP=1、$\overline{WP}$=1 时,可以执行写状态寄存器命令。

10.10 W25Q 系列存储器的状态寄存器存储保护模块

表 10-33 所列为 W25Q64 状态寄存器存储保护模块,表 10-34 所列为 W25Q32 状态寄存器存储保护模块,表 10-35 所列为 W25Q16 状态寄存器存储保护模块。

表 10-33 W25Q64 状态寄存器存储保护模块

状态寄存器				W25Q64(64 Mbit)存储器保护			
TB	BP2	BP1	BP0	块 区	地 址	密度/Mbit	部 分
×	0	0	0	—	—	—	—
0	0	0	1	126 和 127	7E0000h～7FFFFFh	1	高于 1/64
0	0	1	0	124 和 127	7C0000h～7FFFFFh	2	高于 1/32
0	0	1	1	120～127	780000h～7FFFFFh	4	高于 1/16
0	1	0	0	112～127	700000h～7FFFFFh	8	高于 1/8
0	1	0	1	96～127	600000h～7FFFFFh	16	高于 1/4
0	1	1	0	64～127	400000h～7FFFFFh	32	高于 1/2
1	0	0	1	0 和 1	000000h～01FFFFh	1	低于 1/64

续表 10-33

状态寄存器				W25Q64(64 Mbit)存储器保护			
TB	BP2	BP1	BP0	块　区	地　址	密度/Mbit	部　分
1	0	1	0	0～3	000000h～03FFFFh	2	低于 1/32
1	0	1	1	0～7	000000h～07FFFFh	4	低于 1/16
1	1	0	0	0～15	000000h～0FFFFFh	8	低于 1/8
1	1	0	1	0～31	000000h～1FFFFFh	16	低于 1/4
1	1	1	0	0～63	000000h～3FFFFFh	16	低于 1/2
×	1	1	1	0～127	000000h～7FFFFFh	64	全部

注：×表示可以取 0 或 1 的任意值。

表 10-34　W25Q32 状态寄存器存储保护模块

状态寄存器				W25Q32(32 Mbit)存储器保护			
TB	BP2	BP1	BP0	块　区	地　址	密　度	部　分
×	0	0	0	—	—	—	—
0	0	0	1	63	3F0000h～3FFFFFh	512 Kbit	高于 1/64
0	0	1	0	62 和 63	3E0000h～3FFFFFh	1 Mbit	高于 1/32
0	0	1	1	60～63	3C0000h～3FFFFFh	2 Mbit	高于 1/16
0	1	0	0	56～63	380000h～3FFFFFh	4 Mbit	高于 1/8
0	1	0	1	48～63	300000h～3FFFFFh	8 Mbit	高于 1/4
0	1	1	0	32～63	200000h～3FFFFFh	16 Mbit	高于 1/2
1	0	0	1	0	000000h～00FFFFh	512 Kbit	低于 1/64
1	0	1	0	0～1	000000h～01FFFFh	1 Mbit	低于 1/32
1	0	1	1	0～3	000000h～03FFFFh	2 Mbit	低于 1/16
1	1	0	0	0～7	000000h～07FFFFh	4 Mbit	低于 1/8
1	1	0	1	0～15	000000h～0FFFFFh	8 Mbit	低于 1/4
1	1	1	0	0～31	000000h～1FFFFFh	16 Mbit	低于 1/2
×	1	1	1	0～63	000000h～3FFFFFh	32 Mbit	全部

表 10-35　W25Q16 状态寄存器存储保护模块

状态寄存器				W25Q16(16 Mbit)存储器保护			
TB	BP2	BP1	BP0	块　区	地　址	密　度	部　分
×	0	0	0	—	—	—	—
0	0	0	1	31	1F0000h～1FFFFFh	512 Kbit	高于 1/32
0	0	1	0	30 和 31	1E0000h～1FFFFFh	1 Mbit	高于 1/16
0	0	1	1	28～31	1C0000h～1FFFFFh	2 Mbit	高于 1/8

续表 10-35

状态寄存器				W25Q16(16 Mbit)存储器保护			
TB	BP2	BP1	BP0	块 区	地 址	密 度	部 分
0	1	0	0	24～31	180000h～1FFFFFh	4 Mbit	高于 1/4
0	1	0	1	16～31	100000h～1FFFFFh	8 Mbit	高于 1/2
1	0	0	1	0	000000h～00FFFFh	512 Kbit	低于 1/32
1	0	1	0	0 和 1	000000h～01FFFFh	1 Mbit	低于 1/16
1	0	1	1	0～3	000000h～03FFFFh	2 Mbit	低于 1/8
1	1	0	0	0～7	000000h～07FFFFh	4 Mbit	低于 1/4
1	1	0	1	0～15	000000h～0FFFFFh	8 Mbit	低于 1/2
×	1	1	×	0～31	000000h～1FFFFFh	16 Mbit	全部

10.11 W25Q 系列存储器的操作指令

W25Q16、W25Q32、W25Q64 包括 15 个基本指令，这 15 个基本指令可以通过 SPI 总线完全控制芯片。指令在 $\overline{CS}$ 引脚的下降沿开始传送，DIO 引脚上数据的第一个字节就是指令代码。在时钟引脚的上升沿采集 DIO 数据，高位在前。

指令的长度从一个字节到多个字节，有时还会跟随地址字节、数据字节、伪字节(Dummy Byte)，有时还会是它们的组合。在 $\overline{CS}$ 引脚的上升沿完成指令传输。所有的读指令都可以在任意的时钟位完成，而所有的写、编程和擦除指令在一个字节的边界后才能完成，否则指令将不起作用。这个特征可以保护芯片不被意外写入。当芯片正在被编程、擦除或写状态寄存器时，除了读状态寄存器指令外，其他所有的指令都会被忽略。表 10-36 所列为 W25Q 系列存储器的指令表，数据传输高位在前，带括号的数据表示数据从 DO 引脚读出。

表 10-36 W25Q 系列存储器的指令表

指令名称	字节 1	字节 2	字节 3	字节 4	字节 5	字节 6	下一个字节
写使能	06h	—	—	—	—	—	—
写禁用	04h	—	—	—	—	—	—
读状态寄存器	05h	(S7～S0)	—	—	—	—	—
写状态寄存器	01h	S7～S0	—	—	—	—	—
读数据	03h	A23～A16	A15～A8	A7～A0	(D7～D0)	下一个字节	继续
快读	0Bh	A23～A16	A15～A8	A7～A0	伪字节	D7～D0	下一个字节

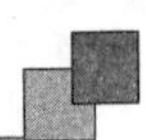

续表 10－36

指令名称	字节 1	字节 2	字节 3	字节 4	字节 5	字节 6	下一个字节
快读双输出	3Bh	A23～A16	A15～A8	A7～A0	伪字节	I/O=(D6,D4,D2,D0) O=(D7,D5,D3,D1)	每 4 个时钟一个字节
页编程	02h	A23～A16	A15～A8	A7～A0	(D7～D0)	下一个字节	直到 256 个字节
块擦除(64 KB)	D8h	A23～A16	A15～A8	A7～A0	—	—	—
扇区擦除(4 KB)	20h	A23～A16	A15～A8	A7～A0	—	—	—
芯片擦除	C7h	—	—	—	—	—	—
掉电	B9h	—	—	—	—	—	—
释放掉电/器件 ID	ABh	伪字节	伪字节	伪字节	(ID7～ID0)	—	—
读制造/器件 ID	90h	伪字节	伪字节	00h	(M7～M0)	(ID7～ID0)	—
读 JEDEC ID	9Fh	(M7～M0)	(ID15～ID8)	(ID7～ID0)	—	—	—

1. 写使能指令(06h)

写使能指令将会使状态寄存器的 WEL 位置位。在执行每个页编程、扇区擦除、块区擦除、芯片擦除和写状态寄存器命令之前，都要先置位 WEL。先将$\overline{CS}$引脚拉低，写使能指令代码 06h 从 DIO 引脚输入，在 CLK 上升沿采集，然后再拉高$\overline{CS}$引脚。图 10－12 所示为写使能指令时序。

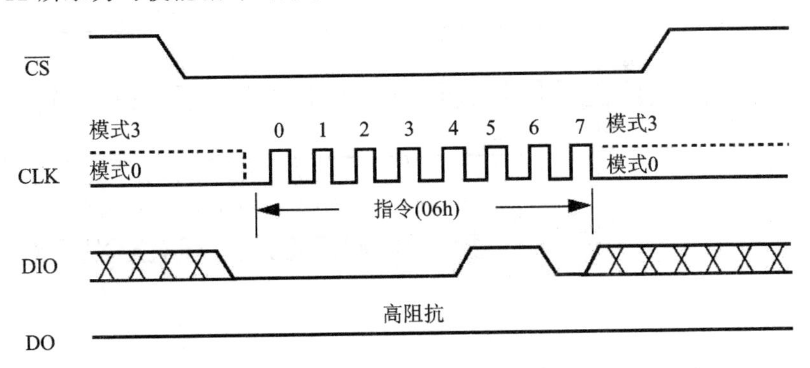

图 10－12　写使能指令时序

2. 写禁用指令(04h)

写禁用指令将会使 WEL 位变为 0。先将$\overline{CS}$引脚拉低，把 04h 从 DIO 引脚传送到芯片之后，然后拉高$\overline{CS}$引脚，这就完成了该指令。在执行完写状态寄存器、页编程、扇区擦除、块区擦除和芯片擦除指令之后，WEL 位就会自动变为 0。图 10－13所示为写禁用指令时序。

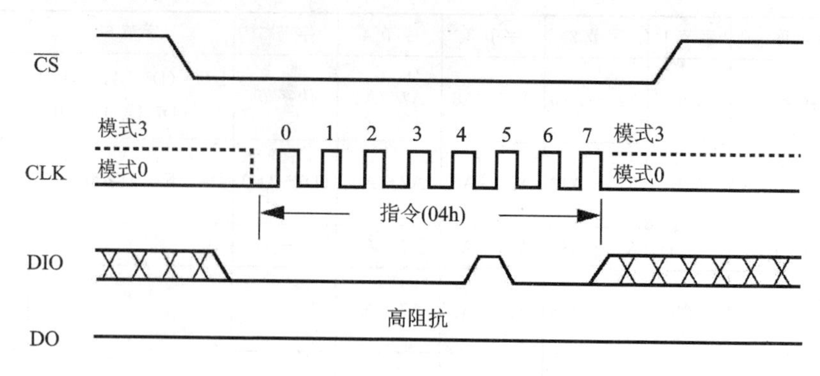

图 10－13　写禁用指令时序

3. 读状态寄存器指令(05h)

当$\overline{\text{CS}}$引脚拉低之后，开始把 05h 从 DIO 引脚传送到芯片，在 CLK 的上升沿数据被芯片采集。当芯片认出采集到的数据是 05h 时，芯片就会把状态寄存器的值从 DO 引脚输出，数据在 CLK 的下降沿输出，高位在前。

读状态寄存器指令在任何时候都可以用，甚至在编程、擦除和写状态寄存器的过程中也可以用，这样，就可以从状态寄存器的 BUSY 位判断编程、擦除和写状态寄存器周期有没有结束，从而让我们知道芯片是否可以接收下一条指令了。如果$\overline{\text{CS}}$引脚不被拉高，则状态寄存器的值将一直从 DO 引脚输出。$\overline{\text{CS}}$引脚拉高之后，读状态寄存器指令结束。图 10－14 所示为读状态寄存器指令时序。

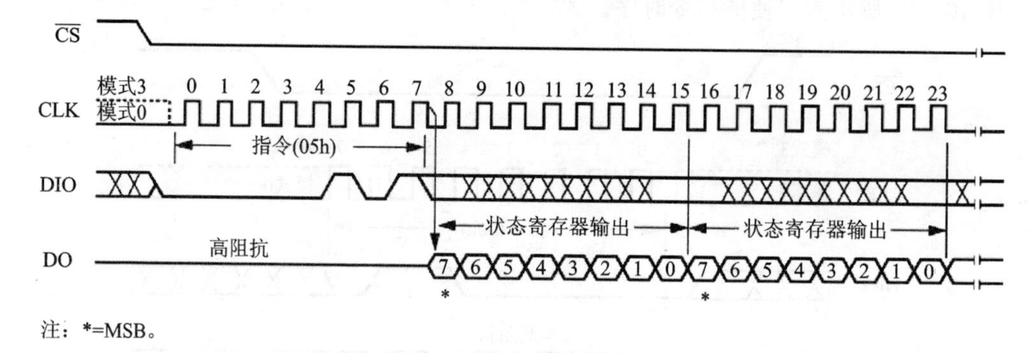

图 10－14　读状态寄存器指令时序

4. 写状态寄存器指令(01h)

在执行写状态寄存器指令之前，需要先执行写使能指令。先拉低$\overline{\text{CS}}$引脚，然后把 01h 从 DIO 引脚传送到芯片，然后再把想要设置的状态寄存器值通过 DIO 引脚传送到芯片，拉高$\overline{\text{CS}}$引脚，指令结束。如果此时没有把$\overline{\text{CS}}$引脚拉高，或者是拉高的时间晚了，那么值将不会被写入，指令无效。

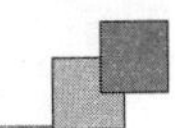

只有状态寄存器中的 SRP、TB、BP2、BP1、BP0 位可以被写入，其他只读位的值才不会变。在该指令执行的过程中，状态寄存器中的 BUSY 位为 1，这时可以用读状态寄存器指令读出状态寄存器的值来判断。当指令执行完时，BUSY 位将自动变为 0，WEL 位也自动变为 0。

通过对 TB、BP2、BP1 和 BP0 位写 1，可以实现将芯片的部分或全部存储区域设置为只读。通过对 SRP 位写 1，再把 $\overline{WP}$ 引脚拉低，可以实现禁用写入状态寄存器的功能。图 10－15 所示为写状态寄存器指令时序。

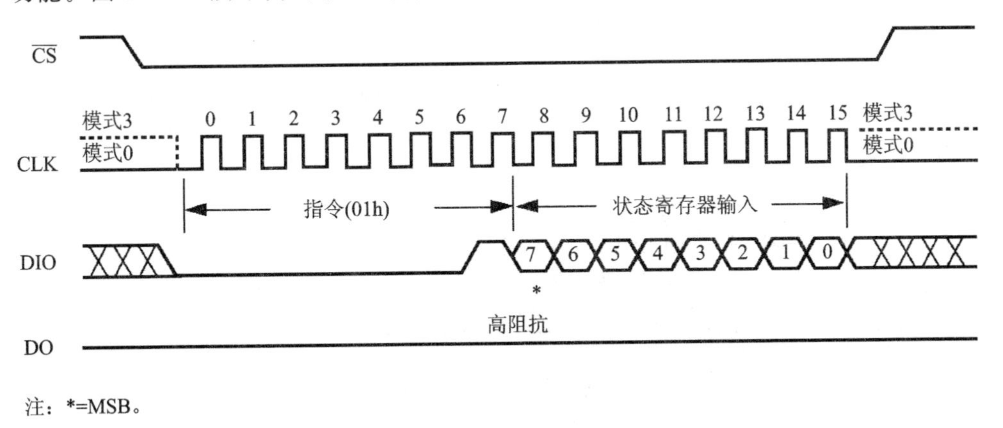

图 10－15　写状态寄存器指令时序

5. 读数据指令(03h)

读数据指令允许读出一个字节或一个以上的字节。先把 $\overline{CS}$ 引脚拉低，然后把 03h 通过 DIO 引脚传送到芯片，之后再送入 24 位的地址，这些数据在 CLK 的上升沿被芯片采集。芯片接收完 24 位地址之后，就会把相应地址的数据在 CLK 引脚的下降沿从 DO 引脚传送出去，高位在前。当读完这个地址的数据后，地址自动增加，然后通过 DO 引脚把下一个地址的数据传送出去，形成一个数据流。也就是说，只要时钟在工作，通过一条读数据指令就可以把整个芯片存储区的数据读出来。把 $\overline{CS}$ 引脚拉高，读数据指令结束。当芯片在执行编程、擦除和读状态寄存器指令的周期内时，读数据指令不起作用。图 10－16 所示为读数据指令时序。

6. 快读指令(0Bh)

快读指令和读数据指令很相似，不过，快读指令可以运行在更高的传输速率下。先把 $\overline{CS}$ 引脚拉低，把 0Bh 通过 DIO 引脚传送到芯片，然后把 24 位地址通过 DIO 引脚传送到芯片，接着等待 8 个时钟，之后数据将会从 DO 引脚传送出去。图 10－17 所示为快读指令时序。

7. 快读双输出指令(3Bh)

快读双输出指令和快读指令很相似，不过，快读双输出指令是从两个引脚上输出

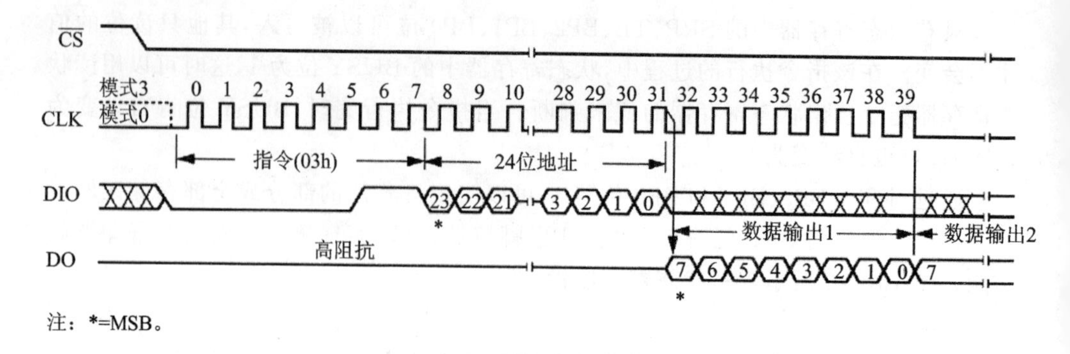

注：*=MSB。

图 10-16　读数据指令时序

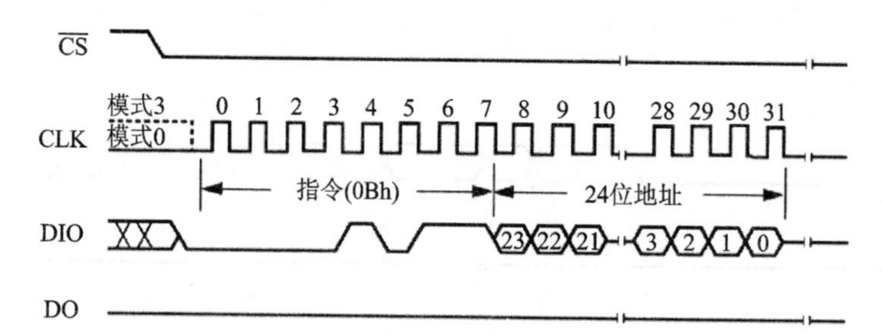

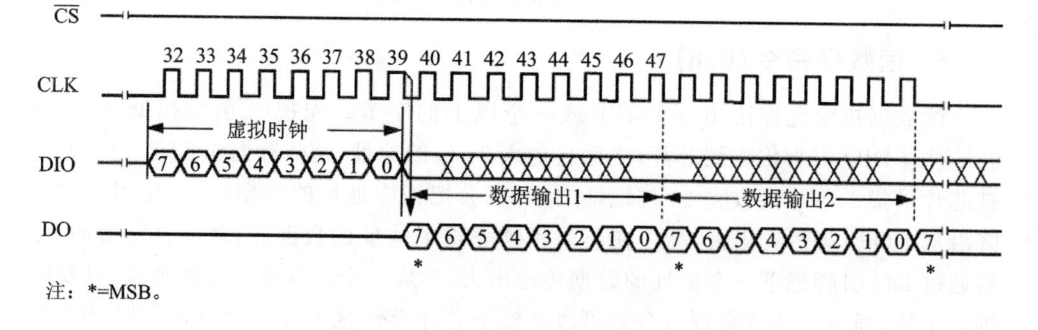

注：*=MSB。

图 10-17　快读指令时序

数据——DO 和 DIO 引脚。这样，传输速率就相当于两倍标准的 SPI 传输速率了。这个指令特别适用于需要在一上电就把代码从芯片下载到内存中的情况，或者缓存代码段到内存中运行的情况。

快读双输出指令和快读指令的时序差不多。先把$\overline{CS}$引脚拉低，然后把 3Bh 通过 DIO 引脚传送到芯片，之后把 24 位地址通过 DIO 引脚传送到芯片，接着等待 8 个时钟，最后数据将分别从 DO 引脚和 DIO 引脚传送出去，DIO 引脚传送偶数位，DO 引脚传送奇数位。图 10-18 所示为快读双输出指令时序。

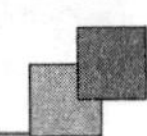

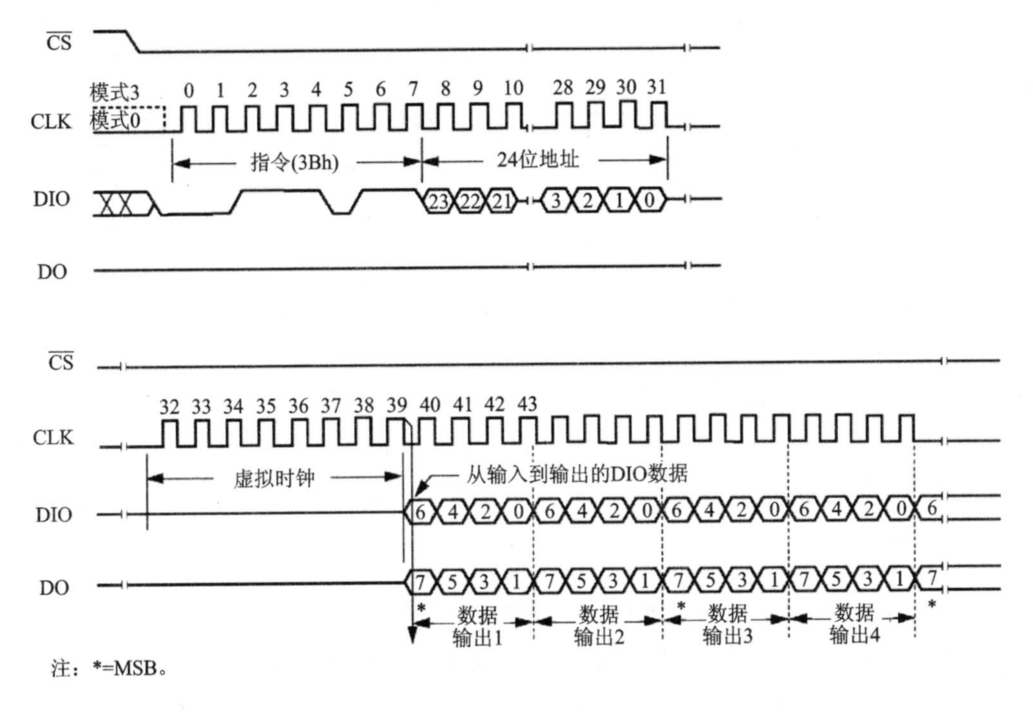

图 10-18　快读双输出指令时序

8. 页编程指令(02h)

执行页编程指令之前，需要先执行写使能指令，而且要求待写入的区域位都为1，也就是需要先把待写入的区域擦除。先把$\overline{CS}$引脚拉低，然后把代码 02h 通过 DIO 引脚传送到芯片，然后再把 24 位地址传送到芯片，接着传送要写的字节到芯片。在写完数据之后，把$\overline{CS}$引脚拉高。

写完一页(256 个字节)之后，必须把地址改为 0，否则，如果时钟还在继续，则地址将自动变为页的开始地址。在某些时候，需要写入的字节不足 256 个字节，其他写入的字节都是无意义的。如果写入的字节大于 256 个字节，那么多余的字节将会加上无用的字节覆盖刚刚写入的 256 个字节，所以需要保证写入的字节小于或等于 256 个字节。

在指令执行过程中，用读状态寄存器指令可以发现 BUSY 位为 1，当指令执行完时，BUSY 位将自动变为 0。如果需要写入的地址处于写保护状态，则页编程指令无效。图 10-19 所示为页编程指令时序。

9. 扇区擦除指令(20h)

扇区擦除指令将一个扇区(4 KB)擦除，擦除后扇区位都为 1，扇区字节都为 FFh。在执行扇区擦除指令之前，需要先执行写使能指令，保证 WEL 位为 1。

先拉低$\overline{CS}$引脚，然后把指令代码 20h 通过 DIO 引脚传送到芯片，接着把 24 位扇

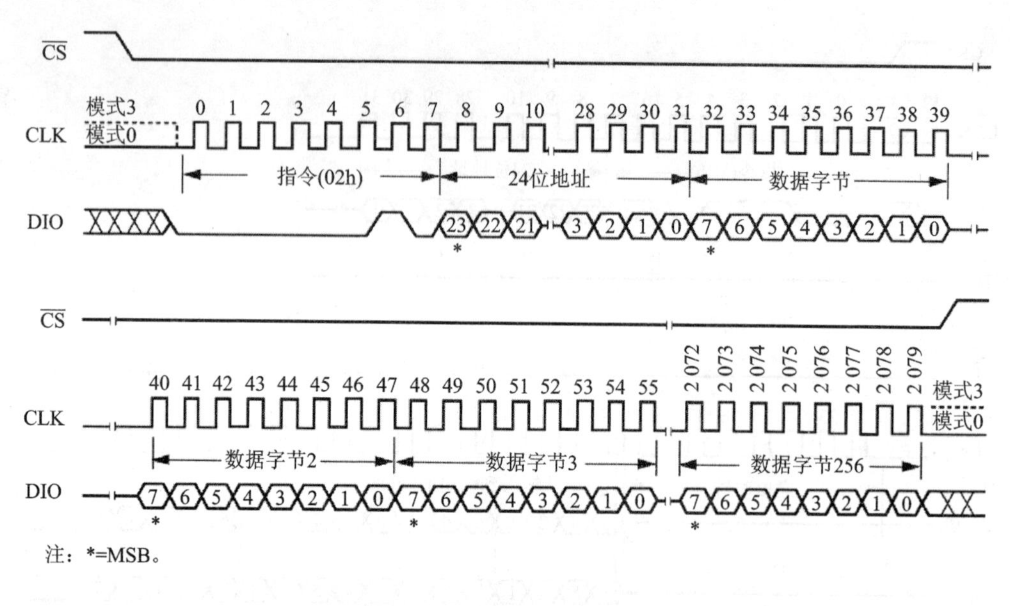

图 10-19 页编程指令时序

区地址传送到芯片，然后拉高$\overline{CS}$引脚。如果没有及时把$\overline{CS}$引脚拉高，指令将不会起作用。在指令执行期间，BUSY 位为 1，可以通过读状态寄存器指令观察。当指令执行完时，BUSY 位变为 0，WEL 位也会变为 0。如果需要擦除的地址处于只读状态，那么指令将不会起作用。图 10-20 所示为扇区擦除指令时序。

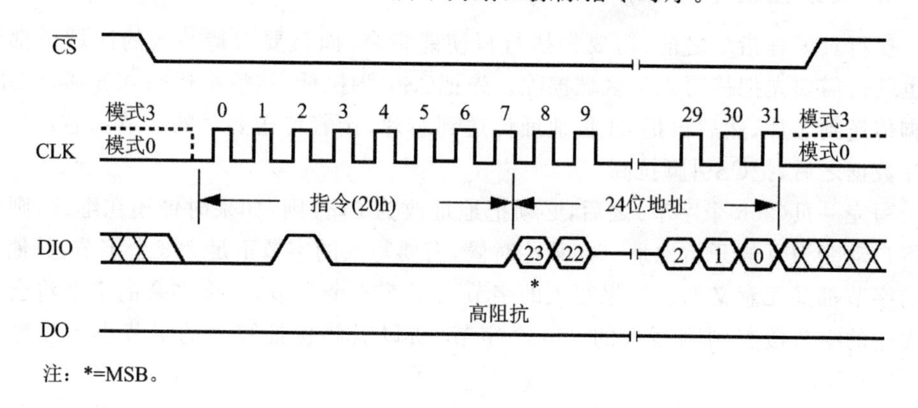

图 10-20 扇区擦除指令时序

10. 块擦除指令(D8h)

块擦除指令将一个块(64 KB)全部变为 1，即字节都变为 FFh。在块擦除指令执行前需要先执行写使能指令。

先拉低$\overline{CS}$引脚，接着把指令代码 D8h 通过 DIO 引脚传送到芯片，然后把 24 位块区地址传送到芯片，最后把$\overline{CS}$引脚拉高。如果没有及时把$\overline{CS}$引脚拉高，那么指令

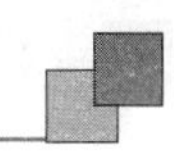

将不会起作用。在指令执行周期内,可以执行读状态寄存器指令,这时可以看到BUSY位为1。当块擦除指令执行完时,BUSY位为0,WEL位也变为0。如果需要擦除的地址处于只读状态,则指令将不会起作用。图10-21所示为块擦除指令时序。

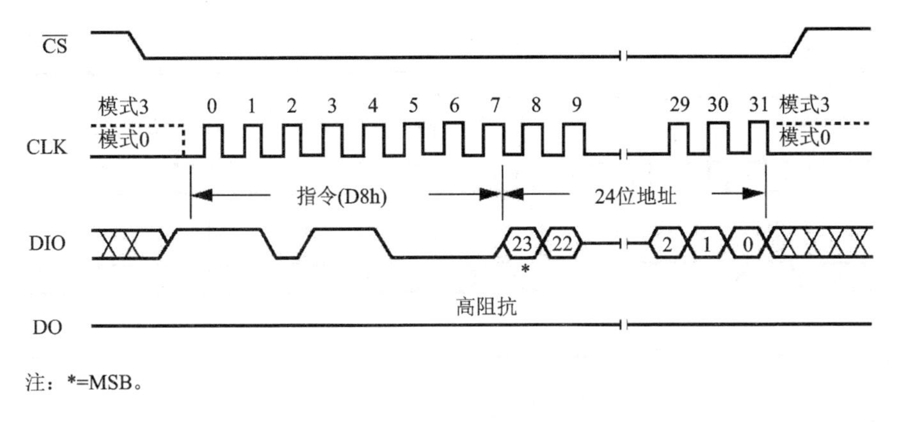

图10-21 块擦除指令时序

11. 芯片擦除指令(C7h)

芯片擦除指令将会使整个芯片的存储区位都变为1,即字节都变为FFh。在执行芯片擦除指令之前需要先执行写使能指令。

先把$\overline{CS}$引脚拉低,接着把指令代码C7h通过DIO引脚传送到芯片,然后拉高$\overline{CS}$引脚。如果没有及时拉高$\overline{CS}$引脚,则指令无效。在芯片擦除指令执行周期内,可以通过执行读状态寄存器指令来访问BUSY位,这时BUSY位为1。当芯片擦除指令执行完时,BUSY位变为0,WEL位也变为0。当任何一个块处于保护状态(BP2、BP1、BP0)时,指令都会失效。图10-22所示为芯片擦除指令时序。

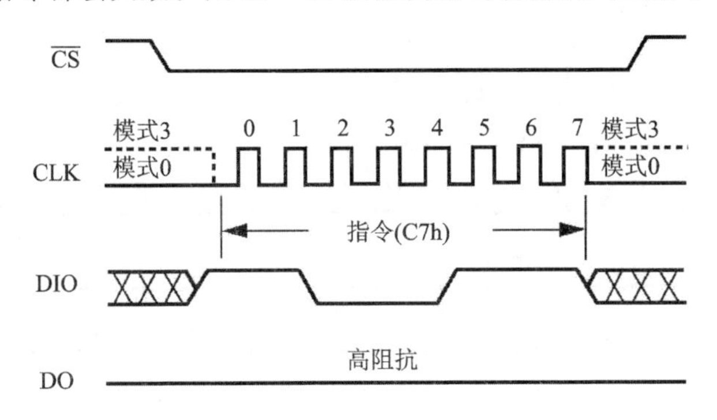

图10-22 芯片擦除指令时序

12. 掉电指令(B9h)

尽管在待机状态下的电流消耗很低,但掉电指令可以使待机电流消耗更低。这个指令很适用于电池供电的场合。

先把$\overline{CS}$引脚拉低，接着把指令代码 B9h 通过 DIO 引脚传送到芯片，然后把$\overline{CS}$引脚拉高，指令执行完毕。如果没有及时拉高$\overline{CS}$引脚，则指令无效。执行完掉电指令之后，除了释放掉电/器件 ID 指令外，其他指令都无效。图 10－23 所示为掉电指令时序。

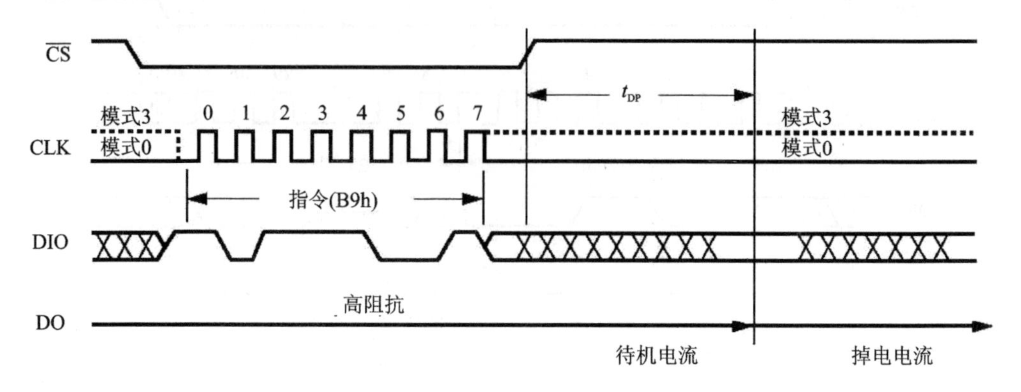

图 10－23　掉电指令时序

13. 释放掉电/器件 ID 指令(ABh)

这个指令有两个作用：一个是“释放掉电”，另一个是读出“器件 ID”。

当只需要发挥“释放掉电”作用时，指令时序是：先把$\overline{CS}$引脚拉低，接着把代码 ABh 通过 DIO 引脚传送到芯片，然后拉高$\overline{CS}$引脚。经过 t_{RES1} 时间间隔，芯片恢复正常工作状态。在编程、擦除和写状态寄存器指令执行周期内，执行该指令无效。图 10－24所示为释放掉电指令时序。图 10－25 所示为释放掉电/器件 ID 指令时序。

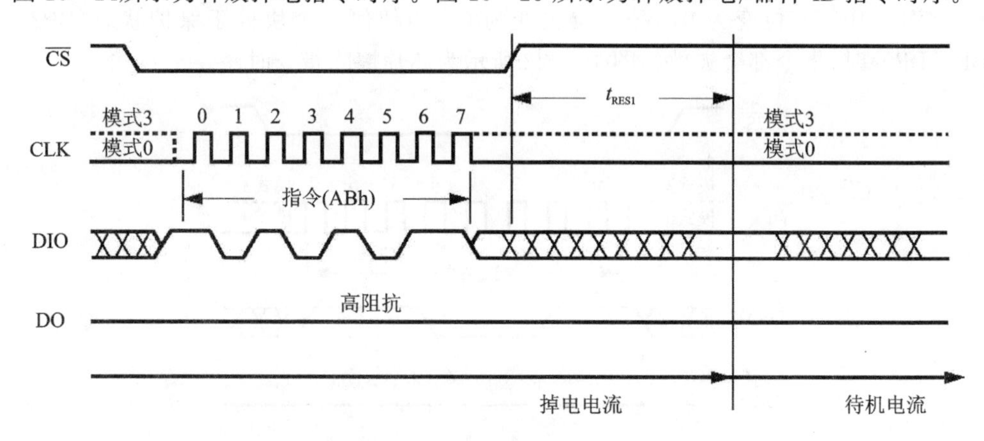

图 10－24　释放掉电指令时序

14. 读制造/器件 ID 指令(90h)

读制造/器件 ID 指令不同于释放掉电/器件 ID 指令，读制造/器件 ID 指令读出的数据包含 JEDEC 标准制造号和特殊器件 ID。

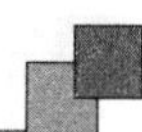

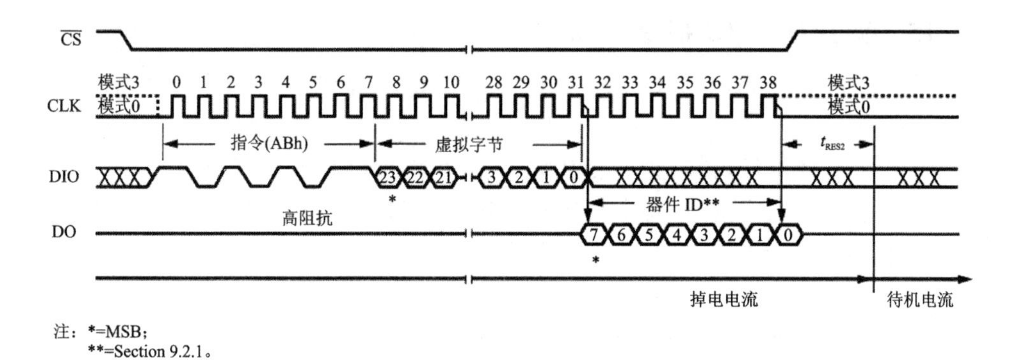

注：*=MSB；
**=Section 9.2.1。

图 10-25　释放掉电/器件 ID 指令时序

先把$\overline{CS}$引脚拉低，然后把指令 90h 通过 DIO 引脚传送到芯片，接着把 24 位地址 000000h 传送到芯片，芯片会先后把制造 ID 和器件 ID 通过 DO 引脚在 CLK 的上升沿发送出去。如果把 24 位地址写为 000001h，则 ID 的发送顺序会颠倒，即先发送器件 ID 后发送制造 ID。ID 都是 8 位数据。图 10-26 所示为读制造/器件 ID 指令时序。

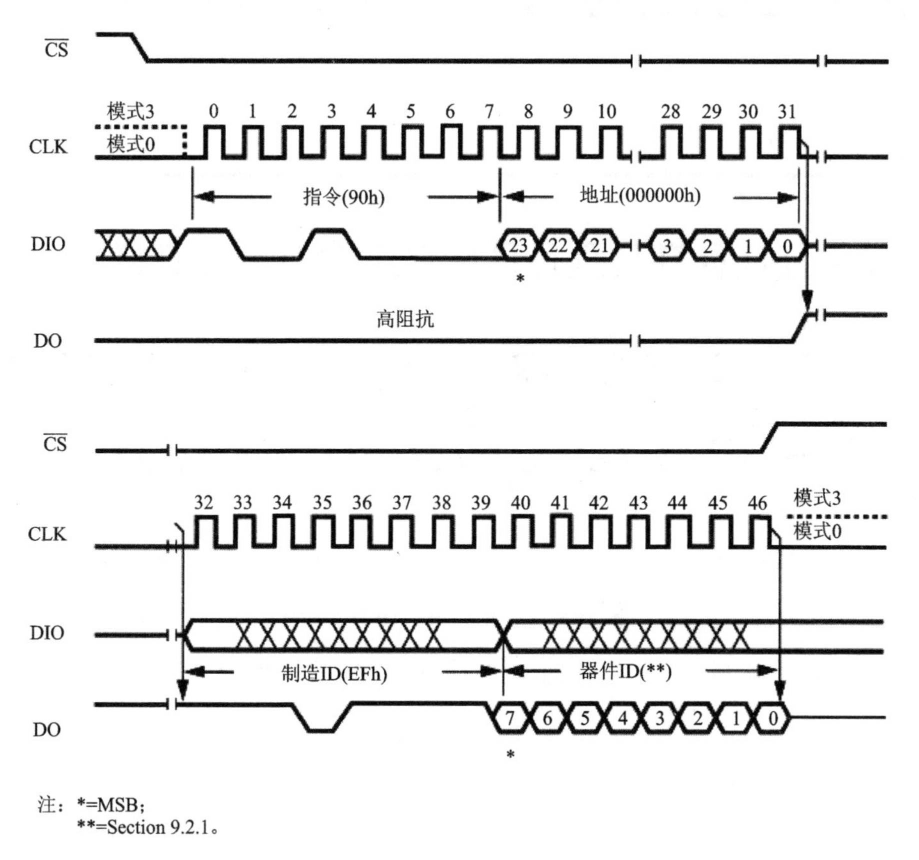

注：*=MSB；
**=Section 9.2.1。

图 10-26　读制造/器件 ID 指令时序

15. 读 JEDEC ID 指令(9Fh)

出于兼容性考虑，W25Q16、W25Q32、W25Q64 提供一些指令供电子识别器件 ID。

先把$\overline{CS}$引脚拉低，接着把指令代码 9Fh 通过 DIO 引脚传送到芯片，然后制造 ID、存储器类型 ID、容量 ID 将依次从 DO 引脚在 CLK 的下降沿传送出去。每个 ID 都是 8 位数据，高位在前。图 10－27 所示为读 JEDEC ID 指令时序。

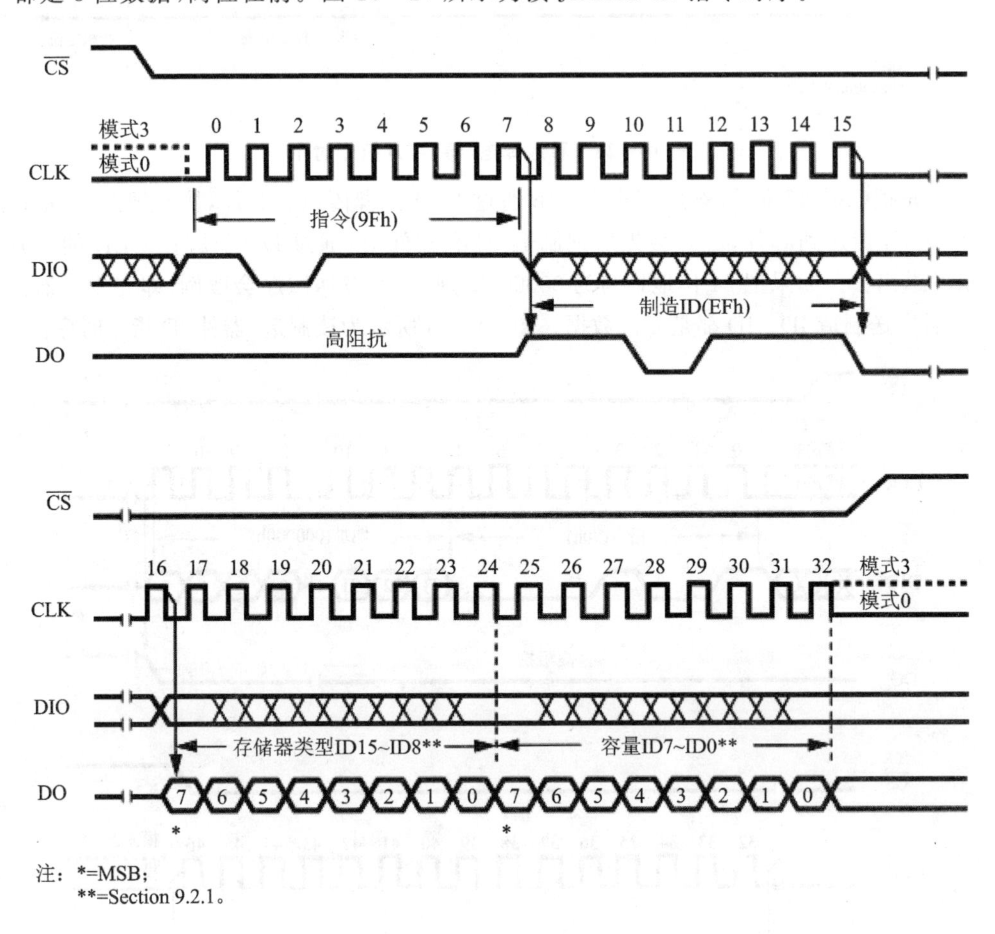

图 10－27 读 JEDEC ID 指令时序

表 10－37 所列为 W25Q 系列存储器的制造 ID 和器件 ID。

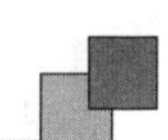

表 10 - 37　W25Q 系列存储器的制造 ID 和器件 ID

制造 ID	(M7～M0)	
华邦串行 Flash	EFH	
器件 ID	(ID7～ID0)	(ID15～ID0)
命令	ABh、90h	9Fh
W25Q16	14h	3015h
W25Q32	15h	3016h
W25Q64	16h	3017h

10.12　中英文显示的原理

以中文宋体字库为例，每一个字由 16×16 的点阵组成，即国标汉字库中的每一个字均由 256 点阵来表示。我们可以把每一个点理解为一个像素，而把每一个字的字形理解为一幅图。事实上，这个汉字屏不仅可以显示汉字，也可以显示在 256 像素范围内的任何图形。

以显示汉字“大”为例来说明其扫描原理。图 10 - 28 所示为汉字“大”的点阵组成。

在 256 像素中，假定高电平点亮像素，低电平熄灭像素，从右上角开始向左扫描，一行完毕，再转下一行扫描。每行有 16 个点，那么每一行就可以用 2 个字节表示(共 16 个像素点)。这样，一个汉字就需要 32 个字节来表示。

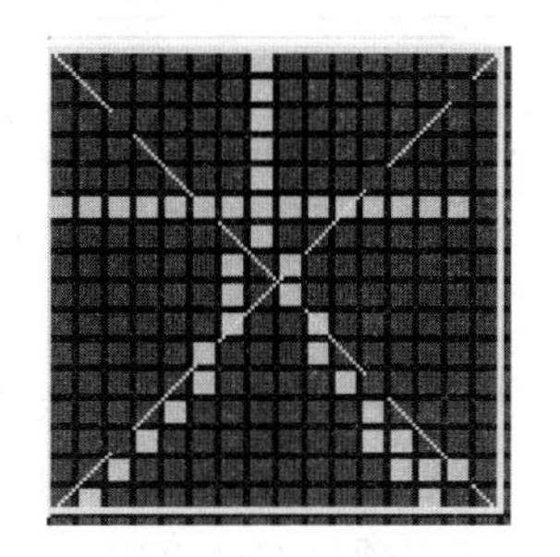

图 10 - 28　汉字“大”的点阵组成

英文显示也一样，只是英文由 8×16 的点阵组成。

中文的每个汉字像素为 16×16，即每个汉字需要 32 个字节的存储空间，GBK 字库收录了 2 万多个汉字，如果要全部显示，则需要 700 多 KB 的存储空间。

GBK 字库是当今使用最广泛的中文字库，里面包含了所有的的简体中文、繁体中文及标点符号。

W25Q16 Flash 存储器的存储容量达 2 MB，放入 700 多 KB 的中文字库足够，如果有需要，还可以放入彩色照片的文件。

我们自己不可能用手工的方法对这 2 万多个汉字进行编码，借助软件工具(例如牧码字模软件 Mold.exe)可以将 GBK 字库中所有的汉字在几十秒内生成汉字库码。

通过参考相关的网络资源可知，制作中文字库时需要如下文件：

① stziku16. bin 和 htziku16. bin：这两个是已经制作好的宋体 16×16 GBK 字库和黑体 16×16 GBK 字库，在网上自由传播。

② CHNGBK_MAKE. hex：将字库下载到 W25Q16 中的应用程序。

英文单词由 26 个字母构成，加上大小写的区别以及其他如标点符号、数字等一些字符，也不过 95 个，这些符号，称为 ASCII 码。假如显示的像素为 8×16，每个字符需要 16 个字节的存储空间，95 个字符即 95×16＝1 520 个字节。ASCII 码即是位于 0x20～0x7E 的 95 个英文字母和符号。存储 ASCII 码的字库称为 ASCII 字库。ASCII 字库占用 1 520 个字节，可以直接生成二进制文件放到 W25Q16 存储器上使用，也可以生成一个二维数组放置在程序文件中。

W25Q16 内部需要存储的文件排布及用途如表 10－38 所列。

表 10－38　W25Q16 内部需要存储的文件排布及用途

块	地址范围	用　途
BLOCK0～BLOCK11	0x000100～0x0BD100	GBK 字库
BLOCK12	0x0C0000～0xCA34C	uni2gbk 转换表
BLOCK13	0x0D0000～0x0DBD00	gbk2uni 转换表
BLOCK14	0x0E0000～0x0E05F0	ASCII 字库(95 个：字母＋符号)
BLOCK15～BLOCK31	0x0F0000～0x1FFFFF	空(即都为 0xFF)，可以存放图片

10.13　编写生成 CHNGBK_MAKE. hex 应用程序的源代码

这里只给出 main. c 文件，完整程序请登录北京航空航天大学出版社网站下载。

新建一个文件目录 CHNGBK_MAKE，在 RealView MDK 集成开发环境中创建一个工程项目 CHNGBK_MAKE. uvprojx 于此目录中。

在 File 菜单下新建如下的源文件 main. c，编写源程序代码后保存在 User 文件夹下，再把 main. c 文件添加到 User 组中。

```
#include "stm32f0xx.h"
#include "ILI9325.h"
#include "USART.h"
#include "W25Q16.h"
#include "KEY.h"
#include "LED.h"
/****************************************
* FunctionName    : main
* Description     : 主函数
```

```
* EntryParameter  : None
* ReturnValue     : None
**************************************/
int main(void)
{
    SystemInit();
    LED_Init();
    LCD_init();
    KEY_Init();
    USART_Configuration();
    SPI_FLASH_Init();
    SPI_FLASH_WriteEnable();
    LCD_Clear(WHITE);                                     //整屏显示白色
    POINT_COLOR = BLACK;                                  //定义笔的颜色为黑色
    BACK_COLOR = WHITE;                                   //定义笔的背景色为白色
    while(1)
    {
        if(Check_KEY(GPIOA,GPIO_Pin_0) == 0)              //按下 KEY1 擦除
        {
                LED1_ON();
                SPI_FLASH_BulkErase();
                LED1_OFF();
        }
        else if(Check_KEY(GPIOA,GPIO_Pin_1) == 0)         //按下 KEY2 测试中文
        {
            LED2_ON();
            LCD_ShowString(2,20,"STM32F072 芯片及中文字库下载实验");
            LCD_ShowString(2,60,"看到现在的中文");
            LCD_ShowString(2,80,"说明中文字库下载成功");
            LED2_OFF();
        }
    }
}
```

打开 User 文件夹，找到 stm32f0xx_it.c 文件，然后在该文件中找到下面的语句“void USART1_IRQHandler(void)”进行添加。

```
/*****************************************************
* FunctionName    : USART1_IRQHandler
* Description     : 串口中断函数
* EntryParameter  : None
* ReturnValue     : None
*****************************************************/
```

```
void USART1_IRQHandler(void)
{
    uint8_t buf[1] = {0x00};                    //定义接收数据变量数组
  if(USART_GetITStatus(USART1,USART_IT_RXNE) != RESET)
  {
        buf[0] = USART1 - >RDR;                  //从 Rx FIFO 中读取接收到的数据
        SPI_FLASH_PageWrite(buf,flash_addr,1);
        flash_addr ++ ;
  }
}
```

10.14 中文字库的下载

1. STM32F072 烧入 CHNGBK_MAKE.hex 应用程序

STM32F072 烧入 CHNGBK_MAKE.hex 应用程序后，就可以将字库 stziku16.bin 下载到开发板上的 W25Q16 中了。

STM32F072 烧入 CHNGBK_MAKE.hex 应用程序后需进行测试，按动 K2 键，将会看到 TFT-LCD 上只有几条黑影，并没有中文出现，说明此刻 W25Q16 中还没有中文字库，如图 10-29 所示。

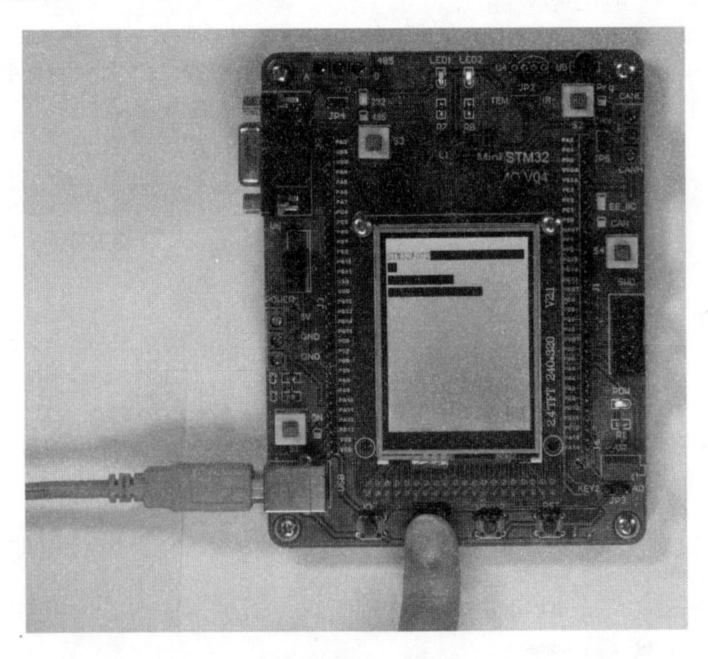

图 10-29 W25Q16 中没有中文字库

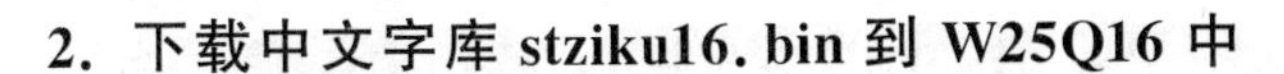

2. 下载中文字库 stziku16. bin 到 W25Q16 中

打开串口调试软件，将波特率设置为 115 200。开关 S2 处于正常串口通信位置，选择“选择发送文件”→“stziku16. bin”（或“htziku16. bin”）菜单项，然后单击“发送文件”按钮，如图 10－30 所示。请耐心等待 1 分 5 秒，等待期间，不要按动 Mini STM32 DEMO 开发板上的任何按键，直到发送界面的下方提示“发送完毕！”为止，如 10－31 所示。**注意：**如果需要下载中文字库到 W25Q16 中，那么在开始下载前首先应该按动一下 K1 键，以便将原来的字库擦除干净，否则会发生无法下载的情况。ASCII 码字库比较小，占用空间不大，可以写在程序中（见 ascii. h 文件），因此不需要另外下载到 W25Q16 中。

图 10－30 单击“发送文件”按钮

按动 K2 健，TFT-LCD 上将显示中文，如图 10－32 所示，说明中文字库已经下载到 W25Q16 中。

注意：此时绝对不能按 K1 健！按 K1 健的作用是擦除字库，擦除时间只需要几秒。

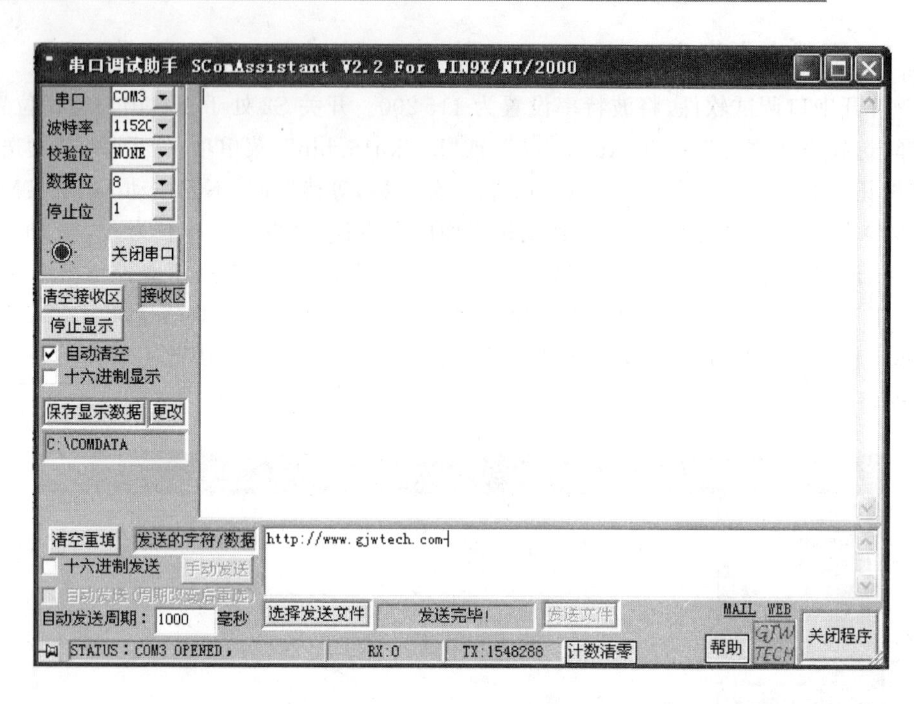

图 10-31　提示“发送完毕!”

图 10-32　TFT-LCD 上显示中文

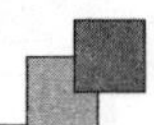

10.15 STM32F072的TFT-LCD驱动实验——显示多种颜色、图形及中英文字符

1. 实验要求

TFT-LCD显示多种颜色及中英文字符，熟练掌握TFT-LCD的中英文显示驱动。

2. 实验电路原理

参考Mini STM32 DEMO开发板电路原理图：

- PB11——F_CS：Flash芯片W25Q16的片选；
- PB13——SCK2：Flash芯片W25Q16的时钟；
- PB14——MISO2：Flash芯片W25Q16的数据输出；
- PB15——MOSI2：Flash芯片W25Q16的数据输入；
- PC10——LCD_RS：TFT-LCD命令/数据选择(0,读/写命令;1,读/写数据)；
- PC11——LCD_CS：TFT-LCD片选；
- PD2——LCD_WR：向TFT-LCD写入数据；
- PC12——LCD_RD：从TFT-LCD读取数据；
- PC7～PC0——DB[15:8]：TFT-LCD 16位双向数据线的高8位；
- PB7～PB0——DB[7:0]：TFT-LCD 16位双向数据线的低8位；
- NRST——NRST：TFT-LCD复位信号。

3. 源程序文件及分析

新建一个文件目录CHN_TEST，在RealView MDK集成开发环境中创建一个工程项目CHN_TEST.uvprojx于此目录中。

在File菜单下新建如下的源文件main.c，编写源程序代码后保存在User文件夹下，再把main.c文件添加到User组中。

```
#include "stm32f0xx.h"
#include "W25Q16.h"
#include "ILI9325.h"
typedef enum { FAILED = 0,PASSED = ! FAILED} TestStatus;
__IO uint32_t DeviceID = 0;
__IO uint32_t FlashID = 0;
__IO TestStatus TransferStatus1 = FAILED;
/* 获取缓冲区的长度 */
#define TxBufferSize1    (countof(TxBuffer1) - 1)
#define RxBufferSize1    (countof(TxBuffer1) - 1)
```

```
#define countof(a)      (sizeof(a) / sizeof(*(a)))
#define  BufferSize (countof(Tx_Buffer) - 1)
#define  FLASH_WriteAddress      0x00000
#define  FLASH_ReadAddress       FLASH_WriteAddress
#define  FLASH_SectorToErase     FLASH_WriteAddress
#define  sFLASH_ID               0xEF3015
uint8_t Tx_Buffer[] = "good";
uint8_t Rx_Buffer[];
/****************************************
 * FunctionName    : Buffercmp
 * Description     : 比较两个缓冲区
 * EntryParameter  : *pBuffer1、*pBuffer2：被比较的缓冲区;BufferLength：缓冲区长度
 * ReturnValue     : PASSED：*pBuffer1、*pBuffer2 缓冲区相同
 *                   FAILED：*pBuffer1、*pBuffer2 缓冲区不同
 ****************************************/
TestStatus Buffercmp(uint8_t* pBuffer1,uint8_t* pBuffer2,uint16_t BufferLength)
{
  while(BufferLength--)
  {
    if(*pBuffer1 != *pBuffer2)
    {
      return FAILED;
    }
    pBuffer1++;
    pBuffer2++;
  }
  return PASSED;
}
/****************************************
 * FunctionName    : Delay
 * Description     : 延时 1 s
 * EntryParameter  : None
 * ReturnValue     : None
 ****************************************/
void Delay(__IO uint32_t nCount)
{
  for(; nCount != 0; nCount--);
}
/****************************************
 * FunctionName    : main
 * Description     : 主函数
 * EntryParameter  : None
```

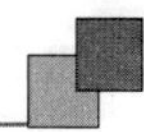

```
* ReturnValue      : None
***************************************/
int main(void)
{
    SystemInit();
    SPI_FLASH_Init();
    LCD_init();                                        //液晶显示器初始化
    LCD_Clear(BLUE);                                   //全屏显示蓝色
    POINT_COLOR = BLACK;                               //定义笔的颜色为黑色
    BACK_COLOR = WHITE;                                //定义笔的背景色为白色
    DeviceID = SPI_FLASH_ReadDeviceID();               //读取芯片的 ID
    Delay( 200 );
    / * Get SPI Flash ID * /
    FlashID = SPI_FLASH_ReadID();                      //读取 Flash 的 ID
    LCD_ShowString(20,10,"FLASHID: ");
    LCD_ShowNum(84,10,FlashID,6);
    LCD_ShowString(20,30,"DeviceID: ");
    LCD_ShowNum(90,30,DeviceID,6);
    SPI_FLASH_SectorErase(FLASH_SectorToErase);
    SPI_FLASH_BufferWrite(Tx_Buffer,0x00000,5);        //写入芯片
    LCD_ShowString(20,50,     Tx_Buffer);
    SPI_FLASH_BufferRead(Rx_Buffer,0x00000,5);         //读出芯片
    LCD_ShowString(20,70,"read: ");
    LCD_ShowString(60,70,Rx_Buffer);
    if( * Tx_Buffer == * Rx_Buffer)
    {
        LCD_ShowString(20,90,"w25q16 reading success");
    }
    else
    {
        LCD_ShowString(20,90,"w25q16 reading error");
    }
    POINT_COLOR = RED;                                 //定义笔的颜色为红色
    BACK_COLOR = WHITE;                                //定义笔的背景色为白色
    LCD_ShowString(2,150,"出现这行字,说明中文显示正常");
  while(1);
}
```

在 File 菜单下新建如下的源文件 W25Q16.c,编写完成后保存在 Drive 文件夹下,随后将 Drive 文件夹中的应用文件 W25Q16.c 添加到 Drive 组中。

```
#include "W25Q16.h"
/ *************************************************
```

```
* Function Name    : SPI_FLASH_Init
* Description      : Initializes the peripherals used by the SPI Flash driver
* Input            : None
* Output           : None
* Return           : None
*******************************************************************************/
void SPI_FLASH_Init(void)
{
  GPIO_InitTypeDef  GPIO_InitStruct;
  SPI_InitTypeDef   SPI_InitStruct;
  /*! < SD_SPI_CS_GPIO,SD_SPI_MOSI_GPIO,SD_SPI_MISO_GPIO,SD_SPI_DETECT_GPIO
       and SD_SPI_SCK_GPIO Periph clock enable */
//
RCC_AHBPeriphClockCmd(FLASH_CS_PIN_SCK|FLASH_SCK_PIN_SCK|FLASH_MISO_PIN_SCK | FLASH
_MOSI_PIN_SCK,ENABLE);
  RCC_AHBPeriphClockCmd(RCC_AHBPeriph_GPIOB,ENABLE);
  /*! < SD_SPI Periph clock enable */
  RCC_APB1PeriphClockCmd(FLASH_SPI2,ENABLE);
  /*! < Configure SD_SPI pins: SCK */
  GPIO_InitStruct.GPIO_Pin = FLASH_SCK_PIN;
  GPIO_InitStruct.GPIO_Mode = GPIO_Mode_AF;
  GPIO_InitStruct.GPIO_Speed = GPIO_Speed_Level_3;
  GPIO_InitStruct.GPIO_OType = GPIO_OType_PP;
  GPIO_InitStruct.GPIO_PuPd   = GPIO_PuPd_UP;
  GPIO_Init(FLASH_SCK_PORT,&GPIO_InitStruct);
  /*! < Configure SD_SPI pins: MISO */
  GPIO_InitStruct.GPIO_Pin = FLASH_MISO_PIN;
  GPIO_Init(FLASH_MISO_PORT,&GPIO_InitStruct);
  /*! < Configure SD_SPI pins: MOSI */
  GPIO_InitStruct.GPIO_Pin = FLASH_MOSI_PIN;
  GPIO_Init(FLASH_MOSI_PORT,&GPIO_InitStruct);
  /* Connect PXx to SD_SPI_SCK */
  GPIO_PinAFConfig(FLASH_SCK_PORT,FLASH_SCK_SOURCE,FLASH_SCK_AF);
  /* Connect PXx to SD_SPI_MISO */
  GPIO_PinAFConfig(FLASH_MISO_PORT,FLASH_MISO_SOURCE,FLASH_MISO_AF);
  /* Connect PXx to SD_SPI_MOSI */
  GPIO_PinAFConfig(FLASH_MOSI_PORT,FLASH_MOSI_SOURCE,FLASH_MOSI_AF);
  /*! < Configure SD_SPI_CS_PIN pin: SD Card CS pin */
  GPIO_InitStruct.GPIO_Pin = FLASH_CS_PIN;
  GPIO_InitStruct.GPIO_Mode = GPIO_Mode_OUT;
  GPIO_InitStruct.GPIO_OType = GPIO_OType_PP;
  GPIO_InitStruct.GPIO_PuPd = GPIO_PuPd_UP;
```

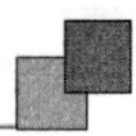

```
    GPIO_InitStruct.GPIO_Speed = GPIO_Speed_Level_3;
    GPIO_Init(FLASH_CS_PORT,&GPIO_InitStruct);
    SPI_FLASH_CS_HIGH();
    /*!< SD_SPI Config */
    SPI_InitStruct.SPI_Direction = SPI_Direction_2Lines_FullDuplex;
    SPI_InitStruct.SPI_Mode = SPI_Mode_Master;
    SPI_InitStruct.SPI_DataSize = SPI_DataSize_8b;
    SPI_InitStruct.SPI_CPOL = SPI_CPOL_High;
    SPI_InitStruct.SPI_CPHA = SPI_CPHA_2Edge;
    SPI_InitStruct.SPI_NSS = SPI_NSS_Soft;
    SPI_InitStruct.SPI_BaudRatePrescaler = SPI_BaudRatePrescaler_2;
    SPI_InitStruct.SPI_FirstBit = SPI_FirstBit_MSB;
    SPI_InitStruct.SPI_CRCPolynomial = 7;
    SPI_Init(SPI2,&SPI_InitStruct);
    SPI_RxFIFOThresholdConfig(SPI2,SPI_RxFIFOThreshold_QF);
    SPI_Cmd(SPI2,ENABLE); /*!< SD_SPI enable */
//SPI_FLASH_CS_LOW();
}
/************************************************************
* Function Name  : SPI_FLASH_SectorErase
* Description    : Erases the specified Flash sector
* Input          : SectorAddr: address of the sector to erase
* Output         : None
* Return         : None
************************************************************/
void SPI_FLASH_SectorErase(uint32_t SectorAddr)
{
    /* Send write enable instruction */
    SPI_FLASH_WriteEnable();
    SPI_FLASH_WaitForWriteEnd();
    /* Sector Erase */
    /* Select the Flash: Chip Select low */
    SPI_FLASH_CS_LOW();
    /* Send Sector Erase instruction */
    SPI_FLASH_SendByte(W25Q_SectorErase);
    /* Send SectorAddr high nibble address byte */
    SPI_FLASH_SendByte((SectorAddr & 0xFF0000) >> 16);
    /* Send SectorAddr medium nibble address byte */
    SPI_FLASH_SendByte((SectorAddr & 0xFF00) >> 8);
    /* Send SectorAddr low nibble address byte */
    SPI_FLASH_SendByte(SectorAddr & 0xFF);
    /* Deselect the Flash: Chip Select high */
```

```
  SPI_FLASH_CS_HIGH();
  /* Wait the end of Flash writing */
  SPI_FLASH_WaitForWriteEnd();
}
/*******************************************************************
* Function Name  : SPI_FLASH_BulkErase
* Description    : Erases the entire Flash
* Input          : None
* Output         : None
* Return         : None
*******************************************************************/
void SPI_FLASH_BulkErase(void)
{
  /* Send write enable instruction */
  SPI_FLASH_WriteEnable();
  /* Bulk Erase */
  /* Select the Flash: Chip Select low */
  SPI_FLASH_CS_LOW();
  /* Send Bulk Erase instruction  */
  SPI_FLASH_SendByte(W25Q_ChipErase);
  /* Deselect the Flash: Chip Select high */
  SPI_FLASH_CS_HIGH();
  /* Wait the end of Flash writing */
  SPI_FLASH_WaitForWriteEnd();
}
/*****************************************************************
* Function Name  : SPI_FLASH_PageWrite
* Description    : Writes more than one byte to the Flash with a single WRITE
*                  cycle(Page WRITE sequence). The number of byte can't exceed
*                  the FLASH page size
* Input          : pBuffer : pointer to the buffer containing the data to be
*                  written to the Flash
*                  WriteAddr : Flash's internal address to write to
*                  NumByteToWrite : number of bytes to write to the Flash
*                  must be equal or less than "SPI_FLASH_PageSize" value
* Output         : None
* Return         : None
*****************************************************************/
void SPI_FLASH_PageWrite(uint8_t * pBuffer,uint32_t WriteAddr,uint16_t NumByteToW-
rite)
{
  /* Enable the write access to the Flash */
```

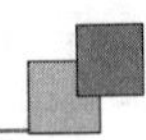

```
    SPI_FLASH_WriteEnable();
    /* Select the Flash: Chip Select low */
    SPI_FLASH_CS_LOW();
    /* Send "Write to Memory" instruction */
    SPI_FLASH_SendByte(W25Q_PageProgram);
    /* Send WriteAddr high nibble address byte to write to */
    SPI_FLASH_SendByte((WriteAddr & 0xFF0000) >> 16);
    /* Send WriteAddr medium nibble address byte to write to */
    SPI_FLASH_SendByte((WriteAddr & 0xFF00) >> 8);
    /* Send WriteAddr low nibble address byte to write to */
    SPI_FLASH_SendByte(WriteAddr & 0xFF);
    if(NumByteToWrite > SPI_FLASH_PerWritePageSize)
    {
        NumByteToWrite = SPI_FLASH_PerWritePageSize;
        //printf("\n\r Err: SPI_FLASH_PageWrite too large!");
    }
    /* while there is data to be written on the Flash */
    while (NumByteToWrite--)
    {
      /* Send the current byte */
      SPI_FLASH_SendByte(*pBuffer);
      /* Point on the next byte to be written */
      pBuffer++;
    }
    /* Deselect the Flash: Chip Select high */
    SPI_FLASH_CS_HIGH();
    /* Wait the end of Flash writing */
    SPI_FLASH_WaitForWriteEnd();
}
/*******************************************************************************
 * Function Name  : SPI_FLASH_BufferWrite
 * Description    : Writes block of data to the Flash. In this function,the
 *                  number of WRITE cycles are reduced,using Page WRITE sequence
 * Input          : pBuffer: pointer to the buffer containing the data to be
 *                  written to the Flash
 *                  WriteAddr : Flash's internal address to write to
 *                  NumByteToWrite: number of bytes to write to the Flash
 * Output         : None
 * Return         : None
 *******************************************************************************/
void SPI_FLASH_BufferWrite(uint8_t* pBuffer,uint32_t WriteAddr,uint16_t NumByteToW-
rite)
```

```
{
  uint8_t NumOfPage = 0,NumOfSingle = 0,Addr = 0,count = 0,temp = 0;
  Addr = WriteAddr % SPI_FLASH_PageSize;
  count = SPI_FLASH_PageSize - Addr;
  NumOfPage = NumByteToWrite / SPI_FLASH_PageSize;
  NumOfSingle = NumByteToWrite % SPI_FLASH_PageSize;
  if (Addr == 0) /* WriteAddr is SPI_FLASH_PageSize aligned    */
  {
    if (NumOfPage == 0) /* NumByteToWrite < SPI_FLASH_PageSize */
    {
      SPI_FLASH_PageWrite(pBuffer,WriteAddr,NumByteToWrite);
    }
    else /* NumByteToWrite > SPI_FLASH_PageSize */
    {
      while (NumOfPage--)
      {
        SPI_FLASH_PageWrite(pBuffer,WriteAddr,SPI_FLASH_PageSize);
        WriteAddr +=  SPI_FLASH_PageSize;
        pBuffer += SPI_FLASH_PageSize;
      }
      SPI_FLASH_PageWrite(pBuffer,WriteAddr,NumOfSingle);
    }
  }
  else /* WriteAddr is not SPI_FLASH_PageSize aligned    */
  {
    if (NumOfPage == 0) /* NumByteToWrite < SPI_FLASH_PageSize */
    {
      if (NumOfSingle > count) /* (NumByteToWrite + WriteAddr) > SPI_FLASH_PageS-
ize */
      {
        temp = NumOfSingle - count;
        SPI_FLASH_PageWrite(pBuffer,WriteAddr,count);
        WriteAddr +=  count;
        pBuffer += count;
        SPI_FLASH_PageWrite(pBuffer,WriteAddr,temp);
      }
      else
      {
        SPI_FLASH_PageWrite(pBuffer,WriteAddr,NumByteToWrite);
      }
    }
    else /* NumByteToWrite > SPI_FLASH_PageSize */
```

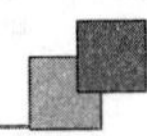

```
        {
          NumByteToWrite - = count;
          NumOfPage =   NumByteToWrite / SPI_FLASH_PageSize;
          NumOfSingle = NumByteToWrite % SPI_FLASH_PageSize;
          SPI_FLASH_PageWrite(pBuffer,WriteAddr,count);
          WriteAddr + =   count;
          pBuffer + = count;
          while (NumOfPage -- )
          {
            SPI_FLASH_PageWrite(pBuffer,WriteAddr,SPI_FLASH_PageSize);
            WriteAddr + =   SPI_FLASH_PageSize;
            pBuffer + = SPI_FLASH_PageSize;
          }
          if (NumOfSingle != 0)
          {
            SPI_FLASH_PageWrite(pBuffer,WriteAddr,NumOfSingle);
          }
        }
      }
    }
/*****************************************************
* Function Name   : SPI_FLASH_BufferRead
* Description     : Reads a block of data from the Flash
* Input           : pBuffer : pointer to the buffer that receives the data read
*                   from the Flash
*                   ReadAddr : Flash's internal address to read from
*                   NumByteToRead : number of bytes to read from the Flash
* Output          : None
* Return          : None
*****************************************************/
void SPI_FLASH_BufferRead(uint8_t *  pBuffer,uint32_t ReadAddr,uint16_t NumByteTo-
Read)
{
  /* Select the Flash: Chip Select low */
  SPI_FLASH_CS_LOW();
  /* Send "Read from Memory" instruction */
  SPI_FLASH_SendByte(W25Q_ReadData);
  /* Send ReadAddr high nibble address byte to read from */
  SPI_FLASH_SendByte((ReadAddr & 0xFF0000) >> 16);
  /* Send ReadAddr medium nibble address byte to read from */
  SPI_FLASH_SendByte((ReadAddr& 0xFF00) >> 8);
  /* Send ReadAddr low nibble address byte to read from */
```

```
    SPI_FLASH_SendByte(ReadAddr & 0xFF);
    while (NumByteToRead--) /* while there is data to be read */
    {
      /* Read a byte from the Flash */
      *pBuffer = SPI_FLASH_SendByte(Dummy_Byte);
      /* Point to the next location where the byte read will be saved */
      pBuffer++;
    }
    /* Deselect the Flash: Chip Select high */
    SPI_FLASH_CS_HIGH();
}
/*******************************************************************************
* Function Name  : SPI_FLASH_ReadID
* Description    : Reads Flash identification
* Input          : None
* Output         : None
* Return         : Flash identification
*******************************************************************************/
uint32_t SPI_FLASH_ReadID(void)
{
    uint32_t Temp = 0,Temp0 = 0,Temp1 = 0,Temp2 = 0;
    /* Select the Flash: Chip Select low */
    SPI_FLASH_CS_LOW();
    /* Send "RDID" instruction */
    SPI_FLASH_SendByte(W25Q_JedecDeviceID);
    /* Read a byte from the Flash */
    Temp0 = SPI_FLASH_SendByte(Dummy_Byte);
    /* Read a byte from the Flash */
    Temp1 = SPI_FLASH_SendByte(Dummy_Byte);
    /* Read a byte from the Flash */
    Temp2 = SPI_FLASH_SendByte(Dummy_Byte);
    /* Deselect the FLASH: Chip Select high */
    SPI_FLASH_CS_HIGH();
    Temp = (Temp0 << 16) | (Temp1 << 8) | Temp2;
    return Temp;
}
/*******************************************************************************
* Function Name  : SPI_FLASH_ReadID
* Description    : Reads Flash identification
* Input          : None
* Output         : None
* Return         : FLASH identification
```

```
************************************************************/
uint32_t SPI_FLASH_ReadDeviceID(void)
{
  uint32_t Temp = 0;
  /* Select the Flash: Chip Select low */
  SPI_FLASH_CS_LOW();
  /* Send "RDID" instruction */
  SPI_FLASH_SendByte(W25Q_DeviceID);
  SPI_FLASH_SendByte(Dummy_Byte);
  SPI_FLASH_SendByte(Dummy_Byte);
  SPI_FLASH_SendByte(Dummy_Byte);
  /* Read a byte from the Flash */
  Temp = SPI_FLASH_SendByte(Dummy_Byte);
  /* Deselect the Flash: Chip Select high */
  SPI_FLASH_CS_HIGH();
  return Temp;
}
/************************************************************
 * Function Name  : SPI_FLASH_StartReadSequence
 * Description    : Initiates a read data byte (READ) sequence from the Flash
 *                  This is done by driving the /CS line low to select the device
 *                  then the READ instruction is transmitted followed by 3 bytes
 *                  address. This function exit and keep the /CS line low,so the
 *                  Flash still being selected. With this technique the whole
 *                  content of the Flash is read with a single READ instruction
 * Input          : ReadAddr : Flash's internal address to read from
 * Output         : None
 * Return         : None
 ************************************************************/
void SPI_FLASH_StartReadSequence(uint32_t ReadAddr)
{
  /* Select the Flash: Chip Select low */
  SPI_FLASH_CS_LOW();
  /* Send "Read from Memory" instruction */
  SPI_FLASH_SendByte(W25Q_ReadData);
  /* Send the 24-bit address of the address to read from ------------*/
  /* Send ReadAddr high nibble address byte */
  SPI_FLASH_SendByte((ReadAddr & 0xFF0000) >> 16);
  /* Send ReadAddr medium nibble address byte */
  SPI_FLASH_SendByte((ReadAddr& 0xFF00) >> 8);
  /* Send ReadAddr low nibble address byte */
  SPI_FLASH_SendByte(ReadAddr & 0xFF);
```

```
}
/************************************************************
 * Function Name  : SPI_FLASH_ReadByte
 * Description    : Reads a byte from the SPI Flash.
 *                   This function must be used only if the Start_Read_Sequence
 *                   function has been previously called.
 * Input          : None
 * Output         : None
 * Return         : Byte Read from the SPI Flash.
 ************************************************************/
uint8_t SPI_FLASH_ReadByte(void)
{
  return (SPI_FLASH_SendByte(Dummy_Byte));
}
/************************************************************
 * Function Name  : SPI_FLASH_SendByte
 * Description    : Sends a byte through the SPI interface and return the byte
 *                   received from the SPI bus
 * Input          : byte : byte to send
 * Output         : None
 * Return         : The value of the received byte
 ************************************************************/
uint8_t SPI_FLASH_SendByte(uint8_t byte)
{
  /* Loop while DR register in not emplty */
  while (SPI_I2S_GetFlagStatus(SPI2,SPI_I2S_FLAG_TXE) == RESET);
  /* Send byte through the SPI1 peripheral */
  SPI_SendData8(SPI2,byte);
  /* Wait to receive a byte */
  while (SPI_I2S_GetFlagStatus(SPI2,SPI_I2S_FLAG_RXNE) == RESET);
  /* Return the byte read from the SPI bus */
  return SPI_ReceiveData8(SPI2);
}
/************************************************************
 * Function Name  : SPI_FLASH_SendHalfWord
 * Description    : Sends a Half Word through the SPI interface and return the
 *                   Half Word received from the SPI bus
 * Input          : Half Word : Half Word to send
 * Output         : None
 * Return         : The value of the received Half Word
 ************************************************************/
uint16_t SPI_FLASH_SendHalfWord(uint16_t HalfWord)
```

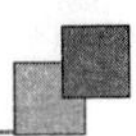

```
{
  /* Loop while DR register in not emplty */
  while (SPI_I2S_GetFlagStatus(SPI2,SPI_I2S_FLAG_TXE) == RESET);
  /* Send Half Word through the SPI1 peripheral */
  SPI_SendData8(SPI2,HalfWord);
  /* Wait to receive a Half Word */
  while (SPI_I2S_GetFlagStatus(SPI2,SPI_I2S_FLAG_RXNE) == RESET);
  /* Return the Half Word read from the SPI bus */
  return SPI_ReceiveData8(SPI2);
}
/*******************************************************
* Function Name    : SPI_FLASH_WriteEnable
* Description      : Enables the write access to the Flash
* Input            : None
* Output           : None
* Return           : None
*******************************************************/
void SPI_FLASH_WriteEnable(void)
{
  /* Select the Flash: Chip Select low */
  SPI_FLASH_CS_LOW();
  /* Send "Write Enable" instruction */
  SPI_FLASH_SendByte(W25Q_WriteEnable);
  /* Deselect the FLASH: Chip Select high */
  SPI_FLASH_CS_HIGH();
}
/*******************************************************
* Function Name    : SPI_FLASH_WaitForWriteEnd
* Description      : Polls the status of the Write In Progress (WIP) flag in the
*                    Flash's status register and loop until write opertaion
*                    has completed
* Input            : None
* Output           : None
* Return           : None
*******************************************************/
void SPI_FLASH_WaitForWriteEnd(void)
{
  uint8_t FLASH_Status = 0;
  /* Select the FLASH: Chip Select low */
  SPI_FLASH_CS_LOW();
  /* Send "Read Status Register" instruction */
  SPI_FLASH_SendByte(W25Q_ReadStatusReg);
```

```
    /* Loop as long as the memory is busy with a write cycle */
    do
    {
      /* Send a dummy byte to generate the clock needed by the Flash
      and put the value of the status register in FLASH_Status variable */
      FLASH_Status = SPI_FLASH_SendByte(Dummy_Byte);
    }
    while ((FLASH_Status & WIP_Flag) == SET); /* Write in progress */
    /* Deselect the Flash: Chip Select high */
    SPI_FLASH_CS_HIGH();
}
//进入掉电模式
void SPI_Flash_PowerDown(void)
{
    /* Select the Flash: Chip Select low */
    SPI_FLASH_CS_LOW();
    /* Send "Power Down" instruction */
    SPI_FLASH_SendByte(W25Q_PowerDown);
    /* Deselect the FLASH: Chip Select high */
    SPI_FLASH_CS_HIGH();
}
//唤醒
void SPI_Flash_WAKEUP(void)
{
    /* Select the Flash: Chip Select low */
    SPI_FLASH_CS_LOW();
    /* Send "Power Down" instruction */
    SPI_FLASH_SendByte(W25Q_ReleasePowerDown);
    /* Deselect the Flash: Chip Select high */
    SPI_FLASH_CS_HIGH();                          //等待 tRES1
}
```

在 File 菜单下新建如下的源文件 W25Q16.h，编写完成后保存在 Drive 文件夹下。

```
#ifndef __W25Q16_H
#define __W25Q16_H
#include "stm32f0xx.h"
/* Private typedef -----------------------------*/
//#define SPI_FLASH_PageSize             4096
#define SPI_FLASH_PageSize               256
#define SPI_FLASH_PerWritePageSize       256
/* Private define ------------------------------*/
```

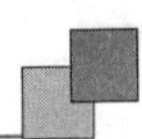

```
#define W25Q_WriteEnable                    0x06
#define W25Q_WriteDisable                   0x04
#define W25Q_ReadStatusReg                  0x05
#define W25Q_WriteStatusReg                 0x01
#define W25Q_ReadData                       0x03
#define W25Q_FastReadData                   0x0B
#define W25Q_FastReadDual                   0x3B
#define W25Q_PageProgram                    0x02
#define W25Q_BlockErase                     0xD8
#define W25Q_SectorErase                    0x20
#define W25Q_ChipErase                      0xC7
#define W25Q_PowerDown                      0xB9
#define W25Q_ReleasePowerDown               0xAB
#define W25Q_DeviceID                       0xAB
#define W25Q_ManufactDeviceID               0x90
#define W25Q_JedecDeviceID                  0x9F
#define WIP_Flag                            0x01  /* Write In Progress (WIP) flag */
#define Dummy_Byte                          0xFF
#define FLASH_CS_PIN                        GPIO_Pin_11
#define FLASH_CS_PORT                       GPIOB
#define FLASH_CS_PIN_SCK                    RCC_AHBPeriph_GPIOB
#define FLASH_SCK_PIN                       GPIO_Pin_13
#define FLASH_SCK_PORT                      GPIOB
#define FLASH_SCK_PIN_SCK                   RCC_AHBPeriph_GPIOB
#define FLASH_SCK_SOURCE                    GPIO_PinSource13
#define FLASH_SCK_AF                        GPIO_AF_0
#define FLASH_MISO_PIN                      GPIO_Pin_14
#define FLASH_MISO_PORT                     GPIOB
#define FLASH_MISO_PIN_SCK                  RCC_AHBPeriph_GPIOB
#define FLASH_MISO_SOURCE                   GPIO_PinSource14
#define FLASH_MISO_AF                       GPIO_AF_0
#define FLASH_MOSI_PIN                      GPIO_Pin_15
#define FLASH_MOSI_PORT                     GPIOB
#define FLASH_MOSI_PIN_SCK                  RCC_AHBPeriph_GPIOB
#define FLASH_MOSI_SOURCE                   GPIO_PinSource15
#define FLASH_MOSI_AF                       GPIO_AF_0
#define FLASH_SPI2                          RCC_APB1Periph_SPI2
#define SPI_FLASH_CS_LOW()                  GPIO_ResetBits(GPIOB,GPIO_Pin_11)
#define SPI_FLASH_CS_HIGH()                 GPIO_SetBits(GPIOB,GPIO_Pin_11)
void SPI_FLASH_Init(void);
void SPI_FLASH_SectorErase(uint32_t SectorAddr);
void SPI_FLASH_BulkErase(void);
```

```
void SPI_FLASH_PageWrite(uint8_t * pBuffer,uint32_t WriteAddr,uint16_t NumByteToWrite);
void SPI_FLASH_BufferWrite(uint8_t * pBuffer,uint32_t WriteAddr,uint16_t NumByteToWrite);
void SPI_FLASH_BufferRead(uint8_t * pBuffer,uint32_t ReadAddr,uint16_t NumByteToRead);
uint32_t SPI_FLASH_ReadID(void);
uint32_t SPI_FLASH_ReadDeviceID(void);
void SPI_FLASH_StartReadSequence(uint32_t ReadAddr);
void SPI_Flash_PowerDown(void);
void SPI_Flash_WAKEUP(void);
uint8_t SPI_FLASH_ReadByte(void);
uint8_t SPI_FLASH_SendByte(uint8_t byte);
uint16_t SPI_FLASH_SendHalfWord(uint16_t HalfWord);
void SPI_FLASH_WriteEnable(void);
void SPI_FLASH_WaitForWriteEnd(void);
#endif /* __W25Q16_H */
```

4. 实验效果

编译通过后，可以使用 J-link 仿真器调试程序，最后将程序下载到 STM32F072 芯片中，这时 Mini STM32 DEMO 开发板上的 TFT-LCD 上显示出多种颜色及中英文组成的界面。实验照片如图 10－33 所示。

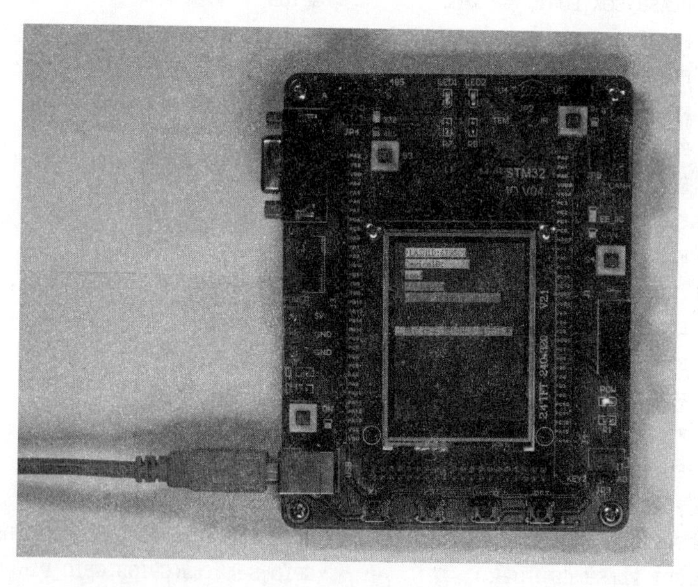

图 10－33　STM32F072 的 TFT-LCD 驱动实验照片(显示多种颜色及中英文)

第11章 通用同步异步串行收发器的特性及应用

通用同步异步串行收发器(USART)提供了一个灵活的方式,使MCU可以与外部设备通过工业标准NRZ的形式实现全双工异步串行数据通信。USART可以使用分数波特率发生器,并且提供了超宽的波特率设置范围。

USART支持同步通信模式和半双工单线通信模式,也支持LIN(本地互联网络)、智能卡协议、IrDA(红外数据协会)SIR ENDEC规范和modem流控操作(CTS/RTS),同时还支持多机通信方式。USART可以使用DMA实现多缓冲区设置,从而能够支持高速数据通信。

图11-1所示为USART框图。

11.1 USART简介

任何USART双向通信都要求最少有两个引脚:接收数据输入(Rx)和发送数据输出(Tx)。

Rx:接收数据输入是串行数据的输入口。使用过采样技术来完成数据恢复,以区别输入数据和噪声。

Tx:数据发送输出。当发送器被禁用时,Tx引脚回到其I/O口配置状态。当发送器被使能,但不发送数据时,Tx引脚为高电平输出。在单线和智能卡模式中,这个口线既用于发送数据也用于接收数据。

通过这些引脚,串行数据用数据帧的形式发送和接收:

- 在发送和接收之前为空闲状态;
- 起始位;
- 数据字(7、8或9位)最低有效位在前;
- 1、1.5、2个停止位表明帧的结束;
- 采用小数波特率发生器,整数12位、小数4位;

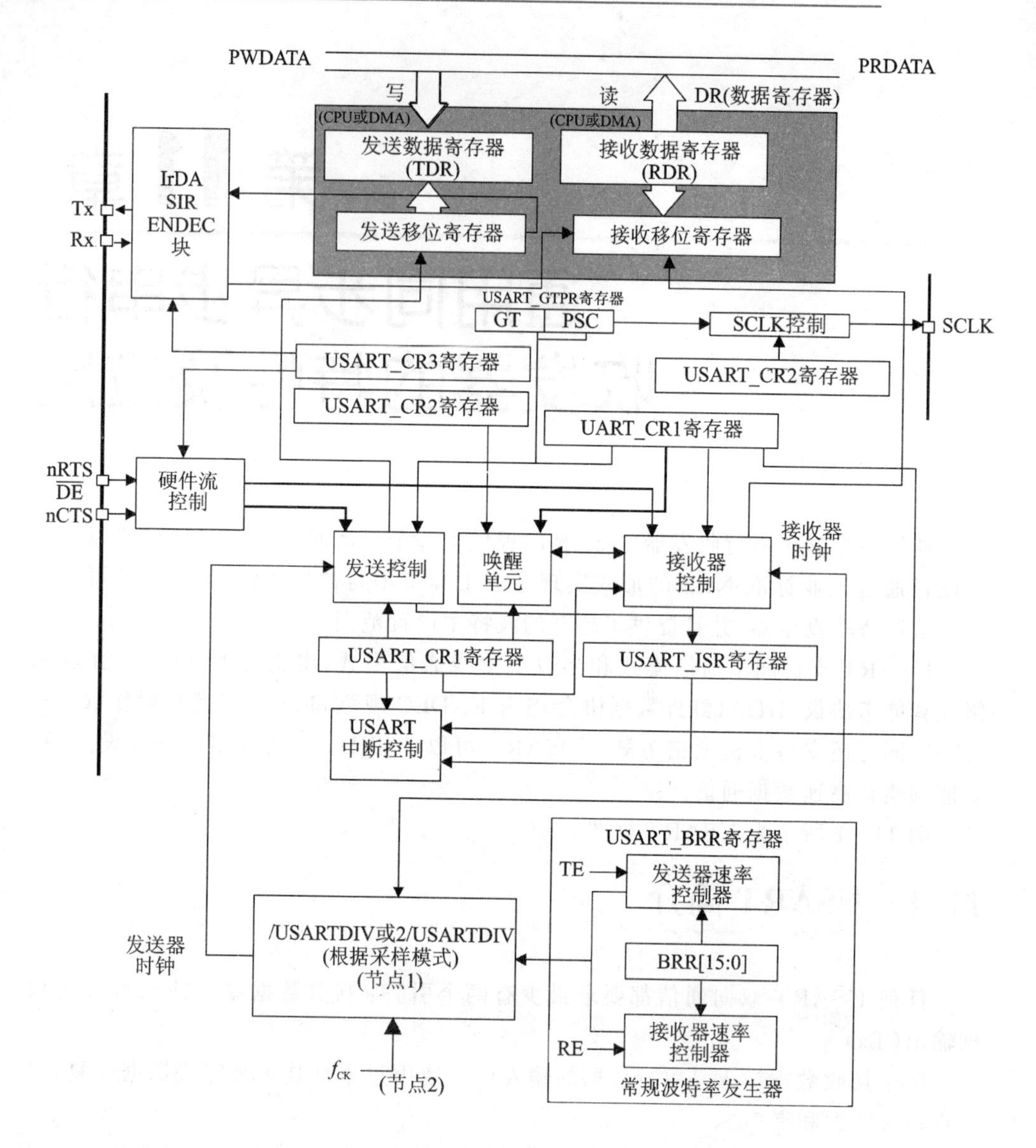

图 11－1　USART 框图

- 一个状态寄存器(USART_ISR)；
- 分开的接收和发送数据寄存器(USART_RDR、USART_TDR)；
- 一个波特率寄存器(USART_BRR)，整数 12 位、小数 4 位；
- 一个保护时间寄存器(USART_GTPR)，用于智能卡模式。

SCLK 引脚：时钟输出。该引脚会输出发送数据的同步时钟，会在同步模式和智能卡模式中用到。

发送功能和 SPI 主模式一致(起始位和停止位上没有时钟脉冲，在最后一位数据上可选择有无时钟脉冲)。同时，数据可经由 Rx 引脚同步接收，这可以被用来连接

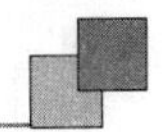

那种通过移位寄存器相连的外设(例如：LCD 驱动器)。时钟相位和极性可由软件设定。在智能卡模式中，SCLK 引脚会向智能卡提供时钟。

下列引脚用于支持硬件流控制模式：

- nCTS：低发送，当为高电平时作为发送阻塞信号。
- nRTS：请求发送，表明 USART 已经准备好接收数据(低电平时)。

$\overline{\text{DE}}$引脚：驱动使能，将外部收发器的发送模式激活，会在 RS－485 驱动使能控制时用到。

注意： $\overline{\text{DE}}$和 nRTS 共用同一个外部引脚。

11.1.1　USART 配置

配置 USART_CR1 寄存器中的 M 位可选择 7 位、8 位或 9 位字长，如图 11－2 所示。默认设置中，发送和接收的起始位都是低电平，而停止位都是高电平。这个逻辑可以在极性控制中单独设置为反向。

空闲符号被视为完全由 1 组成的完整的数据帧，后面跟着包含了数据的下一帧的开始位(1 的位数也包括停止位的位数)。

断开符号被视为在一个帧周期内全部收到 0(包括停止位期间也是 0)。当断开帧结束时，发送器会再插入 2 个停止位。

发送和接收由一个共用的波特率发生器驱动，当发送器和接收器的使能位分别置 1 时，分别为其产生时钟。

11.1.2　发送器配置

发送器根据 M 位的状态发送 7 位、8 位或 9 位的数据字。

发送使能位 TE 必须置 1 才能打开发送功能。发送移位寄存器中的数据在 Tx 引脚上输出，相应的时钟脉冲在 CK 引脚上输出。

1. 字符发送

在 USART 发送期间，在 Tx 引脚上首先移出数据的最低有效位。在此模式中，USART_TDR 寄存器充当一个内部总线和发送移位寄存器之间的缓冲器(TDR)。每个字符之前都有一个低电平的起始位，之后跟着停止位，停止位的数目是可选择的。

USART 支持多种停止位的选择：1、1.5 和 2 个停止位。

注意： ① 在向 USART_TDR 寄存器写数据之前必须先令 TE 位为 1；

② 在 TE 位被置 1 后将发送一个空闲帧。

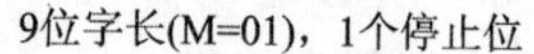

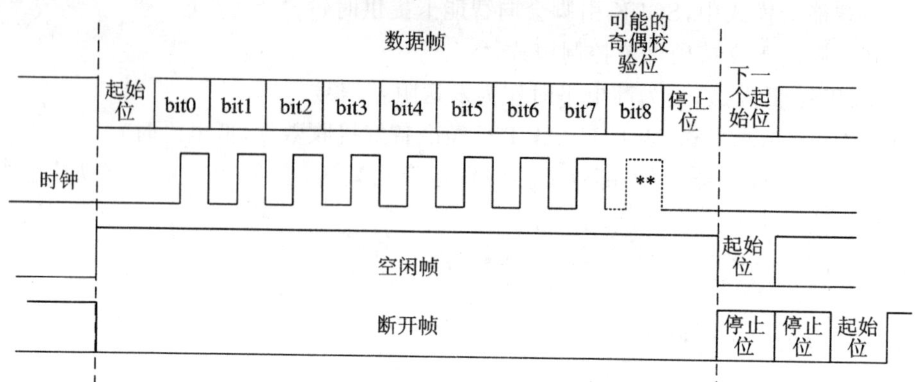

8位字长(M=00)，1个停止位

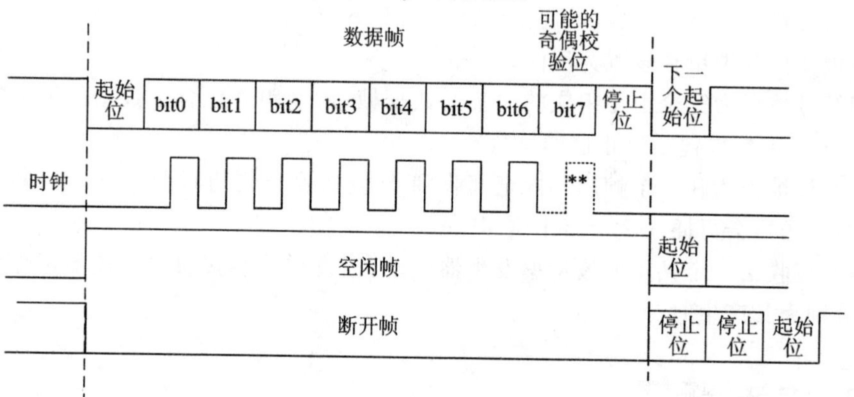

7位字长(M=10)，1个停止位

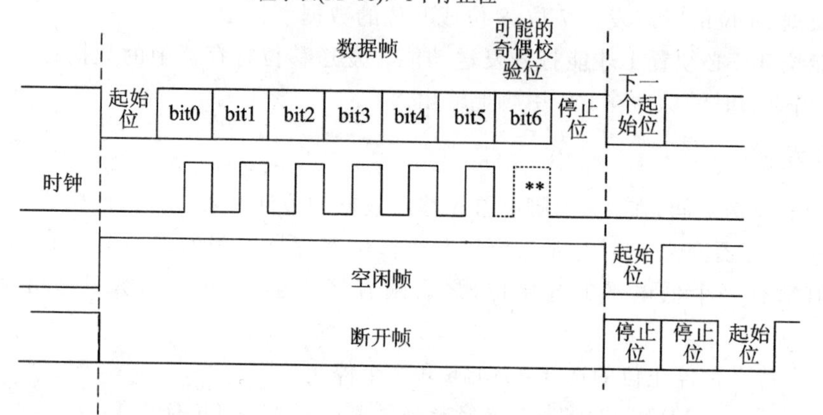

注：** LBCL位控制最后一个数据位的时钟脉冲。

图 11-2　字长设置

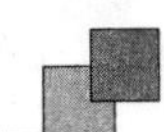

2. 可配置的停止位

发送停止位的位数可以通过控制寄存器 2 的位 13、12 进行编程，如图 11－3 所示。停止位的功能是：

① 1 个停止位：停止位位数的默认值。

② 2 个停止位：可用于常规 USART 模式、单线模式以及调制解调器模式。

③ 1.5 个停止位：在智能卡模式下发送和接收数据时使用。

空闲帧包括停止位。

断开帧是 10 位低电平(M＝0)，或者 11 位低电平(M＝1)，后跟 2 个停止位，不能传输更长的断开帧(长度大于 10 或者 11 位)。

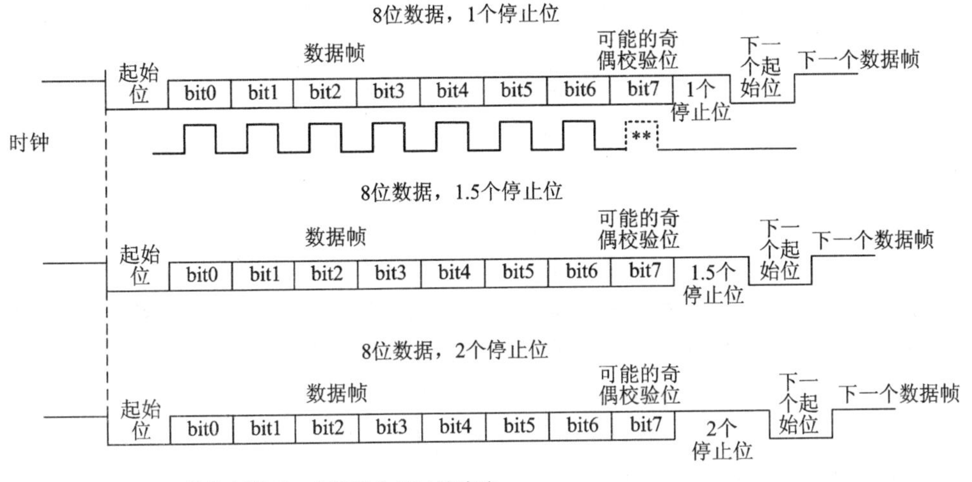

图 11－3 可配置的停止位

发送器配置步骤：

① 设置 USART_CR1 的 M 位来定义字长。

② 利用 USART_BRR 寄存器来选择希望的波特率。

③ 在 USART_CR2 中设置停止位的位数。

④ 通过将 USART_CR1 寄存器的 UE 位置 1 来使能 USART。

⑤ 如果采用多缓冲器通信，则配置 USART_CR3 中的 DMA 使能位(DMAT)。按多缓冲器通信中的描述配置 DMA 寄存器。

⑥ 设置 USART_CR1 中的 TE 位，发送一个空闲帧作为第一次数据发送。

⑦ 把要发送的数据写进 USART_TDR 寄存器(此动作将清除 TXE 位)。在只有一个缓冲器的情况下，对每个待发送的数据重复步骤⑦。重复步骤⑦之前应等待 TXE 变成 1。

⑧ 在 USART_TDR 寄存器中写入最后一个数据字后，要等待 TC＝1，它表示最

后一个数据帧传输结束。在需要关闭 USART 或需要进入停机模式之前，需要确认传输结束，以避免破坏最后一次传输。

3. 单字节通信

清零 TXE 位总是通过对数据寄存器的写操作来完成的。TXE 位由硬件来设置，它表明：

- 数据已经从 TDR 移送到移位寄存器，数据发送已经开始；
- USART_TDR 寄存器被清空；
- 下一个数据可以被写进 USART_TDR 寄存器而不会覆盖先前的数据。

如果 TXEIE 位被设置，则将产生一个中断请求事件。

如果此时 USART 正在发送数据，则对 USART_TDR 寄存器的写操作将把数据存入 TDR 寄存器，并且在当前传输结束时把该数据复制到移位寄存器。

如果此时 USART 没有发送数据，而且处于空闲状态，则对 USART_TDR 寄存器的写操作将导致直接把数据放进移位寄存器中，数据传输开始，TXE 位立即被置位。

如果一个字节发送完成(停止位发送后)且之前已将 TXE 位置位，则 TC 位会被置 1。如果 USART_CR1 寄存器中的 TCIE 位是 1，则产生中断。

在 USART_TDR 寄存器中写入最后一个数据字后，在关闭 USART 模块之前或设置微控制器进入低功耗模式之前，必须先等待 TC=1。

注意：关闭 USART 的正确步骤如下：

① 清除 TE 位(如果有数据正在传输或者 USART_寄存器中还有待发送的数据，则在关闭动作生效前发送完)；

② TC 位会在发送完后被置 1；

③ 在 TC=1 后清除 UE 位。

11.1.3 接收器配置

接收器根据 USART_CR1 寄存器中 M 位的状态接收 7 位、8 位或 9 位的数据字。

字符接收：在 USART 接收期间，数据的最低有效位(默认情况下)首先从 Rx 引脚移入。在此模式中，USART_RDR 寄存器充当一个位于内部总线和接收移位寄存器之间的缓冲器。

接收器配置步骤：

① 设置 USART_CR1 的 M 位来定义字长。

② 利用波特率寄存器 USART_BRR 选择希望的波特率。

③ 在 USART_CR2 中设置停止位的位数。

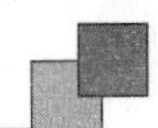

④ 通过将 USART_CR1 寄存器的 UE 位置 1 来激活 USART。

⑤ 如果采用多缓冲器通信，则配置 USART_CR3 中的 DMA 使能位(DMAR)。按多缓冲器通信中的描述配置 DMA 寄存器。

⑥ 将 USART_CR1 的 RE 位置 1。这将激活接收器，使它开始寻找起始位。

当一个字符被接收时：

- RXNE 位被置 1。它表明移位寄存器的内容被转移到 RDR，换句话说，数据已经被接收，并且可以被读出(包括与之有关的错误标志)。
- 如果 RXNEIE 位是 1，那么将会引起中断请求。
- 在接收期间如果检测到帧错误、噪音或溢出错误，那么错误标志将被置位，PE 标志也会和 RXNE 位一起被置 1。
- 在多缓冲器通信时，RXNE 位在每个字节接收后被置位，并由于 DMA 对数据寄存器的读操作而清零。
- 在单缓冲器模式中，由软件读 USART_RDR 寄存器完成对 RXNE 位的清除，RXNE 位也可以通过对 USART_RQR 寄存器中的 RXFRQ 位写 1 来清除。RXNE 位必须在下一字符接收结束前被清零，以避免溢出错误。

时钟源的选择要通过时钟控制系统，必须在使能 USART(将 UE 位置 1)之前打开 USART 的时钟源。

时钟源的选择需要依据以下两个标准：

- 在低功耗模式下使用串口的可能性；
- 通信速率。

当使用双时钟域和从 STOP 模式唤醒的功能时，USART 时钟源可以是 f_{PCLK}(默认)、f_{LSE}、f_{HSI}或 f_{SYS}。除此之外，USART 的时钟源是 f_{PCLK}。

选择 f_{LSE}或 f_{HSI}作为时钟源，可以使 USART 在 MCU 处于低功耗状态时还能接收数据。基于所选择的唤醒模式和接收到的数据，USART 会将 MCU 唤醒，并由软件或者 DMA 将接收到的数据从 USART_RDR 寄存器中读取。

最大通信速率是由所选择的时钟源决定的。通过 USART_CR1 寄存器中的 OVER8位来选择过采样率是波特率时钟的 8 倍还是 16 倍。

根据应用：

- 选择 8 倍过采样率以实现较高速率(高至 $f_{CK}/8$)。这种情况下，最大的接收器所允许的波特率偏差要小一些。
- 选择 16 倍过采样率(OVER8＝0)可提高时钟偏差容忍度。这种情况下，最高通信速率会被限制在 $f_{CK}/16$，其中，f_{CK}就是时钟源的频率。

接收期间的可配置停止位：被接收的停止位的个数可以通过 USART_CR2 的控制位来配置，在正常模式中可以是 1 个或 2 个，在智能卡模式中可能是 1.5 个。具体如下：

① 1 个停止位：对 1 个停止位的采样在第 8、第 9 和第 10 采样点上进行。

② 1.5 个停止位(智能卡模式):当以智能卡模式发送时,器件必须检查数据是否被正确地发送出去。所以,接收器功能块必须被激活(USART_CR1 寄存器中的 RE=1),并且在停止位的发送期间采样数据线上的信号。如果出现校验错误,则智能卡会在发送方采样 NACK 信号,即总线上停止位对应的时间内,拉低数据线,以此表示出现了帧错误。

③ 2 个停止位:对 2 个停止位的采样是在第一个停止位的第 8、第 9 和第 10 个采样点完成的。如果第一个停止位期间检测到一个帧错误,则帧错误标志将被设置,第二个停止位不再检查帧错误。在第一个停止位结束时 RXNE 标志将被设置。

11.2 USART 中断

表 11-1 所列为 USART 中断请求表。

表 11-1 USART 中断请求表

中断事件	事件标志	使能控制位
发送数据寄存器空	TXE	TXEIE
CTS 中断	CTSIF	CTSIE
发送成功	TC	TCIE
接收数据寄存器未空(数据已准备好读取)	RXNE	RXNEIE
检测到溢出错误	ORE	
空闲线路检测	IDLE	IDLEIE
奇偶检验错误	PE	PEIE
LIN 断开	LBDF	LBDIE
在多缓冲区通信中的噪声标志、溢出错误及帧错误	NF、ORE 或 FE	EIE
字符匹配	CMF	CMIE
接收超时错误	RTOF	RTOIE
块结束	EOBF	EOBIE
从停止状态唤醒	WUF(1)	WUFIE

注:(1)只是在停止模式下 WUF 中断。

USART 中断时全部连接到同一个中断向量,如图 11-4 所示。

- 发送期间:发送完成、CTS、发送数据寄存器空或帧错误(智能卡模式中)中断。
- 接收期间:空闲线检测、溢出错误、接收数据寄存器非空、校验错误、LIN 断开检测、噪声标志(仅在多缓冲区通信时)、帧错误(仅在多缓冲区通信时)、字符匹配等,如果设置了相应的使能控制位,则这些事件都可以引起中断。

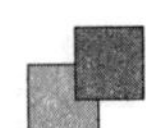

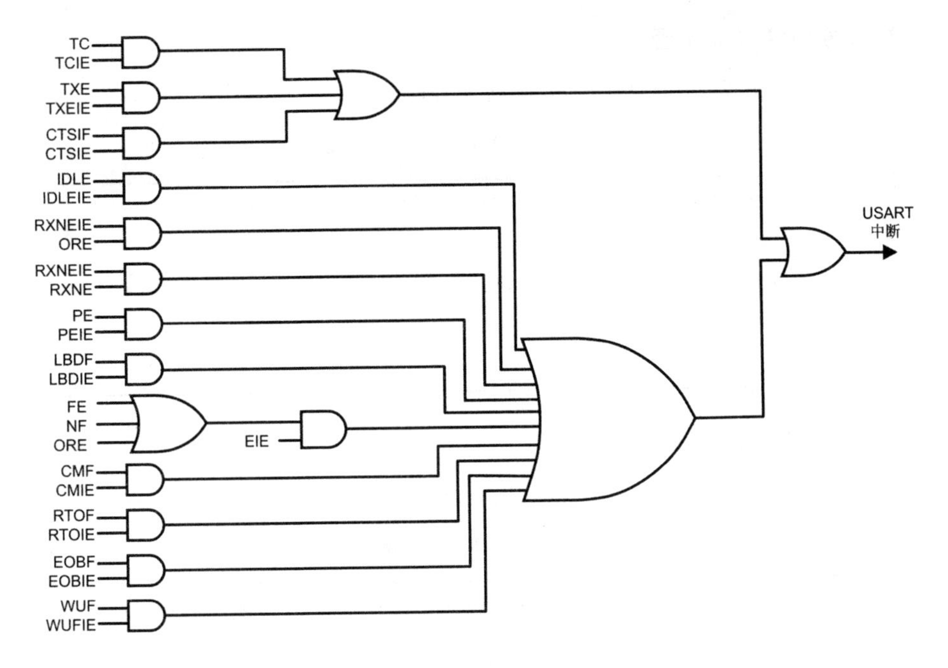

图 11-4　USART 中断向量图

11.3　USART 库函数

USART 库函数存放于库文件 stm32f0xx_usart.c 中。限于篇幅，这里主要介绍本章使用的部分 USART 库函数，对于未使用到的库函数，读者可以查阅 ST 公司的 stm32f0xx_stdperiph_lib_um.chm(《STM32F0xx 标准外设函数库手册》)，也可以参考 ST 公司的 UM0427 用户手册——《32 位基于 ARM 微控制器 STM32F101xx 与 STM32F103xx 固件函数库介绍》，两者基本上相同。

1. USART_Init 函数

表 11-2 所列为 USART_Init 函数的介绍。

表 11-2　USART_Init 函数

函数原型	void USART_Init(USART_TypeDef * USARTx, USART_InitTypeDef * USART_InitStruct)
功能描述	在 USART_InitStruct 中按指定的参数初始化 USARTx 外设
输入参数	USARTx：选择 USART 外设，其中，x 可以是 1、2、3 或 4
	USART_InitStruct：指向一个 USART_InitTypeDef 结构体的指针，包含指定 USART 外设的配置信息
返回值	无

2. USART_Cmd 函数

表 11-3 所列为 USART_Cmd 函数的介绍。

表 11-3 USART_Cmd 函数

函数原型	void USART_Cmd(USART_TypeDef * USARTx,FunctionalState NewState)
功能描述	使能或禁用指定的 USART 外设
输入参数	USARTx：选择 USART 外设，其中，x 可以是 1、2、3 或 4
	NewState：USARTx 外设的新状态
返回值	无

3. USART_ITConfig 函数

表 11-4 所列为 USART_ITConfig 函数的介绍。

表 11-4 USART_ITConfig 函数

函数原型	void USART_ITConfig(USART_TypeDef * USARTx,uint32_t USART_IT,FunctionalState NewState)
功能描述	使能或禁用指定的 USART 中断
输入参数	USARTx：选择 USART 外设，其中，x 可以是 1、2、3 或 4
	USART_IT：指定 USART 中断源使能或禁用
	NewState：指定的 USARTx 中断新状态
返回值	无

4. USART_GetITStatus 函数

表 11-5 所列为 USART_GetITStatus 函数的介绍。

表 11-5 USART_GetITStatus 函数

函数原型	ITStatus USART_GetITStatus(USART_TypeDef * USARTx,uint32_t USART_IT)
功能描述	检查指定的 USART 中断是否发生
输入参数	USARTx：选择 USART 外设，其中，x 可以是 1、2、3 或 4
	USART_IT：检查指定的 USART 中断源
返回值	USART_IT 的新状态

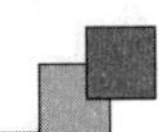

11.4　STM32F072 的串口通信实验——与 PC 实现通信

1. 实验要求

以中断方式实现开发板与 PC 的串口通信。

2. 实验电路原理

参考 Mini STM32 DEMO 开发板电路原理图：

- PA9——TxD；
- PA10——RxD。

3. 源程序文件及分析

新建一个文件目录 USART_COMM，在 RealView MDK 集成开发环境中创建一个工程项目 USART_COMM.uvprojx 于此目录中。

在 File 菜单下新建如下的源文件 main.c，编写源程序代码后保存在 User 文件夹下，再把 main.c 文件添加到 User 组中。

```
#include "stm32f0xx.h"
#include "LED.h"
#include "SysTick.h"
#include "USART.h"
#define countof(a) (sizeof(a) / sizeof(*(a)))      //计算数组内的成员个数
uint8_t Tx_Buffer[] = "USART OK";
uint8_t RX_temp,Rx_flag;
/*************************************
* FunctionName     : main
* Description      : 主函数
* EntryParameter   : None
* ReturnValue      : None
*************************************/
int main(void)
{
    SystemInit();
    SysTick_Init();
    LED_Init();
    USART_Configuration();                          /* USART1 config 9600 8-N-1 */
    USART_send_byte('O');
    USART_send_byte('K');
    USART_send_byte(0x0d);
```

```
    USART_send_byte(0x0a);
    while(1)
    {
        LED1_Toggle();
        SysTickDelay_ms(300);
        if(Rx_flag == 1)                              //接收到 PC 的数据
        {
            Rx_flag = 0;
            LED2_Toggle();
            USART_Send( Tx_Buffer,countof(Tx_Buffer) - 1);
            USART_send_byte(0x0d);
            USART_send_byte(0x0a);
        }
    }
}
```

在 File 菜单下新建如下的源文件 USART.c，编写完成后保存在 Drive 文件夹下，随后将 Drive 文件夹中的应用文件 USART.c 添加到 Drive 组中。

```
#include "USART.h"
#include <stdarg.h>
#include <stdio.h>
/* Private function prototypes -----------------------------------------------*/
#ifdef __GNUC__
  /* With GCC/RAISONANCE,small printf (option LD Linker - >Libraries - >Small printf
     set to 'Yes') calls __io_putchar() */
  #define PUTCHAR_PROTOTYPE int __io_putchar(int ch)
#else
  #define PUTCHAR_PROTOTYPE int fputc(int ch,FILE * f)
#endif /* __GNUC__ */
/* Private functions ---------------------------------------------------------*/
/****************************************
* FunctionName    : USART_Configuration
* Description     : 串口初始化
* EntryParameter  : None
* ReturnValue     : None
****************************************/
void USART_Configuration(void)
{
    GPIO_InitTypeDef  GPIO_InitStructure;
    USART_InitTypeDef USART_InitStructure;
    NVIC_InitTypeDef NVIC_InitStructure;
    /* Enable the USART1 Interrupt */
```

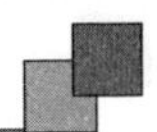

```
    NVIC_InitStructure.NVIC_IRQChannel = USART1_IRQn;
    NVIC_InitStructure.NVIC_IRQChannelPriority = 0;
    NVIC_InitStructure.NVIC_IRQChannelCmd = ENABLE;
    NVIC_Init(&NVIC_InitStructure);
    RCC_AHBPeriphClockCmd( RCC_AHBPeriph_GPIOA,ENABLE);
    RCC_APB2PeriphClockCmd(RCC_APB2Periph_USART1,ENABLE );
    GPIO_PinAFConfig(GPIOA,GPIO_PinSource9,GPIO_AF_1);
    GPIO_PinAFConfig(GPIOA,GPIO_PinSource10,GPIO_AF_1);
    GPIO_InitStructure.GPIO_Pin = GPIO_Pin_9|GPIO_Pin_10;
    GPIO_InitStructure.GPIO_Mode = GPIO_Mode_AF;
    GPIO_InitStructure.GPIO_OType = GPIO_OType_PP;
    GPIO_InitStructure.GPIO_PuPd = GPIO_PuPd_UP;
    GPIO_InitStructure.GPIO_Speed = GPIO_Speed_50MHz;
    GPIO_Init(GPIOA,&GPIO_InitStructure);
    USART_InitStructure.USART_BaudRate = 9600;
    USART_InitStructure.USART_WordLength = USART_WordLength_8b;
    USART_InitStructure.USART_StopBits = USART_StopBits_1;
    USART_InitStructure.USART_Parity = USART_Parity_No;
    USART_InitStructure.USART_HardwareFlowControl = USART_HardwareFlowControl_None;
    USART_InitStructure.USART_Mode = USART_Mode_Rx | USART_Mode_Tx;
    USART_Init(USART1,&USART_InitStructure);
    USART_Cmd(USART1,ENABLE);
    //while (USART_GetFlagStatus(USART1,USART_FLAG_TC) == RESET)
    //{}
    //USART_DirectionModeCmd(USART1,USART_Mode_Rx,ENABLE);
    //USART_RequestCmd(USART1,USART_Request_RXFRQ,ENABLE);
    USART_ITConfig(USART1,USART_IT_RXNE,ENABLE);
    //USART_ITConfig(USART1,USART_IT_TXE,DISABLE);
}
/****************************************
* FunctionName    : USART_send_byte
* Description     : 串口发送 1 字节数据
* EntryParameter  : uint8_t byte
* ReturnValue     : None
****************************************/
void USART_send_byte(uint8_t byte)
{
while(!((USART1->ISR)&(1<<7)));
USART1->TDR = byte;
}
/****************************************
* FunctionName    : USART_Send
```

```
 * Description      : 串口发送指定长度的字符串
 * EntryParameter   : uint8_t * Buffer,uint32_t Length
 * ReturnValue      : None
**************************************/
void USART_Send(uint8_t * Buffer,uint32_t Length)
{
    while(Length != 0)
    {
        while(!((USART1->ISR)&(1<<7)));
        USART1->TDR = * Buffer;
        Buffer++;
        Length--;
    }
}
/**************************************
 * FunctionName     : USART_Recive
 * Description      : 串口接收一个字节数据
 * EntryParameter   : None
 * ReturnValue      : 接收的一个字节
**************************************/
uint8_t USART_Recive(void)
{
    while(!(USART1->ISR & (1<<5)));
    return(USART1->RDR);
}
```

在 File 菜单下新建如下源文件 USART.h,编写完成后保存在 Drive 文件夹下。

```
#ifndef __USART_H
#define     __USART_H
#include "stm32f0xx.h"
#include <stdio.h>
void USART_Configuration(void);
int fputc(int ch,FILE * f);
void USART_send_byte(uint8_t byte);
void USART_Send(uint8_t * Buffer,uint32_t Length);
uint8_t USART_Recive(void);
#endif /* __USART_H */
```

4. 实验效果

编译通过后,可以使用 J-link 仿真器调试程序,最后将程序下载到 STM32F072 芯片中,这时 Mini STM32 DEMO 开发板上的 LED1、LED2 发光二极管开始闪烁。

用串口调试线将开发板与 PC 串口连接(**注意**:开发板上的开关 S3 必须切换到 232 通信位置,即开关处于弹起状态),打开串口调试软件,以字符方式进行通信,波特率为 9 600,数据位为 8,停止位为 1,无校验位。

按一下开发板的复位按键,让 STM32F072 重新启动运行,这时可以看到串口调试软件的接收区收到了 OK。在串口调试软件的发送区输入任意一个字符(例如“1”),单击“手动发送”按钮,开发板回发字符串 USART OK 给 PC。这个实验以中断方式进行,实验图如图 11-5 所示。

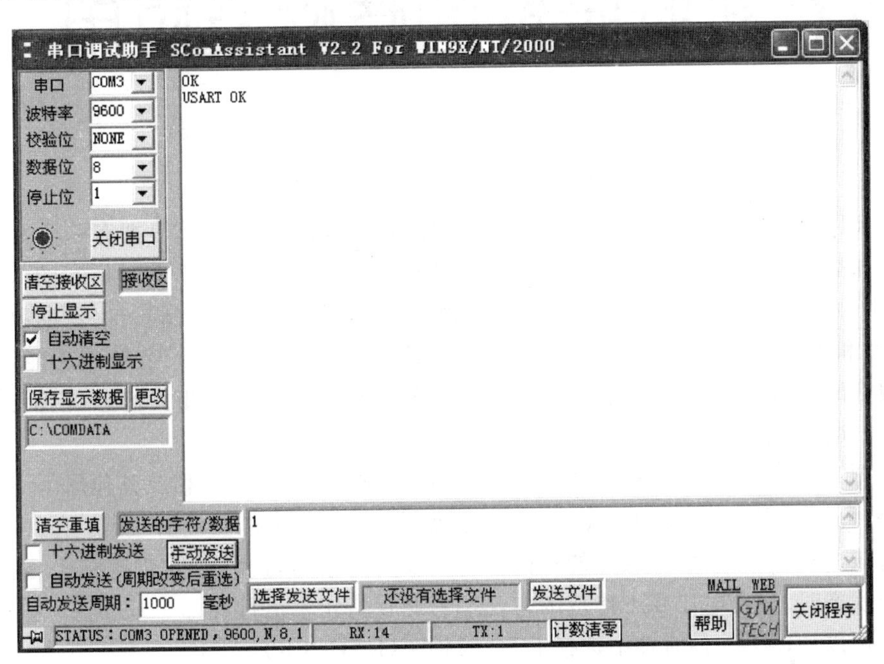

图 11-5 STM32F072 的串口通信实验图

第 12 章

RTC 实时时钟的特性及应用

RTC 实时时钟是一个独立的 BCD 定时器/计数器。RTC 模块拥有一个具有可编程报警中断功能的时间日历时钟，它还拥有自动唤醒功能，用于管理所有的低功耗模式。两个 32 位寄存器以 BCD 格式存储秒、分、时(12/24 小时制)、日(星期数)、日期、月和年。亚秒值同样可用二进制存储。RTC 具有自动月份天数补偿功能，还包括夏令时间补偿。单独使用一个 32 位寄存器存储可编程报警相关信息，包括亚秒、秒、分、时、日、日期。

图 12－1 所示为 RTC 框图。对由晶体本身的频偏、温度漂移及其他原因引起的误差，可以利用 RTC 本身的数字校准功能进行修正。上电复位后，所有 RTC 寄存器将被禁止访问，以防止意外的写操作。当设备处于运行模式、低功耗模式，或处于复位状态时，只要电压在工作范围内，RTC 将保持正常运行。

可以从以下 3 种时钟中选择 RTC 时钟源(RTCCLK)：

- LSE 振荡器作为 RTC 时钟；
- LSI 振荡器作为 RTC 时钟；
- HSE 振荡器作为 RTC 时钟。

12.1 RTC 模块的主要特性

RTC 模块的主要特性如下：

- 日历功能，可显示亚秒、秒、分、时(12/24 小时制)、日(星期)、日期、月和年。
- 通过软件编程实现夏令时补偿。
- 可编程报警中断功能。报警设定可由任意日历字段触发。
- 自动唤醒单元产生周期标志来触发一个自动唤醒的中断。
- 参考时钟检测：采用更高精度的时钟源(50 或 60 Hz)，用于扩展日历精度。
- 采用一个亚秒级外部时钟实现精确同步。

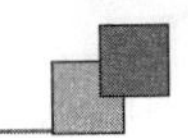

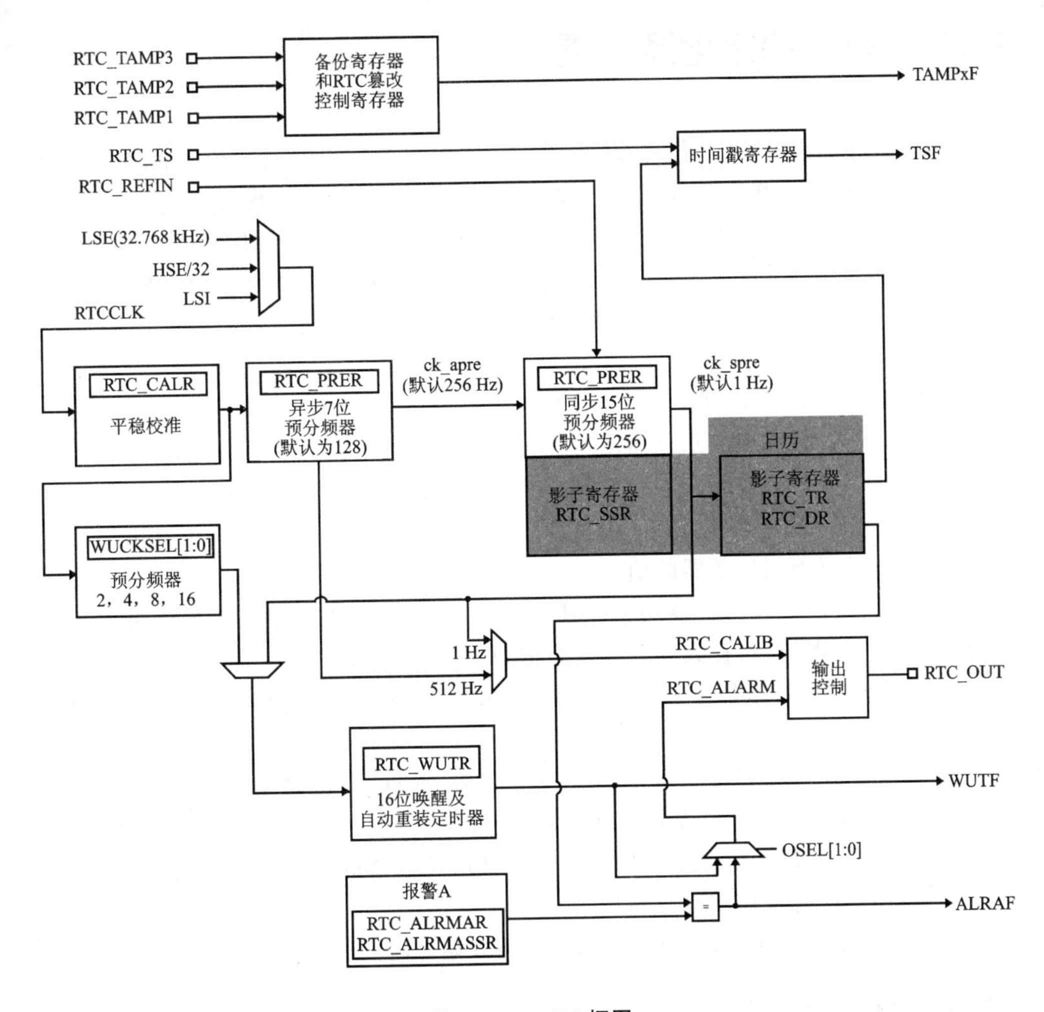

图12-1　RTC框图

- 数字校准电路(计数器定期修正)：精准度为0.95×10^{-6}，得自一个几秒钟的校准窗口。
- 事件记录时间戳。
- 侵入检测事件：带可配置的滤波器和内部上拉电阻。
- 可屏蔽中断/事件：
  - 报警A；
  - 唤醒中断；
  - 时间戳；
  - 侵入检测。
- 备份寄存器：当产生一个侵入检测事件时，备份寄存器被复位。

12.2 RTC 初始化及配置

RTC 寄存器是一个 32 位寄存器。除了 BYPSHAD=0 时对日历寄存器执行读操作外，APB 接口为其他对 RTC 寄存器的访问提供了 2 种等待状态。

上电复位后，所有 RTC 寄存器都处于写保护状态。通过向写保护寄存器 RTC_WPR 写入指定关键字来启动 RTC 寄存器的写权限。通过以下操作解除所有 RTC 寄存器(RTC_TAFCR、RTC_BKPxR 和 RTC_ISR[13:8]除外)的写保护：

① 向 RTC_WPR 寄存器写入 0xCA；

② 向 RTC_WPR 寄存器写入 0x53。

如果写入错误，那么将重新激活写保护。系统复位不影响写保护机制。

按照以下顺序完成时间和日期值的初始化，包括时间格式和预分频器的配置：

① RTC_ISR 寄存器的 INIT 位置 1，进入初始化模式。在该模式下日历计数器暂停运行，此时可更新计数器的值。

② 等待 RTC_ISR 寄存器的 INITF 位置 1，确保已经正式进入初始化模式。由于时钟同步的延迟，该过程大约需要 2 个 RTCCLK 时钟周期。

③ 为了使日历计数器生成一个 1 Hz 的时钟，编写 RTC_PRER 寄存器中的分频系数。

④ 将初始时间和日期值加载到影子寄存器(RTC_TR 以及 RTC_DR)，通过 RTC_CR 寄存器的 FMT 位设置时间格式(12/24 小时制)。

⑤ 清除 INIT 位的值退出初始化模式。日历计数器的实际值将会自动加载，并在 4 个 RTCCLK 时钟周期后重新启动。

在完成上述一系列初始化操作后，日历将开始计时。

12.3 RTC 中断

所有 RTC 中断都连接到 EXTI 控制器，按下列顺序启用 RTC 报警中断：

① 在中断模式下设置并使能 RTC 报警事件对应的 EXTI 线，并选定上升沿极性；

② 设置并使能 NVIC 的 RTC IRQ 通道；

③ 设置 RTC，产生 RTC 中断。

表 12-1 所列为 RTC 的中断控制位。

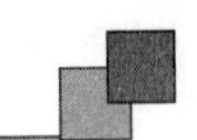

表 12-1 RTC 的中断控制位

中断事件	事件标志	使能控制位	退出睡眠模式	退出停止模式	退出待机模式
报警 A	ALRAF	ALRAIE	是	是(1)	是(1)
RTC_TS 输入(时间戳)	TSF	TSIE	是	是(1)	是(1)
RTC_TAMP1 输入检测	TAMP1F	TAMPIE	是	是(1)	是(1)
RTC_TAMP2 输入检测	TAMP2F	TAMPIE	是	是(1)	是(1)
RTC_TAMP3 输入检测(2)	TAMP3F	TAMPIE	是	是(1)	是(1)

注：(1) 只有当 RTC 时钟源是 LSE 或 LSI 时，才能从停止或待机模式唤醒；

(2) 针对 STM32F07x 和 STM32F09x 器件。

12.4 RTC 库函数

RTC 库函数存放于库文件 stm32f0xx_rtc.c 中，RCC 库函数存放于库文件 stm32f0xx_rcc.c 中。限于篇幅，这里主要介绍本章使用的部分 RTC 库函数及 RCC 库函数，对于未使用到的库函数，读者可以查阅 ST 公司的 stm32f0xx_stdperiph_lib_um.chm(《STM32F0xx 标准外设函数库手册》)，也可以参考 ST 公司的 UM0427 用户手册——《32 位基于 ARM 微控制器 STM32F101xx 与 STM32F103xx 固件函数库介绍》，两者基本上相同。

1. RTC_Init 函数

表 12-2 所列为 RTC_Init 函数的介绍。

表 12-2 RTC_Init 函数

函数原型	ErrorStatus RTC_Init(RTC_InitTypeDef * RTC_InitStruct)
功能描述	在 RTC_InitStruct 中按指定的参数初始化 RTC 寄存器
输入参数	RTC_InitStruct：指向一个 RTC_InitTypeDef 结构体的指针，包含指定 RTC 外设的配置信息
返回值	一个 ErrorStatus 的枚举值

2. RTC_WaitForSynchro 函数

表 12-3 所列为 RTC_WaitForSynchro 函数的介绍。

表 12-3 RTC_WaitForSynchro 函数

函数原型	ErrorStatus RTC_WaitForSynchro(void)
功能描述	等待直到 RTC 时间和日期寄存器与 RTC APB 时钟同步
输入参数	无
返回值	一个 ErrorStatus 枚举值

3. RTC_ClearFlag 函数

表 12-4 所列为 RTC_ClearFlag 函数的介绍。

表 12-4 RTC_ClearFlag 函数

函数原型	void RTC_ClearFlag(uint32_t RTC_FLAG)
功能描述	清除 RTC 的挂起标志
输入参数	RTC_FLAG：指定 RTC 标志清除
返回值	无

4. RTC_GetTime 函数

表 12-5 所列为 RTC_GetTime 函数的介绍。

表 12-5 RTC_GetTime 函数

函数原型	void RTC_GetTime(uint32_t RTC_Format,RTC_TimeTypeDef * RTC_TimeStruct)
功能描述	获取 RTC 当前时间
输入参数	RTC_Format：指定返回参数的格式
	RTC_TimeStruct：指向一个 RTC_TimeTypeDef 结构体的指针，包含返回当前时间配置
返回值	无

5. RTC_WriteBackupRegister 函数

表 12-6 所列为 RTC_WriteBackupRegister 函数的介绍。

表 12-6 RTC_WriteBackupRegister 函数

函数原型	void RTC_WriteBackupRegister(uint32_t RTC_BKP_DR,uint32_t Data)；
功能描述	在一个指定的备份数据寄存器中写一个数据
输入参数	RTC_BKP_DR：备份数据寄存器的编号
	Data：要写入到指定的备份数据寄存器的数据
返回值	无

6. RTC_ReadBackupRegister 函数

表 12-7 所列为 RTC_ReadBackupRegister 函数的介绍。

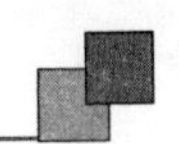

表 12－7　RTC_ReadBackupRegister 函数

函数原型	uint32_t RTC_ReadBackupRegister(uint32_t RTC_BKP_DR)
功能描述	从指定的备份数据寄存器中读取一个数据
输入参数	RTC_BKP_DR：备份数据寄存器的编号
返回值	指定寄存器值

7. RTC_AlarmCmd 函数

表 12－8 所列为 RTC_AlarmCmd 函数的介绍。

表 12－8　RTC_AlarmCmd 函数

函数原型	ErrorStatus RTC_AlarmCmd(uint32_t RTC_Alarm,FunctionalState NewState)
功能描述	使能或禁用指定的 RTC 报警
输入参数	RTC_Alarm：指定要配置的报警
	NewState：指定报警的新状态
返回值	一个 ErrorStatus 枚举值

8. RTC_SetAlarm 函数

表 12－9 所列为 RTC_SetAlarm 函数的介绍。

表 12－9　RTC_SetAlarm 函数

函数原型	void RTC_SetAlarm(uint32_t RTC_Format,uint32_t RTC_Alarm,RTC_AlarmTypeDef * RTC_AlarmStruct);
功能描述	设置指定的 RTC 报警
输入参数	RTC_Format：返回指定格式的参数
	RTC_Alarm：指定要配置的报警
	RTC_AlarmStruct：指向一个 RTC_AlarmTypeDef 结构体的指针，包含报警的配置参数
返回值	无

9. RTC_ITConfig 函数

表 12－10 所列为 RTC_ITConfig 函数的介绍。

表 12－10　RTC_ITConfig 函数

函数原型	void RTC_ITConfig(uint32_t RTC_IT,FunctionalState NewState)
功能描述	使能或禁用指定的 RTC 中断

续表 12-10

输入参数	RTC_IT：指定的 RTC 中断源使能或禁用
	NewState：指定 RTC 中断的新状态
返回值	无

10. RTC_ClearITPendingBit 函数

表 12-11 所列为 RTC_ClearITPendingBit 函数的介绍。

表 12-11　RTC_ClearITPendingBit 函数

函数原型	void RTC_ClearITPendingBit(uint32_t RTC_IT)
功能描述	清除 RTC 的中断屏蔽位
输入参数	RTC_IT：清除指定的 RTC 中断屏蔽位
返回值	无

11. RTC_SetTime 函数

表 12-12 所列为 RTC_SetTime 函数的介绍。

表 12-12　RTC_SetTime 函数

函数原型	ErrorStatus RTC_SetTime(uint32_t RTC_Format, RTC_TimeTypeDef * RTC_TimeStruct)
功能描述	设定 RTC 的当前时间
输入参数	RTC_Format：指定输入格式的参数
	RTC_TimeStruct：指向一个 RTC_TimeTypeDef 结构体的指针，包含 RTC 的时间配置信息
返回值	一个 ErrorStatus 枚举值

12. RCC_RTCCLKConfig 函数

表 12-13 所列为 RCC_RTCCLKConfig 函数的介绍。

表 12-13　RCC_RTCCLKConfig 函数

函数原型	void RCC_RTCCLKConfig(uint32_t RCC_RTCCLKSource)
功能描述	配置 RTC 时钟（RTCCLK）
输入参数	RCC_RTCCLKSource：指定的 RTC 时钟源
返回值	无

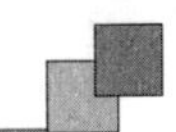

12.5　STM32F072 的实时时钟实验——获取当前时间

1. 实验要求

实现一个实时时钟，并将当前时间用串口发送到 PC 显示。

2. 实验电路原理

参考 Mini STM32 DEMO 开发板电路原理图：

- OSC32_IN——PC14；
- OSC32_OUT——PC15。

3. 源程序文件及分析

新建一个文件目录 RTC_TEST，在 RealView MDK 集成开发环境中创建一个工程项目 RTC_TEST.uvprojx 于此目录中。

在 File 菜单下新建如下的源文件 main.c，编写源程序代码后保存在 User 文件夹下，再把 main.c 文件添加到 User 组中。

```
#include "main.h"
#include <stdio.h>
#include "USART.h"
/* Private typedef -----------------------------------------*/
/* Private define ------------------------------------------*/
/* Uncomment the corresponding line to select the RTC Clock source */
#define RTC_CLOCK_SOURCE_LSE                          /* 选择 LSE */
//#define RTC_CLOCK_SOURCE_LSI                        //LSI 也可以
#define BKP_VALUE      0x32F0
RTC_TimeTypeDef RTC_TimeStructure;
RTC_TimeTypeDef RTC_Temp_TimeStructure;
RTC_InitTypeDef RTC_InitStructure;
RTC_AlarmTypeDef  RTC_AlarmStructure;
__IO uint32_t AsynchPrediv = 0,SynchPrediv = 0;       //同步分频值和非同步分频值
/****************************************
 * FunctionName    : main
 * Description     : 主函数
 * EntryParameter  : None
 * ReturnValue     : None
****************************************/
int main(void)
{
  NVIC_InitTypeDef  NVIC_InitStructure;
```

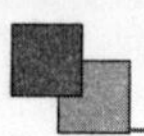


```
EXTI_InitTypeDef  EXTI_InitStructure;
SystemInit();
  USART_Configuration();
printf("\n\r   ******* RTC Hardware Calendar Example ********\n\r");
if (RTC_ReadBackupRegister(RTC_BKP_DR0) != BKP_VALUE)
{
  RTC_Config();                                    /* RTC 配置 */
  RTC_InitStructure.RTC_AsynchPrediv = AsynchPrediv;/* 分频设置 */
  RTC_InitStructure.RTC_SynchPrediv = SynchPrediv;
  RTC_InitStructure.RTC_HourFormat = RTC_HourFormat_24;
  /* 检查是否已经初始化 */
  if (RTC_Init(&RTC_InitStructure) == ERROR)
  {
    printf("\n\r /! \\ ***** RTC Prescaler Config failed ********/! \\ \n\r");
  }
  RTC_TimeRegulate();                              /* 设置寄存器 */
}
else
{
  if (RCC_GetFlagStatus(RCC_FLAG_PORRST) != RESET)
  {
    printf("\r\n Power On Reset occurred....\n\r");
  }
  else if (RCC_GetFlagStatus(RCC_FLAG_PINRST) != RESET)
  {
    printf("\r\n External Reset occurred....\n\r");
  }
  printf("\n\r No need to configure RTC....\n\r");
  RCC_APB1PeriphClockCmd(RCC_APB1Periph_PWR,ENABLE);
  PWR_BackupAccessCmd(ENABLE);
#ifdef RTC_CLOCK_SOURCE_LSI
  /* Enable the LSI OSC */
  RCC_LSICmd(ENABLE);
#endif /* RTC_CLOCK_SOURCE_LSI */
  /* Wait for RTC APB registers synchronisation */
  RTC_WaitForSynchro();
  /* Clear the RTC Alarm Flag */
  RTC_ClearFlag(RTC_FLAG_ALRAF);
  //RTC_ClearFlag(RTC_FLAG_TSF);
  /* Clear the EXTI Line 17 Pending bit (Connected internally to RTC Alarm) */
  EXTI_ClearITPendingBit(EXTI_Line17);
  //EXTI_ClearITPendingBit(EXTI_Line19);
```

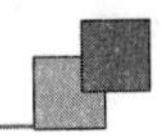

```
    /* Display the RTC Time and Alarm */
    RTC_TimeShow();
    RTC_AlarmShow();
  }
  LED_Init();
  /* Turn LED2 ON */
  LED2_OFF();
  /* RTC Alarm A Interrupt Configuration */
  /********** EXTIconfiguration ************************/
  EXTI_ClearITPendingBit(EXTI_Line17);
    //EXTI_ClearITPendingBit(EXTI_Line19);
  EXTI_InitStructure.EXTI_Line = EXTI_Line17;
    //EXTI_InitStructure.EXTI_Line = EXTI_Line19;
  EXTI_InitStructure.EXTI_Mode = EXTI_Mode_Interrupt;
  EXTI_InitStructure.EXTI_Trigger = EXTI_Trigger_Rising;
  EXTI_InitStructure.EXTI_LineCmd = ENABLE;
  EXTI_Init(&EXTI_InitStructure);
  /* Enable the RTC Alarm Interrupt */
  NVIC_InitStructure.NVIC_IRQChannel = RTC_IRQn;
  NVIC_InitStructure.NVIC_IRQChannelPriority = 0;
  NVIC_InitStructure.NVIC_IRQChannelCmd = ENABLE;
  NVIC_Init(&NVIC_InitStructure);
  /* Infinite loop */
  while (1)
  {
        RTC_GetTime(RTC_Format_BIN,&RTC_Temp_TimeStructure);//读取当前时间
        do                                              //判断 1 s 到了吗
        {RTC_GetTime(RTC_Format_BIN,&RTC_TimeStructure);}
        while(RTC_Temp_TimeStructure.RTC_Seconds == RTC_TimeStructure.RTC_Seconds);
        RTC_TimeShow(); /* Display current time */
        LED1_Toggle();//éá?? LED1
  }
}
/***************************************
* FunctionName    : RTC_Config
* Description     : 配置 RTC 外设及选择时钟源
* EntryParameter  : None
* ReturnValue     : None
***************************************/
void RTC_Config(void)
{
    /* 使能 PWR 时钟 */
```

```
  RCC_APB1PeriphClockCmd(RCC_APB1Periph_PWR,ENABLE);
  /* 允许访问 RTC */
  PWR_BackupAccessCmd(ENABLE);
#if defined (RTC_CLOCK_SOURCE_LSI)                    /* 当使用 LSI 作为 RTC 时钟源时 */
/* The RTC Clock may varies due to LSI frequency dispersion. */
RCC_LSICmd(ENABLE);                                   /* 使能 LSI 振荡 */
  /* 等待 LSI 预备 */
  while(RCC_GetFlagStatus(RCC_FLAG_LSIRDY) == RESET)
  {
  }
  /* RTC 时钟源配置为 LSI */
  RCC_RTCCLKConfig(RCC_RTCCLKSource_LSI);
   /* 定义同步分频值和异步分频值 */
  SynchPrediv = 0x18F;
  AsynchPrediv = 0x63;
#elif defined (RTC_CLOCK_SOURCE_LSE) /* 使用 LSE 为 RTC 时钟源 */
  /* 使能 LSE 振荡 */
  RCC_LSEConfig(RCC_LSE_ON);
  /* 等待 LSE 预备 */
  while(RCC_GetFlagStatus(RCC_FLAG_LSERDY) == RESET)
  {
  }
  /* RTC 时钟源配置为使用 LSE */
  RCC_RTCCLKConfig(RCC_RTCCLKSource_LSE);
  /* 定义同步分频值和异步分频值 */
  SynchPrediv = 0xFF;
  AsynchPrediv = 0x7F;
#else
  #error Please select the RTC Clock source inside the main.c file
#endif /* RTC_CLOCK_SOURCE_LSI */
  /* 使能 RTC 时钟 */
  RCC_RTCCLKCmd(ENABLE);
  /* 等待 RTC APB 寄存器同步 */
  RTC_WaitForSynchro();
}
/****************************************
 * FunctionName    : RTC_TimeRegulate
 * Description     : RTC 时间调整
 * EntryParameter  : None
 * ReturnValue     : None
****************************************/
void RTC_TimeRegulate(void)
```

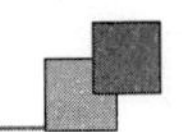

```
{
  uint32_t tmp_hh = 0xFF,tmp_mm = 0xFF,tmp_ss = 0xFF;
  printf("\n\r ============ Time Settings ============== \n\r");
  RTC_TimeStructure.RTC_H12         = RTC_H12_AM;
    printf("\r\n   请设置小时(Please Set Hours):   ");;
  //printf("   Please Set Hours: \n\r");
  while (tmp_hh == 0xFF)
  {
    tmp_hh = USART_Scanf(23);
    RTC_TimeStructure.RTC_Hours = tmp_hh;
  }
    printf("\n\r   小时被设置为:    %d\n\r",tmp_hh);
  //printf("   %0.2d\n\r",tmp_hh);
  //printf("   Please Set Minutes: \n\r");
    printf("\r\n   请设置分钟(Please Set Minutes):   ");
  while (tmp_mm == 0xFF)
  {
    tmp_mm = USART_Scanf(59);
    RTC_TimeStructure.RTC_Minutes = tmp_mm;
  }
    printf("\n\r   分钟被设置为:    %d\n\r",tmp_mm);
  //printf("   %0.2d\n\r",tmp_mm);
    printf("\r\n   请设置秒钟(Please Set Seconds):   ");
  //printf("   Please Set Seconds: \n\r");
    while (tmp_ss == 0xFF)
  {
    tmp_ss = USART_Scanf(59);
    RTC_TimeStructure.RTC_Seconds = tmp_ss;
  }
    printf("\n\r   秒钟被设置为:    %d\n\r",tmp_ss);
  //printf("   %0.2d\n\r",tmp_ss);
  if(RTC_SetTime(RTC_Format_BIN,&RTC_TimeStructure) == ERROR)
  {
    printf("\n\r>> !! RTC Set Time failed. !! <<\n\r");
  }
  else
  {
    printf("\n\r>> !! RTC Set Time success. !! <<\n\r");
    RTC_TimeShow();
    RTC_WriteBackupRegister(RTC_BKP_DR0,BKP_VALUE);
  }
  tmp_hh = 0xFF;
```

```
    tmp_mm = 0xFF;
    tmp_ss = 0xFF;
    /* Disable the Alarm A */
    RTC_AlarmCmd(RTC_Alarm_A,DISABLE);
    printf("\n\r ======= Alarm A Settings ======== \n\r");
    RTC_AlarmStructure.RTC_AlarmTime.RTC_H12 = RTC_H12_AM;
    printf("  Please Set Alarm Hours: \n\r");
    while (tmp_hh == 0xFF)
    {
      tmp_hh = USART_Scanf(23);
      RTC_AlarmStructure.RTC_AlarmTime.RTC_Hours = tmp_hh;
    }
    printf("  %0.2d\n\r",tmp_hh);
    printf("  Please Set Alarm Minutes: \n\r");
    while (tmp_mm == 0xFF)
    {
      tmp_mm = USART_Scanf(59);
      RTC_AlarmStructure.RTC_AlarmTime.RTC_Minutes = tmp_mm;
    }
    printf("  %0.2d\n\r",tmp_mm);
    printf("  Please Set Alarm Seconds: \n\r");
    while (tmp_ss == 0xFF)
    {
      tmp_ss = USART_Scanf(59);
      RTC_AlarmStructure.RTC_AlarmTime.RTC_Seconds = tmp_ss;
    }
    printf("  %0.2d",tmp_ss);
    /* Set the Alarm A */
    RTC_AlarmStructure.RTC_AlarmDateWeekDay = 0x31;
    RTC_AlarmStructure.RTC_AlarmDateWeekDaySel = RTC_AlarmDateWeekDaySel_Date;
    RTC_AlarmStructure.RTC_AlarmMask = RTC_AlarmMask_DateWeekDay;
    /* Configure the RTC Alarm A register */
    RTC_SetAlarm(RTC_Format_BIN,RTC_Alarm_A,&RTC_AlarmStructure);
    printf("\n\r>> !! RTC Set Alarm success. !! <<\n\r");
    RTC_AlarmShow();
    /* Enable the RTC Alarm A Interrupt */
    RTC_ITConfig(RTC_IT_ALRA,ENABLE);
    /* Enable the alarm  A */
    RTC_AlarmCmd(RTC_Alarm_A,ENABLE);
}
/*****************************************
 * FunctionName    : RTC_TimeShow
```

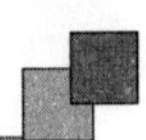

```
* Description      : 将当前时间显示于 PC
* EntryParameter  : None
* ReturnValue      : None
**************************************/
void RTC_TimeShow(void)
{
  /* Get the current Time */
  RTC_GetTime(RTC_Format_BIN,&RTC_TimeStructure);
  printf("\n\r  The current time is :    %0.2d: %0.2d: %0.2d \n\r",RTC_TimeStruc-
  ture.RTC_Hours,RTC_TimeStructure.RTC_Minutes,RTC_TimeStructure.RTC_Seconds);
}
/**************************************
* FunctionName     : RTC_AlarmShow
* Description      : 将报警时间显示于 PC
* EntryParameter  : None
* ReturnValue      : None
**************************************/
void RTC_AlarmShow(void)
{
  /* Get the current Alarm */
  RTC_GetAlarm(RTC_Format_BIN,RTC_Alarm_A,&RTC_AlarmStructure);
  printf("\n\r  The current alarm is : %0.2d: %0.2d: %0.2d \n\r",RTC_AlarmStruc-
  ture.RTC_AlarmTime.RTC_Hours,RTC_AlarmStructure.RTC_AlarmTime.RTC_Minutes,RTC_
  AlarmStructure.RTC_AlarmTime.RTC_Seconds);
}
/**************************************
* FunctionName     : USART_Scanf
* Description      : 读取 PC 键盘的输入
* EntryParameter  : value
* ReturnValue      : 一个字节
**************************************/
uint8_t USART_Scanf(uint32_t value)
{
  uint32_t index = 0;
  uint32_t tmp[2] = {0,0};
  while (index < 2)
  {
    /* Loop until RXNE = 1 */
    while (USART_GetFlagStatus(USART1,USART_FLAG_RXNE) == RESET)
    {}
    tmp[index++] = (USART_ReceiveData(USART1));
    if ((tmp[index - 1] < 0x30) || (tmp[index - 1] > 0x39))
```

```
    {
      printf("\n\r Please enter valid number between 0 and 9 \n\r");
      index--;
    }
  }
  /* Calculate the Corresponding value */
  index = (tmp[1] - 0x30) + ((tmp[0] - 0x30) * 10);
  /* Checks */
  if (index > value)
  {
    printf("\n\r Please enter valid number between 0 and %d \n\r",value);
    return 0xFF;
  }
  return index;
}
/**
  * @brief  Retargets the C library printf function to the USART.
  * @param  None
  * @retval None
  */
PUTCHAR_PROTOTYPE
{
  /* Place your implementation of fputc here */
  /* e.g. write a character to the USART */
  USART_SendData(USART1,(uint8_t) ch);
  /* Loop until the end of transmission */
  while (USART_GetFlagStatus(USART1,USART_FLAG_TC) == RESET)
  {}
  return ch;
}
#ifdef  USE_FULL_ASSERT
/**
  * @brief  Reports the name of the source file and the source line number
  *         where the assert_param error has occurred
  * @param  file: pointer to the source file name
  * @param  line: assert_param error line source number
  * @retval None
  */
void assert_failed(uint8_t* file,uint32_t line)
{
  /* User can add his own implementation to report the file name and line number,
     ex: printf("Wrong parameters value: file %s on line %d\r\n",file,line) */
```

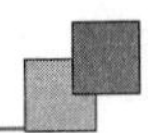

```
  /* Infinite loop */
  while (1)
  {
  }
}
#endif
/**
  * @}
  */
/**
  * @}
  */
/****** (C) COPYRIGHT STMicroelectronics *****END OF FILE****/
```

在 File 菜单下新建如下的源文件 main.h，编写完成后保存在 Drive 文件夹下。

```
#ifndef __MAIN_H
#define __MAIN_H
/* Includes ------------------------------------*/
#include "stm32f0xx.h"
#include "led.h"
#include "usart.h"
#include <stdio.h>
/* Exported types ------------------------------*/
/* Exported constants --------------------------*/
/* Exported macro ------------------------------*/
/* Exported functions --------------------------*/
void RTC_Config(void);
void RTC_TimeRegulate(void);
void RTC_TimeShow(void);
void RTC_AlarmShow(void);
uint8_t USART_Scanf(uint32_t value);
#ifdef __GNUC__
  /* With GCC/RAISONANCE,small printf (option LD Linker->Libraries->Small printf
     set to 'Yes') calls __io_putchar() */
  #define PUTCHAR_PROTOTYPE int __io_putchar(int ch)
#else
  #define PUTCHAR_PROTOTYPE int fputc(int ch,FILE *f)
#endif /* __GNUC__ */
#endif /* __MAIN_H */
/***** (C) COPYRIGHT STMicroelectronics *****END OF FILE****/
```

4. 实验效果

编译通过后，可以使用 J-link 仿真器调试程序，最后将程序下载到 STM32F072 芯片中，这时 Mini STM32 DEMO 开发板上的 LED1 开始闪烁。用串口调试线将开发板与 PC 串口连接（**注意**：开发板上的开关 S3 必须切换到 232 通信位置，即开关处于弹起状态），打开串口调试软件，以字符方式进行通信，波特率为 115 200，数据位为 8，停止位为 1，无校验位。

按一下开发板的复位按键，让 STM32F072 重新启动运行。这时可以看到串口调试软件的接收区收到了 STM32F072 发出的设定时间的提示“(Please Set Hours)”，在串口调试软件的发送区输入时（例如作者实验时正好是中午 11 点 45 分，故时的输入为 11），单击“手动发送”按钮；随后，STM32F072 发出设定分的提示“(Please Set Minutes)”，在串口调试软件的发送区输入分“45”，单击“手动发送”按钮；最后，STM32F072 发出设定秒的提示“(Please Set Seconds)”，在串口调试软件的发送区输入秒“0”，单击“手动发送”按钮。这样就完成了时间的设定。接下来 STM32F072 发出设定报警时间的提示，同样地，在串口调试软件的发送区输入报警时间，为 11 点 46 分 00 秒，如图 12－2所示。

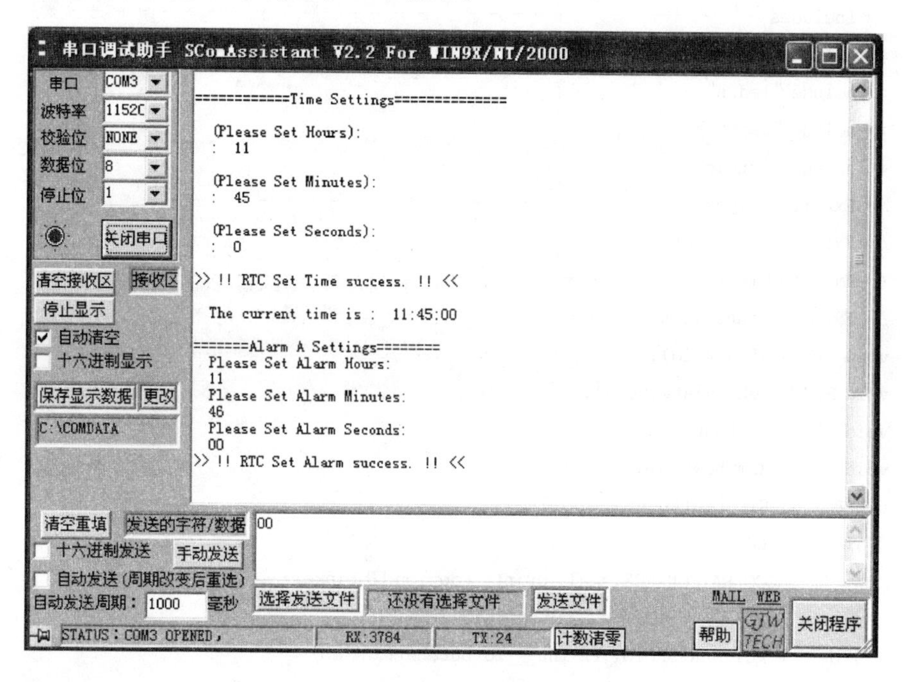

图 12－2　输入时间及报警时间

时间走动，开发板每秒发送一次时间到串口调试软件的接收区，并且 LED1 闪烁一次，如图 12－3 所示。当时间走到 11 点 46 分 00 秒时，LED1 点亮，报警灯工作，如图 12－4 所示。

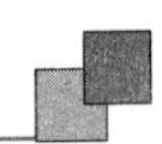

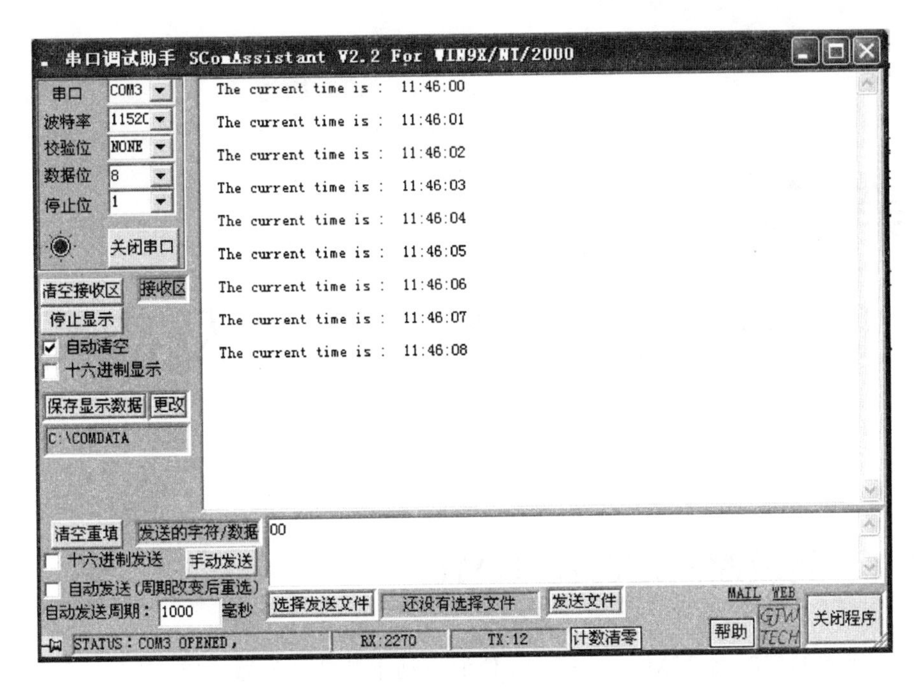

图 12-3　时间走动

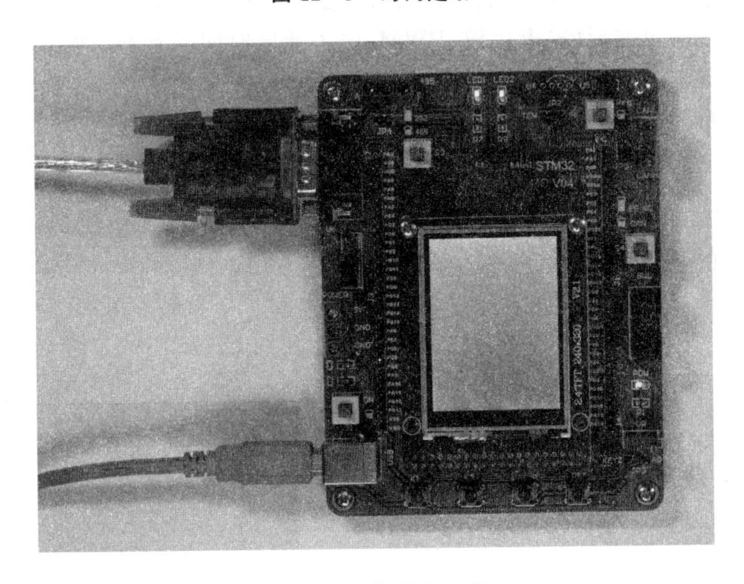

图 12-4　报警灯工作

第 13 章

定时器与计数器的特性及应用

13.1 高级控制定时器 TIM1

高级控制定时器 TIM1 由一个 16 位的自动重装载计数器组成，它由一个可编程的预分频器驱动。TIM1 适用于多种情况，包括测量输入信号的脉冲宽度（输入捕获），或者产生输出波形（输出比较、PWM、嵌入死区时间的互补 PWM 等）。它使用定时器预分频器和 RCC 时钟控制预分频器，可以实现脉冲宽度和波形周期从几个微秒到几个毫秒的调节。

TIM1 和通用定时器（TIMx）是完全独立的，它们不共享任何资源，但可以同步操作。图 13-1 所示为 TIM1 的组成框图。

TIM1 的主要特性

TIM1 的主要特性如下：

- 16 位向上、向下、向上/向下自动重装载计数器。
- 16 位可编程（可以实时修改）预分频器，计数器时钟频率的分频系数为 1～65 535之间的任意数值。
- 多达 4 个独立通道：
  - 输入捕获；
  - 输出比较；
  - PWM 生成（边沿或中间对齐模式）；
  - 单脉冲模式输出。
- 死区时间可编程的互补输出。
- 使用外部信号控制定时器和定时器互联的同步电路。
- 允许在指定数目的计数器周期之后更新定时器寄存器的重复计数器。

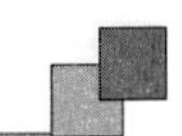

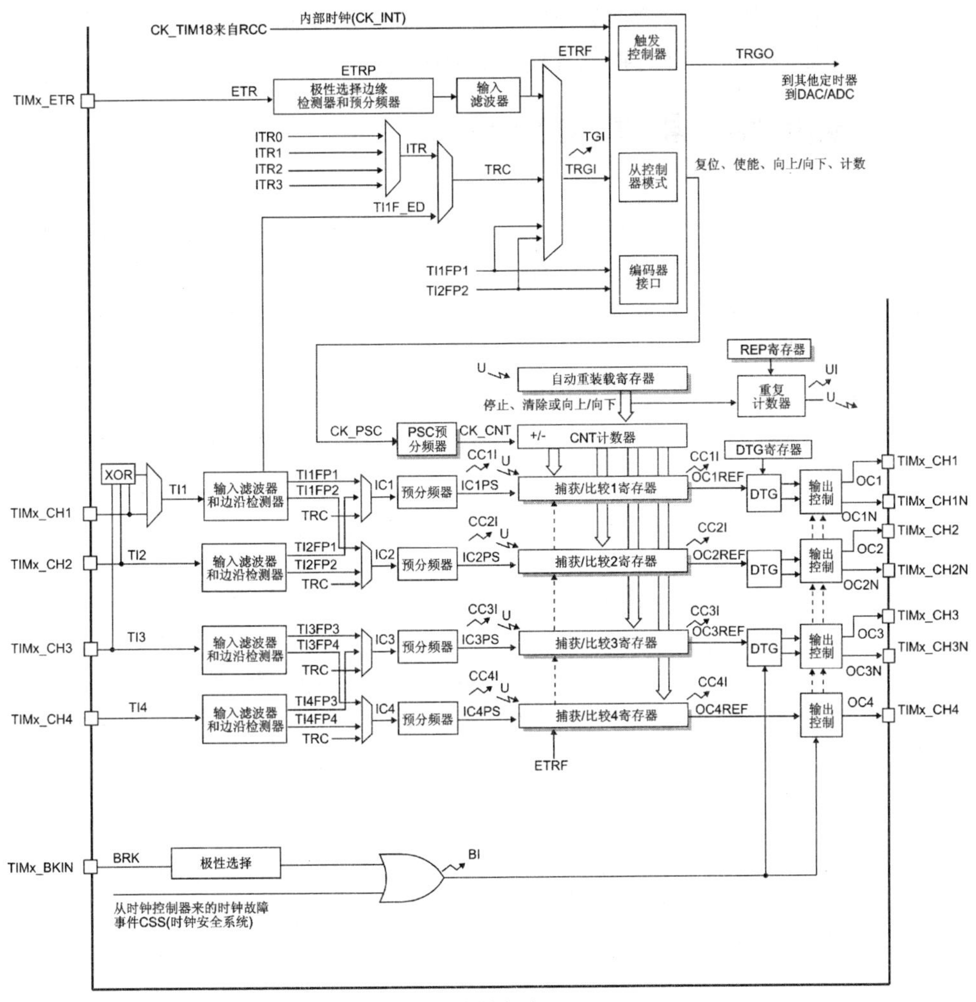

注：在U事件发生时根据控制位将预载寄存器内容移到正在工作的寄存器上；

—事件；

—中断和DMA输出。

图 13－1　TIM1 的组成框图

- 刹车输入信号可以将定时器输出信号置于复位状态或者一个已知状态。
- 如下事件发生时产生中断/DMA：
  - 更新：计数器向上溢出/向下溢出，计数器初始化(通过软件或者内部/外部触发)；
  - 触发事件(计数器启动、停止、初始化或者由内部/外部触发计数)；
  - 输入捕获；
  - 输出比较；

– 刹车信号输入。

- 支持针对用于定位的增量(正交)编码器和霍尔传感器电路。
- 触发输入作为外部时钟或者按周期的电流管理。

13.2 通用定时器 TIM2/TIM3

通用定时器 TIM2 和 TIM3 由一个 16 位或 32 位的自动重装载计数器组成，它由一个可编程的预分频器驱动。TIM2 和 TIM3 适用于多种情况，包括测量输入信号的脉冲宽度(输入捕获)，或者产生输出波形(输出比较和 PWM)等。

使用定时器预分频器和 RCC 时钟控制预分频器，可以实现脉冲宽度和波形周期从几个微秒到几个毫秒的调节。通用定时器是完全独立的，TIM2 和 TIM2 不共享任何资源，但是可以同步操作。图 13－2 所示为 TIM2 和 TIM3 的组成框图。

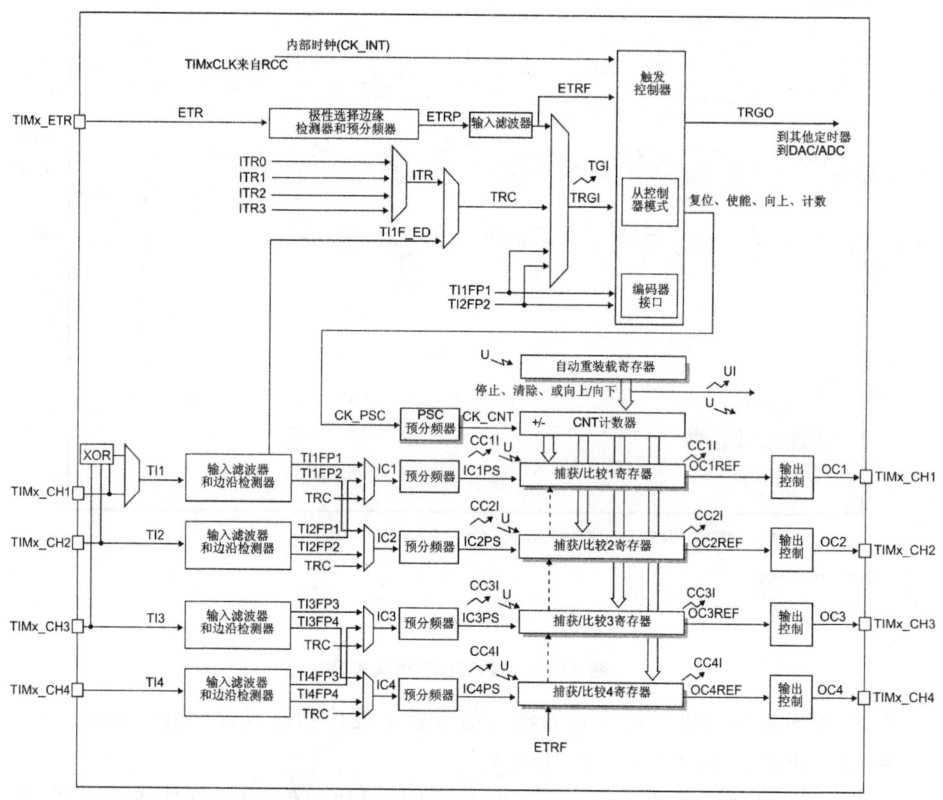

注：在U事件发生时，根据控制位将预载寄存器的内容移到正在工作的寄存器上；

—事件；

—中断和DMA输出。

图 13－2 TIM2 和 TIM3 的组成框图

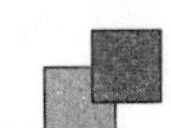

TIM2 和 TIM3 的主要特性

TIM2 和 TIM3 的主要特性如下：

- 16 位(TIM3)或 32 位(TIM2)向上、向下、向上/向下自动重装载计数器。
- 16 位可编程(可以实时修改)预分频器，计数器时钟频率的分频系数为 1～65 535之间的任意数值。
- 4 个独立通道：
  - 输入捕获；
  - 输出比较；
  - PWM 生成(边沿或中间对齐模式)；
  - 单脉冲模式输出。
- 使用外部信号控制定时器和定时器互相连接的同步电路。
- 如下事件发生时产生中断/DMA：
  - 更新：计数器向上溢出/向下溢出，计数器初始化(通过软件或者内部/外部触发)；
  - 触发事件(计数器启动、停止、初始化或者由内部/外部触发计数)；
  - 输入捕获；
  - 输出比较。
- 支持针对定位的增量(正交)编码器和霍尔传感器电路。
- 触发输入作为外部时钟或者按周期的电流管理。

13.3　通用定时器 TIM14

通用定时器 TIM14 由一个 16 位的自动重装载计数器组成，它由一个可编程的预分频器驱动。TIM14 适用于多种情况，包括测量输入信号的脉冲宽度(输入捕获)，或者产生输出波形(输出比较和 PWM)。TIM14 使用定时器预分频器和 RCC 时钟控制预分频器，可以实现脉冲宽度和波形周期从几个微秒到几个毫秒的调节。

TIM14 是完全独立的，不共享任何资源，但是可以同步操作。图 13－3 所示为 TIM14 的组成框图。

TIM14 的主要特性

TIM14 的主要特性如下：

- 16 位自动重装载计数器。
- 16 位可编程(可以实时修改)预分频器，计数器时钟频率的分频系数为 1～65 535之间的任意数值。
- 独立通道：
  - 输入捕获；

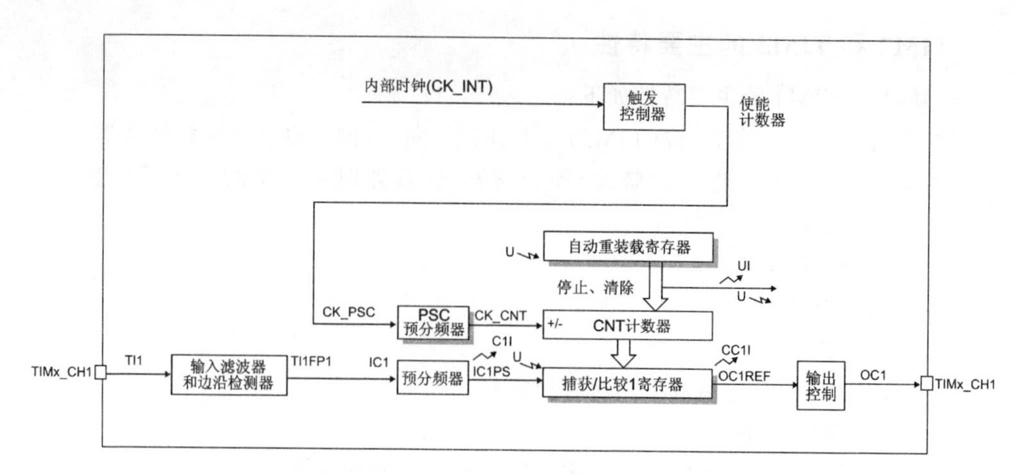

图 13-3　TIM14 的组成框图

- 输出比较；
- PWM 生成(边沿或中间对齐模式)。

● 如下事件发生时产生中断：

- 更新：计数器溢出,计数器初始化(通过软件)；
- 输入捕获；
- 输出比较。

13.4　通用定时器 TIM15/TIM16/TIM17

通用定时器 TIM15/TIM16/TIM17 由一个 16 位自动重装载计数器组成,由一个可编程的预分频器驱动。TIM15/TIM16/TIM17 适用于多种情况,包括测量输入信号的脉冲宽度(输入捕获),或者产生输出波形(输出比较和 PWM)。TIM15/TIM16/TIM17 使用定时器预分频器和 RCC 时钟控制预分频器,可以实现脉冲宽度和波形周期从几个微秒到几个毫秒的调节。

TIM15/TIM16/TIM17 是完全独立的,它们不共享任何资源,但是可以同步操作。图 13-4所示为 TIM15 的组成框图,图 13-5 所示为 TIM16 和 TIM17 的组成框图。

1. TIM15 的主要特性

TIM15 的主要特性如下：

● 16 位向上自动重装载计数器。

● 16 位可编程(可以实时修改)预分频器,计数器时钟频率的分频系数为 1～

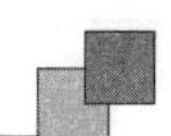

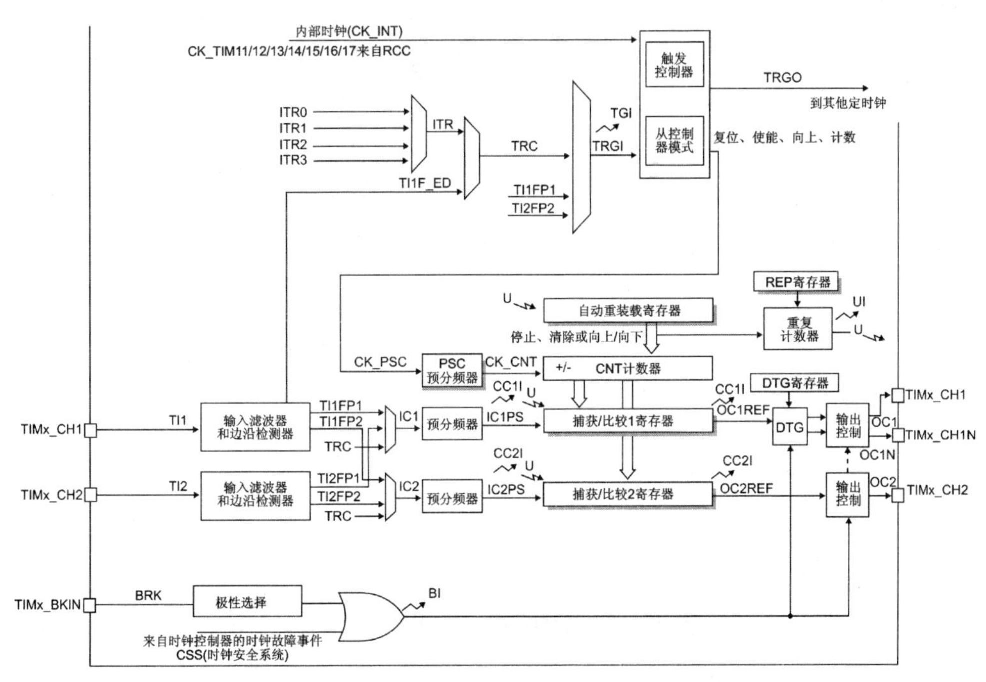

图 13－4　TIM15 的组成框图

65 536之间的任意数值。

- 2 个独立通道，每个独立通道都有以下 4 种功能：
  - 输入捕获；
  - 输出比较；
  - PWM 生成(边沿或中间对齐模式)；
  - 单脉冲模式输出。
- 可编程死区时间的互补输出(仅通道 1)。
- 使用外部信号控制定时器和定时器互相连接的同步电路。
- 允许在指定数目的计数器周期之后更新定时器寄存器的重复计数器。
- 刹车输入信号可以将定时器输出信号置于复位状态或者一个已知状态。
- 如下事件发生时产生中断/DMA：
  - 更新：计数器溢出，计数器初始化(通过软件或者内部/外部触发)；
  - 触发事件(计数器启动、停止、初始化或者由内部/外部触发计数)；
  - 输入捕获；
  - 输出比较；

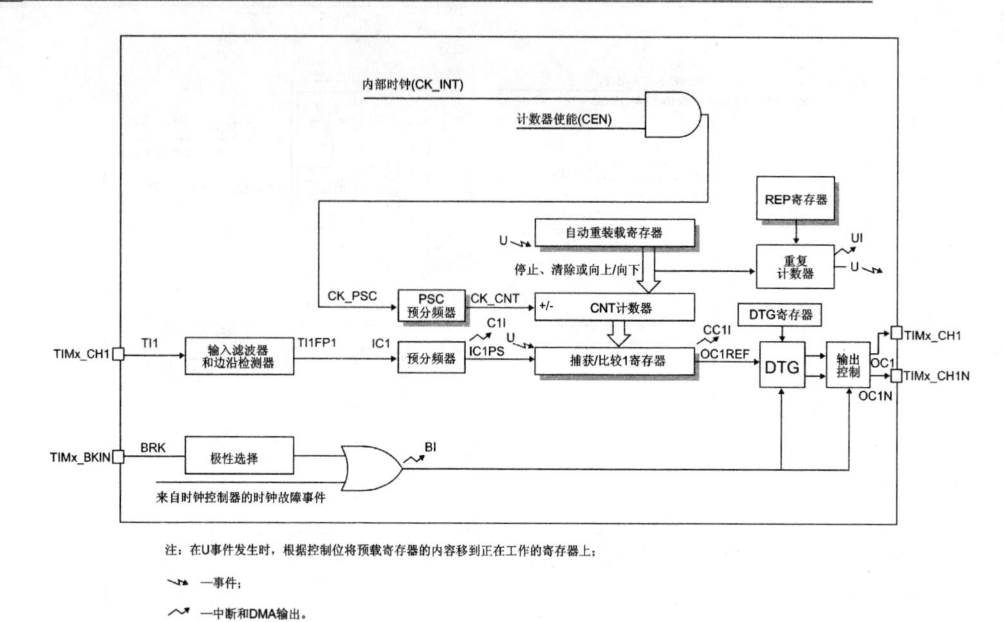

图 13-5　TIM16 和 TIM17 的组成框图

- 刹车输入(中断请求)。

2. TIM16 和 TIM17 的主要特性

TIM16 和 TIM17 的主要特性如下：

- 16 位向上自动重装载计数器。
- 16 位可编程(可以实时修改)预分频器,计数器时钟频率的分频系数为 1～65 535之间的任意数值。
- 1 个独立通道,其具有以下 4 种功能：
  - 输入捕获；
  - 输出比较；
  - PWM 生成(边沿或中间对齐模式)；
  - 单脉冲模式输出。
- 可编程死区时间的互补输出。
- 允许在指定数目的计数器周期之后更新定时器寄存器的重复计数器。
- 刹车输入信号可以将定时器输出信号置于复位状态或者一个已知状态。
- 如下事件发生时产生中断/DMA：
  - 更新：计数器溢出；
  - 输入捕获；
  - 输出比较；
  - 刹车输入(中断请求)。

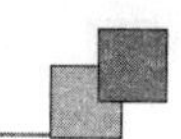

13.5　基本定时器 TIM6/TIM7

基本定时器 TIM6/TIM7 包含一个 16 位自动重装载计数器，由各自的可编程预分频器驱动。它可以作为通用定时器提供时间基准，特别地，可以为 DAC 提供时钟。实际上，它在芯片内部直接连接到 DAC 并通过触发输出直接驱动 DAC。图 13-6 所示为 TIM6 和 TIM7 的组成框图。

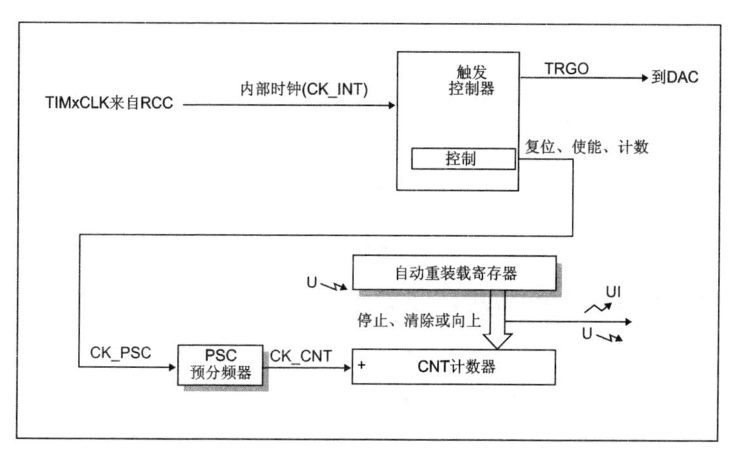

注：在U事件发生时，根据控制位将预载寄存器的内容移到正在工作的寄存器上；

—事件；

—中断和DMA输出。

图 13-6　TIM6 和 TIM7 的组成框图

TIM6/TIM7 的主要特性

TIM6/TIM7 的主要特性如下：

- 16 位自动重装载累加计数器；
- 16 位可编程(可实时修改)预分频器，计数器时钟频率的分频系数为 1～65 535之间的任意数值；
- 触发 DAC 的同步电路；
- 在更新事件(计数器溢出)时产生中断/DMA 请求。

13.6　TIM 库函数

TIM 库函数存放于库文件 stm32f0xx_tim.c 中。限于篇幅，这里主要介绍本章使用的部分 TIM 库函数，对于未使用到的库函数，读者可以查阅 ST 公司的 stm32f0xx_stdperiph_lib_um.chm(《STM32F0xx 标准外设函数库手册》)，也可以参

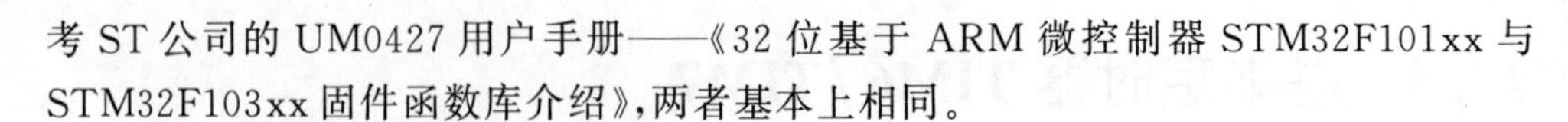

考 ST 公司的 UM0427 用户手册——《32 位基于 ARM 微控制器 STM32F101xx 与 STM32F103xx 固件函数库介绍》，两者基本上相同。

1. TIM_TimeBaseInit 函数

表 13-1 所列为 TIM_TimeBaseInit 函数的介绍。

表 13-1 TIM_TimeBaseInit 函数

函数原型	void TIM_TimeBaseInit(TIM_TypeDef * TIMx, TIM_TimeBaseInitTypeDef * TIM_TimeBaseInitStruct)
功能描述	在 TIM_TimeBaseInitStruct 结构体中，根据指定参数初始化 TIMx 时基单元外设
输入参数	TIMx：选择 TIM 外设，其中，x 可以选择 2、1、3、6、7、14、15、16 或 17
	TIM_TimeBaseInitStruct：指向一个 TIM_TimeBaseInitTypeDef 结构体的指针，包含指定 TIM 外设的配置信息
返回值	无

2. TIM_ClearITPendingBit 函数

表 13-2 所列为 TIM_ClearITPendingBit 函数的介绍。

表 13-2 TIM_ClearITPendingBit 函数

函数原型	void TIM_ClearITPendingBit(TIM_TypeDef * TIMx, uint16_t TIM_IT)
功能描述	清除 TIMx 的中断屏蔽位
输入参数	TIMx：选择 TIM 外设，其中，x 可以选择 1、2、3、6、7、14、15、16 或 17
	TIM_IT：指定要清除的位
返回值	无

3. TIM_ITConfig 函数

表 13-3 所列为 TIM_ITConfig 函数的介绍。

表 13-3 TIM_ITConfig 函数

函数原型	void TIM_ITConfig(TIM_TypeDef * TIMx, uint16_t TIM_IT, FunctionalState NewState)
功能描述	使能或禁用指定的 TIM 中断
输入参数	TIMx：选择 TIM 外设，其中，x 可以选择 1、2、3、6、7、14、15、16 或 17
	TIM_IT：指定 TIM 中断源使能或禁用
	NewState：TIM 中断的新状态
返回值	无

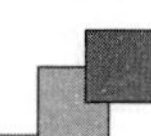

4. TIM_Cmd 函数

表 13－4 所列为 TIM_Cmd 函数的介绍。

表 13－4　TIM_Cmd 函数

函数原型	void TIM_Cmd(TIM_TypeDef * TIMx,FunctionalState NewState)
功能描述	使能或禁用指定的 TIM 外设
输入参数	TIMx：选择 TIM 外设，其中，x 可以选择 1、2、3、6、7、14、15、16 或 17
	NewState：TIMx 外设的新状态
返回值	无

5. TIM_OC1Init 函数

表 13－5 所列为 TIM_OC1Init 函数的介绍。

表 13－5　TIM_OC1Init 函数

函数原型	void TIM_OC1Init(TIM_TypeDef * TIMx,TIM_OCInitTypeDef * TIM_OCInitStruct)
功能描述	在 TIM_OCInitStruct 结构体中按指定参数初始化 TIMx 通道 1
输入参数	TIMx：选择 TIM 外设，其中，x 可以选择 1、2、3、14、15、16 或 17
	TIM_OCInitStruct：指向一个 TIM_OCInitTypeDef 结构体的指针，包含指定 TIM 外设的配置信息
返回值	无

6. TIM_OC2Init 函数

表 13－6 所列为 TIM_OC2Init 函数的介绍。

表 13－6　TIM_OC2Init 函数

函数原型	void TIM_OC2Init(TIM_TypeDef * TIMx,TIM_OCInitTypeDef * TIM_OCInitStruct)
功能描述	在 TIM_OCInitStruct 结构体中按指定参数初始化 TIMx 通道 2
输入参数	TIMx：选择 TIM 外设，其中，x 可以选择 1、2、3 或 15
	TIM_OCInitStruct：指向一个 TIM_OCInitTypeDef 结构体的指针，包含指定 TIM 外设的配置信息
返回值	无

7. TIM_OC3Init 函数

表 13－7 所列为 TIM_OC3Init 函数的介绍。

表 13-7　TIM_OC3Init 函数

函数原型	void TIM_OC3Init(TIM_TypeDef * TIMx, TIM_OCInitTypeDef * TIM_OCInitStruct)
功能描述	在 TIM_OCInitStruct 结构体中按指定参数初始化 TIMx 通道 3
输入参数	TIMx：选择 TIM 外设，其中，x 可以选择 1、2 或 3
	TIM_OCInitStruct：指向一个 TIM_OCInitTypeDef 结构体的指针，包含指定 TIM 外设的配置信息
返回值	无

8. TIM_OC4Init 函数

表 13-8 所列为 TIM_OC4Init 函数的介绍。

表 13-8　TIM_OC4Init 函数

函数原型	void TIM_OC4Init(TIM_TypeDef * TIMx, TIM_OCInitTypeDef * TIM_OCInitStruct)
功能描述	在 TIM_OCInitStruct 结构体中按指定参数初始化 TIMx 通道 4
输入参数	TIMx：选择 TIM 外设，其中，x 可以选择 1、2 或 3
	TIM_OCInitStruct：指向一个 TIM_OCInitTypeDef 结构体的指针，包含指定 TIM 外设的配置信息
返回值	无

9. TIM_CtrlPWMOutputs 函数

表 13-9 所列为 TIM_CtrlPWMOutputs 函数的介绍。

表 13-9　TIM_CtrlPWMOutputs 函数

函数原型	void TIM_CtrlPWMOutputs(TIM_TypeDef * TIMx, FunctionalState NewState)
功能描述	使能或禁用 TIM 外设主输出
输入参数	TIMx：选择 TIM 外设，其中，x 可以选择 1、15、16 或 17
	NewState：TIM 外设主输出的新状态
返回值	无

10. TIM_PrescalerConfig 函数

表 13-10 所列为 TIM_PrescalerConfig 函数的介绍。

表 13-10　TIM_PrescalerConfig 函数

函数原型	void TIM_PrescalerConfig(TIM_TypeDef * TIMx, uint16_t Prescaler, uint16_t TIM_PSCReloadMode)
功能描述	配置 TIMx 预分频器

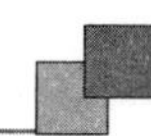

续表 13 - 10

输入参数	TIMx：选择 TIM 外设，其中，x 可以选择 1、2、3、6、7、14、15、16 或 17
	TIM_PSCReloadMode：指定 TIM 预分频器重装载模式
返回值	无

11. TIM_OC1PreloadConfig 函数

表 13 - 11 所列为 TIM_OC1PreloadConfig 函数的介绍。

表 13 - 11　TIM_OC1PreloadConfig 函数

函数原型	void TIM_OC1PreloadConfig(TIM_TypeDef * TIMx, uint16_t TIM_OCPreload)
功能描述	在 CCR1 上使能或禁用 TIMx 外设重装载寄存器
输入参数	TIMx：选择 TIM 外设，其中，x 可以选择 1、2、3、14、15、16 或 17
	TIM_OCPreload：TIMx 外设重装载寄存器的新状态
返回值	无

12. TIM_OC2PreloadConfig 函数

表 13 - 12 所列为 TIM_OC2PreloadConfig 函数的介绍。

表 13 - 12　TIM_OC2PreloadConfig 函数

函数原型	void TIM_OC2PreloadConfig(TIM_TypeDef * TIMx, uint16_t TIM_OCPreload)
功能描述	在 CCR2 上使能或禁用 TIMx 外设重装载寄存器
输入参数	TIMx：选择 TIM 外设，其中，x 可以选择 1、2、3 或 15
	TIM_OCPreload：TIMx 外设重装载寄存器的新状态
返回值	无

13. TIM_GetITStatus 函数

表 13 - 13 所列为 TIM_GetITStatus 函数的介绍。

表 13 - 13　TIM_GetITStatus 函数

函数原型	ITStatus TIM_GetITStatus(TIM_TypeDef * TIMx, uint16_t TIM_IT)
功能描述	检查 TIM 中断是否发生
输入参数	TIMx：选择 TIM 外设，其中，x 可以选择 2、3、1、6、7、14、15、16 或 17
	TIM_IT：指定检查 TIM 中断源
返回值	TIM_IT 的一个新状态

14. TIM_GetCapture1 函数

表 13 - 14 所列为 TIM_GetCapture1 函数的介绍。

表 13-14 TIM_GetCapture1 函数

函数原型	uint32_t TIM_GetCapture1(TIM_TypeDef * TIMx)
功能描述	获取 TIMx 输入捕获值 1
输入参数	TIMx：选择 TIM 外设，其中，x 可以选择 1、2、3、14、15、16 或 17
返回值	捕获 1 的寄存器值

15. TIM_GetCapture2 函数

表 13-15 所列为 TIM_GetCapture2 函数的介绍。

表 13-15 TIM_GetCapture2 函数

函数原型	uint32_t TIM_GetCapture2(TIM_TypeDef * TIMx)
功能描述	获取 TIMx 输入捕获值 2
输入参数	TIMx：选择 TIM 外设，其中，x 可以选择 1、2、3 或 15
返回值	捕获 2 的寄存器值

16. TIM_SetCompare1 函数

表 13-16 所列为 TIM_SetCompare1 函数的介绍。

表 13-16 TIM_SetCompare1 函数

函数原型	void TIM_SetCompare1(TIM_TypeDef * TIMx, uint32_t Compare1)
功能描述	设置 TIMx 捕捉比较 1 的寄存器值
输入参数	TIMx：选择 TIM 外设，其中，x 可以选择 1、2、3、14、15、16 或 17
	Compare1：指定比较 1 的寄存器新值
返回值	无

17. TIM_SetCompare2 函数

表 13-17 所列为 TIM_SetCompare2 函数的介绍。

表 13-17 TIM_SetCompare2 函数

函数原型	void TIM_SetCompare2(TIM_TypeDef * TIMx, uint32_t Compare2)
功能描述	设置 TIMx 捕捉比较 2 的寄存器值
输入参数	TIMx：选择 TIM 外设，其中，x 可以选择 1、2、3 或 15
	Compare2：指定比较 2 的寄存器新值
返回值	无

18. TIM_ICInit 函数

表 13-18 所列为 TIM_ICInit 函数的介绍。

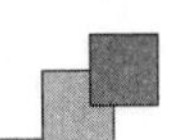

表 13-18　TIM_ICInit 函数

函数原型	void TIM_ICInit(TIM_TypeDef * TIMx,TIM_ICInitTypeDef * TIM_ICInitStruct)
功能描述	在 TIM_ICInitStruct 结构体中按指定的参数初始化 TIM 外设
输入参数	TIMx：选择 TIM 外设，其中，x 可以选择 1、2、3、14、15、16 或 17
	TIM_ICInitStruct：指向一个 TIM_ICInitTypeDef 结构体的指针，包含指定 TIM 外设的配置信息
返回值	无

19. TIM_ARRPreloadConfig 函数

表 13-19 所列为 TIM_ARRPreloadConfig 函数的介绍。

表 13-19　TIM_ARRPreloadConfig 函数

函数原型	void TIM_ARRPreloadConfig(TIM_TypeDef * TIMx,FunctionalState NewState)
功能描述	在 ARR 上使能或禁用 TIMx 外设重装载寄存器
输入参数	TIMx：选择 TIM 外设，其中，x 可以选择 1、2、3、6、7、14、15、16 或 17
	NewState：TIMx 外设重装载寄存器的新状态
返回值	无

13.7　STM32F072 定时器的定时中断实验——LED1 每 500 ms 闪烁一次

1. 实验要求

使用定时器 3(TIM3)进行实验，每 500 ms 进入一次中断函数，闪烁 LED1。

2. 实验电路原理

参考 Mini STM32 DEMO 开发板电路原理图：

LED1——PA2。

3. 源程序文件及分析

新建一个文件目录 TIMERINT_LED，在 RealView MDK 集成开发环境中创建一个工程项目 TIMERINT_LED. uvprojx 于此目录中。

在 File 菜单下新建如下的源文件 main. c，编写源程序代码后保存在 User 文件夹下，再把 main. c 文件添加到 User 组中。

```
#include "stm32f0xx.h"
#include "LED.h"
#include "TIMER.h"
```

```
/****************************************
 * FunctionName   : main
 * Description    : 主函数
 * EntryParameter : None
 * ReturnValue    : None
****************************************/
int main(void)
{
    SystemInit();
    LED_Init();
    TIMER_Init();
    while(1)
    {

    }
}
```

在 File 菜单下新建如下的源文件 TIMER.c，编写完成后保存在 Drive 文件夹下，随后将 Drive 文件夹中的应用文件 TIMER.c 添加到 Drive 组中。

```
#include "stm32f0xx.h"
#include "TIMER.h"
/****************************************
 * FunctionName   : timer_init
 * Description    : 定时器 500 ms 中断初始化
 * EntryParameter : None
 * ReturnValue    : None
****************************************/
void TIMER_Init(void)
{
    TIM_TimeBaseInitTypeDef  TIM_TimeBaseStructure;   //定义定时器的结构体变量
    NVIC_InitTypeDef  NVIC_InitStructure;             //定义嵌套中断结构体变量
    RCC_APB1PeriphClockCmd(RCC_APB1Periph_TIM3,ENABLE);   //使能 TIM3 时钟
    TIM_TimeBaseStructure.TIM_Prescaler = 48000 - 1;  //预分频;TIM3 计数频率 =
                                                      //48 000 000/48 000 = 1 000 Hz
    TIM_TimeBaseStructure.TIM_Period = 500;           //计数周期(次数) = 500
                                                      //(即 500 ms 中断一次)
    TIM_TimeBaseStructure.TIM_ClockDivision = 0;      //不进行时钟分频
    TIM_TimeBaseStructure.TIM_CounterMode = TIM_CounterMode_Up;  //向上计数
    TIM_TimeBaseInit(TIM3,&TIM_TimeBaseStructure);    //初始化 TIM3
    TIM_ARRPreloadConfig(TIM3,ENABLE);                /*使能预装载*/
    TIM_ClearITPendingBit(TIM3,TIM_IT_Update);        /*预先清除中断位*/
    TIM_ITConfig(TIM3,TIM_IT_CC3,ENABLE);             //开 TIM3 中断
```

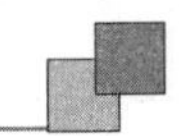

```
    TIM_Cmd(TIM3,ENABLE);                                    //使能 TIM3
    //使能 TIM3 中断
    NVIC_InitStructure.NVIC_IRQChannel = TIM3_IRQn;
    NVIC_InitStructure.NVIC_IRQChannelPriority = 0;
    NVIC_InitStructure.NVIC_IRQChannelCmd = ENABLE;
    NVIC_Init(&NVIC_InitStructure);
}
```

在 File 菜单下新建如下的源文件 TIMER.h，编写完成后保存在 Drive 文件夹下。

```
#ifndef __TIMER_H
#define __TIMER_H
#include "stm32f0xx.h"
void TIMER_Init(void);
#endif /* __TIMER_H */
```

4. 实验效果

编译通过后可以使用 J-link 仿真器调试程序，最后将程序下载到 STM32F072 芯片中，可以看到 Mini STM32 DEMO 开发板上的 LED1 在闪烁，闪烁速率为每 500 ms一次，即 CPU 每 500 ms 进入一次中断服务函数，取反 LED1 使其闪烁。实验照片如图 13－7 所示。

图 13－7　STM32F072 定时器的定时中断实验照片

13.8 STM32F072 定时器 1 的输入捕获实验

1. 实验要求

使用定时器 1(TIM1)进行实验,从 PA9 输入外部脉冲,在液晶显示器上显示出捕获后的数据。

2. 实验电路原理

参考 Mini STM32 DEMO 开发板电路原理图:

外部脉冲输入——PA9。

3. 源程序文件及分析

新建一个文件目录 TIMERCAP_LCD,在 RealView MDK 集成开发环境中创建一个工程项目 TIMERCAP_LCD. uvprojx 于此目录中。

在 File 菜单下新建如下的源文件 main. c,编写源程序代码后保存在 User 文件夹下,再把 main. c 文件添加到 User 组中。

```
#include "stm32f0xx.h"
#include "W25Q16.h"
#include "ILI9325.h"
#include "TIMER.h"
extern __IO uint32_t TIM1Freq;
/****************************************
* FunctionName     : Delay
* Description      : 延时
* EntryParameter   : nCount
* ReturnValue      : None
****************************************/
void Delay(__IO uint32_t nCount)
{
  for(; nCount != 0; nCount--);
}
/****************************************
* FunctionName     : main
* Description      : 主函数
* EntryParameter   : None
* ReturnValue      : None
****************************************/
int main(void)
{
```

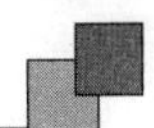

```
    SystemInit();
    SPI_FLASH_Init();
    LCD_init();                              //液晶显示器初始化
    LCD_Clear(ORANGE);                       //全屏显示橙色
    POINT_COLOR = BLACK;                     //定义笔的颜色为黑色
    BACK_COLOR = WHITE   ;                   //定义笔的背景色为白色
    LCD_ShowString(2,10,"定时器 1 捕获实验");
    LCD_ShowString(2,50,"从 PA9 输入脉冲后捕获定时器 1 的计数值,");
    LCD_ShowString(2,90,"如输入 2 次脉冲则可得到定时器的计数值之差,");
    LCD_ShowString(2,130,"这样便可计算出频率,");
    LCD_ShowString(2,170,"然后在液晶上显示。");
    TIMER_Init();                            //定时器初始化配置
    POINT_COLOR = RED;                       //定义笔的颜色为红色
    BACK_COLOR = WHITE;                      //定义笔的背景色为白色
    while(1)
    {
        LCD_ShowNum(2,210,TIM1Freq,5);       //显示捕获值(频率)
        Delay( 200 );
    }
}
```

在 File 菜单下新建如下的源文件 TIMER.c，编写完成后保存在 Drive 文件夹下，随后将 Drive 文件夹中的应用文件 TIMER.c 添加到 Drive 组中。

```
#include "stm32f0xx.h"
#include "TIMER.h"
/****************************************
* FunctionName    : timer_init
* Description     : TIM1 的输入捕获初始化配置
* EntryParameter  : None
* ReturnValue     : None
****************************************/
void TIMER_Init(void)
{
  GPIO_InitTypeDef GPIO_InitStructure;
  NVIC_InitTypeDef NVIC_InitStructure;
  TIM_ICInitTypeDef  TIM_ICInitStructure;
  /* TIM1 clock enable */
  RCC_APB2PeriphClockCmd(RCC_APB2Periph_TIM1,ENABLE);
  /* GPIOA clock enable */
  RCC_AHBPeriphClockCmd(RCC_AHBPeriph_GPIOA,ENABLE);
  /* TIM1 channel 2 pin (PA9) configuration */
```

```
    GPIO_InitStructure.GPIO_Pin =   GPIO_Pin_9;                   //PA9
    GPIO_InitStructure.GPIO_Mode = GPIO_Mode_AF;
    GPIO_InitStructure.GPIO_Speed = GPIO_Speed_50MHz;
    GPIO_InitStructure.GPIO_OType = GPIO_OType_PP;                //推挽
    GPIO_InitStructure.GPIO_PuPd = GPIO_PuPd_NOPULL;              //无
    GPIO_Init(GPIOA,&GPIO_InitStructure);
    /* Connect TIM pins to AF2 */
    GPIO_PinAFConfig(GPIOA,GPIO_PinSource9,GPIO_AF_2);
    /* Enable the TIM1 global Interrupt */
    NVIC_InitStructure.NVIC_IRQChannel = TIM1_CC_IRQn;
    NVIC_InitStructure.NVIC_IRQChannelPriority = 0;
    NVIC_InitStructure.NVIC_IRQChannelCmd = ENABLE;
    NVIC_Init(&NVIC_InitStructure);

    TIM_ICInitStructure.TIM_Channel = TIM_Channel_2;              //定时器通道 2
    TIM_ICInitStructure.TIM_ICPolarity = TIM_ICPolarity_Rising;//上升沿
    TIM_ICInitStructure.TIM_ICSelection = TIM_ICSelection_DirectTI;//IC 选择直通
    TIM_ICInitStructure.TIM_ICPrescaler = TIM_ICPSC_DIV1;
    TIM_ICInitStructure.TIM_ICFilter = 0x0;
    TIM_ICInit(TIM1,&TIM_ICInitStructure);
    TIM_Cmd(TIM1,ENABLE);                                         //TIM1 使能计数
    TIM_ITConfig(TIM1,TIM_IT_CC2,ENABLE);                         //TIM1 CC2 中断使能
}
```

在 File 菜单下新建如下的源文件 TIMER.h，编写完成后保存在 Drive 文件夹下。

```
#ifndef __TIMER_H
#define __TIMER_H
#include "stm32f0xx.h"
void TIMER_Init(void);
#endif /* __TIMER_H */
```

4. 实验效果

编译通过后，可以使用 J-link 仿真器调试程序，最后将程序下载到 STM32F072 芯片中。手指触碰一下 PA9 的排针(即从 PA9 输入杂波)，立刻就能看到捕获后的数据在 TFT-LCD 上显示出来。实验照片如图 13－8 所示。

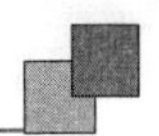

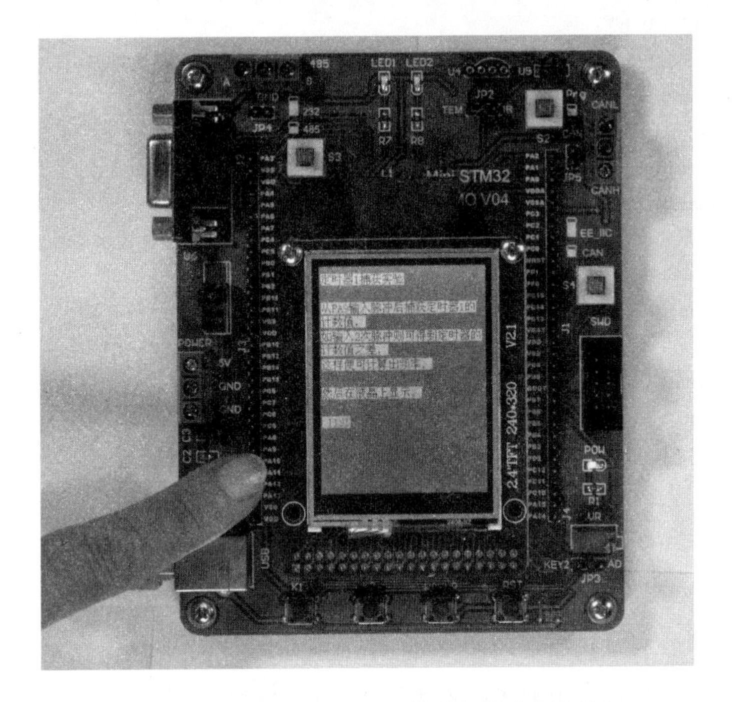

图 13－8　STM32F072 TIM1 的输入捕获实验照片

13.9　STM32F072 定时器 3 的比较匹配中断实验

1. 实验要求

使用定时器 3(TIM3)进行实验，2 个比较通道 CC1、CC2 分别发生比较匹配中断，在中断服务函数中控制 LED1、LED2 分别翻转闪烁。有条件者可以使用示波器观察 LED1 和 LED2 的闪烁频率。

2. 实验电路原理

参考 Mini STM32 DEMO 开发板电路原理图：

- LED1——PA2；
- LED2——PA3。

3. 源程序文件及分析

新建一个文件目录 TIMERCOMP_LED，在 RealView MDK 集成开发环境中创建一个工程项目 TIMERCOMP_LED. uvprojx 于此目录中。

在 File 菜单下新建如下的源文件 main. c，编写源程序代码后保存在 User 文件夹下，再把 main. c 文件添加到 User 组中。

```
#include "stm32f0xx.h"
```

```
#include "LED.h"
#include "TIMER.h"
/****************************************
 * FunctionName   : main
 * Description    : 主函数
 * EntryParameter : None
 * ReturnValue    : None
****************************************/
int main(void)
{
  SystemInit();
  TIMER_Init();
  LED_Init();
  while(1)
  {
  }
}
```

在 File 菜单下新建如下的源文件 TIMER.c，编写完成后保存在 Drive 文件夹下，随后将 Drive 文件夹中的应用文件 TIMER.c 添加到 Drive 组中。

```
#include "TIMER.h"
__IO uint16_t CCR1_Val = 40961;//LED1: 73.24Hz (CC1)
__IO uint16_t CCR2_Val = 27309;//LED2: 109.8Hz (CC2)
//__IO uint16_t CCR3_Val = 13654;//LED3: 219.7Hz (CC3)
//__IO uint16_t CCR4_Val = 6826;//LED4: 439.4Hz (CC4)
uint16_t PrescalerValue = 0;
/****************************************
 * FunctionName   : timer_init
 * Description    : 定时器比较中断初始化配置
 * EntryParameter : None
 * ReturnValue    : None
****************************************/
void TIMER_Init(void)
{
  NVIC_InitTypeDef NVIC_InitStructure;
    TIM_TimeBaseInitTypeDef  TIM_TimeBaseStructure;
    TIM_OCInitTypeDef  TIM_OCInitStructure;
  /* TIM3 clock enable */
  RCC_APB1PeriphClockCmd(RCC_APB1Periph_TIM3,ENABLE);          //使能 TIM3 时钟
  /* Enable the TIM3 gloabal Interrupt */
  NVIC_InitStructure.NVIC_IRQChannel = TIM3_IRQn;              //中断通道为 TIM3
  NVIC_InitStructure.NVIC_IRQChannelPriority = 0;              //优先级 0
```

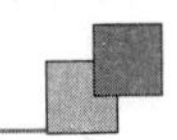

```
    NVIC_InitStructure.NVIC_IRQChannelCmd = ENABLE;                     //使能中断通道
    NVIC_Init(&NVIC_InitStructure);                                     //中断初始化
    /*计算内核的预分频值,定时器计数频率为 6 MHz */
    PrescalerValue = (uint16_t) (SystemCoreClock  / 6000000) - 1;
    /*定时器基本配置*/
    TIM_TimeBaseStructure.TIM_Period = 65535;                           //定时器周期 65 535
    TIM_TimeBaseStructure.TIM_Prescaler = 0;                            //划分定时器预分频 0
    TIM_TimeBaseStructure.TIM_ClockDivision = 0;                        //时钟分频
    TIM_TimeBaseStructure.TIM_CounterMode = TIM_CounterMode_Up;         //定时器向上计数
    TIM_TimeBaseInit(TIM3,&TIM_TimeBaseStructure);                      //TIM3 基本配置初始化
    /*预分频配置初始化*/
    TIM_PrescalerConfig(TIM3,PrescalerValue,TIM_PSCReloadMode_Immediate);
    /* Output Compare Timing Mode configuration: Channel1 */
      //输出比较模式配置,通道 1
    TIM_OCInitStructure.TIM_OCMode = TIM_OCMode_Timing;                 //定时器模式
    TIM_OCInitStructure.TIM_OutputState = TIM_OutputState_Enable;//使能输出状态
    TIM_OCInitStructure.TIM_Pulse = CCR1_Val;                           //送入比较值
    TIM_OCInitStructure.TIM_OCPolarity = TIM_OCPolarity_High;           //比较极性为高
    TIM_OC1Init(TIM3,&TIM_OCInitStructure);                             //比较通道 1 初始化
    TIM_OC1PreloadConfig(TIM3,TIM_OCPreload_Disable);                   //TIM3 预装载禁用
    /* Output Compare Timing Mode configuration: Channel2 */
      //输出比较模式配置,通道 2
    TIM_OCInitStructure.TIM_OutputState = TIM_OutputState_Enable;//使能输出状态
    TIM_OCInitStructure.TIM_Pulse = CCR2_Val;                           //送入比较值
    TIM_OC2Init(TIM3,&TIM_OCInitStructure);                             //比较通道 2 初始化
    TIM_OC2PreloadConfig(TIM3,TIM_OCPreload_Disable);                   //TIM3 预装载禁用
    /* TIM Interrupts enable */
    TIM_ITConfig(TIM3,TIM_IT_CC1 | TIM_IT_CC2 ,ENABLE);
    TIM_Cmd(TIM3,ENABLE);/* TIM3 计数 */
}
```

在 File 菜单下新建如下的源文件 TIMER.h,编写完成后保存在 Drive 文件夹下。

```
#ifndef __TIMER_H
#define __TIMER_H
#include "stm32f0xx.h"
void TIMER_Init(void);
#endif /* __TIMER_H */
```

4. 实验效果

编译通过后,可以使用 J-link 仿真器调试程序,最后将程序下载到 STM32F072

芯片中，可以看到 LED1、LED2 正在闪烁。如果使用示波器观察，则可以看到 LED1 闪烁频率为 73.24 Hz（CC1 通道，用示波器测试 PA2），LED2 闪烁频率为 108.7 Hz（CC2 通道，用示波器观察 PA3）。实验照片如图 13－9 所示。

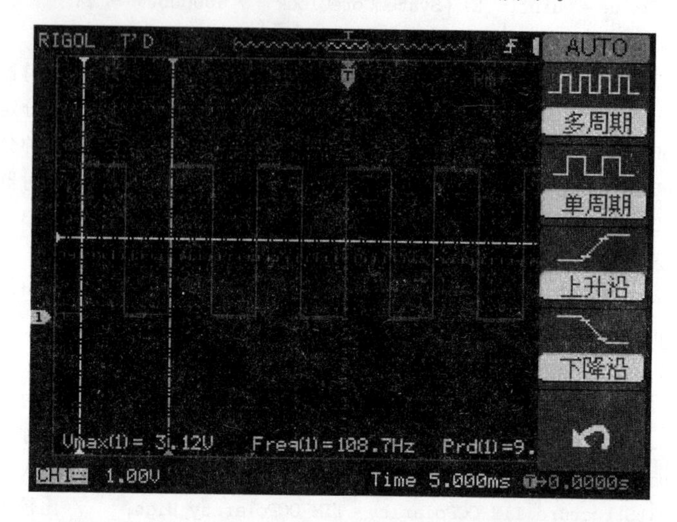

图 13－9 STM32F072 TIM3 的比较匹配中断实验照片

13.10 STM32F072 定时器 1 的 PWM 输出实验

1. 实验要求

使用定时器 1(TIM1)进行实验，产生 7 路 PWM 信号。有条件者可以使用示波器观察其频率。

2. 实验电路原理

参考 Mini STM32 DEMO 开发板电路原理图：

TIM1_CH1——PA8： 频率为 17.48 kHz，占空比为 50%；
TIM1_CH1N——PA7：频率为 17.48 kHz，占空比为 50%；
TIM1_CH2——PA9： 频率为 17.48 kHz，占空比为 37.5%；
TIM1_CH2N——PB0：频率为 17.48 kHz，占空比为 37.5%；
TIM1_CH3——PA10：频率为 17.48 kHz，占空比为 25%；
TIM1_CH3N——PB1：频率为 17.48 kHz，占空比为 25%；
TIM1_CH4——PA11：频率为 17.48 kHz，占空比为 12.5%。

3. 源程序文件及分析

新建一个文件目录 TIMERPWM，在 RealView MDK 集成开发环境中创建一个工程项目 TIMERPWM.uvprojx 于此目录中。

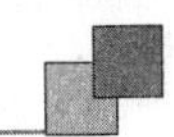

在 File 菜单下新建如下的源文件 main. c，编写源程序代码后保存在 User 文件夹下，再把 main. c 文件添加到 User 组中。

```
#include "stm32f0xx.h"
#include "TIMER.h"
/*****************************************
* FunctionName    : main
* Description     : 主函数
* EntryParameter  : None
* ReturnValue     : None
*****************************************/
int main(void)
{
  SystemInit();
  TIMER_Init();
  while(1)
    {
    }
}
```

在 File 菜单下新建如下的源文件 TIMER. c，编写完成后保存在 Drive 文件夹下，随后将 Drive 文件夹中的应用文件 TIMER. c 添加到 Drive 组中。

```
#include "TIMER.h"
uint16_t TimerPeriod = 0;
uint16_t Channel1Pulse = 0,Channel2Pulse = 0,Channel3Pulse = 0,Channel4Pulse = 0;
/*****************************************
* FunctionName    : timer_init
* Description     : TIM1 PWM 初始化配置
* EntryParameter  : None
* ReturnValue     : None
*****************************************/
void TIMER_Init(void)
{
  GPIO_InitTypeDef GPIO_InitStructure;
  TIM_TimeBaseInitTypeDef  TIM_TimeBaseStructure;
  TIM_OCInitTypeDef  TIM_OCInitStructure;
  /* GPIOA,GPIOB and GPIOE Clocks enable */
  RCC_AHBPeriphClockCmd( RCC_AHBPeriph_GPIOA | RCC_AHBPeriph_GPIOB,ENABLE);
  /* GPIOA Configuration: Channel 1,2,3,4 and Channel 1N as alternate function push-
pull */
  GPIO_InitStructure.GPIO_Pin = GPIO_Pin_8 | GPIO_Pin_9 | GPIO_Pin_10 | GPIO_Pin_11 |
GPIO_Pin_7;
```

```
GPIO_InitStructure.GPIO_Mode = GPIO_Mode_AF;
GPIO_InitStructure.GPIO_Speed = GPIO_Speed_50MHz;
GPIO_InitStructure.GPIO_OType = GPIO_OType_PP;
GPIO_InitStructure.GPIO_PuPd = GPIO_PuPd_UP ;
GPIO_Init(GPIOA,&GPIO_InitStructure);
GPIO_PinAFConfig(GPIOA,GPIO_PinSource8,GPIO_AF_2);  //GPIOA 选择备用功能
GPIO_PinAFConfig(GPIOA,GPIO_PinSource9,GPIO_AF_2);
GPIO_PinAFConfig(GPIOA,GPIO_PinSource10,GPIO_AF_2);
GPIO_PinAFConfig(GPIOA,GPIO_PinSource11,GPIO_AF_2);
GPIO_PinAFConfig(GPIOA,GPIO_PinSource7,GPIO_AF_2);
/ * GPIOB Configuration: Channel 2N and 3N as alternate function push - pull * /
GPIO_InitStructure.GPIO_Pin = GPIO_Pin_0 | GPIO_Pin_1;
GPIO_Init(GPIOB,&GPIO_InitStructure);
GPIO_PinAFConfig(GPIOB,GPIO_PinSource0,GPIO_AF_2);  //GPIOB 选择备用功能
GPIO_PinAFConfig(GPIOB,GPIO_PinSource1,GPIO_AF_2);
/ * Compute the value to be set in ARR regiter to generate signal frequency at 17.57 kHz * /
/ * 计算内核的预分频值,定时器计数频率为 17.570 kHz * /
  TimerPeriod = (SystemCoreClock / 17570 ) - 1;
/ * Compute CCR1 value to generate a duty cycle at 50 % for channel 1 and 1N * /
Channel1Pulse = (uint16_t) (((uint32_t) 5 * (TimerPeriod - 1)) / 10);
                                                        //通道 1 占空比 50 %
  / * Compute CCR2 value to generate a duty cycle at 37.5 % for channel 2 and 2N * /
Channel2Pulse = (uint16_t) (((uint32_t) 375 * (TimerPeriod - 1)) / 1000);
                                                        //通道 2 占空比 37.5 %
  / * Compute CCR3 value to generate a duty cycle at 25 % for channel 3 and 3N * /
Channel3Pulse = (uint16_t) (((uint32_t) 25 * (TimerPeriod - 1)) / 100);
                                                        //通道 3 占空比 25 %
  / * Compute CCR4 value to generate a duty cycle at 12.5 % for channel 4 * /
Channel4Pulse = (uint16_t) (((uint32_t) 125 * (TimerPeriod- 1)) / 1000);
                                                        //通道 4 占空比 12.5 %
  / * TIM1 clock enable * /
RCC_APB2PeriphClockCmd(RCC_APB2Periph_TIM1 ,ENABLE); //TIM1 时钟使能
/ * Time Base configuration * /
TIM_TimeBaseStructure.TIM_Prescaler = 0;                //划分定时器预分频 0
TIM_TimeBaseStructure.TIM_CounterMode = TIM_CounterMode_Up;  //定时器向上计数
TIM_TimeBaseStructure.TIM_Period = TimerPeriod;         //定时器周期
TIM_TimeBaseStructure.TIM_ClockDivision = 0;            //时钟分频
TIM_TimeBaseStructure.TIM_RepetitionCounter = 0;        //定时器循环计数
TIM_TimeBaseInit(TIM1,&TIM_TimeBaseStructure);          //定时器基本设置初始化
/ * Channel 1,2,3 and 4 Configuration in PWM mode * /
TIM_OCInitStructure.TIM_OCMode = TIM_OCMode_PWM2;       //输出模式为 PWM2
TIM_OCInitStructure.TIM_OutputState = TIM_OutputState_Enable;      //使能输出
```

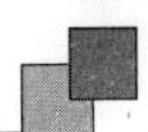

```
    TIM_OCInitStructure.TIM_OutputNState = TIM_OutputNState_Enable;   //使能输出 N
    TIM_OCInitStructure.TIM_Pulse = Channel1Pulse;           //通道 1 占空比
    TIM_OCInitStructure.TIM_OCPolarity = TIM_OCPolarity_Low;        //输出极性低
    TIM_OCInitStructure.TIM_OCNPolarity = TIM_OCNPolarity_High;   //N 输出极性高
    TIM_OCInitStructure.TIM_OCIdleState = TIM_OCIdleState_Set;   //空隙设置
    TIM_OCInitStructure.TIM_OCNIdleState = TIM_OCIdleState_Reset;   //N 空隙设置
    TIM_OC1Init(TIM1,&TIM_OCInitStructure);                  //TIM1 PWM 通道 1 初始化
    TIM_OCInitStructure.TIM_Pulse = Channel2Pulse;           //通道 2 占空比
    TIM_OC2Init(TIM1,&TIM_OCInitStructure);                  //TIM1 PWM 通道 2 初始化
    TIM_OCInitStructure.TIM_Pulse = Channel3Pulse;           //通道 3 占空比
    TIM_OC3Init(TIM1,&TIM_OCInitStructure);                  //TIM1 PWM 通道 3 初始化
    TIM_OCInitStructure.TIM_Pulse = Channel4Pulse;           //通道 4 占空比
    TIM_OC4Init(TIM1,&TIM_OCInitStructure);                  //TIM1 PWM 通道 4 初始化
    /* TIM1 counter enable */
    TIM_Cmd(TIM1,ENABLE);
    /* TIM1 Main Output Enable */
    TIM_CtrlPWMOutputs(TIM1,ENABLE);                         //TIM1 PWM 输出使能
}
```

在 File 菜单下新建如下的源文件 TIMER.h，编写完成后保存在 Drive 文件夹下。

```
#ifndef __TIMER_H
#define __TIMER_H
#include "stm32f0xx.h"
void TIMER_Init(void);
#endif /* __TIMER_H */
```

4. 实验效果

编译通过后，可以使用 J-link 仿真器调试程序，最后将程序下载到 STM32F072 芯片中。我们只能使用示波器观察：

TIM1_CH1——PA8：　示波器测试 PA8，频率为 17.48 kHz，占空比为 50%；
TIM1_CH1N——PA7：示波器测试 PA7，频率为 17.48 kHz，占空比为 50%；
TIM1_CH2——PA9：　示波器测试 PA9，频率为 17.48 kHz，占空比为 37.5%；
TIM1_CH2N——PB0：示波器测试 PB0，频率为 17.48 kHz，占空比为 37.5%；
TIM1_CH3——PA10：示波器测试 PA10，频率为 17.48 kHz，占空比为 25%；
TIM1_CH3N——PB1：示波器测试 PB1，频率为 17.48 kHz，占空比为 25%；
TIM1_CH4——PA11：示波器测试 PA11，频率为 17.48 kHz，占空比为 12.5%。

实验照片如图 13-10 所示。

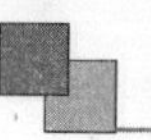

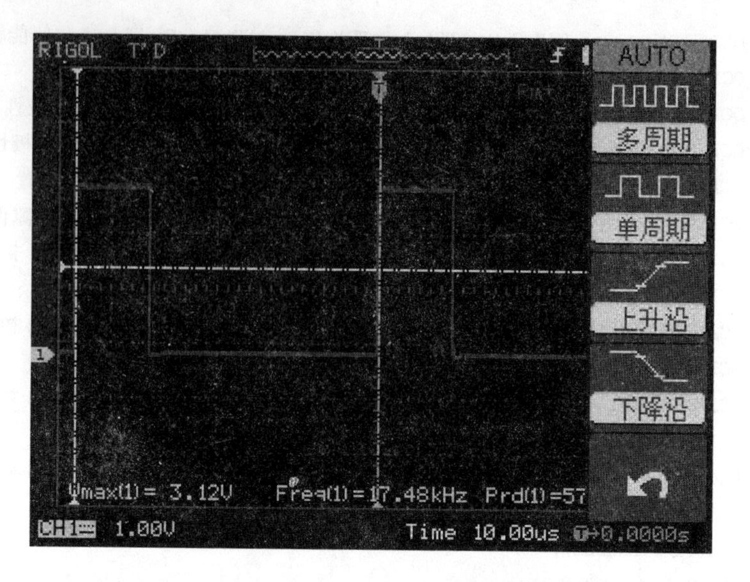

图 13-10 STM32F072 TIM1 的 PWM 输出实验照片

13.11 红外遥控信号接收解调实验

1. NEC 红外线遥控信号协议

常用的红外线信号传输协议有 ITT 协议、NEC 协议、Nokia NRC 协议、Sharp 协议、Philips RC-5 协议、Philips RC-6 协议、Philips RECS-80 协议以及 Sony SIRC 协议等。由于 NEC 协议在 VCD、DVD、电视机、组合音响、电视机机顶盒以及投影机等家电产品中应用十分普遍，因此，这里也以 NEC 协议为例进行介绍。

(1) 主要特性

主要特性如下：

- 8 位地址码，8 位数据码；
- 地址码和数据码均传送两次，一次是原码，一次是反码，以确保可靠；
- PWM(脉冲宽度编码)方式；
- 载波频率为 38 kHz；
- 每一位用时 1.12 ms 或 2.25 ms。

(2) 协　议

NEC 协议采用 PWM 编码，每个脉冲宽为 560 μs，载波频率为 38 kHz(约 21 个周期)。逻辑“1”需时 2.25 ms，逻辑“0”需时 1.12 ms。图 13-11 所示是 NEC 协议“0”和“1”的表示方法示意图，图 13-12 所示是用 NEC 协议传送命令的格式示意图，推荐的载波占空比为 1/4 或 1/3。

从图 13-12 中可以看出，每一条信息均以一个起自动增益调整作用的引导码开

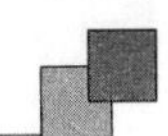

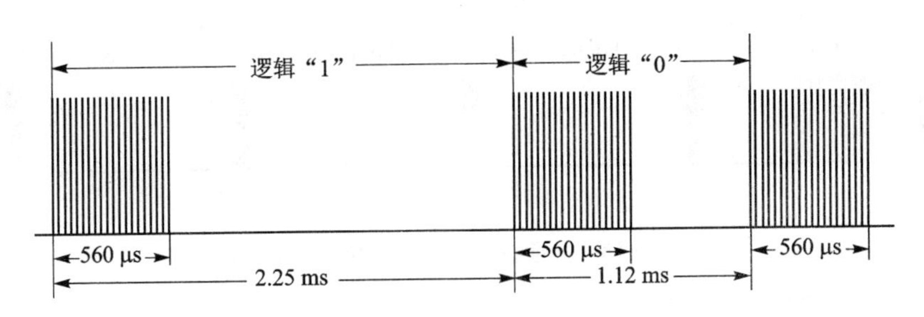

图 13－11 NEC 协议“0”和“1”的表示方法示意图

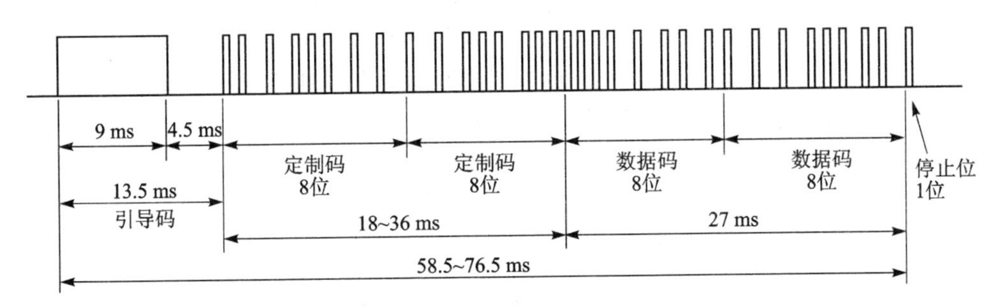

图 13－12 NEC 协议传送命令的格式示意图

始(9 ms 的开始脉冲加 4.5 ms 的空号)，后面是 8 位地址码＋8 位地址码(或者是 8 位地址码＋8 位地址反码)，接着是 8 位数据码和 8 位数据码的反码，最后是一个尾脉冲。地址码和数据码的发送均是低位在前、高位在后。由于每一位都是原码和反码各发一次，因此总的传输时间是恒定的。如果接收的 16 位地址或 16 位数据的后 8 位和前 8 位不是反码关系，则说明所接收的数据是无效的。

实际上，在遵循 NEC 协议的红外线发射芯片中，大多提供两种地址编码方式：

一是 8 位地址码原码＋8 位地址码反码的方式。

二是 8 位地址码原码＋8 位地址码原码的方式。

使用者可以通过改变外部电路来选择不同的地址编码方式(参见《NEC 发送芯片数据手册》)。

NEC 协议规定，在按键期间命令信息只发送一次，只要按住键不释放，每隔 108 ms就发一次重复码。重复码由 9 ms 的自动增益调整脉冲和 2.25 ms 的空号，以及一个 560 μs 脉冲和 97 ms 低电平组成。图 13－13 所示是持续按住键期间信息发送的情况。

分析图 13－12 和图 13－13 可以看出，当观察到 9 ms 高电平时，后面如果是 4.5 ms 低电平，就是第一次按的按键码；如果 9 ms 后面跟的是 2.5 ms 低电平，就是重发码。

(3) 发送芯片

μPD6221/6222、HT6221/6222 是采用 NEC 协议的通用红外遥控发射芯片，μPD6221 和 HT6221 最多可接 32 个按键，另外，同类芯片 HS6222 和 HT6222 最多可接 64 个按键，另外还有 3 组双键组合键，特别适用于对音响等家电设备的控制。

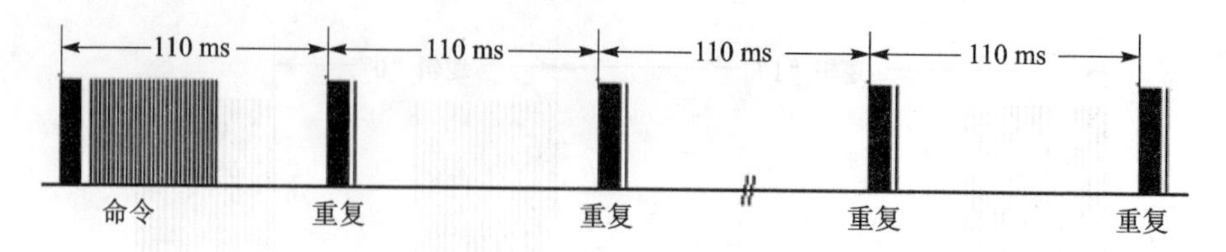

图 13-13 持续按住键期间信息发送的情况

(4) 接收芯片

经过一体化接收头解调后的红外遥控信号要送入接收芯片进行解码，方能获得符合规定编码的键数据码(命令码)，剔除不符合编码协议和约定的地址码，以及键数据码与键数据的反码不对应的信号，以确保接收信息的准确性。只有这样，才能正确地通过红外线遥控对设备进行控制。通常，厂家在生产某种通用红外遥控发射芯片的同时，也会推出与之配对使用的接收芯片——红外线遥控解码芯片。此外，使用单片机等微处理器也能方便地通过软件方式完成信号解码工作。

2. 实验要求

利用定时器 2(TIM2)的下降沿捕获特性，可在红外输入信号跳变时产生捕获中断，然后用定时器记下每次电平跳变之间的时间，通过判断时间来换算出按下的码值，从而得知遥控器按了哪个键。

3. 实验电路原理

参考 Mini STM32 DEMO 开发板电路原理图：

- PA1——IR：红外接收模块信号输出端；
- PC10——LCD_RS：TFT-LCD 命令/数据选择(0，读/写命令；1，读/写数据)；
- PC11——LCD_CS：TFT-LCD 片选；
- PD2——LCD_WR：向 TFT-LCD 写入数据；
- PC12——LCD_RD：从 TFT-LCD 读取数据；
- PC7～PC0——DB[15:8]：TFT-LCD 16 位双向数据线的高 8 位；
- PB7～PB0——DB[7:0]：TFT-LCD 16 位双向数据线的低 8 位；
- NRST——NRST：TFT-LCD 复位信号。

4. 源程序文件及分析

新建一个文件目录 IRCAP_LCD，在 RealView MDK 集成开发环境中创建一个工程项目 IRCAP_LCD. uvprojx 于此目录中。

在 File 菜单下新建如下的源文件 main. c，编写源程序代码后保存在 User 文件夹下，再把 main. c 文件添加到 User 组中。

```
#include "stm32f0xx.h"
#include "W25Q16.h"
```

```
#include "ILI9325.h"
#include "IRCAP.h"
#include "LED.h"
uint8_t IR_start = 0;                          //红外脉冲信号开始
uint8_t IR_cnt = 0;                            //红外脉冲计数器
uint32_t IR_ReceiveData;                       //存储接收的地址码与数据码
uint8_t IR_KeyRepeat = 0;                      //红外持续按键
uint8_t IR_CustomCode_Hi;                      //红外地址码高位
uint8_t IR_CustomCode_Lo;                      //红外地址码低位
uint16_t IR_CustomCode;                        //红外地址码
uint8_t IR_DataCode;                           //红外数据码
uint8_t IR_DataCode_Reverse;                   //红外数据码反码
uint8_t IR_find;                               //成功接收到红外信号
/**********************************************************
 * FunctionName    : IR_Decode()
 * Description     : 红外信号解码
 * EntryParameter  : None
 * ReturnValue     : 1:解码正确;0:解码失败
**********************************************************/
uint8_t IR_Decode(void)
{
  if(IR_find == 1)                                      //如果红外接收成功
  {
    IR_CustomCode_Hi = IR_ReceiveData>>24;              //取得地址码高
    IR_CustomCode_Lo = (IR_ReceiveData>>16)&0xff;       //取得地址码低
    IR_DataCode = IR_ReceiveData>>8;                    //取得数据码
    IR_DataCode_Reverse = IR_ReceiveData;               //取得数据码反码
    if(IR_DataCode == (uint8_t)~IR_DataCode_Reverse)    //数据码校验成功
    {
      IR_CustomCode = (IR_CustomCode_Hi<<8) + IR_CustomCode_Lo;   //合成地址码
      return 1;
    }
  }
  return 0;
}
/**************************************
 * 函数名    : main
 * 描述      : 主函数
 * 输入参数  : 无
 * 返回值    : 无
**************************************/
int main(void)
```

```
{
    SystemInit();
    SPI_FLASH_Init();
    LCD_init();                                              //液晶显示器初始化
    LED_Init();
    LCD_Clear(DARKBLUE);                                     //全屏显示深灰蓝色
    POINT_COLOR = RED;                                       //定义笔的颜色为红色
    BACK_COLOR = WHITE;                                      //定义笔的背景色为白色
    LCD_ShowString(12,20,"NEC 格式红外遥控器检测分析");
    LCD_ShowString(12,100,"您手中的红外遥控器地址码是：");
    LCD_ShowString(12,150,"您刚才按下的数据码(键码)是：");
    LCD_ShowString(12,200,"您连续按下此键的次数是：");
    TIMER_Init();                                            //定时器初始化配置
    POINT_COLOR = RED;                                       //定义笔的颜色为红色
    BACK_COLOR = WHITE;                                      //定义笔的背景色为白色
    while(1)
    {
        if((IR_find == 1)&&(IR_Decode() == 1))          //成功接收解调出一个红外按键信号
        {
            LCD_ShowNum(50,120,IR_CustomCode,5);          //显示
            LCD_ShowNum(50,170,IR_DataCode,3);
            LCD_ShowNum(50,220,IR_KeyRepeat,3);
            IR_find = 0;
        }
    }
}
```

在 File 菜单下新建如下的源文件 IRCAP.c，编写完成后保存在 Drive 文件夹下，随后将 Drive 文件夹中的应用文件 IRCAP.c 添加到 Drive 组中。

```
#include "stm32f0xx.h"
#include "IRCAP.h"
/*****************************************
* 函数名    : timer_init
* 描述      : TIM2 的输入捕获初始化配置
* 输入参数 : 无
* 返回值    : 无
*****************************************/
void TIMER_Init(void)
{
  GPIO_InitTypeDef GPIO_InitStructure;
  NVIC_InitTypeDef NVIC_InitStructure;
  TIM_TimeBaseInitTypeDef   TIM_TimeBaseStructure;
```

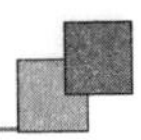

```
    TIM_ICInitTypeDef  TIM_ICInitStructure;
    /* TIM2 clock enable */
    RCC_APB1PeriphClockCmd(RCC_APB1Periph_TIM2,ENABLE);
    /* GPIOA clock enable */
    RCC_AHBPeriphClockCmd(RCC_AHBPeriph_GPIOA,ENABLE);
    /* TIM1 channel 2 pin (PA1) configuration */
    GPIO_InitStructure.GPIO_Pin =  GPIO_Pin_1;                        //PA1
    GPIO_InitStructure.GPIO_Mode = GPIO_Mode_AF;
    GPIO_InitStructure.GPIO_Speed = GPIO_Speed_50MHz;
    GPIO_InitStructure.GPIO_OType = GPIO_OType_PP;                    //推挽
    GPIO_InitStructure.GPIO_PuPd = GPIO_PuPd_NOPULL;                  //无
    GPIO_Init(GPIOA,&GPIO_InitStructure);

    TIM_TimeBaseStructure.TIM_Period = 20000;                         //设定计数器自动重
                                                                      //装值最大 20 ms 溢出
    TIM_TimeBaseStructure.TIM_Prescaler = (48 - 1);
    TIM_TimeBaseStructure.TIM_ClockDivision = TIM_CKD_DIV1;           //不进行时钟分频
    TIM_TimeBaseStructure.TIM_CounterMode = TIM_CounterMode_Up;       //定时器向上计数模式
    TIM_TimeBaseInit(TIM2,&TIM_TimeBaseStructure);                    //根据指定的参数
                                                                      //初始化 TIMx

    /* Connect TIM pins to AF2 */
    GPIO_PinAFConfig(GPIOA,GPIO_PinSource1,GPIO_AF_2);
    /* Enable the TIM2 global Interrupt */
    NVIC_InitStructure.NVIC_IRQChannel = TIM2_IRQn;
    NVIC_InitStructure.NVIC_IRQChannelPriority = 0;
    NVIC_InitStructure.NVIC_IRQChannelCmd = ENABLE;
    NVIC_Init(&NVIC_InitStructure);
    TIM_ICInitStructure.TIM_Channel = TIM_Channel_2;                  //定时器通道 2
    TIM_ICInitStructure.TIM_ICPolarity = TIM_ICPolarity_Falling;//下降沿捕获
    TIM_ICInitStructure.TIM_ICSelection = TIM_ICSelection_DirectTI;       //IC 选择直通
    TIM_ICInitStructure.TIM_ICPrescaler = TIM_ICPSC_DIV1;
    TIM_ICInitStructure.TIM_ICFilter = 0x0;
    TIM_ICInit(TIM2,&TIM_ICInitStructure);
    TIM_Cmd(TIM2,ENABLE);                                             //TIM2 使能计数
    TIM_ITConfig(TIM2,TIM_IT_CC2,ENABLE);                             //TIM2 CC2 中断使能
}
```

在 File 菜单下新建如下的源文件 IRCAP.h，编写完成后保存在 Drive 文件夹下。

```
#ifndef __IRCAP_H
#define __IRCAP_H
#include "stm32f0xx.h"
```

```
void TIMER_Init(void);
#endif /*__IRCAP_H*/
```

打开 User 文件夹，找到 stm32f0xx_it.c 文件，然在该文件中找到下面的 void TIM2_IRQHandler(void)中断函数，修改如下：

```
void TIM2_IRQHandler(void)
{
    uint16_t value;
    if(TIM_GetITStatus(TIM2,TIM_IT_CC2) == SET)
    {
        LED2_Toggle();                                  //闪烁指示灯
        /* Clear TIM1 Capture compare interrupt pending bit */
        TIM_ClearITPendingBit(TIM2,TIM_IT_CC2);         //清除 TIM2 的捕获、比较标志
        value = TIM_GetCapture2(TIM2);                  //捕获 TIM2 的计数值
        TIM_SetCounter(TIM2,0);                         //清除定时器的计数值
        //--------------------
        if((value>12500)&&(value<=14500))               //13.5 ms
        {
            IR_start = 1;                               //启动红外接收
            IR_KeyRepeat = 1;                           //目前只按下一次按键
            return;
        }
        else if((value>10500)&&(value<=12500))          //11.5 ms 重发码
        {
            IR_KeyRepeat++;                             //重发次数累加
            IR_find = 1;                                //红外接收成功
            IR_start = 0;
            IR_cnt = 0;
            return;
        }
        //--------------------
        if(IR_start == 1)                               //开始红外接收
        {
            if((value>=1000)&&(value<=1300))
            {
                IR_ReceiveData = IR_ReceiveData<<1;
                IR_cnt++;
            }
            else if((value>=2000)&&(value<=2600))
            {
                IR_ReceiveData = IR_ReceiveData<<1;
                IR_ReceiveData = IR_ReceiveData|0x0001;
```

```
                IR_cnt++;
            }
            //--------------------
            if(IR_cnt>=32)                          //解码取数满 4 字节
            {
                IR_start=0;
                IR_cnt=0;
                IR_find=1;                          //红外接收成功
            }
        }
        //------------------------
    }
}
```

5. 实验效果

编译通过后，可以使用 J-link 仿真器调试程序，最后将程序下载到 STM32F072 芯片中。用电视机的红外遥控器对着 Mini STM32 DEMO 开发板上的红外接收器，然后按下某个按键，这时 TFT-LCD 上就显示出红外接收解调出的地址信号与数据信号，如图 13－14 所示。

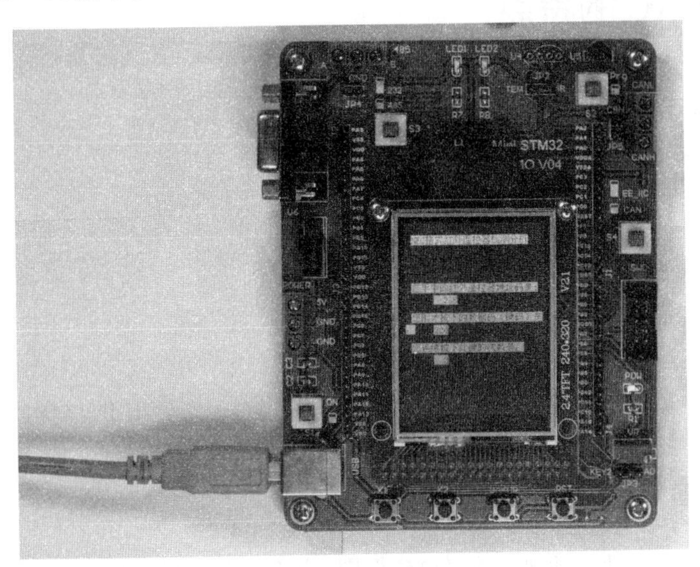

图 13－14　红外遥控信号接收解调实验照片

第 14 章

数/模转换器的特性及应用

数/模转换器(DAC)模块是一个 12 位电压输出数/模转换器。DAC 可以配置在 8 或 12 位模式,也可以与 DMA 控制器配合使用。在 12 位模式下,数据可以被设置成左对齐或右对齐。输入参考电压使用 V_{DDA}(与 ADC 共享)。输出时可以选择通过输出缓冲器来实现较高的驱动电流。

14.1 DAC 的特点

DAC 的特点如下:

- 12 位模式下数据左对齐或右对齐;
- 同步更新功能;
- 噪声-波形发生;
- 三角-波形发生;
- 独立或同步转换;
- 有 DMA 功能;
- DMA 欠载出错检测;
- 外部触发转换;
- 可编程内部缓存;
- 输入参考电压使用 V_{DDA}。

图 14-1 所示为一个通道的 DAC 框图,表 14-1 所列为其引脚说明。

注意: 一旦使能 DAC 通道 x,相应的 GPIO 引脚(PA4 或 PA5)就会自动与 DAC 的模拟输出相连(DAC_OUTx)。为了避免寄生的干扰和额外的功耗,PA4 或 PA5 引脚首先应设置成模拟输入(AIN)。

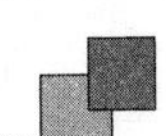

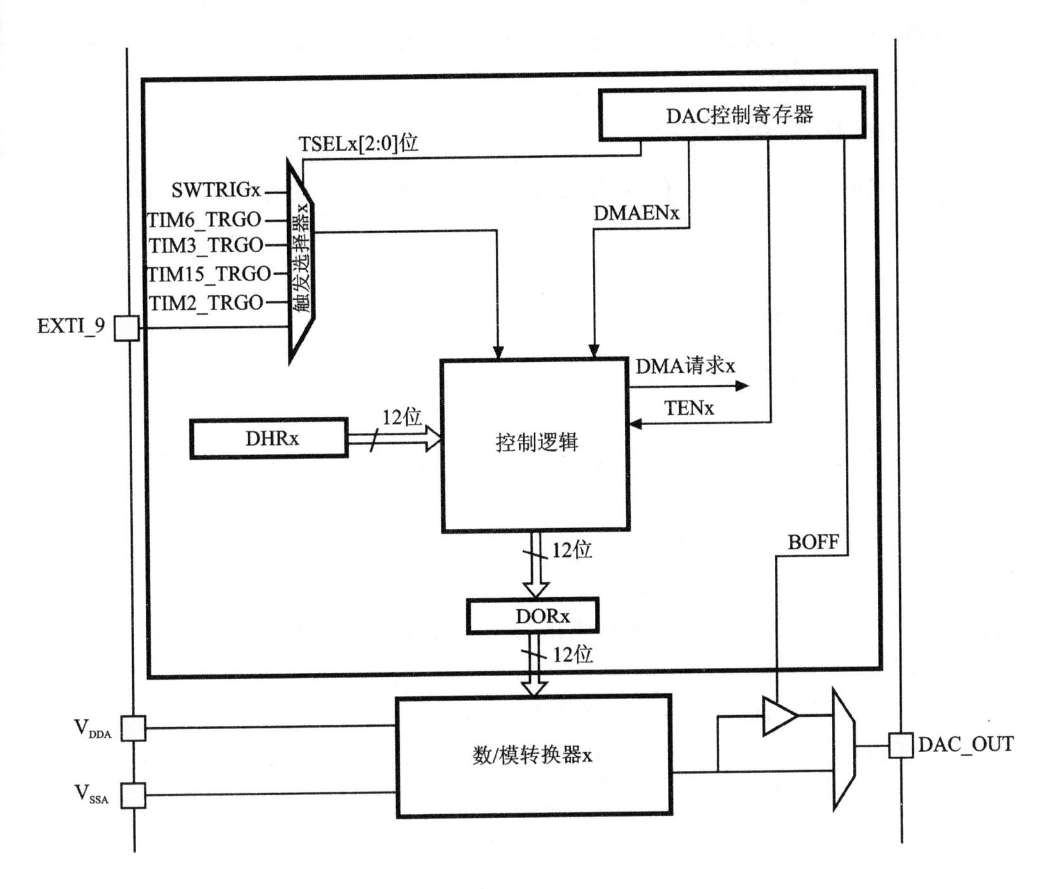

图 14－1　一个通道的 DAC 框图

表 14－1　DAC 的引脚说明

名　称	信号类型	重新标记
V_{DDA}	输入，模拟电源	模拟电源
V_{SSA}	输入，模拟地	模拟电源的地
DAC_OUT	模拟输出信号	DAC 通道 x 的模拟输出

14.2　DAC 功能设置

1. 使能 DAC 通道

将 DAC_CR 寄存器的 EN 位置 1，即可打开对 DAC 通道的供电。经过一段启动时间 t_{WAKEUP}，DAC 通道即被使能。

注意：ENx 位只会使能 DAC 通道 x 的模拟部分，即便该位被置 0，DAC 通道 x 的数字接口仍然被使能。

2. 使能 DAC 输出缓存

DAC 集成了 1 个输出缓存，可以用来减小输出阻抗，无须外部运放即可直接驱动外部负载。DAC 通道输出缓存可以通过设置 DAC_CR 寄存器的 BOFFx 位来使能或者关闭。

3. DAC 数据格式

根据选择的配置模式，数据按照下面 3 种情况所述写入指定的寄存器，如图 14－2 所示。

① 8 位数据右对齐：软件须将数据写入寄存器 DAC_DHR8Rx[7:0]位（实际是存入寄存器 DHRx[11:4]位）。

② 12 位数据左对齐：软件须将数据写入寄存器 DAC_DHR12Lx[15:4]位（实际是存入寄存器 DHRx[11:0]位）。

③ 12 位数据右对齐：软件须将数据写入寄存器 DAC_DHR12Rx[11:0]位（实际是存入寄存器 DHRx[11:0]位）。

根据已加载的 DAC_DHRyyyx 寄存器，用户写入的数据被转存到相应的 DHRx 寄存器中（DHRx 寄存器是内部非内存映射的数据保存寄存器 x）。随后，通过软件触发或外部事件触发，DHRx 寄存器的内容被自动地传送到 DORx 寄存器。

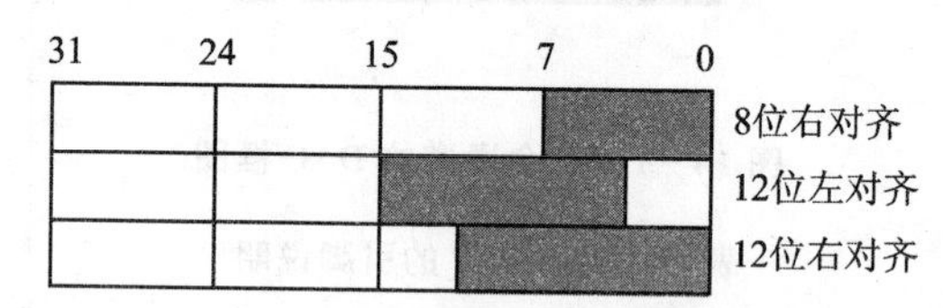

图 14－2　单 DAC 通道模式的数据寄存器

4. DAC 转换

不能直接对 DAC_DORx 寄存器写入数据，任何输出到 DAC 通道 x 的数据都必须写入 DAC_DHRx 寄存器（写入 DAC_DHR8Rx、DAC_DHR12Lx、DAC_DHR12Rx、DAC_DHR12Rx 寄存器）。

注：DAC_DHRyyyx 及 DAC_DHRx 表示的是同一个对象，如 DAC_DHR8Rx、DAC_DHR12Lx、DAC_DHR12Rx 和 DAC_DHR12Rx 等。

如果没有选择硬件触发（寄存器 DAC_CR 的 TENx 位置 0），存入 DAC_DHRx 寄存器的数据会在一个 APB1 时钟周期后自动传至 DAC_DORx 寄存器。如果选择硬件触发（DAC_CR 寄存器的 TENx 位置 1），则数据传输在触发发生后 3 个 PLCK1 时钟周期后完成。

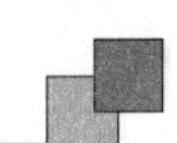

当 DAC_DHRx 寄存器的数据加载到 DAC_DORx 寄存器时，经过时间 $t_{SETTLING}$ 之后，模拟输出有效，$t_{SETTLING}$ 依电源电压和模拟输出负载的不同会有所变化。

5. DAC 输出电压

数字输入被线性地转换为模拟输出电压，其范围为 0～V_{DDA}。任一 DAC 通道引脚上的模拟输出电压都满足以下关系：

$$\text{DAC 输出} = V_{DDA} \times \text{DOR}/4\,095$$

6. 选择 DAC 触发

如果 TENx 控制位被置 1，则 DAC 转换可以由某一外部事件触发（定时器计数器、外部中断线）。配置 TSELx[2:0]控制位可以选择表 14－2 中的 8 个触发事件之一触发 DAC 转换。

表 14－2　外部触发事件

源	类　型	TSEL[2:0]
TIM6_TRGO 事件	来自片上时间的内部信号	000
TIM3_TRGO 事件		001
TIM7_TRGO 事件		010
TIM15_TRGO 事件		011
TIM2_TRGO 事件		100
默认		101
EXTI 的 9 号线	外部引脚	110
SWTRIG	软件控制位	111

每当 DAC 接口检测到来自选定的定时器 TRGO 的输出，或外部中断线 9 的上升沿时，最近存放在寄存器 DAC_DHRx 中的数据就会被传送到寄存器 DAC_DORx 中。在 3 个 APB1 时钟周期后，寄存器 DAC_DORx 更新为新值。

如果选择软件触发，则一旦 SWTRIG 位置 1，转换即开始。在 DAC_DHRx 中寄存器的数据加载到寄存器 DAC_DORx 后，SWTRIG 位由硬件自动清 0。

注意：

① 不能在 ENx 为 1 时改变 TSELx[2:0]位；

② 如果选择软件触发，则数据从 DAC_DHRx 寄存器传送到 DAC_DORx 寄存器只需要一个 APB1 时钟周期。

7. DMA 请求

每个 DAC 通道都具有 DMA 功能。两个 DMA 通道均可服务于 DAC 通道的 DMA 请求。

如果 DMAENx 位置 1，一旦有外部触发（但不是软件触发）发生，就会产生一个

DMA 请求，然后 DAC_DHRx 寄存器的数据被传送到 DAC_DORx 寄存器。

在双模式下，如果 DMAENx 位被置位，则两个 DMA 请求生成。如果只有一个 DMA 请求是必要的，则只需要设置相应的 DMAENx 位。这样，应用程序可以管理 DAC 通道双模式使用一个 DMA 请求和一个独特的 DMA 通道。

DAC 的 DMA 请求没有队列，所以，在收到第一个外部触发确认之前(第一个请求)，如果第二个外部触发到达，并且没有新的请求发出，则 DAC_SR 寄存器的 DMA 通道 x 的欠载标志 DMAUDRx 被置 1，报告错误状态；DMA 数据传输功能关闭，不再处理 DMA 请求；DAC 通道 x 继续转换旧数据。

软件应通过写 1 清除 DMAUDRx 标志，清除对应的 DMA 通道的 DMAEN 位，并重新初始化 DMA 和 DAC 通道 x，以用正确的方式重新启动数据传输。软件应先修改 DAC 触发转换的频率或减少 DMA 的工作量，以避免产生新的 DMA 请求；然后，使能 DMA 数据传送和转换触发器来恢复 DAC 转换。

对于每个 DAC 通道，如果相应的 DAC_CR 寄存器的 DMAUDRIEx 位被使能，则都会产生一个中断。

14.3 DAC 库函数

DAC 库函数存放于库文件 stm32f0xx_dac.c 中。限于篇幅，这里主要介绍本章使用的部分 DAC 库函数，对于未使用到的库函数，读者可以查阅 ST 公司的 stm32f0xx_stdperiph_lib_um.chm(《STM32F0xx 标准外设函数库手册》)，也可以参考 ST 公司的 UM0427 用户手册——《32 位基于 ARM 微控制器 STM32F101xx 与 STM32F103xx 固件函数库介绍》，两者基本上相同。

1. DAC_DeInit 函数

表 14-3 所列为 DAC_DeInit 函数的介绍。

表 14-3　DAC_DeInit 函数

函数原型	void DAC_DeInit(void)
功能描述	重新初始化 DAC 外设寄存器为默认的复位值
输入参数	无
返回值	无

2. DAC_Init 函数

表 14-4 所列为 DAC_Init 函数的介绍。

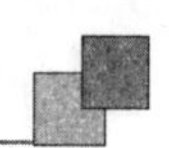

表 14-4　DAC_Init 函数

函数原型	void DAC_Init(uint32_t DAC_Channel,DAC_InitTypeDef * DAC_InitStruct)
功能描述	在 DAC_InitStruct 结构体中按指定的参数初始化 DAC 外设
输入参数	DAC_Channel：选定的 DAC 通道
	DAC_InitStruct：指向一个 DAC_InitTypeDef 结构体的指针,包含指定 DAC 通道的配置信息
返回值	无

3. DAC_StructInit 函数

表 14-5 所列为 DAC_StructInit 函数的介绍。

表 14-5　DAC_StructInit 函数

函数原型	void DAC_StructInit(DAC_InitTypeDef * DAC_InitStruct)
功能描述	填充每一个 DAC_InitStruct 成员为默认值
输入参数	DAC_InitStruct：指针指向一个将被初始化的 DAC_InitTypeDef 结构体
返回值	无

4. DAC_Cmd 函数

表 14-6 所列为 DAC_Cmd 函数的介绍。

表 14-6　DAC_Cmd 函数

函数原型	void DAC_Cmd(uint32_t DAC_Channel,FunctionalState NewState)
功能描述	使能或禁用指定的 DAC 通道
输入参数	DAC_Channel：选定的 DAC 通道
	NewState：DAC 通道的新状态
返回值	无

14.4　STM32F072 的 DAC 输出实验

1. 实验要求

在 PA4 上进行 DAC 输出,输出波形可选,按 K2 键选择输出正弦波或锯齿波。

2. 实验电路原理

参考 Mini STM32 DEMO 开发板电路原理图：

- DAC——PA4；
- K2——PA1。

3. 源程序文件及分析

新建一个文件目录 DAC_TEST，在 RealView MDK 集成开发环境中创建一个工程项目 DAC_TEST. uvprojx 于此目录中。

在 File 菜单下新建如下的源文件 main. c，编写源程序代码后保存在 User 文件夹下，再把 main. c 文件添加到 User 组中。

```
#include "stm32f0xx.h"
#include "DAC.h"
#include "KEYINT.h"
/* - - - - - Private typedef - - - - */
/* - - - - - Private define - - - - - - - - - - */
#define DAC_DHR12R1_ADDRESS        0x40007408
#define DAC_DHR8R1_ADDRESS         0x40007410
/* Private macro - - - - - - - - - - */
/* Private variables - - - - - - - - - - - - */
TIM_TimeBaseInitTypeDef        TIM_TimeBaseStructure;
DAC_InitTypeDef                DAC_InitStructure;
DMA_InitTypeDef                DMA_InitStructure;
const uint16_t Sine12bit[256] =
{
0x7FF,0x831,0x863,0x896,0x8C8,0x8FA,0x92B,0x95D,0x98E,0x9C0,0x9F1,0xA21,0xA51,
0xA81,0xAB1,0xAE0
,0xB0F,0xB3D,0xB6A,0xB98,0xBC4,0xBF0,0xC1C,0xC46,0xC71,0xC9A,0xCC3,0xCEB,0xD12,
0xD38,0xD5E,0xD83
,0xDA7,0xDCA,0xDEC,0xE0D,0xE2E,0xE4D,0xE6C,0xE89,0xEA5,0xEC1,0xEDB,0xEF5,0xF0D,
0xF24,0xF3A,0xF4F
,0xF63,0xF75,0xF87,0xF97,0xFA6,0xFB4,0xFC1,0xFCD,0xFD7,0xFE0,0xFE8,0xFEF,0xFF5,
0xFF9,0xFFC,0xFFE
,0xFFE,0xFFE,0xFFC,0xFF9,0xFF5,0xFEF,0xFE8,0xFE0,0xFD7,0xFCD,0xFC1,0xFB4,0xFA6,
0xF97,0xF87,0xF75
,0xF63,0xF4F,0xF3A,0xF24,0xF0D,0xEF5,0xEDB,0xEC1,0xEA5,0xE89,0xE6C,0xE4D,0xE2E,
0xE0D,0xDEC,0xDCA
,0xDA7,0xD83,0xD5E,0xD38,0xD12,0xCEB,0xCC3,0xC9A,0xC71,0xC46,0xC1C,0xBF0,0xBC4,
0xB98,0xB6A,0xB3D
,0xB0F,0xAE0,0xAB1,0xA81,0xA51,0xA21,0x9F1,0x9C0,0x98E,0x95D,0x92B,0x8FA,0x8C8,
0x896,0x863,0x831
,0x7FF,0x7CD,0x79B,0x768,0x736,0x704,0x6D3,0x6A1,0x670,0x63E,0x60D,0x5DD,0x5AD,
0x57D,0x54D,0x51E
,0x4EF,0x4C1,0x494,0x466,0x43A,0x40E,0x3E2,0x3B8,0x38D,0x364,0x33B,0x313,0x2EC,
0x2C6,0x2A0,0x27B
,0x257,0x234,0x212,0x1F1,0x1D0,0x1B1,0x192,0x175,0x159,0x13D,0x123,0x109,0x0F1,
```

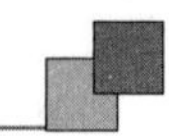

```
0x0DA,0x0C4,0x0AF
,0x09B,0x089,0x077,0x067,0x058,0x04A,0x03D,0x031,0x027,0x01E,0x016,0x00F,0x009,
0x005,0x002,0x000
,0x000,0x000,0x002,0x005,0x009,0x00F,0x016,0x01E,0x027,0x031,0x03D,0x04A,0x058,
0x067,0x077,0x089
,0x09B,0x0AF,0x0C4,0x0DA,0x0F1,0x10A,0x123,0x13D,0x159,0x175,0x192,0x1B1,0x1D0,
0x1F1,0x212,0x234
,0x257,0x27B,0x2A0,0x2C6,0x2EC,0x313,0x33B,0x364,0x38D,0x3B8,0x3E2,0x40E,0x43A,
0x466,0x494,0x4C1
,0x4EF,0x51E,0x54D,0x57D,0x5AD,0x5DD,0x60E,0x63E,0x670,0x6A1,0x6D3,0x704,0x736,
0x768,0x79B,0x7CD
};
const uint8_t Escalator8bit[256] =
{
0,1,2,3,4,5,6,7,8,9,10,11,12,13,14,15
,16,17,18,19,20,21,22,23,24,25,26,27,28,29,30,31
,32,33,34,35,36,37,38,39,40,41,42,43,44,45,46,47
,48,49,50,51,52,53,54,55,56,57,58,59,60,61,62,63
,64,65,66,67,68,69,70,71,72,73,74,75,76,77,78,79
,80,81,82,83,84,85,86,87,88,89,90,91,92,93,94,95
,96,97,98,99,100,101,102,103,104,105,106,107,108,109,110,111
,112,113,114,115,116,117,118,119,120,121,122,123,124,125,126,127
,128,129,130,131,132,133,134,135,136,137,138,139,140,141,142,143
,144,145,146,147,148,149,150,151,152,153,154,155,156,157,158,159
,160,161,162,163,164,165,166,167,168,169,170,171,172,173,174,175
,176,177,178,179,180,181,182,183,184,185,186,187,188,189,190,191
,192,193,194,195,196,197,198,199,200,201,202,203,204,205,206,207
,208,209,210,211,212,213,214,215,216,217,218,219,220,221,222,223
,224,225,226,227,228,229,230,231,232,233,234,235,236,237,238,239
,240,241,242,243,244,245,246,247,248,249,250,251,252,253,254,255
};
uint8_t Idx = 0;
__IO uint8_t  SelectedWavesForm = 1;
__IO uint8_t WaveChange = 1;
/****************************************
 * FunctionName    : main
 * Description     : 主函数
 * EntryParameter  : None
 * ReturnValue     : None
****************************************/
int main(void)
{
```

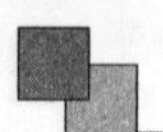


```
/*!< At this stage the microcontroller clock setting is already configured
     this is done through SystemInit() function which is called from startup
     file (startup_stm32f0xx.s) before to branch to application main
     To reconfigure the default setting of SystemInit() function,refer to
     system_stm32f0xx.c file
   */
/*配置 DAC 子函数--------*/
DAC_Config();
/*TIM2 外设时钟使能*/
RCC_APB1PeriphClockCmd(RCC_APB1Periph_TIM2,ENABLE);
/*定时器基础配置*/
TIM_TimeBaseStructInit(&TIM_TimeBaseStructure);
TIM_TimeBaseStructure.TIM_Period = 0xFF;
TIM_TimeBaseStructure.TIM_Prescaler = 0x0;
TIM_TimeBaseStructure.TIM_ClockDivision = 0x0;
TIM_TimeBaseStructure.TIM_CounterMode = TIM_CounterMode_Up;
TIM_TimeBaseInit(TIM2,&TIM_TimeBaseStructure);
/*TIM2 触发输出模式选择  */
TIM_SelectOutputTrigger(TIM2,TIM_TRGOSource_Update);
/*TIM2 使能*/
TIM_Cmd(TIM2,ENABLE);
/*配置按键和外部中断*/
 KEYINT_Init();
/*循环*/
while (1)
{
  /*如果波形改变*/
  if (WaveChange == 1)
  {
    /*根据按钮状态切换选择波形式*/
    if (SelectedWavesForm == 1)/*当正弦波被选择*/
    {
        /*正弦波产生--------------*/
        DAC_DeInit();
        /*DAC 通道配置*/
        DAC_InitStructure.DAC_Trigger = DAC_Trigger_T2_TRGO;
        DAC_InitStructure.DAC_OutputBuffer = DAC_OutputBuffer_Enable;
        /*DMA 通道 3 配置*/
        DMA_DeInit(DMA1_Channel3);
        DMA_InitStructure.DMA_PeripheralBaseAddr = DAC_DHR12R1_ADDRESS;
        DMA_InitStructure.DMA_MemoryBaseAddr = (uint32_t)&Sine12bit;
        DMA_InitStructure.DMA_DIR = DMA_DIR_PeripheralDST;
```

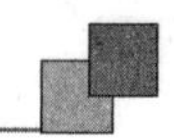

```
    DMA_InitStructure.DMA_BufferSize = 256;
    DMA_InitStructure.DMA_PeripheralInc = DMA_PeripheralInc_Disable;
    DMA_InitStructure.DMA_MemoryInc = DMA_MemoryInc_Enable;
    DMA_InitStructure.DMA_PeripheralDataSize = DMA_PeripheralDataSize_Half-
    Word;
    DMA_InitStructure.DMA_MemoryDataSize = DMA_MemoryDataSize_HalfWord;
    DMA_InitStructure.DMA_Mode = DMA_Mode_Circular;
    DMA_InitStructure.DMA_Priority = DMA_Priority_High;
    DMA_InitStructure.DMA_M2M = DMA_M2M_Disable;
    DMA_Init(DMA1_Channel3,&DMA_InitStructure);
    /* 使能 DMA1 通道 3 */
    DMA_Cmd(DMA1_Channel3,ENABLE);
    /* DAC 通道 1 初始化 */
    DAC_Init(DAC_Channel_1,&DAC_InitStructure);
    //使能 DAC 通道 1：当 DAC 通道 1 被使能时,PA4 自动与 DAC 转换器相连
    DAC_Cmd(DAC_Channel_1,ENABLE);
    /* 使能 DAC 通道 1 的 DMA */
    DAC_DMACmd(DAC_Channel_1,ENABLE);
}
 else /* 梯形波被选择 */
 {
    /* 梯形波产生 ---------- */
    DAC_DeInit();
    /* DAC 通道配置 */
    DAC_InitStructure.DAC_Trigger = DAC_Trigger_T2_TRGO;
    DAC_InitStructure.DAC_OutputBuffer = DAC_OutputBuffer_Enable;
    /* DMA1 通道 2 配置 */
    DMA_DeInit(DMA1_Channel3);
    DMA_InitStructure.DMA_PeripheralBaseAddr = DAC_DHR8R1_ADDRESS;
    DMA_InitStructure.DMA_MemoryBaseAddr = (uint32_t)&Escalator8bit;
    DMA_InitStructure.DMA_BufferSize = 256;
    DMA_InitStructure.DMA_PeripheralDataSize = DMA_PeripheralDataSize_Byte;
    DMA_InitStructure.DMA_MemoryDataSize = DMA_MemoryDataSize_Byte;
    DMA_Init(DMA1_Channel3,&DMA_InitStructure);
    /* 使能 DMA1 通道 2 */
    DMA_Cmd(DMA1_Channel3,ENABLE);
    /* DAC 通道 1 配置 */
    DAC_Init(DAC_Channel_1,&DAC_InitStructure);
    //使能 DAC 通道 1：当 DAC 通道 1 被使能时,PA4 自动与 DAC 转换器相连
    DAC_Cmd(DAC_Channel_1,ENABLE);
    /* 使能 DAC 通道 1 的 DMA */
    DAC_DMACmd(DAC_Channel_1,ENABLE);
```

```
            }
            WaveChange = !WaveChange;
        }
    }
}
```

在 File 菜单下新建如下的源文件 DAC.c，编写完成后保存在 Drive 文件夹下，随后将 Drive 文件夹中的应用文件 DAC.c 添加到 Drive 组中。

```
#include "dac.h"
/*************************************
* FunctionName    : DAC_Config
* Description     : DAC 初始化配置
* EntryParameter  : None
* ReturnValue     : None
*************************************/
void DAC_Config(void)
{
  GPIO_InitTypeDef GPIO_InitStructure;
  /* DMA1 clock enable (to be used with DAC) */
  RCC_AHBPeriphClockCmd(RCC_AHBPeriph_DMA1,ENABLE);
  /* DAC Periph clock enable */
  RCC_APB1PeriphClockCmd(RCC_APB1Periph_DAC,ENABLE);
  /* GPIOA clock enable */
  RCC_AHBPeriphClockCmd(RCC_AHBPeriph_GPIOA,ENABLE);
  /* Configure PA.04 (DAC_OUT1) as analog */
  GPIO_InitStructure.GPIO_Pin = GPIO_Pin_4;
  GPIO_InitStructure.GPIO_Mode = GPIO_Mode_AN;
  GPIO_InitStructure.GPIO_PuPd = GPIO_PuPd_NOPULL;
  GPIO_Init(GPIOA,&GPIO_InitStructure);
}
```

在 File 菜单下新建如下的源文件 DAC.h，编写完成后保存在 Drive 文件夹下。

```
#ifndef __DAC_H
#define __DAC_H
#include "stm32f0xx.h"
void DAC_Config(void);
#endif /* __DAC_H */
```

4. 实验效果

编译通过后，可以使用 J-link 仿真器调试程序，最后将程序下载到 STM32F072 芯片中。可以用示波器观察 PA4 输出的波形，当按动 K2 键后可以选择输出正弦波

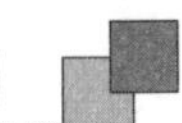

还是锯齿波。实验照片如图 14-3(正弦波)和图 14-4(锯齿波)所示。

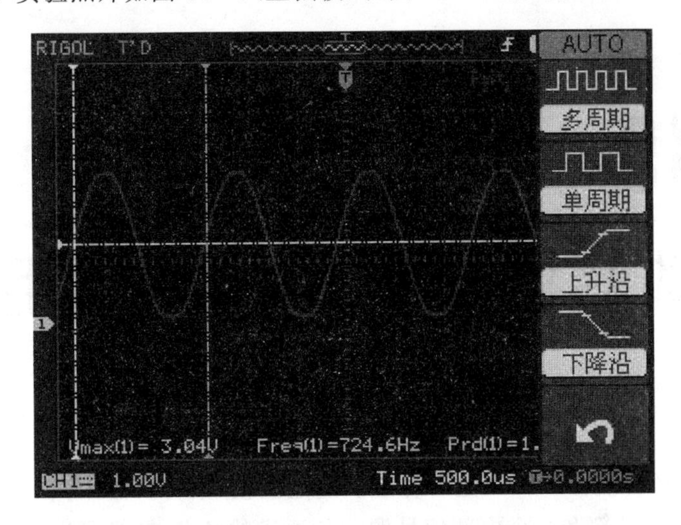

图 14-3　STM32F072 的 DAC 输出实验照片(正弦波)

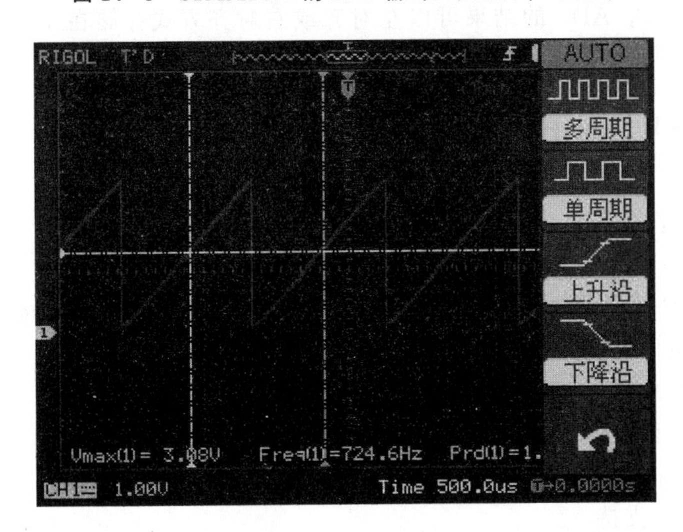

图 14-4　STM32F072 的 DAC 输出实验照片(锯齿波)

第 15 章 模/数转换器的特性及应用

12 位模/数转换器(ADC)是一种逐次逼近型模/数转换器,它有多达 19 个的通道,可测量 16 个外部和 3 个内部信号源。各通道的 A/D 转换可以单次、连续、扫描或间断模式执行。ADC 的结果可以左对齐或右对齐方式存储在 16 位数据寄存器中。图 15-1 所示为 ADC 模块的组成框图。

15.1 ADC 的主要特性

● 高性能:
- 12 位、10 位、8 位或 6 位可配置分辨率;
- ADC 转换时间:1.0 μs @12 位分辨率 (1 MHz),0.93 μs @10 位分辨率,在更低的转换分辨率下可达到更快的转换时间;
- 自校准;
- 可编程采样时间;
- 带内嵌数据一致性的数据对齐;
- DMA 支持。

● 低功耗:
- 低功耗运行且降低 PLCK 频率的同时仍保持最佳的 ADC 性能(例如:无论在何种 PCLK 的频率下,都保持 1.0 μs 的 ADC 转换时间);
- 等待模式:当应用运行在 PLCK 低速的情况时,防止 ADC 超限;
- 自动关闭模式:ADC 除了在转换期间工作外,其他时间都自动断电,这种方式大大降低了 ADC 的功耗。

● 模拟输入通道:
- 从外部 GPIO 口连接的 16 通道模拟输入;
- 通道内部温度传感器(V_{SENSE})输入;

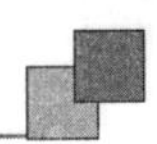

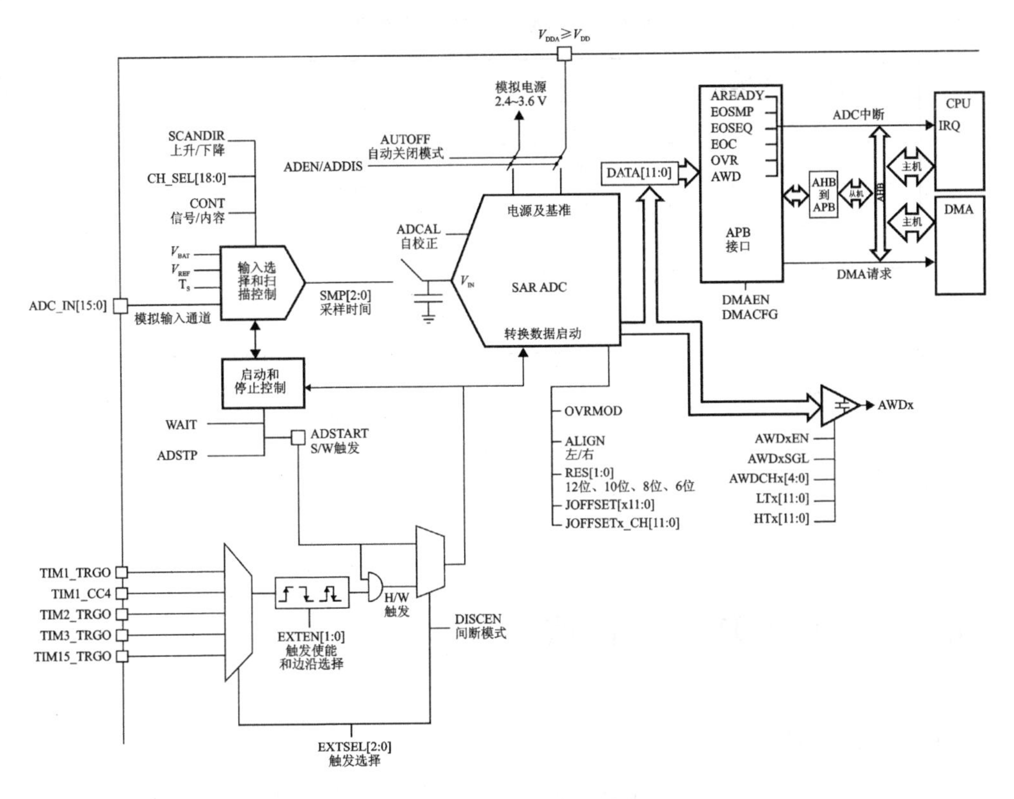

图 15－1 ADC 模块的组成框图

- 通道的内部参考电压(V_{REFINT})输入；
- 通道的外部电池 V_{BAT} 供电引脚输入。

● 多种启动转换方式：
- 由软件启动；
- 由硬件触发(从 TIM1、TIM2、TIM3 和 TIM15 发出的内部定时器事件)。

● 转换模式：
- 可转换单通道或一个序列通道；
- 单次触发转换模式的选择；
- 连续转换模式的选择；
- 非连续模式(Discontinuous Mode)。

● 转换完成、序列转换完成、模拟看门狗或转换溢出事件都可以产生中断。

● 模拟看门狗。

● ADC 供电要求：2.4～3.6 V。

● ADC 输入范围：$V_{SSA} \leqslant V_{IN} \leqslant V_{DDA}$。

表 15－1 所列为 ADC 内部信号说明，表 15－2 所列为 ADC 引脚说明。

表 15-1　ADC 内部信号说明

内部信号名称	信号类型	描　述
TRGx	输入	ADC 转换触发
V_{SENSE}	输入	内部温度传感器输出电压
V_{REFINT}	输入	输出电压为内部参考电压
$V_{BAT/2}$	输入	V_{BAT}引脚的输入电压除以 2

表 15-2　ADC 引脚说明

名　称	信号类型	重新标记
V_{DDA}	输入，模拟电源	对于 ADC 模拟电源及正参考电压，$V_{DDA} \geqslant V_{DD}$
V_{SSA}	输入，模拟地	模拟电源的地必须与 V_{SS}电位相等
ADC_IN[15:0]	模拟输入信号	16 个模拟输入通道

15.2　ADC 的功能及设置

1. 校准(ADCAL)

ADC 本身具有校准功能，在校准期间，ADC 计算一个用于 ADC 校准的 7 位校准因子(ADC 断电后丢失)。在 ADC 校准期间和校准未完成前，不能使用 ADC 模块。在 A/D 转换前应执行校准操作，用于消除各芯片 A/D 转换的偏移误差。

校准是由软件设置 ADCAL=1 来实现初始化的，其只能在 ADC 禁用(ADEN=0)时完成初始化。在校准序列期间，ADCAL 位必须保持为 1。当校准完成后，ADCAL 被硬件清 0，此时可从 ADC_DR 寄存器的 6～0 位读出校准因子。

当 ADC 禁用(ADEN=0)时，校准因子保持原值。若 ADC 长时间禁用，则建议在启用 ADC 之前重新做一次 ADC 校准操作。

注意：校准因子在 ADC 每次断电后丢失。例如，当器件进入待机模式时。

校准过程：

① 确认 ADEN=0；

② 设置 ADCAL=1；

③ 等待 ADCAL=0；

④ 校准因子可从 ADC_DR 寄存器的 6～0 位中读取。

2. ADC 开关控制(ADEN、ADDIS、ADRDY)

默认情况下，ADC 模块禁用且处于断电模式(ADEN=0)。在 ADC 开始精确转换前需要一个稳定时间 t_{STAB}。两个控制位用于开启或关闭 ADC：

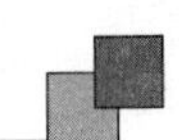

- 设置 ADEN=1 开启 ADC。当 ADC 模块准备好时，ADRDY 标志置 1。
- 设置 ADDIS=1 来关闭 ADC，并使 ADC 处于断电模式。当 ADC 模块完全关闭时，硬件自动清除 ADEN 和 ADDIS 位。

ADC 转换也可通过设置 SWSTART=1 来启动。

下面是开启 ADC 的过程：

① 在 ADC_CR 寄存器中设置 ADEN=1。

② 等待，直到 ADC_ISR 寄存器中的 ADRDY=1（当 ADC 启动后 ADRDY 置位）。如果将 ADC_IER 寄存器的 ADRDYIE 位置位后，则使能中断。

下面为禁用 ADC 的过程：

① 检查 ADC_CR 寄存器中的 ADSTART 是否为 0，以确保 ADC 不在转换过程中。若需要，可对 ADC_CR 寄存器中的 ADSTP 置 1 来停止正在进行的 ADC 转换，并等待 ADSTP 被硬件清 0（清 0 表示转换停止完成）。

② 设置 ADC_CR 寄存器中的 ADDIS=1。

③ 若应用要求，则可等待 ADC_CR 寄存器中的 ADEN 位为 0，其表明 ADC 模块完全关闭（一旦 ADEN=0 则 ADDIS 自动清 0）。

3. ADC 时钟

ADC 具有双时钟域架构，ADC 时钟（ADC_CLK）独立于 APB 时钟（PCLK），它可由两种可能的时钟源产生。ADC_CLK 时钟源可由 RCC 寄存器进行选择：

- ADC 的时钟可以是一个特定的时钟源，名为“ADC 异步时钟”，这是一个独立的、异步的 APB 时钟。选择该方案，ADC_CFGR2 寄存器的 CKMODE[1:0] 位必须清除。
- ADC 的时钟可以来自 ADC 的接口总线 APB 时钟，由一个可编程系数（2 或 4）按位 CKMODE[1:0]分频。选择该方案，ADC_CFGR2 寄存器的 CK-MODE[1:0]位必须不是“00”。

4. ADC 配置

必须在 ADC 禁用（ADEN 必须为 0）的情况下才能改写 ADC_CR 寄存器中的 ADCAL和 ADEN 位。在 ADC 开启且没有关闭请求挂起（即 ADEN=1 且 ADDIS=0）的情况下才能改写 ADC_CR 寄存器中的 ADSTART 和 ADDIS 位。

对于 ADC_IER 寄存器中的所有控制位，以及 ADC_CFGRi、ADC_SMPR、ADC_TR、ADC_CHSELR 和 ADC_CCR 寄存器，如果 ADC 开启（ADEN=1）且无转换（ADSTART=0）的情况，软件才能写配置控制位。

必须在 ADC 开启且无挂起请求（ADSTART=1 和 ADDIS=0）的情况下才能改写 ADC_CR 寄存器中的 ADSTP 位。

5. 通道选择（CHSEL、SCANDIR）

共有 19 路复用通道：

- 16 个从 GPIO 引脚引入的模拟输入(ADC_IN0、ADC_IN1……ADC_IN15)。
- 3 个内部模拟输入(温度传感器、内部参考电压、V_{BAT}通道)：
  - ADC 可以转换一个单一通道或自动扫描一个序列通道；
  - 被转换的通道序列必须在通道选择寄存器 ADC_CHSELR 中编程选择：每个模拟输入通道都有专门的一位选择位(CHSEL0、CHSEL1……CHSEL18)。

ADC 扫描的通道顺序由 ADC_CFGR1 中 SCANDIR 位的配置来决定：

- SCANDIR=0：向前扫描，从通道 0 到通道 18；
- SCANDIR=1：回退扫描，从通道 18 到通道 0。

温度传感器、V_{REFINT}和V_{BAT}内部通道：

温度传感连接到 ADC_IN16 通道，内部参考电压V_{REFINT}连接到 ADC1_IN17 通道，V_{BAT}连接到 ADC1_IN18 通道。

6. 可编程采样时间

在启动数/模转换之前，ADC 需要在被测电压源和内嵌采样电容间建立一个直接连接。采样时间必须足够长以便输入电压源对内嵌电容充电到输入电压的水平。可编程采样时间根据输入电压的输入阻抗来调整转换速率。

ADC 采样输入电压所用的 ADC 时钟个数可用 ADC_SMPR 寄存器中的 SMP[2:0]位来进行修改。

可编程采样时间对所有通道通用。如果有应用需求，则可用软件改变以适应不同通道间的采样时间。

总转换时间计算如下：

$$t_{CONV}=\text{采样时间}+12.5\times \text{ADC 时钟周期}$$

例如：

当 ADC_CLK=14 MHz 且采样时间为 1.5 个 ADC 时钟周期时：

$$t_{CONV}=1.5+12.5=14\ \text{个 ADC 时钟周期}=1\ \mu s$$

ADC 用设置 EOSMP 标志来表明采样阶段结束。

7. 单次转换模式(CONT=0)

单次转换模式下，ADC 执行一次序列转换，转换所有被选的通道一次。当 ADC_CFGR1寄存器中的 CONT=0 时，ADC 为单次转换模式。ADC 转换可由下述两种方法启动：

① 在 ADC_CR 寄存器中设置 ADSTART 位；

② 硬件触发事件。

在序列通道的转换中，每次转换完成后：

① 转换的数据结果存放到 16 位寄存器 ADC_DR 中；

② EOC (转换结束标志)标志置位；

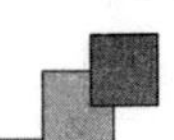

③ 若 EOCIE 位置位，则产生一个中断。

通道序列转换完成后：

① EOS（序列结束）标志置位；

② 若 EOSIE 位置位，则产生一个中断。

转换结束后，ADC 停止，直到新的触发事件或 ADSTART 重新置位。

8. 连续转换模式(CONT=1)

在连续转换模式中，当软件或硬件触发事件产生时，ADC 执行一个序列转换，转换所有的通道一次，并且自动重新开始执行相同的序列转换。当寄存器 ADC_CFGR1中的 CONT=1 时，ADC 选择为连续转换模式。ADC 转换可由下述两种方法启动：

① 在 ADC_CR 寄存器中设置 ADSTART 位；

② 硬件触发事件。

在序列通道的转换中，每次转换完成后：

① 转换的数据结果存放到 16 位寄存器 ADC_DR 中；

② EOC（转换结束标志）标志置位；

③ 若 EOCIE 位置位，则产生一个中断。

通道序列转换完成后：

① EOS（序列结束）标志置位；

② 若 EOSIE 位置位，则产生一个中断。

一次序列转换结束后，ADC 立即重新转换相同的序列通道。

9. 启动转换(ADSTART)

利用软件设置 ADSTART=1 来启动 ADC 转换。

当 ADSTART 置 1 时，转换：

① 当 EXTEN=0x0(软件触发)时，立即开始。

② 如果 EXTEN≠0x0，则在下一个所选择的活动边沿硬件触发。

ADSTART 位也用于说明目前 ADC 转换操作是否正在进行，当 ADC 处于空闲时，该位可重新配置为 0。ADSTART 位可由硬件清除。

10. 停止当前转换(ADSTP)

利用软件设置 ADC_CR 寄存器中的 ADSTP=1 可以停止当前正在进行的转换，并让 ADC 进入空闲状态，为下次转换做好准备。

当 ADSTP 由软件设置为 1 时，任何当前的转换都中止且丢弃转换结果(ADC_DR 寄存器不用当前的转换值进行更新)，扫描序列也被中止并复位(即重新启动 ADC 时会用新的序列进行转换)。一旦结束该过程，ADSTP 和 ADSTART 位都由硬件清 0。

15.3 转换的外部触发和触发极性

一次转换或一个序列的转换可由软件或外部事件(例如：定时器捕获)触发。若 EXTEN[1:0]≠0b00,则外部事件在其所选择的极性上可以用于触发转换。当软件设置 ADSTART=1 时,触发选择有效。当正在进行 ADC 转换时,任何硬件触发都会被忽略。另外,当 ADSTART=0 时,任何硬件触发都会被忽略。表 15-3 所列为 EXTEN[1:0]值与其相对应的极性。

表 15-3 EXTEN[1:0]值与其相对应的极性

源	EXTEN[1:0]
触发检测禁用	00
检测上升沿	01
检测下降沿	10
检测上升沿和下降沿	11

注意：在转换时外部触发极性不能改变。

EXTSEL[2:0]控制位用于选择可触发转换的事件。表 15-4 给出了规则转换可能的外部触发。软件源触发事件可由设置 ADC_CR 寄存器中的 ADSTART 位来产生。

表 15-4 外部触发源

名 称	源	EXTSEL[2:0]
TRG0	TIM1_TRGO	000
TRG1	TIM1_CC4	001
TRG2	TIM2_TRGO	010
TRG3	TIM3_TRGO	011
TRG4	TIM15_TRGO	100
TRG5	默认	101
TRG6	默认	110
TRG7	默认	111

注意：在转换时外部触发源不能改变。

15.4 数据对齐

在每次转换结束(当 EOC 事件产生时)后,转换的结果数据就被存放到 16 位宽的 ADC_DR 数据寄存器中。ADC_DR 数据格式与所配置的数据对齐方式和转换分

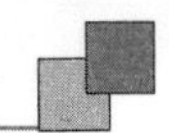

辨率有关。ADC_CFGR1 寄存器中的 ALIGN 位用于选择数据存储的对齐方式，可选为右对齐（ALIGN=0）或左对齐（ALIGN=1）。

15.5　温度传感器

温度传感器可以用来测量器件的接点温度（TJ）。温度传感器内部连接到 ADC1_IN16 输入通道，可用于转换传感器的电压值到一个数值。图 15-2 所示为温度传感器的框图。

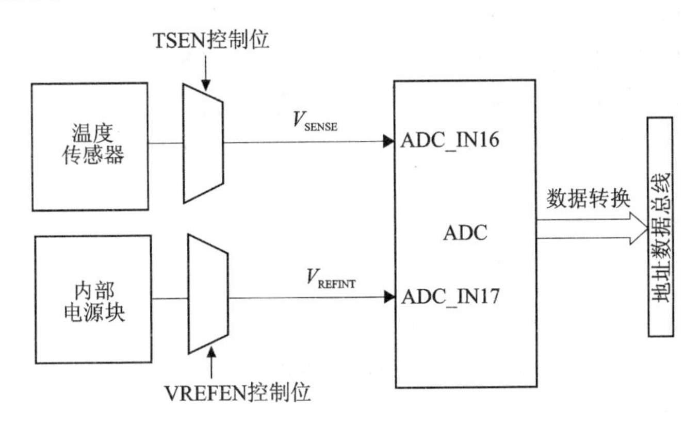

图 15-2　温度传感器的框图

当温度传感器未被使用时，温度传感器可以置于断电模式。为启用 ADC1_IN16（温度传感器），TSEN 位必须置位；为启用 ADC1_IN17（VREFINT），VREFEN 位必须置位。

1. 温度传感器的主要特性

- 支持的温度范围：−40～125 ℃；
- 精度：±2 ℃（最大），精度取决于校准。

2. 读温度

使用温度传感器读取温度的过程如下：

① 选择 ADC1_IN16 输入通道；

② 选择一个合适的采样时间；

③ 在 ADC_CCR 寄存器中设置 TSEN 位来唤醒断电模式下的温度传感器，并等待其稳定；

④ 设置 ADC_CR 寄存器中的 ADSTART 位（也可用外部触发）来启动 ADC 转换；

⑤ 从 ADC_DR 寄存器中读取转换数据；

⑥ 用下列公式计算温度：

$$\text{Temperature} = \frac{110-30}{\text{TS\_CAL2}-\text{TS\_CAL1}} \times (\text{TS\_DATA}-\text{TS\_CAL1}) + 30(℃)$$

其中：TS_CAL2 是温度传感器的标定值，在 110 ℃获得；TS_CAL1 是温度传感器的标定值，在 30 ℃获得；TS_DATA 是实际温度传感器输出的 ADC 值。

15.6 电池电压监测

若 ADC_CCR 寄存器中的 VBATEN 位置位，则允许监测从 V_{BAT}引脚进来的后备电池电压。由于 V_{BAT}引脚的电压可能比 V_{DDA}引脚的高，为了确保 ADC 正确操作，V_{BAT}引脚内部连接到二分压桥。当 VBATEN 位置 1 时，该桥自动开启，连接 $V_{BAT/2}$引脚到 ADC1_IN18 输入通道。因此，转换后的数值为 V_{BAT}引脚电压的一半。为了防止不必要的电池能量消耗，推荐仅在需要转换电池电压时才打开二分压桥。

15.7 ADC 中断

ADC 中断可由以下任一事件产生：

- ADC 上电，ADC 准备就绪（ADRDY 标志）；
- 任何一次的转换结束（EOC 标志）；
- 序列转换结束（EOSEQ 标志）；
- 模拟看门狗检测（AWD 标志）；
- 采样阶段结束（EOSMP 标志）；
- 数据过冲（OVR 标志）。

表 15－5 所列为 ADC 的中断使能位及标志位。

表 15－5 ADC 的中断使能位及标志位

中断事件	事件标志	使能控制位
ADC 准备就绪	ADRDY	ADRDYIE
转换结束	EOC	EOCIE
序列转换结束	EOSEQ	EOSEQIE
模拟看门狗检测	AWD	AWDIE
采样阶段结束	EOSMP	EOSMPIE
数据过冲	OVR	OVRIE

15.8 ADC 库函数

ADC 库函数存放于库文件 stm32f0xx_adc.c 中。限于篇幅，这里主要介绍本章

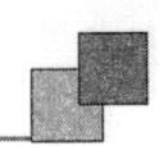

使用的部分 ADC 库函数，对于未使用到的库函数，读者可以查阅 ST 公司的 stm32f0xx_stdperiph_lib_um.chm(《STM32F0xx 标准外设函数库手册》)，也可以参考 ST 公司的 UM0427 用户手册——《32 位基于 ARM 微控制器 STM32F101xx 与 STM32F103xx 固件函数库介绍》，两者基本上相同。

1. ADC_DeInit 函数

表 15-6 所列为 ADC_DeInit 函数的介绍。

表 15-6 ADC_DeInit 函数

函数原型	void ADC_DeInit(ADC_TypeDef * ADCx)
功能描述	重新初始化 ADC1 外设寄存器为默认的复位值
输入参数	ADCx：选择 ADC 外设，其中，x 可以是 1
返回值	无

2. ADC_StructInit 函数

表 15-7 所列为 ADC_StructInit 函数的介绍。

表 15-7 ADC_StructInit 函数

函数原型	void ADC_StructInit(ADC_InitTypeDef * ADC_InitStruct)
功能描述	填充每一个 ADC_InitStruct 成员为默认值
输入参数	ADC_InitStruct：指针指向一个将被初始化的 ADC_InitTypeDef 结构体
返回值	无

3. ADC_Init 函数

表 15-8 所列为 ADC_Init 函数的介绍。

表 15-8 ADC_Init 函数

函数原型	void ADC_Init(ADC_TypeDef * ADCx, ADC_InitTypeDef * ADC_InitStruct)
功能描述	在 ADC_InitStruct 结构体中按指定的参数初始化 ADCx 外设
输入参数	ADCx：选择 ADC 外设，其中，x 可以是 1
	ADC_InitStruct：指向一个 ADC_InitTypeDef 结构体的指针，包含指定 ADC 外设的配置信息
返回值	无

4. ADC_ChannelConfig 函数

表 15-9 所列为 ADC_ChannelConfig 函数的介绍。

表 15-9　ADC_ChannelConfig 函数

函数原型	void ADC_ChannelConfig(ADC_TypeDef * ADCx, uint32_t ADC_Channel, uint32_t ADC_SampleTime)
功能描述	配置选择的 ADC 采样时间
输入参数	ADCx：选择 ADC 外设，其中，x 可以是 1
	ADC_Channel：配置 ADC 通道
	ADC_SampleTime：设定选定通道的采样时间
返回值	无

5. ADC_GetCalibrationFactor 函数

表 15-10 所列为 ADC_GetCalibrationFactor 函数的介绍。

表 15-10　ADC_GetCalibrationFactor 函数

函数原型	uint32_t ADC_GetCalibrationFactor(ADC_TypeDef * ADCx)
功能描述	主动为选定的 ADC 校准操作
输入参数	ADCx：选择 ADC 外设，其中，x 可以是 1
返回值	ADC 校准因子

6. ADC_Cmd 函数

表 15-11 所列为 ADC_Cmd 函数的介绍。

表 15-11　ADC_Cmd 函数

函数原型	void ADC_Cmd(ADC_TypeDef * ADCx, FunctionalState NewState)
功能描述	使能或禁用指定的 ADC 外设
输入参数	ADCx：选择 ADC 外设，其中，x 可以是 1
	NewState：ADCx 外设的新状态
返回值	无

7. ADC_StartOfConversion 函数

表 15-12 所列为 ADC_StartOfConversion 函数的介绍。

表 15-12　ADC_StartOfConversion 函数

函数原型	void ADC_StartOfConversion(ADC_TypeDef * ADCx);
功能描述	启动选定的 ADC 通道转换
输入参数	ADCx：选择 ADC 外设，其中，x 可以是 1
返回值	无

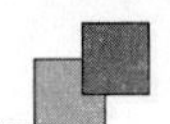

8. ADC_WaitModeCmd 函数

表 15-13 所列为 ADC_WaitModeCmd 函数的介绍。

表 15-13　ADC_WaitModeCmd 函数

函数原型	void ADC_WaitModeCmd(ADC_TypeDef * ADCx,FunctionalState NewState)
功能描述	使能或禁用等待转换模式
输入参数	ADCx：选择 ADC 外设，其中，x 可以是 1
	NewState：ADCx 自动延迟的新状态
返回值	无

15.9　STM32F072 的 ADC 转换实验

1. 实验要求

调整电位器得到模拟电压后，输入到 PA1，经 STM32F072 进行 ADC 后，在 TFT-LCD 上显示得到的数值。

2. 实验电路原理

参考 Mini STM32 DEMO 开发板电路原理图：

ADC——PA1。

3. 源程序文件及分析

新建一个文件目录 ADC_LCD，在 RealView MDK 集成开发环境中创建一个工程项目 ADC_LCD. uvprojx 于此目录中。

在 File 菜单下新建如下的源文件 main. c，编写源程序代码后保存在 User 文件夹下，再把 main. c 文件添加到 User 组中。

```
#include "stm32f0xx.h"
#include "W25Q16.h"
#include "ILI9325.h"
#include "ADC.h"
__IO uint16_t  ADC1ConvertedValue = 0,ADC1ConvertedVoltage = 0;
/****************************************
* FunctionName     : Delay
* Description      : 延时
* EntryParameter   : nCount
* ReturnValue      : None
****************************************/
void Delay(__IO uint32_t nCount)
```

```
{
  for(; nCount != 0; nCount--);
}
/***************************************
 * FunctionName    : main
 * Description     : 主函数
 * EntryParameter  : None
 * ReturnValue     : None
***************************************/
int main(void)
{
  SystemInit();
    SPI_FLASH_Init();
    LCD_init();                              //液晶显示器初始化
    LCD_Clear(ORANGE);                       //全屏显示橙色
    POINT_COLOR = BLACK;                     //定义笔的颜色为黑色
    BACK_COLOR = WHITE;                      //定义笔的背景色为白色
    LCD_ShowString(2,2,"ADC 基本实验");
    ADC_Configuration();
    while(1)
    {
        /* Test EOC flag */
        while(ADC_GetFlagStatus(ADC1,ADC_FLAG_EOC) == RESET);
        /* Get ADC1 converted data */
        ADC1ConvertedValue = ADC_GetConversionValue(ADC1);
        /* Compute the voltage */
        ADC1ConvertedVoltage = (ADC1ConvertedValue * 3300)/0xFFF;
        LCD_ShowString(20,40,"ADC 采样值:");
        LCD_ShowNum(100,40,ADC1ConvertedValue,4);
        LCD_ShowString(20,80,"ADC 读取电压值:");
        LCD_ShowNum(132,80,ADC1ConvertedVoltage,4);
        Delay(0x2fffff);
    }
}
```

在 File 菜单下新建如下的源文件 ADC.c，编写完成后保存在 Drive 文件夹下，随后将 Drive 文件夹中的应用文件 ADC.c 添加到 Drive 组中。

```
#include "stm32f0xx.h"
#include "ADC.h"
/***************************************
 * FunctionName    : ADC1_Init
 * Description     : ADC 初始化
```

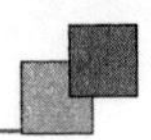

```
* EntryParameter  : None
* ReturnValue     : None
*************************************/
void ADC_Configuration(void)
{
  ADC_InitTypeDef      ADC_InitStruct;
  GPIO_InitTypeDef     GPIO_InitStruct;
  /* ADCs DeInit */
  ADC_DeInit(ADC1);
    /* Enable  GPIOA clock */
  RCC_AHBPeriphClockCmd(RCC_AHBPeriph_GPIOA,ENABLE);
    /* ADC1 Periph clock enable */
  RCC_APB2PeriphClockCmd(RCC_APB2Periph_ADC1,ENABLE);
    /* Configure PA1   as analog input */
  GPIO_InitStruct.GPIO_Pin = GPIO_Pin_1;
  GPIO_InitStruct.GPIO_Mode = GPIO_Mode_AN;
    GPIO_InitStruct.GPIO_PuPd = GPIO_PuPd_NOPULL ;
  GPIO_Init(GPIOA,&GPIO_InitStruct);
    /* Initialize ADC structure */
  ADC_StructInit(&ADC_InitStruct);
/* Configure the ADC1 in continous mode withe a resolutuion equal to 12 bits */
  ADC_InitStruct.ADC_Resolution = ADC_Resolution_12b;
  ADC_InitStruct.ADC_ContinuousConvMode = ENABLE;
  ADC_InitStruct.ADC_ExternalTrigConvEdge = ADC_ExternalTrigConvEdge_None;
  ADC_InitStruct.ADC_DataAlign = ADC_DataAlign_Right;
  ADC_InitStruct.ADC_ScanDirection = ADC_ScanDirection_Backward;
  ADC_Init(ADC1,&ADC_InitStruct);
    /* Convert the ADC1 Channel 1 with 239.5 Cycles as sampling time */
  ADC_ChannelConfig(ADC1,ADC_Channel_1 ,ADC_SampleTime_239_5Cycles);
  /* ADC Calibration */
  ADC_GetCalibrationFactor(ADC1);
    /* Enable ADCperipheral[PerIdx] */
  ADC_Cmd(ADC1,ENABLE);
    /* Wait the ADCEN falg */
  while(! ADC_GetFlagStatus(ADC1,ADC_FLAG_ADEN));
  /* ADC1 regular Software Start Conv */
  ADC_StartOfConversion(ADC1);
}
```

在 File 菜单下新建如下的源文件 ADC.h，编写完成后保存在 Drive 文件夹下。

```
#ifndef __ADC_H
#define __ADC_H
```

```
#include "stm32f0xx.h"
void ADC_Configuration(void);
#endif /*__ADC_H*/
```

4. 实验效果

编译通过后，可以使用 J-link 仿真器调试程序，最后将程序下载到 STM32F072 芯片中。用一把小螺丝刀调整电位器输入电压，可以在 TFT-LCD 上显示出进行 A/D 转换后获得的数据。实验照片如图 15－3 所示。

图 15－3　STM32F072 的 ADC 转换实验照片

第 16 章

DMA 控制器的特性及应用

DMA 即直接存储器存取，用来提供在外设和存储器之间或者存储器和存储器之间的高速数据传输。DMA 无须 CPU 干预，数据就可以快速地传输，这就为其他操作保留了 CPU 资源。

DMA 控制器共有 12 个通道，每个通道专门用于管理来自一个或多个外设对存储器访问的请求；还有一个仲裁器，用于协调各个 DMA 请求的优先权。

16.1 DMA 的主要特性

DMA 的主要特性如下：

- 多达 7 个可独立配置的通道(DMA 请求)。
- 每个通道都直接连接专用的硬件 DMA 请求，每个通道都同样支持软件触发。这些配置通过软件来完成。
- 在同一个 DMA 模块上，多个请求间的优先权可以通过软件编程设置(共有 4 级：很高、高、中等和低)，优先权设置相等时由硬件决定(请求 1 优先于请求 2，以此类推)。
- 独立数据源和目标数据区的传输宽度有字节、半字和全字。源和目标地址必须按数据传输宽度对齐。
- 支持循环的缓冲器管理。
- 每个通道都有 3 个事件标志(DMA 半传输、DMA 传输完成和 DMA 传输出错)，这 3 个事件标志逻辑或成为一个单独的中断请求。
- 存储器和存储器间的传输。
- 外设到存储器，存储器到外设，以及外设到外设间的传输。
- 闪存、SRAM、APB 和 AHB 外设均可作为访问的源和目标。
- 可编程的数据传输数目：最大为 65 535。

DMA 构成框图如图 16-1 所示。

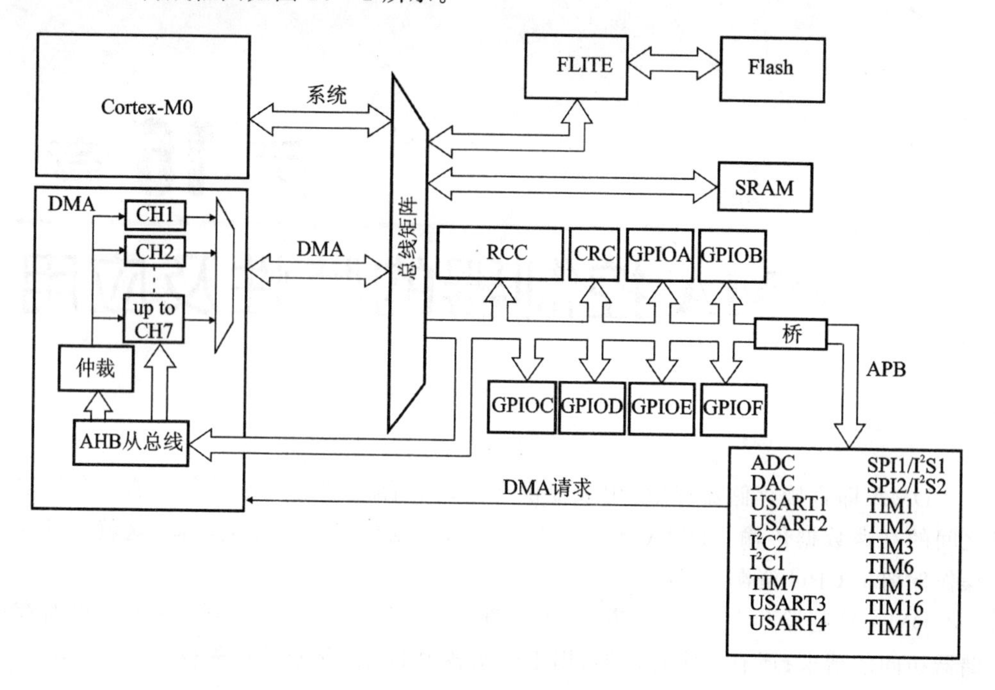

图 16-1 DMA 构成框图

16.2 DMA 的功能

DMA 控制器和 Cortex-M0 内核共享系统数据总线,执行直接存储器数据传输。当 CPU 和 DMA 同时访问相同的目标(RAM 或外设)时,DMA 请求会暂停 CPU 访问系统总线达若干个周期,总线仲裁器执行循环调度,以确保 CPU 至少可以得到一半的系统总线带宽(存储器和外设)。

16.2.1 DMA 处理

在发生一个事件后,外设向 DMA 控制器发送一个请求信号。DMA 控制器根据通道的优先权处理请求。当 DMA 控制器开始访问发出请求的外设时,DMA 控制器立即发送给它一个应答信号。当从 DMA 控制器得到应答信号时,外设立即释放它的请求。一旦外设释放了这个请求,DMA 控制器就会同时撤销应答信号。如果有更多的请求,则外设将启动下一个周期。

每次的 DMA 传输由 3 组操作组成:

① 从外设数据寄存器或者从当前外设/存储器地址寄存器指示的存储器地址取数据,第一次传输时的开始地址是 DMA_CPARx 或 DMA_CMARx 寄存器指定的外

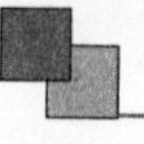

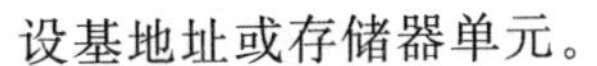

设基地址或存储器单元。

② 存储的数据加载到外设数据寄存器或者当前外设存储器地址寄存器指示的存储器地址，第一次传输时的开始地址是 DMA_CPARx 或 DMA_CMARx 寄存器指定的外设基地址或存储器单元。

③ 对 DMA_CNDTRx 寄存器执行一次递减操作，DMA_CNDTRx 寄存器存放着未完成的 DMA 操作的计数值。

16.2.2　仲裁器

仲裁器根据优先级管理着通道的请求以及启动外设/存储器的访问。优先级管理分两个方面：

- 软件：可通过 DMA_CCRx 寄存器配置每个通道的优先级，优先级分 4 个等级：
  - 最高优先级；
  - 高优先级；
  - 中等优先级；
  - 低优先级。
- 硬件：如果两个请求有相同的软件优先级，则较低编号的通道比较高编号的通道有较高的优先权。例如，通道 2 优先于通道 4。

16.2.3　DMA 通道

每个通道都可以在外设寄存器固定地址和存储器地址之间执行 DMA 传输。DMA 传输的数据量是可编程的，最大为 65 535。每次传输之后相应的计数寄存器都做一次递减操作，直到计数值为 0。

1. 可编程的传输数据量的设置

外设和存储器的传输数据量可以通过 DMA_CCRx 寄存器中的 PSIZE 和 MSIZE 位编程。

2. 增量指针的设置

通过设置 DMA_CCRx 寄存器中的 PINC 和 MINC 标志位，外设和存储器的指针在每次传输后可以有选择地完成自动增量。当设置为增量模式时，下一个要传输的地址将是前一个地址加上增量值，增量值取决于所选的数据宽度（可以为 1、2 或 4）。第一个传输的地址是存放在 DMA_CPARx /DMA_CMARx 寄存器中的地址。在传输过程中，这些寄存器保持它们初始的数值，软件不能改变和读出当前正在传输的地址（它在当前内部外设/存储器地址寄存器中）。

当通道配置为非循环传输模式时，传输结束后（即传输计数已递减到 0）将不再产生 DMA 请求。为了在 DMA_CNDTRx 寄存器中重新写入传输数据，需要先关闭相应的 DMA 通道。

注意：假如一个 DMA 通道关闭，而 DMA 寄存器的值未复位，DMA 通道寄存器（DMA_CCRx、DMA_CPARx 和 DMA_CMARx）在通道配置期间会保持着初始值。

在循环模式下，最后一次传输结束时，DMA_CNDTRx 寄存器自动重新装载为初始编程的计数值。当前内部地址寄存器从 DMA_CPARx/DMA_CMARx 寄存器中装载基地址值。

下面为 DMA 通道 x（x 代表通道号）的配置步骤：

① 在 DMA_CPARx 寄存器中设置外设寄存器地址。发生外设数据传输时，这个地址将是数据传输的源或目的地址。

② 在 DMA_CMARx 寄存器中设置存储器地址。发生外设数据传输时，传输的数据将从这个地址读出或写入。

③ 在 DMA_CNDTRx 寄存器中写入需要传输的数据量，每次 DMA 传输后，该寄存器值递减。

④ 在 DMA_CCRx 的 PL[1:0]位中配置通道的优先级。

⑤ 在 DMA_CCRx 中配置数据的传输方向、循环模式、外设和存储器的增量模式，设置外设和存储器的数据宽度，以及进行传输一半产生中断或传输完成产生中断的设置。

⑥ 设置 DMA_CCRx 寄存器中的 ENABLE 位来启动该通道。

一旦启动了 DMA 通道，就可以响应连接到该通道上的外设的 DMA 请求。

当传输一半的数据后，半传输标志（HTIF）被置 1，当设置了允许半传输中断位（HTIE）时，将产生一个半传输完成的中断请求。当传输完成时，传输完成标志（TCIF）被置 1，当设置了允许传输完成中断位（TCIE）时，将产生一个传输完成的中断请求。

3. 循环模式的设置

循环模式用于处理循环缓冲区和连续的数据传输（如 ADC 的扫描模式）。在 DMA_CCRx 寄存器中的 CIRC 位用于开启这一功能。当启动了循环模式，一组数据传输完成时，计数寄存器将会自动地恢复成配置该通道时设置的初值，DMA 操作将会继续进行。

4. 存储器到存储器模式的设置

DMA 通道的操作可以在没有外设请求的情况下进行，这种操作模式就是存储器到存储器模式。

当设置了 DMA_CCRx 寄存器中的 MEM2MEM 位后，在软件设置了 DMA_CCRx 寄存器中的 EN 位启动 DMA 通道时，DMA 传输将立刻开始。当 DMA_CNDTRx 寄存器变为 0 时，DMA 传输结束。

注意：存储器到存储器模式不能与循环模式同时使用。

16.2.4　可编程的数据宽度、数据对齐方式和数据大小端

当 PSIZE 和 MSIZE 不相同时，DMA 模块将按照表 16－1 进行数据对齐。

表 16－1　可编程的数据传输宽度和大小端操作

源端口宽度	目的端口宽度	发送的数据项的编号	源内容 地址/数据	发送操作	目的内容 地址/数据
8	8	4	@0x0/B0 @0x1/B1 @0x2/B2 @0x3/B3	① 读 B0[7:0] @0x0 然后写 B0[7:0] @0x0 ② 读 B1[7:0] @0x1 然后写 B1[7:0] @0x1 ③ 读 B2[7:0] @0x2 然后写 B2[7:0] @0x2 ④ 读 B3[7:0] @0x3 然后写 B3[7:0] @0x3	@0x0/B0 @0x1/B1 @0x2/B2 @0x3/B3
8	16	4	@0x0/B0 @0x1/B1 @0x2/B2 @0x3/B3	① 读 B0[7:0] @0x0 然后写 00B0[15:0] @0x0 ② 读 B1[7:0] @0x1 然后写 00B1[15:0] @0x2 ③ 读 B3[7:0] @0x2 然后写 00B2[15:0] @0x4 ④ 读 B4[7:0] @0x3 然后写 00B3[15:0] @0x6	@0x0/00B0 @0x2/00B1 @0x4/00B2 @0x6/00B3
8	32	4	@0x0/B0 @0x1/B1 @0x2/B2 @0x3/B3	① 读 B0[7:0] @0x0 然后写 000000B0[31:0] @0x0 ② 读 B1[7:0] @0x1 然后写 000000B1[31:0] @0x4 ③ 读 B3[7:0] @0x2 然后写 000000B2[31:0] @0x8 ④ 读 B4[7:0] @0x3 然后写 000000B3[31:0] @0xC	@0x0/000000B0 @0x4/000000B1 @0xB/000000B2 @0xC/000000B3
16	8	4	@0x0/B1B0 @0x2/B3B2 @0x4/B5B4 @0x6/B7B6	① 读 B1B0[15:0] @0x0 然后写 B0[15:0] @0x0 ② 读 B3B2[15:0] @0x2 然后写 B2[15:0] @0x2 ③ 读 B5B4[15:0] @0x4 然后写 B4[15:0] @0x4 ④ 读 B7B6[15:0] @0x6 然后写 B6[15:0] @0x3	@0x0/B0 @0x2/B2 @0x4/B4 @0x6/B6
16	16	4	@0x0/B1B0 @0x2/B3B2 @0x4/B5B4 @0x6/B7B6	① 读 B1B0[15:0] @0x0 然后写 B1B0[15:0] @0x0 ② 读 B3B2[15:0] @0x2 然后写 B3B2[15:0] @0x2 ③ 读 B5B4[15:0] @0x4 然后写 B5B4[15:0] @0x4 ④ 读 B7B6[15:0] @0x6 然后写 B7B6[15:0] @0x6	@0x0/B1B0 @0x2/B3B2 @0x4/B5B4 @0x6/B7B6
16	32	4	@0x0/B1B0 @0x2/B3B2 @0x4/B5B4 @0x6/B7B6	① 读 B1B0[15:0] @0x0 然后写 0000B1B0[31:0] @0x0 ② 读 B3B2[15:0] @0x2 然后写 0000B3B2[31:0] @0x4 ③ 读 B5B4[15:0] @0x4 然后写 0000B5B4[31:0] @0x8 ④ 读 B7B6[15:0] @0x6 然后写 0000B7B6[31:0] @0xC	@0x0/0000B1B0 @0x4/0000B3B2 @0x8/0000B5B4 @0xC/0000B7B6
32	8	4	@0x0/B3B2B1B0 @0x4/B7B6B5B4 @0x8/BBBAB9B8 @0xC/BFBEBDBC	① 读 B3B2B1B0[31:0] @0x0 然后写 B0[7:0] @0x0 ② 读 B7B6B5B4[31:0] @0x4 然后写 B4[7:0] @0x1 ③ 读 BBBAB9B8[31:0] @0x8 然后写 B8[7:0] @0x2 ④ 读 BFBEBDBC[31:0] @0xC 然后写 BC[7:0] @0x3	@0x0/B0 @0x1/B4 @0x2/B8 @0x3/BC
32	16	4	@0x0/B3B2B1B0 @0x2/B7B6B5B4 @0x4/BBBAB9B8 @0x6/BFBEBDBC	① 读 B3B2B1B0[31:0] @0x0 然后写 B1B0[7:0] @0x0 ② 读 B7B6B5B4[31:0] @0x4 然后写 B5B4[7:0] @0x1 ③ 读 BBBAB9B8[31:0] @0x8 然后写 B9B8[7:0] @0x2 ④ 读 BFBEBDBC[31:0] @0xC 然后写 BDBC[7:0] @0x3	@0x0/B1B0 @0x2/B5B4 @0x4/B9B8 @0x6/BDBC
32	32	4	@0x0/B3B2B1B0 @0x4/B7B6B5B4 @0x8/BBBAB9B8 @0xC/BFBEBDBC	① 读 B3B2B1B0[31:0] @0x0 然后写 B3B2B1B0[7:0] @0x0 ② 读 B7B6B5B4[31:0] @0x4 然后写 B7B6B5B4[7:0] @0x4 ③ 读 BBBAB9B8[31:0] @0x8 然后写 BBBAB9B8[7:0] @0x8 ④ 读 BFBEBDBC[31:0] @0xC 然后写 BFBEBDBC[7:0] @0xC	@0x0/B3B2B1B0 @0x4/B7B6B5B4 @0x8/BBBAB9B8 @0xC/BFBEBDBC

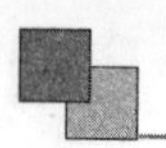

寻址一个不支持字节或半字写的 AHB 外设

当 DMA 模块开始一个 AHB 的字节或半字写操作时，数据将在 HWDATA[31:0]总线中未使用的部分重复。因此，当 DMA 以字节或半字写入不支持字节或半字写操作的 AHB 外设时(即 HSIZE 不适于该模块)不会发生错误，DMA 将按照下面两个例子写入 32 位 HWDATA 数据：

① 当 HSIZE=半字时，写入半字"0xABCD"，DMA 将设置 HWDATA 总线为"0xABCDABCD"。

② 当 HSIZE=字节时，写入字节"0xAB"，DMA 将设置 HWDATA 总线为"0xABABABAB"。

假定 AHB/APB 桥是一个 AHB 的 32 位从设备，它不处理 HSIZE 参数，它将按照下述方式把任何 AHB 上的字节或半字按 32 位传送到 APB 上：

① 一个 AHB 上对地址 0x0(或 0x1、0x2 或 0x3)的写字节数据"0xB0"操作，将转换到 APB 上对地址 0x0 的写字数据"0xB0B0B0B0"操作。

② 一个 AHB 上对地址 0x0(或 0x2)的写半字数据"0xB1B0"操作，将转换到 APB 上对地址 0x0 的写字数据"0xB1B0B1B0"操作。

例如，如果要写入 APB 后备寄存器(与 32 位地址对齐的 16 位寄存器)，则需要配置存储器数据源宽度(MSIZE)为"16 位"，外设目标数据宽度(PSIZE)为"32 位"。

16.2.5 错误管理

读/写一个保留的地址区域将会产生 DMA 传输错误。若在 DMA 读/写操作时发生 DMA 传输错误，则硬件会自动清除发生错误的通道所对应的通道配置寄存器(DMA_CCRx)的 EN 位，该通道操作被停止。此时，在 DMA_IFR 寄存器中对应该通道的传输错误中断标志位(TEIF)将被置位，如果在 DMA_CCRx 寄存器中设置了传输错误中断允许位，则产生中断。

16.2.6 中　断

每个 DMA 通道都可以在 DMA 传输过半、传输完成和传输错误时产生中断。为应用的灵活性考虑，可以通过设置寄存器的不同位来打开这些中断，表 16-2 所列为 DMA 中断请求。

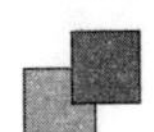

表 16-2　DMA 中断请求

中断事件	事件标志	使能控制位
传输过半	HTIF	HTIE
传输完成	TCIF	TCIE
传输错误	TEIF	TEIE

16.2.7　DMA 请求映像

外设(TIMx、ADC、DAC、SPI、I²C 和 USARTx)的硬件请求简单地进行逻辑或运算后将进入 DMAx 通道选择寄存器(DMA1 通道 1～7 和 DMA2 通道 1～5),这意味着同一时刻只允许一个 DMA 请求进入 DMA 控制器。图 16-2 所示为 STM32F09x 器件的 DMA 架构,由于 STM32F07x 的 DMA 部分与 STM32F09x 的

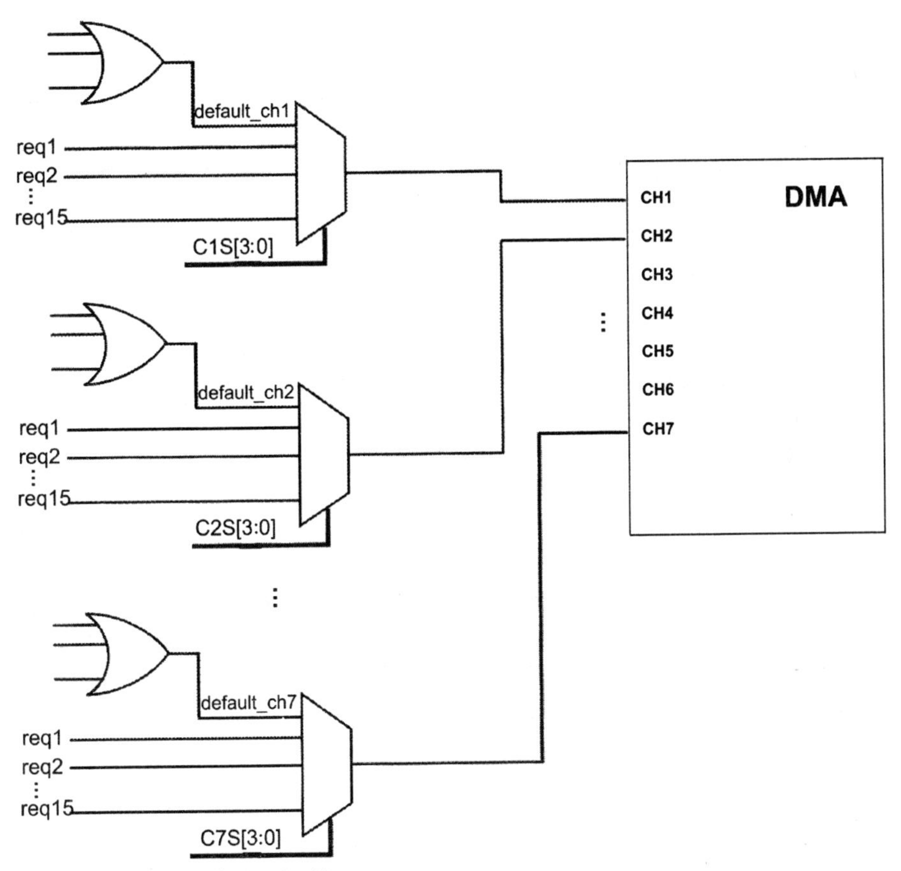

图 16-2　STM32F09x 器件的 DMA 架构

相同,因此也可以进行参考。

外设的 DMA 请求可以通过设置相应外设寄存器中的控制位,被独立地开启或关闭。

表 16-3 所列为 STM32F07x 器件各个通道的 DMA 请求列表。

表 16-3　各个通道的 DMA 请求列表

外　设	通道 1	通道 2	通道 3	通道 4	通道 5	通道 6	通道 7
ADC	ADC[1]	ADC[2]	—	—	—	—	—
SPI	—	SPI1_RX	SPI1_TX	SPI2_RX[1]	SPI2_TX[1]	SPI2_RX[2]	SPI2_TX[2]
USART	—	USART1_TX[1] USART3_TX[2]	USART1_RX[1] USART3_RX[2]	USART1_TX[2] USART2_TX[1]	USART1_RX[2] USART2_RX[1]	USART2_RX[2] USART3_RX[1] USART4_RX	USART2_TX[2] USART3_TX[1] USART4_TX
I^2C	—	I2C1_TX[1]	I2C1_RX[1]	I2C2_TX	I2C1_RX	I2C1_TX[2]	I2C1_RX[2]
TM1	—	TIM1_CH1[1]	TIM1_CH2[1]	TIM1_CH4 TIM1_TRIG TIM1_COM	TIM1_CH3[1] TIM1_UP	TIM1_CH1[2] TIM1_CH2[2] TIM1_CH3[2]	—
TIM2	TIM2_CH3	TIM2_UP	TIM2_CH2[1]	TIM2_CH4[1]	TIM2_CH1	—	TIM2_CH2[2] TIM2_CH4[2]
TIM3	—	TIM3_CH3	TIM3_CH4 TIM3_UP	TIM3_CH1[1] TIM3_TRIG[1]	—	TIM3_CH1[2] TIM3_TRIG[2]	
TIM6/DAC	—	—	TIM6_UP DAC_Channel1	—	—	—	—
TIM7/DAC	—	—	—	TIM7_UP DAC_Channel2	—	—	—
TIM15	—	—	—	—	TIM16_CH1 TIM15_UP TIM15_TRIG TIM15_COM	—	—
TIM16	—	—	TIM16_CH1[1] TIM16_UP[1]	TIM16_CH1[2] TIM16_UP[2]	—	TIM16_CH1[3] TIM16_UP[3]	—
TIM17	TIM17_CH1[1] TIM17_UP[1]	TIM17_CH1[2] TIM17_UP[2]	—	—	—	—	TIM17_CH1[3] TIM17_UP[3]

注:(1) 只有在 SYSCFG_CFGR1 寄存器相应的映射位清零时,该 DMA 请求才映射到这个 DAM 通道;

(2) 只有在 SYSCFG_CFGR1 寄存器相应的映射位置位时,该 DMA 请求才映射到这个 DMA 通道;

(3) 只有在 SYSCFG_CFGR1 寄存器附加 RMP2 映射位置位时,该 DMA 请求才映射到这个 DMA 通道。

16.3　DMA 库函数

DMA 库函数存放于库文件 stm32f0xx_dma.c 中。限于篇幅,这里主要介绍本章使用的部分 DMA 库函数,对于未使用到的库函数,读者可以查阅 ST 公司的

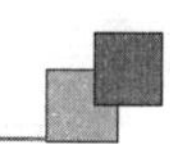

stm32f0xx_stdperiph_lib_um.chm(STM32F0xx 标准外设函数库手册)，也可以参考 ST 公司的 UM0427 用户手册——《32 位基于 ARM 微控制器 STM32F101xx 与 STM32F103xx 固件函数库介绍》，两者基本上相同。

1. DMA_DeInit 函数

表 16-4 所列为 DMA_DeInit 函数的介绍。

表 16-4　DMA_DeInit 函数

函数原型	void DMA_DeInit(DMA_Channel_TypeDef * DMAy_Channelx)
功能描述	重新初始化 DMAy 通道 x 寄存器为默认的复位值
输入参数	DMAy_Channelx：DMAy 选择的 DMA 通道。其中：y 可以选择 1，对应 DMA1；x 可以选择 1～7 的 DMA 通道。通道 6 和 7 只适合于 STM32F072
返回值	无

2. DMA_Init 函数

表 16-5 所列为 DMA_Init 函数的介绍。

表 16-5　DMA_Init 函数

函数原型	void DMA_Init(DMA_Channel_TypeDef * DMAy_Channelx,DMA_InitTypeDef * DMA_InitStruct)
功能描述	在 DMA_InitStruct 结构体中按指定的参数初始化 DMAy 通道 x
输入参数	DMAy_Channelx：DMAy 选择的 DMA 通道。其中：y 可以选择 1，对应 DMA1；x 可以选择 1～7 的 DMA 通道。通道 6 和 7 只适合于 STM32F072
	DMA_InitStruct：指向一个 DMA_InitTypeDef 结构体的指针，包含指定 DMA 通道的配置信息
返回值	无

3. DMA_StructInit 函数

表 16-6 所列为 DMA_StructInit 函数的介绍。

表 16-6　DMA_StructInit 函数

函数原型	void DMA_StructInit(DMA_InitTypeDef * DMA_InitStruct)
功能描述	填充每一个 DMA_InitStruct 成员为默认值
输入参数	DMA_InitStruct：指针指向一个将被初始化的 DMA_InitTypeDef 结构体
返回值	无

4. DMA_Cmd 函数

表 16-7 所列为 DMA_Cmd 函数的介绍。

表 16-7 DMA_Cmd 函数

函数原型	void DMA_Cmd(DMA_Channel_TypeDef * DMAy_Channelx,FunctionalState NewState)
功能描述	使能或禁用指定的 DMAy 通道 x
输入参数	DMAy_Channelx：DMAy 选择的 DMA 通道。其中：y 可以选择 1，对应 DMA1；x 可以选择 1～7 的 DMA 通道。通道 6 和 7 只适合于 STM32F072
	NewState：DMAy 通道 x 的新状态
返回值	无

16.4 STM32F072 的 ADC 转换 DMA 数据传送实验

1. 实验要求

调整电位器得到模拟电压后，输入到 PA1，经 STM32F072 进行 A/D 转换后，以 DMA 方式传送给 TIM3，从 PA6 输出 PWM 信号。

2. 实验电路原理

参考 Mini STM32 DEMO 开发板电路原理图：

- ADC——PA1；
- PWM——PA6。

3. 源程序文件及分析

新建一个文件目录 ADCDMA_PWM，在 RealView MDK 集成开发环境中创建一个工程项目 ADCDMA_PWM.uvprojx 于此目录中。

在 File 菜单下新建如下的源文件 main.c，编写源程序代码后保存在 User 文件夹下，再把 main.c 文件添加到 User 组中。

```
#include "stm32f0xx.h"
#include "W25Q16.h"
#include "ILI9325.h"
#include "ADCDMA.h"
/****************************************
* FunctionName     : Delay
* Description      : 延时
* EntryParameter   : nCount
* ReturnValue      : None
****************************************/
void Delay(__IO uint32_t nCount)
{
  for(; nCount != 0; nCount--);
```

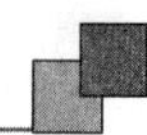

```
}
/**************************************
 * FunctionName    : main
 * Description     : 主函数
 * EntryParameter  : None
 * ReturnValue     : None
**************************************/
int main(void)
{
  SystemInit();                                //系统初始化
  SPI_FLASH_Init();
  LCD_init();                                  //液晶显示器初始化
  LCD_Clear(ORANGE);                           //全屏显示橙色
  POINT_COLOR = BLACK;                         //定义笔的颜色为黑色
  BACK_COLOR = WHITE;                          //定义笔的背景色为白色
  LCD_ShowString(2,2,"ADC_DMA 实验");
  LCD_ShowString(20,40,"PA6 输出 PWM 信号");
    /* DMA1 channel3 configuration */
  DMA_Configuration();
  /* TIM3 channel1 configuration */
  TIM3_Configuration();
  /* ADC channel0 configuration */
  ADC_Configuration();
  while(1)
  {

  }
}
```

在 File 菜单下新建如下的源文件 ADCDMA_PWM.c，编写完成后保存在 Drive 文件夹下，随后将 Drive 文件夹中的应用文件 ADCDMA_PWM.c 添加到 Drive 组中。

```
#include "ADCDMA.h"
#define TIM3_CCR1_ADDRESS     0x40000434
#define ADC1_DR_ADDRESS       0x40012440      //用于存放读到的 ADC 电压值
/* Private typedef ----------------------------*/
/* Private define -----------------------------*/
    ADC_InitTypeDef              ADC_InitStructure;
    TIM_TimeBaseInitTypeDef     TIM_TimeBaseStructure;
    TIM_OCInitTypeDef            TIM_OCInitStructure;
    DMA_InitTypeDef              DMA_InitStructure;
```

```
    GPIO_InitTypeDef          GPIO_InitStructure;
/************************************
* FunctionName    : DMA_Config
* Description     : DMA 传送配置
* EntryParameter  : None
* ReturnValue     : None
************************************/
void DMA_Configuration(void)
{
  /* Enable DMA1 clock */
  RCC_AHBPeriphClockCmd(RCC_AHBPeriph_DMA1,ENABLE);
  DMA_DeInit(DMA1_Channel3);
  DMA_InitStructure.DMA_PeripheralBaseAddr = (uint32_t)TIM3_CCR1_ADDRESS;//
  DMA_InitStructure.DMA_MemoryBaseAddr = (uint32_t)ADC1_DR_ADDRESS;
  DMA_InitStructure.DMA_DIR = DMA_DIR_PeripheralDST;
  DMA_InitStructure.DMA_BufferSize = 1;
  DMA_InitStructure.DMA_PeripheralInc = DMA_PeripheralInc_Disable;
  DMA_InitStructure.DMA_MemoryInc = DMA_MemoryInc_Disable;
  DMA_InitStructure.DMA_PeripheralDataSize = DMA_PeripheralDataSize_HalfWord;
  DMA_InitStructure.DMA_MemoryDataSize = DMA_MemoryDataSize_HalfWord;
  DMA_InitStructure.DMA_Mode = DMA_Mode_Circular;
  DMA_InitStructure.DMA_Priority = DMA_Priority_High;
  DMA_InitStructure.DMA_M2M = DMA_M2M_Disable;
  DMA_Init(DMA1_Channel3,&DMA_InitStructure);
  /* Enable DMA1 Channel3 */
  DMA_Cmd(DMA1_Channel3,ENABLE);
}
/************************************
* FunctionName    : ADC_Config
* Description     : ADC 初始化配置
* EntryParameter  : None
* ReturnValue     : None
************************************/
void ADC_Configuration(void)
{
  /* Enable the HSI */
  RCC_HSICmd(ENABLE);
  /* Enable the GPIOA Clock */
  RCC_AHBPeriphClockCmd(RCC_AHBPeriph_GPIOA,ENABLE);
```

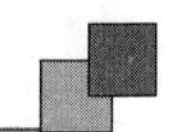

```
    GPIO_InitStructure.GPIO_Pin = GPIO_Pin_1;
    GPIO_InitStructure.GPIO_Mode = GPIO_Mode_AN;
    GPIO_InitStructure.GPIO_PuPd = GPIO_PuPd_NOPULL;
    GPIO_Init(GPIOC,&GPIO_InitStructure);
    /* Check that HSI oscillator is ready */
    while( RCC_GetFlagStatus(RCC_FLAG_HSIRDY) == RESET);
    ADC_StructInit(&ADC_InitStructure);
    /* Enable ADC1 clock */
    RCC_APB2PeriphClockCmd(RCC_APB2Periph_ADC1,ENABLE);
    ADC_InitStructure.ADC_Resolution = ADC_Resolution_12b;
    ADC_InitStructure.ADC_ContinuousConvMode = ENABLE;
    ADC_InitStructure.ADC_ExternalTrigConvEdge = ADC_ExternalTrigConvEdge_None;
    ADC_InitStructure.ADC_DataAlign = ADC_DataAlign_Right;
    ADC_InitStructure.ADC_ScanDirection = ADC_ScanDirection_Upward;
    ADC_Init(ADC1,&ADC_InitStructure);
    /* ADC1 regular channel0 configuration */
    ADC_ChannelConfig(ADC1,ADC_Channel_1,ADC_SampleTime_28_5Cycles);
    /* Enable ADC1 */
    ADC_Cmd(ADC1,ENABLE);
    /* Wait until the ADC enable falg is set to start conversion */
    while(! ADC_GetFlagStatus(ADC1,ADC_FLAG_ADEN));
    /* Enable the wait conversion mode */
    ADC_WaitModeCmd(ADC1,ENABLE);
    /* Start ADC1 Software Conversion */
    ADC_StartOfConversion(ADC1);
}
/****************************************
* FunctionName    : TIM3_Config
* Description     : 配置定时器通道 1 为 PWM 模式
* EntryParameter  : None
* ReturnValue     : None
****************************************/
void TIM3_Configuration(void)
{
    /* Enable GPIOA clock */
    RCC_AHBPeriphClockCmd(RCC_AHBPeriph_GPIOA,ENABLE);
    /* GPIOA Configuration: PA6(TIM3 CH1) as alternate function push-pull */
    GPIO_InitStructure.GPIO_Mode = GPIO_Mode_AF;
    GPIO_InitStructure.GPIO_Speed = GPIO_Speed_50MHz;
```

```
    GPIO_InitStructure.GPIO_OType = GPIO_OType_PP;
    GPIO_InitStructure.GPIO_PuPd = GPIO_PuPd_UP;
    GPIO_InitStructure.GPIO_Pin = GPIO_Pin_6;
    GPIO_Init(GPIOA,&GPIO_InitStructure);
    GPIO_PinAFConfig(GPIOA,GPIO_PinSource6,GPIO_AF_1);   //PA6 选择备用功能
    /* Enable TIM3 clock */
    RCC_APB1PeriphClockCmd(RCC_APB1Periph_TIM3,ENABLE);
    /* Time Base configuration */
    TIM_TimeBaseStructInit(&TIM_TimeBaseStructure);
    TIM_TimeBaseStructure.TIM_Period = 0xFF0;
    TIM_TimeBaseStructure.TIM_Prescaler = 0x0;
    TIM_TimeBaseStructure.TIM_ClockDivision = 0x0;
    TIM_TimeBaseStructure.TIM_CounterMode = TIM_CounterMode_Up;
    TIM_TimeBaseInit(TIM3,&TIM_TimeBaseStructure);
    /* Channel1 Configuration in PWM mode */
    TIM_OCInitStructure.TIM_OCMode = TIM_OCMode_PWM1;
    TIM_OCInitStructure.TIM_OutputState = TIM_OutputState_Enable;
    TIM_OCInitStructure.TIM_Pulse = 0xf0;                    //通道占空系数
    TIM_OCInitStructure.TIM_OCPolarity = TIM_OCPolarity_High;
    TIM_OC1Init(TIM3,&TIM_OCInitStructure);
    /* Enable TIM3 DMA interface */
    TIM_DMACmd(TIM3,TIM_DMA_Update,ENABLE);
    /* Enable TIM3 */
    TIM_Cmd(TIM3,ENABLE);
}
```

在 File 菜单下新建如下的源文件 ADCDMA_PWM.h，编写完成后保存在 Drive 文件夹下。

```
#ifndef __ADC_H
#define __ADC_H
#include "stm32f0xx.h"
void ADC_Configuration(void);
void DMA_Configuration(void);
void TIM3_Configuration(void);
#endif /* __ADC_H */
```

4. 实验效果

编译通过后，可以使用 J-link 仿真器调试程序，最后将程序下载到 STM32F072 芯片中。用一把小螺丝刀调整电位器输入电压，然后使用示波器测试从 PA6 引脚输

出的 PWM 信号，可以看到，随着小螺丝刀的旋转，PWM 的调宽系数也随之发生变化。实验照片如图 16－3 和图 16－4 所示。

图 16－3　STM32F072 的 ADC 转换 DMA 数据传送实验照片

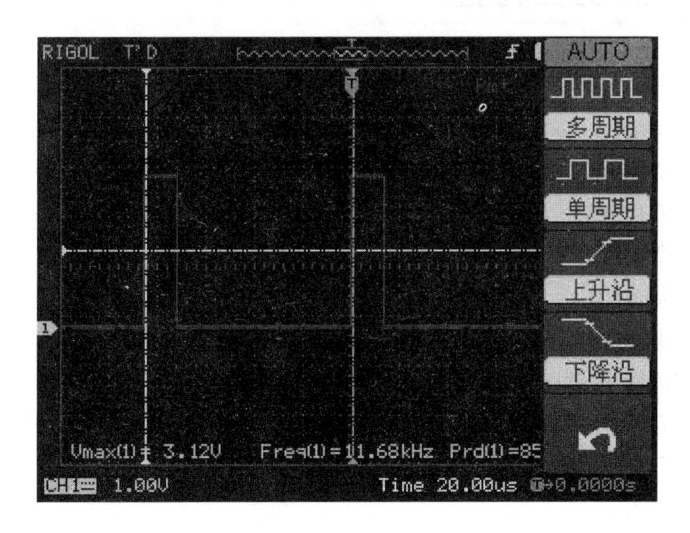

图 16－4　PWM 的调宽系数发生变化

第 17 章

I^2C 总线接口的特性及应用

I^2C 总线接口提供多主机功能，控制所有 I^2C 总线特定的时序、协议、仲裁和定时。它支持标准模式(Standard-mode)，快速模式(Fast-mode)和超快速模式(Fast-mode Plus)，同时又与 SMBus(系统管理总线)和 PMBus(电源管理总线)保持兼容，设计时可以使用 DMA 以减轻 CPU 的负担。

17.1 I^2C 的主要特性

I^2C 的主要特性如下：

- I^2C 总线规范 rev03 兼容性：
  - 从机模式和主机模式；
  - 多主机功能；
  - 标准模式(高达 100 kHz)；
  - 快速模式(高达 400 kHz)；
  - 超快速模式(高达 1 MHz)；
  - 7 位和 10 位地址模式；
  - 多个 7 位从地址(两个地址，其中一个可屏蔽)；
  - 所有 7 位地址应答模式；
  - 广播呼叫；
  - 可编程建立和保持时间；
  - 易用的事件管理；
  - 可选的时钟延长；
  - 软件复位。
- 1 字节缓冲带 DMA 功能。
- 可编程的模拟和数字噪声滤波器。

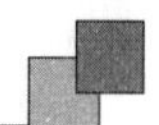

17.2　I^2C 功能描述

除了接收和发送数据，该接口可从串行转换成并行格式，以及从并行转换成串行格式；通过软件使能或禁用中断；通过数据引脚（SDA）和时钟引脚（SCL）连接到 I^2C 总线。该接口还可以连接标准模式（高达 100 kHz）、快速模式（高达 400 kHz）或超快速模式（高达 1 MHz）I^2C 总线。另外，此接口也可以通过数据引脚（SDA）和时钟引脚（SCL）连接到 SMBus。如果有 SMBus 功能的支持，那么附加的 SMBus ALERT引脚（SMBA）也是可用的。

图 17－1 所示为 I^2C1 的组成框图。

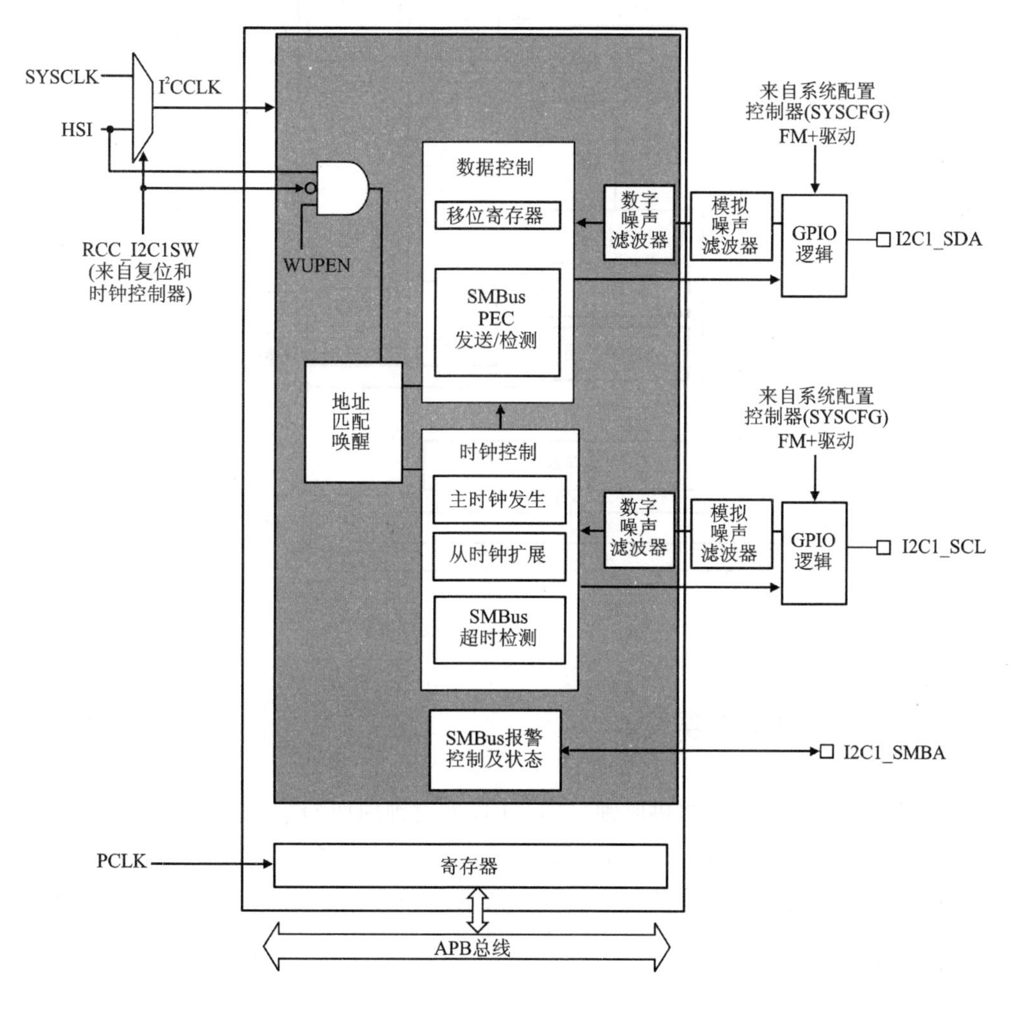

图 17－1　I^2C1 的组成框图

I^2C1 由一个独立的时钟源驱动，它允许 I^2C 相对于 PCLK 频率独立运作。该时钟源可以选择以下任意一个时钟源：

- HSI：高速内部振荡器(默认值)；
- SYSCLK：系统时钟。

I^2C1 的 I/O 口支持 20 mA 的输出电流驱动以适应超快速模式的操作。通过将 SCL 和 SDA 的驱动能力控制位置 1 来启用此设置。

图 17－2 所示为 I^2C2 的组成框图。

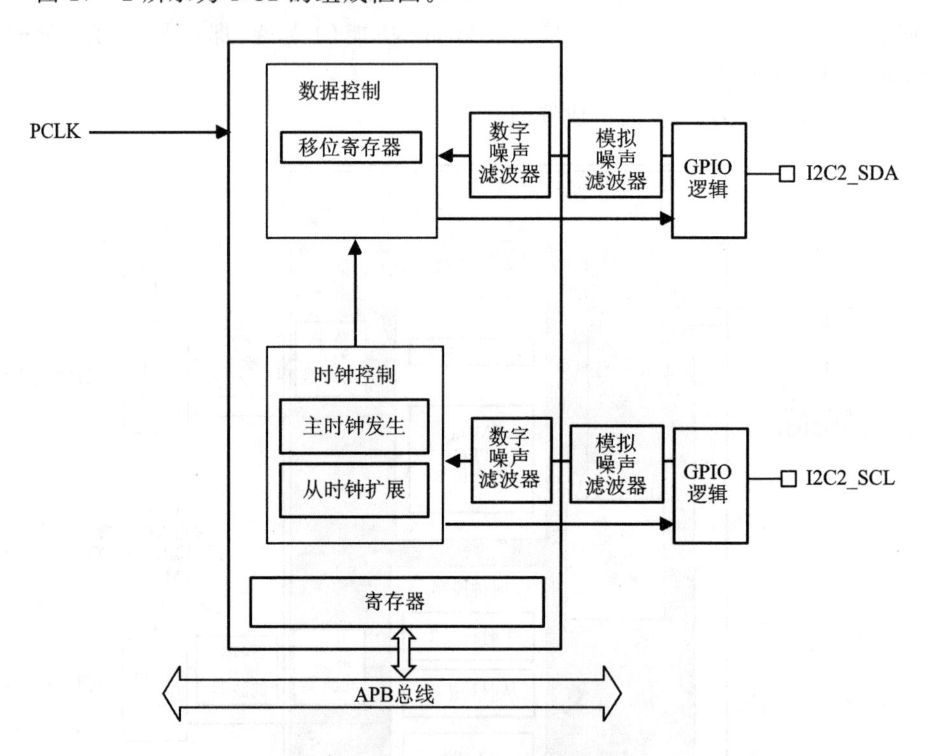

图 17－2　I^2C2 的组成框图

17.2.1　I^2C 时钟要求

I^2C 内核由 I^2CCLK 提供时钟。I^2CCLK 的时钟周期 t_{I^2CCLK} 必须满足：

$$t_{I^2CCLK} < (t_{low} - t_{filter})/4 \text{ 以及 } t_{I^2CCLK} < t_{high}$$

其中：t_{low} 为 SCL 低电平时间；t_{high} 为 SCL 高电平时间；t_{filter} 为启用时模拟滤波器和数字滤波器所带来的延迟的总和。模拟滤波器的最大延迟是 260 ns。数字滤波器的延迟是 $DNF \times t_{I^2CCLK}$。

PCLK 的时钟周期 t_{PCLK} 必须满足：

$$t_{PCLK} < 4/3\ t_{SCL}$$

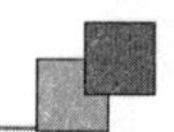

其中：t_{SCL}为SCL周期。

注意：当I²C内核时钟由PLCK主频提供时，PCLK必须满足t_{I^2CCLK}的限制条件。

17.2.2　I²C模式选择

I²C接口可以工作在以下4个模式之一：

- 从机发送；
- 从机接收；
- 主机发送；
- 主机接收。

默认情况下，I²C接口在从机模式下运行。I²C接口在生成起始条件后自动地从从机模式切换到主机模式，当仲裁丢失或产生停止信号时，则从主机模式切换到从机模式。I²C接口允许多主机功能。

在主机模式下，I²C接口启动数据传输，并产生时钟信号。串行数据传输总是以起始条件开始并以停止条件结束。起始条件和停止条件都是在主模式下由软件控制产生的。

在从机模式下，I²C接口能识别自己的地址(7位或10位)和广播呼叫地址。软件能够控制开启或禁用广播呼叫地址的识别。保留的SMBus地址也可以由软件启用。

数据和地址按每字节8位进行传输，高位在前。跟在起始条件后的一或两个字节是地址(7位模式为一个字节，10位模式为两个字节)。地址只在主机模式发送。

在一个字节传输的8个时钟后的第9个时钟期间，接收器必须回送一个应答位(ACK)给发送器，如图17-3所示。

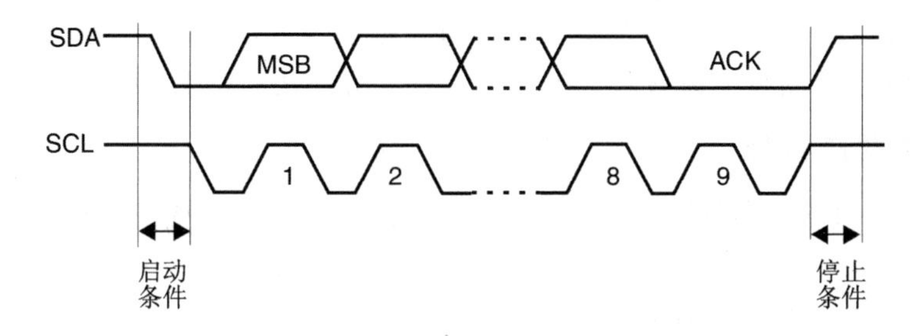

图17-3　I²C总线协议图

软件可以开启或禁用应答(ACK)，并可以设置I²C接口的地址(7位、10位地址或广播呼叫地址)。

17.2.3 I²C 软件复位

一个软件复位可以通过清除在 I2C_CR1 寄存器的 PE 位来实现。在这种情况下，I²C 线 SCL 和 SDA 被释放。受影响的寄存器位如下：

- I2Cx_CR2 寄存器：START、STOP 和 NACK；
- I2Cx_ISR 寄存器：BUSY、TXE、TXIS、RXNE、ADDR、NACKF、TCR、TC、STOPF、BERR、ARLO 和 OVR

另外，当支持 SMBus 功能时，受影响的寄存器位有：

- I2Cx_CR2 寄存器：PECBYTE；
- I2Cx_ISR 寄存器：PECERR、TIMEOUT 和 ALERT。

17.2.4 I²C 数据发送

1. 接　收

SDA 输入会填充移位寄存器。在第 8 个 SCL 脉冲（收到完整的数据字节）之后，如果 I2C_RXDR 寄存器是空的（RXNE＝0），则移位寄存器的内容会被复制到 I2C_RXDR 寄存器；如果 RXNE＝1，也就是说，尚未读取之前收到的数据字节，则 SCL 线将被拉低，直到 I2C_RXDR 寄存器被读取。这个较长的拉低被插入到第 8 和第 9 个 SCL 脉冲之间（应答脉冲之前）。

2. 发　送

如果 I2C_TXDR 寄存器不为空（TXE＝0），则其内容将在第 9 个 SCL 脉冲（应答脉冲）之后被复制到移位寄存器，然后移位寄存器的内容被移到 SDA 线上。如果 TXE＝1，也就是说，I2C_TXDR 寄存器中没有数据被写入，则 SCL 线会被拉长为低直到 I2C_TXDR 有新数据被写入。在第 9 个 SCL 脉冲之后结束拉低。

3. 硬件发送管理

I²C 有一个内嵌的字节计数器，可以管理发送的字节数，以便在各种模式中关闭通信：

- 主机模式下生成 NACK、STOP 和 ReSTART；
- 从机接收模式下的 ACK 控制；
- SMBus 功能支持时的 PEC 的生成/检查。

字节计数器总是在主机模式下使用。默认情况下，它在从机模式下是被禁用的，但可以通过软件设置 I2Cx_CR2 寄存器的 SBC 位（从字节控制）来使能。

要传输的字节数编程在 I2Cx_CR2 寄存器的 NBYTES[7:0]位域。如果要传输

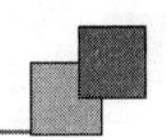

的字节数大于 255,或一个接收器要控制收到的数据字节的应答值,就必须设置 I2Cx_CR2 寄存器的 RELOAD 位来选择重载模式。在这种模式下,当 NBYTES 中编程的字节个数被发送完时,TCR 标志被置 1,如果 TCIE 为 1,则会产生一个中断。SCL 在 TCR 标志为 1 期间被较长地拉低。当向 NBYTES 写入一个非零值时,TCR 标志由软件清除。

当 NBYTES 被重载为上次的字节数时,RELOAD 位必须被清零。

在主机模式下,当 RELOAD=0 时,计数器可以按下列两种模式工作:

- 自动结束模式(I2Cx_CR2 寄存器的 AUTOEND=1)。在这种模式下,一旦发送字节数达到了 NBYTES[7:0]位域中设置的字节数,主机就会自动发送一个停止条件。
- 软件结束模式(I2Cx_CR2 寄存器的 AUTOEND=0)。在这种模式下,一旦发送字节数达到了 NBYTES[7:0]位域中设置的字节数就需要软件干预,这时 TC 标志会被置 1,如果 TCIE 位为 1,则会产生中断。在 TC 标志为 1 期间,SCL 信号被较长地拉低。当 I2Cx_CR2 寄存器的 START 或 STOP 位被置 1 时,TC 标志由软件清除。如果主机要发送一个 RESTART 条件,则必须使用此模式。

注意: 当 RELOAD 置位时 AUTOEND 位无效。

17.2.5 I²C 从机模式

1. 从机初始化

要工作在从机模式下,就必须启用至少一个从机地址。两个寄存器 I2C_OAR1 和 I2C_OAR2 都可以用来写入从机的本机地址 OA1 和 OA2。

- 通过设置 I2C_OAR1 寄存器的 OA1MODE 位,可将 OA1 配置在 7 位地址模式(默认)或 10 位地址模式。通过设置 I2C_OAR1 寄存器的 OA1EN 位来启用 OA1。
- 如果需要额外的从机地址,则可以配置第二个从机地址 OA2。配置 I2C_OAR2 寄存器的 OA2MSK [2:0]位域,可以最多屏蔽 OA2 的低 7 位。因此从 1～6 为 OA2MSK 配置,只有 OA2 [7:2]、OA2 [7:3]、OA2 [7:4]、OA2 [7:5]、OA2 [7:6]或 OA2[7]参加与接收到地址的比较操作。只要 OA2MSK 不等于 0,被 OA2 地址比较排除的 I²C 地址(0000×××和 1111×××)就不会被应答。如果 OA2MSK=7,则收到的所有 7 位地址(保留地址除外)都会被应答。OA2 始终是一个 7 位地址,不可以是一个 10 位地址。如果其启用特定的使能位,这些保留地址也可以应答,也就是说,如果其被写在 I2C_OAR1 或 I2C_OAR2 寄存器中,并且 OA2MSK=0,则将 I2Cx_OAR2 寄存器的 OA2EN 位置 1 来使能 OA2。

- 当 I2C_CR1 寄存器的 GCEN 位被置 1 时，呼叫地址被启用。

当 I^2C 由使能的地址选中时，ADDR 中断状态标志被置 1。如果 ADDRIE 位为 1，则会产生一个中断。

默认情况下，从机使用时钟延长功能意味着，从机可根据需要在 SCL 信号拉低时执行软件操作。如果主机不支持时钟延长功能，则 I^2C 的 I2C_CR1 寄存器的 NOSTRETCH 位必须配置为 1。

收到地址中断后，如果启用了多个地址，则必须读 I2C_ISR 寄存器中的 ADDCODE[6:0]位以检查是哪一个地址匹配上了；还要检查 DIR 标志，以了解数据传输的方向。

在默认模式下，I^2C 从机在下列情况下拉低 SCL 时钟：

- ADDR 标志被置位：接收到的地址与启用的从机地址之一匹配上。SCL 低电平在 ADDR 标志被软件清零后释放。清零 ADDR 标志位的办法是将 ADDRCF位置 1。
- 在发送时，如果以前的数据传输完后没有新的数据写入 I2C_TXDR 寄存器，或者在 ADDR 标志被清除（TXE=1）后还没有写一个字节，则只要有数据写入 I2C_TXDR 寄存器，就会结束 SCL 低电平。
- 在接收时，如果 I2C_RXDR 寄存器的内容没有被读取，而又有一个新的数据被接收进来，则在读取 I2C_RXDR 时 SCL 低电平被释放。
- 当 TCR=1 进入从字节控制模式，或 SBC=1 及 RELOAD=1 进入重装模式时，意味着最后一个数据字节已发送完毕。在向 NBYTES[7:0]位域写入一个非零值时会清除 TCR 标志，这时 SCL 低电平被释放。

2. 从机发送

当 I2C_TXDR 寄存器为空时会产生发送中断状态（TXIS），如果 I2C_CR1 寄存器中的 TXIE 位为 1，则会产生中断。

向 I2C_TXDR 寄存器写入下一个发送数据时，TXIS 位被清除。

当收到一个 NACK 时，I2Cx_ISR 寄存器中的 NACKF 位置 1，如果 I2C_CR1 寄存器的 NACKIE 位为 1，则会产生一个中断。从机会自动释放 SCL 和 SDA 线，这是为了允许主机执行停止或重新启动条件。当收到一个 NACK 时，TXIS 位不会被置 1。

当收到一个 STOP 时，I2C_ISR 寄存器中的 STOPF 标志会被置 1，如果这时 I2C_CR1 寄存器的 STOPIE 为 1，则会产生一个中断。在大多数应用中，SBC 位通常被设定为 0。在这种情况下，TXE 为 0 时收到从机地址（ADDR=1），可以选择是将 I2C_TXDR 寄存器的内容当作第一个数据字节发送出去，还是将 TXE 位置 1，从而清空 I2C_TXDR 寄存器以便写入一个新的数据字节。

在从机字节控制模式（SBC=1）下，要发送的字节数必须在地址匹配（ADDR=

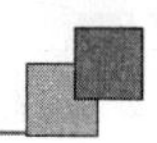

1)中断服务程序中写入 NBYTES。在这种情况下，在传输过程中的 TXIS 事件个数与 NBYTES 中写入的值对应。

3. 从机接收

当 I2C_RXDR 寄存器已满时，I2Cx_ISR 寄存器的 RXNE 被置 1，如果 I2C_CR1 寄存器的 RXIE 为 1，则会产生一个中断。当读取 I2C_RXDR 寄存器时，RXNE 会被清除。

当收到一个 STOP 条件，并且 I2C_CR1 的 STOPIE 被置 1 时，I2C_ISR 寄存器的 STOPF 位会被置 1，并产生一个中断。

17.2.6　I²C 主机模式

1. 主机通信初始化(地址阶段)

为了启动通信，必须在 I2C_CR2 寄存器中设置从机地址的下列参数：

- 地址模式(7 位或 10 位)：ADD10。
- 要发送的从机地址：SADD [9:0]。
- 传输方向：RD_WRN。
- 在 10 位地址的情况下读取：HEAD10R 位。当必须发送完整的地址顺序时，HEAD10R 必须先置位，以使在方向改变时仅需要帧头的区别。
- 要传输的字节数：NBYTES[7:0]。如果字节数大于或等于 255 字节，则 NBYTES[7:0]最初必须使用 0xFF 填充。

随后必须设置 I2Cx_CR2 寄存器的 START 位。START 位一旦被置 1，就不再允许更改上述所有位。

只要检测到总线是空闲(BUSY＝0)的，插入一个延时后，主机就会自动发送 START 条件，随后发送从机地址。

在仲裁丢失的情况下，主机自动切换回从机模式，如果从机地址被选中，还将会自动发送 ACK 应答。

2. 主机接收器寻址一个 10 位地址的从机的初始化

- 如果从机地址是 10 位格式，则可以选择清除 I2C_CR2 寄存器的 HEAD10R 位来发送一个完整的读序列。在这种情况下，主机会在 START 位被置 1 后自动发送下面的完整序列：(重复)启动＋从机地址 10 位头地址的写操作＋从机地址的第二字节＋重复启动＋从机地址 10 位头地址的读操作。
- 如果主机要寻址到一个 10 位地址的从机，将数据发送给该从机，然后从同一个从机读取数据，则主机发送流程必须先完成，然后以 HEAD10R＝1 的状态重复开始条件和 10 位从机地址。在这种情况下，主机发送序列为：重复启动＋从机地址 10 位头地址的读操作。

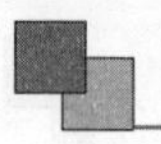

3. 主机发送

在写传输的情况下，每个字节发送完后，TXIS 标志会被置 1，也就是在第 9 个 SCL 脉冲时收到一个 ACK。

如果 I2C_CR1 寄存器的 TXIE 位为 1，则会由 TXIS 事件产生一个中断。向 I2C_TXDR 寄存器写入下一个发送数据时，这个标志位被清除。

在传输过程中的 TXIS 事件个数与 NBYTES 中写入的值对应。如果要发送的数据字节总数大于 255，则必须将 I2C_CR2 寄存器的 RELOAD 位置 1 以选择重加载模式。在这种情况下，发送了 NBYTES 个字节之后，TCR 标志被置位，并且 SCL 线被拉低，直至 NBYTES[7:0]中被写入一个非零值。在收到一个 NACK 时，TXIS 位不会被置 1。

当 RELOAD=0 以及 NBYTES 个数据已传输完时：

- 在自动结束模式(AUTOEND=1)下，会自动发送一个 STOP 条件。
- 在软件结束模式下(AUTOEND=0)，TC 标志被置 1，并且 SCL 线被拉低，这时要软件执行下一步的操作：如果已经配置好从机地址和要传送的字节数，就可以将 I2C_CR2 寄存器中的 START 位置 1，然后再次发出一个 START 条件。将 START 位置 1 的操作将会清除 TC 标志，并在总线上发出 START 条件。可以将 I2C_CR2 寄存器的 STOP 位置 1 来发出停止条件。将 STOP 位置 1 的操作将会清除 TC 标志，并在总线上发出 STOP 条件。
- 如果收到一个 NACK，则 TXIS 标志不会被置 1，并在收到 NACK 之后自动发送一个 STOP 条件。I2C_ISR 寄存器的 NACKF 标志会被置 1，这时如果 NACKIE 位为 1，则会产生中断。

4. 主机接收

在读传输时，每个字节接收完后，在第 8 个 SCL 脉冲，RXNE 标志会被置 1。如果 I2C_CR1 寄存器的 RXIE 位为 1，则会由 RXNE 事件产生一个中断。在读取 I2C_RXDR 寄存器时，RXNE 会被自动清零。

如果要接收的数据字节总数大于 255，则必须将 I2Cx_CR2 寄存器的 RELOAD 位置 1，以选择重加载模式。在这种情况下，发送了 NBYTES 个字节后，TCR 标志被置位，并且 SCL 线被拉低，直至 NBYTES[7:0]中被写入一个非零值。

当 RELOAD=0 以及 NBYTES 个数据已传输完时：

- 在自动结束模式(AUTOEND=1)下，收到最后一个字节后会自动发送一个 NACK 和一个 STOP 条件。
- 在软件结束模式(AUTOEND=0)下，收到最后一个字节后会自动发送一个 NACK，然后 TC 标志被置 1，并且 SCL 线被拉低，这时要软件执行下一步的操作：如果已经配置好从机地址和要传送的字节数，就可以将 I2C_CR2 寄存器中的 START 位置 1，然后再次发出一个 START 条件。将 START 位置 1

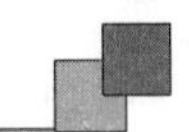

的操作将会清除 TC 标志，并在总线上发出 START 条件及从机地址。可以将 I2C_CR2 寄存器的 STOP 位置 1 来发出停止条件。将 STOP 位置 1 的操作将会清除 TC 标志，并在总线上发出 STOP 条件。

17.2.7　从 STOP 模式唤醒

I²C 能够在被寻址到时将 MCU 从 STOP 模式唤醒（APB 时钟关闭时）。将 I2Cx_CR1 寄存器的 WUPEN 位置 1，会启用从 STOP 模式唤醒功能。要从停止模式唤醒，必须选择 HSI 振荡器作为 I2C_CLK 的时钟源。

在 STOP 模式下，HSI 是关闭的。当检测到起始条件时，I²C 接口将启动 HSI，然后将 SCL 拉低，直到 HSI 启动，随后将其用于地址接收。

在地址匹配的情况下，在 MCU 唤醒期间，I²C 将 SCL 持续拉低。当软件清除了 ADDR 标志后，SCL 被释放，传输进入正常状态。如果地址不匹配，则 HSI 会再次关闭，MCU 也不会被唤醒。

注意：

① 如果 I²C 时钟是系统时钟，或者 WUPEN＝0，则 HSI 振荡器在收到 START 后不会被打开。

② 只有 ADDR 中断可以唤醒 MCU。所以，当 I²C 作为主机传输数据，或者作为从机被寻址到（ADDR＝1）时，不要进入 STOP 模式。可以在 ADDR 中断服务程序中清除 SLEEPDEEP 位，并只在 STOPF 标志置 1 后再次将它置 1。

17.2.8　DMA 请求

1. 利用 DMA 发送

通过设置 I2C_CR1 寄存器中的 TXDMAEN 位，可以启用 DMA 发送。数据被预先放到 DMA 外设所设定的 SRAM 区域，然后发往 I2C_TXDR 寄存器，而不管 TXIS 位是不是 1。

- 在主机模式下：初始化、从机地址、方向、字节数和起始位都由软件设置（已经发送了的从机地址不能使用 DMA 传输）。当所有数据都使用 DMA 传输时，必须在设置 START 位之前初始化 DMA。传输的结束由 NBYTES 计数器来管理。
- 在从机模式下：
  - 当 NOSTRETCH＝0，所有数据都使用 DMA 传输时，DMA 必须在地址匹配事件之前完成初始化；或者在中断服务程序中，清除 ADDR 标志之前完成初始化。

- 当 NOSTRETCH=1 时,DMA 必须在地址匹配事件之前完成初始化。

- 如果 SMBus 支持,则 PEC 的传送由 NBYTES 计数器管理。

注意: 如果使用 DMA 发送,则 TXIE 位不需要启用。

2. 利用 DMA 接收

通过设置 I2C_CR1 寄存器中的 RXDMAEN 位,可以启用 DMA 接收。数据会从 I2C_RXDR 寄存器中读取出来,然后转移到 DMA 外设所指向的 SRAM 区域,而不管 RXNE 位是不是 1。只有数据(包括 PEC)被 DMA 传输。

- 在主机模式下,初始化、从机地址、方向、字节数和起始位都要通过软件设置。当所有数据使用 DMA 传输完后,必须在设置 START 位之前初始化 DMA。传输的结束由 NBYTES 计数器来管理。
- 在从机模式下,如果 NOSTRETCH=0,则所有数据使用 DMA 传输后,DMA 必须在地址匹配事件之前完成初始化;或者在中断服务程序中,清除 ADDR 标志之前完成初始化。
- 如果 SMBus 支持,则 PEC 的传送由 NBYTES 计数器管理。

注意: 如果使用 DMA 发送,则 RXIE 位不需要启用。

17.2.9 I²C 中断

表 17-1 所列为 I²C 中断请求列表。

表 17-1 I²C 中断请求列表

中断事件	事件标志	事件标志/中断清除方法	中断使能控制位
接收缓冲区未空	RXNE	读 I2C_RXDR 寄存器	RXIE
发送缓冲区中断状态	TXIS	写 I2C_TXDR 寄存器	TXIE
停止检测中断标志	STOPF	写 STOPCF=1	STOPIE
发送完成重装	TCR	写 I2C_CR2 及 NBYTES[7:0]≠0	TCIE
发送完成	TC	写 START=1 或 STOP=1	
地址匹配	ADDR	写 ADDRCF=1	ADDRIE
NACK 接收	NACKF	写 NACKCF=1	NACKIE
总线错误	BERR	写 BERRCF=1	ERRIE
仲裁损失	ARLO	写 ARLOCF=1	
超上限/超下限	OVR	写 OVRCF=1	
PEC 错误	PECERR	写 PECERRCF=1	
超时/t_{low} 错误	TIMEOUT	写 TIMEOUTCF=1	
SMBus 报警	ALERT	写 ALERTCF=1	

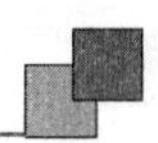

根据产品的实际功能,所有这些中断事件可以共享同一个中断向量(I²C 全局中断),或组合成两个(I²C 事件中断和 I²C 错误中断)中断向量。

要使能 I²C 中断,则有下列顺序要求:

① 在 NVIC 中配置和启用 I²C IRQ 通道;

② 配置 I²C 以产生中断。

I²C 唤醒事件连接到 EXTI 控制器。

图 17-4 所示为 I²C 中断镜像图。

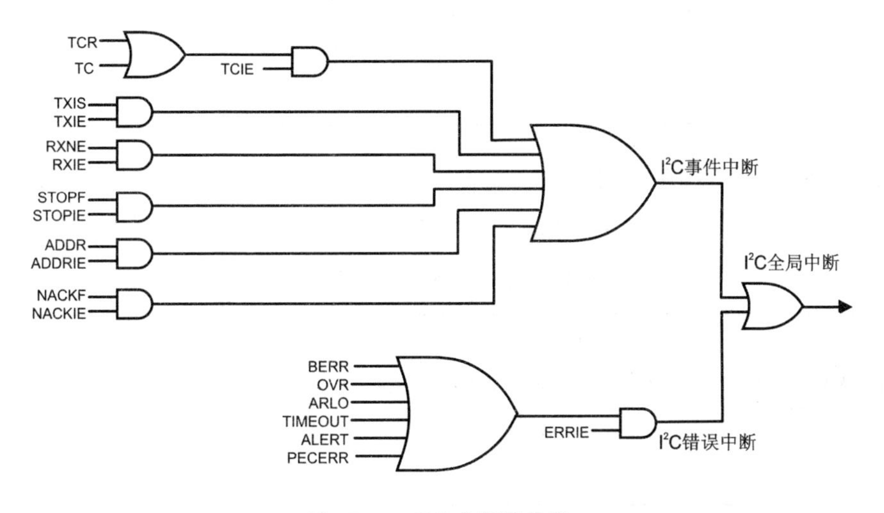

图 17-4 I²C 中断镜像图

17.3 I²C 库函数

I²C 库函数存放于库文件 stm32f0xx_i2c.c 中。限于篇幅,这里主要介绍本章使用的部分 I²C 库函数,对于未使用到的库函数,读者可以查阅 ST 公司的 stm32f0xx_stdperiph_lib_um.chm(《STM32F0xx 标准外设函数库手册》),也可以参考 ST 公司的 UM0427 用户手册——《32 位基于 ARM 微控制器 STM32F101xx 与 STM32F103xx 固件函数库介绍》,两者基本上相同。

1. I2C_DeInit 函数

表 17-2 所列为 I2C_DeInit 函数的介绍。

表 17-2 I2C_DeInit 函数

函数原型	void I2C_DeInit(I2C_TypeDef * I2Cx)
功能描述	重新初始化 I2Cx 外设寄存器为默认的复位值
输入参数	I2Cx: 选择 I²C 外设,其中,x 可以是 1 或 2
返回值	无

2. I2C_Init 函数

表 17－3 所列为 I2C_Init 函数的介绍。

表 17－3 I2C_Init 函数

函数原型	void I2C_Init(I2C_TypeDef * I2Cx,I2C_InitTypeDef * I2C_InitStruct)
功能描述	在 I2C_InitStruct 结构体中按指定的参数初始化 I^2Cx 外设
输入参数	I2Cx：选择 I^2C 外设，其中，x 可以是 1 或 2
	I2C_InitStruct：指向一个 I2C_InitTypeDef 结构体的指针，包含指定 I^2C 外设的配置信息
返回值	无

3. I2C_StructInit 函数

表 17－4 所列为 I2C_StructInit 函数的介绍。

表 17－4 I2C_StructInit 函数

函数原型	void I2C_StructInit(I2C_InitTypeDef * I2C_InitStruct)
功能描述	填充每一个 I2C_InitStruct 成员为默认值
输入参数	I2C_InitStruct：指针指向一个将被初始化的 I2C_InitTypeDef 结构体
返回值	无

4. I2C_Cmd 函数

表 17－5 所列为 I2C_Cmd 函数的介绍。

表 17－5 I2C_Cmd 函数

函数原型	void I2C_Cmd(I2C_TypeDef * I2Cx,FunctionalState NewState)
功能描述	使能或禁用 I^2C 外设
输入参数	I2Cx：选择 I^2C 外设，其中，x 可以是 1 或 2
	NewState：I^2Cx 外设的新状态
返回值	无

5. I2C_SendData 函数

表 17－6 所列为 I2C_SendData 函数的介绍。

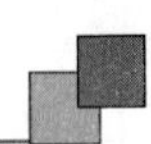

表 17-6　I2C_SendData 函数

函数原型	void I2C_SendData(I2C_TypeDef * I2Cx,uint8_t Data)
功能描述	通过 I²C 外设发送一个字节的数据
输入参数	I2Cx：选择 I²C 外设，其中，x 可以是 1 或 2
	Data：发送的字节
返回值	无

6. I2C_TransferHandling 函数

表 17-7 所列为 I2C_TransferHandling 函数的介绍。

表 17-7　I2C_TransferHandling 函数

函数原型	void I2C_TransferHandling(I2C_TypeDef * I2Cx,uint16_t Address,uint8_t Number_Bytes,uint32_t ReloadEndMode,uint32_t StartStopMode)
功能描述	当启动发送或正在发送时，处理 I²C 通信(TC 或 TCR 标志建立)
输入参数	I2Cx：选择 I²C 外设，其中，x 可以是 1 或 2
	Address：指定的从机地址
	Number_Bytes：指定要发送的字节数
	ReloadEndMode：I²C START 条件产生后的新状态
	StartStopMode：I²C STOP 条件产生后的新状态
返回值	无

7. I2C_GetFlagStatus 函数

表 17-8 所列为 I2C_GetFlagStatus 函数的介绍。

表 17-8　I2C_GetFlagStatus 函数

函数原型	FlagStatus I2C_GetFlagStatus(I2C_TypeDef * I2Cx,uint32_t I2C_FLAG)
功能描述	检查指定的 I²C 标志是否设置
输入参数	I2Cx：选择 I²C 外设，其中，x 可以是 1 或 2
	I2C_FLAG：指定要检查的标志
返回值	返回 I2C_FLAG 的新状态

8. I2C_ClearFlag 函数

表 17-9 所列为 I2C_ClearFlag 函数的介绍。

表 17-9 I2C_ClearFlag 函数

函数原型	void I2C_ClearFlag(I2C_TypeDef * I2Cx,uint32_t I2C_FLAG)
功能描述	清除 I^2Cx 的挂起标志
输入参数	I2Cx：选择 I^2C 外设，其中，x 可以是 1 或 2
	I2C_FLAG：指定要清除的标志
返回值	返回 I2C_FLAG 的新状态

9. I2C_GenerateSTART 函数

表 17-10 所列为 I2C_GenerateSTART 函数的介绍。

表 17-10 I2C_GenerateSTART 函数

函数原型	void I2C_GenerateSTART(I2C_TypeDef * I2Cx,FunctionalState NewState)
功能描述	产生 I^2Cx 通信启动条件
输入参数	I2Cx：选择 I^2C 外设，其中，x 可以是 1 或 2
	NewState：I^2C START 条件产生后的新状态
返回值	无

17.4 STM32F072 的 I^2C 通信实验——读/写 AT24C02

1. 实验要求

将"TestIIC"这 7 个字符写入 AT24C02，然后再读出，显示在 TFT-LCD 上。

2. 实验电路原理

参考 Mini STM32 DEMO 开发板电路原理图：

- IIC_SCL——PB8；
- IIC_SDA——PB9。

3. 源程序文件及分析

新建一个文件目录 IIC_LCD，在 RealView MDK 集成开发环境中创建一个工程项目 IIC_LCD. uvprojx 于此目录中。

在 File 菜单下新建如下的源文件 main. c，编写源程序代码后保存在 User 文件夹下，再把 main. c 文件添加到 User 组中。

```
#include "stm32f0xx.h"
#include "W25Q16.h"
#include "IIC.h"
#include "ILI9325.h"
```

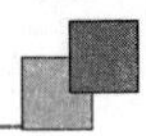

```
volatile uint16_t NumDataRead = 0;
uint8_t temp1[7] = "TestIIC";
uint8_t temp2[7];
/****************************************
* FunctionName    : main
* Description     : 主函数
* EntryParameter  : None
* ReturnValue     : None
****************************************/
int main(void)
{
    SystemInit();
    LCD_init();                                  //液晶显示器初始化
    LCD_Clear(ORANGE);                           //全屏显示橙色
    POINT_COLOR = BLACK;                         //定义笔的颜色为黑色
    BACK_COLOR = WHITE   ;                       //定义笔的背景色为白色
    I2C_EE_Init();
    SPI_FLASH_Init();
    LCD_DrawRectage(0,0,320,20,DARKBLUE);        //画一个深蓝色边框的矩形
    LCD_ShowString(50,2,"IIC 读写 AT24C02 实验");
    sEE_WriteBuffer(temp1,0x10,7);
    LCD_ShowString(2,40,"AT24C02 写入值：");
    LCD_ShowString(116,40,temp1);
    NumDataRead = 7;                             //读取 7 个字符
    sEE_ReadBuffer(temp2,0x10,(uint16_t *)(&NumDataRead));
       LCD_ShowString(2,60,"AT24C02 读出值：");
    LCD_ShowString(116,60,temp2);
    if( * temp1 != * temp2)
    {
      LCD_ShowString(50,80,"读取 Fail");
    }
    else
    {
      LCD_ShowString(50,80,"读取 Successful");
    }
    while(1)
    {;}
}
uint32_t sEE_TIMEOUT_UserCallback(void)
{
  /* Block communication and all processes */
  while (1)
```

```
    {

    }
}
```

在 File 菜单下新建如下的源文件 IIC_PWM.c，编写完成后保存在 Drive 文件夹下，随后将 Drive 文件夹中的应用文件 IIC.c 添加到 Drive 组中。

```
#include "IIC.h"
/* Private macro -------------------------------*/
__IO uint16_t   sEEAddress = 0;
__IO uint32_t   sEETimeout = sEE_LONG_TIMEOUT;
__IO uint16_t   sEEDataNum;
/* Private variables ---------------------------*/
uint16_t EEPROM_ADDRESS;
/* Private function prototypes ------------------------------*/
void GPIO_Configuration(void);
void I2C_Configuration(void);
/**************************************
 * FunctionName     : GPIO_Configuration
 * Description      : 端口初始化配置
 * EntryParameter   : None
 * ReturnValue      : None
**************************************/
void GPIO_Configuration(void)
{
  GPIO_InitTypeDef   GPIO_InitStruct;
    /* Enable   GPIOA clock */
      RCC_AHBPeriphClockCmd(RCC_AHBPeriph_GPIOB,ENABLE);
/* Configure the I2C clock source. The clock is derived from the HSI */
//RCC_I2CCLKConfig(RCC_I2C1CLK_HSI);
  /*! < sEE_I2C Periph clock enable */
  RCC_APB1PeriphClockCmd(RCC_APB1Periph_I2C1 ,ENABLE);
  /*! < GPIO configuration */
  /*! < Configure sEE_I2C pins: SCL */
  GPIO_InitStruct.GPIO_Pin = GPIO_Pin_8;
  GPIO_InitStruct.GPIO_Mode = GPIO_Mode_AF;
  GPIO_InitStruct.GPIO_Speed = GPIO_Speed_Level_3;
  GPIO_InitStruct.GPIO_OType = GPIO_OType_OD;
  GPIO_Init(GPIOB ,&GPIO_InitStruct);
  /*! < Configure sEE_I2C pins: SDA */
  GPIO_InitStruct.GPIO_Pin = GPIO_Pin_9;
  GPIO_Init(GPIOB ,&GPIO_InitStruct);
```

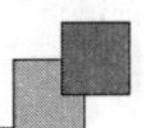

```
/ * Connect PXx to I2C_SCL * /
  GPIO_PinAFConfig( GPIOB ,GPIO_PinSource8,GPIO_AF_1);
  / * Connect PXx to I2C_SDA * /
   GPIO_PinAFConfig( GPIOB ,GPIO_PinSource9,GPIO_AF_1);
}
/ * * * * * * * * * * * * * * * * * * * * * * * * * * * * * * * * * * * * *
 *  FunctionName     : I2C_Configuration
 *  Description      : I²C 初始化配置
 *  EntryParameter   : None
 *  ReturnValue      : None
 * * * * * * * * * * * * * * * * * * * * * * * * * * * * * * * * * * * * */
void I2C_Configuration(void)
{
  I2C_InitTypeDef   I2C_InitStruct;
  / * I2C configuration * /
  I2C_InitStruct.I2C_Mode = I2C_Mode_I2C;
  I2C_InitStruct.I2C_AnalogFilter = I2C_AnalogFilter_Enable;
  I2C_InitStruct.I2C_DigitalFilter = 0x00;
  I2C_InitStruct.I2C_OwnAddress1 = 0x00;
  I2C_InitStruct.I2C_Ack = I2C_Ack_Enable;
  I2C_InitStruct.I2C_AcknowledgedAddress = I2C_AcknowledgedAddress_7bit;
  I2C_InitStruct.I2C_Timing = 0x00210507;
  / * I²C Peripheral Enable * /
  I2C_Cmd(I2C1,ENABLE);
  / * Apply I2C configuration after enabling it * /
  I2C_Init(I2C1,&I2C_InitStruct);
}
/ * * * * * * * * * * * * * * * * * * * * * * * * * * * * * * * * * * * * *
 *  FunctionName     : I2C_EE_Init
 *  Description      : I²C EEPROM 外设初始化
 *  EntryParameter   : None
 *  ReturnValue      : None
 * * * * * * * * * * * * * * * * * * * * * * * * * * * * * * * * * * * * */
void I2C_EE_Init(void)
{
  / * GPIO configuration * /
  GPIO_Configuration();
  / * I²C configuration * /
  I2C_Configuration();
    / * ! < Select the EEPROM address * /
  sEEAddress = sEE_HW_ADDRESS;
}
```

```
/*************************************************************
  * @brief  Reads a block of data from the EEPROM.
  * @param  pBuffer: pointer to the buffer that receives the data read from
  *         the EEPROM
  * @param  ReadAddr: EEPROM's internal address to start reading from.
  * @param  NumByteToRead: pointer to the variable holding number of bytes to
  *         be read from the EEPROM
  * @retval sEE_OK (0) if operation is correctly performed,else return value
  *         different from sEE_OK (0) or the timeout user callback
**************************************************************/
uint32_t sEE_ReadBuffer(uint8_t * pBuffer,uint16_t ReadAddr,uint16_t * NumByteTo-
Read)
{
  uint32_t NumbOfSingle = 0,Count = 0,DataNum = 0,StartCom = 0;
  /* Get number of reload cycles */
  Count = ( * NumByteToRead) / 255;
  NumbOfSingle = ( * NumByteToRead) % 255;
#ifdef sEE_M24C08
  /* Configure slave address,nbytes,reload and generate start */
  I2C_TransferHandling(sEE_I2C,sEEAddress,1,I2C_SoftEnd_Mode,I2C_Generate_Start_
  Write);
  /* Wait until TXIS flag is set */
  sEETimeout = sEE_LONG_TIMEOUT;
  while(I2C_GetFlagStatus(sEE_I2C,I2C_ISR_TXIS) == RESET)
  {
    if((sEETimeout--) == 0) return sEE_TIMEOUT_UserCallback();
  }
  /* Send memory address */
  I2C_SendData(sEE_I2C,(uint8_t)ReadAddr);

#elif defined(sEE_M24M01) || defined(sEE_M24C64_32) || defined (sEE_M24LR64)
  /* Configure slave address,nbytes,reload and generate start */
  I2C_TransferHandling(sEE_I2C,sEEAddress,2,I2C_SoftEnd_Mode,I2C_Generate_Start_
  Write);
  /* Wait until TXIS flag is set */
  sEETimeout = sEE_LONG_TIMEOUT;
  while(I2C_GetFlagStatus(sEE_I2C,I2C_ISR_TXIS) == RESET)
  {
    if((sEETimeout--) == 0) return sEE_TIMEOUT_UserCallback();
  }
  /* Send MSB of memory address */
  I2C_SendData(sEE_I2C,(uint8_t)((ReadAddr & 0xFF00) >> 8));
```

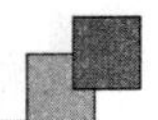

```
  /* Wait until TXIS flag is set */
  sEETimeout = sEE_LONG_TIMEOUT;
  while(I2C_GetFlagStatus(sEE_I2C,I2C_ISR_TXIS) == RESET)
  {
    if((sEETimeout--) == 0) return sEE_TIMEOUT_UserCallback();
  }
  /* Send LSB of memory address    */
  I2C_SendData(sEE_I2C,(uint8_t)(ReadAddr & 0x00FF));
#endif /*!< sEE_M24C08 */
  /* Wait until TC flag is set */
  sEETimeout = sEE_LONG_TIMEOUT;
  while(I2C_GetFlagStatus(sEE_I2C,I2C_ISR_TC) == RESET)
  {
    if((sEETimeout--) == 0) return sEE_TIMEOUT_UserCallback();
  }
  /* If number of Reload cycles is not equal to 0 */
  if (Count != 0)
  {
    /* Starting communication */
    StartCom = 1;
    /* Wait until all reload cycles are performed */
    while( Count != 0)
    {
      /* If a read transfer is performed */
      if (StartCom == 0)
      {
        /* Wait until TCR flag is set */
        sEETimeout = sEE_LONG_TIMEOUT;
        while(I2C_GetFlagStatus(sEE_I2C,I2C_ISR_TCR) == RESET)
        {
          if((sEETimeout--) == 0) return sEE_TIMEOUT_UserCallback();
        }
      }
      /* if remains one read cycle */
      if ((Count == 1) && (NumbOfSingle == 0))
      {
        /* if starting communication */
        if (StartCom != 0)
        {
          /* Configure slave address,end mode and start condition */
          I2C_TransferHandling(sEE_I2C,sEEAddress,255,I2C_AutoEnd_Mode,I2C_Gener-
          ate_Start_Read);
```

```
      }
      else
      {
        /* Configure slave address,end mode */
        I2C_TransferHandling(sEE_I2C,sEEAddress,255,I2C_AutoEnd_Mode,I2C_No_St-
        artStop);
      }
    }
    else
    {
      /* if starting communication */
      if (StartCom != 0)
      {
        /* Configure slave address,end mode and start condition */
        I2C_TransferHandling(sEE_I2C,sEEAddress,255,I2C_Reload_Mode,I2C_Generate
        _Start_Read);
      }
      else
      {
        /* Configure slave address,end mode */
        I2C_TransferHandling(sEE_I2C,sEEAddress,255,I2C_Reload_Mode,I2C_No_Star-
        tStop);
      }
    }
    /* Update local variable */
    StartCom = 0;
    DataNum = 0;
    /* Wait until all data are received */
    while (DataNum != 255)
    {
      /* Wait until RXNE flag is set */
      sEETimeout = sEE_LONG_TIMEOUT;
      while(I2C_GetFlagStatus(sEE_I2C,I2C_ISR_RXNE) == RESET)
      {
        if((sEETimeout--) == 0) return sEE_TIMEOUT_UserCallback();
      }
      /* Read data from RXDR */
      pBuffer[DataNum] = I2C_ReceiveData(sEE_I2C);
      /* Update number of received data */
      DataNum++;
      (*NumByteToRead)--;
    }
```

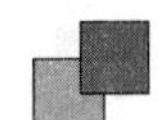

```
        /* Update Pointer of received buffer */
        pBuffer += DataNum;
        /* update number of reload cycle */
        Count--;
      }
      /* If number of single data is not equal to 0 */
      if (NumbOfSingle != 0)
      {
        /* Wait until TCR flag is set */
        sEETimeout = sEE_LONG_TIMEOUT;
        while(I2C_GetFlagStatus(sEE_I2C,I2C_ISR_TCR) == RESET)
        {
          if((sEETimeout--) == 0) return sEE_TIMEOUT_UserCallback();
        }
        /* Update CR2 : set Nbytes and end mode */
        I2C_TransferHandling(sEE_I2C,sEEAddress,(uint8_t)(NumbOfSingle),I2C_AutoEnd_
        Mode,I2C_No_StartStop);
        /* Reset local variable */
        DataNum = 0;
        /* Wait until all data are received */
        while (DataNum != NumbOfSingle)
        {
          /* Wait until RXNE flag is set */
          sEETimeout = sEE_LONG_TIMEOUT;
          while(I2C_GetFlagStatus(sEE_I2C,I2C_ISR_RXNE) == RESET)
          {
            if((sEETimeout--) == 0) return sEE_TIMEOUT_UserCallback();
          }
          /* Read data from RXDR */
          pBuffer[DataNum] = I2C_ReceiveData(sEE_I2C);
          /* Update number of received data */
          DataNum++;
          (*NumByteToRead)--;
        }
      }
    }
    else
    {
      /* Update CR2 : set Slave Address ,set read request,generate Start and set end mode */
      I2C_TransferHandling(sEE_I2C,sEEAddress,(uint32_t)(NumbOfSingle),I2C_AutoEnd_
      Mode,I2C_Generate_Start_Read);
      /* Reset local variable */
```

```
      DataNum = 0;
      /* Wait until all data are received */
      while (DataNum != NumbOfSingle)
      {
        /* Wait until RXNE flag is set */
        sEETimeout = sEE_LONG_TIMEOUT;
        while(I2C_GetFlagStatus(sEE_I2C,I2C_ISR_RXNE) == RESET)
        {
          if((sEETimeout--) == 0) return sEE_TIMEOUT_UserCallback();
        }
        /* Read data from RXDR */
        pBuffer[DataNum] = I2C_ReceiveData(sEE_I2C);
        /* Update number of received data */
        DataNum++;
        (*NumByteToRead)--;
      }
    }
    /* Wait until STOPF flag is set */
    sEETimeout = sEE_LONG_TIMEOUT;
    while(I2C_GetFlagStatus(sEE_I2C,I2C_ISR_STOPF) == RESET)
    {
      if((sEETimeout--) == 0) return sEE_TIMEOUT_UserCallback();
    }
    /* Clear STOPF flag */
    I2C_ClearFlag(sEE_I2C,I2C_ICR_STOPCF);
    /* If all operations OK,return sEE_OK (0) */
    return sEE_OK;
}
/*****************************************************************
  * @brief  Writes more than one byte to the EEPROM with a single WRITE cycle
  * @note   The number of bytes (combined to write start address) must not
  *         cross the EEPROM page boundary. This function can only write into
  *         the boundaries of an EEPROM page
  * @note   This function doesn't check on boundaries condition (in this driver
  *         the function sEE_WriteBuffer() which calls sEE_WritePage() is
  *         responsible of checking on Page boundaries)
  * @param  pBuffer: pointer to the buffer containing the data to be written to
  *         the EEPROM
  * @param  WriteAddr: EEPROM's internal address to write to
  * @param  NumByteToWrite: pointer to the variable holding number of bytes to
  *         be written into the EEPROM
  * @retval sEE_OK (0)  if operation is correctly performed,else return value
```

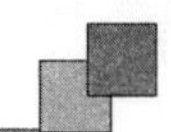

```
  *          different from sEE_OK (0) or the timeout user callback
*************************************************************/
uint32_t sEE_WritePage(uint8_t * pBuffer,uint16_t WriteAddr,uint8_t * NumByteToW-
rite)
{
  uint32_t DataNum = 0;
#ifdef sEE_M24C08
  /* Configure slave address,nbytes,reload and generate start */
  I2C_TransferHandling(sEE_I2C,sEEAddress,1,I2C_Reload_Mode,I2C_Generate_Start_
  Write);
  /* Wait until TXIS flag is set */
  sEETimeout = sEE_LONG_TIMEOUT;
  while(I2C_GetFlagStatus(sEE_I2C,I2C_ISR_TXIS) == RESET)
  {
    if((sEETimeout--) == 0) return sEE_TIMEOUT_UserCallback();
  }
  /* Send memory address */
  I2C_SendData(sEE_I2C,(uint8_t)WriteAddr);
#elif defined(sEE_M24M01) || defined(sEE_M24C64_32) || defined (sEE_M24LR64)
  /* Configure slave address,nbytes,reload and generate start */
  I2C_TransferHandling(sEE_I2C,sEEAddress,2,I2C_Reload_Mode,I2C_Generate_Start_
  Write);
  /* Wait until TXIS flag is set */
  sEETimeout = sEE_LONG_TIMEOUT;
  while(I2C_GetFlagStatus(sEE_I2C,I2C_ISR_TXIS) == RESET)
  {
    if((sEETimeout--) == 0) return sEE_TIMEOUT_UserCallback();
  }
  /* Send MSB of memory address */
  I2C_SendData(sEE_I2C,(uint8_t)((WriteAddr & 0xFF00) >> 8));
  /* Wait until TXIS flag is set */
  sEETimeout = sEE_LONG_TIMEOUT;
  while(I2C_GetFlagStatus(sEE_I2C,I2C_ISR_TXIS) == RESET)
  {
    if((sEETimeout--) == 0) return sEE_TIMEOUT_UserCallback();
  }
  /* Send LSB of memory address    */
  I2C_SendData(sEE_I2C,(uint8_t)(WriteAddr & 0x00FF));
#endif /*!< sEE_M24C08 */
  /* Wait until TCR flag is set */
  sEETimeout = sEE_LONG_TIMEOUT;
  while(I2C_GetFlagStatus(sEE_I2C,I2C_ISR_TCR) == RESET)
```

```
  {
    if((sEETimeout--) == 0) return sEE_TIMEOUT_UserCallback();
  }
  /* Update CR2 : set Slave Address , set write request, generate Start and set end
  mode */
  I2C_TransferHandling(sEE_I2C,sEEAddress,(uint8_t)(*NumByteToWrite),I2C_AutoEnd_
  Mode,I2C_No_StartStop);
  while (DataNum != (*NumByteToWrite))
  {
    /* Wait until TXIS flag is set */
    sEETimeout = sEE_LONG_TIMEOUT;
    while(I2C_GetFlagStatus(sEE_I2C,I2C_ISR_TXIS) == RESET)
    {
      if((sEETimeout--) == 0) return sEE_TIMEOUT_UserCallback();
    }
    /* Write data to TXDR */
    I2C_SendData(sEE_I2C,(uint8_t)(pBuffer[DataNum]));
    /* Update number of transmitted data */
    DataNum++;
  }
  /* Wait until STOPF flag is set */
  sEETimeout = sEE_LONG_TIMEOUT;
  while(I2C_GetFlagStatus(sEE_I2C,I2C_ISR_STOPF) == RESET)
  {
    if((sEETimeout--) == 0) return sEE_TIMEOUT_UserCallback();
  }
  /* Clear STOPF flag */
  I2C_ClearFlag(sEE_I2C,I2C_ICR_STOPCF);
  /* If all operations OK,return sEE_OK (0) */
  return sEE_OK;
}
/**************************************************************
  * @brief  Writes buffer of data to the I2C EEPROM
  * @param  pBuffer: pointer to the buffer  containing the data to be written
  *         to the EEPROM
  * @param  WriteAddr: EEPROM's internal address to write to
  * @param  NumByteToWrite: number of bytes to write to the EEPROM
  * @retval None
**************************************************************/
void sEE_WriteBuffer(uint8_t* pBuffer,uint16_t WriteAddr,uint16_t NumByteToWrite)
{
  uint16_t NumOfPage = 0,NumOfSingle = 0,count = 0;
```

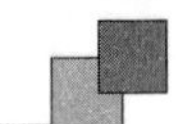

```
uint16_t Addr = 0;
Addr = WriteAddr % sEE_PAGESIZE;
count = sEE_PAGESIZE - Addr;
NumOfPage = NumByteToWrite / sEE_PAGESIZE;
NumOfSingle = NumByteToWrite % sEE_PAGESIZE;
/ * ! < If WriteAddr is sEE_PAGESIZE aligned * /
if(Addr == 0)
{
  / * ! < If NumByteToWrite < sEE_PAGESIZE * /
  if(NumOfPage == 0)
  {
    / * Store the number of data to be written * /
    sEEDataNum = NumOfSingle;
    / * Start writing data * /
    sEE_WritePage(pBuffer,WriteAddr,(uint8_t * )(&sEEDataNum));
    sEE_WaitEepromStandbyState();
  }
  / * ! < If NumByteToWrite > sEE_PAGESIZE * /
  else
  {
    while(NumOfPage -- )
    {
      / * Store the number of data to be written * /
      sEEDataNum = sEE_PAGESIZE;
      sEE_WritePage(pBuffer,WriteAddr,(uint8_t * )(&sEEDataNum));
      sEE_WaitEepromStandbyState();
      WriteAddr + = sEE_PAGESIZE;
      pBuffer + = sEE_PAGESIZE;
    }
    if(NumOfSingle!= 0)
    {
      / * Store the number of data to be written * /
      sEEDataNum = NumOfSingle;
      sEE_WritePage(pBuffer,WriteAddr,(uint8_t * )(&sEEDataNum));
      sEE_WaitEepromStandbyState();
    }
  }
}
/ * ! < If WriteAddr is not sEE_PAGESIZE aligned    * /
else
{
  / * ! < If NumByteToWrite < sEE_PAGESIZE * /
```

```
if(NumOfPage == 0)
{
  /*! < If the number of data to be written is more than the remaining space
  in the current page */
  if (NumByteToWrite > count)
  {
    /* Store the number of data to be written */
    sEEDataNum = count;
    /*! < Write the data conained in same page */
    sEE_WritePage(pBuffer,WriteAddr,(uint8_t *)(&sEEDataNum));
    sEE_WaitEepromStandbyState();
    /* Store the number of data to be written */
    sEEDataNum = (NumByteToWrite - count);
    /*! < Write the remaining data in the following page */
    sEE_WritePage((uint8_t *)(pBuffer + count),(WriteAddr + count),(uint8_t
    *)(&sEEDataNum));
    sEE_WaitEepromStandbyState();
  }
  else
  {
    /* Store the number of data to be written */
    sEEDataNum = NumOfSingle;
    sEE_WritePage(pBuffer,WriteAddr,(uint8_t *)(&sEEDataNum));
    sEE_WaitEepromStandbyState();
  }
}
/*! < If NumByteToWrite > sEE_PAGESIZE */
else
{
  NumByteToWrite -= count;
  NumOfPage =   NumByteToWrite / sEE_PAGESIZE;
  NumOfSingle = NumByteToWrite % sEE_PAGESIZE;
  if(count != 0)
  {
    /* Store the number of data to be written */
    sEEDataNum = count;
    sEE_WritePage(pBuffer,WriteAddr,(uint8_t *)(&sEEDataNum));
    sEE_WaitEepromStandbyState();
    WriteAddr += count;
    pBuffer += count;
  }
  while(NumOfPage--)
```

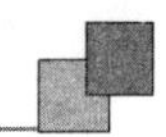

```
        {
          /* Store the number of data to be written */
          sEEDataNum = sEE_PAGESIZE;
          sEE_WritePage(pBuffer,WriteAddr,(uint8_t *)(&sEEDataNum));
          sEETimeout = sEE_LONG_TIMEOUT;
          sEE_WaitEepromStandbyState();
          WriteAddr +=   sEE_PAGESIZE;
          pBuffer += sEE_PAGESIZE;
        }
        if(NumOfSingle != 0)
        {
          /* Store the number of data to be written */
          sEEDataNum = NumOfSingle;
          sEE_WritePage(pBuffer,WriteAddr,(uint8_t *)(&sEEDataNum));
          sEE_WaitEepromStandbyState();
        }
      }
    }
}
/*************************************************************
  * @brief   Wait for EEPROM Standby state
  * @note    This function allows to wait and check that EEPROM has finished the
  *          last operation. It is mostly used after Write operation: after receiving
  *          the buffer to be written,the EEPROM may need additional time to actually
  *          perform the write operation. During this time,it doesn't answer to
  *          I2C packets addressed to it. Once the write operation is complete
  *          the EEPROM responds to its address
  * @param   None
  * @retval  sEE_OK (0) if operation is correctly performed,else return value
  *          different from sEE_OK (0) or the timeout user callback
*************************************************************/
uint32_t sEE_WaitEepromStandbyState(void)
{
  __IO uint32_t sEETrials = 0;
  /* Keep looping till the slave acknowledge his address or maximum number
  of trials is reached (this number is defined by sEE_MAX_TRIALS_NUMBER define
  in stm32373c_eval_i2c_ee.h file) */
  /* Configure CR2 register : set Slave Address and end mode */
  I2C_TransferHandling(sEE_I2C,sEEAddress,0,I2C_AutoEnd_Mode,I2C_No_StartStop);
  do
  {
    /* Initialize sEETimeout */
```

```
    sEETimeout = sEE_FLAG_TIMEOUT;
    /* Clear NACKF */
    I2C_ClearFlag(sEE_I2C,I2C_ICR_NACKCF | I2C_ICR_STOPCF);
    /* Generate start */
    I2C_GenerateSTART(sEE_I2C,ENABLE);
    /* Wait until timeout elapsed */
    while (sEETimeout-- != 0);
    /* Check if the maximum allowed numbe of trials has bee reached */
    if (sEETrials++ == sEE_MAX_TRIALS_NUMBER)
    {
      /* If the maximum number of trials has been reached,exit the function */
      return sEE_TIMEOUT_UserCallback();
    }
  }
  while(I2C_GetFlagStatus(sEE_I2C,I2C_ISR_NACKF) ! = RESET);

  /* Clear STOPF */
  I2C_ClearFlag(sEE_I2C,I2C_ICR_STOPCF);

  /* Return sEE_OK if device is ready */
  return sEE_OK;
}
#ifdef USE_DEFAULT_TIMEOUT_CALLBACK
/**********************************************************************
  * @brief    Basic management of the timeout situation
  * @param    None
  * @retval   None
**********************************************************************/
uint32_t sEE_TIMEOUT_UserCallback(void)
{
  /* Block communication and all processes */
  while (1)
  {
  }
}
#endif /* USE_DEFAULT_TIMEOUT_CALLBACK */
```

在 File 菜单下新建如下的源文件 IIC.h，编写完成后保存在 Drive 文件夹下。

```
/** (C) COPYRIGHT 2007 STMicroelectronics ********
 * File Name          : i2c_ee.h
 * Author             : MCD Application Team
 * Version            : V1.0
```

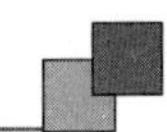

```
* Date                    : 10/08/2007
* Description             : Header for i2c_ee.c module
*****************************************************
* The present software which is for guidance only aims at providing customers
* with coding information regarding their products in order for them to save time
* as a result,stmicroelectronics shall not be held liable for any direct
* indirect or consequential damages with respect to any claims arising from the
* content of such software and/or the use made by customers of the coding
* information contained herein in connection with their products
*****************************************************/
/* Define to prevent recursive inclusion ------------------*/
#ifndef __I2C_EEPROM_H
#define __I2C_EEPROM_H
/* Includes ---------------------------*/
#include "stm32f0xx.h"
/* Select which EEPROM will be used with this driver */
#define sEE_M24C08
/* Uncomment the following line to use the default sEE_TIMEOUT_UserCallback()
   function implemented in stm320518_evel_i2c_ee.c file
   sEE_TIMEOUT_UserCallback() function is called whenever a timeout condition
   occure during communication (waiting on an event that doesn't occur,bus
   errors,busy devices …) */
/* #define USE_DEFAULT_TIMEOUT_CALLBACK */
#if ! defined (sEE_M24C08) && ! defined (sEE_M24C64_32) && ! defined (sEE_M24LR64)
/* Use the defines below the choose the EEPROM type */
/* #define sEE_M24C08 */   /* Support the device: M24C08 */
/* note: Could support: M24C01,M24C02,M24C04 and M24C16 if the blocks and
   HW address are correctly defined */
/* #define sEE_M24C64_32 */   /* Support the devices: M24C32 and M24C64 */
#define sEE_M24LR64    /* Support the devices: M24LR64 */
#endif
#ifdef sEE_M24C64_32
/* For M24C32 and M24C64 devices,E0,E1 and E2 pins are all used for device
  address selection (ne need for additional address lines). According to the
  Harware connection on the board */
#define sEE_HW_ADDRESS           0xA0    /* E0 = E1 = E2 = 0 */
#elif defined (sEE_M24C08)
/* The M24C08W contains 4 blocks (128byte each) with the adresses below: E2 = 0
   EEPROM Addresses defines */
#define sEE_HW_ADDRESS           0xA0    /* E2 = 0 */
/* #define sEE_HW_ADDRESS        0xA2 */ /* E2 = 0 */
/* #define sEE_HW_ADDRESS        0xA4 */ /* E2 = 0 */
```

```
/* #define sEE_HW_ADDRESS        0xA6 */ /* E2 = 0 */
#elif defined (sEE_M24LR64)
#define sEE_HW_ADDRESS         0xA0
#endif /* sEE_M24C64_32 */
#define sEE_I2C_TIMING          0x00210507
#if defined (sEE_M24C08)
#define sEE_PAGESIZE           16
#elif defined (sEE_M24C64_32)
#define sEE_PAGESIZE           32
#elif defined (sEE_M24LR64)
#define sEE_PAGESIZE           4
#endif
/* Maximum Timeout values for flags and events waiting loops. These timeouts are
   not based on accurate values,they just guarantee that the application will
   not remain stuck if the I2C communication is corrupted
   You may modify these timeout values depending on CPU frequency and application
   conditions (interrupts routines ...) */
#define sEE_FLAG_TIMEOUT          ((uint32_t)0x1000)
#define sEE_LONG_TIMEOUT          ((uint32_t)(10 * sEE_FLAG_TIMEOUT))
/* Maximum number of trials for sEE_WaitEepromStandbyState() function */
#define sEE_MAX_TRIALS_NUMBER     300
#define sEE_OK                     0
#define sEE_FAIL                   1
#define sEE_I2C                            I2C1
void     I2C_EE_Init(void);
uint32_t sEE_ReadBuffer(uint8_t * pBuffer,uint16_t ReadAddr,uint16_t * NumByteTo-
Read);
uint32_t sEE_WritePage(uint8_t * pBuffer,uint16_t WriteAddr,uint8_t * NumByteToW-
rite);
void     sEE_WriteBuffer(uint8_t * pBuffer,uint16_t WriteAddr,uint16_t NumByteToW-
rite);
uint32_t sEE_WaitEepromStandbyState(void);
/* USER Callbacks: These are functions for which prototypes only are declared in
   EEPROM driver and that should be implemented into user applicaiton */
/* sEE_TIMEOUT_UserCallback() function is called whenever a timeout condition
   occure during communication (waiting on an event that doesn't occur,bus
   errors,busy devices ...)
   You can use the default timeout callback implementation by uncommenting the
   define USE_DEFAULT_TIMEOUT_CALLBACK in stm320518_evel_i2c_ee.h file
   Typically the user implementation of this callback should reset I2C peripheral
   and re-initialize communication or in worst case reset all the application */
uint32_t sEE_TIMEOUT_UserCallback(void);
```

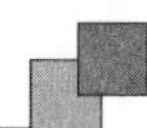

```
#ifdef __cplusplus
}
#endif
#endif /* __I2C_EEPROM_H */
/******* (C) COPYRIGHT STMicroelectronics *****END OF FILE****/
```

4. 实验效果

编译通过后可以使用 J-link 仿真器调试程序，最后将程序下载到 STM32F072 芯片中。从 TFT-LCD 上可看到，“TestIIC”这 7 个字符先被写入 AT24C02，然后再读出，实现了利用 I²C 通信对 AT24C02 的读/写操作。实验照片如图 17-5 所示。

图 17-5　STM32F072 的 I²C 通信读/写 AT24C02 实验照片

第 18 章

比较器的特性及应用

STM32F072 内嵌两个通用比较器 COMP1 和 COMP2，可独立使用（适用所有终端上的 I/O 口），也可与定时器结合使用。它们可用于多种功能，包括：

- 由模拟信号触发的从低功耗模式唤醒；
- 模拟信号调理；
- 与 DAC 和定时器输出的 PWM 相结合，组成逐周期的电流控制回路。

图 18-1 所示为比较器组成框图。COMP 时钟控制器提供的时钟与 PCLK 同步（APB 时钟）。

18.1 比较器的主要特性

比较器的主要特性如下：

- 轨对轨比较器。
- 每个比较器都有可选门限：
  - 3 个 I/O 引脚；
  - DAC；
  - 内部电压和 3 个等分电压值（1/4、1/2、3/4）。
- 可编程迟滞。
- 可编程的速率和损耗。
- 输出端可以重定向到一个 I/O 端口或多个定时器输入端，可以触发以下事件：
  - 捕获事件；
  - OCREF_CLR 事件（逐周期电流控制）；
  - 为实现快速 PWM 关断的中断事件。
- 两个比较器可以组合在一个窗口比较器中使用。

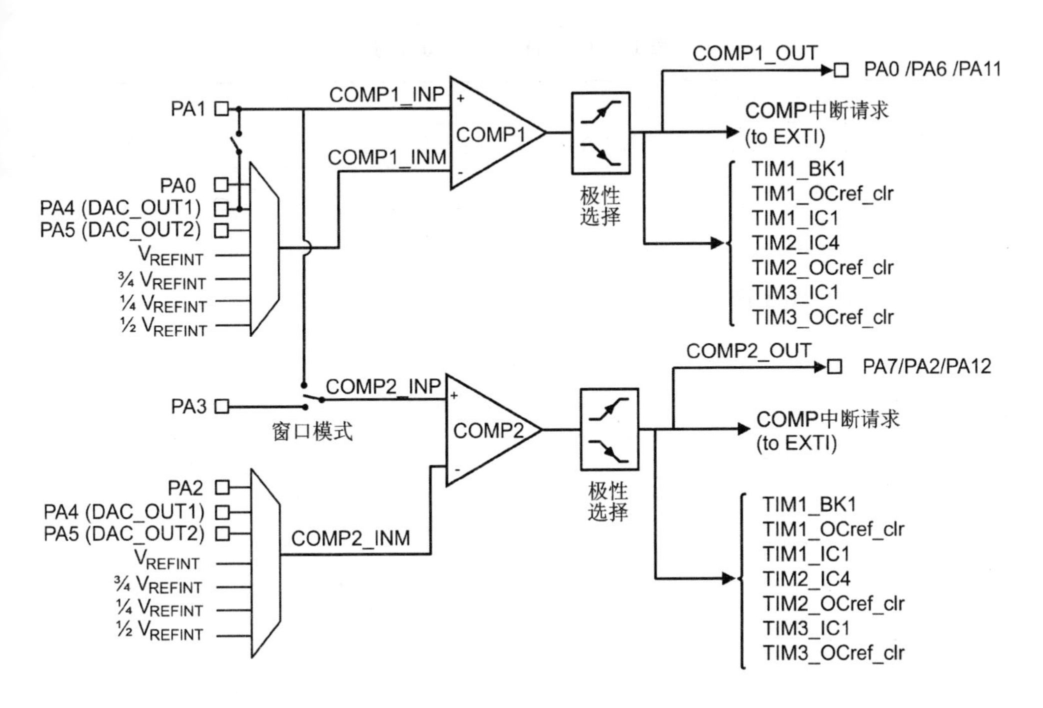

图 18-1　比较器组成框图

- 每个比较器都可以产生中断，并支持从睡眠和停止模式唤醒(通过 EXTI 控制器)。

18.2　比较中断

比较器的输出从芯片内部连接到扩展中断和事件控制器。每个比较器都有自己的 EXTI 线，可以产生中断或事件。相同的机制是用来退出低功耗模式的。

18.3　COMP 库函数

COMP 库函数存放于库文件 stm32f0xx_comp.c 中。限于篇幅，这里主要介绍本章使用的部分 COMP 库函数，对于未使用到的库函数，读者可以参考 ST 公司的 UM0427 用户手册——《32 位基于 ARM 微控制器 STM32F101xx 与 STM32F103xx 固件函数库介绍》。

1. COMP_DeInit 函数

表 18-1 所列为 COMP_DeInit 函数的介绍。

表 18－1　COMP_DeInit 函数

函数原型	void COMP_DeInit(void)
功能描述	重新初始化 COMP 外设寄存器为默认的复位值
输入参数	无
返回值	无

2. COMP_Init 函数

表 18－2 所列为 COMP_Init 函数的介绍。

表 18－2　COMP_Init 函数

函数原型	void COMP_Init(uint32_t COMP_Selection,COMP_InitTypeDef * COMP_InitStruct)
功能描述	在 COMP_InitStruct 结构体中按指定的参数初始化 COMP 外设
输入参数	COMP_Selection：选定的比较器
	COMP_InitStruct：指向一个 COMP_InitTypeDef 结构体的指针,包含指定 COMP 外设的配置信息
返回值	无

3. COMP_StructInit 函数

表 18－3 所列为 COMP_StructInit 函数的介绍。

表 18－3　COMP_StructInit 函数

函数原型	void COMP_StructInit(COMP_InitTypeDef * COMP_InitStruct)
功能描述	填充每一个 COMP_InitStruct 成员为默认值
输入参数	COMP_InitStruct：指针指向一个将被初始化的 COMP_InitTypeDef 结构体
返回值	无

4. COMP_WindowCmd 函数

表 18－4 所列为 COMP_WindowCmd 函数的介绍。

表 18－4　COMP_WindowCmd 函数

函数原型	void COMP_WindowCmd(FunctionalState NewState)
功能描述	使能或禁用窗口模式
输入参数	NewState：窗口模式的新状态
返回值	无

5. COMP_Cmd 函数

表 18－5 所列为 COMP_Cmd 函数的介绍。

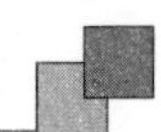

表 18-5 COMP_Cmd 函数

函数原型	void COMP_Cmd(uint32_t COMP_Selection,FunctionalState NewState)
功能描述	使能或禁用 COMP 外设
输入参数	COMP_Selection：选定的比较器
	NewState：COMP 外设的新状态
返回值	无

6. COMP_GetOutputLevel 函数

表 18-6 所列为 COMP_GetOutputLevel 函数的介绍。

表 18-6 COMP_GetOutputLevel 函数

函数原型	uint32_t COMP_GetOutputLevel(uint32_t COMP_Selection)
功能描述	返回选定比较器的输出电平(高或低)
输入参数	COMP_Selection：选定的比较器
返回值	返回选定比较器的输出电平：低或高

18.4 STM32F072 的模拟比较器实验

1. 实验要求

上限设定为 $V_{REFINT}=1.22$ V，下限设定为 $V_{REFINT}/4=0.305$ V。旋动电位器可以改变输入电压。如果输入电压高于上限，则 LED1 打开，LED2 关闭；如果输入电压低于下限，则 LED2 打开，LED1 关闭；如果输入电压在上下限之间，则 LED1 和 LED2 均关闭。

2. 实验电路原理

参考 Mini STM32 DEMO 开发板电路原理图：

- PA1——模拟比较器输入；
- PA2——LED1；
- PA3——LED2。

3. 源程序文件及分析

新建一个文件目录 ANCOMP_LED，在 RealView MDK 集成开发环境中创建一个工程项目 ANCOMP_LED. uvprojx 于此目录中。

在 File 菜单下新建如下的源文件 main. c，编写源程序代码后保存在 User 文件夹下，再把 main. c 文件添加到 User 组中。

```
#include "stm32f0xx.h"
#include "W25Q16.h"
#include "ILI9325.h"
#include "LED.h"
#include "COMP.h"
#define STATE_OVER_THRESHOLD 1
#define STATE_WITHIN_THRESHOLD 2
#define STATE_UNDER_THRESHOLD 3
__IO uint32_t State = 0;
/************************************
* FunctionName    : main
* Description     : 主函数
* EntryParameter  : None
* ReturnValue     : None
************************************/
int main(void)
{
    SystemInit();
    LED_Init();
    SPI_FLASH_Init();
    LCD_init();                               //液晶显示器初始化
    LCD_Clear(ORANGE);                        //全屏显示橙色
    POINT_COLOR = BLACK;                      //定义笔的颜色为黑色
    BACK_COLOR = WHITE   ;                    //定义笔的背景色为白色
    /* PWR 时钟使能 */
    RCC_APB1PeriphClockCmd(RCC_APB1Periph_PWR,ENABLE);
    /* configure COMP1 and COMP2 with interrupts enabled */
    COMP_Config();                            //比较器配置
    CheckState();                             //检测输入电压状态：上限,中间,下限
    LCD_ShowString(2,2,"COMP 实验");
    while(1)
    {
        if (State == STATE_OVER_THRESHOLD)    //大于上限
        {
            RestoreConfiguration();           //重新配置外设
            LED_Init();
            LED1_ON();
            LED2_OFF();
            SPI_FLASH_Init();
            LCD_init();                       //液晶显示器初始化
            LCD_Clear(ORANGE);                //全屏显示白色
            POINT_COLOR = BLACK;              //定义笔的颜色为黑色
```

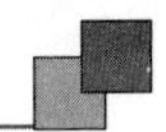

```
        BACK_COLOR = WHITE;                    //定义笔的背景色为白色
        LCD_ShowString(2,2,"COMP 实验");
        LCD_ShowString(20,40,"大于上限");
        while(State == STATE_OVER_THRESHOLD)
        {
            /* add your code here */
        }
    }
    else if (State == STATE_WITHIN_THRESHOLD)      //处于中间
    {
        LCD_ShowString(2,2,"COMP 实验");
        LCD_ShowString(20,40,"处于中间");
        STOPEntry();                           //进入停止模式
    }
    else
    {
        RestoreConfiguration();                //重新配置外设
        LED_Init();
        LED2_ON();
        LED1_OFF();
        SPI_FLASH_Init();
        LCD_init();                            //液晶显示器初始化
        LCD_Clear(ORANGE);                     //全屏显示橙色
        POINT_COLOR = BLACK;                   //定义笔的颜色为黑色
        BACK_COLOR = WHITE   ;                 //定义笔的背景色为白色
        LCD_ShowString(2,2,"COMP 实验");
        LCD_ShowString(20,40,"低于下限");
        while(State == STATE_UNDER_THRESHOLD)
        {
            /* add your code here */
        }
    }
  }
}
```

在 File 菜单下新建如下的源文件 COMP.c，编写完成后保存在 Drive 文件夹下，随后将 Drive 文件夹中的应用文件 COMP.c 添加到 Drive 组中。

```
#include "stm32f0xx.h"
#include "comp.h"
extern __IO uint32_t State;
#define STATE_OVER_THRESHOLD 1
```

```
#define STATE_WITHIN_THRESHOLD 2
#define STATE_UNDER_THRESHOLD 3
/************************************
* FunctionName     : COMP_Config
* Description      : 比较器初始化配置
* EntryParameter : None
* ReturnValue      : None
************************************/
void COMP_Config(void)
{
  COMP_InitTypeDef        COMP_InitStructure;
  EXTI_InitTypeDef        EXTI_InitStructure;
  NVIC_InitTypeDef        NVIC_InitStructure;
  GPIO_InitTypeDef        GPIO_InitStructure;
  /* GPIOA Peripheral clock enable */
  RCC_AHBPeriphClockCmd(RCC_AHBPeriph_GPIOA,ENABLE);
  //COMP1 = PA1,COMP2 = PA3
  /* Configure PA1: PA1 is used as COMP1 and COMP2 non inveting input */
  GPIO_InitStructure.GPIO_Pin = GPIO_Pin_1;
  GPIO_InitStructure.GPIO_Mode = GPIO_Mode_AN;
  GPIO_InitStructure.GPIO_PuPd = GPIO_PuPd_NOPULL;
  GPIO_Init(GPIOA,&GPIO_InitStructure);
  /* COMP Peripheral clock enable */
  RCC_APB2PeriphClockCmd(RCC_APB2Periph_SYSCFG,ENABLE);
  /* COMP1 Init: the higher threshold is set to VREFINT ~ 1.22 V
     but can be changed to other available possibilities */
  COMP_StructInit(&COMP_InitStructure);
  COMP_InitStructure.COMP_InvertingInput = COMP_InvertingInput_VREFINT;
  COMP_InitStructure.COMP_Output = COMP_Output_None;
  COMP_InitStructure.COMP_Mode = COMP_Mode_LowPower;
  COMP_InitStructure.COMP_Hysteresis = COMP_Hysteresis_High;
  COMP_Init(COMP_Selection_COMP1,&COMP_InitStructure);
  /* COMP2 Init: the lower threshold is set to VREFINT/4 ~ 1.22 / 4 ~ 0.305 V
     but can be changed to other available possibilities */
  COMP_StructInit(&COMP_InitStructure);
  COMP_InitStructure.COMP_InvertingInput = COMP_InvertingInput_1_4VREFINT;
  COMP_InitStructure.COMP_Output = COMP_Output_None;
  COMP_InitStructure.COMP_Mode = COMP_Mode_LowPower;
  COMP_InitStructure.COMP_Hysteresis = COMP_Hysteresis_High;
```

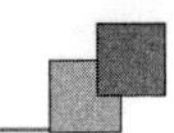

```
    COMP_Init(COMP_Selection_COMP2,&COMP_InitStructure);
    /* Enable Window mode */
    COMP_WindowCmd(ENABLE);
    /* Enable COMP1: the higher threshold is set to VREFINT ~ 1.22 V */
    COMP_Cmd(COMP_Selection_COMP1,ENABLE);
    /* Enable COMP2: the lower threshold is set to VREFINT/4 ~ 0.305 V */
    COMP_Cmd(COMP_Selection_COMP2,ENABLE);
    /* Configure EXTI Line 21 in interrupt mode */
    EXTI_InitStructure.EXTI_Line = EXTI_Line21;
    EXTI_InitStructure.EXTI_Mode = EXTI_Mode_Interrupt;
    EXTI_InitStructure.EXTI_Trigger = EXTI_Trigger_Rising_Falling;
    EXTI_InitStructure.EXTI_LineCmd = ENABLE;
    EXTI_Init(&EXTI_InitStructure);
    /* Configure EXTI Line 22 in interrupt mode */
    EXTI_InitStructure.EXTI_Line = EXTI_Line22;
    EXTI_InitStructure.EXTI_Mode = EXTI_Mode_Interrupt;
    EXTI_InitStructure.EXTI_Trigger = EXTI_Trigger_Rising_Falling;
    EXTI_InitStructure.EXTI_LineCmd = ENABLE;
    EXTI_Init(&EXTI_InitStructure);
    /* Clear EXTI21 line */
    EXTI_ClearITPendingBit(EXTI_Line21);
    /* Clear EXTI22 line */
    EXTI_ClearITPendingBit(EXTI_Line22);
    /* Configure COMP IRQ */
    NVIC_InitStructure.NVIC_IRQChannel = ADC1_COMP_IRQn;
    NVIC_InitStructure.NVIC_IRQChannelCmd = ENABLE;
    NVIC_Init(&NVIC_InitStructure);
}
/****************************************
 * FunctionName     : STOPEntry
 * Description      : 进入低功耗
 * EntryParameter   : None
 * ReturnValue      : None
****************************************/
void STOPEntry(void)
{
    GPIO_InitTypeDef          GPIO_InitStructure;
    /* Enable GPIOs clock */
    RCC_AHBPeriphClockCmd(RCC_AHBPeriph_GPIOA | RCC_AHBPeriph_GPIOB | RCC_AHBPeriph_
```

```
    GPIOC | RCC_AHBPeriph_GPIOD | RCC_AHBPeriph_GPIOF,ENABLE);
  /* Configure all GPIO port pins in Analog mode */
  GPIO_InitStructure.GPIO_Pin = GPIO_Pin_All;
  GPIO_InitStructure.GPIO_Mode = GPIO_Mode_AN;
  GPIO_InitStructure.GPIO_PuPd = GPIO_PuPd_NOPULL;
  GPIO_Init(GPIOA,&GPIO_InitStructure);
  GPIO_Init(GPIOB,&GPIO_InitStructure);
  GPIO_Init(GPIOC,&GPIO_InitStructure);
  GPIO_Init(GPIOD,&GPIO_InitStructure);
  GPIO_Init(GPIOF,&GPIO_InitStructure);
  /* Request to enter STOP mode with regulator in low power */
  PWR_EnterSTOPMode(PWR_Regulator_LowPower,PWR_STOPEntry_WFI);
}
/*************************************
 * FunctionName    : CheckState
 * Description     : 检查状态
 * EntryParameter  : None
 * ReturnValue     : None
*************************************/
void CheckState(void)                            //检查输入电压后,产生 3 种状态
{
  /* Check if COMP2 output level is high */
  if ((COMP_GetOutputLevel(COMP_Selection_COMP1) == COMP_OutputLevel_High)
   && (COMP_GetOutputLevel(COMP_Selection_COMP2) == COMP_OutputLevel_High))
  {
    /* A rising edge is detected so the input voltage is higher than VREFINT */
    State = STATE_OVER_THRESHOLD;                //超过上限
  }
  else if ((COMP_GetOutputLevel(COMP_Selection_COMP1) == COMP_OutputLevel_Low)
       && (COMP_GetOutputLevel(COMP_Selection_COMP2) == COMP_OutputLevel_High))
  {
    /* A falling edge is detected so the input voltage is lower than VREFINT */
    State = STATE_WITHIN_THRESHOLD;              //在中间
  }
  else if ((COMP_GetOutputLevel(COMP_Selection_COMP1) == COMP_OutputLevel_Low)
       && (COMP_GetOutputLevel(COMP_Selection_COMP2) == COMP_OutputLevel_Low))
  {
    State = STATE_UNDER_THRESHOLD;               //低于下限
  }
```

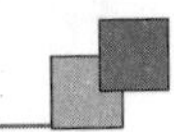

```
}
/****************************************
* FunctionName    : RestoreConfiguration
* Description     : 重新配置外设
* EntryParameter  : None
* ReturnValue     : None
****************************************/
void RestoreConfiguration(void)              //重新配置外设
{
  __IO uint32_t StartUpCounter = 0,HSEStatus = 0;
  /* ------------ SYSCLK,HCLK,PCLK configuration ------------- */
  /* Enable HSE */
  RCC_HSEConfig(RCC_HSE_ON);
  /* Wait till HSE is ready and if Time out is reached exit */
  HSEStatus = RCC_WaitForHSEStartUp();
  if (HSEStatus == (uint32_t)0x01)
  {
    /* Enable Prefetch Buffer */
    FLASH_SetLatency(FLASH_Latency_1);
    /* HCLK = SYSCLK */
   RCC_HCLKConfig(RCC_SYSCLK_Div1);
    /* PCLK = HCLK */
   RCC_PCLKConfig(RCC_HCLK_Div1);
    /*  PLL configuration: = HSE × 6 = 48 (MHz) */
    RCC_PREDIV1Config(RCC_PREDIV1_Div1);
    RCC_PLLConfig(RCC_PLLSource_PREDIV1,RCC_PLLMul_6);
    /* Enable PLL */
    RCC_PLLCmd(ENABLE);
    /* PLL as system clock source */
    RCC_SYSCLKConfig(RCC_SYSCLKSource_PLLCLK);
  }
}
```

在File菜单下新建如下的源文件COMP.h，编写完成后保存在Drive文件夹下。

```
#ifndef __COMP_H
#define __COMP_H
#include "stm32f0xx.h"
void COMP_Config(void);
void STOPEntry(void);
void CheckState(void);
```

```
void RestoreConfiguration(void);
#endif /* __COMP_H */
```

4. 实验效果

编译通过后，可以使用 J-link 仿真器调试程序，最后将程序下载到 STM32F072 芯片中。旋动电位器调整输入电压，当输入电压高于上限时，Mini STM32 DEMO 开发板上的 LED1 打开，LED2 关闭；当输入电压低于下限时，LED2 打开，LED1 关闭；当输入电压在范围中间时，单片机处于停止模式，LED1 和 LED2 均关闭。实验照片如图 18-2 所示。

图 18-2 STM32F072 的模拟比较器实验照片

第 19 章

bxCAN 的特性及应用

bxCAN 是 Basic Extended CAN(基本扩展 CAN)的缩写,它支持 CAN 协议 2.0A和 2.0B,其设计目标是:以最小的 CPU 负荷来高效处理大量收到的报文。另外,它也支持报文发送的优先级要求(优先级特性可软件配置)。对于安全性的应用,bxCAN 提供所有支持时间触发通信模式所需的硬件功能。

19.1 bxCAN 的主要特性

bxCAN 的主要特性如下:

- 支持 CAN 协议 2.0A 和 2.0B 主动模式。
- 比特率最高可达 1 Mbps。
- 支持时间触发通信功能。
- 发送:
  - 3 个发送邮箱;
  - 发送报文的优先级特性可软件配置;
  - 记录发送 SOF 时刻的时间戳。
- 接收:
  - 3 级深度的两个接收 FIFO;
  - 14 个位宽可变的过滤器组;
  - 标识符列表;
  - FIFO 溢出处理方式可配置;
  - 记录接收 SOF 时刻的时间戳。
- 时间触发通信模式:
  - 禁用自动重传模式;
  - 16 位自由运行定时器;

– 可在最后两个数据字节发送时间戳。

- 管理：

– 中断可屏蔽；

– 邮箱占用单独 1 块地址空间，便于提高软件效率。

19.2 bxCAN 工作模式及网络拓扑

在当今的 CAN 应用中，CAN 网络的节点在不断增加，并且多个 CAN 常常通过网关连接起来，整个 CAN 网中的报文数量（每个节点都需要处理）在急剧增加。除了应用层报文外，CAN 网络拓扑如图 19－1 所示。

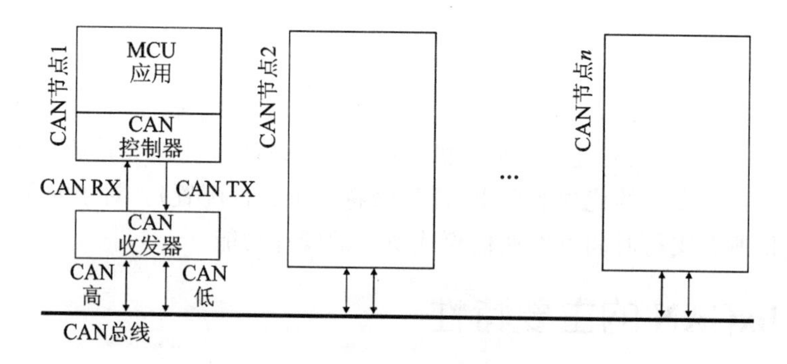

图 19－1　CAN 网络拓扑

bxCAN 有 3 个主要的工作模式，即初始化、正常和睡眠模式。在硬件复位后，bxCAN 工作在睡眠模式，以节省电能，同时，CANTX 引脚的内部上拉电阻被激活。软件通过将 CAN_MCR 寄存器的 INRQ 或 SLEEP 位置 1 来请求 bxCAN 进入初始化或睡眠模式。一旦进入初始化或睡眠模式，bxCAN 就对 CAN_MSR 寄存器的 INAK 或 SLAK 位置 1 以进行确认，同时内部上拉电阻被禁用。当 INAK 和 SLAK 位都为 0 时，bxCAN 就处于正常模式。在进入正常模式前，bxCAN 必须跟 CAN 总线取得同步；为了取得同步，bxCAN 要等待 CAN 总线达到空闲状态，即在 CANRX 引脚上监测到 11 个连续的隐性位。图 19－2 所示为 bxCAN 工作模式。

1. 初始化模式

软件初始化应该在硬件处于初始化模式时进行。设置 CAN_MCR 寄存器的 INRQ 位为 1，请求 bxCAN 进入初始化模式，然后等待硬件对 CAN_MSR 寄存器的 INAK 位置 1 以进行确认。

设置 CAN_MCR 寄存器的 INRQ 位为 0，请求 bxCAN 退出初始化模式，当硬件对 CAN_MSR 寄存器的 INAK 位清 0 时，就确认了初始化模式的退出。

当 bxCAN 处于初始化模式时，禁用报文的接收和发送，并且 CANTX 引脚输出隐性位（高电平）。进入初始化模式时不会改变配置寄存器。软件对 bxCAN 的初始

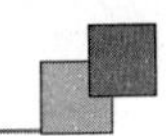

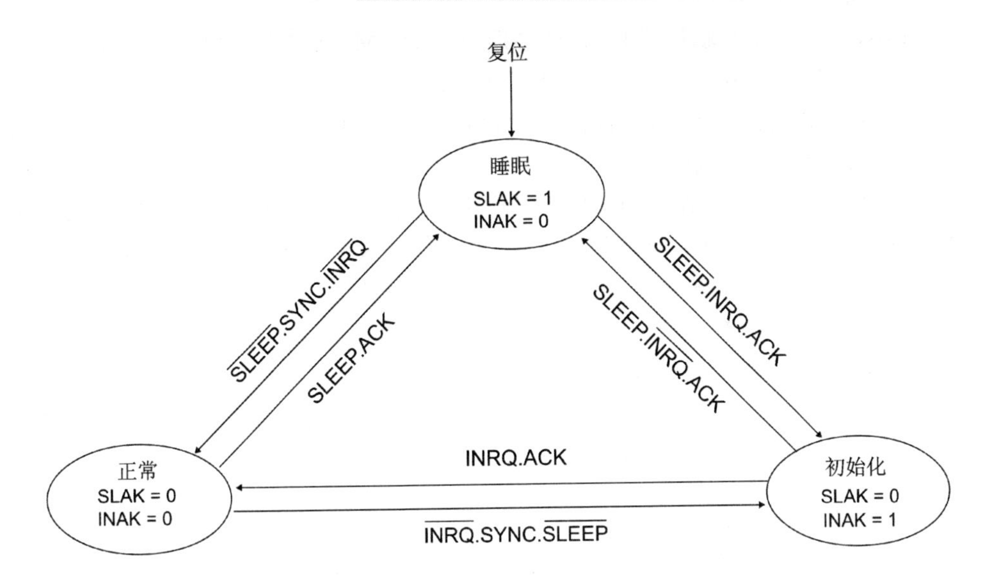

图 19-2 bxCAN 工作模式

化至少包括位时间特性寄存器(CAN_BTR)和控制寄存器(CAN_MCR)。

在对 bxCAN 的过滤器组(模式、位宽、FIFO 关联、激活和过滤器值)进行初始化前，软件要对 CAN_FMR 寄存器的 FINIT 位置 1。对过滤器组的初始化可以在非初始化模式下进行。

注意： 当 FINIT＝1 时，报文的接收被禁用，可以先对过滤器组激活位清 0(在 CAN_FA1R 中)，然后修改相应过滤器组的值。如果过滤器组没有使用，那么就应该让其处于非激活状态(保持其 FACT 位为 0 状态)。

2. 正常模式

在初始化完成后，软件应使硬件进入正常模式，以便正常接收和发送报文。软件可以通过对 CAN_MCR 寄存器的 INRQ 位清 0 来请求从初始化模式进入正常模式，然后等待硬件对 CAN_MSR 寄存器的 INAK 位置 1 来进行确认。在和 CAN 总线取得同步，即在 CANRX 引脚上监测到 11 个连续的隐性位(等效于总线空闲)后，bxCAN才能正常接收和发送报文。

不需要在初始化模式下进行过滤器组初值的设置，但必须在其处在非激活状态下完成(相应的 FACT 位为 0)；而过滤器组的位宽和模式的设置，则必须在初始化模式中、进入正常模式前完成。

3. 睡眠模式(低功耗)

bxCAN 可以工作在低功耗的睡眠模式。软件通过对 CAN_MCR 寄存器的 SLEEP 位置 1 来请求进入这一模式。在该模式下，bxCAN 的时钟停止，但软件仍然可以访问邮箱寄存器。

当 bxCAN 处于睡眠模式时，软件必须对 CAN_MCR 寄存器的 INRQ 位置 1，并且同时对 SLEEP 位清 0，才能进入初始化模式。

有两种方式可以唤醒(退出睡眠模式)bxCAN，即通过软件对 SLEEP 位清 0，以及硬件检测到 CAN 总线的活动。

如果 CAN_MCR 寄存器的 AWUM 位为 1，则一旦检测到 CAN 总线的活动，硬件就自动对 SLEEP 位清 0 来唤醒 bxCAN；如果 CAN_MCR 寄存器的 AWUM 位为 0，则软件必须在唤醒中断中对 SLEEP 位清 0 才能退出睡眠状态。

在对 SLEEP 位清 0 后，睡眠模式的退出必须与 CAN 总线同步。当硬件对 SLAK 位清 0 时，就确认了睡眠模式的退出。

注意：如果唤醒中断被允许(CAN_IER 寄存器的 WKUIE 位为 1)，那么一旦检测到 CAN 总线活动就会产生唤醒中断，而不管硬件是否会自动唤醒 bxCAN。

4. 测试模式

通过对 CAN_BTR 寄存器的 SILM 和/或 LBKM 位置 1 来选择一种测试模式。

注意：只能在初始化模式下修改 SILM 和 LBKM 位。在选择了一种测试模式后，软件需要对 CAN_MCR 寄存器的 INRQ 位清 0，以真正地进入测试模式。

5. 静默模式

通过对 CAN_BTR 寄存器的 SILM 位置 1 来选择静默模式。在静默模式下，bxCAN 可以正常地接收数据帧和远程帧，但只能发出隐性位，而不能真正发送报文，如图 19－3 所示。如果 bxCAN 需要发出显性位(确认位、过载标志、主动错误标志)，那么这样的显性位被接收到从而可以被 CAN 内核检测，同时 CAN 总线不会受到影响而仍然维持在隐性位状态。因此，静默模式通常用于分析 CAN 总线的活动，而不会对 CAN 总线造成影响，因为显性位(确认位、过载标志、主动错误标志)不会真正地发送到 CAN 总线上。

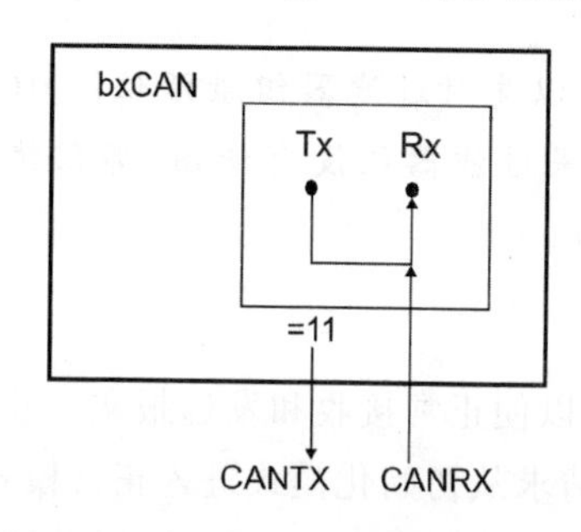

图 19－3　bxCAN 工作在静默模式

6. 环回模式

通过对 CAN_BTR 寄存器的 LBKM 位置 1 来选择环回模式。在环回模式下，bxCAN 把发送的报文当作接收的报文并保存(如果可以通过接收过滤)在接收邮箱中，如图 19－4 所示。

环回模式可用于自测试。为了避免外部的影响，在环回模式下，CAN 内核忽略确认错误(在数据/远程帧的确认位时刻，不检测是否有显性位)。在环回模式下，bxCAN在内部将 Tx 输出回馈到 Rx 输入上，而完全忽略 CANRX 引脚的实际状态。

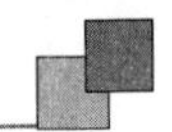

发送的报文可以在CANTX引脚上检测到。

7. 环回静默模式

通过对CAN_BTR寄存器的LBKM和SILM位同时置1来选择环回静默模式。该模式可用于“热自测试”，即可以像环回模式那样测试bxCAN，却不会影响CANTX和CANRX所连接的整个CAN系统，如图19－5所示。在环回静默模式下，CANRX引脚与CAN总线断开，同时CANTX引脚被驱动到隐性位状态。

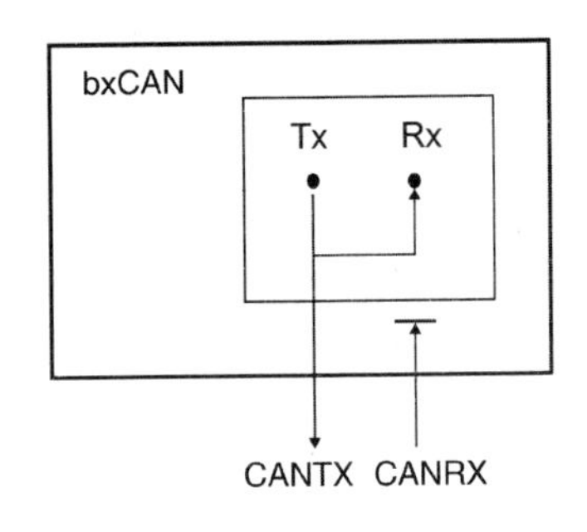

图19－4　bxCAN工作在环回模式

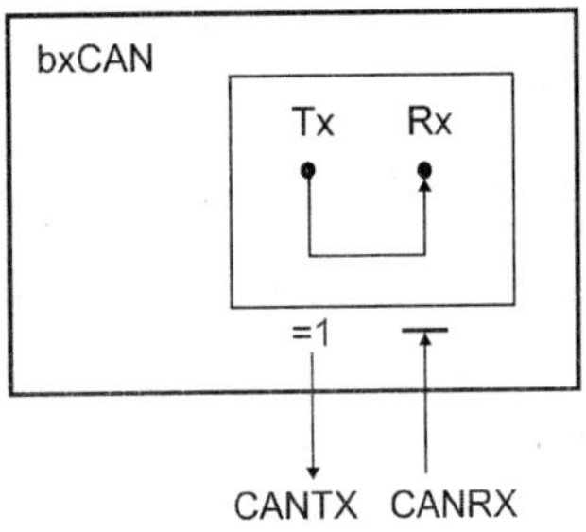

图19－5　bxCAN工作在环回静默模式

19.3　bxCAN功能描述

19.3.1　bxCAN发送处理

发送报文的流程为：应用程序选择一个空发送邮箱；设置标识符、数据长度和待发送数据；然后对CAN_TIxR寄存器的TXRQ位置1，请求发送。TXRQ位置1后，邮箱就不再是空邮箱；而一旦邮箱不再为空，软件对邮箱寄存器就不再有写的权限。TXRQ位置1后，邮箱马上进入挂号状态，并等待成为最高优先级的邮箱。一旦邮箱成为最高优先级的邮箱，其状态就变为预定发送状态。一旦CAN总线进入空闲状态，预定发送邮箱中的报文就马上被发送(进入发送状态)。一旦邮箱中的报文被成功发送，其马上就变为空邮箱：硬件相应地对CAN_TSR寄存器的RQCP和TX-OK位置1来表明一次成功发送。如果发送失败，那么由仲裁引起的就对CAN_TSR寄存器的ALST位置1，由发送错误引起的就对TERR位置1。

1. 发送优先级

发送优先级可以由标识符决定或发送请求次序决定。当有超过一个发送邮箱在挂号时，发送顺序由邮箱中报文的标识符决定。根据CAN协议，标识符数值最低的报文具有最高优先级。如果标识符的值相等，那么邮箱号小的报文先被发送。通过对CAN_MCR寄存器的TXFP位置1，可将发送邮箱配置为发送FIFO。在该模式下，发送的优先级由发送请求次序决定。该模式对分段发送很有用。

2. 中　止

通过对 CAN_TSR 寄存器的 ABRQ 位置 1，可以中止发送请求。如果邮箱处于挂号或预定状态，则发送请求会被立刻中止。如果邮箱处于发送状态，那么中止请求可能导致两种结果：如果邮箱中的报文被成功发送，那么邮箱变为空邮箱，并且 CAN_TSR 寄存器的 TXOK 位被硬件置 1；如果邮箱中的报文发送失败，那么邮箱变为预定状态，然后发送请求被中止，邮箱变为空邮箱，并且 TXOK 位被硬件清 0。因此，如果邮箱处于发送状态，那么在发送操作结束后，邮箱都会变为空邮箱。

3. 禁用自动重传模式

禁用自动重传模式主要用于满足 CAN 标准中时间触发通信选项的需求。通过对 CAN_MCR 寄存器的 NART 位置 1 来使硬件工作在该模式。

在该模式下，发送操作只会执行一次，如果发送操作失败，则无论是因为仲裁丢失还是出错，硬件都不会再自动发送该报文了。

在一次发送操作结束后，硬件就认为发送请求已经完成，从而对 CAN_TSR 寄存器的 RQCP 位置 1，同时发送的结果反映在 TXOK、ALST 和 TERR 位上。

19.3.2　时间触发通信模式

在时间触发通信模式下，CAN 硬件的内部定时器被激活，并且被用于产生（发送与接收邮箱的）时间戳，分别存储在 CAN_RDTxR 和 CAN_TDTxR 寄存器中。内部定时器在每个 CAN 位时间累加。内部定时器在接收和发送帧起始位的采样点位置被采样，并生成时间戳。

19.3.3　接收处理

接收到的报文被存储在 3 级邮箱深度的 FIFO 中。FIFO 完全由硬件来管理，从而减轻了 CPU 的处理负荷，简化了软件，保证了数据的一致性。应用程序只能通过读取 FIFO 输出邮箱来读取 FIFO 中最先收到的报文。

1. 有效报文

根据 CAN 协议，当报文被正确接收（直到 EOF 域的最后一位都没有错误）且通过标识符过滤时，该报文被认为是有效报文。

2. FIFO 管理

FIFO 从空状态开始，在接收到第 1 个有效的报文后，状态变为挂号_1（pending_1），硬件相应地将 CAN_RFR 寄存器的 FMP[1:0]设置为 01（二进制 01）。软件可以

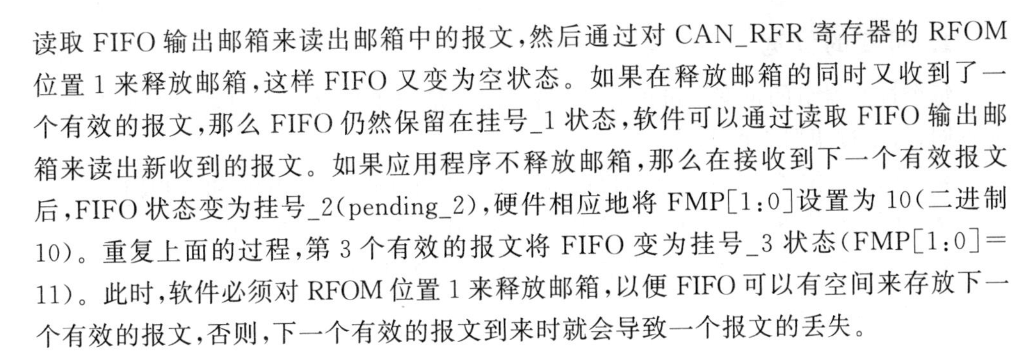

读取 FIFO 输出邮箱来读出邮箱中的报文，然后通过对 CAN_RFR 寄存器的 RFOM 位置 1 来释放邮箱，这样 FIFO 又变为空状态。如果在释放邮箱的同时又收到了一个有效的报文，那么 FIFO 仍然保留在挂号_1 状态，软件可以通过读取 FIFO 输出邮箱来读出新收到的报文。如果应用程序不释放邮箱，那么在接收到下一个有效报文后，FIFO 状态变为挂号_2(pending_2)，硬件相应地将 FMP[1:0]设置为 10(二进制 10)。重复上面的过程，第 3 个有效的报文将 FIFO 变为挂号_3 状态(FMP[1:0]=11)。此时，软件必须对 RFOM 位置 1 来释放邮箱，以便 FIFO 可以有空间来存放下一个有效的报文，否则，下一个有效的报文到来时就会导致一个报文的丢失。

3. 溢　出

当 FIFO 处于挂号_3 状态(即 FIFO 的 3 个邮箱都是满的)时，下一个有效的报文就会导致溢出，并且一个报文会丢失。此时，硬件对 CAN_RFR 寄存器的 FOVR 位进行置 1 来表明溢出情况。至于哪个报文会被丢弃将取决于对 FIFO 的设置：

- 如果禁用了 FIFO 锁定功能(CAN_MCR 寄存器的 RFLM 位被清 0)，那么 FIFO 中最后收到的报文就被新报文所覆盖。这样，最新收到的报文不会被丢弃。
- 如果使能了 FIFO 锁定功能(CAN_MCR 寄存器的 RFLM 位被置 1)，那么新收到的报文就被丢弃，软件可以读到 FIFO 中最早收到的 3 个报文。

4. 接收相关的中断

一旦向 FIFO 存入一个报文，硬件就会更新 FMP[1:0]位，并且如果 CAN_IER 寄存器的 FMPIE 位为 1，那么就会产生一个中断请求。

当 FIFO 变满(即第 3 个报文被存入)时，CAN_RFR 寄存器的 FULL 位就被置 1，并且如果 CAN_IER 寄存器的 FFIE 位为 1，那么就会产生一个满中断请求。

在溢出的情况下，FOVR 位被置 1，并且如果 CAN_IER 寄存器的 FOVIE 位为 1，那么就会产生一个溢出中断请求。

19.3.4 标识符过滤

在 CAN 协议中，报文的标识符不代表节点的地址，而是跟报文的内容相关。因此，发送者以广播的形式把报文发送给所有的接收者。节点在接收报文时，根据标识符的值决定软件是否需要该报文：如果需要，就复制到 SRAM 中；如果不需要，报文就被丢弃且无须软件的干预。为了满足这一要求，bxCAN 控制器提供了 28 个可配置和可扩展性滤波器(27～0)的应用。在其他设备中的 bxCAN 控制器提供了 14 个可配置和可扩展的滤波器(13～0)，用于满足仅接收消息的软件需求。这种硬件过滤节省了 CPU 资源，若是由软件过滤，则会占用一定的 CPU 资源。每个过滤器组由两个 32 位寄存器、CAN_FxR0 寄存器和 CAN_FxR1 寄存器组成。

1. 可变的位宽

每个过滤器组的位宽都可以独立配置，以满足应用程序的不同需求。根据位宽的不同，每个过滤器组可提供：

- 一个 32 位过滤器(包括 STDID[10:0]、EXTID[17:0]、IDE 和 RTR 位)；
- 两个 16 位过滤器(包括 STDID[10:0]、IDE、RTR 和 EXTID[17:15]位)。

此外，过滤器组可配置为屏蔽位模式和标识符列表模式。

2. 屏蔽位模式

在屏蔽位模式下，标识符寄存器和屏蔽寄存器一起，指定报文标识符的任何一位，应该按照“必须匹配”或“不用关心”的原则处理。

3. 标识符列表模式

在标识符列表模式下，屏蔽寄存器也被当作标识符寄存器用。因此，不是采用一个标识符加一个屏蔽位的方式，而是使用两个标识符寄存器。接收报文标识符的每一位都必须和过滤器标识符相同。

4. 过滤器组位宽和模式的设置

过滤器组可以通过相应的 CAN_FMR 寄存器配置。在配置一个过滤器组前，必须通过清除 CAN_FAR 寄存器的 FACT 位，把它设置为禁用状态。通过设置 CAN_FS1R 的 FSCx 位可以配置一个过滤器组的位宽，通过 CAN_FMR 的 FBMx 位可以配置对应的屏蔽/标识符寄存器的标识符列表模式或屏蔽位模式。

为了过滤出一组标识符，应该设置过滤器组工作在屏蔽位模式；为了过滤出一个标识符，应该设置过滤器组工作在标识符列表模式。应用程序不用的过滤器组应该保持在禁用状态。

过滤器组中的每个过滤器都被编号为从 0 开始到某个最大数值(称作过滤器号)，这取决于 14 个过滤器组的模式和位宽的设置。

关于过滤器配置可参见图 19-6。

5. 过滤器匹配序号

一旦收到的报文被存入 FIFO，就可被应用程序访问。通常情况下，报文中的数据被复制到 SRAM 中。为了把数据复制到合适的位置，应用程序需要根据报文的标识符来辨别不同的数据。bxCAN 提供了过滤器匹配序号，以简化这一辨别过程。

根据过滤器优先级规则，过滤器匹配序号和报文一起被存入邮箱中。因此，每个收到的报文都有与它相关联的过滤器匹配序号。

过滤器匹配序号可以通过以下两种方式来使用：

- 把过滤器匹配序号跟一系列所期望的值进行比较；
- 把过滤器匹配序号当作一个索引来访问目标地址。

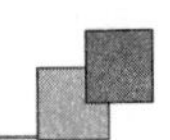

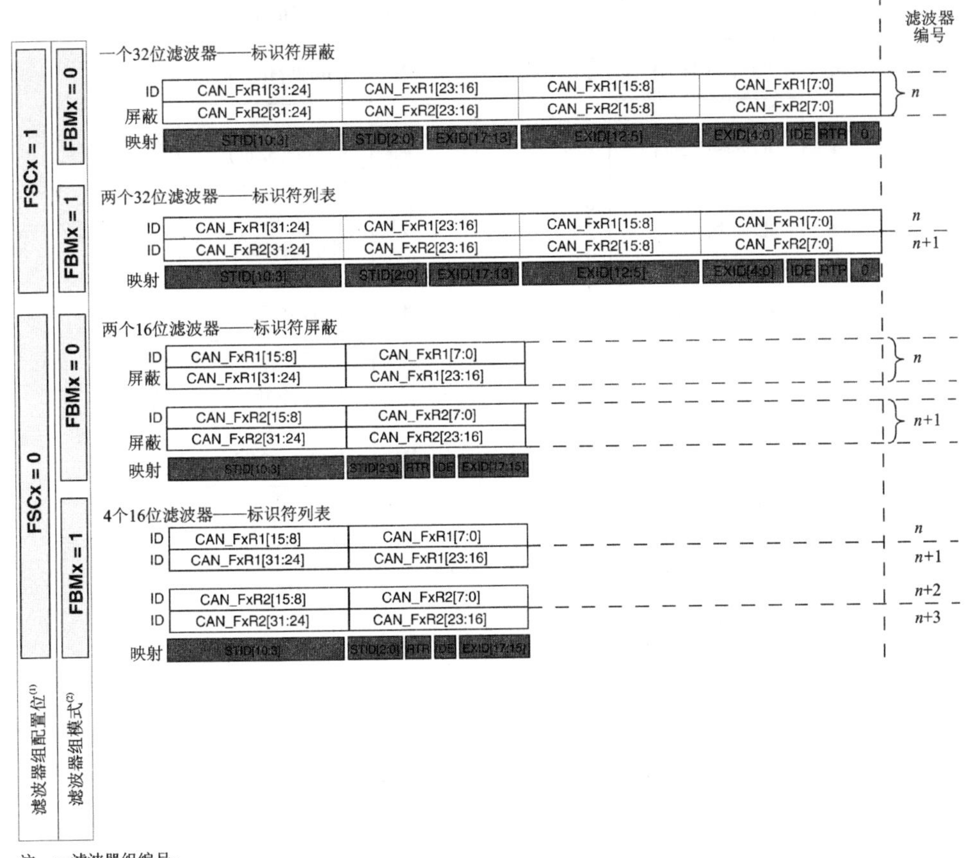

注：x=滤波器组编号；
ID=标识符；
(1) 这些位位于CAN_FS1R寄存器中；
(2) 这些位位于CAN_FM1R寄存器中。

图 19－6　过滤器配置

对于标识符列表模式下的过滤器(非屏蔽方式的过滤器)，软件不需要直接跟标识符进行比较；对于屏蔽位模式下的过滤器，软件只需对需要的那些屏蔽位(必须匹配的位)进行比较。在给过滤器编号时，并不考虑过滤器组是否为激活状态。另外，每个 FIFO 各自对其关联的过滤器进行编号。过滤器匹配序号如图 19－7 所示。

6. 过滤器优先级规则

根据过滤器的不同配置，有可能一个报文标识符能通过多个过滤器的过滤，在这种情况下，存放在接收邮箱中的过滤器匹配序号可根据下列优先级规则来确定：

- 位宽为 32 位的过滤器，优先级高于位宽为 16 位的过滤器；
- 对于位宽相同的过滤器，标识符列表模式的优先级高于屏蔽位模式的优先级；
- 位宽和模式都相同的过滤器，优先级由过滤器号决定，过滤器号小的优先级高。

过滤器优先级规则如图 19－8 所示。

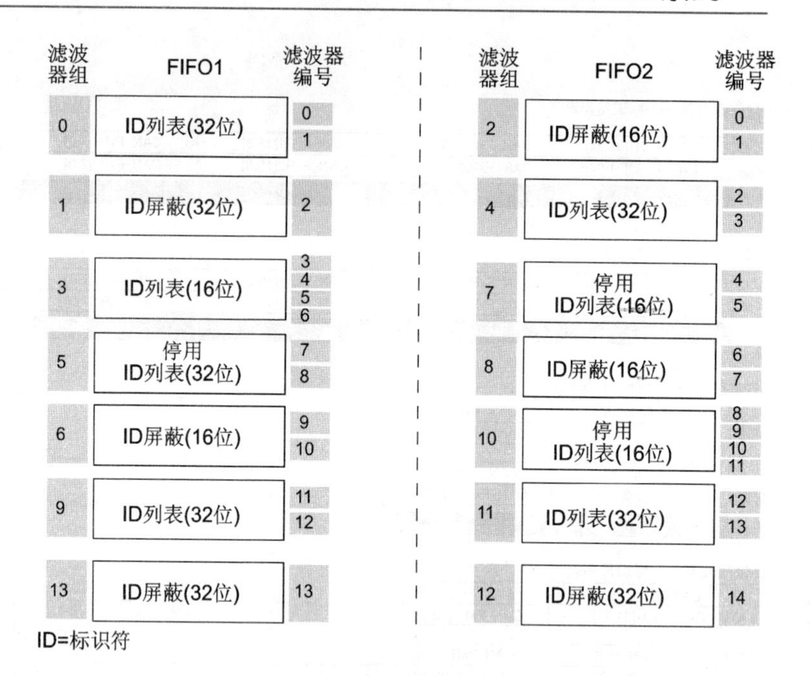

图 19-7　过滤器匹配序号

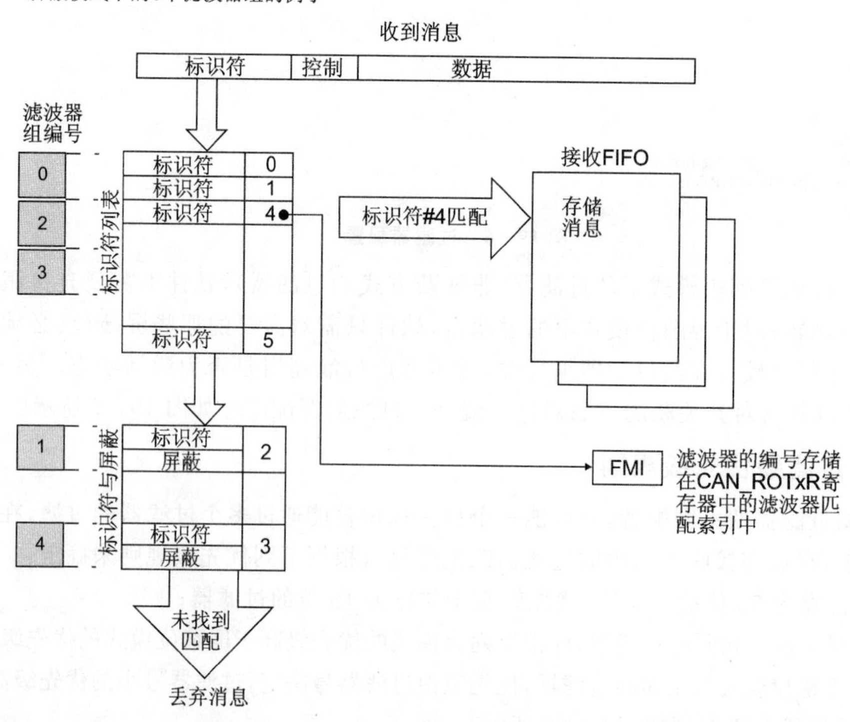

图 19-8　过滤器优先级规则

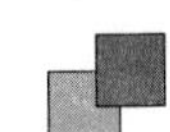

综上所述，bxCAN的过滤器规则为：在接收一个报文时，其标识符首先与配置在标识符列表模式下的过滤器相比较：如果匹配上，报文就被存放到相关联的FIFO中，并且所匹配的过滤器的序号被存入过滤器匹配序号中。例如，报文标识符跟#2标识符匹配，报文内容和FMI 2被存入FIFO。如果没有匹配上，报文标识符接着与配置在屏蔽位模式下的过滤器进行比较。如果报文标识符没有和过滤器中的任何标识符相匹配，那么硬件就丢弃该报文，且不会对软件有任何影响。

19.3.5　报文存储

邮箱是软件和硬件之间关于报文的接口。邮箱包含了所有跟报文有关的信息，如标识符、数据、控制、状态和时间戳信息等。

1. 发送邮箱

软件需要在一个空的发送邮箱中，把待发送报文的各种信息设置好，然后再发出发送的请求。发送的状态可通过查询CAN_TSR寄存器获得。

2. 接收邮箱

在接收到一个报文后，软件可以通过访问FIFO的输出邮箱来读取它。一旦软件处理了报文(如把它读取出来)，软件就应该对CAN_RFxR寄存器的RFOM位置1来释放该报文，以便为后面接收到的报文留出存储空间。过滤器匹配序号存放在CAN_RDTxR寄存器的FMI域中，16位的时间戳存放在CAN_RDTxR寄存器的TIME[15:0]域中。

19.3.6　出错管理

CAN协议描述的出错管理完全由硬件通过发送错误计数器(CAN_ESR寄存器中的TEC值)和接收错误计数器(CAN_ESR寄存器中的REC值)的值来实现，其值根据错误的情况而增大或减小。关于TEC和REC管理的详细信息请参考CAN标准。

软件可以读出它们的值来判断CAN网络的稳定性。此外，CAN_ESR寄存器提供了当前错误状态的详细信息。通过设置CAN_IER寄存器(如ERRIE位)，软件可以灵活地控制中断的产生(当检测到出错时)。

19.3.7　总线恢复

当TEC>255时，bxCAN就进入总线关闭(离线)状态，同时CAN_ESR寄存器的BOFF位被置1。在离线状态下，bxCAN无法接收和发送报文。

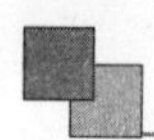

根据 CAN_MCR 寄存器 ABOM 位的设置，bxCAN 可以自动或在软件的请求下从离线状态恢复（变为错误主动状态）。在这两种情况下，bxCAN 都必须等待一个 CAN 标准所描述的恢复过程（CANRX 引脚上检测到 128 次 11 个连续的隐性位）。

如果 ABOM 位为 1，那么 bxCAN 进入离线状态后就自动开启恢复过程。如果 ABOM 位为 0，则软件必须先请求 bxCAN 进入，然后再退出初始化模式，随后恢复过程才被开启。

注意：在初始化模式下，bxCAN 不会监视 CANRX 引脚的状态，这样就不能完成恢复过程。为了完成恢复过程，bxCAN 必须工作在正常模式。

19.3.8 位时间特性

位时间特性逻辑通过采样来监视串行的 CAN 总线，并且通过与帧起始位的边沿同步以及与后面的边沿重新同步来调整其采样点。

该操作可以简单地解释为把名义上每位的时间分为以下 3 段：

- 同步段（SYNC_SEG）：通常期望位的变化发生在该时间段内，其值固定为一个时间单元（$1\times t_{CAN}$）。
- 时间段 1（BS1）：定义采样点的位置，它包含 CAN 标准中的 PROP_SEG 和 PHASE_SEG1，其值可以编程为 1～16 个时间单元，但也可以被自动延长，以补偿因为网络中不同节点的频率差异所造成的相位的正向漂移。
- 时间段 2（BS2）：定义发送点的位置，它代表 CAN 标准中的 PHASE_SEG2，其值可以编程为 1～8 个时间单元，但也可以被自动缩短以补偿相位的负向漂移。

重新同步跳跃宽度（SJW）定义了在每位中可以延长或缩短的时间单元的上限，其值可以编程为 1～4 个时间单元。

有效跳变的定义：当 bxCAN 自己没有发送隐性位时，从显性位到隐性位的第一次转变。

如果在 BS1 而不是在同步段（SYNC_SEG）检测到有效跳变，那么 BS1 的时间就被延长最多 SJW，从而采样点被延迟；相反，如果在 BS2 而不是在 SYNC_SEG 检测到有效跳变，那么 BS2 的时间就被缩短最多 SJW，从而采样点被提前。

为了避免软件的编程错误，对位时间特性寄存器（CAN_BTR）的设置只能在 bx-CAN 处于初始化状态下进行。

注意：关于 CAN 位时间特性和重同步机制的详细信息请参考 ISO11898 标准。

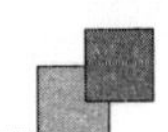

19.4　bxCAN 中断

bxCAN 占用 4 个专用的中断向量。通过设置 CAN 中断允许寄存器(CAN_IER),每个中断源都可以单独使能和禁用。图 19-9 所示为 CAN 中断产生的事件标志。

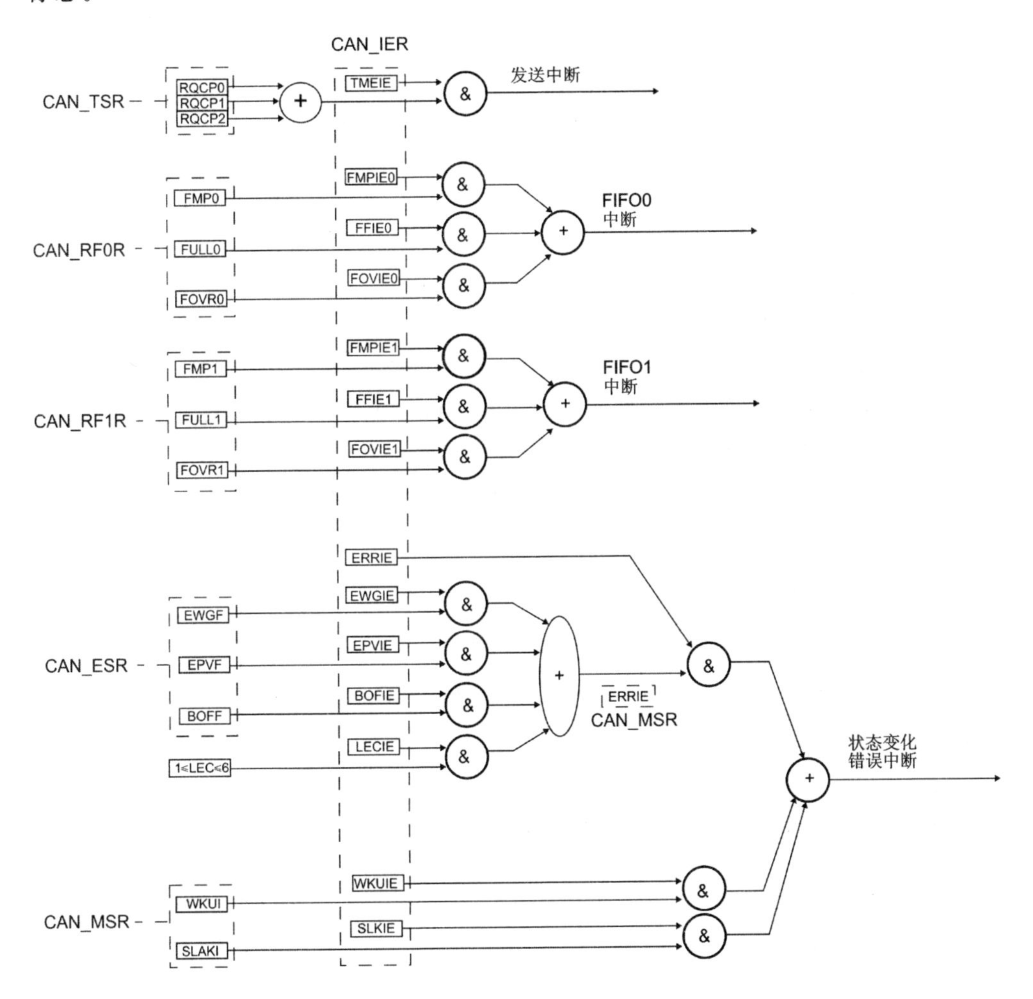

图 19-9　CAN 中断产生的事件标志

- 发送中断可由下列事件产生：
  - 发送邮箱 0 变为空,CAN_TSR 寄存器的 RQCP0 位被置 1;
  - 发送邮箱 1 变为空,CAN_TSR 寄存器的 RQCP1 位被置 1;
  - 发送邮箱 2 变为空,CAN_TSR 寄存器的 RQCP2 位被置 1。
- FIFO0 中断可由下列事件产生：

- FIFO0 接收到一个新报文,CAN_RF0R 寄存器的 FMP0 位不再是 0;
- FIFO0 变为满的情况,CAN_RF0R 寄存器的 FULL0 位被置 1;
- FIFO0 发生溢出的情况,CAN_RF0R 寄存器的 FOVR0 位被置 1。

● FIFO1 中断可由下列事件产生:
- FIFO1 接收到一个新报文,CAN_RF1R 寄存器的 FMP1 位不再是 0;
- FIFO1 变为满的情况,CAN_RF1R 寄存器的 FULL1 位被置 1;
- FIFO1 发生溢出的情况,CAN_RF1R 寄存器的 FOVR1 位被置 1。

● 错误和状态变化中断可由下列事件产生:
- 出错情况,关于出错情况的详细信息请参考 CAN 错误状态寄存器(CAN_ESR);
- 唤醒情况,在 CAN 接收引脚上监视到帧起始位(SOF);
- CAN 进入睡眠模式。

19.5 bxCAN 库函数

bxCAN 库函数存放于库文件 stm32f0xx_can.c 中。限于篇幅,这里主要介绍本章使用的部分 bxCAN 库函数,对于未使用到的库函数,读者可以参考 ST 公司的 UM0427 用户手册——《32 位基于 ARM 微控制器 STM32F101xx 与 STM32F103xx 固件函数库介绍》。

1. CAN_DeInit 函数

表 19-1 所列为 CAN_DeInit 函数的介绍。

表 19-1 CAN_DeInit 函数

函数原型	void CAN_DeInit(CAN_TypeDef * CANx)
功能描述	重新初始化 CAN 外设寄存器为默认的复位值
输入参数	CANx:选择 CAN 外设,其中,x 可以是 1
返回值	无

2. CAN_StructInit 函数

表 19-2 所列为 CAN_StructInit 函数的介绍。

表 19-2 CAN_StructInit 函数

函数原型	void CAN_StructInit(CAN_InitTypeDef * CAN_InitStruct)
功能描述	填充每一个 CAN_InitStruct 成员为默认值
输入参数	CAN_InitStruct:指针指向一个将被初始化的 CAN_InitTypeDef 结构体
返回值	无

3. CAN_Init 函数

表 19－3 所列为 CAN_Init 函数的介绍。

表 19－3　CAN_Init 函数

函数原型	uint8_t CAN_Init(CAN_TypeDef * CANx,CAN_InitTypeDef * CAN_InitStruct)
功能描述	在 CAN_InitStruct 结构体中按指定的参数初始化 CAN 外设
输入参数	CANx：选择 CAN 外设，其中，x 可以是 1
	CAN_InitStruct：指向一个 CAN_InitTypeDef 结构体的指针，包含指定 CAN 外设的配置信息
返回值	常量表示初始化成功，返回值可以是 CAN_InitStatus_Failed 或 CAN_InitStatus_Success

4. CAN_FilterInit 函数

表 19－4 所列为 CAN_FilterInit 函数的介绍。

表 19－4　CAN_FilterInit 函数

函数原型	void CAN_FilterInit(CAN_FilterInitTypeDef * CAN_FilterInitStruct)
功能描述	在 CAN_FilterInitStruct 结构体中，根据指定参数配置 CAN 接收过滤器
输入参数	CAN_FilterInitStruct：指向一个 CAN_FilterInitTypeDef 结构体的指针，包含 CAN 接收过滤器的配置信息
返回值	无

5. CAN_ITConfig 函数

表 19－5 所列为 CAN_ITConfig 函数的介绍。

表 19－5　CAN_ITConfig 函数

函数原型	void CAN_ITConfig(CAN_TypeDef * CANx, uint32_t CAN_IT, FunctionalState NewState)
功能描述	使能或禁用指定 CANx 中断
输入参数	CANx：选择 CAN 外设，其中，x 可以是 1 或 2
	CAN_IT：指定的 CAN 中断源可以使能或禁用
	NewState：CAN 中断的新状态
返回值	无

6. CAN_Transmit 函数

表 19－6 所列为 CAN_Transmit 函数的介绍。

表 19-6　CAN_Transmit 函数

函数原型	uint8_t CAN_Transmit(CAN_TypeDef * CANx,CanTxMsg * TxMessage)
功能描述	启动和发送一个 CAN 帧消息
输入参数	CANx：选择 CAN 外设,其中,x 可以是 1 或 2
	TxMessage：指针指向一个包含 CAN Id、CAN DLC 和 CAN data 的发送的结构体
返回值	如果邮箱不空,则返回一个表示邮箱发送或 CAN_TxStatus_NoMailBox 的数字

7. CAN_Receive 函数

表 19-7 所列为 CAN_Receive 函数的介绍。

表 19-7　CAN_Receive 函数

函数原型	void CAN_Receive(CAN_TypeDef * CANx,uint8_t FIFONumber,CanRxMsg * RxMessage)
功能描述	接收到一个正确的 CAN 架构
输入参数	CANx：选择 CAN 外设,其中,x 可以是 1
	FIFONumber：接收 FIFO 的数量,CAN_FIFO0 或 CAN_FIFO1
	RxMessage：指针指向一个包含 CAN Id、CAN DLC、CAN data 和 FMI 数字的接收的结构体
返回值	无

19.6　STM32F072 的 CAN 通信实验

1. 实验要求

此实验需要甲、乙两块实验板。实验时使用扩展标识符,每块扩展标识符均为 0x0000。甲实验板按下 KEY1 键后,CAN 发送数据 0x11 和 0x33,乙实验板接收到此数据后,控制 LED2 进行翻转;甲实验板按下 KEY2 键后,CAN 发送数据 0x55 和 0x77,同样乙实验板接收到此数据后,也控制 LED2 进行翻转。另外,乙实验板按下 KEY1 键后,CAN 发送数据 0x11 和 0x33,甲实验板接收到此数据后,控制 LED2 进行翻转;乙实验板按下 KEY2 键后,CAN 发送数据 0x55 和 0x77,同样甲实验板接收到此数据后,也控制 LED2 进行翻转。由此可以观察 CAN 的通信。

2. 实验电路原理

参考 Mini STM32 DEMO 开发板电路原理图：

- CAN 接收端——PB8；
- CAN 发送端——PB9；
- KEY1——PA0；

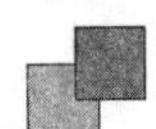

- KEY2——PA1；
- PA2——LED1；
- PA3——LED2。

3. 源程序文件及分析

新建一个文件目录 CAN_COMM，在 RealView MDK 集成开发环境中创建一个工程项目 CAN_COMM. uvprojx 于此目录中。

在 File 菜单下新建如下的源文件 main. c，编写源程序代码后保存在 User 文件夹下，再把 main. c 文件添加到 User 组中。

```
#include "stm32f0xx.h"
#include "KEY.h"
#include "LED.h"
#include "USART.h"
#include "CAN.h"
/*****************************************
* FunctionName    : Delay
* Description     : 延时 1 s
* EntryParameter  : None
* ReturnValue     : None
*****************************************/
void Delay(void)
{
  unsigned int i;
  for (i = 0;i<0x003FFFFF;i++);
}
/*****************************************
* FunctionName    : main
* Description     : 主函数
* EntryParameter  : None
* ReturnValue     : None
*****************************************/
int main(void)
{
    SystemInit();
    KEY_Init();                              //按键引脚初始化
    LED_Init();                              //LED 引脚初始化
    CAN_GPIO_Config();                       //CAN 引脚初始化
    CAN_NVIC_Configuration();                //CAN 中断初始化
    CAN_INIT();                              //CAN 初始化模块
while(1)
```

```
    {
        if(Check_KEY(GPIOA,GPIO_Pin_0) == 0)     //按下 KEY1 键
        {
            can_tx(0X11,0X33);                   //CAN 发送 0x11 和 0x33
            LED1_Toggle();                       //指示按键已按下
            while(Check_KEY(GPIOA,GPIO_Pin_0) == 0) ;
        }

        if(Check_KEY(GPIOA,GPIO_Pin_1) == 0)     //按下 KEY2 键
        {
            can_tx(0X55,0X77);                   //CAN 发送 0x55 和 0x77
            LED1_Toggle();                       //指示按键已按下
            while(Check_KEY(GPIOA,GPIO_Pin_1) == 0) ;
        }
      }
}
```

在 File 菜单下新建如下的源文件 CAN. c，编写完成后保存在 Drive 文件夹下，随后将 Drive 文件夹中的应用文件 CAN. c 添加到 Drive 组中。

```
#include "can.h"
#include "led.h"
#include "stdio.h"
#include "stm32f0xx_can.h"
#include "stm32f0xx.h"
typedef enum {FAILED = 0,PASSED = !FAILED} TestStatus;
/* 在中断处理函数中返回 */
__IO uint32_t ret = 0;
volatile TestStatus TestRx;
/****************************************
 * FunctionName    : CAN_NVIC_Configuration
 * Description     : CAN RX0 中断优先级配置
 * EntryParameter  : None
 * ReturnValue     : None
****************************************/
void CAN_NVIC_Configuration(void)
{
    NVIC_InitTypeDef NVIC_InitStructure;
    /* Enable the CAN Interrupt */
    NVIC_InitStructure.NVIC_IRQChannel = CEC_CAN_IRQn;
    NVIC_InitStructure.NVIC_IRQChannelPriority = 0;
    NVIC_InitStructure.NVIC_IRQChannelCmd = ENABLE;
    NVIC_Init(&NVIC_InitStructure);
}
```

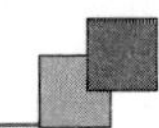

```
/*************************************
 * FunctionName    : CAN_GPIO_Config
 * Description     : CAN GPIO 和时钟配置
 * EntryParameter  : None
 * ReturnValue     : None
*************************************/
void CAN_GPIO_Config(void)
{
    GPIO_InitTypeDef GPIO_InitStructure;
    RCC_AHBPeriphClockCmd(RCC_AHBPeriph_GPIOB ,ENABLE);
    /* CAN Periph clock enable */
    RCC_APB1PeriphClockCmd(RCC_APB1Periph_CAN,ENABLE);
    GPIO_PinAFConfig(GPIOB,GPIO_PinSource8,GPIO_AF_4);
    GPIO_PinAFConfig(GPIOB,GPIO_PinSource9,GPIO_AF_4);
    /* Configure CAN pin: RX */
    GPIO_InitStructure.GPIO_Pin      = GPIO_Pin_8;
    GPIO_InitStructure.GPIO_Mode     = GPIO_Mode_AF;
    GPIO_InitStructure.GPIO_PuPd     = GPIO_PuPd_UP;
    GPIO_Init(GPIOB,&GPIO_InitStructure);
    /* Configure CAN pin: TX */
    GPIO_InitStructure.GPIO_Pin      = GPIO_Pin_9;
    GPIO_InitStructure.GPIO_Mode     = GPIO_Mode_AF;
    GPIO_InitStructure.GPIO_OType    = GPIO_OType_PP;
    GPIO_InitStructure.GPIO_Speed    = GPIO_Speed_50MHz;
    GPIO_InitStructure.GPIO_PuPd     = GPIO_PuPd_NOPULL;
    GPIO_Init(GPIOB,&GPIO_InitStructure);
    //#define GPIO_Remap_CAN    GPIO_Remap1_CAN1 本实验没有用到重映射 I/O
    //GPIO_PinRemapConfig(GPIO_Remap1_CAN1,ENABLE);
}
/*************************************
 * FunctionName    : CAN_INIT
 * Description     : CAN 初始化
 * EntryParameter  : None
 * ReturnValue     : None
*************************************/
void CAN_INIT(void)
{
  CAN_InitTypeDef  CAN_InitStructure;
  CAN_FilterInitTypeDef  CAN_FilterInitStructure;
  //CanTxMsg TxMessage;
  /* CAN register init */
  CAN_DeInit(CAN);                          //将外设 CAN 的全部寄存器重设为默认值
  CAN_StructInit(&CAN_InitStructure);       //把 CAN_InitStructure 中的每一个参数
                                            //按默认值填入

  /* CAN cell init */
```

```
  CAN_InitStructure.CAN_TTCM = DISABLE;          //没有使能时间触发模式
  CAN_InitStructure.CAN_ABOM = DISABLE;          //没有使能自动离线管理
  CAN_InitStructure.CAN_AWUM = DISABLE;          //没有使能自动唤醒模式
  CAN_InitStructure.CAN_NART = DISABLE;          //没有使能非自动重传模式
  CAN_InitStructure.CAN_RFLM = DISABLE;          //没有使能接收 FIFO 锁定模式
  CAN_InitStructure.CAN_TXFP = DISABLE;          //没有使能发送 FIFO 优先级
  CAN_InitStructure.CAN_Mode = CAN_Mode_Normal; //CAN 设置为正常模式
  CAN_InitStructure.CAN_SJW = CAN_SJW_1tq;       //重新同步跳跃宽度为 1 个时间单位
  CAN_InitStructure.CAN_BS1 = CAN_BS1_3tq;       //时间段 1 为 3 个时间单位
  CAN_InitStructure.CAN_BS2 = CAN_BS2_2tq;       //时间段 2 为 2 个时间单位
  CAN_InitStructure.CAN_Prescaler = 40;          //时间单位长度为 40
  CAN_Init(CAN,&CAN_InitStructure);
  //波特率为 48 MHz/2/40(1 + 3 + 2) = 0.1 MHz,即 100 kHz
  /* CAN filter init */
  CAN_FilterInitStructure.CAN_FilterNumber = 1;     //指定过滤器为 1
  CAN_FilterInitStructure.CAN_FilterMode = CAN_FilterMode_IdMask;
                                                 //指定过滤器为标识符屏蔽位模式
  CAN_FilterInitStructure.CAN_FilterScale = CAN_FilterScale_32bit;
                                                        //过滤器位宽为 32 位
  CAN_FilterInitStructure.CAN_FilterIdHigh = 0x0000; //过滤器标识符的高 16 位值
  CAN_FilterInitStructure.CAN_FilterIdLow = 0x0000;  //过滤器标识符的低 16 位值
  CAN_FilterInitStructure.CAN_FilterMaskIdHigh = 0x0000;
                                                        //过滤器屏蔽标识符的高 16 位值
  CAN_FilterInitStructure.CAN_FilterMaskIdLow = 0x0000;
                                                        //过滤器屏蔽标识符的低 16 位值
  CAN_FilterInitStructure.CAN_FilterFIFOAssignment = CAN_FIFO0;
                                                        //设定了指向过滤器的 FIFO 为 0
  CAN_FilterInitStructure.CAN_FilterActivation = ENABLE;  //使能过滤器
  CAN_FilterInit(&CAN_FilterInitStructure);             //按上面的参数初始化过滤器
  /* CAN FIFO0 message pending interrupt enable */
  CAN_ITConfig(CAN,CAN_IT_FMP0,ENABLE);                 //使能 FIFO0 消息挂号中断
}
/*****************************************
 * FunctionName    : can_tx
 * Description     : 发送两个字节的数据
 * EntryParameter  : Data1、Data2: 发送的两个字节数据
 * ReturnValue     : None
*****************************************/
void can_tx(uint8_t Data1,uint8_t Data2)
{
  CanTxMsg TxMessage;
  TxMessage.StdId = 0x00;                               //标准标识符为 0x00
  TxMessage.ExtId = 0x0000;                             //扩展标识符 0x0000
  TxMessage.IDE = CAN_ID_EXT;                           //使用扩展标识符
  TxMessage.RTR = CAN_RTR_DATA;                         //为数据帧
```

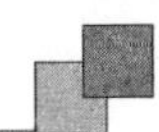

```
    TxMessage.DLC = 2;                              //消息的数据长度为两个字节
    TxMessage.Data[0] = Data1;                      //第一个字节数据
    TxMessage.Data[1] = Data2;                      //第二个字节数据
    CAN_Transmit(CAN,&TxMessage);                   //发送数据
}
```

在 File 菜单下新建如下的源文件 CAN.h，编写完成后保存在 Drive 文件夹下。

```
#ifndef __CAN_H
#define __CAN_H
#include "stm32f0xx.h"
void CAN_INIT(void);
void can_tx(uint8_t Data1,uint8_t Data2);
void can_rx(void);
void CAN_NVIC_Configuration(void);
void CAN_GPIO_Config(void);
#endif /* __CAN_H */
```

4. 实验效果

编译通过后，可以使用 J-link 仿真器调试程序，最后将程序下载到 STM32F072 芯片中。将甲、乙两块实验板的 CAN 通信端口连接。甲实验板按下 KEY1 键后，乙实验板的 LED2 翻转；甲实验板按下 KEY2 键后，乙实验板的 LED2 也翻转。乙实验板按下 KEY1 键后，甲实验板的 LED2 翻转；乙实验板按下 KEY2 键后，甲实验板的 LED2 也翻转。实验照片如图 19－10 所示。

图 19－10　STM32F072 的 CAN 通信实验照片

第 20 章 看门狗定时器的特性及应用

STM32F072 内部集成了一个独立看门狗(IWDG)和一个窗口看门狗(WWDG),用集成的方式提供了高安全水平、精准的时间控制及运用的灵活性。集成的看门狗是用来解决某些软件故障问题的,当它的定时计数值达到预设的门限时,它会触发一个系统复位请求。

20.1 独立看门狗

独立看门狗由它自己专有的低速时钟(LSI)来驱动,因此就算是主时钟失效了,它仍然能保持工作状态。该外设非常适合那种在主程序以外还需要一个完全独立的看门狗,但对时钟精确度要求又不太高的应用。

20.1.1 独立看门狗的主要特性

独立看门狗的主要特性如下:

- 自由运行的向下计数器。
- 由一个独立的 RC 振荡器驱动(在 STANDBY 和 STOP 状态下仍可操作)。
- 复位条件:
  - 当向下递减计数器的值达到 0 时产生复位请求;
  - 当向下递减计数器的值处于窗口值之外时,被重新加载就会导致复位请求。

20.1.2 独立看门狗功能

图 20-1 所示为独立看门狗模块功能框图。

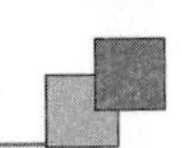

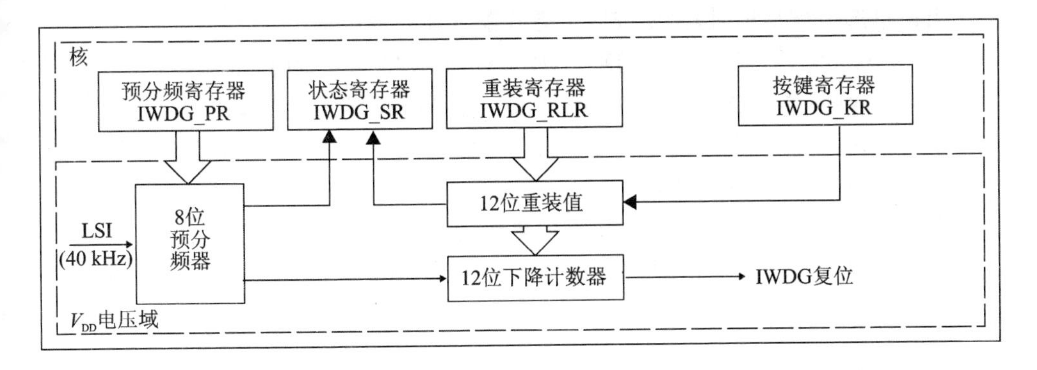

图 20－1 独立看门狗模块功能框图

注意： 独立看门狗功能由内核供电区域供电，无论是在停止模式下还是在待机模式下。

当向独立看门狗的关键字寄存器写入启动指令 0x0000CCCC 时，看门狗计数器开始由复位值 0xFFF 向下计数。当计数值达到 0x000 时，由独立看门狗发出复位信号。

任何时候将关键字 0x0000AAAA 写到 IWWDG_KR 寄存器中，都会使得 IWWDG_RLR寄存器中的值被重加载到看门狗计数器中，从而阻止即将发生的复位动作。

1. 窗口选项

独立看门狗也能够工作在窗口看门狗模式下，只要在 IWDG_WINR 寄存器中设置适当的值即可。

如果重加载操作执行的同时，看门狗计数器的值超出了窗口寄存器（IWDG_WINR）中存储的值，则会引起复位操作。IWWDG_WINR 的默认值是 0x00000FFF，所以如果没有改写它，那么窗口选项默认是关闭的。

窗口值一旦改变，就会立即引起看门狗计数器的一次重加载动作，将其置为 IWWDG_RLR 中所设置的值，从而一定程度上延缓了目前到下次复位所需的时间周期。

当窗口选项使能时，需要按以下方式配置独立看门狗：

① 将 0x0000CCCC 写到 IWDG_KR 寄存器，使能独立看门狗；

② 向 IWDG_KR 寄存器写 0x00005555，打开寄存器访问许可；

③ 向 IWDG_PR 寄存器写 0～7 的值，以配置独立看门狗的预分频器；

④ 配置重装寄存器 IWDG_RLR；

⑤ 等待状态寄存器 IWDG_SR 的值更新为 0x00000000；

⑥ 配置窗口寄存器 IWDG_WINR，这将使得 IWDG_RLR 的值自动更新到看门狗计数器。

注意： 当 IWDG_SR 的值为 0x00000000 时，写窗口值的动作会使 RLR 的值刷新计数器。

当窗口选项被禁用时,需要按以下方式配置独立看门狗:

① 将 0x0000CCCC 写到 IWDG_KR 寄存器,使能独立看门狗;

② 向 IWDG_KR 寄存器写 0x00005555,打开寄存器访问许可;

③ 向 IWDG_PR 寄存器写 0~7 的值,以配置独立看门狗的预分频器;

④ 配置重装寄存器 IWDG_RLR;

⑤ 等待状态寄存器 IWDG_SR 的值更新为 0x00000000;

⑥ 将 IWDG_RLR 的值刷新到看门狗定时器(IWDG_KR=0x0000AAAA)。

2. 硬件看门狗

如果在器件的选项位中使能了“硬件看门狗”功能,那么在上电时看门狗就被自动打开。在看门狗计数器计数结束前,或者向下计数的值超出窗口前,如果没有向关键字寄存器写入正确的值,那么一定会产生硬件复位请求。

3. 寄存器访问保护

默认条件下,对 IWDG_PR、IWDG_RLR 和 IWDG_WINR 的写访问操作都是受保护的。想要改变这一点,必须先向 IWDG_KR 写入 0x00005555 解锁码。如果写入别的值,则会打破这个顺序,使得对寄存器的访问保护重新生效。重加载操作(向该寄存器写入 0x0000AAAA)就属于这种情况。

注意: 可以通过一个状态寄存器观察预分频器的更新、看门狗计数器的重加载或窗口值的重加载。

4. 调试模式

当微控制器进入调试模式时(内核被暂停),看门狗计数器可以继续运行,也可以被停止,这取决于 DBG 模块中 DBG_IWDG_STOP 选项的配置。

20.2 窗口看门狗

窗口看门狗通常被用来监测,由外部干扰或不可预见的逻辑条件造成的应用程序背离正常的运行序列而产生的软件故障。除非递减计数器的值在 T6 位变成 0 前被刷新,否则,看门狗电路在达到预置的时间周期时,会产生一个 MCU 复位。在递减计数器达到窗口寄存器数值之前,如果 7 位的递减计数器数值(在控制寄存器中)被刷新,那么也将产生一个 MCU 复位。这表明递减计数器需要在一个有限的时间窗口中被刷新。

窗口看门狗时钟从 APB 时钟预分频,并有一个可配置的时间窗口,这可通过编程来检测异常推迟或提前的应用行为。窗口看门狗最适合要求看门狗在一个精确时间窗口内做出反应的应用程序。

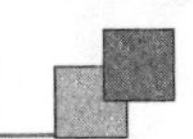

20.2.1　窗口看门狗的主要特性

窗口看门狗的主要特性如下：

- 可编程的自由运行递减计数器。
- 复位条件：
  - 当递减计数器的值小于 0x40 时，若窗口看门狗被启动则产生复位；
  - 当递减计数器在窗口外被重新装载时，若窗口看门狗被启动则产生复位。
- 提前唤醒中断(EWI)。如果启动了窗口看门狗，那么当递减计数器等于 0x40 时将产生提前唤醒中断。

20.2.2　窗口看门狗功能

如果窗口看门狗被启动(WWDG_CR 寄存器中的 WDGA 位被置 1)，并且当7 位(T[6:0])递减计数器从 0x40 翻转到 0x3F(T6 位清零)时，则产生一个复位。如果计数器值大于窗口寄存器值时重新装载计数器，则产生一个复位。图 20－2 所示为窗口看门狗模块功能框图。

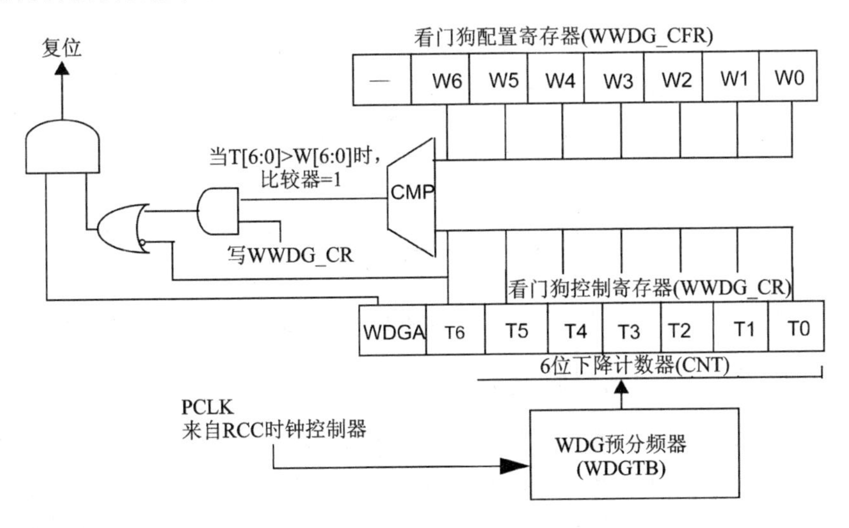

图 20－2　窗口看门狗模块功能框图

应用程序在正常运行过程中必须定期地写入 WWDG_CR 寄存器以防止 MCU 发生复位。只有当计数器值小于窗口寄存器的值时，才能进行写操作。存储在 WWDG_CR 寄存器中的数值必须在 0xFF～0xC0 之间。

1. 启动窗口看门狗

在系统复位后，窗口看门狗总是处于关闭状态，设置 WWDG_CR 寄存器的 WDGA 位能够开启窗口看门狗，随后它将不能再被关闭，除非发生复位。

2. 控制递减计数器

递减计数器处于自由运行状态，即使窗口看门狗被禁用，递减计数器仍继续递减计数。当窗口看门狗被启用时，T6 位必须被设置，以防止立即产生一个复位。

T[5:0]位包含了窗口看门狗产生复位之前的计时数目；复位前的延时时间在一个最小值和一个最大值之间变化，这是因为写入 WWDG_CR 寄存器时，预分频值是未知的。配置寄存器(WWDG_CFR)中包含窗口的上限值，要避免产生复位，递减计数器必须在其值小于窗口寄存器的数值且大于 0x3F 时被重新装载。图 20-3 所示为窗口寄存器的工作过程。

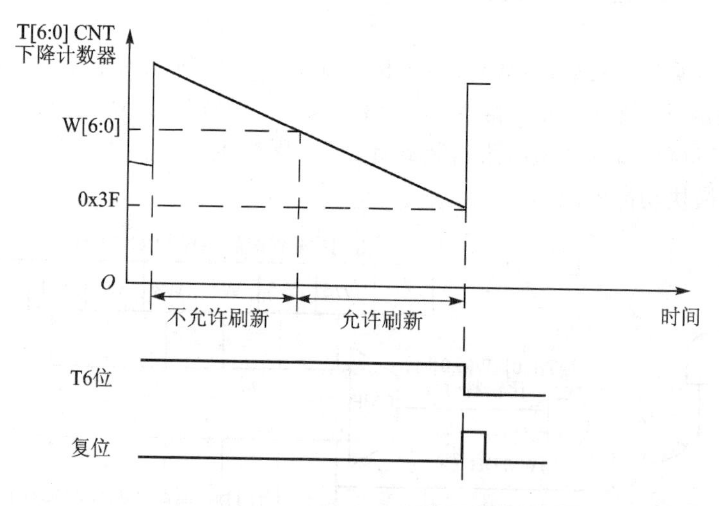

图 20-3　窗口寄存器的工作过程

3. 看门狗中断的高级特性

如果在实际复位产生之前必须进行特定的安全操作或数据记录，则可以用提前唤醒中断(EWI)。设置 WWDG_CFR 寄存器中的 EWI 位来开启该中断。在复位之前，当递减计数器到达 0x40 时产生该中断，同时可以用相应的中断服务程序(ISR)来触发特定的行为(例如通信或数据记录)。

在某些应用中，提前唤醒中断可以用来管理软件系统检测和/或系统恢复/故障弱化，但不产生 WWDG 复位。在这种情况下，相应的中断服务程序将重加载窗口看门狗计数器，以避免窗口看门狗复位，然后触发必要的行为。

注意：当提前唤醒中断无法使能时，例如由于系统锁定在更高优先级任务，最终将产生窗口看门狗复位。

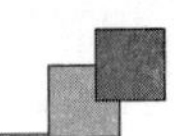

4. 设置窗口看门狗超时

可以参考图 20－3,并使用以下公式来计算窗口看门狗的超时时间。

$$t_{WWDG}=t_{PCLK1}\times 4\,096\times 2^{WDGTB}\times(T[5:0]+1)(ms)$$

其中：t_{WWDG}为窗口看门狗超时时间；t_{PCLK1}为 APB1 以 ms 为单位的时钟周期。t_{WWDG}的最大值和最小值可以参考器件数据手册。

20.3　IWDG 库函数

IWDG 库函数存放于库文件 stm32f0xx_iwdg.c 中，WWDG 库函数存放于库文件 stm32f0xx_wwdg.c 中。限于篇幅，这里主要介绍本章使用的部分 IWDG 库函数，对于未使用到的库函数，读者可以参考 ST 公司的 UM0427 用户手册——《32 位基于 ARM 微控制器 STM32F101xx 与 STM32F103xx 固件函数库介绍》。

1. IWDG_WriteAccessCmd 函数

表 20－1 所列为 IWDG_WriteAccessCmd 函数的介绍。

表 20－1　IWDG_WriteAccessCmd 函数

函数原型	void IWDG_WriteAccessCmd(uint16_t IWDG_WriteAccess)
功能描述	使能或禁用写访问 IWDG_PR 和 IWDG_RLR 寄存器
输入参数	IWDG_WriteAccess：写访问 IWDG_PR 和 IWDG_RLR 寄存器的新状态
返回值	无

2. IWDG_SetPrescaler 函数

表 20－2 所列为 IWDG_SetPrescaler 函数的介绍。

表 20－2　IWDG_SetPrescaler 函数

函数原型	void IWDG_SetPrescaler(uint8_t IWDG_Prescaler)
功能描述	设置 IWDG 预分频值
输入参数	IWDG_Prescaler：指定 IWDG 预分频值
返回值	无

3. IWDG_SetReload 函数

表 20－3 所列为 IWDG_SetReload 函数的介绍。

表 20-3 IWDG_SetReload 函数

函数原型	void IWDG_SetReload(uint16_t Reload)
功能描述	设置 IWDG 重装值
输入参数	Reload：指定 IWDG 重装值
返回值	无

4. IWDG_ReloadCounter 函数

表 20-4 所列为 IWDG_ReloadCounter 函数的介绍。

表 20-4 IWDG_ReloadCounter 函数

函数原型	void IWDG_ReloadCounter(void)
功能描述	在重装寄存器中重新加载 IWDG 计数器值
输入参数	无
返回值	无

5. IWDG_Enable 函数

表 20-5 所列为 IWDG_Enable 函数的介绍。

表 20-5 IWDG_Enable 函数

函数原型	void IWDG_Enable(void)
功能描述	启用 IWDG
输入参数	无
返回值	无

20.4 STM32F072 的独立看门狗实验

1. 实验要求

独立看门狗设置为 1 s，在独立看门狗启动后 1 s 内必须喂狗，否则将发生看门狗溢出而导致系统复位。按下 KEY2 键，在 1 s 内执行喂狗，系统正常运行；释放 KEY2 键，不喂狗，1 s 后系统复位。

2. 实验电路原理

参考 Mini STM32 DEMO 开发板电路原理图：

- PA1——K2；

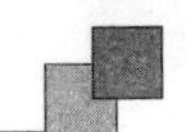

- PC10——LCD_RS：TFT-LCD 命令/数据选择(0,读/写命令;1,读/写数据)；
- PC11——LCD_CS：TFT-LCD 片选；
- PD2——LCD_WR：向 TFT-LCD 写入数据；
- PC12——LCD_RD：从 TFT-LCD 读取数据；
- PC7～PC0——DB[15:8]：TFT-LCD 16 位双向数据线的高 8 位；
- PB7～PB0——DB[7:0]：TFT-LCD 16 位双向数据线的低 8 位；
- NRST——NRST：TFT-LCD 复位信号。

3. 源程序文件及分析

新建一个文件目录 WDT_LCD，在 RealView MDK 集成开发环境中创建一个工程项目 WDT_LCD. uvprojx 于此目录中。

在 File 菜单下新建如下的源文件 main. c，编写源程序代码后保存在 User 文件夹下，再把 main. c 文件添加到 User 组中。

```
#include "stm32f0xx.h"
#include "SysTick.h"
#include "ILI9325.h"
#include "W25Q16.h"
#include "KEY.h"
#include "WDT.h"
/*设置重装看门狗定时器的计数值,获得 1 s 的 IWDG 超时可以按下面的公式计算 */
//看门狗定时器计数频率：40 kHz
//看门狗定时器预分频：32
//Reload_val = 1/[(1/40 kHz) × 32] = 1 250 kHz
__IO uint32_t Reload_val = 1250;
/****************************************
* FunctionName    : main
* Description     : 主函数
* EntryParameter  : None
* ReturnValue     : None
****************************************/
int main(void)
{
    __IO uint8_t i;
    __IO uint16_t xpos = 0,ypos = 50;              //定义液晶显示器,初始化 X、Y 坐标
    POINT_COLOR = BLACK;
    BACK_COLOR = WHITE;
    SystemInit();
    SPI_FLASH_Init();                              //初始化字库芯片
```

```
LCD_init();                                           //液晶显示器初始化
LCD_Clear(WHITE);                                     //整屏显示白色
KEY_Init();
SysTick_Init();
LCD_ShowString(2,5,"独立看门狗 IWDG 演示实验");
POINT_COLOR = BLUE;
LCD_ShowString(2,150,"按下 KEY2,执行喂狗");
LCD_ShowString(2,180,"释放 KEY2,不喂狗");
for(i = 0;i<192;i = i + 24) LCD_Fill(i,ypos,i + 24,ypos + 24,BLUE);
WDT_Setup();                                          //看门狗设置 1 s 内喂狗
xpos = 0,ypos = 100;
while(1)
{
    LCD_Fill(xpos,ypos,xpos + 24,ypos + 24,RED);
    SysTickDelay_ms(200);     xpos += 24;
    LCD_Fill(xpos,ypos,xpos + 24,ypos + 24,RED);
    SysTickDelay_ms(200);     xpos += 24;
    LCD_Fill(xpos,ypos,xpos + 24,ypos + 24,RED);
    SysTickDelay_ms(200);     xpos += 24;
    LCD_Fill(xpos,ypos,xpos + 24,ypos + 24,RED);
    SysTickDelay_ms(200);     xpos += 24;
    if(Check_KEY(GPIOA,GPIO_Pin_1) == 0) //check key2
    IWDG_ReloadCounter();                             //喂狗
    LCD_Fill(xpos,ypos,xpos + 24,ypos + 24,RED);
    SysTickDelay_ms(200);     xpos += 24;
    LCD_Fill(xpos,ypos,xpos + 24,ypos + 24,RED);
    SysTickDelay_ms(200);     xpos += 24;
    LCD_Fill(xpos,ypos,xpos + 24,ypos + 24,RED);
    SysTickDelay_ms(200);     xpos += 24;
    LCD_Fill(xpos,ypos,xpos + 24,ypos + 24,RED);
    SysTickDelay_ms(200);
    if(Check_KEY(GPIOA,GPIO_Pin_1) == 0) //check key2
    IWDG_ReloadCounter();                             //喂狗
    xpos = 0;ypos = 100;
    for(i = 0;i<192;i = i + 24) LCD_Fill(i,ypos,i + 24,ypos + 24,WHITE);
    SysTickDelay_ms(500);
    if(Check_KEY(GPIOA,GPIO_Pin_1) == 0) //check key2
    IWDG_ReloadCounter();                             //喂狗
}
```

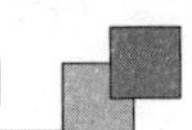

```
}
```

在 File 菜单下新建如下的源文件 WDT.c，编写完成后保存在 Drive 文件夹下，随后将 Drive 文件夹中的应用文件 WDT.c 添加到 Drive 组中。

```
#include "stm32f0xx.h"
#include "wdt.h"
extern __IO uint32_t Reload_val;
/****************************************
* FunctionName     : WDT_Setup
* Description      : WDT 初始化
* EntryParameter   : None
* ReturnValue      : None
****************************************/
void WDT_Setup(void)
{
     /* 使能写访问 IWDG_PR 和 IWDG_RLR 寄存器 */
   IWDG_WriteAccessCmd(IWDG_WriteAccess_Enable);
   /* IWDG 计数器的时钟: LSI/32 */
   IWDG_SetPrescaler(IWDG_Prescaler_32);
   /* 设置重装计数器的值,获得 1 s 的 IWDG 超时可以按下面的公式计算 */
   //看门狗定时器计数频率: 40 kHz
   //看门狗定时器预分频: 32
   //Reload_val = 1/[(1/40 kHz) × 32] = 1 250 kHz
   IWDG_SetReload(Reload_val);                //设置重装计数器的值
     IWDG_ReloadCounter();                    /* 重新装载 IWDG 计数器 */
     /* 使能 IWDG (LSI 被硬件使能) */
     IWDG_Enable();
}
```

在 File 菜单下新建如下的源文件 WDT.h，编写完成后保存在 Drive 文件夹下。

```
#ifndef __WDT_H
#define __WDT_H
void WDT_Setup(void);
#endif /* __WDT_H */
```

4. 实验效果

编译通过后，可以使用 J-link 仿真器调试程序，最后将程序下载到 STM32F072 芯片中，这时 Mini STM32 DEMO 开发板上的 TFT-LCD 出现一条进程条向右伸展。如果按下 KEY2 键，那么因为在 1 s 内进行喂狗，所以程序能够正常运行，进程条继续向右伸展到 TFT-LCD 的边缘后自动消失，然后重复进行。如果未能在 1 s 内及时按下 KEY2 键（释放 KEY2 键），那么看门狗将发生溢出，可以看到进程条向右伸展到一半左右后系统重启，程序不能完整地运行。实验照片如图 20－4所示。

图 20－4　STM32F072 的独立看门狗实验照片

提高篇

第 21 章 电阻式触摸屏的原理及设计

现在对触摸屏的感应读取主要有两种方式，即电容式感应与电阻式感应。电容式感应屏（简称“电容屏”）的灵敏度高，手感好，但价格比较高；电阻式感应屏（简称“电阻屏”）的灵敏度及手感稍差一些，但价格较低，使用非常可靠（例如，汽车的导航显示屏就是使用的电阻屏）。

我们的实验就使用电阻屏来实现。

21.1 低电压输入/输出触摸屏控制器 ADS7846 简介

ADS7846 是一款 4 线式阻性触摸屏控制电路，它的工作电压为 2.2～5.25 V，支持 1.5～5.25 V 低压 I/O 接口。它通过标准 SPI 协议和 CPU 通信，操作简单，精度较高。

同类器件还有 XPT2046 等。

ADS7846 内部包含一个 2.5 V 的基准电路，该基准可以应用在备选输入测量、电池监测和温度测量功能中。在掉电模式下，基准关闭以降低功耗。当在 0～6 V 的范围内监测电池电压时，即使电源供电低于 2.7 V，内部基准仍可工作。电源电压在 2.7 V 时功耗的典型值为 0.75 mW（关闭内部基准），转换速率为 125 kHz。

ADS7846 是电池供电系统的理想选择，例如 PDA、触摸屏手机和其他便携式设备。

图 21－1 所示为 ADS7846 内部结构组成框图。ADS7846 有 TSSOP16、QFN16 和 VFBGA48 等封装形式，可在－40～85 ℃温度范围内工作，图 21－2 所示为其引脚封装。

表 21－1 所列为其引脚功能。

表 21-1　ADS7846 引脚功能

TSSOP 封装	VFBGA 封装	QFN 封装	引脚名	功能描述
1	B1 和 C1	5	V_{CC}	电源引脚
2	D1	6	X_+	X_+ 位置输入端
3	E1	7	Y_+	Y_+ 位置输入端
4	G2	8	X_-	X_- 位置输入端
5	G3	9	Y_-	Y_- 位置输入端
6	G4 和 G5	10	GND	地引脚
7	G6	11	V_{BAT}	电源检测输入端
8	E7	12	AUX	备选输入端
9	D7	13	V_{REF}	基准电压输入/输出
10	C7	14	IOVDD	数字 I/O 端口供电电源
11	B7	15	$\overline{\text{PENIRQ}}$	笔中断
12	AB	16	DOUT	串行数据输出端，当$\overline{\text{CS}}$为高时为高阻状态
13	A5	1	BUSY	忙时信号输出端，当$\overline{\text{CS}}$为高时为高阻状态
14	A4	2	DIN	串行数据输入端，当$\overline{\text{CS}}$为低时，数据在 DCLK 上升沿锁存
15	A3	3	$\overline{\text{CS}}$	片选信号输入端
16	A2	4	DCLK	时钟输入端口

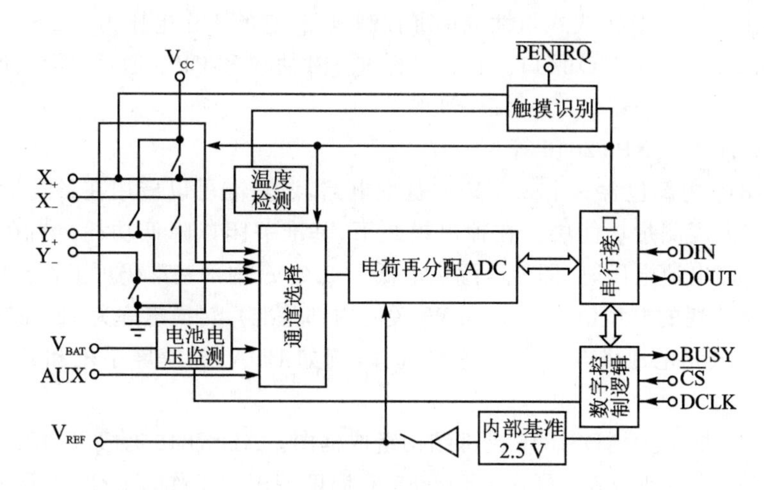

图 21-1　ADS7846 内部结构组成框图

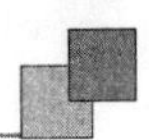

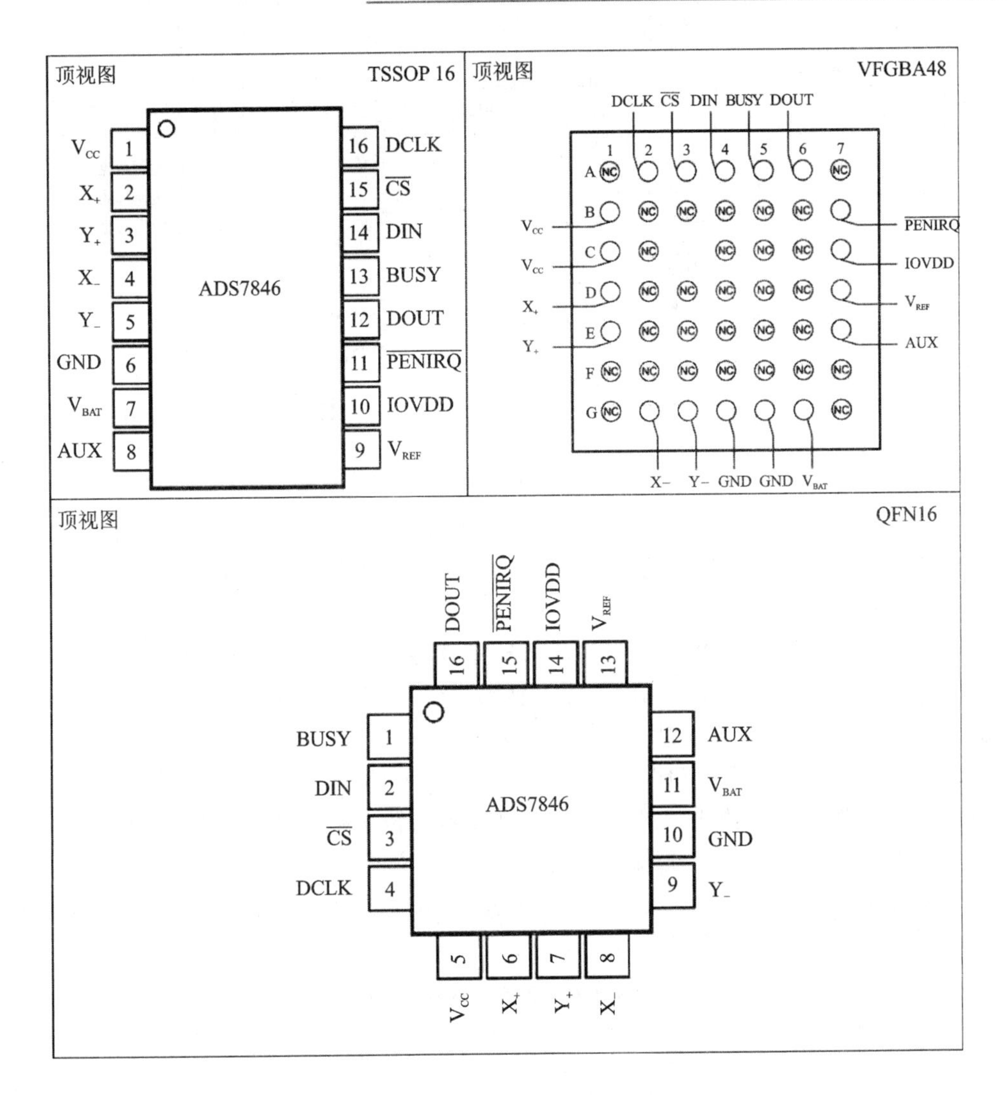

图 21－2　ADS7846 引脚封装

21.2　ADS7846 的工作原理

ADS7846 是一个典型的逐次逼近型 A/D 转换器，其结构是基于电荷再分配的比例电容阵列结构，这种结构本身具有采样保持功能，其转换器是采用 0.5 μm CMOS 工艺制造的。

图 21－3 所示为 ADS7846 的基本工作原理结构。ADS7846 工作时需要外部时钟来提供转换时钟和串口时钟，内部基准 2.5 V 可以被外部的低阻抗电压源驱动，基准电压范围为 1 V～V_{CC}，基准电压值决定了 A/D 转换器的输入范围。

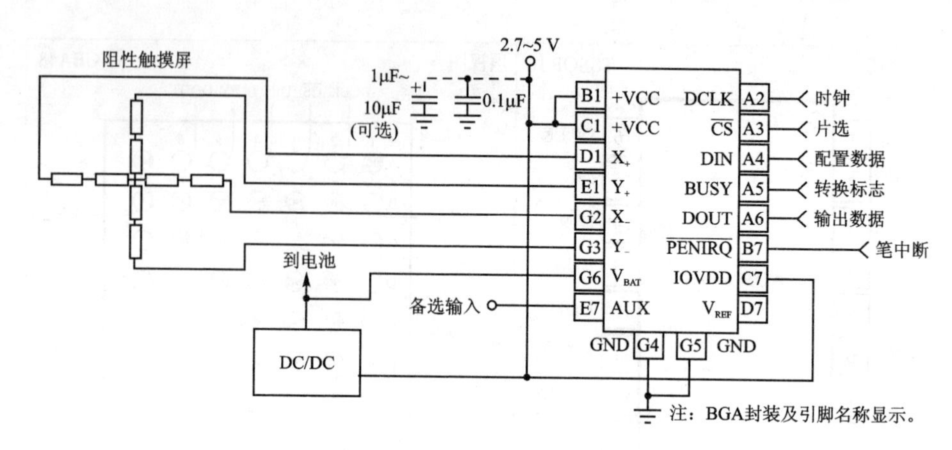

图 21－3　ADS7846 的基本工作原理结构

模拟输入（X 坐标、Y 坐标、Z 坐标、备选输入、电池电压和芯片温度）通过一个通道选择作为输入信号提供给转换器。内部的低阻驱动开关使得 ADS7846 可以为如电阻式触摸屏的外部器件提供驱动电压。

图 21－4 所示为 ADS7846 模拟输入通道选择、差分输入 ADC 和差分输入基准的示意图。表 21－2 所列为 ADS7846 设置为单端模式和模拟输入模式，表 21－3 所列为 ADS7846 设置为差动模式和模拟输入模式。通过数字串行接口输入引脚 DIN 控制。当比较器进入采样和保持模式时，＋IN 与－IN 之间的电压差值将被存储在内部的电容阵列上，模拟输入电流取决于转换器的转换率。当内部电容阵列（25 pF）被完全充电后，将不再有模拟输入电流。

通过采用差动输入和差动基准电压的模式，ADS7846 可以消除由触摸屏驱动开关的导通电阻所带来的误差。

表 21－2　ADS7846 设置为单端模式和模拟输入模式

A2	A1	A0	电池检测	备选输入	温度测量	Y_-	X_+	Y_+	坐标测量	驱动电压
0	0	0	—	—	＋IN(TEMP0)	—	—	—	—	不加
0	0	1	—	—	—		＋IN		Y 坐标	Y_+，Y_-
0	1	0	＋IN	—	—	—	—	—	—	不加
0	1	1	—	—	—	—	＋IN	—	Z_1 坐标	Y_+，X_-
1	0	0	—	—	—	＋IN	—	—	Z_2 坐标	Y_+，X_-
1	0	1	—	—	—	—	—	＋IN	X 坐标	X_+，X_-
1	1	0	—	＋IN	—	—	—	—	—	不加
1	1	1	—	—	＋IN(TEMP1)	—	—	—	—	不加

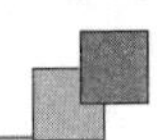

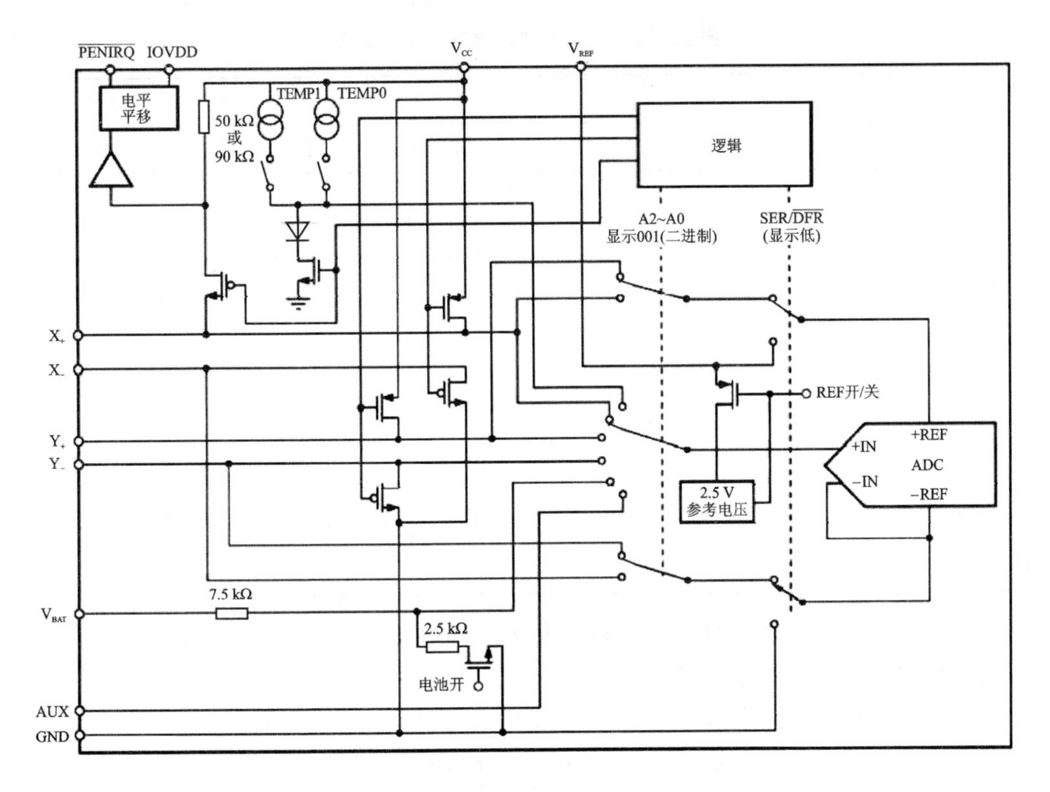

图 21-4　ADS7846 模拟输入通道选择、差分输入 ADC 和差分输入基准的示意图

表 21-3　ADS7846 设置为差动模式和模拟输入模式

A2	A1	A0	Y_-	X_+	Y_+	坐标测量	驱动电压 (+REF,−REF)
0	0	1	—	+IN	—	Y 坐标	Y_+,Y_-
0	1	1	—	+IN	—	Z_1 坐标	Y_+,X_-
1	0	0	+IN	—	—	Z_2 坐标	Y_+,X_-
1	0	1	—	—	+IN	X 坐标	X_+,X_-

21.3　ADS7846 的控制字

从 DIN 引脚串行输入的控制字的顺序及各个控制位如表 21-4 所列，控制字的功能如表 21-5 所列。控制字用来设定 ADS7846 的转换开始位、模拟输入通道选择、ADC 分辨率、参考电压模式和省电模式。

表 21-4　控制字的顺序及各个控制位

bit7(MSB)	bit6	bit5	bit4	bit3	bit2	bit1	bit0(LSB)
S	A2	A1	A0	MODE	SER/$\overline{\text{DFR}}$	PD1	PD0

表 21-5　控制字的功能

控制位	作用描述
S	起始位，必须为高，表明控制字的开始
A2～A0	模拟输入通道选择位 同 SER/$\overline{\text{DFR}}$一起，设定 ADS7846 的测量模式、驱动开关和基准输入
MODE	转换精度选择位，低时为 12 位，高时为 8 位
SER/$\overline{\text{DFR}}$	参考电压模式选择位 同 A2～A0 一起，设定 ADS7846 的测量模式、驱动开关和基准输入
PD1 和 PD0	省电模式选择

① 起始位：控制字的最高位，必须为高，表明控制字的开始。ADS7846 如果没有检测到起始位，将忽略 DIN 引脚上的信号。

② 通道选择：接下来的 3 位——A2、A1 和 A0 用来设定 ADS7846 的测量模式（见图 21-4、表 21-2 和表 21-3）、驱动开关和基准输入。

③ 转换模式：模式位用来设定 A/D 转换器的分辨率，此位为低时，数/模转换将有 12 位的分辨率；为高时则有 8 位的分辨率。

④ SER/$\overline{\text{DFR}}$：用来设定参考电压模式为单端模式还是差动模式。差动模式也称为比例转换模式，用于 X 坐标、Y 坐标和触摸压力的测量，可以达到最佳的性能。在差动模式下，参考电压来自于驱动开关，其大小与触摸屏上的驱动电压相差无几。在单端模式下，参考电压为 V_{REF} 与地之间的电压。如果 X 坐标、Y 坐标和触摸压力的测量采用单端模式，则必须使用外部基准电压，同时 ADS7846 的电源电压也由外部基准电压提供。

在单端模式下，必须保证 A/D 转换器输入信号的电压不能超过内部基准电压 2.5 V，特别是电源电压高于 2.7 V 时。

⑤ PD1 和 PD0：A/D 转换器和内部基准电路可以通过这两位来设定为工作或者停止，因此可以降低 ADS7846 的功耗，还可以让内部基准电压在转换前稳定到最终的电压值，如表 21-6 所列。如果内部基准电路被关闭，则要保证有足够的启动时间来启动内部基准电路。

A/D 转换器不需要启动时间，可以瞬间启动。此外，随着 BUSY 置为高，内部基准电路的工作模式将被锁存，这时需要对 ADS7846 写额外的控制位来关闭内部基准电路。

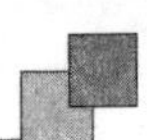

表 21-6　省电模式和内部基准选择

PD1	PD0	接触中断功能	功能描述
0	0	启用	转换完成后进入省电模式，下一次转换开始后，所有的器件将被上电，不需要额外的延迟来保证操作的正确性，第一次转换结果也是有效的。省电模式下，Y- 驱动开关将导通
0	1	禁用	启用 ADC，关闭基准电路
1	0	启用	关闭 ADC，启用基准电路
1	1	禁用	ADC 和基准电路都启用

21.4　笔中断接触输出

在 PD0=0 的掉电模式下，如果触摸屏被触摸，$\overline{\text{PENIRQ}}$将变为低电平，这对 CPU 来说将意味着一个中断信号的产生。此外，在 *X* 坐标、*Y* 坐标和 *Z* 坐标的测量过程中，$\overline{\text{PENIRQ}}$输出将被禁用，一直为低。如果 ADS7846 的控制位中 PD0=1，则$\overline{\text{PENIRQ}}$输出功能将被禁用，触摸屏的接触将不会被探测到。为了重新启用接触探测功能，需要重新写控制位 PD0=0。

在 CPU 给 ADS7846 发送控制位时，建议 CPU 屏蔽掉$\overline{\text{PENIRQ}}$的中断功能，这是为了防止引起误操作。

当触摸屏被按下时（即有触摸事件发生），ADS7846 向 CPU 发出中断请求，CPU 接到请求后，应延时一下再响应其请求，目的是消除抖动，使采样更准确。如果一次采样不准确，则可以尝试多次采样，取最后一次结果为准，目的也是消除抖动。

21.5　STM32F072 的触摸屏测试实验

1. 实验要求

设计一个五色画板，具有蓝、红、黄、青、粉红 5 种颜色，可以进行画图及写字实验。

2. 实验电路原理

参考 Mini STM32 DEMO 开发板电路原理图：

- PB10——T_PEN：触摸芯片的触摸中断输入；
- PA4——T_CS：触摸芯片片选；
- PA5——T_CLK：触摸芯片时钟；
- PA6——T_OUT：触摸芯片数据输出；
- PA7——T_DIN：触摸芯片数据输入；

- PC10——LCD_RS：TFT-LCD 命令/数据选择(0,读/写命令;1,读/写数据)；
- PC11——LCD_CS：TFT-LCD 片选；
- PD2——LCD_WR：向 TFT-LCD 写入数据；
- PC12——LCD_RD：从 TFT-LCD 读取数据；
- PC7～PC0——DB[15：8]：TFT-LCD 16 位双向数据线的高 8 位；
- PB7～PB0——DB[7：0]：TFT-LCD 16 位双向数据线的低 8 位；
- NRST——NRST：TFT-LCD 复位信号。

3. 源程序文件及分析

新建一个文件目录 TOUCH_LCD，在 RealView MDK 集成开发环境中创建一个工程项目 TOUCH_LCD. uvprojx 于此目录中。

在 File 菜单下新建如下的源文件 main. c，编写源程序代码后保存在 User 文件夹下，再把 main. c 文件添加到 User 组中。

```
#include "stm32f0xx.h"
#include "ILI9325.h"
#include "GUI.h"
#include "W25Q16.h"
#include "XPT2046.h"
__IO uint8_t touch_flag = 0;                              //触摸标志
__IO uint16_t DrawPenColor;                               //画笔颜色
/****************************************
* FunctionName    : main
* Description     : 主函数
* EntryParameter  : None
* ReturnValue     : None
****************************************/
int main()
{
    SPI_FLASH_Init();                                     //初始化字库芯片
    LCD_init();                                           //液晶显示器初始化
    LCD_Clear(LGRAY);                                     //整屏显示浅灰色
    POINT_COLOR = RED;
    BACK_COLOR = LGRAY;
    LCD_ShowString(10,289,"触摸屏");
    LCD_ShowString(180,289,"测试");
    Draw_Frame(10,15,230,65,"墨盒 ");                     //显示"墨盒"
    LCD_Fill(20, 30, 50, 60, BLUE);                       //充墨
    LCD_Fill(60, 30, 90, 60, RED);
    LCD_Fill(100, 30, 130, 60, YELLOW);
    LCD_Fill(140, 30, 170, 60, GREEN);
```

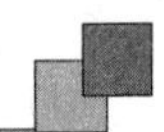

```
LCD_Fill(180, 30, 210, 60, PINK);
Draw_Frame(10,80,230,280,"画布 ");              //显示"画布"
LCD_Fill(20, 100, 220, 270, WHITE);             //把画布设置为白色
Draw_Button(83,285,157,310);                    //显示"擦除画布"按钮
POINT_COLOR = BLACK;
BACK_COLOR = LGRAY;
LCD_ShowString(88,289,"擦除画布");
Touch_Init();                                   //触摸芯片初始化及中断设置
DrawPenColor = BLUE;
while(1)
{
    if(touch_flag == 1)
    {
        touch_flag == 0;
        if(Read_Continue() == 0)                //如果发生"触摸屏被按下事件"
        {
            //
            if((Pen_Point.Y_Coord>100)&&(Pen_Point.Y_Coord<270))
            {
                if(Read_Continue() == 0)
                {
                if((Pen_Point.X_Coord>20)&&(Pen_Point.X_Coord<220)&&(Pen_
                Point.Y_Coord>100)&&(Pen_Point.Y_Coord<270))
                LCD_Draw5Point(Pen_Point.X_Coord,Pen_Point.Y_Coord, rawPenCol-
                or);
                }
            }
            //擦除画布按钮
        if((Pen_Point.X_Coord>83)&&(Pen_Point.X_Coord<157)&&(Pen_Point.Y_
        Coord>285)&&(Pen_Point.Y_Coord<310))
            {
                SetButton(83,285,157,310);          //显示按钮被按下状态
                LCD_Fill(85, 288, 154, 307,LGRAY);  //清除按钮上的字
                POINT_COLOR = BLACK;
                BACK_COLOR = LGRAY;
                LCD_ShowString(89,290,"擦除画布");
                                                    //显示按钮上的字被按下状态
                while(SPI_TOUHC_INT == 0);          //如果按钮被一直按着,等待
                EscButton(83,285,157,310);      //放开按钮,显示按钮被放开状态
                LCD_Fill(85, 288, 154, 307,LGRAY);  //清除按钮上的字
                POINT_COLOR = BLACK;
                BACK_COLOR = LGRAY;
```

```
                LCD_ShowString(88,289,"擦除画布");//显示按钮上的字被恢复状态
                LCD_Fill(20, 100, 220, 270, WHITE);//把画布设置为白色
            }
            if((Pen_Point.Y_Coord>30)&&(Pen_Point.Y_Coord<60))    //蘸墨
            {
                if((Pen_Point.X_Coord>20)&&(Pen_Point.X_Coord<50))
                                                        //蘸蓝色墨
                {
                    DrawPenColor = BLUE;
                }
                if((Pen_Point.X_Coord>60)&&(Pen_Point.X_Coord<90))
                                                        //蘸红色墨
                {
                        DrawPenColor = RED;
                }
                if((Pen_Point.X_Coord>100)&&(Pen_Point.X_Coord<130))
                                                        //蘸黄色墨
                {
                        DrawPenColor = YELLOW;
                }
                if((Pen_Point.X_Coord>140)&&(Pen_Point.X_Coord<170))
                                                        //蘸绿色墨
                {
                      DrawPenColor = GREEN;
                }
                if((Pen_Point.X_Coord>180)&&(Pen_Point.X_Coord<210))
                                                        //蘸粉红色墨
                {
                        DrawPenColor = PINK;
                }
            }
        }
        touch_flag = 1;
    }else delay_us(2000);
  }
}
```

在 File 菜单下新建如下的源文件 XPT2046.c，编写完成后保存在 Drive 文件夹下，随后将 Drive 文件夹中的应用文件 XPT2046.c 添加到 Drive 组中。

```
#include "xpt2046.h"
Pen_Holder Pen_Point;                    //定义笔
extern volatile unsigned char touch_flag;
```

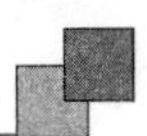

```
/****************************************
* FunctionName   : XPT2046_Init
* Description    : XPT2046 初始化配置
* EntryParameter : None
* ReturnValue    : None
****************************************/
void XPT2046_Init(void)
{
    //设置需要配置的参数
    GPIO_InitTypeDef  GPIO_InitStruct;
    SPI_InitTypeDef   SPI_InitStruct;
    //配置时钟
    RCC_APB2PeriphClockCmd(RCC_APB2Periph_SYSCFG, ENABLE);
    RCC_AHBPeriphClockCmd(TOUCH_CS_PIN_SCK|TOUCH_SCK_PIN_SCK|TOUCH_MISO_PIN_SCK |
    TOUCH_MOSI_PIN_SCK|TOUCH_INT_PIN_SCK , ENABLE);
    RCC_APB2PeriphClockCmd(TOUCH_SPI1, ENABLE);
    //配置 SPI 使用到的 GPIO 端口
    /*!< Configure TOUCH_SPI pins: SCK */
    GPIO_InitStruct.GPIO_Pin = TOUCH_SCK_PIN;
    GPIO_InitStruct.GPIO_Mode = GPIO_Mode_AF;
    GPIO_InitStruct.GPIO_Speed = GPIO_Speed_Level_3;
    GPIO_InitStruct.GPIO_OType = GPIO_OType_PP;
    GPIO_InitStruct.GPIO_PuPd = GPIO_PuPd_UP;
    GPIO_Init(TOUCH_SCK_PORT, &GPIO_InitStruct);
    /*!< Configure TOUCH_SPI pins: MISO */
    GPIO_InitStruct.GPIO_Pin = TOUCH_MISO_PIN;
    GPIO_Init(TOUCH_MISO_PORT, &GPIO_InitStruct);
    /*!< Configure TOUCH_SPI pins: MOSI */
    GPIO_InitStruct.GPIO_Pin = TOUCH_MOSI_PIN;
    GPIO_Init(TOUCH_MOSI_PORT, &GPIO_InitStruct);
    /*!< Configure TOUCH_CS_PIN pin */
    GPIO_InitStruct.GPIO_Pin = TOUCH_CS_PIN;
    GPIO_InitStruct.GPIO_Mode = GPIO_Mode_OUT;
    GPIO_InitStruct.GPIO_OType = GPIO_OType_PP;
    GPIO_InitStruct.GPIO_PuPd = GPIO_PuPd_UP;
    GPIO_InitStruct.GPIO_Speed = GPIO_Speed_50MHz;
    GPIO_Init(TOUCH_CS_PORT, &GPIO_InitStruct);
    /*!< Configure TOUCH_TIN_PIN pin */
    GPIO_InitStruct.GPIO_Pin = TOUCH_INT_PIN;
    GPIO_InitStruct.GPIO_Mode = GPIO_Mode_IN;
    GPIO_InitStruct.GPIO_PuPd = GPIO_PuPd_DOWN;
    GPIO_InitStruct.GPIO_Speed = GPIO_Speed_50MHz;
```

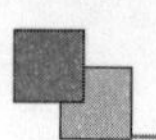


```
    GPIO_Init(TOUCH_INT_PORT, &GPIO_InitStruct);
    //复用配置
    GPIO_PinAFConfig(TOUCH_SCK_PORT,TOUCH_SCK_SOURCE,TOUCH_SCK_AF);
    GPIO_PinAFConfig(TOUCH_MISO_PORT,TOUCH_MISO_SOURCE,TOUCH_MISO_AF);
    GPIO_PinAFConfig(TOUCH_MOSI_PORT,TOUCH_MOSI_SOURCE,TOUCH_MOSI_AF);
    //配置 SPI
    SPI_TOUCH_CS_HIGH();
    SPI_InitStruct.SPI_Direction = SPI_Direction_2Lines_FullDuplex;
    SPI_InitStruct.SPI_Mode = SPI_Mode_Master;
    SPI_InitStruct.SPI_DataSize = SPI_DataSize_8b;
    SPI_InitStruct.SPI_CPOL = SPI_CPOL_High;
    SPI_InitStruct.SPI_CPHA = SPI_CPHA_2Edge;
    SPI_InitStruct.SPI_NSS = SPI_NSS_Soft;
    SPI_InitStruct.SPI_BaudRatePrescaler = SPI_BaudRatePrescaler_256;
    SPI_InitStruct.SPI_FirstBit = SPI_FirstBit_MSB;
    SPI_InitStruct.SPI_CRCPolynomial = 7;
    SPI_Init(SPI1, &SPI_InitStruct);
    SPI_RxFIFOThresholdConfig(SPI1, SPI_RxFIFOThreshold_QF);
    SPI_Cmd(SPI1, ENABLE); /*!< TOUCH_SPI enable */
}
/****************************************
* FunctionName    : TOUCH_Int
* Description     : XPT2046 初始化中断配置
* EntryParameter  : None
* ReturnValue     : None
****************************************/
void TOUCH_Int(void)
{
    NVIC_InitTypeDef NVIC_InitStruct;
    EXTI_InitTypeDef EXTI_InitStruct;
    NVIC_InitStruct.NVIC_IRQChannel = EXTI4_15_IRQn;
    NVIC_InitStruct.NVIC_IRQChannelPriority = 1;
    NVIC_InitStruct.NVIC_IRQChannelCmd = ENABLE;
    NVIC_Init(&NVIC_InitStruct);
    SYSCFG_EXTILineConfig(EXTI_PortSourceGPIOB, EXTI_PinSource10);
    EXTI_InitStruct.EXTI_Line = EXTI_Line10;
    EXTI_InitStruct.EXTI_Mode = EXTI_Mode_Interrupt;
    EXTI_InitStruct.EXTI_Trigger = EXTI_Trigger_Falling; //下降沿中断
    EXTI_InitStruct.EXTI_LineCmd = ENABLE;
    EXTI_Init(&EXTI_InitStruct);
}
/****************************************
```

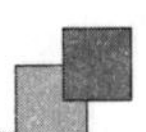

```
* FunctionName     : WR_Cmd
* Description      : XPT2046 写入命令
* EntryParameter   : cmd: 写入命令
* ReturnValue      : None
****************************************/
uint8_t WR_Cmd(uint8_t cmd)
{    /* Wait for SPI1 Tx buffer empty */
    while (SPI_I2S_GetFlagStatus(SPI1, SPI_I2S_FLAG_TXE) == RESET);
    /* Send SPI1 data */
    SPI_SendData8(SPI1,cmd);
    /* Wait for SPI1 data reception */
    while (SPI_I2S_GetFlagStatus(SPI1, SPI_I2S_FLAG_RXNE) == RESET);
    /* Read SPI1 received data */
    return SPI_ReceiveData8(SPI1);
    }
/****************************************
* FunctionName     : Touch_Init
* Description      : 触摸屏初始化
* EntryParameter   : None
* ReturnValue      : None
****************************************/
void Touch_Init(void)
{
    XPT2046_Init();                      //触摸芯片,SPI 通信设置
    TOUCH_Int();                         //中断设置
    touch_flag = 0;
    Pen_Point.Pen_Sign = Pen_Up;
    ADS_Read_AD(CMD_RDX);
    ADS_Read_AD(CMD_RDY);
}
/****************************************
* FunctionName     : delay_us
* Description      : 短暂延时微秒(粗略)
* EntryParameter   : cnt: 延时参数
* ReturnValue      : None
****************************************/
void delay_us(uint32_t cnt)
{
    uint16_t i;
    for(i = 0;i<cnt;i++)
    {
        uint8_t us = 22;       /* 设置值为 12,大约延 1 μs */
```

```
        while (us--)         /* 延 1 μs */
        {
            ;
        }
    }
}
/****************************************
 * FunctionName    : ADS_Read_AD
 * Description     : 通过 XPT2046 读取 X 轴或 Y 轴的 ADC 值
 * EntryParameter  : CMD：读取命令
 * ReturnValue     : 读取的 ADC 值
****************************************/
uint16_t ADS_Read_AD(uint8_t CMD)
{
    uint16_t NUMH,NUML;
    uint16_t Num;
    SPI_TOUCH_CS_LOW();                //CS = 0,开始 SPI 通信
    delay_us(1);
    WR_Cmd(CMD);
    delay_us(6);                       //延时等待转换完成
    NUMH = WR_Cmd(0x00);
    NUML = WR_Cmd(0x00);
    Num = ((NUMH)<<8) + NUML;
    Num>> = 4;                         //只有高 12 位有效
    SPI_TOUCH_CS_HIGH();               //CS = 1,结束 SPI 通信
    return(Num);
}
#define READ_TIMES 10                  //读取次数
#define LOST_VAL 4                     //丢弃值
/****************************************
 * FunctionName    : ADS_Read_AD
 * Description     : 通过 XPT2046 读取 X 轴或 Y 轴的 ADC 值(与上一个函数相比,这个带有
 *                   滤波)
 * EntryParameter  : CMD：读取命令
 * ReturnValue     : 读取的 ADC 值
****************************************/
uint16_t ADS_Read_XY(uint8_t xy)
{
    uint16_t i, j;
    uint16_t buf[READ_TIMES];
    uint16_t sum = 0;
    uint16_t temp;
```

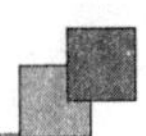

```
    for(i = 0;i<READ_TIMES;i ++ )
    {
        buf[i] = ADS_Read_AD(xy);
    }
    for(i = 0;i<READ_TIMES - 1; i ++ )         //排序
    {
        for(j = i + 1;j<READ_TIMES;j ++ )
        {
            if(buf[i]>buf[j])                  //升序排列
            {
                temp = buf[i];
                buf[i] = buf[j];
                buf[j] = temp;
            }
        }
    }
    sum = 0;
    for(i = LOST_VAL;i<READ_TIMES - LOST_VAL;i ++ )sum + = buf[i];
    temp = sum/(READ_TIMES - 2 * LOST_VAL);
    return temp;
}
/**************************************
* FunctionName      : Read_ADS
* Description       : 读取 X 轴和 Y 轴的 ADC 值
* EntryParameter    : uint16_t *x,uint16_t *y
* ReturnValue       : 单字节：
*                       0,成功(返回的 X、Y_ADC 值有效)
*                       1,失败(返回的 X、Y_ADC 值无效)
**************************************/
uint8_t Read_ADS(uint16_t *x,uint16_t *y)
{
    uint16_t xtemp,ytemp;
    xtemp = ADS_Read_XY(CMD_RDX);
    ytemp = ADS_Read_XY(CMD_RDY);
    if(xtemp<100||ytemp<100)return 1;      //读数失败
    * x = xtemp;
    * y = ytemp;
    return 0;                              //读数成功
}
#define ERR_RANGE 50                        //误差范围
/**************************************
* FunctionName      : Read_ADS2
```

```
 * Description      : 连续两次读取 ADC 值
 * EntryParameter   : uint16_t *x,uint16_t *y
 * ReturnValue      : 单字节:
 *                      0,成功(返回的 X、Y_ADC 值有效)
 *                      1,失败(返回的 X、Y_ADC 值无效)
 ****************************************/
uint8_t Read_ADS2(uint16_t *x,uint16_t *y)
{
    uint16_t x1,y1;
    uint16_t x2,y2;
    uint8_t res;
    res = Read_ADS(&x1,&y1);                    //第一次读取 ADC 值
    if(res == 1)return(1);                      //如果读数失败,返回 1
    res = Read_ADS(&x2,&y2);                    //第二次读取 ADC 值
    if(res == 1)return(1);                      //如果读数失败,返回 1
    if(((x2<= x1&&x1<x2 + ERR_RANGE)||(x1<= x2&&x2<x1 + ERR_RANGE))
    &&((y2<= y1&&y1<y2 + ERR_RANGE)||(y1<= y2&&y2<y1 + ERR_RANGE)))
    {
        *x = (x1 + x2)/2;
        *y = (y1 + y2)/2;
        return 0;                               //正确读取,返回 0
    }else return 1;
}
/****************************************
 * FunctionName     : Change_XY
 * Description      : 把读出的 ADC 值转换成坐标值
 * EntryParameter   : None
 * ReturnValue      : None
 ****************************************/
void Change_XY(void)
{
    Pen_Point.X_Coord = (240 - (Pen_Point.X_ADC - 129)/7.454);
                                        //把读到的 X_ADC 值转换成 TFT X 坐标值
    Pen_Point.Y_Coord = (320 - (Pen_Point.Y_ADC - 286)/5.093);
                                        //把读到的 Y_ADC 值转换成 TFT Y 坐标值
}
/****************************************
 * FunctionName     : Read_Once
 * Description      : 读取一次 X、Y 坐标值
 * EntryParameter   : None
 * ReturnValue      : 一个字节,0 表示成功,1 表示失败
 ****************************************/
```

```
uint8_t Read_Once(void)
{
    touch_flag = 0;
    Pen_Point.Pen_Sign = Pen_Up;
    if(Read_ADS2(&Pen_Point.X_ADC,&Pen_Point.Y_ADC) == 0)    //如果读取数据成功
    {
        while(SPI_TOUHC_INT == 0);      //检测笔是不是还在屏上
        Change_XY();                    //把读到的 ADC 值转变成 TFT 坐标值
        return 0;                       //返回 0,表示成功
    }
    else return 1;                      //如果读取数据失败,返回 1 表示失败
}
/************************************
* FunctionName   : Read_Continue
* Description    : 持续读取 X、Y 坐标值
* EntryParameter : None
* ReturnValue    : 一个字节,0 表示成功,1 表示失败
************************************/
uint8_t Read_Continue(void)
{
    touch_flag = 0;
    Pen_Point.Pen_Sign = Pen_Up;
    if(Read_ADS2(&Pen_Point.X_ADC,&Pen_Point.Y_ADC) == 0)    //如果读取数据成功
    {
        Change_XY();                    //把读到的 ADC 值转变成 TFT 坐标值
        return 0;                       //返回 0,表示成功
    }
    else return 1;                      //如果读取数据失败,返回 1 表示失败
}
```

在 File 菜单下新建如下的源文件 XPT2046.h,编写完成后保存在 Drive 文件夹下。

```
#ifndef _XPT2046_H_
#define _XPT2046_H_
#include "stm32f0xx.h"
#include "ILI9325.h"
#define TOUCH_INT_PIN         GPIO_Pin_10
#define TOUCH_INT_PORT        GPIOB
#define TOUCH_INT_PIN_SCK     RCC_AHBPeriph_GPIOB
#define TOUCH_CS_PIN          GPIO_Pin_4
#define TOUCH_CS_PORT         GPIOA
#define TOUCH_CS_PIN_SCK      RCC_AHBPeriph_GPIOA
```

```
#define TOUCH_SCK_PIN           GPIO_Pin_5
#define TOUCH_SCK_PORT          GPIOA
#define TOUCH_SCK_PIN_SCK       RCC_AHBPeriph_GPIOA
#define TOUCH_SCK_SOURCE        GPIO_PinSource5
#define TOUCH_SCK_AF            GPIO_AF_0
#define TOUCH_MISO_PIN          GPIO_Pin_6
#define TOUCH_MISO_PORT         GPIOA
#define TOUCH_MISO_PIN_SCK      RCC_AHBPeriph_GPIOA
#define TOUCH_MISO_SOURCE       GPIO_PinSource6
#define TOUCH_MISO_AF           GPIO_AF_0
#define TOUCH_MOSI_PIN          GPIO_Pin_7
#define TOUCH_MOSI_PORT         GPIOA
#define TOUCH_MOSI_PIN_SCK      RCC_AHBPeriph_GPIOA
#define TOUCH_MOSI_SOURCE       GPIO_PinSource7
#define TOUCH_MOSI_AF           GPIO_AF_0
#define TOUCH_SPI1                   RCC_APB2Periph_SPI1
#define SPI_TOUCH_CS_LOW()           GPIO_ResetBits(GPIOA, GPIO_Pin_4)
#define SPI_TOUCH_CS_HIGH()          GPIO_SetBits(GPIOA, GPIO_Pin_4)
#define SPI_TOUHC_INT                GPIO_ReadInputDataBit(GPIOB,GPIO_Pin_10)
#define CMD_RDY 0X90               //0B10010000 即用差分方式读 X 坐标
#define CMD_RDX     0XD0           //0B11010000 即用差分方式读 Y 坐标
#define Pen_Down 1
#define Pen_Up     0
typedef struct
{
    uint16_t X_Coord;              //LCD 坐标
    uint16_t Y_Coord;
    uint16_t X_ADC;                //ADC 值
    uint16_t Y_ADC;
    uint8_t  Pen_Sign;             //笔的状态
}Pen_Holder;
void delay_us(uint32_t cnt);
extern Pen_Holder Pen_Point;
extern void Touch_Init(void);
//extern void PIOINT2_IRQHandler(void);
extern uint16_t ADS_Read_AD(uint8_t CMD);
extern uint8_t Read_ADS(uint16_t * x,uint16_t * y);
extern uint8_t Read_ADS2(uint16_t * x,uint16_t * y);
extern uint8_t Read_Once(void);
extern uint8_t Read_Continue(void);
extern void Change_XY(void);
#endif
```

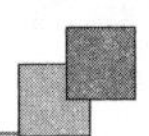

4. 实验效果

编译通过后，可以使用 J-link 仿真器调试程序，最后将程序下载到 STM32F072 芯片中，这时 Mini STM32 DEMO 开发板上的 TFT-LCD 上出现一个五色画板，具有蓝、红、黄、青、粉红 5 种颜色，可以使用一支手机的手写笔进行画图及写字实验。实验照片如图 21－5 所示。

图 21－5　STM32F072 的触摸屏测试实验照片

第 22 章

2.4G 无线收发模块 NRF24L01 的特性及应用

NRF24L01 是一款新型单片射频收发器件，工作于 2.4～2.5 GHz 世界通用 ISM 频段。内置频率合成器、功率放大器、晶体振荡器和调制器等功能模块，并融合了增强型 SchockBurst 技术，其中输出功率和通信频道可通过程序进行配置。NRF24L01 功耗低，在以－6 dBm 的功率发射时，工作电流只有 9 mA；接收时，工作电流只有 12.3 mA；多种低功率工作模式(掉电模式和空闲模式)电流消耗更低。

22.1 NRF24L01 的主要特性

NRF24L01 的主要特性如下：

- GFSK 调制；
- 硬件集成 OSI 链路层；
- 具有自动应答和自动再发射功能；
- 片内自动生成报头和 CRC 校验码；
- 数据传输率为 1 Mbps 或 2 Mbps；
- SPI 速率为 0～10 Mbps；
- 125 个频道；
- 与其他 NRF24 系列射频器件相兼容；
- QFN20 引脚 4 mm×4 mm 封装；
- 供电电压为 1.9～3.6 V。

22.2 NRF24L01 的结构及引脚功能

NRF24L01 的结构组成框图如图 22－1 所示。图 22－2 所示为外形封装及引脚排列。各引脚功能如下：

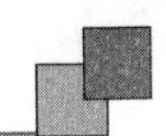

CE：使能发射或接收。

CSN、SCK、MOSI 和 MISO：SPI 引脚端，微处理器可通过此引脚配置 NRF24L01。

IRQ：中断标志位。

V_{DD}：电源输入端。

V_{SS}：电源地。

XC2 和 XC1：晶体振荡器引脚。

VDD_PA：为功率放大器供电，输出为 1.8 V。

ANT1 和 ANT2：天线接口。

IREF：参考电流输入。

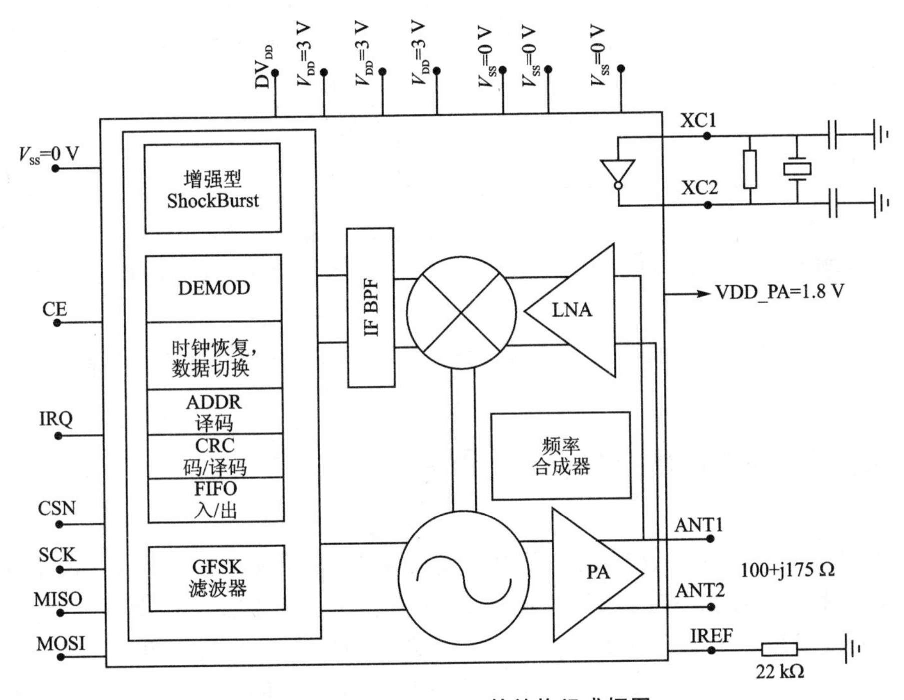

图 22-1　NRF24L01 的结构组成框图

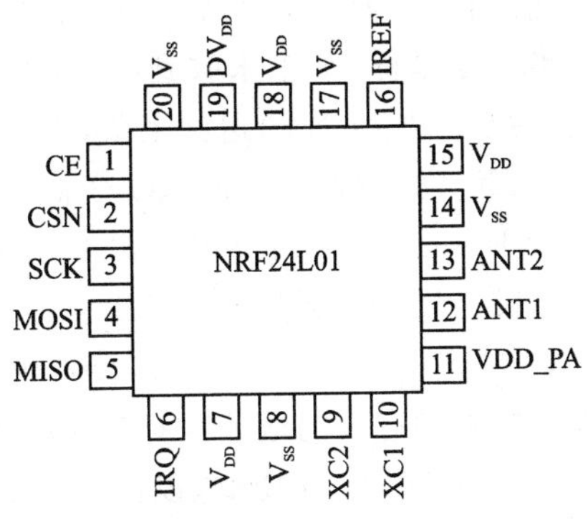

图 22-2　NRF24L01 的外形封装及引脚排列

22.3 NRF24L01 的工作模式

通过配置寄存器可将 NRF24L01 配置为发射、接收、空闲及掉电 4 种工作模式，如表 22-1 所列。

表 22-1 NRF24L01 的工作模式配置

模 式	PWR_UP	PRIM_RX	CE	FIFO 状态
接收	1	1	1	—
发射	1	0	1	数据已在发射堆栈中
发射	1	0	⌐_	当 CE 有下降沿跳变时，数据已经发射
空闲 2	1	0	1	发射堆栈空
空闲 1	1	—	0	没有数据发射
掉电	0	—	—	—

空闲模式 1 主要用于降低电流损耗，在该模式下晶体振荡器仍然工作；空闲模式 2 则是在当发射堆栈为空且 CE=1 时发生(用在 PTX 设备)。在空闲模式下，配置字仍然保留。

在掉电模式下电流损耗最小，NRF24L01 不工作，但其所有配置寄存器的值仍然保留。

22.4 NRF24L01 的工作原理

发射数据时，先将 NRF24L01 配置为发射模式，接着把地址 TX_ADDR 和数据 TX_PLD 按照时序由 SPI 口写入 NRF24L01 缓存区，TX_PLD 必须在 CSN 为低时连续写入，而 TX_ADDR 在发射时写入一次即可，然后 CE 置为高电平并保持至少 10 μs，延迟 130 μs 后发射数据。若自动应答开启，那么 NRF24L01 在发射数据后将立即进入接收模式，接收应答信号。如果收到应答，则认为此次通信成功，TX_DS 置高，同时 TX_PLD 从发送堆栈中清除；如果未收到应答，则自动重新发射该数据(自动重发已开启)，如果重发次数(ARC_CNT)达到上限，则 MAX_RT 置高，TX_PLD 不会被清除。MAX_RT 或 TX_DS 置高时，使 IRQ 变低，以便通知 MCU。最后当发射成功时，若 CE 为低则 NRF24L01 进入空闲模式 1；若发送堆栈中有数据且 CE 为高，则进入下一次发射；若发送堆栈中无数据且 CE 为高，则进入空闲模式 2。

接收数据时，先将 NRF24L01 配置为接收模式，接着延迟 130 μs 进入接收状态等待数据的到来。当接收方检测到有效的地址和 CRC 时，就将数据包存储在接收堆栈中，同时中断标志位 RX_DR 置高，IRQ 变低，以便通知 MCU 去取数据。若此时自动应答开启，接收方则同时进入发射状态回传应答信号。最后当接收成功时，若

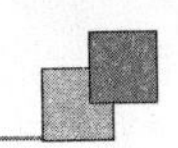

CE 变低，则 NRF24L01 进入空闲模式 1。

22.5　配置字

SPI 口为同步串行通信接口，最大传输速率为 10 Mbps，传输时先传送低位字节，再传送高位字节。但针对单个字节而言，要先送高位再送低位。与 SPI 相关的指令共有 8 个，使用时这些控制指令由 NRF24L01 的 MOSI 输入。相应的状态和数据信息是从 MISO 输出给 MCU。

NRF24L01 所有的配置字都由配置寄存器定义，这些配置寄存器可通过 SPI 口访问。NRF24L01 的配置寄存器共有 25 个，常用的配置寄存器如表 22-2 所列。

表 22-2　NRF24L01 的配置寄存器

地址(h)	寄存器名称	描　述
00	CONFIG	可用来设置 NRF24L01 的工作模式
01	EN_AA Enhanced	用于接收通道的设置，使能接收通道的自动应答功能
02	EN_RXADDR	使能接收通道地址
03	SETUP_AW	设置地址宽度(适合所有通道)
04	SETUP_RETR	设置自动重发射
07	STATUS	状态寄存器
0A～0F	RX_ADDR_P0～P5	设置接收通道的地址
10	TX_ADDR	设置发射机地址
11～16	RX_PW_P0～P5	设置接收通道的数据长度

22.6　STM32F072 的 NRF24L01 通信实验

1. 实验要求

本实验需要两块实验板及两个 NRF24L01。上电后，如果按动 K1 键就进入发送模式，如果按动 K2 键就进入接收模式。在发送实验板上，按下 TFT-LCD 上的 HaHa、XiXi 和 HeHe 图标，接收实验板收到无线信号后，其 TFT-LCD 上对应的图标将产生动作。

2. 实验电路原理

参考 Mini STM32 DEMO 开发板电路原理图：

- PA8——NRF24L01_CE；

- PC9——NRF24L01_IRQ；
- PC8——NRF24L01_CS；
- PB13——NRF24L01_CLK；
- PB14——NRF24L01_DO；
- PB15——NRF24L01_DIO；
- PA0——K1；
- PA1——K2；
- PC10——LCD_RS：TFT-LCD 命令/数据选择(0,读/写命令;1,读/写数据)；
- PC11——LCD_CS：TFT-LCD 片选；
- PD2——LCD_WR：向 TFT-LCD 写入数据；
- PC12——LCD_RD：从 TFT-LCD 读取数据；
- PC7～PC0——DB[15：8]：TFT-LCD 16 位双向数据线的高 8 位；
- PB7～PB0——DB[7：0]：TFT-LCD 16 位双向数据线的低 8 位；
- NRST——NRST：TFT-LCD 复位信号。

3. 源程序文件及分析

新建一个文件目录 NRF24L01_LCD，在 RealView MDK 集成开发环境中创建一个工程项目 NRF24L01_LCD. uvprojx 于此目录中。

在 File 菜单下新建如下的源文件 main. c，编写源程序代码后保存在 User 文件夹下，再把 main. c 文件添加到 User 组中。

```
#include "stm32f0xx.h"
#include "W25Q16.h"
#include "ILI9325.h"
#include "GUI.h"
#include "KEY.h"
#include "XPT2046.h"
#include "NRF24L01.h"
__IO uint8_t touch_flag = 0;
/* 获取缓冲区的长度 */
#define TxBufferSize1    (countof(TxBuffer1) - 1)
#define RxBufferSize1    (countof(TxBuffer1) - 1)
#define countof(a)       (sizeof(a) / sizeof( * (a)))
#define  BufferSize (countof(Tx_Buffer) - 1)

#define  FLASH_WriteAddress       0x00000
#define  FLASH_ReadAddress        FLASH_WriteAddress
#define  FLASH_SectorToErase      FLASH_WriteAddress
#define  sFLASH_ID                0xEF3015
uint8_t Tx_Buffer[1] ;                              //无线传输发送数据
```

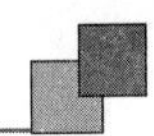

```
uint8_t Rx_Buffer[1];                                    //无线传输接收数据
/************************************************
* FunctionName    : Delay
* Description     : 延时
* EntryParameter  : nCount: 延时参数
* ReturnValue     : None
************************************************/
void Delay(__IO uint32_t nCount)
{
  for(; nCount != 0; nCount--);
}
/************************************************
* FunctionName    : main
* Description     : 主函数
* EntryParameter  : None
* ReturnValue     : None
************************************************/
int main(void)
{
    uint8_t key_sign;      //按键信号值,0=未选择,1=选择发送模式,2=选择接收模式
    SystemInit();
    SPI_RF_Init();
    KEY_Init();
    Touch_Init();
    LCD_init();                                          //液晶显示器初始化
    LCD_Clear(LGRAY);                                    //整屏显示浅灰色
    POINT_COLOR = BLUE;                                  //定义笔的颜色为蓝色
    BACK_COLOR = WHITE;                                  //定义笔的背景色为白色
    LCD_ShowString(5, 5, " NRF24L01 Test ");
    Draw_Frame(6,60,233,280," Key Area ");               //显示"按键测试区"
    Draw_Button(20,100,80,130);
    Draw_Button(90,100,150,130);
    Draw_Button(160,100,220,130);
    POINT_COLOR = BLACK;
    BACK_COLOR = LGRAY;
    LCD_ShowString(35,107,"HaHa");
    LCD_ShowString(105,107,"XiXi");
    LCD_ShowString(175,107,"HeHe");
    LCD_ShowString(20,170,"Please first select model");
    LCD_ShowString(20,190,"KEY1: Send model");
    LCD_ShowString(20,210,"KEY2: Receive model");
    key_sign = 0;
```

```
while(key_sign == 0)
{
    if(Check_KEY(GPIOA,GPIO_Pin_0) == 0)//key1
    {
        NRF24L01_TX_Mode();                    //设置为发送模式
        key_sign = 1;                          //1 代表已按下键
        POINT_COLOR = BLACK;
        LCD_ShowString(20,250,"It's send mode");
    }
    else if(Check_KEY(GPIOA,GPIO_Pin_1) == 0)//key2
    {
        NRF24L01_RX_Mode();                    //设置为接收模式
        key_sign = 2;
        POINT_COLOR = BLACK;
        LCD_ShowString(20,250,"It's receive mode");
    }
}
LCD_Fill(9, 170, 233, 230,LGRAY);              //区域为浅灰色(x0y0,x1y1)
while(key_sign == 1)                           //在发送模式下循环
{
    if(touch_flag == 1)
    {
        touch_flag == 0;
        if(Read_Continue() == 0)               //如果发生"触摸屏被按下事件"
                                               //(产生 X、Y 坐标)
        {
            if((Pen_Point.Y_Coord>100)&&(Pen_Point.Y_Coord<130))
                                               //Y 在此区域内
            {
                if((Pen_Point.X_Coord>20)&&(Pen_Point.X_Coord<80))
                                               //X 坐标 = "HaHa"按钮
                {
                    SetButton(20,100,80,130); //显示按钮被按下状态
                    LCD_Fill(24, 104, 76, 126,LGRAY); //按钮填充浅灰色
                    POINT_COLOR = BLACK;
                    BACK_COLOR = LGRAY;
                    LCD_ShowString(33,108,"HaHa");   //按钮上显示"HaHa"
                    Tx_Buffer[0] = 0x11;             //将 0x11 送入发送缓冲区
                    NRF24L01_TxPacket(Tx_Buffer);    //发送
                    while(SPI_TOUHC_INT == 0);     //如果按钮被一直按着,等待
                    EscButton(20,100,80,130);  //放开按钮,显示按钮被放开状态
                    LCD_Fill(24, 104, 76, 126,LGRAY);//清除按钮上的字
```

```
        POINT_COLOR = BLACK;
        BACK_COLOR = LGRAY;
        LCD_ShowString(35,107,"HaHa");//按钮上显示“HaHa”
        Tx_Buffer[0] = 0x22;              //将 0x22 送入发送缓冲区
        NRF24L01_TxPacket(Tx_Buffer); //发送
    }
    if((Pen_Point.X_Coord>90)&&(Pen_Point.X_Coord<150))
                                          //X 坐标 = “XiXi”按钮
    {
        SetButton(90,100,150,130);      //显示按钮被按下状态
        LCD_Fill(94, 104, 146, 126,LGRAY);
        POINT_COLOR = BLACK;
        BACK_COLOR = LGRAY;
        LCD_ShowString(106,108,"XiXi");
        Tx_Buffer[0] = 0x33;
        NRF24L01_TxPacket(Tx_Buffer);
        while(SPI_TOUHC_INT == 0);  //如果按钮被一直按着,等待
        EscButton(90,100,150,130); //放开按钮,显示按钮被放开状态
        LCD_Fill(94, 104, 146, 126,LGRAY);//清除按钮上的字
        POINT_COLOR = BLACK;
        BACK_COLOR = LGRAY;
        LCD_ShowString(105,107,"XiXi");
        Tx_Buffer[0] = 0x44;
        NRF24L01_TxPacket(Tx_Buffer);
    }
    if((Pen_Point.X_Coord>160)&&(Pen_Point.X_Coord<220))
                                          //X 坐标 = “HeHe”按钮
    {
        SetButton(160,100,220,130);     //显示按钮被按下状态
        LCD_Fill(164, 104, 216, 126,LGRAY);
        POINT_COLOR = BLACK;
        BACK_COLOR = LGRAY;
        LCD_ShowString(176,108,"HeHe");
        Tx_Buffer[0] = 0x55;              //将 0x55 送入发送缓冲区
        NRF24L01_TxPacket(Tx_Buffer); //发送
        while(SPI_TOUHC_INT == 0);        //如果按钮被一直按着,等待
        EscButton(160,100,220,130);//放开按钮,显示按钮被放开状态
        LCD_Fill(164, 104, 216, 126,LGRAY);//清除按钮上的字
        POINT_COLOR = BLACK;
        BACK_COLOR = LGRAY;
        LCD_ShowString(175,107,"HeHe");
        Tx_Buffer[0] = 0x66;              //将 0x66 送入发送缓冲区
```

```
                    NRF24L01_TxPacket(Tx_Buffer); //发送
                }
            }
        }
        touch_flag = 1;
    }
}
while(key_sign == 2)                                //在接收模式下循环
{
  if(NRF24L01_RxPacket(Rx_Buffer) == 0)             //如果接收到数据
    {
      switch(Rx_Buffer[0])
        {
            case 0x11:                              //如果接收到 0x11
                    SetButton(20,100,80,130);       //显示按钮被按下状态
                    LCD_Fill(24, 104, 76, 126,LGRAY);
                    POINT_COLOR = BLACK;
                    BACK_COLOR = LGRAY;
                    LCD_ShowString(36,108,"HaHa"); //显示"HaHa"
                    break;
            case 0x22:                              //如果接收到 0x22
                    EscButton(20,100,80,130);  //放开按钮,显示按钮被放开状态
                    LCD_Fill(24, 104, 76, 126,LGRAY);//清除按钮上的字
                    POINT_COLOR = BLACK;
                    BACK_COLOR = LGRAY;
                    LCD_ShowString(35,107,"HaHa");//显示"HaHa"
                    break;
            case 0x33:                              //如果接收到 0x33
                    SetButton(90,100,150,130);      //显示按钮被按下状态
                    LCD_Fill(94, 104, 146, 126,LGRAY);
                    POINT_COLOR = BLACK;
                    BACK_COLOR = LGRAY;
                    LCD_ShowString(106,108,"XiXi");//显示"XiXi"
                    break;
            case 0x44:                              //如果接收到 0x44
                    EscButton(90,100,150,130); //放开按钮,显示按钮被放开状态
                    LCD_Fill(94, 104, 146, 126,LGRAY);//清除按钮上的字
                    POINT_COLOR = BLACK;
                    BACK_COLOR = LGRAY;
                    LCD_ShowString(105,107,"XiXi");//显示"XiXi"
                    break;
            case 0x55:                              //如果接收到 0x55
```

```
                    SetButton(160,100,220,130);//显示按钮被按下状态
                    LCD_Fill(164, 104, 216, 126,LGRAY);
                    POINT_COLOR = BLACK;
                    BACK_COLOR = LGRAY;
                    LCD_ShowString(176,108,"HeHe");//显示"HeHe"
                    break;
                case 0x66:                              //如果接收到 0x66
                    EscButton(160,100,220,130);
                                                  //放开按钮,显示按钮被放开状态
                    LCD_Fill(164, 104, 216, 126,LGRAY);//清除按钮上的字
                    POINT_COLOR = BLACK;
                    BACK_COLOR = LGRAY;
                    LCD_ShowString(175,107,"HeHe");//显示"HeHe"
                    break;

                default: break;
            }
        }
        else Delay(500000);
    }
}
```

在 File 菜单下新建如下的源文件 NRF24L01.c,编写完成后保存在 Drive 文件夹下,随后将 Drive 文件夹中的应用文件 NRF24L01.c 添加到 Drive 组中。

```
#include   "NRF24L01.h"
const uint8_t TX_ADDRESS[TX_ADR_WIDTH] = {0x68,0x86,0x66,0x88,0x28};//发送地址
const uint8_t RX_ADDRESS[RX_ADR_WIDTH] = {0x68,0x86,0x66,0x88,0x28};//接收地址
/****************************************
 * FunctionName     : SPI_RF_Init
 * Description      : NRF24L01 初始化
 * EntryParameter   : None
 * ReturnValue      : None
****************************************/
void SPI_RF_Init(void)
{
  GPIO_InitTypeDef  GPIO_InitStruct;
  SPI_InitTypeDef   SPI_InitStruct;
  /*!< SD_SPI_CS_GPIO, SD_SPI_MOSI_GPIO, SD_SPI_MISO_GPIO, SD_SPI_DETECT_GPIO
       and SD_SPI_SCK_GPIO Periph clock enable */
  //RCC_AHBPeriphClockCmd(FLASH_CS_PIN_SCK|FLASH_SCK_PIN_SCK|FLASH_MISO_PIN_SCK |
  FLASH_MOSI_PIN_SCK, ENABLE);
  RCC_AHBPeriphClockCmd(RCC_AHBPeriph_GPIOA| RCC_AHBPeriph_GPIOB|RCC_AHBPeriph_GPI-
```

```
OC, ENABLE);
/*! < SD_SPI Periph clock enable */
RCC_APB1PeriphClockCmd(RF_SPI2, ENABLE);
/*! < Configure RF_SPI pins: SCK */
GPIO_InitStruct.GPIO_Pin = RF_SCK_PIN;
GPIO_InitStruct.GPIO_Mode = GPIO_Mode_AF;
GPIO_InitStruct.GPIO_Speed = GPIO_Speed_Level_2;
GPIO_InitStruct.GPIO_OType = GPIO_OType_PP;
GPIO_InitStruct.GPIO_PuPd    = GPIO_PuPd_UP;
GPIO_Init(RF_SCK_PORT, &GPIO_InitStruct);
/*! < Configure RF_SPI pins: MISO */
GPIO_InitStruct.GPIO_Pin = RF_MISO_PIN;
GPIO_Init(RF_MISO_PORT, &GPIO_InitStruct);
/*! < Configure RF_SPI pins: MOSI */
GPIO_InitStruct.GPIO_Pin = RF_MOSI_PIN;
GPIO_Init(RF_MOSI_PORT, &GPIO_InitStruct);
/* Connect PXx to RF_SPI_SCK */
GPIO_PinAFConfig(RF_SCK_PORT, RF_SCK_SOURCE, RF_SCK_AF);
/* Connect PXx to RF_SPI_MISO */
GPIO_PinAFConfig(RF_MISO_PORT, RF_MISO_SOURCE, RF_MISO_AF);
/* Connect PXx to RF_SPI_MOSI */
GPIO_PinAFConfig(RF_MOSI_PORT, RF_MOSI_SOURCE, RF_MOSI_AF);
/*! < Configure SD_SPI_CS_PIN pin: SD Card CS pin */
GPIO_InitStruct.GPIO_Pin = RF_CS_PIN;
GPIO_InitStruct.GPIO_Mode = GPIO_Mode_OUT;
GPIO_InitStruct.GPIO_OType = GPIO_OType_PP;
GPIO_InitStruct.GPIO_PuPd = GPIO_PuPd_UP;
GPIO_InitStruct.GPIO_Speed = GPIO_Speed_Level_2;
GPIO_Init(RF_CS_PORT, &GPIO_InitStruct);
GPIO_InitStruct.GPIO_Pin = RF_CE_PIN;
GPIO_InitStruct.GPIO_Mode = GPIO_Mode_OUT;
GPIO_InitStruct.GPIO_OType = GPIO_OType_PP;
GPIO_InitStruct.GPIO_PuPd = GPIO_PuPd_UP;
GPIO_InitStruct.GPIO_Speed = GPIO_Speed_Level_2;
GPIO_Init(RF_CE_PORT, &GPIO_InitStruct);
GPIO_InitStruct.GPIO_Pin = RF_IQR_PIN;
GPIO_InitStruct.GPIO_Mode = GPIO_Mode_IN;
GPIO_InitStruct.GPIO_PuPd = GPIO_PuPd_UP;
GPIO_InitStruct.GPIO_Speed = GPIO_Speed_Level_2;
GPIO_Init(RF_IQR_PORT , &GPIO_InitStruct);
//SPI_RF_CE_LOW();
SPI_RF_CS_HIGH() ;
```

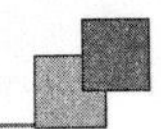

```
    /*! < SD_SPI Config */
    SPI_InitStruct.SPI_Direction = SPI_Direction_2Lines_FullDuplex;
    SPI_InitStruct.SPI_Mode = SPI_Mode_Master;
    SPI_InitStruct.SPI_DataSize = SPI_DataSize_8b;
    //  SPI_InitStruct.SPI_CPOL = SPI_CPOL_High;
    //  SPI_InitStruct.SPI_CPHA = SPI_CPHA_2Edge;
    SPI_InitStruct.SPI_CPOL = SPI_CPOL_Low;        //时钟极性,空闲时为低
    SPI_InitStruct.SPI_CPHA = SPI_CPHA_1Edge;
    SPI_InitStruct.SPI_NSS = SPI_NSS_Soft;
    SPI_InitStruct.SPI_BaudRatePrescaler = SPI_BaudRatePrescaler_8;
    SPI_InitStruct.SPI_FirstBit = SPI_FirstBit_MSB;
    SPI_InitStruct.SPI_CRCPolynomial = 7;
    SPI_Init(SPI2, &SPI_InitStruct);
    SPI_RxFIFOThresholdConfig(SPI2, SPI_RxFIFOThreshold_QF);
    SPI_Cmd(SPI2, ENABLE); /*! < SD_SPI enable */
}
/**************************************
* FunctionName     : NRF24L01_Write_Reg
* Description      : NRF24L01 的寄存器写值(一个字节)
* EntryParameter   : reg: 要写的寄存器地址;value: 给寄存器写的值
* ReturnValue      : 一个字节的状态值
**************************************/
uint8_t NRF24L01_Write_Reg(uint8_t reg,uint8_t value)
{
    uint8_t status;

    SPI_RF_CS_LOW();                         //CSN = 0;
    status = SPI_RF_SendByte(reg);           //发送寄存器地址,并读取状态值
    SPI_RF_SendByte(value);
    SPI_RF_CS_HIGH();                        //CSN = 1;
    return status;
}
/**************************************
* FunctionName     : NRF24L01_Read_Reg
* Description      : 读 NRF24L01 的寄存器值(一个字节)
* EntryParameter   : reg: 要读的寄存器地址
* ReturnValue      : 读出寄存器的值
**************************************/
uint8_t NRF24L01_Read_Reg(uint8_t reg)
{
    uint8_t value;
    SPI_RF_CS_LOW() ;                        //CSN = 0;
```

```
    SPI_RF_SendByte(reg);                       //发送寄存器值(位置),并读取状态值
    value = SPI_RF_SendByte(NOP);
    SPI_RF_CS_HIGH();                           //CSN = 1;
    return value;
}
/****************************************
 * FunctionName     : NRF24L01_Read_Buf
 * Description      : 读 NRF24L01 的寄存器值(多个字节)
 * EntryParameter   : reg: 要读的寄存器地址
 *                    * pBuf: 读出寄存器值的存放数组
 *                    Len: 数组字节长度
 * ReturnValue      : 状态值
 ****************************************/
uint8_t NRF24L01_Read_Buf(uint8_t reg,uint8_t * pBuf,uint8_t len)
{
    uint8_t status,u8_ctr;
    SPI_RF_CS_LOW() ;                           //CSN = 0
    status = SPI_RF_SendByte(reg);              //发送寄存器地址,并读取状态值
    for(u8_ctr = 0;u8_ctr<len;u8_ctr ++ )
    pBuf[u8_ctr] = SPI_RF_SendByte(0XFF);       //读出数据
    SPI_RF_CS_HIGH();                           //CSN = 1
    return status;                              //返回读到的状态值
}
/****************************************
 * FunctionName     : NRF24L01_Write_Buf
 * Description      : 给 NRF24L01 的寄存器写值(多个字节)
 * EntryParameter   : reg: 要写的寄存器地址
 *                    * pBuf: 值的存放数组
 *                    Len: 数组字节长度
 * ReturnValue      : 状态值
 ****************************************/
uint8_t NRF24L01_Write_Buf(uint8_t reg, uint8_t * pBuf, uint8_t len)
{
    uint8_t status,u8_ctr;
    SPI_RF_CS_LOW();
    status = SPI_RF_SendByte(reg);              //发送寄存器值(位置),并读取状态值
    for(u8_ctr = 0; u8_ctr<len; u8_ctr ++ )
    SPI_RF_SendByte( * pBuf ++ );               //写入数据
    SPI_RF_CS_HIGH();
    return status;                              //返回读到的状态值
}
/****************************************
```

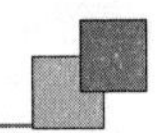

```
* FunctionName     : NRF24L01_Check
* Description      : 检测 NRF24L01 是否存在
* EntryParameter   : None
* ReturnValue      : 0: 存在;1: 不存在
***************************************/
uint8_t NRF24L01_Check(void)
{
    uint8_t check_in_buf[5] = {0x11,0x22,0x33,0x44,0x55};
    uint8_t check_out_buf[5] = {0x00};
    NRF24L01_Write_Buf(WRITE_REG + TX_ADDR, check_in_buf, 5);
    NRF24L01_Read_Buf(READ_REG + TX_ADDR, check_out_buf, 5);
    if((check_out_buf[0] == 0x11)&&\
       (check_out_buf[1] == 0x22)&&\
       (check_out_buf[2] == 0x33)&&\
       (check_out_buf[3] == 0x44)&&\
       (check_out_buf[4] == 0x55))return 0;
    else return 1;
}
/***************************************
* FunctionName     : NRF24L01_RX_Mode
* Description      : 设置 NRF24L01 为接收模式
* EntryParameter   : None
* ReturnValue      : None
***************************************/
void NRF24L01_RX_Mode(void)
{
    SPI_RF_CE_LOW() ;                          //CE 拉低,使能 NRF24L01 配置
    NRF24L01_Write_Buf(WRITE_REG + RX_ADDR_P0, (uint8_t *)RX_ADDRESS, RX_ADR_
    WIDTH);                                    //写 Rx 接收地址
      NRF24L01_Write_Reg(WRITE_REG + EN_AA,0x01);          //开启通道 0 自动应答
      NRF24L01_Write_Reg(WRITE_REG + EN_RXADDR,0x01);      //通道 0 接收允许
      NRF24L01_Write_Reg(WRITE_REG + RF_CH,40);            //设置 RF 工作通道频率
      NRF24L01_Write_Reg(WRITE_REG + RX_PW_P0,RX_PLOAD_WIDTH);
                                                           //选择通道 0 的有效数据宽度
      NRF24L01_Write_Reg(WRITE_REG + RF_SETUP,0x0f);       //设置 Tx 发射参数,0 dB 增
                                                           //益,2 Mbps,低噪声增益开启
      NRF24L01_Write_Reg(WRITE_REG + CONFIG, 0x0f);
                      //配置基本工作模式的参数: PWR_UP,EN_CRC,16BIT_CRC,接收模式
      NRF24L01_Write_Reg(FLUSH_RX,0xff);                   //清除 Rx FIFO 寄存器
      SPI_RF_CE_HIGH();                                    //CE 置高,使能接收
}
/***************************************
```

```
 * FunctionName     : NRF24L01_TX_Mode
 * Description      : 设置 NRF24L01 为发送模式
 * EntryParameter   : None
 * ReturnValue      : None
 ****************************************/
void NRF24L01_TX_Mode(void)
{
    SPI_RF_CE_LOW() ;                                  //CE 拉低,使能 NRF24L01 配置
    NRF24L01_Write_Buf(WRITE_REG + TX_ADDR,(uint8_t * )TX_ADDRESS,TX_ADR_WIDTH);
                                                       //写 Tx 节点地址
    NRF24L01_Write_Buf(WRITE_REG + RX_ADDR_P0,(uint8_t * )RX_ADDRESS,RX_ADR_WIDTH);
                                                       //设置 Tx 节点地址,主要为了
                                                       //使能 ACK
    NRF24L01_Write_Reg(WRITE_REG + EN_AA,0x01);        //使能通道 0 的自动应答
    NRF24L01_Write_Reg(WRITE_REG + EN_RXADDR,0x01);    //使能通道 0 的接收地址
    NRF24L01_Write_Reg(WRITE_REG + SETUP_RETR,0x1a);
                        //设置自动重发间隔时间: 500 μs + 86 μs;最大自动重发次数: 10 次
    NRF24L01_Write_Reg(WRITE_REG + RF_CH,40);          //设置 RF 通道为 40
    NRF24L01_Write_Reg(WRITE_REG + RF_SETUP,0x0f);
                                //设置 Tx 发射参数,0 dB 增益,2 Mbps,低噪声增益开启
    NRF24L01_Write_Reg(WRITE_REG + CONFIG,0x0e);
          //配置基本工作模式的参数:PWR_UP,EN_CRC,16BIT_CRC,接收模式,开启所有中断
    SPI_RF_CE_HIGH();                                  //CE 置高,使能发送
}
/****************************************
 * FunctionName     : NRF24L01_RxPacket
 * Description      : NRF24L01 接收数据
 * EntryParameter   : * rxbuf: 接收数据数组
 * ReturnValue      : 0:成功收到数据;1: 没有收到数据
 ****************************************/
uint8_t NRF24L01_RxPacket(uint8_t * rxbuf)
{
    uint8_t state;
    state = NRF24L01_Read_Reg(STATUS);                 //读取状态寄存器的值
    NRF24L01_Write_Reg(WRITE_REG + STATUS,state);      //清除 TX_DS 或 MAX_RT 中断标志
    if(state&RX_OK)                                    //接收到数据
    {
        NRF24L01_Read_Buf(RD_RX_PLOAD,rxbuf,RX_PLOAD_WIDTH);//读取数据
        NRF24L01_Write_Reg(FLUSH_RX,0xff);             //清除 Rx FIFO 寄存器
        return 0;
    }
    return 1;                                          //没收到任何数据
```

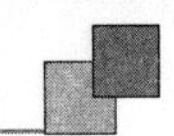

```
}
/**************************************
* FunctionName     : NRF24L01_TxPacket
* Description      : 设置 NRF24L01 为发送模式
* EntryParameter   : *txbuf：发送数据数组
* ReturnValue      : 0x10：达到最大重发次数，发送失败；0x20：成功发送完成
*                    0xFF：发送失败
**************************************/
uint8_t NRF24L01_TxPacket(uint8_t *txbuf)
{
    uint8_t state;
    SPI_RF_CE_LOW() ;                                      //CE 拉低，使能 NRF24L01 配置
    NRF24L01_Write_Buf(WR_TX_PLOAD,txbuf,TX_PLOAD_WIDTH);//写数据到 Tx BUF 32 个字节
    SPI_RF_CE_HIGH();                                      //CE 置高，使能发送
    while (SPI_RF_IRQ()! = 0);                             //等待发送完成
    state = NRF24L01_Read_Reg(STATUS);                     //读取状态寄存器的值
    NRF24L01_Write_Reg(WRITE_REG + STATUS,state);          //清除 TX_DS 或 MAX_RT 中断标志
    NRF24L01_Write_Reg(FLUSH_TX,0xff);                     //清除 Tx FIFO 寄存器
    if(state&MAX_TX)                                       //达到最大重发次数
    {
        return MAX_TX;
    }
    if(state&TX_OK)                                        //发送完成
    {
        return TX_OK;
    }
    return 0xff;                                           //发送失败
}
/*****************************************************
* Function Name    : SPI_FLASH_SendByte
* Description      : Sends a byte through the SPI interface and return the byte
*                    received from the SPI bus
* Input            : byte : byte to send
* Output           : None
* Return           : The value of the received byte
*****************************************************/
uint8_t SPI_RF_SendByte(uint8_t byte)
{
   /* Loop while DR register in not emplty */
   while (SPI_I2S_GetFlagStatus(SPI2, SPI_I2S_FLAG_TXE) == RESET);
   /* Send byte through the SPI1 peripheral */
   SPI_SendData8(SPI2, byte);
```

```
    /* Wait to receive a byte */
    while (SPI_I2S_GetFlagStatus(SPI2, SPI_I2S_FLAG_RXNE) == RESET);
    /* Return the byte read from the SPI bus */
    return SPI_ReceiveData8(SPI2);
}
```

在 File 菜单下新建如下的源文件 NRF24L01.h，编写完成后保存在 Drive 文件夹下。

```
#ifndef _RF24L01_H
#define _RF24L01_H
#include"stm32f0xx.h"
/**********  NRF24L01 寄存器操作命令  ***********/
#define READ_REG        0x00     //读配置寄存器,低 5 位为寄存器地址
#define WRITE_REG       0x20     //写配置寄存器,低 5 位为寄存器地址
#define RD_RX_PLOAD     0x61     //读 Rx 有效数据,1~32 字节
#define WR_TX_PLOAD     0xA0     //写 Tx 有效数据,1~32 字节
#define FLUSH_TX        0xE1     //清除 Tx FIFO 寄存器,发射模式下用
#define FLUSH_RX        0xE2     //清除 Rx FIFO 寄存器,接收模式下用
#define REUSE_TX_PL     0xE3     //重新使用上一包数据,CE 为高,数据包被不断发送
#define NOP             0xFF     //空操作,可以用来读状态寄存器
/**********  NRF24L01 寄存器地址  *************/
#define CONFIG          0x00     //配置寄存器地址
#define EN_AA           0x01     //使能自动应答功能
#define EN_RXADDR       0x02     //接收地址允许
#define SETUP_AW        0x03     //设置地址宽度(所有数据通道)
#define SETUP_RETR      0x04     //建立自动重发
#define RF_CH           0x05     //RF 通道
#define RF_SETUP        0x06     //RF 寄存器
#define STATUS          0x07     //状态寄存器
#define OBSERVE_TX      0x08     //发送检测寄存器
#define CD              0x09     //载波检测寄存器
#define RX_ADDR_P0      0x0A     //数据通道 0 接收地址
#define RX_ADDR_P1      0x0B     //数据通道 1 接收地址
#define RX_ADDR_P2      0x0C     //数据通道 2 接收地址
#define RX_ADDR_P3      0x0D     //数据通道 3 接收地址
#define RX_ADDR_P4      0x0E     //数据通道 4 接收地址
#define RX_ADDR_P5      0x0F     //数据通道 5 接收地址
#define TX_ADDR         0x10     //发送地址寄存器
#define RX_PW_P0        0x11     //接收数据通道 0 有效数据宽度(1~32 字节)
#define RX_PW_P1        0x12     //接收数据通道 1 有效数据宽度(1~32 字节)
#define RX_PW_P2        0x13     //接收数据通道 2 有效数据宽度(1~32 字节)
#define RX_PW_P3        0x14     //接收数据通道 3 有效数据宽度(1~32 字节)
#define RX_PW_P4        0x15     //接收数据通道 4 有效数据宽度(1~32 字节)
#define RX_PW_P5        0x16     //接收数据通道 5 有效数据宽度(1~32 字节)
```

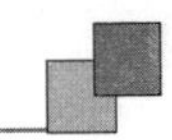

```
#define FIFO_STATUS      0x17          //FIFO 状态寄存器
/*-------------------------------------------*/

#define RF_CS_PIN            GPIO_Pin_8
#define RF_CS_PORT           GPIOC
#define RF_CS_PIN_SCK        RCC_AHBPeriph_GPIOC
#define RF_CE_PIN            GPIO_Pin_8
#define RF_CE_PORT           GPIOA
#define RF_CE_PIN_SCK        RCC_AHBPeriph_GPIOA
#define RF_IQR_PIN           GPIO_Pin_9
#define RF_IQR_PORT          GPIOC
#define RF_IQR_PIN_SCK       RCC_AHBPeriph_GPIOC
#define RF_SCK_PIN           GPIO_Pin_13
#define RF_SCK_PORT          GPIOB
#define RF_SCK_PIN_SCK       RCC_AHBPeriph_GPIOB
#define RF_SCK_SOURCE        GPIO_PinSource13
#define RF_SCK_AF            GPIO_AF_0
#define RF_MISO_PIN          GPIO_Pin_14
#define RF_MISO_PORT         GPIOB
#define RF_MISO_PIN_SCK      RCC_AHBPeriph_GPIOB
#define RF_MISO_SOURCE       GPIO_PinSource14
#define RF_MISO_AF           GPIO_AF_0
#define RF_MOSI_PIN          GPIO_Pin_15
#define RF_MOSI_PORT         GPIOB
#define RF_MOSI_PIN_SCK      RCC_AHBPeriph_GPIOB
#define RF_MOSI_SOURCE       GPIO_PinSource15
#define RF_MOSI_AF           GPIO_AF_0
#define RF_SPI2                   RCC_APB1Periph_SPI2
#define SPI_RF_CS_LOW()          GPIO_ResetBits(GPIOC, GPIO_Pin_8)
#define SPI_RF_CS_HIGH()         GPIO_SetBits(GPIOC, GPIO_Pin_8)
#define SPI_RF_CE_LOW()          GPIO_ResetBits(GPIOA, GPIO_Pin_8)
#define SPI_RF_CE_HIGH()         GPIO_SetBits(GPIOA, GPIO_Pin_8)
#define SPI_RF_IRQ()             GPIO_ReadInputDataBit ( GPIOC, GPIO_Pin_9)
                                          //中断引脚
/******   STATUS 寄存器位操作宏定义   *******/
#define MAX_TX         0x10          //达到最大发送次数中断
#define TX_OK          0x20          //Tx 发送完成中断
#define RX_OK          0x40          //接收到数据中断
/*-------------------------------------------*/
/*********   NRF24L01 发送接收数据宽度定义   ***********/
#define TX_ADR_WIDTH      5          //5 字节地址宽度
#define RX_ADR_WIDTH      5          //5 字节地址宽度
#define TX_PLOAD_WIDTH    32         //32 字节有效数据宽度
#define RX_PLOAD_WIDTH    32         //32 字节有效数据宽度
/*-------------------------------------------*/
```

```
extern void SPI_RF_Init(void);
extern uint8_t NRF24L01_Write_Reg(uint8_t reg,uint8_t value);
extern uint8_t NRF24L01_Read_Reg(uint8_t reg);
extern uint8_t NRF24L01_Write_Buf(uint8_t reg, uint8_t * pBuf, uint8_t len);
extern uint8_t NRF24L01_Read_Buf(uint8_t reg,uint8_t * pBuf,uint8_t len);
extern uint8_t NRF24L01_Check(void);
extern void NRF24L01_RX_Mode(void);
extern void NRF24L01_TX_Mode(void);
extern uint8_t NRF24L01_RxPacket(uint8_t * rxbuf);
extern uint8_t NRF24L01_TxPacket(uint8_t * txbuf);
extern uint8_t SPI_RF_SendByte(uint8_t byte);
#endif
```

4. 实验效果

编译通过后，可以使用 J-link 仿真器调试程序，最后将程序下载到 STM32F072 芯片中。本次实验使用甲、乙两块实验板。甲实验板上电后按下 K1 键，进入发送模式；乙实验板上电后按下 K2 键，进入接收模式。在甲实验板上，用一支手机的手写笔分别按下 TFT-LCD 上的 HaHa、XiXi、HeHe 图标，则乙实验板收到无线信号后，其 TFT-LCD 上对应的图标产生动作；反之，也可将乙实验板用于发送，甲实验板用于接收。实验照片如图 22-3 所示。

图 22-3　STM32F072 的 NRF24L01 通信实验照片

第 23 章

FatFS 文件系统及电子书实验

目前常用文件系统主要有微软的 FAT12、FAT16、FAT32 和 NTES 文件系统，以及 Linux 系统的 EXT2、EXT3 等。

由于 Windows 操作系统的广泛应用，当前很多嵌入式产品中用得最多的还是 FAT 文件系统。所以，选择一款容易移植和使用，并且占用资源少而功能全面的文件系统就显得非常重要。

FatFS 是一个为小型嵌入式系统设计的通用 FAT(File Allocation Table)文件系统模块。FatFS 的编写遵循 ANSI C，并且完全与磁盘 I/O 层分开，因此，它不依赖于硬件架构，它可以被嵌入到低成本的微控制器中，如 AVR、8051、PIC、ARM、Z80 和 68000 等，而不需要做任何修改。

图 23－1 所示为 FatFS 文件系统组成示意图。

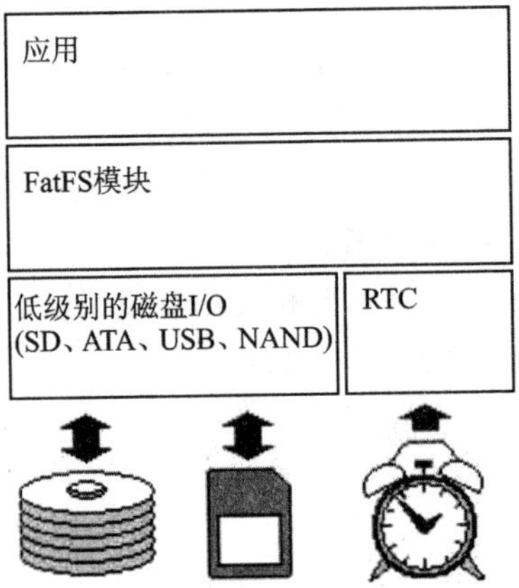

图 23－1　FatFS 文件系统组成示意图

23.1 FatFS 文件系统的特点

FatFS 文件系统的特点如下：

- Windows 兼容的 FAT 文件系统；
- 支持 FAT、FAT16 和 FAT32；
- 不依赖于平台，易于移植；
- 代码和工作区占用空间非常小；
- 支持多扇区读写，效率更高；
- 支持长文件名读写；
- 支持中文；
- 多种配置选项。

23.2 FatFS 文件系统分析

从 http://elm－chan.org/fsw/ff/00index_e.html 下载 FatFS 文件系统源文件，只有 800 多 KB，版本为 R0.08a。

打开 doc 文件夹下的 00index_e.html 英文网页文档，里面有 FatFS 文件系统的全部 API 函数说明、相对应的应用实例以及如何编写硬件接口程序的说明。

src 文件夹存放有 FatFS 文件系统源码，下面是该文件夹下各个文件或文件夹存放的内容说明：

ff.h 文件：FatFS 文件系统的配置和 API 函数声明。

ff.c 文件：FatFS 源码。

diskio.h 文件：FatFS 与存储设备接口函数的声明。

diskio.c 文件：FatFS 与存储设备接口函数。

integer.h 文件：FatFS 用到的所有变量类型的定义。

option 文件夹：存放一些外接函数。

00readme.txt 文件：FatFS 版本及相关信息说明。

FatFS 文件系统提供下面的应用函数：

f_mount：注册/注销一个工作区域。

f_open：打开/创建一个文件。

f_close：关闭一个文件。

f_read：读文件。

f_write：写文件。

f_lseek：移动文件读/写指针。

f_truncate：截断文件。

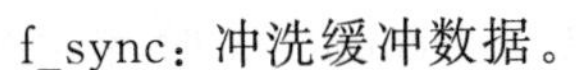

f_sync：冲洗缓冲数据。

f_opendir：打开一个目录。

f_readdir：读取目录条目。

f_getfree：获取空闲簇。

f_stat：获取文件状态。

f_mkdir：创建一个目录。

f_unlink：删除一个文件或目录。

f_chmod：改变属性。

f_utime：改变时间戳。

f_rename：重命名/移动一个文件或文件夹。

f_mkfs：在驱动器上创建一个文件系统。

f_forward：直接转移文件数据到一个数据流。

f_gets：读一个字符串。

f_putc：写一个字符。

f_puts：写一个字符串。

f_printf：写一个格式化的字符磁盘 I/O 接口。

移植时需要修改的文件主要包括 ffconf. h 和 diskio. c。下面分析 diskio. c 文件中各个函数的功能：

(1) DSTATUS disk_initialize (BYTE drv)

存储媒介的初始化函数。

由于使用的是 SD 卡，所以实际上是对 SD 卡的初始化。

(2) DSTATUS disk_status (BYTE drv)

状态检测函数。

检测是否支持当前的存储设备，支持返回 0。

(3) DRESULT disk_read (BYTE drv, BYTE *buff, DWORD sector, BYTE count)

读扇区函数。

drv 是要读扇区的存储媒介号，*buff 是存储读取的数据，sector 是读数据的开始扇区，count 是要读的扇区数。在 SD 卡的驱动程序中，分别提供了读一个扇区和读多个扇区的函数。当 count 为 1 时，使用读一个扇区的函数；当 count>1 时，使用读多个扇区的函数，这样就提高了文件系统的读效率。操作成功返回 0。

(4) DRESULT disk_write(BYTE drv, BYTE *buff, DWORD sector, BYTE count)

写扇区函数。

drv 是要写扇区的存储媒介号，*buff 是存储写入的数据，sector 是写开始扇区，count 是要写的扇区数。同样在 SD 卡的驱动程序中，分别提供了写一个扇区和写多个扇区的函数。当 count 为 1 时，使用写一个扇区的函数；当 count>1 时，使用写多个扇区的函数，这样就提高了文件系统的写效率。操作成功返回 0。

(5) DRESULT disk_ioctl (BYTE drv, BYTE ctrl, void * buff)

存储媒介控制函数。

drv 是存储媒介号，ctrl 是控制代码，* buff 是存储控制数据。可以利用此函数编写自己需要的功能代码。比如，获得存储媒介的大小，检查存储媒介是否上电，读取存储媒介的扇区数等。在我们的系统中没有用到，所以直接返回 0。

在 ff.c 文件中，需要用户提供一个 get_fattime 实时时钟函数，要求返回一个 32 位无符号整数，时钟信息包含如下内容：

bit[31:25]，年(0～127)，从 1980 年到现在的年数；

bit[24:21]，月(1～12)；

bit[20:16]，日(1～31)；

bit[15:11]，时(0～23)；

bit[10:5]，分(0～59)；

bit[4:0]，秒/2(0～29) 。

如果没有用到实时时钟，则可以直接返回 0。

23.3 FatFS 文件系统移植

移植时需要对上面的几个函数进行修改，修改完成后的代码如下：

```
/*-----------------------------------------------------------------------*/
/* Inidialize a Drive                                                    */
/*-----------------------------------------------------------------------*/
DSTATUS disk_initialize (
    BYTE drv
)
{
SD_Error res = SD_RESPONSE_FAILURE;
res = SD_Init(); //用户直接初始化 SD 卡
return ((DSTATUS)res);
}
/*-----------------------------------------------------------------------*/
/* Return Disk Status                                                    */
/*-----------------------------------------------------------------------*/
DSTATUS disk_status (
    BYTE drv            /* Physical drive nmuber (0) */
)
{
```

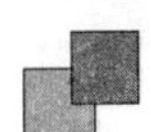

```
    if (drv) return STA_NOINIT;           /* Supports only single drive */
    return 0;
}
/*-----------------------------------------------------------------------*/
/* Read Sector(s)                                                        */
/*-----------------------------------------------------------------------*/
DRESULT disk_read (
    BYTE drv,
    BYTE *buff,             /* Data buffer to store read data */
    DWORD sector,               /* Sector address (LBA) */
    BYTE count
)
{
        SD_ReadBlock(buff, sector << 9, 512);
        return RES_OK;
}
/*-----------------------------------------------------------------------*/
/* Write Sector(s)                                                       */
/*-----------------------------------------------------------------------*/
/* The FatFs module will issue multiple sector transfer request
/  (count > 1) to the disk I/O layer. The disk function should process
/  the multiple sector transfer properly Do. not translate it into
/  multiple single sector transfers to the media, or the data read/write
/  performance may be drasticaly decreased */
#if _READONLY == 0
DRESULT disk_write (
    BYTE drv,
    const BYTE *buff,       /* Data to be written */
    DWORD sector,           /* Sector address (LBA) */
    BYTE count
)
{
      SD_WriteBlock((BYTE *)buff, sector << 9 512);
      return RES_OK;
}
#endif /* _READONLY */
/*-----------------------------------------------------------------------*/
/* Miscellaneous Functions                                               */
/*-----------------------------------------------------------------------*/
DRESULT disk_ioctl (
    BYTE drv,
    BYTE ctrl,            /* Control code */
```

```
        void * buff         /* Buffer to send/receive control data */
    )
    {
        DRESULT res = RES_OK;
        switch (ctrl) {

        case GET_SECTOR_COUNT :         //Get number of sectors on the disk (DWORD)
            *(DWORD *)buff = 131072; //4 × 1 024 × 32 = 131 072
            res = RES_OK;
            break;
        case GET_SECTOR_SIZE :          //Get R/W sector size (WORD)
            *(WORD *)buff = 512;
            res = RES_OK;
            break;
        case GET_BLOCK_SIZE : //Get erase block size in unit of sector (DWORD)
            *(DWORD *)buff = 32;
            res = RES_OK;
          }
      return res;
    }
    /*-----------------------------------------------------------------------*/
    /* Get current time                                                      */
    /*-----------------------------------------------------------------------*/
    DWORD get_fattime ()
    {
        return      ((2006UL - 1980) << 25) //Year = 2006
                    | (2UL << 21)           //Month = Feb
                    | (9UL << 16)           //Day = 9
                    | (22U << 11)           //Hour = 22
                    | (30U << 5)            //Min = 30
                    | (0U >> 1)             //Sec = 0
                    ;
        //return0; //如果没有用到实时时钟,则可以直接返回 0
    }
```

get_fattime 函数可以放在 ff.c 文件中,也可以放在 diskio.c 文件中。

为了让文件系统支持长文件名,需要修改 ffconf.h 中的参数。

在 ffconf.h 文件中,找到语句“#define   _USE_LFN   0/*0 to 3*/”,改为“#define   _USE_LFN   1/*0~3*/”。

为了让文件系统支持中文,还需要把 ffconf.h 中的_CODE_PAGE 参数改为“#define _CODE_PAGE   936”。

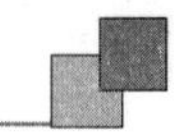

打开 cc936.c 文件,删除 GBK 和 Unicode 这两个数组(这是 GBK 和 Unicode 编码的相互转换表)。

对 WCHAR ff_convert 函数进行修改,修改完成后的代码如下:

```
WCHAR ff_convert (       /* Converted code, 0 means conversion error */
    WCHAR     src,       /* Character code to be converted */
    UINT     dir           /* 0: Unicode to OEMCP, 1: OEMCP to Unicode */
)
{
    WCHAR c;
    uint32_t offset;              //W25Q16 地址偏移
    uint8_t GBKH,GBKL;            //GBK 码高位与低位
    uint8_t unigbk[2];            //暂存 GBK 高位与低位字节
    uint8_t gbkuni[2];            //暂存 UNICODE 高位与低位字节
    if (src < 0x80) {       /* ASCII */
        c = src;
    }
    else
    {
            if(dir == 0)   /* Unicode to OEMCP */
        {
            switch(src)
            {
                case 0x3001: c = 0xA1A2;break;     //支持符号:、(中文顿号)
                case 0x300A: c = 0xA1B6;break;     //支持符号:《
                case 0x300B: c = 0xA1B7;break;     //支持符号:》
                case 0x201C: c = 0xA1B0;break;     //支持符号:“(中文左双引号)
                case 0x201D: c = 0xA1B1;break;     //支持符号:”(中文右双引号)
                case 0x2606: c = 0xA1EE;break;     //支持符号:☆
                case 0x2605: c = 0xA1EF;break;     //支持符号:★
                case 0x2018: c = 0xA1AE;break;     //支持符号:‘(中文左单引号)
                case 0x2019: c = 0xA1AF;break;     //支持符号:’(中文右单引号)
                case 0x3010: c = 0xA1BE;break;     //支持符号:【
                case 0x3011: c = 0xA1BF;break;     //支持符号:】
                case 0x3016: c = 0xA1BC;break;     //支持符号:〖
                case 0x3017: c = 0xA1BD;break;     //支持符号:〗
                case 0x2299: c = 0xA1D1;break;     //支持符号:⊙
                case 0x2116: c = 0xA1ED;break;     //支持符号:№
                case 0x2236: c = 0xA1C3;break;     //支持符号:∶
                case 0x203B: c = 0xA1F9;break;     //支持符号:※
                case 0x221E: c = 0xA1DE;break;     //支持符号:∞
                default:
```

```
                    if( (src > 0x4DFF) && (src < 0x9FA6) )  //汉字区
                    {
                        offset = ((((uint32_t)src - 0x4E00)  *  2) + 0x0C0000);
                       /* 得到 W25Q16 的 UTG 地址 */
                        SPI_FLASH_BufferRead(unigbk,offset,2); /* 获取 GBK 码 */
                        c = (((uint16_t)unigbk[0])<<8) + (uint16_t)unigbk[1];
                        /* 把 GBK 码给 c */
                    }
                    else c = 0xA1A1;  //如果是其他符号,则都用符号"NULL"代替
                    break;
                }
            }
            else if(dir == 1)   /* OEMCP to Unicode */
            {
                GBKH = (uint8_t)(src>>8);           //获取 GBK 高位字节
                GBKL = (uint8_t)(src);              //获取 GBK 低位字节
                GBKH - = 0x81;
                GBKL - = 0x40;
                offset = ((uint32_t)192 * GBKH + GBKL) * 2;/* 得到 W25Q16 的 GTU 地址 */
                SPI_FLASH_BufferRead(gbkuni,offset + 0x0D0000,2);
                /* 获取 UNICODE 码 */
                c = (((uint16_t)gbkuni[1])<<8) + (uint16_t)gbkuni[0];
                /* 把 UNICODE 码给 c */
            }
        }
        return c;
    }
```

23.4 SD 卡的初始化及文件系统实验

1. 实验要求

对 SD 卡进行测试：初始化 SD 卡，创建文件，读/写文件，关闭文件。

2. 实验电路原理

参考 Mini STM32 DEMO 开发板电路原理图：

- PB12——SD_CS：SD 卡片选；
- PB13——SCK2：SD 卡时钟；
- PB14——MISO2：SD 卡数据输出；
- PB15——MOSI2：SD 卡数据输入；

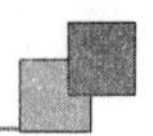

- PC10——LCD_RS：TFT-LCD 命令/数据选择(0,读/写命令;1,读/写数据)；
- PC11——LCD_CS：TFT-LCD 片选；
- PD2——LCD_WR：向 TFT-LCD 写入数据；
- PC12——LCD_RD：从 TFT-LCD 读取数据；
- PC7～PC0——DB[15：8]：TFT-LCD 16 位双向数据线的高 8 位；
- PB7～PB0——DB[7：0]：TFT-LCD 16 位双向数据线的低 8 位；
- NRST——NRST：TFT-LCD 复位信号。

3. 源程序文件及分析

新建一个文件目录 SD_LCD,在 RealView MDK 集成开发环境中创建一个工程项目 SD_LCD. uvprojx 于此目录中。

在 File 菜单下新建如下的源文件 main. c,编写源程序代码后保存在 User 文件夹下,再把 main. c 文件添加到 User 组中。

```
#include "stm32f0xx.h"
#include "diskio.h"
#include "ffconf.h"
#include "SD.h"
#include "ff.h"
#include "fatapp.h"
#include "ILI9325.h"
#include "string.h"
#include "W25Q16.h"
#define countof(a) (sizeof(a) / sizeof(*(a)))  //计算数组内的成员个数
    FATFS fs;                          //Work area (file system object) for logical drive
    FRESULT res;                                 //FatFs function common result code
    FIL fsrc, fdst;                              //file objects
    BYTE buffer[1024];                           //file copy buffer
    UINT br, bw;                                 //File R/W count
    uint8_t w_buffer[] = {"GOOD!"};              //演示写入文件
/****************************************
* FunctionName     : main
* Description      : 主函数
* EntryParameter  : None
* ReturnValue      : None
****************************************/
int main(void)
{
    SystemInit();
    LCD_init();                                  //液晶显示器初始化
    SPI_FLASH_Init();
```

```
LCD_Clear(BLUE);                                    //全屏显示蓝色
POINT_COLOR = BLACK;                                //定义笔的颜色为黑色
BACK_COLOR = WHITE    ;                             //定义笔的背景色为白色
/* - - - - - - - - - - - - - SD Init - - - - - - - - - - - */
disk_initialize(0);
LCD_ShowString(20,20,    "SD test");
res = f_mount(0, &fs);
if(res == FR_OK)
    LCD_ShowString(20,40,    "SD init is OK");
else
    LCD_ShowString(20,40,    "SD init is fail");
res = f_open(&fsrc,"12 - 29.txt",FA_CREATE_ALWAYS | FA_WRITE);
if (res == FR_OK)
    LCD_ShowString(20,60,    "Create file is OK");
else
    LCD_ShowString(20,60,    "Create file is fail");
res = f_write(&fsrc, &w_buffer, countof(w_buffer), &bw);
if (res == FR_OK)
    LCD_ShowString(20,80,    "Write SD is OK");
else
    LCD_ShowString(20,80,    "Write SD is fail");
res = f_close(&fsrc);
if (res == FR_OK)
    LCD_ShowString(20,100,    "Close file is OK");
else
    LCD_ShowString(20,100,    "Close file is fail");
res = f_open(&fsrc,"12 - 29.TXT",FA_READ);
if (res == FR_OK)
    LCD_ShowString(20,120,    "Open file is OK");
else
    LCD_ShowString(20,120,    "Open file is fail");
res = f_read(&fsrc, &buffer, 1024, &br);
if (res == FR_OK)
{
  LCD_ShowString(20,140,    "Read file is OK");
  LCD_ShowString(20,160,    buffer);
}
else
    LCD_ShowString(20,140,    "Read file is fail");
while(1)
{
```

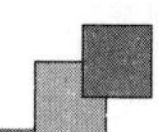

```
    }
}
```

在 File 菜单下新建如下的源文件 SD.c，编写完成后保存在 Drive 文件夹下，随后将 Drive 文件夹中的应用文件 SD.c 添加到 Drive 组中。

```
/*******************************************************
  * @file    spi_sd.c
  * @author  MCD Application Team
  * @version V1.0.0
  * @date     20 - April - 2012
  * @brief   This file provides a set of functions needed to manage the SPI SD
  *          Card memory mounted on STM320518 - EVAL board
  *          It implements a high level communication layer for read and write
  *          from/to this memory. The needed STM32F0xx hardware resources (SPI and
  *          GPIO) are defined in stm320518_eval.h file, and the initialization is
  *          performed in SD_LowLevel_Init() function declared in stm320518_eval.c
  *          file
  *          You can easily tailor this driver to any other development board
  *          by just adapting the defines for hardware resources and
  *          SD_LowLevel_Init() function
  *          SD_CS          PB12
  *          SD_SCK         PB13
  *          SD_MISO        PB14
  *          SD_MOSI        PB15
*******************************************************/
#include "sd.h"
/****************************************
* FunctionName    : SD_SPI_Init
* Description     : SD 卡的 SPI 初始化
* EntryParameter  : None
* ReturnValue     : None
****************************************/
void SD_SPI_Init(void)
{
  GPIO_InitTypeDef  GPIO_InitStructure;
  SPI_InitTypeDef   SPI_InitStructure;
  /*! <初始化 SD 卡使用的 I/O 端口的时钟 */
  RCC_AHBPeriphClockCmd(SD_CS_GPIO_CLK | SD_SPI_MOSI_GPIO_CLK | SD_SPI_MISO_GPIO_CLK
  | SD_SPI_SCK_GPIO_CLK , ENABLE);
  /*! < SD_SPI 外设时钟使能 */
  RCC_APB1PeriphClockCmd(SD_SPI_CLK, ENABLE);
  /*! <配置 SD_SPI 引脚: SCK */
```

```
    GPIO_InitStructure.GPIO_Pin = SD_SPI_SCK_PIN;
    GPIO_InitStructure.GPIO_Mode = GPIO_Mode_AF;
    GPIO_InitStructure.GPIO_Speed = GPIO_Speed_50MHz;
    GPIO_InitStructure.GPIO_OType = GPIO_OType_PP;
    GPIO_InitStructure.GPIO_PuPd    = GPIO_PuPd_UP;
    GPIO_Init(SD_SPI_SCK_GPIO_PORT, &GPIO_InitStructure);
    /*!<配置 SD_SPI 引脚: MISO */
    GPIO_InitStructure.GPIO_Pin = SD_SPI_MISO_PIN;
    GPIO_Init(SD_SPI_MISO_GPIO_PORT, &GPIO_InitStructure);
    /*!<配置 SD_SPI 引脚: MOSI */
    GPIO_InitStructure.GPIO_Pin = SD_SPI_MOSI_PIN;
    GPIO_Init(SD_SPI_MOSI_GPIO_PORT, &GPIO_InitStructure);
    /*!<配置 SD_SPI_CS_PIN 引脚: SD Card CS pin */
    GPIO_InitStructure.GPIO_Pin = SD_CS_PIN;
    GPIO_InitStructure.GPIO_Mode = GPIO_Mode_OUT;
    GPIO_InitStructure.GPIO_OType = GPIO_OType_PP;
    GPIO_InitStructure.GPIO_PuPd = GPIO_PuPd_UP;
    GPIO_InitStructure.GPIO_Speed = GPIO_Speed_50MHz;
    GPIO_Init(SD_CS_GPIO_PORT, &GPIO_InitStructure);
    /*配置 SPI 复用 */
    GPIO_PinAFConfig(SD_SPI_SCK_GPIO_PORT, SD_SPI_SCK_SOURCE, SD_SPI_SCK_AF);
    GPIO_PinAFConfig(SD_SPI_MISO_GPIO_PORT, SD_SPI_MISO_SOURCE, SD_SPI_MISO_AF);
    GPIO_PinAFConfig(SD_SPI_MOSI_GPIO_PORT, SD_SPI_MOSI_SOURCE, SD_SPI_MOSI_AF);
    /*! < SD_SPI 配置参数 */
    SPI_InitStructure.SPI_Direction = SPI_Direction_2Lines_FullDuplex;
    SPI_InitStructure.SPI_Mode = SPI_Mode_Master;
    SPI_InitStructure.SPI_DataSize = SPI_DataSize_8b;
    SPI_InitStructure.SPI_CPOL = SPI_CPOL_High;
    SPI_InitStructure.SPI_CPHA = SPI_CPHA_2Edge;
    SPI_InitStructure.SPI_NSS = SPI_NSS_Soft;
    SPI_InitStructure.SPI_BaudRatePrescaler = SPI_BaudRatePrescaler_256;
    SPI_InitStructure.SPI_FirstBit = SPI_FirstBit_MSB;
    SPI_InitStructure.SPI_CRCPolynomial = 7;
    SPI_Init(SD_SPI, &SPI_InitStructure);
    SPI_RxFIFOThresholdConfig(SD_SPI, SPI_RxFIFOThreshold_QF);
    SPI_Cmd(SD_SPI, ENABLE); /*! < SD_SPI enable */
}
/**
  * @brief  初始化 SD 卡
  * @param  None
  * @retval The SD Response
  *          - SD_RESPONSE_FAILURE: Sequence failed
```

```
 *             - SD_RESPONSE_NO_ERROR: Sequence succeed
 */
SD_Error SD_Init(void)
{
  uint32_t i = 0;
  /*!<初始化 SD_SPI */
  SD_SPI_Init();
  /*!< SD 卡片选写高 */
  SD_CS_HIGH();
  /*!< CS 和 MOSI 上升为 80 个时钟周期 */
  for (i = 0; i <= 9; i++)
  {
    /*!< Send dummy byte 0xFF */
    SD_WriteByte(SD_DUMMY_BYTE);
  }
  /*-------------Put SD in SPI mode---------------*/
  /*!< SD initialized and set to SPI mode properly */
  return (SD_GoIdleState());
}
///**
//  * @brief  Detect if SD card is correctly plugged in the memory slot
//  * @param  None
//  * @retval Return if SD is detected or not
//  */
//uint8_t SD_Detect(void)
//{
//  __IO uint8_t status = SD_PRESENT;
//  /*!< Check GPIO to detect SD */
//  if (GPIO_ReadInputData(SD_DETECT_GPIO_PORT) & SD_DETECT_PIN)
//  {
//    status = SD_NOT_PRESENT;
//  }
//  return status;
//}
/**
  * @brief  返回有关特定卡的信息
  * @param  cardinfo: pointer to a SD_CardInfo structure that contains all SD
  *         card information
  * @retval The SD Response
  *             - SD_RESPONSE_FAILURE: Sequence failed
  *             - SD_RESPONSE_NO_ERROR: Sequence succeed
  */
```

```
SD_Error SD_GetCardInfo(SD_CardInfo * cardinfo)
{
  SD_Error status = SD_RESPONSE_FAILURE;
  SD_GetCSDRegister(&(cardinfo->SD_csd));
  status = SD_GetCIDRegister(&(cardinfo->SD_cid));
  cardinfo->CardCapacity = (cardinfo->SD_csd.DeviceSize + 1) ;
  cardinfo->CardCapacity *= (1 << (cardinfo->SD_csd.DeviceSizeMul + 2));
  cardinfo->CardBlockSize = 1 << (cardinfo->SD_csd.RdBlockLen);
  cardinfo->CardCapacity *= cardinfo->CardBlockSize;
  /*!< Returns the reponse */
  return status;
}
/**
  * @brief  从 SD 卡读取块数据
  * @param  pBuffer: pointer to the buffer that receives the data read from the
  * SD card
  * @param  ReadAddr: SD's internal address to read from
  * @param  BlockSize: the SD card Data block size
  * @retval The SD Response
  *         - SD_RESPONSE_FAILURE: Sequence failed
  *         - SD_RESPONSE_NO_ERROR: Sequence succeed
  */
SD_Error SD_ReadBlock(uint8_t* pBuffer, uint32_t ReadAddr, uint16_t BlockSize)
{
  uint32_t i = 0;
  SD_Error rvalue = SD_RESPONSE_FAILURE;
  /*!< SD chip select low */
  SD_CS_LOW();
  /*!< Send CMD17 (SD_CMD_READ_SINGLE_BLOCK) to read one block */
  SD_SendCmd(SD_CMD_READ_SINGLE_BLOCK, ReadAddr, 0xFF);
  /*!< Check if the SD acknowledged the read block command: R1 response (0x00: no er-
  rors) */
  if (! SD_GetResponse(SD_RESPONSE_NO_ERROR))
  {
    /*!< Now look for the data token to signify the start of the data */
    if (! SD_GetResponse(SD_START_DATA_SINGLE_BLOCK_READ))
    {
      /*!< Read the SD block data : read NumByteToRead data */
      for (i = 0; i < BlockSize; i++)
      {
        /*!< Save the received data */
        *pBuffer = SD_ReadByte();
```

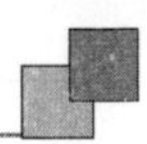

```
        /*! < Point to the next location where the byte read will be saved */
        pBuffer++;
      }
      /*! < Get CRC bytes (not really needed by us, but required by SD) */
      SD_ReadByte();
      SD_ReadByte();
      /*! < Set response value to success */
      rvalue = SD_RESPONSE_NO_ERROR;
    }
  }
  /*! < SD chip select high */
  SD_CS_HIGH();
  /*! < Send dummy byte: 8 Clock pulses of delay */
  SD_WriteByte(SD_DUMMY_BYTE);
  /*! < Returns the reponse */
  return rvalue;
}
/**
  * @brief   从 SD 卡上读多块数据
  * @param   pBuffer: pointer to the buffer that receives the data read from the
  * SD card
  * @param   ReadAddr: SD's internal address to read from
  * @param   BlockSize: the SD card Data block size
  * @param   NumberOfBlocks: number of blocks to be read
  * @retval The SD Response
  *          - SD_RESPONSE_FAILURE: Sequence failed
  *          - SD_RESPONSE_NO_ERROR: Sequence succeed
  */
SD_Error SD_ReadMultiBlocks(uint8_t * pBuffer, uint32_t ReadAddr, uint16_t BlockSize,
uint32_t NumberOfBlocks)
{
  uint32_t i = 0, Offset = 0;
  SD_Error rvalue = SD_RESPONSE_FAILURE;
  /*! < SD chip select low */
  SD_CS_LOW();
  /*! < Data transfer */
  while (NumberOfBlocks--)
  {
    /*! < Send CMD17 (SD_CMD_READ_SINGLE_BLOCK) to read one block */
    SD_SendCmd (SD_CMD_READ_SINGLE_BLOCK, ReadAddr + Offset, 0xFF);
    /*! < Check if the SD acknowledged the read block command: R1 response (0x00: no
```

```
errors) */
        if (SD_GetResponse(SD_RESPONSE_NO_ERROR))
        {
          return  SD_RESPONSE_FAILURE;
        }
        /*! < Now look for the data token to signify the start of the data */
        if (! SD_GetResponse(SD_START_DATA_SINGLE_BLOCK_READ))
        {
          /*! < Read the SD block data : read NumByteToRead data */
          for (i = 0; i < BlockSize; i++)
          {
            /*! < Read the pointed data */
            *pBuffer = SD_ReadByte();
            /*! < Point to the next location where the byte read will be saved */
            pBuffer++;
          }
          /*! < Set next read address */
          Offset += 512;
          /*! < get CRC bytes (not really needed by us, but required by SD) */
          SD_ReadByte();
          SD_ReadByte();
          /*! < Set response value to success */
          rvalue = SD_RESPONSE_NO_ERROR;
        }
        else
        {
          /*! < Set response value to failure */
          rvalue = SD_RESPONSE_FAILURE;
        }
      }
      /*! < SD chip select high */
      SD_CS_HIGH();
      /*! < Send dummy byte: 8 Clock pulses of delay */
      SD_WriteByte(SD_DUMMY_BYTE);
      /*! < Returns the reponse */
      return rvalue;
    }
    /**
      * @brief   在 SD 卡上写一个块
      * @param  pBuffer: pointer to the buffer containing the data to be written on
      *         the SD card
      * @param  WriteAddr: address to write on
```

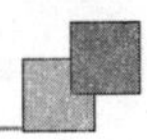

```
  * @param  BlockSize: the SD card Data block size
  * @retval The SD Response:
  *         - SD_RESPONSE_FAILURE: Sequence failed
  *         - SD_RESPONSE_NO_ERROR: Sequence succeed
  */
SD_Error SD_WriteBlock(uint8_t * pBuffer, uint32_t WriteAddr, uint16_t BlockSize)
{
  uint32_t i = 0;
  SD_Error rvalue = SD_RESPONSE_FAILURE;
  /*! < SD chip select low */
  SD_CS_LOW();
  /*! < Send CMD24 (SD_CMD_WRITE_SINGLE_BLOCK) to write multiple block */
  SD_SendCmd(SD_CMD_WRITE_SINGLE_BLOCK, WriteAddr, 0xFF);

  /*! < Check if the SD acknowledged the write block command: R1 response (0x00: no
  errors) */
  if (! SD_GetResponse(SD_RESPONSE_NO_ERROR))
  {
    /*! < Send a dummy byte */
    SD_WriteByte(SD_DUMMY_BYTE);
    /*! < Send the data token to signify the start of the data */
    SD_WriteByte(0xFE);
    /*! < Write the block data to SD : write count data by block */
    for (i = 0; i < BlockSize; i++)
    {
      /*! < Send the pointed byte */
      SD_WriteByte(*pBuffer);
      /*! < Point to the next location where the byte read will be saved */
      pBuffer++;
    }
    /*! < Put CRC bytes (not really needed by us, but required by SD) */
    SD_ReadByte();
    SD_ReadByte();
    /*! < Read data response */
    if (SD_GetDataResponse() == SD_DATA_OK)
    {
      rvalue = SD_RESPONSE_NO_ERROR;
    }
  }
  /*! < SD chip select high */
  SD_CS_HIGH();
  /*! < Send dummy byte: 8 Clock pulses of delay */
```

```
    SD_WriteByte(SD_DUMMY_BYTE);
    /*! < Returns the reponse */
    return rvalue;
}
/**
  * @brief  在 SD 卡上写多个块
  * @param  pBuffer: pointer to the buffer containing the data to be written on
  *         the SD card
  * @param  WriteAddr: address to write on
  * @param  BlockSize: the SD card Data block size
  * @param  NumberOfBlocks: number of blocks to be written
  * @retval The SD Response
  *         - SD_RESPONSE_FAILURE: Sequence failed
  *         - SD_RESPONSE_NO_ERROR: Sequence succeed
  */
SD_Error SD_WriteMultiBlocks(uint8_t * pBuffer, uint32_t WriteAddr, uint16_t Block-
Size, uint32_t NumberOfBlocks)
{
  uint32_t i = 0, Offset = 0;
  SD_Error rvalue = SD_RESPONSE_FAILURE;
  /*! < SD chip select low */
  SD_CS_LOW();
  /*! < Data transfer */
  while (NumberOfBlocks--)
  {
    /*! < Send CMD24 (SD_CMD_WRITE_SINGLE_BLOCK) to write blocks */
    SD_SendCmd(SD_CMD_WRITE_SINGLE_BLOCK, WriteAddr + Offset, 0xFF);
    /*! < Check if the SD acknowledged the write block command: R1 response (0x00: no
    errors) */
    if (SD_GetResponse(SD_RESPONSE_NO_ERROR))
    {
      return SD_RESPONSE_FAILURE;
    }
    /*! < Send dummy byte */
    SD_WriteByte(SD_DUMMY_BYTE);
    /*! < Send the data token to signify the start of the data */
    SD_WriteByte(SD_START_DATA_SINGLE_BLOCK_WRITE);
    /*! < Write the block data to SD : write count data by block */
    for (i = 0; i < BlockSize; i++)
    {
      /*! < Send the pointed byte */
      SD_WriteByte(*pBuffer);
```

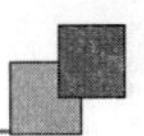

```
      /*! < Point to the next location where the byte read will be saved */
      pBuffer++;
    }
    /*! < Set next write address */
    Offset += 512;
    /*! < Put CRC bytes (not really needed by us, but required by SD) */
    SD_ReadByte();
    SD_ReadByte();
    /*! < Read data response */
    if (SD_GetDataResponse() == SD_DATA_OK)
    {
      /*! < Set response value to success */
      rvalue = SD_RESPONSE_NO_ERROR;
    }
    else
    {
      /*! < Set response value to failure */
      rvalue = SD_RESPONSE_FAILURE;
    }
  }
  /*! < SD chip select high */
  SD_CS_HIGH();
  /*! < Send dummy byte: 8 Clock pulses of delay */
  SD_WriteByte(SD_DUMMY_BYTE);
  /*! < Returns the reponse */
  return rvalue;
}
/**
  * @brief   读 CSD 卡寄存器
  * @note    Reading the contents of the CSD register in SPI mode is a simple
  *          read - block transaction
  * @param   SD_csd: pointer on an SCD register structure
  * @retval The SD Response
  *           - SD_RESPONSE_FAILURE: Sequence failed
  *           - SD_RESPONSE_NO_ERROR: Sequence succeed
  */
SD_Error SD_GetCSDRegister(SD_CSD* SD_csd)
{
  uint32_t i = 0;
  SD_Error rvalue = SD_RESPONSE_FAILURE;
  uint8_t CSD_Tab[16];
  /*! < SD chip select low */
```

```
SD_CS_LOW();
/*! < Send CMD9 (CSD register) or CMD10(CSD register) */
SD_SendCmd(SD_CMD_SEND_CSD, 0, 0xFF);
/*! < Wait for response in the R1 format (0x00 is no errors) */
if (! SD_GetResponse(SD_RESPONSE_NO_ERROR))
{
  if (! SD_GetResponse(SD_START_DATA_SINGLE_BLOCK_READ))
  {
    for (i = 0; i < 16; i++)
    {
      /*! < Store CSD register value on CSD_Tab */
      CSD_Tab[i] = SD_ReadByte();
    }
  }
  /*! < Get CRC bytes (not really needed by us, but required by SD) */
  SD_WriteByte(SD_DUMMY_BYTE);
  SD_WriteByte(SD_DUMMY_BYTE);
  /*! < Set response value to success */
  rvalue = SD_RESPONSE_NO_ERROR;
}
/*! < SD chip select high */
SD_CS_HIGH();
/*! < Send dummy byte: 8 Clock pulses of delay */
SD_WriteByte(SD_DUMMY_BYTE);
/*! < Byte 0 */
SD_csd->CSDStruct = (CSD_Tab[0] & 0xC0) >> 6;
SD_csd->SysSpecVersion = (CSD_Tab[0] & 0x3C) >> 2;
SD_csd->Reserved1 = CSD_Tab[0] & 0x03;
/*! < Byte 1 */
SD_csd->TAAC = CSD_Tab[1];
/*! < Byte 2 */
SD_csd->NSAC = CSD_Tab[2];
/*! < Byte 3 */
SD_csd->MaxBusClkFrec = CSD_Tab[3];
/*! < Byte 4 */
SD_csd->CardComdClasses = CSD_Tab[4] << 4;
/*! < Byte 5 */
SD_csd->CardComdClasses |= (CSD_Tab[5] & 0xF0) >> 4;
SD_csd->RdBlockLen = CSD_Tab[5] & 0x0F;
/*! < Byte 6 */
SD_csd->PartBlockRead = (CSD_Tab[6] & 0x80) >> 7;
SD_csd->WrBlockMisalign = (CSD_Tab[6] & 0x40) >> 6;
```

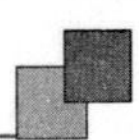

```
SD_csd->RdBlockMisalign = (CSD_Tab[6] & 0x20) >> 5;
SD_csd->DSRImpl = (CSD_Tab[6] & 0x10) >> 4;
SD_csd->Reserved2 = 0; /*!< Reserved */
SD_csd->DeviceSize = (CSD_Tab[6] & 0x03) << 10;
/*!< Byte 7 */
SD_csd->DeviceSize |= (CSD_Tab[7]) << 2;
/*!< Byte 8 */
SD_csd->DeviceSize |= (CSD_Tab[8] & 0xC0) >> 6;
SD_csd->MaxRdCurrentVDDMin = (CSD_Tab[8] & 0x38) >> 3;
SD_csd->MaxRdCurrentVDDMax = (CSD_Tab[8] & 0x07);
/*!< Byte 9 */
SD_csd->MaxWrCurrentVDDMin = (CSD_Tab[9] & 0xE0) >> 5;
SD_csd->MaxWrCurrentVDDMax = (CSD_Tab[9] & 0x1C) >> 2;
SD_csd->DeviceSizeMul = (CSD_Tab[9] & 0x03) << 1;
/*!< Byte 10 */
SD_csd->DeviceSizeMul |= (CSD_Tab[10] & 0x80) >> 7;
SD_csd->EraseGrSize = (CSD_Tab[10] & 0x40) >> 6;
SD_csd->EraseGrMul = (CSD_Tab[10] & 0x3F) << 1;
/*!< Byte 11 */
SD_csd->EraseGrMul |= (CSD_Tab[11] & 0x80) >> 7;
SD_csd->WrProtectGrSize = (CSD_Tab[11] & 0x7F);
/*!< Byte 12 */
SD_csd->WrProtectGrEnable = (CSD_Tab[12] & 0x80) >> 7;
SD_csd->ManDeflECC = (CSD_Tab[12] & 0x60) >> 5;
SD_csd->WrSpeedFact = (CSD_Tab[12] & 0x1C) >> 2;
SD_csd->MaxWrBlockLen = (CSD_Tab[12] & 0x03) << 2;
/*!< Byte 13 */
SD_csd->MaxWrBlockLen |= (CSD_Tab[13] & 0xC0) >> 6;
SD_csd->WriteBlockPaPartial = (CSD_Tab[13] & 0x20) >> 5;
SD_csd->Reserved3 = 0;
SD_csd->ContentProtectAppli = (CSD_Tab[13] & 0x01);
/*!< Byte 14 */
SD_csd->FileFormatGrouop = (CSD_Tab[14] & 0x80) >> 7;
SD_csd->CopyFlag = (CSD_Tab[14] & 0x40) >> 6;
SD_csd->PermWrProtect = (CSD_Tab[14] & 0x20) >> 5;
SD_csd->TempWrProtect = (CSD_Tab[14] & 0x10) >> 4;
SD_csd->FileFormat = (CSD_Tab[14] & 0x0C) >> 2;
SD_csd->ECC = (CSD_Tab[14] & 0x03);
/*!< Byte 15 */
SD_csd->CSD_CRC = (CSD_Tab[15] & 0xFE) >> 1;
SD_csd->Reserved4 = 1;
/*!< Return the reponse */
```

```
  return rvalue;
}
/**
  * @brief  读 CID 卡寄存器
  * @note   Reading the contents of the CID register in SPI mode is a simple
  *         read - block transaction
  * @param  SD_cid: pointer on an CID register structure
  * @retval The SD Response
  *         - SD_RESPONSE_FAILURE: Sequence failed
  *         - SD_RESPONSE_NO_ERROR: Sequence succeed
  */
SD_Error SD_GetCIDRegister(SD_CID* SD_cid)
{
  uint32_t i = 0;
  SD_Error rvalue = SD_RESPONSE_FAILURE;
  uint8_t CID_Tab[16];
  /*!< SD chip select low */
  SD_CS_LOW();
  /*!< Send CMD10 (CID register) */
  SD_SendCmd(SD_CMD_SEND_CID, 0, 0xFF);
  /*!< Wait for response in the R1 format (0x00 is no errors) */
  if (!SD_GetResponse(SD_RESPONSE_NO_ERROR))
  {
    if (!SD_GetResponse(SD_START_DATA_SINGLE_BLOCK_READ))
    {
      /*!< Store CID register value on CID_Tab */
      for (i = 0; i < 16; i++)
      {
        CID_Tab[i] = SD_ReadByte();
      }
    }
    /*!< Get CRC bytes (not really needed by us, but required by SD) */
    SD_WriteByte(SD_DUMMY_BYTE);
    SD_WriteByte(SD_DUMMY_BYTE);
    /*!< Set response value to success */
    rvalue = SD_RESPONSE_NO_ERROR;
  }
  /*!< SD chip select high */
  SD_CS_HIGH();
  /*!< Send dummy byte: 8 Clock pulses of delay */
  SD_WriteByte(SD_DUMMY_BYTE);
  /*!< Byte 0 */
```

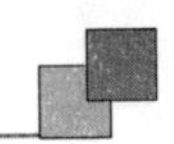

```
  SD_cid->ManufacturerID = CID_Tab[0];
  /*! < Byte 1 */
  SD_cid->OEM_AppliID = CID_Tab[1] << 8;
  /*! < Byte 2 */
  SD_cid->OEM_AppliID |= CID_Tab[2];
  /*! < Byte 3 */
  SD_cid->ProdName1 = CID_Tab[3] << 24;
  /*! < Byte 4 */
  SD_cid->ProdName1 |= CID_Tab[4] << 16;
  /*! < Byte 5 */
  SD_cid->ProdName1 |= CID_Tab[5] << 8;
  /*! < Byte 6 */
  SD_cid->ProdName1 |= CID_Tab[6];
  /*! < Byte 7 */
  SD_cid->ProdName2 = CID_Tab[7];
  /*! < Byte 8 */
  SD_cid->ProdRev = CID_Tab[8];
  /*! < Byte 9 */
  SD_cid->ProdSN = CID_Tab[9] << 24;
  /*! < Byte 10 */
  SD_cid->ProdSN |= CID_Tab[10] << 16;
  /*! < Byte 11 */
  SD_cid->ProdSN |= CID_Tab[11] << 8;
  /*! < Byte 12 */
  SD_cid->ProdSN |= CID_Tab[12];
  /*! < Byte 13 */
  SD_cid->Reserved1 |= (CID_Tab[13] & 0xF0) >> 4;
  SD_cid->ManufactDate = (CID_Tab[13] & 0x0F) << 8;
  /*! < Byte 14 */
  SD_cid->ManufactDate |= CID_Tab[14];
  /*! < Byte 15 */
  SD_cid->CID_CRC = (CID_Tab[15] & 0xFE) >> 1;
  SD_cid->Reserved2 = 1;
  /*! < Return the reponse */
  return rvalue;
}
/**
  * @brief   发 5 个字节命令给 SD 卡
  * @param   Cmd: The user expected command to send to SD card
  * @param   Arg: The command argument
  * @param   Crc: The CRC
  * @retval None
```

```
  */
void SD_SendCmd(uint8_t Cmd, uint32_t Arg, uint8_t Crc)
{
  uint32_t i = 0x00;
  uint8_t Frame[6];
  Frame[0] = (Cmd | 0x40); /*! < Construct byte 1 */
  Frame[1] = (uint8_t)(Arg >> 24); /*! < Construct byte 2 */
  Frame[2] = (uint8_t)(Arg >> 16); /*! < Construct byte 3 */
  Frame[3] = (uint8_t)(Arg >> 8); /*! < Construct byte 4 */
  Frame[4] = (uint8_t)(Arg); /*! < Construct byte 5 */
  Frame[5] = (Crc); /*! < Construct CRC: byte 6 */
  for (i = 0; i < 6; i++)
  {
    SD_WriteByte(Frame[i]); /*! < Send the Cmd bytes */
  }
}
/**
  * @brief  SD卡数据响应
  * @param  None
  * @retval The SD status: Read data response xxx0<status>1
  *           - status 010: Data accecpted
  *           - status 101: Data rejected due to a crc error
  *           - status 110: Data rejected due to a Write error
  *           - status 111: Data rejected due to other error
  */
uint8_t SD_GetDataResponse(void)
{
  uint32_t i = 0;
  uint8_t response, rvalue;
  while (i <= 64)
  {
    /*! < Read resonse */
    response = SD_ReadByte();
    /*! < Mask unused bits */
    response &= 0x1F;
    switch (response)
    {
      case SD_DATA_OK:
      {
        rvalue = SD_DATA_OK;
        break;
      }
```

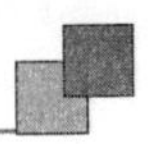

```
        case SD_DATA_CRC_ERROR:
          return SD_DATA_CRC_ERROR;
        case SD_DATA_WRITE_ERROR:
          return SD_DATA_WRITE_ERROR;
        default:
        {
          rvalue = SD_DATA_OTHER_ERROR;
          break;
        }
      }
      /*! < Exit loop in case of data ok */
      if (rvalue == SD_DATA_OK)
        break;
      /*! < Increment loop counter */
      i++;
    }
    /*! < Wait null data */
    while (SD_ReadByte() == 0);
    /*! < Return response */
    return response;
}
/**
  * @brief   返回 SD 卡响应
  * @param   None
  * @retval The SD Response
  *             - SD_RESPONSE_FAILURE: Sequence failed
  *             - SD_RESPONSE_NO_ERROR: Sequence succeed
  */
SD_Error SD_GetResponse(uint8_t Response)
{
  uint32_t Count = 0xFFF;
  /* Check if response is got or a timeout is happen */
  while ((SD_ReadByte() != Response) && Count)
  {
    Count--;
  }
  if (Count == 0)
  {
    /* After time out */
    return SD_RESPONSE_FAILURE;
  }
  else
```

```
    {
      /* Right response got */
      return SD_RESPONSE_NO_ERROR;
    }
  }
/**
  * @brief  返回 SD 卡状态
  * @param  None
  * @retval The SD status
  */
uint16_t SD_GetStatus(void)
{
  uint16_t Status = 0;
  /*!< SD chip select low */
  SD_CS_LOW();
  /*!< Send CMD13 (SD_SEND_STATUS) to get SD status */
  SD_SendCmd(SD_CMD_SEND_STATUS, 0, 0xFF);
  Status = SD_ReadByte();
  Status |= (uint16_t)(SD_ReadByte() << 8);
  /*!< SD chip select high */
  SD_CS_HIGH();
  /*!< Send dummy byte 0xFF */
  SD_WriteByte(SD_DUMMY_BYTE);
  return Status;
}
/**
  * @brief  把 SD 卡处于空闲状态
  * @param  None
  * @retval The SD Response
  *         - SD_RESPONSE_FAILURE: Sequence failed
  *         - SD_RESPONSE_NO_ERROR: Sequence succeed
  */
SD_Error SD_GoIdleState(void)
{
  /*!< SD chip select low */
  SD_CS_LOW();
  /*!< Send CMD0 (SD_CMD_GO_IDLE_STATE) to put SD in SPI mode */
  SD_SendCmd(SD_CMD_GO_IDLE_STATE, 0, 0x95);
  /*!< Wait for In Idle State Response (R1 Format) equal to 0x01 */
  if (SD_GetResponse(SD_IN_IDLE_STATE))
  {
    /*!< No Idle State Response: return response failue */
```

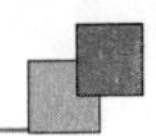

```
        return SD_RESPONSE_FAILURE;
    }
    /* - - - - - - - Activates the card initialization process - - - - - - - - */
    do
    {
        /*! < SD chip select high */
        SD_CS_HIGH();
        /*! < Send Dummy byte 0xFF */
        SD_WriteByte(SD_DUMMY_BYTE);
        /*! < SD chip select low */
        SD_CS_LOW();
        /*! < Send CMD1 (Activates the card process) until response equal to 0x0 */
        SD_SendCmd(SD_CMD_SEND_OP_COND, 0, 0xFF);
        /*! < Wait for no error Response (R1 Format) equal to 0x00 */
    }
    while (SD_GetResponse(SD_RESPONSE_NO_ERROR));

    /*! < SD chip select high */
    SD_CS_HIGH();
    /*! < Send dummy byte 0xFF */
    SD_WriteByte(SD_DUMMY_BYTE);
    return SD_RESPONSE_NO_ERROR;
}
/**
  * @brief   在 SD 卡上写一个字节
  * @param   Data: byte to send
  * @retval None
  */
uint8_t SD_WriteByte(uint8_t Data)
{
    /*! <判断发送缓冲是否为空 */
    while(SPI_I2S_GetFlagStatus(SD_SPI, SPI_I2S_FLAG_TXE) == RESET)
    {
    }
    /*! <发送字节 */
    SPI_SendData8(SD_SPI, Data);
    /*! <判断接收缓冲是否为空 */
    while(SPI_I2S_GetFlagStatus(SD_SPI, SPI_I2S_FLAG_RXNE) == RESET)
    {
    }
    /*! <返回读取的字节 */
    return SPI_ReceiveData8(SD_SPI);
```

```
}
/* *
  * @brief  从 SD 卡读一个字节
  * @param  None
  * @retval The received byte
  */
uint8_t SD_ReadByte(void)
{
  uint8_t Data = 0;
  /*! < Wait until the transmit buffer is empty */
  while (SPI_I2S_GetFlagStatus(SD_SPI, SPI_I2S_FLAG_TXE) == RESET)
  {
  }
  /*! < Send the byte */
  SPI_SendData8(SD_SPI, SD_DUMMY_BYTE);
  /*! < Wait until a data is received */
  while (SPI_I2S_GetFlagStatus(SD_SPI, SPI_I2S_FLAG_RXNE) == RESET)
  {
  }
  /*! < Get the received data */
  Data = SPI_ReceiveData8(SD_SPI);
  /*! < Return the shifted data */
  return Data;
}
/*********** (C) COPYRIGHT STMicroelectronics ***** END OF FILE ****/
```

在 File 菜单下新建如下的源文件 SD. h，编写完成后保存在 Drive 文件夹下。

```
#ifndef __SD_H
#define __SD_H
#include "stm32f0xx.h"
/* *
  * @brief  SD SPI Interface pins
  */
#define SD_SPI                          SPI2
#define SD_SPI_CLK                      RCC_APB1Periph_SPI2
#define SD_SPI_SCK_PIN                  GPIO_Pin_13            /* PA.05 */
#define SD_SPI_SCK_GPIO_PORT            GPIOB                  /* GPIOA */
#define SD_SPI_SCK_GPIO_CLK             RCC_AHBPeriph_GPIOB
#define SD_SPI_SCK_SOURCE               GPIO_PinSource13
#define SD_SPI_SCK_AF                   GPIO_AF_0
#define SD_SPI_MISO_PIN                 GPIO_Pin_14            /* PA.06 */
#define SD_SPI_MISO_GPIO_PORT           GPIOB                  /* GPIOA */
```

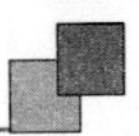

```
#define SD_SPI_MISO_GPIO_CLK          RCC_AHBPeriph_GPIOB
#define SD_SPI_MISO_SOURCE            GPIO_PinSource14
#define SD_SPI_MISO_AF                GPIO_AF_0
#define SD_SPI_MOSI_PIN               GPIO_Pin_15            /* PA.07 */
#define SD_SPI_MOSI_GPIO_PORT         GPIOB                  /* GPIOA */
#define SD_SPI_MOSI_GPIO_CLK          RCC_AHBPeriph_GPIOB
#define SD_SPI_MOSI_SOURCE            GPIO_PinSource15
#define SD_SPI_MOSI_AF                GPIO_AF_0
#define SD_CS_PIN                     GPIO_Pin_12            /* PF.05 */
#define SD_CS_GPIO_PORT               GPIOB                  /* GPIOF */
#define SD_CS_GPIO_CLK                RCC_AHBPeriph_GPIOB
typedef enum
{
/**
  * @brief  SD reponses and error flags
  */
  SD_RESPONSE_NO_ERROR       = (0x00),
  SD_IN_IDLE_STATE           = (0x01),
  SD_ERASE_RESET             = (0x02),
  SD_ILLEGAL_COMMAND         = (0x04),
  SD_COM_CRC_ERROR           = (0x08),
  SD_ERASE_SEQUENCE_ERROR    = (0x10),
  SD_ADDRESS_ERROR           = (0x20),
  SD_PARAMETER_ERROR         = (0x40),
  SD_RESPONSE_FAILURE        = (0xFF),
/**
  * @brief  Data response error
  */
  SD_DATA_OK                 = (0x05),
  SD_DATA_CRC_ERROR          = (0x0B),
  SD_DATA_WRITE_ERROR        = (0x0D),
  SD_DATA_OTHER_ERROR        = (0xFF)
} SD_Error;
/**
  * @brief  Card Specific Data: CSD Register
  */
typedef struct
{
  __IO uint8_t  CSDStruct;            /*!< CSD structure */
  __IO uint8_t  SysSpecVersion;       /*!< System specification version */
  __IO uint8_t  Reserved1;            /*!< Reserved */
  __IO uint8_t  TAAC;                 /*!< Data read access - time 1 */
```

```
  __IO uint8_t   NSAC;                 /*!< Data read access - time 2 in CLK cycles */
  __IO uint8_t   MaxBusClkFrec;        /*!< Max. bus clock frequency */
  __IO uint16_t CardComdClasses;       /*!< Card command classes */
  __IO uint8_t   RdBlockLen;           /*!< Max. read data block length */
  __IO uint8_t   PartBlockRead;        /*!< Partial blocks for read allowed */
  __IO uint8_t   WrBlockMisalign;      /*!< Write block misalignment */
  __IO uint8_t   RdBlockMisalign;      /*!< Read block misalignment */
  __IO uint8_t   DSRImpl;              /*!< DSR implemented */
  __IO uint8_t   Reserved2;            /*!< Reserved */
  __IO uint32_t DeviceSize;            /*!< Device Size */
  __IO uint8_t   MaxRdCurrentVDDMin;   /*!< Max. read current @ VDD min */
  __IO uint8_t   MaxRdCurrentVDDMax;   /*!< Max. read current @ VDD max */
  __IO uint8_t   MaxWrCurrentVDDMin;   /*!< Max. write current @ VDD min */
  __IO uint8_t   MaxWrCurrentVDDMax;   /*!< Max. write current @ VDD max */
  __IO uint8_t   DeviceSizeMul;        /*!< Device size multiplier */
  __IO uint8_t   EraseGrSize;          /*!< Erase group size */
  __IO uint8_t   EraseGrMul;           /*!< Erase group size multiplier */
  __IO uint8_t   WrProtectGrSize;      /*!< Write protect group size */
  __IO uint8_t   WrProtectGrEnable;    /*!< Write protect group enable */
  __IO uint8_t   ManDeflECC;           /*!< Manufacturer default ECC */
  __IO uint8_t   WrSpeedFact;          /*!< Write speed factor */
  __IO uint8_t   MaxWrBlockLen;        /*!< Max. write data block length */
  __IO uint8_t   WriteBlockPaPartial;  /*!< Partial blocks for write allowed */
  __IO uint8_t   Reserved3;            /*!< Reserded */
  __IO uint8_t   ContentProtectAppli;  /*!< Content protection application */
  __IO uint8_t   FileFormatGrouop;     /*!< File format group */
  __IO uint8_t   CopyFlag;             /*!< Copy flag (OTP) */
  __IO uint8_t   PermWrProtect;        /*!< Permanent write protection */
  __IO uint8_t   TempWrProtect;        /*!< Temporary write protection */
  __IO uint8_t   FileFormat;           /*!< File Format */
  __IO uint8_t   ECC;                  /*!< ECC code */
  __IO uint8_t   CSD_CRC;              /*!< CSD CRC */
  __IO uint8_t   Reserved4;            /*!< always 1 */
} SD_CSD;
/**
  * @brief  Card Identification Data: CID Register
  */
typedef struct
{
  __IO uint8_t  ManufacturerID;        /*!< ManufacturerID */
  __IO uint16_t OEM_AppliID;           /*!< OEM/Application ID */
  __IO uint32_t ProdName1;             /*!< Product Name part1 */
```

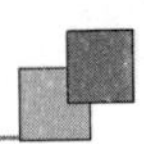

```
    __IO uint8_t   ProdName2;          /*!< Product Name part2 */
    __IO uint8_t   ProdRev;            /*!< Product Revision */
    __IO uint32_t ProdSN;              /*!< Product Serial Number */
    __IO uint8_t   Reserved1;          /*!< Reserved1 */
    __IO uint16_t ManufactDate;        /*!< Manufacturing Date */
    __IO uint8_t   CID_CRC;            /*!< CID CRC */
    __IO uint8_t   Reserved2;          /*!< always 1 */
} SD_CID;
/**
  * @brief SD Card information
  */
typedef struct
{
  SD_CSD SD_csd;
  SD_CID SD_cid;
  uint32_t CardCapacity;               /*!< Card Capacity */
  uint32_t CardBlockSize;              /*!< Card Block Size */
} SD_CardInfo;
#define SD_BLOCK_SIZE      0x200
/**
  * @brief  Dummy byte
  */
#define SD_DUMMY_BYTE    0xFF
/**
  * @brief  Start Data tokens
  *         Tokens (necessary because at nop/idle (and CS active) only 0xff is
  *         on the data/command line)
  */
#define SD_START_DATA_SINGLE_BLOCK_READ      0xFE  /*!< Data token start byte,
Start Single Block Read */
#define SD_START_DATA_MULTIPLE_BLOCK_READ    0xFE  /*!< Data token start byte,
Start Multiple Block Read */
#define SD_START_DATA_SINGLE_BLOCK_WRITE     0xFE  /*!< Data token start byte,
Start Single Block Write */
#define SD_START_DATA_MULTIPLE_BLOCK_WRITE 0xFD   /*!< Data token start byte,
Start Multiple Block Write */
#define SD_STOP_DATA_MULTIPLE_BLOCK_WRITE   0xFD  /*!< Data toke stop byte, Stop
Multiple Block Write */
/**
  * @brief   SD detection on its memory slot
  */
#define SD_PRESENT          ((uint8_t)0x01)
```

```
#define SD_NOT_PRESENT         ((uint8_t)0x00)
/**
  * @brief  Commands: CMDxx = CMD - number | 0x40
  */
#define SD_CMD_GO_IDLE_STATE            0         /*!< CMD0 = 0x40 */
#define SD_CMD_SEND_OP_COND             1         /*!< CMD1 = 0x41 */
#define SD_CMD_SEND_CSD                 9         /*!< CMD9 = 0x49 */
#define SD_CMD_SEND_CID                 10        /*!< CMD10 = 0x4A */
#define SD_CMD_STOP_TRANSMISSION        12        /*!< CMD12 = 0x4C */
#define SD_CMD_SEND_STATUS              13        /*!< CMD13 = 0x4D */
#define SD_CMD_SET_BLOCKLEN             16        /*!< CMD16 = 0x50 */
#define SD_CMD_READ_SINGLE_BLOCK        17        /*!< CMD17 = 0x51 */
#define SD_CMD_READ_MULT_BLOCK          18        /*!< CMD18 = 0x52 */
#define SD_CMD_SET_BLOCK_COUNT          23        /*!< CMD23 = 0x57 */
#define SD_CMD_WRITE_SINGLE_BLOCK       24        /*!< CMD24 = 0x58 */
#define SD_CMD_WRITE_MULT_BLOCK         25        /*!< CMD25 = 0x59 */
#define SD_CMD_PROG_CSD                 27        /*!< CMD27 = 0x5B */
#define SD_CMD_SET_WRITE_PROT           28        /*!< CMD28 = 0x5C */
#define SD_CMD_CLR_WRITE_PROT           29        /*!< CMD29 = 0x5D */
#define SD_CMD_SEND_WRITE_PROT          30        /*!< CMD30 = 0x5E */
#define SD_CMD_SD_ERASE_GRP_START       32        /*!< CMD32 = 0x60 */
#define SD_CMD_SD_ERASE_GRP_END         33        /*!< CMD33 = 0x61 */
#define SD_CMD_UNTAG_SECTOR             34        /*!< CMD34 = 0x62 */
#define SD_CMD_ERASE_GRP_START          35        /*!< CMD35 = 0x63 */
#define SD_CMD_ERASE_GRP_END            36        /*!< CMD36 = 0x64 */
#define SD_CMD_UNTAG_ERASE_GROUP        37        /*!< CMD37 = 0x65 */
#define SD_CMD_ERASE                    38        /*!< CMD38 = 0x66 */
#define SD_CS_LOW()       GPIO_ResetBits(SD_CS_GPIO_PORT, SD_CS_PIN)
/**
  * @brief  Deselect SD Card: ChipSelect pin high
  */
#define SD_CS_HIGH()      GPIO_SetBits(SD_CS_GPIO_PORT, SD_CS_PIN)
/**
  * @}
  */
void SD_SPI_Init(void);
SD_Error SD_Init(void);
SD_Error SD_GetCardInfo(SD_CardInfo *cardinfo);
SD_Error SD_ReadBlock(uint8_t* pBuffer, uint32_t ReadAddr, uint16_t BlockSize);
SD_Error SD_ReadMultiBlocks(uint8_t* pBuffer, uint32_t ReadAddr, uint16_t BlockSize,
uint32_t NumberOfBlocks);
SD_Error SD_WriteBlock(uint8_t* pBuffer, uint32_t WriteAddr, uint16_t BlockSize);
```

```
SD_Error SD_WriteMultiBlocks(uint8_t * pBuffer, uint32_t WriteAddr, uint16_t Block-
Size, uint32_t NumberOfBlocks);
SD_Error SD_GetCSDRegister(SD_CSD * SD_csd);
SD_Error SD_GetCIDRegister(SD_CID * SD_cid);
void SD_SendCmd(uint8_t Cmd, uint32_t Arg, uint8_t Crc);
SD_Error SD_GetResponse(uint8_t Response);
uint8_t SD_GetDataResponse(void);
SD_Error SD_GoIdleState(void);
uint16_t SD_GetStatus(void);
uint8_t SD_WriteByte(uint8_t byte);
uint8_t SD_ReadByte(void);
#ifdef __cplusplus
}
#endif
#endif /* _SD_H */
```

4. 实验效果

编译通过后,可以使用J-link仿真器调试程序,最后将程序下载到STM32F072芯片中。在TFT-LCD背面插上SD卡,如果一切正常,则上电后可以看到液晶显示器上显示SD卡的初始化及创建/关闭文件系统成功。实验照片如图23-2所示。

图23-2 STM32F072的SD卡初始化及文件系统实验照片

23.5 电子书实验

1. 实验要求

电子书设计实验，读出并显示 SD 卡的 TXT 文本内容。

2. 实验电路原理

参考 Mini STM32 DEMO 开发板电路原理图：

- PB12——SD_CS：SD 卡片选；
- PB13——SCK2：SD 卡时钟；
- PB14——MISO2：SD 卡数据输出；
- PB15——MOSI2：SD 卡数据输入；
- PC10——LCD_RS：TFT-LCD 命令/数据选择（0，读/写命令；1，读/写数据）；
- PC11——LCD_CS：TFT-LCD 片选；
- PD2——LCD_WR：向 TFT-LCD 写入数据；
- PC12——LCD_RD：从 TFT-LCD 读取数据；
- PC7～PC0——DB[15:8]：TFT-LCD 16 位双向数据线的高 8 位；
- PB7～PB0——DB[7:0]：TFT-LCD 16 位双向数据线的低 8 位；
- NRST——NRST：TFT-LCD 复位信号。

3. 源程序文件及分析

新建一个文件目录 eBOOK_LCD，在 RealView MDK 集成开发环境中创建一个工程项目 eBOOK_LCD.uvprojx 于此目录中。

在 File 菜单下新建如下的源文件 main.c，编写源程序代码后保存在 User 文件夹下，再把 main.c 文件添加到 User 组中。

```
#include "stm32f0xx.h"
#include "diskio.h"
#include "ILI9325.h"
#include "GUI.h"
#include "ffconf.h"
#include "SD.h"
#include "FATAPP.h"
#include "ff.h"
#include "XPT2046.h"
#include "string.h"
#include "KEYINT.h"
#include "W25Q16.h"
```

```
#define countof(a) (sizeof(a) / sizeof( * (a)))  //计算数组内的成员个数
//////////////////////////////////////////////////////////
    FATFS fs;                        //Work area (file system object) for logical drive
    FRESULT res;                                  //FatFs function common result code
    FIL fsrc, fdst;                               //file objects
    BYTE buffer[1024];                            //file copy buffer
    UINT br, bw;                                  //File R/W count
    unsigned char w_buffer[] = {"EEWORD GOOD!"}; //演示写入文件
//////////////////////////////////////////////////////////
uint8_t touch_flag = 0;
uint8_t down_sign = 0,back_sign = 0; //分别为"文本下翻页"标志和"文本浏览退出"标志
/****************************************
 * FunctionName    : TXTViewer
 * Description     : TXT 文本浏览
 * EntryParameter  : fileName: 文件名称,可带路径
 * ReturnValue     : 成功或失败
 ****************************************/
FRESULT TXTViewer(const TCHAR * fileName)
{
    FATFS fs;                              //建立一个文件系统
  FIL file;                                //暂存文件
    UINT  br;                              //字节计数器
    FRESULT res;                           //存储函数执行结果
    uint16_t x = 6,y = 33;                 //TFT 横纵坐标
    uint16_t i = 0;          //Buffer 计数器,在 512 范围内,表示已经显示了多少个字节
    uint8_t zbuf[2];                       //双字节缓存
    uint8_t tbuf[2];                       //中文半字节处理暂存

  f_mount(0,&fs);                          //加载文件系统
    res = f_open(&file, fileName, FA_OPEN_EXISTING|FA_READ);   //打开文件
  if(res != FR_OK) return res;             //如果没有正确打开文件,则返回错误状态
    while(1)
    {
        res = f_read(&file, &buffer, 512, &br);        //读取文件内容,每次 512 个字节
        if(res||br == 0)break;
                                 //如果打开文件错误或者是已经读完数据,则跳出 while 循环
 next:down_sign = 0;                       //清除文本下翻命令
        while(i<br)
        {
            while((buffer[i] == 13)&&(buffer[i + 1] == 10))     //判断回车符和换行符
            {
                y = y + 20;                //纵坐标换行,加行间距 4
```

```
        x = 6;                        //横坐标
        i = i + 2;
          //跳过回车符和换行符(在文本文件中,回车符和换行符是同时出现的)
    }
    while(y>265)                      //纵坐标超出范围,换页
    {
        if(down_sign == 1)            //判断"下"按键
        {
            y = 33;
            x = 6;
            LCD_Fill(5,31,234,278,WHITE);            //清除原来的文本显示区
            goto next;                //继续显示
        }
        if(back_sign == 1)goto re;    //判断"返回"键
    }
    zbuf[0] = buffer[i];              //每两字节缓存
    zbuf[1] = buffer[i + 1];
    if(buffer[i]>0x80)                //如果是中文
    {
        if(i == 511)                  //最后一个字节处理
        {
            tbuf[0] = buffer[i];      //扇区末尾半字节存储
            break;                    //跳出 while(i<br)循环
        }
        if(! tbuf[0])                 //如果没有进行过半字节处理
        {
            LCD_Show_hz(x, y, zbuf);    //正常显示
            i = i + 2;
            x + = 16;                 //横坐标加 16
        }
        else                          //如果进行过半字节处理
        {
            tbuf[1] = buffer[i];      //另外半字节
            zbuf[0] = tbuf[0];
            zbuf[1] = tbuf[1];
            LCD_Show_hz(x, y, zbuf);
            i++;
            x += 16;
            tbuf[0] = 0;              //半字节处理清零
        }
        if(x>220)                     //横坐标超出范围
        {
```

```
                x = 6;
                y += 20;
            }
        }
        else                                   //英文字符显示
        {
            LCD_ShowChar(x, y, * zbuf);
            i = i + 1;
            x + = 8;
            if(x>227)                          //横坐标超出范围,换行
            {
                x = 6;
                y += 20;
            }
        }
    }
    i = 0;                                     //512 个数据显示完,i 清零
  }
  while(! back_sign);      //这条语句的作用是当读完了文本文件的最后一页时,等待
                           //退出命令,否则将看不到最后一页的内容
re: back_sign = 0;                             //清除退出标志
  f_close(&file);                              //关闭文件,必须和 f_open 函数成对出现
  f_mount(0,0);                                //卸载文件系统
  return FR_OK;
}
/ ****************************************
 * FunctionName    : main
 * Description     : 主函数
 * EntryParameter  : None
 * ReturnValue     : None
 ****************************************/
int main(void)
{
   uint8_t filePath[40];   //40 个字节的路径,其中,ebook/和.txt 占 10 个字节,剩余
                           //30 个字节可支持 40 个英文或 20 个汉字的文件名
   uint8_t tempPath[10];                       //暂存路径,用来存放路劲 ebook/
   uint8_t filebuf[50];                        //记录 TXT 文件号
   uint8_t num,txtnum,pagenum;                 //分别为文件总数、TXT 文件数、目录页码
   uint8_t count;                              //计数器
   uint16_t i,j = 0;                           //计数器
   uint16_t ypos;                              //TFT 纵坐标
   uint8_t temp1,temp2;                        //暂存
```

```
    SystemInit();
    SPI_FLASH_Init();
    KEY1_INT_Init();
    KEY2_INT_Init();
    Touch_Init();
    LCD_init();                              //液晶显示器初始化
    LCD_Clear(ORANGE);                       //全屏显示橙色
    POINT_COLOR = BLACK;                     //定义笔的颜色为黑色
    BACK_COLOR = WHITE   ;                   //定义笔的背景色为白色
    /* - - - - - - - - - SD Init - - - - - - - - - - - */
    disk_initialize(0);
    LCD_ShowString(20,20,    "SD 演示");
    res = f_mount(0, &fs);
    if(res == FR_OK)
        LCD_ShowString(20,40,    "SD ok ");
    else
        LCD_ShowString(20,20,    "SD no ");
    Draw_Window(0,0,239,283,"文本浏览器");   //显示浏览器窗口
    LCD_Fill(0,284,239,285,GRAYBLUE);        //增加 Windows 桌面效果
    Draw_Button(0,286,239,319);              //显示任务栏
    Draw_Button(50,289,124,316);             //显示"目录上翻"按钮
    Draw_Button(134,289,208,316);            //显示"目录下翻"按钮
    POINT_COLOR = BLACK;                     //定义按钮上的字为黑色
    BACK_COLOR = LGRAY;                      //定义按钮上字的背景色为浅灰色
    LCD_ShowString(55,294,"目录上翻");       //按钮上写字
    LCD_ShowString(139,294,"目录下翻");
    strcpy((char *)tempPath, "ebook/");      //把文件名路径给 tempPath 暂存
    num = FileScan("ebook");                 //扫描 ebook 文件
    if(num>50)num = 50;                      //最多 50 个文件
    for(i = 0; i<num; i++ )       //扫描所有文件类型,把 TXT 文件号存储到 filebuf 中
    {
        if(flag[i] == 2)                     //如果是 TXT 文件
        {
            filebuf[j] = i;                  //记录,把 TXT 文件号存放到 filebuf 里面
            j++;
        }
    }
    txtnum = j;
    temp1 = (txtnum - 1)/4;
      //计算可以在 TFT 上显示几页,每页显示 4 个;0 代表显示 1 页,1 代表两页,依次类推
    temp2 = (txtnum - 1) % 4 + 1;            //计算最后一页显示的数目
dir: pagenum = 1;
```

```
ypos = 35;
POINT_COLOR = BLACK;
BACK_COLOR = WHITE;
if(txtnum>4)count = 4;
else count = txtnum;
for(i = 0;i<count;i++)
{
    TFTBmpDisplay("ebook/txt.bmp", 10, ypos);      //显示图标
    FileNameShow_HH(58, ypos + 10,(uint8_t *)FileN[filebuf[i]]);
                                                   //显示文件名

    ypos + = 58;
}
while(1)
{
    if(touch_flag == 1)                            //如果触摸屏被按下
    {

        if(Read_Continue() == 0)                   //如果发生"触摸屏被按下事件"
        {
            //上翻按钮处理
            if((Pen_Point.X_Coord>50)&&(Pen_Point.X_Coord<124)&&(Pen_Point.
            Y_Coord>289)&&(Pen_Point.Y_Coord<316))
            {
                    /* 按钮动画处理 */
                SetButton(50,289,124,316);         //显示按钮被按下状态
                LCD_Fill(54,293,120,313,LGRAY);//擦除按钮上的字
                POINT_COLOR = BLACK;
                BACK_COLOR = LGRAY;
                LCD_ShowString(56,295,"目录上翻");//显示按钮上的字被按下状态
                while(SPI_TOUHC_INT == 0);         //如果按钮被一直按着,等待
                EscButton(50,289,124,316);         //放开按钮,显示按钮被放开状态
                LCD_Fill(54,293,120,313,LGRAY);//清除按钮上的字
                POINT_COLOR = BLACK;
                BACK_COLOR = LGRAY;
                LCD_ShowString(55,294,"目录上翻");//显示按钮上的字被恢复状态
                POINT_COLOR = BLACK;               //恢复笔的颜色和背景色
                BACK_COLOR = WHITE;
                /* 目录文件显示处理 */
                if(pagenum! = 1)                   //如果不是第一页
                {
                    pagenum--;
                    j = (pagenum - 1) * 4;
```

```
                    LCD_Fill(5,31,234,278,WHITE);    //清除原来的文本显示
                    ypos = 35;
                    for(i = 0;i<4;i++)               //上翻的显示文件数一定是 4 个
                    {
                        TFTBmpDisplay("ebook/txt.bmp", 10, ypos);
                                                     //显示图标
                      FileNameShow_HH(58, ypos + 10,(uint8_t *)FileN[filebuf
                      [j]]);                         //显示文件名
                      j++;
                      ypos + = 58;
                    }
                }
            }
            //下翻按钮处理
            else if((Pen_Point.X_Coord>134)&&(Pen_Point.X_Coord<208)&&(Pen_
            Point.Y_Coord>289)&&(Pen_Point.Y_Coord<316))
            {
                /*按钮动画处理*/
                SetButton(134,289,208,316);          //显示按钮被按下状态
                LCD_Fill(138,293,204,313,LGRAY);     //擦除按钮上的字
                POINT_COLOR = BLACK;                 //定义按钮上字的颜色和背景色
                BACK_COLOR = LGRAY;
                LCD_ShowString(140,295,"目录下翻");  //显示按钮上的字被按下状态
                while(SPI_TOUHC_INT == 0);           //如果按钮被一直按着,等待
                EscButton(134,289,208,316);          //放开按钮显示按钮被放开状态
                LCD_Fill(138,293,204,313,LGRAY);     //清除按钮上的字
                POINT_COLOR = BLACK;
                BACK_COLOR = LGRAY;
                LCD_ShowString(139,294,"目录下翻");  //显示按钮上的字被恢复状态
                POINT_COLOR = BLACK;                 //恢复笔的颜色和背景色
                BACK_COLOR = WHITE;
                /*目录文件显示处理*/
                if(pagenum<(temp1 + 1))
                                        //如果已经显示的页数没有超过总共的页数
                {
                    pagenum++;                       //显示下一页
                    LCD_Fill(5,31,234,278,WHITE);    //清除原来的文本显示区
                    ypos = 35;
                    if(pagenum! = (temp1 + 1))count = 4;//如果不是最后一页
                    else count = temp2;              //如果是最后一页
                    j = (pagenum - 1) * 4;
                    for(i = 0;i<count;i++)
```

```
            {
                TFTBmpDisplay("ebook/txt.bmp", 10, ypos);
                                                    //显示图标
              FileNameShow_HH(58, ypos + 10,(uint8_t * )FileN[filebuf
              [j]]);                                //显示文件名
              j++;
              ypos += 58;
            }
        }
    }
    //阅读位于第一栏的文件
    else if((Pen_Point.Y_Coord>35)&&(Pen_Point.Y_Coord<93))
    {
        i = (pagenum - 1) * 4;
        if(i<txtnum)
        {
            strcpy((char * )(filePath), (char * )(tempPath));
            strcat((char * )filePath, (char * )(FileN[filebuf[i]]));
            for(i = 0;i<512;i++)                //清除缓存
            {
                buffer[i] = '\0';
            }
            LCD_Fill(5,31,234,278,WHITE);       //清除原来的文本显示区

            TXTViewer((const TCHAR * )filePath);//进入电子书浏览

            LCD_Fill(5,31,234,278,WHITE);       //清除原来的文本显示
            goto dir;
        }
    }
    //阅读位于第二栏的文件
    else if((Pen_Point.Y_Coord>92)&&(Pen_Point.Y_Coord<150))
    {
        i = (pagenum - 1) * 4 + 1;
        if(i<txtnum)
        {
            strcpy((char * )(filePath), (char * )(tempPath));
            strcat((char * )filePath, (char * )(FileN[filebuf[i]]));
            for(i = 0;i<512;i++)                //清除缓存
            {
                buffer[i] = '\0';
            }
```

```
                LCD_Fill(5,31,234,278,WHITE);      //清除原来的文本显示区
                TXTViewer((const TCHAR * )filePath);//进入电子书浏览

                LCD_Fill(5,31,234,278,WHITE);      //清除原来的文本显示
                goto dir;
            }
        }
        //阅读位于第三栏的文件
        else if((Pen_Point.Y_Coord>149)&&(Pen_Point.Y_Coord<207))
        {
            i = (pagenum - 1) * 4 + 2;
            if(i<txtnum)
            {
                strcpy((char * )(filePath), (char * )(tempPath));
                strcat((char * )filePath, (char * )(FileN[filebuf[i]]));
                for(i = 0;i<512;i ++ )              //清除缓存
                {
                    buffer[i] = '\0';
                }
                LCD_Fill(5,31,234,278,WHITE);      //清除原来的文本显示区
                TXTViewer((const TCHAR * )filePath);//进入电子书浏览

                LCD_Fill(5,31,234,278,WHITE);      //清除原来的文本显示
                goto dir;
            }
        }
        //阅读位于第四栏的文件
        else if((Pen_Point.Y_Coord>206)&&(Pen_Point.Y_Coord<264))
        {
            i = (pagenum - 1) * 4 + 3;
            if(i<txtnum)
            {
                strcpy((char * )(filePath), (char * )(tempPath));
                strcat((char * )filePath, (char * )(FileN[filebuf[i]]));
                for(i = 0;i<512;i ++ )              //清除缓存
                {
                    buffer[i] = '\0';
                }
                LCD_Fill(5,31,234,278,WHITE);      //清除原来的文本显示区
                TXTViewer((const TCHAR * )filePath);//进入电子书浏览
                LCD_Fill(5,31,234,278,WHITE);      //清除原来的文本显示
                goto dir;
```

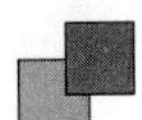

```
                    }
                }
            }
        }
    }
}
```

在 File 菜单下新建如下的源文件 FATAPP.c，编写完成后保存在 Drive 文件夹下，随后将 Drive 文件夹中的应用文件 FATAPP.c 添加到 Drive 组中。

```
#include "stm32f0xx.h"
#include "fatapp.h"
#include "stdio.h"                          //printf 函数库文件
#include "string.h"                         //字符串库文件
#include "ILI9325.h"
BYTE Buffer[512];
/****************************************
 * FunctionName     : FileWrite
 * Description      : 写文件
 * EntryParameter   : *fileName: 要写入的文件名或要创建的文件名
 *                    *Buffer: 要写入的数据存放数组
 * ReturnValue      : 0: 成功; 1: 失败
****************************************/
FRESULT FileWrite(const TCHAR *fileName,const uint8_t *buffer)
{
    FATFS fs;                               //文件系统
    FIL file;                               //文件
    UINT  bw;                               //数据字节数
    f_mount(0, &fs);                        //挂载文件系统
    //给文件写入数据,如果没有该文件,创建一个名为"*fileName"的文件,并写入数据
    if(f_open(&file, fileName, FA_CREATE_ALWAYS|FA_WRITE))
    {
        return FR_NO_FILE;
    }
    else
    {
        do
        {
            if(f_write(&file, buffer, 512, &bw))
            {
                return FR_NO_FILE;
            }
        } while (bw < 512);                 //判断是否读完(bw = 512,表示写入完成)
```

```
        f_close(&file);                    //关闭文件,必须和 f_open 函数成对出现
    }
    f_mount(0, 0);                         //卸载文件系统

    return FR_OK;
}
/****************************************
 * FunctionName    : FileRead
 * Description     : 读文件
 * EntryParameter  : * fileName: 要读取的文件名
 *                    * buf: 要读取的数据存放数组
 * ReturnValue     : 读取成功或不成功
****************************************/
FRESULT FileRead(const TCHAR * fileName, uint8_t * buf)
{
    FATFS fs;                              //建立一个文件系统
    FIL file;                              //暂存文件
    UINT  br;                              //字节计数器
    FRESULT res;                           //存储函数执行结果
    f_mount(0,&fs);                        //加载文件系统
    res = f_open(&file, fileName, FA_OPEN_EXISTING|FA_READ); //打开文件
    if(res != FR_OK)                       //如果没有正确打开文件
    {
        return res;                        //返回错误报告
    }
    else                                   //如果打开了文件
    {
        do
        {
            f_read(&file, buf, 512, &br);  //读取文件内容,每次 512 个字节
        }while(br);                        //br = 0 表示读完数据
    }
    f_close(&file);                        //关闭文件,必须和 f_open 函数成对出现
    //GPIO1 - >DATA & = ~(1<<10);
    f_mount(0,0);                          //卸载文件系统
    return FR_OK;
}
/****************************************
 * FunctionName    : FileScan
 * Description     : 文件名和文件夹名扫描
 * EntryParameter  : * path: 路径
 * ReturnValue     : 文件个数
```

```
* 说    明：支持长文件名。除了得到总文件个数之外，还会把每一个文件名和文件的类型
* 存储在下面所示的 FileN 和 flag 中，最多存储 50 个文件名和 50 个文件属性，如果想增加，
* 则可以在芯片内允许以下修改
************************************/
char FileN[50][50];                                    //文件名存储
char type[8][20] = {"bmp","txt","exe","pdf","doc","xls","zip","rar"};
                                                       //文件类型定义

char flag[50];                                         //文件类型存储标记
BYTE FileScan(BYTE * path)
{
    FATFS fs;                                          //建立一个文件系统
    FRESULT res;                                       //存储函数执行结果
    FILINFO finfo;                                     //存储文件状态信息
    DIR dir;                                           //暂存路径
    TCHAR * fn;                                        //暂存文件名
    INT fileNum = 0;                                   //初始化文件个数
    INT size;                                          //文件名长度
#if _USE_LFN
      static char lfn[_MAX_LFN * (_DF1S ? 2 : 1) + 1];
      finfo.lfname = lfn;
      finfo.lfsize = sizeof(lfn);
#endif
    f_mount(0, &fs);                                   //加载文件系统
    res = f_opendir(&dir, (const TCHAR * )path);       //打开路径目录
    if (res == FR_OK)                                  //路径打开成功
    {
        while (f_readdir(&dir, &finfo) == FR_OK)       //循环读取目录,直到读完
        {
            #if _USE_LFN                               //长文件名
              fn = * finfo.lfname ? finfo.lfname : finfo.fname;
            #else                                      //短文件名
              fn = finfo.fname;
            #endif
            if((finfo.fattrib & AM_DIR)||(finfo.fattrib & AM_ARC))
                                                 //如果是文件夹(AM_DIR)或文件(AM_ARC)

            {
                if(!fn[0])break;                       //如果读完,则跳出循环
                size = strlen(fn);                     //获得文件名长度
                if(finfo.fattrib & AM_DIR)flag[fileNum] = 0;
                                                       //判断,如果是文件夹,则给个标记
                if(finfo.fattrib & AM_ARC)             //判断如果是文件
                {
```

```
                    if(strcasecmp(&fn[size - 3],type[0]) == 0)flag[fileNum] = 1;
                                            //再次判断如果是 BMP 图片,当前文件标志位置 1
                    else if(strcasecmp(&fn[size - 3],type[1]) == 0)flag[fileNum] = 2;
                                            //如果是文本文档
                    else if(strcasecmp(&fn[size - 3],type[2]) == 0)flag[fileNum] = 3;
                                            //如果是 EXE 文件
                    else if(strcasecmp(&fn[size - 3],type[3]) == 0)flag[fileNum] = 4;
                                            //如果是 PDF 文件
                    else if(strcasecmp(&fn[size - 3],type[4]) == 0)flag[fileNum] = 5;
                                            //如果是 Word 文本文档
                    else if(strcasecmp(&fn[size - 3],type[5]) == 0)flag[fileNum] = 6;
                                            //如果是 Execl 文件
                    else if(strcasecmp(&fn[size - 3],type[6]) == 0)flag[fileNum] = 7;
                                            //如果是 Zip 文件
                    else if(strcasecmp(&fn[size - 3],type[7]) == 0)flag[fileNum] = 7;
                                            //如果是 Rar 文件
                    else flag[fileNum] = 88;        //当前文件标志位置 2
                }
                strcpy(FileN[fileNum],fn);          //文件名复制给 FileN 数组保存
                fileNum ++ ;                        //查找下一个,fileNum 为总文件数
            }
        }
    }
    f_mount(0, 0);                                  //卸载文件系统
    return fileNum;                                 //返回文件个数
}
/****************************************
 * FunctionName     : TFTBmpGetHeadInfo
 * Description      : 获取 BMP 图片的头文件信息
 * EntryParameter   : * buf: 暂存缓存
 * ReturnValue      : 图片头文件的指针
****************************************/
BMP_HEADER TFTBmpGetHeadInfo(uint8_t * buf)
{
    BMP_HEADER bmpHead;
    bmpHead.bfType = (buf[0] << 8) + buf[1];        //BM
    bmpHead.bfSize     = (buf[5]<<24) + (buf[4]<<16) + (buf[3]<<8) + buf[2];
                                                    //文件大小
    bmpHead.biWidth = (buf[21]<<24) + (buf[20]<<16) + (buf[19]<<8) + buf[18];
                                                    //图像宽度
    bmpHead.biHeight = (buf[25]<<24) + (buf[24]<<16) + (buf[23]<<8) + buf[22];
                                                    //图像高度
```

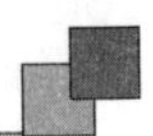

```
    bmpHead.biBitCount = (buf[29] << 8) + buf[28];
                    //每个像素的位数,单色位图为 1,256 色为 8,16 位为 16, 24 位为 24
    return bmpHead;
}
/****************************************
* FunctionName    : TFTBmpDisplay
* Description     : 显示 BMP 图片
* EntryParameter  : x、y: 坐标
*                   bmpName: BMP 图片的名称,可以带路径
* ReturnValue     : 成功或不成功
****************************************/
uint8_t TFTBmpDisplay(uint8_t * bmpName,uint16_t x,uint16_t y)
{
    FATFS fs;                                   //建立文件系统
    FIL file;                                   //建立文件
    UINT  br;                                   //字节计数器
    FRESULT res;                                //返回值信息
    BMP_HEADER bmpHead;                         //头信息
    uint16_t i;
    f_mount(0, &fs);                            //挂载文件系统
    res = f_open(&file, (const TCHAR * )bmpName, FA_OPEN_EXISTING|FA_READ);
                                                //打开 BMP 文件并读取到 file 中

    if(res != FR_OK)
    {
        return res;
    }
    else
    {
        res = f_read(&file, Buffer, 54, &br);      //读取头文件信息
        if(res != FR_OK)
        {
            return res;                          //返回错误表示
        }
        else
        {
            bmpHead = TFTBmpGetHeadInfo(Buffer);  //获取头信息

            if (bmpHead.bfType == 0x424D)         //判断是否为 BMP 图像
            {
                LCD_WR_REG_DATA(0x0003, 0x1010);  //由下而上显示
                LCD_XYRAM(x, y, x + bmpHead.biWidth - 1, y + bmpHead.biHeight - 1);
                LCD_WR_REG_DATA(0x0020,x);        //设置 X 坐标位置
```

```
                LCD_WR_REG_DATA(0x0021,y + bmpHead.biHeight - 1);
            //设置 Y 坐标位置(注意：在由下而上显示时，这里 Y 坐标应该是最下边的值)
                LCD_WR_REG(0x0022);                  //指向 RAM 寄存器，准备写数据到 RAM
                while(1)
                {
                    res = f_read(&file, Buffer, 240, &br);   //读取 240 个数据
                    if(res||br == 0)
                                                          //错误跳出
                    break;
                      for(i = 0;i<80;i ++ )
                    {
                        //在 TFT-LCD 上显示一个像素点的颜色
                        LCD_WR_DATA(((Buffer[i * 3 + 2]/8)<<11 | (Buffer[i * 3 +
                        1]/4)<<5 |(Buffer[i * 3]/8)));
                    }
                }
                LCD_WR_REG_DATA(0x0003, 0x1030);  //恢复正常显示
                LCD_XYRAM(0, 0, 239, 319);          //恢复 GRAM
            }
        }
    }
      f_close(&file);                          //关闭文件，必须和 f_open 函数成对出现
    f_mount(0, 0);                                //卸载文件系统
    return FR_OK;                                 //返回成功标志
}
/****************************************
 * FunctionName    : FileNameShow
 * Description     : 显示文件名(中文和英文)
 * EntryParameter  : x、y：坐标
 *                   p：字符串
 * ReturnValue     : None
****************************************/
void FileNameShow(uint16_t x,uint16_t y,uint8_t  * p)
{
    while( * p!= '\0')                          //如果没有结束
    {
        if( * p>0x80)                           //如果是中文
        {
            LCD_Show_hz(x, y, p);
            x + = 16;
            if(x>224)return;
              p + = 2;
```

```
        }
        else                                        //如果是英文
        {
            LCD_ShowChar(x,y, * p);
            if(x>224)return;
            x+ =8;
            p++;
        }
    }
}
/*****************************************
* FunctionName    : FileNameShow_HH
* Description     : 显示文件名(中文和英文)
* EntryParameter  : x、y: 坐标
*                   p: 字符串
* ReturnValue     : None
* 说    明: 这个函数用于浏览大图标文件名,支持换行,如需不换行地显示小图标文件名
*           那么用 FileNameShow 函数
*****************************************/
void FileNameShow_HH(uint16_t x,uint16_t y,uint8_t * p)
{
    while( * p!= '\0')                          //如果没有结束
    {
        if( * p>0x80)                           //如果是中文
        {
            if(x>220)                           //如果超过横向 TFT-LCD 边界
            {
                y+ =19;                         //下移一行,行间距为 3 个像素
                x=58;                       //加这条语句的作用是不要把字写到图标上
                if(y>302)return;
            }
            LCD_Show_hz(x, y, p);
            x+ =16;
            p+ =2;
        }
        else                                    //如果是英文
        {
            if(x>227)                           //如果超过横向 TFT-LCD 边界
            {
                y+ =19;                         //下移一行,行间距为 3 个像素
                x=58;                       //加这条语句的作用是不要把字写到图标上
                if(y>302)return;
```

```
            }
            LCD_ShowChar(x,y, * p);
            x+ = 8;
            p+ + ;
        }
    }
}
```

在 File 菜单下新建如下的源文件 FATAPP. h，编写完成后保存在 Drive 文件夹下。

```
#ifndef __FATAPP_H
#define __FATAPP_H
#include "stm32f0xx.h"
#include "integer.h"
#include "ffconf.h"
#include "diskio.h"
#include "ff.h"
//BMP 信息头 54 字节,只使用有用部分
typedef struct
{
    uint16_t    bfType;                //说明文件类型,在 Windows 系统中为 BM
    uint32_t    bfSize;                //说明文件大小
    uint32_t    biWidth;               //说明图像宽度
    uint32_t    biHeight;              //说明图像高度
    uint16_t    biBitCount;
                    //每个像素的位数,单色位图为 1,256 色为 8,16 位为 16, 24 位为 24
}BMP_HEADER;
extern FRESULT FileWrite(const TCHAR * fileName,const BYTE * buffer); //写文件
extern FRESULT FileRead(const TCHAR * fileName, BYTE * buf); //读文件
extern BYTE FileScan(BYTE * path);          //文件扫描
extern BMP_HEADER TFTBmpGetHeadInfo(uint8_t * buf);  //获取 BMP 图像头文件信息
extern uint8_t TFTBmpDisplay(uint8_t * bmpName,uint16_t x,uint16_t y);
                                            //BMP 图片显示
extern void FileNameShow(uint16_t x,uint16_t y,uint8_t * p);   //显示文件名
extern void FileNameShow_HH(uint16_t x,uint16_t y,uint8_t * p);
extern char FileN[50][50];                  //文件名存储
extern char type[8][20];                    //文件类型定义
extern char flag[50];          //文件类型存储标记(50 表示可以存放 50 个文件的标记)
#endif
```

4. 实验效果

编译通过后，可以使用 J-link 仿真器调试程序，最后将程序下载到 STM32F072

芯片中。在 TFT-LCD 背面插上含有 TXT 文件内容(电子书)的 SD 卡,如果一切正常,则上电后可以看到液晶显示器上显示电子书的目录,TFT-LCD 底栏为“目录上翻”“目录下翻”按钮。

用手机笔单击“目录上翻”或“目录下翻”按钮即可实现目录查找功能。找到喜欢的图书书名图标后,单击该图标,即可观看图书内容。按动 K1 键可实现图书向下翻页;按动 K2 键可退出当前图书内容,回到电子书的目录。实验照片如图 23－3 和图 23－4所示。

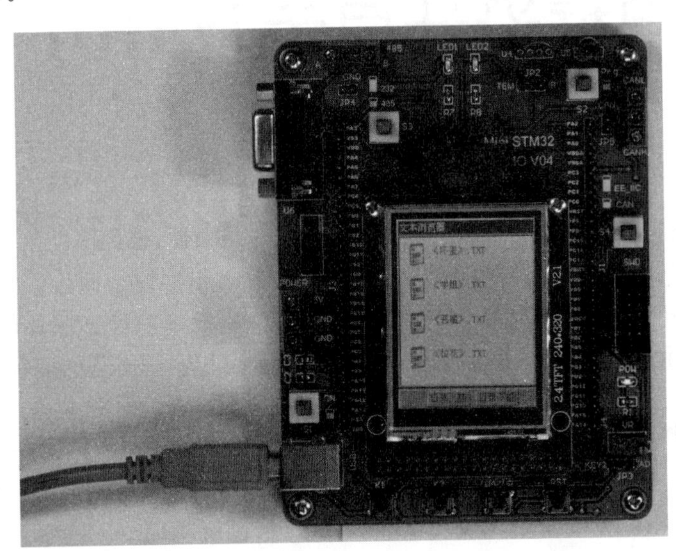

图 23－3　STM32F072 的电子书实验照片(1)

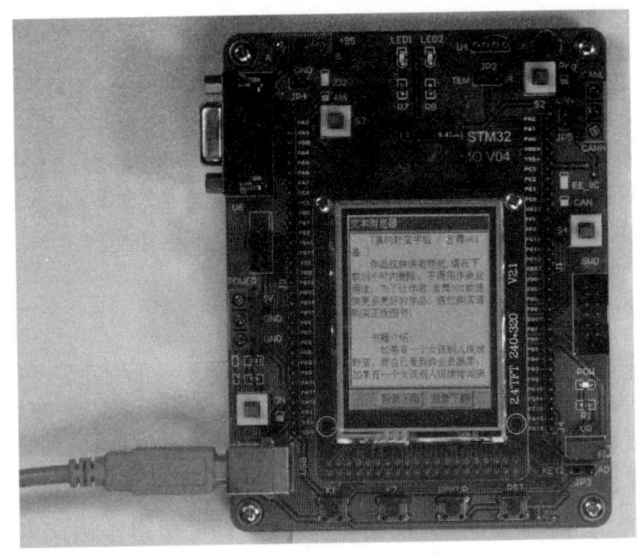

图 23－4　STM32F072 的电子书实验照片(2)

第 24 章

数码相框设计显示及 GUI 实验

随着数码相机的普及，传统的相框由于自身的局限性，已经不能解决人们如何更有效地储存和分享越来越多的照片的问题，于是数码相框应运而生。它既拥有传统相框的精致、轻便、随意摆放的功能，又改变了传统相框纸质静态照片的单一展示方式（可动态显示及控制显示），成为时尚的电子消费品和家庭必备的装饰品。

24.1 简易数码相框的构成和图像文件的处理

简易数码相框主要由单片机、SD/MMC 卡、液晶屏构成。它基于 Windows 图像文件存储位图文件格式的原理，利用 FatFS 文件系统，对 FAT32 图像文件进行管理和读取，从而把 BMP 格式的图片从 SD/MMC 卡中读出，并且在 TFT-LCD 上显示出来。设备的核心部分是 SD 卡、TFT-LCD 以及信号处理芯片 ARM，前两者实现图像的存储、传送和显示，后者控制整个电路工作，一方面控制从 SD/MMC 卡中读取 BMP 文件，另一方面控制 ILI9325 图像驱动芯片对 BMP 文件进行正常显示。对于数码相框具体的组成电路，读者可以参考第 4 章的图 4－7（Mini STM32 DEMO V04 开发板电路原理图）。

FAT32 文件系统由结构信息、文件分配表及数据区组成。

结构信息：保存 FAT32 的结构内容。

文件分配表：以 4 字节的大小记录簇的链式关系。

数据区：记录文件真正的数据。

读取第一扇区 512 字节的内容后，可以知道“文件分配表的起始地址”“每簇多少扇区”“分配表的大小”。通过计算，可以得知根目录的扇区地址，也就是簇的扇区地址。根目录则用 32 字节大小记录文件名和首簇地址等信息。文件存放都是以簇为单位进行存储的。任何扇区地址（记录簇号－2）×每簇多少扇区＝根目录的扇区地址。

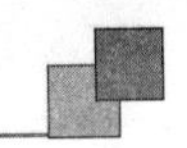

知道以上信息后就可以方便地将文件的簇地址转换成扇区地址。FAT32 文件的存放是链式结构，可以一个簇号接一个簇号连续读取，直到簇号为 0x0FFFFFFF 结束。

bin 文件：bin 的文件是纯数据文件。一般用图像取模软件对图像取摸，就可以得到相应的 *. bin 文件。它保存了图像信息，如 0xF800，表示一个像素为红色(16 位 RGB565)。

BMP 文件：BMP 文件由文件头数据组成。BMP 文件的数据排列是以液晶的开始显示行为基准，一行一行、从左向右、从下向上保存的。读取 BMP 文件并不难，就是有点儿烦琐。

当程序处理图像时：第一，通过读取 FAT32 文件系统得到根目录地址；第二，通过读取根目录的文件记录得到指定文件的首簇地址；第三，经过地址转换后，转换成扇区地址；第四，读取相应数据，控制 ILI9325 图像驱动芯片，在彩色液晶屏上显示图像；第五，显示完一幅图像后，延迟一段时间，继续显示下一幅图像。

24.2 数码相框设计显示实验

1. 实验要求

上电后自动循环显示 SD 卡内的 BMP 图片文件，实现简单数码相框的功能。

2. 实验电路原理

参考 Mini STM32 DEMO 开发板电路原理图：

- PB12——SD_CS：SD 卡片选；
- PB13——SCK2：SD 卡时钟；
- PB14——MISO2：SD 卡数据输出；
- PB15——MOSI2：SD 卡数据输入；
- PC10——LCD_RS：TFT-LCD 命令/数据选择(0，读/写命令；1，读/写数据)；
- PC11——LCD_CS：TFT-LCD 片选；
- PD2——LCD_WR：向 TFT-LCD 写入数据；
- PC12——LCD_RD：从 TFT-LCD 读取数据；
- PC7～PC0——DB[15:8]：TFT-LCD 16 位双向数据线的高 8 位；
- PB7～PB0——DB[7:0]：TFT-LCD 16 位双向数据线的低 8 位；
- NRST—— NRST：TFT-LCD 复位信号。

3. 源程序文件及分析

新建一个文件目录 PICTURE_LCD，在 RealView MDK 集成开发环境中创建一个工程项目 PICTURE_LCD. uvprojx 于此目录中。

在 File 菜单下新建如下的源文件 main.c，编写源程序代码后保存在 User 文件夹下，再把 main.c 文件添加到 User 组中。

```
#include "stm32f0xx.h"
#include "diskio.h"
#include "ffconf.h"
#include "SD.h"
#include "ff.h"
#include "fatapp.h"
#include "ILI9325.h"
#include "string.h"
#include "W25Q16.h"
#define countof(a) (sizeof(a) / sizeof( * (a)))  //计算数组内的成员个数
    FATFS fs;                          //Work area (file system object) for logical drive
    FRESULT res;                       //FatFs function common result code
    FIL fsrc, fdst;                    //file objects
    BYTE buffer[1024];                 //file copy buffer
    UINT br, bw;                       //File R/W count
    unsigned char w_buffer[] = {"EEWORD GOOD!"};  //演示写入文件
/*************************************
 * FunctionName    : delay
 * Description     : 延时函数
 * EntryParameter  : cnt: 延时长度
 * ReturnValue     : None
*************************************/
void delay (int cnt)
{
  cnt <<= DELAY_2N;
  while (cnt--);
}
/*************************************
 * FunctionName    : main
 * Description     : 主函数
 * EntryParameter  : None
 * ReturnValue     : None
*************************************/
int main(void)
{
    uint8_t i,num;
    uint8_t filePath[30];
    uint8_t tempPath[10];
    SystemInit();
```

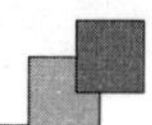

```
LCD_init();                                    //液晶显示器初始化
SPI_FLASH_Init();
LCD_Clear(ORANGE);                             //全屏显示橙色
POINT_COLOR = BLACK;                           //定义笔的颜色为黑色
BACK_COLOR = WHITE   ;                         //定义笔的背景色为白色
/* - - - - - - - - - - - - - SD Init - - - - - - - - - - - - - - - */
disk_initialize(0);
LCD_ShowString(20,20,    "SD 卡演示");
res = f_mount(0, &fs);
if(res == FR_OK)
    LCD_ShowString(20,40,    "SD 卡初始化成功 ");
else
    LCD_ShowString(20,40,    "SD 卡初始化失败");
res = f_open(&fsrc,"12 - 29.txt",FA_CREATE_ALWAYS | FA_WRITE);
if (res == FR_OK)
    LCD_ShowString(20,60,    "文件创建成功 ");
else
    LCD_ShowString(20,60,    "文件创建失败");
res = f_write(&fsrc, &w_buffer, countof(w_buffer), &bw);
if (res == FR_OK)
    LCD_ShowString(20,80,    "SD 卡写成功 ");
else
    LCD_ShowString(20,80,    "SD 卡写失败");
res = f_close(&fsrc);
if (res == FR_OK)
    LCD_ShowString(20,100,    "文本关闭成功 ");
else
    LCD_ShowString(20,100,    "文本关闭失败");
res = f_open(&fsrc,"12 - 29.TXT",FA_READ);
if (res == FR_OK)
LCD_ShowString(20,120,    "打开文本成功 ");
else
    LCD_ShowString(20,120,    "打开文本失败");
res = f_read(&fsrc, &buffer, 1024, &br);
if (res == FR_OK)
{
  LCD_ShowString(20,140,    "文件读取成功");
    LCD_ShowString(20,160,    buffer);
}
else
LCD_ShowString(20,140,    "读文件失败");
num = FileScan("picture");                     //扫描 picture 文件
```

```
        if(num>50)num = 50;                         //最多 50 个文件
        strcpy((char *)tempPath, "picture/");       //把文件名路径给 tempPath 暂存
        while(1)
        {
            for(i = 0; i<num; i++)                  //循环扫描文件得到 BMP 文件
            {
                  if(flag[i] == 1)                  //检测如果是 BMP 图片
                {
                    strcpy((char *)(filePath), (char *)(tempPath));
                    strcat((char *)filePath, (char *)(FileN[i]));
                    TFTBmpDisplay((uint8_t *)filePath,0,0);       //显示图片于 TFT-LCD
                    delay(100);
                }
            }
        }
    }
```

4. 实验效果

编译通过后，可以使用 J-link 仿真器调试程序，最后将程序下载到 STM32F072 芯片中。在 TFT-LCD 背面的 SD 卡座上插入含有 BMP 图片内容的 SD 卡，上电后液晶屏上依次显示出数码照片，实验照片如图 24－1 所示。

图 24－1　STM32F072 的数码相框设计显示实验照片

24.3　GUI

GUI 即图形用户界面(Graphical User Interface)，是指采用图形方式显示的计

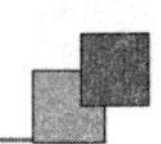

算机操作用户界面。GUI 的广泛应用是当今计算机发展的重大成就之一，它极大地方便了非专业用户的使用。人们从此不再需要死记硬背大量的命令，取而代之的是，可以通过窗口、菜单、按键等方式来方便地进行操作。嵌入式 GUI 具有以下特点：轻型、占用资源少、高性能、高可靠性、便于移植、可配置等。

随着 Internet 的迅速发展以及其向家庭领域的不断扩展，消费电子、计算机、通信(3C)一体化的趋势日趋明显，嵌入式系统再度成为研究与应用的热点。如今随着 3G 手机、平板电脑等的迅速普及，GUI 已经成为人与机器沟通的桥梁，而这一切均要求有一个轻型、占用资源少、高性能、高可靠、可配置及美观的 GUI 支持。这里将进行一个简单的 GUI 实验。

24.4　GUI 设计实验

1. 实验要求

设计一个简单美观的 GUI 界面，要求“电子图书”“数码相框”“触摸面板”这 3 个图标按钮具有一定的实用功能，其他图标按钮只作为装饰，暂时不开发。

2. 实验电路原理

参考 Mini STM32 DEMO 开发板电路原理图：

- PB12——SD_CS：SD 卡片选；
- PB13——SCK2：SD 卡时钟；
- PB14——MISO2：SD 卡数据输出；
- PB15——MOSI2：SD 卡数据输入；
- PC10——LCD_RS：TFT-LCD 命令/数据选择(0，读/写命令；1，读/写数据)；
- PC11——LCD_CS：TFT-LCD 片选；
- PD2——LCD_WR：向 TFT-LCD 写入数据；
- PC12——LCD_RD：从 TFT-LCD 读取数据；
- PC7～PC0——DB[15:8]：TFT-LCD 16 位双向数据线的高 8 位；
- PB7～PB0——DB[7:0]：TFT-LCD 16 位双向数据线的低 8 位；
- NRST——NRST：TFT-LCD 复位信号。

3. 源程序文件及分析

新建一个文件目录 GUI_LCD，在 RealView MDK 集成开发环境中创建一个工程项目 GUI_LCD. uvprojx 于此目录中。

在 File 菜单下新建如下的源文件 main. c，编写源程序代码后保存在 User 文件夹下，然后把 main. c 文件添加到 User 组中。

```
#include "stm32f0xx.h"
#include "W25Q16.h"
#include "XPT2046.h"
#include "GUI.h"
#include "ILI9325.h"
#include "LED.h"
#include "KEY.h"
#include "WINDOW.h"
#include "diskio.h"
#include "ffconf.h"
#include "SD.h"
#include "ff.h"
#include "fatapp.h"
#include "string.h"
#define countof(a) (sizeof(a) / sizeof(*(a)))          //计算数组内的成员个数
    FATFS fs;                         //Work area (file system object) for logical drive
    FRESULT res;                                       //FatFs function common result code
    FIL fsrc, fdst;                                    //file objects
//BYTE buffer[1024];                                   //file copy buffer
    UINT br, bw;                                       //File R/W count
    unsigned char w_buffer[] = {"EEWORD GOOD!"};       //演示写入文件
uint8_t touch_flag = 0;
/**************************************
 * FunctionName    : main
 * Description     : 主函数
 * EntryParameter  : None
 * ReturnValue     : None
**************************************/
int main()
{
    SystemInit();
    LCD_init();                                        //液晶显示器初始化
    LCD_Clear(ORANGE);                                 //全屏显示橙色
    POINT_COLOR = BLACK;                               //定义笔的颜色为黑色
    BACK_COLOR = WHITE   ;                             //定义笔的背景色为白色
    SPI_FLASH_Init();
    Touch_Init();
    /*-------------SD Init-------------------*/
    disk_initialize(0);
    MenuShow();
    while(1)
    {
```

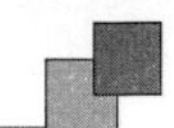

```
if(touch_flag == 1)
{
    touch_flag = 0;                                 //关闭中断
    if(Read_Continue() == 0)                        //如果发生"触摸屏被按下事件"
    {
                                                    //"1"选项
        if((Pen_Point.X_Coord>15)&&(Pen_Point.X_Coord<75)&&(Pen_Point.Y
        _Coord>15)&&(Pen_Point.Y_Coord<75))
        {
            if(SelectMenuNow != 0)                  //如果之前有过按键
            {
                if(SelectMenuNow == 1)              //如果是第二次按这个键
                {
                    WDT_Play();
                    MenuShow();
                }
                else                                    //如果之前按的不是这个键
                {
                    SelectMenu(SelectMenuNow, 0);   //取消之前的菜单选项
                    SelectMenuNow = 1;
                    SelectMenu(SelectMenuNow, 1);   //选中现在的菜单选项
                }
            }
            else                                        //如果之前没有过按键
            {
                SelectMenuNow = 1;
                SelectMenu(SelectMenuNow, 1);           //选中现在的菜单选项
            }
        }
        //"电子图书"选项
        else if((Pen_Point.X_Coord>90)&&(Pen_Point.X_Coord<150)&&(Pen_
        Point.Y_Coord>15)&&(Pen_Point.Y_Coord<75))
        {
            if(SelectMenuNow != 0)                      //如果之前有过按键
            {
                if(SelectMenuNow == 2)                  //如果是第二次按这个键
                {
                    EBOOK_Play();
                    MenuShow();
                }
                else                                    //如果之前按的不是这个键
                {
```

```
                SelectMenu(SelectMenuNow, 0);   //取消之前的菜单选项
                SelectMenuNow = 2;
                SelectMenu(SelectMenuNow, 1);   //选中现在的菜单选项
            }
        }
        else                                    //如果之前没有过按键
        {
            SelectMenuNow = 2;
            SelectMenu(SelectMenuNow, 1);       //选中现在的菜单选项
        }
    }
    //"数码相框"选项
    else if((Pen_Point.X_Coord>165)&&(Pen_Point.X_Coord<225)&&(Pen_
    Point.Y_Coord>15)&&(Pen_Point.Y_Coord<75))
    {
        if(SelectMenuNow != 0)                  //如果之前有过按键
        {
            if(SelectMenuNow == 3)              //如果是第二次按这个键
            {
                EPHOTO_Play();
                MenuShow();
            }
            else                                //如果之前按的不是这个键
            {
                SelectMenu(SelectMenuNow, 0);   //取消之前的菜单选项
                SelectMenuNow = 3;
                SelectMenu(SelectMenuNow, 1);   //选中现在的菜单选项
            }
        }
        else                                    //如果之前没有过按键
        {
            SelectMenuNow = 3;
            SelectMenu(SelectMenuNow, 1);       //选中现在的菜单选项
        }
    }
    //"触摸画板"选项
    else if((Pen_Point.X_Coord>15)&&(Pen_Point.X_Coord<75)&&(Pen_
    Point.Y_Coord>115)&&(Pen_Point.Y_Coord<175))
    {
        if(SelectMenuNow != 0)                  //如果之前有过按键
        {
            if(SelectMenuNow == 4)              //如果是第二次按这个键
```

```
        {
            EPEN_Play();
            MenuShow();
        }
        else                                        //如果之前按的不是这个键
        {
            SelectMenu(SelectMenuNow, 0);   //取消之前的菜单选项
            SelectMenuNow = 4;
            SelectMenu(SelectMenuNow, 1);   //选中现在的菜单选项
        }
    }
    else                                            //如果之前没有过按键
    {
        SelectMenuNow = 4;
        SelectMenu(SelectMenuNow, 1);       //选中现在的菜单选项
    }
}
//"PWM 输出"选项
else if((Pen_Point.X_Coord>90)&&(Pen_Point.X_Coord<150)&&(Pen_
Point.Y_Coord>115)&&(Pen_Point.Y_Coord<175))
{
    if(SelectMenuNow != 0)                  //如果之前有过按键
    {
        if(SelectMenuNow == 5)              //如果是第二次按这个键
        {
            PWM_Play();
            MenuShow();
        }
        else                                //如果之前按的不是这个键
        {
            SelectMenu(SelectMenuNow, 0);   //取消之前的菜单选项
            SelectMenuNow = 5;
            SelectMenu(SelectMenuNow, 1);   //选中现在的菜单选项
        }
    }
    else                                    //如果之前没有过按键
    {
        SelectMenuNow = 5;
        SelectMenu(SelectMenuNow, 1);       //选中现在的菜单选项
    }
}
//"深度掉电"选项
```

```
else if((Pen_Point.X_Coord>165)&&(Pen_Point.X_Coord<225)&&(Pen_
Point.Y_Coord>115)&&(Pen_Point.Y_Coord<175))
{
    if(SelectMenuNow != 0)                     //如果之前有过按键
    {
        if(SelectMenuNow == 6)                 //如果是第二次按这个键
        {
            PMU_Play();
            MenuShow();
        }
        else                                   //如果之前按的不是这个键
        {
            SelectMenu(SelectMenuNow, 0);   //取消之前的菜单选项
            SelectMenuNow = 6;
            SelectMenu(SelectMenuNow, 1);   //选中现在的菜单选项
        }
    }
    else                                       //如果之前没有过按键
    {
        SelectMenuNow = 6;
        SelectMenu(SelectMenuNow, 1);   //选中现在的菜单选项
    }
}
//"I²C 通信"选项
else if((Pen_Point.X_Coord>15)&&(Pen_Point.X_Coord<75)&&(Pen_
Point.Y_Coord>215)&&(Pen_Point.Y_Coord<275))
{
    if(SelectMenuNow != 0)                     //如果之前有过按键
    {
        if(SelectMenuNow == 7)                 //如果是第二次按这个键
        {
            I2C_Play();
            MenuShow();
        }
        else                                   //如果之前按的不是这个键
        {
            SelectMenu(SelectMenuNow, 0);   //取消之前的菜单选项
            SelectMenuNow = 7;
            SelectMenu(SelectMenuNow, 1);   //选中现在的菜单选项
        }
    }
    else                                       //如果之前没有过按键
```

```
        {
            SelectMenuNow = 7;
            SelectMenu(SelectMenuNow, 1);    //选中现在的菜单选项
        }
}
//"串口通信"选项
else if((Pen_Point.X_Coord>90)&&(Pen_Point.X_Coord<150)&&(Pen_
Point.Y_Coord>215)&&(Pen_Point.Y_Coord<275))
{
    if(SelectMenuNow != 0)                  //如果之前有过按键
    {
        if(SelectMenuNow == 8)              //如果是第二次按这个键
        {
            UART_Play();
            MenuShow();
        }
        else                                //如果之前按的不是这个键
        {
            SelectMenu(SelectMenuNow, 0);    //取消之前的菜单选项
            SelectMenuNow = 8;
            SelectMenu(SelectMenuNow, 1);    //选中现在的菜单选项
        }
    }
    else                                    //如果之前没有过按键
    {
        SelectMenuNow = 8;
        SelectMenu(SelectMenuNow, 1);       //选中现在的菜单选项
    }
}
//"按键测试"选项
else if((Pen_Point.X_Coord>165)&&(Pen_Point.X_Coord<225)&&(Pen_
Point.Y_Coord>215)&&(Pen_Point.Y_Coord<275))
{
    if(SelectMenuNow != 0)                  //如果之前有过按键
    {
        if(SelectMenuNow == 9)              //如果是第二次按这个键
        {
            KEY_Play();
            MenuShow();
        }
        else                                 //如果之前按的不是这个键
        {
```

```
                    SelectMenu(SelectMenuNow, 0);   //取消之前的菜单选项
                    SelectMenuNow = 9;
                    SelectMenu(SelectMenuNow, 1);   //选中现在的菜单选项
                }
            }
            else                                //如果之前没有过按键
            {
                SelectMenuNow = 9;
                SelectMenu(SelectMenuNow, 1);   //选中现在的菜单选项
            }
        }
    }

  }
 }
}
```

在 File 菜单下新建如下的源文件 GUI.c，编写完成后保存在 Driver 文件夹下，随后将 Driver 文件夹中的应用文件 GUI.c 添加到 Driver 组中。

```
#include "GUI.h"
#include "ILI9325.h"
/****************************************
* FunctionName    : del
* Description     : 延时函数
* EntryParameter  : cnt: 延时长度
* ReturnValue     : None
****************************************/
void del(int cnt)
{
  int i;
    i = 5000 * cnt;
  while (i--);
}
/****************************************
* FunctionName    : LCD_Draw5Point
* Description     : 显示圆点 5×5
* EntryParameter  : x、y: 坐标
*                   color: 颜色
* ReturnValue     : None
****************************************/
void LCD_Draw5Point(uint16_t x, uint16_t y, uint16_t color)
{
```

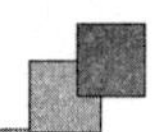

```
    POINT_COLOR = color;
    LCD_DrawPoint(x - 1,y - 2);
    LCD_WR_DATA(POINT_COLOR);
    LCD_WR_DATA(POINT_COLOR);
    LCD_DrawPoint(x - 2,y - 1);
    LCD_WR_DATA(POINT_COLOR);
    LCD_WR_DATA(POINT_COLOR);
    LCD_WR_DATA(POINT_COLOR);
    LCD_WR_DATA(POINT_COLOR);
    LCD_DrawPoint(x - 2,y);
    LCD_WR_DATA(POINT_COLOR);
    LCD_WR_DATA(POINT_COLOR);
    LCD_WR_DATA(POINT_COLOR);
    LCD_WR_DATA(POINT_COLOR);
    LCD_DrawPoint(x - 2,y + 1);
    LCD_WR_DATA(POINT_COLOR);
    LCD_WR_DATA(POINT_COLOR);
    LCD_WR_DATA(POINT_COLOR);
    LCD_WR_DATA(POINT_COLOR);
    LCD_DrawPoint(x - 1,y + 2);
    LCD_WR_DATA(POINT_COLOR);
    LCD_WR_DATA(POINT_COLOR);
}
/**************************************
 * FunctionName    : LCD_Draw9Point
 * Description     : 显示圆点 9×9
 * EntryParameter  : x、y: 坐标
 *                   color: 颜色
 * ReturnValue     : None
**************************************/
void LCD_Draw9Point(uint16_t x, uint16_t y, uint16_t color)
{
    POINT_COLOR = color;
    LCD_DrawPoint(x - 1,y - 4);
    LCD_WR_DATA(POINT_COLOR);
    LCD_WR_DATA(POINT_COLOR);
    LCD_DrawPoint(x - 4,y - 1);
    LCD_DrawPoint(x - 4,y);
    LCD_DrawPoint(x - 4,y + 1);
    LCD_DrawPoint(x + 4,y - 1);
    LCD_DrawPoint(x + 4,y);
    LCD_DrawPoint(x + 4,y + 1);
```

```
    LCD_DrawPoint(x - 1,y + 4);
    LCD_WR_DATA(POINT_COLOR);
    LCD_WR_DATA(POINT_COLOR);
    LCD_Fill(x - 3,y - 3,x + 3,y + 3, color);
}
/****************************************
* FunctionName    : Draw_Button
* Description     : 显示标准按钮
* EntryParameter  : xstart、ystart、xend、yend: 坐标范围
* ReturnValue     : None
****************************************/
void Draw_Button(uint16_t xstart,uint16_t ystart,uint16_t xend,uint16_t yend)
{
    EscButton(xstart, ystart, xend, yend);
    LCD_Fill(xstart + 2, ystart + 2, xend - 2, yend - 2,LGRAY);     //填充中间颜色
}
/****************************************
* FunctionName    : SetButton
* Description     : 显示按钮选中状态
* EntryParameter  : xstart、ystart、xend、yend: 坐标范围
* ReturnValue     : None
****************************************/
void SetButton(uint8_t xstart,uint16_t ystart,uint8_t xend,uint16_t yend)
{
    POINT_COLOR = BLACK;
    LCD_DrawLine(xstart, ystart, xend, ystart);                     //画顶部横线 1
    LCD_DrawLine(xstart, ystart, xstart, yend);                     //画左边竖线 1
    POINT_COLOR = DARKGRAY;
    LCD_DrawLine(xstart + 1, ystart + 1, xend - 1, ystart + 1);     //画顶部横线 2
    LCD_DrawLine(xstart + 1, ystart + 1, xstart + 1, yend - 1);     //画左边竖线 2
    POINT_COLOR = LGRAY;
    LCD_DrawLine(xstart + 1, yend - 1, xend - 1, yend - 1);         //画底部横线 1
    LCD_DrawLine(xend - 1, ystart + 1, xend - 1, yend - 1);         //画右边竖线 1
    POINT_COLOR = WHITE;
    LCD_DrawLine(xstart, yend, xend, yend);                         //画底部横线 2
    LCD_DrawLine(xend, ystart, xend, yend);                         //画右边竖线 2
}
/****************************************
* FunctionName    : EscButton
* Description     : 显示按钮取消状态
* EntryParameter  : xstart、ystart、xend、yend: 坐标范围
* ReturnValue     : None
```

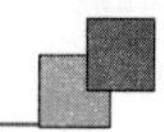

```
 *************************************/
void EscButton(uint16_t xstart,uint16_t ystart,uint8_t xend,uint16_t yend)
{
    POINT_COLOR = LGRAY;
    LCD_DrawLine(xstart, ystart, xend, ystart);                    //画顶部横线 1
    LCD_DrawLine(xstart, ystart, xstart, yend);                    //画左边竖线 1
    POINT_COLOR = WHITE;
    LCD_DrawLine(xstart + 1, ystart + 1, xend - 1, ystart + 1);    //画顶部横线 2
    LCD_DrawLine(xstart + 1, ystart + 1, xstart + 1, yend - 1);    //画左边竖线 2
    POINT_COLOR = BLACK;
    LCD_DrawLine(xstart, yend, xend, yend);                        //画底部横线 1
    LCD_DrawLine(xend, ystart, xend, yend);                        //画右边竖线 1
    POINT_COLOR = DARKGRAY;
    LCD_DrawLine(xstart + 1, yend - 1, xend - 1, yend - 1);        //画底部横线 2
    LCD_DrawLine(xend - 1, ystart + 1, xend - 1, yend - 1);        //画右边竖线 2
}
/*************************************
 * FunctionName    : Draw_TextBox
 * Description     : 显示一个文字输入框
 * EntryParameter  : xstart、ystart、xend、yend: 坐标范围
 * ReturnValue     : None
 *************************************/
void Draw_TextBox(uint16_t xstart, uint16_t ystart, uint16_t xend, uint16_t yend)
{
    POINT_COLOR = DARKGRAY;
    LCD_DrawLine(xstart, ystart, xend, ystart);                    //画顶部横线 1
    LCD_DrawLine(xstart, ystart + 1, xstart, yend);                //画左边竖线 1
    POINT_COLOR = BLACK;
    LCD_DrawLine(xstart + 1, ystart + 1, xend - 1, ystart + 1);    //画顶部横线 2
    LCD_DrawLine(xstart + 1, ystart + 2, xstart + 1, yend - 1);    //画左边竖线 2
    POINT_COLOR = WHITE;
    LCD_DrawLine(xstart, yend, xend, yend);                        //画底部横线 1
    LCD_DrawLine(xend, ystart, xend, yend);                        //画右边竖线 1
    POINT_COLOR = LGRAY;
    LCD_DrawLine(xstart + 1, yend - 1, xend - 1, yend - 1);        //画底部横线 2
    LCD_DrawLine(xend - 1, ystart + 1, xend - 1, yend - 1);        //画右边竖线 2
    LCD_Fill(xstart + 2, ystart + 2, xend - 2, yend - 2,WHITE);
}
/*************************************
 * FunctionName    : Draw_Window
 * Description     : 显示一个窗口
 * EntryParameter  : xstart、ystart、xend、yend: 坐标范围
```

```
*                    caption：标题名称
* ReturnValue       : None
****************************************/
void Draw_Window(uint16_t xstart,uint16_t ystart,uint8_t xend,uint16_t yend,uint8_t
* caption)
{
    Draw_Button(xstart, ystart, xend, yend);                          //显示主体窗口
    LCD_Fill(xstart + 3, ystart + 3, xend - 3, ystart + 25, DARKBLUE); //显示标题栏
    Draw_TextBox(xstart + 3, ystart + 29, xend - 3, yend - 3);        //显示文本输入区
    POINT_COLOR = WHITE;
    BACK_COLOR = DARKBLUE;
    LCD_ShowString(xstart + 5, ystart + 6, caption);
}
/****************************************
* FunctionName      : Draw_Frame
* Description       : 显示一个框架
* EntryParameter    : xstart、ystart、xend、yend：坐标范围
*                      * FrameName：框架名称
* ReturnValue       : None
****************************************/
void Draw_Frame(uint16_t xstart,uint16_t ystart,uint8_t xend,uint16_t yend,uint8_t
* FrameName)
{
    POINT_COLOR = DARKGRAY;
    LCD_DrawLine(xstart, ystart, xend, ystart);                        //上边框
    LCD_DrawLine(xstart, yend, xend, yend);                            //下边框
    LCD_DrawLine(xstart, ystart, xstart, yend);                        //左边框
    LCD_DrawLine(xend, ystart, xend, yend);                            //右边框
    POINT_COLOR = WHITE;
    LCD_DrawLine(xstart + 1, ystart + 1, xend - 1, ystart + 1);        //上边框灯光
    LCD_DrawLine(xstart, yend + 1, xend + 1, yend + 1);                //下边框灯光
    LCD_DrawLine(xstart + 1, ystart + 1, xstart + 1, yend - 1);        //左边框灯光
    LCD_DrawLine(xend + 1, ystart, xend + 1, yend + 1);                //右边框灯光
    POINT_COLOR = BLACK;
    BACK_COLOR = LGRAY;
    LCD_ShowString(xstart + 5, ystart - 6, FrameName);                 //显示框架名称
}
/****************************************
* FunctionName      : POINT_Demo
* Description       : 画点及删除点
* EntryParameter    : None
* ReturnValue       : None
```

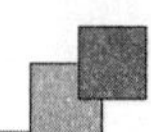

```
**************************************/
void POINT_Demo(void)
{
    uint8_t x = 120,y = 160,r = 20,t,m,i;
    t = 7 * r/10;
    m = 50;                                              //显示速度毫秒值
    LCD_Clear(BLACK);
    POINT_COLOR = WHITE;
    BACK_COLOR = BLACK;
    LCD_ShowString(90, 190, "Loading.....");
    for(i = 0;i<2;i + + )
    {
        LCD_Draw9Point(x, y - r, WHITE);                 //画第一个点
        delay(m);
        LCD_Draw9Point(x + t, y - t, WHITE);             //画第二个点
        del(m);
        LCD_Draw9Point(x, y - r, BLACK);                 //删除第一个点
        del(m);
        LCD_Draw9Point(x + r, y, WHITE);                 //画第三个点
        del(m);
        LCD_Draw9Point(x + t, y - t, BLACK);             //删除第二个点
        del(m);
        LCD_Draw9Point(x + t, y + t, WHITE);             //画第四个点
        del(m);
        LCD_Draw9Point(x + r, y, BLACK);                 //删除第三个点
        del(m);
        LCD_Draw9Point(x, y + r, WHITE);                 //画第五个点
        del(m);
        LCD_Draw9Point(x + t, y + t, BLACK);             //删除第四个点
        del(m);
        LCD_Draw9Point(x - t, y + t, WHITE);             //画第六个点
        del(m);
        LCD_Draw9Point(x, y + r, BLACK);                 //删除第五个点
        del(m);
        LCD_Draw9Point(x - r, y, WHITE);                 //画第七个点
        del(m);
        LCD_Draw9Point(x - t, y + t, BLACK);             //删除第六个点
        del(m);
        LCD_Draw9Point(x - t, y - t, WHITE);             //画第八个点
        del(m);
        LCD_Draw9Point(x - r, y, BLACK);                 //删除第七个点
        del(m);
```

```
        LCD_Draw9Point(x - t, y - t, BLACK);                          //删除第八个点
        del(m);
    }
}
/****************************************
 * FunctionName    : RGB_Demo
 * Description     : 颜色显示,观看刷屏速度
 * EntryParameter  : None
 * ReturnValue     : None
 ****************************************/
void RGB_Demo(void)
{
    uint8_t i;
    LCD_Clear(BLUE);
    for(i = 0;i<3;i + + )
    {
    LCD_Fill(0, 0,100,100,YELLOW);
    LCD_Fill(0, 0,120,120,RED);
    LCD_Fill(0, 0,140,140,GREEN);
    LCD_Fill(0, 0,160,160,PINK);
    LCD_Fill(0, 0,180,180,GRAY);
    LCD_Fill(0, 0,200,200,ORANGE);
    LCD_Fill(0, 0,200,200,PORPO);
    LCD_Fill(0, 0,200,200,LGRAYBLUE);
    LCD_Fill(0, 0,200,200,BLUE);
    }
    LCD_Clear(BLUE);
}
/****************************************
 * FunctionName    : BarReport_Demo
 * Description     : 动感条形报表
 * EntryParameter  : None
 * ReturnValue     : None
 ****************************************/
void BarReport_Demo(void)
{
    uint16_t i;
    LCD_Clear(BLACK);
    POINT_COLOR = WHITE;
    //画纵坐标
    LCD_DrawLine(20, 140, 20, 300);
    LCD_DrawLine(10, 150, 20, 140);
```

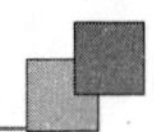

```
    LCD_DrawLine(30, 150, 20, 140);
    //画横坐标
    LCD_DrawLine(20, 300, 220, 300);
    LCD_DrawLine(210, 290, 220, 300);
    LCD_DrawLine(210, 310, 220, 300);
    //画条形
    LCD_Fill(35, 170, 55, 299,RED);
    LCD_Fill(75, 220, 95, 299,YELLOW);
    LCD_Fill(115, 150, 135, 299,BLUE);
    LCD_Fill(155, 180, 175, 299,GREEN);
    //条形渐变
    delay(50);
    for(i = 171;i<299;i ++ )                                  //红色条降低
    {
        LCD_Fill(35, 170, 55, i,BLACK);
        del(10);
    }
    for(i = 298;i>190;i -- )                                  //红色条升高
    {
        LCD_Fill(35, i, 55, 299,RED);
        del(10);
    }
    for(i = 219;i>170;i -- )                                  //黄色条升高
    {
        LCD_Fill(75, i, 95, 220,YELLOW);
        del(10);
    }
    for(i = 115;i<250;i ++ )                                  //蓝色条降低
    {
        LCD_Fill(115, 114, 135, i,BLACK);
        del(10);
    }
}
/****************************************
* FunctionName    : ProgresBar_Demo
* Description     : 进度条演示
* EntryParameter  : None
* ReturnValue     : None
****************************************/
void ProgresBar_Demo(void)
{
    uint8_t i,num = 1;
```

```
    LCD_Clear(BLUE);                                              //整屏显示红色
    Draw_Button(100, 210, 230, 310);                              //显示主体窗口
    LCD_Fill(103, 213, 227, 235, DARKBLUE);                       //显示标题栏
    Draw_Button(105, 280, 155, 305);                              //显示第一个按钮
    Draw_Button(175, 280, 225, 305);                              //显示第二个按钮
    POINT_COLOR = BLACK;
    BACK_COLOR = LGRAY;
    LCD_ShowString( 114, 284, "确定");                             //按钮上写字
    LCD_ShowString( 184, 284, "退出");
    LCD_ShowString(180, 245, " % ");
    for(i = 126;i<225;i + + )
    {
        LCD_Fill(105, 263, i, 278, RED);
        del(40);
        LCD_ShowNum(162, 245, num,2);
        num + + ;
    }
}
/**************************************
 * FunctionName    : Draw_DirectButton
 * Description     : 画黑箭头方向图标(向下)
 * EntryParameter  : xstart、ystart: 坐标
 * ReturnValue     : None
**************************************/
void Draw_DirectButton(uint16_t xstart, uint16_t ystart)
{
    POINT_COLOR = BLACK;
    LCD_DrawLine(xstart + 6, ystart + 8, xstart + 14, ystart + 8);
    LCD_DrawLine(xstart + 7, ystart + 9, xstart + 13, ystart + 9);
    LCD_DrawLine(xstart + 8, ystart + 10, xstart + 12, ystart + 10);
    LCD_DrawPoint(xstart + 9,ystart + 11);LCD_DrawPoint(xstart + 10,ystart + 11);
    LCD_DrawPoint(xstart + 11,ystart + 11);
    LCD_DrawPoint(xstart + 10,ystart + 12);
}
/**************************************
 * FunctionName    : ComboDemo
 * Description     : 组合效果演示
 * EntryParameter  : None
 * ReturnValue     : None
**************************************/
void ComboDemo(void)
{
```

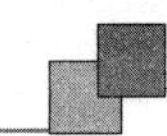

```
LCD_Clear(GRAY);
//画一个条形输入框
Draw_TextBox(50, 50, 200, 73);
//画下拉列表按钮(19×19)像素
Draw_Button(179, 52, 198, 71);
Draw_DirectButton(179,52);
del(500);
del(500);
del(500);
SetButton(179, 52, 198, 71);
LCD_Fill(183, 56, 194, 67, LGRAY);
Draw_DirectButton(180,53);
del(500);
del(500);
del(500);
EscButton(179, 52, 198, 71);
LCD_Fill(183, 56, 194, 67, LGRAY);
Draw_DirectButton(179,52);
//拉出下拉列表
LCD_DrawRectage(50, 74, 200, 143, BLACK);
LCD_Fill(51, 75, 199, 142, WHITE);
//写列表中的内容
LCD_Fill(51, 75, 199, 97, DARKBLUE);                    //第一个默认为选中状态
POINT_COLOR = WHITE;
BACK_COLOR = DARKBLUE;
LCD_ShowString(53, 79, "NXP ICP Bridge");
POINT_COLOR = BLACK;
BACK_COLOR = WHITE;
LCD_ShowString(53, 101, "NXP PP Bridge");
LCD_ShowString(53, 124, "None ISP");
del(500);
del(500);
del(500);
//选中第二个
LCD_Fill(51, 75, 199, 97, WHITE);                       //先取消第一个
POINT_COLOR = BLACK;
BACK_COLOR = WHITE;
LCD_ShowString(53, 79, "NXP ICP Bridge");
LCD_Fill(51, 98, 199, 120, DARKBLUE);                   //选中第二个
POINT_COLOR = WHITE;
BACK_COLOR = DARKBLUE;
LCD_ShowString(53, 101, "NXP PP Bridge");
```

```
    del(500);
    del(500);
    del(500);
    //选中第三个
    LCD_Fill(51, 98, 199, 120, WHITE);                    //先取消选中的第二个
    POINT_COLOR = BLACK;
    BACK_COLOR = WHITE;
    LCD_ShowString(53, 101, "NXP PP Bridge");
    LCD_Fill(51, 121, 199, 142, DARKBLUE);                //选中第三个
    POINT_COLOR = WHITE;
    BACK_COLOR = DARKBLUE;
    LCD_ShowString(53, 124, "None ISP");
    del(500);
    del(500);
    del(500);
    del(500);
    //清除
    LCD_Fill(50, 74, 200, 143, LGRAY);
}
/***************************************
 * FunctionName      : Window_Demo
 * Description       : Window效果演示
 * EntryParameter    : None
 * ReturnValue       : None
***************************************/
void Window_Demo(void)
{
    uint16_t xstart = 0,ystart = 0,xend = 239,yend = 319;
    uint8_t i = 5;
    do
    {
        Draw_Window(xstart,ystart,xend,yend,"标题栏");
        del(500);
        del(500);
        xstart += 15;ystart += 15;xend -= 30;yend -= 30;
    }while(--i);
}
/***************************************
 * FunctionName      : Button_Demo
```

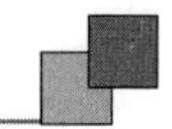

```
* Description       : 按键效果演示
* EntryParameter   : None
* ReturnValue       : None
*************************************/
void Button_Demo(void)
{
    LCD_Clear(WHITE);
    Draw_TextBox(30, 60, 170, 90);                         //显示一个文字输入框
    Draw_Button(180, 60, 230, 90);                         //显示 1 个按钮
    POINT_COLOR = BLACK;
    BACK_COLOR = LGRAY;
    LCD_ShowString(187,67,"搜索");                          //按钮上写字
    POINT_COLOR = BLUE;
    BACK_COLOR = WHITE;
    LCD_ShowString(30,38,"新闻");
    LCD_DrawLine(30,55,62,55);
    LCD_ShowString(110,38,"图片");
    LCD_DrawLine(110,55,142,55);
    POINT_COLOR = BLACK;
    LCD_ShowString(70,38,"标签");
    del(500);
    del(500);
    del(500);
    LCD_ShowChar(35, 67, 'C');
    del(500);
    LCD_ShowChar(43, 67, 'o');
    del(500);
    LCD_ShowChar(51, 67, 'r');
    del(500);
    LCD_ShowChar(58, 67, 't');
    del(500);
    LCD_ShowChar(66, 67, 'e');
    del(500);
    LCD_ShowChar(74, 67, 'x');
    del(500);
    LCD_ShowChar(82, 67, '-');
    del(500);
    LCD_ShowChar(88, 67, 'M');
    del(500);
```

```
    LCD_ShowChar(96, 67, '0');
    del(500);
    SetButton(180, 60, 230, 90);                              //按下"搜索"按钮
    POINT_COLOR = BLACK;
    BACK_COLOR = LGRAY;
    LCD_ShowString(188,68,"搜索");
    del(500);
    EscButton(180, 60, 230, 90);                              //释放"搜索"按钮
    POINT_COLOR = BLACK;
    BACK_COLOR = LGRAY;
    LCD_ShowString(187,67,"搜索");
    POINT_COLOR = BLACK;
    BACK_COLOR = WHITE;
    LCD_ShowString(12,100,"ARM Cortex - M0 处理器是现有的最小、能耗最低和能效最高的
    ARM 处理器。该处理器硅面积极小、能耗极低且所需的代码量极少,这使得开发人员能
    够以 8 位的设备实现 32 位设备的性能,从而省略 16 位设备的研发步骤。Cortex-M0 处
    理器超低的门数也使其可以部署在模拟和混合信号设备中。");
    del(500);
    del(500);
    del(500);
    del(500);
    del(500);
    del(500);
    del(500);
    del(500);
    del(500);
    del(500);
    del(500);
    del(500);
}
/* 系统主菜单   */
const uint8_t * Menu[9] =
{
    "看门狗狗","电子图书","数码相框",
    "触摸画板","PWM 输出 ","RTC 时钟",
    "I2C 通信 ","串口通信","按键测试",
};
/*****************************************
* FunctionName    : Draw_BigRectangle
```

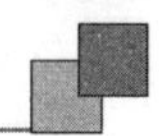

```
* Description      : 画边粗为 5 个像素的矩形
* EntryParameter   : xstart、ystart、xend、yend: 坐标范围
*                    color: 颜色
* ReturnValue      : None
*************************************/
void Draw_BigRectangle(uint16_t xstart,uint16_t ystart,uint16_t xend,uint16_t yend,
uint16_t color)
{
    LCD_DrawRectage(xstart - 1, ystart - 1, xend + 1, yend + 1, color);
    LCD_DrawRectage(xstart - 2, ystart - 2, xend + 2, yend + 2, color);
    LCD_DrawRectage(xstart - 3, ystart - 3, xend + 3, yend + 3, color);
    LCD_DrawRectage(xstart - 4, ystart - 4, xend + 4, yend + 4, color);
    LCD_DrawRectage(xstart - 5, ystart - 5, xend + 5, yend + 5, color);
}
/*************************************
* FunctionName     : SelectMenu
* Description      : 画选择边框
* EntryParameter   : MenuNum: 菜单名称
*                    action: 0,不选中;1,选中
* ReturnValue      : None
*************************************/
void SelectMenu(uint8_t MenuNum, uint8_t action)
{
    uint16_t xstart,ystart;
    xstart = ((MenuNum - 1) % 3) * 75 + 15;
    if(MenuNum<4)ystart = 15;
    else if(MenuNum<7)ystart = 115;
    else ystart = 215;
    if(action)
    {
        Draw_BigRectangle(xstart, ystart, xstart + 59, ystart + 59, DARKBLUE);//选中
        POINT_COLOR = WHITE;
        BACK_COLOR = DARKBLUE;
        LCD_ShowString(xstart, ystart + 75, (uint8_t * )Menu[MenuNum - 1]);
    }
    else
    {
        Draw_BigRectangle(xstart, ystart, xstart + 59, ystart + 59, WHITE); //取消选中
        POINT_COLOR = BLACK;
```

```
        BACK_COLOR = WHITE;
        LCD_ShowString(xstart, ystart + 75, (uint8_t * )Menu[MenuNum - 1]);
    }
}
```

在 File 菜单下新建如下的源文件 GUI.h，编写完成后保存在 Drive 文件夹下。

```
#ifndef   __GUI_H_
#define   __GUI_H_
#include "stm32f0xx.h"
#include "ILI9325.h"
extern void del(int cnt);
extern void LCD_Draw5Point(uint16_t x, uint16_t y, uint16_t color);
                                                        //画直径为 5 个像素的圆点
extern void LCD_Draw9Point(uint16_t x, uint16_t y, uint16_t color);
                                                        //画直径为 9 个像素的圆点
extern void Draw_Button(uint16_t xstart,uint16_t ystart,uint16_t xend,uint16_t yend);
                                                        //显示一个按钮
extern void SetButton(uint8_t xstart,uint16_t ystart,uint8_t xend,uint16_t yend);
                                                        //显示按钮按下状态
extern void EscButton(uint16_t xstart,uint16_t ystart,uint8_t xend,uint16_t yend);
                                                        //显示按钮释放状态
extern void Draw_TextBox(uint16_t xstart, uint16_t ystart, uint16_t xend, uint16_t
yend);                                                  //显示一个输入框
extern void Draw_Window(uint16_t xstart,uint16_t ystart,uint8_t xend,uint16_t yend,
uint8_t * caption);
                                                        //显示一个 Windows 窗口
extern void Draw_Frame(uint16_t xstart,uint16_t ystart,uint8_t xend,uint16_t yend,
uint8_t * FrameName);
                                                        //显示一个 Frame
extern void SelectMenu(uint8_t MenuNum, uint8_t action);//选择一个菜单项
extern void ComboDemo(void);                            //下拉列表演示
extern void ProgresBar_Demo(void);                      //进度条演示
extern void POINT_Demo(void);                           //Loading 演示
extern void RGB_Demo(void);                             //刷屏演示
extern void BarReport_Demo(void);                       //条形报表演示
extern void Window_Demo(void);                          //窗口演示
extern void Button_Demo(void);                          //按钮演示
#endif   /* _GUI_H_ */
```

4. 实验效果

编译通过后，可以使用 J-link 仿真器调试程序，最后将程序下载到 STM32F072

芯片中。在 TFT-LCD 背面的 SD 卡座上插入含有 BMP 图片内容的 SD 卡，上电后液晶屏显示出一个漂亮的 GUI 界面。

用一支手机笔单击“电子图书”“数码相框”“触摸面板”这 3 个图标按钮，则可打开其使用功能，实验结果满意。实验照片如图 24－2 所示。

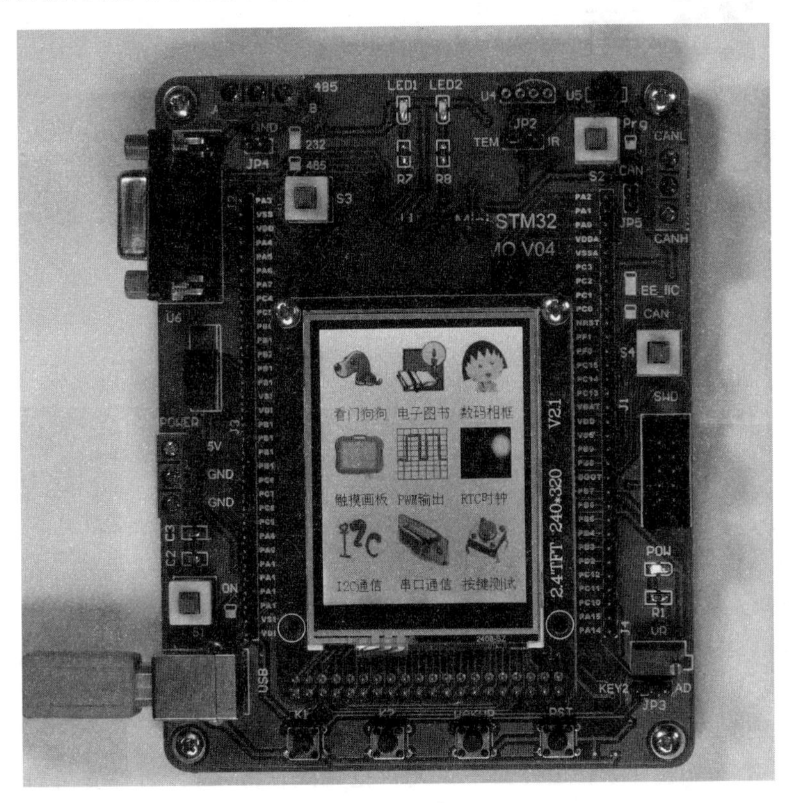

图 24－2　STM32F072 的 GUI 设计实验照片

第 25 章

RTX Kernel 实时操作系统

25.1 RTX Kernel 实时操作系统概述

RTX Kernel 是一个实时操作系统(RTOS)内核,ARM 公司将其无缝整合在 RealView MDK 编译器中,广泛应用于 ARM7、ARM9 和 Cortex 内核设备中。它可以灵活解决多任务调度、维护和时序安排等问题。基于 RTX Kernel 的程序可由标准的 C 语言编写,由 RealView MDK 编译器进行编译。操作系统基于 C 语言,使声明函数更容易,不需要复杂的堆栈和变量结构配置,大大简化了复杂的软件设计,缩短了项目开发周期。

RTX Kernel 在任务管理方面不仅支持抢先式任务切换,而且支持时间片轮转任务切换。在基于时间片轮转任务切换机制下,CPU 的执行时间被划分为若干时间片,由 RTX Kernel 分配一个时间片给每个任务,在该时间片内只执行这个任务。当时间片到时,在下一个时间片中无条件地执行另外一个任务。所有任务都轮询一次后,再回头执行第一个任务。

RTX Kernel 最多可以定义 256 个任务,所有任务都可以同时激活成为就绪态。

一般情况下,任务切换由时间片控制,但有时需要用事件控制任务切换。RTX Kernel 事件主要有超时(Timeout)、间隔(Interval)和信号(Signal)3 种。

Timeout:挂起运行任务指定数量的时钟周期。调用 OS_DLY_WAIT 函数的任务将被挂起,直到延时结束才返回到 READY 状态,并可被再次执行。延时时间由 SysTick 衡量,可以设置从 1～0xFFFE 之间的任意值。

Interval:时间间隔。任务在该时间间隔中不运行,该时间间隔与任务执行时间独立。

Signal:用于任务间通信,可以用系统函数进行置位或复位。如果一个任务调用

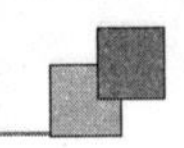

了 wait 函数等待信号 Signal 置位，但又没有置位发生，则该任务将被挂起，直到 Signal 置位才返回 READY 状态，可再被执行。

RTX Kernel 为每个任务都分配了一个单独的堆栈区，各个任务所用堆栈位置是动态的，用 task_id 记录各堆栈栈底位置。有多个嵌套子程序调用或使用大量的动态变量时，自由空间会被用完。使能栈检查(Stack Checking)，系统会执行 OS_STK_OVERFLOW()堆栈错误函数进行堆栈出错处理。

RTX Kernel 利用 Cortex 内核上的定时器 1 产生周期性中断，相邻中断之间的时间就是时间片的长度。在其中断服务程序中进行任务调度，并判断执行了延迟函数的任务的延时时间是否到达。这种周期性的中断形成了 RTX Kernel 的时钟节拍。系统推荐的时间片为 1～100 ms。

使用 RTX Kernel 包含以下两个步骤：

① 由于 RTX Kernel 集成在 RealView MDK 开发环境中，在使用 RealView MDK 创建工程项目后，需要在项目中添加 RTX Kernel 内核选项。选择 Project→Options for Target，在 Operating 下拉列表框中选择 RTX Kernel 内核，使得在编译时把 RTX Kernel 所需的库包含进去。

② 在嵌入式应用程序的开发中使用 RTX Kernel 内核，须对其进行配置。复制 C:\Keil\Backup.001\ARM\Startup 目录下的 RTX_Conf_CM.c 文件到工程文件夹下，并且添加到工程项目的 Startup 组中。在该文件中，RTX_Conf_CM.c 文件的图形化的配置参数说明如图 25-1 所示(其中，中文注解为笔者所加)。

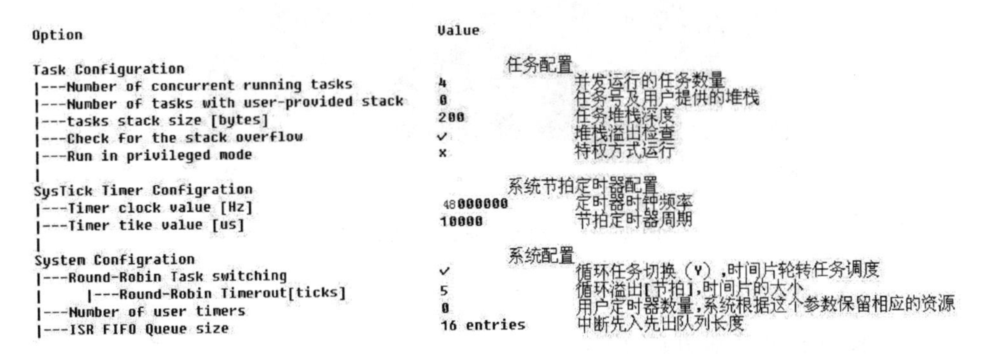

图 25-1　RTX Kernel 配置参数说明

25.2　RTX Kernel 实时操作系统的特性

RTX Kernel 实时操作系统的特性如下：

- 任务数量：最大 256；
- 邮箱数量：软件无限制，取决于硬件资源；
- 信号量数量：软件无限制；

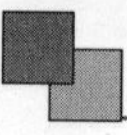

- 互斥信号量数量：软件无限制；
- 信号数量：每任务 16 个事件标志；
- 用户定时器：软件无限制；
- RAM 空间需求：最小 500 字节；
- CODE 空间需求：小于 5 KB；
- 硬件要求：一个片上定时器；
- 任务优先级：1～255；
- 上下文切换时间：在 60 MHz,CPU 无等待时切换时间小于 5 μs；
- 中断锁定时间：在 60 MHz,CPU 无等待时切换时间为 1.8 μs。

25.3 RTX Kernel 实时操作系统的基本功能及进程间的通信

整个 RTX Kernel 组成框图如图 25-2 所示：分为互斥量、内存池、邮箱、延时及间隔、事件及信号量 5 个部分。

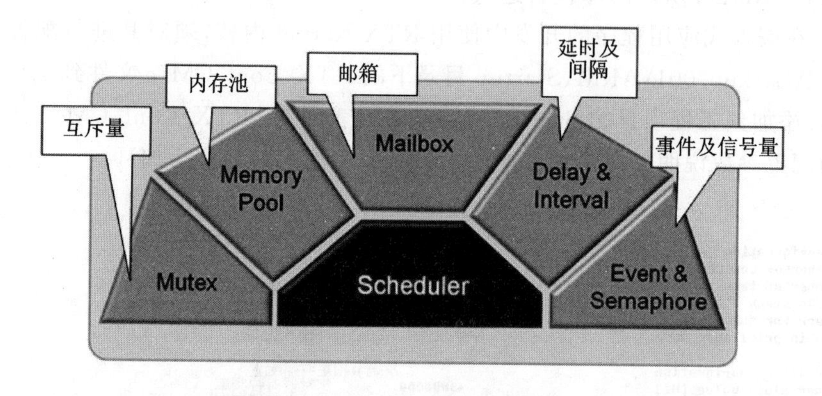

图 25-2 RTX Kernel 组成框图

1. RTX Kernel 的基本功能

RTX Kernel 的基本功能如下：

- 创建任务；
- 开始/停止任务执行；
- 从一个任务到另一个任务转换；
- 实现任务间的通信；
- 实时执行任务。

2. 进程间的通信

RTX Kernel 提供了进程间的通信机制：

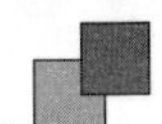

- 进程间的通信——事件；
- 进程间的通信——邮箱；
- 进程间的通信——互斥；
- 进程间的通信——信号量。

(1) 事　件

让一个进程等待一个事件，这个事件可以由其他进程和中断触发。

库函数包括：os_evt_wait_and()、os_evt_wait_or()、os_evt_set()和 isr_evt_set()。

(2) 邮　箱

建立一个邮箱，里面可以存放一定数目的消息（比如 20 条）。进程可以等待邮箱队列，如果邮箱里有消息，则取出，进程继续执行；如果邮箱为空，则继续等待。

库函数包括：os_mbx_declare()、os_mbx_init()、os_mbx_wait()、os_mbx_send()和 isr_mbx_send()。

(3) 互　斥

进程独占的资源，进行锁定，别的进程需要等待。

库函数包括：os_mut_init()、os_mut_wait()和 os_mut_release()。

(4) 信号量

信号量与事件类似，当进程等待的信号量大于 0 时，进程继续执行，信号量为－1；当发送信号量时，信号量为＋1。

库函数包括：os_sem_init()、os_sem_send()、os_sem_wait()和 isr_sem_send()。

(5) 延　时

延时指定数目的系统节拍事件。

库函数为 os_dly_wait()。

(6) 中　断

中断函数的编写过程与常规 C 程序一样，注意中断后要及时返回，不要发生意外嵌套。

25.4 RTX Kernel 实时操作系统的任务管理

25.4.1 RTX Kernel 计时中断及系统定时任务

RTX Kernel 需要使用一个硬件的定时器产生周期性的中断，可在 RTX_Conf_CM.c 中配置。

系统定时任务（系统时钟任务）在每一次系统定时中断产生时被执行，其具有最高的优先级，且不可被抢占。系统定时任务基本上可以说是一个任务切换器。

RTX Kernel 给每个任务分配一个时间片，其时间的长短可以在 RTX_Conf_CM.c 中进行配置，由于时间片很短(默认为 10 ms)，使得任务看上去像是在同时运行。当任务在自己分得的时间片内运行时，可通过 os_tsk_pass()或一些 wait 函数放弃对 CPU 的控制权，然后 RTX Kernel 将切换到下一个已经就绪的任务继续运行。

25.4.2 RTX Kernel 任务状态

任务可处于下列状态之一：

① RUNNING：表示当前任务正在运行，且同一时刻只有一个任务处于这一状态，当前 CPU 处理的正是这个任务。

② READY：　　表示任务处于准备运行状态。

③ INACTIVE：表示任务还没有被执行或者是任务已经取消。

④ WAIT_DLY：表示任务等待延时后再执行。

⑤ WAIT_ITV：表示任务等待设定的时间间隔到后再执行。

⑥ WAIT_OR：　表示任务等待最近的事件标志。

⑦ WAIT_AND：表示任务等待所有设置事件标志。

⑧ WAIT_SEM：表示任务等待从同步信号发来的“标志”。

⑨ WAIT_MUT：表示任务等待可用的互斥量。

⑩ WAIT_MBX：表示任务等待信箱消息或者等待可用的信箱空间来传送消息。

当无任务运行时，RTX Kernel 调度函数 os_idle_demon()进入运行状态，用户可在该函数中添加代码使得系统休眠，从而降低系统功耗，具体地可以在 RTX_Conf_CM.c 中配置。

25.4.3 RTX Kernel 系统资源管理

1. 任务控制管理

RTX Kernel 的任务有任务控制(TCB)管理，这是一个可动态分配的内存池，保存着所有任务的控制和状态变量。TCB 可通过 os_tsk_create()或 os_tsk_create_user()在运行时分配。

TCB 内存池的大小可以在 RTX_Conf_CM.c 中根据系统中任务的情况进行配置，不仅是任务的数量，还有实际任务的实例数，原因在于 RTX Kernel 支持一个任务(函数)的多个实例。任务有自己的堆栈，也在运行时被分配，然后栈指针被记录到任务的 TCB 中。

可在RTX_Conf_CM.c中进行图形化配置的系统资源有：

- 当前运行的任务数量；
- 用户定义栈的任务数量；
- 默认的栈空间；
- 用户定时器的数量；
- 节拍定时器周期；
- 循环任务切换；
- 时间片的大小；
- 中断先入先出队列长度。

2. 协同任务调度

如果禁用轮转(Round-Robin)方式的任务调度，则用户必须使任务可以协同调度。例如，调用函数os_dly_wait()或os_tsk_pass()来通知RTX Kernel进行任务的切换。

3. 轮转任务调度

RTX Kernel可配置为轮转调度方式，任务将在一个分配的时间片内运行。任务可连续运行时间片长度的时间(除非任务本身放弃时间片)，然后RTX Kernel将会切换到下一个就绪且优先级相同的任务运行。如果没有相同优先级的任务就绪，则当前任务会继续运行。

4. 抢占式任务调度

RTX Kernel是一个抢占式的多任务调度系统。如果一个高优先级的任务就绪，那么当前任务将被打断，而使高优先级任务立即运行。

抢占式任务切换发生于：

- 在系统定时中断中，如果某一个高优先级任务的延时时间到达，则将使当前任务被挂起而高优先级任务被运行；
- 如果挂起中的高优先级任务接收到当前任务或中断发来的特定事件，则将挂起当前任务，切换到高优先级任务运行；
- 高优先级任务等到了所需的信号量；
- 一个高优先级任务正在等待的互斥信号量被释放；
- 一个高优先级任务等待的消息被发往信箱；
- 信箱已满，而一个高优先级任务等待往信箱发送一个消息，则当前任务或中断函数从信箱中取走一个消息时，将使得该高优先级任务被激活，并立即投入运行；
- 当前任务的优先级下降，而有相对高优先级任务就绪时。

5. 中断函数

RTX Kernel支持中断平行处理，但是仍建议不要使用中断嵌套。最好使用短的中断函数,发送时间标志到 RTOS 的任务,这样一来,中断嵌套就没必要了。中断函数的写法与普通 C 程序开发 ARM 系统的相同,但必须注意中断函数名应符合系统的约定。

25.5 RTX Kernel 实时操作系统的库函数

25.5.1 事 件

让一个进程等待一个事件,这个事件可以由其他进程和中断触发。

1. os_evt_wait_and()

功能:等待所有的事件标志都被设置。

函数原型:

```
OS_RESULT os_evt_wait_and(                        //返回值参考 RL-ARM 用户手册
          U16 wait_flags,                         //等待设置的事件标志
          U16 timeout);                           //等待事件的时间长度
```

例如:

```
__task void task1(void){
    OS_RESULT result;
    result = os_evt_wait_and (0x0003, 500);       //等待一个事件标志
    if (result = = OS_R_TMO) {
        printf("Event wait timeout.\n");
    }
    else{
        printf("Event received.\n");
    }
    ⋮
}
```

2. os_evt_wait_or()

功能:等待至少一个事件标志被设置。

函数原型:

```
OS_RESULT os_evt_wait_or(             //返回值参考 RL-ARM 用户手册
          U16 wait_flags,             //等待设置的事件标志
          U16 timeout );              //等待事件的时间长度
```

例如:

```
os_evt_wait_or (0x1234, 500);      //在 500 节拍内等待事件,如果没有,则继续往下运行
```

例如:

```
__task void task1 (void) {
    OS_RESULT result;
    result = os_evt_wait_or (0x0003, 500);//等待一个事件标志
    if (result = = OS_R_TMO) {
        printf("Event wait timeout.\n");
    }
    else {
            printf("Event received.\n");
    }
    ⋮
}
```

3. os_evt_set()

功能:设置至少一个事件标志。

函数原型:

```
void os_evt_set (
    U16     event_flags,                //需设置的事件标志
    OS_TID task );                      //需处理事件标志的任务
```

例如:

```
os_evt_set (0x1234, id[7]);             //发送事件的标志(这里取 0x1234)给其他任务
```

例如:

```
__task void task1 (void){
    ⋮
    os_evt_set (0x0003, tsk2);          //向任务 tsk2 设置 0x0003 标志
    ⋮
}
```

4. isr_evt_set()

功能:在中断函数中设置至少一个事件标志。

函数原型:

```
void isr_evt_set(
    U16     event_flags,                //需设置的事件标志
    OS_TID task );                      //需处理事件标志的任务
```

例如:

```
void timer1 (void) __irq{
    ⋮
    isr_evt_set (0x0008, tsk1);        //向任务 tsk1 设置 0x0008 标志
    ⋮
}
```

5. os_evt_clr()

功能：清除一个或更多的事件标志。
函数原型：

```
void os_evt_clr(
    U16     clear_flags,              //需清除的事件标志
    OS_TID task );                    //需处理事件标志的任务
```

例如：

```
__task void task1 (void){
    ⋮
    os_evt_clr (0x0002, tsk2);        //清除 tsk2 的事件标志 0x0002
    ⋮
}
```

6. os_evt_get()

功能：获取事件标志。
函数原型：

```
U16 os_evt_get(void);
```

例如：

```
__task void task1(void){
    U16 ret_flags;                        //定义局部变量
    if (os_evt_wait_or (0x0003, 500) == OS_R_EVT) {
        ret_flags = os_evt_get ();        //获取事件标志
        printf("Events %04x received.\n",ret_flags);
    }
    ⋮
}
```

25.5.2 邮 箱

建立一个邮箱，里面可以存放一定数量的消息(比如 20 条)。进程可以等待邮箱队列，如果邮箱里有消息，则取出，进程继续执行；如果邮箱为空，则继续等待。

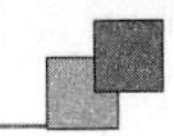

邮箱可以看作是存储消息的内存空间，RTX Kernel 对消息的大小和内容不关心，只是管理指向消息的指针。

注意：是发送消息到邮箱，而不是任务；一个任务可以有一个以上的邮箱；消息通过地址传送而不是值传送。

由于 RTX Kernel 只是将指针从消息发送任务发送到消息接收任务，因此可以使用指针本身来传递一个简单的消息，比如串口中断接收到的一个字符，可在 RealView MDK 开发环境的安装目录下找到开发环境自带的例程，例如从 Traffic example 子目录中找到 Serial.c 文件，打开后找到如下代码：

```
os_mbx_send (send_mbx, (void *)c, 0xffff);
```

对于 8 位和 16 位的消息，可以直接使用指针本身来传递。对于发送确定尺寸的消息，必须在内存池中获得相应的存储空间，并将消息保存在这里，然后将指针发往邮箱。接收任务根据该指针获取相应的消息并释放该内存块。

1. os_mbx_check()

功能：检测消息数，可再加入邮箱的消息数。

函数原型：

```
OS_RESULT os_mbx_check (              //返回值参考开发环境自带的例程
          OS_ID mailbox );            //检测邮箱的剩余空间
```

例如：

```
os_mbx_declare(mailbox1, 20);         //创建邮箱
__task void task1 (void) {
    ⋮
    if (os_mbx_check (mailbox1) == 0){
        printf("Mailbox is full.\n");
    }
    ⋮
}
```

2. os_mbx_declare()

功能：创建一个 RTX 邮箱。

函数原型：

```
#define os_mbx_declare(
        name,                                  //邮箱名
        cnt )                                  //消息数量
U32 name[4 + cnt]
```

例如：创建一个 20 条消息的邮箱，代码如下：

```
os_mbx_declare (mailbox1, 20);
__task void task1 (void) {
    ⋮
    os_mbx_init (mailbox1, sizeof(mailbox1));
    ⋮
}
```

3. os_mbx_init()

功能：初始化邮箱。

函数原型：

```
void os_mbx_init(
     OS_ID mailbox,                      //邮箱名
     U16    mbx_size );                  //邮箱大小(字节数)
```

例如：

```
os_mbx_init (MsgBox, sizeof(MsgBox));
```

例如：创建一个 20 条消息的邮箱，代码如下：

```
os_mbx_declare(mailbox1, 20);
__task void task1(void){
    ..//初始化邮箱 mailbox1,计算出其大小
    os_mbx_init (mailbox1, sizeof(mailbox1));
    ⋮
}
```

4. os_mbx_wait()

功能：取下一条消息，或是在邮箱空时等待接收消息。

函数原型：

```
OS_RESULT os_mbx_wait(                  //返回值参考 RL-ARM 用户手册
          OS_ID  mailbox,               //等待取消息的邮箱
          void** message,               //指针用以指向消息存放的内存区
          U16     timeout);             //等待消息的时间长度
```

例如：创建一个 20 条消息的邮箱，代码如下：

```
os_mbx_declare(mailbox1, 20);
__task void task1(void){                //任务 1
    void *msg;                          //指向空类型的指针
    ⋮
    if (os_mbx_wait (mailbox1, &msg, 10) == OS_R_TMO) {
    printf ("Wait message timeout! \n");
```

```
    }
    else {
                                          //在这里可以处理消息的内容
    free (msg);                           //然后释放 msg 指向的内存区
    }
    ⋮
}
```

例如：

```
os_mbx_wait(MsgBox, (void **)&rptr, 0xffff);     //等待消息
```

5. os_mbx_send()

功能：给邮箱发送一条消息。

函数原型：

```
OS_RESULT os_mbx_send(                    //返回值参考 RL-ARM 用户手册
        OS_ID mailbox,                    //发送消息给目标邮箱
        void* message_ptr,                //指针指向需发送的消息
        U16   timeout);                   //等待发送消息的时间长度
```

例如：

```
os_mbx_declare (mailbox1, 20);                    //创建一个 20 条消息邮箱
OS_TID tsk1, tsk2;                                //任务变量(ID)
__task void task1 (void);                         //函数任务声明
__task void task2 (void);
__task void task1 (void){                         //任务 1
    void *msg;                                    //指向空类型的指针
    ⋮
    tsk2 = os_tsk_create (task2, 0);              //创建任务 2
    os_mbx_init (mailbox1, sizeof(mailbox1));     //邮箱初始化
    msg = alloc();
    //这里可以设置消息内容
    //发送一条消息指针给 mailbox1 邮箱,消息存放在 msg 指向的内存区
    os_mbx_send (mailbox1, msg, 0xFFFF);          //发送一条消息
    ⋮
}
__task void task2 (void) {                        //任务 2
    void *msg;                                    //指向空类型的指针
    ⋮
    //等待取一条消息指针,从 mailbox1 等待取 msg 指向的内存区
    os_mbx_wait (mailbox1, &msg, 0xffff);         //等待取一条消息
    //在这里可以处理消息的内容
```

```
    free (msg);                                   //然后释放 msg 指向的内存区
    ⋮
}
```

6. isr_mbx_ check()

功能：在中断函数中检测消息数，可再加入邮箱的消息数。

函数原型：

```
OS_RESULT isr_mbx_check (                         //返回值参考开发环境自带的例程
         OS_ID mailbox );                         //检测邮箱的剩余空间
```

例如：

```
os_mbx_declare (mailbox1, 20);                    //创建一个 20 条消息邮箱
void timer1 (void) __irq {                        //定时器 1 中断函数
    ⋮
    if (isr_mbx_check (mailbox1)!= 0){            //检测 mailbox1 剩余空间
        //发送一条消息指针给 mailbox1 邮箱，消息存放在 msg 指向的内存区
            isr_mbx_send (mailbox1, msg);
    }
    ⋮
}
```

例如：

```
os_mbx_declare (mailbox1, 20);                //创建一个 20 条消息邮箱
void timer1 (void) __irq {                    //定时器 1 中断函数
    int i,free;                               //局部变量
    ⋮
    free = isr_mbx_check (mailbox1);          //检测 mailbox1 剩余空间
    for (i = 0; i < 16; i++ ) {
        if (free > 0) {//如果还有消息
            free-- ;
//依次将消息指针发送给 mailbox1 邮箱，消息存放在 msg 指向的内存区
            isr_mbx_send (mailbox1, msg);
            }
        }
    ⋮
}
```

7. isr_mbx_send()

功能：在中断函数中给邮箱发送消息。

函数原型：

```
void isr_mbx_send (
    OS_ID mailbox,                    //发送消息给目标邮箱
    void * message_ptr );             //指针用以指向消息存放的内存区
```

例如：

```
os_mbx_declare (mailbox1, 20);        //创建一个 20 条消息邮箱
void timer1 (void) __irq {            //定时器 1 中断函数
    ⋮
      //将消息指针发送给 mailbox1 邮箱,消息存放在 msg 指向的内存区
      isr_mbx_send (mailbox1, msg);
    ⋮
}
```

8. isr_mbx_receive()

功能：中断函数从邮箱取出下一条消息。

函数原型：

```
OS_RESULT isr_mbx_receive (                //返回值参考 RL-ARM 用户手册
        OS_ID  mailbox,                    //等待取消息的邮箱
        void ** message );                 //指针用于指向消息存放的内存区
```

例如：

```
os_mbx_declare (mailbox1, 20);             //创建一个 20 条消息邮箱
void  * msg;                               //指向空类型的指针
void EtherInt (void) __irq {               //以太网中断函数中进行接收
    ⋮
    if (isr_mbx_receive (mailbox1, &msg) == OS_R_MBX) {
    //这里发送以太网信号
    }
    else {
    //没有消息,停止发送以太网信号
    }
    ⋮
}
```

25.5.3 内存分配

1. _declare_box()

功能：采用 4 字节队列方式创建固定大小块的内存池。

函数原型：

```
#define _declare_box( \
        pool,         \                    //内存池名
        size,         \                    //每个块大小
        cnt )         \                    //内存池中的块数量
U32 pool[((size + 3)/4) * (cnt) + 3];
```

例如：预定一个 32 个块(每个块 20 字节)的内存池,代码如下：

```
_declare_box(mpool,20,32);
void membox_test (void) {                  //内存池测试函数
    U8 * box;                              //指针
    U8 * cbox;                             //指针
    _init_box (mpool, sizeof (mpool), 20); //初始化内存池
    box    = _alloc_box (mpool);           //重新分配内存池的一个块
    cbox = _calloc_box(mpool);             //重新分配内存池的一个块并初始化为 0
    ⋮
    _free_box (mpool, box);                //释放 mpool 内存池中的 box 块
    _free_box (mpool, cbox);               //释放 mpool 内存池中的 cbox 块
}
```

例如：

```
_declare_box (mpool,sizeof(T_MEAS),16);
```

2. _declare_box8 ( )

功能：采用 8 字节队列方式创建固定大小块的内存池。
函数原型：

```
#define _declare_box8( \
        pool,          \                   //内存池名
        size,          \                   //每个块大小
        cnt )          \                   //内存池中的块数量
U64 pool[((size + 7)/8) * (cnt) + 2]
```

例如：预定一个 25 个块(每个块 30 字节)的内存池,代码如下：

```
_declare_box8(mpool,30,25);
void membox_test (void) {                  //内存池测试函数
    U8 * box;                              //指针
    U8 * cbox;                             //指针
    _init_box8 (mpool, sizeof (mpool), 30); //初始化内存池
    box = _alloc_box (mpool);              //重新分配内存池的一个块
    cbox = _calloc_box(mpool);             //重新分配内存池的一个块并初始化为 0
    ⋮
    _free_box (mpool, box);                //释放 mpool 内存池中的 box 块
```

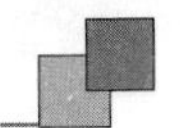

```
    _free_box (mpool, cbox);                //释放 mpool 内存池中的 cbox 块
}
```

3. _init_box ()

功能：初始化 4 位队列块的内存池。

函数原型：

```
int _init_box (                             //返回值参考 RL-ARM 用户手册
    void * box_mem,                         //定义一个指向空的指针
    U32    box_size,                        //内存池大小
    U32    blk_size );                      //内存池中的每个块大小
```

例如：预定一个 32 个块(每个块 20 字节)的内存池，代码如下：

```
_declare_box(mpool,20,32);
void membox_test (void) {                   //内存池测试函数
    U8 * box;                               //指针
    U8 * cbox;                              //指针
    _init_box (mpool, sizeof (mpool), 20);  //初始化内存池
    box = _alloc_box (mpool);               //从内存池中重新分配一个内存块
    cbox = _calloc_box(mpool);              //重新分配内存池的一个块并初始化为 0
    ⋮
    _free_box (mpool, box);                 //释放 mpool 内存池中的 box 块
    _free_box (mpool, cbox);                //释放 mpool 内存池中的 cbox 块
}
```

例如：

```
_init_box (mpool, sizeof(mpool),            //初始化内存池
        sizeof(T_MEAS));                    //内存池的大小
```

例如：

```
_init_box (mpool, sizeof(mpool), 4);  //32 位值，被当作 4 字节块，固定大小的消息
```

例如：

```
_init_box (mpool, sizeof(mpool), sizeof(struct message));//任意大小的消息
```

4. _init_box8 ()

功能：初始化 8 位队列块的内存池。

函数原型：

```
int _init_box8 (                  //返回值参考 RL-ARM 用户手册
    void * box_mem,               //指向空的指针
    U32    box_size,              //内存池大小
```

```
    U32    blk_size );            //内存池中的每一个块大小
```

例如：预定一个 25 个块(每个块 30 字节)的内存池，代码如下：

```
_declare_box8(mpool,30,25);
void membox_test (void) {                          //内存池测试函数
    U8 * box;                                      //指针
    U8 * cbox;                                     //指针
    _init_box8 (mpool, sizeof (mpool), 30);        //初始化内存池
    box = _alloc_box (mpool);                      //从内存池中重新分配一个内存块
    cbox = _calloc_box (mpool);                    //重新分配内存池的一个块并初始化为 0
    ⋮
    _free_box (mpool, box);                        //释放 mpool 内存池中的 box 块
    _free_box (mpool, cbox);                       //释放 mpool 内存池中的 cbox 块
}
```

5. _alloc_box ()

功能：从内存池中分配一个内存块(可重入)。

函数原型：

```
void * _alloc_box (
void*  box_mem );                          //指向空的指针
```

例如：预定一个 32 个块(每个块 20 字节)的内存池，代码如下：

```
U32 mpool[32 * 5 + 3];
void membox_test (void) {                          //内存池测试函数
    U8 * box;                                      //指针
    U8 * cbox;                                     //指针
    _init_box (mpool, sizeof (mpool), 20); //初始化内存池
    box    = _alloc_box (mpool);                   //重新分配内存池中的一个块
    cbox = _calloc_box(mpool);                     //重新分配内存池的一个块并初始化为 0
    ⋮
    _free_box (mpool, box);                        //释放 mpool 内存池中的 box 块
    _free_box (mpool, cbox);                       //释放 mpool 内存池中的 cbox 块
}
```

例如：

```
mptr = _alloc_box (mpool);                          //分配一个内存块给消息
```

6. _calloc_box ()

功能：从内存池中分配一个内存块并初始化其值为 0(可重入)。

函数原型：

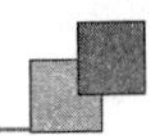

```
void * _calloc_box (
    void* box_mem );                       //指向内存池的指针
```

例如：预定一个 32 个块(每个块 20 字节)的内存池，代码如下：

```
U32 mpool[32 * 5 + 3];
void membox_test (void) {                  //内存池测试函数
    U8 * box;                              //指针
    U8 * cbox;                             //指针
    _init_box (mpool, sizeof (mpool), 20); //初始化内存池的块
    box = _alloc_box (mpool);              //重新分配内存池中的一个块
    cbox = _calloc_box(mpool);             //重新分配内存池的一个块并初始化为 0
    ⋮
    _free_box (mpool, box);                //释放 mpool 内存池中的 box 块
    _free_box (mpool, cbox);               //释放 mpool 内存池中的 cbox 块
}
```

7. _free_box()

功能：释放内存块(可重入)。

函数原型：

```
int _free_box (                            //返回值参考 RL-ARM 用户手册
    void* box_mem,                         //内存池的开始地址
    void* box );                           //指向 void 型的块
```

例如：预定一个 32 个块(每个块 20 字节)的内存池，代码如下：

```
U32 mpool[32 * 5 + 3];
void membox_test (void) {                  //内存池测试函数
    U8 * box;                              //指针
    U8 * cbox;                             //指针
    _init_box (mpool, sizeof (mpool), 20); //初始化内存池的块
    box  = _alloc_box (mpool);             //重新分配内存池中的一个块
    cbox = _calloc_box(mpool);             //重新分配内存池的一个块并初始化为 0
    ⋮
    _free_box (mpool, box);                //释放 mpool 内存池中的 box 块
    _free_box (mpool, cbox);               //释放 mpool 内存池中的 cbox 块
}
```

例如：

```
_free_box (mpool, rptr);                   //释放内存块
```

25.5.4　互　斥

对进程独占的资源进行锁定，别的进程需要等待。

1. os_mut_init()

功能：初始化互斥量。

函数原型：

```
void os_mut_init (
    OS_ID mutex );                    //互斥量
```

例如：

```
OS_MUT mutex1;                        //创建一个互斥量 mutex1
__task void task1 (void) {
    ⋮
    os_mut_init (mutex1);             //将互斥量 mutex1 初始化
    ⋮
}
```

2. os_mut_wait()

功能：等待一个互斥量。

函数原型：

```
OS_RESULT os_mut_wait (               //返回值参考 RL-ARM 用户手册
        OS_ID mutex,                  //互斥量 mutex
        U16    timeout );             //等待事件的时间长度
```

例如：

```
OS_MUT mutex1;                        //创建一个互斥量 mutex1
void f1(void) {                       //函数 1
    os_mut_wait (mutex1, 0xffff);     //f1()等待互斥量 mutex1 的到来
    ⋮
    f2();                             //调用函数 f2()
    os_mut_release(mutex1);           //释放互斥量 mutex1
}
void f2(void) {
    os_mut_wait(mutex1, 0xffff);      //f2()等待互斥量 mutex1 的到来
    ⋮
    os_mut_release (mutex1);          //释放互斥量 mutex1
}
__task void task1(void) {             //任务 1
    ⋮
    os_mut_init(mutex1);              //互斥量 mutex1 初始化
    f1();                             //调用函数 f1(),f1()中执行 f2()
```

```
    ⋮
}
__task void task2 (void) {              //任务 2
    ⋮
    f2();                               //调用函数 f2()
    ⋮
}
```

3. os_mut_release()

功能：释放一个互斥量。

函数原型：

```
OS_RESULT os_mut_release (              //返回值参考 RL-ARM 用户手册
          OS_ID mutex );                //互斥量 mutex
```

例如：

```
OS_MUT mutex1;                          //创建一个互斥量 mutex1
void f1(void) {                         //函数 1
    os_mut_wait (mutex1, 0xffff);       //f1()等待互斥量 mutex1 的到来
    ⋮
    f2();                               //调用函数 f2()
    os_mut_release (mutex1);            //释放互斥量 mutex1
}
void f2(void) {                         //函数 2
    os_mut_wait(mutex1, 0xffff);        //f2()等待互斥量 mutex1 的到来
    ⋮
    os_mut_release (mutex1);            //释放互斥量 mutex1
}
__task void task1(void) {               //任务 1
    ⋮
    os_mut_init(mutex1);                //初始化互斥量 mutex1
    f1();                               //调用函数 1,f1()中执行 f2()
    ⋮
}
__task void task2 (void) {              //任务 2
    ⋮
    f2();                               //调用函数 2
    ⋮
}
```

25.5.5 信号量

信号量与事件类似，当进程等待的信号量大于 0 时，进程继续执行，信号量为 −1；当发送信号量时，信号量为+1。

1. os_sem_init()

功能：初始化信号量对象。

函数原型：

```
void os_sem_init (
    OS_ID semaphore,                //初始化信号量
    U16    token_count );           //初始化编号
```

例如：

```
OS_SEM semaphore1;                  //创建一个信号量
__task void task1 (void) {
    ⋮
    os_sem_init(semaphore1, 0);     //信号量 semaphore1 初始化，编号 0
    os_sem_send (semaphore1);       //向信号量 semaphore1 发送信号
    ⋮
}
```

2. os_sem_send()

功能：发送一个信号(标志)给信号量。

函数原型：

```
OS_RESULT os_sem_send(              //返回值参考 RL-ARM 用户手册
        OS_ID semaphore );          //发送一个信号，同时信号增加 1
```

例如：

```
OS_SEM semaphore1;                  //创建一个信号量
__task void task1 (void) {
    ⋮
    os_sem_init(semaphore1,0);      //信号量 semaphore1 初始化，编号 0
    os_sem_send (semaphore1);       //向信号量 semaphore1 发送信号
    ⋮
}
```

3. os_sem_wait()

功能：等待来自信号量的信号(标志)。

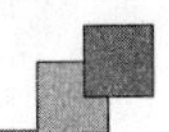

函数原型：

```
OS_RESULT os_sem_wait (                //返回值参考 RL-ARM 用户手册
        OS_ID semaphore,               //semaphore 信号量等待信号到来
        U16    timeout );              //等待信号的时间长度
```

例如：

```
OS_SEM semaphore1;                     //创建一个信号量
__task void task1 (void) {
    ⋮
    os_sem_wait (semaphore1,0xffff);   //等待信号量 semaphore1 的信号
    ⋮
}
```

4. isr_sem_send()

功能：中断函数中发送一个信号(标志)给信号量。

函数原型：

```
void isr_sem_send(
    OS_ID semaphore );                 //发送一个信号,同时信号增加 1
```

例如：

```
OS_SEM semaphore1;                     //创建一个信号量
void timer1(void) __irq {              //定时器 1 中断函数
    ⋮
    isr_sem_send (semaphore1);         //向信号量 semaphore1 发送信号
    ⋮
}
```

25.5.6　延　时

os_dly_wait()

功能：延时指定数目的系统节拍事件。

函数原型：

```
void os_dly_wait (
    U16 delay_time );                  //暂时停止 delay_time 个节拍
```

例如：

```
__task void task1 (void) {
    ⋮
```

```
    os_dly_wait (20);                 //告诉操作系统暂时停止 20 个节拍
    ⋮
}
```

25.5.7 用户定时器

用户定时器可以创建、取消、挂起和重启。用户定时器在设定的时间到达以后，可以调用用户提供的返回函数 os_tmr_call()，完成后将之删除。

注意：有不同类型的定时器，如单个短定时器(用户定时器)和周期定时器等。

1. os_tmr_create ()

功能：创建用户定时器。

函数原型：

```
OS_ID os_tmr_create (
      U16 tcnt,                                  //定时长度
      U16 info );                                //定时器编号
```

例如：

```
OS_TID tsk1;                                     //任务号 tsk1
OS_ID   tmr1;                                    //任务号 tmr1
__task void task1 (void) {
    ⋮
    tmr1 = os_tmr_create (10,1);                 //创建 1 号用户定时器,时长 10 个节拍
    if (tmr1 = = NULL){                      //创建成功则返回 ID 号,不成功则返回 NULL
    printf ("Failed to create user timer.\n"); //显示创建失败
    }
    ⋮
}
```

2. os_tmr_kill ()

功能：删除用户定时器。

函数原型：

```
OS_ID os_tmr_kill (
      OS_ID timer );                             //用户定时器的 ID 号
```

例如：

```
OS_TID tsk1;                                     //任务号 tsk1
OS_ID   tmr1;                                    //任务号 tmr1
__task void task1 (void) {
```

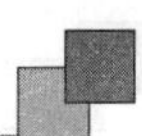

```
    ⋮
    if (os_tmr_kill (tmr1) ! = NULL) {          //如果删除用户定时器成功则返回 NULL
                                                //不成功则返回定时值
        printf ("\nThis timer is not on the list.");  //显示信息
    }
    else {
        printf ("\nTimer killed.");             //显示已删除
    }
    ⋮
}
```

3. os_tmr_call()

功能：调用用户定时器。

函数原型：

```
void os_tmr_call (
     U16 info );                               //定时器标识
```

例如：

```
void os_tmr_call (U16 info) {
    switch (info) {
        case 1:                                //执行某些工作
                        break;
        case 2:                                //执行其他某些工作
                        break;
         ⋮
    }
}
```

注意： 可以在 isr_ system 中断函数中调用，但不能在 os_ system 函数中调用。

25.6　RealView MDK 开发环境自带的 RTX Kernel 例程分析

25.6.1　创建两个任务及发送/接收事件标志例程

创建两个任务及发送/接收事件标志例程，代码如下：

```
#include <RTL.h>                               //头文件
OS_TID id1, id2;                               //任务号
```

```
__task void task1 (void);                       //任务声明
__task void task2 (void);
//************************************************************
__task void task1 (void) {                      //任务 1
id1 = os_tsk_self ();                           //获取自身的任务号
id2 = os_tsk_create (task2, 1);                 //创建任务 2 并得到其任务号
for (;;) {
        os_evt_set (0x0004, id2);               //向任务 2 发送标志 0x0004
        os_evt_wait_or (0x0004, 0xffff);        //任务 1 无限制等待接收标志 0x0004
        os_dly_wait (5);                        //等待 5 个节拍
    }
}
//************************************************************
__task void task2 (void) {                      //任务 2
for (;;) {
        os_evt_wait_or (0x0004, 0xffff);        //任务 2 无限制等待,直到收到标志 0x0004
        os_dly_wait (2);                        //等待两个节拍
        os_evt_set (0x0004, id1);               //向任务 1 发送标志 0x0004
    }
}
//************************************************************
int main (void) {                               //主函数
    os_sys_init (task1);                        //对任务 1 初始化,随后启动操作系统
}
```

25.6.2 创建 4 个任务并改变任务优先级及发送/接收事件标志例程

创建 4 个任务并改变任务优先级及发送/接收事件标志例程,代码如下:

```
#include <RTL.h>                                    //头文件
OS_TID tsk1;                                        //任务号
OS_TID tsk2;
OS_TID tsk3;
OS_TID tsk4;
uint16_t counter1;                                  //全局变量
uint16_t counter2;
uint16_t counter3;
uint16_t counter4;
__task void job1 (void);                            //任务函数声明
__task void job2 (void);
```

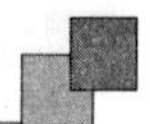

```
__task void job3 (void);
__task void job4 (void);
//*************************************************
__task void job1 (void) {                         //任务 1
os_tsk_prio_self (2);                             //将当前的任务优先级改为 2
tsk1 = os_tsk_self ();                            //获取自身的任务号
tsk2 = os_tsk_create (job2,2);                    //创建任务 2,优先级为 2
tsk3 = os_tsk_create (job3,1);                    //创建任务 3,优先级为 1
tsk4 = os_tsk_create (job4,1);                    //创建任务 4,优先级为 1
while (1) {
        counter1 ++ ;                             //counter1 增加
        os_dly_wait (5);                          //等待 5 个节拍
    }
}
//**************************************************
__task void job2 (void) {                         //任务 2
while (1) {
        counter2 ++ ;                             //counter2 增加
    os_dly_wait (10);                             //等待 10 个节拍
    }
}
//**************************************************
__task void job3 (void) {                         //任务 3
while (1)   {
            counter3 ++ ;                         //counter3 增加
            if (counter3 == 0) {                  //如果计数溢出回 0
            os_evt_set (0x0001,tsk4);             //向任务 4 发送标志 0x0001
            os_tsk_pass ();                   //退出本任务,执行下一个同样优先级的任务
        }
    }
}
//**************************************************
__task void job4 (void) {                         //任务 4
while (1) {
        os_evt_wait_or (0x0001, 0xffff);
                                              //任务 4 无限制等待,直到收到标志 0x0001
        counter4 ++ ;                             //counter4 增加
    }
}
//**************************************************
int main (void) {                                 //主函数
    os_sys_init (job1);                          //对任务 1 初始化,随后启动操作系统
```

```
}
```

25.6.3 任务轮转例程

任务轮换例程的代码如下：

```
#include <RTL.h>                                  //头文件
OS_TID id1, id2, id3, id4;                        //任务号
uint32_t counter1;                                //全局变量
uint32_t counter2;
uint32_t counter3;
uint32_t counter4;
__task void task1 (void);                         //任务函数声明
__task void task2 (void);
__task void task3 (void);
__task void task4 (void);
//**************************************************
__task void task1 (void) {                        //任务 1
id1 = os_tsk_self ();                             //获取自身的任务号
os_tsk_prio_self (2);                             //将当前的任务优先级改为 2
id2 = os_tsk_create (task2, 2);                   //创建任务 2,优先级为 2
id3 = os_tsk_create (task3, 4);                   //创建任务 3,优先级为 4
id4 = os_tsk_create (task4, 1);                   //创建任务 4,优先级为 1
while (1)  {
        counter1 ++ ;                             //counter1 增加
    }
}
//*************************************************
__task void task2 (void) {                        //任务 2
while (1)  {
            counter2 ++ ;                         //counter2 增加
            if ((counter2 & 0xffff) == 0) {       //当计数到 0x0000 时
            os_evt_set (0x0004, id3);             //向任务 3 发送标志 0x0004
        }
    }
}
//*************************************************
__task void task3 (void) {                        //任务 3
while (1) {
        os_evt_wait_or (0x0004, 0xffff);        //任务 3 无限制等待,直至收到标志 0x0004
        counter3 ++ ;                             //counter3 增加
```

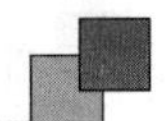

```
    }
}
//**************************************************
__task void task4 (void) {                        //任务 4
while (1)  {
        counter4 ++ ;                              //counter4 增加
    }
}
//**************************************************
int main (void) {                                 //主函数
    os_sys_init (task1);                           //对任务 1 初始化,随后启动操作系统
}
```

26.6.4 信号量例程

信号量例程的代码如下：

```
#include <RTL.h>                                   //头文件
#include <LPC21xx.H>                               //NXP 芯片头文件
#include <stdio.h>
extern void init_serial (void);                    //串口初始化
OS_TID tsk1, tsk2;                                 //任务号
OS_SEM semaphore1;                                 //定义信号量 semaphore1
//**************************************************
__task void task1 (void) {                         //任务 1
OS_RESULT ret;                                     //等待信号量的结果
while (1) {
        os_dly_wait(3);                            //等待 3 个节拍
        ret = os_sem_wait (semaphore1, 1);         //在 1 个节拍中等待信号量 semaphore1
        if (ret != OS_R_TMO) {                     //如果没有超时
        printf ("Task 1\n");                       //显示任务 1
        os_sem_send (semaphore1);                  //回发信号量 semaphore1
        }
    }
}
//**************************************************
__task void task2 (void) {                         //任务 2
while (1) {
        os_sem_wait (semaphore1, 0xffff);          //无限制地等待信号量 semaphore1
        printf ("Task 2 \n");                      //显示任务 2
        os_sem_send (semaphore1);                  //回发信号量 semaphore1
```

```
    }
}
//*****************************************************
__task void init (void) {                              //任务 init
    init_serial ();                                    //初始化串口
    os_sem_init (semaphore1, 1);                       //初始化信号量 semaphore1,值为 1
    tsk1 = os_tsk_create (task1, 10);                  //创建任务 1,优先级为 10
    tsk2 = os_tsk_create (task2, 0);                   //创建任务 2,优先级为 0
    os_tsk_delete_self ();                             //删除自身的任务
}
//*****************************************************
int main (void) {                                      //主函数
    os_sys_init (init);                                //对 init 任务初始化,随后启动操作系统
}
```

25.6.5 邮箱例程

邮箱例程的代码如下:

```
#include <RTL.h>                            //头文件
#include <LPC21xx.H>                        //NXP 芯片头文件
#include <stdio.h>
OS_TID tsk1;                                //任务号
OS_TID tsk2;
/*************** 创建单个数据块的大小 *********************/
typedef struct {                            //数据类型重定义,成员变量起码 4 字节
    float voltage;                          //电压值
    float current;                          //电流值
    uint32_t   counter;                     //计数值
} T_MEAS;
os_mbx_declare (MsgBox,16);                 //创建一个邮箱,可存放 16 条消息
//创建 4 字节队列的固定大小块的内存池 mpool,每个块 sizeof(T_MEAS)个字节,共有 16 个块
//内存池名 mpool,16 个块,每个块 sizeof(MEAS)个字节
_declare_box (mpool,sizeof(T_MEAS),16);
__task void send_task (void);               //任务函数声明
__task void rec_task (void);
//*****************************************************
void init_serial () {                       //初始化串口函数
    PINSEL0 = 0x00050000;                   //使能 RxD1 及 TxD1 收发
    U1LCR = 0x83;                           //8 位,无校验,1 位停止位
    U1DLL = 97;                             //9 600 波特率(15 MHz)
```

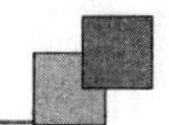

```
    U1LCR = 0x03;                       //DLAB = 0
}
//*******************************************
__task void send_task (void) {          //send_task 任务
T_MEAS *mptr;                           //定义指向结构体类型(数据块)的指针
tsk1 = os_tsk_self ();                  //获取自身的任务号
tsk2 = os_tsk_create (rec_task, 0);     //创建 rec_task 任务,优先级为 0
os_mbx_init (MsgBox, sizeof(MsgBox)); //初始化 MsgBox 邮箱大小
os_dly_wait (5);                        //等待 5 个节拍
mptr = _alloc_box (mpool);          //从内存池 mpool 中分配出一个内存块,其地址给 mptr
mptr->voltage = 223.72;                 //设置消息内容(数据存放于内存池的这个块中)
mptr->current = 17.54;
mptr->counter = 120786;
os_mbx_send (MsgBox, mptr, 0xffff);     //将消息(mptr 指向的地址)发送到邮箱
IOSET1 = 0x10000;                       //端口动作(点亮灯一类的指示)
os_dly_wait (100);                      //等待 100 个节拍
mptr = _alloc_box (mpool);      //再次从内存池 mpool 中分配出一个内存块,其地址给 mptr
mptr->voltage = 227.23;             //设置第 2 个消息内容(数据存放于内存池的这个块中)
mptr->current = 12.41;
mptr->counter = 170823;
os_mbx_send (MsgBox, mptr, 0xffff);     //将消息(mptr 指向的地址)发送到邮箱
os_tsk_pass ();                         //退出本任务,执行下一个同样优先级的任务
IOSET1 = 0x20000;                       //端口动作(点亮灯一类的指示)
os_dly_wait (100);                      //等待 100 个节拍
mptr = _alloc_box (mpool);      //再次从内存池 mpool 中分配出一个内存块,其地址给 mptr
mptr->voltage = 229.44;             //设置第 3 个消息内容(数据存放于内存池的这个块中)
mptr->current = 11.89;
mptr->counter = 237178;
os_mbx_send (MsgBox, mptr, 0xffff);     //将消息(mptr 指向的地址)发送到邮箱
IOSET1 = 0x40000;                       //端口动作(点亮灯一类的指示)
os_dly_wait (100);                      //等待 100 个节拍
os_tsk_delete_self ();                  //删除自己的任务
}
//**************************************************************
__task void rec_task (void) {           //rec_task 任务
T_MEAS *rptr;                           //定义指向结构体类型(数据块)的指针
for (;;) {
    os_mbx_wait (MsgBox, (void **)&rptr, 0xffff);   //等待消息到来
    printf ("\nVoltage: %.2f V\n",rptr->voltage);   //将消息内容输出到 PC
    printf ("Current: %.2f A\n",rptr->current);
    printf ("Number of cycles: %d\n",rptr->counter);
    _free_box (mpool, rptr);        //取完消息内容后释放 mpool 内存池中 rptr 指向的块
```

```
    }
}
//*****************************************
int main (void) {                       //主函数
IODIR1 = 0xFF0000;                      //端口定义为输出
init_serial ();                         //初始化串口
//初始化 mpool 内存池(内存池大小,块大小)
_init_box (mpool, sizeof(mpool), sizeof(T_MEAS));
os_sys_init (send_task);                //对 send_task 任务初始化,随后启动操作系统
}
```

25.6.6 交通信号灯例程

交通信号灯例程的代码如下:

```
#include <stdio.h>                              //头文件
#include <ctype.h>
#include <string.h>
#include <RTL.h>
#include <LPC21xx.H>                            //NXP 芯片头文件
const char menu[] =
"\n"
"+ * * * * * TRAFFIC LIGHT CONTROLLER using MDK and RTX kernel * * * * * +\n"
"| This program is a simple Traffic Light Controller. Between    |\n"
"| start time and end time the system controls a traffic light |\n"
"| with pedestrian self - service.   Outside of this time range     |\n"
"| the yellow caution lamp is blinking.                            |\n"
"+ command - + syntax - - - - - + function - - - - - - - - - - - - - - - - - - +\n"
"| Display   | D          | display times                           |\n"
"| Time      | T hh:mm:ss | set clock time                          |\n"
"| Start     | S hh:mm:ss | set start time                          |\n"
"| End       | E hh:mm:ss | set end time                            |\n"
"+ - - - - - - - - - + - - - - - - - - - - + - - - - - - - - - - - - - - - - +\n";
extern void getline (char * , int);             //函数声明
extern void serial_init (void);
extern int  getkey (void);
OS_TID t_command;                               //任务号
OS_TID t_clock;
OS_TID t_lights;
OS_TID t_keyread;
OS_TID t_getesc;
```

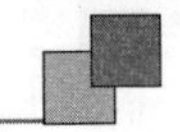

```
/**************创建单个数据块的大小 *********************/
struct time   {                                //结构体类型定义
        uint8_thour;                           //时
        uint8_tmin;                            //分
        uint8_tsec;                            //秒
};
struct time ctime = { 12,   0,   0 };          //设定时间初始化
struct time start = {  7, 30,   0 };           //开始时间初始化
struct time end     = { 18, 30,   0 };         //结束时间初始化
#define red         0x010000                   //定义红灯(端口输出)
#define yellow   0x020000                      //定义黄灯(端口输出)
#define green      0x040000                    //定义绿灯(端口输出)
#define stop     0x100000                      //停止灯
#define walk        0x200000                   //步行灯
#define key         0x004000                   //定义按键
#define SET(o,s) {            \                //端口操作的宏定义
if (s = = 0) IOCLR1 = 0;    \
else        IOSET1 = 0;    \
};
char cmdline[16];                              //存储命令的数组
struct time rtime;                             //运行时间
BIT display_time = __FALSE;                    //显示时间的位标志
BIT escape;                                    //退出的位标志
#define ESC    0x1B                            //退出的字符码
static uint64_tcmd_stack[800/8];               //任务命令的堆栈
__task void init (void);                       //任务函数声明
__task void clock (void);
__task void get_escape (void);
__task void command (void);
__task void blinking (void);
__task void lights (void);
__task void keyread (void);
//*********************************************
int main (void) {                              //主函数
    os_sys_init (init);                        //对 init 任务初始化,随后启动操作系统
}
//*********************************************
__task void init (void) {                      //init 任务
IODIR1 = 0xFF0000;                             //端口定义为输出
serial_init ();                                //初始化串口
t_clock = os_tsk_create (clock,   0);          //创建 clock 任务,优先级为 0
//创建 command 任务,优先级为 0,在 cmd_stack 数组堆栈中,堆栈大小
```

```
t_command = os_tsk_create_user (command,0,&cmd_stack,sizeof(cmd_stack));
t_lights = os_tsk_create (lights, 0);              //创建 lights 任务,优先级为 0
t_keyread = os_tsk_create (keyread,0);             //创建 keyread 任务,优先级为 0
os_tsk_delete_self ();                             //删除自己的任务
}
//**********************************************
__task void clock (void) {                         //clock 任务
os_itv_set (100);                                  //间隔 100 个节拍(1 s)发送苏醒标志
while (1) {
    if ( ++ ctime.sec == 60) {                     //时间到 60 s
        ctime.sec = 0;                             //秒回 0
        if ( ++ ctime.min == 60) {                 //分增加,到 60 min
            ctime.min = 0;                         //分回 0
            if ( ++ ctime.hour == 24) {            //时增加,到 24 h
            ctime.hour = 0;                        //时回 0
            }
        }
    }
    if (display_time) {                            //显示时间的位标志有效
            os_evt_set (0x0001,t_command);  //向 t_command 任务发送标志 0x0001
    }
    os_itv_wait ();                                //等待苏醒标志到来
}
}
//**************** 读取输入的时间函数 ****************
char readtime (char * buffer) {                    //readtime 函数定义
int args;
int hour,min,sec;
rtime.sec = 0;                                     //调整秒
args = sscanf (buffer, "%d:%d:%d",                 //输入时、分、秒到 buffer 缓冲区
                &hour, &min, &sec);
if (hour > 23  ||  min > 59  ||                    //如果过了晚上 12 点
sec > 59   ||  args < 2       ) {
    printf ("\n* * * ERROR: INVALID TIME FORMAT\n");      //输出信息
    return (0);                                    //返回 0
}
rtime.hour = hour;                                 //设置新的时间
rtime.min    = min;
rtime.sec    = sec;
return (1);                                        //返回 1
}
//************ 检查 Esc 键是否按下 ******************
```

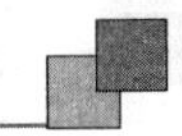

```
__task void get_escape (void) {                    //get_escape 任务
    while (1)  {
    if (getkey () == ESC) {                        //如果按下 Esc 键
    escape = __TRUE;                               //退出码为"真"
    os_evt_set (0x0002, t_command);            //向任务 t_command 发送 0x0002 进行命令处理
    }
  }
}
//*****************************************************
__task void command (void) {                       //command 任务,命令处理
uint32_ti;
printf (menu);                                     //显示菜单
while (1) {
    printf ("\nCommand: ");                        //显示"命令"
    getline (cmdline, sizeof (cmdline));           //读取命令字母输入(D,T,E,S)
    for (i = 0; cmdline[i] ! = 0; i++) {           //转化为大写字母
    cmdline[i] = (char) toupper(cmdline[i]);
    }
for (i = 0; cmdline[i] = = ' '; i++);              //忽略空格
switch (cmdline[i]) {                              //根据命令进行操作
    case 'D':                                      //显示时间的命令
        printf ("Start Time: %02d: %02d: %02d      "
            "End Time: %02d: %02d: %02d\n",
            start.hour, start.min, start.sec,              //显示开始时间
            end.hour,    end.min,    end.sec);    //显示结束时间
        //显示按下 Esc 键退出
        printf ("                          type ESC to abort\r");
        //创建任务 get_escape,是为了检查是否按下 Esc 键
        t_getesc = os_tsk_create (get_escape, 0);
        escape = __FALSE;                          //首先清除退出标志
        display_time = __TRUE;                     //设定显示时间的标志为"真"
        os_evt_clr (0x0003, t_command);            //清除 t_command 任务的 0x0003 标志
        while (! escape) {                         //无退出标志则循环
        printf ("Clock Time: %02d: %02d: %02d\r",  //显示时间
                ctime.hour, ctime.min, ctime.sec);
        os_evt_wait_or (0x0003, 0xffff);           //等待退出的标志 0x0003 到来
        //0000、0000、0000、0010,或 0000、0000、0000、0001,只要有一个信号
        }
        os_tsk_delete (t_getesc);                  //删除 t_getesc 任务
        display_time = __FALSE;                    //设定显示时间的标志为"假"
        printf ("\n\n");
        break;
```

```
        case 'T':                                      //设定时间的命令
            if (readtime (&cmdline[i + 1])) {          //设定时间输入
            ctime.hour = rtime.hour;                   //存储时间
            ctime.min = rtime.min;
            ctime.sec = rtime.sec;
            }
            break;
        case 'E':                                      //设定结束时间的命令
            if (readtime (&cmdline[i + 1]))  {         //结束时间输入
            end.hour = rtime.hour;                     //存储时间
            end.min = rtime.min;
            end.sec = rtime.sec;
            }
            break;
        case 'S':                                      //设定开始时间的命令
            if (readtime (&cmdline[i + 1]))  {         //开始时间输入
            start.hour = rtime.hour;                   //存储时间
            start.min = rtime.min;
            start.sec = rtime.sec;
            }
            break;
        default:
            printf (menu);                             //默认显示菜单
            break;
        }
    }
}
/*----------------------------------------------------------------
*      检查 clock 时间,时间在起始时间点与终止时间点以外返回 1,否则返回 0
*----------------------------------------------------------------*/
char signalon (void) {
if (memcmp (&start, &end, sizeof (struct time)) < 0)  {
if (memcmp (&start, &ctime, sizeof (struct time)) < 0   &&
        memcmp (&ctime, &end,   sizeof (struct time)) < 0) {
        return (1);
    }
}
else {
if (memcmp (&end,    &ctime, sizeof (start)) > 0   &&
    memcmp (&ctime, &start, sizeof (start)) > 0) {
    return (1);
    }
```

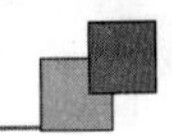

```
}
return (0);
}
//************** 黄灯闪烁任务 ******************
__task void blinking (void) {                    //任务 blinking
SET (red|yellow|green|stop|walk, 0);             //关闭所有的灯
while (1) {
SET (yellow, 1);                                 //黄灯亮
os_dly_wait (30);                                //等待 30 个节拍
SET (yellow, 0);                                 //黄灯灭
os_dly_wait (30);                                //等待 30 个节拍
    if (signalon ()) {                    //检查设定时间是在起始时间点与终止时间点以外
    os_tsk_create (lights, 0);                   //创建 lights 任务
    os_tsk_delete_self ();                       //删除自身的任务
    }
  }
}
//****************** 亮灯任务 ******************
__task void lights (void) {                      //任务 lights
SET (red|stop, 1);                               //点亮红灯及停止灯
SET (yellow|green|walk, 0);                      //关闭黄灯、绿灯及步行灯
while (1) {
    os_dly_wait (50);                            //等待 50 个节拍
    if (! signalon ()) {                         //检查时间未超时(白天还是晚上)
    os_tsk_create (blinking, 0);                 //创建 blinking 任务,优先级 0
    os_tsk_delete_self ();                       //删除自身的任务
    }
    SET (yellow, 1);                             //点亮黄灯
    os_dly_wait (50);                            //等待 50 个节拍作为过渡
    SET (red|yellow, 0);                         //随后关闭红灯、黄灯
    SET (green, 1);                              //开启绿灯(为汽车)
    os_evt_clr (0x0010, t_lights);               //清除 t_lights 任务的标志 0x0010
    os_dly_wait (50);                            //等待 50 个节拍
    os_evt_wait_and (0x0010, 750);               //在 750 个节拍内等待所有的 0x0010 标志
    SET (yellow, 1);                             //点亮黄灯作为过渡
    SET (green, 0);                              //关闭绿灯
    os_dly_wait (50);                            //等待 50 个节拍
    SET (red, 1);                                //点亮红灯(为汽车)
    SET (yellow, 0);                             //关闭黄灯
    os_dly_wait (50);                            //等待 50 个节拍
    SET (stop, 0);                               //关闭停止灯
    SET (walk, 1);                               //点亮步行灯
```

```
        os_dly_wait (250);                          //等待 250 个节拍
        SET (stop, 1);                              //点亮停止灯
        SET (walk, 0);                              //关闭步行指示灯
    }
}
//*********************处理行人的按键申请 **********************
__task void keyread (void) {                       //任务 keyread
while (1) {
if ((IOPIN0 & key) == 0) {                         //如果按键按下
        os_evt_set (0x0010, t_lights);             //发送标志 0x0010 到任务 t_lights
        }
        os_dly_wait (5);                           //等待 5 个节拍再检测按键
    }
}
```

第 26 章

RTX Kernel 的延时及事件设计实验

26.1 时间间隔延迟实验

1. 实验要求

建立两个任务，分别控制 LED1 和 LED2 的亮灭。LED1 亮灭各为 10 个节拍，LED2 亮灭各为 50 个节拍。

2. 实验电路原理

参考 Mini STM32 DEMO 开发板电路原理图：

- PA2——LED1；
- PA3——LED2。

3. 源程序文件及分析

新建一个文件目录 RTX_LED，在 RealView MDK 集成开发环境中创建一个工程项目 RTX_LED. uvprojx 于此目录中。

在 File 菜单下新建如下的源文件 main. c，编写源程序代码后保存在 User 文件夹下，再把 main. c 文件添加到 User 组中。

```
#include <RTL.h>                              //RTX 操作系统头文件
#include "stm32f0xx.h"
#include "led.h"
OS_TID id1;                                   //全局变量
OS_TID id2;
//****************************************
//= = = = = = = 任务 1,点亮/熄灭 LED1 分别为 10 个节拍(100 ms)
```

```
__task void task1 (void)
{
    for (;;)
    {
        LED1_ON();                              //开 LED1
        os_dly_wait (10);
        LED1_OFF();                             //关 LED1
        os_dly_wait (10);
    }
}
//***************************************
//= = = = = = =任务 2,点亮/熄灭 LED2 分别为 50 个节拍(500 ms)
__task void task2 (void)
{
    for (;;)
    {
        LED2_ON();                              //开 LED2
        os_dly_wait (50);
        LED2_OFF();                             //关 LED2
        os_dly_wait (50);
    }
}
//***************************************
//= = = = =操作系统初始化任务 = = =(创建任务 1、2),然后删除自己的任务
__task void init_task (void)
{
    id1 = os_tsk_create (task1, 1); /* start task phaseA */
    id2 = os_tsk_create (task2, 1); /* start task phaseB */
    os_tsk_delete_self ();
}
/*****************************************************************
* FunctionName    : Init()
* Description     : 初始化系统
* EntryParameter  : None
* ReturnValue     : None
*****************************************************************/
void Init(void)
{
    SystemInit();                               //调用系统初始化
    LED_Init();                                 //端口初始化
    os_sys_init (init_task);                    //调用操作系统初始化任务
}
```

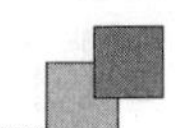

```
/*****************************************************************
* FunctionName    : main
* Description     :主函数
* EntryParameter  :无
* ReturnValue     : None
*****************************************************************/
int main(void)
{
    Init();                        //主函数只进行初始化,随后将控制权交给操作系统
}
/*****************************************************************
*                              End Of File
*****************************************************************/
```

限于篇幅,这里只分析了 main.c 文件,完整程序请看工程文件,其可以根据购买本书后得到的密码,从北京航空航天大学出版社网站上下载获取。

4. 实验结果

编译通过后,可以使用 J-link 仿真器调试程序,最后将程序下载到 STM32F072 芯片中。这时 Mini STM32 DEMO 开发板上的 LED1、LED2 发光二极管都开始闪烁,但闪烁频率不一样,LED1 亮灭各为 10 个节拍,LED2 亮灭各为 50 个节拍。实验照片如图 26-1 所示。

图 26-1 RTX Kernel 的时间间隔延迟实验照片

26.2 信号标志的发送/接收实验 1

1. 实验要求

按动 K1 键,进入单步步进运行,按下 K2 键复位。本实验适合设计手动单步测试机。

2. 实验电路原理

参考 Mini STM32 DEMO 开发板电路原理图:

- PA0——K1;
- PA1——K2;
- PC10——LCD_RS: TFT-LCD 命令/数据选择(0,读/写命令;1,读/写数据);
- PC11——LCD_CS: TFT-LCD 片选;
- PD2——LCD_WR: 向 TFT-LCD 写入数据;
- PC12——LCD_RD: 从 TFT-LCD 读取数据;
- PC7~PC0——DB[15:8]: TFT-LCD 16 位双向数据线的高 8 位;
- PB7~PB0——DB[7:0]: TFT-LCD 16 位双向数据线的低 8 位;
- NRST——NRST: TFT-LCD 复位信号。

3. 源程序文件及分析

新建一个文件目录 RTX_FLAG_HAND,在 RealView MDK 集成开发环境中创建一个工程项目 RTX_FLAG_HAND. uvprojx 于此目录中。

在 File 菜单下新建如下的源文件 main. c,编写源程序代码后保存在 User 文件夹下,再把 main. c 文件添加到 User 组中。

```
#include <RTL.h>                                    //RTX 操作系统头文件
#include "stm32f0xx.h"
#include "W25Q16.h"
#include "ILI9325.h"
#include "KEY.h"
OS_TID tskid_key,tskid_1,tskid_2,tskid_3,tskid_4,tskid_5,tskid_6,tskid_7,tskid_8,
tskid_9;                                            //全局变量
uint8_t i;
uint16_t xpos = 0,ypos = 200;                       //定义液晶显示器,初始化 X、Y 坐标
uint16_t tsk_flag = 0x0000;
//************************************
//= = = = = = = 任务 key
__task void key (void)
{
```

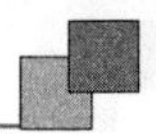

```
  while(1)
  {
    if(Check_KEY(GPIOA,GPIO_Pin_0) == 0)       //如果 K1 键被按下
    {
        if(tsk_flag<8)tsk_flag++;
        switch(tsk_flag)
        {
            case 1: os_evt_set (tsk_flag, tskid_1);break;//发送事件的标志给任务 1
            case 2: os_evt_set (tsk_flag, tskid_2);break;//发送事件的标志给任务 2
            case 3: os_evt_set (tsk_flag, tskid_3);break;//发送事件的标志给任务 3
            case 4: os_evt_set (tsk_flag, tskid_4);break;//发送事件的标志给任务 4
            case 5: os_evt_set (tsk_flag, tskid_5);break;//发送事件的标志给任务 5
            case 6: os_evt_set (tsk_flag, tskid_6);break;//发送事件的标志给任务 6
            case 7: os_evt_set (tsk_flag, tskid_7);break;//发送事件的标志给任务 7
            case 8: os_evt_set (tsk_flag, tskid_8);break;//发送事件的标志给任务 8
            default:break;
        }
        while((Check_KEY(GPIOA,GPIO_Pin_0) == 0));  //等待释放 K1 键
    }
    else if(Check_KEY(GPIOA,GPIO_Pin_1) == 0)     //如果 K2 键被按下
    {
        os_evt_set (9, tskid_9);               //发送事件的标志给任务 9
        while(Check_KEY(GPIOA,GPIO_Pin_1) == 0);  //等待释放 K2 键
    }
    os_dly_wait (10);                          //每 10 个节拍(100 ms)检测一次按键
  }
}
//*************************************
//=======任务 1
__task void task1 (void)
{
  while(1)
  {
    os_evt_wait_and (0x0001, 0xffff);          //等待一个事件标志 0x0001 的到来
    xpos = 0;ypos = 200;
    LCD_Fill(xpos,ypos,xpos + 24,ypos + 24,RED);
  }
}
//*************************************
//=======任务 2
__task void task2 (void)
{
```

```
  while(1)
  {
    os_evt_wait_and (0x0002, 0xffff);      //等待一个事件标志 0x0002 的到来
    xpos = 24;
    LCD_Fill(xpos,ypos,xpos + 24,ypos + 24,RED);
  }
}
//************************************
//= = = = = = = 任务 3
__task void task3 (void)
{
  while(1)
  {
    os_evt_wait_and (0x0003, 0xffff);      //等待一个事件标志 0x0003 的到来
    xpos = 48;
    LCD_Fill(xpos,ypos,xpos + 24,ypos + 24,RED);
  }
}
//************************************
//= = = = = = = 任务 4
__task void task4 (void)
{
  while(1)
  {
    os_evt_wait_and (0x0004, 0xffff);      //等待一个事件标志 0x0004 的到来
    xpos = 72;
    LCD_Fill(xpos,ypos,xpos + 24,ypos + 24,RED);
  }
}
//************************************
//= = = = = = = 任务 5
__task void task5 (void)
{
  while(1)
  {
    os_evt_wait_and (0x0005, 0xffff);      //等待一个事件标志 0x0005 的到来
    xpos = 96;
    LCD_Fill(xpos,ypos,xpos + 24,ypos + 24,RED);
  }
}
//****************************************
//= = = = = = = 任务 6
```

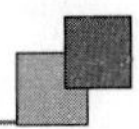

```
__task void task6 (void)
{
  while(1)
  {
    os_evt_wait_and (0x0006, 0xffff);         //等待一个事件标志 0x0006 的到来
    xpos = 120;
    LCD_Fill(xpos,ypos,xpos + 24,ypos + 24,RED);
  }
}
//***************************************
//= = = = = = =任务 7
__task void task7 (void)
{
  while(1)
  {
    os_evt_wait_and (0x0007, 0xffff);         //等待一个事件标志 0x0007 的到来
    xpos = 144;
    LCD_Fill(xpos,ypos,xpos + 24,ypos + 24,RED);
  }
}
//***************************************
//= = = = = = =任务 8
__task void task8 (void)
{
  while(1)
  {
    os_evt_wait_and (0x0008, 0xffff);         //等待一个事件标志 0x0008 的到来
    xpos = 168;
    LCD_Fill(xpos,ypos,xpos + 24,ypos + 24,RED);
  }
}
//= = = = = = =任务 9
__task void task9 (void)
{
  while(1)
  {
    os_evt_wait_and (0x0009, 0xffff);         //等待一个事件标志 0x0009 的到来
    for(i = 0;i<192;i = i + 24) LCD_Fill(i,ypos,i + 24,ypos + 24,BLUE);
    xpos = 0;ypos = 200;
    tsk_flag = 0;
  }
}
```

```
//************************************
//= = = = = 操作系统初始化任务(创建任务),然后删除自己的任务
__task void init_task (void)
{
  tskid_key = os_tsk_create (key, 1);           //任务 key
  tskid_1 = os_tsk_create (task1, 1);           //任务 1
  tskid_2 = os_tsk_create (task2, 1);           //任务 2
  tskid_3 = os_tsk_create (task3, 1);           //任务 3
  tskid_4 = os_tsk_create (task4, 1);           //任务 4
  tskid_5 = os_tsk_create (task5, 1);           //任务 5
  tskid_6 = os_tsk_create (task6, 1);           //任务 6
  tskid_7 = os_tsk_create (task7, 1);           //任务 7
  tskid_8 = os_tsk_create (task8, 1);           //任务 8
  tskid_9 = os_tsk_create (task9, 1);           //任务 9
  os_tsk_delete_self();                         //删除自己的初始化任务
}
//********** 面板初始化内容框架 ************
void PANEL_Init(void)
{
    LCD_Clear(WHITE);                           //整屏显示白色
    POINT_COLOR = BLACK;
    BACK_COLOR = WHITE;
    for(i = 0;i<192;i = i + 24) LCD_Fill(i,ypos,i + 24,ypos + 24,BLUE);
    LCD_ShowString(2, 5, "操作系统“手动单步测试机”设计实验");
    LCD_ShowString(2, 50, "按动 K1 进入单步测试");
    LCD_ShowString(2, 75, "按动 K2 复位");
}
/********************************************************
* FunctionName    : Init()
* Description     : 初始化系统
* EntryParameter  : None
* ReturnValue     : None
********************************************************/
void Init(void)
{
    SystemInit();                               //调用系统初始化
    SPI_FLASH_Init();                           //初始化字库芯片
    LCD_init();                                 //液晶显示器初始化
    PANEL_Init();                               //面板初始化内容
    KEY_Init();
    os_sys_init (init_task);                    //调用操作系统初始化任务
}
```

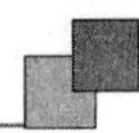

```
/*********************************************************
* FunctionName      : main()
* Description       : 主函数
* EntryParameter    : None
* ReturnValue       : None
*********************************************************/
int main(void)
{
    Init();                          //主函数只进行初始化,随后将控制权交给操作系统
}
/*********************************************************
*                        End Of File
*********************************************************/
```

限于篇幅,这里只分析了 main.c 文件,完整程序请看工程文件,其可以根据购买本书后得到的密码,从北京航空航天大学出版社网站上下载获取。

4. 实验结果

编译通过后,可以使用 J-link 仿真器调试程序,最后将程序下载到 STM32F072 芯片中。上电运行后,每按动一下 K1 键,TFT-LCD 上的滚动条就移动一格,这说明设备可以根据按下键的次数进行单步控制运行。按下 K2 键复位,回到初始状态。实验照片如图 26-2 所示。

图 26-2　RTX Kernel 的信号标志发送/接收实验 1 的实验照片

26.3 信号标志的发送/接收实验 2

1. 实验要求

按动 K1 键,进入自动单步运行状态,按下 K2 键复位。本实验适合设计自动测试机。

2. 实验电路原理

参考 Mini STM32 DEMO 开发板电路原理图:

- PA0——K1;
- PA1——K2;
- PC10——LCD_RS: TFT-LCD 命令/数据选择(0,读/写命令;1,读/写数据);
- PC11——LCD_CS: TFT-LCD 片选;
- PD2——LCD_WR: 向 TFT-LCD 写入数据;
- PC12——LCD_RD: 从 TFT-LCD 读取数据;
- PC7~PC0——DB[15:8]: TFT-LCD 16 位双向数据线的高 8 位;
- PB7~PB0——DB[7:0]: TFT-LCD 16 位双向数据线的低 8 位;
- NRST——NRST: TFT-LCD 复位信号。

3. 源程序文件及分析

新建一个文件目录 RTX_FLAG_AUTO,在 RealView MDK 集成开发环境中创建一个工程项目 RTX_FLAG_AUTO.uvprojx 于此目录中。

在 File 菜单下新建如下的源文件 main.c,编写源程序代码后保存在 User 文件夹下,再把 main.c 文件添加到 User 组中。

```
#include <RTL.h>                                //RTX 操作系统头文件
#include "stm32f0xx.h"
#include "W25Q16.h"
#include "ILI9325.h"
#include "KEY.h"
OS_TID tskid_KEY,tskid_TEST;                    //全局变量
uint8_t i;
uint16_t xpos = 0,ypos = 200;                   //定义液晶显示器,初始化 X、Y 坐标
uint16_t STEP = 0;                              //测试步数
uint16_t TIME = 0;                              //每步时长
//************************************
//= = = = = = = 任务 key
__task void key (void)
{
```

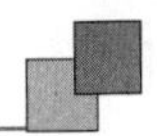

```
  while(1)
  {
    if(Check_KEY(GPIOA,GPIO_Pin_0) == 0)            //如果 K1 键被按下
    {
        os_evt_set (0x0011, tskid_TEST);             //发送启动测试的标志给任务
        while(Check_KEY(GPIOA,GPIO_Pin_0) == 0);     //等待释放 K1 键
    }
    else if(Check_KEY(GPIOA,GPIO_Pin_1) == 0)        //如果 K2 键被按下
    {
        os_evt_set (0x0022, tskid_TEST);             //发送复位测试的标志给任务
        while(Check_KEY(GPIOA,GPIO_Pin_1) == 0);     //等待释放 K2 键
    }
    os_dly_wait (10);                               //每 10 个节拍(100 ms)检测一次按键
  }
}
//**************************************
//= = = = = = =任务 TEST
__task void TEST(void)
{
  while(1)
  {
    switch(STEP)
    {
        case 0:  os_evt_wait_and (0x0011, 0xffff); //等待一个事件标志 0x0011 到来
                 xpos = 0;ypos = 200;
                 LCD_Fill(xpos,ypos,xpos + 24,ypos + 24,RED);
                 STEP = 10;TIME = 100;                //测试完成,转向下一步
                 break;
        case 10:xpos = 24;ypos = 200;
                 LCD_Fill(xpos,ypos,xpos + 24,ypos + 24,RED);
                 STEP = 20;TIME = 90;                 //测试完成,转向下一步
                 break;
        case 20:xpos = 48;ypos = 200;
                 LCD_Fill(xpos,ypos,xpos + 24,ypos + 24,RED);
                 STEP = 30;TIME = 80;                 //测试完成,转向下一步
                 break;
        case 30:xpos = 72;ypos = 200;
                 LCD_Fill(xpos,ypos,xpos + 24,ypos + 24,RED);
                 STEP = 40;TIME = 70;                 //测试完成,转向下一步
                 break;
        case 40:xpos = 96;ypos = 200;
                 LCD_Fill(xpos,ypos,xpos + 24,ypos + 24,RED);
```

```
                STEP = 50;TIME = 60;                  //测试完成,转向下一步
                break;
        case 50:xpos = 120;ypos = 200;
                LCD_Fill(xpos,ypos,xpos + 24,ypos + 24,RED);
                STEP = 60;TIME = 50;                  //测试完成,转向下一步
                break;
        case 60:xpos = 144;ypos = 200;
                LCD_Fill(xpos,ypos,xpos + 24,ypos + 24,RED);
                STEP = 70;TIME = 40;                  //测试完成,转向下一步
                break;
        case 70:xpos = 168;ypos = 200;
                LCD_Fill(xpos,ypos,xpos + 24,ypos + 24,RED);
                STEP = 1000;TIME = 30;                //模拟测试成功
                break;
        case 1000:os_evt_wait_and (0x0022, 0xffff);//等待一个事件标志 0x0022 的到来
                xpos = 0;ypos = 200;
                for(i = 0;i<192;i = i + 24) LCD_Fill(i,ypos,i + 24,ypos + 24,BLUE);
                STEP = 0;TIME = 50;                   //等待复位
                break;
        default:break;
      }
      os_dly_wait (TIME);                             //每步的时长可以调整
   }
}
//*************************************
//=====操作系统初始化任务(创建任务),然后删除自己的任务
__task void init_task (void)
{
  tskid_KEY = os_tsk_create (key, 1);                 //任务 KEY
  tskid_TEST = os_tsk_create (TEST, 1);               //任务 TEST
  os_tsk_delete_self ();                              //删除自己的初始化任务
}
//********** 面板初始化内容框架 ************
void PANEL_Init(void)
{
     LCD_Clear(WHITE);                                //整屏显示白色
     POINT_COLOR = BLACK;
     BACK_COLOR = WHITE;
     for(i = 0;i<192;i = i + 24) LCD_Fill(i,ypos,i + 24,ypos + 24,BLUE);
     LCD_ShowString(2, 5, "操作系统“自动测试机”设计实验");
     LCD_ShowString(2, 50, "按动 K1 进入自动测试");
     LCD_ShowString(2, 75, "按动 K2 复位");
```

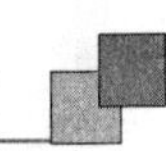

```
}
/**********************************************************
* FunctionName     : Init()
* Description      :初始化系统
* EntryParameter   : None
* ReturnValue      : None
**********************************************************/
void Init(void)
{
    SystemInit();                              //调用系统初始化
    SPI_FLASH_Init();                          //初始化字库芯片
    LCD_init();                                //液晶显示器初始化
    PANEL_Init();                              //面板初始化内容
    KEY_Init();
    os_sys_init (init_task);                   //调用操作系统初始化任务
}
/**********************************************************
* FunctionName     : main()
* Description      :主函数
* EntryParameter   : None
* ReturnValue      : None
**********************************************************/
int main(void)
{
    Init();                     //主函数只进行初始化,随后将控制权交给操作系统
}
/**********************************************************
*                          End Of File
**********************************************************/
```

限于篇幅,这里只分析了 main.c 文件,完整程序请看工程文件,其可以根据购买本书后得到的密码,从北京航空航天大学出版社网站上下载获得。

4. 实验结果

编译通过后,可以使用 J-link 仿真器调试程序,最后将程序下载到 STM32F072 芯片中。上电运行后,按动一下 K1 键,TFT-LCD 上的滚动条自动步进移动,直到完成,这说明设备已经进入自动运行状态。按下 K2 键复位,回到初始状态。实验照片如图 26－3所示。

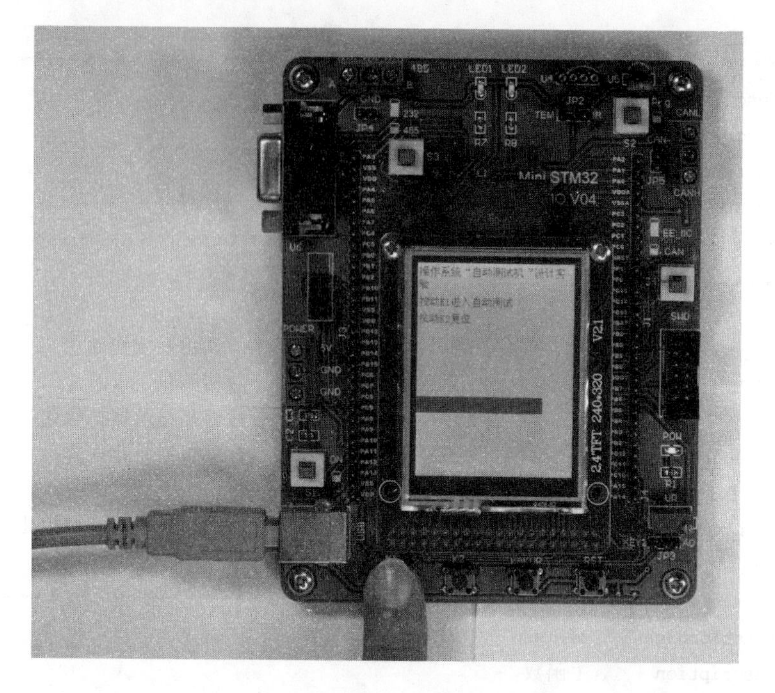

图 26－3　RTX Kernel 的信号标志发送/接收实验 2 的实验照片

26.4　外部中断的信号标志发送/接收实验

1. 实验要求

按下 K1 键后，发送标志 0x0001 启动自动测试机运行。按下 K2 键进入外部中断，可以在中断函数中发送事件标志 0x000A，中断响应任务收到此事件标志后，立刻将 TFT-LCD 的某个区域颜色变绿(快速响应)。

2. 实验电路原理

参考 Mini STM32 DEMO 开发板电路原理图：

- PA0——K1；
- PA1——K2；
- PC10——LCD_RS：TFT-LCD 命令/数据选择(0，读/写命令；1，读/写数据)；
- PC11——LCD_CS：TFT-LCD 片选；
- PD2——LCD_WR：向 TFT-LCD 写入数据；
- PC12——LCD_RD：从 TFT-LCD 读取数据；
- PC7～PC0——DB[15:8]：TFT-LCD 16 位双向数据线的高 8 位；
- PB7～PB0——DB[7:0]：TFT-LCD 16 位双向数据线的低 8 位；

● NRST——NRST：TFT-LCD 复位信号。

3. 源程序文件及分析

新建一个文件目录 RTX_FLAG_INT，在 RealView MDK 集成开发环境中创建一个工程项目 RTX_FLAG_INT. uvprojx 于此目录中。

在 File 菜单下新建如下的源文件 main. c，编写源程序代码后保存在 User 文件夹下，再把 main. c 文件添加到 User 组中。

```
#include <RTL.h>                                          //RTX 操作系统头文件
#include "stm32f0xx.h"
#include "W25Q16.h"
#include "ILI9325.h"
#include "KEY.h"
#include "KEYINT.h"
#include "LED.h"
OS_TID tskid_key,tskid_1,tskid_2,tskid_3,tskid_4,tskid_5,tskid_6,tskid_7,tskid_8,
tskid_9,tskid_10;                                         //全局变量
uint8_t i;
uint16_t xpos = 0,ypos = 200;                             //定义液晶显示器,初始化 X、Y 坐标
//************************************
//= = = = = = = 任务 key
__task void key (void)
{
  while(1)
  {
    if(Check_KEY(GPIOA,GPIO_Pin_0) == 0)                  //如果 K1 键被按下
    {
        for(i = 0;i<192;i = i + 24) LCD_Fill(i,ypos,i + 24,ypos + 24,BLUE);
                                                          //清除屏幕的进程条
        os_evt_set (0x0001, tskid_1);                     //发送事件的标志给任务 1
        while(Check_KEY(GPIOA,GPIO_Pin_0) == 0);          //等待释放 K1 键
    }
    os_dly_wait (10);                                   //每 10 个节拍(100 ms)检测一次按键
  }
}
//************************************
//= = = = = = = 任务 1
__task void task1 (void)
{
  while(1)
  {
    os_evt_wait_and (0x0001, 0xffff);                     //等待一个事件标志 0x0001 的到来
```

```
      xpos = 0;ypos = 200;
      LCD_Fill(xpos,ypos,xpos + 24,ypos + 24,RED);
      os_dly_wait (50);                              //延时 50 个节拍
      os_evt_set (0x0002, tskid_2);                  //发送事件的标志给任务 2
    }
}
//************************************
//= = = = = = =任务 2
__task void task2 (void)
{
   while(1)
   {
      os_evt_wait_and (0x0002, 0xffff);              //等待一个事件标志 0x0002 的到来
      xpos = 24;ypos = 200;
      LCD_Fill(xpos,ypos,xpos + 24,ypos + 24,RED);
      os_dly_wait (50);                              //延时 50 个节拍
      os_evt_set (0x0003, tskid_3);                  //发送事件的标志给任务 3
   }
}
//************************************
//= = = = = = =任务 3
__task void task3 (void)
{
   while(1)
   {
      os_evt_wait_and (0x0003, 0xffff);              //等待一个事件标志 0x0003 的到来
      xpos = 48;ypos = 200;
      LCD_Fill(xpos,ypos,xpos + 24,ypos + 24,RED);
      os_dly_wait (50);                              //延时 50 个节拍
      os_evt_set (0x0004, tskid_4);                  //发送事件的标志给任务 4
   }
}
//************************************
//= = = = = = =任务 4
__task void task4 (void)
{
   while(1)
   {
      os_evt_wait_and (0x0004, 0xffff);              //等待一个事件标志 0x0004 的到来
      xpos = 72;ypos = 200;
      LCD_Fill(xpos,ypos,xpos + 24,ypos + 24,RED);
      os_dly_wait (50);                              //延时 50 个节拍
```

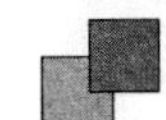

```
      os_evt_set (0x0005, tskid_5);                //发送事件的标志给任务 5
    }
}
//************************************
//=======任务 5
__task void task5 (void)
{
  while(1)
  {
    os_evt_wait_and (0x0005, 0xffff);              //等待一个事件标志 0x0005 的到来
    xpos = 96;ypos = 200;
    LCD_Fill(xpos,ypos,xpos + 24,ypos + 24,RED);
    os_dly_wait (50);                              //延时 50 个节拍
    os_evt_set (0x0006, tskid_6);                  //发送事件的标志给任务 6
  }
}
//************************************
//=======任务 6
__task void task6 (void)
{
  while(1)
  {
    os_evt_wait_and (0x0006, 0xffff);              //等待一个事件标志 0x0006 的到来
    xpos = 120;ypos = 200;
    LCD_Fill(xpos,ypos,xpos + 24,ypos + 24,RED);
    os_dly_wait (50);                              //延时 50 个节拍
    os_evt_set (0x0007, tskid_7);                  //发送事件的标志给任务 7
  }
}
//************************************
//=======任务 7
__task void task7 (void)
{
  while(1)
  {
    os_evt_wait_and (0x0007, 0xffff);              //等待一个事件标志 0x0007 的到来
    xpos = 144;ypos = 200;
    LCD_Fill(xpos,ypos,xpos + 24,ypos + 24,RED);
    os_dly_wait (50);                              //延时 50 个节拍
    os_evt_set (0x0008, tskid_8);                  //发送事件的标志给任务 8
  }
}
```

```
//****************************************
//=======任务8
__task void task8 (void)
{
  while(1)
  {
    os_evt_wait_and (0x0008, 0xffff);                 //等待一个事件标志 0x0008 的到来
    xpos = 168;ypos = 200;
    LCD_Fill(xpos,ypos,xpos + 24,ypos + 24,RED);
    os_dly_wait (50);                                 //延时 50 个节拍
    os_evt_set (0x0009, tskid_9);                     //发送事件的标志给任务 9
  }
}
//=======任务9
__task void task9 (void)
{
  while(1)
  {
    os_evt_wait_and (0x0009, 0xffff);                 //等待一个事件标志 0x0009 的到来
    ypos = 200;
    for(i = 0;i<192;i = i + 24) LCD_Fill(i,ypos,i + 24,ypos + 24,YELLOW);
                                                      //代表测试成功
  }
}
//=======任务10
__task void task10 (void)
{
  while(1)
  {
    os_evt_wait_and (0x000A, 0xffff);                 //等待一个事件标志 0x000A 的到来
      ypos = 250;
    for(i = 0;i<192;i = i + 24) LCD_Fill(i,ypos,i + 24,ypos + 24,GREEN);
                                                      //执行中断标志指示的任务
    //代表突发事件处理
  }
}
//****************************************
//=====操作系统初始化任务(创建任务),然后删除自己的任务
__task void init_task (void)
{
  tskid_key = os_tsk_create (key, 2);           //任务 key/ * Task priority (1 - 254) * /
  tskid_1 = os_tsk_create (task1, 2);                 //任务 1
```

```
  tskid_2 = os_tsk_create (task2, 2);                //任务 2
  tskid_3 = os_tsk_create (task3, 2);                //任务 3
  tskid_4 = os_tsk_create (task4, 2);                //任务 4
  tskid_5 = os_tsk_create (task5, 2);                //任务 5
  tskid_6 = os_tsk_create (task6, 2);                //任务 6
  tskid_7 = os_tsk_create (task7, 2);                //任务 7
  tskid_8 = os_tsk_create (task8, 2);                //任务 8
  tskid_9 = os_tsk_create (task9, 2);                //任务 9
  tskid_10 = os_tsk_create (task10, 30);   //任务 10,执行中断标志指示的任务优先级高
  os_tsk_delete_self ();                             //删除自己的初始化任务
}
//********** 面板初始化内容框架 ************
void PANEL_Init(void)
{
    LCD_Clear(WHITE);                                //整屏显示白色
    POINT_COLOR = BLACK;
    BACK_COLOR = WHITE;
    for(i = 0;i<192;i = i + 24) LCD_Fill(i,ypos,i + 24,ypos + 24,BLUE);
    LCD_ShowString(2, 5, "操作系统“中断快速响应测试”设计实验");
    LCD_ShowString(2, 50, "按动 K1 进入自动测试");
    LCD_ShowString(2, 75, "按动 K2 进入中断快速响应");
}
/*****************************************************************
* FunctionName    : Init()
* Description     :初始化系统
* EntryParameter  : None
* ReturnValue     : None
*****************************************************************/
void Init(void)
{
    SystemInit();                                    //调用系统初始化
    SPI_FLASH_Init();                                //初始化字库芯片
    LCD_init();                                      //液晶显示器初始化
    PANEL_Init();                                    //面板初始化内容
    LED_Init();
    KEYINT_Init();
    os_sys_init (init_task);                         //调用操作系统初始化任务
}
/*****************************************************************
* FunctionName    : main()
* Description     :主函数
* EntryParameter  : None
```

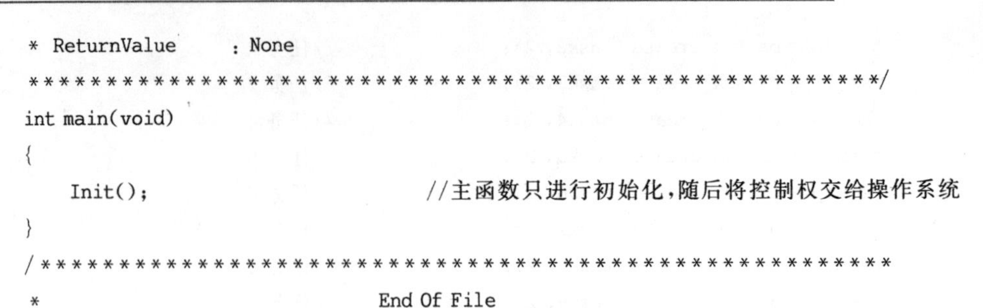

```
* ReturnValue      : None
*************************************************************/
int main(void)
{
    Init();                          //主函数只进行初始化,随后将控制权交给操作系统
}
/*************************************************************
*                          End Of File
*************************************************************/
```

限于篇幅,这里只分析了 main.c 文件,完整程序请看工程文件,其可以根据购买本书后得到的密码,从北京航空航天大学出版社网站上下载获得。

4. 实验结果

编译通过后,可以使用 J-link 仿真器调试程序,最后将程序下载到 STM32F072 芯片中。按下 K1 键进入自动测试状态;按下 K2 键进入中断,可以在中断函数中发送事件标志。TFT-LCD 显示测试的进程。实验照片如图 26-4 所示。

图 26-4　RTX Kernel 的外部中断信号标志发送/接收实验照片

第27章

RTX Kernel 内存池及邮箱的设计实验

27.1 内存池及邮箱的实验 1

1. 实验要求

① 按下 K1 键后，数据存入内存池的块中，同时显示于 TFT-LCD 上。

② 按下 K2 键后，将消息(内存池的块地址)发到邮箱。

③ 接收任务收到消息后，读出内存池的数据并在 TFT-LCD 上显示。

2. 实验电路原理

参考 Mini STM32 DEMO 开发板电路原理图：

- PA0——K1；
- PA1——K2；
- PC10——LCD_RS：TFT-LCD 命令/数据选择(0，读/写命令；1，读/写数据)；
- PC11——LCD_CS：TFT-LCD 片选；
- PD2——LCD_WR：向 TFT-LCD 写入数据；
- PC12——LCD_RD：从 TFT-LCD 读取数据；
- PC7～PC0——DB[15:8]：TFT-LCD 16 位双向数据线的高 8 位；
- PB7～PB0——DB[7:0]：TFT-LCD 16 位双向数据线的低 8 位；
- NRST——NRST：TFT-LCD 复位信号。

3. 源程序文件及分析

新建一个文件目录 RTX_MAIL，在 RealView MDK 集成开发环境中创建一个工程项目 RTX_MAIL.uvprojx 于此目录中。

在 File 菜单下新建如下的源文件 main.c，编写源程序代码后保存在 User 文件夹下，再把 main.c 文件添加到 User 组中。

```
#include <RTL.h>                                //RTX 操作系统头文件
#include "stm32f0xx.h"
#include "W25Q16.h"
#include "ILI9325.h"
#include "KEY.h"
#include "LED.h"
OS_TID tskid_1,tskid_2;                         //全局变量
uint16_t xpos = 0,ypos = 50;                    //定义液晶显示器，初始化 X、Y 坐标
/************** 创建数据块的大小 *********************/
typedef struct                                  //数据块的构成
{
  uint32_t a;                                   //成员变量起码在 4 字节以上
  uint32_t b;
  uint32_t c;
  uint32_t d;
  //float voltage;                              //4 字节长度
  //float current;                              //4 字节长度
} MEAS;                                         //结构体类型
MEAS *mptr;                                     //指向结构体类型的指针(存数据时使用)
MEAS *rptr;                                     //指向结构体类型的指针(取数据时使用)
/********************* 创建邮箱及内存池 ************************/
os_mbx_declare (MsgBox,16);                     //创建一个邮箱，可存放 16 条消息
//创建 4 字节队列的固定大小块的内存池 mpool，每个块 sizeof(MEAS)个字节，共有 16 个块
_declare_box (mpool,sizeof(MEAS),16);
                                  //内存池名 mpool，16 个块，每个块 sizeof(MEAS)个字节
/********************* 按键存数及发送任务 *******************/
__task void key (void)
{
  while(1)
  {
    if(Check_KEY(GPIOA,GPIO_Pin_0) = = 0)     //如果 K1 键被按下
    {
        mptr->a = 123456;                   //设置数据内容(数据存放于内存池的这个块中)
        mptr->b = 234567;
        mptr->c = 345678;
        mptr->d = 456789;
        POINT_COLOR = BLACK;
```

```
        BACK_COLOR = YELLOW;
        LCD_ShowString(0, 60, "已将以下数据存入内存池：");
        xpos = 0;                              //显示存入内存池的数据
        LCD_ShowNum(0,80,mptr->a,6);
        LCD_ShowNum(0,100,mptr->b,6);
        LCD_ShowNum(0,120,mptr->c,6);
        LCD_ShowNum(0,140,mptr->d,6);
        LED1_ON();                             //LED1 点亮表明已将数据存入内存池
        LCD_ShowString(0, 170, "按下 K2 将消息发到邮箱!");//操作界面提示
        while(Check_KEY(GPIOA,GPIO_Pin_0) == 0);    //等待释放 K1 键
    }
    else if(Check_KEY(GPIOA,GPIO_Pin_1) == 0)    //如果 K2 键被按下
    {
        os_mbx_send (MsgBox, mptr, 0xffff); //将 mptr 指向的地址(消息)发送到邮箱

        LED2_ON();                             //LED2 点亮表明发送消息完成
        while(Check_KEY(GPIOA,GPIO_Pin_1) == 0);    //等待释放 K2 键
    }
    os_dly_wait (10);                          //每 10 个节拍(100 ms)检测一次按键
  }
}
/* = = = = = = = = = = = = = = = = = = 接收消息的任务 = = = = = = = = = = = = =
= = = = = = */
__task void rev (void)
{
  while(1)
  {
    os_mbx_wait (MsgBox, (void **)&rptr, 0xffff);
                                               //等待取下一条消息,或是在邮箱空时等待
    LED1_OFF();    LED2_OFF();                 //LED1 和 LED2 熄灭表明已收到消息
    POINT_COLOR = BLACK;
    BACK_COLOR = YELLOW;
    xpos = 0;                                  //显示收到的数据(在内存池中)
    LCD_ShowString(0, 200, "下面是收到的数据内容：");
    LCD_ShowNum(0,220,rptr->a,6);
    LCD_ShowNum(0,240,rptr->b,6);
    LCD_ShowNum(0,260,rptr->c,6);
    LCD_ShowNum(0,280,rptr->d,6);
    _free_box (mpool, rptr);                   //释放 mpool 内存池中 rptr 指向的块
  }
}
/**** 操作系统初始化任务(创建任务),然后删除自己的任务 ****/
```

```
__task void init_task (void)
{
    os_mbx_init(MsgBox, sizeof(MsgBox));      //初始化 MsgBox 邮箱大小
    _init_box (mpool, sizeof (mpool), sizeof(MEAS));
                                              //初始化 mpool 内存池(内存池大小,块大小)
    mptr = _alloc_box (mpool);      //从内存池 mpool 中分配出一个内存块,其地址给 mptr
    tskid_1 = os_tsk_create (key, 1);         //创建发送任务 key
    tskid_2 = os_tsk_create (rev, 1);         //创建接收任务 rev
    POINT_COLOR = BLACK;
    BACK_COLOR = YELLOW;
    LCD_ShowString(0, 30, "按下 K1 将数据存入内存池!");//操作界面提示
    os_tsk_delete_self ();                    //删除自己的初始化任务
}
//********** 面板初始化内容框架 ************
void PANEL_Init(void)
{
    LCD_Clear(WHITE);                         //整屏显示白色
    POINT_COLOR = RED;
    BACK_COLOR = YELLOW;
    LCD_ShowString(0, 5, "“邮箱及内存池测试”设计实验");
}
/*******************************************************************
 * FunctionName     : Init()
 * Description      : 初始化系统
 * EntryParameter   : None
 * ReturnValue      : None
*******************************************************************/
void Init(void)
{
    SystemInit();                             //调用系统初始化
    SPI_FLASH_Init();                         //初始化字库芯片
    LCD_init();                               //液晶显示器初始化
    PANEL_Init();                             //面板初始化内容
    KEY_Init();                               //按键初始化
    LED_Init();                               //LED 端口初始化
    os_sys_init (init_task);                  //调用操作系统初始化任务
}
/*******************************************************************
 * FunctionName     : main()
 * Description      : 主函数
 * EntryParameter   : None
 * ReturnValue      : None
```

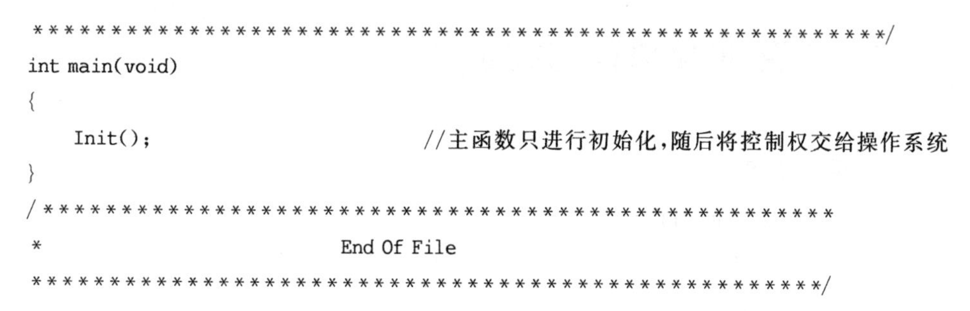

```
*********************************************************/
int main(void)
{
    Init();                        //主函数只进行初始化，随后将控制权交给操作系统
}
/*******************************************************
*                       End Of File
*******************************************************/
```

限于篇幅，这里只分析了 main.c 文件，完整程序请看工程文件，其可以根据购买本书后得到的密码，从北京航空航天大学出版社网站上下载获得。

4. 实验结果

编译通过后，可以使用 J-link 仿真器调试程序，最后将程序下载到 STM32F072 芯片中。按下 K1 键后，数据 123456、234567、345678 和 456789 存入内存池的块中，同时显示在 TFT-LCD 上。按下 K2 键后，将消息（内存池的块地址）发送到邮箱。接收任务收到消息后，读出内存池的数据并在 TFT-LCD 上显示 123456、234567、345678 和 456789。实验照片如图 27-1 所示。

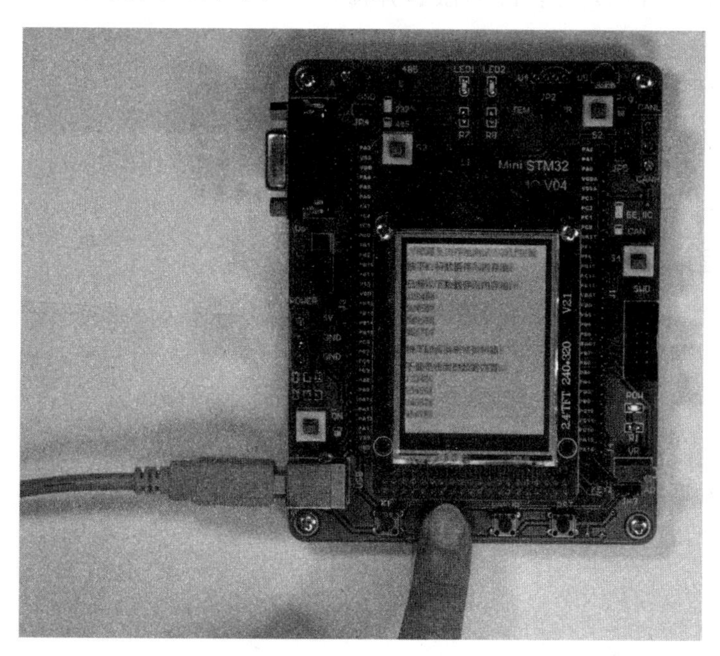

图 27-1　RTX Kernel 的内存池及邮箱实验 1 的实验照片

27.2 内存池及邮箱的实验 2

1. 实验要求

① 多个数据块的消息发送/接收。

② 建立结构体类型(数据块)的数组,可以一次传输多个数据块。

③ 上电后,数据自动存入内存池的块中。

④ 按下 K2 键后,将多个数据块的消息(内存池的块地址)发送到邮箱。

⑤ 接收任务收到消息后,按序读出数据并在 TFT-LCD 上显示。

2. 实验电路原理

参考 Mini STM32 DEMO 开发板电路原理图:

- PA0——K1;
- PA1——K2;
- PC10——LCD_RS: TFT-LCD 命令/数据选择(0,读/写命令;1,读/写数据);
- PC11——LCD_CS: TFT-LCD 片选;
- PD2——LCD_WR: 向 TFT-LCD 写入数据;
- PC12——LCD_RD: 从 TFT-LCD 读取数据;
- PC7~PC0——DB[15:8]: TFT-LCD 16 位双向数据线的高 8 位;
- PB7~PB0——DB[7:0]: TFT-LCD 16 位双向数据线的低 8 位;
- NRST——NRST: TFT-LCD 复位信号。

3. 源程序文件及分析

新建一个文件目录 RTX_MEN,在 RealView MDK 集成开发环境中创建一个工程项目 RTX_MEN. uvprojx 于此目录中。

在 File 菜单下新建如下的源文件 main. c,编写源程序代码后保存在 User 文件夹下,再把 main. c 文件添加到 User 组中。

```
#include <RTL.h>                              //RTX 操作系统头文件
#include "stm32f0xx.h"
#include "W25Q16.h"
#include "ILI9325.h"
#include "KEY.h"
#include "LED.h"
OS_TID tskid_1,tskid_2;                        //全局变量
uint16_t xpos = 0,ypos = 50;                   //定义液晶显示器,初始化 X、Y 坐标
/*************** 创建单个数据块的大小 **********************/
typedef struct                                 //数据块的构成
{
```

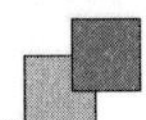

```
  uint32_t array[3];                        //成员变量起码在 4 字节以上
  //float voltage;                          //4 字节长度
  //float current;                          //4 字节长度
} MEAS;                                     //结构体类型
MEAS *mptr1, *mptr2, *mptr3, *mptr4;        //指向结构体类型的指针(存数据时使用)
MEAS *rptr;                                 //指向 4 字节类型的指针(取数据时使用)
/******************** 创建邮箱及内存池 ***********************/
os_mbx_declare (MsgBox,16);                 //创建一个邮箱,可存放 16 条消息
//创建 4 字节队列的固定大小块的内存池 mpool,每个块 sizeof(MEAS)个字节,共有 16 个块
_declare_box (mpool,sizeof(MEAS),16);
                                //内存池名 mpool,16 个块,每个块 sizeof(MEAS)个字节
uint8_t cnt = 0;                            //软件计数器,用以识别接收数据的次数
/* ======================= 按键任务 key ==================== */
__task void key (void)
{
  while(1)
  {

    if(Check_KEY(GPIOA,GPIO_Pin_1) == 0)    //如果 K2 键被按下
    {
        os_mbx_send (MsgBox, mptr1, 0xffff); //将 mptr1 指向的地址(消息)发送到邮箱
        os_mbx_send (MsgBox, mptr2, 0xffff); //将 mptr2 指向的地址(消息)发送到邮箱
        os_mbx_send (MsgBox, mptr3, 0xffff); //将 mptr3 指向的地址(消息)发送到邮箱
        os_mbx_send (MsgBox, mptr4, 0xffff); //将 mptr4 指向的地址(消息)发送到邮箱
        LED1_ON();                          //LED1 点亮表明发送消息完成
        while(Check_KEY(GPIOA,GPIO_Pin_1) == 0);  //等待释放 K2 键
    }
    os_dly_wait (10);                       //每 10 个节拍(100 ms)检测一次按键
  }
}
/* =============== 接收消息的任务 ================== */
__task void rev (void)
{
  while(1)
  {
    os_mbx_wait (MsgBox, (void **)&rptr, 0xffff);
                                            //等待取下一条消息,或是在邮箱空时等待
    LED2_ON();                              //LED2 点亮表明已收到消息
    cnt ++ ;
    POINT_COLOR = BLACK;
    BACK_COLOR = YELLOW;
    xpos = 0;                               //显示收到的数据(在内存池中)
    if(cnt == 1)                            //取第 1 次数据内容
    {
        LCD_ShowNum(0,60,rptr->array[0],6);
```

```
        LCD_ShowNum(0,80,rptr->array[1],6);
        LCD_ShowNum(0,100,rptr->array[2],6);
    }
    else if(cnt == 2)                           //取第 2 次数据内容
    {
        LCD_ShowNum(100,60,rptr->array[0],6);
        LCD_ShowNum(100,80,rptr->array[1],6);
        LCD_ShowNum(100,100,rptr->array[2],6);
    }
    else if(cnt == 3)                           //取第 3 次数据内容
    {
        LCD_ShowNum(0,140,rptr->array[0],6);
        LCD_ShowNum(0,160,rptr->array[1],6);
        LCD_ShowNum(0,180,rptr->array[2],6);
    }
    else if(cnt == 4)                           //取第 4 次数据内容
    {
        cnt = 0;
        LCD_ShowNum(100,140,rptr->array[0],6);
        LCD_ShowNum(100,160,rptr->array[1],6);
        LCD_ShowNum(100,180,rptr->array[2],6);
    }
    _free_box (mpool, rptr);  //每次取完数据内容后释放 mpool 内存池中 rptr 指向的块
  }
}
/* ===== 操作系统初始化任务(创建任务),然后删除自己的任务 ========= */
__task void init_task (void)
{
    os_mbx_init(MsgBox, sizeof(MsgBox));      //初始化 MsgBox 邮箱大小
    _init_box (mpool, sizeof (mpool), sizeof(MEAS));
                                   //初始化 mpool 内存池(内存池大小,块大小)
    mptr1 = _alloc_box (mpool);  //从内存池 mpool 中分配出一个内存块,其地址给 mptr1
    mptr1->array[0] = 111111; //设置数据内容 1(数据存放于内存池的这个块中)
    mptr1->array[1] = 222222;
    mptr1->array[2] = 333333;
    mptr2 = _alloc_box (mpool);  //从内存池 mpool 中分配出一个内存块,其地址给 mptr2
    mptr2->array[0] = 444444; //设置数据内容 2(数据存放于内存池的这个块中)
    mptr2->array[1] = 555555;
    mptr2->array[2] = 666666;
    mptr3 = _alloc_box (mpool);  //从内存池 mpool 中分配出一个内存块,其地址给 mptr3
    mptr3->array[0] = 777777; //设置数据内容 3(数据存放于内存池的这个块中)
    mptr3->array[1] = 888888;
    mptr3->array[2] = 999999;
    mptr4 = _alloc_box (mpool);  //从内存池 mpool 中分配出一个内存块,其地址给 mptr4
```

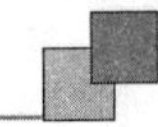

```
    mptr4->array[0] = 555555; //设置数据内容 4(数据存放于内存池的这个块中)
    mptr4->array[1] = 888888;
    mptr4->array[2] = 666666;
    tskid_1 = os_tsk_create (key, 1);  //创建发送任务 key
    tskid_2 = os_tsk_create (rev, 1);  //创建接收任务 rev
    os_tsk_delete_self ();        //删除自己的初始化任务
}
//********** 面板初始化内容框架 ************
void PANEL_Init(void)
{
    LCD_Clear(WHITE);           //整屏显示白色
    POINT_COLOR = RED;
    BACK_COLOR = YELLOW;
    LCD_ShowString(2, 5, "“内存池测试”设计实验");
    LCD_ShowString(0, 30, "按下 K2 将消息发到邮箱!"); //提示下一步操作
}
/*******************************************************
 * FunctionName    : Init()
 * Description     :初始化系统
 * EntryParameter  : None
 * ReturnValue     : None
*******************************************************/
void Init(void)
{
    SystemInit();               //调用系统初始化
    SPI_FLASH_Init();           //初始化字库芯片
    LCD_init();                 //液晶显示器初始化
    PANEL_Init();               //面板初始化内容
    KEY_Init();                 //按键初始化
    LED_Init();                 //LED 端口初始化
    os_sys_init (init_task);    //调用操作系统初始化任务
}
/*******************************************************
 * FunctionName    : main()
 * Description     :主函数
 * EntryParameter  : None
 * ReturnValue     : None
*******************************************************/
int main(void)
{
    Init();                     //主函数只进行初始化,随后将控制权交给操作系统
}
/*******************************************************
 *                    End Of File
*******************************************************/
```

限于篇幅，这里只分析了 main. c 文件，完整程序请看工程文件，其可以根据购买本书后得到的密码，从北京航空航天大学出版社网站上下载获得。

4. 实验结果

编译通过后，可以使用 J-link 仿真器调试程序，最后将程序下载到 STM32F072 芯片中。

上电后，数据 111111、222222 和 333333 存入内存池的一个块中，数据 444444、555555 和 666666 存入内存池的一个块中，数据 777777、888888、999999 存入内存池的一个块中，数据 555555、888888 和 666666 存入内存池的一个块中，同时，这些数据显示在 TFT-LCD 上。

按下 K2 键后，将消息（内存池的块地址）发送到邮箱。

接收任务收到消息后，按序读出数据并在 TFT-LCD 上显示 4 组数据：

111111、222222、333333；

444444、555555、666666；

777777、888888、999999；

555555、888888、666666。

实验照片如图 27－2 所示。

图 27－2 RTX Kernel 的内存池及邮箱实验 2 的实验照片

第28章

RTX Kernel的互斥设计实验

1. 实验要求

① 用互斥的方法加锁(互锁)控制多个任务；
② 动用任务1置红色时，任务2、3不能置绿色、蓝色；
③ 动用任务2置绿色时，任务1、3不能置红色、蓝色；
④ 动用任务3置蓝色时，任务1、2不能置红色、绿色；
⑤ 任务4独立显示在TFT-LCD上(不受互斥体影响)。

2. 实验电路原理

参考Mini STM32 DEMO开发板电路原理图：

- PA0——K1；
- PA1——K2；
- PC10——LCD_RS：TFT-LCD命令/数据选择(0，读/写命令；1，读/写数据)；
- PC11——LCD_CS：TFT-LCD片选；
- PD2——LCD_WR：向TFT-LCD写入数据；
- PC12——LCD_RD：从TFT-LCD读取数据；
- PC7～PC0——DB[15:8]：TFT-LCD 16位双向数据线的高8位；
- PB7～PB0——DB[7:0]：TFT-LCD 16位双向数据线的低8位；
- NRST——NRST：TFT-LCD复位信号。

3. 源程序文件及分析

新建一个文件目录RTX_MUTEX，在RealView MDK集成开发环境中创建一个工程项目RTX_MUTEX.uvprojx于此目录中。

在File菜单下新建如下的源文件main.c，编写源程序代码后保存在User文件夹下，再把main.c文件添加到User组中。

```
#include <RTL.h>                                //RTX 操作系统头文件
#include "stm32f0xx.h"
#include "W25Q16.h"
#include "ILI9325.h"
#include "KEY.h"
#include "LED.h"
OS_TID tsk1,tsk2,tsk3,tsk4;                     //全局变量
uint8_t i;
uint16_t color_val;
uint16_t xpos = 0,ypos = 50;                    //定义液晶显示器,初始化 X、Y 坐标
//****************************************
OS_MUT mutex1;                                  //创建一个互斥体 mutex1
//****************************************
//======= 任务 1
__task void task1 (void)
{
  while(1)
  {
    os_mut_wait (mutex1, 0xffff);               //等待互斥体 mutex1 可用(加锁)
    color_val = RED;                            //置红色,此时置绿色、蓝色功能失效
    os_dly_wait (100);
    os_mut_release (mutex1);                    //释放互斥体 mutex1(解锁)
  }
}
//****************************************
//======= 任务 2
__task void task2 (void)
{
  while(1)
  {
    os_mut_wait (mutex1, 0xffff);               //等待互斥体 mutex1 可用(加锁)
    color_val = GREEN;                          //置绿色,此时置红色、蓝色功能失效
    os_dly_wait (200);
    os_mut_release (mutex1);                    //释放互斥体 mutex1(解锁)
  }
}
//****************************************
//======= 任务 3
__task void task3 (void)
{
  while(1)
  {
    os_mut_wait (mutex1, 0xffff);               //等待互斥体 mutex1 可用(加锁)
    color_val = BLUE;                           //置蓝色,此时置红色、绿色功能失效
    os_dly_wait (300);
```

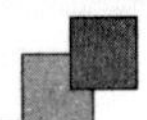

```
        os_mut_release (mutex1);                    //释放互斥体 mutex1(解锁)
    }
}
//*************************************
//======= 任务 4
__task void task4 (void)
{
    while(1)
    {
        xpos = 0;ypos = 50;
        LCD_Fill(xpos,ypos,xpos + 24,ypos + 24,color_val);    //TFT-LCD 显示,不受禁用
        os_dly_wait (10);
    }
}
//*************************************
//===== 操作系统初始化任务(创建任务),然后删除自己的任务
__task void init_task (void)
{
    tsk1 = os_tsk_create (task1, 1);                //任务 1
    tsk2 = os_tsk_create (task2, 1);                //任务 2
    tsk3 = os_tsk_create (task3, 1);                //任务 3
    tsk4 = os_tsk_create (task4, 2);                //任务 4
    os_mut_init (mutex1);                           //将互斥体 mutex1 初始化
    os_tsk_delete_self ();                          //删除自己的初始化任务
}
//********** 面板初始化内容框架 ************
void PANEL_Init(void)
{
        LCD_Clear(WHITE);                           //整屏显示白色
        POINT_COLOR = BLACK;
        BACK_COLOR = WHITE;
        for(i = 0;i<192;i = i + 24) LCD_Fill(i,ypos,i + 24,ypos + 24,YELLOW);
        LCD_ShowString(2, 5, "操作系统"互斥体测试"设计实验");
}
/***************************************************************
 * FunctionName      : Init()
 * Description       : 初始化系统
 * EntryParameter    : None
 * ReturnValue       : None
 ***************************************************************/
void Init(void)
{
        SystemInit();                               //调用系统初始化
        SPI_FLASH_Init();                           //初始化字库芯片
        LCD_init();                                 //液晶显示器初始化
```

```
    PANEL_Init();                          //面板初始化内容
    os_sys_init (init_task);               //调用操作系统初始化任务
}
/*************************************************************
 * FunctionName    : main()
 * Description     :主函数
 * EntryParameter  : None
 * ReturnValue     : None
 *************************************************************/
int main(void)
{
    Init();                            //主函数只进行初始化,随后将控制权交给操作系统
}
/*************************************************************
 *                    End Of File
 *************************************************************/
```

限于篇幅,这里只分析了 main. c 文件,完整程序请看工程文件,其可以根据购买本书后得到的密码,从北京航空航天大学出版社网站上下载获得。

4. 实验结果

编译通过后,可以使用 J-link 仿真器调试程序,最后将程序下载到 STM32F072 芯片中。

在 TFT-LCD 上可以观察到:任务 1 置红色时,任务 2、3 不能置绿色、蓝色;任务 2 置绿色时,任务 1、3 不能置红色、蓝色;任务 3 置蓝色时,任务 1、2 不能置红色、绿色;而任务 4 为独立显示(不受互斥体影响)。实验照片如图 28-1 所示。

图 28-1 RTX Kernel 的互斥设计实验照片

第29章 RTX Kernel信号量的传送与接收设计实验

1. 实验要求

① 发送信号量时，信号量的值增加1并被发送。

② 信号量的值必须大于0才能接收，接收一次，其值减1。

2. 实验电路原理

参考 Mini STM32 DEMO 开发板电路原理图：

- PA0——K1；
- PA1——K2；
- PC10——LCD_RS：TFT-LCD 命令/数据选择(0，读/写命令；1，读/写数据)；
- PC11——LCD_CS：TFT-LCD 片选；
- PD2——LCD_WR：向 TFT-LCD 写入数据；
- PC12——LCD_RD：从 TFT-LCD 读取数据；
- PC7～PC0——DB[15:8]：TFT-LCD 16位双向数据线的高8位；
- PB7～PB0——DB[7:0]：TFT-LCD 16位双向数据线的低8位；
- NRST——NRST：TFT-LCD 复位信号。

3. 源程序文件及分析

建一个文件目录 RTX_SEM，在 RealView MDK 集成开发环境中创建一个工程项目 RTX_SEM.uvprojx 于此目录中。

在 File 菜单下新建如下的源文件 main.c，编写源程序代码后保存在 User 文件夹下，再把 main.c 文件添加到 User 组中。

```
#include <RTL.h>                                          //RTX 操作系统头文件
#include "stm32f0xx.h"
#include "W25Q16.h"
#include "ILI9325.h"
#include "KEY.h"
OS_TID tskid_key,tskid_1;                                 //任务号
OS_SEM semaphore1;                                        //定义信号量 semaphore1
uint8_t i;
uint16_t xpos = 0,ypos = 50;                              //定义液晶显示器,初始化 X、Y 坐标
//======================= 任务 key ========================
__task void key (void)
{
    while(1)
    {
        if(Check_KEY(GPIOA,GPIO_Pin_0) == 0)  //如果 K1 键被按下
        {
            os_sem_send (semaphore1);         //发送信号量,信号量的值增加 1 并被发送
            while(Check_KEY(GPIOA,GPIO_Pin_0) == 0);  //等待释放 K1 键
        }
        os_dly_wait (10);                         //每 10 个节拍(100 ms)检测一次按键
    }
}
//*************************************
__task void task1 (void)                                  //任务 1
{
  OS_RESULT ret;                                          //信号量的结果变量
  while (1)
  {    //信号量的值必须大于 0 才能接收,接收一次,其值减 1
    ret = os_sem_wait (semaphore1,1000);   //在 1000 个节拍内等待信号量 semaphore1
    if (ret != OS_R_TMO)                   //在 1000 个节拍内接收到信号量,其值减 1
    {
        LCD_Fill(xpos,ypos,xpos + 24,ypos + 24,RED);  //红色进程条增加
        xpos += 24;
        os_dly_wait(50);                              //等待 50 个节拍
      //os_sem_send (semaphore1);                     //回发信号量 semaphore1,其值加 1
    }
    else                                   //在 1000 个节拍内未收到信号量 semaphore1
    {
        for(i = 0;i<192;i = i + 24) LCD_Fill(i,ypos,i + 24,ypos + 24,BLUE);
                                                      //进程条恢复蓝色
    }
  }
```

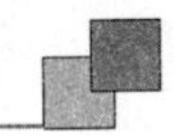

```
}
//*************************************
//=====操作系统初始化任务(创建任务),然后删除自己的任务
__task void init_task (void)
{
  //os_sem_init (semaphore1, 0);              //初始化信号量 semaphore1,值为 0
  os_sem_init (semaphore1, 3);                //初始化信号量 semaphore1,值为 3
  tskid_key = os_tsk_create (key, 1);
  tskid_1 = os_tsk_create (task1, 10);        //创建任务 1,优先级为 10
  os_tsk_delete_self ();                      //删除自身的任务
}
//********** 面板初始化内容框架 ************
void PANEL_Init(void)
{
    LCD_Clear(WHITE);                         //整屏显示白色
    POINT_COLOR = BLACK;
    BACK_COLOR = WHITE;
    for(i = 0;i<192;i = i + 24) LCD_Fill(i,ypos,i + 24,ypos + 24,BLUE);
    LCD_ShowString(2, 5, "操作系统“信号量测试”设计实验");
}
/*****************************************************
 * FunctionName    : Init()
 * Description     : 初始化系统
 * EntryParameter  : None
 * ReturnValue     : None
*****************************************************/
void Init(void)
{
    SystemInit();                             //调用系统初始化
    SPI_FLASH_Init();                         //初始化字库芯片
    LCD_init();                               //液晶显示器初始化
    PANEL_Init();                             //面板初始化内容
    KEY_Init();                               //按键初始化
    os_sys_init (init_task);                  //调用操作系统初始化任务
}
/*****************************************************
 * FunctionName    : main()
 * Description     :主函数
 * EntryParameter  : None
 * ReturnValue     : None
*****************************************************/
int main(void)
```

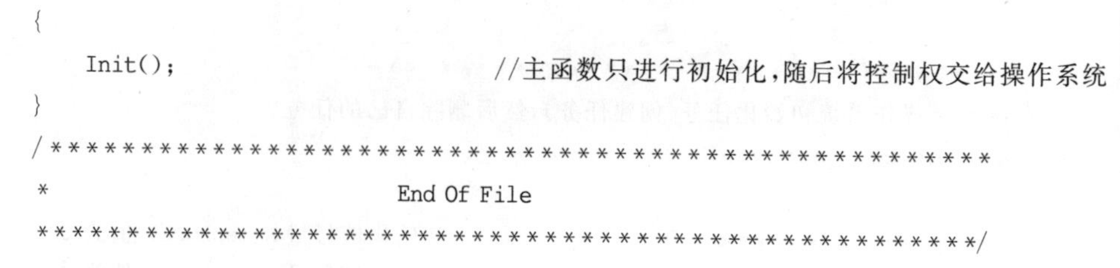

```
{
    Init();                          //主函数只进行初始化,随后将控制权交给操作系统
}
/*******************************************************
*                     End Of File
*******************************************************/
```

限于篇幅,这里只分析了 main. c 文件,完整程序请看工程文件,其可以根据购买本书后得到的密码,从北京航空航天大学出版社网站上下载获得。

4. 实验结果

编译通过后,可以使用 J-link 仿真器调试程序,最后将程序下载到 STM32F072 芯片中。按动 K1 键,信号量的值增加 1 并被发送。如果接收任务在 1 000 个节拍内接收到信号量后,其值减 1,TFT-LCD 上红色进程条增加;如果接收任务在 1 000 个节拍内未收到信号量,则进程条变蓝色。实验照片如图 29－1 所示。

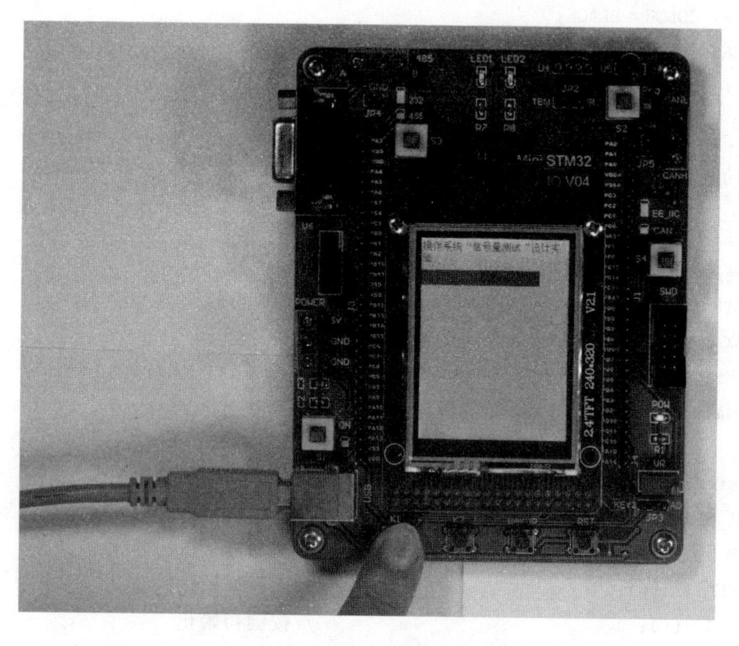

图 29－1　RTX Kernel 的信号量传送与接收设计实验照片

第 30 章 RTX Kernel 综合设计实验

30.1 文件系统实验

1. 实验要求

在 MMC/SD 卡上建立文件系统，为设计电子书打好基础。

2. 实验电路原理

参考 Mini STM32 DEMO 开发板电路原理图：

- PB12——SD_CS：SD 卡片选；
- PB13——SCK2：SD 卡时钟；
- PB14——MISO2：SD 卡数据输出；
- PB15——MOSI2：SD 卡数据输入；
- PC10——LCD_RS：TFT-LCD 命令/数据选择(0，读/写命令；1，读/写数据)；
- PC11——LCD_CS：TFT-LCD 片选；
- PD2——LCD_WR：向 TFT-LCD 写入数据；
- PC12——LCD_RD：从 TFT-LCD 读取数据；
- PC7～PC0——DB[15:8]：TFT-LCD 16 位双向数据线的高 8 位；
- PB7～PB0——DB[7:0]：TFT-LCD 16 位双向数据线的低 8 位；
- NRST——NRST：TFT-LCD 复位信号。

3. 源程序文件及分析

新建一个文件目录 RTX_FatFs，在 RealView MDK 集成开发环境中创建一个工程项目 RTX_FatFs. uvprojx 于此目录中。

在 File 菜单下新建如下的源文件 main. c，编写源程序代码后保存在 User 文件夹下，再把 main.c 文件添加到 User 组中。

```
#include <RTL.h>                                      //RTX 操作系统头文件
#include "stm32f0xx.h"
#include "LED.h"
#include "diskio.h"
#include "ffconf.h"
#include "SD.h"
#include "ff.h"
#include "fatapp.h"
#include "ILI9325.h"
#include "string.h"
#include "W25Q16.h"
OS_TID tskid_1;
#define countof(a) (sizeof(a) / sizeof( * (a)))      //计算数组内的成员个数
////////////////////////////////////////////////////
    FATFS fs;//Work area (file system object) for logical drive
    FRESULT res;//FatFs function common result code
    FIL fsrc, fdst;                                   //file objects
    BYTE buffer[1024];                                //file copy buffer
    UINT br, bw;                                      //File R/W count
    unsigned char w_buffer[] = {"All Right!"};        //演示写入文件
////////////////////////////////////////////////////
//*************************************
//======= 任务 1,点亮/熄灭 LED1 分别为 10 个节拍(100 ms)
__task void task1 (void)
{
    for (;;)
    {
        LED1_ON();                                    //开 LED1
        os_dly_wait (10);
        LED1_OFF();                                   //关 LED1
        os_dly_wait (10);
    }
}
//===== 操作系统初始化任务(创建任务),然后删除自己的任务
__task void init_task (void)
{
    tskid_1 = os_tsk_create (task1, 1);               //任务 1
    os_tsk_delete_self ();                            //删除自己的初始化任务
}
/**************************************************************
* FunctionName     : Init()
```

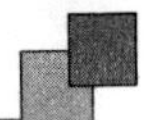

```
* Description      :初始化系统
* EntryParameter   : None
* ReturnValue      : None
*****************************************************************/
void Init(void)
{
    SystemInit();                                   //系统初始化
    LCD_init();                                     //液晶显示器初始化
    SPI_FLASH_Init();
    LCD_Clear(BLUE);                                //全屏显示蓝色
    POINT_COLOR = BLACK;                            //定义笔的颜色为黑色
    BACK_COLOR = WHITE   ;                          //定义笔的背景色为白色
    LED_Init();                                     //端口初始化
    /* -------------- SD Init ---------------*/
    disk_initialize(0);
    LCD_ShowString(20,20,    "mmc/sd演示");
    res = f_mount(0, &fs);
    if(res == FR_OK)
    LCD_ShowString(20,40,    "mmc/sd初始化成功");
    else
    LCD_ShowString(20,40,    "mmc/sd初始化失败");
    res = f_open(&fsrc,"12 - 29.txt",FA_CREATE_ALWAYS | FA_WRITE);
    if (res == FR_OK)
    LCD_ShowString(20,60,    "文件创建成功");
    else
    LCD_ShowString(20,60,    "文件创建失败");
    res = f_write(&fsrc, &w_buffer, countof(w_buffer), &bw);
    if (res == FR_OK)
    LCD_ShowString(20,80,    "SD卡写成功");
    else
    LCD_ShowString(20,80,    "SD卡写失败");
    res = f_close(&fsrc);
    if (res == FR_OK)
    LCD_ShowString(20,100,    "文本关闭成功");
    else
    LCD_ShowString(20,100,    "文本关闭失败");
    res = f_open(&fsrc,"12 - 29.TXT",FA_READ);
    if (res == FR_OK)
    LCD_ShowString(20,120,    "打开文本成功");
    else
    LCD_ShowString(20,120,    "打开文本失败");
    res = f_read(&fsrc, &buffer, 1024, &br);
    if (res == FR_OK)
```

```
    {
      LCD_ShowString(20,140,     "文件读取成功");
        LCD_ShowString(20,160,     buffer);
    }
    else
    LCD_ShowString(20,140,     "读文件失败 ");
    os_sys_init (init_task);                          //调用操作系统初始化任务
}
/**********************************************************
 * FunctionName    : main()
 * Description     :主函数
 * EntryParameter  : None
 * ReturnValue     : None
**********************************************************/
int main()
{
    Init();
}
```

限于篇幅,这里只分析了 main.c 文件,完整程序请看工程文件,其可以根据购买本书后得到的密码,从北京航空航天大学出版社网站上下载获得。

4. 实验结果

编译通过后,可以使用 J-link 仿真器调试程序,最后将程序下载到 STM32F072 芯片中。可以在 TFT-LCD 上看到建立文件系统成功的提示。实验照片如图 30-1 所示。

图 30-1　RTX Kernel 的文件系统实验照片

30.2 手写画板实验

1. 实验要求

设计一个简单的手写画板，可以用多种颜色画画及写字。

2. 实验电路原理

参考 Mini STM32 DEMO 开发板电路原理图：

- PB10——T_PEN：触摸芯片的触摸中断输入；
- PA4——T_CS：触摸芯片片选 ；
- PA5——T_CLK：触摸芯片时钟；
- PA6——T_OUT：触摸芯片数据输出；
- PA7——T_DIN：触摸芯片数据输入；
- PC10——LCD_RS：TFT-LCD 命令/数据选择(0,读/写命令;1,读/写数据)；
- PC11——LCD_CS：TFT-LCD 片选；
- PD2——LCD_WR：向 TFT-LCD 写入数据；
- PC12——LCD_RD：从 TFT-LCD 读取数据；
- PC7～PC0——DB[15:8]：TFT-LCD 16 位双向数据线的高 8 位；
- PB7～PB0——DB[7:0]：TFT-LCD 16 位双向数据线的低 8 位；
- NRST——NRST：TFT-LCD 复位信号。

3. 源程序文件及分析

新建一个文件目录 RTX_TOUCH，在 RealView MDK 集成开发环境中创建一个工程项目 RTX_TOUCH. uvprojx 于此目录中。

在 File 菜单下新建如下的源文件 main. c，编写源程序代码后保存在 User 文件夹下，再把 main. c 文件添加到 User 组中。

```
#include <RTL.h>                                    //RTX 操作系统头文件
#include "stm32f0xx.h"
#include "ILI9325.h"
#include "GUI.h"
#include "w25Q16.h"
#include "XPT2046.h"
__IO uint8_t touch_flag = 0;                        //触摸标志
uint16_t DrawPenColor;                              //画笔颜色
OS_TID tskid_1;
__task void task1 (void)                            //任务 1,画
{
```

```
while(1)
{
    if(Read_Continue() == 0)                    //如果发生"触摸屏被按下事件"
    {
        /******************画点 **********************/
        if((Pen_Point.Y_Coord>100)&&(Pen_Point.Y_Coord<270))
        {
            if(Read_Continue() == 0)              //如果读取数据成功
            {
                if((Pen_Point.X_Coord>20)&&(Pen_Point.X_Coord<220)&&(Pen_
                Point.Y_Coord>100)&&(Pen_Point.Y_Coord<270))
                LCD_Draw5Point(Pen_Point.X_Coord, Pen_Point.Y_Coord, DrawPen-
                Color);
            }
        }
        /******************擦除画布按钮 ******************/
        if((Pen_Point.X_Coord>83)&&(Pen_Point.X_Coord<157)&&(Pen_Point.Y_
        Coord>285)&&(Pen_Point.Y_Coord<310))
        {
            SetButton(83,285,157,310);               //显示按钮被按下状态
            LCD_Fill(85, 288, 154, 307,LGRAY);       //清除按钮上的字
            POINT_COLOR = BLACK;
            BACK_COLOR = LGRAY;
            LCD_ShowString(89,290,"擦除画布");       //显示按钮上的字被按下状态
            while(SPI_TOUHC_INT == 0);               //如果按钮被一直按着,等待
            EscButton(83,285,157,310);              //放开按钮,显示按钮被释放状态
            LCD_Fill(85, 288, 154, 307,LGRAY);       //清除按钮上的字
            POINT_COLOR = BLACK;
            BACK_COLOR = LGRAY;
            LCD_ShowString(88,289,"擦除画布");       //显示按钮上的字被恢复状态
            LCD_Fill(20, 100, 220, 270, WHITE);      //把画布铺成白色
        }
        /********************蘸墨 *********************/
        if((Pen_Point.Y_Coord>30)&&(Pen_Point.Y_Coord<60))
        {
            if((Pen_Point.X_Coord>20)&&(Pen_Point.X_Coord<50))//蘸蓝色墨
            {
                DrawPenColor = BLUE;
            }
```

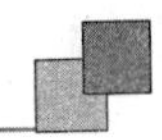

```
                if((Pen_Point.X_Coord>60)&&(Pen_Point.X_Coord<90))//蘸红色墨
                {
                        DrawPenColor = RED;
                }
                if((Pen_Point.X_Coord>100)&&(Pen_Point.X_Coord<130))//蘸黄色墨
                {
                        DrawPenColor = YELLOW;
                }
                if((Pen_Point.X_Coord>140)&&(Pen_Point.X_Coord<170))//蘸绿色墨
                {
                        DrawPenColor = GREEN;
                }
                if((Pen_Point.X_Coord>180)&&(Pen_Point.X_Coord<210))//蘸粉红色墨
                {
                        DrawPenColor = PINK;
                }
            }//*************************************
        }
        os_dly_wait (1);                                    //每 10 ms 检查一次
    }
}
//*************************************
void PANEL_Init(void)                                       //面板初始化
{
    LCD_Clear(LGRAY);                                       //整屏显示浅灰色
    POINT_COLOR = RED;
    BACK_COLOR = LGRAY;
    LCD_ShowString(10,289,"Touch");
    LCD_ShowString(175,289,"& Draw");
    Draw_Frame(10,15,230,65,"墨盒 ");                        //显示"墨盒"
    LCD_Fill(20, 30, 50, 60, BLUE);                         //墨盒填充蓝色
    LCD_Fill(60, 30, 90, 60, RED);                          //墨盒填充红色
    LCD_Fill(100, 30, 130, 60, YELLOW);                     //墨盒填充黄色
    LCD_Fill(140, 30, 170, 60, GREEN);                      //墨盒填充绿色
    LCD_Fill(180, 30, 210, 60, PINK);                       //墨盒填充粉红色
    Draw_Frame(10,80,230,280,"画布 ");                       //显示"画布"
    LCD_Fill(20, 100, 220, 270, WHITE);                     //把画布填充成白色
    Draw_Button(83,285,157,310);                            //显示"擦除画布"按钮
    POINT_COLOR = BLACK;
```

```
    BACK_COLOR = LGRAY;
    LCD_ShowString(88,289,"擦除画布");
    DrawPenColor = BLUE;                                    //默认画笔颜色为蓝色
}
//===== 操作系统初始化任务(创建任务),然后删除自己的任务
__task void init_task (void)
{
    tskid_1 = os_tsk_create (task1, 1);                     //任务 1
    os_tsk_delete_self ();                                  //删除自己的初始化任务
}
/****************************************************************
 * FunctionName      : Init()
 * Description       : 初始化系统
 * EntryParameter    : None
 * ReturnValue       : None
****************************************************************/
void Init(void)
{
    SystemInit();                                           //系统初始化
    LCD_init();                                             //液晶显示器初始化
    SPI_FLASH_Init();                                       //初始化字库芯片
    PANEL_Init();                                           //面板初始化内容
    Touch_Init();                                           //触摸芯片初始化
    os_sys_init (init_task);                                //调用操作系统初始化任务
}
/****************************************************************
 * FunctionName      : main()
 * Description       : 主函数
 * EntryParameter    : None
 * ReturnValue       : None
****************************************************************/
int main()
{
    Init();
}
```

限于篇幅,这里只分析了 main. c 文件,完整程序请看工程文件,其可以根据购买本书后得到的密码,从北京航空航天大学出版社网站上下载获得。

4. 实验结果

编译通过后,可以使用 J-link 仿真器调试程序,最后将程序下载到 STM32F072

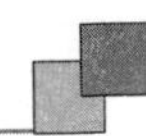

芯片中。可以使用手机笔在画图板上写/画各种颜色的文字或图案。实验照片如图 30－2 所示。

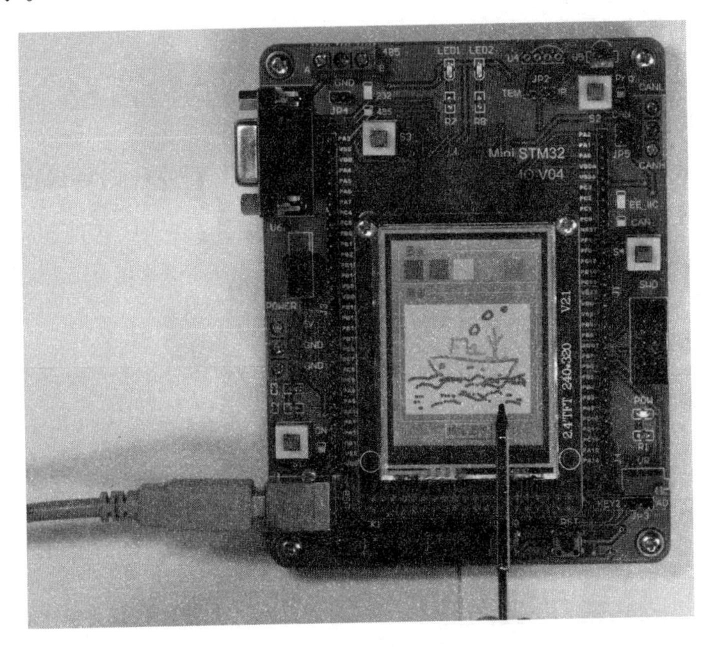

图 30－2　RTX Kernel 的手写画板实验照片

30.3　数码相框实验

1. 实验要求

设计一个自动播放的数码相框。

2. 实验电路原理

参考 Mini STM32 DEMO 开发板电路原理图：

- PB12——SD_CS：SD 卡片选；
- PB13——SCK2：SD 卡时钟；
- PB14——MISO2：SD 卡数据输出；
- PB15——MOSI2：SD 卡数据输入；
- PC10——LCD_RS：TFT-LCD 命令/数据选择(0,读/写命令;1,读/写数据)；
- PC11——LCD_CS：TFT-LCD 片选；
- PD2——LCD_WR：向 TFT-LCD 写入数据；
- PC12——LCD_RD：从 TFT-LCD 读取数据；
- PC7～PC0——DB[15:8]：TFT-LCD 16 位双向数据线的高 8 位；

- PB7～PB0——DB[7:0]：TFT-LCD 16 位双向数据线的低 8 位；
- NRST——NRST：TFT-LCD 复位信号。

3. 源程序文件及分析

新建一个文件目录 RTX_DigPic，在 RealView MDK 集成开发环境中创建一个工程项目 RTX_DigPic.uvprojx 于此目录中。

在 File 菜单下新建如下的源文件 main.c，编写源程序代码后保存在 User 文件夹下，再把 main.c 文件添加到 User 组中。

```
#include <RTL.h>                                        //RTX 操作系统头文件
#include "stm32f0xx.h"
#include "diskio.h"
#include "ffconf.h"
#include "SD.h"
#include "ff.h"
#include "fatapp.h"
#include "ILI9325.h"
#include "string.h"
#include "W25Q16.h"
//======================
OS_TID tskid_1;
uint8_t i,num;
uint8_t filePath[30];
uint8_t tempPath[10];
//======================
void delay (int cnt)
{
  cnt <<= DELAY_2N;
  while (cnt--);
}
/*********************************************/
__task void task1 (void)                                //任务 1
{
    while(1)
    {
        i++; if(i>=num)i=0;                             //自动显示 50 张图片
        if(flag[i]==1)                                  //检测如果是 BMP 图片
        {
            strcpy((char *)(filePath), (char *)(tempPath));
                                        //把文件名路径给 filePath 以便查找文件
            strcat((char *)filePath, (char *)(FileN[i]));
                        //把 FileN 所指字符串(图片文件)添加到 filePath 结尾处
```

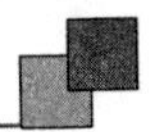

```
        //(覆盖 filePath 结尾处的"\0")并添加"\0"。返回指向 filePath 的指针
        TFTBmpDisplay((uint8_t *)filePath,0,0);
                                          //显示 filePath 路径指向的图片,坐标 X = 0,Y = 0

      }
      os_dly_wait (100);                          //等待 1 s
    }
}
//===== 操作系统初始化任务(创建任务),然后删除自己的任务
__task void init_task (void)
{
    tskid_1 = os_tsk_create (task1, 1);            //任务 1
    os_tsk_delete_self ();                         //删除自己的初始化任务
}
//*******************************
void Init(void)
{
    SystemInit();                                  //系统初始化
    LCD_init();                                    //液晶显示器初始化
    SPI_FLASH_Init();
    LCD_Clear(WHITE);                              //全屏显示白色
    LCD_ShowString(10,0,"数码相框测试实验");
    delay(100);
    /* ------- SD Init -------*/
    disk_initialize(0);
    num = FileScan("picture");                     //扫描 picture 文件

    if(num>50)num = 50;                            //最多 50 个文件
    strcpy((char *)tempPath, "picture/");          //把文件名路径给 tempPath 暂存
    i = 0;                                         //第一张图片开始
    if(flag[i] == 1)                               //检测如果是 BMP 图片
    {
        strcpy((char *)(filePath), (char *)(tempPath));
                                    //把文件名路径给 filePath 以便查找文件
        strcat((char *)filePath, (char *)(FileN[i]));
                          //把 FileN 所指字符串(图片文件)添加到 filePath 结尾处
        //(覆盖 filePath 结尾处的"\0")并添加"\0"。返回指向 filePath 的指针
        TFTBmpDisplay((uint8_t *)filePath,0,0);
                                     //显示 filePath 路径指向的图片,坐标 X = 0,Y = 0

    }
    delay(100);
    os_sys_init (init_task);                       //调用操作系统初始化任务
}
```

```
//************************************
int main()
{
    Init();
}
```

限于篇幅，这里只分析了 main.c 文件，完整程序请看工程文件，其可以根据购买本书后得到的密码，从北京航空航天大学出版社网站上下载获得。

4. 实验结果

编译通过后，可以使用 J-link 仿真器调试程序，最后将程序下载到 STM32F072 芯片中。我们能在 TFT-LCD 上看到自动播放的照片，说明实现了数码相框的功能。实验照片如图 30-3 所示。

图 30-3　RTX Kernel 的数码相框实验照片

30.4　用户定时器实验

1. 实验要求

按动 K1 键，创建用户定时器 10 s，LED1 亮 10 s。如果 10 s 到，则时间溢出，LED1 关闭；如果在 10 s 内按动 K2 键，则可删除用户定时器，并关闭 LED1。

2. 实验电路原理

参考 Mini STM32 DEMO 开发板电路原理图：

- PA0——K1；
- PA1——K2；
- PA2——LED1；
- PA3——LED2；
- PC10——LCD_RS：TFT-LCD 命令/数据选择(0,读/写命令;1,读/写数据)；
- PC11——LCD_CS：TFT-LCD 片选；
- PD2——LCD_WR：向 TFT-LCD 写入数据；
- PC12——LCD_RD：从 TFT-LCD 读取数据；
- PC7～PC0——DB[15:8]：TFT-LCD 16 位双向数据线的高 8 位；
- PB7～PB0——DB[7:0]：TFT-LCD 16 位双向数据线的低 8 位；
- NRST——NRST：TFT-LCD 复位信号。

3. 源程序文件及分析

新建一个文件目录 RTX_UTIMER，在 RealView MDK 集成开发环境中创建一个工程项目 RTX_UTIMER. uvprojx 于此目录中。

在 File 菜单下新建如下的源文件 main. c，编写源程序代码后保存在 User 文件夹下，再把 main. c 文件添加到 User 组中。

```
#include <RTL.h>                                   //RTX 操作系统头文件
#include "stm32f0xx.h"
#include "W25Q16.h"
#include "ILI9325.h"
#include "KEY.h"
#include "LED.h"
OS_TID tskid_1,tskid_2;                            //任务 ID
OS_ID  tmrid_1;                                    //用户定时器 ID
uint8_t tmridcnt_1;                                //创建用户定时器标记
uint16_t xpos = 0,ypos = 50;                       //定义液晶显示器,初始化 X、Y 坐标
//======= 任务 1 ===================
__task void task1(void)
{
  while(1)
  {
    if(Check_KEY(GPIOA,GPIO_Pin_0) == 0)           //如果 K1 键被按下
    {    tmridcnt_1 = 1;
        tmrid_1 = os_tmr_create (1000, 1);      //创建 1 号用户定时器,1000 节拍 = 10 s
        if (tmrid_1 == NULL)                       //返回空
        {
            LCD_ShowString(2, 30, "用户定时器 1 创建失败!");
        }
```

```
        else                                          //返回 1 号
        {
            LCD_ShowString(2, 30, "用户定时器 1 创建成功!");
            LED1_ON();                                //LED1 点亮
        }
        while(Check_KEY(GPIOA,GPIO_Pin_0) == 0);      //等待释放 K1 键
    }
    if((Check_KEY(GPIOA,GPIO_Pin_1) == 0)&&(tmridcnt_1 == 1))  //如果 K2 键被按下
    {    tmridcnt_1 = 0;
        tmrid_1 = os_tmr_kill (tmrid_1);              //删除 1 号用户定时器
        if (tmrid_1 == NULL)
        {
            LCD_ShowString(2, 30, "用户定时器 1 删除成功!");
            LED1_OFF();                               //LED1 熄灭
        }
        else
        {
            LCD_ShowString(2, 30, "用户定时器 1 删除失败!");
        }
        while(Check_KEY(GPIOA,GPIO_Pin_1) == 0);      //等待释放 K2 键
    }
    os_dly_wait (10);                              //每 10 个节拍(100 ms)检测一次按键
  }
}
//======= 任务 2 ===================
__task void task2(void)
{
  while(1)
  {
    LED2_ON();
    os_dly_wait (50);
    LED2_OFF();
    os_dly_wait (50);
  }
}
//===== 操作系统初始化任务(创建任务),然后删除自己的任务
__task void init_task (void)
{
  tskid_1 = os_tsk_create (task1, 1);                //任务 1
  tskid_2 = os_tsk_create (task2, 1);                //任务 2
  os_tsk_delete_self ();                             //删除自己的初始化任务
}
```

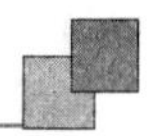

```
//********** 面板初始化内容框架 ************
void PANEL_Init(void)
{
    LCD_Clear(WHITE);                              //整屏显示白色
    POINT_COLOR = BLACK;                           //定义笔的颜色为黑色
    BACK_COLOR = YELLOW;                           //定义笔的背景色为黄色
    LCD_ShowString(2, 5, "“用户定时器测试”设计实验");
    POINT_COLOR = BLUE;                            //定义笔的颜色为蓝色
    BACK_COLOR = WHITE;                            //定义笔的背景色为白色
}
/*****************************************************
* FunctionName    : Init()
* Description     :初始化系统
* EntryParameter  : None
* ReturnValue     : None
*****************************************************/
void Init(void)
{
    SystemInit();                                  //调用系统初始化
    SPI_FLASH_Init();                              //初始化字库芯片
    LCD_init();                                    //液晶显示器初始化
    PANEL_Init();                                  //面板初始化内容
    KEY_Init();
    LED_Init();
    os_sys_init (init_task);                       //调用操作系统初始化任务
}
/*****************************************************
* FunctionName    : main()
* Description     :主函数
* EntryParameter  : None
* ReturnValue     : None
*****************************************************/
int main(void)
{
    Init();                        //主函数只进行初始化,随后将控制权交给操作系统
}
/*******************************************************
*                         End Of File
*******************************************************/
```

打开 RTX_Conf_CM.c 文件,在该文件中找到下面的 void os_tmr_call (U16 info)用户定时器调用函数,添加如下内容:

```
void os_tmr_call (U16 info) {
  / * This function is called when the user timer has expired. Parameter     * /
  / * 'info' holds the value, defined when the timer was created             * /
  / * HERE: include optional user code to be executed on timeout * /
    switch (info)
    {
      case 1: LED1_OFF();
              LCD_ShowString(2, 30, "用户定时器 1 时间溢出!");
              tmridcnt_1 = 0;
              break;
      default:break;
    }
}
```

限于篇幅,这里只分析了 main.c 文件及 RTX_Conf_CM.c 文件,完整程序请看工程文件,其可以根据购买本书后得到的密码,从北京航空航天大学出版社网站上下载获得。

4. 实验结果

编译通过后,可以使用 J-link 仿真器调试程序,最后将程序下载到 STM32F072 芯片中。按动 K1 键,创建用户定时器 10 s,LED1 亮 10 s。如果 10 s 到,则时间溢出,LED1 关闭;如果在 10 s 内按动 K2 键,则可删除用户定时器,并关闭 LED1。实验照片如图 30-4 所示。

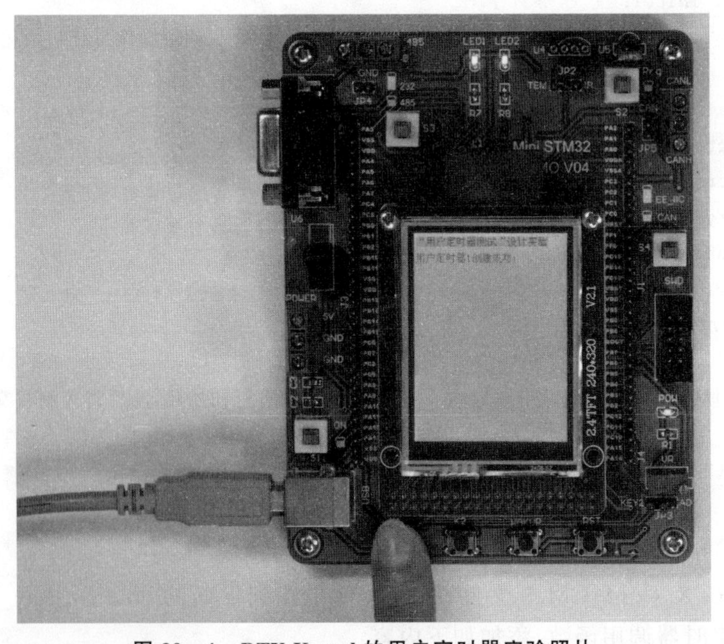

图 30-4　RTX Kernel 的用户定时器实验照片

30.5　循环定时器实验

1. 实验要求

用循环定时器设计时钟。

2. 实验电路原理

参考 Mini STM32 DEMO 开发板电路原理图：

- PC10——LCD_RS：TFT-LCD 命令/数据选择(0,读/写命令;1,读/写数据)；
- PC11——LCD_CS：TFT-LCD 片选；
- PD2——LCD_WR：向 TFT-LCD 写入数据；
- PC12——LCD_RD：从 TFT-LCD 读取数据；
- PC7～PC0——DB[15:8]：TFT-LCD 16 位双向数据线的高 8 位；
- PB7～PB0——DB[7:0]：TFT-LCD 16 位双向数据线的低 8 位；
- NRST——NRST：TFT-LCD 复位信号。

3. 源程序文件及分析

新建一个文件目录 RTX_RTIMER，在 RealView MDK 集成开发环境中创建一个工程项目 RTX_RTIMER.uvprojx 于此目录中。

在 File 菜单下新建如下的源文件 main.c，编写源程序代码后保存在 User 文件夹下，再把 main.c 文件添加到 User 组中。

```
#include <RTL.h>                              //RTX 操作系统头文件
#include "stm32f0xx.h"
#include "delay.h"
#include "W25Q16.h"
#include "ILI9325.h"
OS_TID tskid_1,tskid_2;                       //全局变量
uint8_t sec,min,hour;
uint16_t xpos = 0,ypos = 50;                  //定义液晶显示器,初始化 X、Y 坐标
//======= 任务 1 ====================
__task void task1 (void)
{
  while(1)
  {
    LCD_ShowNum(0,60,hour,2);
    LCD_ShowString(18,60,":");
    LCD_ShowNum(30,60,min,2);
    LCD_ShowString(48,60,":");
    LCD_ShowNum(60,60,sec,2);
    os_dly_wait (10);                         //每 10 个节拍(100 ms)
```

```
    }
}
//=======任务 2 ===================
__task void task2 (void)
{
  os_itv_set (100);                         //间隔 100 个节拍(1 s)发送苏醒标志
  while(1)
  {
    if(++sec>59){sec=0;min++;}
    if(min>59){min=0;hour++;}
    if(hour>23){hour=0;}
    os_itv_wait ();                         //等待苏醒标志到来
  }
}
//=====操作系统初始化任务(创建任务),然后删除自己的任务
__task void init_task (void)
{
  tskid_1=os_tsk_create (task1, 1);         //任务 1
  tskid_2=os_tsk_create (task2, 1);         //任务 2
  os_tsk_delete_self ();                    //删除自己的初始化任务
}
//**********面板初始化内容框架 ************
void PANEL_Init(void)
{
    LCD_Clear(WHITE);                       //整屏显示白色

    POINT_COLOR=BLACK;                      //定义笔的颜色为黑色
    BACK_COLOR=YELLOW;                      //定义笔的背景色为黄色
    LCD_ShowString(2, 5, "“循环定时器测试”设计实验");
    POINT_COLOR=BLUE;                       //定义笔的颜色为蓝色
    BACK_COLOR=WHITE;                       //定义笔的背景色为白色
}
/************************************************************
* FunctionName   : Init()
* Description    :初始化系统
* EntryParameter : None
* ReturnValue    : None
************************************************************/
void Init(void)
{
    SystemInit();                           //调用系统初始化
    SPI_FLASH_Init();                       //初始化字库芯片
    LCD_init();                             //液晶显示器初始化
    PANEL_Init();                           //面板初始化内容
    os_sys_init (init_task);                //调用操作系统初始化任务
```

```
}
/**********************************************************************
* FunctionName    : main()
* Description     :主函数
* EntryParameter  : None
* ReturnValue     : None
**********************************************************************/
int main(void)
{
    Init();                         //主函数只进行初始化,随后将控制权交给操作系统
}
/******************************************************************
*                           End Of File
******************************************************************/
```

限于篇幅,这里只分析了 main.c 文件,完整程序请看工程文件,其可以根据购买本书后得到的密码,从北京航空航天大学出版社网站上下载获得。

4. 实验结果

编译通过后,可以使用 J-link 仿真器调试程序,最后将程序下载到 STM32F072 芯片中。我们看到 TFT-LCD 上的时钟正在走动。实验照片如图 30－5 所示。

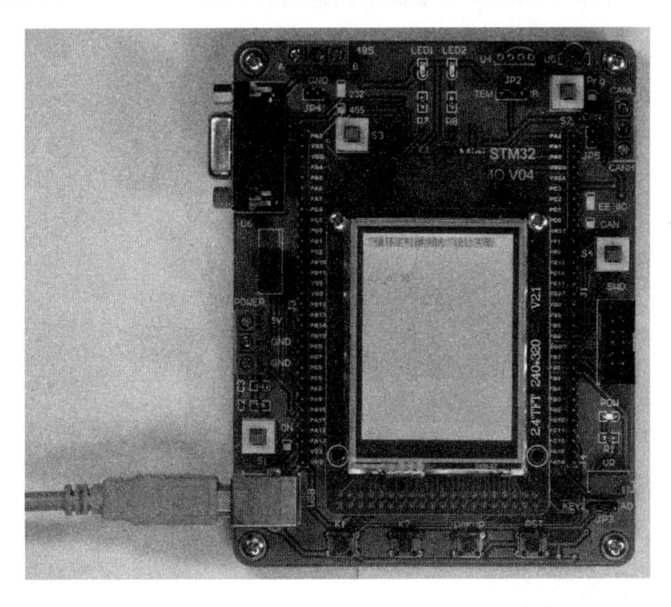

图 30－5　RTX Kernel 的循环定时器实验照片

30.6 综合设计实验

1. 实验要求

建立 6 个任务，实现较复杂的综合实验，分别如下：

任务 1(按键任务)：K1 键被按下 1 次，LED_Flag 标志置 1；K1 键被按下两次，LED_Flag 标志置 2；K1 键被按下 3 次，LED_Flag 标志回 0。

任务 2(LED1 闪烁任务)：根据 LED_Flag 标志，进行慢闪/快闪(500 ms/100 ms)LED1 的操作。

任务 3(LED2 闪烁任务)：LED2 独立闪烁 330 ms。

任务 4(读取温度/湿度任务)：每 3000 ms 读取一次 DHT11 的温度/湿度。

任务 5(串口发送任务)：当读取一次温度/湿度完成后，USART 即刻发送一次温度/湿度值到 PC。

任务 6(刷新 TFT-LCD 任务)：TFT-LCD 每隔 500 ms 刷新显示一次温度/湿度值。

2. 实验电路原理

参考 Mini STM32 DEMO 开发板电路原理图：

- PA0——K1；
- PA1——K2；
- PA2——LED1；
- PA3——LED2；
- PA9——TxD；
- PA10——RxD；
- PC10——LCD_RS：TFT-LCD 命令/数据选择(0，读/写命令；1，读/写数据)；
- PC11——LCD_CS：TFT-LCD 片选；
- PD2——LCD_WR：向 TFT-LCD 写入数据；
- PC12——LCD_RD：从 TFT-LCD 读取数据；
- PC7～PC0——DB[15:8]：TFT-LCD 16 位双向数据线的高 8 位；
- PB7～PB0——DB[7:0]：TFT-LCD 16 位双向数据线的低 8 位；
- NRST——NRST：TFT-LCD 复位信号。

3. 源程序文件及分析

新建一个文件目录 RTX_INTEG，在 RealView MDK 集成开发环境中创建一个工程项目 RTX_INTEG. uvprojx 于此目录中。

在 File 菜单下新建如下的源文件 main. c，编写源程序代码后保存在 User 文件夹下，再把 main. c 文件添加到 User 组中。

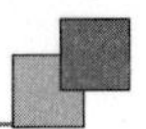

```
#include <RTL.h>                                    //RTX 操作系统头文件
#include "stm32f0xx.h"
#include "delay.h"
#include "W25Q16.h"
#include "ILI9325.h"
#include "KEY.h"
#include "LED.h"
#include "DHT11.h"
#include "USART.h"
uint8_t Temperature,Humidity;
OS_TID tskid_1,tskid_2,tskid_3,tskid_4,tskid_5,tskid_6;
uint8_t LED_Flag = 0;
uint16_t xpos = 0,ypos = 50;                        //定义液晶显示器,初始化 X、Y 坐标
//delay_us(0.4);                                    //0.4 μs
//delay_ms(1456);                                   //1.456 s
//delay_s(21.4345);                                 //21.4345 s
void  wait(unsigned long n)
{
        do
        {
          n--;
        }while(n);
}
//*************************************
//======= 任务 1,读取按键,得到键值
__task void task1 (void)
{
  while(1)
  {
    if(Check_KEY(GPIOA,GPIO_Pin_0) == 0)            //如果 K1 键被按下
    {
        LED_Flag++;                                 //改变 LED_Flag 标志
        if(LED_Flag>2)LED_Flag = 0;
        while(Check_KEY(GPIOA,GPIO_Pin_0) == 0);    //等待释放 K1 键
    }
    os_dly_wait (10);                             //每 10 个节拍(100 ms)检测一次按键
  }
}
//*************************************
//======= 任务 2,点亮/熄灭 LED1
__task void task2 (void)
{
```

```
  while(1)
  {
    switch(LED_Flag)
    {
        case 0: LED1_OFF();break;
        case 1: LED1_ON();                              //状态 1,500 ms 闪烁
                os_dly_wait (50);
                LED1_OFF();
                os_dly_wait (50);
                break;
        case 2: LED1_ON();                              //状态 2,100 ms 闪烁
                os_dly_wait (10);
                LED1_OFF();
                os_dly_wait (10);
                break;
        default:break;
    }
  }
}
//======= 任务 3,点亮/熄灭 LED2
__task void task3 (void)
{
  while(1)
  {
    LED2_ON();
    os_dly_wait (33);
    LED2_OFF();
    os_dly_wait (33);
  }
}
//======= 任务 4,读取 DHT11
__task void task4 (void)
{
  while(1)
  {
    DHT11_GetOnce(&Temperature,&Humidity);
    os_evt_set (0x0055, tskid_5);
    os_dly_wait (300);
  }
}
//======= 任务 5,串口发送
__task void task5 (void)
```

```
{
  while(1)
  {
    os_evt_wait_and (0x0055, 0xffff); //在预定时间内等待一个事件标志 0x0055 的到来
    USART_send_byte('T');                              //发送温度
    USART_send_byte(':');
    USART_send_byte(Temperature/10 + 0x30);
    USART_send_byte(Temperature % 10 + 0x30);
    USART_send_byte(0x0d);
    USART_send_byte(0x0a);
    USART_send_byte('H');                              //发送湿度
    USART_send_byte(':');
    USART_send_byte(Humidity/10 + 0x30);
    USART_send_byte(Humidity % 10 + 0x30);
    USART_send_byte(0x0d);
    USART_send_byte(0x0a);
  }
}
//***********************************
//======= 任务 6,TFT-LCD 每隔 500 ms 显示一次 ADC 值
__task void task6 (void)
{
  while(1)
  {
    POINT_COLOR = RED;                                 //定义笔的颜色为红色
    LCD_ShowNum(90,60,Temperature,2);
    LCD_ShowNum(90,90,Humidity,2);
    os_dly_wait (50);                    //TFT-LCD 每隔 500 ms 刷新显示一次 ADC 值
  }
}
//===== 操作系统初始化任务(创建任务 1～5),然后删除自己的任务
__task void init_task (void)
{
  tskid_1 = os_tsk_create (task1, 1);                  //任务 1,读取按键,得到键值
  tskid_2 = os_tsk_create (task2, 1);                  //任务 2,点亮/熄灭 LED1
  tskid_3 = os_tsk_create (task3, 1);                  //任务 3,LED2 独立闪烁
  tskid_4 = os_tsk_create (task4, 1);                  //任务 4,每 300 ms 读取一次温度湿度
  tskid_5 = os_tsk_create (task5, 1);                  //收到标志后,串口发送
  tskid_6 = os_tsk_create (task6, 1);                  //每 500 ms 刷新一次 TFT-LCD
  os_tsk_delete_self ();                               //删除自己的初始化任务
}
//********** 面板初始化内容框架 ************
```

```
void PANEL_Init(void)
{
    LCD_Clear(WHITE);                                   //整屏显示白色
    POINT_COLOR = BLACK;                                //定义笔的颜色为黑色
    BACK_COLOR = YELLOW;                                //定义笔的背景色为黄色
    LCD_ShowString(5,12,"RTX Kernel 综合测试");
    POINT_COLOR = BLUE;                                 //定义笔的颜色为蓝色
    BACK_COLOR = WHITE;                                 //定义笔的背景色为白色
    LCD_ShowString(2,60,"DHT11 温度：    C");
    LCD_ShowString(2,90,"DHT11 湿度：     % ");
}
/*************************************************************
 * FunctionName    : Init()
 * Description     : 初始化系统
 * EntryParameter  : None
 * ReturnValue     : None
*************************************************************/
void Init(void)
{
    SystemInit();                                       //调用系统初始化
    SPI_FLASH_Init();                                   //初始化字库芯片
    LCD_init();                                         //液晶显示器初始化
    PANEL_Init();                                       //面板初始化内容
    KEY_Init();                                         //按键初始化
    LED_Init();                                         //LED 端口初始化
    DHT11_Init();
    USART_Configuration(); /* USART1 config 9600 8-N-1 */
    os_sys_init (init_task);                            //调用操作系统初始化任务
}
/*************************************************************
 * FunctionName    : main()
 * Description     :主函数
 * EntryParameter  : None
 * ReturnValue     : None
*************************************************************/
int main(void)
{
    Init();                          //主函数只进行初始化,随后将控制权交给操作系统
}
/*************************************************************
 *                          End Of File
*************************************************************/
```

限于篇幅，这里只分析了 main.c 文件，完整程序请看工程文件，其可以根据购买本书后得到的密码，从北京航空航天大学出版社网站上下载获得。

4. 实验结果

编译通过后，可以使用 J-link 仿真器调试程序，最后将程序下载到 STM32F072 芯片中。打开串口调试软件，可进行 6 个任务的综合实验。实验照片如图 30－6 所示。

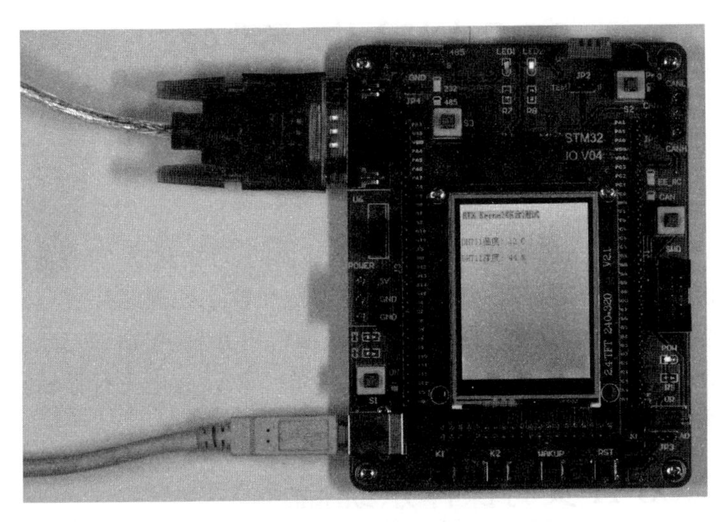

图 30－6　RTX Kernel 的综合设计实验照片

第31章

μCOS-II 实时操作系统

μCOS-II 由 Micrium 公司提供，是一个可移植的、可固化的、可裁剪的、占先式多任务实时内核，它适用于多种微处理器、微控制器和数字处理芯片(已经移植到超过100种以上的微处理器应用中)。同时，该系统源代码开放、整洁、一致、注释详尽，适合系统开发。μCOS-II 已经通过美国联邦航空局(FAA)商用飞行器认证，符合航空无线电技术委员会(RTCA)DO-178B 标准。

31.1 μCOS-II 实时操作系统概述

μCOS-II 的前身是 μCOS，最早出自于 1992 年美国嵌入式系统专家 Jean J. Labrosse 在《嵌入式系统编程》杂志的 5 月和 6 月刊上刊登的文章连载，并把 μCOS 的源码发布在该杂志的 BBS 上。

μCOS 和 μCOS-II 是专门为计算机嵌入式应用设计的，绝大部分代码是用 C 语言编写的。CPU 硬件相关部分是用汇编语言编写的，总量约 200 行的汇编语言部分被压缩到最低限度，为的是便于将代码移植到任何一种 CPU 上。用户只要有标准的 ANSI 的 C 交叉编译器，有汇编器、连接器等软件工具，就可以将 μCOS-II 嵌入到开发的产品中。μCOS-II 具有执行效率高、占用空间小、实时性能优良和可扩展性强等特点，最小内核可编译至 2 KB。目前，μCOS-II 已经移植到几乎所有知名的 CPU 上。

严格地说，μCOS-II 只是一个实时操作系统内核，它仅仅包含任务调度、任务管理、时间管理、内存管理以及任务间的通信和同步等基本功能，没有提供输入/输出管理、文件系统、网络等额外的服务。但是，由于 μCOS-II 具有良好的可扩展性，并且源码开放，所以这些非必需的功能完全可以由用户自己根据需要分别实现。

μCOS-II 目标是实现一个基于优先级调度的抢占式的实时内核，并在这个内核之上提供最基本的系统服务，如信号量、邮箱、消息队列、内存管理和中断管理等。

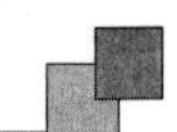

μCOS-II 以源代码的形式发布，是开源软件，但并不意味着它是免费软件。用户可以将其用于教学和私下研究，但是，如果将其用于商业用途，那么必须通过 Micrium 公司获得商用许可。

31.2　μCOS-II 实时操作系统的特点

μCOS-II 是一个占先式实时多任务操作系统内核，它总是运行优先级最高的就绪任务。μCOS-II 不支持时间片轮转调度，所以要求每个任务的优先级都不一样。μCOS-II 支持任务间通信，它提供了多种对共享资源的访问控制，如禁用切换、调度上锁等。当用户给系统增加一些低优先级的任务时，用户系统对高优先级任务的响应时间几乎不受影响。

μCOS-II 也是一个可裁剪的系统，可以根据需要保留或者删除某些功能，任务数最多可达 256 个。

通过改变 OS_CFG.h 文件中的各种配制，可以取消或者保留某些功能，并且改变某些数据结构的大小。在 μCOS-II 中，影响内存大小的数据结构主要包括任务数量、事件控制块数量和任务堆栈大小。

μCOS-II 的任务一般会处于以下 6 种状态之一：

- 运行态；
- 就绪态；
- 等待信号量；
- 等待邮箱消息；
- 等待消息队列消息；
- 挂起态。

在某一时刻，系统中只会有一个任务处于“运行态”，处于其他各种状态的任务数量没有限制。“挂起态”的进入是任务主动进行的，其他状态一般由各种外部因素造成。只有处于“就绪态”的任务才可能成为下一个要执行的任务。

μCOS-II 不支持时间片调度切换，只提供按任务优先级别的切换。它提供了两种任务切换方式——主动切换和被动切换，前者是应用任务通过调用系统函数自动将自己挂起，后者是操作系统根据当前任务运行情况，将正在运行的任务强制挂起，从而切换到另一个任务执行。被动切换对于任务来说是不可预知的，因此可能发生在任意代码位置。

μCOS-II 的任务优先级别一般采用常量定义，实际上属于静态优先级别，即在任务运行过程中，系统不改变任务的优先级别，但提供了一个优先级别改变的接口函数，用户任务可以通过调用该函数来修改自身或者其他任务的优先级别。

由于 μCOS-II 不支持时间片调度，因此，如果一个任务函数代码中包含无限循环代码，则其他低优先级别的任务将永远得不到调度。对于高优先级别的任务来说，也可能得不到执行。

在 μCOS-II 中，提供了邮箱和消息队列两种方式来满足任务之间的数据传递。在使用邮箱时，如果收信任务没有将数据取走，就无法传送下一个消息；而一个消息队列方式实际上相当于多个邮箱，因此可以连续传送多条消息。

μCOS-II 中可以使用禁用调度、设置信号量来保证共享资源访问的排它性。系统的信号量数量由事件控制块数量决定。

如果一个任务需要立即切换到另外一个指定任务，则可以通过设置信号量来实现。在 μCOS-II 中，实现任务间同步运行需要较为快速严谨的处理。

μCOS-II 可以提供如下服务：

- 信号量；
- 互斥信号量；
- 事件标识；
- 消息邮箱；
- 消息队列；
- 任务管理；
- 固定大小内存块管理；
- 时间管理。

另外，在 μCOS-II 内核中，有如下独立模块可供用户选择：

- μC/FS 文件系统模块；
- μC/GUI 图形软件模块；
- μC/TCP-IP 协议栈模块；
- μC/USB 协议栈模块。

31.3 μCOS-II 实时操作系统的组成

μCOS-II 大致可以分成核心、任务处理、时钟、任务同步与通信以及与 CPU 的接口 5 个部分。

(1) 核心部分(OSCore.c)

核心部分是操作系统的处理核心，包括操作系统初始化、操作系统运行、中断进出的前导、时钟节拍、任务调度、事件处理等部分。能够维持系统基本工作的部分都在这里。

(2) 任务处理部分(OSTask.c)

任务处理部分中的内容都是与任务的操作密切相关的，包括任务的建立、删除、挂起、恢复等。因为 μCOS-II 是以任务为基本单位调度的，所以这部分内容也相当重要。

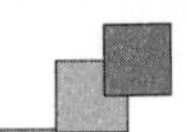

(3) 时钟部分(OSTime.c)

μCOS-II 中的最小时钟单位是 timetick(时钟节拍)。任务延时等操作都是在这里完成的。

(4) 任务同步和通信部分

任务同步和通信部分为事件处理部分,包括信号量、邮箱、邮箱队列和事件标志等部分,主要用于任务间的互相联系和对临界资源的访问。

(5) 与 CPU 的接口部分

与 CPU 的接口部分是指 μCOS-II 针对所使用的 CPU 的移植部分。由于 μCOS-II 是一个通用性的操作系统,所以对于关键问题上的实现,还需要根据具体 CPU 的具体内容和要求进行相应的移植。由于这部分内容涉及 SP 等系统指针,所以通常用汇编语言编写。与 CPU 的接口部分主要包括中断级任务切换的底层实现、任务级任务切换的底层实现、时钟节拍的产生和处理、中断的相关处理部分等内容。

31.4 μCOS-II 实时操作系统的时间管理

μCOS-II 的时间管理是通过定时中断来实现的,该定时中断一般为 10 ms 发生一次,时间频率取决于用户对硬件系统的定时器编程来实现。中断发生的时间间隔是固定不变的,该中断也成为一个时钟节拍。

μCOS-II 要求用户在定时中断的服务程序中,调用系统提供的与时钟节拍相关的系统函数,例如,中断级的任务切换函数、系统时间函数。

31.5 μCOS-II 实时操作系统的内存管理

在 ANSI C 中使用 malloc 和 free 两个函数来动态分配和释放内存。但是,在嵌入式实时系统中,多次这样的操作会导致内存碎片的产生;另外,由于内存管理算法的原因,malloc 和 free 的执行时间是不确定的。

μCOS-II 中把连续的大块内存分区管理。每个分区中包含整数个大小相同的内存块,但不同分区之间的内存块大小可以不同。当用户需要动态分配内存时,系统选择一个适当的分区,按块来分配内存。释放内存时将该块放回它以前所属的分区,这样能有效地解决碎片问题,同时执行时间也是固定的。

31.6 μCOS-II 实时操作系统通信同步

对一个多任务的操作系统来说,任务间的通信和同步是必不可少的。μCOS-II 中提供了 4 种同步对象,分别是信号量、邮箱、消息队列和事件。所有这些同步对象都有创建、等待、发送和查询的接口，用于实现进程间的通信和同步。

31.7 μCOS-II 实时操作系统的任务管理及调度

μCOS-II 采用的是可剥夺型实时多任务内核。可剥夺型的实时内核在任何时候都运行就绪了的最高优先级的任务。

μCOS-II 的任务调度是完全基于任务优先级的抢占式调度，也就是最高优先级的任务一旦处于就绪状态，则立即抢占正在运行的低优先级任务的处理器资源。为了简化系统设计，μCOS-II 规定所有任务的优先级都不同，因为任务的优先级同时唯一标识了该任务本身。

μCOS-II 中最多可以支持 256 个任务，分别对应优先级 0～255，其中，0 为最高优先级，255 为最低级。

注意： μCOS 最多支持 64 个任务，分别对应优先级 0～63，其中，0 为最高优先级，63 为最低级。

μCOS-II 提供了任务管理的各种函数调用，包括创建任务、删除任务、改变任务的优先级、任务挂起和恢复等。

系统初始化时会自动产生两个任务：一个是空闲任务，它的优先级最低，该任务仅给一个整型变量做累加运算；另一个是系统任务，它的优先级为次低，该任务负责统计当前 CPU 的利用率。

高优先级的任务因为需要某种临界资源，主动请求挂起，让出处理器，此时调度就绪状态的低优先级任务获得执行。这种调度也称为任务级的上下文切换。

高优先级的任务因为时钟节拍的到来，在时钟中断的处理程序中，如果内核发现高优先级任务获得了执行条件（如休眠的时钟到来时），则在中断态直接切换到高优先级任务执行。这种调度也称为中断级的上下文切换。

上述两种调度方式在 μCOS-II 的执行过程中非常普遍，一般来说，前者发生在系统服务中，后者发生在时钟中断的服务程序中。

调度工作的内容可以分为两部分：最高优先级任务的寻找和任务切换。其最高优先级任务的寻找是通过建立就绪任务表来实现的。μCOS-II 中的每一个任务都有独立的堆栈空间，并有一个称为任务控制块 TCB（Task Control Block）的数据结构，其中，第一个成员变量就是保存的任务堆栈指针。任务调度模块首先用变量 OSTCBHighRdy 记录当前最高级就绪任务的 TCB 地址，然后调用 OS_TASK_SW()函数来进行任务切换。

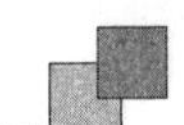

31.8 μCOS-II 内核介绍

31.8.1 CPU 程序设计及 μCOS-II 系统的基本概念

1. 前后台系统

前后台系统也称为超循环系统。应用程序是一个无限的循环，循环中实现相应的操作，这部分可以看成是后台行为；用中断服务程序处理异步事件，处理实时性要求很强的操作，这部分可以看成是前台行为。

2. 共享资源

可以被一个以上任务使用的资源称为共享资源。

3. 任　务

一个任务是一个线程，一般是一个无限的循环程序。一个任务可以认为 CPU 资源完全只属于自己。任务可以是以下几种状态之一：休眠态（任务被删除）、就绪态、运行态、挂起态和被中断态。μCOS-II 提供的系统服务可以使任务从一种状态变为另一种状态。

4. 任务切换

任务切换就是上下文切换，也是 CPU 寄存器的内容切换。当内核决定运行另外的任务时，它将保存正在运行任务的当前状态（CPU 寄存器的内容）到任务自己的栈区；入栈完成后，就把下一个将要运行的任务状态从该任务的栈中重新装入 CPU 寄存器，并开始下一个任务的运行，这个过程称为任务切换。

5. 内　核

多任务系统中内核负责管理和调度各个任务，为每个任务分配 CPU 时间，并负责任务间的通信。内核总是调度就绪态的优先级最高的任务。内核本身增加了系统的额外负荷，因为内核提供的服务需要一定的执行时间。

6. 可剥夺型内核

μCOS-II 以及绝大多数商业实时内核都是可剥夺型（抢占型）内核。最高优先级的任务一旦就绪，就会抢占运行着的低优先级的任务，从而得到 CPU 的使用权。

7. 可重入函数

可重入函数是指可以被多个任务调用，并且不用担心数据会被破坏的函数。

8. 优先级反转

优先级反转问题是使用实时内核系统中出现最多的问题。描述如下：

假设当前系统有任务 3 正在运行，并且低优先级的任务 3 占用了共享资源，而高优先级任务 1 就绪得到 CPU 使用权后，也要使用任务 3 占用的共享资源，此时任务 1 只能挂起等待任务 3 使用完共享资源。在任务 3 继续运行时，优先级在任务 1 和任务 3 之间的任务 2 就绪并抢占了任务 3 的 CPU 使用权，直到运行完后才把 CPU 使用权还给任务 3。任务 3 继续运行，在释放了共享资源后任务 1 才得以运行。这样，任务 1 实际上降到了任务 3 优先级的水平。这种情况就是优先级反转问题。在 μCOS-II 中，可以利用互斥信号量来解决这个问题。

9. 互斥方法

当使用共享数据结构进行任务间通信时，要求对其进行互斥。保证互斥的方法有：关中断、使用测试变量、禁用任务切换和利用信号量。

10. 同　步

可以利用信号量使任务与任务、任务与 ISR 之间同步。任务之间没有数据交换。

11. 事件标志

当任务要与多个事件同步时，需要使用事件标志(Event Flag)。事件标志同步分为独立型同步(逻辑“或”关系)和关联型同步(逻辑“与”关系)。

12. 任务间通信

任务间信息的传递有两个途径，通过全局变量或者通过内核发消息给另一个任务。通过内核服务发送的消息包括：消息邮箱和消息队列。任务或者 ISR 可以把一个指针放到消息邮箱中，让另一个任务接收。消息队列实际上是邮箱阵列。

13. 时钟节拍

时钟节拍是特定的、周期性的定时器中断。时钟节拍是系统的心脏脉动，提供周期性的信号源，是系统进行任务调度的频率依据和任务延时依据。时钟节拍越快，系统开销就越大。在移植过程中一般采用的方法是：使用 10 ms 的周期作为操作系统的时钟节拍。

31.8.2　μCOS-II 内核结构

1. μCOS-II 内核文件结构

μCOS-II 内核文件结构如图 31－1 所示。

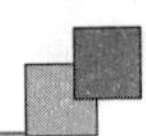

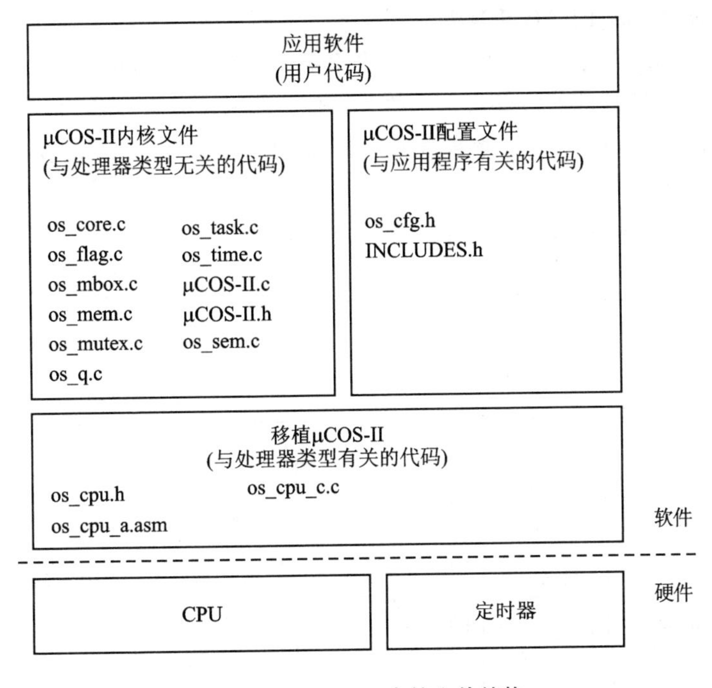

图 31-1 μCOS-II 内核文件结构

说明：

当基于 μCOS-II 操作系统进行应用系统设计时，设计任务的主要任务是将系统合理地划分成多个任务，并由 RTOS 进行调度，任务之间使用 μCOS-II 提供的系统服务进行通信，以配合实现应用系统的功能。图 31-1 中的用户代码部分主要是设计人员设计的业务代码。

与前后台系统一样，基于 μCOS-II 的多任务系统也有一个 main 主函数，main 主函数由编译器所带的 C 启动程序调用。在 main 主函数中主要实现 μCOS-II 的初始化 OSInit()、任务创建、一些任务通信方法的创建、μCOS-II 的多任务启动 OSStart() 等常规操作。另外，还有一些与应用程序相关的初始化操作，例如，硬件初始化、数据结构初始化等。

在使用 μCOS-II 提供的任何功能之前，必须先调用 OSInit() 函数进行初始化。在 main 主函数中调用 OSStart() 启动多任务之前，至少要先建立一个任务，否则应用程序会崩溃。OSInit() 初始化 μCOS-II 所有的变量和数据结构，并建立空闲任务 OS_TaskIdle()，这个任务总是处于就绪态。

文件 OS_CFG. h 是与应用程序有关的配置文件，主要是对操作系统进行设置，包括：设置系统的最多任务数 OS_MAX_TASKS，最多事件控制块设置 OS_MAX_EVENTS，堆栈方向的设置 OS_STK_GROWTH(1 为递减，0 为递增)，是否支持堆栈检验 OS_TASK_CREATE_EXT，是否支持任务统计 OS_ASK_STAT_EN，是否支持事件标志组 OS_FLAG_EN 等。

文件 INCLUDES.h 是主控头文件，包含整个系统需要的所有头文件，包括操作系统的头文件和用户设计的应用系统的头文件。此头文件可根据设计需要使用。

os_cpu.h、os_cpu_a.asm 等文件是与移植 μCOS-II 有关的文件，包含与处理器类型有关的代码。

2. μCOS-II 内核体系结构

μCOS-II 内核主要对用户任务进行调度和管理，并为任务间共享资源提供服务，包含的模块有任务管理、任务调度、任务间通信、时间管理、内核初始化等。μCOS-II 内核体系结构如图 31-2 所示。

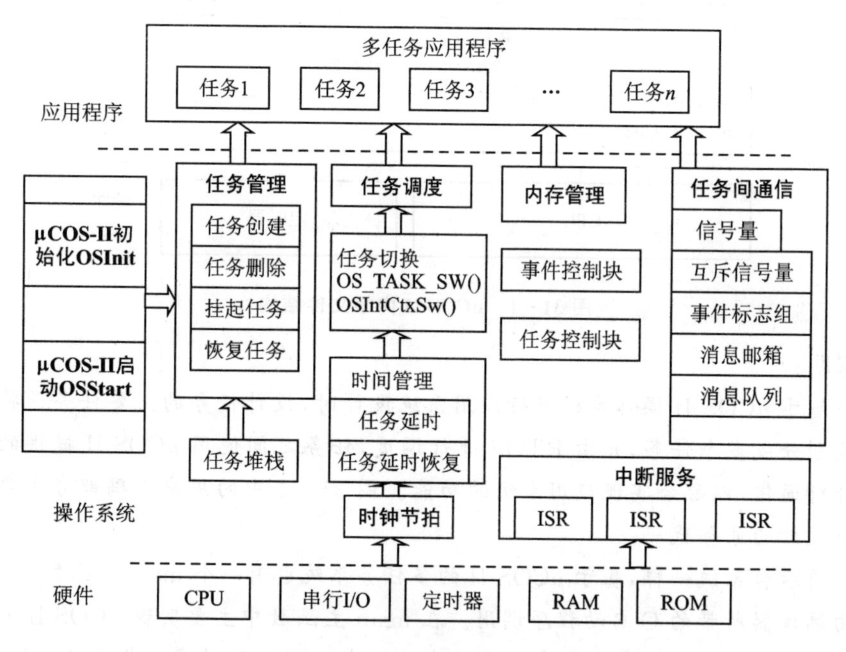

图 31-2 μCOS-II 内核体系结构

31.9 μCOS-II 实时操作系统的 API 函数

31.9.1 os_tmr.c 文件中的库函数

1. OSTmrCreate()

功能：创建一个定时器。

函数原型：

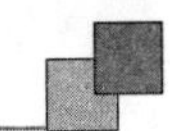

```
OS_TMR   * OSTmrCreate (
        INT32U  dly,            /* 初始化延时,如: 10 μs */
        /* 计时器开始进入周期模式之前初始化延迟。如果定时器配置为单次模式,则在时
        间溢出时使用;如果定时器配置为周期性模式,则在时间的第一次溢出时使用 */
        INT32U period,          //周期,如 10 μs
        /* 定时器重复周期。如果指定的 os_tmr_opt_periodic 作为一个周期定时器,则
        它为重复周期 */
        INT8U  opt,             //指定
                                //os_tmr_opt_one_shot 定时器下降计数,只有一次定时
                //os_tmr_opt_periodic 定时器下降计数,然后自动装载(为重复定时)
        OS_TMR_CALLBACK  callback,
        /* 定时时间到时,指向一个将被调用的回调函数。回调函数必须声明如下: void
        mycallback(os_tmr * PTMR,void * p_arg); */
        void   * callback_arg,  //指针传递给回调函数,如(void * )0
        INT8U * pname,       /* 指向一个 ASCII 字符串,用来为定时器命名,便于调试 */
        INT8U   * perr)         //指向错误代码
```

返回值：一个指针，指向 os_tmr 数据结构。

2. OSTmrDel ()

功能：删除一个定时器。

函数原型：

```
BOOLEAN OSTmrDel (
        OS_TMR    * ptmr,          //指向所需的定时器
        INT8U     * perr)          //指向错误代码
```

返回值：OS_TRUE，删除成功；OS_FALSE，删除不成功。

3. OSTmrNameGet()

功能：得到一个定时器的名字。

函数原型：

```
INT8U OSTmrNameGet (
        OS_TMR     * ptmr,          //指向所需的定时器
        INT8U      ** pdest,        //指向一个指向定时器名字地址指针的指针
        INT8U      * perr)          //指向错误代码
```

返回值：定时器名字的长度。

4. OSTmrRemainGet()

功能：得到一个定时器到期之前的剩余时间。

函数原型：

```
INT32U OSTmrRemainGet (OS_TMR    * ptmr,      //指向所需的定时器来获得剩余的时间
       INT8U     * perr)                      //指向错误代码
```

返回值：剩余的定时器溢出时间。

5. OSTmrStateGet()

功能：确定定时器处在什么状态。

函数原型：

```
INT8U OSTmrStateGet (OS_TMR    * ptmr,                  //指向所需的定时器
      INT8U     * perr)                                 //指向错误代码
```

返回值：定时器的当前状态。

6. OSTmrStart()

功能：启动定时器。

函数原型：

```
OOLEAN OSTmrStart (OS_TMR     * ptmr,      //指向所需的定时器
       INT8U      * perr)                  //指向错误代码
```

返回值：OS_TRUE，定时器启动；OS_FALSE，检测到错误。

7. OSTmrStop()

功能：停止定时器。

函数原型：

```
BOOLEAN OSTmrStop (OS_TMR    * ptmr,  //指向所需的定时器
        INT8U     opt,                /* 允许指定一个选项，该功能可为
                                      os_tmr_opt_none 使用回调函数
                                      os_tmr_opt_callback 使用回调函数不用参数
                                      os_tmr_opt_callback_arg 使用回调函数要使用参数 */
        void      * callback_arg,
        /* 指向一个"新"的回调参数，可以传递给回调函数，代替定时器的回调参数。换句
        话说，使用 callback_arg 通过该函数代替 PTMR -> ostmrcallbackarg */
        INT8U      * perr)            //指向错误代码
```

返回值：OS_TRUE，定时器停止；OS_FALSE，定时器没有停止。

8. OSTmrSignal()

功能：更新定时器。

函数原型：

```
INT8U OSTmrSignal (void)                  //参数：无
```

返回值：返回信号量。

9. OSTmr_Alloc()

功能：释放一个指定的定时器。

函数原型：

```
static OS_TMR    * OSTmr_Alloc (void)             //参数：无
```

返回值：指针指向一个定时器。

10. OSTmr_Free()

功能：返回一个定时器空闲列表。

函数原型：

```
static void   OSTmr_Free (OS_TMR  * ptmr)      //参数：指向所需的定时器
```

11. OSTmr_Init()

功能：初始化定时器的自由列表。

函数原型：

```
void OSTmr_Init (void)
```

12. OSTmr_InitTask()

功能：初始化定时器的管理任务。

函数原型：

```
static void OSTmr_InitTask (void)
```

13. OSTmr_Link()

功能：插入一个定时器。

函数原型：

```
static void OSTmr_Link (OS_TMR    * ptmr,      //指向所需的定时器
                 INT8U      type)      //type可以是os_tmr_link_periodic(定时器周期)或者是
                                       //os_tmr_link_dly(定时器的初始时间)
```

14. OSTmr_Unlink()

功能：移除一个定时器。

函数原型：

```
static void OSTmr_Unlink (OS_TMR  * ptmr)      //指向所需的定时器
```

15. OSTmr_Task()

功能：定时器管理任务。

函数原型：

```
static void OSTmr_Task (void * p_arg)                    //参数：无
```

31.9.2 OS_CORE.c 文件中的库函数

1. OSInit()

功能：μCOS-II 内部初始化。

函数原型：

```
void OSInit (void)
```

2. OSIntEnter()

功能：通知 OS 进入中断服务函数。

函数原型：

```
void OSIntEnter (void)
```

3. OSIntExit()

功能：通知 OS 退出中断服务函数。

函数原型：

```
void OSIntExit (void)
```

4. OSSchedLock()

功能：给调度器上锁(停止任务调度)。

函数原型：

```
void OSSchedLock (void)
```

5. OSSchedUnlock()

功能：给调度器解锁，与 OSSchedLock()成对使用(恢复任务调度)。

函数原型：

```
void OSSchedUnlock (void)
```

6. OSStart()

功能：启动多任务过程。

函数原型：

```
void OSStart (void) /* 在启动之前必须调用 OSInit()，并且已建立一个任务。其中
```

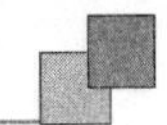

```
OSStartHighRdy()必须调用 OSTaskSwHook(),并令 OSRunning = TRUE * /
```

7. OSStatInit()

功能：确定 CPU 使用率(获取当系统中没有其他任务运行时，32 位计数器所能达到的最大值)。

函数原型：

```
void OSStatInit (void)
```

8. OSTimeTick()

功能：时钟节拍服务函数。

函数原型：

```
void OSTimeTick (void) / * 在每个时钟节拍了解每个任务的延时情况,使其中已经到延时时
                        限的非挂起任务进入就绪状态 * /
```

9. OSVersion()

功能：返回 μCOS 的版本号 * 100(获取当前 μCOS-II 的版本)。

函数原型：

```
INT16U OSVersion (void)
```

10. OS_Dummy()

功能：不做任何事情，被 OSTaskDel()调用。

函数原型：

```
void OS_Dummy (void)
```

11. OS_EventTaskRdy()

功能：使一个正在等待的任务进入就绪状态。

函数原型：

```
INT8U OS_EventTaskRdy (OS_EVENT * pevent, void * msg, INT8U msk)
//在调用函数 OS * * * Post()发送一个事件时被调用
```

12. OS_EventTaskWait()

功能：因一个事件未发生而挂起一个任务时被调用。

函数原型：

```
void OS_EventTaskWait (OS_EVENT * pevent)
```

13. OS_EventTO()

功能：使一个等待超时的任务进入就绪状态。
函数原型：

```
void OS_EventTO (OS_EVENT * pevent)
```

14. OS_EventWaitListInit()

功能：初始化事件控制块的等待列表。
函数原型：

```
void OS_EventWaitListInit (OS_EVENT * pevent)
//即令 ECB 中不含任务等待，被函数 OS * * * Create()调用
```

15. OS_Sched()

功能：实现任务级的调度。
函数原型：

```
void OS_Sched (void)
```

16. OS_TaskIdle()

功能：空闲任务。
函数原型：

```
void OS_TaskIdle (void * pdata)
//为使 CPU 在没有用户任务时有事可做
```

17. OS_TaskStat()

功能：统计任务。
函数原型：

```
void OS_TaskStat (void * pdata)
//每秒计算一次 CPU 在单位时间内的使用时间，并将计算结果以百分数的形式存放在
//OSCPUUsage 中，以便应用程序访问它来了解 CPU 的利用率
```

18. OS_TCBInit()

功能：为用户程序分配任务控制块及对其进行初始化。
函数原型：

```
INT8U OS_TCBInit (
      INT8U prio,                //任务的优先级别，存于 OSTCBPrio
      OS_STK * ptos,             //任务堆栈栈顶指针，存于 OSTCBStkPtr
```

```
OS_STK * pbos,                  //任务堆栈栈底指针,存于 OSTCBStkBottom
INT16U id,                      //任务的标识符,存于 OSTCBID
INT32U stk_size,                //任务堆栈长度,存于 OSTCBStkSize
void * pext,                    //任务控制块的扩展指针,存于 OSTCBExtPtr
INT16U opt)                     //任务控制块的选择项,存于 OSTCBOpt
```

31.9.3 OS_FLAG.c 文件中的库函数

1. OSFlagCreate()

功能:创建一个事件标识模块。

函数原型:

```
OS_FLAG_GRP * OSFlagCreate (OS_FLAGS flags,     //信号量的初始值
            INT8U * err)                        //指向错误代码
```

2. OS_FlagInit()

功能:初始化事件标识模块。

函数原型:

```
void OS_FlagInit (void)
//是 μCOS 的内部函数,应用程序不得调用该函数
```

3. OSFlagDel()

功能:删除一个事件标识模块。

函数原型:

```
OS_FLAG_GRP * OSFlagDel (OS_FLAG_GRP * pgrp,    //所要删除的信号量集的指针
            INT8U opt,                          //选择项
            INT8U * err)                        //错误信息
```

4. OSFlagPend()

功能:请求事件标识模块。

函数原型:

```
OS_FLAGS OSFlagPend (
        OS_FLAG_GRP * pgrp,         //所要请求的信号量集的指针
        OS_FLAGS flags,             //滤波器
        INT8U wait_type,            //等待类型
        INT16U timeout,             //延时时限
        INT8U * err)                //错误信息
```

5. OSFlagAccept( )

功能：在一个事件标识模块中检查状态标识。

函数原型：

```
OS_FLAGS OSFlagAccept (
        OS_FLAG_GRP * pgrp,         //所请求的信号量集的指针
        OS_FLAGS flags,             //请求的信号
        INT8U wait_type,            //逻辑运算类型
        INT8U * err)                //错误信息
```

6. OSFlagPost( )

功能：发送事件标识位。

函数原型：

```
OS_FLAGS OSFlagPost (
        OS_FLAG_GRP * pgrp,       //所发送的信号量集的指针
        OS_FLAGS flags,           //所要选择发送的信号
        INT8U opt,                //信号有效的选项
        INT8U * err)              //错误信息
```

7. OSFlagQuery( )

功能：查询事件标识模块。

函数原型：

```
OS_FLAGS OSFlagQuery (
        OS_FLAG_GRP * pgrp,       //待查询的信号量集的指针
        INT8U * err)              //错误信息
```

8. OS_FlagBlock( )

功能：挂起任务直到事件标识被接收或超时产生。

函数原型：

```
static void OS_FlagBlock (
            OS_FLAG_GRP * pgrp,         //信号量集的指针
            OS_FLAG_NODE * pnode,       //待添加的等待任务节点指针
            OS_FLAGS flags,             //指定等待信号的数据
            INT8U wait_type,            //信号与等待之间的逻辑
            INT16U timeout)             //等待时限
```

9. OS_FlagTaskRdy( )

功能：设定事件标识位使一个任务准备运行。

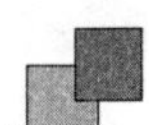

函数原型：

```
static BOOLEAN OS_FlagTaskRdy (OS_FLAG_NODE * pnode,
                               OS_FLAGS flags_rdy)
```

10. OS_FlagUnlink()

功能：从等待列表中删除事件标识节点。
函数原型：

```
void OS_FlagUnlink (OS_FLAG_NODE * pnode)
```

31.9.4 OS_MBOX.c 文件中的库函数

1. OSMboxAccept()

功能：查看指定的消息邮箱是否有需要的消息。
函数原型：

```
void * OSMboxAccept (OS_EVENT * pevent)
```

2. OSMboxCreate()

功能：创建消息邮箱。
函数原型：

```
OS_EVENT * OSMboxCreate (void * msg)
```

3. OSMboxDel()

功能：删除消息邮箱。
函数原型：

```
OS_EVENT * OSMboxDel (OS_EVENT * pevent, INT8U opt, INT8U * err)
```

4. OSMboxPend()

功能：请求消息邮箱。
函数原型：

```
void * OSMboxPend (OS_EVENT * pevent, INT16U timeout, INT8U * err)
```

5. OSMboxPost()

功能：通过消息邮箱向任务发送消息。
函数原型：

```
INT8U OSMboxPost (OS_EVENT * pevent, void * msg)
```

6. OSMboxPostOpt()

功能：以广播形式向事件等待任务表中的所有任务发送消息。

函数原型：

```
INT8U OSMboxPostOpt (OS_EVENT * pevent, void * msg, INT8U opt)
```

7. OSMboxQuery()

功能：查询取得消息邮箱的信息。

函数原型：

```
INT8U OSMboxQuery (OS_EVENT * pevent, OS_MBOX_DATA * pdata)
```

31.9.5 OS_MEM.c 文件中的库函数

1. OSMemCreate()

功能：创建动态内存(建立并初始化一个内存区)。

函数原型：

```
OS_MEM * OSMemCreate (
                      void * addr, INT32U nblks,
                      INT32U blksize,
                      INT8U * err)
```

2. OSMemGet()

功能：请求获得一个内存块(从内存区分配出一个内存块)。

函数原型：

```
void * OSMemGet (OS_MEM * pmem, INT8U * err)
```

3. OSMemPut()

功能：释放一个内存块。

函数原型：

```
INT8U OSMemPut (OS_MEM * pmem, void * pblk)
```

4. OSMemQuery()

功能：查询动态内存的状态(得到内存区的信息)。

函数原型：

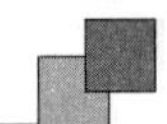

```
INT8U OSMemQuery (OS_MEM * pmem, OS_MEM_DATA * pdata)
```

5. OS_MemInit()

功能：初始化动态内存区。

函数原型：

```
void OS_MemInit (void)
```

31.9.6 OS_MUTEX.c 文件中的库函数

1. OSMutexAccept()

功能：无等待时间的请求互斥信号量。

函数原型：

```
INT8U OSMutexAccept (OS_EVENT * pevent, INT8U * err)
```

2. OSMutexCreate()

功能：创建互斥信号量。

函数原型：

```
OS_EVENT * OSMutexCreate (INT8U prio, INT8U * err)
```

3. OSMutexDel()

功能：删除互斥信号量。

函数原型：

```
OS_EVENT * OSMutexDel (OS_EVENT * pevent, INT8U opt, INT8U * err)
```

4. OSMutexPend()

功能：有等待时间的请求互斥信号量。

函数原型：

```
void OSMutexPend (OS_EVENT * pevent, INT16U timeout, INT8U * err)
```

5. OSMutexPost()

功能：发送互斥信号量。

函数原型：

```
INT8U OSMutexPost (OS_EVENT * pevent)
```

6. OSMutexQuery()

功能：获取互斥信号量的当前状态。
函数原型：

```
INT8U OSMutexQuery (OS_EVENT * pevent, OS_MUTEX_DATA * pdata)
```

31.9.7 OS_Q.c 文件中的库函数

1. OSQAccept()

功能：请求消息队列。
函数原型：

```
void * OSQAccept (OS_EVENT * pevent)
```

2. OSQCreate()

功能：创建消息队列。
函数原型：

```
OS_EVENT * OSQCreate (void * * start, INT16U size)
```

3. OSQDel()

功能：删除消息队列。
函数原型：

```
OS_EVENT * OSQDel (OS_EVENT * pevent, INT8U opt, INT8U * err)
```

4. OSQFlush()

功能：清空消息队列,并且忽略发往队列的所有消息。
函数原型：

```
INT8U OSQFlush (OS_EVENT * pevent)
```

5. OSQPend()

功能：请求一个消息队列。
函数原型：

```
void * OSQPend (OS_EVENT * pevent, INT16U timeout, INT8U * err)
```

6. OSQPost()

功能：以先进先出的方式向消息队列发送消息。

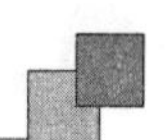

函数原型：

```
INT8U OSQPost (OS_EVENT *pevent, void *msg)
```

7. OSQPostFront()

功能：以后进先出的方式向消息队列发送消息（通过消息队列向任务发送消息）。

函数原型：

```
INT8U OSQPostFront (OS_EVENT *pevent, void *msg)
```

8. OSQPostOpt()

功能：以广播方式向消息队列发送消息。

函数原型：

```
INT8U OSQPostOpt (OS_EVENT *pevent, void *msg, INT8U opt)
```

9. OSQQuery()

功能：获取消息队列的当前状态。

函数原型：

```
INT8U OSQQuery (OS_EVENT *pevent, OS_Q_DATA *pdata)
```

10. OS_QInit()

功能：消息队列初始化。

函数原型：

```
void OS_QInit (void)
```

31.9.8　OS_SEM.c文件中的库函数

1. OSSemAccept()

功能：请求信号量(查看设备是否就绪或事件是否发生)。

函数原型：

```
INT16U OSSemAccept (OS_EVENT *pevent)
```

2. OSSemCreate()

功能：创建并初始化一个信号量。

函数原型：

```
OS_EVENT *OSSemCreate (INT16U cnt)
```

3. OSSemDel()

功能：删除一个信号量。
函数原型：

```
OS_EVENT *OSSemDel (OS_EVENT *pevent, INT8U opt, INT8U *err)
```

4. OSSemPend()

功能：请求信号量(如果信号量值大于0,则递减该信号量)。
函数原型：

```
void OSSemPend (OS_EVENT *pevent, INT16U timeout, INT8U *err)
```

5. OSSemPost()

功能：发送信号量(递增该信号量)。
函数原型：

```
INT8U OSSemPost (OS_EVENT *pevent)
```

6. OSSemQuery()

功能：获取信号量的当前状态。
函数原型：

```
INT8U OSSemQuery (OS_EVENT *pevent, OS_SEM_DATA *pdata)
```

31.9.9 OS_TASK.c 文件中的库函数

1. OSTaskChangePrio()

功能：任务优先级别的改变。
函数原型：

```
INT8U OSTaskChangePrio (INT8U oldprio, INT8U newprio)
```

2. OSTaskCreate()

功能：任务的创建。
函数原型：

```
INT8U OSTaskCreate (
      void (*task)(void *pd),
      void *pdata,
```

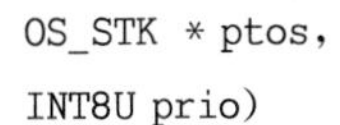

```
        OS_STK * ptos,
        INT8U prio)
```

3. OSTaskCreateExt()

功能：任务的另一种创建函数，更加灵活，但也增加了额外的开销。

函数原型：

```
INT8U OSTaskCreateExt (
        void     (* task)(void * pd),          //指向任务的指针
        void      * pdata,                     //传递给任务的参数
        OS_STK    * ptos,                      //指向任务堆栈栈顶的指针
        INT8U     prio,                        //创建任务的优先级
        INT16U    id,                          //任务的标识
        OS_STK    * pbos,                      //任务堆栈栈底的指针
        INT32U    stk_size,                    //任务堆栈的长度
        void      * pext,                      //指向附加数据域的指针
        INT16U    opt)                         //用于设定操作的选项
```

4. OSTaskDel()

功能：删除一个指定优先级的任务。

函数原型：

```
INT8U OSTaskDel (INT8U prio)
```

5. OSTaskDelReq()

功能：请求一个任务删除自身。

函数原型：

```
INT8U OSTaskDelReq (INT8U prio)
```

6. OSTaskResume()

功能：任务的恢复(唤醒一个用 OSTaskSuspend()函数挂起的任务)。

函数原型：

```
INT8U OSTaskResume (INT8U prio)
```

7. OSTaskStkChk()

功能：检查任务堆栈状态。

函数原型：

```
INT8U OSTaskStkChk (INT8U prio, OS_STK_DATA * pdata)
```

8. OSTaskSuspend()

功能：无条件挂起一个任务。
函数原型：

```
INT8U OSTaskSuspend (INT8U prio)
//可用来挂起自身或除空闲任务之外的任何任务
```

9. OSTaskQuery()

功能：用于获取任务信息。
函数原型：

```
INT8U OSTaskQuery (INT8U prio, OS_TCB * pdata)
```

31.9.10 OS_TIME.c 文件中的库函数

1. OSTimeDly()

功能：以时钟节拍数为单位的延时(延时范围为 0～65 535 个节拍)。
函数功能：

```
void OSTimeDly (INT16U ticks)
```

2. OSTimeDlyHMSM()

功能：以 h、min、s、ms 为单位的延时。
函数原型：

```
INT8U OSTimeDlyHMSM (
      INT8U hours,            //h
      INT8U minutes,          //min
      INT8U seconds,          //s
      INT16U milli)           //ms
```

3. OSTimeDlyResume()

功能：取消延时。
函数原型：

```
INT8U OSTimeDlyResume (INT8U prio)
//若任务比正在运行的任务级别高,则立即引发一次调度
```

4. OSTimeGet()

功能：获取当前系统时间数值。

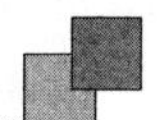

函数原型：

```
INT32U OSTimeGet (void)
```

5. OSTimeSet()

功能：设置当前系统时钟数值。

函数原型：

```
void OSTimeSet (INT32U ticks)
```

第 32 章

μCOS-II 实时操作系统入门及移植

下面以 μCOS-II 延时实验为例，给出详细操作步骤。本实验建立两个任务，分别驱动两个 LED 以不同的时间间隔（延时）闪烁。

32.1 下载 μCOS-II 源代码

从 http://Micrium.com/page/downloads/ports/st/stm32（下载资料需要注册账号）下载 μCOS-II 源代码。**注意：这个编译环境是已经移植在 IAR 开发环境的（已经分文件夹存放）。**未移植到 IAR 的从 http://Micrium.com/downloads/ Micrium-uCOS-II-V290.ZIP（未分文件夹）下载。

32.2 文件管理及工程管理

为了使移植及开发 μCOS-II 系统工程时不会太混乱，所以需要按照一定的规则建立分类文件夹，具体如下：

32.2.1 建立 μCOS-II 工程文件结构

新建一个文件目录 μCOSII_LED，在该目录下建立 BSP 文件夹、APP 文件夹、μCOS-II 文件夹、User 文件夹、System 文件夹和 Lib 文件夹，如图 32－1 所示。

BSP 文件夹：存放外设硬件驱动程序。例如，可以建立 LED.c 及 LED.h 文件。LED.c 文件包含 LED_Init()、LED1_ON()和 LED1_OFF()等函数。BSP 文件夹相当于之前的 Drive 文件夹。

APP 文件夹：存放应用软件任务。例如，可以创建任务 void App_Task_LED1

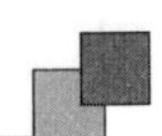

图 32-1　建立分类文件夹

(void * pdata)及 void App_Task_LED2(void * pdata)等。如果任务不在这里创建,则可以在 User 文件夹中创建。另外,还有 app_cfg. h 和 os_cfg. h 两个头文件: app_cfg. h,用于设置任务的优先级和栈大小;Os_cfg. h,通过修改它来达到裁剪系统的功能。

μCOS-II 文件夹: 下载的 μCOS-II 相关代码(包含 Ports 和 Source 两个子文件夹)。

User 文件夹: 存放主函数和中断服务函数。

System 文件夹: 存放 system_stm32f0xx. c 文件和 stm32f0xx_conf. h 文件。

Lib 文件夹: ST 公司的库函数。

另外,在建立新的工程后,开发环境还会自动建立 Objects、Listings 两个文件夹,其中,Objects 存放编译输出的调试信息文件及 HEX 文件,Listings 存放编译输出的列表文件。

32.2.2　建立工程 μCOSII_LED

建立工程 μCOSII_LED,如图 32-2 和图 32-3 所示。

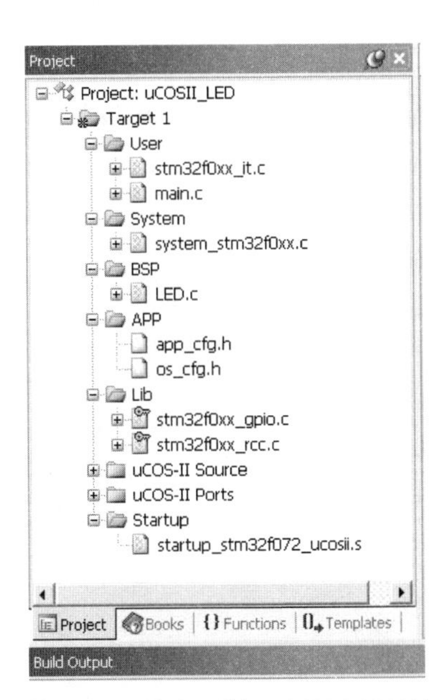

图 32-2　建立工程 μCOSII_LED(1)

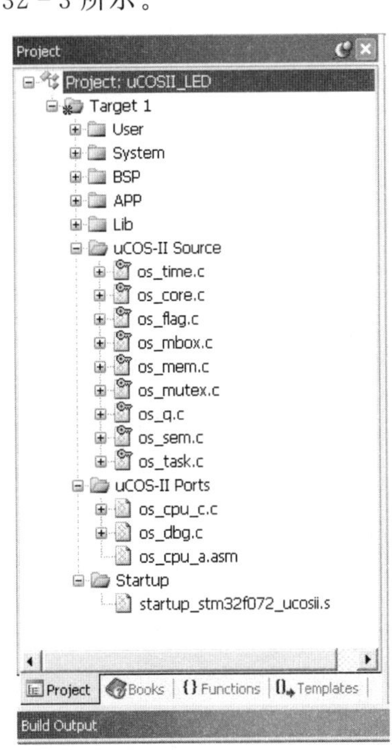

图 32-3　建立工程 μCOSII_LED(2)

工程目录建立好后，编译路径要包含的文件夹有：BSP，APP，μCOS-II 下的两个文件夹（μCOS-II\Parts 和 μCOS-II\Source），System 文件夹，User 文件夹，以及 Lib 下的两个子文件夹。

至此，全部工程的设置已完成，接下来就需要移植修改代码了。

32.3 配置 μCOS-II

从配置 μCOS-II 开始修改代码。**注意：**在这里进行的是最简单的驱动 LED 的实验，为此，需要把多余的模块去掉，等需要使用时再启用，以减小内核体积。

os_cfg.h 是用来配置系统功能的，需要通过修改它来达到裁剪系统功能的目的。在做实际项目时，通常也不会用完全部的 μCOS-II 功能，需要通过裁剪内核来避免浪费系统的宝贵资源。

配置 os_cfg.h 是每个入门移植 μCOS-II 的初学者应该学会的，os_cfg.h 的配置规律如表 32-1 所列。

表 32-1　os_cfg.h 配置表

文件名	分　类		配置宏	注　解
os_cfg.h	功能裁剪	任务	OS_TASK_CHANGE_PRIO_EN	改变任务优先级
			OS_TASK_CREATE_EN	—
			OS_TASK_CREATE_EXT_EN	—
			OS_TASK_DEL_EN	—
			OS_TASK_NAME_SIZE	—
			OS_TASK_PROFILE_EN	—
			OS_TASK_QUERY_EN	获得有关任务的信息
			OS_TASK_STAT_EN	使用统计任务
			OS_TASK_STAT_STK_CHK_EN	检测任务堆栈
			OS_TASK_SUSPEND_EN	—
			OS_TASK_SW_HOOK_EN	—
		信号量集	OS_FLAG_EN	—
			OS_FLAG_ACCEPT_EN	—
			OS_FLAG_DEL_EN	—
			OS_FLAG_QUERY_EN	—
			OS_FLAG_WAIT_CLR_EN	—

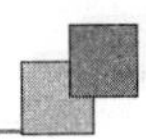

续表 32－1

文件名	分 类		配置宏	注 解
os_cfg.h	功能裁剪	消息邮箱	OS_MBOX_EN	—
			OS_MBOX_ACCEPT_EN	—
			OS_MBOX_DEL_EN	—
			OS_MOBX_PEND_ABORT_EN	—
			OS_MBOX_POST_EN	
			OS_MBOX_POST_OPT_EN	—
			OS_MBOX_QUERY_EN	—
		内存管理	OS_MEM_EN	—
			OS_MEM_QUERY_EN	—
		互斥信号量	OS_MUTEX_EN	—
			OS_MUTEX_ACCEPT_EN	—
			OS_MUTEX_DEL_EN	—
			OS_MUTEX_QUERY_EN	—
		队列	OS_Q_EN	—
			OS_Q_ACCEPT_EN	—
			OS_Q_DEL_EN	—
			OS_Q_FLUSH_EN	—
			OS_Q_PEND_ABORT_EN	—
			OS_Q_POST_EN	—
			OS_Q_POST_FRONT_EN	—
			OS_Q_POST_OPT_EN	—
			OS_Q_QUERY_EN	—
		信号量	OS_SEM_EN	—
			OS_SEM_ACCEPT_EN	—
			OS_SEM_DEL_EN	—
			OS_SEM_PEND_ABORT_EN	—
			OS_SEM_QUERY_EN	—
			OS_SEM_SET_EN	—
		时间管理	OS_TIME_DLY_HMSM_EN	—
			OS_TIME_DLY_RESUME_EN	—
			OS_TIME_GET_SET_EN	—
			OS_TIME_TICK_HOOK_EN	—

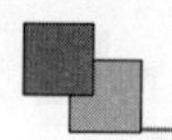

续表 32-1

文件名	分类		配置宏	注解
os_cfg.h	功能裁剪	定时器管理	OS_TMR_EN	—
		其他	OS_APP_HOOKS_EN	应用函数钩子函数
			OS_CPU_HOOKS_EN	CPU 钩子函数
			OS_ARG_CHK_EN	—
			OS_DEBUG_EN	调试
			OS_EVENT_MULTI_EN	使能多重事件控制
			OS_TICK_STEP_EN	使能节拍定时
			OS_SCHED_LOCK_EN	使能调度锁
	数据结构	任务	OS_MAX_TASKS	—
			OS_TASK_TMR_STK_SIZE	—
			OS_TASK_STAT_STK_SIZE	统计任务堆栈容量
			OS_TASK_IDLE_STK_SIZE	—
		信号量集	OS_MAX_FLAGS	—
			OS_FLAG_NAME_SIZE	—
			OS_FLAGS_NBITS	—
		内存管理	OS_MAX_MEM_PART	内存块的最大数目
			OS_MEM_NAME_SIZE	
		队列	OS_MAX_QS	消息队列的最大数目
		定时器管理	OS_TMR_CFG_MAX	—
			OS_TMR_CFG_NAME_SIZE	—
			OS_TMR_CFG_WHEEL_SIZE	—
			OS_TMR_CFG_TICKS_PER_SEC	—
		其他	OS_EVENT_NAME_SIZE	—
			OS_LOWEST_PRIO	最低优先级
			OS_MAX_EVENTS	事件控制块的最大数量
			OS_TICKS_PER_SEC	节拍定时器每 1 s 定时次数

需要对 os_cfg.h 进行如下修改：

① 禁用信号量、互斥信号量、邮箱、队列、信号量集、定时器和内存管理，关闭调试模式，代码如下：

```
#dsfine OS_FLAG_EN          0u          //禁用信号量集
#define OS_MBOX_EN          0u          //禁用邮箱
```

```
#define OS_MEM_EN            0u          //禁用内存管理
#define OS_MUTEX_EN          0u          //禁用互斥信号量
#define OS_Q_EN              0u          //禁用队列
#define OS_SEM_EN            0u          //禁用信号量
#define OS_TMR_EN            0u          //禁用定时器
#define OS_DEBUG_EN          0u          //禁用调试
```

② 目前应用软件的钩子函数、多重事件用不到，需禁用，代码如下：

```
#dofine OS_APP_HOOKS_EN      0u
#define OS_EVENT_EN          0
```

上面所做的修改主要是把一些功能去掉，减小内核的体积，利于调试。用到时，再开启相应的功能。

注意： 配置时，有可能会出现无法通过编译的情况。例如，提示某个变量没声明等，一方面可能是用户自己配置的问题，另一方面可能是作者的代码不够完善。

32.4　创建任务

1. 编写 app_cfg.h

用来设置任务的优先级和栈大小，代码如下：

```
#ifndef   __APP_CFG_H__
#define   __APP_CFG_H__
/*………………设置任务优先级……………… */
#define   APP_TASK_LED1_PRIO      3
#define   APP_TASK_LED2_PRIO      4
/*…………设置栈大小(单位为 OS_STK)………… */
#define   APP_TASK_LED1_STK_SIZE      128
#define   APP_TASK_LED2_STK_SIZE      128
/********** 库优化使能 *******************/
#define   uC_CFG_OPTIMIZE_ASM_EN      DEF_ENABLED
#define   LIB_STR_CFG_FP_EN        DEF_DISABLED
#endif
```

2. 编写 app.c

创建 LED 显示任务(可以不用 app.c，直接将任务放在 main.c 中)，代码如下：

```
void App_Task_LED1(void * pdata)
{
    pdata = pdata;
    for (;;)
```

```
        {
            LED1_ON();
            OSTimeDlyHMSM(0, 0, 0, 500);
            LED1_OFF();
            OSTimeDlyHMSM(0, 0, 0, 500);
        }
}
⋮
```

3. 编写 app. h 头文件

注意：如果没有 app. c，就不需要 app. h 头文件。

编写 app. h 头文件的代码如下：

```
#ifndef   _APP_H_
#define   _APP_H_
/********** 用户函数声明 **********/
void App_Task_LED1(void * pdata);
void App_Task_LED2(void * pdata);
#endif
```

32.5 创建 main 函数

创建 main 函数的代码如下：

```
#include "stm32f0xx.h"
#include "ucos_ii.h"
#include "led.h"
void Delay(__IO uint32_t nCount);                              //延时函数声明
/****** 建立任务堆栈 ***************/
static   OS_STK   App_Task_LED1_Stk[APP_TASK_LED1_STK_SIZE];
static   OS_STK   App_Task_LED2_Stk[APP_TASK_LED2_STK_SIZE];
/**************** App_Task_LED1 任务 **********************/
void App_Task_LED1(void * pdata)
{
    pdata = pdata;
    for (;;)
    {
        LED1_ON();
        OSTimeDlyHMSM(0, 0, 0, 500);                           //延时 500 节拍
        LED1_OFF();
```

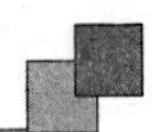

```
        OSTimeDlyHMSM(0, 0, 0, 500);
    }
}
/*************** App_Task_LED2 任务 *************************/
void App_Task_LED2(void * pdata)
{
    pdata = pdata;
    for (;;)
    {
        LED2_ON();
        OSTimeDly(100);
        LED2_OFF();
        OSTimeDly(100);
    }
}
/********* 主函数,硬件初始化,实现 LED1 和 LED2 闪烁 ************/
int main(void)
{
    INT8U os_err;
    LED_Init();
    LED1_ON(); LED2_ON();
    Delay(500);
    LED1_OFF(); LED2_OFF();
    Delay(500);
    OSInit();
    OS_CPU_SysTickInit();
    //创建 LED1 闪烁的任务
    os_err = OSTaskCreate( App_Task_LED1,
                          (void * ) 0,
                          (OS_STK * ) &App_Task_LED1_Stk[APP_TASK_LED1_STK_SIZE - 1],
                          (INT8U) APP_TASK_LED1_PRIO);
    //创建 LED2 闪烁的任务
    os_err = OSTaskCreate( App_Task_LED2,
                          (void * ) 0,
                          (OS_STK * ) &App_Task_LED2_Stk[APP_TASK_LED2_STK_SIZE - 1],
                          (INT8U ) APP_TASK_LED2_PRIO);
    os_err = os_err;                            //仅仅是清除这个变量未使用的编译警告
    //启动 μCOS 操作系统
    OSStart ();
```

```
}
/************** 延时函数 ******************/
void Delay(__IO uint32_t nCount)
{
    int i,j;
    //利用循环来延时一定的时间
    for (i = 0; i<nCount; i++)
        for (j = 0; j<5000; j++)
            ;
}
```

32.6 编译及应用

编译之后，下载到实验板，实验板上的 LED1 和 LED2 以不同的频率闪烁（见图 32-4），这说明 μCOS-II 移植成功了。

图 32-4 实验板上的 LED1 和 LED2 以不同的频率闪烁

第 33 章

μCOS-II 事件标志组设计实验

33.1 事件标志组

事件标志组有两项任务：一是用于保存当前事件组中各种状态的标志位；二是等待这些标志位置位或等待某些标志位清零。可以用 8 位、16 位或 32 位的序列表示事件标志组，每一位表示一个事件的发生。要使系统支持事件标志组功能，需要在 os_cfg.h 文件中打开 OS_FLAG_EN 选项。

如果一个任务需要等待多个事件的同时发生或者多个事件中某个事件发生才能转为就绪态，就可以考虑使用事件标志组进行任务的同步通信。

以下为事件标志组的函数及功能：

- OSFlagCreate()：建立一个事件标志组。事件标志组数据结构包括：指针类型、等待事件标志组的任务列表以及表明当前事件标志状态的位。
- OSFlagDel()：删除一个事件标志组，在删除事件标志组前必须先删除操作该事件标志组的所有任务。
- OSFlagPend()：等待事件标志组的事件标志位。
- OSFlagPost()：置位或清 0 事件标志组中的事件标志。
- OSFlagAccept()：无等待地获得事件标志组中的事件标志，可以被 ISR 调用。
- OSFlagQuery()：查询事件标志组的状态。

其中，OSFlagCreate()、OSFlagDel()和 OSFlagPend()只能被任务调用，不能被中断调用，其他的服务任务和中断都可调用。

33.2 手动测试仪设计实验

1. 实验要求

本实验建立 key 和 task1～task9 共 10 个任务。每按动一次 K1 键，key 任务就向 task1～task8 任务分别发送不同的事件标志。按下 K2 键后，key 任务向 task9 任务发送 0x0100 事件标志。在 task1～task9 任务分别接收到不同的事件标志后进行动作或停止，即步进测试实验。

2. 实验电路原理

参考 Mini STM32 DEMO 开发板电路原理图：

- PA0——K1；
- PA1——K2；
- PC10——LCD_RS：TFT-LCD 命令/数据选择(0，读/写命令；1，读/写数据)；
- PC11——LCD_CS：TFT-LCD 片选；
- PD2——LCD_WR：向 TFT-LCD 写入数据；
- PC12——LCD_RD：从 TFT-LCD 读取数据；
- PC7～PC0——DB[15:8]：TFT-LCD 16 位双向数据线的高 8 位；
- PB7～PB0——DB[7:0]：TFT-LCD 16 位双向数据线的低 8 位；
- NRST——NRST：TFT-LCD 复位信号。

3. 源程序文件及分析

新建一个文件目录 μCOSII_FLAG_HAND，在 RealView MDK 集成开发环境中创建一个工程项目 μCOSII_FLAG_HAND. uvprojx 于此目录中。

在 File 菜单下新建如下的源文件 main. c，编写源程序代码后保存在 User 文件夹下，再把 main. c 文件添加到 User 组中。

```
#include "stm32f0xx.h"
#include "ucos_ii.h"
#include "LED.h"
#include "W25Q16.h"
#include "ILI9325.h"
#include "KEY.h"
uint8_t i;
uint16_t xpos = 0,ypos = 50;                  //定义液晶显示器,初始化 X、Y 坐标
OS_FLAG_GRP    * MyFlagsKey;                  //创建指向事件标志组类型的指针
uint16_t tsk_cnt = 0x0000;                    //执行任务的计数器
void Delay(__IO uint32_t nCount);
/****** 建立 10 个任务堆栈 ***************/
```

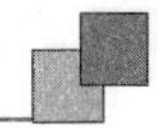

```
OS_STK key_stk[64];
OS_STK task1_stk[64];
OS_STK task2_stk[64];
OS_STK task3_stk[64];
OS_STK task4_stk[64];
OS_STK task5_stk[64];
OS_STK task6_stk[64];
OS_STK task7_stk[64];
OS_STK task8_stk[64];
OS_STK task9_stk[64];
//=======任务 key =================
void key(void * pdata)
{
      INT8U err;
      pdata = pdata;
      while(1)
      {
        if(Check_KEY(GPIOA,GPIO_Pin_0) == 0) //如果 K1 键被按下
        {
              if(tsk_cnt<8)tsk_cnt++;
              switch(tsk_cnt)
              {
                case 1: OSFlagPost(MyFlagsKey,0x0001,OS_FLAG_SET, &err);break;
                                    //发送事件的标志给任务 1
                case 2: OSFlagPost(MyFlagsKey,0x0002,OS_FLAG_SET, &err);break;
                                    //发送事件的标志给任务 2
                case 3: OSFlagPost(MyFlagsKey,0x0004,OS_FLAG_SET, &err);break;
                                    //发送事件的标志给任务 3
                case 4: OSFlagPost(MyFlagsKey,0x0008,OS_FLAG_SET, &err);break;
                                    //发送事件的标志给任务 4
                case 5: OSFlagPost(MyFlagsKey,0x0010,OS_FLAG_SET, &err);break;
                                    //发送事件的标志给任务 5
                case 6: OSFlagPost(MyFlagsKey,0x0020,OS_FLAG_SET, &err);break;
                                    //发送事件的标志给任务 6
                case 7: OSFlagPost(MyFlagsKey,0x0040,OS_FLAG_SET, &err);break;
                                    //发送事件的标志给任务 7
                case 8: OSFlagPost(MyFlagsKey,0x0080,OS_FLAG_SET, &err);break;
                                    //发送事件的标志给任务 8
                default:break;
              }
              while((Check_KEY(GPIOA,GPIO_Pin_0) == 0));//等待释放 K1 键
        }
```

```
        else if(Check_KEY(GPIOA,GPIO_Pin_1) == 0)      //如果 K2 键被按下
        {
                tsk_cnt = 0;
                OSFlagPost(MyFlagsKey,0x0100,OS_FLAG_SET, &err);
                //发送标志给任务 9
                while(Check_KEY(GPIOA,GPIO_Pin_1) == 0);//等待释放 K2 键
        }
            OSTimeDlyHMSM(0, 0, 0, 100);    //每 100 ms 检测一次按键
    }
}
//======= 任务 1 ================
void task1 (void * pdata)
{
        INT8U err;
        pdata = pdata;
        while(1)
        {
          OSFlagPend(MyFlagsKey,0x0001,OS_FLAG_WAIT_SET_ALL + OS_FLAG_CONSUME,0,
          &err);
          xpos = 0;ypos = 50;
          LCD_Fill(xpos,ypos,xpos + 24,ypos + 24,RED);
        }
}
//======= 任务 2 ==============
void task2 (void * pdata)
{
        INT8U err;
        pdata = pdata;
        while(1)
        {
          OSFlagPend(MyFlagsKey,0x0002,OS_FLAG_WAIT_SET_ALL + OS_FLAG_CONSUME,0,
          &err);
          xpos = 24;
          LCD_Fill(xpos,ypos,xpos + 24,ypos + 24,RED);
        }
}
//======= 任务 3 ============
void task3 (void * pdata)
{
        INT8U err;
        pdata = pdata;
        while(1)
```

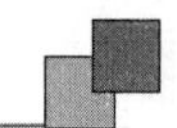

```
        {
          OSFlagPend(MyFlagsKey,0x0004,OS_FLAG_WAIT_SET_ALL + OS_FLAG_CONSUME,0,
          &err);
          xpos = 48;
          LCD_Fill(xpos,ypos,xpos + 24,ypos + 24,RED);
        }
}
//======= 任务 4 ==============
void task4 (void * pdata)
{
        INT8U err;
        pdata = pdata;
        while(1)
        {
          OSFlagPend(MyFlagsKey,0x0008,OS_FLAG_WAIT_SET_ALL + OS_FLAG_CONSUME,0,
          &err);
          xpos = 72;
          LCD_Fill(xpos,ypos,xpos + 24,ypos + 24,RED);
        }
}
//======= 任务 5 ==============
void task5 (void * pdata)
{
        INT8U err;
        pdata = pdata;
        while(1)
        {
          OSFlagPend(MyFlagsKey,0x0010,OS_FLAG_WAIT_SET_ALL + OS_FLAG_CONSUME,0,
          &err);
          xpos = 96;
          LCD_Fill(xpos,ypos,xpos + 24,ypos + 24,RED);
        }
}
//======= 任务 6 ==============
void task6 (void * pdata)
{
        INT8U err;
        pdata = pdata;
        while(1)
        {
          OSFlagPend(MyFlagsKey,0x0020,OS_FLAG_WAIT_SET_ALL + OS_FLAG_CONSUME,0,
          &err);
```

```
            xpos = 120;
            LCD_Fill(xpos,ypos,xpos + 24,ypos + 24,RED);
        }
}
//======= 任务 7 =================
void task7 (void * pdata)
{
        INT8U err;
        pdata = pdata;
        while(1)
        {
            OSFlagPend(MyFlagsKey,0x0040,OS_FLAG_WAIT_SET_ALL + OS_FLAG_CONSUME,0,
            &err);
            xpos = 144;
            LCD_Fill(xpos,ypos,xpos + 24,ypos + 24,RED);
        }
}
//======= 任务 8 =================
void task8 (void * pdata)
{
        INT8U err;
        pdata = pdata;
        while(1)
        {
            OSFlagPend(MyFlagsKey,0x0080,OS_FLAG_WAIT_SET_ALL + OS_FLAG_CONSUME,0,
            &err);
            xpos = 168;
            LCD_Fill(xpos,ypos,xpos + 24,ypos + 24,RED);
        }
}
//======= 任务 9 ====================
void task9 (void * pdata)
{
        INT8U err;
        pdata = pdata;
        while(1)
        {
            OSFlagPend(MyFlagsKey,0x0100,OS_FLAG_WAIT_SET_ALL + OS_FLAG_CONSUME,0,
            &err);
            for(i = 0;i<192;i = i + 24) LCD_Fill(i,ypos,i + 24,ypos + 24,BLUE);
            xpos = 0;ypos = 50;
        }
```

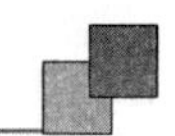

```
}
//********** 面板初始化内容框架 ************
void PANEL_Init(void)
{
    LCD_Clear(WHITE);                       //整屏显示白色
    POINT_COLOR = BLACK;
    BACK_COLOR = WHITE;
    for(i = 0;i<192;i = i + 24) LCD_Fill(i,ypos,i + 24,ypos + 24,BLUE);
    LCD_ShowString(2, 5, "操作系统“步进测试”演示实验");
}
/*************************************************************
* FunctionName    : main()
* Description     :主函数
* EntryParameter  : None
* ReturnValue     : None
*************************************************************/
int main(void)
{
    INT8U os_err;
    SystemInit();                           //调用系统初始化
    SPI_FLASH_Init();                       //初始化字库芯片
    LCD_init();                             //液晶显示器初始化
    PANEL_Init();                           //面板初始化内容
    LED_Init();
    LED1_ON(); LED2_ON();
    Delay(500);
    LED1_OFF(); LED2_OFF();
    Delay(500);
    OSInit();                               //μCOS-II 系统初始化
    OS_CPU_SysTickInit();                   //系统节拍初始化
    //创建 key 任务
    os_err = OSTaskCreate( key,
                           (void *) 0,
                           (OS_STK *) &key_stk[64 - 1],
                           (INT8U) 1);  //优先级为 1
    //创建 task1 任务
    os_err = OSTaskCreate( task1,
                           (void *) 0,
                           (OS_STK *) &task1_stk[64 - 1],
                           (INT8U) 2);  //优先级为 2
    //创建 task2 任务
    os_err = OSTaskCreate( task2,
```

```
                                (void * ) 0,
                                (OS_STK * ) &task2_stk[64 - 1],
                                (INT8U) 3);  //优先级为 3
    //创建 task3 任务
    os_err = OSTaskCreate( task3,
                                (void * ) 0,
                                (OS_STK * ) &task3_stk[64 - 1],
                                (INT8U) 4);  //优先级为 4
    //创建 task4 任务
    os_err = OSTaskCreate( task4,
                                (void * ) 0,
                                (OS_STK * ) &task4_stk[64 - 1],
                                (INT8U) 5);  //优先级为 5
    //创建 task5 任务
    os_err = OSTaskCreate( task5,
                                (void * ) 0,
                                (OS_STK * ) &task5_stk[64 - 1],
                                (INT8U) 6);  //优先级为 6
    //创建 task6 任务
    os_err = OSTaskCreate( task6,
                                (void * ) 0,
                                (OS_STK * ) &task6_stk[64 - 1],
                                (INT8U) 7);  //优先级为 7
    //创建 task7 任务
    os_err = OSTaskCreate( task7,
                                (void * ) 0,
                                (OS_STK * ) &task7_stk[64 - 1],
                                (INT8U) 8);  //优先级为 8
    //创建 task8 任务
    os_err = OSTaskCreate( task8,
                                (void * ) 0,
                                (OS_STK * ) &task8_stk[64 - 1],
                                (INT8U) 9);  //优先级为 9
    //创建 task9 任务
    os_err = OSTaskCreate( task9,
                                (void * ) 0,
                                (OS_STK * ) &task9_stk[64 - 1],
                                (INT8U) 10);  //优先级为 10
    MyFlagsKey = OSFlagCreate(0x0000,&os_err);//创建按键的标志,初值为 0x0000
    os_err = os_err;                     //仅仅是清除这个变量未使用的编译警告
    OSStart ();                          //启动 μCOS-II 操作系统
}
```

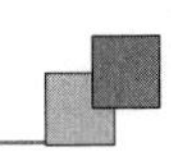

```
/*************************************************************
 * FunctionName      : Delay
 * Description       : 延时函数
 * EntryParameter    : nCount：指定延时的时间长度
 * ReturnValue       : None
*************************************************************/
void Delay(__IO uint32_t nCount)
{
    int i,j;
    //利用循环来延时一定的时间
    for (i = 0; i<nCount; i++ )
        for (j = 0; j<5000; j++ )
            ;
}
#ifdef  USE_FULL_ASSERT
/*************************************************************
 * FunctionName      : assert_failed
 * Description       : 报告在检查参数发生错误时的源文件名和错误行数
 * EntryParameter    : file:指向错误文件的源文件名;line:错误的源代码所在行数
 * ReturnValue       : None
*************************************************************/
void assert_failed(uint8_t * file, uint32_t line)
{
    /* 用户可以增加自己的代码用于报告错误的文件名和所在行数
       例如,printf("错误参数值:文件名 %s 在 %d 行\r\n", file, line) */
    /* 死循环 */
    while (1)
    {
    }
}
#endif
/****************(C) COPYRIGHT ************文件结束 *******/
```

限于篇幅，这里只分析了 main.c 文件，完整程序请看工程文件，其可以根据购买本书后得到的密码，从北京航空航天大学出版社网站上下载获得。

4. 实验结果

编译通过后，可以使用 J-link 仿真器调试程序，最后将程序下载到 STM32F072 芯片中。上电运行后，每按动一下 K1 键，TFT-LCD 上的滚动条就移动一格，这说明设备可以根据按下键的次数进行单步控制运行；按下 K2 键复位，回到初始状态。实验照片如图 33-1 所示。

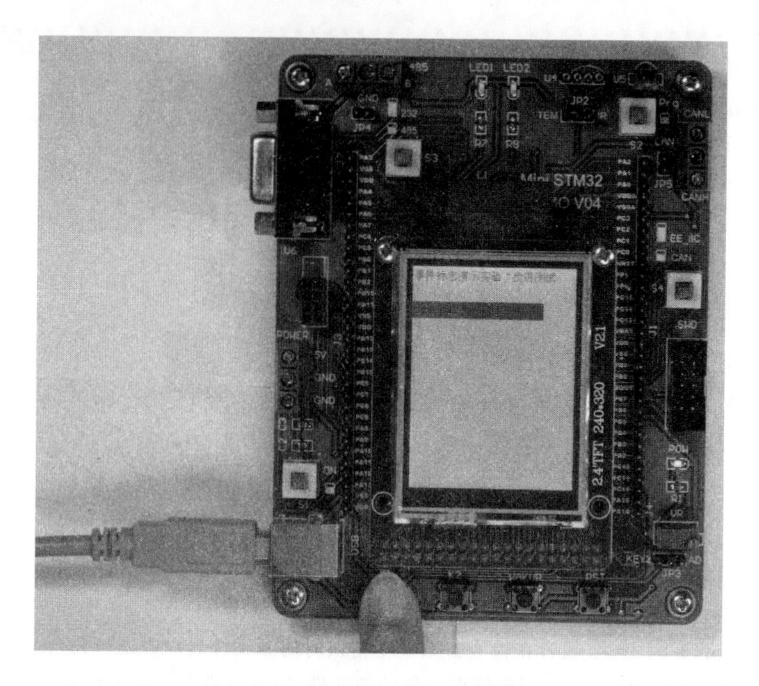

图 33-1　手动测试仪设计实验照片

33.3　自动测试仪设计实验

1. 实验要求

本实验建立 key 和 TEST 两个任务。按动 K1 键，进入自动单步运行状态；按下 K2 键复位，回到初始状态。本实验适合设计自动测试机，即自动步进测试实验。

2. 实验电路原理

- PA0——K1 ；
- PA1——K2；
- PC10——LCD_RS：TFT-LCD 命令/数据选择(0，读/写命令；1，读/写数据)；
- PC11——LCD_CS：TFT-LCD 片选；
- PD2——LCD_WR：向 TFT-LCD 写入数据；
- PC12——LCD_RD：从 TFT-LCD 读取数据；
- PC7～PC0——DB[15：8]：TFT-LCD 16 位双向数据线的高 8 位；
- PB7～PB0——DB[7：0]：TFT-LCD 16 位双向数据线的低 8 位；
- NRST——NRST：TFT-LCD 复位信号。

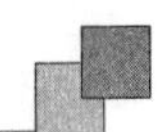

3. 源程序文件及分析

新建一个文件目录 μCOSII_FLAG_AUTO，在 RealView MDK 集成开发环境中创建一个工程项目 μCOSII_FLAG_AUTO. uvprojx 于此目录中。

在 File 菜单下新建如下的源文件 main. c，编写源程序代码后保存在 User 文件夹下，再把 main. c 文件添加到 User 组中。

```
#include "stm32f0xx.h"
#include "ucos_ii.h"
#include "LED.h"
#include "W25Q16.h"
#include "ILI9325.h"
#include "KEY.h"
uint8_t i;
uint16_t xpos = 0,ypos = 50;                    //定义液晶显示器,初始化 X、Y 坐标
OS_FLAG_GRP  * flag;                            //创建事件标志组指针
uint16_t STEP = 0;                              //测试步数
uint16_t TIME = 1000;                           //每步时长
void Delay(__IO uint32_t nCount);
/****** 建立任务堆栈 ***************/
static    OS_STK key_stk[128];
static    OS_STK TEST_stk[128];
//======= 任务 key ===========
void key(void *  pdata)
{
    INT8U err;
    pdata = pdata;
    while(1)
    {
        if(Check_KEY(GPIOA,GPIO_Pin_0) == 0)              //如果 K1 键被按下
        {
            OSFlagPost(flag,0x0001,OS_FLAG_SET,&err);     //发送标志给任务 TEST
            while((Check_KEY(GPIOA,GPIO_Pin_0) == 0));    //等待释放 K1 键
        }
        else if(Check_KEY(GPIOA,GPIO_Pin_1) == 0)         //如果 K2 键被按下
        {
            OSFlagPost(flag,0x0002,OS_FLAG_SET,&err);     //发送标志给任务 TEST
            while(Check_KEY(GPIOA,GPIO_Pin_1) == 0);      //等待释放 K2 键
        }
        OSTimeDlyHMSM(0, 0, 0, 100);                      //每 100 ms 检测一次按键
    }
}
```

```
//======= 测试任务 ============
void TEST (void * pdata)
{
    INT8U err;
    pdata = pdata;

    while(1)
    {
        switch(STEP)
        {
            case 0: OSFlagPend(flag,0x0001,OS_FLAG_WAIT_SET_ALL|
                                        //等待 flag 指向的空间接收到 0x0001 标志信号
                    OS_FLAG_CONSUME,0xffff,&err);        //等待 0xffff 节拍
                    xpos = 0;ypos = 50;
                    LCD_Fill(xpos,ypos,xpos + 24,ypos + 24,RED);
                                                          //测试完成,转向下一步
                    STEP = 10;//TIME = 100;
                    break;
            case 10:xpos = 24;ypos = 50;
                    LCD_Fill(xpos,ypos,xpos + 24,ypos + 24,RED);
                    STEP = 20;//TIME = 90;
                    break;
            case 20:xpos = 48;ypos = 50;
                    LCD_Fill(xpos,ypos,xpos + 24,ypos + 24,RED);
                    STEP = 30;//TIME = 80;
                    break;
            case 30:xpos = 72;ypos = 50;
                    LCD_Fill(xpos,ypos,xpos + 24,ypos + 24,RED);
                    STEP = 40;//TIME = 70;
                    break;
            case 40:xpos = 96;ypos = 50;
                    LCD_Fill(xpos,ypos,xpos + 24,ypos + 24,RED);
                    STEP = 50;//TIME = 60;
                    break;
            case 50:xpos = 120;ypos = 50;
                    LCD_Fill(xpos,ypos,xpos + 24,ypos + 24,RED);
                    STEP = 60;//TIME = 50;
                    break;
            case 60:xpos = 144;ypos = 50;
                    LCD_Fill(xpos,ypos,xpos + 24,ypos + 24,RED);
                    STEP = 70;//TIME = 40;
                    break;
```

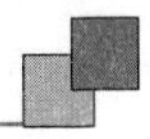

```
            case 70:xpos = 168;ypos = 50;
                    LCD_Fill(xpos,ypos,xpos + 24,ypos + 24,RED);
                    STEP = 1000;//TIME = 30;//模拟测试成功
                    break;
            case 1000:OSFlagPend(flag,0x0002,OS_FLAG_WAIT_SET_ALL|
                                           //等待 flag 指向的空间接收到 0x0002 标志信号
                      OS_FLAG_CONSUME,0xffff,&err);      //等待 0xffff 节拍
                    xpos = 0;ypos = 50;
                    for(i = 0;i<192;i = i + 24) LCD_Fill(i,ypos,i + 24,ypos + 24,
                    BLUE);
                    STEP = 0;//TIME = 50;                //等待复位
                    break;
            default:break;
        }
      OSTimeDlyHMSM(0, 0, 0, TIME);                      //每步的时长可以调整
      }
}
//*********** 面板初始化内容框架 ************
void PANEL_Init(void)
{
    LCD_Clear(WHITE);                                    //整屏显示白色
    POINT_COLOR = BLACK;
    BACK_COLOR = WHITE;
    for(i = 0;i<192;i = i + 24) LCD_Fill(i,ypos,i + 24,ypos + 24,BLUE);
    LCD_ShowString(2, 5, "操作系统“自动步进测试”演示实验");
}
/*************************************************************
 * FunctionName    : main()
 * Description     :主函数
 * EntryParameter  : None
 * ReturnValue     : None
*************************************************************/
int main(void)
{
    INT8U os_err;
    SystemInit();                                        //调用系统初始化
    SPI_FLASH_Init();                                    //初始化字库芯片
    LCD_init();                                          //液晶显示器初始化
    PANEL_Init();                                        //面板初始化内容
    LED_Init();
    LED1_ON(); LED2_ON();
    Delay(500);
```

```
    LED1_OFF(); LED2_OFF();
    Delay(500);
    OSInit();                                              //μCOS-II 系统初始化
    OS_CPU_SysTickInit();                                  //系统节拍初始化
    //创建 key 任务
    os_err = OSTaskCreate( key,
                          (void *) 0,
                          (OS_STK *) &key_stk[128 - 1],
                          (INT8U) 2);                      //优先级为 2
    //创建 TEST 任务
    os_err = OSTaskCreate( TEST,
                          (void *) 0,
                          (OS_STK *) &TEST_stk[128 - 1],
                          (INT8U) 3);                      //优先级为 3
    flag = OSFlagCreate(0,&os_err);       //创建事件标识组(开辟空间,信号量初值为 0)
    os_err = os_err;                          //仅仅是清除这个变量未使用的编译警告
    OSStart ();                                            //启动 μCOS-II 操作系统
}
/*****************************************************************
* FunctionName      : Delay
* Description       : 延时函数
* EntryParameter    : nCount: 指定延时的时间长度
* ReturnValue       : None
*****************************************************************/
void Delay(__IO uint32_t nCount)
{
    int i,j;
    //利用循环来延时一定的时间
    for (i = 0; i<nCount; i++)
        for (j = 0; j<5000; j++)
            ;
}
#ifdef  USE_FULL_ASSERT
/*****************************************************************
* FunctionName      : assert_failed
* Description       : 报告在检查参数发生错误时的源文件名和错误行数
* EntryParameter    : file:指向错误文件的源文件名;line:错误的源代码所在行数
* ReturnValue       : None
*****************************************************************/
void assert_failed(uint8_t * file, uint32_t line)
{
    /* 用户可以增加自己的代码用于报告错误的文件名和所在行数
```

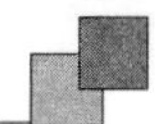

```
    例如,printf("错误参数值:文件名 %s 在 %d 行\r\n", file, line) */
  /*死循环*/
  while (1)
  {

  }
}
#endif
/*****************(C) COPYRIGHT ************ 文件结束 *******/
```

限于篇幅,这里只分析了 main.c 文件,完整程序请看工程文件,其可以根据购买本书后得到的密码,从北京航空航天大学出版社网站上下载获得。

4. 实验结果

编译通过后,可以使用 J-link 仿真器调试程序,最后将程序下载到 STM32F072 芯片中。上电运行后,按动一下 K1 键,液晶上的滚动条自动步进移动,直到完成,这说明设备已经进入自动运行状态;按下 K2 键复位,回到初始状态。实验照片如图 33－2所示。

图 33－2　自动测试仪设计实验照片

33.4 中断发送事件标志实验

1. 实验要求

本实验建立 3 个任务——key、task1 和 task2。按下 K1 键后发送事件标志 0x0001,task1 任务收到事件标志 0x0001 后控制 LED1 点亮;按下 K2 键后产生外部中断,可以在中断函数中发送事件标志 0x0002,task2 任务收到事件标志 0x0002 后控制 LED1 翻转(快速响应)。

2. 实验电路原理

参考 Mini STM32 DEMO 开发板电路原理图:

- PA0——K1;
- PA1——K2;
- PA2——LED1;
- PA3——LED2。

3. 源程序文件及分析

新建一个文件目录 μCOSII_FLAG_INT,在 RealView MDK 集成开发环境中创建一个工程项目 μCOSII_FLAG_INT.uvprojx 于此目录中。

在 File 菜单下新建如下的源文件 main.c,编写源程序代码后保存在 User 文件夹下,再把 main.c 文件添加到 User 组中。

```
#include "stm32f0xx.h"
#include "ucos_ii.h"
#include "LED.h"
#include "W25Q16.h"
#include "ILI9325.h"
#include "kEY.h"
#include "KEYINT.h"
uint8_t i;
uint16_t xpos = 0,ypos = 50;                //定义液晶显示器,初始化 X、Y 坐标
OS_FLAG_GRP    * MyFlagsKey;                //创建指向事件标志组类型的指针
uint16_t tsk_cnt = 0x0000;                  //执行任务的计数器
void Delay(__IO uint32_t nCount);
/****** 建立 3 个任务堆栈 ***************/
OS_STK key_stk[64];
OS_STK task1_stk[64];
OS_STK task2_stk[64];
//======= 任务 key
```

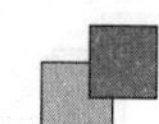

```
void key(void * pdata)
{
    INT8U err;
    pdata = pdata;
    while(1)
    {
        if(Check_KEY(GPIOA,GPIO_Pin_0) == 0)              //如果 K1 键被按下
        {
            OSFlagPost(MyFlagsKey,0x0001,OS_FLAG_SET, &err);
            while((Check_KEY(GPIOA,GPIO_Pin_0) = = 0));//等待释放 K1 键
        }
        OSTimeDlyHMSM(0, 0, 0, 100);                      //每 100 ms 检测一次按键
    }
}
//======= 任务 1 接收按键传来的标志
void task1 (void * pdata)
{
    INT8U err;
    pdata = pdata;
    while(1)
    {
        OSFlagPend(MyFlagsKey,0x0001,OS_FLAG_WAIT_SET_ALL + OS_FLAG_CONSUME,0,
        &err);
        LED1_ON();                                        //灯亮
    }
}
//======= 任务 2 接收中断传来的标志
void task2 (void * pdata)
{
    INT8U err;
    pdata = pdata;
    while(1)
    {
        OSFlagPend(MyFlagsKey,0x0002,OS_FLAG_WAIT_SET_ALL + OS_FLAG_CONSUME,0,
        &err);
        LED1_Toggle();                                    //灯翻转
    }
}
//*********** 面板初始化内容框架 ************
void PANEL_Init(void)
{
    LCD_Clear(WHITE);                                     //整屏显示白色
```

```
    POINT_COLOR = BLACK;
    BACK_COLOR = WHITE;
    for(i = 0;i<192;i = i + 24) LCD_Fill(i,ypos,i + 24,ypos + 24,BLUE);
    LCD_ShowString(2, 5, "操作系统“中断测试”演示实验");
}
/***********************************************************
* FunctionName    : main()
* Description     :主函数
* EntryParameter  : None
* ReturnValue     : None
***********************************************************/
int main(void)
{
    INT8U os_err;
    SystemInit();                                    //调用系统初始化
    SPI_FLASH_Init();                                //初始化字库芯片
    LCD_init();                                      //液晶显示器初始化
    PANEL_Init();                                    //面板初始化内容
    KEYINT_Init();
    LED_Init();
    LED1_ON(); LED2_ON();
    Delay(500);
    LED1_OFF(); LED2_OFF();
    Delay(500);
    OSInit();                                        //μCOS-II 系统初始化
    OS_CPU_SysTickInit();                            //系统节拍初始化
    //创建 key 任务
    os_err = OSTaskCreate( key,
                          (void * ) 0,
                          (OS_STK * ) &key_stk[64 - 1],
                          (INT8U) 2);                //优先级为 2
    //创建 task1 任务
    os_err = OSTaskCreate( task1,
                          (void * ) 0,
                          (OS_STK * ) &task1_stk[64 - 1],
                          (INT8U) 3);                //优先级为 3
    //创建 task2 任务
    os_err = OSTaskCreate( task2,
                          (void * ) 0,
                          (OS_STK * ) &task2_stk[64 - 1],
                          (INT8U) 1);                //优先级为 1
    MyFlagsKey = OSFlagCreate(0x0000,&os_err);     //创建按键的标志,初值为 0x0000
```

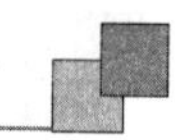

```
    os_err = os_err;                          //仅仅是清除这个变量未使用的编译警告
    OSStart ();                                      //启动 μSOS-II 操作系统
}
/*************************************************************************
* FunctionName      : Delay
* Description       : 延时函数
* EntryParameter    : nCount: 指定延时的时间长度
* ReturnValue       : None
*************************************************************************/
void Delay(__IO uint32_t nCount)
{
    int i,j;
    //利用循环来延时一定的时间
    for (i = 0; i<nCount; i++)
        for (j = 0; j<5000; j++)
            ;
}
#ifdef  USE_FULL_ASSERT
/*************************************************************************
* FunctionName      : assert_failed
* Description       : 报告在检查参数发生错误时的源文件名和错误行数
* EntryParameter    : file:指向错误文件的源文件名;line:错误的源代码所在行数
* ReturnValue       : None
*************************************************************************/
void assert_failed(uint8_t * file, uint32_t line)
{
    /* 用户可以增加自己的代码用于报告错误的文件名和所在行数
       例如,printf("错误参数值:文件名 %s 在 %d 行\r\n", file, line) */
    /* 死循环 */
    while (1)
    {

    }
}
#endif
/****************(C) COPYRIGHT ************ 文件结束 ********/
```

限于篇幅，这里只分析了 main.c 文件，完整程序请看工程文件，其可以根据购买本书后得到的密码，从北京航空航天大学出版社网站上下载获得。

打开 User 文件夹，在该文件夹中找到 stm32f0xx_it.c 文件，然后从该文件中找到下面的 void EXTI0_1_IRQHandler(void)中断函数，添加如下内容：

```
void EXTI0_1_IRQHandler(void)
{
  INT8U err;
  if(EXTI_GetITStatus(EXTI_Line0) != RESET)
  {
        /* Clear the EXTI line 0 pending bit */
    EXTI_ClearITPendingBit(EXTI_Line0);
    OSFlagPost(MyFlagsKey,0x0002,OS_FLAG_SET, &err);
  }
}
```

4. 实验结果

编译通过后，可以使用 J-link 仿真器调试程序，最后将程序下载到 STM32F072 芯片中。按动 K1 键发送事件标志 0x0001 控制 LED1 亮；按下 K2 键进入中断，在中断函数中发送事件标志 0x0002。实验照片如图 33－3 所示。

图 33－3　中断发送事件标志实验照片

第 34 章

μCOS-II 消息邮箱设计实验

34.1 消息邮箱

消息邮箱为一种通信机制，可以使一个任务或者中断服务子程序向另一个任务发送一个指针型的变量，通常该指针指向一个包含了消息的特定数据结构。

创建邮箱：

```
OS_EVENT * OSMboxCreate(void * msg); //建立一个邮箱,并对邮箱定义指针的初始值
```

一般情况下该值为 NULL，但也可以初始化一个邮箱，使其在最开始就包含一条消息。如果使用邮箱的目的是通知一个事件的发生（发送一个消息），则初始化该邮箱为空，即 NULL，因为在开始时很有可能事件没有发生；如果用邮箱共享某些资源，则要初始化该邮箱为一个非空的值，此时邮箱被当作一个二值信号量使用。

以下为消息邮箱的函数及功能：

- OSMboxDel()：删除一个邮箱，在删除邮箱前必须先删除操作该邮箱的所有任务。
- OSMboxPend()：等待邮箱中的消息。
- OSMboxPost()：向邮箱发送一条消息。
- OSMboxPostOpt()：向邮箱发送一条消息，增强功能，可以广播。
- OSMboxAccept()：无等待地从邮箱得到一条消息。
- OSMboxQuery()：查询一个邮箱的状态。

其中，OSMboxDel()、OSMboxPend()和 OSMboxQuery()只有任务可以调用，中断不能调用，其他函数两者均可调用。

使用邮箱时需注意：

① 可使用的最大邮箱数由配置文件决定。

② 可用邮箱作为二值信号量，可在其与信号量之间选择其一。

③ 可用邮箱实现延时，取代 OSTimeDly()函数的功能。

34.2 消息邮箱设计实验

1. 实验要求

本实验建立 key 和 rev 两个任务。

按下 K1 键后，key 任务将消息发送到邮箱，同时 LED1 亮；如果接收任务 rev 从邮箱收到该消息，则控制 LED2 点亮。

2. 实验电路原理

参考 Mini STM32 DEMO 开发板电路原理图：

- PA0——K1
- PA1——K2；
- PA2——LED1；
- PA3——LED2；
- PC10——LCD_RS：TFT-LCD 命令/数据选择(0，读/写命令；1，读/写数据)；
- PC11——LCD_CS：TFT-LCD 片选；
- PD2——LCD_WR：向 TFT-LCD 写入数据；
- PC12——LCD_RD：从 TFT-LCD 读取数据；
- PC7～PC0——DB[15:8]：TFT-LCD 16 位双向数据线的高 8 位；
- PB7～PB0——DB[7:0]：TFT-LCD 16 位双向数据线的低 8 位；
- NRST——NRST：TFT-LCD 复位信号。

3. 源程序文件及分析

新建一个文件目录 μCOSII_MAILBOX，在 RealView MDK 集成开发环境中创建一个工程项目 μCOSII_MAILBOX.uvprojx 于此目录中。

在 File 菜单下新建如下的源文件 main.c，编写源程序代码后保存在 User 文件夹下，再把 main.c 文件添加到 User 组中。

```
#include "stm32f0xx.h"
#include "ucos_ii.h"
#include "LED.h"
#include "W25Q16.h"
#include "ILI9325.h"
#include "KEY.h"
uint16_t xpos = 0,ypos = 50;                    //定义液晶显示器,初始化 X、Y 坐标
OS_EVENT * msg_mbox;                            //事件指针
```

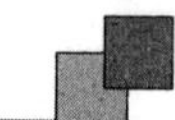

```
void Delay(__IO uint32_t nCount);
/******建立任务堆栈 ***************/
OS_STK    key_stk[256];
OS_STK    rev_stk[256];
//=======任务 key
void key(void * pdata)
{
    INT8U key;
    pdata = pdata;
    while(1)
    {
        if(Check_KEY(GPIOA,GPIO_Pin_0) == 0)              //如果 K1 键被按下
        {
            key = 5;
            OSMboxPost(msg_mbox,&key);//将键值 0x05 发送到邮箱,邮箱地址为 msg_mbox

            LED1_ON();                                    //LED1 点亮
            while(Check_KEY(GPIOA,GPIO_Pin_0) == 0);     //等待释放 K1 键
        }
        OSTimeDlyHMSM(0, 0, 0, 100);                //每 10 个节拍(100 ms)检测一次按键
    }
}
//=======任务 rev
void rev(void * pdata)
{
    INT8U err;
    INT8U  * msg;
    INT8U rev_data;
    pdata = pdata;
    while(1)
    {
        msg = OSMboxPend(msg_mbox,0,&err);              //在无限长的时间内等待邮箱消息
        rev_data = * msg;               //收到消息后将消息指向的内容传送到 rev_data
        if((err = = OS_ERR_NONE)&&(rev_data == 5))        //如果消息符合
        {
            LED2_ON();                                    //LED2 ON 表明已收到消息
            LCD_ShowString(0, 170, "LED2 亮表明收到邮箱消息!");
            LCD_ShowNum(0,190,rev_data,3);
        }
        else
        {
            LED1_OFF();
```

```
            LED2_OFF();
            LCD_ShowNum(0,190,rev_data,3);
        }
    }
}
//********** 面板初始化内容框架 ************
void PANEL_Init(void)
{
    LCD_Clear(WHITE);                                   //整屏显示白色
    POINT_COLOR = RED;
    BACK_COLOR = YELLOW;
    LCD_ShowString(0, 5, "“邮箱测试”演示实验");
}
/************************************************************************
 * FunctionName     : main()
 * Description      :主函数
 * EntryParameter   : None
 * ReturnValue      : None
************************************************************************/
int main(void)
{
    INT8U os_err;
    SystemInit();                                       //调用系统初始化
    SPI_FLASH_Init();                                   //初始化字库芯片
    LCD_init();                                         //液晶显示器初始化
    PANEL_Init();                                       //面板初始化内容
    KEY_Init();
    LED_Init();
    LED1_ON(); LED2_ON();
    Delay(500);
    LED1_OFF(); LED2_OFF();
    Delay(500);
    OSInit();                                           //μCOS-II 系统初始化
    OS_CPU_SysTickInit();                               //系统节拍初始化
    //创建任务 key
    os_err = OSTaskCreate( key,
                          (void *) 0,
                          (OS_STK *) &key_stk[256 - 1],
                          (INT8U) 2);                   //优先级为 2
    //创建任务 rev
    os_err = OSTaskCreate( rev,
                          (void *) 0,
```

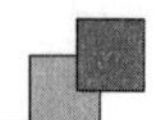

```
                        (OS_STK * ) &rev_stk[256 - 1],
                        (INT8U) 3);                     //优先级为 3
    os_err = os_err;                              //仅仅是清除这个变量未使用的编译警告
    msg_mbox = OSMboxCreate((void * )0);          //创建消息邮箱,将地址返回 msg_mbox 中
    POINT_COLOR = BLACK;
    BACK_COLOR = YELLOW;
    LCD_ShowString(0, 30, "按下 K1 键将消息存入邮箱!");
    OSStart ();                                         //启动 μCOS-II 操作系统
}
/*******************************************************************
* FunctionName    : Delay
* Description     : 延时函数
* EntryParameter  : nCount: 指定延时的时间长度
* ReturnValue     : None
*******************************************************************/
void Delay(__IO uint32_t nCount)
{
    int i,j;
    //利用循环来延时一定的时间
    for (i = 0; i<nCount; i ++ )
        for (j = 0; j<5000; j ++ )
            ;
}
#ifdef  USE_FULL_ASSERT
/*******************************************************************
* FunctionName    : assert_failed
* Description     : 报告在检查参数发生错误时的源文件名和错误行数
* EntryParameter  : file:指向错误文件的源文件名;line:错误的源代码所在行数
* ReturnValue     : None
*******************************************************************/
void assert_failed(uint8_t * file, uint32_t line)
{
    /* 用户可以增加自己的代码用于报告错误的文件名和所在行数
       例如,printf("错误参数值:文件名 %s 在 %d 行\r\n", file, line) */
    /* 死循环 */
    while (1)
    {
    }
}
#endif
/**************** (C) COPYRIGHT *********** 文件结束 *********/
```

限于篇幅，这里只分析了 main.c 文件，完整程序请看工程文件，其可以根据购买本书后得到的密码，从北京航空航天大学出版社网站上下载获得。

4. 实验结果

编译通过后，可以使用 J-link 仿真器调试程序，最后将程序下载到 STM32F072 芯片中。按动 K1 键，LED1 点亮，同时可以观察到 LED2 也马上点亮，这表明通过邮箱正确地传递了消息。实验照片如图 34－1 所示。

图 34－1　消息邮箱设计实验照片

第 35 章

μCOS-II 动态内存分配设计实验

1. 实验要求

上电后创建动态内存区；然后从已经建立的内存分区中申请内存块，并分别存入A、B、C、D，以及 H、I、J、K 字符，同时将其显示在 TFT-LCD 上；最后释放申请的内存块。

2. 实验电路原理

参考 Mini STM32 DEMO 开发板电路原理图：

- PC10——LCD_RS：TFT-LCD 命令/数据选择(0，读/写命令；1，读/写数据)；
- PC11——LCD_CS：TFT-LCD 片选；
- PD2——LCD_WR：向 TFT-LCD 写入数据；
- PC12——LCD_RD：从 TFT-LCD 读取数据；
- PC7～PC0——DB[15:8]：TFT-LCD 16 位双向数据线的高 8 位；
- PB7～PB0——DB[7:0]：TFT-LCD 16 位双向数据线的低 8 位；
- NRST——NRST：TFT-LCD 复位信号。

3. 源程序文件及分析

新建一个文件目录 μCOSII_MEM，在 RealView MDK 集成开发环境中创建一个工程项目 μCOSII_MEM.uvprojx 于此目录中。

在 File 菜单下新建如下的源文件 main.c，编写源程序代码后保存在 User 文件夹下，再把 main.c 文件添加到 User 组中。

```
#include "stm32f0xx.h"
#include "ucos_ii.h"
#include "LED.h"
#include "W25Q16.h"
#include "ILI9325.h"
```

```
#include "KEY.h"
uint16_t xpos = 0,ypos = 50;                    //定义液晶显示器,初始化 X、Y 坐标
OS_MEM * IntBuffer;                              //定义内存分区指针
INT8U IntPart[4][16];        //划分一个 4 内存块,每个内存块长度是 16 个字节的内存分区
INT8U * IntBlkPtr;                               //定义内存块指针
void Delay(__IO uint32_t nCount);                //函数声明
void  StartTask(void * data);
void  MyTask(void * data);
/****** 建立任务堆栈 ***************/
OS_STK   StartTaskStk[128];
OS_STK   MyTaskStk[128];
//============= StartTask 任务
void  StartTask(void * pdata)
{
    INT8U err;
    err = err;
    pdata = pdata;
    //OS_ENTER_CRITICAL();                       //进入关键代码之前关中断
    //……………………
    //OS_EXIT_CRITICAL();                        //退出关键代码之前开中断
    OSStatInit();                                //系统统计初始化
    OSTaskCreate(MyTask, (void *)0, &MyTaskStk[128 - 1], 3); //创建任务 MyTask
    while(1)
    {
        OSTimeDlyHMSM(0,0,1,0);
    }
}
//======= 任务 MyTask
void MyTask(void * pdata)
{
    INT8U err;
    pdata = pdata;
    err = err;
    while(1)
    {
        IntBlkPtr = OSMemGet(IntBuffer,&err);
                                   //请求内存块,从已经建立的内存分区中申请一个内存块
        * IntBlkPtr = 'A';                       //在申请到的内存块中存入 1
        //注意,应用程序在使用内存块时,必须知道内存块的大小,并且在使用时不能超过
        //该容量
        LCD_ShowString(0, 190, IntBlkPtr); //显示消息
        *++ IntBlkPtr = 'B';  //
```

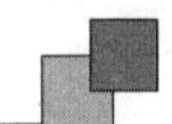

```
        LCD_ShowString(100, 190, IntBlkPtr); //显示消息
        IntBlkPtr -- ;   //
        OSMemPut(IntBuffer,IntBlkPtr);      //释放内存块
        //当应用程序不再使用这个内存块后,必须及时把它释放
        //函数中的第一个参数 IntBuffer 为内存块所属的内存分区的指针,IntBlkPtr 为
        //待释放内存块指针
        //当使用函数 OSMemPut()释放内存块时,一定要确保把该内存块释放到它原来所属
        //的内存分区中,否则会引起灾难性的后果
        OSTimeDlyHMSM(0,0,1,0);             //等待 1 s
    }
}
//********** 面板初始化内容框架 ************
void PANEL_Init(void)
{
    LCD_Clear(WHITE);                          //整屏显示白色
    POINT_COLOR = RED;
    BACK_COLOR = YELLOW;
    LCD_ShowString(0, 5, "“内存区测试”演示实验");
}
/*******************************************************
* FunctionName    : main()
* Description     :主函数
* EntryParameter  : None
* ReturnValue     : None
*******************************************************/
int main(void)
{
    INT8U err;
    err = err;
    SystemInit();                              //调用系统初始化
    SPI_FLASH_Init();                          //初始化字库芯片
    LCD_init();                                //液晶显示器初始化
    PANEL_Init();                              //面板初始化内容
    KEY_Init();
    LED_Init();
    LED1_ON(); LED2_ON();
    Delay(500);
    LED1_OFF(); LED2_OFF();
    Delay(500);
    OSInit();                                  //μCOS-II 系统初始化
    OS_CPU_SysTickInit();                      //系统节拍初始化
    IntBuffer = OSMemCreate(IntPart,4,16,&err);
```

```
    //创建动态内存区,IntPart 为内存分区的起始地址,内存块数目 4 个,每个内存块 16 字节
    OSTaskCreate(StartTask,(void *) 0,&StartTaskStk[128 - 1],5);
    //创建启动任务 StartTask,堆栈 512,优先级 5
    OSStart ();                              //启动 μCOS-II 操作系统
}
/*******************************************************************
* FunctionName    : Delay
* Description     : 延时函数
* EntryParameter  : nCount: 指定延时的时间长度
* ReturnValue     : None
*******************************************************************/
void Delay(__IO uint32_t nCount)
{
    int i,j;
    //利用循环来延时一定的时间
    for (i = 0; i<nCount; i ++ )
        for (j = 0; j<5000; j ++ )
            ;
}
#ifdef  USE_FULL_ASSERT
/*******************************************************************
* FunctionName    : assert_failed
* Description     : 报告在检查参数发生错误时的源文件名和错误行数
* EntryParameter  : file:指向错误文件的源文件名;line:错误的源代码所在行数
* ReturnValue     : None
*******************************************************************/
void assert_failed(uint8_t * file, uint32_t line)
{
    /* 用户可以增加自己的代码用于报告错误的文件名和所在行数
       例如,printf("错误参数值:文件名 %s 在 %d 行\r\n", file, line) */
    /* 死循环 */
    while (1)
    {
    }
}
#endif
/******************** (C) COPYRIGHT *******************/
```

限于篇幅,这里只分析了 main.c 文件,完整程序请看工程文件,其可以根据购买本书后得到的密码,从北京航空航天大学出版社网站上下载获得。

4. 实验结果

编译通过后,可以使用 J-link 仿真器调试程序,最后将程序下载到 STM32F072

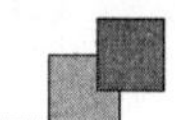

芯片中。上电后可以看到 TFT-LCD 上显示 A、B、C、D，以及 H、I、J、K 字符，这说明内存块的申请、写入及释放操作均正常。实验照片如图 35－1 所示。

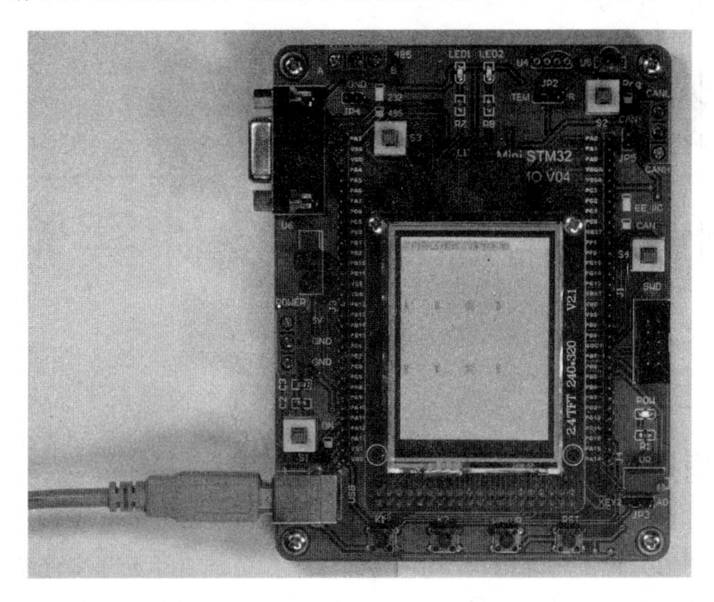

图 35－1　动态内存分配设计实验照片

第 36 章

μCOS-II 消息队列设计实验

36.1 消息队列

消息队列为另外一种通信机制,它允许一个任务或者中断服务子程序向另一个任务发送以指针方式定义的变量或其他任务。因具体应用不同,所以每个指针指向的包含了消息的数据结构的变量类型也有所不同。

以下为消息队列的函数及功能:

- OSQCreate():建立一个消息队列,并给它赋予两个参数:指向消息数组的指针和数组的大小。
- OSQDel():删除一个消息队列,在删除一个消息队列前必须先删除所有可能用到这个消息队列的任务。
- OSQPend():等待消息队列中的消息,返回消息指针。
- OSQPost():向消息队列发送一条消息(基于 FIFO,先进先出)。
- OSQPostFront():向消息队列发送一条消息(基于 LIFO,后进先出)。
- OSQPostOpt():向消息队列发送一条消息(FIFO 或 LIFO)。
- OSQAccept():无等待地从消息队列获得消息。
- OSQFlush():清空消息队列,清空队列中的所有消息以重新使用。
- OSQQuery():查询消息队列的状态。

其中,OSQDel()、OSQPend()和 OSQQuery()只有任务可以调用,中断不能调用,其他函数两者均可调用。

消息队列的使用特点:

① 可使用消息队列读取模拟量的值。

② 消息队列可用作计数型信号量。

③ 使用消息队列的方式消耗的是消息队列指针指向的数据类型的变量,原来可

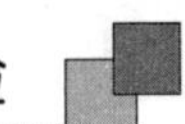

以用信号量来管理的每个共享资源都需要占用一个队列控制块，因此，消息队列与信号量相比，节省了代码空间，但牺牲了 RAM 空间。

④ 当用计数型信号量管理的共享资源很多时，消息队列方式的效率非常低。

36.2 消息队列设计实验

1. 实验要求

通过邮箱来传递消息队列。本实验建立 key 和 rev 两个任务。上电后定义两个消息，发送任务中通过检测按下 K1 键或 K2 键，将不同的消息地址发送到邮箱中。接收任务扫描消息队列，接收到不同的消息地址后调用相应的处理函数(本例中将不同消息显示在 TFT-LCD 上)。

2. 实验电路原理

参考 Mini STM32 DED0 开发板电路原理图：

- PA0——K1；
- PA1——K2；
- PA2——LED1；
- PA3——LED2；
- PC10——LCD_RS：TFT-LCD 命令/数据选择(0，读/写命令；1，读/写数据)；
- PC11——LCD_CS：TFT-LCD 片选；
- PD2——LCD_WR：向 TFT-LCD 写入数据；
- PC12——LCD_RD：从 TFT-LCD 读取数据；
- PC7～PC0——DB[15:8]：TFT-LCD 16 位双向数据线的高 8 位；
- PB7～PB0——DB[7:0]：TFT-LCD 16 位双向数据线的低 8 位；
- NRST——NRST：TFT-LCD 复位信号。

3. 源程序文件及分析

新建一个文件目录 μCOSII_Q，在 RealView MDK 集成开发环境中创建一个工程项目 μCOSII_Q. uvprojx 于此目录中。

在 File 菜单下新建如下的源文件 main. c，编写源程序代码后保存在 User 文件夹下，再把 main. c 文件添加到 User 组中。

```
#include "stm32f0xx.h"
#include "ucos_ii.h"
#include "LED.h"
#include "W25Q16.h"
#include "ILI9325.h"
#include "KEY.h"
```

```
uint16_t xpos = 0,ypos = 50;                  //定义液晶显示器,初始化 X、Y 坐标
OS_EVENT * KeyQEvent;                          //定义事件指针
void * Qstart[20];                  /* 定义消息队列的指针数组,可容纳 20 条消息 */
INT8U * Qmsg_K1 = "msg1";                      /* 定义一条消息 */
INT8U * Qmsg_K2 = "msg2";                      /* 定义一条消息 */
void Delay(__IO uint32_t nCount);
/****** 建立任务堆栈 ***************/
OS_STK     key_stk[256];
OS_STK     rev_stk[256];
//======= 任务 key
void key(void * pdata)
{
    INT8U err;
    err = err;
    pdata = pdata;
    while(1)
    {
        if(Check_KEY(GPIOA,GPIO_Pin_0) == 0)              //如果 K1 键被按下
        {
            err = OSQPost(KeyQEvent, Qmsg_K1);
                                   /* 将 Qmsg_K1 消息的地址发送到 KeyQEvent 邮箱中 */
            LED1_ON();                                    //LED1 点亮
            while(Check_KEY(GPIOA,GPIO_Pin_0) == 0);      //等待释放 K1 键
        }
        else if(Check_KEY(GPIOA,GPIO_Pin_1) == 0)         //如果 K2 键被按下
        {
            OSQPost(KeyQEvent, Qmsg_K2);
                                   /* 将 Qmsg_K2 消息的地址发送到 KeyQEvent 邮箱中 */
            LED2_ON();                                    //LED2 点亮
            while(Check_KEY(GPIOA,GPIO_Pin_1) == 0);      //等待释放 K2 键
        }
        OSTimeDlyHMSM(0, 0, 0, 100);                      //每 100 ms 检测一次按键
    }
}
//======= 任务 rev
void rev(void * pdata)
{
    INT8U  * msg;
    INT8U err;
    pdata = pdata;
    err = err;
    while(1)
```

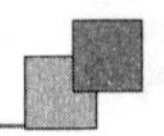

```
    {
        msg = (INT8U *)OSQPend(KeyQEvent,10,&err);         //扫描消息队列
        if(err = = OS_ERR_NONE)                             //如果邮箱中有消息通知
        {
            if(msg = = Qmsg_K1)            /* 如果是 Qmsg_K1 地址,则执行如下代码 */
            {
                LCD_ShowString(0, 130, "收到 K1 键按下的消息!");
                LCD_ShowString(0, 150, Qmsg_K1);            //显示消息内容
            }
            else if(msg = = Qmsg_K2)/* 如果是 Qmsg_K2 地址,则执行如下代码 */
            {
                LCD_ShowString(0, 170, "收到 K2 键按下的消息!");
                LCD_ShowString(0, 190, Qmsg_K2);            //显示消息内容
            }
        }
    }
}
//********** 面板初始化内容框架 ************
void PANEL_Init(void)
{
    LCD_Clear(WHITE);                                       //整屏显示白色
    POINT_COLOR = RED;
    BACK_COLOR = YELLOW;
    LCD_ShowString(0, 5, "“消息队列测试”演示实验");
}
/*************************************************************
* FunctionName      : main()
* Description       :主函数
* EntryParameter    : None
* ReturnValue       : None
*************************************************************/
int main(void)
{
    INT8U os_err;
    SystemInit();                                           //调用系统初始化
    SPI_FLASH_Init();                                       //初始化字库芯片
    LCD_init();                                             //液晶显示器初始化
    PANEL_Init();                                           //面板初始化内容
    KEY_Init();
    LED_Init();
    LED1_ON(); LED2_ON();
    Delay(500);
```

```
    LED1_OFF(); LED2_OFF();
    Delay(500);
    OSInit();                                          //μCOS-II 系统初始化
    OS_CPU_SysTickInit();                              //系统节拍初始化
    //创建任务 key
    os_err = OSTaskCreate( key,
                          (void * ) 0,
                          (OS_STK * ) &key_stk[256 - 1],
                          (INT8U) 2);                  //优先级为 2
    //创建任务 rev
    os_err = OSTaskCreate( rev,
                          (void * ) 0,
                          (OS_STK * ) &rev_stk[256 - 1],
                          (INT8U) 3);                  //优先级为 3
    os_err = os_err;                          //仅仅是清除这个变量未使用的编译警告
    KeyQEvent = OSQCreate(&Qstart[0],20);   /* 创建一个消息队列,可容纳 20 条消息 */

    POINT_COLOR = BLACK;
    BACK_COLOR = YELLOW;
    LCD_ShowString(0, 30, "按下 K1 键将消息 1 存入邮箱!");
    LCD_ShowString(0, 50, "按下 K2 键将消息 2 存入邮箱!");
    OSStart ();                                        //启动 μCOS-II 操作系统
}
/*************************************************************
 * FunctionName    : Delay
 * Description     : 延时函数
 * EntryParameter  : nCount: 指定延时的时间长度
 * ReturnValue     : None
*************************************************************/
void Delay(__IO uint32_t nCount)
{
    int i,j;
    //利用循环来延时一定的时间
    for (i = 0; i<nCount; i++)
        for (j = 0; j<5000; j++)
            ;
}
#ifdef  USE_FULL_ASSERT
/*************************************************************
 * FunctionName    : assert_failed
 * Description     : 报告在检查参数发生错误时的源文件名和错误行数
 * EntryParameter  : file:指向错误文件的源文件名;line:错误的源代码所在行数
```

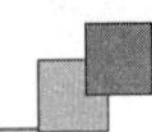

```
* ReturnValue     : None
*****************************************************************************/
void assert_failed(uint8_t * file, uint32_t line)
{
    /* 用户可以增加自己的代码用于报告错误的文件名和所在行数
       例如,printf("错误参数值:文件名 %s在 %d行\r\n", file, line) */
    /* 死循环 */
    while (1)
    {


    }
}
#endif
/******************** (C) COPYRIGHT *****************/
```

限于篇幅,这里只分析了 main.c 文件,完整程序请看工程文件,其可以根据购买本书后得到的密码,从北京航空航天大学出版社网站上下载获得。

4. 实验结果

编译通过后,可以使用 J-link 仿真器调试程序,最后将程序下载到 STM32F072 芯片中。按下 K1 键后,TFT-LCD 显示消息"Msg1";按下 K2 键,则 TFT-LCD 显示消息"Msg2",这说明通过邮箱来传递消息队列实验是成功的。实验照片如图 36-1 所列。

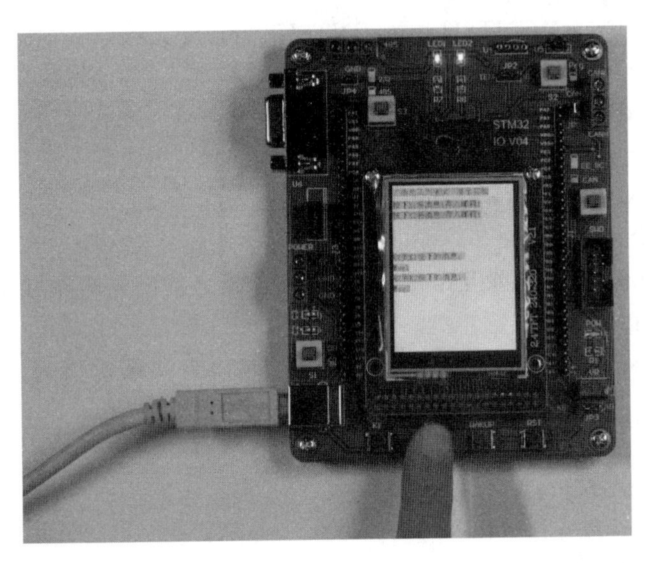

图 36-1　消息队列设计实验照片

第 37 章

μCOS-II 互斥量设计实验

37.1 互斥信号量

在某些情况下，多个任务需要对硬件资源进行独占式访问。所谓独占式访问，是指在任意时刻只能有一个任务访问和控制某个资源，而且必须等到该任务访问完成并释放该资源后，其他任务才能对此资源进行访问。这个时候需要使用互斥信号量（简称“互斥量”）来处理共享资源。

以下为互斥量的函数及功能：

- OSMutexCreate (INT8U prio, INT8U * err)：
  建立一个互斥量。
- OSMutexPend (OS_EVENT * pevent, INT16U timeout, INT8U * err)：
  等待一个互斥量(处在挂起状态)。
- OSMutexPost (OS_EVENT * pevent)：
  释放一个互斥量。
- OSMutexDel()：删除互斥量，在删除互斥量之前应先删除可能用到该互斥量的所有任务。
- OSMutexPend()：等待一个互斥量(挂起)，定义超时值为 0 时则无限期等待。
- OSMutexPost()：释放一个互斥量。
- OSMutexAccept()：
  无等待地获取互斥量(不挂起)。
- OSMutexQuery()：
  获取互斥量的当前状态。

所有服务只能用于任务与任务之间，不能用于任务与中断服务子程序之间。

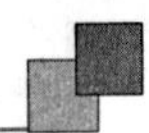

37.2 互斥量设计实验

1. 实验要求

本实验建立 task1～task3 共 3 个任务。用互斥量加锁(互锁)控制多个任务的执行。当任务 1 置红色时,任务 2 不能置绿色;当任务 2 置绿色时,任务 1 不能置红色;任务 3 独立显示在 TFT-LCD 上(不受互斥量影响)。

2. 实验电路原理

参考 Mini STM32 DEMO 开发板电路原理图:

- PC10——LCD_RS: TFT-LCD 命令/数据选择(0,读/写命令;1,读/写数据);
- PC11——LCD_CS: TFT-LCD 片选;
- PD2——LCD_WR: 向 TFT-LCD 写入数据;
- PC12——LCD_RD: 从 TFT-LCD 读取数据;
- PC7～PC0——DB[15:8]: TFT-LCD 16 位双向数据线的高 8 位;
- PB7～PB0——DB[7:0]: TFT-LCD 16 位双向数据线的低 8 位;
- NRST——NRST: TFT-LCD 复位信号。

3. 源程序文件及分析

新建一个文件目录 μCOSII_MUTEX,在 RealView MDK 集成开发环境中创建一个工程项目 μCOSII_MUTEX.uvprojx 于此目录中。

在 File 菜单下新建如下的源文件 main.c,编写源程序代码后保存在 User 文件夹下,再把 main.c 文件添加到 User 组中。

```
#include "stm32f0xx.h"
#include "ucos_ii.h"
#include "LED.h"
#include "W25Q16.h"
#include "ILI9325.h"
#include "KEY.h"
uint8_t i;
uint16_t xpos = 0,ypos = 50;                    //定义液晶显示器,初始化 X、Y 坐标
uint16_t color_val;
OS_EVENT  * DispSem;
INT8U err;
void Delay(__IO uint32_t nCount);
/****** 建立任务堆栈 ***************/
OS_STK     task1_stk[128];
```

```
OS_STK    task2_stk[128];
OS_STK    task3_stk[128];
//======= 任务 task1
void task1(void * pdata)
  {
  pdata = pdata;
    while(1)
    {
          OSMutexPend(DispSem,0,&err);          //等待互斥体
          color_val = RED;                      //置红色,此时置绿色功能失效
          OSTimeDlyHMSM(0, 0, 0, 2000);         //等待 2 s
          OSMutexPost(DispSem);                 //释放互斥体(解锁)
    }                                          //优先级最高,立即置红色,2 s 后释放
  }
//======= 任务 task2
void task2(void * pdata)
  {
  pdata = pdata;
    while(1)
    {
          OSMutexPend(DispSem,0,&err);          //等待互斥体
          color_val = GREEN;                    //置绿色,此时置红色功能失效
          OSTimeDlyHMSM(0, 0, 0, 4000);         //等 4 s
          OSMutexPost(DispSem);                 //释放互斥体(解锁)
    }                                          //优先级次高,2 s 后置绿色,4 s 后释放
  }
  //======= 任务 task3
  void task3(void * pdata)
  {
    while(1)
    {
          xpos = 0;ypos = 50;
          LCD_Fill(xpos,ypos,xpos + 24,ypos + 24,color_val); //TFT-LCD 显示
          OSTimeDlyHMSM(0, 0, 0, 100);
    }
  }
//*********** 面板初始化内容框架 ************
void PANEL_Init(void)
{
```

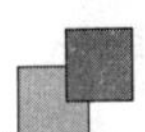

```
    LCD_Clear(WHITE);                                    //整屏显示白色
    POINT_COLOR = BLACK;
    BACK_COLOR = WHITE;
    for(i = 0;i<192;i = i + 24) LCD_Fill(i,ypos,i + 24,ypos + 24,YELLOW);
    LCD_ShowString(2, 5, "操作系统"互斥量测试"演示实验");
}
/*************************************************************************
* FunctionName    : main()
* Description     :主函数
* EntryParameter  : None
* ReturnValue     : None
*************************************************************************/
int main(void)
{
    INT8U os_err;
    SystemInit();                                        //调用系统初始化
    SPI_FLASH_Init();                                    //初始化字库芯片
    LCD_init();                                          //液晶显示器初始化
    PANEL_Init();                                        //面板初始化内容
    LED_Init();
    LED1_ON(); LED2_ON();
    Delay(500);
    LED1_OFF(); LED2_OFF();
    Delay(500);
    OSInit();                                            //μCOS-II 系统初始化
    OS_CPU_SysTickInit();                                //系统节拍初始化
    //创建任务 task1
    os_err = OSTaskCreate( task1,
                          (void * ) 0,
                          (OS_STK * ) &task1_stk[128 - 1],
                          (INT8U) 2);                    //优先级为 2
    //创建任务 task2
    os_err = OSTaskCreate( task2,
                          (void * ) 0,
                          (OS_STK * ) &task2_stk[128 - 1],
                          (INT8U) 3);                    //优先级为 3
    //创建任务 task3
    os_err = OSTaskCreate( task3,
                          (void * ) 0,
```

```
                          (OS_STK * ) &task3_stk[128 - 1],
                          (INT8U) 1);                 //优先级为 1
    os_err = os_err;                                 //仅仅是清除这个变量未使用的编译警告
    DispSem = OSMutexCreate(2,&err);                  //创建互斥量
    OSStart ();                                       //启动 μCOS-II 操作系统
}
/**************************************************************
 * FunctionName    : Delay
 * Description     : 延时函数
 * EntryParameter  : nCount：指定延时的时间长度
 * ReturnValue     : None
**************************************************************/
void Delay(__IO uint32_t nCount)
{
    int i,j;
    //利用循环来延时一定的时间
    for (i = 0; i<nCount; i++)
        for (j = 0; j<5000; j++)
            ;
}
#ifdef  USE_FULL_ASSERT
/**************************************************************
 * FunctionName    : assert_failed
 * Description     : 报告在检查参数发生错误时的源文件名和错误行数
 * EntryParameter  : file:指向错误文件的源文件名;line:错误的源代码所在行数
 * ReturnValue     : None
**************************************************************/
void assert_failed(uint8_t * file, uint32_t line)
{
    /* 用户可以增加自己的代码用于报告错误的文件名和所在行数
       例如,printf("错误参数值:文件名 %s 在 %d 行\r\n", file, line) */
    /* 死循环 */
    while (1)
    {
    }
}
#endif
/**************** (C) COPYRIGHT *********** 文件结束 ********/
```

限于篇幅,这里只分析了 main.c 文件,完整程序请看工程文件,其可以根据购买

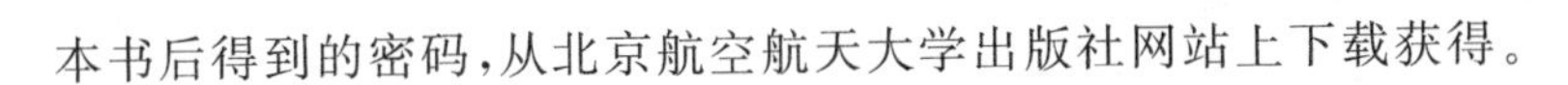

本书后得到的密码，从北京航空航天大学出版社网站上下载获得。

4. 实验结果

编译通过后，可以使用 J-link 仿真器调试程序，最后将程序下载到 STM32F072 芯片中。在 TFT-LCD 上可以观察到：当任务 1 置红色时，任务 2 不能置绿色；当任务 2 置绿色时，任务 1 不能置红色；任务 3 为独立运行(显示颜色，本任务不受互斥量影响)。实验照片如图 37－1 所示。

图 37－1　互斥量设计实验照片

第 38 章

μCOS-II 信号量设计实验

38.1 信号量

信号量由两部分组成：一部分是 16 位无符号整型信号量的计数值；另一部分是由等待该信号量的任务组成的等待任务表。信号量用于对共享资源的访问，还可用于表示某事件的发生。

以下为信号量的函数及功能：

- OSSemCreate()：

  建立一个信号量，对信号量赋予初始计数值。如果信号量用于表示一个或多个事件的发生，则其初始值通常为 0；如果信号量用于对共享资源的访问，则该值赋为 1；如果信号量用于表示允许任务访问 n 个相同的资源，则该值赋为 n，并把该信号量作为一个可计数的信号量使用。
- OSSemDel()：删除一个信号量。在删除信号量前，必须先删除操作该信号量的所有任务。
- OSSemPend()：等待一个信号量。
- OSSemPost()：发出一个信号量。
- OSSemAccept()：

  无等待地请求一个信号量。
- OSSemQuery()：

  查询一个信号量的当前状态。

不推荐任务和中断服务子程序共享信号量，因为信号量一般用于任务级。如果确实要在任务和中断服务子程序中传递信号量，则中断服务子程序只能发送信号量。OSSemDel()和 OSSemPend()服务不能被中断服务子程序调用。

38.2 信号量设计实验

1. 实验要求

本实验建立 key 和 TEST 两个任务。在 key 任务中，按下 K1 键发送信号量；TEST 任务接收信号量。按下 K1 键时，信号量的值增加 1 并被发送。信号量的值必须大于 0 才能接收，接收一次，其值减 1。

2. 实验电路原理

参考 Mini STM32 DEMO 开发板电路原理图：

- PA0——K1；
- PA1——K2；
- PC10——LCD_RS：TFT-LCD 命令/数据选择(0，读/写命令；1，读/写数据)；
- PC11——LCD_CS：TFT-LCD 片选；
- PD2——LCD_WR：向 TFT-LCD 写入数据；
- PC12——LCD_RD：从 TFT-LCD 读取数据；
- PC7～PC0——DB[15:8]：TFT-LCD 16 位双向数据线的高 8 位；
- PB7～PB0——DB[7:0]：TFT-LCD 16 位双向数据线的低 8 位；
- NRST——NRST：TFT-LCD 复位信号。

3. 源程序文件及分析

新建一个文件目录 μCOSII_SEM，在 RealView MDK 集成开发环境中创建一个工程项目 μCOSII_SEM.uvprojx 于此目录中。

在 File 菜单下新建如下的源文件 main.c，编写源程序代码后保存在 User 文件夹下，再把 main.c 文件添加到 User 组中。

```
#include "stm32f0xx.h"
#include "ucos_ii.h"
#include "LED.h"
#include "W25Q16.h"
#include "ILI9325.h"
#include "KEY.h"
uint8_t i;
uint16_t xpos = 0,ypos = 50;                    //定义液晶显示器，初始化 X、Y 坐标
OS_EVENT * DispSem;                             //建立指向事件的指针
void Delay(__IO uint32_t nCount);
/****** 建立任务堆栈 ****************/
static    OS_STK key_stk[128];
static    OS_STK TEST_stk[128];
```

```
//======= 任务 key
void key(void * pdata)
{
    INT8U err;
    err = err;
    pdata = pdata;
    while(1)
    {
        if(Check_KEY(GPIOA,GPIO_Pin_0) == 0)    //如果 K1 键被按下
        {
            err = OSSemPost(DispSem);          //发送信号量,信号量的值增加 1 并被发送
            while((Check_KEY(GPIOA,GPIO_Pin_0) == 0));  //等待释放 K1 键
        }
        OSTimeDlyHMSM(0, 0, 0, 100);             //每 100 ms 检测一次按键
    }
}
//************************************
void TEST (void * pdata)
{
  INT8U err;
  pdata = pdata;
  err = err;
  while (1)
  {
    //信号量的值必须大于 0 才能接收
    OSTimeDlyHMSM(0, 0, 0, 100);                          //等待 100 ms
    OSSemPend(DispSem,500,&err);                          //等待 50 节拍(每个节拍修改为 10 ms)
    if(err = = OS_ERR_NONE)
    {
        LCD_Fill(xpos,ypos,xpos + 24,ypos + 24,RED);  //红色进程条增加
        xpos + = 24;ypos = 50;
    }
    else                                                  //在 5 s 内未收到信号量
    {
        for(i = 0;i<192;i = i + 24) LCD_Fill(i,ypos,i + 24,ypos + 24,BLUE);
                                                          //进程条恢复蓝色
        xpos = 0,ypos = 50;
    }
  }
}
//********** 面板初始化内容框架 ************
void PANEL_Init(void)
```

```
{
    LCD_Clear(WHITE);                                    //整屏显示白色
    POINT_COLOR = BLACK;
    BACK_COLOR = WHITE;
    for(i = 0;i<192;i = i + 24) LCD_Fill(i,ypos,i + 24,ypos + 24,BLUE);
    LCD_ShowString(2, 5, "操作系统"信号量测试"演示实验");
}
/*************************************************************
* FunctionName    : main()
* Description     :主函数
* EntryParameter  : None
* ReturnValue     : None
*************************************************************/
int main(void)
{
    INT8U os_err;
    SystemInit();                                        //调用系统初始化
    SPI_FLASH_Init();                                    //初始化字库芯片
    LCD_init();                                          //液晶显示器初始化
    PANEL_Init();                                        //面板初始化内容
    LED_Init();
    LED1_ON(); LED2_ON();
    Delay(500);
    LED1_OFF(); LED2_OFF();
    Delay(500);
    OSInit();                                            //μCOS-II 系统初始化
    OS_CPU_SysTickInit();                                //系统节拍初始化
    //创建 key 任务
    os_err = OSTaskCreate( key,
                          (void * ) 0,
                          (OS_STK * ) &key_stk[128 - 1],
                          (INT8U) 2);                    //优先级为 2
    //创建 TEST 任务
    os_err = OSTaskCreate( TEST,
                          (void * ) 0,
                          (OS_STK * ) &TEST_stk[128 - 1],
                          (INT8U) 3);                    //优先级为 3
    DispSem = OSSemCreate(0);                            //创建信号量初值为 0,并将地址给 DispSem
    os_err = os_err;                                     //仅仅是清除这个变量未使用的编译警告
    OSStart ();                                          //启动 μCOS-II 操作系统
```

```
}
/***********************************************************
 * FunctionName     : Delay
 * Description      : 延时函数
 * EntryParameter   : nCount：指定延时的时间长度
 * ReturnValue      : None
***********************************************************/
void Delay(__IO uint32_t nCount)
{
    int i,j;
    //利用循环来延时一定的时间
    for (i = 0; i<nCount; i++)
        for (j = 0; j<5000; j++)
            ;
}
#ifdef  USE_FULL_ASSERT
/***********************************************************
 * FunctionName     : assert_failed
 * Description      : 报告在检查参数发生错误时的源文件名和错误行数
 * EntryParameter   : file:指向错误文件的源文件名;line:错误的源代码所在行数
 * ReturnValue      : None
***********************************************************/
void assert_failed(uint8_t * file, uint32_t line)
{
    /* 用户可以增加自己的代码用于报告错误的文件名和所在行数
       例如,printf("错误参数值:文件名 %s在 %d行\r\n", file, line) */
    /* 死循环 */
    while (1)
    {

    }
}
#endif
/************** (C) COPYRIGHT ************** 文件结束 *********/
```

限于篇幅,这里只分析了 main.c 文件,完整程序请看工程文件,其可以根据购买本书后得到的密码,从北京航空航天大学出版社网站上下载获得。

4. 实验结果

编译通过后,可以使用 J-link 仿真器调试程序,最后将程序下载到 STM32F072

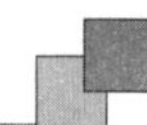

芯片中。按动 K1 键，信号量的值增加 1 并被发送；接收任务接收到信号量后，其值减 1，TFT-LCD 上红色进程条增加；如果在 5 s 内未收到信号量，则进程条变为蓝色。实验照片如图 38－1 所示。

图 38－1　信号量设计实验照片

第 39 章 μCOS-II 应用设计实验

39.1 手写画板实验

1. 实验要求

设计一个简单的手写画板，可以用多种颜色画图及写字。

2. 实验电路原理

参考 Mini STM32 DEMO 开发板电路原理图：

- PB10——T_PEN：触摸芯片的触摸中断输入；
- PA4——T_CS：触摸芯片片选；
- PA5——T_CLK：触摸芯片时钟；
- PA6——T_OUT：触摸芯片数据输出；
- PA7——T_DIN：触摸芯片数据输入；
- PC10——LCD_RS：TFT-LCD 命令/数据选择(0，读/写命令；1，读/写数据)；
- PC11——LCD_CS：TFT-LCD 片选；
- PD2——LCD_WR：向 TFT-LCD 写入数据；
- PC12——LCD_RD：从 TFT-LCD 读取数据；
- PC7～PC0——DB[15:8]：TFT-LCD 16 位双向数据线的高 8 位；
- PB7～PB0——DB[7:0]：TFT-LCD 16 位双向数据线的低 8 位；
- NRST——NRST：TFT-LCD 复位信号。

3. 源程序文件及分析

新建一个文件目录 μCOSII_TOUCH，在 RealView MDK 集成开发环境中创建一个工程项目 μCOSII_TOUCH. uvprojx 于此目录中。

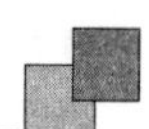

在 File 菜单下新建如下的源文件 main.c，编写源程序代码后保存在 User 文件夹下，再把 main.c 文件添加到 User 组中。

```
#include "stm32f0xx.h"
#include "ucos_ii.h"
#include "ILI9325.h"
#include "GUI.h"
#include "w25Q16.h"
#include "XPT2046.h"
__IO uint8_t touch_flag = 0;                        //触摸标志
uint16_t DrawPenColor;                              //画笔颜色
uint16_t xpos = 0,ypos = 50;                        //定义液晶显示器，初始化 X、Y 坐标
/****** 建立 1 个任务堆栈 ***************/
OS_STK task1_stk[200];
OS_TMR   * MyOSTmr1;                                //指向软件定时器的指针
//======= 任务 1
void task1 (void * pdata)
{
    pdata = pdata;
    while(1)
    {
        if(Read_Continue() == 0)                    //如果发生"触摸屏被按下事件"
        {
            /****************** 画点 ***********************/
            if((Pen_Point.Y_Coord>100)&&(Pen_Point.Y_Coord<270))
            {
                if(Read_Continue() == 0)            //如果读取数据成功
                {
                    if((Pen_Point.X_Coord>20)&&(Pen_Point.X_Coord<220)&&(Pen_
                    Point.Y_Coord>100)&&(Pen_Point.Y_Coord<270))
                    LCD_Draw5Point(Pen_Point.X_Coord, Pen_Point.Y_Coord, DrawPen-
                    Color);
                }
            }
            /***************** 擦除画布按钮 ******************/
            if((Pen_Point.X_Coord>83)&&(Pen_Point.X_Coord<157)&&(Pen_Point.Y_
            Coord>285)&&(Pen_Point.Y_Coord<310))
            {
                SetButton(83,285,157,310);          //显示按钮被按下状态
                LCD_Fill(85, 288, 154, 307,LGRAY);  //清除按钮上的字
                POINT_COLOR = BLACK;
                BACK_COLOR = LGRAY;
```

```
                LCD_ShowString(89,290,"擦除画布");//显示按钮上的字被按下状态
                while(SPI_TOUHC_INT == 0);          //如果按钮被一直按着,等待
                EscButton(83,285,157,310);          //释放按钮,显示按钮被释放状态
                LCD_Fill(85, 288, 154, 307,LGRAY);//清除按钮上的字
                POINT_COLOR = BLACK;
                BACK_COLOR = LGRAY;
                LCD_ShowString(88,289,"擦除画布");   //显示按钮上的字被恢复状态
                LCD_Fill(20, 100, 220, 270, WHITE);   //把画布铺成白色
            }
            /********************** 蘸墨 *******************/
            if((Pen_Point.Y_Coord>30)&&(Pen_Point.Y_Coord<60))
            {
                if((Pen_Point.X_Coord>20)&&(Pen_Point.X_Coord<50))   //蘸蓝色墨
                {
                    DrawPenColor = BLUE;
                }
                if((Pen_Point.X_Coord>60)&&(Pen_Point.X_Coord<90))   //蘸红色墨
                {
                        DrawPenColor = RED;
                }
                if((Pen_Point.X_Coord>100)&&(Pen_Point.X_Coord<130)) //蘸黄色墨
                {
                        DrawPenColor = YELLOW;
                }
                if((Pen_Point.X_Coord>140)&&(Pen_Point.X_Coord<170)) //蘸绿色墨
                {
                       DrawPenColor = GREEN;
                }
                if((Pen_Point.X_Coord>180)&&(Pen_Point.X_Coord<210))  //蘸粉红色墨
                {
                        DrawPenColor = PINK;
                }
            }//**************************************
        }
        OSTimeDly(1);                                //每 10 ms 检查一次
    }
}
//**************************************
void PANEL_Init(void)                                //面板初始化
{
    LCD_Clear(LGRAY);                                //整屏显示浅灰色
    POINT_COLOR = RED;
```

```
    BACK_COLOR = LGRAY;
    LCD_ShowString(10,289,"Touch");
    LCD_ShowString(175,289,"& Draw");
    Draw_Frame(10,15,230,65,"墨盒 ");                  //显示"墨盒"
    LCD_Fill(20, 30, 50, 60, BLUE);                    //墨盒填充蓝色
    LCD_Fill(60, 30, 90, 60, RED);                     //墨盒填充红色
    LCD_Fill(100, 30, 130, 60, YELLOW);                //墨盒填充黄色
    LCD_Fill(140, 30, 170, 60, GREEN);                 //墨盒填充绿色
    LCD_Fill(180, 30, 210, 60, PINK);                  //墨盒填充粉红色
    Draw_Frame(10,80,230,280,"画布 ");                 //显示"画布"
    LCD_Fill(20, 100, 220, 270, WHITE);                //把画布填充成白色
    Draw_Button(83,285,157,310);                       //显示"擦除画布"按钮
    POINT_COLOR = BLACK;
    BACK_COLOR = LGRAY;
    LCD_ShowString(88,289,"擦除画布");
    DrawPenColor = BLUE;                               //默认画笔颜色为蓝色
}
/*************************************************************
* FunctionName    : main()
* Description     :主函数
* EntryParameter  : None
* ReturnValue     : None
*************************************************************/
int main(void)
{
    INT8U err;
    err = err;
    SystemInit();                                      //调用系统初始化
    SPI_FLASH_Init();                                  //初始化字库芯片
    LCD_init();                                        //液晶显示器初始化
    PANEL_Init();                                      //面板初始化内容
    Touch_Init();                                      //触摸芯片初始化
    OSInit();                                          //μCOS-II 系统初始化
    OS_CPU_SysTickInit();                              //系统节拍初始化
    //创建任务
    err = OSTaskCreate( task1,
                        (void *) 0,
                        (OS_STK *) &task1_stk[200 - 1],
                        (INT8U) 3);                    //优先级为 3
    OSStart ();                                        //启动 μCOS-II 操作系统
}
/*************************************************************
```

```
* FunctionName      : Delay
* Description       : 延时函数
* EntryParameter    : nCount: 指定延时的时间长度
* ReturnValue       : None
*****************************************************************************/
void Delay(__IO uint32_t nCount)
{
    int i,j;
    //利用循环来延时一定的时间
    for (i = 0; i<nCount; i++)
        for (j = 0; j<5000; j++)
            ;
}
#ifdef  USE_FULL_ASSERT
/*****************************************************************************
* FunctionName      : assert_failed
* Description       : 报告在检查参数发生错误时的源文件名和错误行数
* EntryParameter    : file:指向错误文件的源文件名;line:错误的源代码所在行数
* ReturnValue       : None
*****************************************************************************/
void assert_failed(uint8_t * file, uint32_t line)
{
    /* 用户可以增加自己的代码用于报告错误的文件名和所在行数
       例如,printf("错误参数值:文件名 %s 在 %d 行\r\n", file, line) */
    /* 死循环 */
    while (1)
    {

    }
}
#endif
/******************* (C) COPYRIGHT ******************/
```

限于篇幅,这里只分析了 main.c 文件,完整程序请看工程文件,其可以根据购买本书后得到的密码,从北京航空航天大学出版社网站上下载获得。

4. 实验结果

编译通过后,可以使用 J-link 仿真器调试程序,最后将程序下载到 STM32F072 芯片中。可以使用手机笔在画图板上写/画各种颜色的文字或图案。实验照片如图 39－1所示。

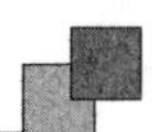

图 39-1 手写画板实验照片

39.2 数码相框实验

1. 实验要求

设计一个自动播放的数码相框。

2. 实验电路原理

参考 Mini STM32 DEMO 开发板电路原理图：

- PB12——SD_CS：SD 卡片选；
- PB13——SCK2：SD 卡时钟；
- PB14——MISO2：SD 卡数据输出；
- PB15——MOSI2：SD 卡数据输入；
- PC10——LCD_RS：TFT-LCD 命令/数据选择(0,读/写命令;1,读/写数据)；
- PC11——LCD_CS：TFT-LCD 片选；
- PD2——LCD_WR：向 TFT-LCD 写入数据；
- PC12——LCD_RD：从 TFT-LCD 读取数据；
- PC7～PC0——DB[15:8]：TFT-LCD 16 位双向数据线的高 8 位；
- PB7～PB0——DB[7:0]：TFT-LCD 16 位双向数据线的低 8 位；
- NRST——NRST：TFT-LCD 复位信号。

3. 源程序文件及分析

新建一个文件目录 μCOSII_DigPic，在 RealView MDK 集成开发环境中创建一

个工程项目 μCOSII_DigPic.uvprojx 于此目录中。

在 File 菜单下新建如下的源文件 main.c，编写源程序代码后保存在 User 文件夹下，再把 main.c 文件添加到 User 组中。

```
#include "stm32f0xx.h"
#include "ucos_ii.h"
#include "diskio.h"
#include "ffconf.h"
#include "SD.h"
#include "ff.h"
#include "fatapp.h"
#include "ILI9325.h"
#include "string.h"
#include "W25Q16.h"
uint16_t xpos = 0,ypos = 50;                          //定义液晶显示器,初始化 X、Y 坐标
/****** 建立 1 个任务堆栈 ***************/
OS_STK task1_stk[1000];
uint8_t i,num;
uint8_t filePath[30];
uint8_t tempPath[10];
//====================
void delay (int cnt)
{
  cnt <<= DELAY_2N;
  while (cnt--);
}
//======= 任务 1
void task1 (void * pdata)
{
    pdata = pdata;
    while(1)
    {
        i++; if(i>=num)i = 0;                         //自动显示 50 张图片
        if(flag[i] == 1)                              //检测如果是 BMP 图片
        {
            strcpy((char *)(filePath), (char *)(tempPath));
                                            //把文件名路径给 filePath 以便查找文件
            strcat((char *)filePath, (char *)(FileN[i]));
                                  //把 FileN 所指字符串(图片文件)添加到 filePath 结尾处
            //(覆盖 filePath 结尾处的"\0")并添加"\0"。返回指向 filePath 的指针
            TFTBmpDisplay((uint8_t *)filePath,0,0);
                                           //显示 filePath 路径指向的图片坐标为 X = 0,Y = 0
```

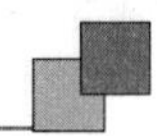

```
        }
        OSTimeDly(100);                             //等待 1 s
    }
}
/**********************************************************
* FunctionName    : main()
* Description     :主函数
* EntryParameter  : None
* ReturnValue     : None
**********************************************************/
int main(void)
{
    INT8U err;
    err = err;
    SystemInit();                                   //调用系统初始化
    LCD_init();                                     //液晶显示器初始化
    SPI_FLASH_Init();
    LCD_Clear(WHITE);                               //全屏显示白色
    LCD_ShowString(10,0,"数码相框测试实验");
    delay(100);
    /* ------- SD Init -------*/
    disk_initialize(0);
    num = FileScan("picture");                      //扫描 picture 文件
    if(num>50)num = 50;                             //最多 50 个文件
    strcpy((char *)tempPath, "picture/");           //把文件名路径给 tempPath 暂存
    i = 0;                                          //第一张图片开始
    if(flag[i] == 1)                                //检测如果是 BMP 图片
    {
        strcpy((char *)(filePath), (char *)(tempPath));
                                      //把文件名路径给 filePath,以便查找文件
        strcat((char *)filePath, (char *)(FileN[i]));
                  //把 FileN 所指字符串(图片文件)添加到 filePath 结尾处,(覆盖
                  //filePath 结尾处的"\0")并添加"\0"。返回指向 filePath 的指针
        TFTBmpDisplay((uint8_t *)filePath,0,0);
                                //显示 filePath 路径指向的图片,坐标为 X = 0,Y = 0
    }
    delay(100);
    OSInit();                                       //μCOS-II 系统初始化
    OS_CPU_SysTickInit();                           //系统节拍初始化
    //创建任务
    err = OSTaskCreate( task1,
                        (void * ) 0,
```

```
                    (OS_STK * ) &task1_stk[1000 - 1],
                    (INT8U) 3);              //优先级为 3
    OSStart ();                              //启动 μCOS-II 操作系统
}
/***************************************************************
* FunctionName     : Delay
* Description      : 延时函数
* EntryParameter   : nCount：指定延时的时间长度
* ReturnValue      : None
***************************************************************/
void Delay(__IO uint32_t nCount)
{
    int i,j;
    //利用循环来延时一定的时间
    for (i = 0; i<nCount; i++)
        for (j = 0; j<5000; j++)
            ;
}
#ifdef  USE_FULL_ASSERT
/***************************************************************
* FunctionName     : assert_failed
* Description      : 报告在检查参数发生错误时的源文件名和错误行数
* EntryParameter   : file:指向错误文件的源文件名;line:错误的源代码所在行数
* ReturnValue      : None
***************************************************************/
void assert_failed(uint8_t * file, uint32_t line)
{
    /* 用户可以增加自己的代码用于报告错误的文件名和所在行数
       例如,printf("错误参数值:文件名 %s 在 %d 行\r\n", file, line) */
    /* 死循环 */
    while (1)
    {

    }
}
#endif
/*************** (C) COPYRIGHT *************/
```

限于篇幅,这里只分析了 main.c 文件,完整程序请看工程文件,其可以根据购买本书后得到的密码,从北京航空航天大学出版社网站上下载获得。

4. 实验结果

编译通过后,可以使用 J-link 仿真器调试程序,最后将程序下载到 STM32F072

芯片中。我们能在 TFT-LCD 上看到自动播放的照片，说明实现了该数码相框的功能。实验照片如图 39－2 所示。

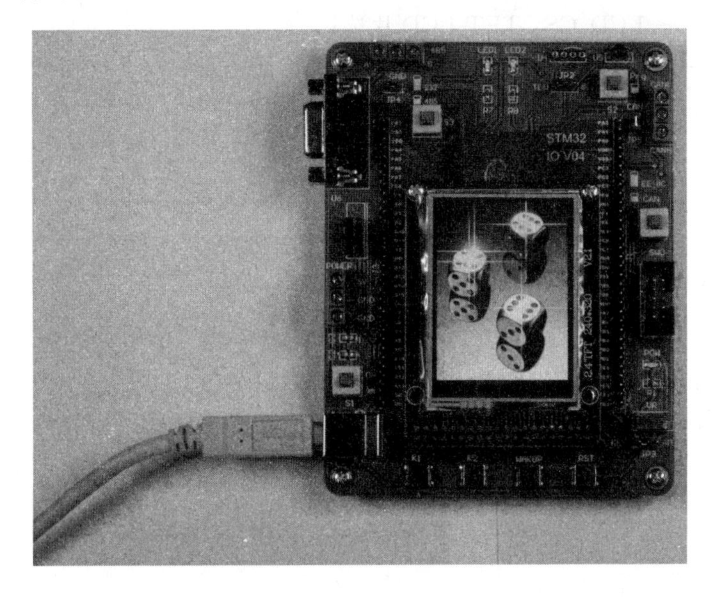

图 39－2　数码相框实验照片

39.3　用户定时器实验

1. 实验要求

上电时自动创建 3 个用户软件定时器：

- 定时器 1：1 500 ms；
- 定时器 2：4 000 ms；
- 定时器 3：7 000 ms。

按动 K1 键，LED1 亮，启动 3 个定时器：1 500 ms 到，LED2 亮；4 000 ms 到，LED2 灭；7 000 ms 到，LED1 灭。

按动 K2 键，关闭 3 个定时器。

2. 实验电路原理

参考 Mini STM32 DEMO 开发板电路原理图：

- PA0——K1；
- PA1——K2；
- PA2——LED1；
- PA3——LED2；
- PA9——TxD；

- PA10——RxD；
- PC10——LCD_RS：TFT-LCD 命令/数据选择(0,读/写命令;1,读/写数据)；
- PC11——LCD_CS：TFT-LCD 片选；
- PD2——LCD_WR：向 TFT-LCD 写入数据；
- PC12——LCD_RD：从 TFT-LCD 读取数据；
- PC7～PC0——DB[15:8]：TFT-LCD 16 位双向数据线的高 8 位；
- PB7～PB0——DB[7:0]：TFT-LCD 16 位双向数据线的低 8 位；
- NRST——NRST：TFT-LCD 复位信号。

3. 源程序文件及分析

新建一个文件目录 μCOSII_UTIMER，在 RealView MDK 集成开发环境中创建一个工程项目 μCOSII_UTIMER.uvprojx 于此目录中。

在 File 菜单下新建如下的源文件 main.c，编写源程序代码后保存在 User 文件夹下，再把 main.c 文件添加到 User 组中。

```
#include "stm32f0xx.h"
#include "ucos_ii.h"
#include "LED.h"
#include "KEY.h"
#include "W25Q16.h"
#include "ILI9325.h"
uint16_t xpos = 0,ypos = 50;                        //定义液晶显示器,初始化 X、Y 坐标
/****** 建立 1 个任务堆栈 ***************/
OS_STK task1_stk[64];
OS_TMR    * MyOSTmr1;                               //指向软件定时器的指针
OS_TMR    * MyOSTmr2;
OS_TMR    * MyOSTmr3;
void Delay(__IO uint32_t nCount);                   //函数声明
void LED2_task (void * data);
void MyLed_1500ms(void * ptmr, void * callback_arg);
void MyLed_4000ms(void * ptmr, void * callback_arg);
void MyLed_7000ms(void * ptmr, void * callback_arg);
/* ========================== 任务 1 ================== */
void task1(void* pdata)
{
  INT8U err;
  pdata = pdata;
  while(1)
  {
    if(Check_KEY(GPIOA,GPIO_Pin_0) == 0)            //如果 K1 键被按下
    {
```

```
        while(Check_KEY(GPIOA,GPIO_Pin_0) == 0);  //等待释放K1键
        LED1_ON();                                //LED1亮
        OSTmrStart(MyOSTmr1,&err);                //启动软件定时器1
        OSTmrStart(MyOSTmr2,&err);                //启动软件定时器2
        OSTmrStart(MyOSTmr3,&err);                //启动软件定时器3
        LCD_ShowString(0, 25, "用户定时器已打开");
    }
    else if(Check_KEY(GPIOA,GPIO_Pin_1) == 0)     //如果K2键被按下
    {
        while(Check_KEY(GPIOA,GPIO_Pin_1) == 0);  //等待释放K2键
        OSTmrStop(MyOSTmr1,OS_TMR_OPT_NONE,0,&err);
        OSTmrStop(MyOSTmr2,OS_TMR_OPT_NONE,0,&err);
        OSTmrStop(MyOSTmr3,OS_TMR_OPT_NONE,0,&err);
        LCD_ShowString(0, 25, "用户定时器已关闭");
    }
    //*****************************************
    OSTimeDlyHMSM(0, 0, 0, 50);                   //每50 ms检测一次按键
  }
}
//********** 面板初始化内容框架 ************
void PANEL_Init(void)
{
    LCD_Clear(WHITE);                             //整屏显示白色
    POINT_COLOR = RED;
    BACK_COLOR = YELLOW;
    LCD_ShowString(0, 5, "“用户定时器测试”演示实验");
}
/***********************************************************
* FunctionName    : main()
* Description     :主函数
* EntryParameter  : None
* ReturnValue     : None
***********************************************************/
int main(void)
{
    INT8U err;
    INT8U MyTmrState;                             //定时器状态检测
    err = err;
    SystemInit();                                 //调用系统初始化
    SPI_FLASH_Init();                             //初始化字库芯片
    LCD_init();                                   //液晶显示器初始化
    PANEL_Init();                                 //面板初始化内容
```

```
LED_Init();
LED1_ON(); LED2_ON();
Delay(500);
LED1_OFF(); LED2_OFF();
Delay(500);
OSInit();                                    //μCOS-II 系统初始化
OS_CPU_SysTickInit();                        //系统节拍初始化
//创建 task1 任务
err = OSTaskCreate( task1,
                    (void * ) 0,
                    (OS_STK * ) &task1_stk[64 - 1],
                    (INT8U) 1);              //优先级为 1
//*************** 创建 3 个软件定时器 *****************
MyTmrState = OSTmrStateGet(MyOSTmr1,&err);   //检测 MyOSTmr1 所指向的定时器状态
if(MyTmrState = = OS_TMR_STATE_UNUSED)
{
    MyOSTmr1 = OSTmrCreate(15u,1u,
                //第一次延时,15u = 1 500 ms;周期运行时,定时周期 1u = 100 ms
                OS_TMR_OPT_ONE_SHOT,
                (OS_TMR_CALLBACK)MyLed_1500ms,//MyLed_1500ms 为回调函数
                (void *)0,
                (INT8U *)"Tmr1_LED2ON",
                &err);
}
//************************************************
MyTmrState = OSTmrStateGet(MyOSTmr2,&err);   //检测 MyOSTmr2 所指向的定时器状态
if(MyTmrState = = OS_TMR_STATE_UNUSED)
{
    MyOSTmr2 = OSTmrCreate(40u,1u,
                //第一次延时,40u = 4 000 ms;周期运行时,定时周期 1u = 100 ms
                OS_TMR_OPT_ONE_SHOT,
                (OS_TMR_CALLBACK)MyLed_4000ms, //MyLed_4000ms 为回调函数
                (void *)0,
                (INT8U *)"Tmr2_LED2CPL",
                &err);
}
//************************************************
MyTmrState = OSTmrStateGet(MyOSTmr3,&err);   //检测 MyOSTmr3 所指向的定时器状态
if(MyTmrState = = OS_TMR_STATE_UNUSED)
{
    MyOSTmr3 = OSTmrCreate(70u,1u,
                //第一次延时,70u = 7 000 ms;周期运行时,定时周期 1u = 100 ms
```

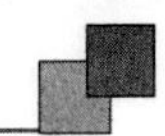

```
                        OS_TMR_OPT_ONE_SHOT,
                        (OS_TMR_CALLBACK)MyLed_7000ms, //MyLed_7000ms 为回调函数
                        (void *)0,
                        (INT8U *)"Tmr_LEDOFF",
                        &err);
    }
    //****************************************************
    OSStart ();                                     //启动 μCOS-II 操作系统
}
/****************************************************/
void MyLed_1500ms(void *ptmr, void *callback_arg)
{
    LED2_ON();
}
void MyLed_4000ms(void *ptmr, void *callback_arg)
{
    LED2_Toggle();
}
void MyLed_7000ms(void *ptmr, void *callback_arg)
{
    LED1_OFF();LED2_OFF();
}
/*******************************************************
* FunctionName    : Delay
* Description     : 延时函数
* EntryParameter  : nCount: 指定延时的时间长度
* ReturnValue     : None
*******************************************************/
void Delay(__IO uint32_t nCount)
{
    int i,j;
    //利用循环来延时一定的时间
    for (i = 0; i<nCount; i++)
        for (j = 0; j<5000; j++)
            ;
}
#ifdef  USE_FULL_ASSERT
/*******************************************************
* FunctionName    : assert_failed
* Description     : 报告在检查参数发生错误时的源文件名和错误行数
* EntryParameter  : file:指向错误文件的源文件名;line:错误的源代码所在行数
* ReturnValue     : None
```

```
**************************************************************/
void assert_failed(uint8_t * file, uint32_t line)
{
    /* 用户可以增加自己的代码用于报告错误的文件名和所在行数
       例如,printf("错误参数值:文件名 %s 在 %d 行\r\n", file, line) */
    /* 死循环 */
    while (1)
    {
    }
}
#endif
/********************* (C) COPYRIGHT *******************/
```

限于篇幅,这里只分析了 main.c 文件,完整程序请看工程文件,其可以根据购买本书后得到的密码,从北京航空航天大学出版社网站上下载获得。

4. 实验结果

编译通过后,可以使用 J-link 仿真器调试程序,最后将程序下载到 STM32F072 芯片中。按动 K1 键,LED1 亮,说明已经启动 3 个定时器。1 500 ms 到,LED2 亮;4 000 ms到,LED2 灭;7 000 ms 到,LED1 灭。如果启动了 3 个定时器,则任意时刻按动 K2 键都可以关闭这 3 个定时器。实验照片如图 39-3 所示。

图 39-3 用户定时器实验照片

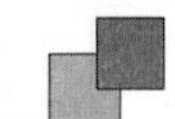

39.4 循环定时器实验

1. 实验要求

用循环定时器(周期性)控制LED1闪烁。

2. 实验电路原理

参考Mini STM32 DEMO开发板电路原理图：

- PA2——LED1；
- PA3——LED2；
- PB12——SD_CS：SD卡片选；
- PB13——SCK2：SD卡时钟；
- PB14——MISO2：SD卡数据输出；
- PB15——MOSI2：SD卡数据输入；
- PC10——LCD_RS：TFT-LCD命令/数据选择(0,读/写命令;1,读/写数据)；
- PC11——LCD_CS：TFT-LCD片选；
- PD2——LCD_WR：向TFT-LCD写入数据；
- PC12——LCD_RD：从TFT-LCD读取数据；
- PC7～PC0——DB[15:8]：TFT-LCD 16位双向数据线的高8位；
- PB7～PB0——DB[7:0]：TFT-LCD 16位双向数据线的低8位；
- NRST——NRST：TFT-LCD复位信号。

3. 源程序文件及分析

新建一个文件目录μCOSII_RTIMER，在RealView MDK集成开发环境中创建一个工程项目μCOSII_RTIMER.uvprojx于此目录中。

在File菜单下新建如下的源文件main.c，编写源程序代码后保存在User文件夹下，再把main.c文件添加到User组中。

```
#include "stm32f0xx.h"
#include "ucos_ii.h"
#include "LED.h"
#include "W25Q16.h"
#include "ILI9325.h"
uint16_t xpos = 0,ypos = 50;                    //定义液晶显示器,初始化X、Y坐标
/****** 建立1个任务堆栈 ***************/
OS_STK LED2_task_stk[64];
OS_TMR   * MyOSTmr1;                             //指向软件定时器的指针
void Delay(__IO uint32_t nCount);                //函数声明
```

```
void LED2_task (void * data);
void MyLed1_Blink(void * ptmr, void * callback_arg);
//=======任务
void LED2_task (void* pdata)
{
    pdata = pdata;
    while(1)
    {
        LED2_ON();
        OSTimeDly(100);
        LED2_OFF();
        OSTimeDly(100);
    }
}
//**********面板初始化内容框架 ************
void PANEL_Init(void)
{
    LCD_Clear(WHITE);                               //整屏显示白色
    POINT_COLOR = RED;
    BACK_COLOR = YELLOW;
    LCD_ShowString(0, 5, "“循环定时器测试”演示实验");
}
/**************************************************************
* FunctionName    : main()
* Description     :主函数
* EntryParameter  : None
* ReturnValue     : None
**************************************************************/
int main(void)
{
    INT8U err;
    INT8U MyTmrState;                               //定时器状态检测
    err = err;
    SystemInit();                                   //调用系统初始化
    SPI_FLASH_Init();                               //初始化字库芯片
    LCD_init();                                     //液晶显示器初始化
    PANEL_Init();                                   //面板初始化内容
    LED_Init();
    LED1_ON(); LED2_ON();
    Delay(500);
    LED1_OFF(); LED2_OFF();
    Delay(500);
```

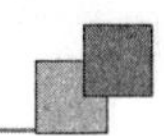

```
    OSInit();                                      //μCOS-II 系统初始化
    OS_CPU_SysTickInit();                          //系统节拍初始化
    //创建任务
    err = OSTaskCreate( LED2_task,
                        (void * ) 0,
                        (OS_STK * ) &LED2_task_stk[64 - 1],
                        (INT8U) 3);                //优先级为 3
    MyTmrState = OSTmrStateGet(MyOSTmr1,&err); //检测 MyOSTmr1 所指向的定时器状态
    if(MyTmrState = = OS_TMR_STATE_UNUSED)
    {
        MyOSTmr1 = OSTmrCreate(5u,5u, //第一次延时,5u = 500 ms;周期运行时,定时周期
                                      //5u = 500 ms
                        OS_TMR_OPT_PERIODIC,
                        (OS_TMR_CALLBACK)MyLed1_Blink,//MyLed1_Blink 为回调函数
                        (void * )0,
                        (INT8U * )"Tmr1_LED1",
                        &err);
        OSTmrStart(MyOSTmr1,&err);                 //启动软件定时器 1
    }
    OSStart ();                                    //启动 μCOS-II 操作系统
}
/*************************************************************/
void MyLed1_Blink(void * ptmr, void * callback_arg)
{
    LED1_Toggle();
}
/***************************************************************
* FunctionName    : Delay
* Description     : 延时函数
* EntryParameter  : nCount: 指定延时的时间长度
* ReturnValue     : None
***************************************************************/
void Delay(__IO uint32_t nCount)
{
    int i,j;
    //利用循环来延时一定的时间
    for (i = 0; i<nCount; i++)
        for (j = 0; j<5000; j++)
            ;
}
#ifdef  USE_FULL_ASSERT
/***************************************************************
```

```
* FunctionName     : assert_failed
* Description      : 报告在检查参数发生错误时的源文件名和错误行数
* EntryParameter   : file:指向错误文件的源文件名;line:错误的源代码所在行数
* ReturnValue      : None
****************************************************************/
void assert_failed(uint8_t * file, uint32_t line)
{
    /* 用户可以增加自己的代码用于报告错误的文件名和所在行数
       例如,printf("错误参数值:文件名 %s 在 %d 行\r\n", file, line) */
    /* 死循环 */
    while (1)
    {

    }
}
#endif
/******************** (C) COPYRIGHT ******************/
```

限于篇幅,这里只分析了 main.c 文件,完整程序请看工程文件,其可以根据购买本书后得到的密码,从北京航空航天大学出版社网站上下载获得。

4. 实验结果

编译通过后,可以使用 J-link 仿真器调试程序,最后将程序下载到 STM32F072 芯片中。这时 Mini STM32 DEMO 开发板上的 LED1 开始闪烁,闪烁频率为 1 Hz。实验照片如图 39-4 所示。

图 39-4 循环定时器实验照片

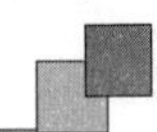

39.5 综合设计实验

1. 实验要求

建立 6 个任务,实现较复杂的综合功能。

任务 1(按键任务):K1 键被按下一次,LED_Flag 标志置 1;K1 键被按下两次,LED_Flag 标志置 2;K1 键被按下 3 次,LED_Flag 标志回 0。

任务 2(LED1 闪烁任务):根据 LED_Flag 标志,进行慢闪/快闪(500 ms/100 ms)LED1 的操作。

任务 3(LED2 闪烁任务):LED2 独立闪烁 330 ms。

任务 4(读取温度/湿度任务):每 3000 ms 读取一次 DHT11 的温度/湿度。

任务 5(串口发送任务):当读取一次温度/湿度完成后,USART 即刻发送一次温度/湿度值到 PC。

任务 6(刷新 TFT-LCD 任务):TFT-LCD 每隔 500 ms 刷新显示一次温度/湿度值。

2. 实验电路原理

参考 Mini STM32 DEMO 开发板电路原理图:

- PA0——K1;
- PA1——K2;
- PA2——LED1;
- PA3——LED2;
- PA9——TxD;
- PA10——RxD;
- PC10——LCD_RS:TFT-LCD 命令/数据选择(0,读/写命令;1,读/写数据);
- PC11——LCD_CS:TFT-LCD 片选;
- PD2——LCD_WR:向 TFT-LCD 写入数据;
- PC12——LCD_RD:从 TFT-LCD 读取数据;
- PC7~PC0——DB[15:8]:TFT-LCD 16 位双向数据线的高 8 位;
- PB7~PB0——DB[7:0]:TFT-LCD 16 位双向数据线的低 8 位;
- NRST——NRST:TFT-LCD 复位信号。

3. 源程序文件及分析

新建一个文件目录 μCOSII_INTEG,在 RealView MDK 集成开发环境中创建一个工程项目 μCOSII_INTEG.uvprojx 于此目录中。

在 File 菜单下新建如下的源文件 main.c,编写源程序代码后保存在 User 文件夹下，再把 main.c 文件添加到 User 组中。

```
#include "stm32f0xx.h"
#include "ucos_ii.h"
#include "delay.h"
#include "W25Q16.h"
#include "ILI9325.h"
#include "KEY.h"
#include "LED.h"
#include "DHT11.h"
#include "USART.h"
uint8_t Temperature,Humidity;
uint8_t LED_Flag = 0;
uint16_t xpos = 0,ypos = 50;                        //定义液晶显示器,初始化 X、Y 坐标
OS_FLAG_GRP    * MyFlags;                           //创建指向事件标志组类型的指针
/****** 建立 6 个任务堆栈 ***************/
OS_STK task1_stk[128];
OS_STK task2_stk[128];
OS_STK task3_stk[128];
OS_STK task4_stk[128];
OS_STK task5_stk[128];
OS_STK task6_stk[128];
//====================
//delay_us(0.4);                                    //0.4 μs
//delay_ms(1456);                                   //1.456 s
//delay_s(21.4345);                                 //21.4345 s
void  wait(unsigned long n)
{
        do
        {
          n--;
        }while(n);
}
//*************************************
//======= 任务 1,读取按键,得到键值
void task1 (void * pdata)
{
    pdata = pdata;
    while(1)
    {
```

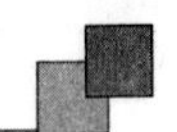

```
        if(Check_KEY(GPIOA,GPIO_Pin_0) == 0)        //如果 K1 键被按下
        {
            LED_Flag++;                              //改变 LED_Flag 标志
            if(LED_Flag>2)LED_Flag = 0;
            while(Check_KEY(GPIOA,GPIO_Pin_0) == 0);  //等待释放 K1 键
        }
        OSTimeDly(10);                              //每 10 个节拍(100 ms)检测一次按键
    }
}
//***************************************
//======= 任务 2,点亮/熄灭 LED1
void task2 (void * pdata)
{
    pdata = pdata;
    while(1)
    {
        switch(LED_Flag)
        {
            case 0: LED1_OFF();
                    OSTimeDly(10);
                    break;
            case 1: LED1_ON();                      //状态 1 500 ms 闪烁
                    OSTimeDly(50);
                    LED1_OFF();
                    OSTimeDly(50);
                    break;
            case 2: LED1_ON();                      //状态 2 100 ms 闪烁
                    OSTimeDly(10);
                    LED1_OFF();
                    OSTimeDly(10);
                    break;
            default:OSTimeDly(10); break;
        }
    }
}
//***************************************
//======= 任务 3,点亮/熄灭 LED2
void task3 (void * pdata)
{
```

```
        pdata = pdata;
        while(1)
        {
            LED2_ON();
            OSTimeDly(33);
            LED2_OFF();
            OSTimeDly(33);
        }
}
//*************************************
//======= 任务 4,读取 DHT11
void task4 (void * pdata)
{
        INT8U err;
        pdata = pdata;
        while(1)
        {
            DHT11_GetOnce(&Temperature,&Humidity);
            OSFlagPost(MyFlags,0x0055,OS_FLAG_SET, &err);        //发送事件的标志给任务 5
            OSTimeDly(300);
        }
}
//*************************************
//======= 任务 5,串口发送
void task5 (void * pdata)
{
        INT8U err;
        pdata = pdata;
        while(1)
        {
            OSFlagPend(MyFlags,0x0055,OS_FLAG_WAIT_SET_ALL + OS_FLAG_CONSUME,0,&err);
            USART_send_byte('T');                               //发送温度
            USART_send_byte(':');
            USART_send_byte(Temperature/10 + 0x30);
            USART_send_byte(Temperature % 10 + 0x30);
            USART_send_byte(0x0d);
            USART_send_byte(0x0a);
            USART_send_byte('H');                               //发送湿度
            USART_send_byte(':');
```

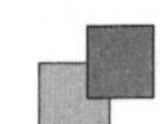

```
        USART_send_byte(Humidity/10 + 0x30);
        USART_send_byte(Humidity % 10 + 0x30);
        USART_send_byte(0x0d);
        USART_send_byte(0x0a);
    }
}
//*************************************
//======= 任务 6,TFT-LCD 每隔 500 ms 显示一次 ADC 值
void task6 (void * pdata)
{
    pdata = pdata;
    while(1)
    {
        POINT_COLOR = RED;                          //定义笔的颜色为红色
        LCD_ShowNum(90,60,Temperature,2);
        LCD_ShowNum(90,90,Humidity,2);
        OSTimeDly(50);                          //TFT-LCD 每隔 500 ms 刷新显示一次 ADC 值
    }
}
//********** 面板初始化内容框架 ************
void PANEL_Init(void)
{
    LCD_Clear(WHITE);                           //整屏显示白色
    POINT_COLOR = BLACK;                        //定义笔的颜色为黑色
    BACK_COLOR = YELLOW;                        //定义笔的背景色为黄色
    LCD_ShowString(5,12,"μCOS-II 综合测试");
    POINT_COLOR = BLUE;                         //定义笔的颜色为蓝色
    BACK_COLOR = WHITE;                         //定义笔的背景色为白色
    LCD_ShowString(2,60,"DHT11 温度:    C");
    LCD_ShowString(2,90,"DHT11 湿度:    %");
}
/*******************************************************
* FunctionName    : main()
* Description     :主函数
* EntryParameter  : None
* ReturnValue     : None
*******************************************************/
int main(void)
{
```

```
INT8U err;
err = err;
SystemInit();                                   //调用系统初始化
LCD_init();                                     //液晶显示器初始化
SPI_FLASH_Init();
PANEL_Init();                                   //面板初始化内容
KEY_Init();                                     //按键初始化
LED_Init();                                     //LED 端口初始化
DHT11_Init();
USART_Configuration(); /* USART1 config 9600 8 - N - 1 */
OSInit();                                       //μCOS-II 系统初始化
OS_CPU_SysTickInit();                           //系统节拍初始化
//创建任务
err = OSTaskCreate( task1,
                    (void * ) 0,
                    (OS_STK * ) &task1_stk[128 - 1],
                    (INT8U) 3);                 //优先级为 3
err = OSTaskCreate( task2,
                    (void * ) 0,
                    (OS_STK * ) &task2_stk[128 - 1],
                    (INT8U) 4);                 //优先级为 4
err = OSTaskCreate( task3,
                    (void * ) 0,
                    (OS_STK * ) &task3_stk[128 - 1],
                    (INT8U) 5);                 //优先级为 5
err = OSTaskCreate( task4,
                    (void * ) 0,
                    (OS_STK * ) &task4_stk[128 - 1],
                    (INT8U) 6);                 //优先级为 6
err = OSTaskCreate( task5,
                    (void * ) 0,
                    (OS_STK * ) &task5_stk[128 - 1],
                    (INT8U) 7);                 //优先级为 7
err = OSTaskCreate( task6,
                    (void * ) 0,
                    (OS_STK * ) &task6_stk[128 - 1],
                    (INT8U) 8);                 //优先级为 8
MyFlags = OSFlagCreate(0x0000,&err);            //创建事件标志组,初值为 0x0000
OSStart ();                                     //启动 μCOS-II 操作系统
```

```
}
/************************************************************
* FunctionName    : Delay
* Description     : 延时函数
* EntryParameter  : nCount: 指定延时的时间长度
* ReturnValue     : None
************************************************************/
void Delay(__IO uint32_t nCount)
{
    int i,j;
    //利用循环来延时一定的时间
    for (i = 0; i<nCount; i + + )
        for (j = 0; j<5000; j + + )
            ;
}
#ifdef  USE_FULL_ASSERT
/************************************************************
* FunctionName    : assert_failed
* Description     : 报告在检查参数发生错误时的源文件名和错误行数
* EntryParameter  : file:指向错误文件的源文件名;line:错误的源代码所在行数
* ReturnValue     : None
************************************************************/
void assert_failed(uint8_t * file, uint32_t line)
{
    /* 用户可以增加自己的代码用于报告错误的文件名和所在行数
       例如,printf("错误参数值:文件名 %s 在 %d 行\r\n", file, line) */
    /* 死循环 */
    while (1)
    {


    }
}
#endif
/******************** (C) COPYRIGHT *******************/
```

限于篇幅,这里只分析了 main.c 文件,完整程序请看工程文件,其可以根据购买本书后得到的密码,从北京航空航天大学出版社网站上下载获得。

4. 实验结果

编译通过后,可以使用 J-link 仿真器调试程序,最后将程序下载到 STM32F072

芯片中。打开串口调试软件,可进行 6 个任务的综合实验。实验照片如图 39-5 所示。

图 39-5 综合设计实验照片

应用篇

第 40 章

使用 DS18B20 测量温度及使用 DHT11 测量温湿度

40.1 单线数字温度传感器 DS18B20

DS18B20 是美国 DALLAS 半导体公司继 DS1820 之后最新推出的一种改进型智能温度传感器。与传统的热敏电阻相比，它能够直接读出被测温度，并且可根据实际要求通过简单的编程实现 9～12 位的数字值读数方式；可以分别在 93.75 ms 和 750 ms 内完成 9 位和 12 位数字量的读/写，并且从 DS18B20 读出的信息或写入 DS18B20 的信息仅需要一根口线（单线接口）读/写，温度变换功率来源于数据总线，总线本身也可以向所挂接的 DS18B20 供电，而无需额外电源。因此，使用 DS18B20 可使系统结构更简单，可靠性更高。它在测温精度、转换时间、传输距离、分辨率等方面较 DS1820 都有很大的改进，使用更加方便，效果更令人满意。图 40－1 所示为 DS18B20 的外形封装，表 40－1 所列为其引脚定义。

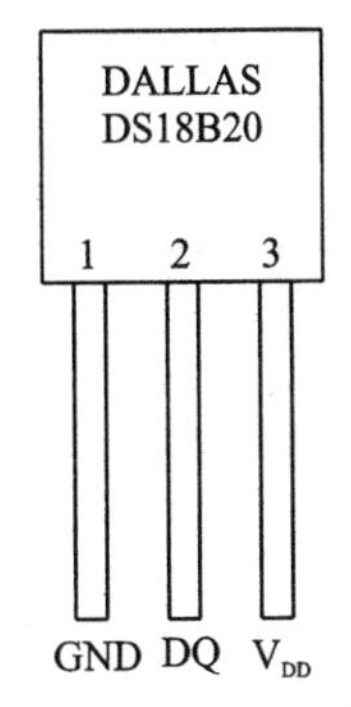

图 40－1　DS18B20 的外形封装

表 40－1　DS18B20 的引脚定义

引脚名	说　明
V_{DD}	可选的供电电压输入
GND	地
DQ	数据输入/输出

40.1.1 DS18B20 的内部结构与原理

图 40－2 所示为 DS18B20 的内部结构，主要由 64 位 ROM、非易失性温度报警触发器 TH 和 TL、高速缓存、配置寄存器、温度传感器等组成。

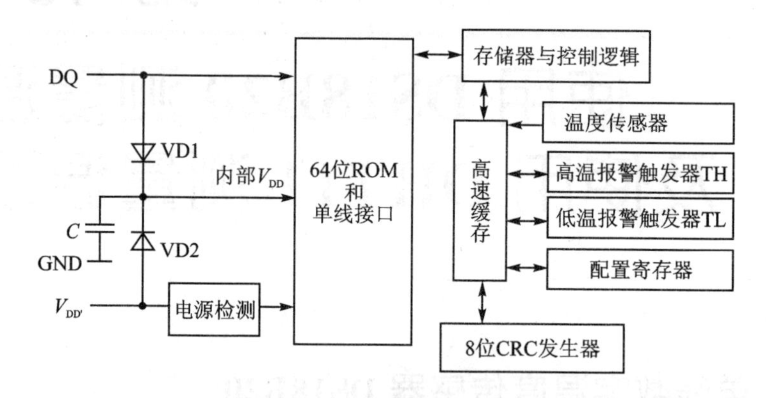

图 40－2　DS18B20 的内部结构

1. 64 位 ROM 的结构

64 位 ROM 的结构如图 40－3 所示。

8 位校验 CRC		48 位序列号		8 位工厂代码（10h）	
MSB	LSB	MSB	LSB	MSB	LSB

图 40－3　64 位 ROM 的结构

开始 8 位是产品类型的编号；接着是每个器件唯一的序号，共有 48 位；最后 8 位是前 56 位的 CRC 校验码，这也是多个 DS18B20 可以采用一线进行通信的原因。

2. 非易失性温度报警触发器 TH 和 TL

非易失性温度报警触发器 TH 和 TL 可通过软件写入用户报警上下限。

3. 高速缓存

DS18B20 温度传感器的内部存储器包括一个高速暂存 RAM 和一个非易失性的可电擦除的 E^2RAM，后者用于存储 TH、TL 值。数据先写入 RAM，经校验后再传给 E^2RAM。配置寄存器为高速缓存中的第 5 个字节，其内容用于确定温度值的数字转换分辨率，DS18B20 工作时按此寄存器中的分辨率将温度转换为相应精度的数值。该字节各位的定义如图 40－4 所示。

低 5 位一直都是 1；TM 是测试模式位，用于设置 DS18B20 是在工作模式还是在测试模式，在 DS18B20 出厂时该位被设置为 0，用户不要去改动；R1 和 R0 决定温度转换的精度位数，即用于设置分辨率，如表 40－2 所列（DS18B20 出厂时被设置为

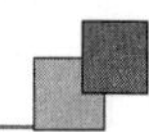

TM	R1	R0	1	1	1	1	1

图 40－4　配置寄存器

12 位)。可见，设定的分辨率越高，所需要的温度数据转换时间就越长。因此，在实际应用中要在分辨率和转换时间之间权衡考虑。

表 40－2　R1 和 R0 与温度转换精度位数的关系

R1	R0	分辨率	温度最大转换时间/ms
0	0	9 位	93.75
0	1	10 位	187.5
1	0	11 位	275.00
1	1	12 位	750.00

高速缓存除了配置寄存器外，还有 8 个字节，其分配如图 40－5 所示。其中：温度信息(第 1 和第 2 字节)、TH 和 TL 值第 3 和第 4 字节、第 6～8 字节未用，表现为全逻辑 1；第 9 字节读出的是前面所有 8 个字节的 CRC 码，可用来保证通信的正确性。

温度低位	温度高位	TH	TL	配置	保留	保留	保留	8 位 CRC
LSB								MSB

图 40－5　高速缓存

当 DS18B20 接收到温度转换命令后，开始启动转换。转换完成后的温度值就以 16 位带符号扩展的二进制补码形式存储在高速缓存的第 1 和第 2 字节中。单片机可通过单线接口读到该数据，读取时低位在前高位在后，数据格式以 0.0625 ℃/LSB 形式表示。温度值格式如图 40－6 所示。

S	S	S	S	S	2^6	2^5	2^4	2^3	2^2	2^1	2^0	2^{-1}	2^{-2}	2^{-3}	2^{-4}
MSB															LSB

图 40－6　温度值格式

测得的温度计算：当符号位 S＝0 时，直接将二进制位转换为十进制；当符号位 S＝1 时，先将补码变换为原码，再计算十进制值。表 40－3 所列是部分温度值所对应的二进制或十六进制。

表 40－3　部分温度值所对应的二进制或十六进制

温度/℃	二进制表示		十六进制表示
125	00000111	11010000	07D0h
25.0625	00000001	10010001	0191h
0.5	00000000	00001000	0008h

续表 40-3

温度/℃	二进制表示		十六进制表示
0	00000000	00000000	0000h
−0.5	11111111	11111000	FFF8h
−25.0625	11111110	01101111	FE6Fh
−55	11111100	10010000	FC90h

DS18B20 完成温度转换后，就把测得的温度值与 TH 和 TL 做比较。若 $T>TH$ 或 $T<TL$，则将该器件内的告警标志置位，并对主机发出的告警搜索命令做出响应。因此，可用多只 DS18B20 同时测量温度并进行告警搜索。

4. CRC 的产生

在 64 位 ROM 的最高有效字节中存储着循环冗余校验码(CRC)。主机根据 ROM 的前 56 位来计算 CRC 值，并与存入 DS18B20 中的 CRC 值做比较，以判断主机收到的 ROM 数据是否正确。

40.1.2 DS18B20 的特点

DS18B20 的特点如下：

- 独特的单线接口方式：DS18B20 与微处理器连接时仅需要一条口线即可实现微处理器与 DS18B20 的双向通信。
- 在使用中不需要任何外围元件。
- 可用数据线供电，电压范围：3.0～5.5 V。
- 测温范围：−55～125 ℃。固有测温分辨率为 0.5 ℃。
- 通过编程可实现 9～12 位的数字读数方式。
- 用户可自设定非易失性的报警上下限值。
- 支持多点组网功能：多个 DS18B20 可以并联在唯一的三线上，实现多点测温。
- 负压特性：电源极性接反时，温度计不会因发热而烧毁，但不能正常工作。

虽然 DS18B20 有诸多优点，但使用起来并非易事。由于采用单总线数据传输方式，DS18B20 的数据 I/O 均由同一条线完成，因此，对读/写的操作时序要求严格。为保证 DS18B20 的严格 I/O 时序，软件设计中需要做较精确的延时。

40.1.3 1-wire 总线操作

DS18B20 的 1-wire 总线硬件接口电路如图 40-7 所示。

1-wire 总线支持一主多从式结构，硬件上需外接上拉电阻。若一方完成数据通

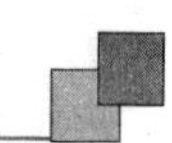

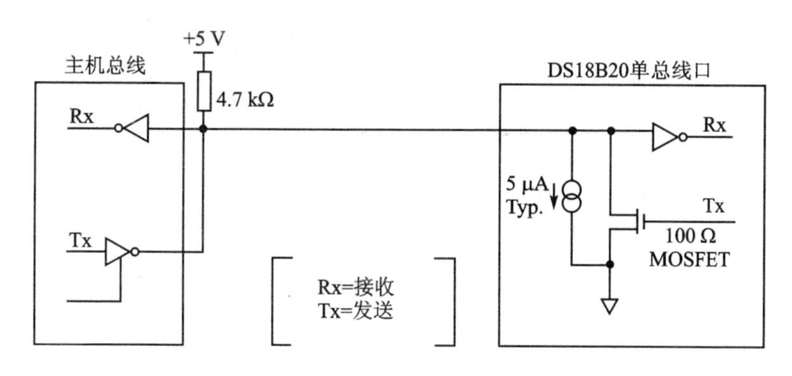

图 40-7 DS18B20 的 1-wire 总线硬件接口电路

信需要释放总线,则只需将总线置高电平即可;若需要获取总线进行通信,则要监视总线是否空闲,若空闲,则置低电平获得总线控制权。

1-wire 总线通信方式需要遵从严格的通信协议,对操作时序要求严格。几个主要的操作时序有:总线复位、写数据位以及读数据位的控制时序,如图 40-8～图 40-12所示。

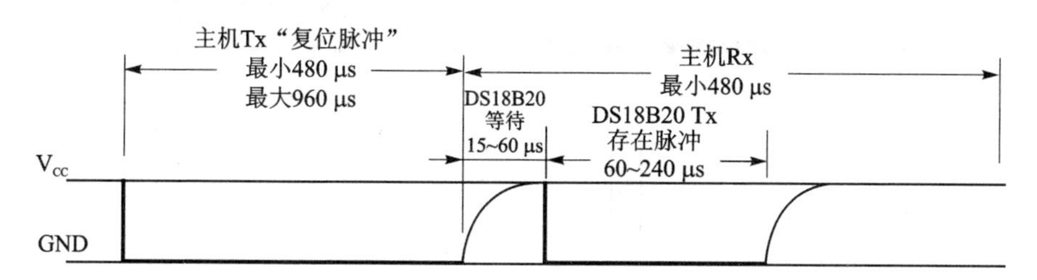

图 40-8 总线复位

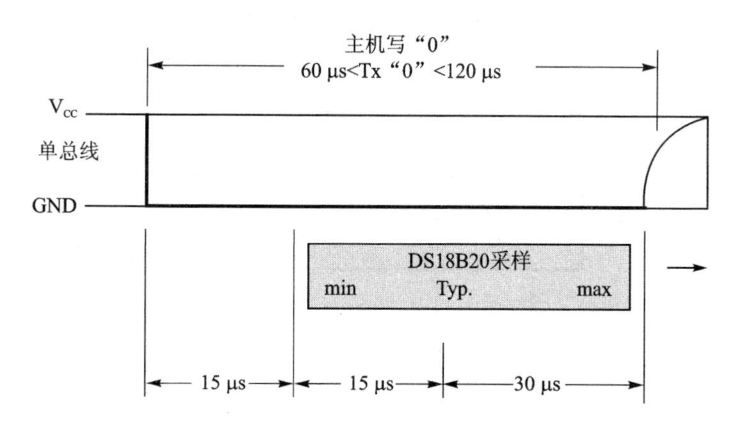

图 40-9 写数据位"0"

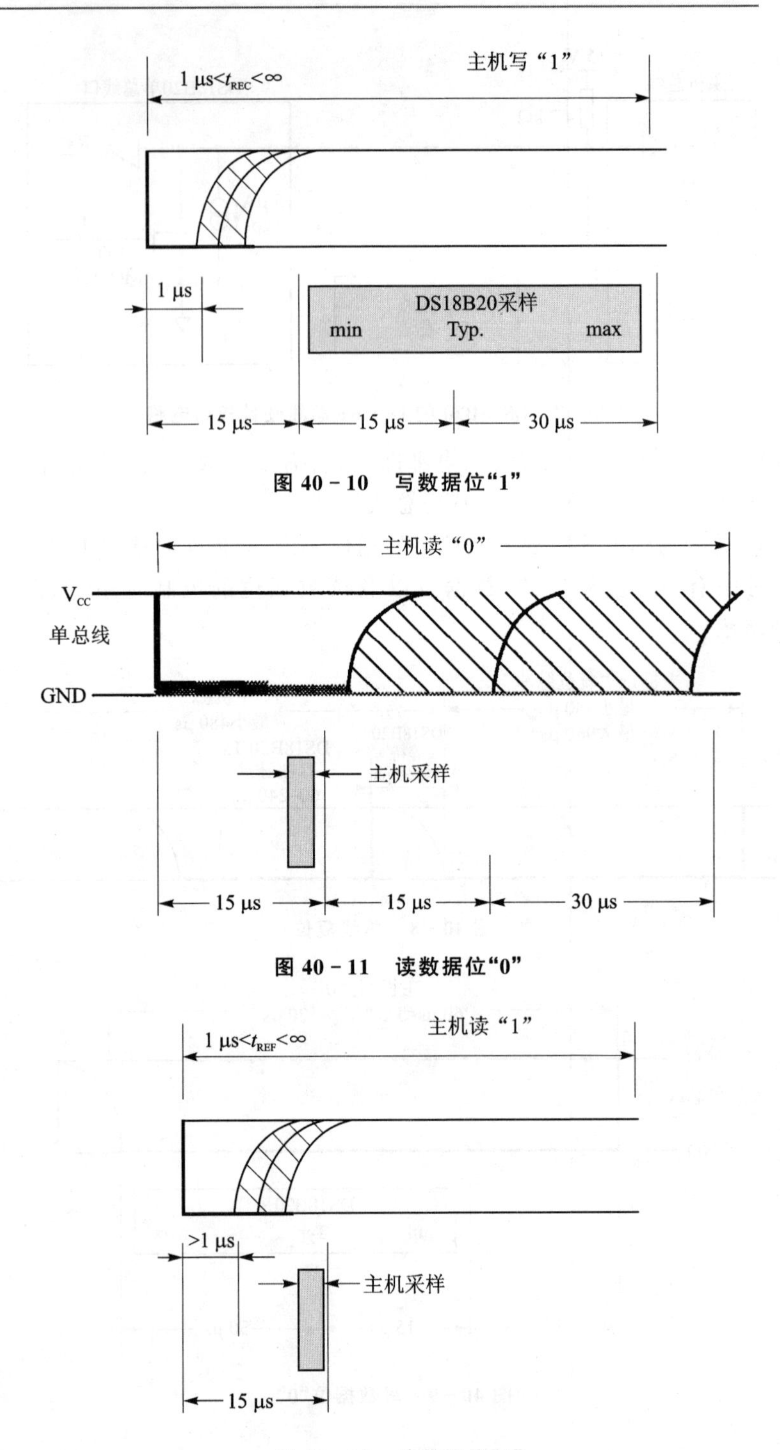

图 40-10　写数据位“1”

图 40-11　读数据位“0”

图 40-12　读数据位“1”

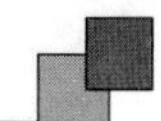

1. 总线复位

置总线为低电平并保持至少480 μs,然后拉高电平,等待从端重新拉低电平作为响应,则总线复位完成。

2. 写数据位"0"

置总线为低电平并保持至少15 μs,然后保持低电平15～45 μs,等待从端对电平采样,最后拉高电平完成写操作。

3. 写数据位"1"

置总线为低电平并保持1～15 μs,然后拉高电平并保持15～45 μs,等待从端对电平采样,完成写操作。

4. 读数据位"0"或"1"

置总线为低电平并保持至少1 μs,然后拉高电平保持至少1 μs,在15 μs内采样总线电平获得数据,延时45 μs完成读操作。

40.1.4　DS18B20初始化流程

DS18B20初始化流程如表40-4所列。

表40-4　DS18B20初始化流程

主机状态	命令/数据	说　明
发送	Reset	复位
接收	Presence	从机应答
发送	0xCC	忽略ROM匹配(对单从机系统)
发送	0x4E	写暂存器命令
发送	2字节数据	设置温度值边界TH和TL
发送	1字节数据	温度计模式控制字

40.1.5　DS18B20温度转换及读取流程

DS18B20温度转换及读取流程如表40-5所列。

1-wire总线支持一主多从式通信,所以支持该总线的器件在交互数据过程中需要完成器件寻址(ROM匹配),以确认是哪个从机接收数据,器件内部ROM包含了该器件的唯一ID。对于一主一从结构,ROM匹配过程可以省略。

表 40-5 DS18B20 温度转换及读取流程

主机状态	命令/数据	说 明
发送	Reset	复位
接收	Presence	从机应答
发送	0xCC	忽略 ROM 匹配(对单从机系统)
发送	0x44	温度转换命令
等待	—	等待 100～200 ms
发送	Reset	复位
接收	Presence	从机应答
发送	0xCC	忽略 ROM 匹配(对单从机系统)
发送	0xBE	读取内部寄存器命令
读取	9 字节数据	前 2 个字节为温度数据

40.2 DS18B20 测温实验

1. 实验要求

TFT-LCD 显示 DS18B20 测得的温度。

2. 实验电路原理

参考 Mini STM32 DEMO 开发板电路原理图：

- PA1——TEMP；
- PC10——LCD_RS：TFT-LCD 命令/数据选择(0,读/写命令;1,读/写数据)；
- PC11——LCD_CS：TFT-LCD 片选；
- PD2——LCD_WR：向 TFT-LCD 写入数据；
- PC12——LCD_RD：从 TFT-LCD 读取数据；
- PC7～PC0——DB[15:8]：TFT-LCD 16 位双向数据线的高 8 位；
- PB7～PB0——DB[7:0]：TFT-LCD 16 位双向数据线的低 8 位；
- NRST——NRST：TFT-LCD 复位信号。

3. 源程序文件及分析

新建一个文件目录 DS18B20_LCD，在 RealView MDK 集成开发环境中创建一个工程项目 DS18B20_LCD.uvprojx 于此目录中。

在 File 菜单下新建如下的源文件 main.c，编写源程序代码后保存在 User 文件夹下，再把 main.c 文件添加到 User 组中。

```
#include "stm32f0xx.h"
```

```
#include "delay.h"
#include "W25Q16.h"
#include "ILI9325.h"
#include "DS18B20.h"
uint8_t Temperature,Humidity;
uint8_t  DS18B20_ErrFlag;
uint8_t sign;
uint8_t temh,teml;
uint8_t e[4];
//delay_us(0.4);                          //0.4 μs
//delay_ms(1456);                         //1.456 s
//delay_s(21.4345);                       //21.4345 s
void  wait(unsigned long n)
{
        do
        {
          n--;
        }while(n);
}
/***************************************
* 函数名   : main
* 描述     :主函数
* 输入参数 :无
* 返回值   :无
***************************************/
int main(void)
{
    SystemInit();
    SPI_FLASH_Init();
    LCD_init();                            //液晶显示器初始化
    LCD_Clear(ORANGE);                     //全屏显示橙色
    POINT_COLOR = BLACK;                   //定义笔的颜色为黑色
    BACK_COLOR = WHITE    ;                //定义笔的背景色为白色
    LCD_ShowString(2,2,"DS18B20 测温实验");
    LCD_ShowString(20,80,"Temperature:    ℃ ");
    delay_ms(2000);
    while(1)
    {
        if(DS18B20_ErrFlag == 0)DS18B20_ReadTemperature();
        if(DS18B20_ErrFlag == 0)
            LCD_ShowString(20,120,"DS18B20 Check OK");
        else
```

```
            LCD_ShowString(20,120,"DS18B20 Check FAIL");
        if(sign == 0)
        {
            LCD_ShowNum(20 + 96,80,'-',1);
            LCD_ShowNum(20 + 96 + 8,80,e[1],1);
            LCD_ShowNum(20 + 96 + 16,80,e[2],1);
            LCD_ShowNum(20 + 96 + 32,80,e[3],1);
        }
        else
        {
            LCD_ShowNum(20 + 96,80,e[0],1);
            LCD_ShowNum(20 + 96 + 8,80,e[1],1);
            LCD_ShowNum(20 + 96 + 16,80,e[2],1);
            LCD_ShowNum(20 + 96 + 32,80,e[3],1);
        }
        delay_ms(200);
    }
}
```

在 File 菜单下新建如下的源文件 DS18B20.c，编写完成后保存在 Drive 文件夹下，随后将 Drive 文件夹中的应用文件 DS18B20.c 添加到 Drive 组中。

```
#include "stm32f0xx.h"
#include "W25Q16.h"
#include "ILI9325.h"
#include "DS18B20.h"
#include "delay.h"
extern void  wait(unsigned long n);
extern uint8_t   DS18B20_ErrFlag;
extern uint8_t sign;
extern uint8_t temh,teml;
extern uint8_t e[4];
//-----------------------------------
void SetDQ_OutMode(void)//PA1 is OUTPUT
{
    GPIO_InitTypeDef GPIO_InitStruct;
    RCC_AHBPeriphClockCmd(RCC_AHBPeriph_GPIOA, ENABLE);
    GPIO_InitStruct.GPIO_Pin = GPIO_Pin_1;
    GPIO_InitStruct.GPIO_Mode = GPIO_Mode_OUT;          //SET OUTPUT
    GPIO_InitStruct.GPIO_OType = GPIO_OType_OD;         //开漏输出
    GPIO_InitStruct.GPIO_Speed = GPIO_Speed_Level_3;
    GPIO_Init(GPIOA, &GPIO_InitStruct);
}
```

```
//------------------------------------
void SetDQ_InputMode(void)//PA1 is INPUT
{
    GPIO_InitTypeDef GPIO_InitStruct;
    RCC_AHBPeriphClockCmd(RCC_AHBPeriph_GPIOA, ENABLE);
    GPIO_InitStruct.GPIO_Pin = GPIO_Pin_1;
    GPIO_InitStruct.GPIO_Speed = GPIO_Speed_Level_3;
    GPIO_InitStruct.GPIO_Mode = GPIO_Mode_IN;        //SET INPUT
    GPIO_InitStruct.GPIO_PuPd = GPIO_PuPd_UP;
    GPIO_Init(GPIOA, &GPIO_InitStruct);
}
//----------------------------------------
void DQ_OUT_LOW(void)//SET PA1 AS 0
{
    GPIO_ResetBits(GPIOA, GPIO_Pin_1);
}
//----------------------------------------
void DQ_OUT_HIGH(void)//SET PA1 AS 1
{
    GPIO_SetBits(GPIOA, GPIO_Pin_1);
}
//----------------------------------------
uint8_t Check_DQ(void)
{
    if(GPIO_ReadInputDataBit(GPIOA,GPIO_Pin_1) == 0 )
    {
        return    0;
    }
    else return 1;
}
//----------------------------------------
void DS18B20_Init(void)
{
   uint8_t  i;
   uint16_t  j = 0;
   SetDQ_OutMode(); //PA1 is OUTPUT
   DQ_OUT_HIGH();                              //"1"
   DQ_OUT_LOW();                               //"0"
   for(i = 0;i<8;i++)delay_us(60);             //>480 μs
   DQ_OUT_HIGH();                              //"1"
   SetDQ_InputMode();                          //PA1 is INPUT
   delay_us(15);                               //15~60 μs
```

```
    delay_us(15);
    DS18B20_ErrFlag = 0;
    while(Check_DQ()!= 0 )
    {
        delay_us(60);
        j ++ ;
        if(j> = 18000){DS18B20_ErrFlag = 1;break;}
    }
    SetDQ_OutMode();                              //PA1 is OUTPUT
    DQ_OUT_HIGH();                                //"1"
    for(i = 0;i<4;i ++ )delay_us(60);             //240 μs
}
/ * * * * * * * * * * * * * * * * * * * * * * * * * * * * * * * * */
void DS18B20_WriteByte(uint8_t x)
{
    uint8_t m;
    for(m = 0;m<8;m ++ )
    {
     if(x&(1<<m))
      {
         DQ_OUT_LOW();                            //"0"
         delay_us(5);                             //5 μs
         DQ_OUT_HIGH();                           //写"1"
         delay_us(30);                            //15~45 μs
     }
      else
      {
         DQ_OUT_LOW();                            //写"0"
         delay_us(15);                            //15 μs
         delay_us(30);                            //15~45 μs
         DQ_OUT_HIGH();                           //"1"
     }
    }
    DQ_OUT_HIGH();                                //"1"
}
/ * * * * * * * * * * * * * * * * * * * * * * * * * * * * * * */
uint8_t DS18B20_ReadByte(void)
{
    uint8_t temp,k,n;
    temp = 0;
    for(n = 0;n<8;n ++ )
    {
```

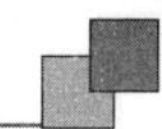

```
    DQ_OUT_LOW();                                   //"0"
    delay_us(5);                                    //5 μs
    DQ_OUT_HIGH();                                  //"1"
    delay_us(5);                                    //5 μs
    SetDQ_InputMode();                              //"PA1 is INPUT"
    k = Check_DQ();
    if(k)
     temp| = (1<<n);                                //读"1"
    else
     temp& = ~(1<<n);                               //读"0"
    delay_us(45);                                   //45 μs
    SetDQ_OutMode();                                //PA1 is OUTPUT
   }
   return (temp);
}
/*************************************/
void DS18B20_ReadTemperature(void)
{
    uint8_t tempval;
    DS18B20_Init();                                 //复位 DS18B20
    DS18B20_WriteByte(0xcc);                        //发出转换命令
    DS18B20_WriteByte(0x44);
    delay_ms(100);
    DS18B20_Init();
    DS18B20_WriteByte(0xcc);                        //发出读温度命令
    DS18B20_WriteByte(0xbe);
    teml = DS18B20_ReadByte();                      //读取到温度(前 2 个字节)
    temh = DS18B20_ReadByte();
    if(temh&0xf8)sign = 0;                          //测得的温度为负
    else sign = 1;                                  //测得的温度为正
    if(sign = = 0){temh = 255 - temh;teml = 255 - teml;}//负的温度取补码
    temh = temh<<4;                                 //temh 存放温度的整数值
    temh| = (teml&0xf0)>>4;
    teml = teml&0x0f;                               //teml 存放温度的小数值
    teml = (teml * 10)/16;
    tempval = temh;e[0] = tempval/100;              //读取的温度数据转存数组中
    tempval = temh;e[1] = (tempval/10) % 10;
    tempval = temh;e[2] = tempval % 10;
    tempval = teml;e[3] = tempval;
}
```

在 File 菜单下新建如下的源文件 DS18B20.h，编写完成后保存在 Drive 文件夹下。

```
#ifndef __DS18B20_H
#define __DS18B20_H
#include "stm32f0xx.h"
void SetDQ_OutMode(void);
void SetDQ_InputMode(void);
void DQ_OUT_LOW(void);
void DQ_OUT_HIGH(void);
uint8_t Check_DQ(void);
void DS18B20_Init(void);
void DS18B20_WriteByte(uint8_t x);
uint8_t DS18B20_ReadByte(void);
void DS18B20_ReadTemperature(void);
#endif /* __DS18B20_H */
```

4. 实验效果

编译通过后，可以使用 J-link 仿真器调试程序，最后将程序下载到 STM32F072 芯片中。在实验板的 U4 单排针上插入 DS18B20，稍等片刻，Mini STM32 DEMO 开发板上的 TFT-LCD 即显示出测得的温度。实验照片如图 40-13 所示。

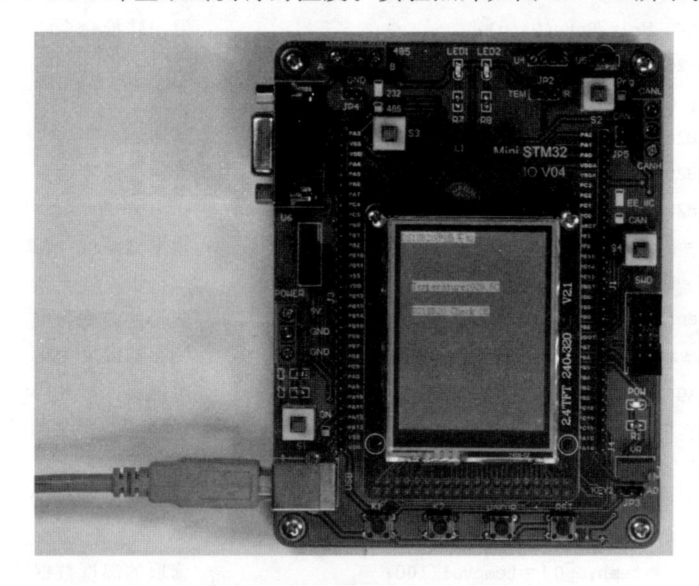

图 40-13 DS18B20 测温实验照片

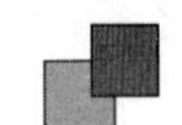

40.3　DHT11 数字温湿度传感器

DHT11 是中国广州奥松有限公司生产的一款湿温度一体化的数字传感器。该传感器包括一个电阻式测湿元件和一个 NTC 测温元件，并与一个高性能 8 位单片机相连接。通过单片机等微处理器简单的电路连接就能够实时地采集本地湿度和温度。DHT11 与单片机之间能采用简单的单总线进行通信，仅需要一个 I/O 口。传感器内部湿度和温度 40 位的数据一次性传给单片机，数据采用校验和方式进行校验，有效地保证了数据传输的准确性。DHT11 功耗很低，在 5 V 电源电压下，工作平均最大电流为 0.5 mA。引脚排列如图 40－14 所示。

引脚说明：

● V_{CC}：正电源；

● Dout：输出；

● NC：空脚；

● GND：地。

DHT11 应用连接说明：

DHT11 连接方法极为简单：引脚 1 接电源正极，引脚 4 接电源地端。数据端为引脚 2，可直接接主机（单片机）的 I/O 口。为提高稳定性，建议在数据端和电源正极之间接一只 4.7 kΩ 的上拉电阻。引脚 3 为空脚，此引脚悬空不用。

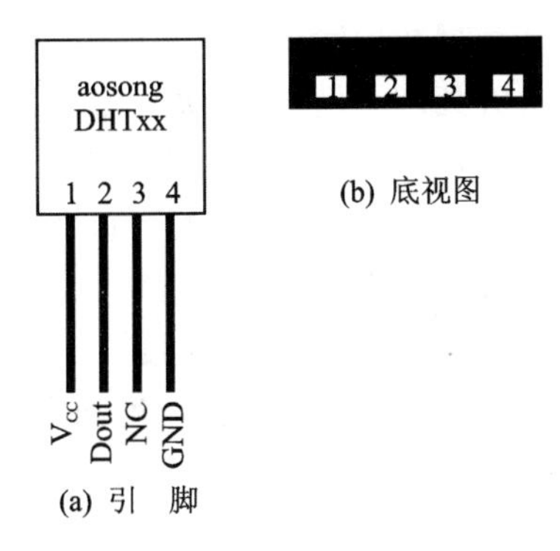

图 40－14　DHT11 引脚排列

40.3.1　DHT11 的特点

DHT11 的特点如下：

● 工作电压范围：3.5～5.5 V；

● 工作电流：平均 0.5 mA；

● 湿度测量范围：20％～90％RH；

● 温度测量范围：0～50 ℃；

● 湿度分辨率：1％RH，8 位；

● 温度分辨率：1 ℃，8 位；

● 采样周期：1 s；

● 单总线结构；

● 与 TTL 兼容（5 V）。

40.3.2 DHT11 的数据结构及工作原理

DHT11 采用单总线数据格式，即单个数据引脚端口完成输入/输出双向传输，其数据包由 5 字节(40 位)组成。数据分小数部分和整数部分，具体格式如下：

一次完整的数据传输为 40 位，高位先出。

数据格式：

8 位湿度整数数据＋8 位湿度小数数据＋8 位温度整数数据＋
8 位温度小数数据＋8 位校验和

校验和数据为前 4 个字节相加。

传感器数据输出的是未编码的二进制数据，数据(湿度、温度、整数和小数)之间应该分开处理。例如，某次从传感器中读取如下 5 字节数据：

byte4	byte3	byte2	byte1	byte0
00101101	00000000	00011100	00000000	01001001
整数	小数	整数	小数	校验和
湿度		温度		校验和

由以上数据就可得到湿度和温度的值，计算方法：

humi (湿度)＝byte4 . byte3＝45.0 (%RH)

temp (温度)＝byte2 . byte1＝28.0 (℃)

jiaoyan(校验)＝byte4＋byte3＋byte2＋byte1＝73(＝humi＋temp)(校验正确)

注意： DHT11 一次通信时间最大为 3 ms，主机连续采样间隔建议不小于 100 ms。

40.3.3 DHT11 的单总线传输时序

1. DHT11 开始发送数据流程

主机发送开始信号后，延时等待 20～40 μs 后读取 DHT11 的回应信号，当读取总线为低电平时，说明 DHT11 发送响应信号；DHT11 发送响应信号后，再把总线拉高，准备发送数据，每一位数据都以低电平开始，格式如图 40 - 15 所示。如果读取响应信号为高电平，则 DHT11 没有响应，此时需检查线路连接是否正常。

2. 主机复位信号和 DHT11 响应信号

主机复位信号和 DHT11 响应信号如图 40 - 16 所示。

3. 数据位“0”信号表示方法

数据位“0”信号表示方法如图 40 - 17 所示。

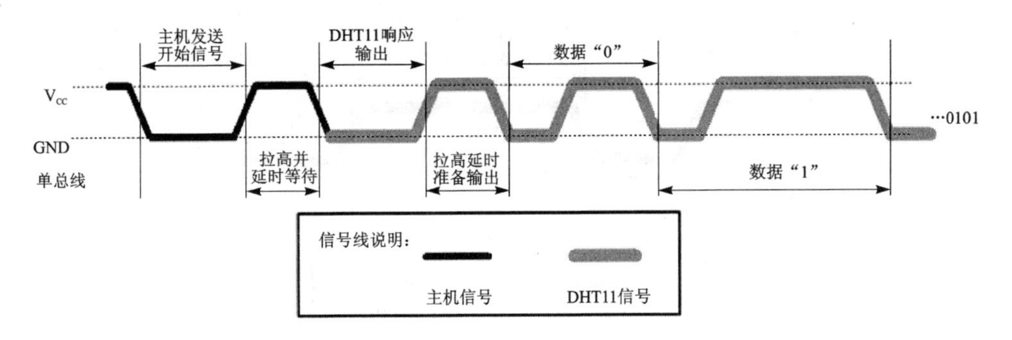

图 40－15　DHT11 开始发送数据流程

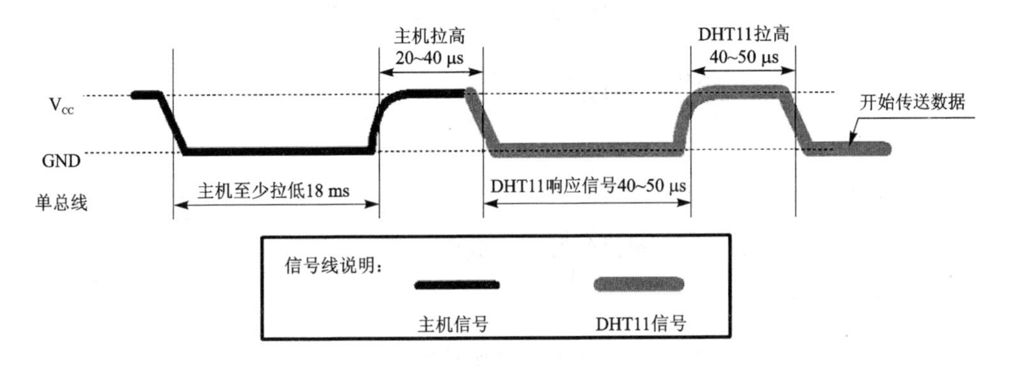

图 40－16　主机复位信号和 DHT11 响应信号

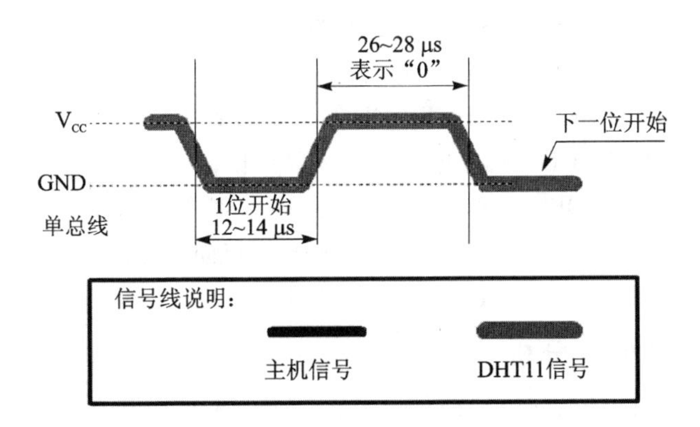

图 40－17　数据位"0"信号表示方法

4. 数据位"1"信号表示方法

数据位"1"信号表示方法如图 40－18 所示。

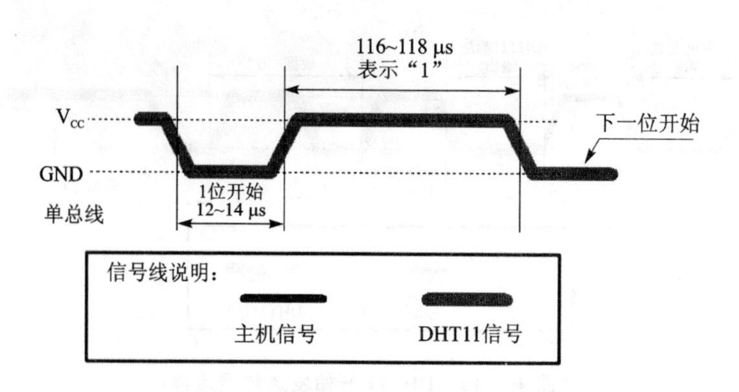

图 40-18　数据位“1”信号表示方法

40.4　DHT11 湿度温度测试实验

1. 实验要求

TFT-LCD 显示 DHT11 测得的湿度和温度。

2. 实验电路原理

参考 Mini STM32 DEMO 开发板电路原理图：

- PA1——TEMP；
- PC10——LCD_RS：TFT-LCD 命令/数据选择(0,读/写命令;1,读/写数据)；
- PC11——LCD_CS：TFT-LCD 片选；
- PD2——LCD_WR：向 TFT-LCD 写入数据；
- PC12——LCD_RD：从 TFT-LCD 读取数据；
- PC7～PC0——DB[15:8]：TFT-LCD 16 位双向数据线的高 8 位；
- PB7～PB0——DB[7:0]：TFT-LCD 16 位双向数据线的低 8 位；
- NRST——NRST：TFT-LCD 复位信号。

3. 源程序文件及分析

新建一个文件目录 DHT11_LCD，在 RealView MDK 集成开发环境中创建一个工程项目 DHT11_LCD.uvprojx 于此目录中。

```
#include "stm32f0xx.h"
#include "delay.h"
#include "W25Q16.h"
#include "ILI9325.h"
#include "DHT11.h"
uint8_t Temperature,Humidity;
//delay_us(0.4);                              //0.4 μs
```

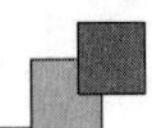

```
//delay_ms(1456);                          //1.456 s
//delay_s(21.4345);                        //21.4345 s
void  wait(unsigned long n)
{
        do
        {
          n--;
        }while(n);
}
/*****************************************
* 函数名   : main
* 描述     :主函数
* 输入参数 :无
* 返回值   :无
*****************************************/
int main(void)
{
    SystemInit();
    SPI_FLASH_Init();
    LCD_init();                            //液晶显示器初始化
    LCD_Clear(ORANGE);                     //全屏显示橙色
    POINT_COLOR = BLACK;                   //定义笔的颜色为黑色
    BACK_COLOR = WHITE   ;                 //定义笔的背景色为白色
    LCD_ShowString(2,2,"DHT11 温度湿度实验");
    LCD_ShowString(20,80,"Temperature:  C");
    LCD_ShowString(20,120,"Humidity:   %");
    while(DHT11_Init())
    {
        LCD_ShowString(2,40,"初始化 DHT11 失败");
        delay_ms(200);
        LCD_ShowString(2,40,"                 ");
        delay_ms(200);
    }
    LCD_ShowString(2,40,"初始化 DHT11 成功");
    while(1)
    {
        if(DHT11_GetOnce(&Temperature,&Humidity) = = 0)
        {
            LCD_ShowNum(20 + 96,80,Temperature,2);
            LCD_ShowNum(20 + 72,120,Humidity,2);
            delay_ms(300);
        }
```

```
    }
}
```

在 File 菜单下新建如下的源文件 DHT11.c，编写完成后保存在 Drive 文件夹下，随后将 Drive 文件夹中的应用文件 DHT11.c 添加到 Drive 组中。

```
#include "stm32f0xx.h"
#include "DHT11.h"
#include "delay.h"
extern void  wait(unsigned long n);
//-------------------------------------
void SetDQ_OutMode(void)                          //PA1 is OUTPUT
{
    GPIO_InitTypeDef GPIO_InitStruct;
    RCC_AHBPeriphClockCmd(RCC_AHBPeriph_GPIOA, ENABLE);
    GPIO_InitStruct.GPIO_Pin = GPIO_Pin_1;
    GPIO_InitStruct.GPIO_Mode = GPIO_Mode_OUT;    //SET OUTPUT
    GPIO_InitStruct.GPIO_OType = GPIO_OType_OD;   //开漏输出
    GPIO_InitStruct.GPIO_Speed = GPIO_Speed_Level_3;
    GPIO_Init(GPIOA, &GPIO_InitStruct);
}
//-------------------------------------
void SetDQ_InputMode(void)                        //PA1 is INPUT
{
    GPIO_InitTypeDef GPIO_InitStruct;
    RCC_AHBPeriphClockCmd(RCC_AHBPeriph_GPIOA, ENABLE);
    GPIO_InitStruct.GPIO_Pin = GPIO_Pin_1;
    GPIO_InitStruct.GPIO_Speed = GPIO_Speed_Level_3;
    GPIO_InitStruct.GPIO_Mode = GPIO_Mode_IN;     //SET INPUT
    GPIO_InitStruct.GPIO_PuPd = GPIO_PuPd_UP;
    GPIO_Init(GPIOA, &GPIO_InitStruct);
}
//-------------------------------------
void DQ_OUT_LOW(void)                             //SET PA1 AS 0
{
    GPIO_ResetBits(GPIOA, GPIO_Pin_1);
}
//-------------------------------------
void DQ_OUT_HIGH(void)                            //SET PA1 AS 1
{
    GPIO_SetBits(GPIOA, GPIO_Pin_1);
}
//-------------------------------------
uint8_t Check_DQ(void)
{
```

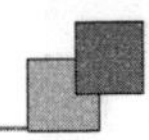

```
    if(GPIO_ReadInputDataBit(GPIOA,GPIO_Pin_1) == 0 )
    {
        return     0;
    }
    else return 1;
}
//复位 DHT11
void DHT11_Reset(void)
{
    SetDQ_OutMode();                                    //PA1 is OUTPUT
    DQ_OUT_LOW();                                       //拉低 DQ
    delay_ms(20);                                       //拉低至少 18 ms
    DQ_OUT_HIGH();
    delay_us(30);                                       //主机拉高 20~40 μs
    SetDQ_InputMode();                                  //PA1 is INPUT
}
//等待 DHT11 的回应
//返回 1:未检测到 DHT11 的存在
//返回 0:存在
uint8_t DHT11_Check(void)
{
    return Check_DQ();
}
//从 DHT11 读取一位
//返回值:1/0
uint8_t  DHT11_GetBit(void)
{
    while(Check_DQ() == 0);                             //等待变为高电平
    delay_us(40);                                       //等待 40 μs
    if(Check_DQ()!= 0)                                  //等待变为低电平
    {
        while(Check_DQ()!= 0);                          //等待变为低电平
        return 1;
    }
    else return 0;
}
//从 DHT11 读取一字节
//返回值:读到的数据
uint8_t DHT11_GetByte(void)
{
    uint8_t i,ByteVal = 0;
    for (i = 0;i<8;i++)
    {
            ByteVal<<= 1;
        ByteVal| = DHT11_GetBit();
```

```
    }
    return ByteVal;
}
//从 DHT11 读取一次数据
//temp:温度值(范围:0~50 ℃)
//humi:湿度值(范围:20%~90%)
//返回值: 0,正常;1,读取失败
uint8_t DHT11_GetOnce(uint8_t * temperature,uint8_t * humidity)
{
    uint8_t buffer[5];
    uint8_t i;
    DHT11_Reset();
    if(DHT11_Check() == 0)
    {
        while(Check_DQ() == 0);
        while(Check_DQ()!= 0);
        for(i = 0;i<5;i++)                          //读取 40 位数据
        {
            buffer[i] = DHT11_GetByte();
        }
        while(Check_DQ() == 0);
        SetDQ_OutMode();//PA1 is OUTPUT
        DQ_OUT_HIGH();//SET PA1 AS 1
        if((buffer[0] + buffer[1] + buffer[2] + buffer[3]) == buffer[4])
        {
            * humidity = buffer[0];
            * temperature = buffer[2];
        }
    }
    else return 1;
    return 0;
}
//初始化 DHT11 的 I/O 口 DQ,同时检测 DHT11 的存在
//返回 1: 不存在
//返回 0: 存在
uint8_t DHT11_Init(void)
{
    DHT11_Reset();                              //复位 DHT11,设置输出
    return DHT11_Check();                       //等待 DHT11 的回应,设置输入
}
```

在 File 菜单下新建如下的源文件 DHT11.h,编写完成后保存在 Drive 文件夹下。

```
#ifndef __DHT11_H
```

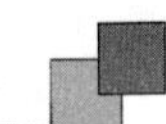

```
#define __DHT11_H
#include "stm32f0xx.h"
void SetDHT11_InputMode(void);
void SetDHT11_OutMode(void);
void DHT11_OUT_LOW(void);
void DHT11_OUT_HIGH(void);
uint8_t Check_DQ(void);
void DHT11_Reset(void);
uint8_t DHT11_Check(void);
uint8_t  DHT11_GetBit(void);
uint8_t DHT11_GetByte(void);
uint8_t DHT11_GetOnce(uint8_t *temperature,uint8_t *humidity);
uint8_t DHT11_Init(void);
#endif /* __DHT11_H */
```

4. 实验效果

编译通过后，可以使用 J-link 仿真器调试程序，最后将程序下载到 STM32F072 芯片中。在实验板的 U4 单排针上插入 DHT11，稍等片刻，Mini STM32 DEMO 开发板上的 TFT-LCD 即显示出测得的湿度温度。实验照片如图 40-19 所示。

图 40-19　DHT11 湿度温度测试实验照片

第 41 章

RS-485 通信组网设计

41.1 RS-485 通信的特点

当要求通信距离为几十米至上千米时，广泛采用 RS-485 串行总线标准。RS-485采用平衡发送和差分接收的方式，因此具有抑制共模干扰的能力。加上总线收发器具有高灵敏度，能检测低至 200 mV 的电压，故传输信号能在千米以外得到恢复。市场上的 RS-485 一般采用半双工工作方式，任何时候只能有一点处于发送状态，因此，发送电路须由使能信号加以控制。RS-485 用于多点互连时非常方便，可以省掉许多信号线。应用 RS-485 可以联网构成分布式系统，其允许最多并联 32 台驱动器和 32 台接收器(即 32 个节点)，一般设计为一主(机)多从(机)网络。

RS-485 通信的特点如下：

- RS-485 通信采用差分信号负逻辑，逻辑"1"以两线间的电压差 2～6 V 表示；逻辑"0"以两线间的电压差－2～－6 V 表示。接口信号电平比 RS-232 降低了，就不易损坏接口电路的芯片，且 RS-485 电平与 TTL 电平兼容，可方便地与 TTL 电路连接。
- RS-485 的数据最高传输速率为 10 Mbps。
- RS-485 接口是采用平衡驱动器和差分接收器的组合，抗共模干扰能力增强，即抗噪声干扰性好。
- RS-485 最大的通信距离约为 1 219 m，最大传输速率为 10 Mbps。传输速率与传输距离成反比，在 100 kbps 的传输速率下才可以达到最大的通信距离，如果需传输更长的距离，则需要加 RS-485 中继器。RS-485 总线一般最大支持 32 个节点，如果使用特制的 RS-485 芯片，则可以达到 128 个或者 256 个节点，最大的可以支持 400 个节点。

41.2　RS-485通信使用的电缆及布网

RS-485通信在低速、短距离、无干扰的场合中可以采用普通的双绞线；反之，在高速、长距离传输时，则必须采用阻抗匹配（一般为120 Ω）的RS-485专用电缆（STP-120 Ω，用于RS-485及CAN通信的18号美标双绞线），而在干扰恶劣的环境下还应采用铠装型双绞屏蔽电缆（用于RS-485及CAN通信的18号美标双绞线）。在使用RS-485接口时，对于特定的传输线路，从RS-485接口到负载其数据信号传输所允许的最大电缆长度与信号传输的波特率成反比，这个最大电缆长度主要是受信号失真及噪声等的影响。理论上，通信速率在100 kbps及以下时，RS-485的最大传输距离可达1 200 m，但在实际应用中，传输的距离因芯片及电缆的传输特性而有所差异。在传输过程中可以采用增加中继的方法对信号进行放大，最多可以加8个中继，也就是说，理论上RS-485的最大传输距离可以达到10.8 km。如果真需要长距离传输，则可以采用光纤作为传播介质，收发两端各加一个光电转换器。其中，多模光纤的传输距离是1 km以内，而单模光纤的传输距离可达50 km。

当RS-485布网时，网络拓扑一般采用终端匹配的总线型结构，不支持环形或星形网络。在构建网络时，应注意以下两点：

① 采用一条双绞线电缆作为总线，将各个节点串接起来，从总线到每个节点的引出线长度应尽量短，以便使引出线中的反射信号对总线信号的影响最小。

② 应注意总线特性阻抗的连续性，因为在阻抗不连续点会发生信号的反射。下列几种情况易产生这种不连续性：总线的不同区段采用不同电缆，某一段总线上有过多收发器紧靠在一起安装，过长的分支线引出到总线。

在RS-485组网过程中，另一个需要注意的问题是终端负载电阻问题。在设备少、距离短的情况下，即使不加终端负载电阻，整个网络也能很好地工作，但是随着距离的增加，其性能将降低。理论上，在每个接收数据信号的中点进行采样时，只要反射信号在开始采样时衰减到足够低就可以不考虑匹配问题，但实际上这是难以掌握的。美国MAXIM公司有篇文章提到一条经验性的原则，可以用来判断在什么样的数据速率和电缆长度时不需要进行匹配：当信号的转换时间（上升或下降时间）快于电信号沿总线单向传输所需时间的3倍以上时，就可以不加匹配。

一般终端匹配采用终端电阻方法，RS-485应在总线电缆的开始和末端都并联终端电阻。终端电阻在RS-485网络中取120 Ω，因为大多数双绞线电缆特性阻抗为100～120 Ω。

41.3　RS-485分布式数据采集和控制网络原理

以PC为主、单片机为辅构成的RS-485分布式数据采集和控制网络与其他计算机网络相似，只是通信速率较低；其也采用分层结构设计，以降低设计的复杂程度，使其可读性和可维护性更强。本系统采用一主多从的通信模式，适合于对通信速率要求不太高的工业控制场所，其优点为设计简单、成本低、可维护性强。图 41－1 所示为 RS－485 分布式数据采集和控制网络原理框图。

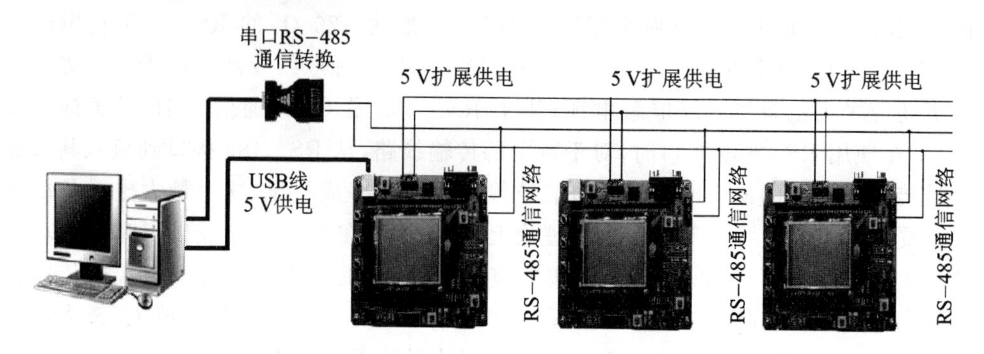

图 41－1 RS－485 分布式数据采集和控制网络原理框图

41.4 RS－485 通信网简单实验

1. 实验要求

这里进行 RS－485 通信网的简单实验，由 3 块实验板构建，其中，一块实验板为主机，另外两块实验板分别为从机 1 和从机 2。图 41－2 所示为 RS－485 通信组网的连接关系。

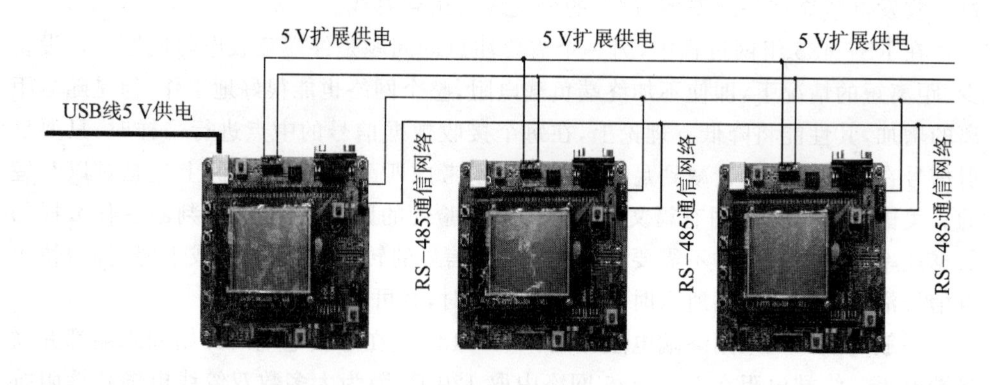

图 41－2 RS－485 通信组网的连接关系

主机每隔 5 s 发出一个数据帧，交替控制从机 1 和从机 2 的输出状态（同时主机的 LED1 闪烁指示发送状态）：

第 5 s 时，发送 0x01、0x11、0xFF 三个字节给从机 1。0x01、0x11、0xFF 构成一个数据帧，其中，0x01 为地址，0x11 为控制字，0xFF 为帧尾。从机 1 收到此数据帧

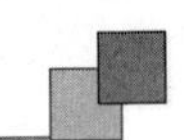

后，控制自身的LED2翻转闪烁。

第10 s时，发送0x02、0x22、0xFF三个字节给从机2。0x02、0x22、0xFF构成一个数据帧，其中，0x02为地址，0x22为控制字，0xFF为帧尾。从机2收到此数据帧后，控制自身的LED2翻转闪烁。

第10 s的数据帧发完后，时间又回到0，又从0 s开始计时。

手动获取从机的ADC值：

任何时候按下主机K1键，即发出0x01、0x33、0xFF数据帧去获取从机1的ADC值，其中，0x01为地址，0x33为命令，0xFF为帧尾。从机1收到此数据帧后，向主机回发0x01、0x*NN*、0x*NN*、0xFF数据帧。其中0x*NN*、0x*NN*为从机1读到的ADC值。如果主机在1 s内能正确收到数据帧，则将接收的ADC值在TFT-LCD上显示，同时屏幕上显示"已收到从机1的应答!"；反之，如果收不到从机1的应答，则屏幕上将显示"未收到从机1的应答!"。

任何时候按下主机K2键，即发出0x02、0x44、0xFF数据帧去查询从机2，其中，0x02为地址，0x44为命令，0xFF为帧尾。从机2收到此数据帧后，向主机回发0x02、0x*NN*、0x*NN*、0xFF数据帧。其中，0x*NN*、0x*NN*为从机2读到的ADC值。如果主机在1 s内能正确收到数据帧，则将接收的ADC值在TFT-LCD上显示，同时屏幕上显示"已收到从机2的应答!"；反之，如果收不到从机2的应答，则屏幕上显示"未收到从机2的应答!"。

2. 实验电路原理

参考Mini STM32 DEMO开发板电路原理图：

- PA9——TxD；
- PA10——RxD；
- PA15——485DIR。

3. 源程序文件及分析

(1) 主机的程序设计

新建一个文件目录RS485M_LCD，在RealView MDK集成开发环境中创建一个工程项目RS485M_LCD.uvprojx于此目录中。

在File菜单下新建如下的源文件main.c，编写源程序代码后保存在User文件夹下，再把main.c文件添加到User组中。

```
#include "stm32f0xx.h"
#include "W25Q16.h"
#include "ILI9325.h"
#include "LED.h"
#include "SysTick.h"
#include "RS485.h"
```

```
#include "KEY.h"
uint8_t RX1_flag,Rx1[4];
uint8_t RX2_flag,Rx2[4];
uint8_t Status;
uint16_t Cnt;
uint16_t Err_Cnt;
/****************************************
 * FunctionName    : main
 * Description     : 主函数
 * EntryParameter  : None
 * ReturnValue     : None
****************************************/
int main(void)
{
    SystemInit();
    SPI_FLASH_Init();
    LCD_init();                          //液晶显示器初始化
    SysTick_Init();
    KEY_Init();
    LED_Init();
    USART_Configuration();               /* USART1 config 9600 8-N-1 */
    RS485DIR_Init();
    LCD_Clear(DARKBLUE);                 //全屏显示深灰蓝色
    POINT_COLOR = RED;                   //定义笔的颜色为红色
    BACK_COLOR = WHITE   ;               //定义笔的背景色为白色
    LCD_ShowString(10,20,"RS485 通信主机测试");
    LCD_ShowString(10,100,"定时 5 s 发出的地址数据是:");
    LCD_ShowString(10,150,"手动发出的地址数据是:");
    LCD_ShowString(10,200,"收到从机 1 的数据是:");
    LCD_ShowString(10,250,"收到从机 2 的数据是:");
    while(1)
    {
        SysTickDelay_ms(10);
        Cnt++;
        if(Cnt==500){LED1_Toggle();Status=1;}          //5 s
        if(Cnt>=1000){LED1_Toggle();Status=2;Cnt=0;}   //10 s
        if(Check_KEY(GPIOA,GPIO_Pin_0) == 0)          //按下 K1 键,向从机 1 手动发送
        {
            Status = 3;
            while(Check_KEY(GPIOA,GPIO_Pin_0) == 0);
        }
        else if(Check_KEY(GPIOA,GPIO_Pin_1) == 0)     //按下 K2 键,向从机 2 手动发送
```

```
{
    Status = 4;
    while(Check_KEY(GPIOA,GPIO_Pin_1) = = 0);
}
//----------------------------------------
switch(Status)                                    //状态机
{
    case 0:    break;
    case 1:    //向从机 1 发送 0x01、0x11、0xFF
            RS485DIR_OUT();SysTickDelay_ms(2);
            RS485_send_byte(0x01);SysTickDelay_ms(2);
            RS485_send_byte(0x11);SysTickDelay_ms(2);
            RS485_send_byte(0xFF);SysTickDelay_ms(2);
            RS485DIR_IN();SysTickDelay_ms(2);
            LCD_ShowNum(10,120,0x01,3);               //显示发送内容
            LCD_ShowNum(10 + 40,120,0x11,3);
            LCD_ShowNum(10 + 40 + 40,120,0xff,3);
            Status = 0;
            break;
    case 2:    //向从机 2 发送 0x02、0x22、0xFF
            RS485DIR_OUT();SysTickDelay_ms(2);
            RS485_send_byte(0x02);SysTickDelay_ms(2);
            RS485_send_byte(0x22);SysTickDelay_ms(2);
            RS485_send_byte(0xFF);SysTickDelay_ms(2);
            RS485DIR_IN();SysTickDelay_ms(2);
            LCD_ShowNum(10,120,0x02,3);               //显示发送内容
            LCD_ShowNum(10 + 40,120,0x22,3);
            LCD_ShowNum(10 + 40 + 40,120,0xff,3);
            Status = 0;
            break;
    case 3://按下 K1 键,向从机 1 手动发送 0x01、0x33、0xFF
            RS485DIR_OUT();SysTickDelay_ms(2);
            RS485_send_byte(0x01);SysTickDelay_ms(2);
            RS485_send_byte(0x33);SysTickDelay_ms(2);
            RS485_send_byte(0xFF);SysTickDelay_ms(2);
            RS485DIR_IN();SysTickDelay_ms(2);
            LCD_ShowNum(10,170,0x01,3);               //显示发送内容
            LCD_ShowNum(10 + 40,170,0x33,3);
            LCD_ShowNum(10 + 40 + 40,170,0xff,3);
            Status = 10;
            break;
    case 4:    //按下 K2 键,向从机 2 手动发送 0x02、0x44、0xFF
```

```
            RS485DIR_OUT();SysTickDelay_ms(2);
            RS485_send_byte(0x02);SysTickDelay_ms(2);
            RS485_send_byte(0x44);SysTickDelay_ms(2);
            RS485_send_byte(0xFF);SysTickDelay_ms(2);
            RS485DIR_IN();SysTickDelay_ms(2);
            LCD_ShowNum(10,170,0x02,3);             //显示发送内容
            LCD_ShowNum(10 + 40,170,0x44,3);
            LCD_ShowNum(10 + 40 + 40,170,0xff,3);
            Status = 20;
            break;
    case 10:    //等待接收从机 1 的应答数据
            Err_Cnt = 0;
            while(RX1_flag == 0)                    //等待 1 s
            {
                SysTickDelay_ms(1);
                Err_Cnt ++ ;
                if(Err_Cnt> = 1000)
                {
                    Err_Cnt = 0;
                    LCD_ShowString(12,300,"未收到从机 1 的应答!");
                    LCD_ShowString(10,220,"                    ");
                    Status = 0;
                    goto ext1;
                }
            }
            RX1_flag = 0;Status = 0;
            LCD_ShowString(12,300,"                    ");
            LCD_ShowString(12,300,"已收到从机 1 的应答!");
            LCD_ShowNum(10,220,Rx1[0],3);           //显示接收的数据 ADC 值
            LCD_ShowNum(10 + 40,220,Rx1[1],3);
            LCD_ShowNum(10 + 40 + 40,220,Rx1[2],3);
            LCD_ShowNum(10 + 40 + 40 + 40,220,Rx1[3],3);
            ext1:
            break;
    case 20:    //等待接收从机 2 的应答数据
            Err_Cnt = 0;
            while(RX2_flag == 0)                    //等待 1 s
            {
                SysTickDelay_ms(1);
                Err_Cnt ++ ;
                if(Err_Cnt> = 1000)
                {
```

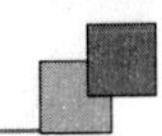

```
                    Err_Cnt = 0;
                    LCD_ShowString(12,300,"未收到从机 2 的应答!");
                    LCD_ShowString(10,270,"                    ");
                    Status = 0;
                    goto ext2;
                }
            }
            RX2_flag = 0;Status = 0;
            LCD_ShowString(12,300,"                    ");
            LCD_ShowString(12,300,"已收到从机 2 的应答!");
            LCD_ShowNum(10,270,Rx2[0],3);         //显示接收的数据 ADC 值
            LCD_ShowNum(10 + 40,270,Rx2[1],3);
            LCD_ShowNum(10 + 40 + 40,270,Rx2[2],3);
            LCD_ShowNum(10 + 40 + 40 + 40,270,Rx2[3],3);
            ext2:
            break;
        default:break;
    }
  //*********************************************
  }
}
```

在 File 菜单下新建如下的源文件 RS485.c，编写完成后保存在 Drive 文件夹下，随后将 Drive 文件夹中的应用文件 RS485.c 添加到 Drive 组中。

```
#include "stm32f0xx.h"
#include "RS485.h"
#include "SysTick.h"
#include <stdarg.h>
#include <stdio.h>
/* Private function prototypes -----------------------------------*/
#ifdef __GNUC__
  /* With GCC/RAISONANCE, small printf (option LD Linker->Libraries->Small printf
     set to "Yes") calls __io_putchar() */
  #define PUTCHAR_PROTOTYPE int __io_putchar(int ch)
#else
  #define PUTCHAR_PROTOTYPE int fputc(int ch, FILE *f)
#endif /* __GNUC__ */

/* Private functions -----------------------------------------------*/

/****************************************
* FunctionName    : USART_Configuration
```

```
 * Description      : 串口初始化
 * EntryParameter   : None
 * ReturnValue      : None
 ***************************************/
void USART_Configuration(void)
{
    GPIO_InitTypeDef   GPIO_InitStructure;
    USART_InitTypeDef USART_InitStructure;
    NVIC_InitTypeDef NVIC_InitStructure;
    /* Enable the USART1 Interrupt(使能 USART1 中断) */
    NVIC_InitStructure.NVIC_IRQChannel = USART1_IRQn;
    NVIC_InitStructure.NVIC_IRQChannelPriority = 0;
    NVIC_InitStructure.NVIC_IRQChannelCmd = ENABLE;
    NVIC_Init(&NVIC_InitStructure);
    RCC_AHBPeriphClockCmd( RCC_AHBPeriph_GPIOA, ENABLE);
    RCC_APB2PeriphClockCmd(RCC_APB2Periph_USART1, ENABLE );
    GPIO_PinAFConfig(GPIOA,GPIO_PinSource9,GPIO_AF_1);
    GPIO_PinAFConfig(GPIOA,GPIO_PinSource10,GPIO_AF_1);
        /*
        *   USART1_TX -> PA9 , USART1_RX ->          PA10
        */
    GPIO_InitStructure.GPIO_Pin = GPIO_Pin_9|GPIO_Pin_10;
    GPIO_InitStructure.GPIO_Mode = GPIO_Mode_AF;
    GPIO_InitStructure.GPIO_OType = GPIO_OType_PP;
    GPIO_InitStructure.GPIO_PuPd = GPIO_PuPd_UP;
    GPIO_InitStructure.GPIO_Speed = GPIO_Speed_50MHz;
    GPIO_Init(GPIOA, &GPIO_InitStructure);
    USART_InitStructure.USART_BaudRate = 9600;
    USART_InitStructure.USART_WordLength = USART_WordLength_8b;
    USART_InitStructure.USART_StopBits = USART_StopBits_1;
    USART_InitStructure.USART_Parity = USART_Parity_No;
    USART_InitStructure.USART_HardwareFlowControl = USART_HardwareFlowControl_None;
    USART_InitStructure.USART_Mode = USART_Mode_Rx | USART_Mode_Tx;
    USART_Init(USART1, &USART_InitStructure);
    USART_Cmd(USART1, ENABLE);
    //while (USART_GetFlagStatus(USART1, USART_FLAG_TC) == RESET)
    //{}
    //USART_DirectionModeCmd(USART1, USART_Mode_Rx, ENABLE);
    //USART_RequestCmd(USART1,USART_Request_RXFRQ,ENABLE);
    USART_ITConfig(USART1, USART_IT_RXNE, ENABLE);
    //USART_ITConfig(USART1, USART_IT_TXE, DISABLE);
}
```

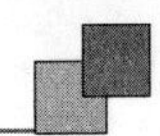

```
/*************************************
* FunctionName    : USART_send_byte
* Description     : 串口发送 1 字节数据
* EntryParameter  : byte：需要发送的字节
* ReturnValue     : None
*************************************/
void USART_send_byte(uint8_t byte)
{
while(!((USART1->ISR)&(1<<7)));
USART1->TDR = byte;
}
/*************************************
* FunctionName    : USART_Send
* Description     : 串口发送指定长度的字符串
* EntryParameter  : *Buffer：指向数组首地址的指针;Length：发送数组长度
* ReturnValue     : None
*************************************/
void USART_Send(uint8_t *Buffer, uint32_t Length)
{
    while(Length != 0)
    {
        while(!((USART1->ISR)&(1<<7)));              //等待发送完
        USART1->TDR = *Buffer;
        Buffer++;
        Length--;
    }
}
/*************************************
* FunctionName    : USART_Recive
* Description     : 串口接收一个字节数据
* EntryParameter  : None
* ReturnValue     : 接收到的一个字节
*************************************/
uint8_t USART_Recive(void)
{
    while(!(USART1->ISR & (1<<5)));                  //等待接收到数据
    return(USART1->RDR);                             //读出数据
}
/*************************************
* FunctionName    : RS485DIR_Init
* Description     : RS-485 方向端口初始化
* EntryParameter  : None
```

```
 * ReturnValue      : None
 ****************************************/
void RS485DIR_Init(void)
{
    GPIO_InitTypeDef GPIO_InitStruct;
    RCC_AHBPeriphClockCmd(RCC_AHBPeriph_GPIOA, ENABLE);
    GPIO_InitStruct.GPIO_Pin = GPIO_Pin_15;
    GPIO_InitStruct.GPIO_Mode = GPIO_Mode_OUT;
    GPIO_InitStruct.GPIO_OType = GPIO_OType_PP;
    GPIO_InitStruct.GPIO_Speed = GPIO_Speed_Level_3;
    GPIO_Init(GPIOA, &GPIO_InitStruct);
    GPIO_ResetBits(GPIOA, GPIO_Pin_15);
}
/****************************************
 * FunctionName     : RS485DIR_OUT
 * Description      : RS-485 方向输出
 * EntryParameter   : None
 * ReturnValue      : None
 ****************************************/
void RS485DIR_OUT(void)
{
    GPIO_SetBits(GPIOA, GPIO_Pin_15);
}
/****************************************
 * FunctionName     : RS485DIR_IN
 * Description      : RS-485 方向输入
 * EntryParameter   : None
 * ReturnValue      : None
 ****************************************/
void RS485DIR_IN(void)
{
    GPIO_ResetBits(GPIOA, GPIO_Pin_15);
}
/****************************************
 * FunctionName     : RS485_send_byte
 * Description      : RS-485 发送一个字节
 * EntryParameter   : None
 * ReturnValue      : None
 ****************************************/
void RS485_send_byte(uint8_t byte)
{
  while(!((USART1->ISR)&(1<<7)));
```

```
  USART1->TDR = byte;
}
```

在 File 菜单下新建如下的源文件 RS485.h，编写完成后保存在 Drive 文件夹下。

```
#ifndef __RS485_H
#define __RS485_H
#include "stm32f0xx.h"
#include <stdio.h>
void USART_Configuration(void);
int fputc(int ch, FILE * f);
void USART_send_byte(uint8_t byte);
void USART_Send(uint8_t * Buffer, uint32_t Length);
uint8_t USART_Recive(void);
void RS485DIR_Init(void);
void RS485DIR_OUT(void);
void RS485DIR_IN(void);
void RS485_send_byte(uint8_t byte);
#endif /* __RS485_H */
```

打开 User 文件夹，找到 stm32f0xx_it.c 文件，在该文件中找到下面的 void USART1_IRQHandler(void)中断函数，添加串口接收的解码函数，如下所示：

```
void USART1_IRQHandler(void)
{
    if(USART_GetITStatus(USART1, USART_IT_RXNE) != RESET)
    {
        temp = USART1->RDR;                        //从 RxFIFO 中读取接收到的数据
        //RX_temp = USART_ReceiveData(USART1);   //读取一个字节
        switch(RX_Cnt)
        {
            case 0:
                    if(temp == 0x01){Rx1[0] = temp;RX_Cnt = 1;}
                    else if(temp = = 0x02){Rx2[0] = temp;RX_Cnt = 11;}
                    else RX_Cnt = 0;
                    break;
            case 1:
                    Rx1[1] = temp;
                    RX_Cnt = 2;
                    break;
            case 2:
                    Rx1[2] = temp;
                    RX_Cnt = 3;
                    break;
```

```
            case 3：
                if(temp == 0xFF){Rx1[3] = temp;RX_Cnt = 0;RX1_flag = 1;}
                else RX_Cnt = 0;
                break;
            //------------------------------
            case 11：
                Rx2[1] = temp;
                RX_Cnt = 12;
                break;
            case 12：
                Rx2[2] = temp;
                RX_Cnt = 13;
                break;
            case 13：
                if(temp == 0xFF){Rx2[3] = temp;RX_Cnt = 0;RX2_flag = 1;}
                else RX_Cnt = 0;
                break;
            default:break;
        }
    }
}
```

(2) 从机 1 的程序设计

新建一个文件目录 RS485S1_LCD，在 RealView MDK 集成开发环境中创建一个工程项目 RS485S1_LCD. uvprojx 于此目录中。

在 File 菜单下新建如下的源文件 main. c，编写源程序代码后保存在 User 文件夹下，再把 main. c 文件添加到 User 组中。

```
#include "stm32f0xx.h"
#include "W25Q16.h"
#include "ILI9325.h"
#include "LED.h"
#include "SysTick.h"
#include "RS485.h"
#include "ADC.h"
const uint8_t Address = 0x01;                  //本机地址
uint8_t RX_flag,Rx_Val[3],Tx_Val[4];           //接收成功标志，接收内容，发送内容
__IO uint16_t   ADC1ConvertedValue = 0;
uint16_t Cnt;
/****************************************
* FunctionName    : main
```

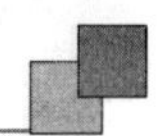

```
* Description     : 主函数
* EntryParameter  : None
* ReturnValue     : None
*************************************/
int main(void)
{
    SystemInit();
    SPI_FLASH_Init();
    LCD_init();                     //液晶显示器初始化
    SysTick_Init();
    LED_Init();
    USART_Configuration();          /* USART1 config 9600 8-N-1 */
    RS485DIR_Init();
    ADC_Configuration();
    LCD_Clear(DARKBLUE);            //全屏显示深灰蓝色
    POINT_COLOR = RED;              //定义笔的颜色为红色
    BACK_COLOR = WHITE   ;          //定义笔的背景色为白色
    LCD_ShowString(10,20,"RS485 通信从机 1 测试");
    LCD_ShowString(10,100,"收到的内容是:");
    LCD_ShowString(10,150,"发出的 ADC 内容是: ");
    LCD_ShowString(10,200,"ADC 取样内容是: ");
    while(1)
    {
        SysTickDelay_ms(1);
        Cnt++;
        if(Cnt>=300)                //每 300 ms 取样 ADC
        {
            Cnt = 0;
            /* Test EOC flag */
            while(ADC_GetFlagStatus(ADC1, ADC_FLAG_EOC) == RESET);
            /* Get ADC1 converted data */
            ADC1ConvertedValue = ADC_GetConversionValue(ADC1);
            LCD_ShowNum(10,220,ADC1ConvertedValue>>8,3);          //显示 ADC 内容
            LCD_ShowNum(10 + 40,220,ADC1ConvertedValue&0x00ff,3);
        }
        //----------------------------------------
        if(RX_flag == 1)                            //数据包接收成功
        {
            RX_flag = 0;
            LCD_ShowNum(10,120,Rx_Val[0],3);        //显示接收的数据包内容
            LCD_ShowNum(10 + 40,120,Rx_Val[1],3);
            LCD_ShowNum(10 + 40 + 40,120,Rx_Val[2],3);
```

```
        if(Rx_Val[1] == 0x11)                        //控制字是 0x11
        {
            LED2_Toggle();                           //控制灯翻转
        }
        else if(Rx_Val[1] = = 0x33)                  //控制字是 0x33
        {
            Tx_Val[0] = Address;
            Tx_Val[1] = ADC1ConvertedValue>>8;
            Tx_Val[2] = ADC1ConvertedValue&0x00ff;
            Tx_Val[3] = 0xff;
            SysTickDelay_ms(10);                     //延时 10 ms
            RS485DIR_OUT();SysTickDelay_ms(2);  //发送 ADC 内容
            RS485_send_byte(Tx_Val[0]);SysTickDelay_ms(2);
            RS485_send_byte(Tx_Val[1]);SysTickDelay_ms(2);
            RS485_send_byte(Tx_Val[2]);SysTickDelay_ms(2);
            RS485_send_byte(Tx_Val[3]);SysTickDelay_ms(2);
            RS485DIR_IN();SysTickDelay_ms(2);
            LCD_ShowNum(10,170,Tx_Val[0],3);   //显示 ADC 发送内容
            LCD_ShowNum(10 + 40,170,Tx_Val[1],3);
            LCD_ShowNum(10 + 40 + 40,170,Tx_Val[2],3);
            LCD_ShowNum(10 + 40 + 40 + 40,170,Tx_Val[3],3);
        }
    }
//***************************************************
    }
}
```

打开 User 文件夹，找到 stm32f0xx_it.c 文件，在该文件中找到下面的 void USART1_IRQHandler(void)中断函数，添加串口接收的解码函数，如下所示：

```
void USART1_IRQHandler(void)
{

    if(USART_GetITStatus(USART1, USART_IT_RXNE) != RESET)
    {
        temp = USART1->RDR;                        //从 RxFIFO 中读取接收到的数据
        //RX_temp = USART_ReceiveData(USART1);     //读取一个字节
        switch(RX_Cnt)
        {
            case 0:
                if(temp == Address){Rx_Val[0] = temp;RX_Cnt = 1;}
                else RX_Cnt = 0;
                break;
```

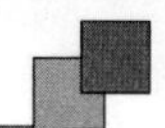

```
            case 1:
                    Rx_Val[1] = temp;
                    RX_Cnt = 2;
                    break;
            case 2:
                    if(temp == 0xFF){Rx_Val[2] = temp;RX_Cnt = 0;RX_flag = 1;}
                    else RX_Cnt = 0;
                    break;
            default:break;
        }

    }
}
```

(3) 从机2的程序设计

新建一个文件目录RS485S2_LCD,在RealView MDK集成开发环境中创建一个工程项目RS485S2_LCD.uvprojx于此目录中。

在File菜单下新建如下的源文件main.c,编写源程序代码后保存在User文件夹下,再把main.c文件添加到User组中。

```
#include "stm32f0xx.h"
#include "W25Q16.h"
#include "ILI9325.h"
#include "LED.h"
#include "SysTick.h"
#include "RS485.h"
#include "ADC.h"
const uint8_t Address = 0x02;                    //本机地址
uint8_t RX_flag,Rx_Val[3],Tx_Val[4];             //接收成功标志,接收内容,发送内容
__IO uint16_t  ADC1ConvertedValue = 0;
uint16_t Cnt;
/****************************************
* FunctionName    : main
* Description     : 主函数
* EntryParameter  : None
* ReturnValue     : None
****************************************/
int main(void)
{
    SystemInit();
    SPI_FLASH_Init();
    LCD_init();                                  //液晶显示器初始化
```

```
SysTick_Init();
LED_Init();
USART_Configuration(); /* USART1 config 9600 8-N-1 */
RS485DIR_Init();
ADC_Configuration();
LCD_Clear(DARKBLUE);                          //全屏显示深灰蓝色
POINT_COLOR = RED;                            //定义笔的颜色为红色
BACK_COLOR = WHITE   ;                        //定义笔的背景色为白色
LCD_ShowString(10,20,"RS485 通信从机 2 测试");
LCD_ShowString(10,100,"收到的内容是:");
LCD_ShowString(10,150,"发出的 ADC 内容是:");
LCD_ShowString(10,200,"ADC 取样内容是:");
while(1)
{
    SysTickDelay_ms(1);
    Cnt++;
    if(Cnt>=300)                              //每 300 ms 取样 ADC
    {
        Cnt = 0;
        /* Test EOC flag */
        while(ADC_GetFlagStatus(ADC1, ADC_FLAG_EOC) == RESET);
        /* Get ADC1 converted data */
        ADC1ConvertedValue = ADC_GetConversionValue(ADC1);
        LCD_ShowNum(10,220,ADC1ConvertedValue>>8,3);        //显示 ADC 内容
        LCD_ShowNum(10+40,220,ADC1ConvertedValue&0x00ff,3);
    }
    //-----------------------------------------------------
    if(RX_flag==1)                            //数据包接收成功
    {
        RX_flag = 0;
        LCD_ShowNum(10,120,Rx_Val[0],3);      //显示接收的数据包内容
        LCD_ShowNum(10+40,120,Rx_Val[1],3);
        LCD_ShowNum(10+40+40,120,Rx_Val[2],3);

        if(Rx_Val[1] == 0x22)                 //控制字是 0x22
        {
            LED2_Toggle();                    //控制灯翻转
        }
        else if(Rx_Val[1] == 0x44)            //控制字是 0x44
        {
            Tx_Val[0] = Address;
            Tx_Val[1] = ADC1ConvertedValue>>8;
```

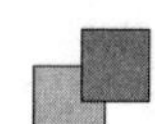

```
            Tx_Val[2] = ADC1ConvertedValue&0x00ff;
            Tx_Val[3] = 0xff;
            SysTickDelay_ms(10);                    //延时 10 ms
            RS485DIR_OUT();SysTickDelay_ms(2);      //发送 ADC 内容
            RS485_send_byte(Tx_Val[0]);SysTickDelay_ms(2);
            RS485_send_byte(Tx_Val[1]);SysTickDelay_ms(2);
            RS485_send_byte(Tx_Val[2]);SysTickDelay_ms(2);
            RS485_send_byte(Tx_Val[3]);SysTickDelay_ms(2);
            RS485DIR_IN();SysTickDelay_ms(2);
            LCD_ShowNum(10,170,Tx_Val[0],3);        //显示 ADC 发送内容
            LCD_ShowNum(10 + 40,170,Tx_Val[1],3);
            LCD_ShowNum(10 + 40 + 40,170,Tx_Val[2],3);
            LCD_ShowNum(10 + 40 + 40 + 40,170,Tx_Val[3],3);
        }
    }
//*******************************************************************
    }
}
```

打开 User 文件夹，找到 stm32f0xx_it. c 文件，在该文件中找到下面的 void USART1_IRQHandler(void)中断函数，添加串口接收的解码函数，如下所示：

```
void USART1_IRQHandler(void)
{

    if(USART_GetITStatus(USART1, USART_IT_RXNE) != RESET)
    {
        temp = USART1->RDR;                         //从 RxFIFO 中读取接收到的数据
        //RX_temp = USART_ReceiveData(USART1);      //读取一个字节
        switch(RX_Cnt)
        {
            case 0:
                    if(temp == Address){Rx_Val[0] = temp;RX_Cnt = 1;}
                    else RX_Cnt = 0;
                    break;
            case 1:
                    Rx_Val[1] = temp;
                    RX_Cnt = 2;
                    break;
            case 2:
                    if(temp == 0xFF){Rx_Val[2] = temp;RX_Cnt = 0;RX_flag = 1;}
                    else RX_Cnt = 0;
                    break;
```

```
            default:break;
        }
    }
}
```

4. 实验结果

3 个工程文件的程序分别编译,编译通过后,分别将 HEX 文件下载到 3 块实验板的 STM32F072 芯片中。其中,RS485M_LCD. hex 文件下载到主机中,RS485S1_LCD. hex 文件下载到从机 1 中,RS485S2_LCD. hex 文件下载到从机 2 中。

3 块实验板的 RS－485 通信口使用双绞线连接(如果是短距离通信也可使用普通电线)。

注意: RS－485 通信口的 A 端连在一起,B 端连在一起,不要弄错。

上电运行后可以观察到:

主机的 LED1 每隔 5 s 翻转一下,表明发出一个数据帧,交替控制从机 1 及从机 2 的输出状态。此时可以看到从机 1 及从机 2 的 LED2 变化:主机第 5 s 时控制从机 1 的 LED2 翻转,第 10 s 时控制从机 2 的 LED2 翻转。

按下主机 K1 键,主机马上能正确收到从机 1 发回的 ADC 值,同时显示在 TFT-LCD 上;按下主机 K2 键,主机马上能正确收到从机 2 发回的 ADC 值,同时显示在 TFT-LCD 上。

实验照片如图 41－3 所示。

图 41－3　RS－485 通信网实验照片

第 42 章

NRF24L01 无线通信组网设计

NRF24L01 是一款工作在 2.4～2.5 GHz 世界通用 ISM 频段的单片无线收发器芯片。无线收发器包括：频率发生器、增强型 SchockBurst 模式控制器、功率放大器、晶体振荡器调制器和解调器。输出功率频道选择和协议的设置可以通过 SPI 接口进行设置。

NRF24L01 具有极低的电流消耗，当工作在发射模式下的发射功率为 0 dBm 时，电流消耗为 11.3 mA；当在接收模式下时，电流消耗为 13.5 mA；当在掉电模式和待机模式下时，电流消耗更低。

因为在无线通信应用中经常会遇到远距离通信的要求，所以目前有一些 NRF24L01 无线模块在原设计上增加了 PA(功率放大器)和 LNA(低噪声放大器)的型号，如"NRF24L01＋PA"等。在发射部分通过 PA 电路将 NRF24L01＋最大 0 dBm的输出功率放大到＋22 dBm 左右，同时在接收部分通过 LNA 电路增加接收信号的强度。通过这种方式可以有效地增加 NRF24L01 无线模块的通信距离，在空旷环境下最高可增加到 2 km。

42.1 NRF24L01 的主要特性及应用领域

1. NRF24L01 的主要特性

NRF24L01 的主要特性如下：

- 2.4～2.5 GHz 全球免申请 ISM 工作频段。
- 125 个通信频道，满足多点通信、分组、跳频等应用需求。
- 发射功率可设置为 0 dBm、－6 dBm、－12 dBm 和－18 dBm。
- 实际发射功率大于或等于 0 dBm(设置为 0 dBm 时测试得出)。
- SMA 接口，可方便连接同轴电缆或外置天线。

- 通过 SPI 接口与 MCU 连接，速率为 0～8 Mbps。
- 支持 2 Mbps、1 Mbps 和 250 kbps 传输速率。
- 增强型 ShockBurst，完全兼容 NRF24L01A、NRF24L01+等芯片。
- 支持自动应答及自动重发，内置地址及 CRC 数据校验码功能。
- 工作电压范围：1.9～3.6 V，待机模式下电流低于 1 μA。
- 工作温度范围：－40～85 ℃。
- GFSK 调制。
- 硬件集成 OSI 链路层。
- 具有自动应答和自动再发射功能。
- 片内自动生成报头和 CRC 校验码。
- 数据传输率为 1 Mbps 或 2 Mbps。
- SPI 速率为 0～10 Mbps。
- 125 个频道。
- 与其他 NRF24 系列射频器件相兼容。
- QFN20 引脚 4 mm×4 mm 封装，供电电压为 1.9～3.6 V。

2. NRF24L01 的应用领域

NRF24L01 的应用领域如下：

- 无线数据传输系统；
- 无线鼠标；
- 遥控开锁；
- 遥控玩具；
- 超低功耗无线收发器；
- 无线传感网络；
- 家庭和楼宇自动化；
- 无线报警安全系统。

42.2 NRF24L01 的结构及引脚功能

NRF24L01 的结构组成框图如图 42－1 所示，外形封装及引脚排列如图 42－2 所示。

各引脚功能如下：

CE：使能发射或接收。

CSN、SCK、MOSI 和 MISO：SPI 引脚端，微处理器可通过此引脚配置 NRF24L01。

IRQ：中断标志位。

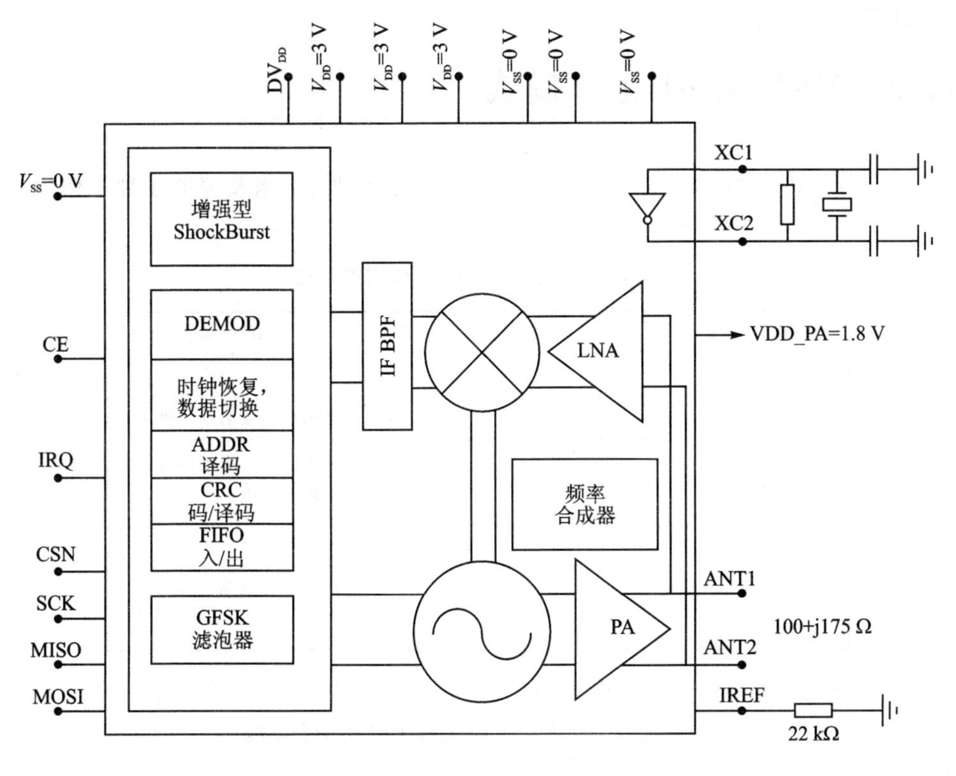

图 42-1 NRF24L01 的结构组成框图

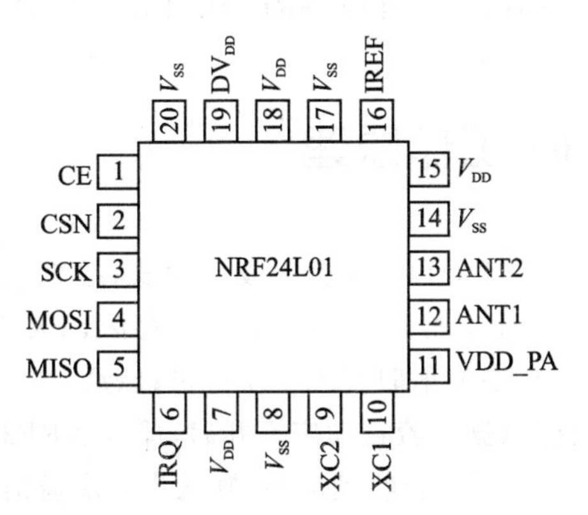

图 42-2 NRF24L01 的外形封装及引脚排列

V_{DD}:电源输入端。

V_{SS}:电源地。

XC2 和 XC1:晶体振荡器引脚。

VDD_PA:为功率放大器供电,输出为 1.8 V。

ANT1 和 ANT2:天线接口。

IREF:参考电流输入。

42.3 NRF24L01 工作模式

通过配置寄存器可将 NRF24L01 配置为发射、接收、空闲及掉电 4 种工作模式,如表 42-1 所列。

表 42-1 NRF24L01 工作模式配置

模 式	PWR_UP	PRIM_RX	CE	FIFO 状态
接收	1	1	1	—
发射	1	0	1	数据已在发射堆栈里
发射	1	0	⌉_	当 CE 有下降沿跳变时,数据已经发射
空闲 2	1	0	1	发射堆栈空
空闲 1	1	—	0	此时没有数据发射
掉电	0	—	—	—

空闲模式 1 主要用于降低电流损耗,在该模式下晶体振荡器仍然是工作的;空闲模式 2 则是在当发射堆栈为空且 CE=1 时发生(用在 PTX 设备)。在空闲模式下,配置字仍然保留。

在掉电模式下电流损耗最小,此时 NRF24L01 不工作,但其所有配置寄存器的值仍然保留。

42.4 NRF24L01 工作原理

发射数据时,首先将 NRF24L01 配置为发射模式;接着把地址 TX_ADDR 和数据 TX_PLD 按照时序由 SPI 口写入 NRF24L01 缓存区,TX_PLD 必须在 CSN 为低时连续写入,而 TX_ADDR 在发射时写入一次即可;然后 CE 置为高电平并保持至少 10 μs,延迟 130 μs 后发射数据。若自动应答开启,那么 NRF24L01 在发射数据后立即进入接收模式,接收应答信号,若收到应答,则认为此次通信成功,TX_DS 置高,同时 TX_PLD 从发送堆栈中清除;若未收到应答,则自动重新发射该数据(自动重发已开启),若重发次数(ARC_CNT)达到上限,则 MAX_RT 置高,TX_PLD 不会被清除。当 MAX_RT 或 TX_DS 置高时,使 IRQ 变低,以便通知 MCU。最后,当发射成功时,若 CE 为低,则 NRF24L01 进入空闲模式 1;若发送堆栈中有数据且 CE 为高,则进入下一次发射;若发送堆栈中无数据且 CE 为高,则进入空闲模式 2。

当接收数据时,首先将 NRF24L01 配置为接收模式,接着延迟 130 μs 进入接收状态等待数据的到来。当接收方检测到有效的地址和 CRC 时,就将数据包存储在接

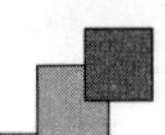

收堆栈中，同时中断标志位RX_DR置高，IRQ引脚变低，以便通知MCU去取数据。若此时自动应答开启，则接收方同时进入发射状态回传应答信号。最后当接收成功时，若CE变低，则NRF24L01进入空闲模式1。

两个NRF24L01要实现无线通信，需要满足以下条件：

① 频道相同（通过设置频道寄存器RF_CH实现）。

② 地址相同（通过设置发送地址TX_ADDR和接收地址RX_ADDR_P0实现）。

③ 每次发送及接收的字节数相同（如果设置了通道的有效数据宽度为n，那么每次发送的字节数也必须为n，当然，必须$n\leqslant 32$）。

另外，NRF24L01数据手册中注明，NRF24L01可以1对6通信，指的是自身的通道有6个，而且这种模式只能是1收6发，不能1发6收。一般情况下，不采用这种方式。

我们通常只用NRF24L01的通道0，通过改变频道和地址来实现1对多的互发，一共有125个频道，它的地址是5字节的。所以，用这种方式可以实现几乎一对无数的通信。

现在跳频通信也很流行。跳频通信的原理是：假设现在1台主机对10台从机进行通信，即1对10相互收发数据，给10台从机的NRF24L01设置为不同的频道，如15、25、35等。主机想获得某台从机的数据，就设置为该从机的频道，然后收发数据，完成后，可以再去和另外一台从机通信。由于计算机运行速度很快，逐个获取10台从机的数据也就是瞬间的事儿。

42.5　NRF24L01配置字

SPI口为同步串行通信接口，最大传输速率为10 Mbps，传输时先传送低位字节，再传送高位字节。但是，针对单个字节而言，要先送高位再送低位。与SPI相关的指令共有8个，使用时这些控制指令由NRF24L01的MOSI输入。相应的状态和数据信息是从MISO输出给MCU。

NRF24L01所有的配置字都由配置寄存器定义，这些配置寄存器可通过SPI口访问。NRF24L01常用的配置寄存器如表42-2所列。

表42-2　NRF24L01常用的配置寄存器

地　址	寄存器名称	描　述
00h	CONFIG	可用来设置NRF24L01的工作模式
01h	EN_AA Enhanced	用于接收通道的设置，使能接收通道的自动应答功能
02h	EN_RXADDR	使能接收通道地址
03h	SETUP_AW	设置地址宽度（适合所有通道）

续表 42-2

地 址	寄存器名称	描 述
04h	SETUP_RETR	设置自动重发射
07h	STATUS	状态寄存器
0Ah～0Fh	RX_ADDR_P0～P5	设置接收通道的地址
10h	TX_ADDR	设置发射机地址
11h～16h	RX_PW_P0～P5	设置接收通道的数据长度

以下为配置宏定义：

```
#define CONFIG 0x00              //配置寄存器地址
#define EN_AA 0x01               //使能自动应答功能
#define EN_RXADDR 0x02           //接收地址允许
#define SETUP_AW 0x03            //设置地址宽度(所有数据通道)
#define SETUP_RETR 0x04          //建立自动重发
#define RF_CH 0x05               //RF 通道
#define RF_SETUP 0x06            //RF 寄存器
#define STATUS 0x07              //状态寄存器
#define OBSERVE_TX 0x08          //发送检测寄存器
#define CD 0x09                  //载波检测寄存器
#define RX_ADDR_P0 0x0A          //数据通道 0 接收地址
#define RX_ADDR_P1 0x0B          //数据通道 1 接收地址
#define RX_ADDR_P2 0x0C          //数据通道 2 接收地址
#define RX_ADDR_P3 0x0D          //数据通道 3 接收地址
#define RX_ADDR_P4 0x0E          //数据通道 4 接收地址
#define RX_ADDR_P5 0x0F          //数据通道 5 接收地址
#define TX_ADDR 0x10             //发送地址寄存器
#define RX_PW_P0 0x11            //接收数据通道 0 有效数据宽度(1～32 字节)
#define RX_PW_P1 0x12            //接收数据通道 1 有效数据宽度(1～32 字节)
#define RX_PW_P2 0x13            //接收数据通道 2 有效数据宽度(1～32 字节)
#define RX_PW_P3 0x14            //接收数据通道 3 有效数据宽度(1～32 字节)
#define RX_PW_P4 0x15            //接收数据通道 4 有效数据宽度(1～32 字节)
#define RX_PW_P5 0x16            //接收数据通道 5 有效数据宽度(1～32 字节)
#define FIFO_STATUS 0x17         //FIFO 状态寄存器
```

42.6 NRF24L01 的寄存器操作命令

NRF24L01 的寄存器操作命令如下：

```
#define READ_REG 0x00            //读配置寄存器,低 5 位为寄存器地址
#define WRITE_REG 0x20           //写配置寄存器,低 5 位为寄存器地址
```

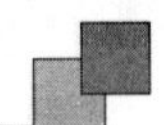

```
#define RD_RX_PLOAD 0x61          //读 Rx 有效数据,1～32 字节
#define WR_TX_PLOAD 0xA0          //写 Tx 有效数据,1～32 字节
#define FLUSH_TX 0xE1             //清除 Tx FIFO 寄存器,发射模式下用
#define FLUSH_RX 0xE2             //清除 Rx FIFO 寄存器,接收模式下用
#define REUSE_TX_PL 0xE3          //重新使用上一包数据,CE 为高,数据包被不断发送
#define NOP 0xFF                  //空操作,可以用来读状态寄存器
```

42.7　NRF24L01 的 C51 驱动程序介绍

42.7.1　NRF24L01 的模拟 SPI 读/写函数

NRF24L01 的模拟 SPI 读/写函数的代码如下：

```
/****************************************
* 函数名    : SPI_RW
* 描述      : SPI 读/写
* 输入参数  : byte: 需要写的字节
* 返回值    : 读到的字节
****************************************/
unsigned char SPI_RW(unsigned char byte)
{
    unsigned char bit_ctr;
    for(bit_ctr = 0;bit_ctr<8;bit_ctr ++ )
    {
        NRF_MOSI = (byte&0x80);            //MSB TO MOSI
        byte = (byte<<1);                  //shift next bit to MSB
        NRF_SCK = 1;
        byte| = NRF_MISO;                  //capture current MISO bit
        NRF_SCK = 0;
    }
    return byte;
}
```

42.7.2　NRF24L01 的写寄存器函数

NRF24L01 的写寄存器函数的代码如下：

```
/****************************************
* 函数名    : NRF24L01_Write_Reg
```

```
 * 描述      : SPI 写寄存器
 * 输入参数  : reg: 需要写的寄存器;value: 需要写的字节
 * 返回值    : 状态值
 ****************************************/
uchar NRF24L01_Write_Reg(uchar reg,uchar value)
{
    uchar status;
    NRF_CSN = 0;                    //CSN = 0;
    status = SPI_RW(reg);
    SPI_RW(value);
    NRF_CSN = 1;                    //CSN = 1;
    return status;
}
```

42.7.3 NRF24L01 的读寄存器函数

NRF24L01 的读寄存器函数的代码如下：

```
/****************************************
 * 函数名    : NRF24L01_Read_Reg
 * 描述      : SPI 读寄存器
 * 输入参数  : reg: 需要读的寄存器
 * 返回值    : 读到的寄存器内容
 ****************************************/
uchar NRF24L01_Read_Reg(uchar reg)
{
  uchar value;
  NRF_CSN = 0;                      //CSN = 0;
  SPI_RW(reg);
  value = SPI_RW(NOP);
  NRF_CSN = 1;                      //CSN = 1;
  return value;
}
```

42.7.4 NRF24L01 的写寄存器多个值函数

NRF24L01 的写寄存器多个值函数的代码如下：

```
/****************************************
 * 函数名    : NRF24L01_Write_Buf
 * 描述      : SPI 写多个值
```

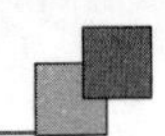

```
* 输入参数  : reg: 需要写的寄存器;pBuf: 数组首地址;len: 写的长度
* 返回值    : 状态值
**************************************/
uchar NRF24L01_Write_Buf(uchar reg, uchar * pBuf, uchar len)
{
    uchar status,u8_ctr;
    NRF_CSN = 0;
    status = SPI_RW(reg);
    for(u8_ctr = 0; u8_ctr<len; u8_ctr ++ )
    SPI_RW( * pBuf ++ );
    NRF_CSN = 1;
    return status;
}
```

42.7.5　NRF24L01 的读寄存器多个值函数

NRF24L01 的读寄存器多个值函数的代码如下：

```
/**************************************
* 函数名    : NRF24L01_Read_Buf
* 描述      : SPI 读多个值
* 输入参数  : reg: 需要读的寄存器;pBuf: 数组首地址;len: 读的长度
* 返回值    : 状态值
**************************************/
uchar NRF24L01_Read_Buf(uchar reg,uchar * pBuf,uchar len)
{
    uchar status,u8_ctr;
    NRF_CSN = 0;                    //CSN = 0
    status = SPI_RW(reg);
    for(u8_ctr = 0;u8_ctr<len;u8_ctr ++ )
    pBuf[u8_ctr] = SPI_RW(0XFF);
    NRF_CSN = 1;                    //CSN = 1
    return status;
}
```

42.7.6　NRF24L01 的接收数据包函数

NRF24L01 的接收数据包函数的代码如下：

```
/**************************************
* 函数名    : NRF24L01_RxPacket
```

```
 * 描述      : 接收数据包
 * 输入参数  : rxbuf: 数组首地址
 * 返回值    : 0: 接收成功;1: 接收不成功
 ****************************************/
uchar NRF24L01_RxPacket(uchar * rxbuf)
{
    uchar state;
    state = NRF24L01_Read_Reg(STATUS);
    NRF24L01_Write_Reg(WRITE_REG + STATUS,state);
    if(state&RX_OK)
    {
        NRF24L01_Read_Buf(RD_RX_PLOAD,rxbuf,RX_PLOAD_WIDTH);
        NRF24L01_Write_Reg(FLUSH_RX,0xff);
        return 0;
    }
    return 1;
}
```

42.7.7 NRF24L01 的发送数据包函数

NRF24L01 的发送数据包函数的代码如下:

```
/****************************************
 * 函数名    : NRF24L01_TxPacket
 * 描述      : 发送数据包
 * 输入参数  : txbuf: 数组首地址
 * 返回值    : 0x20: 发送成功;0x10: 达到最大发送次数;0xff: 发送不成功
 ****************************************/
uchar NRF24L01_TxPacket(uchar * txbuf)
{
    uchar state;
    NRF_CE = 0;
    NRF24L01_Write_Buf(WR_TX_PLOAD,txbuf,TX_PLOAD_WIDTH);
    NRF_CE = 1;
    while(NRF_IRQ == 1);
    state = NRF24L01_Read_Reg(STATUS);
    NRF24L01_Write_Reg(WRITE_REG + STATUS,state);
    if(state&MAX_TX)
    {
        NRF24L01_Write_Reg(FLUSH_TX,0xff);
        return MAX_TX;
```

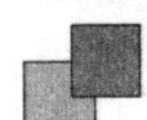

```
    }
    if(state&TX_OK)
    {
        return TX_OK;
    }
    return 0xff;
}
```

42.7.8　NRF24L01 的初始化配置函数

NRF24L01 的初始化配置函数的代码如下：

```
/****************************************
* 函数名    : NRF24L01_RT_Init
* 描述      : NRF24L01 初始化配置
* 输入参数  : 无
* 返回值    : 无
****************************************/
void NRF24L01_RT_Init(void)
{
    NRF_CE = 0;
    NRF24L01_Write_Reg(WRITE_REG + RX_PW_P0,RX_PLOAD_WIDTH);
    NRF24L01_Write_Reg(FLUSH_RX,0xff);
   NRF24L01_Write_Buf(WRITE_REG + TX_ADDR,(uchar * )TX_ADDRESS,TX_ADR_WIDTH);
    NRF24L01_Write_Buf(WRITE_REG + RX_ADDR_P0,(uchar * )RX_ADDRESS,RX_ADR_WIDTH);
    NRF24L01_Write_Reg(WRITE_REG + EN_AA,0x01);
    NRF24L01_Write_Reg(WRITE_REG + EN_RXADDR,0x01);
    NRF24L01_Write_Reg(WRITE_REG + SETUP_RETR,0x1a);
    NRF24L01_Write_Reg(WRITE_REG + RF_CH,109);
    NRF24L01_Write_Reg(WRITE_REG + RF_SETUP,0x0f);
    NRF24L01_Write_Reg(WRITE_REG + CONFIG,0x0f);  //0x0f 是接收模式,0x0e 是发送模式
    NRF_CE = 1;
}
```

42.8　NRF24L01 无线通信组网实验

1. 实验要求

本实验需要 3 块实验板。其中：一块为主节点板，它负责协调控制其他从节点板进行数据采样及传送回主节点板，然后将采样数据上传到 PC；另外两块为从节点

板，在主节点板的控制命令下，从节点板进行数据采样并传回主节点板。从节点板可以进行扩展，当有多个从节点板时，主节点板采用轮询的方法，依次取得各个从节点板的采样数据。

2. 实验电路原理

参考 Mini STM32DEMO 开发板电路原理图：

- PA8——NRF24L01_CE；
- PC9——NRF24L01_IRQ；
- PC8——NRF24L01_CS；
- PB13——NRF24L01_CLK；
- PB14——NRF24L01_DO；
- PB15——NRF24L01_DIO；
- PA0——K1；
- PA1——K2；
- PC10——LCD_RS：TFT-LCD 命令/数据选择(0，读/写命令；1，读/写数据)；
- PC11——LCD_CS：TFT-LCD 片选；
- PD2——LCD_WR：向 TFT-LCD 写入数据；
- PC12——LCD_RD：从 TFT-LCD 读取数据；
- PC7～PC0——DB[15:8]：TFT-LCD 16 位双向数据线的高 8 位；
- PB7～PB0——DB[7:0]：TFT-LCD 16 位双向数据线的低 8 位；
- NRST—— NRST：TFT-LCD 复位信号。

3. 源程序文件及分析

(1) 主节点板的程序设计

新建一个文件目录 NRF24L01_PC，在 RealView MDK 集成开发环境中创建一个工程项目 NRF24L01_PC. uvprojx 于此目录中。

在 File 菜单下新建如下的源文件 main. c，编写源程序代码后保存在 User 文件夹下，再把 main. c 文件添加到 User 组中。

```
#include "stm32f0xx.h"
#include "W25Q16.h"
#include "ILI9325.h"
#include "GUI.h"
#include "NRF24L01.h"
#include "SysTick.h"
#include "USART.h"
#define countof(a) (sizeof(a) / sizeof( * (a)))            //计算数组内的成员个数
uint8_t TxPC_Buffer[] = "USART TEST OK";
/ * 获取缓冲区的长度 * /
```

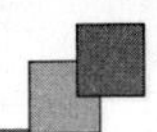

```
#define TxBufferSize1    (countof(TxBuffer1) - 1)
#define RxBufferSize1    (countof(TxBuffer1) - 1)
#define countof(a)       (sizeof(a) / sizeof( * (a)))
#define  BufferSize (countof(Tx_Buffer) - 1)
#define  FLASH_WriteAddress      0x00000
#define  FLASH_ReadAddress       FLASH_WriteAddress
#define  FLASH_SectorToErase     FLASH_WriteAddress
#define  sFLASH_ID               0xEF3015
uint8_t Tx_Buffer[2] ;                                      //无线传输发送数据
uint8_t Rx_Buffer[2];                                       //无线传输接收数据
uint8_t Status;
uint16_t Cnt;
/***************************************
 * FunctionName    : main
 * Description     : 主函数
 * EntryParameter  : None
 * ReturnValue     : None
 ***************************************/
int main(void)
{
    SystemInit();
    SPI_RF_Init();
    LCD_init();                                             //液晶显示器初始化
    LCD_Clear(LGRAY);                                       //整屏显示浅灰色
    POINT_COLOR = BLUE;                                     //定义笔的颜色为蓝色
    BACK_COLOR = WHITE;                                     //定义笔的背景色为白色
    LCD_ShowString(5, 5, " NRF24L01 To PC ");
    Draw_Frame(6,60,233,280," Show Area ");                 //显示
    Draw_Button(20,80,80,120);                              //节点 1 按钮
    Draw_Button(20,150,80,190);
    Draw_Button(20,220,80,260);
    POINT_COLOR = BLACK;
    BACK_COLOR = LGRAY;
    LCD_ShowString(35,90,"Node1");
    LCD_ShowString(35,160,"Node2");
    LCD_ShowString(35,230,"Node3");
    USART_Configuration(); /* USART1 config 9600 8 - N - 1 */
    USART_Send( TxPC_Buffer, countof(TxPC_Buffer) - 1); //串口初始化
    USART_send_byte(0x0d);
    USART_send_byte(0x0a);
    SysTick_Init();
    while(1)
```

```
    {
        switch(Status)
        {
            case 0:
                    POINT_COLOR = BLACK;
                    BACK_COLOR = LGRAY;
                    LCD_ShowString(35,90,"Node1");
                    Status = 1;
                    break;
            case 1:
                    POINT_COLOR = BLACK;//work in send
                    BACK_COLOR = LGRAY;
                    LCD_ShowString(35,90,"Node1");
                    SysTickDelay_ms(2000);              //延时 2 s 后进入发送状态

                    NRF24L01_TX_Mode();            //设置为发送模式,通知节点传数据
                    SysTickDelay_ms(100);
                    POINT_COLOR = RED;
                    BACK_COLOR = LGRAY;
                    LCD_ShowString(35,90,"Send1");     //show send
                    Tx_Buffer[0] = 0x11;                //将 0x11 送入发送缓冲区
                    Tx_Buffer[1] = 0x12;
                    NRF24L01_TxPacket(Tx_Buffer);       //发送 0x11 和 0x12
                    SysTickDelay_ms(400);

                    NRF24L01_RX_Mode();                 //进入接收状态
                    SysTickDelay_ms(100);
                    POINT_COLOR = BLUE;
                    BACK_COLOR = LGRAY;
                    LCD_ShowString(35,90,"Rece1");//show receive
                    Status = 2;
                    break;
            case 2:
                    if(NRF24L01_RxPacket(Rx_Buffer) == 0)//work in receiving
                {
                        if((Rx_Buffer[0] == 0x41)&&(Rx_Buffer[1] == 0x42))
                                                        //comp self node
                        {
                                POINT_COLOR = BLUE;
                                BACK_COLOR = LGRAY;
                                LCD_ShowNum(100,90,Rx_Buffer[0],4);
                                LCD_ShowNum(150,90,Rx_Buffer[1],4);
```

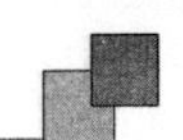

```
                USART_send_byte(Rx_Buffer[0]);//接收的数据发送到 PC
                USART_send_byte(Rx_Buffer[1]);
                USART_send_byte(0x0d);
                USART_send_byte(0x0a);
                SysTickDelay_ms(200);
                Rx_Buffer[0] = 0;
                Rx_Buffer[1] = 0;
                //LCD_ShowNum(100,90,Rx_Buffer[0],4);
                Status = 3;Cnt = 0;
            }
        }
        else                                    //未收到数据,等待
        {
                SysTickDelay_ms(1);
                Cnt ++ ;
        }
        //------------------------
        if(Cnt>1000)                            //接收等待时间 1 000 ms
        {
            POINT_COLOR = YELLOW;
            BACK_COLOR = LGRAY;
            LCD_ShowString(35,90,"Node1");
            SysTickDelay_ms(200);
            Cnt = 0;
            Status = 3;
        }
        break;
    case 3:
            POINT_COLOR = BLACK;//work in send
            BACK_COLOR = LGRAY;
            LCD_ShowString(35,160,"Node2");
            SysTickDelay_ms(2000);          //延时 2 s 后进入发送状态
            NRF24L01_TX_Mode();         //设置为发送模式,通知节点传数据
            SysTickDelay_ms(100);
            POINT_COLOR = RED;
            BACK_COLOR = LGRAY;
            LCD_ShowString(35,160,"Send2");//show send
            Tx_Buffer[0] = 0x13;            //将 0x13 送入发送缓冲区
            Tx_Buffer[1] = 0x14;
```

```
                NRF24L01_TxPacket(Tx_Buffer);//发送 0x13 和 0x14
                SysTickDelay_ms(400);//
                NRF24L01_RX_Mode();          //进入接收状态
                SysTickDelay_ms(100);
                POINT_COLOR = BLUE;
                BACK_COLOR = LGRAY;
                LCD_ShowString(35,160,"Rece2");//show receive
                Status = 4;
                break;
        case 4:
                if(NRF24L01_RxPacket(Rx_Buffer) == 0)//work in receiving
                {
                if((Rx_Buffer[0] == 0x43)&&(Rx_Buffer[1] == 0x44))
                                             //comp self node
                    {
                        POINT_COLOR = BLUE;
                        BACK_COLOR = LGRAY;
                        LCD_ShowNum(100,160,Rx_Buffer[0],4);
                        LCD_ShowNum(150,160,Rx_Buffer[1],4);
                        USART_send_byte(Rx_Buffer[0]);
                                             //接收的数据发送到 PC
                        USART_send_byte(Rx_Buffer[1]);
                        USART_send_byte(0x0d);
                        USART_send_byte(0x0a);
                        SysTickDelay_ms(200);
                        Rx_Buffer[0] = 0;
                        Rx_Buffer[1] = 0;
                        //LCD_ShowNum(100,90,Rx_Buffer[0],4);
                        Status = 5;Cnt = 0;
                    }
                }
                else                         //未收到数据,等待
                {
                    SysTickDelay_ms(1);
                    Cnt ++ ;
                }
                //---------------------
                if(Cnt>1000)                 //接收等待时间 1 000 ms
                {
```

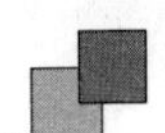

```
                    POINT_COLOR = YELLOW;
                    BACK_COLOR = LGRAY;
                    LCD_ShowString(35,160,"Node2");
                    SysTickDelay_ms(200);
                    Cnt = 0;
                    Status = 5;
                }
                break;
            case 5: Status = 1;break;
            default: break;
        }
        SysTickDelay_ms(1);
    }
}
```

(2) 从节点板 1 的程序设计

新建一个文件目录 NRF1_LCD，在 RealView MDK 集成开发环境中创建一个工程项目 NRF1_LCD. uvprojx 于此目录中。

在 File 菜单下新建如下的源文件 main. c，编写源程序代码后保存在 User 文件夹下，再把 main. c 文件添加到 User 组中。

```
#include "stm32f0xx.h"
#include "W25Q16.h"
#include "ILI9325.h"
#include "GUI.h"
#include "NRF24L01.h"
#include "SysTick.h"
/* 获取缓冲区的长度 */
#define TxBufferSize1    (countof(TxBuffer1) - 1)
#define RxBufferSize1    (countof(TxBuffer1) - 1)
#define countof(a)       (sizeof(a) / sizeof(*(a)))
#define  BufferSize (countof(Tx_Buffer) - 1)
#define  FLASH_WriteAddress      0x00000
#define  FLASH_ReadAddress       FLASH_WriteAddress
#define  FLASH_SectorToErase     FLASH_WriteAddress
#define  sFLASH_ID               0xEF3015
uint8_t Tx_Buffer[2] ;                    //无线传输发送数据
uint8_t Rx_Buffer[2];                     //无线传输接收数据
const uint8_t COMM[2] = {0x11,0x12};      //接收的命令
uint8_t Status;
uint16_t Cnt;
```

```
/**************************************
 * FunctionName      : main
 * Description       : 主函数
 * EntryParameter    : None
 * ReturnValue       : None
**************************************/
int main(void)
{
    SystemInit();
    SPI_RF_Init();
    LCD_init();                          //液晶显示器初始化
    LCD_Clear(LGRAY);                    //整屏显示浅灰色
    POINT_COLOR = BLUE;                  //定义笔的颜色为蓝色
    BACK_COLOR = WHITE   ;               //定义笔的背景色为白色
    LCD_ShowString(5, 5, " NRF1 Test ");
    Draw_Frame(6,60,233,280," Show Area ");
    Draw_Button(20,80,80,120);           //节点按钮
    POINT_COLOR = BLACK;
    BACK_COLOR = LGRAY;
    LCD_ShowString(35,90,"RXM ");
    SysTick_Init();
    while(1)
    {
        switch(Status)
        {
            case 0: POINT_COLOR = BLACK;
                    BACK_COLOR = LGRAY;
                    LCD_ShowString(35,90,"Idle");
                    NRF24L01_RX_Mode();
                    SysTickDelay_ms(100);
                    Status = 1;
                    break;
            case 1: if(NRF24L01_RxPacket(Rx_Buffer) == 0)//work in receiving
                    {
                        if((Rx_Buffer[0] == COMM[0])&&(Rx_Buffer[1] == COMM[1]))//
                        comp self node
                                {
                                    POINT_COLOR = BLUE;
                                    BACK_COLOR = LGRAY;
                                    LCD_ShowString(35,90,"RXM ");
                                    LCD_ShowNum(100,90,Rx_Buffer[0],4);
                                    LCD_ShowNum(150,90,Rx_Buffer[1],4);
```

```
                    SysTickDelay_ms(100);
                    Rx_Buffer[0] = 0;
                    Rx_Buffer[1] = 0;

                    Status = 2;
                }
            }
            else        //未收到命令
            {
                POINT_COLOR = BLACK;
                BACK_COLOR = LGRAY;
                LCD_ShowString(35,90,"Idle");
            }
            //-----------------------------------
            break;
    case 2:
            Tx_Buffer[0] = 0x41;//work in samping A,B
            Tx_Buffer[1] = 0x42;
            NRF24L01_TX_Mode();
            SysTickDelay_ms(2000);//延时 2 s 后进入发送状态
            POINT_COLOR = RED;//work in send
            BACK_COLOR = LGRAY;
            LCD_ShowString(35,90,"TXM ");
            LCD_ShowNum(100,150,Tx_Buffer[0],4);
            LCD_ShowNum(150,150,Tx_Buffer[1],4);
            NRF24L01_TxPacket(Tx_Buffer);//send 0x41 0x42
            SysTickDelay_ms(500);
            Tx_Buffer[0] = 0;
            Tx_Buffer[1] = 0;
            Status = 0;
            break;
    default: break;
        }
    }
}
```

(3) 从节点板 2 的程序设计

新建一个文件目录 NRF2_LCD,在 RealView MDK 集成开发环境中创建一个工程项目 NRF2_LCD. uvprojx 于此目录中。

在 File 菜单下新建如下的源文件 main. c,编写源程序代码后保存在 User 文件夹下,再把 main. c 文件添加到 User 组中。

```
#include "stm32f0xx.h"
#include "W25Q16.h"
#include "ILI9325.h"
#include "GUI.h"
#include "NRF24L01.h"
#include "SysTick.h"
/*获取缓冲区的长度 */
#define TxBufferSize1    (countof(TxBuffer1) - 1)
#define RxBufferSize1    (countof(TxBuffer1) - 1)
#define countof(a)       (sizeof(a) / sizeof( * (a)))
#define  BufferSize (countof(Tx_Buffer) - 1)
#define  FLASH_WriteAddress      0x00000
#define  FLASH_ReadAddress       FLASH_WriteAddress
#define  FLASH_SectorToErase     FLASH_WriteAddress
#define  sFLASH_ID               0xEF3015
uint8_t Tx_Buffer[2] ;                       //无线传输发送数据
uint8_t Rx_Buffer[2];                        //无线传输接收数据
const uint8_t COMM[2] = {0x13,0x14};         //接收的命令
uint8_t Status;
uint16_t Cnt;
/**************************************
 * FunctionName    : main
 * Description     : 主函数
 * EntryParameter  : None
 * ReturnValue     : None
**************************************/
int main(void)
{
    SystemInit();
    SPI_RF_Init();
    LCD_init();                              //液晶显示器初始化
    LCD_Clear(LGRAY);                        //整屏显示浅灰色
    POINT_COLOR = BLUE;                      //定义笔的颜色为蓝色
    BACK_COLOR = WHITE    ;                  //定义笔的背景色为白色
    LCD_ShowString(5, 5, " NRF2 Test ");
    Draw_Frame(6,60,233,280," Show Area ");
    Draw_Button(20,80,80,120);               //节点按钮
    POINT_COLOR = BLACK;
    BACK_COLOR = LGRAY;
```

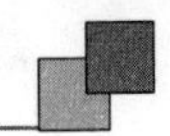

```
LCD_ShowString(35,90,"RXM");
SysTick_Init();
while(1)
{
    switch(Status)
    {
        case 0: POINT_COLOR = BLACK;
                BACK_COLOR = LGRAY;
                LCD_ShowString(35,90,"Idle");
                NRF24L01_RX_Mode();
                SysTickDelay_ms(100);
                Status = 1;
                break;
        case 1: if(NRF24L01_RxPacket(Rx_Buffer) = = 0)//work in receiving
                {
                    if((Rx_Buffer[0] == COMM[0])&&(Rx_Buffer[1] == COMM[1]))//
                    comp self node
                            {
                                POINT_COLOR = BLUE;
                                BACK_COLOR = LGRAY;
                                LCD_ShowString(35,90,"RXM ");
                                LCD_ShowNum(100,90,Rx_Buffer[0],4);
                                LCD_ShowNum(150,90,Rx_Buffer[1],4);
                                SysTickDelay_ms(100);
                                Rx_Buffer[0] = 0;
                                Rx_Buffer[1] = 0;
                                Status = 2;
                            }
                        }
                        else          //未收到命令
                        {
                            POINT_COLOR = BLACK;
                            BACK_COLOR = LGRAY;
                            LCD_ShowString(35,90,"Idle");
                        }
                        //----------------------------------
                        break;
        case 2:
                        Tx_Buffer[0] = 0x43;                //work in samping C,D
```

```
                    Tx_Buffer[1] = 0x44;
                    NRF24L01_TX_Mode();
                    SysTickDelay_ms(2000);        //延时 2 s 后进入发送状态
                    POINT_COLOR = RED;            //work in send
                    BACK_COLOR = LGRAY;
                    LCD_ShowString(35,90,"TXM ");
                    LCD_ShowNum(100,150,Tx_Buffer[0],4);
                    LCD_ShowNum(150,150,Tx_Buffer[1],4);
                    NRF24L01_TxPacket(Tx_Buffer);//send 0x43 0x44
                    SysTickDelay_ms(500);
                    Tx_Buffer[0] = 0;
                    Tx_Buffer[1] = 0;
                    Status = 0;
                    break;
            default: break;
        }
    }
}
```

4. 实验效果

3 个工程文件的程序分别编译，编译通过后，分别将 HEX 文件下载到 3 块实验板的 STM32F072 芯片中。其中，NRF24L01_PC. hex 文件下载到主节点板中，NRF1_LCD. hex 文件下载到节点板 1 中，NRF2_LCD. hex 文件下载到节点板 2 中。

3 块实验板的 U6 位置插入 NRF24L01 无线通信模块。主节点板的串口与 PC 进行串口连接。

主节点板的供电可以通过 USB 线缆由笔记本电脑提供，其他两块节点板的供电可以从主节点板上取电(将主节点板的 POWER 连接器的 5 V 和 GND，与从节点板 1 和从节点板 2 的 POWER 连接器的 5 V 和 GND 对应相连即可)。

上电后无线网络自动运行，打开 PC 上的串口调试软件，波特率选 9 600，以字符方式进行显示。

我们可以观察到：

首先主节点发送命令 0x11(十进制为 17)、0x12(十进制为 18)给从节点 1 进行查询，然后进入接收等待模式，接收从节点 1 回发的数据。如果收到数据 0x41、0x42(相当于“A”“B”)，则转发给 PC，否则延时 1 000 ms 后再去查询从节点 2。

主节点发送命令 0x13(十进制为 19)、0x14(十进制为 20)给从节点 2 进行查询，进入接收等待模式，接收从节点 2 回发的数据。如果收到数据 0x43、0x44(相当于“C”“D”)，则转发给 PC，否则延时 1 000 ms 后再去查询从节点 1。

主节点与节点板接收的数据均在 TFT-LCD 上显示。如果主节点查询某一从节点后未收到回传数据，则该节点号就会变成黄色，代表接收失败。

实验照片如图42-3和图42-4所示。在如图42-3所示的实验照片中，从左至右分别为主节点、从节点1和从节点2。

图42-3　NRF24L01无线通信组网实验照片(1)

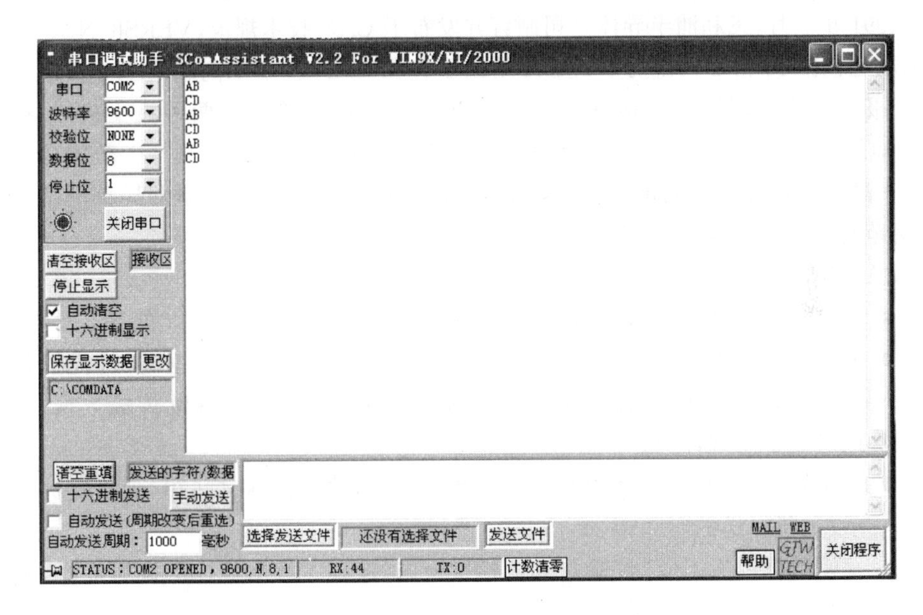

图42-4　NRF24L01无线通信组网实验照片(2)

第 43 章

CAN 通信组网设计

控制器局域网络(Controller Area Network，CAN)，是由以研发和生产汽车电子产品著称的德国 BOSCH 公司开发的，并最终成为国际标准(ISO11898)，是国际上应用最广泛的现场总线之一。在北美和西欧，CAN 总线协议已经成为汽车计算机控制系统和嵌入式工业控制局域网的标准总线，并且拥有以 CAN 为底层协议，专为大型货车和重工机械车辆设计的 J1939 协议。

1991 年 9 月，飞利浦半导体公司制订并发布了 CAN 技术规范(VERSION 2.0)，该技术规范包括 A 和 B 两部分。2.0 A 给出了曾在 CAN 技术规范版本 1.2 中定义的 CAN 报文格式，提供 11 位地址；2.0 B 给出了标准的和扩展的两种报文格式，提供 29 位地址。此后，1993 年 11 月，ISO 正式颁布了道路交通运载工具——数字信息交换——高速通信控制器局部网(CAN)国际标准(ISO11898)，为控制器局部网络标准化、规范化的推广铺平了道路。

CAN 的强大优势：

- 废除传统的站地址编码，代之以对通信数据块进行编码，可以多主方式工作。
- 采用非破坏性仲裁技术，当两个节点同时向网络上传送数据时，优先级低的节点主动停止数据发送，而优先级高的节点可不受影响继续传输数据，有效地避免了总线冲突。
- 采用短帧结构，每一帧的有效字节数为 8 个，数据传输时间短，受干扰的概率小，重新发送的时间短。
- 每帧数据都有 CRC 校验及其他检错措施，保证了数据传输的高可靠性，适于在强干扰环境下使用。
- 节点在错误严重的情况下，具有自动关闭总线的功能，切断它与总线的联系，以使总线上其他操作不受影响。
- 可以点对点、一对多及广播集中方式传送和接收数据。
- 具有实时性强、传输距离较远、抗电磁干扰能力强、成本低等优点。

- 采用双线串行通信方式,检错能力强,可在强噪声干扰环境中工作。
- 具有优先权和仲裁功能,多个控制模块通过 CAN 控制器挂到 CAN 总线上,形成多主机局部网络。
- 可根据报文的 ID 决定接收或屏蔽该报文。
- 可靠的错误处理和检错机制。
- 发送的信息遭到破坏后,可自动重发。
- 节点在错误严重的情况下具有自动退出总线的功能。
- 报文不包含源地址或目标地址,仅用标志符来指示功能信息和优先级信息。

图 43-1 所示为 CAN 在汽车上的应用示例。

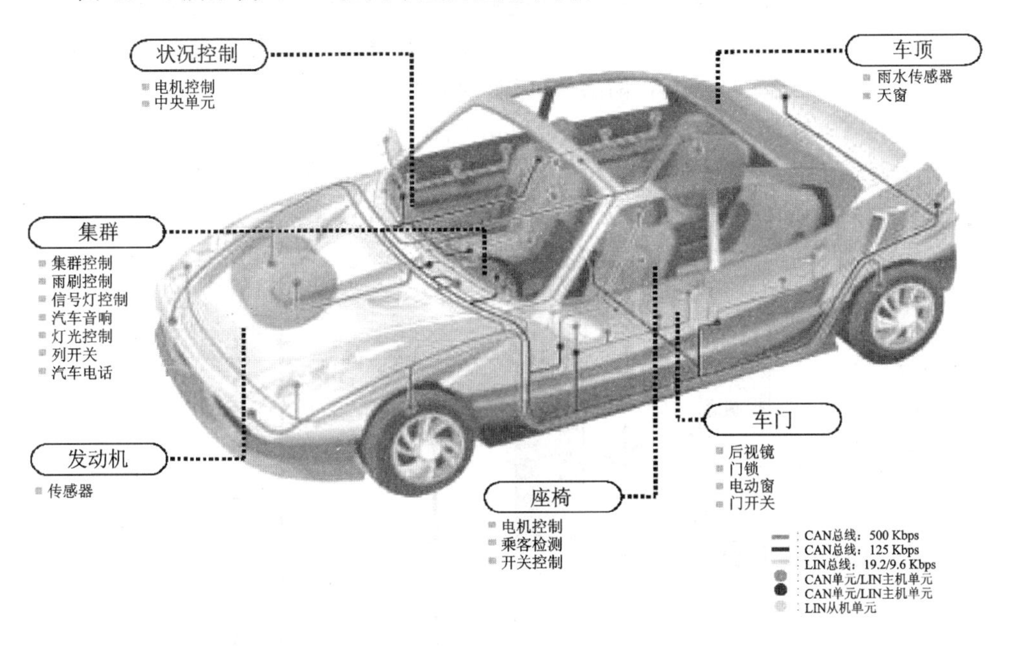

图 43-1 CAN 在汽车上的应用示例

43.1 CAN 通信简介

CAN 属于现场总线的范畴,它是一种有效支持分布式控制或实时控制的串行通信网络。较之许多 RS-485 基于 R 线构建的分布式控制系统而言,基于 CAN 总线的分布式控制系统在以下几个方面具有明显的优越性:

1. 网络各节点之间的数据通信实时性强

首先,CAN 控制器工作于多种方式,网络中的各节点都可以根据总线访问优先权(取决于报文标识符)采用无损结构逐位仲裁的方式竞争向总线发送数据,且 CAN 协议废除了站地址编码,而代之以对通信数据块进行编码,这可使不同的节点同时接收到相同的数据。这些特点使得 CAN 总线构成的网络各节点之间的数据通信实时性强，并且容易构成冗余结构，提高系统的可靠性和系统的灵活性。而利用 RS-485 只能构成主从式结构系统，通信方式也只能以主站轮询的方式进行，系统的实时性、可靠性较差。

2. 开发周期短

CAN 总线通过 CAN 收发器接口芯片的两个输出端 CANH 和 CANL 与物理总线相连，而 CANH 端的状态只能是高电平或悬浮状态，CANL 端只能是低电平或悬浮状态。这就保证不会再出现 RS-485 网络中的现象，即当系统有错误，出现多节点同时向总线发送数据时，导致总线呈现短路，从而损坏某些节点的现象。另外，CAN 节点在错误严重的情况下具有自动关闭输出功能，以使总线上其他节点的操作不受影响，从而保证不会出现在网络中，因个别节点出现问题而使总线处于“死锁”的状态。而且，CAN 的完善的通信协议可以由 CAN 控制器芯片及其接口芯片实现，从而大大降低了系统开发难度，缩短了开发周期。这些是仅有电气协议的 RS-485 所无法比拟的。图 43-2 所示为 CAN 通信的连接示意图。

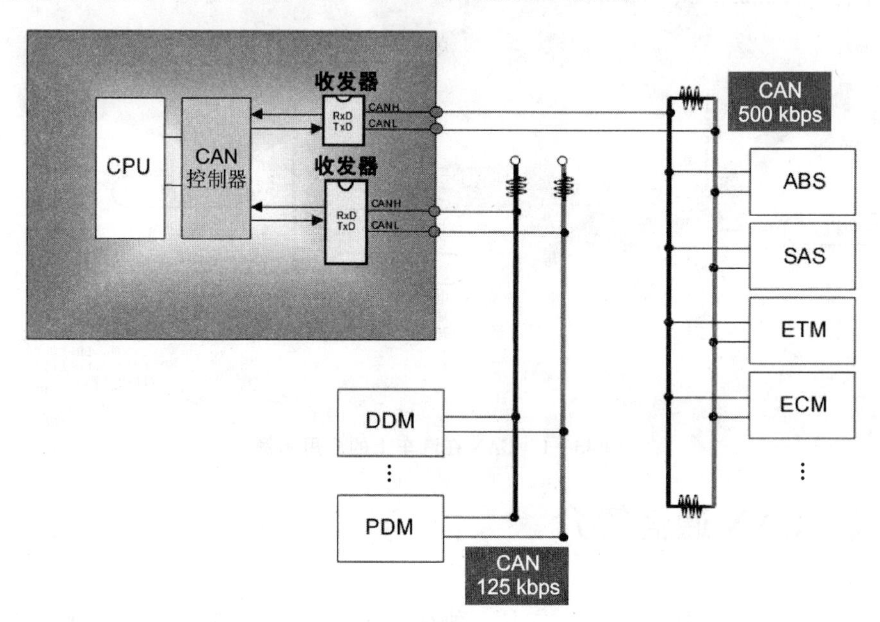

图 43-2 CAN 通信的连接示意图

3. 已形成国际标准的现场总线

与其他现场总线相比，CAN 总线是一种具有通信速率高、实现容易、性价比高等诸多优点的已形成国际标准的现场总线。这些也是 CAN 总线应用于众多领域，具有强劲市场竞争力的重要原因。

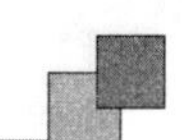

4. 最有前途的现场总线之一

与一般的通信总线相比，CAN总线的数据通信具有突出的可靠性、实时性和灵活性，它在汽车领域上的应用是最广泛的，世界上一些著名的汽车制造厂商，如BENZ(奔驰)、BMW(宝马)、PORSCHE(保时捷)、ROLLS-ROYCE(劳斯莱斯)和JAGUAR(捷豹)等都采用了CAN总线来实现汽车内部控制系统与各检测和执行机构间的数据通信。目前CAN总线的应用范围已不再局限于汽车行业，而向自动控制、航空航天、航海、过程工业、机械工业、纺织机械、农用机械、机器人、数控机床、医疗器械及传感器等领域发展。

43.2　CAN通信的特点

CAN总线是一种多主总线，通信介质可以是双绞线、同轴电缆或光纤，通信速率最高可达1 Mbps。

1. 完成对通信数据的成帧处理

CAN总线通信接口中集成了CAN协议的物理层和数据链路层功能，可完成对通信数据的成帧处理，包括位填充、数据块编码、循环冗余检验、优先级判别等项工作。

2. 使网络内的节点个数在理论上不受限制

CAN协议的一个最大特点是对通信数据块进行编码。采用这种方法的优点可使网络内的节点个数在理论上不受限制，这种按数据块编码的方式还可以使不同的节点同时接收到相同的数据，这一点在分布式控制系统中非常有用。数据段长度最多为8字节，可满足通常工业领域中控制命令、工作状态及测试数据的一般要求；同时，8字节不会占用过长的总线时间，从而保证通信的实时性。

3. 可在各节点之间实现自由通信

CAN总线采用了多主竞争式总线结构，具有多主站运行和分散仲裁的串行总线以及广播通信的特点。CAN总线上的任意节点可以在任意时刻主动地向网络上的其他节点发送信息而不分主次，因此可在各节点之间实现自由通信。CAN总线协议已被国际标准化组织认证，技术比较成熟，控制的芯片已经商品化，性价比高，特别适用于分布式测控系统之间的数据通信。CAN总线插卡可以任意插在计算机的总线插线上，能够方便地构成分布式监控系统。

4. 结构简单

只有两根线与外部相连，并且内部集成了错误探测和管理模块。

CAN通信用户的优势：

- 数据通信没有主从之分，任意一个节点可以向任何其他(一个或多个)节点发起数据通信，靠各个节点信息优先级先后顺序来决定通信次序。
- 当多个节点同时发起通信时，优先级低的避让优先级高的，不会对通信线路造成拥塞。
- 通信距离最远可达 10 km(速率低于 5 kbps)，速率可达 1 Mbps(通信距离小于 40 m)。
- CAN 总线传输介质可以是双绞线、同轴电缆。CAN 总线适用于大数据量短距离通信或者长距离小数据量通信，实时性要求比较高，适用于多主多从或者各个节点平等的现场。

43.3 CAN 技术简介

43.3.1 CAN 的报文格式

在 CAN 总线中传送的报文，每帧由 7 部分组成。CAN 协议支持两种报文格式，其唯一的不同是标识符(Identifier，ID)长度不同，标准格式为 11 位，扩展格式为 29 位。

构成一帧的帧起始、仲裁场、控制场、数据场和 CRC 序列均借助位填充规则进行编码。当发送器在发送的位流中检测到 5 位连续的相同数值时，将自动在实际发送的位流中插入一个补码位。数据帧和遥控帧的其余位场采用固定格式，不进行填充，错误帧和过载帧同样采用固定格式。报文中的位流是按照非归零(NZR)码方法编码的，因此一个完整的位电平要么是显性的，要么是隐性的。

在隐性状态下，CANH＝CANL＝2.5 V，CAN 总线输出差分电压＝CANH－CANL＝0；在显性状态下，差分电压大于其最小的阈值，其表示如图 43－3 所示。隐性电平的逻辑值为“1”，显性电平的逻辑值为“0”。

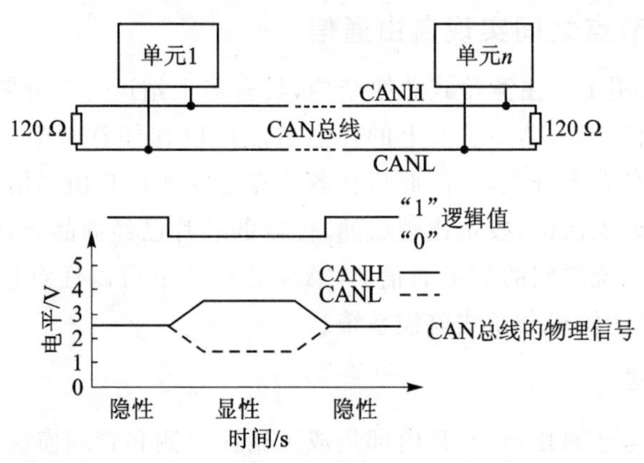

图 43－3 CAN 总线的物理连接及总线上的位电平表示

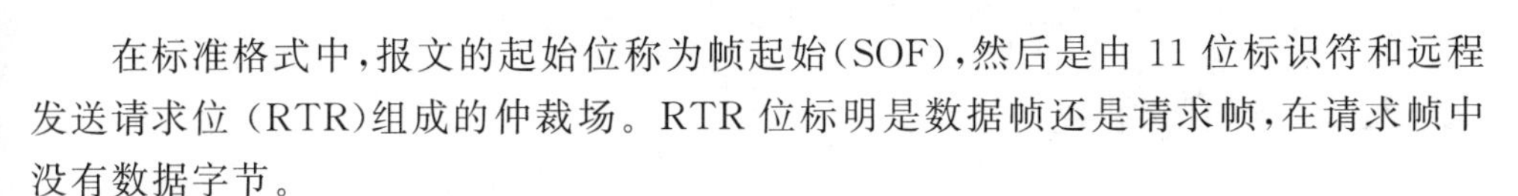

在标准格式中，报文的起始位称为帧起始(SOF)，然后是由11位标识符和远程发送请求位(RTR)组成的仲裁场。RTR位标明是数据帧还是请求帧，在请求帧中没有数据字节。

控制场包括标识符扩展位(IDE)，指出是标准格式还是扩展格式。它还包括一个保留位(标准格式为r0，扩展格式为r1、r0)，为将来扩展使用。它的最后4个位用于指明数据场中数据的长度(DLC)。数据场范围为0～8字节，其后有一个检测数据错误的循环冗余检查(CRC)。

应答场(ACK)包括应答位和应答分隔符。发送站发送的这两位均为隐性电平(逻辑1)，这时正确接收报文的接收站发送主控电平(逻辑0)覆盖它。用这种方法，发送站可以保证网络中至少有一个站能正确接收到报文。

报文的尾部由帧结束标出。在相邻的两条报文间有一很短的间隔位，如果这时没有则进行总线存取，总线将处于空闲状态。

图43-4所示为CAN的报文格式，图中D表示显性电平，R表示隐性电平，以下同。

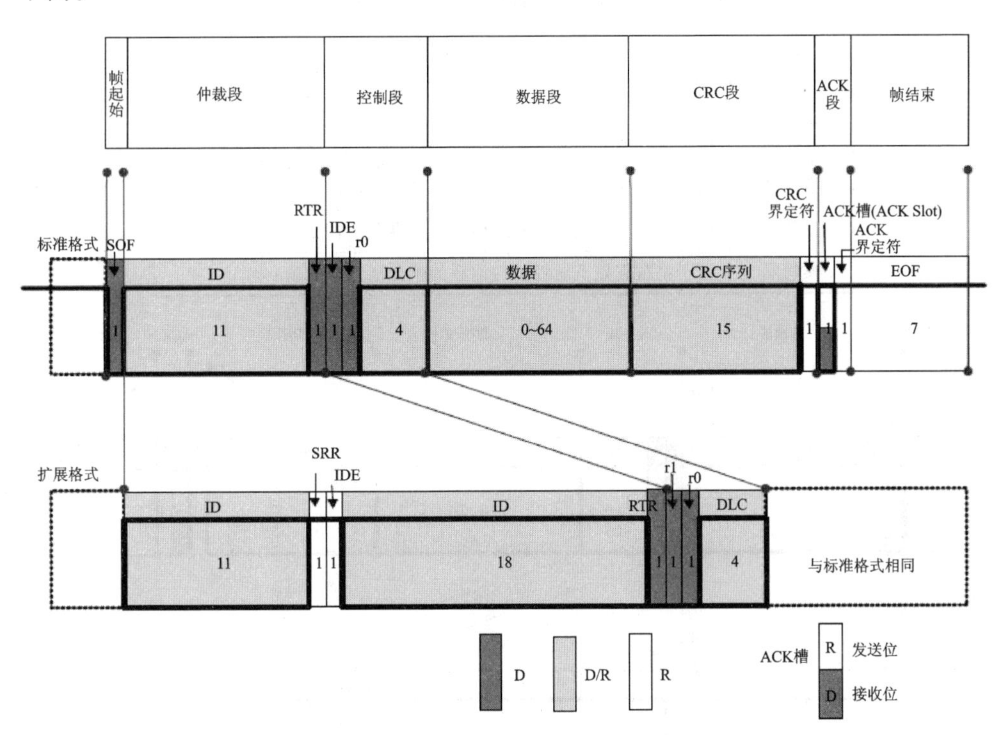

图43-4 CAN的报文格式

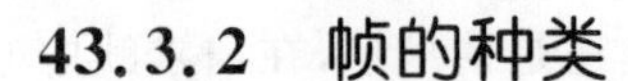

43.3.2 帧的种类

通信是通过以下 5 种类型的帧进行的。

- 数据帧；
- 遥控帧(远程帧)；
- 错误帧；
- 过载帧；
- 帧间隔。

此外，数据帧和遥控帧有标准格式和扩展格式两种。标准格式有 11 个位的 ID，扩展格式有 29 个位的 ID。

各种帧的用途如表 43－1 所列，图 43－5 所示为数据帧的构成，图 43－6 所示为遥控帧的构成。

表 43－1　帧的种类及用途

帧	帧用途
数据帧	用于发送单元向接收单元传送数据的帧
遥控帧	用于接收单元向具有相同 ID 的发送单元请求数据的帧
错误帧	用于当检测出错误时向其他单元通知错误的帧
过载帧	用于接收单元通知其尚未做好接收准备的帧
帧间隔	用于将数据帧及遥控帧与前面的帧分离开来的帧

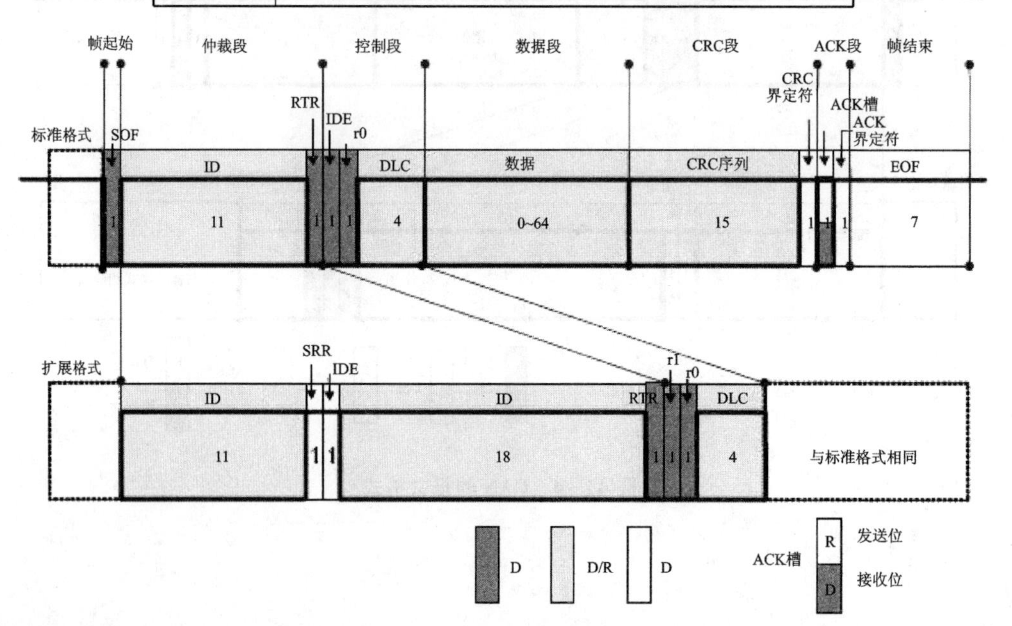

图 43－5　数据帧的构成

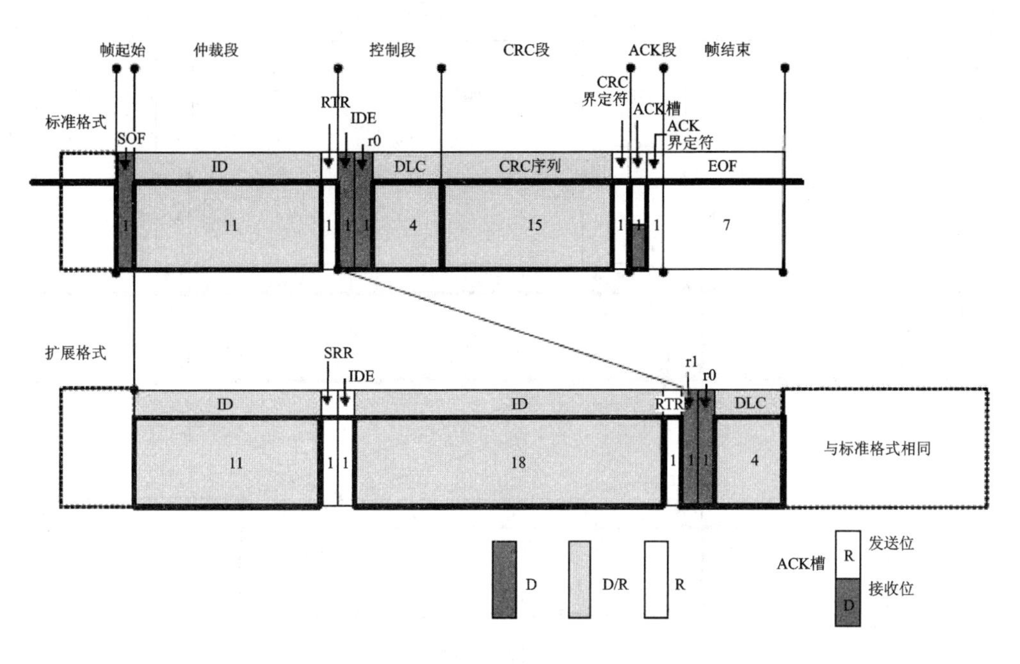

图 43-6　遥控帧的构成

43.3.3　数据帧分析

限于篇幅，这里只对数据帧进行分析，如果读者需要了解其他帧，可参考 CAN 的相关技术资料。

数据帧由 7 个段构成，数据帧的分析如图 43-7 所示。

1. 帧起始(SOF)——表示数据帧开始的段

帧起始标志数据帧或远程帧的开始，仅由一个显性位组成，如图 43-8 所示。只有在总线空闲时才允许节点开始发送(信号)。所有节点必须同步于首先开始发送报文的节点的帧起始前沿。

2. 仲裁段——表示该帧优先级的段

仲裁段由标识符和远程发送请求位(RTR)组成。RTR 位在数据帧中为显性，在遥控帧中为隐性。标准帧和扩展帧在本段有所区别，如图 43-9 所示。

标准格式 ID 为 11 位，从 ID28～ID18 被依次发送，禁用高 7 位都为隐性(ID=1111111××××)。扩展格式 ID 为 29 位，由基本 ID+扩展 ID 构成，基本 ID 从 ID28～ID18，扩展 ID 从 ID17～ID0。在扩展格式 ID 中，其中的基本 ID 与标准格式 ID 一样，禁用基本 ID 的高 7 位都为隐性，即基本 ID=1111111××××。

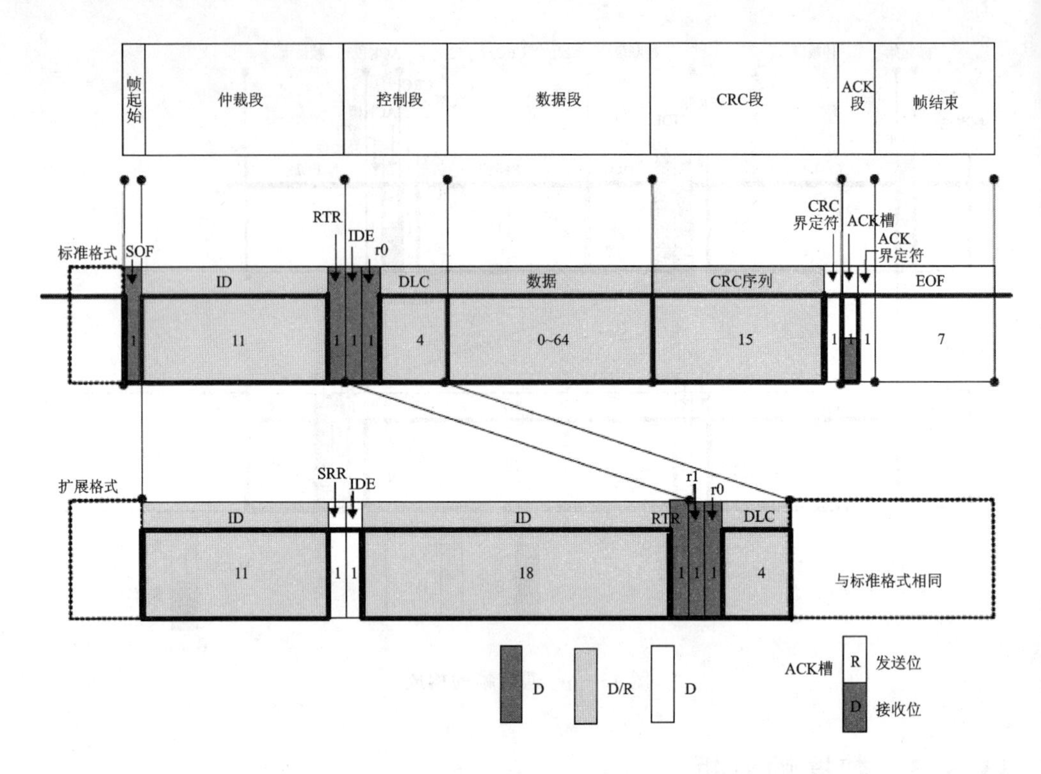

图 43-7　数据帧的分析

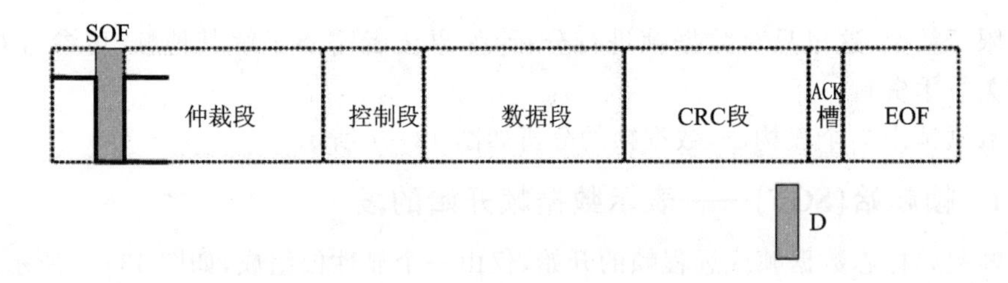

图 43-8　帧起始

3. 控制段——表示数据的字节数及保留位的段

控制段由 6 个位组成，其结构如图 43-10 所示。标准帧和扩展帧的控制段格式不同。标准格式里的帧包括数据长度代码 DLC、IDE 位（为显性位）及保留位 r0。扩展格式里的帧包括数据长度代码 DLC 和两个保留位——r1 和 r0。其保留位必须发送为显性，但是接收器认可显性和隐性位的任何组合。DLC 高位在前。

4. 数据段——数据的内容

数据段可发送 0～8 字节的数据，首先发送最高有效位，如图 43-11 所示。标准帧和扩展帧在这个段的格式是相同的。

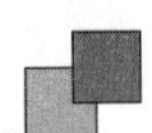

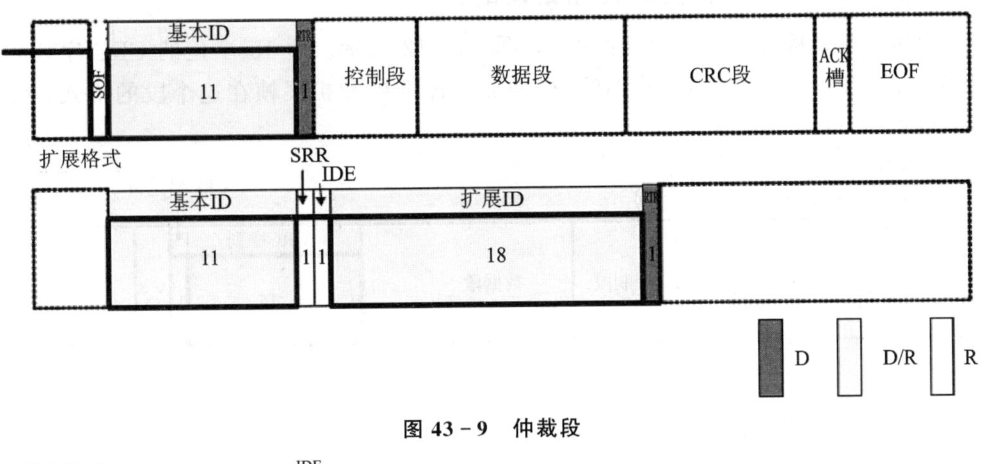

图 43－9　仲裁段

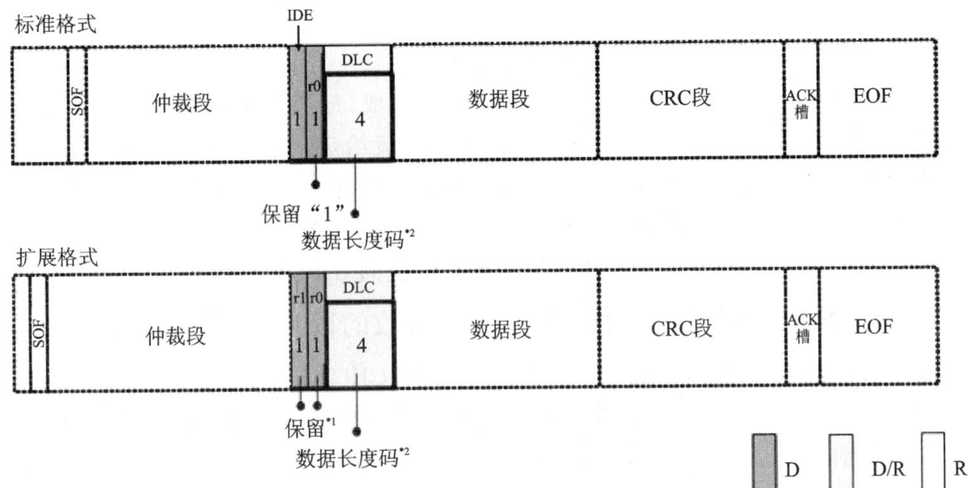

注：*1 保留位标准格式为r0，扩展格式为r1、r0，保留位必须全部以显性电平发送，但接收方可以接收显性、隐性及其任意组合的电平。
*2 数据长度码(LCD)的字节数必须为0~8字节。但是，接收方对DLC=9~15的情况并不视为错误。

图 43－10　控制段

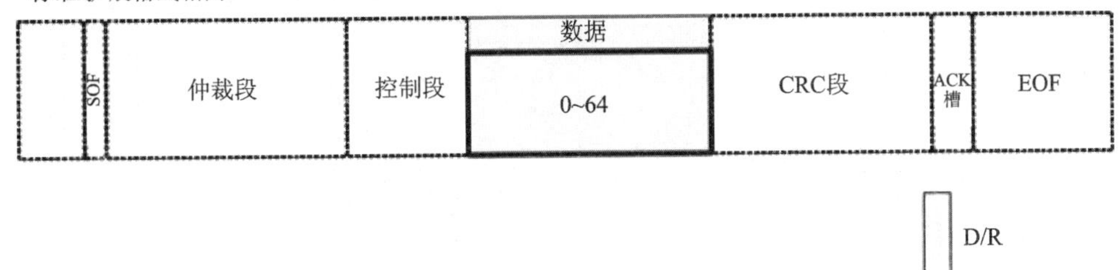

图 43－11　数据段

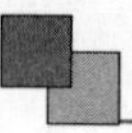

5. CRC 段——检查帧传输错误的段

CRC 段是检查帧传输错误的段，如图 43－12 所示。由 15 个位的 CRC 序列和 1 个位的 CRC 界定符（用于分隔的位）构成。标准帧和扩展帧在这个段的格式也是相同的。

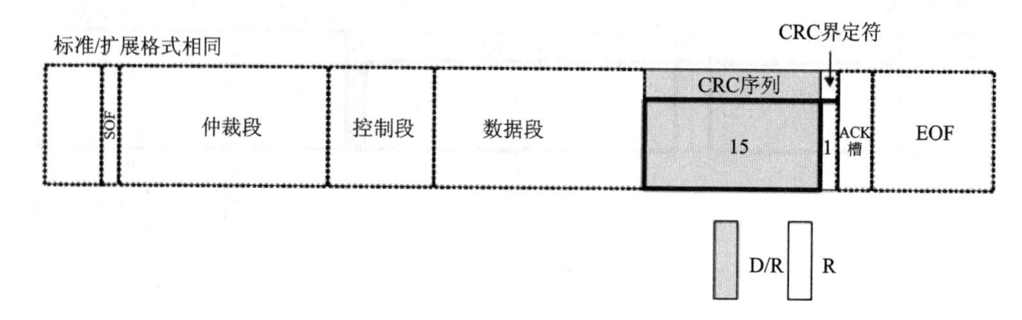

图 43－12　CRC 段

CRC 序列由循环冗余码求得的帧检查序列组成，最适用于位数低于 127 的帧。为进行 CRC 计算，被除的多项式系数由无填充位流给定。组成这些位流的成分是：帧起始、仲裁段、控制段、数据段（假如有的话），而 15 个最低位的系数是 0。将此多项式被下列多项式发生器除（其系数以 2 为模）：$X^{15}+X^{14}+X^{10}+X^{8}+X^{7}+X^{4}+X^{3}+1$。这个多项式除法的余数就是发送到总线上的 CRC 序列。

6. ACK 段（应答）——表示确认正常接收的段

ACK 段场长度为两个位，包含 ACK 槽和 ACK 界定符（ACK Delimiter），如图 43－13所示。在 ACK 段，发送节点发送两个隐性位。标准帧和扩展帧在这个段的格式是相同的。

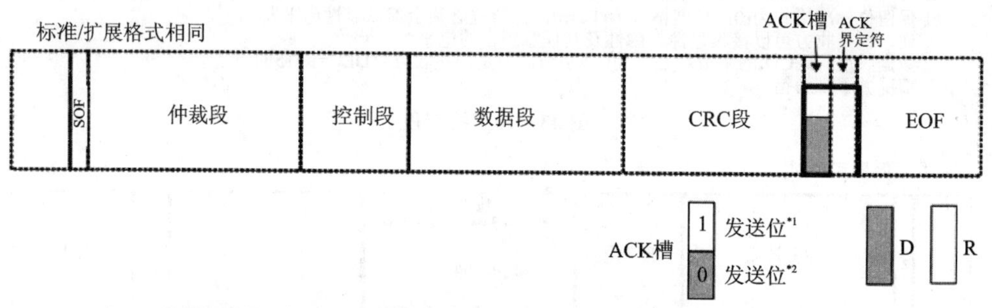

图 43－13　ACK 段

当接收器正确地接收到有效的报文时，接收器就会在应答间隙期间向发送器发

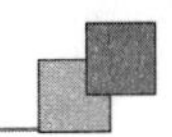

送一显性位以示应答。

应答间隙：所有接收到匹配 CRC 序列的节点会在应答间隙期间用一显性位写入发送器的隐性位来做出回答。

ACK 界定符：ACK 界定符是应答段的第二个位，并且必须是一个隐性的位。因此，应答间隙被两个隐性的位所包围，也就是 CRC 界定符和 ACK 界定符。

7. 帧结束——表示数据帧结束的段

每一个数据帧和遥控帧均由一标志序列界定，这个标志序列由 7 个隐性位组成。帧结束如图 43－14 所示。

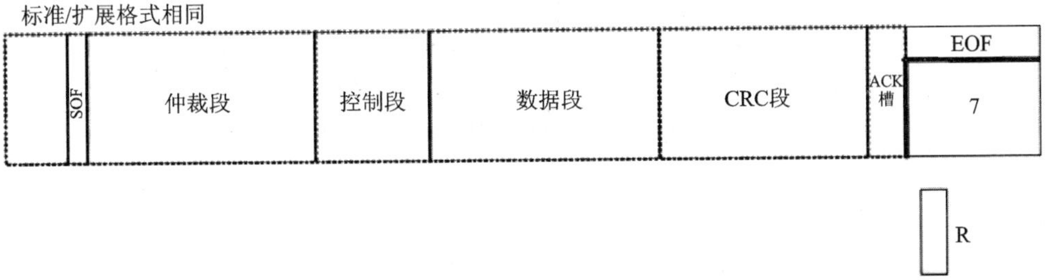

标准/扩展格式相同
SOF
仲裁段
控制段
数据段
CRC段
ACK槽
EOF
7
R

图 43－14　帧结束

43.3.4　CAN 的标识符及位仲裁

要对数据进行实时处理，就必须将数据快速传送，这就要求数据的物理传输通路有较高的速度。在几个站同时需要发送数据时，要求快速地进行总线分配。实时处理通过网络交换的紧急数据有较大的不同。

CAN 总线以报文为单位进行数据传送，报文的优先级结合在 11 位标识符中，具有最低二进制数的标识符有最高的优先级。这种优先级一旦在系统设计时被确立后就不能更改。总线读取中的冲突可通过位仲裁解决，如图 43－15 所示。

注意：总线中的信号持续跟踪最后获得总线读取权的站的报文。

这种非破坏性位仲裁方法的优点是，在网络最终确定哪一个站的报文被传送以前，报文的起始部分已经在网络上传送。所有未获得总线读取权的站都成为具有最高优先权报文的接收站，并且不会在总线再次空闲前发送报文。

当标准格式 ID 与具有相同 ID 的遥控帧或者扩展格式的数据帧在总线上竞争时，标准格式的 RTR 位为显性位的具有优先权，可继续发送。标准格式 ID 和扩展格式 ID 的仲裁过程如图 43－16 所示。

CAN 具有较高的效率是因为总线仅仅被那些请求总线的站利用，这些请求是根据报文在整个系统中的重要性按顺序处理的。这种方法在网络负载较重时优点很明显，因为总线读取的优先级已被按顺序放在每个报文中，这可以保证在实时系统中有较快的响应。

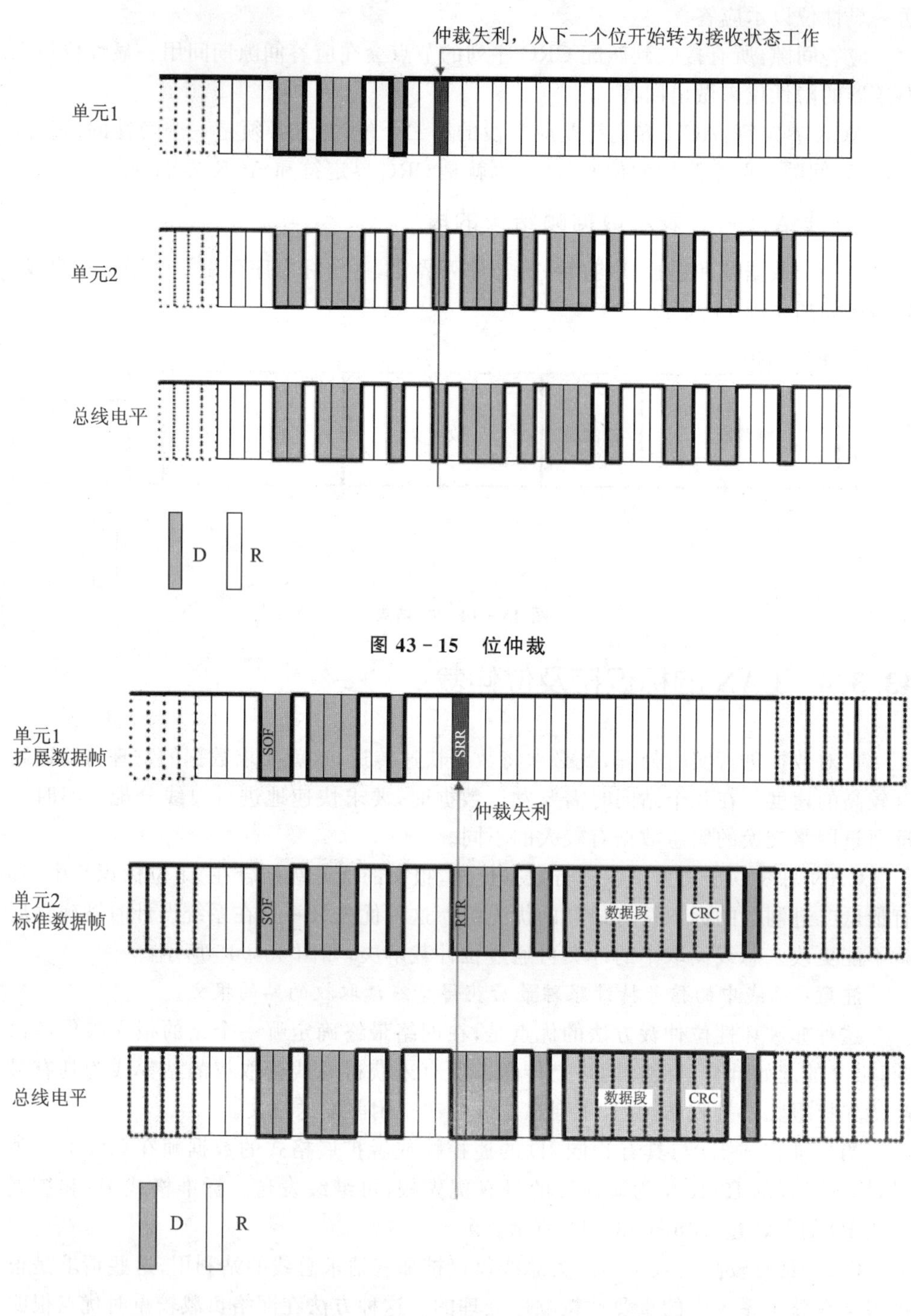

图 43－15　位仲裁

图 43－16　标准格式 ID 和扩展格式 ID 的仲裁过程

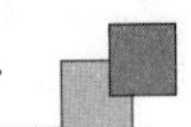

对于主站的可靠性，由于CAN协议执行非集中化总线控制，所有主要通信，包括总线读取（许可）控制，在系统中分几次完成。这是实现有较高可靠性的通信系统的唯一方法。

bxCAN的过滤器组由两个32位寄存器——CAN_FxR0和CAN_FxR1组成。过滤器可配置为屏蔽位模式和标识符列表模式。

在屏蔽位模式下，标识符寄存器和屏蔽寄存器一起指定报文标识符的任何一位，应该按照“必须匹配”或“不用关心”来处理。

在标识符列表模式下，屏蔽寄存器也被当作标识符寄存器使用。因此，不是采用一个标识符加一个屏蔽位的方式，而是使用两个标识符寄存器。接收报文标识符的每一位都必须和过滤器标识符相同。

为了过滤出一组标识符，应该设置过滤器组工作在屏蔽位模式；为了过滤出一个标识符，应该设置过滤器组工作在标识符列表模式。

CAN节点通过标识符来识别CAN帧是不是自己想要的，识别方法就是通过对接收滤波寄存器和接收屏蔽寄存器的设置来完成。接收滤波寄存器设置了标识符每位的值，接收屏蔽寄存器一般有相同数量且匹配的接收滤波寄存器，用以规定接收滤波寄存器标识符每一位的值是否需要进行匹配。比如，芯片设置有6个接收滤波寄存器和6个接收屏蔽寄存器，从总线上接收CAN帧，然后依次将收到的CAN帧标识符与6对接收滤波寄存器和接收屏蔽寄存器进行匹配，符合某对接收滤波寄存器和屏蔽寄存器要求了，就停止匹配，将数据接收到对应的缓冲区中。

以下就是设置过滤器组工作在屏蔽位模式的例子。

设置某接收滤波寄存器为

0_0_0_0_0_0_0_0_0_0_1(11位)

设置某接收屏蔽寄存器为

1_1_1_1_1_1_1_1_1_0_1(11位)

接收屏蔽寄存器的某位为1，表明它对对应位的输入信号进行匹配比对，此时输入信号的该位必须与接收滤波寄存器的对应位相同才能接收。

接收屏蔽寄存器的某位为0，表明它对对应位的输入信号不关心，此时输入信号的该位无论是什么都能接收。

以上面的例子为例，该接收滤波寄存器-接收屏蔽寄存器组合会拒绝接收00000000011和00000000001之外所有标识符对应的CAN帧。

43.3.5 位时序及同步

由发送单元在非同步的情况下发送的每秒钟的位数称为位速率。一个位可分为4段，如下：

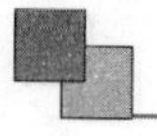

- 同步段(Synchronization Segment,SS);
- 传播时间段(Propagation Time Segment,PTS);
- 相位缓冲段 1(Phase Buffer Segment 1,PBS1);
- 相位缓冲段 2(Phase Buffer Segment 2,PBS2)。

这些段又由称为时间因子(以下称为 Tq)的最小时间单位构成。

1 位分为 4 个段,每个段又由若干个 Tq 构成,这称为位时序。

若 1 位由若干个 Tq 构成、每个段又由若干个 Tq 构成,则可以任意设定位时序。通过设定位时序,多个单元可以同时采样,也可以任意设定采样点。

1 位的各段作用和 Tq 数如表 43-2 所列。1 个位的构成如图 43-17 所示,图中的采样点是指读取总线电平,并将读到的电平作为此刻的位值。位置在 PBS1 结束与 PBS2 开始的交汇处。

表 43-2　1 位的各段作用和 Tq 数

<table>
<tr><th>段名称</th><th>段的作用</th><th colspan="2">Tq 数</th></tr>
<tr><td>同步段</td><td>① 多个连接在总线上的单元通过此段实现时序调整,同步进行接收和发送的工作;
② 由隐性电平到显性电平的边沿或由显性电平到隐性电平边沿最好出现在此段中</td><td>1</td><td rowspan="4">8～25</td></tr>
<tr><td>传播时间段</td><td>① 用于吸收网络上物理延迟的段;
② 所谓网络的物理延迟是指发送单元的输出延迟、总线上信号的传播延迟、接收单元的输入延迟;
③ 这个段的时间为以上各延迟时间和的两倍</td><td>1～8</td></tr>
<tr><td>相位缓冲段 1</td><td rowspan="2">① 当信号边沿不能被包含于同步段中时,可在此段进行补偿。
② 由于各单元以各自独立的时钟工作,细微的时钟误差会累积起来,相位缓冲段可用于吸收此误差。
③ 通过对相位缓冲段加减再同步补偿宽度吸收误差。再同步补偿宽度加大后允许误差加大,但通信速度下降</td><td>1～8</td></tr>
<tr><td>相位缓冲段 2</td><td>2～8</td></tr>
<tr><td>再同步补偿宽度</td><td>因时钟频率偏差、传送延迟等,各单元有同步误差。再同步补偿宽度为补偿此误差的最大值</td><td colspan="2">1～4</td></tr>
</table>

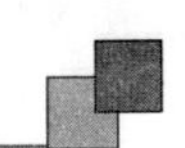

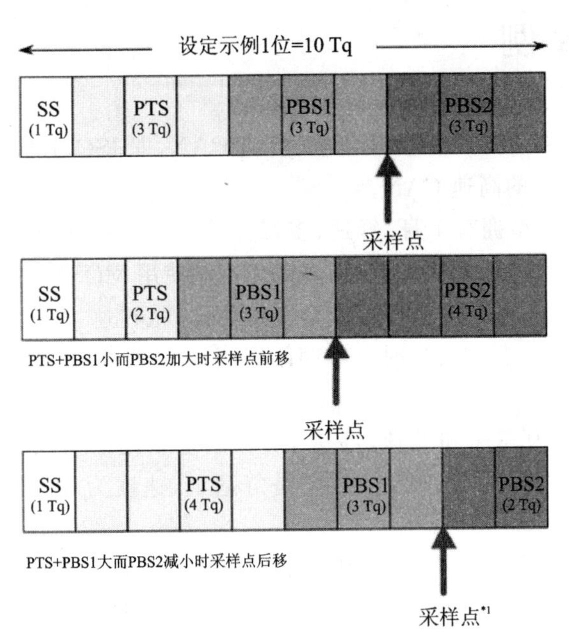

图 43-17　1 个位的构成

43.4　CAN 的可靠性

为防止汽车在使用寿命期内由于数据交换错误而对司机造成伤害,汽车的安全系统要求数据传输具有较高的安全性。如果数据传输的可靠性足够高,或者残留下来的数据错误足够低,则这一目标不难实现。从总线系统数据的角度看,可靠性可以理解为,对传输过程产生的数据错误的识别能力。

残余数据错误的概率可以通过对数据传输可靠性的统计测量获得。它描述了传送数据被破坏和这种破坏不能被探测出来的概率。残余错误的概率必须非常小,使其在系统整个寿命周期内按平均统计时几乎检测不到。计算残余数据错误的概率要求能够对数据错误进行分类,并且数据传输路径可由模型描述。如果要确定 CAN 的残余数据错误概率,可将残留错误的概率作为具有 80～90 位的报文传送时位错误概率的函数,并假定这个系统中有 5～10 个站,并且错误率为 1/1 000,那么最大位错误概率为 10～13 数量级。例如,CAN 网络的数据传输率最大为 1 Mbps,如果数据传输能力仅使用 50%,那么对于一个工作寿命 4 000 小时、平均报文长度为 80 位的系统,所传送的数据总量为 9×1 010。在系统运行寿命期内,不可检测的传输错误的统计平均小于 10^{-2} 量级。换句话说,如果一个系统按每年 365 天,每天工作 8 小时,每秒错误率为 0.7 计算,那么按统计平均,每 1000 年才会发生一个不可检测的错误。

43.5 应用举例

CAN 总线在工控领域主要使用低速-容错 CAN，即 ISO11898－3 标准，在汽车领域常使用 500 kbps 的高速 CAN。

举例 1：某进口车型拥有车身、舒适、多媒体等多个控制网络，其中，车身控制使用 CAN 网络，舒适控制使用 LIN 网络，多媒体控制使用 MOST 网络。以 CAN 网为主网，控制发动机、变速箱、ABS 等车身安全模块，并将转速、车速、油温等共享至全车，实现汽车智能化控制，如高速时自动锁闭车门，安全气囊弹出时自动开启车门等功能。

CAN 系统又分为高速和低速，高速 CAN 系统采用的硬线是动力型，速度为 500 kbps，控制 ECU、ABS 等；低速 CAN 是舒适型，速度为 125 kbps，主要控制仪表、防盗等。

举例 2：某医院现有 5 台 16T/H 德国菲斯曼燃气锅炉，向洗衣房、制剂室、供应室、生活用水、暖气等设施提供 5 kg/cm^2 的蒸汽，全年耗用天然气 1 200 万 m^3，耗用 20 万 t 自来水。医院采用接力式方式供热，对热网进行地域性管理，分四大供热区。其中，冬季暖气的用气量很大，据此设计了基于 CAN 现场总线的分布式锅炉蒸汽热网智能监控系统。现场应用表明，该楼宇自动化系统具有抗干扰能力强、现场组态容易、网络化程度高、人机界面友好等特点。

43.6 CAN 通信组网实验

1. 实验要求

本实验需要 3 块实验板，其中，一块为 PC-CAN 通信转换所用（这里称作转换板），另外两块为 CAN 通信节点板（可以进行扩容）。

转换板使用标准标识符 0x0000，节点板 1 使用标准标识符 0x0001，节点板 2 使用标准标识符 0x0002（如果扩容，则可以使用 0x0003、0x0004……）。

PC 串口发送 0x0001、0x11 后，转换板将其转换为 CAN 格式发送。其中，0x0001 为节点板 1 的标准标识符，0x11 为数据（这里仅发送 1 字节，最多可以发送 8 字节）。

节点板 1 收到 0x0001、0x11 后，控制自身的 LED1 翻转闪烁，同时向转换板回发 0x0000、0x33 进行应答。这里，0x33 可以代表节点板 1 采样获得的数据。转换板收到 0x0000、0x33 后，将数据 0x33 回送到 PC 上显示。

PC 串口发送 0x0002、0x22 后，转换板将其转换为 CAN 格式发送。其中，0x0002 为节点板 2 的标准标识符，0x22 为数据（这里仅发送 1 字节，最多可以发送

8 字节)。

节点板 2 收到 0x0002、0x22 后,控制自身的 LED1 翻转闪烁,同时向转换板回发 0x0000、0x44 进行应答。这里,0x44 可以代表节点板 2 采样获得的数据。转换板收到 0x0000、0x44 后,将数据 0x44 回送到 PC 上显示。

这样,可以实现 PC 发送命令去控制 CAN 网络的节点板进行采样操作的功能。

注意: 如果节点板有多个,则每个节点板必须具有唯一的标准 ID。

按动节点板 1 的 K1 键后,节点板 1 发送 0x0000、0x77 给转换板。其中,0x0000 为转换板的标准标识符,0x77 为数据。这里,0x77 可以代表节点板 1 的按键获得的数据或键值。转换板收到 0x0000、0x77 后,将数据 0x77 回送到 PC 上显示。

按动节点板 2 的 K1 键后,节点板 2 发送 0x0000、0x88 给转换板。其中,0x0000 为转换板的标准标识符,0x88 为数据。这里,0x88 可以代表节点板 2 的按键获得的数据或键值。转换板收到 0x0000、0x88 后,将数据 0x88 回送到 PC 上显示。

这样,可以实现 CAN 网络中的节点板主动进行发送操作的功能,验证了 CAN 的多主(机)发送特性。

图 43-18 所示为 CAN 通信组网的连接关系。

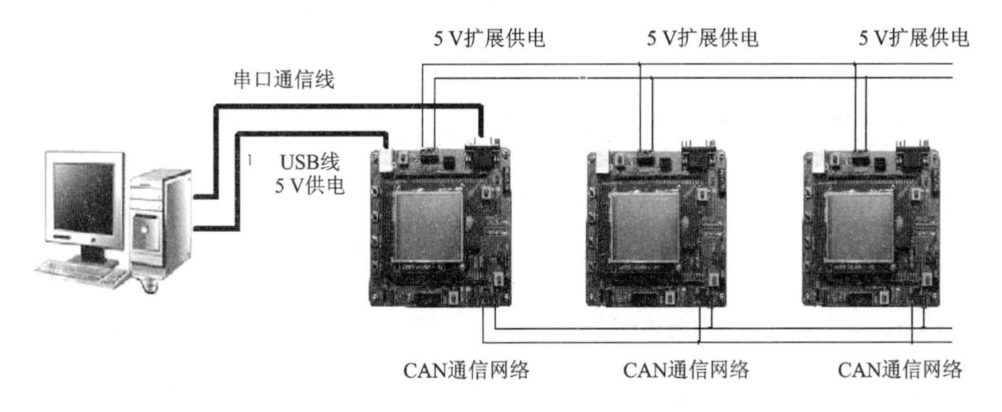

图 43-18 CAN 通信组网的连接关系

2. 实验电路原理

参考 Mini STM32 DEMO 开发板电路原理图:

- PB8——CAN 接收端;
- PB9——CAN 发送端;
- PA0——K1;
- PA1——K2;
- PA2——LED1;
- PA3——LED2。

3. 源程序文件及分析

(1) 转换板的程序设计

新建一个文件目录 CAN_RS232_CONVER，在 RealView MDK 集成开发环境中创建一个工程项目 CAN_RS232_CONVER.uvprojx 于此目录中。

在 File 菜单下新建如下的源文件 main.c，编写源程序代码后保存在 User 文件夹下，再把 main.c 文件添加到 User 组中。

```
#include "stm32f0xx.h"
#include "W25Q16.h"
#include "ILI9325.h"
#include "USART.h"
#include "CAN.h"
#include "LED.h"
#include "KEY.h"
uint8_t PC2Can_ID[2];
uint32_t P2C_ID32;
uint8_t PC2Can_VAL[2];
uint8_t Can2PC_ID[2];
uint32_t C2P_ID32;
uint8_t Can2PC_VAL[2];
uint8_t temp;
uint8_t cnt = 0;
uint8_t Err_cnt = 0;
/*****************************************
 * FunctionName    : Delay
 * Description     : 延时函数
 * EntryParameter  : time：延时长度
 * ReturnValue     : None
*****************************************/
void Delay(unsigned long time)
{unsigned long i,j;
    for(j = 0; j<time; j++)
    {
       for(i = 0;i<12000;i++);
    }
}
/*****************************************
 * FunctionName    : main
 * Description     : 主函数
 * EntryParameter  : None
 * ReturnValue     : None
```

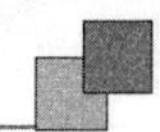

```
****************************************/
int main(void)
{
    SystemInit();
    SPI_FLASH_Init();
    KEY_Init();
    LED_Init();
    USART_Configuration();
    CAN_GPIO_Config();                              //CAN引脚初始化
    CAN_NVIC_Configuration();                       //CAN中断初始化
    CAN_INIT();                                     //CAN初始化模块
    LCD_init();                                     //液晶显示器初始化
    LCD_Clear(ORANGE);                              //全屏显示橙色
    POINT_COLOR = BLACK;                            //定义笔的颜色为黑色
    BACK_COLOR = WHITE   ;                          //定义笔的背景色为白色
    LCD_ShowString(2,4,"CAN - RS232 接口转换实验");
    LCD_ShowString(2,40,"PC to CAN:");
    LCD_ShowString(2,80,"CAN to PC:");
    while(1)
  {
      if(UART1GetByte(&temp) == 1)//receive StdId = 0x00,0x01,Data = 0x22
    {
            cnt ++ ;
            Err_cnt = 0;
            if(cnt == 1)
            {
                PC2Can_ID[0] = temp;
            }
            else if(cnt == 2)
            {
                PC2Can_ID[1] = temp;
            }
            else if(cnt == 3)
            {
                PC2Can_VAL[0] = temp;
                LCD_ShowNum(120,40,PC2Can_ID[0],3);
                LCD_ShowNum(150,40,PC2Can_ID[1],3);
                LCD_ShowNum(180,40,PC2Can_VAL[0],3);
                P2C_ID32 = 0;
                P2C_ID32 = (PC2Can_ID[0]<<8)|PC2Can_ID[1];
                can_tx(P2C_ID32,PC2Can_VAL[0]);//0x0001,0x11 or 0x0002,0x22
                cnt = 0;
```

```
            }
        LED1_Toggle();                              //LED1 闪烁
      }
      /* else
          {
              Err_cnt++;
              Delay(1);
              if(Err_cnt>100)Err_cnt = 0;
          }*/
   }
}
```

在 File 菜单下新建如下的源文件 CAN. c，编写完成后保存在 Drive 文件夹下，随后将 Drive 文件夹中的应用文件 CAN. c 添加到 Drive 组中。

```
#include "can.h"
#include "led.h"
#include "stdio.h"
#include "stm32f0xx_can.h"
#include "stm32f0xx.h"
typedef enum {FAILED = 0, PASSED = !FAILED} TestStatus;
/* 在中断处理函数中返回 */
__IO uint32_t ret = 0;
volatile TestStatus TestRx;
/****************************************
* FunctionName    : CAN_NVIC_Configuration
* Description     : CAN RX0 中断优先级配置
* EntryParameter  : None
* ReturnValue     : None
****************************************/
void CAN_NVIC_Configuration(void)
{
    NVIC_InitTypeDef NVIC_InitStructure;
    /* Enable the CAN Interrupt */
    NVIC_InitStructure.NVIC_IRQChannel = CEC_CAN_IRQn;
    NVIC_InitStructure.NVIC_IRQChannelPriority = 0;
    NVIC_InitStructure.NVIC_IRQChannelCmd = ENABLE;
    NVIC_Init(&NVIC_InitStructure);
}
/****************************************
* FunctionName    : CAN_GPIO_Config
* Description     : CAN GPIO 和时钟配置
* EntryParameter  : None
```

```
* ReturnValue     : None
**************************************/
void CAN_GPIO_Config(void)
{
    GPIO_InitTypeDef GPIO_InitStructure;
    RCC_AHBPeriphClockCmd(RCC_AHBPeriph_GPIOB , ENABLE);
    /* CAN Periph clock enable */
    RCC_APB1PeriphClockCmd(RCC_APB1Periph_CAN, ENABLE);
    GPIO_PinAFConfig(GPIOB,GPIO_PinSource8,GPIO_AF_4);
    GPIO_PinAFConfig(GPIOB,GPIO_PinSource9,GPIO_AF_4);
    /* Configure CAN pin: RX */
    //PB8
    GPIO_InitStructure.GPIO_Pin = GPIO_Pin_8;
    GPIO_InitStructure.GPIO_Mode = GPIO_Mode_AF;
    GPIO_InitStructure.GPIO_PuPd = GPIO_PuPd_UP;
    GPIO_Init(GPIOB, &GPIO_InitStructure);
    /* Configure CAN pin: TX */
    //PB9
    GPIO_InitStructure.GPIO_Pin = GPIO_Pin_9;
    GPIO_InitStructure.GPIO_Mode = GPIO_Mode_AF;
    GPIO_InitStructure.GPIO_OType = GPIO_OType_PP;
    GPIO_InitStructure.GPIO_Speed = GPIO_Speed_50MHz;
    GPIO_InitStructure.GPIO_PuPd = GPIO_PuPd_NOPULL;
    GPIO_Init(GPIOB, &GPIO_InitStructure);
    //#define GPIO_Remap_CAN    GPIO_Remap1_CAN1 本实验没有用到重映射 I/O
    //GPIO_PinRemapConfig(GPIO_Remap1_CAN1, ENABLE);
}
/*************************************
* FunctionName    : CAN_INIT
* Description     : CAN 初始化
* EntryParameter  : None
* ReturnValue     : None
**************************************/
void CAN_INIT(void)
{
  CAN_InitTypeDef   CAN_InitStructure;
  CAN_FilterInitTypeDef   CAN_FilterInitStructure;
  //CanTxMsg TxMessage;
  /* CAN register init */
  CAN_DeInit(CAN);                      //将外设 CAN 的全部寄存器重设为默认值
  CAN_StructInit(&CAN_InitStructure);
                                        //把 CAN_InitStructure 中的每一个参数默认值填入
```

```
    /* CAN cell init */
    CAN_InitStructure.CAN_TTCM = DISABLE;            //没有使能时间触发模式
    CAN_InitStructure.CAN_ABOM = DISABLE;            //没有使能自动离线管理
    CAN_InitStructure.CAN_AWUM = DISABLE;            //没有使能自动唤醒模式
    CAN_InitStructure.CAN_NART = DISABLE;            //没有使能非自动重传模式
    CAN_InitStructure.CAN_RFLM = DISABLE;            //没有使能接收 FIFO 锁定模式
    CAN_InitStructure.CAN_TXFP = DISABLE;            //没有使能发送 FIFO 优先级
    CAN_InitStructure.CAN_Mode = CAN_Mode_Normal;    //CAN 设置为正常模式
    CAN_InitStructure.CAN_SJW = CAN_SJW_1tq;         //重新同步跳跃宽度为 1 个时间单位
    CAN_InitStructure.CAN_BS1 = CAN_BS1_3tq;         //时间段 1 为 3 个时间单位
    CAN_InitStructure.CAN_BS2 = CAN_BS2_2tq;         //时间段 2 为 2 个时间单位
    CAN_InitStructure.CAN_Prescaler = 40;            //时间单位长度为 40
    CAN_Init(CAN,&CAN_InitStructure);
                                  //波特率为 48 MHz/2/40(1 + 3 + 2) = 0.1 MHz,即 100 kHz
    /* CAN filter init */
    CAN_FilterInitStructure.CAN_FilterNumber = 1;   //指定过滤器为 1
    CAN_FilterInitStructure.CAN_FilterMode = CAN_FilterMode_IdMask;
                                                     //指定过滤器为标识符屏蔽位模式
    CAN_FilterInitStructure.CAN_FilterScale = CAN_FilterScale_32bit;
                                                     //过滤器位宽为 32 位
    CAN_FilterInitStructure.CAN_FilterIdHigh = 0x0000;     //过滤器标识符的高 16 位值
    CAN_FilterInitStructure.CAN_FilterIdLow = 0x0000;      //过滤器标识符的低 16 位值
    CAN_FilterInitStructure.CAN_FilterMaskIdHigh = 0x0000;//过滤器屏蔽标识符的高 16 位值
    CAN_FilterInitStructure.CAN_FilterMaskIdLow = 0x0000;//过滤器屏蔽标识符的低 16 位值
    CAN_FilterInitStructure.CAN_FilterFIFOAssignment = CAN_FIFO0;
                                                     //设定了指向过滤器的 FIFO 为 0
    CAN_FilterInitStructure.CAN_FilterActivation = ENABLE; //使能过滤器
    CAN_FilterInit(&CAN_FilterInitStructure);              //按上面的参数初始化过滤器
    /* CAN FIFO0 message pending interrupt enable */
    CAN_ITConfig(CAN,CAN_IT_FMP0, ENABLE);                 //使能 FIFO0 消息挂号中断
}
/****************************************
* FunctionName    : can_tx
* Description     : 发送 1 字节的数据
* EntryParameter  : BANID: 标准标识符;Data0: 第一个字节数据
* ReturnValue     : None
****************************************/
void can_tx(uint32_t BANID,uint8_t Data0)
{
    CanTxMsg TxMessage;
    TxMessage.StdId = BANID;                               //标准标识符为 BANID
    TxMessage.ExtId = 0x0000;                              //扩展标识符 0x0000
```

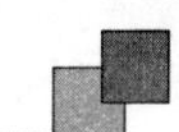

```
    TxMessage.IDE = CAN_ID_STD;                              //使用标准标识符
    TxMessage.RTR = CAN_RTR_DATA;                            //为数据帧
    TxMessage.DLC = 1;                                       //消息的数据长度为 1 字节
    TxMessage.Data[0] = Data0;                               //第一个字节数据
    //TxMessage.Data[1] = Data1;                             //第二个字节数据
    CAN_Transmit(CAN,&TxMessage);                            //发送数据
}
```

在 File 菜单下新建如下的源文件 CAN.h，编写完成后保存在 Drive 文件夹下。

```
#ifndef __CAN_H
#define __CAN_H
#include "stm32f0xx.h"
void CAN_INIT(void);
void can_tx(uint32_t BANID,uint8_t Data0);
void can_rx(void);
void CAN_NVIC_Configuration(void);
void CAN_GPIO_Config(void);
#endif /* __CAN_H */
```

打开 User 文件夹，找到 stm32f0xx_it.c 文件，在该文件中找到下面的 void CEC_CAN_IRQHandler(void)中断函数，添加 CAN 接收的函数，如下：

```
void CEC_CAN_IRQHandler(void)
{
    CanRxMsg RxMessage;
    RxMessage.StdId = 0x00;
    RxMessage.ExtId = 0x00;
    RxMessage.IDE = 0;
    RxMessage.DLC = 0;
    RxMessage.FMI = 0;
    RxMessage.Data[0] = 0x00;
    RxMessage.Data[1] = 0x00;
    CAN_Receive(CAN,CAN_FIFO0, &RxMessage);                  //接收 FIFO0 中的数据
    Can2PC_VAL[0] = RxMessage.Data[0];                       //收到 CAN 节点的一个字节数据
    LCD_ShowNum(120,80,Can2PC_VAL[0],3);                     //显示
    USART_send_byte(Can2PC_VAL[0]);                          //将一个字节数据发送到 PC
}
```

(2) 节点板 1 的程序设计

新建一个文件目录 CAN_NodeRep1，在 RealView MDK 集成开发环境中创建一个工程项目 CAN_NodeRep1.uvprojx 于此目录中。

在 File 菜单下新建如下的源文件 main.c，编写源程序代码后保存在 User 文件

夹下，再把 main.c 文件添加到 User 组中。

```
#include "stm32f0xx.h"
#include "KEY.h"
#include "LED.h"
#include "USART.h"
#include "CAN.h"
#include "W25Q16.h"
#include "ILI9325.h"
uint8_t RevData[2];
uint8_t KeyData[2];
uint8_t SampData[2];
uint8_t FABIAO;
uint32_t MainID = 0x0000;        //主节点标准 ID
uint32_t SlaveID = 0x0001;       //从节点 1(板子)过滤器标准 ID(数字越小,优先级越高)
/****************************************
 * FunctionName    : Delay
 * Description     : 延时函数
 * EntryParameter  : time: 延时长度
 * ReturnValue     : None
****************************************/
void Delay(unsigned long time)
{unsigned long i,j;
    for(j = 0; j<time; j ++ )
    {
        for(i = 0;i<12000;i ++ );
    }
}
/****************************************
 * FunctionName    : main
 * Description     : 主函数
 * EntryParameter  : None
 * ReturnValue     : None
****************************************/
int main(void)
{
    SystemInit();
    SPI_FLASH_Init();
    LCD_init();                          //液晶显示器初始化
    KEY_Init();                          //按键引脚初始化
    LED_Init();                          //LED 引脚初始化
    CAN_GPIO_Config();                   //CAN 引脚初始化
```

```
    CAN_NVIC_Configuration();                //CAN 中断初始化
    CAN_INIT();                              //CAN 初始化模块
    LCD_Clear(ORANGE);                       //全屏显示橙色
    POINT_COLOR = BLACK;                     //定义笔的颜色为黑色
    BACK_COLOR = WHITE    ;                  //定义笔的背景色为白色
    LCD_ShowString(2,2,"CAN 节点实验");
    LCD_ShowString(2,40,"发送数据:");
    LCD_ShowString(2,80,"收到数据:");
    while(1)
    {
        if(Check_KEY(GPIOA,GPIO_Pin_0) == 0)
        {
            KeyData[0] = 0x77;
            can_tx(MainID,KeyData[0]);
            LCD_ShowNum(100,40,KeyData[0],3);
            while(Check_KEY(GPIOA,GPIO_Pin_0) == 0){Delay(50);}
        }
        if(FABIAO = = 0xff)
        {
            LED1_Toggle();
            SampData[0] = 0x33;
            can_tx(MainID,SampData[0]);
            LCD_ShowNum(100,40,SampData[0],3);
            FABIAO = 0x00;
        }
    }
}
```

打开 User 文件夹，找到 stm32f0xx_it. c 文件，在该文件中找到下面的 void CEC_CAN_IRQHandler(void)中断函数，添加 CAN 接收的函数，如下：

```
void CEC_CAN_IRQHandler(void)
{
  CanRxMsg RxMessage;
  RxMessage. StdId = 0x0000;
  RxMessage. ExtId = 0x0000;
  RxMessage. IDE = 0;
  RxMessage. DLC = 0;
  RxMessage. FMI = 0;
  RxMessage. Data[0] = 0x00;
  CAN_Receive(CAN,CAN_FIFO0, &RxMessage);       //接收 FIFO0 中的数据
  Mcan2Scan_ID[0] = (RxMessage. StdId>>8);
  Mcan2Scan_ID[1] = (RxMessage. StdId&0x00ff);
```

```
        LCD_ShowNum(100,80,Mcan2Scan_ID[0],3);
        LCD_ShowNum(130,80,Mcan2Scan_ID[1],3);
        LCD_ShowNum(160,80,RxMessage.Data[0],3);
        if((RxMessage.StdId == SlaveID)&&(RxMessage.Data[0] == 0x11))
        {
        FABIAO = 0xff;
        RevData[0] = RxMessage.Data[0];
    }
}
```

(3) 节点板 2 的程序设计

新建一个文件目录 CAN_NodeRep2，在 RealView MDK 集成开发环境中创建一个工程项目 CAN_NodeRep2.uvprojx 于此目录中。

在 File 菜单下新建如下的源文件 main.c，编写源程序代码后保存在 User 文件夹下，再把 main.c 文件添加到 User 组中。

```
#include "stm32f0xx.h"
#include "KEY.h"
#include "LED.h"
#include "USART.h"
#include "CAN.h"
#include "W25Q16.h"
#include "ILI9325.h"
uint8_t RevData[2];
uint8_t KeyData[2];
uint8_t SampData[2];
uint8_t FABIAO;
uint32_t MainID = 0x0000;        //主节点标准 ID
uint32_t SlaveID = 0x0002;       //从节点 2(板子)过滤器,标准 ID(数字越小,优先级越高)
/****************************************
* FunctionName    : Delay
* Description     : 延时函数
* EntryParameter  : time: 延时长度
* ReturnValue     : None
****************************************/
void Delay(unsigned long time)
{unsigned long i,j;

    for(j = 0; j<time; j++)
    {
        for(i = 0;i<12000;i++);
    }
```

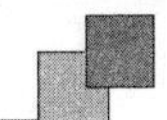

```
}
/***************************************
* FunctionName   : main
* Description    : 主函数
* EntryParameter : None
* ReturnValue    : None
***************************************/
int main(void)
{
    SystemInit();
    SPI_FLASH_Init();
    LCD_init();                              //液晶显示器初始化
    KEY_Init();                              //按键引脚初始化
    LED_Init();                              //LED 引脚初始化
    CAN_GPIO_Config();                       //CAN 引脚初始化
    CAN_NVIC_Configuration();                //CAN 中断初始化
    CAN_INIT();                              //CAN 初始化模块
    LCD_Clear(ORANGE);                       //全屏显示橙色
    POINT_COLOR = BLACK;                     //定义笔的颜色为黑色
    BACK_COLOR = WHITE   ;                   //定义笔的背景色为白色
    LCD_ShowString(2,2,"CAN 节点 2 实验");
    LCD_ShowString(2,40,"发送数据:");
    LCD_ShowString(2,80,"收到数据:");
    while(1)
    {
        if(Check_KEY(GPIOA,GPIO_Pin_0) == 0)
        {
            KeyData[0] = 0x88;
            can_tx(MainID,KeyData[0]);
            LCD_ShowNum(100,40,KeyData[0],3);
            while(Check_KEY(GPIOA,GPIO_Pin_0) == 0){Delay(50);}
        }
        if(FABIAO == 0xff)
        {
            LED1_Toggle();
            SampData[0] = 0x44;
            can_tx(MainID,SampData[0]);
            LCD_ShowNum(100,40,SampData[0],3);
            FABIAO = 0x00;
        }
    }
}
```

打开 User 文件夹，找到 stm32f0xx_it.c 文件，在该文件夹中找到下面的 void CEC_CAN_IRQHandler(void)中断函数，添加 CAN 接收的函数，如下：

```
void CEC_CAN_IRQHandler(void)
{
  CanRxMsg RxMessage;
  RxMessage.StdId = 0x0000;
  RxMessage.ExtId = 0x0000;
  RxMessage.IDE = 0;
  RxMessage.DLC = 0;
  RxMessage.FMI = 0;
  RxMessage.Data[0] = 0x00;
  CAN_Receive(CAN,CAN_FIFO0, &RxMessage);      //接收 FIFO0 中的数据
  Mcan2Scan_ID[0] = (RxMessage.StdId>>8);
  Mcan2Scan_ID[1] = (RxMessage.StdId&0x00ff);
  LCD_ShowNum(100,80,Mcan2Scan_ID[0],3);
  LCD_ShowNum(130,80,Mcan2Scan_ID[1],3);
  LCD_ShowNum(160,80,RxMessage.Data[0],3);
  if((RxMessage.StdId == SlaveID)&&(RxMessage.Data[0] == 0x22))
  {
    FABIAO = 0xff;
    RevData[0] = RxMessage.Data[0];
  }
}
```

4. 实验效果

3 个工程文件的程序分别编译，编译通过后，分别将 HEX 文件下载到 3 块实验板的 STM32F072 芯片中。其中，CAN_RS232_CONVER.hex 文件下载到转换板中，CAN_NodeRep1.hex 文件下载到节点板 1 中，CAN_NodeRep2.hex 文件下载到节点板 2 中。

3 块实验板的 CAN 通信口使用双绞线连接(如果短距离通信也可使用普通电线)。**注意**：CAN 通信口的 CANH 端连在一起，CANL 端连在一起，不要搞错了。最左面的一块实验板通过串口与 PC 的串口进行连接，这里称为转换板；中间的一个节点的实验板称为节点板 1；右面的这个节点的实验板称为节点 2。

转换板的供电可以通过 USB 线缆由笔记本电脑提供，其他两块节点板的供电可以从转换板上取电(将转换板 POWER 连接器的 5 V、GND，与节点板 1、节点板 2 的 POWER 连接器的 5 V、GND 对应相连即可)。

上电后运行，打开 PC 上的串口调试软件，波特率选 9 600，以十六进制方式进行发送或显示。

串口调试软件输入 0x0001、0x11，单击“手动发送”按钮，可以观察到：转换板接

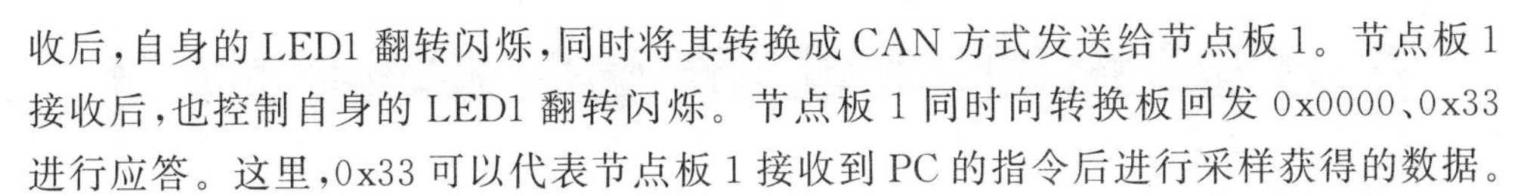

收后，自身的 LED1 翻转闪烁，同时将其转换成 CAN 方式发送给节点板 1。节点板 1 接收后，也控制自身的 LED1 翻转闪烁。节点板 1 同时向转换板回发 0x0000、0x33 进行应答。这里，0x33 可以代表节点板 1 接收到 PC 的指令后进行采样获得的数据。

串口调试软件输入 0x0002、0x22，单击“手动发送”按钮，可以观察到：转换板接收后，自身的 LED1 翻转闪烁，同时将其转换成 CAN 方式发送给节点板 2。节点板 2 接收后，也控制自身的 LED1 翻转闪烁。节点板 2 同时向转换板回发 0x0000、0x44 进行应答。这里，0x44 可以代表节点板 2 接收到 PC 的指令后进行采样获得的数据。

转换板与节点板接收的数据均在 TFT-LCD 上显示。

按动节点板 1 的 K1 键后，节点板 1 发送 0x0000、0x77 给转换板。其中，0x0000 为转换板的标准标识符，0x77 为数据。这里，0x77 可以代表节点板 1 的按键按下后获得的数据或键值。转换板收到 0x0000、0x77 后，将数据 0x77 回送到 PC 上显示。

按动节点板 2 的 K1 键后，节点板 2 发送 0x0000、0x88 给转换板。其中，0x0000 为转换板的标准标识符，0x88 为数据。这里，0x88 可以代表节点板 2 的按键按下后获得的数据或键值。转换板收到 0x0000、0x88 后，将数据 0x88 回送到 PC 上显示。

节点的主动发送意味着，在 CAN 网络中的某个节点如发生特殊事件，可以主动发送紧急信息给 PC。

实验照片如图 43－19 和图 43－20 所示。

图 43－19　CAN 通信组网实验照片(1)

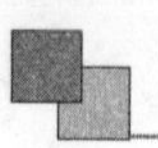

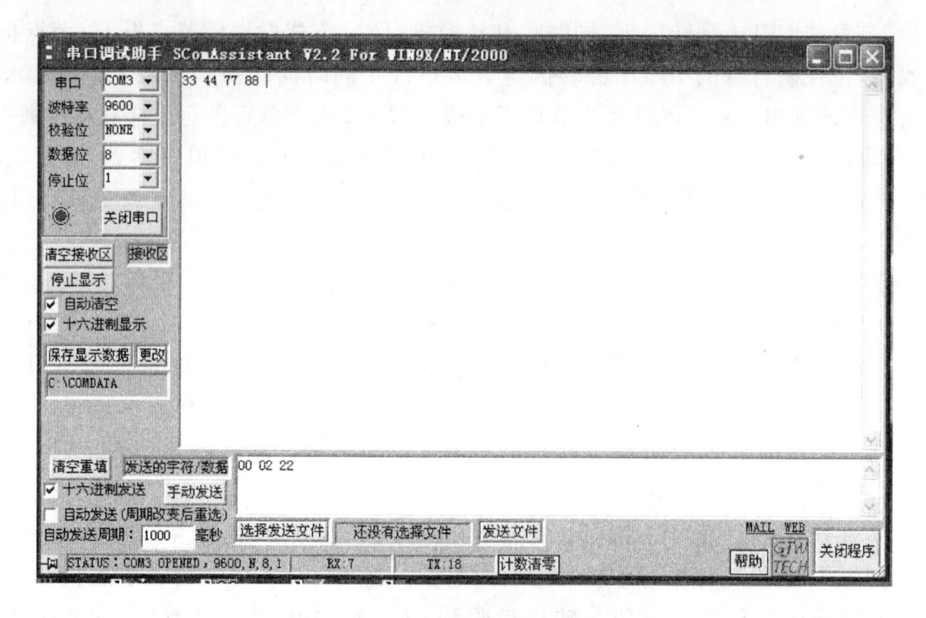

图 43-20 CAN 通信组网实验照片(2)

参考文献

[1] 谭浩强. C程序设计[M]. 2版. 北京:清华大学出版社,1999.

[2] 周兴华. 手把手教你学单片机C程序设计[M]. 北京:北京航空航天大学出版社,2007.

[3] 喻金钱,喻斌. STM32F系列ARM Cortex-M3核微控制器开发与应用[M]. 北京:清华大学出版社,2011.

[4] RM0091 Reference Manual STM32F0x1/STM32F0x2/STM32F0x8 advanced ARM®-based 32-bit MCUs[EB/OL]. [2016-9-14]. http://www.stmcu.com.cn/Designresource/design_resource_detail/file/17539/lang/EN/token/d2a8cab2220f68a44fb1fb8b40c41bfc.

[5] DM00090510 STM32F072xx[EB/OL]. [2016-9-14]. http://www.stmcu.com.cn/Designresource/design_resource_detail/file/17408/lang/EN/token/3f13d4762a34ca3e6aeae858c748fd26.